“十三五”国家重点图书出版规划项目

钱塘江

河口保护与治理研究

浙江省水利河口研究院（浙江省海洋规划设计研究院） 潘存鸿 韩曾萃 等◎著

中国水利水电出版社
www.waterpub.com.cn
·北京·

内 容 提 要

钱塘江流域依托钱塘江创造了灿烂的古文明，而近现代钱塘江河口的治理也进一步促进了浙江的飞跃发展。进入21世纪，钱塘江河口从治理开发为主、保护为辅，逐渐过渡到治理开发与保护并重，再到保护为主、治理开发为辅的新阶段。本书系统总结了钱塘江河口河床演变、涌潮模拟、超标准风暴潮、盐水入侵、河口水环境、河口生态环境需水、河口治理评估等方面内容，是最近10余年来众多科技人员研究成果的结晶，具有重要的参考价值。

本书可供水利、海洋、航道、地理地貌等专业的研究、开发和管理人员参考，亦可供相关高等院校师生学习、研究使用。

图书在版编目（CIP）数据

钱塘江河口保护与治理研究 / 潘存鸿等著. -- 北京：中国水利水电出版社，2017.10

ISBN 978-7-5170-5981-3

Ⅰ. ①钱… Ⅱ. ①潘… Ⅲ. ①钱塘江—河口治理—研究 Ⅳ. ①TV856

中国版本图书馆CIP数据核字(2017)第258225号

审图号：浙S（2017）208号

书　　名	**钱塘江河口保护与治理研究** QIANTANG JIANG HEKOU BAOHU YU ZHILI YANJIU
作　　者	浙江省水利河口研究院（浙江省海洋规划设计研究院）　潘存鸿　韩曾萃　等　著
出版发行	中国水利水电出版社 （北京市海淀区玉渊潭南路1号D座　100038） 网址：www. waterpub. com. cn E-mail：sales@waterpub. com. cn 电话：（010）68367658（营销中心）
经　　售	北京科水图书销售中心（零售） 电话：（010）88383994、63202643、68545874 全国各地新华书店和相关出版物销售网点
排　　版	北京时代澄宇科技有限公司
印　　刷	北京市密东印刷有限公司
规　　格	210mm×285mm　16开本　26.75印张　810千字
版　　次	2017年10月第1版　2017年10月第1次印刷
定　　价	**186.00**元

《钱塘江河口保护与治理研究》

编 撰 委 员 会

主　编　潘存鸿

副主编　韩曾萃

编　委　（以姓氏笔画为序）

尤爱菊　史英标　朱军政　黄世昌

曹　颖　曾　剑　韩曾萃　潘存鸿

《钱塘江河口保护与治理研究》

撰 写 人 员

章 节		负 责 人	撰 写 人 员	审核（改）人员
前言		潘存鸿	潘存鸿、曹颖	
第 1 章		潘存鸿	潘存鸿	韩曾萃　审改
第 2 章		韩曾萃	韩曾萃、曹颖、唐子文	潘存鸿、史英标 审改
第 3 章	3.1～3.4	潘存鸿	潘存鸿	黄世昌　审核
	3.5		曾剑	
	3.6		杨火其	
	3.7		潘存鸿	
第 4 章		黄世昌	黄世昌、刘旭	潘存鸿　审核
第 5 章		史英标	史英标	韩曾萃、尤爱菊　审核
第 6 章	6.1～6.6	朱军政	朱军政	韩曾萃、潘存鸿　审改
	6.7		韩曾萃	
	6.8		韩曾萃、李若华、曲璐	
	6.9		李若华	
	6.10		朱军政、韩曾萃	
第 7 章		尤爱菊	尤爱菊	韩曾萃　审核
第 8 章		韩曾萃	韩曾萃	史英标、潘存鸿　审改
统 稿		潘存鸿、曹颖		

序一 Foreword

钱塘江是浙江省的母亲河，是吴越文化的分野之地，钱塘江流域又是我国重要的文明发祥地之一。钱塘江尤以河口澎湃汹涌的涌潮而蜚声中外，强劲的潮流动力创造了一个迥异于一般三角洲河口的强涌潮三角江河口。壮观多姿的强涌潮在带来自然奇观的同时，也给居住在两岸的人民带来了深重的洪潮灾害，钱塘江河口治理是历朝历代关注的大事。

钱塘江河口独特的水沙条件和演变特性——强涌潮、强输沙、强游荡、强冲淤，使河口治理鲜有可供借鉴的先例，给河口防灾减灾和资源开发带来了极大的困难，为此，浙江省水利河口研究院前后几代水利同仁前赴后继，研究钱塘江河口水沙规律，提出了“减少进潮量、增大单宽潮量、稳定主槽”的水沙控导思想，构建了“全线缩窄，走中造弯”“治江结合围涂，围涂服从治江”“乘淤围涂，以围代坝”“抛坝促淤，回流淤积”等河口综合治理方案、实施原则与工程措施，创建了强潮河口治理的新模式，并成功实施了钱塘江河口的治理工程。从20世纪60年代至今，钱塘江杭州至澉浦约100km的江道已达到治理规划线，其治理效果、社会经济效益和环境保护均取得了举世瞩目的成就，被誉为“强潮河口治理的成功典范”。

欣读《钱塘江河口保护与治理研究》一书，深感治理理念的转变，从治理与开发到保护与治理，将保护放在治理前面，是社会的巨大进步，是思想的巨大进步，也是科学技术的巨大进步。本书作者聚集河口研究院精英，以数年之功，集累年研究成果于此书。在50余年实测资料的基础上，结合数学模型和实体模型研究成果，系统总结了钱塘江河口河床演变规律，客观评估了治江缩窄对水沙输移的影响，以及河口治理的社会效益、经济效益和环境效益。特别是进入21世纪以来，随着海洋时代的来临，对钱塘江河口的防灾减灾提出了更高的要求，河口研究院即时开展了超标准风暴潮对钱塘江河口影响的研究；国家生态文明战略的实施也对河口治理中资源的保护提出了更多、更全面的要求，河口研究院顺应新形势，开展了涌潮、河口盐水入侵、河口水环境以及河口生态环境需水量等多项研究。

《钱塘江河口保护与治理研究》一书中水沙运动之复杂、实测资料之丰富、研究内容之新颖、研究方法之先进、研究成效之显著，充分展示了钱塘江河口保护与治理研究的新进展，在我国河口研究中独具特色，不少研究成果尚无先例，对钱塘江河口及其他潮汐河口的研究具有重要的推动作用，是一本值得深入阅读与思考的好书，我郑重向广大同行推荐该书。

中国工程院院士、中国水利水电科学研究院副院长、
国际泥沙研究培训中心副主任、秘书长

2016年11月8日

序二

Foreword

钱塘江是浙江的母亲河，其流域面积占浙江省面积近一半。在山水灵秀的浙江，钱塘江河口涌潮以其一往无前、汹涌澎湃的特质特立于世，如同淡墨山水画卷之上的一抹浓墨重彩呈现于世人眼前。在浙江从事水利科研管理工作20余年间，即使已经10余次看潮，每每仍感受到大自然不可抗拒的力量，也对钱塘江河口强涌潮、强输沙、强冲淤、强游荡的自然特性有着更为深刻的认识，而这种复杂的特性给钱塘江河口的治理和管理带来了重重困难，也给钱塘江科研工作者带来了巨大的挑战。早在1957年浙江省就成立了专门研究钱塘江河口的研究机构——钱塘江河口研究站（浙江省水利河口研究院前身）。60年来，机构经历多次演变，但始终维持了一支稳定的钱塘江河口研究队伍，一直坚持开展钱塘江河口水动力、泥沙、水工程、水安全、水环境、水资源等领域的各项研究，为河口治理和资源保护开发提供了强有力的技术支撑，使钱塘江在保持了涌潮特色、基本维持河口特性不变的情况下，达成了河口减灾和资源利用的综合治理目标，改善了河口健康，使钱塘江河口治理成为世界上强潮河口治理的典范。为全面总结21世纪以来钱塘江河口研究的新进展，潘存鸿、韩曾萃等多年从事钱塘江河口研究的科研工作者，基于60余年的实测水文、地形资料，以最近10余年的科研成果为重点，系统地总结了钱塘江河口河床演变、涌潮模拟、超标准风暴潮、盐水入侵、河口水环境、河口生态环境需水、河口治理评估等方面的研究成果。本书付梓之际，恰逢浙江省水利河口研究院建院60周年，谨以此序致敬钱塘江河口治理的前辈，并与同在河口治理科研一线的工作者们共勉。

叶永棋

浙江省水利河口研究院院长

2016年11月1日

前言
Preface

钱塘江是浙江第一大河，钱塘江流域依托钱塘江创造了灿烂的古文明，而近现代钱塘江河口的治理也进一步促进了浙江的飞跃发展。

钱塘江近现代的系统研究，始于新中国成立后的20世纪50年代，基于钱塘江对浙江省的重要性，设置了当时国内唯一的河口研究机构——钱塘江河口研究站。60余年来，钱塘江河口研究站积累了大量气象、水文、地形、地质勘测资料，多次组织编制河口综合规划或治理专项规划，使钱塘江河口的治理开发与保护逐步趋于科学而有序，成为国际强潮河口治理的典范。

在钱塘江河口治理与保护过程中，对钱塘江河口各方面的认识逐步加深。钱塘江的基础研究，历经几代水利人的呕心沥血，已有多部专著面世。其中，2003年韩曾萃等编著的《钱塘江河口治理开发》全面阐述了20世纪钱塘江河口水沙特征和河床演变规律，论述了全线缩窄治理规划的提出、修编和实施过程，系统总结了应用于钱塘江河口的数值模拟和物理模拟技术，以及治江工程措施和经验，分析了新安江水库和大规模治江缩窄对河口潮汐水文与河床演变的影响等。

20世纪后期以来，钱塘江河口的治理从原来的防灾减灾和滩涂资源开发转变为综合治理，在治理中综合考虑了岸线资源、港航资源、淡水资源、涌潮资源、湿地资源等各种河口资源的开发利用。进入21世纪，钱塘江河口从治理开发为主、保护为辅，逐渐过渡到治理开发与保护并重，再到保护为主、治理开发为辅的新阶段。此外，随着实测资料的积累，河口保护与治理研究的推进，以及相关学科的技术进步，钱塘江河口保护和治理取得了多方面的新成就，本书以最近10余年的科研成果为重点，汇集了国家自然科学基金（10772163，51379190）、水利部公益性行业科研专项（200801072、201001072、201101056）、水利部计划项目（2008-458）、浙江省重点科技创新团队（2010R50035）等项目的研究成果，系统地总结了钱塘江河口河床演变、涌潮模拟、超标准风暴潮、盐水入侵、河口水环境、河口生态环境需水、河口治理评估等方面的研究成果。但本书并未包括钱塘江河口保护和治理的全部内容，特别是涉及工程方面的新进展。

本书是众多科技人员研究成果的结晶，感谢参加、关心、支持、讨论、咨询、审查本书相关内容的所有人员，正是你们的智慧、经验、支持和实践，才使得钱塘江河口保护和治理取得如此辉煌的成绩，为本书的撰写奠定了基础。

作者

2017年5月

目　　录

第1章 绪论

1.1 概述

1.1.1 钱塘江河口概况

钱塘江发源于安徽省休宁县六股尖，流域面积55558km²，全长668km，是浙江省的母亲河。自富春江水电站大坝以下为感潮河段，即钱塘江河口，全长291km❶。根据各段水动力条件和河床演变特性的差异，将钱塘江河口分为三段。①富春江大坝至闻家堰为河流近口段（又称河流段），长77km，以径流作用为主，加之新安江水库的调蓄作用，河床基本稳定。②闻家堰至澉浦为河流河口段（又称过渡段），长116km，径流和潮流共同作用，河床冲淤剧烈，是本研究的重点。河口段的上、中段（闻家堰至尖山）洪冲潮淤，河口段的下段（尖山至澉浦）洪淤潮冲。“洪水取直，枯水走弯”的规律导致尖山河段随连续丰水年、枯水年的交替造就顺直与弯曲河势的频繁变化，使其具有典型的游荡特征，主槽摆动剧烈频繁。③澉浦至南汇嘴为口外海滨段（又称潮流段），即杭州湾，长98km，以潮流作用为主，流路基本稳定，河床相对稳定。北部从澉浦至金山沿岸为涨潮冲刷槽，习称杭州湾北岸深槽，南部为不断向北淤涨的庵东滩地，中部相对较为平坦。

钱塘江富春江电站大坝处多年平均径流总量为301亿m³。钱塘江河口是世界著名的强潮河口，潮汐为非正规半日潮，从杭州湾口向湾顶澉浦潮差沿程递增，再向上游潮差沿程递减，澉浦多年平均潮差5.66m，最大潮差9.0m，居我国潮汐河口之首。钱塘江陆域来沙少，泥沙主要来自海域，因山潮水比值小而被强劲的涨潮流带至河口内，形成乍浦至闻堰长达130余km的纵向沙坎。杭州湾喇叭形平面形态使潮波上溯过程中能量集聚，乍浦以上纵向沙坎的存在，使水深沿程向上游逐渐减小，潮波浅水效应逐渐增强，从而在澉浦上游的高阳山附近产生涌潮，目前是世界上两个涌潮最为壮观的河口之一（另一个为巴西的亚马逊河），分别在尖山及下游、盐官和老盐仓形成交叉潮、一线潮和回头潮（韩曾萃等，2003）。

钱塘江河口段的自然特性可概括为（潘存鸿等，2013b）：宽浅的河床，年际年内变幅较大的径流，强劲的潮动力，海域来沙丰富和易冲易淤的泥沙条件，河床冲淤变化剧烈，主槽摆动频繁，是一个典型的强潮游荡性河口。

1.1.2 钱塘江河口保护治理目标和开发指导思想

钱塘江河口段强涌潮、强输沙、强冲淤、强游荡的自然特性给防灾减灾、河口资源开发利用和保护带来了极为不利的影响（潘存鸿等，2011；2013b），主要包括：

（1）对防洪、御潮和排涝的影响。历史上，钱塘江河口发生近千次洪、涝、潮灾。从唐武德六年

---

❶ 因受治江缩窄和杭州湾口北岸围垦等人类活动的影响以及量测技术的进步，根据最新地形图的量测结果（按江道中心线计），钱塘江河口全长291km，比原来的282km增加了9km（韩曾萃等，2003），其中：近口段从原来的75km增长到77km，河口段从原来的122km缩短到116km，口外海滨段从原来的85km增加到98km。

(公元623年)直到新中国成立前夕的1326年间,仅有史可查的潮灾年就有183年,平均7.2年中有1年。钱塘江河口潮灾,或由风暴助潮肆虐,堤塘漫溃,或因急溜逼岸,堤塘坍毁。由于组成岸滩的粉砂不耐冲刷,其崩势之猛、坍速之快、成灾之烈,远非其他河流的江岸坍蚀可比。海潮入侵以后,不仅淹溺成灾,而且咸潮所到之处,挟带泥沙,掩埋农田,淤塞河道,使内河水质变咸,贻害长久,不易消除。钱塘江河口段存在洪冲潮淤、冲淤幅度很大,主槽丰水走直、枯水弯曲等河床演变特点。当流域出现连续枯水年时,主槽极度弯曲,泄洪线路长,同时因泥沙大量淤积,河道过水断面小,对泄洪最为不利。另外,因主槽摆动频繁,每处堤防均可能成为主流的顶冲点,整个堤防需全面防御。因钱塘江河口河床宽浅,当主槽摆到一岸时,另一岸则发育大片滩地,滩面高程可能高于内河水位,严重影响两岸的排涝。

(2)对河口资源开发利用和保护的影响。由于主槽摆动幅度大,摆动频繁,对取排水口、排涝闸和港口航道等岸线资源利用极为不利,常常出现排涝闸下因主槽摆动而被淤死,甚至在1968年出现著名观潮胜地盐官无涌潮的现象。此外,滩涂资源、受盐水入侵影响的淡水资源等开发利用也需要对钱塘江河口进行治理。

钱塘江河口潮强流急,历史上受工程技术水平所限,采用“以宽治猛”的指导思想,两岸堤距达10~30km,远大于河道输水输沙所需要的宽度,河床又为易冲易淤的粉砂土,受径流丰枯的变化,主流在广阔的堤岸内任意摆动,造成主流摆动幅度大、摆动频繁,河床冲淤变幅大和潮汐特征值变幅大的特点,江道十分不稳定。

20世纪60年代初,通过较系统的分析研究,认识到钱塘江河口由于外海来沙丰富,潮汐动力太强,山水、潮水比值小,口内发育庞大的沙坎。沙坎是海域来沙强潮河口的最主要特征,也是涌潮产生的最重要原因之一,而河床宽浅、涨落潮流路分歧是主槽游荡的原因。因此,从理论上论证了治江的指导思想是(韩曾萃等,1985;2003):减少进潮量,加大山水、潮水比值,缩窄江道,减少河床摆动。这是治江指导思想上的重大转变,即从“被动防守”转变为“主动治江”。后来经过多年的治江实践,对河性认识的加深,针对治江缩窄后阶段,治江指导思想调整为:缩窄江道,稳定主槽,增大单宽潮量(潘存鸿等,2011)。

根据上述治江指导思想以及两岸经济社会发展需求,围绕防洪、御潮、排涝、涌潮保护、滩涂资源开发、水资源利用、岸线资源利用、航道资源开发等众多的治理目标,比较研究了河口建闸、建潜坝和全线缩窄三大类方案。最后选定了既稳妥又灵活,既能满足治江又能获得土地的全线缩窄治理方案。在钱塘江河口最重要和最复杂的尖山河段治理研究中,经充分论证,多方案比较,提出并实施了钱塘江河口全线缩窄、尖山河段主槽走中、平面形态弯曲的治江缩窄方案(简称“全线缩窄,走中造弯”)。在治江过程中,提出并始终坚持“治江结合围涂,围涂服从治江”的原则。此后,根据多年治江实践,提出了“自上而下,分步实施”“乘淤围涂,以围代坝”“抛坝促淤,回流淤积”等治江措施。上述治江指导思想、治江原则和治江措施的提出,为治江指明了方向,大大加快了治江进程。经多次观测、修正逐步达到治理规划线,从而创建了海域来沙丰富、宽浅游荡型强潮河口的治理模式。通过50余年大规模治江缩窄,澉浦以上河口段达到了治理规划线,稳定了河势,改善了河口健康,取得了多项治理目标(潘存鸿等,2010):①提高了防洪潮标准,彻底解决了尖山河段南岸因南股槽临岸,潮水顶冲常年抢险的老大难问题,杜绝了滩槽摆动导致萧绍平原不能排涝的极端事件;②截至2014年末,钱塘江河口累计围涂205万亩(13.6万hm^2),其中澉浦以上河口段累计围涂135万亩(9.0万hm^2)、澉浦以下杭州湾70万亩(4.6hm^2,上海市5.4万亩、浙江省64.6万亩),图1.2.1与图1.2.2为不同时期的钱塘江河口卫片,显示了治江进程;③涌潮和古海塘景观依然壮观;④为曹娥江大闸、嘉绍大桥等工程建设创造了自然条件。

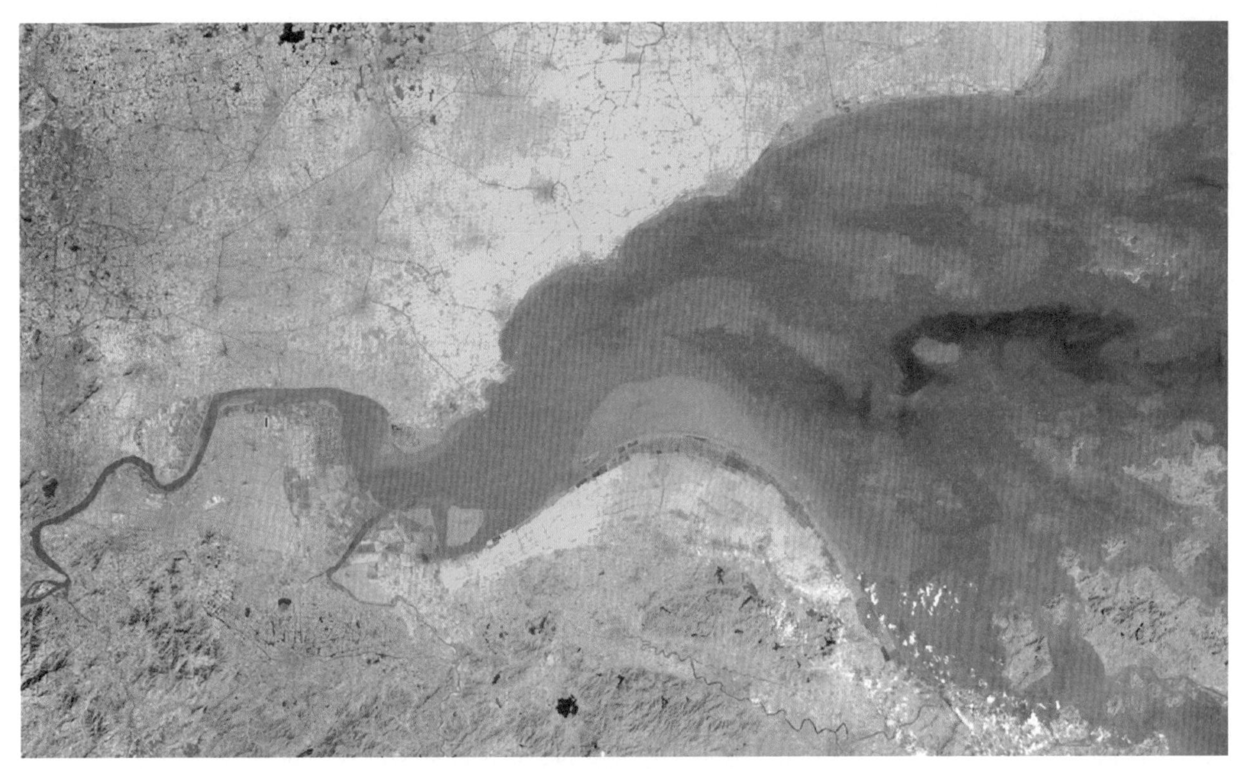

图 1.2.1 2002 年 3 月钱塘江河口卫片

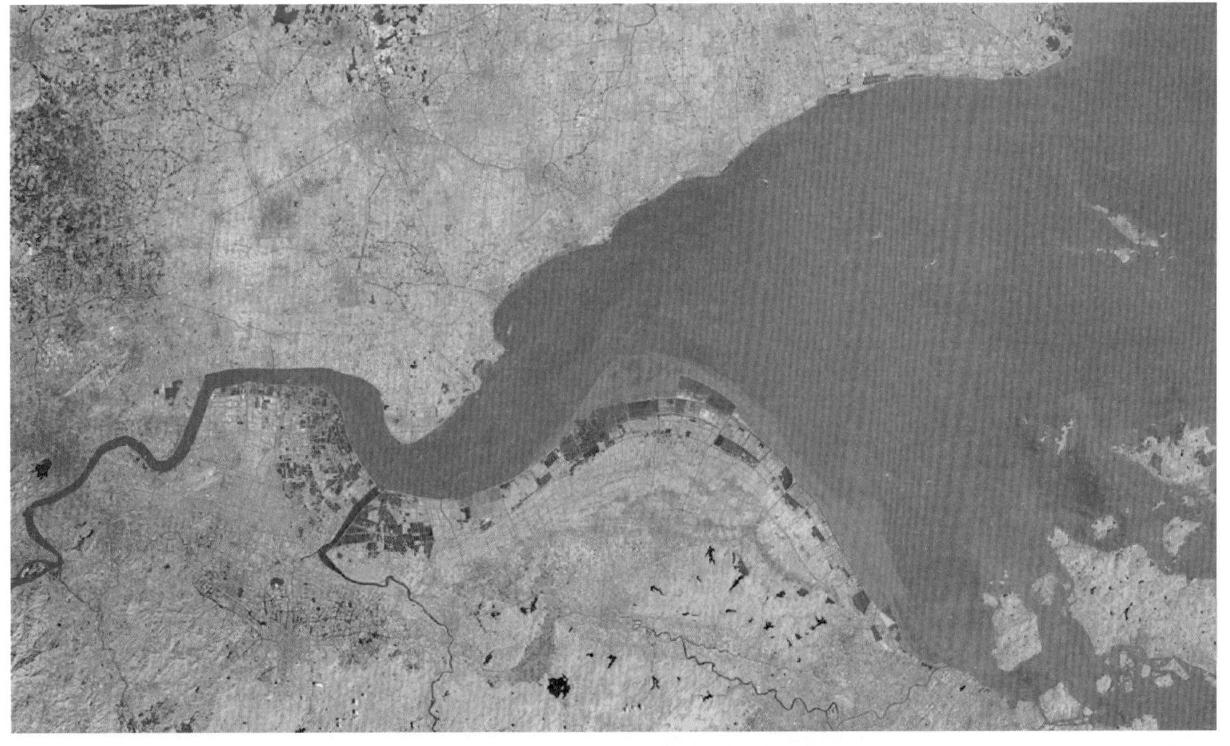

图 1.2.2 2015 年 10 月钱塘江河口卫片

1.2 钱塘江河口治理进展

由韩曾萃等（2003）撰写的专著《钱塘江河口治理开发》系统地总结分析了河口的形成与历史变迁、河口概貌、潮汐水文、泥沙输移、河床冲淤变化、治理规划与实施进程、整治建筑物的设计与施工、人类活动对河口的影响，以及数值模拟和实体模型试验技术等。该书是认识自然和改造自然过程中的科学技术总结，但书中引用的资料止于2002年。2003年以来，钱塘江河口治理又取得了一些重要的新进展。

1.2.1 治理规划修编

以1985年编制完成的《钱塘江尖山河段治导线初步研究》(韩曾萃等，1985）为标志，从20世纪80年代开始钱塘江河口的治理重点进入海宁八堡至澉浦的尖山河段，实施过程中又对尖山河段治理规划进行了修编，于2001年完成《钱塘江河口尖山河段整治规划》(韩曾萃等，2001)。由于贴近上虞、余姚岸线的南股槽水深流急，对实施尖山河段上虞和余姚岸段的整治规划线带来了很大的困难，同时也为减缓南股槽沿岸海塘的防潮压力，改变连年抢险的局面，浙江省水利河口研究院于2005—2007年进行了上虞和余姚岸段的规划线调整研究，编制完成了《钱塘江南股槽整治堤线调整专题研究》(卢祥兴等，2007)，并将规划成果纳入到《钱塘江河口综合规划》(楼越平等，2007)。调整后的规划线在上虞和余姚岸段堤线适当外移（图1.2.3)，与2001年尖山河段整治规划线相比，上虞和余姚增加围涂面积5.4万亩，并充分利用上虞中沙，节约了工程投资。

为进一步保障河口两岸防洪御潮安全，合理开发河口资源，保护和改善生态环境，加强河口管理，浙江省钱塘江管理局组织编制了《钱塘江河口综合规划》(楼越平等，2007)，规划编制单位为浙江省水利河口研究院，编制工作从1999年开始至2007年完成。规划范围为闻家堰至芦潮港与镇海外游山连线之间的浙江省水域和岸线，内容包括治导线确定、防潮、防洪、排涝、港航、环境等，规划涉及上、下游河口治理的关系，已有及新建工程的环境影响和土地围垦规模的大小等。

《钱塘江河口综合规划》的规划任务是：进一步加强江道治理，稳定河势，控制主槽摆动幅度和频次；进一步加强海塘建设，提高防洪御潮能力；合理配置河口水资源，加强水环境保护；在治江的同时为经济社会提供更多的土地资源；合理开发岸线资源，并改善航运条件；加强河口管理。

经过近9年的工作，《钱塘江河口综合规划》完成了23个专题报告，并吸纳了澉浦以上规划堤线成果（韩曾萃等，1985；韩曾萃等，2001；卢祥兴等，2007)，提出了钱塘江河口全线缩窄方案及推荐的规划堤线，如图1.2.3所示。

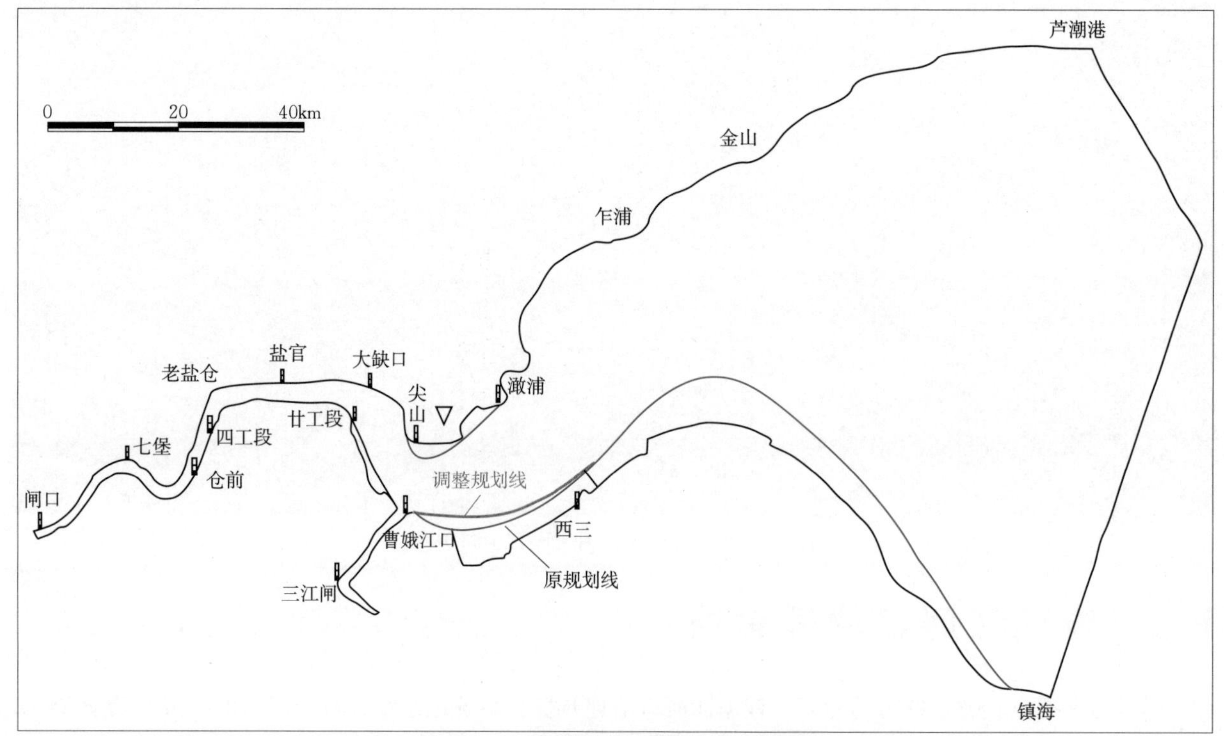

图1.2.3 钱塘江河口规划方案布置图

1.2.2 尖山河段治理规划的实施

截至2002年年底，尖山河段治江围涂工程虽已基本成型，但沿岸所有市县（海宁、海盐、萧山、绍兴、上虞和余姚等）均存在未到规划线的岸段。

1. 海宁和海盐治江围涂工程

根据浙江省水利河口研究院的研究成果（潘存鸿等，1999；卢祥兴等，2000；熊绍隆等，2002），海宁市自1997年4月从上游抛筑顺坝促淤，至2003年完成Ⅰ期治江围涂工程，共计围涂4块，即98丘、99丘、02丘和03丘（图1.2.4），合计围涂面积3.8万亩。2003年以后，利用尖山河段主槽南摆时机，实施Ⅱ期治江围涂工程，先后围成04丘两块，合计围涂面积2.2万亩。至此，海宁岸段已全部达到规划线，共计围涂面积6.0万亩。海宁治江围涂工程实施后，促进了下游海盐县隐蔽区的淤积，海盐县先后围成05丘和07丘，合计围涂面积2.3万亩。

2. 萧山和绍兴治江围涂工程

南岸萧山和绍兴岸段主槽贴近岸线，水深流急，给围垦工程带来了极大的困难。绍兴县主动出击，为曹娥江大闸建设创造条件，于2003年围成靠近曹娥江的两块03丘，于2007年围成西片07丘，共计围垦面积1.2万亩。在此期间，上游萧山利用浙江省水利河口研究院的研究成果（曾剑等，2006），强行采取抛筑3条丁坝促淤，于2007年围垦面积1.9万亩。至此，钱塘江南岸曹娥江口西侧岸段已全部达到治理规划线。

3. 上虞治江围涂工程

上虞岸段南股槽发育，深水临岸，为整治南股槽并实施上虞岸段的治江围垦工程，根据浙江省水利河口研究院的研究成果（韩海骞等，2003），宜采用“上堵”方案整治南股槽。2007年4月堵截南股槽上口后，同时，沿中沙的北边缘自上（西）而下（东）抛石保护中沙。因上口堵截，南股槽随即萎缩，出现大幅度的淤积，上虞市视滩涂淤涨情况由西向东逐步分片实施围垦，2007年合拢上虞治江围涂一期南丘（1.05万亩），2009年春合拢上虞治江围涂一期北丘（1.48万亩），以后又相继围成11丘（1.7万亩）和12丘（1.6万亩）。至2012年底，上虞仅留一个缺口还未封闭。

4. 余姚治江围涂工程

余姚西段受南股槽涨潮流顶冲，东段受西三潮沟涨潮流顶冲，动力强，近岸塘脚最低高程达到－15m，抛坝促淤难度大，而位于中段的陶家路闸两侧动力较弱，滩涂较高，又相对稳定。因此，在上虞段南股槽治理成功减缓了南股槽险情后，2002年余姚海塘除险治江围涂于中段起步（一期工程；杨火其等，2002），抛坝促淤围涂1.95万亩。在此期间，西三潮沟以东慈溪开展了四灶浦以西围涂，西三潮沟受两侧围涂扼制而逐渐萎缩，余姚继续向东实施了二期促淤围涂工程（2.67万亩）。

2007年，上虞堵截南股槽上口并对中沙采取临时保护工程后，余姚西段床面明显淤高，为余姚市实施海塘除险治江围涂四期工程（位于上虞、余姚交界处横塘直堤至陶家路江东丁坝之间）创造了条件，促淤围涂面积5.38万亩，如图1.2.5所示。研究结果表明，鉴于余姚岸段新、老岸线相距较远，抛坝促淤宜采用丁坝外侧接上挑或下行顺坝的组合方案。因此，余姚市一期、二期、四期治江围涂工程均采取由顺坝和丁坝组成的“格坝”进行促淤，实践表明，促淤效果明显。

由于水深流急，丁坝、顺坝坝头冲刷严重，尤其是丁坝头部冲刷坑底高程达－10.0～－18.0m，比原床面冲深5～10m以上，最大的断面石方量可达到400m^3以上。2006年经深入调研，利用长江深水航道整治工程的设备，对抛坝前床面先采取软体排护底，取得了满意的效果，这又是一项新技术在钱塘江河口治理中的应用。截至2013年余姚岸段围成与上虞交界的两个区块，至2014年底仅留一个缺口还未封闭，至此余姚岸段全部达到规划线。

截至2014年底，钱塘江河口澉浦以上治江缩窄进展如图1.2.4所示，钱塘江河口段澉浦一西三断面以上除上虞岸段还有近2km岸线未封闭和余姚留有一个缺口外，其余均已达到治理规划线。同时，杭州湾南岸慈溪和镇海的围涂工程也有了很大的进展。

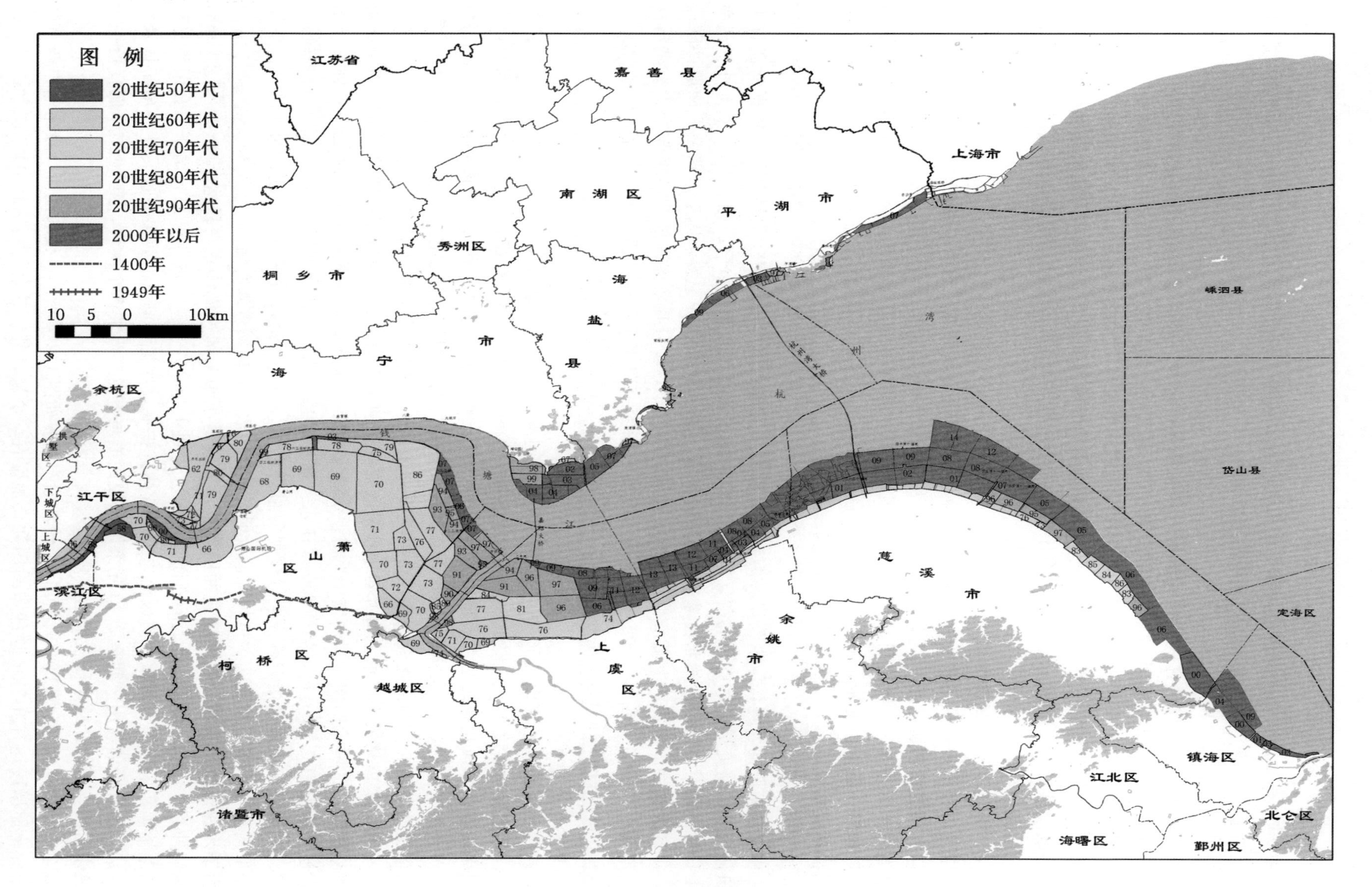

图1.2.4 钱塘江河口治江缩窄进展图

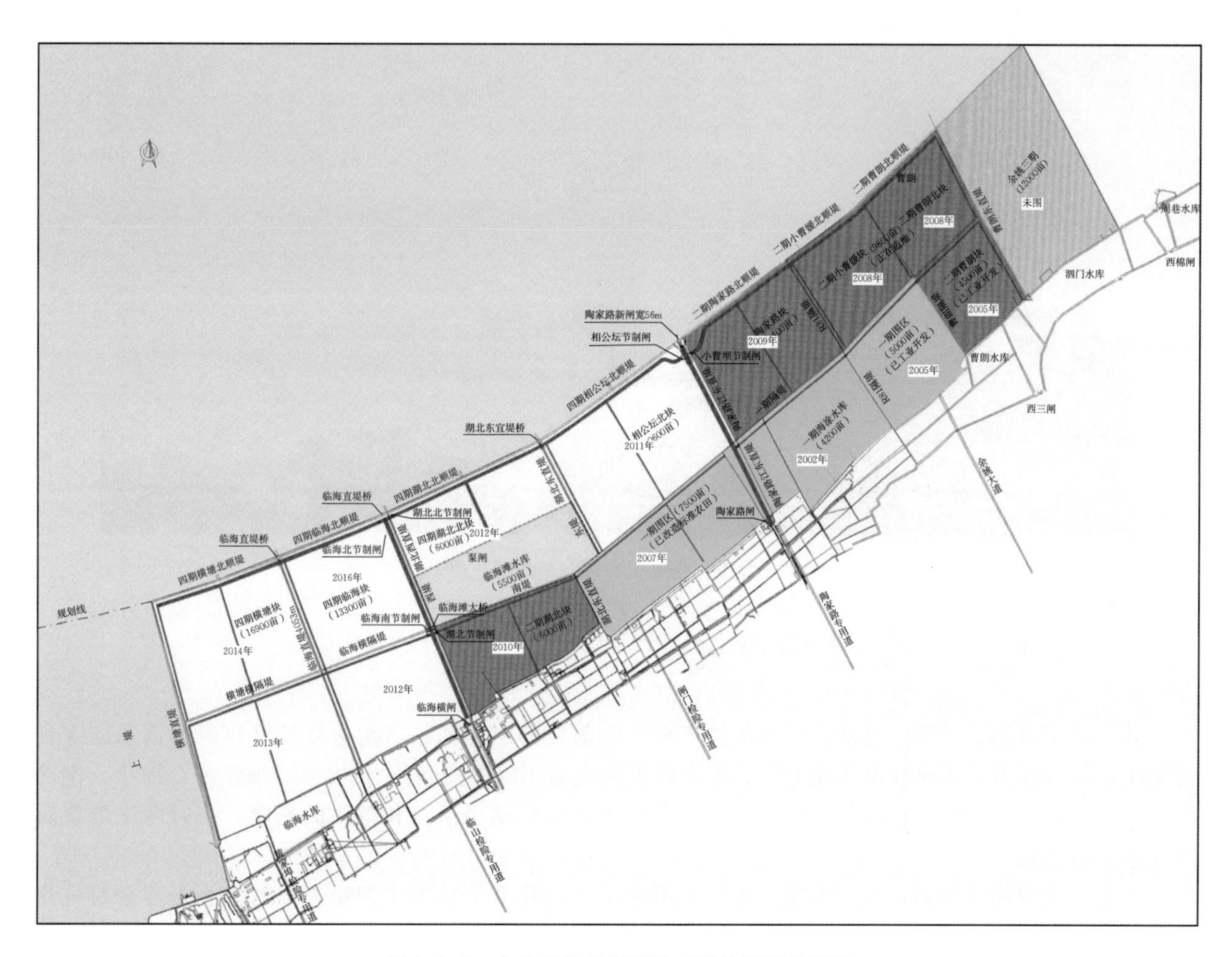

图 1.2.5　余姚岸段促淤围涂工程总平面布置图

1.2.3　曹娥江大闸建设

曹娥江大闸是一项综合利用的枢纽工程，其作用是以防潮（洪）、治涝为主，兼顾水资源开发利用、水环境保护和航运等综合功能，是《钱塘江河口尖山河段整治规划》中的关键性工程，也是浙东引水工程中的配水枢纽。大闸建成后可阻挡钱塘江河口风暴潮入侵，两岸防洪潮标准从 50～100 年一遇提高到 100 年一遇以上；萧绍平原的排涝标准达到 20 年一遇；闸上河道型水库多年平均可增加利用水量 6.9 亿 m^3，使萧绍平原和姚江平原连为一体，有利于向宁波、舟山等地引水；改善航运条件，杭甬运河曹娥江河段 500t 级通航保证率从建闸前的 50％提高到 90％以上；改善两岸平原河网水环境，提高土地利用价值。

曹娥江大闸枢纽工程是国家批准实施的重大水利项目，是国内也是亚洲最大的河口第一大闸，为Ⅰ等大（1）型水闸工程，共有 28 孔，每孔宽度 20m，净宽 560m。正常蓄水位下库容为 1.46 亿 m^3，水闸最大泄洪量 12850m^3/s。前期工作开始于 2001 年底，2003 年 10 月 1 日大闸施工围堰工程动工，2005 年 12 月大闸枢纽主体工程开工，2008 年 12 月 18 日大闸蓄水试运行（吕益民，2011；图 1.2.6）。至 2015 年底，大闸已安全运行 7 年有余。曹娥江大闸建成运行，标志着尖山河段的治理已达到了预期目标。

图 1.2.6　曹娥江大闸（张伟波　摄）

1.3　钱塘江河口保护进展

钱塘江河口的治理理念是随着时代的进步而不断演变的。比如：早期由单纯修筑海塘被动防守到近期主动治理江道，由单纯抛丁坝缩窄、固定江道演变为“以围代坝”，当提出“治江结合围涂、围涂服从治江”的治江原则后，在 20 世纪 70—80 年代快速地推动了治江和围涂的速度，一时两岸群众对围涂的积极性极高。

经过一段时间的发展，人们发现大规模的围涂在一定程度上减少了潮量，开始担心是否会对杭州湾北岸港口水深的维持不利，故在 1985 年 6 月由浙江省科协、浙江省海岸带调查领导小组、浙江省国土经济研究会联合召开“杭州湾综合开发治理学术讨论会”，参会人员涵盖水利、交通、环保、海洋、计划、经济等方面专家，会后我们更明确：钱塘江河口治理涉及杭州湾，在尖山至澉浦的过渡河段，应注意与杭州湾的衔接，除顺应上下游涨落潮方向河道作适当弯曲，以及改善防洪、排涝条件外，更多是要保护杭州湾已有交通设施资源（如港口码头等），因此澉浦断面以下的江理，其缩窄的程度远小于澉浦以上的江道。故在近 30 余年的治理实践中，正是各个方面的保护与水、土资源开发需求间不断寻求平衡的过程，比如：澉浦以上河段，是在缩窄江道、稳定主槽的前提下，在防洪安全与改善咸水入侵之间进行选择和协调；对澉浦以下的杭州湾，正是出于保护杭州湾北岸的深槽资源，才严格限制北岸的围涂，南岸的规划线也是为保护北仑港而限制其外推的规模。

此外，在 1980 年后，国家改革开放，社会经济快速发展，生活、工业废水未经处理直接排入河道，农业化肥和畜牧业面源也排入河道，致使钱塘江水质逐年降低，许多河段的水质，未能满足水功能区划的要求，生态和环境受到一定程度的破坏。在河口科研、规划、管理中，开始由单一的污水处理厂排放口选择、近远区的污染带面积大小等研究，转变为水资源、水环境的综合保护研究。故在 21 世纪初开展了“钱塘江河口水资源优化配置”“钱塘江河口环境容量及纳污能力研究”等项目，首次提出以海域来沙为主的钱塘江河口生态和环境需水量的内涵、特征和计算方法，并强调在保证满足河口生态及环境需水量的条件下，再满足各种不同功能的用水量。各种保护对象与水、土资源开发之间的协调并举，贯穿在河口治理的科研、规划和实践的全过程中，尤其是在后期。河口保护与资源开发方面的具体事例包括如下诸方面。

1.3.1 涌潮和明清古海塘的保护

为保护钱塘江涌潮壮丽的景观及其多样性，对从事钱塘江海塘科研、建设管理的人来说，有一个曲折的认识过程。在20世纪70年代之前，鉴于涌潮对海塘的破坏力实在是令人生畏，因此曾提出消灭、削减涌潮是治江的目标之一（钱塘江治理规划办公室，1972）。20世纪80年代初，美国陆军工程兵团等国外的工程技术人员，慕名参观钱江涌潮并在与浙江省河口海岸研究所人员交流时，提出了现代工程技术完全可以修建足够坚实的海塘，像钱塘江这样壮观且具多样性的涌潮景观，是弥足珍贵的世界自然遗产，一定要加以保护，决不能消灭、削弱。此后，中国台湾水利、海洋代表团的同行，也提出了类似的建议，从而促使我们的思想有了转变。同时，随着时代的进步，人们对自然现象由与其“斗争”转为“和谐相处”，因此浙江省水利河口研究院加强了对涌潮的观测、特性分析、数值模拟及模型试验研究，不断取得新的研究成果（林炳尧，2008；Pan et al.，2011）。在管理过程中，增加了涉水工程对涌潮景观影响的评估内容，对影响涌潮景观的围涂、桥梁等建筑物，或不予批准，或降低桥墩平台高程、减小桥墩尺寸、加大桥梁跨度，以减少阻水面积，尽量减少对涌潮景观的影响。

明清古海塘已有约500年的历史，属于保护文物，对其结构原貌不能大动，但该工程建造时，缺乏相应水文数据和近代科学理论支撑，加之工程历经数百年，必然老化，数百年来一直处于被动抢险局面，未达到现行的海塘标准，其主要问题有：海塘基础抗冲能力不够、堤顶防浪高度不足、塘身整体稳定性不足。为解决钱塘江北岸明清老海塘险段加固问题，经多年研究（陈希海等，1999），建议用10m钢筋混凝土预制桩替换原4m木桩，堤后的土埝加高、后退，这样基本保留了原明清鱼鳞石塘的风貌。其中施工最困难的是在原抛石体坦水附近打下10m桩，为此，对打桩机进行了专门设计，提出了移动式连续振动打桩机，并不断改进，终获成功。明清古海塘加固工程得到水利部、国家计委的批准，于1997年开工，2003年竣工，其中临水的33.5km海塘作为一期工程实施。大多数堤段的设计标准是百年一遇水位加12级台风，并能防御历史最低潮位条件下涌潮对海塘脚的冲刷和对塘身的打击（陈希海等，1999）。图1.3.1为已加固改建后的明清老海塘的照片，改建加固后的海塘仍然保存了原鱼鳞直立式的海塘结构和风貌。

图1.3.1 已改建的明清海塘（钱塘江管理局 若农 摄）

1.3.2 两岸现有重大涉水工程正常运行的保障

钱塘江河口两岸有许多国家、省、市、县的重大涉水工程，它们的正常运行关系到国民经济的发展，但也受制于钱塘江河口的河势、冲淤和潮汐水文等变化，因此在制订治江规划和审批涉水工程时，都应关注对现有涉水工程的影响，其中重大涉水工程有：

（1）保护两岸现有能源工程安全运行。随着社会经济的发展，两岸重大涉水工程日益增加，除保护最重要的对象——海塘自身安全外，还要保障秦山核电站群、嘉兴电厂等能源工程取水口、排水口的水深条件，而且需要安全运行60年，到目前为止，秦山一期核电厂已安全运行了20余年，秦山二期在不考虑取水口漏斗效应的条件下，尚有2m左右的富裕水深。因此，在制订、修订治江规划及审批相邻水域的涉水工程时，一定要分析对这些能源工程项目的定量影响，审批时要慎之又慎。另外，杭州湾还有过江石油输送管线、穿堤管线、电力过江输电塔等重要设施，都应予以保护，并加强跟踪观察，保证其正常运行。

（2）保护已建码头、航道和跨江桥梁主通航孔水深的稳定性。杭州湾北岸建有嘉兴港（分海盐、乍浦、独山三个港区），南岸杭州湾口门紧邻北仑港区，都是5万～20万t级的优良港口，在国民经济中占有极其重要的地位，除其自身建栈桥、码头产生的局部淤积外，其他涉水工程的兴建，都必须保证它们正常运行的水深要求。此外，还要适当为今后拟建的码头、航道创造条件，如上虞、绍兴、萧山、余姚等市都有建出海码头的强烈需求，目前钱塘江出海航运受制于涌潮和水深不足，但对于非涌潮区通航条件还是有改善的余地。此外，维护杭州湾大桥、嘉绍大桥等10余座过江桥梁的主通航孔水深以及数百个桥墩的防冲基础也是河口治理中要考虑的重要内容之一。

（3）改善现有生活、生产取水口的御咸和水深条件。钱塘江富阳渔山至南星桥长约30km河段，杭州市生活、工农业及环境用水的取水口主要布置在该河段。其下游，每年在枯水、大潮期，外海咸水受涨潮而上溯，而使江水含氯度超过饮水、农业用水标准（相应标准为含氯度小于250mg/L、300mg/L）达2～10倍，历时1天到6天之久。1960年之前，杭州市区供水量小于20万t/d，可以动员家家户户蓄水、使用井水和城区贴沙河调蓄解决。1960年后新安江水库建成，枯水流量有所增加，情况有所改善，但此后日供水量快速增加，逐步达到40万～120万t/d。为保障杭州市供水安全，自1978年后，受自来水厂的委托，浙江省河口海岸研究所先后开展了一维、一维动床、二维和三维的盐水入侵的数值模拟计算及物理模型试验，研究了在涌潮条件下的盐水弥散系数，在随潮汐周期变动条件下最优的水库放水方式，为防御咸水以保证取水口江水含氯度不超标，进行了新安江水库下泄最小流量的预报和一系列涉及咸水入侵工程的应用研究，是全国最早研究河口咸水入侵、开展数值模型预报的单位之一，也取得了很好的经验和经济效益。此外，由于各取水口的低潮位受河床冲淤而变化，无论自流引水或抽水的水量，都受其低水位的高、低而变化，同时受河床深泓变迁而变化，因此应注意保持河床的稳定，确保取水口能正常取水。

（4）改善两岸排涝条件，特别是要为曹娥江口门大闸创造建闸和运行条件。钱塘江两岸的城市尾水及两岸平原河网都排入钱塘江，治江前排涝条件因河床深泓变迁，时好时坏，特别是萧绍平原三江闸的排涝条件取决于曹娥江出口水道的河床冲淤变化。治江应改善排涝条件，稳定河床主槽，同时使钱塘江主槽靠近曹娥江口门，为曹娥江口门大闸创造建闸和运行条件，减少闸下淤积。截至2015年，大闸已安全运行7年余，还没有出现因闸下淤积问题影响大闸运行。

1.3.3 加强水环境研究

钱塘江河口在20世纪80年代初，还是一条山清水秀的河流，著名的“富春江山居图”记载了其诗情的画卷，当时缺乏系统的水质观测记录无法与现在对比，但据1982年在闸口断面非完整的观测，其溶解氧为7.7mg/L、BOD_5为1.57mg/L、COD_{Mn}为2.5mg/L（钱秉钧等，1988），基本上是地表水的Ⅱ类水标准。但此后经过15年国民经济的高速发展，据1997年系统观测，富阳至七堡的40km河段都比水功能区划的水质要求差1～2等级（苏雨生等，2001），其中以有机污染物为主，非离子氨、亚硝酸盐、溶解氧、COD_{Mn}、BOD_5、汞、挥发酚也存在局部污染。2004年为特殊枯水年，富春江水库上游、下游及闻家堰等处发生藻类和因低氧而死鱼等现象，更进一步暴露了钱塘江河口水质的污染已达到相当严重的程度。2007年，受钱塘江管理局的委托，浙江省水利河口研究院开展了钱塘江河口

水环境容量的研究（朱军政等，2010），结论是富阳至闸口长约35km的主要生活取水口的河段，2001—2008年间，几乎没有一个断面全年都能达标，达标保证率仅为30%。随后，提出的改善措施主要包括：污染物的总量已超过环境容量30%左右，必须削减富阳造纸厂、浦阳江的污染负荷，提高下游主要集中式污水处理厂的处理程度。由于国家目前尚未制定适用于非恒定流的水质随时间变化的取值标准，显然，不同功能的用水户，其允许超标的历时不同，该报告作了一些探讨。钱塘江河口水质的不达标是多方面原因造成的，主要是经济的发展远快于污水收集及处理的能力，不少企业生产工艺粗放，环保意识缺失，未经处理的污水任意排放或偷排，地方监督部门执法不严，这都是普遍且长期存在的现象。2015年浙江省委省政府，痛下决心，提出“五水共治”，其核心是治污。虽然钱塘江河口水质自20世纪80年代至今是下降的，但在该时期内还是做了大量工作的，主要工作如下：

（1）集中式污水排放方式研究。早在20世纪80年代初，为治理运河杭州段及城市内河的污染，受世界银行部分资助，建设杭州四堡污水处理厂，经一级、二级处理后的污水通过江心竖管排放，工程前期做过潮汐水槽试验、数学模型，建成运行后又组织多次水质原体观测，进行排放口近区、远区水动力及水质的耦合模型的复核，实测资料显示其初始稀释度达到30～50倍的效果（随径流及潮汐大小而变化），消除了以往岸边排放的黑褐色水体（长6000m，宽100m），是全国第一座城市污水处置在潮汐河口的成功先例（张永良等，1996），此后排入钱塘江的其他污水处理厂排放口，如杭州七格、绍兴、萧山等大型排放口都按此种方式排放。

（2）钱塘江河口水环境容量研究。由于各污水处理厂是各自分期建设，当时缺乏统一的规划，因此在数学模型中水质边界值的选取、各排放口排污浓度的相互影响、非点源的排放影响等，都未充分考虑，更重要的是潮汐河口非恒定特性，对生活、工农业、环境等不同用水允许的超标时间，国家尚无规定，为此2007—2010年又系统地收集了水质资料，调查点源及面源负荷，建立了全河口区的水动力水质数学模型，对12个水功能区（9个地表水，3个海水功能区）的现状纳污量、水环境容量、削减量均进行了初步研究（朱军政等，2010），一定程度上弥补了以往研究的不足。但河口的生态环境是一项十分复杂的问题，如叶绿素、藻类、浮游动植物等生态观测及模拟均未涉及，因此探索的道路还很长远，还需不断努力。

（3）低氧区的初步研究。钱塘江渔山至闸口长约30km河段，既是重要的生活供水取水口水源区，但又是低氧区。低氧反映了这里的水质存在较明显的有机物污染，但常规的BOD_5及COD_{Mn}观测值并不高，经过初步研究认为右岸富阳有些造纸厂的污水先蓄存在河网，到晚上集中排放，因上游来水与污水COD_{Mn}浓度和水量之比都达到1∶50～1∶80，因此江中已被污染的水体COD_{Mn}很快能在次日白天得到恢复，但溶解氧来水与污水浓度之比只有1∶3～1∶4，很难在次日白天得到恢复，这是夜间观测到的现象和初步解释。另外造纸厂的污水，含较高的亚硝酸盐，也消耗大量的氧，不仅是碳元素而且氮元素都消耗水中的氧，国外有过类似的试验，但我们尚未做过这种试验，有待进一步研究证实。

1.3.4 河口生态和环境需水量及年水资源优化平衡

新中国成立以来，兴建了大量的水利工程，以减轻洪、涝灾害，满足人民日渐增长的生活及生产需水量。随着人口的持续增长和经济社会的发展，淡水资源的供需矛盾日益尖锐，20世纪80年代末，黄河、海河出现断流，淮河、太湖、滇池的污染及富营养化，居延海湖泊群的干枯和沙漠化，华北平原因地下水资源过度开发，出现大面积的地面沉降。这些生态和环境问题表明，人们在利用水资源的同时，对河流自身的环境与生态系统需水在很大程度上被忽视，河流的一些重要功能遭受威胁。浙江省也未因地处南方多雨水地区，而幸免于难。特别是在两岸人口密集、经济社会高度发达的钱塘江富阳至七堡约53km长的河段，面临水资源开发需求增长迅速和污染物大量排放的双重压力，表现出咸水入侵频繁，水质逐年恶化。为协调生活、生产需水与河口生态、环境需水，保障河口地区社会经济的可持续发展，2002—2005年，浙江省水利厅组织其下属单位编制了《钱塘江河口水资源配置规划》（刘光裕等，2004），浙江省水利河口研究院承担了“钱塘江河口水资源利用承载力专题研究”（徐有成等，2004）课题研究，综合多年钱塘江河口资料、研究手段、相关学科的积累，逐步形成以海域来沙为主的河口生态环境需水研究体系。其主要内容如下：

（1）河口生态和环境需水量的内涵及属性（韩曾萃等，2006；尤爱菊，2007）。对海域来沙为主的河口，由于潮波变形，涨潮流速、含沙量、输沙量均大于落潮值，故枯水期一般上游淤积下游冲刷，只有到丰水、洪水时，落潮流速增加并使落潮输沙量大于涨潮，上游淤积的泥沙被冲向下游，河床又达到新的平衡。因此，若径流减少，上游淤积的泥沙量将因此冲刷小，产生累积性的单向淤积，直到河口断面减小甚至消亡，浙江永宁江因修建长潭水库，将其90%径流量引走，下游河床逐年淤积，直到河道失去其行洪排水的功能即为实例。因此，维持河口泥沙冲淤平衡的径流量是河口首要的生态和环境需水量，另外径流还需满足抵御河口盐水入侵、水功能区以及河道内水生生物生存，上述4部分径流共同组成了河口生态及环境需水量。这4部分径流的特点是：①具有包容性，即以上述4部分流量中的最大值起控制作用；②具有时序性，即一年中不同季节、不同因素起控制作用；③具有地域性，即不同河口生态环境需水量的大小各异；④应分别按季、月、15天（一个潮汛）的历时计算各自的生态和环境需水量，并判别全年径流是否满足最低要求。

（2）河口生态和环境需水量各组成部分的计算方法。可参见本书第7章及相应的参考文献，此处不再重复。其最小河口生态和环境需水量约占多年平均总径流量的45%～50%。对于枯水年，它占全年总径流量的90%～100%，甚至超过100%。因此，枯水年生活、工农业及环境用水必然占用了河口生态和环境用水量，若按月计算，其不满足生态和环境需水量发生次数更多，特别在11月至次年2月。

（3）年水资源量平衡及优化配置。全年水资源量除满足河口生态和环境需水量外，还需满足两部分水量：①人口社会经济发展所需要的生活、工农业、其他环境用水量，约占多年平均径流量的10%～15%；②目前已有的、难以控制的蓄水、抽引水工程的径流量，占多年平均径流量的40%左右。需特别强调，这部分水量并非是完全无用的弃水，它可维持较大的河床断面，有利于行洪和稀释污染物浓度。由于降雨、径流时空上分布极不均匀，不同保证率的全年及各月的水资源量，相差极大，而河口生态和环境需水量及两岸的社会生活、工农业、环境用水量，相对在时间上比较均匀，这样就常发生某年总水量可以平衡，但按月计算不平衡的情况，进行各种保证率的平衡计算后，就可以定量地了解有多少月份没有满足河口生态和环境需水量，或两岸的用水占用了多少河口生态和环境需水量，从而在水资源管理调度上，可按用水户的重要性，按用水户的性质分类，采用不同保证率供水，以达到优化配置的目的。按照钱塘江河口长系列多年逐月的统计结果，完全保证河口和两岸的生态和环境用水量，只有30%保证率，各种不能满足生态和环境需水量要求的因素均存在，过去30年是不满足盐度要求的因素较多，现在和今后是水环境水质的因素较多，因此削减污染负荷是当前改进水资源管理的关键因素，故“五水共治”抓治污，推进经济结构的改革十分必要、迫切。

2015年中共中央、国务院《关于加快推进生态文明建设的意见》，水生态文明建设是其重要组成部分，水利部已发文并宣传，抓好五项关键任务（王茂林等，2015），即在国土空间开发中充分考虑水资源承载能力、促进水资源节约循环高效利用、加大水生态系统保护和修复力度、全面实施水污染防治行动计划和加强水生态文明建设技术支撑，其中特别强调落实最严格水资源管理制度，即守住“三条红线”（确立水资源开发利用量控制、用水效率控制、水功能区限制纳污量控制）。相信再经过10年左右的努力，钱塘江的水生态会有根本性的改善和恢复。

1.4 主要研究内容

本研究从钱塘江河口河床演变、涌潮模拟技术、超标准风暴潮、盐水入侵、河口水环境、河口生态环境需水、河口治理成效等方面，进行了系统分析和总结，主要内容如下：

（1）钱塘江河口河床演变。通过60多年的钱塘江水下地形资料和近10个岸边潮位资料以及水文

观测资料，系统分析了新安江水库建设、上游采砂和大规模治江缩窄工程对河口河床演变的影响；在建立的一般河口河相关系的基础上，提出河宽河相关系式用涨潮流量代替落潮流量。据此，建立并验证了强涌潮河口河相关系，包括宽深比、放宽率、面积放大率、河床底纵向坡降等，同时还建立了凸体局部冲刷坑深度计算公式；近20年来长江入海泥沙减少明显，基于20世纪80年代和2014年水文资料初步分析了长江入海泥沙减少对杭州湾的影响。

（2）钱塘江河口涌潮模拟技术研究。涌潮模拟技术分为物理模拟和数值模拟。最近10余年来，随着计算方法的改进和计算机技术的发展，涌潮数值模拟技术取得了很大进展。本部分介绍了一维、平面二维和基于FVCOM模型的三维涌潮数学模型，重点介绍了基于Boltzmann方程的有限体积—KFVS（Kinetic Flux Vector Splitting）格式求解二维浅水方程，采用准确Riemann解处理干湿边界，在此基础上建立了考虑涌潮作用的二维泥沙数学模型，模型已广泛应用于实际问题的研究。涌潮物理模拟又分为整体实体模拟和水槽模拟。近10年测试和控制仪器设备的进步大大提高了涌潮物理模拟的精度，目前已用于涌潮特性和实际工程问题的应用研究。随着第四代涌潮水槽模型中V3V、PIV等现代测试技术的应用，在涌潮水力学结构和紊流等方面取得了较大的研究进展。

（3）钱塘江河口超标准风暴潮研究。基于Mike21模型和第三代波浪SWAN模型，建立了适合于钱塘江河口的天文潮与风暴潮耦合模型以及台风浪计算模型，选取典型台风，计算分析了钱塘江河口沿程超标准风暴潮高潮位和台风浪，分析了超标准风暴潮位和台风浪的重现期，揭示了风暴潮位和台风浪重现期的差异性。通过波浪断面模型试验研究了超标准风暴潮作用下海塘护面结构的稳定性和波浪越浪量，以及海塘的破坏形式和破坏发展特征，提出海塘不同受损程度对应的越浪量以及试验断面的防御能力，计算分析了超标准风暴潮作用下海塘保护区的溢流或溃堤后的淹没范围，以及不同时期钱塘江两岸的灾害损失量。钱塘江河口大规模治江缩窄抬高了风暴潮高潮位，介绍了基于无结构网格有限体积法的二维风暴潮实时预报模型，该模型已成功预报了台风暴潮期钱塘江河口沿程实时风暴潮位。

（4）钱塘江河口盐水入侵研究。系统分析了径流、潮汐、江道地形、取水流量和杭州湾氯度等对钱塘江河口盐水入侵的影响。钱塘江河口属强混合型河口，涌潮对盐水入侵存在较大影响；盐水入侵存在多种尺度的变化周期，如年际、季节、月相、日变化。钱塘江河口河床冲淤对盐水入侵影响很大，为此建立了一维水流盐度动床数学模型，以预测考虑河床冲淤的长周期盐度变化。在掌握河口盐水入侵规律的基础上，结合一维、二维水流盐度数学模型，根据当年江道特征，准确预报了杭州市公共水厂取水口30多年来每年抗咸所需的最小下泄流量，采用“大潮多放、小潮少放”的应潮调度方式，以提高河口水资源的利用率。

（5）钱塘江河口水环境研究。分析了近年来钱塘江干流、两岸平原河网和河口海水水质的变化，估算了钱塘江河口入河污染负荷；建立了钱塘江河口长历时二维水流、水质数学模型，计算分析了河口水体交换能力和水质影响因素敏感性，以及不同时期的纳污总量。同时，还对杭州市四堡污水处理厂排污口近区浓度、富春江低氧河段水质进行了观测与模拟。最后，在钱塘江河口危险源辨识基础上，对钱塘江河口突发水污染事故进行了数值预测。

（6）钱塘江河口生态与环境需水量研究。在论述强潮河口水环境、生态特征的基础上，提出强潮河口生态与环境需水的定义，研究了河口生态与环境需水的基本内涵、属性和确定原则，探讨了各需水组成的计算思路和计算方法，并给出了定量的计算结果；在分项计算的基础上，对年际、年内的需水过程进行了综合；针对钱塘江河口来水和需水的时程特性，提出为保障河口生态与环境需水的措施和实现的途径。

（7）钱塘江河口治理成效与经济评估。论述了钱塘江河口治理的必要性，对建闸方案、潜坝方案和全线缩窄方案进行了综合比选，并确定了全线缩窄方案作为钱塘江河口的治理方案。编制、修订了治江缩窄规划方案，论述了海塘建设和维护过程。基于大量的实测水文、地形等资料，系统分析了治江缩窄方案实施后潮汐、洪水位、排涝、盐水入侵、涌潮景观、通航条件等变化，治江为曹娥江大闸建设创造了基础条件。最后，分析了治江和海塘建设带来的巨大社会效益和经济效益。

以上章节，并未包括钱塘江河口开发治理和管理的全部内容，特别是涉及工程结构的新进展、对明清古海塘老化的鉴定技术、应对超强台风的预警等。这些内容还需查阅其他相关报告、论文。

参考文献

陈希海，周素芳．1999．钱塘江海塘标准塘工程［J］．水利水电科技进展，19（4）：39－42，46．

韩海骞，等．2003．钱塘江尖山河段上虞世纪丘治江围涂工程专题研究［R］，杭州：浙江省水利河口研究院．

韩曾萃，余祈文．1985．钱塘江尖山河段治导线初步研究［J］．科技通报，1（6）：11－14．

韩曾萃，余祈文．余炯．2001．钱塘江河口尖山河段整治规划［R］．杭州：浙江省水利河口研究院．

韩曾萃，戴泽蘅，李光炳，等．2003．钱塘江河口治理开发［M］．北京：中国水利水电出版社．

韩曾萃，尤爱菊，徐有成，等．2006．强潮河口环境和生态需水及其计算方法［J］．水利学报，（4）：16－22．

刘光裕，尤爱菊，等．2004．钱塘江河口水资源配置规划报告［R］．杭州：浙江省水利水电勘测设计院，浙江省水利河口研究院．

楼越平，等．2007．钱塘江河口综合规划［R］．杭州：浙江省水利河口研究院．

林炳尧．2008．钱塘江涌潮的特性［M］．北京：海洋出版社．

卢祥兴．2000．钱塘江河口尖山河段北岸治江促淤围涂步骤探讨［J］．河口与海岸工程，（3）：20－25．

卢祥兴，鲁海燕，曾剑，等．2007．钱塘江南股槽整治堤线调整专题研究［R］．杭州：浙江省水利河口研究院．

吕益民．2011．中国第一河口大闸——曹娥江大闸建设纪实［M］．北京：中国水利水电出版社．

潘存鸿，朱军政．1999．钱塘江北岸尖山一期促淤围垦工程数模研究［J］．海洋工程，17（2）：40－48．

潘存鸿，史英标，尤爱菊．2010．钱塘江河口治理与河口健康［J］．中国水利，（14）：13－15．

潘存鸿，韩曾萃．2011．钱塘江河口治理与科技创新［J］．中国水利，（10）：19－22．

潘存鸿，曾剑，唐子文，等．2013a．钱塘江河口泥沙特性及河床冲淤研究［J］．水利水运工程学报，（1）：1－7．

潘存鸿，韩曾萃，徐有成，等．2013b．强涌潮钱塘江河口治理关键技术研究与实践［R］．杭州：浙江省水利河口研究院．

钱秉钧，金鹿年．1988．运河（杭州段）污染综合防治研究［C］//曲格平．中国环境科学研究［M］．上海：上海科学技术出版社．

钱塘江治理规划办公室．1972．钱塘江下游近期治理工程初步规划（黄湾枢纽）［R］．杭州：钱塘江治理规划办公室．

王茂林，唐忠辉，王亦宁，等．2015．充分发挥水利在生态文明建设中的关键作用［J］．水利发展研究，（10）：28－31，68．

苏雨生，等．2001．钱塘江流域水污染综合防治技术［R］．杭州：浙江省环境科学研究院．

熊绍隆，潘存鸿，曾剑，等．2002．强潮河口治河围涂工程促淤方法探讨——以钱塘江河口尖山一期促淤围涂工程为例［J］．泥沙研究，（2）：65－70．

徐有成，韩曾萃，尤爱菊．2004．钱塘江河口水资源利用承载力专题研究［R］．杭州：浙江省水利河口研究院．

杨火其，等．2002．余姚市海塘除险治江围涂工程可行性研究报告［R］．杭州：浙江省水利河口研究院．

尤爱菊．2007．强潮河口生态环境需水及实现途径研究［D］．南京：河海大学．

张永良，阎鸿邦．1996．污水海洋处置技术指南［M］．北京：中国环境科学出版社：566－589．

曾剑，等．2006．萧山区萧围东线治江围涂工程抛坝方案促淤效果专题研究报告［R］．杭州：浙江省水利河口研究院．

朱军政，等．2010．钱塘江河口水环境容量及纳污总量控制研究［R］．杭州：浙江省水利河口研究院．

PAN Cunhong，LU Haiyan，ZENG Jian．2011．Research advances of tidal bore on Qiantang River［C］．Proceedings of the Sixth International Conference on Asian and Pacific Coasts（APAC）：596－603．

第2章 钱塘江河口河床演变

2.1 钱塘江河口河床演变概述

2.1.1 河床演变研究的内容

“研究在水流的作用下，河床的形态及其变化的科学叫做河床演变学”（钱宁等，1987），河床形态的内涵对钱塘江河口而言，应指河口沿程各断面特征水位下（如高、中、低潮位）的断面面积、河宽、水深、河段的容积、累积容积、河床比降以及平面上主流路线的弯曲程度（含弯道曲率半径、中心角）、过渡段长度等特征，其变化的涵义应包括短历时（一个潮过程、一场洪水约3～5天或一个潮周期包括大、中、小潮约15天）、中等历时（洪水季节或大潮汛期或枯水季，约3～4个月）及长历时（一年、一个连续枯水年或连续丰水年周期或更长周期）河床形态变化。由于钱塘江河口的潮量、含沙量沿程变化很大，全河段的泥沙冲淤量相对变化非常快，因此对闸口至澉浦约105km河段（20世纪70年代后向下游延伸至乍浦、金山卫），从20世纪50年代至今，每年4月、7月、11月实施了比尺为准1∶50000的水下地形图测量，基本可以反映这一河段冲淤量的中、长历时变化。另外根据生产及管理的需要，对局部河段也常增加大比尺、小范围的水下地形观测（如近年汛前闸口至盐官的每月一次测量及秦山核电站取排水口附近比尺为1∶10000的地形测量等），这些定期、非定期的水下地形图，最直接、真实、定量化地反映了钱塘江河口的冲淤变化，它不仅是数学模型、物理模型验证的基础，也是河口河床演变学的基础。

作为河床演变学这一门科学，必须将河床形态变化与水流作用相联系，即与动力条件（即来水来沙条件）相联系，河口的动力既包括上游各种历时的径流量和来沙量，也包括下游的潮汐动力（高潮位、低潮位、潮差、潮量、涨落潮流速、历时和涨落潮含沙量）大小。对短历时而言（除洪水过程外）径流变化小，潮汐动力变化快；而对中、长历时则是径流变化大，潮汐动力变化小。目前随着科学技术的进步，无论长、短历时用计算水力学的模拟技术，都可以相对较准确地描述各断面（或某空间点）的水位、流速等的瞬时或年、月变化，但对泥沙输移及地形冲淤变化的准确模拟仍比较困难，因此需要大量断面水流、含沙量的测量作验证（钱宁等，1987），原因除泥沙这门学科本身尚不十分成熟外，河口河床冲淤量是涨、落潮输沙量两个比较接近的数量之差，其精度要求比水动力更高，同时中、长历时计算还有每潮误差的累积，故目前还很少仅用泥沙数学模型直接独立解决重大泥沙问题，多数需倚重河床演变学，因此河床演变学及其发展更显迫切和重要。河口河床演变的研究既包括短历时的变化，也关注中、长期变化规律，这是因为钱塘江河口在洪水期河床短历时冲淤变化，影响到洪水位而受关注，非洪水期河床短历时变化较小，长历时才比较明显。另外资料的积累是中、长历时较多，其动力条件的变化与河床冲淤相对应，水流与河床之间建立关联才可以显现出规律性，这正是河床演变应研究的内容。

本章利用长达60年的实测资料，对强涌潮、游荡性河口的自然演变及治江缩窄前、后的实际变化为基础，辅以理论分析，既可对治理成效做出客观判断，亦可为今后治理提供参考。

2.1.2 河床演变分析注意事项

在河床演变的分析研究中，要注意处理好以下事项：

(1) 要有统一的水下地形基面、统一的特征水位和相同比尺的地形图才具有可比性。因为比尺为1∶10000的测图，100m范围内有一个实测点据，而1∶50000比尺的测图，500m范围内方有一个实测点据，因此不同比尺的测图精度是不同的，不能简单地、不加区别地直接进行比较。

(2) 在河床演变分析中，要注意分清是属于自然条件变化所造成的，还是人类活动产生的变化（如实施滩涂围涂、建桥、码头等人类活动），而实测地形图只反映综合变化的结果，无法分离不同原因产生的变化，需力求采用多种手段将其分离，还要注意这些变化哪些是可逆的（即可冲可淤），哪些是不可逆的，虽有较大难度，但力争加以区分。

(3) 既重视宏观大范围河床演变的规律性，也要注意局部水域的冲淤规律，它们之间既有联系，也有差异，了解它们之间的内在联系和区别，有助于认识演变的偶然性与必然性，普遍性与特殊性。

(4) 既要把握观测数据间的冲淤规律性，又要推求它与上、下游（边界）来水来沙的关系和理论上的解释，因为只有当冲淤数据与动力之间建立理论上的关系，才能对其进行解释和进一步预测。

(5) 由于钱塘江河口水下地形图的观测间隔时间有3～4个月，且每次观测也需要持续5～10天之久，其间发生洪水或出现较大流量的时间有先有后，都会影响冲淤量大小，必然存在一定的偏差，点据规律性不可能很好，但又必须寻求其规律性。

2.1.3 河床地形资料整理方法及说明

钱塘江河口自上而下可分为河流近口段、河口段及口外海滨段。河流近口段（富春江电站至闻家堰的77km）河床相对稳定，并不需要每年进行地形测量，但20世纪90年代以后，由于挖沙河床容积有较大的改变，需要进行3～5年间隔的观测；河口段（闻家堰—澉浦的116km）河床变化频繁剧烈，故从1954年起至今，闸口至澉浦约102km河段每年4月（代表梅汛前）、7月（代表梅汛后）、11月（代表大潮后期）实施全河段准1∶50000水下地形观测，平均1～3km一个断面，断面上100～500m有一个测点的精度；澉浦至芦潮港为口外海滨段（习称杭州湾，为三角江河口，长118km），相对也比较稳定，其中澉浦至金山的53km河段与澉浦以上的河口段泥沙交换频繁，20世纪80年代以前测次较少，随着河口治理与研究重心的下移（如秦山核电站、嘉兴港区码头群及嘉兴火电站、嘉兴排污口建设等），澉浦至乍浦以及至金山河段的水下地形测量次数增加到每年一次到两次；而金山以下由于部分水域隶属上海，且水域辽阔，测量成本较高，水下地形图相对少得多，仅有1959年、2003年、2010年和2014年等少数几次。随着水下地形量测技术的进步，对杭州湾5000km^{2}的水域一次大范围测量一般可在10～20天内完成外业，因此钱塘江河口的测图都具有较好的同步性。

图2.1.1为闸口钱塘江大桥（杭州六和塔）至金山卫全河段的测量代表断面位置、编号、间距的示意图，各年、月的潮位特征随地形、深泓线、水文年不同，有0.5～1.0m的变化，为进行统一对比，按多年平均高低水位整理其断面特征（面积、河宽、水深、容积、累积容积），其各站多年平均高、低水位值见表2.1.1，亦可计算某些固定水位（如8m、6m、4m、2m等）的相应值，对每次地形图都进行同一标准的计算，即可得到各河段不同系列的冲淤量，进而可研究分析其演变特征。

另一种整理地形的方法是用两次地形平面上同一点的高程差计算其冲淤厚度，据此做出计算范围内冲淤厚度的等值线，从而求得各级冲淤厚度的冲刷、淤积量。这种方法的优点：一是可以同时得到冲淤量的平面分布，而前一种方法不能；二是不会存在因围涂地面高程不同，造成的虚假淤积量（因历次围涂时滩面高程不同，当滩面未达到多年平均高程即进行围涂时，会出现虚假淤积量）。在钱塘江河口应同时用这两种方法进行相互校对。

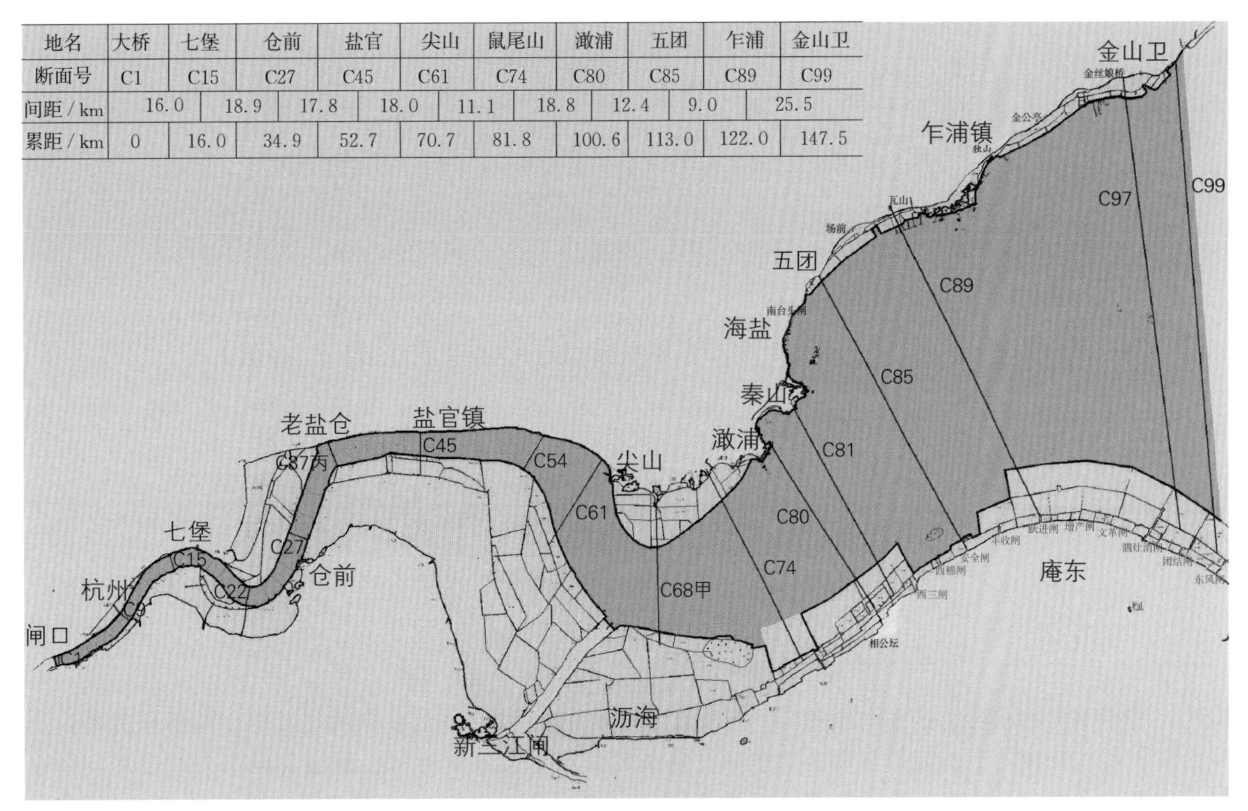

地名	大桥	七堡	仓前	盐官	尖山	鼠尾山	澉浦	五团	乍浦	金山卫
断面号	C1	C15	C27	C45	C61	C74	C80	C85	C89	C99
间距/km	16.0	18.9	17.8	18.0	11.1	18.8	12.4	9.0	25.5	
累距/km	0	16.0	34.9	52.7	70.7	81.8	100.6	113.0	122.0	147.5

图 2.1.1 测绘断面位置示意图

表 2.1.1 **钱塘江河口各河段断面特征水位** 单位：m

断面	C1	C3	C5	C7	C11	C13	C15	C17	C19	C21甲	C22	C25	C27
多高	4.42	4.42	4.42	4.43	4.44	4.45	4.45	4.38	4.36	4.34	4.32	4.30	4.27
多低	3.86	3.86	3.86	3.80	3.75	3.70	3.66	3.52	3.36	3.20	2.90	2.80	2.75
断面	C31	C35	C37丙	C37戊	C41	C45	C49甲	C50	C54	C57	C61	C64	C65乙
多高	4.12	4.06	4.0	3.98	3.96	3.94	3.72	3.62	3.57	3.47	3.42	3.42	3.27
多低	2.27	1.97	1.77	1.57	1.12	0.67	0.4	0.2	0.0	0.2	−0.4	−0.6	−0.8
断面	C65戊	C66	C68甲	C68戊	C71	C74	C77	C80	C83	C87	C91	C95	C99
多高	3.22	3.17	3.15	3.13	3.12	3.11	3.10	3.09	2.90	2.73	2.56	2.35	2.15
多低	−1.0	−1.10	−1.30	−1.80	−2.10	−2.30	−2.45	−2.55	−2.41	−2.27	−2.13	−1.97	−1.82

注：多高指多年平均高潮位；多低指多年平均低潮位。

2.1.4 陆域来水来沙简介

2.1.4.1 径流条件

钱塘江河口最下游流量站为芦茨埠站（流域面积 32830km^2），故径流值均指该站的数值，进入河口段闸口站（面积 41950km^2），可按面积放大推求。径流有年际、季内、月内及逐日变化。图 2.1.2（a）为 1932—2010 年的芦茨端口站历年年平均流量，代表各年平均的丰枯水平；图 2.1.2（b）为历年最大日平均流量，代表各年最大洪水条件；图 2.1.2（c）为 1961—2010 年枯水期、丰水期和大潮期各 4 个月（分别为 11 月—翌年 2 月枯水期、3—6 月丰水期、7—10 月大潮期）的平均流量，其 4 个月的多年平均流量值分别为 600m^3/s、1490m^3/s、800m^3/s，对比新安江水库建成前（1930—1960 年），丰水期流量减少了 260m^3/s，枯水期流量增加了 160m^3/s，大潮期增加了 100m^3/s，年内流量分配趋于均匀。

由于钱塘江河口枯水大潮期，盐水入侵威胁到杭州河段几个生活用水取水安全，影响到水环境功

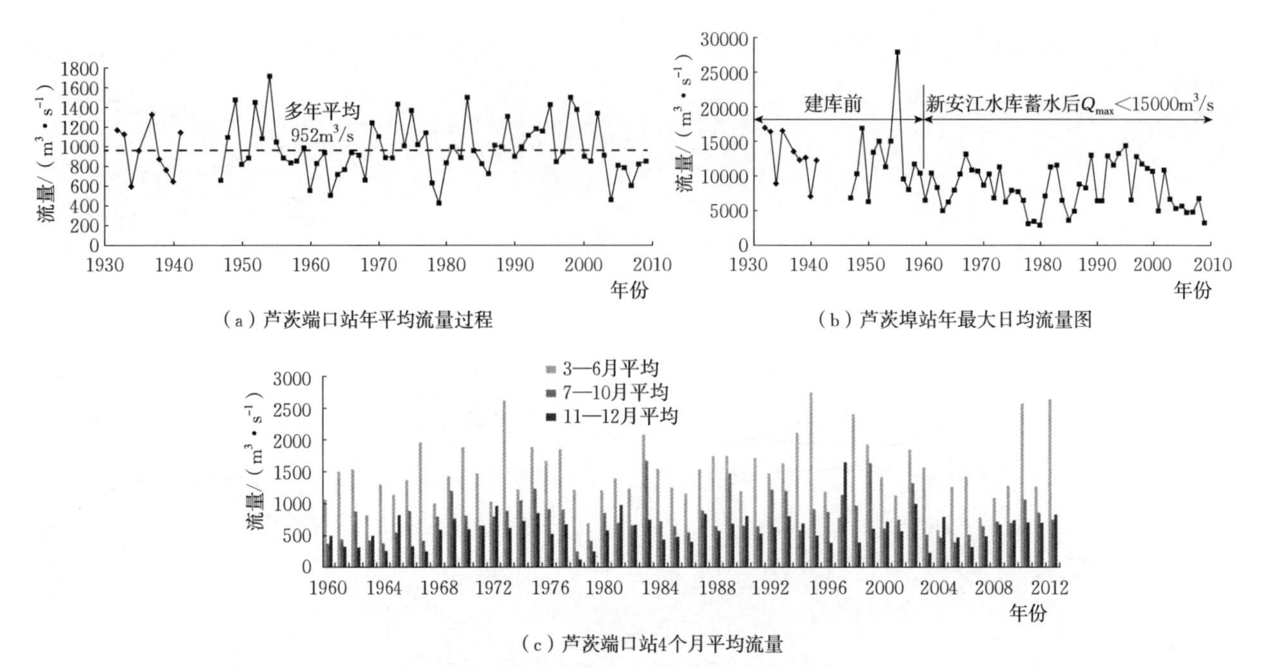

图 2.1.2　钱塘江河口逐年径流特征（芦茨埠站）

能区，特别是饮用水功能区的水质安全，新安江水库从 1961 年蓄水后，在满足发电、调峰任务外，也开始承担抗咸和改善下游河道水质的功能，在枯水大潮期增大下泄流量。但随着城市人口增加，供水量、点源排放量以及面源污染物负荷均在增大，枯水期对新安江下泄流量的需求也在增加。表 2.1.2 统计了新安江建库前后不同枯水流量出现的天数。图 2.1.3 表示不同时期的最大、最小、平均月流量值。由表 2.1.2 和图 2.1.3 可知：

表 2.1.2　枯水流量及对应出现天数（芦茨埠站）

流量/（m³·s⁻¹）	<100	<150	<200	<250	<300	<400	<500	<750
建库前（1932—1960 年）/天	46.2	80.7	110.7	133.2	154.7	185		
建库后（1961—2012 年）/天	9.7	16.89	19.5	36.1	57.1	101	141.3	228
差值/天	36.5	63.9	91.2	97.1	97.7	84		

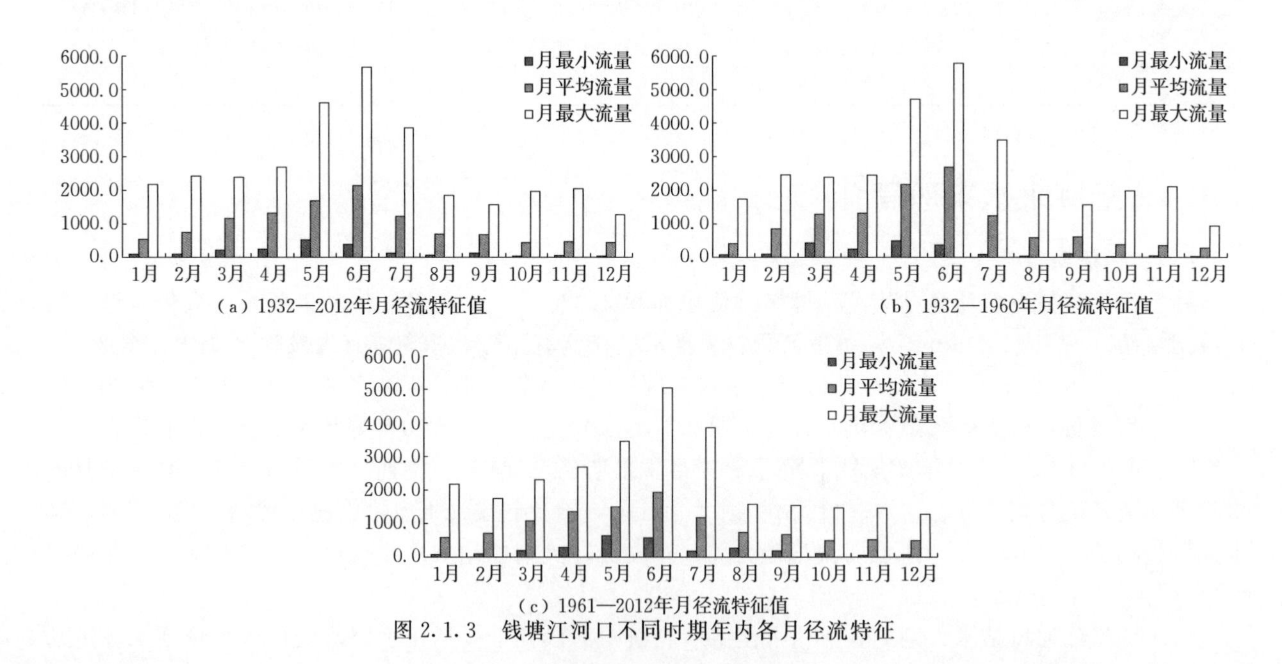

图 2.1.3　钱塘江河口不同时期年内各月径流特征

(1) 枯水流量 100～300m³/s 的全年出现天数，建库前为 46.2～154.7 天，而建库后对应流量的出现天数为 9.7～57.1 天，分别减少了 36.5～97.7 天，即减少了 1～3 个月时间。这是新安江水库为抗咸、防止下游水质恶化而增加下泄流量的结果，它对保证饮水安全和水环境的作用十分显著。

(2) 人们除重视年平均流量外，也需重视中值流量。芦茨端口站的多年平均流量无论哪个时期(长历时的 1932—1960 年或 1961—2010 年) 均为 950m³/s (已考虑电站流量因坝体渗透，两岸农田灌溉引水、船闸用水的漏测和水轮机工作曲线的订正等)。为更全面反映建库前后各种不大于某径流所对应的出现时间，绘出图 2.1.4。

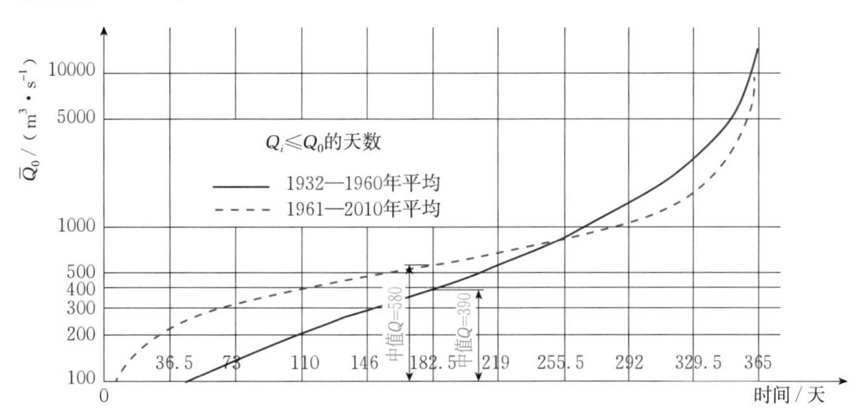

图 2.1.4 各种流量全年出现天数

从图 2.1.4 中可知，新安江建库后中值流量为 580m³/s 是年平均流量 950m³/s 的 61%；而建库前对应的中值流量为 390m³/s 是年平均流量的 41%。因此中值流量增加了 190m³/s 增大了 48%。

(3) 值得关注的是，近年随着钱塘江河口水功能区划的颁布及对河口地区环境容量研究的深入，已基本探明即使在 2008 年的污染负荷条件下，不少水功能区都已超过环境容量 (主要是 NH_3—N、T-P、T-N、DO 和 COD)，必须削减污染负荷。但如果按 90%保证率要求的枯水条件下，要满足水功能区的要求，枯水流量要求达到 360 m³/s，查图 2.1.4 可知现状每年小于此流量的天数平均达 80 天之多。但这是全年总天数，即它不是连续的天数。为此用 1961—2014 年的资料另行统计连续 15 天、30 天、60 天的流量值 (见表 2.1.3)。

表 2.1.3　　连续不同干旱天数的流量 (芦茨埠)　　单位：m³/s

连续干旱天数		15	30	60	90	120	180	360
95%	前	20	30	40	45	68	158	556
	后	82 (131)	124 (180)	150 (201)	192 (216)	257 (266)	311 (353)	475 (608)
	差	62 (111)	94 (150)	111 (160)	147 (171)	189 (198)	153 (195)	−81 (52)
90%	前	30	46	64	74	112	209	608
	后	138	184	204	231	269	359	621
	差	108	138	140	157	157	150	13
80%	前	45	52	82	126	162	290	735
	后	169	197	234	294	312	446	790
	差	124	145	152	168	150	156	55
70%	前	46	57	96	150	245	334	844
	后	187	235	284	370	425	574	834
	差	141	178	188	220	180	240	−10
50%	前	59	99	166	217	315	473	943
	后	284	310	384	453	510	651	915
	差	225	211	218	236	195	178	−28

续表

连续干旱天数		15	30	60	90	120	180	360
30%	前	112	142	231	329	487	608	1125
	后	369	410	500	570	613	747	1076
	差	257	268	269	241	126	139	−49
20%	前	125	151	252	433	586	801	1222
	后	387	460	544	605	701	875	1217
	差	262	309	292	172	115	74	−5
10%	前	149	213	406	530	648	997	1527
	后	439	524	619	657	807	1003	1424
	差	290	311	213	127	159	6	−103
5%	前	300	300	415	583	704	1099	1698
	后	462	541	693	776	852	1182	1482
	差	162	241	278	193	148	83	−216

注："（）"中的数值是删除1978年、1979年等特殊水文年后的数据。

由表2.1.3可知频率为50%时（即多年平均情况），30天、60天的连续干旱期相应的流量分别为310m^3/s、384m^3/s，这说明每两年都有1～2个月钱塘江河口的水功能区将不能满足要求，与国家、各省、市要求的每年达标率为90%以上相差较大。经计算要满足水功能区的要求需削减点源和面源的污染负荷约25%（详见第5章），而不应放宽水功能区标准或增加下泄水量稀释污染物，因为目前的污染负荷许多是未经处理就直接排放的中小型企业和城镇生活污水，削减污染的潜力是存在的。

2.1.4.2 流域来沙条件

上游来沙条件用芦茨埠站1960年前的观测值620万t/a，再考虑区间产沙180万t/a，合计流域产沙量为800万t/a进入河流近口段（韩曾萃等，2003），其中有300万t/a淤积在河流近口段，500万t/a进入河口段。1960年新安江等一系列大、中、小型水库建成后，流域产沙减少为320万t/a，进入河口段的泥沙仅为200万t/a，减少了60%。流域来沙量与下边界芦潮港—镇海断面多年总净进沙量1.4亿t相差70倍，流域产沙是海域来沙量的1.4%左右，所占比重极小。

2.1.5 海域来水来沙简介

2.1.5.1 潮位特性

河口沿程各代表站的潮汐特征值见表2.1.4。统计年限为各测站不等。

表2.1.4 钱塘江河口沿程各站潮汐特征 单位：m

河段		站名		平均值			最高高潮位		最低低潮位		最大潮差		统计年限
				高	低	潮差	数值	年份	数值	年份	数值	年份	
口外海滨段	湾口	北岸	芦潮港	1.90	−1.39	3.29	4.09	1997	−2.87	1980	5.52	2002	1977—2015
		南岸	镇海	1.25	−0.77	2.02	3.29	1997					1988—2015
	湾中	北岸	柘林	2.16	−1.80	3.96							1952—1998
		北岸	金山	2.41	−1.93	4.33	5.16	1997	−3.24	1990	7.15	2000	1981—2015
		北岸	乍浦	2.61	−2.14	4.75	5.54	1997	−4.01	1930	7.82	2002	1953—2015
		南岸	海黄山	1.45	−1.08	2.53							1972—1981

续表

河段	站名			平均值			最高高潮位		最低低潮位		最大潮差		统计年限
				高	低	潮差	数值	年份	数值	年份	数值	年份	
河口段	湾顶	北岸	澉浦	3.08	−2.59	5.66	6.56	1997	−4.36	1936	9.0	2002	1953—2015
		南岸	陶家路	2.93	−2.59	5.52							不详
	盐官			3.98	0.76	3.23	7.75	1997	−2.34	1955	7.26	1933	1953—2015
	仓前			4.28	2.77	1.51	8.01	1997	0.40	1955	5.27	1994	1953—2015
	七堡			4.45	3.65	0.80	7.94	1997	1.22	1955	4.28	2002	1953—2014
	闸口			4.43	3.85	0.58	8.02	1997	1.15	1955	3.77	2002	1953—2014
近口段	闻家堰			4.41	3.82	0.48	8.17	1997	1.19	1954	3.17	1954	1953—2014
	富阳			4.51	4.03	0.48	9.94	1997	1.79	1989	2.77	1994	1957—2014
	桐庐			4.95	4.48	0.48	13.44	1997	2.13	2011	2.55	2012	1959—2014

注：柘林、海黄山、陶家路三站潮汐特征引自《钱塘江河口治理开发》(第85页)。

以上仅为高、低潮水位和潮差的特征值，而近60年潮位如何随河口段治理变化呢？高、低潮水位除受天文潮影响外，还受河床平面、断面形态影响而变化，逐年平均高、低潮位及潮差最能反映其规律。因钱塘江河床宽浅，低潮位受河床平面摆动和垂向冲淤变化影响特别大，而河床的变化又受径流季节、年际差异剧烈影响，为此必须对近60年的变化划分为若干个代表时期。如表2.1.5中的①为1953—1960年，江道顺直、丰水年、未建库、未缩窄期；②为1961—1968年，江道弯曲、枯水年、已建水库、江道未缩窄；③为1969—1977年，为江道顺直、丰水年、江道开始缩窄治理初期；④为1978—1986年，江道弯曲、枯水年、治理缩窄中期；⑤为1987—1999年，江道顺直、丰水年、治江缩窄后期；⑥为2000—2014年，江道微弯、中水年、治江完成期。由表2.1.5可知：

(1) 澉浦站以上各站高、低潮位大多有三次抬升和两次下降，这主要是江道顺直和弯曲造成的波动，但澉浦站、乍浦站则是1969年以后因治江缩窄后才表现为单向的抬升，而此前一直比较稳定。这说明两段的性质不同，澉浦站上游段受河势、治江缩窄双重影响，且以河势影响更大；而澉浦站以下不受河势变化影响，主要受治江缩窄后抬升。

表2.1.5 **钱塘江河口各站潮汐特征及变化** 单位：m

站名		闻家堰	闸口	七堡	仓前	盐官	澉浦	乍浦
高潮位	①1953—1960	4.07	4.14	4.19	3.97	3.71	2.71	2.30
	②1961—1968	4.38	4.46	4.49	4.28	3.94	2.73	2.32
	③1969—1977	4.41	4.42	4.39	4.17	3.81	2.87	2.45
	④1978—1986	4.43	4.38	4.43	4.30	3.94	3.12	2.63
	⑤1987—1999	4.52	4.52	4.54	4.28	4.04	3.25	2.69
	⑥2000—2014	4.51	4.53	4.55	4.47	4.20	3.37	2.90
	②-①	0.31	0.32	0.30	0.31	0.23	0.02	0.02
	⑥-①～⑥-②	0.44～0.13	0.39～0.07	0.36～0.06	0.50～0.19	0.49～0.26	0.66～0.64	0.60～0.58
低潮位	①1953—1960	3.60	3.60	3.41	2.25	−0.18	−2.69	−2.17
	②1961—1968	4.11	4.12	4.00	3.08	1.19	−2.74	−2.14
	③1969—1977	3.94	3.88	3.66	2.37	0.27	−2.70	−2.12
	④1978—1986	4.06	3.97	3.91	3.35	1.58	−2.58	−2.15
	⑤1987—1999	3.74	3.71	3.38	2.40	0.43	−2.54	−2.14
	⑥2000—2014	3.65	3.86	3.66	3.02	1.11	−2.45	−2.15
	②-①	0.51	0.52	0.59	0.83	1.37	−0.05	0.03
	⑥-①～⑥-②	0.05～−0.46	0.26～−0.26	0.25～−0.34	0.77～−0.06	1.29～−0.08	0.24～0.29	0.02～−0.01

续表

站名		闻家堰	闸口	七堡	仓前	盐官	澉浦	乍浦
潮差	①1953—1960	0.47	0.54	0.78	1.72	3.89	5.40	4.47
	②1961—1968	0.27	0.34	0.42	1.20	2.75	5.47	4.46
	③1969—1977	0.48	0.54	0.74	1.80	3.54	5.58	4.57
	④1978—1986	0.37	0.41	0.52	0.95	2.36	5.70	4.78
	⑤1987—1999	0.65	0.81	1.16	1.87	3.60	5.78	4.83
	⑥2000—2014	0.53	0.68	0.91	1.45	3.10	5.80	5.04
	②-①	−0.20	−0.20	−0.36	−0.52	−1.14	0.07	−0.01
	⑥-①～⑥-②	0.06～0.26	0.14～0.34	0.13～0.49	−0.27～0.25	−0.79～0.35	0.40～0.33	0.57～0.58

（2）表2.1.5中②-①代表建库后，径流、河势等因素造成各站高、低潮位、潮差变化幅度的平均值。其中澉浦、乍浦两站高、低水位和潮差均小于0.1m，而澉浦站以上各站高潮位变化在0.23～0.32m，低潮位变化在0.51～1.37m，相应潮差变幅盐官站达1.14m，其余各站为0.20～0.52m。表中⑥-①为治江后比治江前顺直河势的抬升值。对比②-①与⑥-①或⑥-②两组数据可以看出：澉浦、乍浦站的②-①都远小于⑥-①或⑥-②，说明该两站高、低水位及潮差变化，主要是治江缩窄造成的，而澉浦站以上的各站②-①与⑥-①或⑥-②相近，说明治江缩窄的影响和河势顺直、弯曲变化因素均非常重要。

（3）治江缩窄对顺直河势（即⑥-①）高潮位的影响，澉浦、乍浦两站的高水位抬升0.66～0.60m，低潮位抬升0.24～0.02m，潮差增加0.40～0.57m。相应地，闸口、七堡、仓前、盐官等站的高水位分别抬升0.39m、0.36m、0.50m和0.49m。治江缩窄对弯曲河势（即⑥-②）高潮位的影响，闸口、七堡、仓前、盐官等站的高水位分别抬升0.07m、0.06m、0.19m和0.26m。闸口、七堡、仓前、盐官等站为低水位，治江缩窄比顺直河势分别抬升0.26m、0.25m、0.77m和1.29m；比弯曲河势分别降低0.26m、0.34m、0.06m和0.08m。闸口、七堡、仓前、盐官等站的潮差治江缩窄后比顺直河势分别增大0.14m、0.13m、−0.27m和−0.79m（负为减小）；比弯曲河势分别增大0.34m、0.49m、0.25m和0.35m。

为了整体形象地反映目前全河口段的潮位特征，引用2007年10月23—30日进行的一次钱塘江河口的同步水文观测（浙江省河海测绘院，2008）。图2.1.5（a）为该期间平均高、低潮位的沿程分布；图2.1.5（b）为沿程的最大、最小和平均潮差，此处值得注意的是最大潮差并不是在澉浦站，而是在南岸的中沙站（比澉浦站大0.7m）；图2.1.5（c）为涨、落潮位及潮流历时；图2.1.5（d）为测点和垂线涨、落潮最大流速值。

2.1.5.2 含沙量特性

受涌潮停船困难的限制，只能对岸边进行观测，边岸的含沙量进行了多处全潮观测，如图2.1.6所示。

通过分析这些过程可以得到：落潮中后期的含沙量都很小，而涨潮涌潮后含沙量有增大近10倍的沙峰，2h后含沙量比峰值削减1/3，而落潮多数情况下并无沙峰，且落潮平均含沙量是涨潮平均的1/2～1/4。

2011年又对边岸的盐官、曹娥江口、澉浦进行了一个潮汛15天的逐日观测，其平均含沙量最大、最小值可差5～6倍，但大潮5天的平均值比小潮5天的平均值大2倍左右，沿程上游大、下游小。以上观测均在岸边进行，代表性有限，不足以反映主流涨、落潮的全潮含沙量，而近年由于建桥分别在七堡、仓前、盐官、尖山等处做了一些主槽的定点非完整潮观测，这些资料相对比较可靠，利用这些资料建立了潮量与潮差的相关关系。

2.1.5.3 潮差与涨潮量的关系

潮差和涨潮量都是重要的潮汐动力参数，两者之间存在良好的相关关系，笔者以历年实测潮差和

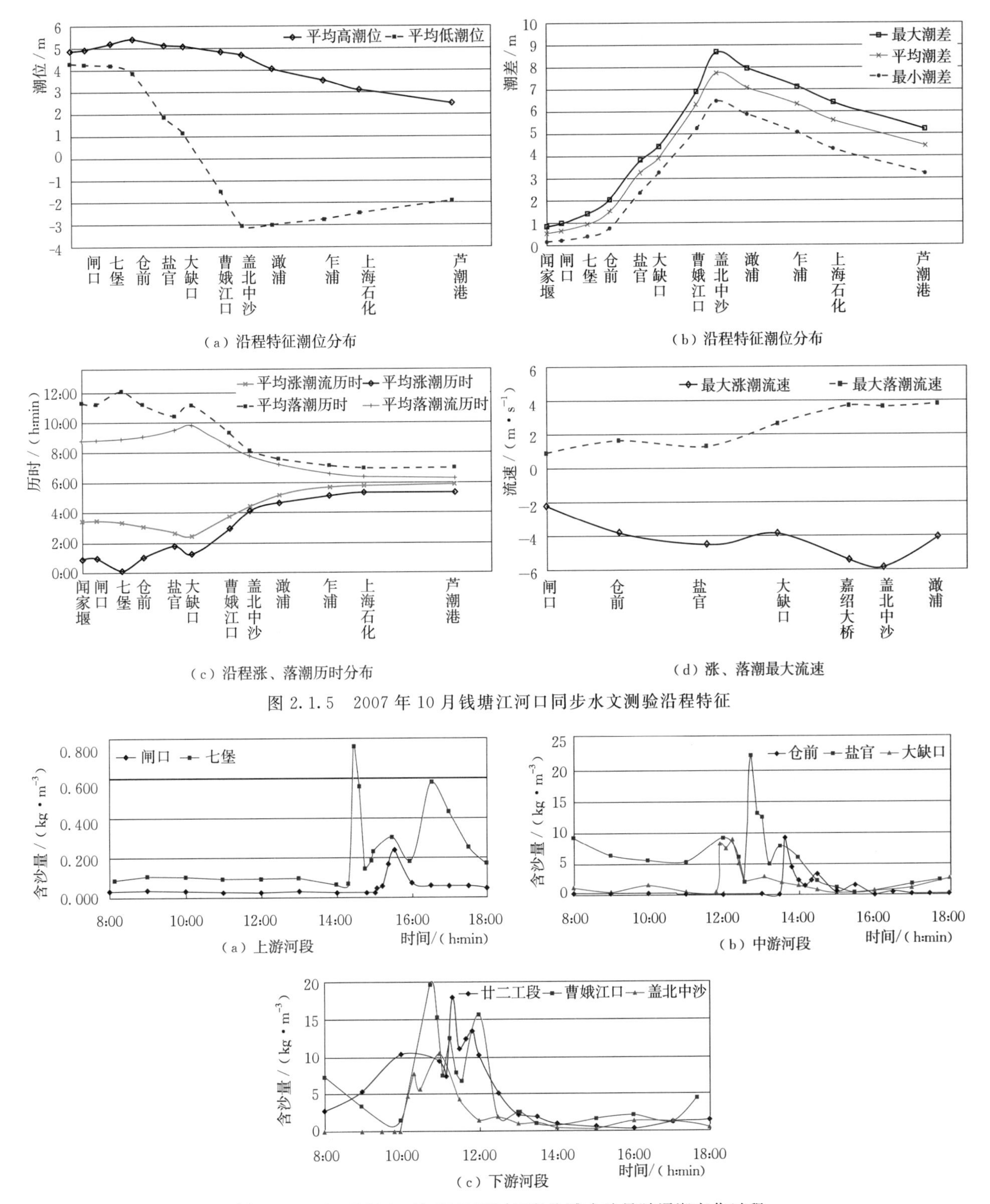

(a)沿程特征潮位分布

(b)沿程特征潮位分布

(c)沿程涨、落潮历时分布

(d)涨、落潮最大流速

图 2.1.5 2007 年 10 月钱塘江河口同步水文测验沿程特征

(a)上游河段

(b)中游河段

(c)下游河段

图 2.1.6 2007 年 10 月 27 日不同河段边滩含沙量随涌潮变化过程

对应的涨潮潮量(闸口、七堡、澉浦、乍浦、金山、口门等站可直接观测,其余因涌潮不能直接观测,可用潮棱体方法或历次不同的数模计算成果),并综合实测及数模点据,可以得到不同站位潮量与潮差,见表 2.1.6(王秀云,1992;浙江省河海测绘院,2008;2015)。再根据涨潮历时、过水面积,可以推求涨潮平均流量、断面平均流速值等。由于高潮位不同,同一潮差的潮量也有差异,但该相关关系反映了平均情况。

表 2.1.6　　不同站位潮差与潮量　　单位：亿 m^3

站名		潮差/m											
		0.25	0.50	0.75	1.0	1.5	2.0	3.0	4.0	5.0	6.0	7.0	8.0
闻家堰		0.02	0.06	0.15	0.30	0.80	1.4						
闸口		0.03	0.10	0.21	0.35	0.60	0.90	1.5					
七堡			0.04	0.12	0.23	0.55	0.95	1.80					
仓前	（前）				0.25	0.55	0.90	1.75	2.6				
	（后）				0.45	0.60	0.75	1.0	1.4				
盐官	（前）					0.50	0.75	1.50	3.10				
	（后）					0.30	0.50	1.20	1.90				
澉浦	（前）						11.0	16	21.5	27	33	39	45
	（后）			（多年测）			9.0	13.5	18	22	26.5	31	35
乍浦		（2000 年测）					30	40	50	61	71	82	
金山		（1983 年、2003 年、2014 年测）					35	50	76	105	140		
芦潮港-甬江口		（1983 年、2003 年、2014 年测）					125	175	230	280	340		

由于涌潮区不能停船，观测含沙量全潮过程困难。七堡以上和澉浦可停船，2007 年 10 月 25—30 日进行了全潮单垂线观测，其结果见表 2.1.7。由表 2.1.7 可知七堡涨潮平均含沙量是落潮的 4 倍左右，为净进输沙；而澉浦涨潮平均含沙量为 3.07kg/m^3，是落潮 1.12 kg/m^3 的 2.7 倍，也为净进输沙。这说明七堡、澉浦大潮枯水期（当时流量为 400～500m^3/s）都是泥沙净输入特性。治江缩窄前，七堡在枯水大潮期为净进输沙，但澉浦全年不一定为净进输沙。究其原因主要是：①该断面宽 16.5km，4～5 条单垂线的代表性不够；②不同月份观测资料太少。但治江后大量滩地被围涂，原滩地的泥沙被固定，滩地大幅度减少甚至没有，故澉浦以上各站涨落潮含沙量均明显减小。

表 2.1.7　　2007 年七堡站、澉浦站单垂线含沙量观测值

时间	七堡站						澉浦站					
	潮差/m	涨潮/（$kg \cdot m^{-3}$）		潮差/m	落潮/（$kg \cdot m^{-3}$）		潮差/m	涨潮/（$kg \cdot m^{-3}$）		潮差/m	落潮/（$kg \cdot m^{-3}$）	
		最大	平均		最大	平均		最大	平均		最大	平均
10 月 25—26 日	0.82	0.61	0.40	0.64	0.16	0.11	6.86	4.41	3.50	7.04	8.03	0.95
10 月 26—27 日	0.84	0.73	0.52	0.77	0.13	0.08	7.51	2.40	1.76	7.24	6.58	1.02
	1.23	2.71	1.26	1.03	0.31	0.22	6.97	6.86	4.26	7.28	7.39	1.08
10 月 27—28 日	1.17	2.13	1.41	1.07	0.29	0.21	7.82	2.12	1.36	7.52	9.19	0.85
	1.44	2.13	1.57	1.33	0.44	0.28	6.76	5.88	3.81	7.23	9.35	1.39
10 月 28—29 日	1.05	1.00	0.71	1.08	0.30	0.23	7.98	3.57	2.38	7.55	6.66	1.25
	1.28	3.16	2.20	1.25	0.67	0.42	6.84	5.70	4.30	6.82	6.26	1.44
10 月 29—30 日	1.31	0.79	0.56	0.92	0.34	0.27	7.70	3.74	3.24	7.42	7.02	1.39
	0.42	4.11	0.13	1.28	0.69	0.42	5.90	4.02	3.15	6.46	8.44	1.18
平均		1.94	0.97		0.37	0.25		4.30	3.07		7.60	1.12

钱塘江河口大、中、小潮的动力条件变化幅度大，相应含沙量的变幅也很大。钱塘江河口治江缩窄后，原来滩地已大幅度减小，滩地的输沙作用相应减小，盐官以上河段平均含沙量有较大幅度减少，用有限次水文观测的资料，综合全年平均大、中、小潮，以 1985 年代表治理前、后分界，含沙量的对

比值见表 2.1.8，可供参考，其精度是欠缺的。

表 2.1.8 缩窄前后沿程含沙量

站名	潮性	缩窄前			缩窄后		
		潮差/m	涨潮/(kg·m^{-3})	落潮/(kg·m^{-3})	潮差/m	涨潮/(kg·m^{-3})	落潮/(kg·m^{-3})
澉浦	大潮	6.9	3.7	5.3	7.2	2.2	3.0
	中潮	5.4	2.4	3.8	5.8	1.9	2.6
	小潮	3.6	1.1	2.5	3.9	1.3	2.0
盐官	大潮	5.5	10.0	7.0	4.65	6.0	3.8
	中潮	4.5	9.0	6.0	3.7	3.6	2.1
	小潮	3.5	6.0	4.0	2.7	1.6	1.2
仓前	大潮	2.8	8.5	3.7	3.8	5.0	2.5
	中潮	2.3	6.5	2.5	2.8	3.8	1.5
	小潮	1.6	3.5	1.6	1.7	1.8	0.5
七堡	大潮	2.4	8.0	3.0	3.1	4.0	1.9
	中潮	1.6	3.6	1.5	2.1	2.1	0.8
	小潮	0.8	0.8	0.4	1.1	0.8	0.2
闸口	大潮	2.0	2.5	0.5	2.4	1.3	0.4
	中潮	1.2	0.6	0.25	1.4	0.4	0.2
	小潮	0.4	0.2	0.01	0.9	0.1	0.02

由表 2.1.8 可知，缩窄后大、中、小潮的潮差都是增加的（盐官站除外），但涨落潮的含沙量都是减小的（澉浦站小潮除外），澉浦站减小幅度在 30%左右，而盐官站、仓前站、七堡站减小的幅度达到 40%～60%。这是由于这段河床的平均水深有所增加，同时涨潮滩地输水、输沙作用减小所致。

2.2 长历时自然及治理过程的河床演变特性

从 1956 年至 2014 年钱塘江河口有较为系统的水下地形资料，多在 4 月（梅汛前）、7 月（梅汛后）和 11 月（大潮汛后）进行测量，范围基本涵盖闸口至澉浦 100～120km 河道（因主流摆动而长度有变化），1980 年以后 4 月和 11 月部分测次延伸到乍浦或金山，金山以下则只有 1959 年、2003 年、2010 年和 2014 年四次同步地形图。这些水下地形资料包括了自然的丰、平、枯水文年所对应的江道地形，同时也反映了人类活动（包括 1960 年后上游建库、1968 年后下游河道整治缩窄）长达 50 余年的系列变化，为钱塘江河口的河床演变提供了十分丰富、完整的基础资料。

根据水文丰枯条件、人类活动（建库及河道缩窄整治）、江道弯曲顺直特征以及相应潮汐特征（高、低潮位、潮量），将 50 年代以来划分为 7 个不同代表性时间阶段进行统计：①1953—1960 年为未建新安江水库亦未进行河道整治缩窄，连续丰水期，江道顺直的自然演变期；②1961—1968 年新安江水库建成后开始蓄水拦洪，连续枯水期，江道未实施治江缩窄，江道弯曲的自然演变期；③1969—1977 年，开始江道治理缩窄，连续丰水期，江道顺直；④1978—1986 年，连续枯水期，江道弯曲，属江道治理中期；⑤1987—1999 年，连续丰水年，江道顺直，尖山北岸于 1997 年抛坝，主流开始逐年南摆；⑥2000—2010 年，经历了丰水期（2000—2002 年）和枯水期（2003—2009 年），尖山河段主流趋于稳定，岸线逐步达到规划线的位置；⑦2010—2014 年。丰水年，两岸岸线已到位，只给平均值，其他值同前 10 年。在以下的分析中，将遵循上述分期进行河床演变及潮汐特征的分析研究。

2.2.1 主流平面摆动的幅度逐步减小

钱塘江河口闸口至澉浦的河段，其主流平面摆动幅度之大、速度之快对防洪排涝以及高、低潮位和盐水入侵的影响程度都是其他河口无可比拟的，因此在《钱塘江河口治理开发》（韩曾萃等，2003）专著中，已详细论述了它的摆动特性和原因，这里再作简略补充说明：

钱塘江河口自七格至澉浦，主流总长度在80～110km范围内变化，主流在宽10～25km的堤距内任意摆动。24h最大移动速度达245m，4个月深泓线横向最大移动达9.4km，可谓世上少有。其摆动的方式为：年内非汛期为逐步摆动；汛期为突然性摆动（如串沟形式）；连续枯水年河道逐步趋于弯曲；连续丰水年主槽趋于顺直；尖山河段大的摆动周期为8～10年，与连续丰、枯水年周期基本一致。其摆动原因是：河床质及岸边物质均为$d_{50}=0.02\sim0.04$mm的粉沙，其起动流速为0.28～0.40m/s，因涨、落潮的最大流速多达到1.0～3.0m/s，故河床泥沙极易处于起动、搬运状态。由于该水域潮差大、水深浅、潮波变形剧烈，涨潮流速大于落潮流速，涌潮的前锋拓展河宽的作用强烈，而且涨落潮流路各不相同，极易造成河势的分歧。当非汛期或连续枯水年时，尖山河段涨潮流起控制作用，河道呈现弯曲；而汛期、连续丰水年时落潮流速大于涨潮流速，尖山河段以落潮流起控制作用，表现为江道顺直。这种变化规律与无潮河流的“小水坐弯、大水走直”原理是一致的，为其横向摆动提供了动力原因。又因历史原因，两岸堤距远大于河道的自然宽度（中潮位河宽与堤距差异很大），故堤防对深泓水流基本没有约束力，深泓有广阔的摆动空间。钱塘江的月平均洪、枯流量相差5～10倍（非汛期月平均流量200～400m^3/s，汛期的月平均流量可达2000～4000m^3/s），不同丰、枯水文年径流量相差2～3倍（枯水年平均500～700m^3/s，丰水年平均1000～1500m^3/s），而潮汐动力的月季、年际变化相对较小，因此涨、落潮流速在不同时期的相对作用不同，有时表现为涨潮流起控制，河道弯曲，有时落潮流控制表现为顺直，年内及年际交替出现，相应的摆动特别频繁，幅度特别大。

正是因为钱塘江河口的主槽深泓的频繁摆动、幅度大、速度快，造成防汛抢险困难，水资源利用因盐水入侵年际、月际的变化不定而受阻，航运条件也因深泓位置频繁变化而没有固定的主航道，同时大量滩涂无法开发利用。基于以上情况，20世纪30年代就有人提出，必须使主流摆动幅度减小缩窄固定江槽的治理方略，因为当时这么宽的江堤、高水、低水河宽（见表2.2.1），并非流域、海域来水来沙条件的自然条件所需，而是明朝成化三年（1477年）杭州知府陈让提出的“以宽制猛、不与海争利、退守加固内堤”（韩曾萃等，2003）的防潮策略所需，这一策略在当时的工程技术条件下是合理的，但是到了20世纪30年代，随着现代工程技术如混凝土、钢筋混凝土长板桩等技术的进步，完全有条件在临水、强涌潮地区建设高质量的海塘，许多水利专家开始认识到，河床过宽是钱塘江河口的主要弊端，欲行治本，不能单纯加固海塘，还要缩窄江道、稳定河槽。经过系统的水文、地形观测和河床演变规律的研究，逐步修改江道治导线，河口经历了长达50年的治理实践。表2.2.1是治理前、后沿程典型断面江堤堤距及高、低水位下河宽的特征值。

表2.2.1　治理前、后典型断面堤距及高、低水位下河宽特征　单位：km

站名		闸口	七堡	仓前	盐官	旧仓	尖山	鼠尾山	澉浦
治理前（1956年）	堤距B_0	1.20	4.70	9.30	11.90	21.0	26.3	23.7	20.6
	高水位$B_高$	0.85	1.46	4.00	5.80	15.63	24.4	23.1	19.9
	低水位$B_低$	0.83	1.14	1.82	2.63	6.50	11.2	12.3	18.1
	$B_高-B_低$	0.02	0.32	2.18	3.17	3.00	13.2	10.8	1.80
	$B_0-B_高$	0.35	3.24	5.30	6.10	10.5	1.90	0.60	0.70

续表

站　名		闸口	七堡	仓前	盐官	旧仓	尖山	鼠尾山	澉浦
治理后（2012年）	堤距 B_0	1.00	1.60	2.10	2.80	3.90	6.80	9.80	16.5
	高水位 $B_高$	0.97	1.22	1.90	2.40	3.90	6.70	9.70	16.0
	低水位 $B_低$	0.97	1.13	1.80	1.40	1.70	4.20	8.60	15.5
	$B_高-B_低$	0.00	0.09	0.10	1.00	2.20	2.50	1.10	0.50
	$B_0-B_高$	0.03	0.38	0.20	0.40	0.00	0.10	0.10	0.50
治理前后差	堤距 B_0	0.20	3.10	7.20	9.10	17.10	19.50	13.90	4.10
	高水位 $B_高$	−0.12	0.24	2.10	3.40	5.60	17.70	13.40	3.90
	低水位 $B_低$	−0.14	0.01	0.02	1.23	4.80	7.00	3.70	2.60
	$B_高-B_低$	0.02	0.23	2.08	2.17	0.80	10.70	9.70	1.30
	$B_0-B_高$	0.33	2.86	3.22	6.06	10.5	1.80	0.50	0.20

表2.2.1中闸口、澉浦两站河口治理前、后变化较小。治理以前七堡站以下各站潮间带（$B_高-B_低$）宽度分别为0.32km、2.18km、3.17km、3.0km、13.2km和10.8km，高滩（$B_0-B_高$）宽度分别为3.24km、5.30km、6.10km、10.5km、1.90km和0.6km，均过宽，必须治理缩窄。经治江缩窄后，潮间带（$B_高-B_低$）大于1km的只有旧仓、尖山和鼠尾山约15km长的河段，而高滩（$B_0-B_高$）最大宽度亦不足400m，这样就大大限制了江道主流平面可能的摆动变幅，治理前后（$B_高-B_低$）、（$B_0-B_高$）都有2～11.7km的减少。图2.2.1显示七格至澉浦河段，治理缩窄后（2010—2014年）主流的摆动变幅大幅度减小，基本达到了稳定主槽的治理目的。

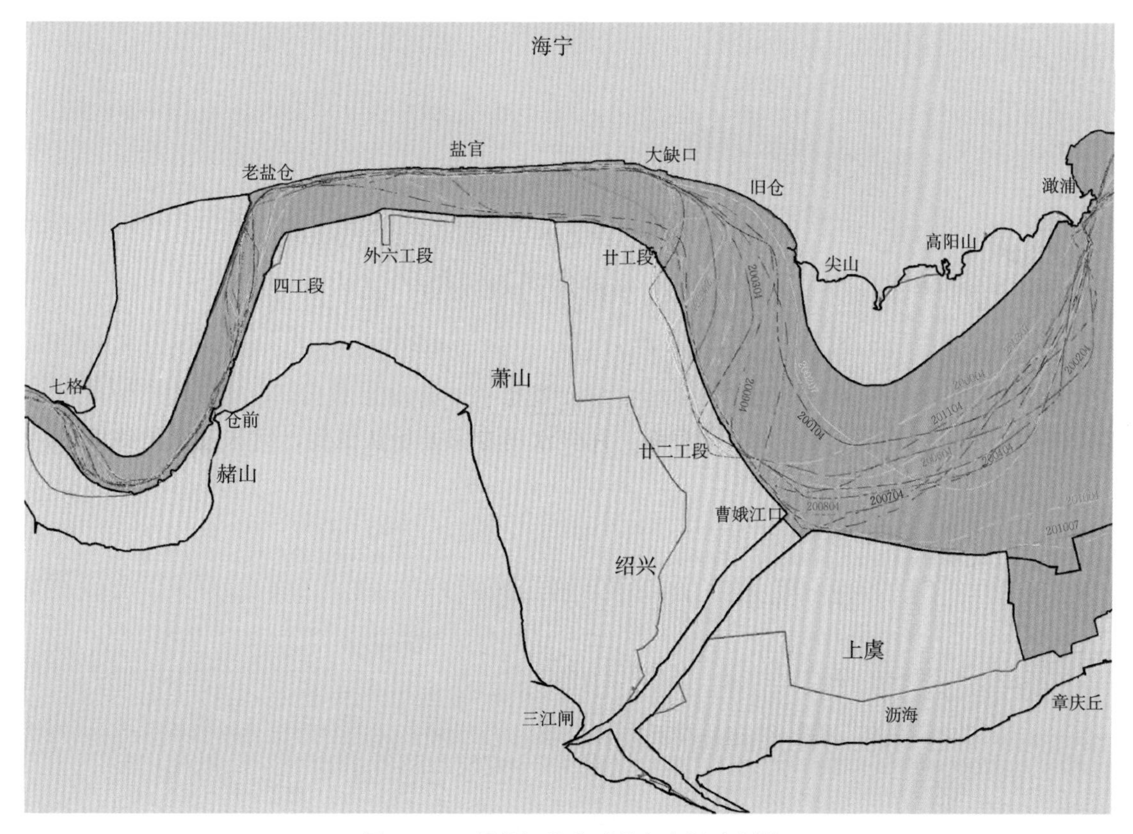

图2.2.1　钱塘江缩窄后的主流摆动范围

2.2.2 分河段断面特征（面积、河宽、水深）的变化

2.2.2.1 三个代表时期的河床变化

断面特征包括高、低水位下的断面面积、河宽、水深（用低水位可推得平均河床高程），它们既是影响洪水宣泄和排涝的重要因素，也是决定高潮位、低潮位、潮差、盐水入侵、通航条件等的重要参数。不同河段的断面特征，年内、年际变化幅度各不相同，而且受人类活动（治江缩窄）影响的程度也有差异。为了全面反映它们的变化过程，选择了10个有代表性的断面，即平均每10km 1个断面来反映空间的变化。取治江前天然丰水期（1956—1960年）、治理中顺直江道丰水期（1988—1999年）和基本达到治导线的治理后期丰水期（2001—2014年）进行比较，因每一时期跨越年限较长，只各选丰、平、枯各一个年份，年内4月、7月、11月地形的平均值。上述参数的特征水位取多年平均高潮位和多年平均低水位，按此要求系统地整理了水下地形图的全部数据，绘制成图表。图2.2.2（a）为钱塘江河口的平面形态以及历年治江缩窄的过程、代表断面位置以及治江到位后的堤距；图2.2.2（b）为自上而下河道的纵剖图，及各断面多年平均高、低水位（两者之差即为多年平均潮差，两者平均值即为多年平均中水位）下的平均河床高程。图2.2.2（c）、（d）、（e）分别为各断面高、低水位下的面积、河宽和水深。图2.2.2形象地表现了三个时期的相对变化以及年内4月、7月、11月之间的波动幅度。

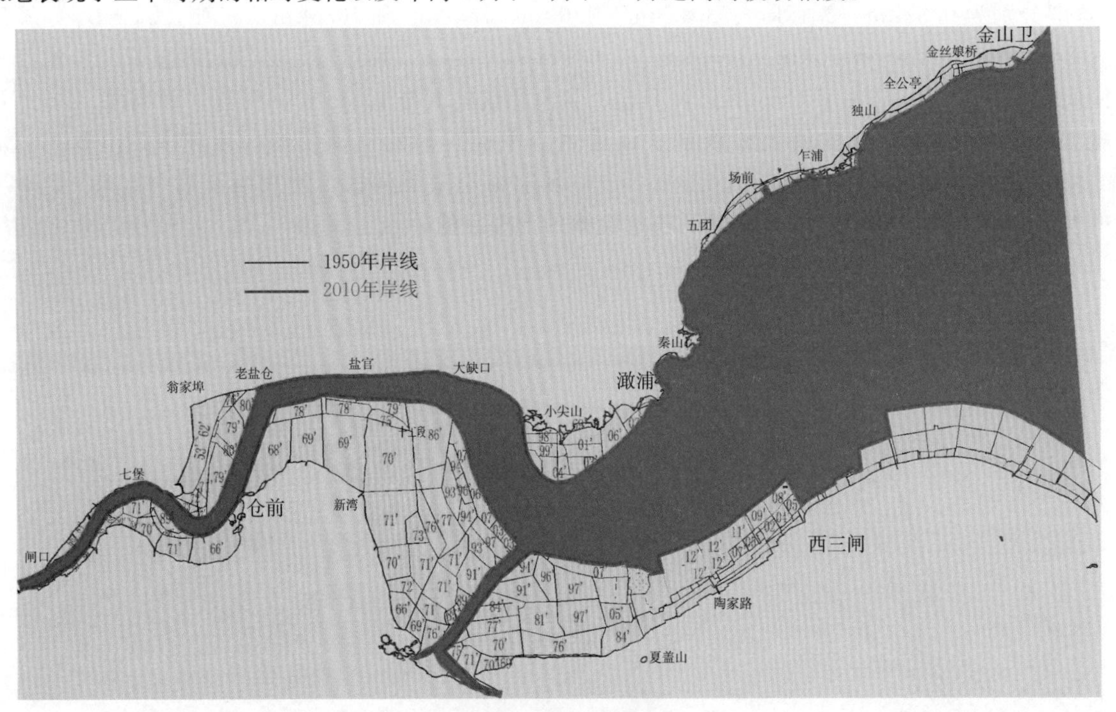

（a）逐年缩窄平面示意图

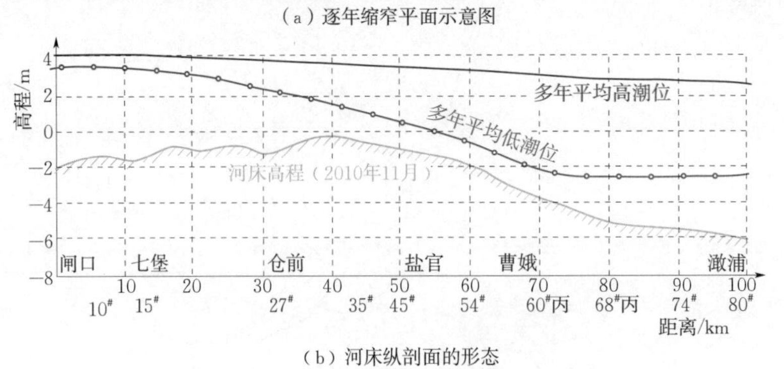

（b）河床纵剖面的形态

图2.2.2（一）　钱塘江河口断面特征变化

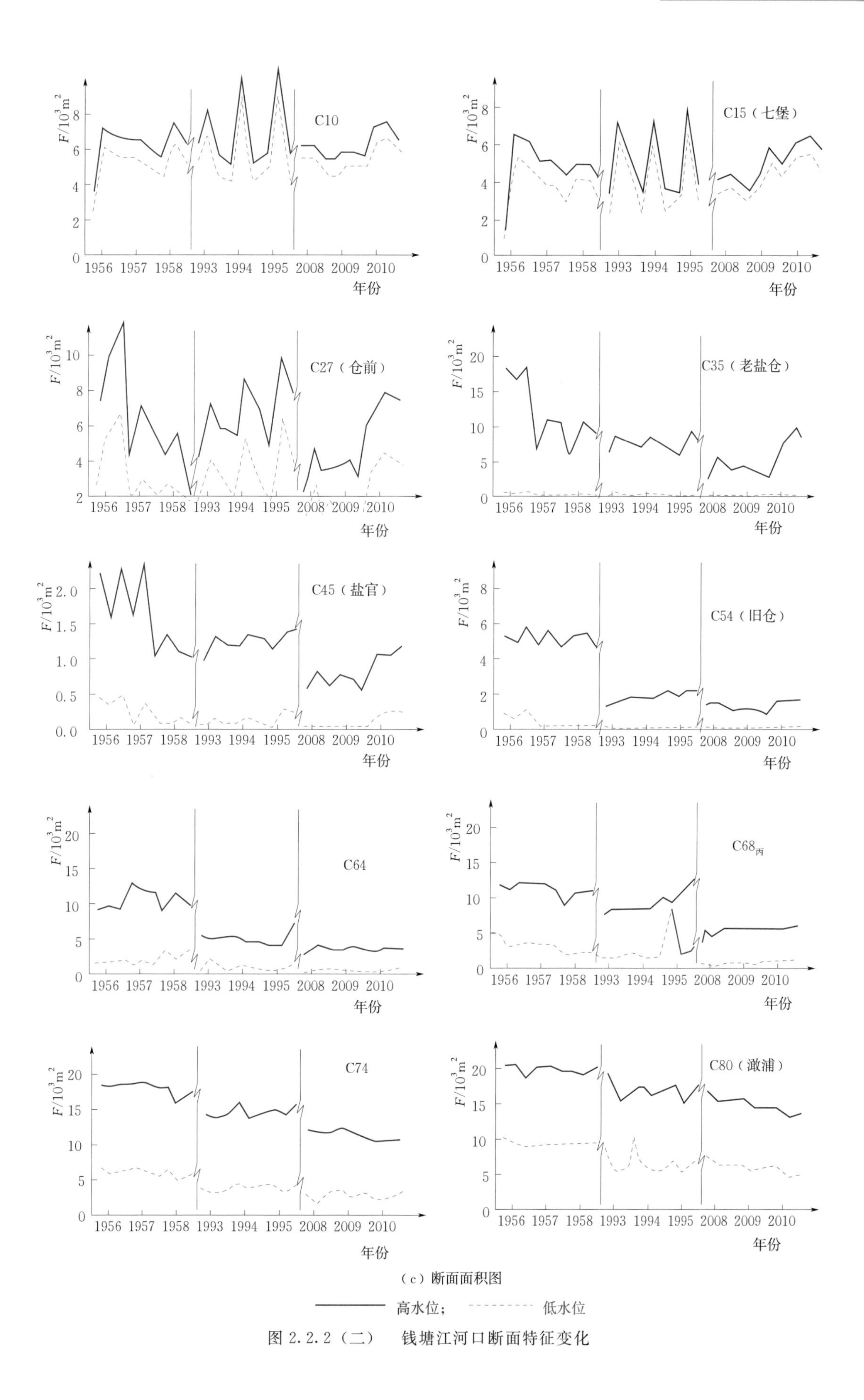

图 2.2.2（二） 钱塘江河口断面特征变化

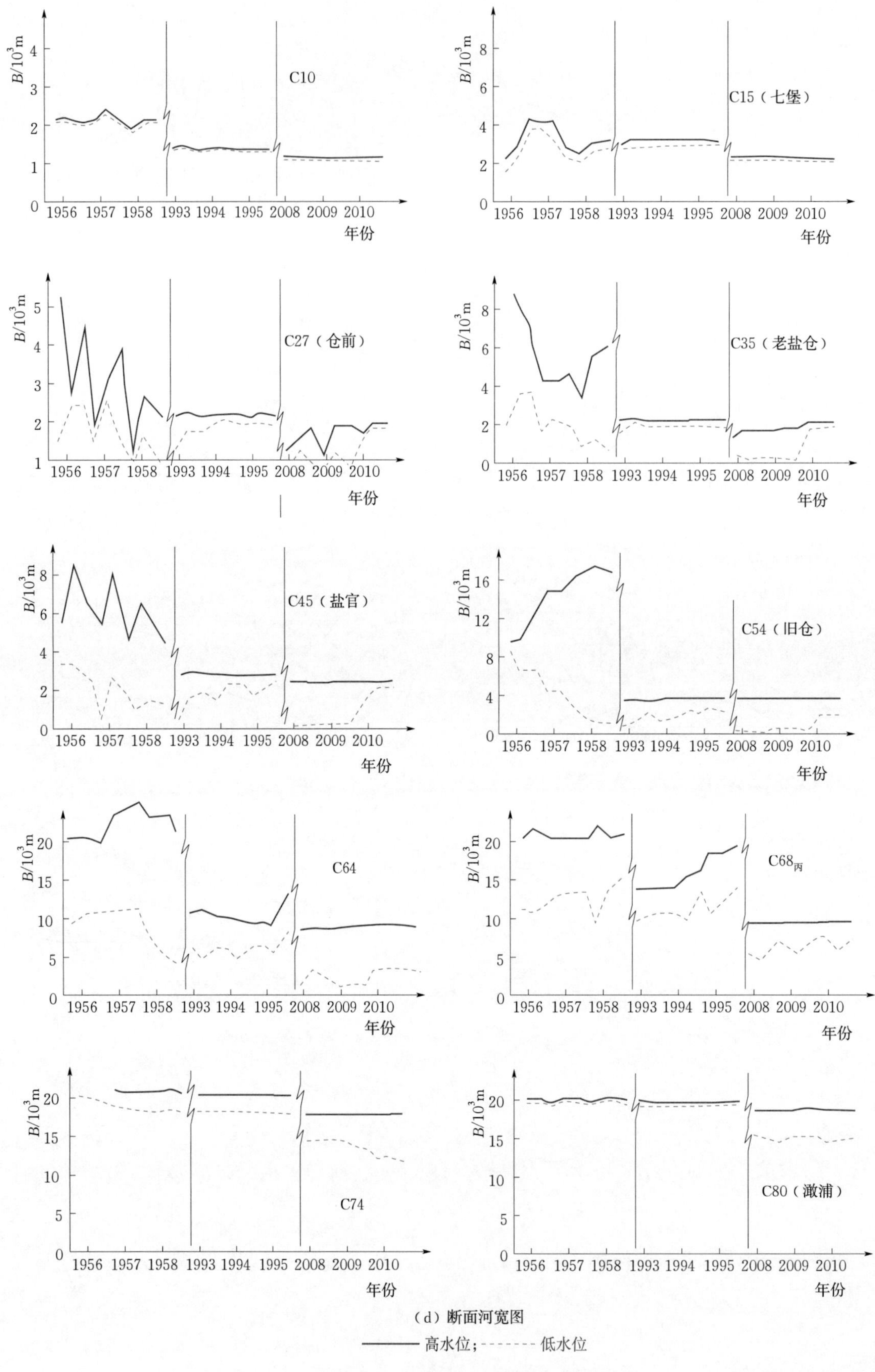

（d）断面河宽图

——— 高水位；------ 低水位

图 2.2.2（三） 钱塘江河口断面特征变化

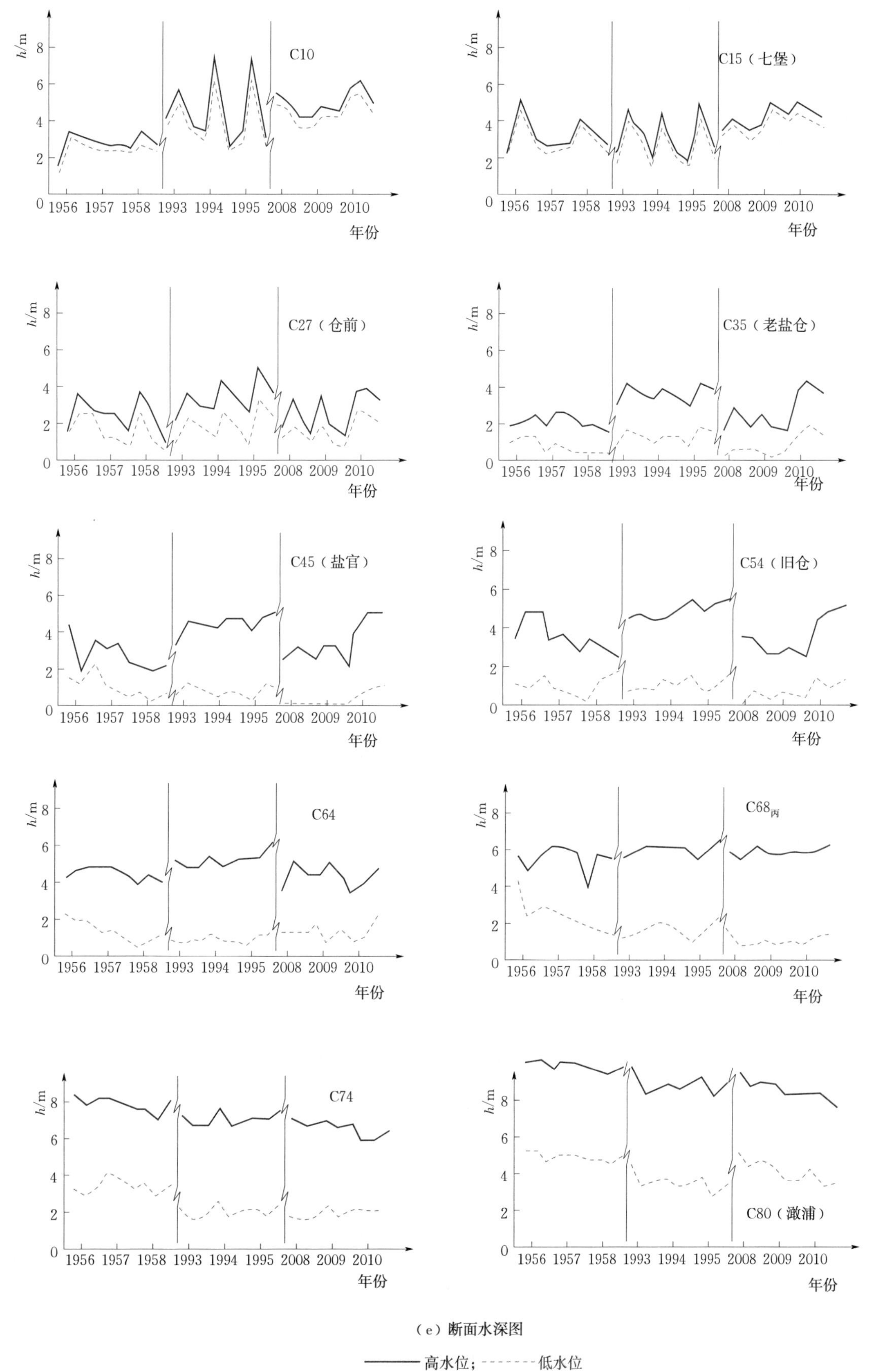

（e）断面水深图

——高水位；------低水位

图 2.2.2（四）　钱塘江河口断面特征变化

分析图 2.2.2 可以得到如下主要结论：

(1) 从治理前后的面积、河宽、水深的变化程度看，总体上最上游的 C10、C15 及最下游的 C74、C80 这 4 个断面的相对变化小于其他断面，这说明七堡以上的 16km 河段及老虎山至澉浦的 10km 江道治理前后的变化要远小于七堡（C15）至老虎山（C74）这 74km 长的河道，即全河段的头、尾变化小，中间变化大，也可以从平面图及纵剖面图上看出这一变化趋势。三个代表时期内的三年中，C10～C45 的 5 个断面面积随年内非汛期和汛期径流的变化呈现明显的变化，丰水期大、枯水期小，相应河宽、水深也有变化，但幅度比面积变化小得多；而 C74～C80 则年内、年际变化不大。长历时三个时期总的对比看，C10～C15 面积增加、河宽减小、水深增大；C27～$C68_{丙}$ 面积、河宽都是减小的，但比重不同，水深增减也不同；而 C74～C80 丙积、河宽及水深都是减小的，幅度小于上游各断面。

(2) 河宽在治理缩窄中是减小的，但面积有减小亦有增加，由于在缩窄中各自增减幅度不同，它们相除得到的水深（可以近似用矩形概化）变化并不等同于面积或河宽的变化。C15 断面（七堡）以上，河宽虽有减小，但高、低水位下的面积反而增加，原因之一是缩窄后汛期洪水径流的冲刷作用加强，其二是潮流淤积作用减弱，其三是潮差增大、潮量增大，落潮量增大，故高、低水位下的水深都是增加的，且增加幅度达到 50%～100%；仓前至老盐仓断面，河宽减小程度大于面积减小程度，高、低水位下的水深也是增加的，但幅度相对上游段较小；盐官至大缺口河段面积与河宽减小的比例接近，因而水深变化不大；而尖山、曹娥江口则是河宽减小大于面积减小，因此高、低水位下的水深都是减小的，老虎山至澉浦亦如此，其中高水位下水深变化不大，而低水位水深变幅较大。这是浅水区由治理前的上游向下游推移的结果。

(3) 从图 2.2.2 (c) ～ (e) 三个时期年内季度的波动幅度看，治理前的两个时期 C10、C15、C27、C35、C45 的面积、河宽、水深有 1～2 倍的变化，下游 C54、C64、C68、C74、C80 则变幅小得多。治理缩窄后期 C15～C54 仍受径流丰枯影响变化，但变化幅度明显减小了一半左右。这说明河口段大部分断面的面积、河宽、水深都趋向稳定。

(4) 比较高、低水位时的面积、河宽、水深的相对变化，显然上游的 C10、C15 治理前、后变化具有同步性，低水位各值接近高水位的 90%；C27～C64 高、低水位下的面积、河宽、水深就相差很大，低水值仅为高水值的 20%～40%，有时在 5%～10%以内，甚至为零（即低水位低于多年平均低水位）；而 C64～C80 断面，一般低水位的面积、河宽和水深分别是高水位的 20%～40%、60%～70%和 40%～50%。这种不同河段高、低水位下的面积、河宽、水深的差异取决于各河段潮差和水深的比例，以及低水位以下水深大小，可以从图 2.2.2 (b) 看出这一特征的分布，无论治理前、后都没有根本变化。

2.2.2.2 两项主要人类活动产生的变化

钱塘江河口的上游来水来沙变化较大的是新安江水库建造后拦蓄了大型、中等洪水，虽然全年的径流总量未减少，但造床流量减少了 25%，除对河流近口段造成影响外，对河口段的冲淤变化也产生了深刻影响。另外自 1968 年以后进行的长达 40～50 年的治江缩窄活动，使得下游的潮量动力强度及内边界的极限宽度（两岸堤防）产生较大的变化，因而改变了沿程各断面的高、低水位下的面积、河宽、水深。为定量探求这两项主要人类活动对钱塘江河口沿程各断面特征的影响，表 2.2.2 统计出 4 个时期各代表断面面积、河宽、水深在高、低水位下的平均值及其变化的百分数。表 2.2.2 中 4 个时期年平均流量，①、②、④时期为 840～985m^3/s，与多年平均流量 950m^3/s 相比较变幅在 11%以内，基本上具有可比性。③为丰水期平均流量达 1240m^3/s，断面特征列出供参考，新安江建库前后差值①－②、治江前后差值②－④及其百分数如图 2.2.3 所示。

首先分析新安江水库建成后对钱塘江河口断面特征的影响，可以用面积、河宽、水深的[①－②]/①代表两个时期变化的百分数。总体上高、低水位下的面积、河宽、水深在曹娥江口以上大多数是减少的，只有 C15、C35 等两个断面的水深例外。其中高水位面积七堡以上减少 20%以内，七堡（C15）至曹娥江口（$C68_{丙}^{井}$）减少 20%～60%，曹娥江口以下有增有减，变幅均较小，在±10%以内；而低水位下的面积、河宽、水深等由于绝对值更小，故减少程度更大。以上变化并非是新安江建库单因子所

表 2.2.2　　各时期、各断面平均值对比表

时期		$Q_{年}$ /（$m^3 \cdot s^{-1}$）	C10（南星桥）			C15（七堡）			C27（仓前）			C35（老盐仓）			C45（盐官）		
			F/m^2	B/m	h/m	F/m^2	B/m	h/m	F/m^2	B/m	h/m	F/m^2	B/m	h/m	F/m^2	B/m	h/m
高水位	①	850	6100	2200	2.7	5000	1640	3.05	6300	3000	2.1	11700	5800	2	16400	6070	2.7
	②	860	5130	2030	2.5	4410	1225	3.6	3946	2580	1.5	4150	2490	1.7	11000	6130	1.8
	③	1240	6600	1460	4.5	5270	1670	3.15	6500	2050	3.2	7500	2100	3.57	12300	2800	4.4
	④	985	6300	1230	5.13	5250	1230	4.28	4680	1690	2.76	5200	1800	2.77	8300	2420	3.4
	[①−②]/①	−1.2%	15.9%	7.7%	7.4%	11.8%	25.3%	−18.0%	37.4%	14.0%	28.6%	64.5%	57.1%	15.0%	32.9%	−1.0%	33.3%
	[②−④]/②	−14.5%	−22.8%	39.4%	−105.2%	−19.0%	−0.4%	−18.9%	−18.6%	34.5%	−84.0%	−25.3%	27.7%	−62.9%	24.5%	60.5%	−88.9%
低水位	①	850	4900	2090	2.35	4180	1380	3.05	2500	1510	1.71	1400	1800	0.76	1876	1700	1.1
	②	860	4150	1710	2.4	3850	950	4.05	904	1140	0.79	273	316	0.86	50	120	0.4
	③	1240	5800	1430	4	4300	1570	2.74	2900	1800	1.61	2200	1940	1.13	1290	1800	0.7
	④	985	5420	1200	4.6	4500	1150	3.9	1520	1100	1.77	1210	1100	1.10	666	730	0.9
	[①−②]/①	−1.2%	15.3%	18.2%	−2.1%	7.9%	31.2%	−32.8%	63.8%	24.5%	53.8%	80.5%	82.4%	−13.2%	97.3%	92.9%	63.6%
	[②−④]/②	−14.5%	−30.6%	29.8%	−91.7%	−16.9%	−21.1%	3.7%	−68.1%	3.5%	>−100%	>−100%	>−100%	−16.3%	>−100%	>−100%	>−100%

时期		$Q_{年}$ /（$m^3 \cdot s^{-1}$）	C54（大缺口）			C64（尖山）			C68（曹娥江）			C74（老虎山）			C80（澉浦）		
			F/m^2	B/m	h/m	F/m^2	B/m	h/m	F/m^2	B/m	h/m	F/m^2	B/m	h/m	F/m^2	B/m	h/m
高水位	①	850	50700	14600	3.4	103000	23600	4.36	117000	21400	5.47	170000	22500	7.5	200000	20100	9.99
	②	860	25000	10000	2.5	63100	22500	2.8	123000	21000	5.8	171000	21000	8.1	199300	19400	10
	③	1240	19200	3900	4.94	52500	6780	7.4	97000	16300	5.9	147000	20800	7.6	172000	19500	8.8
	④	985	13800	3900	3.5	35100	8300	4.2	55000	9300	5.91	116000	17800	6.5	151000	17900	8.4
	[①−②]/①	−1.2%	50.7%	31.5%	26.5%	38.7%	4.7%	35.8%	−5.1%	1.9%	−6.0%	−0.6%	6.7%	−8.0%	0.4%	3.5%	−0.1%
	[②−④]/②	−14.5%	44.8%	61.0%	−40.0%	44.4%	63.1%	−50.0%	55.3%	55.7%	−1.9%	32.2%	15.2%	19.8%	24.2%	7.7%	16.0%
低水位	①	850	3800	4100	0.92	22300	9000	2.47	29100	12900	2.3	60900	18000	3.1	91000	18800	4.8
	②	860	100	200	0.5	1000	1900	0.55	27000	14500	1.9	61000	19000	3.2	97300	18400	5.3
	③	1240	2200	2070	1.06	5130	6000	0.86	32000	11000	2.9	36600	18300	2	66400	15700	3.5
	④	985	770	800	0.96	3000	2300	1.28	6900	6500	1.06	27000	13500	2	63400	15200	4.17
	[①−②]/①	−1.2%	97.4%	95.1%	45.7%	95.5%	78.9%	77.7%	7.2%	−12.4%	17.4%	−0.2%	−5.6%	−3.2%	−6.9%	2.1%	−10.4%
	[②−④]/②	−14.5%	>−100%	>−100%	−92.0%	>−100%	−21.1%	>−100%	74.4%	55.2%	44.2%	55.7%	28.9%	37.5%	34.8%	17.4%	21.3%

注：①指 1956—1958 年，代表新安江建库前、治江前；②指 1965—1967 年，代表新安江建库后、治江前；③指 1993—1995 年，代表新安江建库后、治江中期的丰水期；④指 2008—2010 年，代表新安江建库后、治江后。

致，还与因连续枯水年使得盐官至澉浦河势弯曲，造成盐官以上各站潮差、潮量的大幅度减少关系密切。即这一时期河床特征的变化，既与新安江建库有关，也与径流偏枯有关，由于枯水径流造成河床平面形态（含断面减小及平面弯曲）的变化，它们又反馈到水沙特征（含高、低潮位、潮差、潮量、含沙量等）变化的复杂过程。

再分析1968年以后的治江缩窄变化过程，可用面积、河宽、水深的［②－④］/②表示［由于表2.2.2中有绝对值＞100％的值，图2.2.3（b）均以100％为限］。由图表数据可知，此时高、低水位

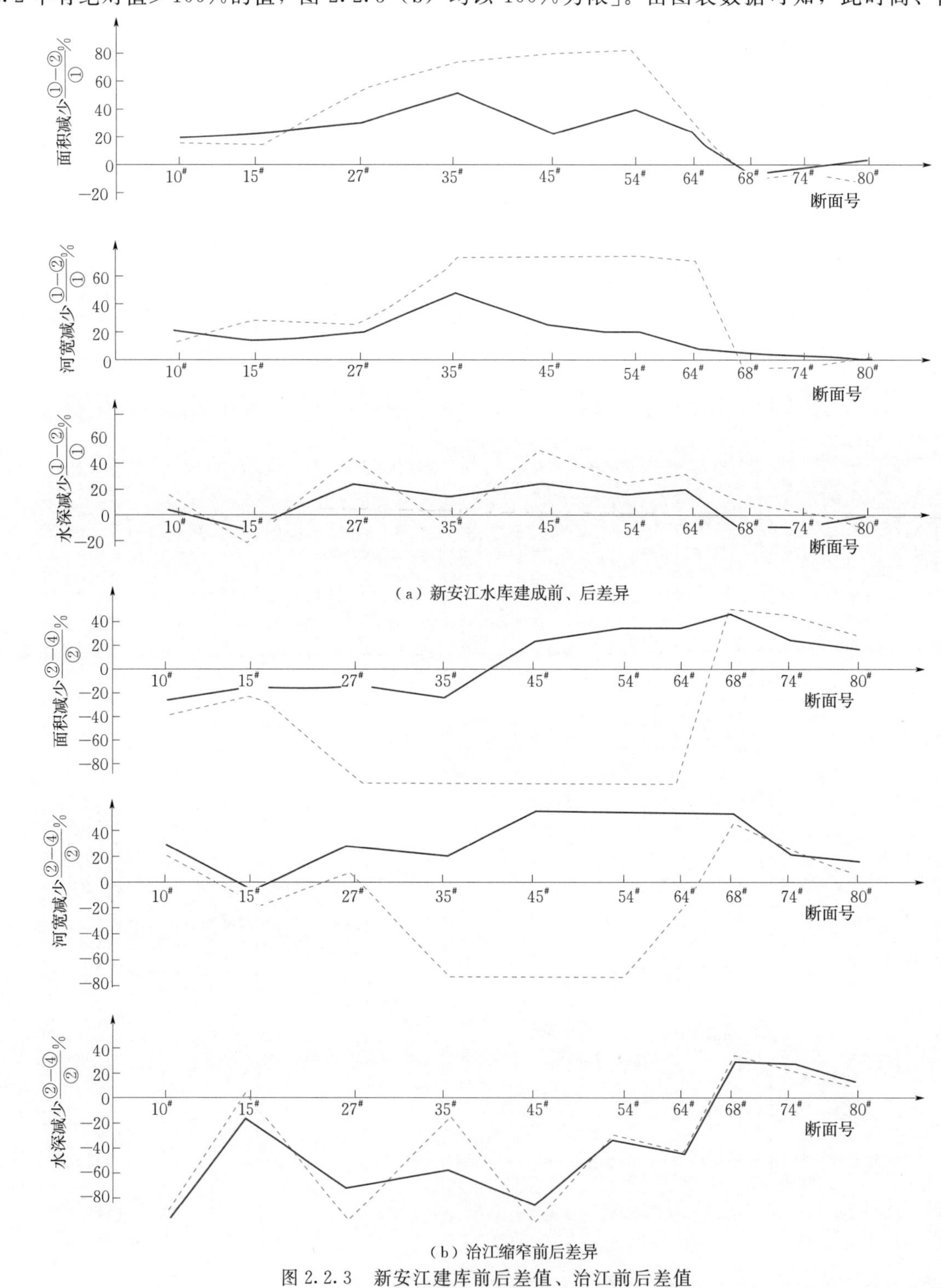

图2.2.3 新安江建库前后差值、治江前后差值

下的面积，由于江道缩窄，中等以上的径流（1000～2000m³/s）和洪水流量相对缩窄前集中归槽，对河床的冲刷作用明显加强，表现在丰水期河道断面面积都增大较多，而平水、枯水涨潮含沙量小，回淤量小，3年各3次断面平均后，丰水期的断面大起决定性作用，故上游段多数断面面积都是增加的（即［②－④］/②为负值），面积由增到减的转折点高水位在35#～45#之间，低水位在64#～68#之间；而高水位河宽由于堤距缩窄河宽是减少的，但低水位的河宽，也因主流归槽相对治江缩窄前是增加的；无论高、低潮位下，10#～64#断面因面积增大大于河宽的缩窄减少程度，水深仍然是增大的，68#～80#由于潮量、面积的减少大于河宽的减少，水深是减少的，同时低水位的百分数值也大于高水位。由于在枯季河床淤积，低水位有可能高于多年平均低水位，故有些年份面积、河宽、水深为0，图表中应以高水位的特征值为主来阐明其规律性，低水位可以参考，百分数不一定很准，但总的趋势是可信的。

综合上述，新安江建库后使河床淤积、缩窄、水深减小；而治江缩窄则是使高水位的河宽缩窄，40#断面以上面积扩大，低水位曹娥江口从上面积增大、水深增大，曹娥江口以下面积、河宽、水深都是减小的，这一总体特性是明显的。

2.2.2.3 6个典型年11月断面特征对比

前述选取的各代表期时间较长，3年的平均值虽然接近，但年际、季际分布会有些差异，钱塘江河口的冲淤变化速度快，一般在年末的11月即达到与当年径流相适应的平衡，为此在各个时期中又选择年径流均为（800±50）m³/s的代表年11月各断面特征值再进行对比，其结果见表2.2.3，1958年、1985年、2009年（分别代表自然状态、建库后未治江、建库治江后的三个时期）的年平均高水位下断面面积及平均水深如图2.2.4所示，河宽各年的变化可以从图2.2.2（a）及图2.2.2（d）中得知，故省略。比较这些图、表数值及曲线位置，可以得知：

表2.2.3　　代表期各断面各年平均高水位下特征值

断面		C10	C15	C27	C35	C45	C54	C64丙	C68丙	C74	C80
F/m^2	1958	6140	4295	1722	9350	10080	43730	98600	127000	167000	202400
	1967	5600	4450	3920	2300	2630	26400	67100	136000	172000	203000
	1972	5100	4250	4400	4450	7730	31000	82800	128000	164000	200700
	1985	7240	4090	2310	1290	4990	19200	51000	116400	154000	185400
	1996	3800	3030	6560	8010	12200	19200	56700	85600	136000	175000
	2009	5750	5230	3000	3050	5180	9590	34570	58000	121760	149000
B/m	1958	2315	1550	2280	6000	4500	17500	24400	22900	20600	20200
	1967	1900	1000	3740	2050	3800	10300	21600	21200	21200	19500
	1972	1300	1720	1750	4470	2590	11740	18100	23400	22400	20200
	1985	1390	1650	1820	1990	2250	9370	15400	20500	19800	19300
	1996	1460	1672	2050	2110	2800	3900	10800	15200	20900	19500
	2009	1230	1230	1970	1940	2400	3920	8310	9300	17800	18100
h/m	1958	2.7	2.8	0.8	1.5	2.2	2.5	4.0	5.6	8.1	10.0
	1967	2.9	4.4	1.0	1.1	0.7	2.6	3.1	6.4	8.1	10.4
	1972	3.8	2.5	2.5	1.0	3.0	2.6	4.6	5.5	7.4	9.9
	1985	5.2	2.5	1.3	0.6	2.2	2.1	3.3	5.7	7.8	9.6
	1996	2.6	1.8	3.0	3.8	4.3	4.9	5.2	5.6	6.5	9.0
	2009	4.7	4.3	1.5	1.6	2.2	2.4	4.2	6.2	6.8	8.2

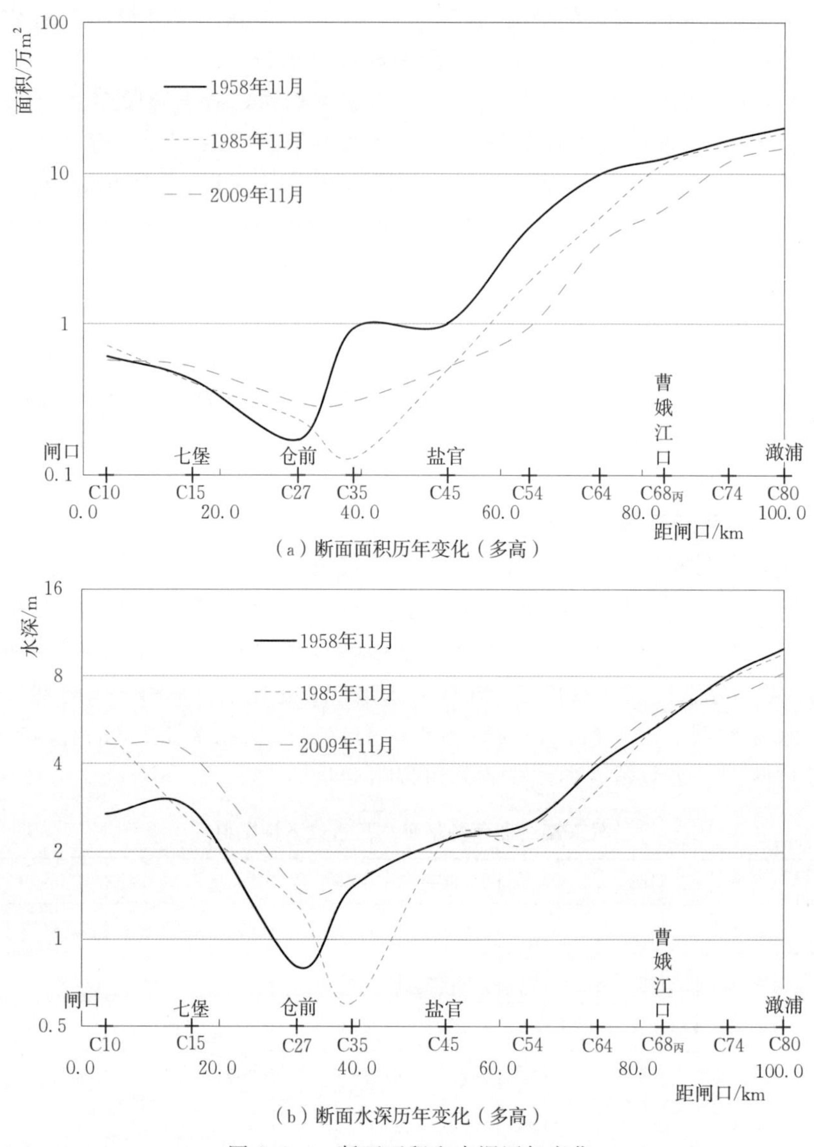

(a) 断面面积历年变化(多高)

(b) 断面水深历年变化(多高)

图 2.2.4 断面面积和水深历年变化

天然情况(1958 年 11 月)多高断面面积从 C10 向下游快速减小,最小值在 C27(仓前)附近,最小水深亦在此处,该河段正是沙坎的上游段,C32 以上断面面积最小;1967 年为新安江建库后的枯水年,与 1958 年相比,最小断面面积即沙坎顶点下移到 C35 和 C45♯断面;1972 年后主槽顺直,断面面积又有所增大;但到治理后期的 2009 年,距起始点 10~36km 处断面面积、水深大于 1958 年数值,且最小值和最小水深均下移至 12km 外的 C35 断面,这些年各断面面积大小及水深的连线也反映了沙坎从上游向下游推移 12km 的变化。治江后断面面积扩大、水深增加对杭州市的防洪十分有利,而 C40 断面面以下,断面面积有不同程度的减小,但这些断面面都已距杭州较远,对杭州以上河段的洪水位影响不大,C64~C80 断面面积、河宽、水深都不同程度减小,因面积的绝对值很大,不影响防洪。此结果与前文分析的结论也是一致的。

以上分析了新安江水库和治江缩窄对河床冲淤的影响:新安江水库的拦洪调节作用减小了造床流量,同时枯水期造成盐官以下河势弯曲,盐官以上潮差减小 20%~40%(见表 2.1.5),它又反馈到水沙输移更加剧了河床淤积,山潮水比值更小,盐官上游段为淤积,沙坎抬升上移、水深更浅;治江缩窄后涨潮量减少,山潮水比值增大,沙坎下移,盐官上游河床还因缩窄,径流相对冲刷作用增大,而含沙量减小,相应回淤量减少,因此断面积、水深都增大,故高水位下盐官以上断面面积增大、河宽

减小，水深增大，低水位下曹娥江口以上断面面积、河宽、水深均增加，曹娥江口以下也因缩窄造成潮量减少比重大，断面面积、河宽、水深均减小。

2.2.3 河床累积容积的变化

前述断面面积、河宽、水深的变化虽具有一定的代表性，但也存在偶然性和不连续的缺点。用河段累积容积更具代表性和规律性。为此将闸口至澉浦约105km长的河段，按冲淤特性划分为三段，即闸口至盐官（C1～C45）的50km为汛期洪水冲刷、非汛期淤积的第1河段；盐官至曹娥江口（C45～$C68_{丙}$）的35km长河段为过渡的第2河段；曹娥江口至澉浦（$C68_{丙}$～C80）的20km长河段为汛期淤积、非汛期冲刷的第3河段，取每年4月多年平均高、低水位下的容积作为主要指标（年内的变化将在另节讨论）。图2.2.5（a）、（b）、（c）分别表示第1河段、第2河段及1+2+3河段的累积容积值，再按7个代表期的最大值、最小值、平均值、最大变幅等四个参数进行对比，见表2.2.4。

表2.2.4　分河段多年平均高、低水位容积　单位：亿m^3

时间	河段	C1～C45		C45～$C68_{丙}$		$C68_{丙}$～C80		C1～C68		C1～C80	
		多高	多低	多高	多低	多高	多低	多高	多低	多高	多低
①1958—1960年顺直	最大值	7.08	2.88	23.55	5.34	34.70	13.75	29.64	8.22	63.28	19.78
	最小值	2.79	1.02	19.44	1.00	29.50	9.50	23.24	2.46	53.24	12.21
	平均值	4.77	1.69	21.78	3.39	31.91	11.33	26.52	4.94	58.42	16.24
	变幅	4.29	1.86	4.11	4.34	5.20	4.25	6.40	5.76	10.04	7.57
②1961—1968年弯曲	最大值	3.52	1.43	22.87	2.67	30.26	11.96	26.39	3.35	55.07	15.19
	最小值	1.49	0.68	18.82	0.78	26.93	8.34	22.49	1.97	49.33	10.31
	平均值	2.47	0.99	19.96	1.87	29.06	10.57	25.25	2.74	54.00	13.15
	变幅	2.03	0.75	4.05	1.89	3.33	3.62	3.90	1.38	5.74	4.88
③1969—1977年顺直	最大值	5.25	3.58	20.94	3.58	29.73	11.38	24.62	5.56	60.65	15.19
	最小值	2.49	1.11	14.57	1.10	24.87	6.66	17.06	2.15	44.72	9.76
	平均值	3.46	1.44	17.85	1.87	27.86	9.09	21.29	3.52	48.63	12.60
	变幅	2.76	2.47	6.37	2.48	4.86	4.72	7.56	3.41	15.93	5.43
④1978—1986年弯曲	最大值	4.39	3.55	18.98	2.48	29.14	10.31	22.65	3.84	48.99	12.36
	最小值	1.42	0.80	11.27	0.42	23.58	6.82	15.81	1.82	38.67	8.65
	平均值	2.70	1.42	13.32	1.04	25.92	8.53	16.40	2.66	42.30	10.94
	变幅	2.97	2.75	7.71	2.06	5.56	3.49	6.84	2.02	10.32	3.71
⑤1987—1999年顺直	最大值	5.16	3.30	15.65	2.96	26.56	8.10	19.65	5.08	46.21	12.97
	最小值	2.05	0.66	9.91	0.41	19.88	4.41	12.87	1.82	35.31	8.10
	平均值	3.62	1.86	12.65	1.43	23.80	6.54	15.48	3.59	39.18	10.11
	变幅	3.11	2.64	5.74	2.55	6.68	3.69	6.78	3.26	10.90	4.87
⑥2000—2010年治江后	最大值	4.49	2.69	13.24	2.37	21.10	7.39	14.32	3.69	34.97	10.33
	最小值	1.85	0.85	7.05	0.19	16.81	4.09	9.12	1.69	29.86	6.86
	平均值	2.80	1.38	8.94	1.07	20.31	5.89	11.86	2.47	30.94	7.63
	变幅	2.64	1.84	6.19	2.18	4.29	3.30	5.20	2.00	5.11	3.47
⑦至2014	平均值	3.50	1.83	9.08	0.92	16.72	4.46	12.58	2.75	29.30	7.21

续表

时间	河段	C1～C45		C45～C68丙		C68丙～C80		C1～C68		C1～C80	
		多高	多低	多高	多低	多高	多低	多高	多低	多高	多低
结论①－②新安江的作用	最大值	3.56	1.45	0.68	2.67	4.44	1.79	3.25	4.87	8.21	4.59
	最小值	1.30	0.34	0.62	0.22	2.57	1.16	0.75	0.49	3.91	1.90
	平均值	2.30	0.70	1.82	1.52	2.85	0.76	1.27	2.20	4.42	3.09
	变幅	2.26	1.11	0.06	2.45	1.87	0.63	2.50	4.38	4.30	2.69
②－⑥治江前后	最大值	－0.97	－1.26	9.63	0.30	9.16	4.57	12.07	－0.34	20.10	4.86
	最小值	－0.36	－0.17	11.77	0.59	10.12	4.25	13.37	0.28	19.47	3.45
	平均值	－0.33	－0.39	11.02	0.80	8.75	4.68	13.39	0.27	23.06	5.52
	变幅	－0.61	－1.09	－2.14	－0.29	－0.96	0.32	－1.30	－0.62	0.63	1.41
①－⑥综合结果	最大值	2.59	0.19	10.31	2.97	13.60	6.36	15.32	4.53	28.31	9.45
	最小值	0.94	0.17	12.39	0.81	12.69	5.41	14.12	0.77	23.38	5.35
	平均值	1.97	0.31	12.84	2.32	11.60	5.44	14.66	2.47	27.48	8.61
	变幅	1.65	0.02	－2.08	2.16	0.91	0.95	1.20	3.76	4.93	4.10

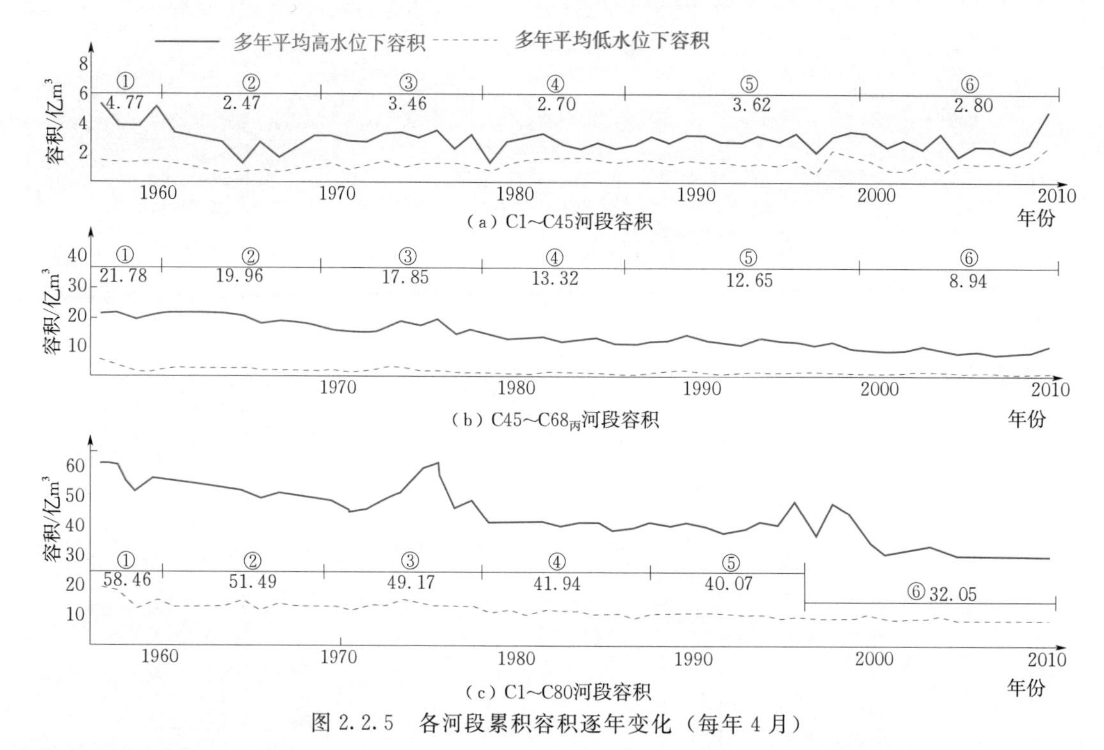

图 2.2.5　各河段累积容积逐年变化（每年 4 月）

由表 2.2.4 可知：

（1）表 2.2.4 中的第 1 河段（闸口至盐官）比第 2、第 3 河段都长，但河宽远小于第 2、第 3 河段，多高水位下的累积河床容积减小绝对值远小于下游两个河段，①－⑥的高水位下最大、最小、平均差值分别为 2.59 亿 m^3、0.94 亿 m^3 和 1.97 亿 m^3，远小于第 2 河段相应的 12.31 亿 m^3、12.39 亿 m^3 和 12.70 亿 m^3 以及第 3 河段相应的 13.60 亿 m^3、12.69 亿 m^3 和 12.82 亿 m^3，说明第 1 河段治理后的河道容积变化远比第 2、第 3 河段小，且⑦因丰水期容积又有增大，说明第 1 河段并非单向淤积趋势。第 2 河段容积逐年减小，到 2000 年后已趋于稳定。第 3 河段 2000 年后仍有减少趋势。

（2）为反映新安江水库建成蓄水调节了 1/3 流域面积的丰、枯流量（造床流量减少了 25％，多年

平均径流也差 10%）的影响，其相应河床的变化可用①－②来表示。第 1 河段最大、最小及平均河床容积分别减小了 3.56 亿 m^3、1.30 亿 m^3 和 2.20 亿 m^3，分别占①数值的 50.3%、46.6%和 48.2%，为何容积减少比例远大于造床流量的比例，它实际上也包括了下游潮差、潮量减少约 30%的影响（见表 2.1.5 盐官至闸口五站潮差减少 20%～40%）。第 2 河段容积减少相应占 2.9%、3.2%、8.4%，第 3 河段相应占 12.8%、8.7%、8.9%，说明新安江水库对第 2、第 3 河段的容积减少影响是次要的。

（3）由表 2.2.4 可知，全河段 C1～C80 从 1959—2014 年高水位下容积淤积 29.16 亿 m^3，但治江缩窄后即②－⑥淤积 23.06 亿 m^3，占总淤积量的 79%，可见全河床容积减少主要是治江缩窄造成的。其中第 1 河段不淤反冲扩大 0.24 亿 m^3，原因是该河段缩窄后径流的冲刷作用增加，且因滩涂围垦相对涨潮量、含沙量都减少（见表 2.1.8 中盐官、仓前、七堡、闸口四站涨落潮含沙量均减少 30%～50%），泥沙来量减少，故回淤量减少、容积增大；第 2、第 3 段是潮流起控制的河段，由于治江缩窄涨潮量大幅度减少，故第 2、第 3 河段高水位下的平均容积分别减少 11.36 亿 m^3 和 9.75 亿 m^3，分别占相应容积的 55.2%和 30.1%，低水位下容积第 2、第 3 段分别减少 42.8%和 44.3%。

（4）从表 2.2.4 和图 2.2.5 中时间过程看，第 1 河段高、低水位下的累积容积变化小且比较稳定，而第 2、第 3 河段 7 个时期的高、低水位平均容积，随着治江缩窄逐步减小，如第 3 河段高水位累积容积为 31.91 亿 m^3、29.06 亿 m^3、27.86 亿 m^3、25.92 亿 m^3、23.80 亿 m^3、20.31 亿 m^3、16.72 亿 m^3，低水位累积容积为 11.33 亿 m^3、10.57 亿 m^3、9.09 亿 m^3、8.53 亿 m^3、6.54 亿 m^3、5.89 亿 m^3、4.46 亿 m^3，同样表现为随治江缩窄逐年减小，未完全趋于稳定。

（5）各时期径流条件说明如下：①期的年平均流量为 820m^3/s、4—7 月流量为 1470m^3/s；②期年平均流量 775m^3/s、4—7 月流量为 1370m^3/s，①、②期差别仅为 5%～7%；但②期经水库调峰后，造床流量进一步减少 25%左右，造成盐官以下河势弯曲，盐官以上潮差、潮量减少，是导致盐官以上河床容积变化的重要原因，故①、②期的差异，包括了②期径流偏枯及河势弯曲两个因素；⑥期的年平均流量 840m^3/s、4—7 月流量 1203m^3/s，其与②期的差别为 8%～12%。②与⑥两个时期同为建库后，无造床流量的差异，也更具可比性，其河床形态的变化主要是因为江道治理缩窄和涨落潮含沙量减少造成的。具体各项因素占比多少无法由实测资料分离，是比较困难的。在下节河相关系分析中可作出定量计算。

2.2.4 治理前、后年内冲淤特征的对比

以上研究的是长历时、长河段治理前、后的冲淤特征对比，现取治理前、后一年内分别对 4 月（汛前）、7 月（汛后大潮）、11 月（大潮后枯水期）三个河段在相似的水文条件（年平均流量均在 880m^3/s 左右且 4—7 月平均流量 1200m^3/s 左右），用 1965 年代表治江前，用 2008 年代表治江后的分段河床容积进行对比，见表 2.2.5（其中∇_1、∇_2、∇_3分别表示第 1、第 2、第 3 河段的累计容积，参数特征水位仍取多年平均高、低水位）。由表 2.2.5 可知：

表 2.2.5　治江前、后典型年的冲淤量　　单位：亿 m^3

典型年	月份	流量/($m^3 \cdot s^{-1}$)	高水位						低水位						全河段	
			∇_1	差值	∇_2	差值	∇_3	差值	∇_1	差值	∇_2	差值	∇_3	差值	高	低
治江前 1965 年 $\overline{Q}_{年}$ = 890m^3/s	4月		1.49		21.0		30.2		0.71		2.52		11.90		52.69	15.13
		1200		1.38		−0.60		−1.20		0.45		−1.01		−0.92		
	7月		2.87		20.4		29.0		1.16		1.51		10.98		52.27	13.65
		540		−0.44		−1.10		−0.70		−0.33		0.29		−0.90		
	11月		2.43		19.3		28.3		0.83		1.80		10.08		50.03	12.72
		950		0.12		−0.50		0.10		0.08		−0.61		0.32		
	次年3月		2.55		18.8		28.4		0.91		1.19		10.40		49.75	12.50

续表

典型年	月份	流量/($m^3 \cdot s^{-1}$)	高水位						低水位						全河段	
			▽1	差值	▽2	差值	▽3	差值	▽1	差值	▽2	差值	▽3	差值	高	低
全年冲淤量				1.06		−2.20		−1.80		0.20		−1.33		−1.50	−2.94	−2.63
治江后2008年 $\overline{Q}_{年}$ = 880m³/s	4月		2.06		7.23		20.78		1.11		0.65		6.47		30.07	8.23
		1100		1.0		1.03		−1.72		0.57		−0.30		−1.42		
	7月		3.06		8.26		19.06		1.68		0.35		5.05		30.38	7.08
		640		−0.64		−0.51		0.57		−0.43		0.22		0.08		
	11月		2.42		7.75		19.63		1.25		0.57		5.13		29.80	6.95
		900		0.37		−0.05		0.22		0.27		−0.10		0.75		
	次年3月		2.79		7.70		19.85		1.52		0.47		5.88		30.34	7.87
全年冲淤量				0.73		0.47		−0.93		0.41		−0.18		−0.59	0.27	−0.36

(1) 治理前、后第1河段高水位容积最大变幅分别为1.38亿m³和1.00亿m³，第2河段高水位容积变幅分别为2.20亿m³和1.03亿m³。第3河段高水位容积变幅分别为1.90亿m³和1.72亿m³，上述数值说明治理后的多高河床总容积最大变幅比治理前减小10%～50%，第3段影响最小。

(2) 在年径流及4—7月径流相似的条件下，各河段冲淤特性不同，见表2.2.5最末两列，全河段治江前1965年高、低水位下为净淤积2.94亿m³和2.63亿m³，但治江后的2008年高、低水位下分别冲0.27亿m³和淤0.36亿m³。这说明在年径流量基本相同时，治江前河床年淤积量达2.63亿～2.94亿m³（其中初始容积有0.57亿m³之差），治江后仅冲淤0.27亿～0.36亿m³即可维持平衡，这说明治江大幅改善了河床平衡状态。

(3) 再逐季度分析两个典型年月冲淤差异。4—7月为梅汛期，第1河段均为冲刷，治江前冲刷1.38亿m³，治江后冲1.0亿m³，其差异与初始容积不同有关；第2、第3河段治江前，分别淤积0.60亿m³和1.20亿m³，合计淤积1.80亿m³，但治江后第2河段初始容积较小，表现为继续冲刷1.03亿m³，而第3河段因初始容积较大，表现为淤积1.72亿m³，两河段共淤0.69亿m³。4—7月治江前，全河段共淤积0.42亿m³，而治理后表现为冲刷0.31亿m³，汛期冲淤特性明显不同。治江前7—11月间三河段均为淤积，合计2.24亿m³；但治江后第1、第2河段淤积了1.15亿m³，第3河段则冲刷了0.57亿m³，全河段仅淤0.58亿m³。11月至次年3月治江前全河段淤积0.28亿m³，而治江后则为冲刷0.54亿m³。上述数据说明治江前后两个代表年，在冲淤时间、冲淤部位和总冲淤量上都有明显减少，河床趋于稳定。

2.2.5 不同河势（主槽顺直和弯曲）河床冲淤特性

受历史条件和古代工程技术的限制，钱塘江古代是“以宽治猛”，即用滩地削减涌潮的破坏力，并在滩地上建海塘，故钱塘江河口堤距特别宽阔，远大于实际水流塑造的河宽，造成河道主流在宽阔的江面上自由地频繁摆动，常形成弯曲河势（通常发生在枯水年或连续枯水年内，盐官至澉浦主流长度长达70～77km）或顺直河势（发生在丰水年或连续丰水年，主流长度仅41～46km）两种不同的河势。1956—2010年间这两种河势交替出现。表2.2.4的三个河段6个代表期，高、低水位下的累积容积变化，除可以用来说明新安江水库及治江缩窄前后河床特性的变化外，其实这些数据还可以说明弯曲与顺直河势对河床容积的变化，因为①、②的对比中除包含有无新安江水库的变化外，还有河势顺直和弯曲的差异，③与④之间的差异也是治江初期顺直与弯曲的差异，⑤与⑥则是治江后期顺直与微

弯的差异。为此取表 2.2.4 中平均高、低潮位下河床容积作比较，如表 2.2.6 所示。对表 2.2.6 中数据进行分析可以得出以下结论：

（1）无论治江前、初期还是后期，也无论哪一个河段，顺直河势的容积都大于弯曲河势的容积，两者比值在 1.01～1.93，特别是治江前第 1 河段顺直与弯曲河势高、低水位容积之比分别为 1.93、1.71，大于第 2、第 3 河段高水位比值 1.09、1.10；治江初期顺直与弯曲高水位容积之比三河段分别为 1.28、1.34、1.07，说明第 1、第 2 河段仍有明显差异，但比治江前减小，第 3 河段差别不大；到治江后期，三河段多高比值分别为 1.29、1.41、1.17，说明治江中后期顺直与弯曲河势对第 1 河段的影响已较为稳定，第 2 河段差异则在继续扩大，河床容积有 41%的差别，第 3 河段两种河势造成的河床容积差异扩大至 17%。这说明治江后第 1 河段江道已趋于相对稳定，顺直与弯曲河势下容积变化 29%，介于中间，第 2 河段两种河势容积变化 41%，差异最大，第 3 河段最小为 17%。

表 2.2.6　　顺直、弯曲河势河床平均容积对比　　单位：亿 m^3

河段容积		C1～C45		C45～C68$_{丙}$		C68$_{丙}$～C80		总计	
		多高	多低	多高	多低	多高	多低	多高	多低
治江前	①（顺直）	4.77	1.69	21.78	3.39	31.91	11.33	58.46	16.41
	②（弯曲）	2.47	0.99	19.96	1.87	29.06	10.57	51.49	13.43
	倍比	1.93	1.71	1.09	1.81	1.10	1.07	1.14	1.22
治江初期	③（顺直）	3.46	1.44	17.85	1.87	27.86	9.09	49.17	12.40
	④（弯曲）	2.70	1.42	13.32	1.04	25.92	8.53	41.94	10.99
	倍比	1.28	1.01	1.34	1.80	1.07	1.07	1.17	1.13
治江后期	⑤（顺直）	3.62	1.86	12.65	1.43	23.80	6.54	40.07	9.83
	⑥（微弯）	2.80	1.38	8.94	1.07	20.31	5.89	32.05	8.34
	倍比	1.29	1.35	1.41	1.34	1.17	1.11	1.25	1.18

（2）钱塘江河口顺直、弯曲河势河道容积差异除受径流丰、枯影响之外，另一个很重要的影响因素是地形对潮汐的反馈作用，即高、低水位又受河床形态而变化，造成潮差、潮量、潮动力的差异，更加剧了顺直、弯曲江道的差异。治江造成盐官低潮位的抬升主要发生在盐官以下 30km 河段，现以 1968 年、1993 年和 2014 年断面最深点高程、5m 高程（相当于平均大潮或洪水位）时断面面积、河宽及盐官低潮位、潮差、涨潮量等潮动力对比，这说明弯曲与顺直河势的差异，见表 2.2.7。

表 2.2.7　　治理后微弯型与治理前弯曲型河势冲淤特征对比

年份	河势	盐官潮汐动力			项目	盐官以下 30km 断面特征值						
		低潮位/m	潮差/m	涨潮量/亿 m^3		0+000.00	5+000.00	10+000.00	15+000.00	20+000.00	25+000.00	30+000.00
1968	弯曲	3.03	1.15	0.30	河宽/m	1100	1600	2500	4000	4200	5000	8000
					面积/m^2	2150	2600	2750	5600	8600	9600	14500
					深泓高程/m	2.2	1.6	2.4	1.2	1.2	1.3	0.9
1993	顺直	0.33	3.71	2.30	河宽/m	2500	3000	3800	8000	7000	9800	14000
					面积/m^2	8750	12300	14800	30900	43800	45900	65000
					深泓高程/m	0.8	−0.70	−1.10	−1.20	−2.0	−3.0	−4.20

续表

年份	河势	盐官潮汐动力			项目	盐官以下30km断面特征值						
		低潮位/m	潮差/m	涨潮量/亿 m^3		0+000.00	5+000.00	10+000.00	15+000.00	20+000.00	25+000.00	30+000.00
2014	微弯	1.50	2.95	1.70	河宽/m	2500	2800	3400	5000	5500	6000	7000
					面积/m^2	4850	5530	5400	13600	15000	20200	26000
					深泓高程/m	0.90	0.60	0.3	1.5	−0.6	−2.0	−2.2

由表2.2.7可知：1993年顺直江道比1968年弯曲江道低潮位低2.70m，潮差大2.56m，潮量大7.6倍，相应断面特征中河宽大1～2倍，断面面积大4～5倍，深泓高程低1.6～5.1m。这些数据说明江道平面线型的顺直与弯曲，对动力条件和断面特征值均影响很大，是居于首位的因素。治理后的2014年走中微弯的河势后，无论盐官的潮动力条件，还是盐官以下30km的断面特征值都介于这两种极端河势之间，避免了两种极端情况，减小了动力条件和断面特征的变幅，达到了治江稳定江道等诸项目的，同时也说明适当增加弯道是治理强潮河口减小潮量的有效措施。（2014年丰水年，又对偏枯的2009年补算，结论不变）。

2.2.6 小结

通过以上分析可得到如下简要结论：

（1）钱塘江河口是一个宽浅游荡型强潮河口，其河床平面形态、断面特征随水文年的变化而快速变化，连续丰水年为顺直河势、潮差大、断面面积大，连续枯水年为弯曲河势、潮差小、断面面积小。各种河床形态、潮动力参数变幅都极大，其原因除水文年的丰枯外，潮动力（尤以盐官潮差、涨潮量）与河床形态间的反馈作用十分敏感且显著，这种反馈作用更加剧河床变化的强度和不稳定性，这是钱塘江河口不同于其他河口最重要的特点。

（2）通过河口段10个断面面积、河宽、水深等特征值和分段高、低水位下的总容积对比可知：新安江水库改变了径流的丰、枯流量过程，减少了造床流量，盐官以下河床平面弯曲，潮差、潮量减小反馈使其河床萎缩淤积，但仅限于盐官以上的河床。河口治江缩窄工程则相反，因缩窄及含沙量减少造成闸口至盐官河段的冲刷，容积增大，而盐官至澉浦河段因缩窄，潮量减少而淤积。

（3）治江缩窄工程不仅使河床的平面摆动幅度大幅降低，而且使闸口至盐官的河床总容积（以多年平均高潮位以下的容积）扩大9.4%（原因是缩窄后洪水冲刷作用加强，滩地减少涨潮含沙量降低，减少回淤量，最终表现为容积增加）；盐官至曹娥江口以潮动力控制为主，因缩窄潮量减少，河床容积减小53%；曹娥江口至澉浦因同样原因河床容积减少30%。同时各河段随水文年变化河床的冲淤幅度也减小，河床更趋稳定。

2.3 中等历时（年内）河床冲淤特性及规律

2.3.1 河口段年内冲淤基本平衡

钱塘江河口由于径流的逐日、逐月、逐季（对应于测量约3～4个月的间隔）的变化幅度很大，再加上月内潮汐动力变化也很大，各断面的涨落潮量、含沙量、输沙量相应月内也有数倍的变化，因此各河段的冲淤量、河床容积也有0.2亿～2亿 m^3的变化，全年全河段冲淤变幅可达2亿～4亿 m^3。但这么大的冲淤量又基本上可以在年内（或8～16个月内）达到平衡，为说明这一特性，选择三个治江历史时期、分三个河段，径流、河床冲淤变化过程见表2.3.1。按年内不同水文时期的冲淤变化作以下分析：

（1）治江初期的1970年4月—1971年4月的一个水文年内：C1～C45河段，4—7月因径流较大

（1760m^3/s）冲刷0.99亿m^3泥沙，7—11月因径流较小（640m^3/s）很快淤积了0.99亿m^3。

表2.3.1　　各代表期各河段多高冲淤量

时期	时间	二次间平均径流/（$m^3\cdot s^{-1}$）	C1～C45/亿m^3		C45～C68丙/亿m^3		C68丙～C80/亿m^3		C1～C68丙/亿m^3		C1～C80/亿m^3	
			初始容积	冲淤量	初始容积	冲淤量	初始容积	冲淤量	初始容积	冲淤量	初始容积	冲淤量
治江初期	1970年4月	1710	3.31	0.99	16.12	0.29	29.56	−2.77	19.43	1.28	48.99	−1.49
	1970年7月	640	4.30	−0.99	16.41	1.49	26.79	1.27	20.71	0.50	47.50	1.77
	1970年11月	590	3.31	−0.44	17.90	−2.31	28.06	−0.84	21.21	−1.75	49.27	−2.59
	1971年4月		2.87		15.59		27.22		19.46		46.68	
	1970年4月—1971年4月	1000		−0.44		−0.53		−2.34		0.03		−2.31
治江中期	1993年4月	1960	2.78	1.79	11.61	0.77	25.00	−2.04	14.39	2.56	39.39	0.52
	1993年7月	748	4.57	−0.92	12.38	1.00	22.96	0.76	16.95	0.08	39.91	0.84
	1993年11月	890	3.65	−0.47	13.38	0.51	23.72	1.63	17.03	0.04	40.75	1.67
	1994年4月	2026	3.18	1.79	13.89	−2.12	25.35	−2.09	17.07	−0.73	42.42	−2.42
	1994年7月		4.97		11.77		23.26		16.34		40.00	
	1993年7月—1994年7月	1180		0.40		−0.61		0.30		−0.61		0.09
治江后期	2008年11月	1122	2.44	0.35	8.10	−0.39	19.63	0.22	10.54	−0.03	30.18	0.15
	2009年4月	857	2.79	−0.20	7.71	0.35	19.85	−1.05	10.51	0.13	30.36	−0.14
	2009年7月	426	2.59	−0.20	8.06	−0.12	18.80	0.77	10.64	−0.34	29.45	1.29
	2009年11月		2.36		7.94		19.57		10.30		29.87	
	2008年11月—2009年11月容积差百分比/%		−3.3		−2.0		−0.3		−2.3		−1.0	

注："＋"为冲，"－"为淤。

（2）治江中期顺直河势的1993年4月—1994年7月水文周期内：第1河段C1～C45，4—7月平均径流1960m^3/s，冲刷量达1.79亿m^3，7—11月径流较小为748m^3/s，淤积0.92亿m^3，11月至次年4月继续淤0.38亿m^3，接近平衡；第2河段C45～C68丙在1993年4月—1994年4月全水文年共冲刷2.28亿m^3，但到次年4—7月大幅淤积2.12亿m^3，又达到平衡，即16个月平衡；第3河段L68丙～L80，在1993年4—7月淤积2.04亿m^3，7—11月冲0.76亿m^3，11月—次年4月又冲1.63亿m^3，1993年7月—1994年7月一个水文年中接近达到平衡。由此可知C1～C68丙河段和C1～C80河段基本是在1993年7月—1994年7月的一个水文年达到平衡。

（3）治江后期的2008年11月—2009年11月的水文年周期内：第1河段容积由2.44亿m^3回到2.36亿m^3，容积差3.3%，基本达到平衡；第2河段容积由8.10亿m^3回到7.94亿m^3，容积差2.0%；第3河段容积由19.63亿m^3回到19.57亿m^3，容积差0.3%；C1～C68丙、C1～C80河段亦是1个水文年容积之差均小于5%。河段选定和测量日期有偶然性，能达到这个精度，足以说明钱塘江河口各个河段可在8—16个月或一年能基本达到平衡。

综合以上三个典型时期的三个水文年三个河段的分析可以得到如下规律性结论：

1）第1河段C1～C45一般是4—7月的丰水期冲刷，对应第3河段则此期间接纳上游冲刷的泥沙表现为淤积，7—11月及至次年4月一般为枯水，第1河段由于涨潮流速大于落潮流速，涨潮含沙量远大于落潮含沙量表现出淤积特征，而下游第3河段则作为上游补沙之源表现为冲刷。这是三个水文周期都存在的普遍规律，而且这两个河段都是可以在8个月或1年的水文周期中达到冲淤平衡。

2）第2河段C45～C68丙由于处于过渡段，在4—7月径流较大且初始河床容积小于平衡容积时，表现为冲刷，流量小且初始容积大于平衡容积时，表现为淤积。治江前期，河床较宽，潮量较大，即使径流较大时，冲刷幅度也不大，甚至淤积；治江后冲刷加强，在7—11月至次年4月的枯水期一般为淤积，随着治江缩窄的进展，淤积量减小，本河段冲淤特征介于第1、第3河段之间，由于河段范围是人为划定的，观测日期也具偶然性，因此河段冲淤并无固定的冲、淤分界线，同时由于季内径流变化的不确定性，造成冲淤的发生与地形观测期不完全吻合，但一个水文年容积差仍小于5%，即这一河段在一个水文年左右能达到冲淤平衡。

3）第1河段洪冲枯淤的规律比较明显，冲刷量与起始河道容积大小呈反比；第2、第3河段的冲淤特性与初始状态有关，即在同样的流量条件下，初始容积比平衡状态大则冲刷量小，淤积量大，如初始容积比平衡状态小，则冲刷量大，淤积量小。这是河床力求保持原平衡断面（容积）的特性决定的。各河段冲淤特性各异，现分别阐述其定量预测的方法。

2.3.2 闸口至盐官河段（C1～C45）冲淤量预报研究

第1河段为杭州闸口至海宁盐官，全长45～50km，其河道平面形态经17年（1968—1985年）的缩窄整治两岸已经固定，但河床容积主要受流域径流的大小而变化，也受下游盐官至澉浦即第2、第3河段（即尖山河段）平面形态弯曲与顺直的影响。2010年尖山河段已整治基本到位，平面形态变幅大为减小，已逐步趋于稳定。这一河段的冲淤变化之所以受到人们的关注，主要是它的河床容积大小与杭州河段的洪水位、盐水入侵及各取水口供水安全密切相关，此外它也与涌潮大小、通航条件、排水条件等有关。根据前期河床形态和径流变化，可预测该河段的河床冲淤量。冲淤量计算比较成熟的方法有：多元回归模型、动床数值模拟。

2.3.2.1 多元回归模型

20世纪50年代以来，钱塘江河口每年都有4月（汛前）、7月（汛后）、11月（大潮后）三次江道地形图，沿程有6个水位观测站持续60年的观测资料，这些为本项研究提供了基础资料。杭州河段洪水位主要取决于闸口至盐官段江道前期容积的大小，为此需要建立该河段容积的预测模型。此河段枯季淤积过程为3～4个月，洪水冲刷时间仅为5～10天；淤积、冲刷量取决于初始河床容积和前期的平均流量，为补充新安江水库、钱塘江河口围垦后缺少前期枯水遇大洪水的实测资料，采用动床数值模型补充计算了8个特枯水情下的江道冲淤计算点据，与实测点据结合在一起分析，得到ΔV_i（相应3～5个月多高以下的河床冲淤量）、Q_4（相应3～5个月的平均流量）、V_i（闸口至盐官多高以下的初始河床容积）系列，其相关关系见图2.3.1和式（2.3.1），复相关系数$R=0.93$（韩曾萃等，2006）。

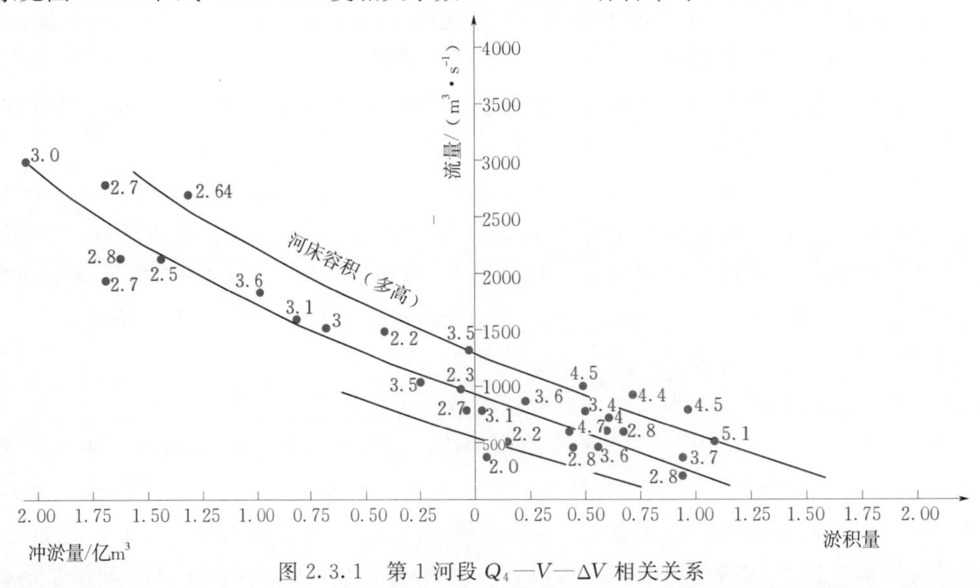

图2.3.1 第1河段Q_4—V—ΔV相关关系

$$\Delta V_i = 5.76 - 1.11\ln \overline{Q}_4 + 0.43V_i \tag{2.3.1}$$

给定初始容积，可得到求解江道容积序列的迭代公式为

$$V_{i+1} = \Delta V_i + V_i \tag{2.3.2}$$

上述以实测资料结合数值求解的方法，体现了水文学与水力学相结合的研究思路，充分发挥各种方法的优势，起到扬长避短的效果。采用式（2.3.1）、式（2.3.2）对钱塘江河口实测江道容积的长系列复演计算如图 2.3.2 所示。由图 2.3.2 可知，建立的相关关系能较好地模拟研究河段的长历时冲淤变化过程。

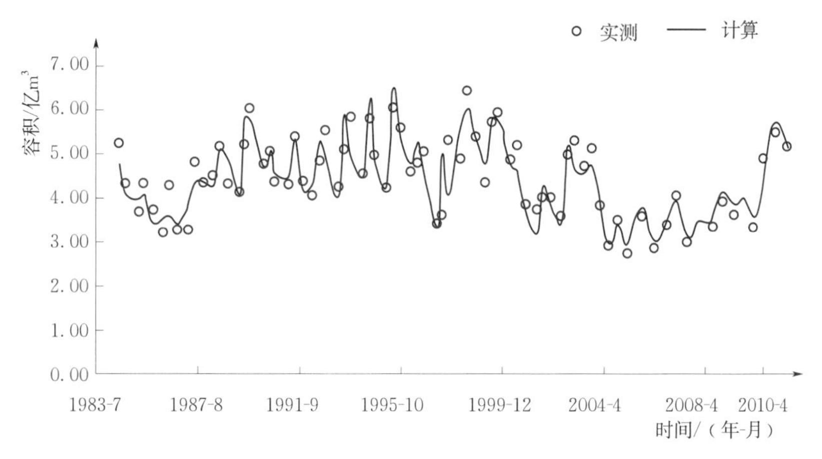

图 2.3.2　实测和计算河道容积比较

但上述冲淤量是采用 3～5 个月间隔的地形资料量测的，而流量也是 3～5 个月的平均流量，在如此长的时段内，难免会发生几次流量大于 2000m³/s 以上起造床作用的中小洪水，这些中小洪水发生在此时段的初期或后期，第二次地形测量的结果会大不相同。同时 1980—2000 年的江道面貌也与 2010 年治江缩窄到位后的江道面貌有差异。为此 2002 年 4 月—2012 年 12 月在该河段作了时间间隔 1 个月、2 个月的加密地形观测，弥补了上述缺陷。利用这时期的新资料统计得到新的冲淤关系式（潘存鸿、唐子文等，2010）为

$$\Delta V_i = -0.39\times 10^{-3} Q_i + 0.123V_i - 0.004Z - 0.023 \qquad (R=0.95) \tag{2.3.3}$$

式中：ΔV_i 为月冲淤量；V_i 为初始河道容积；Q_i 为二次地形间的月平均流量；Z 为澉浦同期月平均高潮位。

复演了 2002—2012 年的冲淤量及河床容积，如图 2.3.3 所示，其精度有所改善。

利用式（2.3.1）～式（2.3.3）可以得出，在同样的初始河床条件下，枯水流量分别为 600m³/s 和 300m³/s 时，流量均削减 50m³/s，月淤积量分别为 330 万 m³ 和 900 万 m³；或者说在同样的枯水流量条件下，初始容积为 5.0 亿 m³ 时比 3.0 亿 m³ 时增加了 0.27 亿 m³/月的淤积量。这些数据反映了该河段的一些冲淤非线性特征。

2.3.2.2　动床数值模拟

钱塘江河口经治江缩窄后，第 1 河段（闸口至盐官）河道已相对比较规则，可用一维数学模型来描述其水流运动规律。钱塘江河口泥沙主要以细颗粒悬移质为主，基本控制方程可表述如下（史英标等，1998）：

水流连续方程为

$$\frac{\partial A}{\partial t} + \frac{\partial Q}{\partial x} = q_l \tag{2.3.4}$$

水流运动方程为

$$\frac{\partial Q}{\partial t} + 2\frac{Q}{A}\frac{\partial Q}{\partial x} + gA\frac{\partial Z}{\partial x} + g\frac{Q|Q|}{C_z^2 AR} - \frac{Q^2}{A^2}\frac{\partial A}{\partial x} = 0 \tag{2.3.5}$$

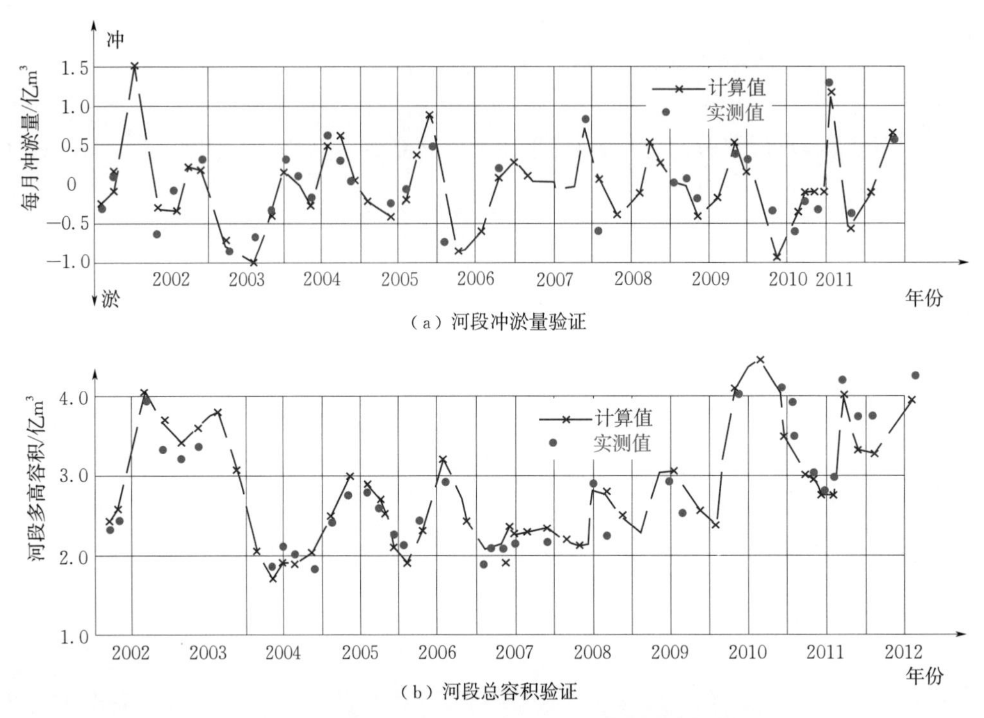

图 2.3.3 第一河段（L1～L45）冲淤量及容积验证

悬沙输移方程为

$$\frac{\partial AS}{\partial t}+\frac{\partial QS}{\partial x}=-\omega B(T_1S-T_2S_*) \tag{2.3.6}$$

河床变形方程为

$$\gamma_s\frac{\partial Z_o}{\partial t}=\omega(T_1S-T_2S_*) \tag{2.3.7}$$

挟沙能力公式为

$$S_*=f(u,h,\omega) \tag{2.3.8}$$

式中：A 为断面过水面积；x 为河道里程；t 为时间；Q 为流量；q_l 为单位河段旁侧入流量；Z 为潮位；C_z 为谢才系数；R 为断面水力半径；B 为河宽；S 为断面平均含沙量；S_* 为断面平均挟沙能力；T_1、T_2 分别为底部含沙量与垂线平均含沙量的比值和相应挟沙能力的比值；γ_s 为泥沙容重；ω 为泥沙沉降速度；Z_o 为断面平均河底高程；u 为流速；h 为水深。

联合求解上述方程组需给定方程组的边界条件和初值条件：

上边界流量过程　$Q(0,\ t)=Q_0(t)$，当 $Q(0,\ t)>0$ 时，$S(0,\ t)=S_0(t)$；

下边界给定潮位过程　$Z(1,\ t)=Z_0(t)$，当 $Q(1,\ t)<0$ 时，$S(1,\ t)=S_1(t)$；

初始条件　$Z(x,\ 0)=Z^*(x)$，$Q(x,\ 0)=Q^*(x)$，$S(x,\ 0)=S^*(x)$，$Z_0(x,\ 0)=Z_0^*(x)$。

应用 Preissman 四点隐格式求解上述方程组。

1997 年 7 月 7—12 日，是钱塘江河口第 1 河段起始河床较高的一次典型洪水，由于汛前 1996 年 11 月—1997 年 4 月，富春江电站下泄流量平均为 442m³/s，比常年减少 30%，致使河口江道淤积，容积较小，汛前 4 月江道容积仅 3.13 亿 m³，又因 5—6 月径流较小，江道持续淤积，在“7.9”洪水前江道容积约 2.8 亿 m³，致使 1997 年“7.9”洪水闸口流量仅 15000m³/s，约 5 年一遇，而钱塘江河口沿程洪水位超历史记录，出现高水位持续居高不下的危急局面。本模型以此为例复演了钱塘江河口沿程洪水位过程。动床模型的计算结果如图 2.3.4 所示。

由图 2.3.4 可知，上游的桐庐站，因远离冲刷剧烈的区域，定床与动床计算差别很小，但在冲刷区影响范围内的富阳、闻堰、闸口、七堡、仓前等站，定床模型与动床模型结果差别很大。

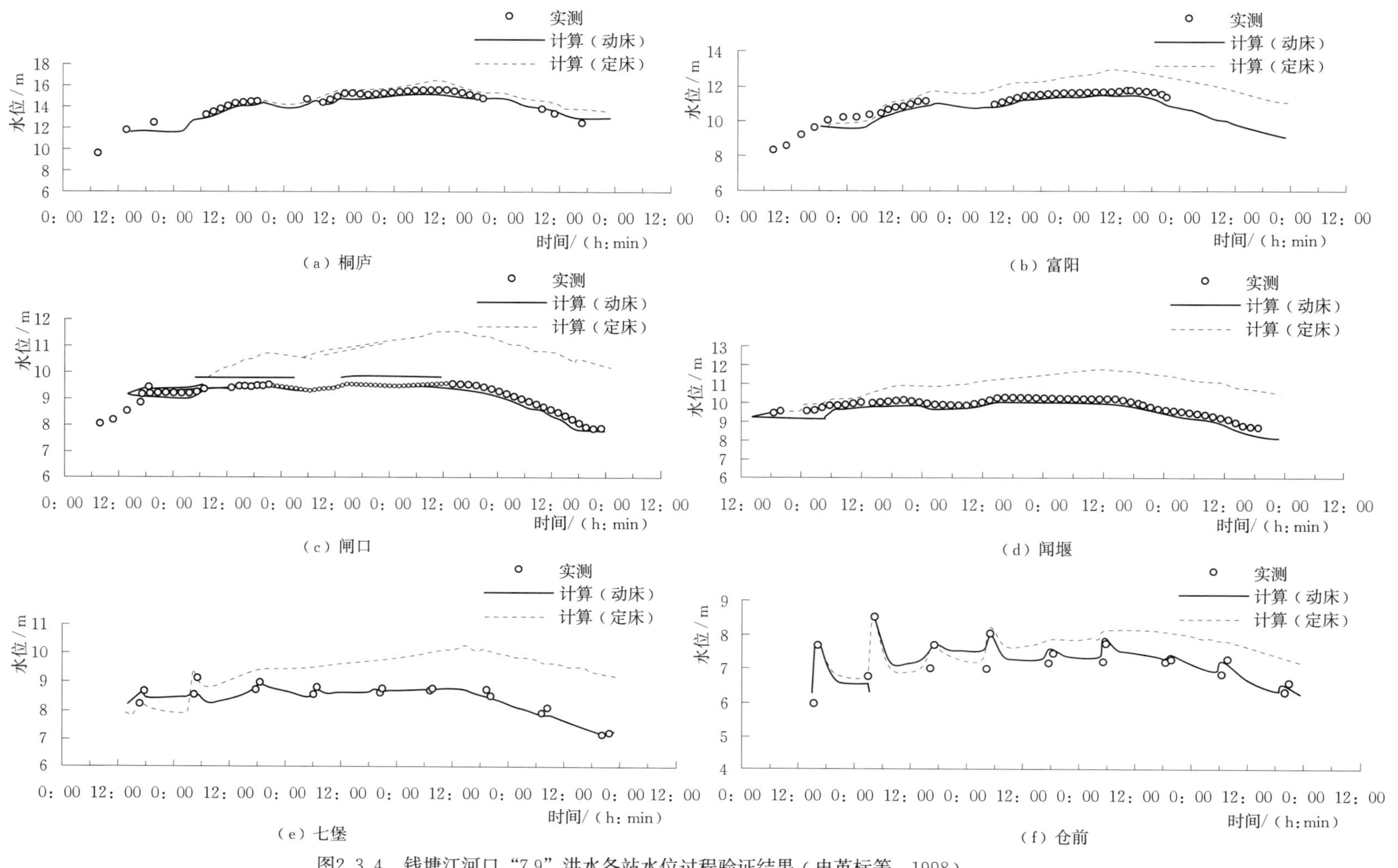

图2.3.4　钱塘江河口“7.9”洪水各站水位过程验证结果（史英标等，1998）

动床模型得到的各站洪水位过程与实测过程十分吻合，而采用定床模型计算各站误差可达 1m 以上，闸口、七堡、仓前动床与定床的最高水位相差达 1.2～1.5m 之多。动床模型的最高水位及全洪水位过程都与实测过程吻合良好，这是该方法的最大优点，因此自 2010 年以来，该方法已在钱塘江防汛预案中采用。

表 2.3.2 是钱塘江河口 1996 年和 1997 年第 1 河段一维动床数学模型冲刷和淤积的验证过程。由表可见，除闸口至七堡河段冲刷验证误差较大外，其余河段及全河段的冲、淤验证精度均较高。动床数学模型几个月的冲淤计算结果相对较可靠，但对更长历时的计算可能存在误差累积现象，精度难以把握。而第 2、第 3 河段无论用一维或二维数学模型进行计算，目前计算精度都尚有不足，仍有待进一步改进。

表 2.3.2　钱塘江河口第 1 河段（L1～L45）的二次冲淤验证　单位：亿 m^3

河段名称	1996 年 11 月—1997 年 4 月淤积验证			1997 年 11 月—1998 年 4 月冲刷验证		
	初始值	实测值	计算值	初始值	实测值	计算值
闸口至七堡	0.98	0.68	0.68	0.97	1.23	1.18
七堡至仓前	1.05	0.65	0.77	0.84	1.06	1.06
仓前至盐官	2.32	1.64	1.75	1.98	2.44	2.47
闸口至盐官	4.35	2.97	3.20	3.79	4.73	4.71
全河段冲淤量		1.38	1.15		0.96	0.98

关于第 2、第 3 河段的预报模型，曾用定床数学模型、动床数学模型、统计的多元回归模型及人工神经网络等方法作过多种尝试，但因影响因素太复杂，目前尚不能达到实际生产应用的精度，还需要不断探索。

2.4　河口河相关系的建立、验证及应用

河口是河流进入海洋的过渡段，也是受洪水、台风暴潮灾害频繁和人类集聚的地区，因此水利、交通、地理、海洋学者一直在探索应如何整治河口，以达到减轻灾害、开发河口的多种资源为国民经济服务的目标。早在 20 世纪上半叶就有不少学者开始寻求河流海湾的形态与动力之间的关系即河相关系（O'BRIAN，1931；LEOPDD et al.，1953）。近 40 年发展起来的数学模型为河口水动力计算提供了有力的工具，但鉴于双向水流泥沙运动的复杂性，至今尚无足够精度的长历时河床变形成熟的预测方法，因此寻求半理论、半经验的统计规律也是一种研究方向。人们相信冲积性河流及平原河口的河床形态在水流、泥沙相互作用下，通过自动调节在较长时间的平均情况下，可形成相对平衡的状态，其断面形态（半潮水位下的面积、河宽、水深、宽深比）及纵向河床比降、河宽放宽率、断面放大率以及弯曲半径等与来水来沙及其过程之间，存在某种函数关系，称之为河相关系（钱宁等，1987）。河相关系是河流动力学的重要研究内容之一，其研究难点之一是河相关系包括流量 Q、流速 U、面积 A、河宽 B、水深 H、含沙量 S、河床高程 Z_0 等 7 个未知数，而可提供的方程仅有水流连续方程、动量守恒方程、输沙守恒方程、河床变形方程等四个方程以及两个几何关系式（中水位下矩形河床的 $A=BH$ 及 $Q=AU$），因此它不是一个具有唯一解的封闭系统（钱宁等，1987；HUBERF et al.，2005），必须从自然的普遍规律，如能量分配、能耗最小、活动性最小等角度来增加方程求解；其研究难点之二是径流以及涨、落潮流量的月内、年内变化都很大，应如何选择与全年河口造床过程等价的某个流量值。

窦国仁（1964）对河口河相关系研究较早，他将流域径流、流域含沙量及海域涨潮量、涨潮含沙量等 4 个变量统一于落潮流量和落潮含沙量两个变量中，又提出了河床最小活动性原理（即河道流速与河床起动流速之比和河床宽度与水深之比之和最小，是河床活动性或稳定性的判别指标），增加了一

个方程，从而与其他方程联解得到一系列半潮水位下断面及纵向的河相关系式，该理论得到广泛的应用（罗肇森，2004；唐洪武等，2008；陈志昌，2005）。

如前所述，潮汐河口河相关系另一个难点是用涨潮还是落潮什么频率的流量作为造床流量。河口因潮波变形，涨潮流历时小于落潮流历时，故涨潮流量大于落潮流量。但落潮流量还包括不同频率的径流，且其作用在河床上的历时更长，因此选择什么频率的涨潮或落潮流量作为造床流量，已有文献均未做详细论述。对此作如下探讨：

根据造床流量的定义（钱宁等，1987），总可以找到一个代表性流量，其造床作用和流量过程的综合造床作用等价，此流量就是造床流量。以上定义的成立实际就是数学上的积分中值定律。因造床作用是输沙的结果，而输沙量是与流量的 2 次幂（或 3 次幂）成正比的，故造床流量计算的数学表达式为（韩曾萃等，2015）

$$\int_0^{T_0} P_i Q_i^2 \mathrm{d}t = P_1 [Q_i]^2 T_o \tag{2.4.1}$$

式中：Q_i 为出现频率为 P_i 的涨潮或落潮流量值；$[Q_i]$ 为造床流量；P_1 为造床流量对应的频率；T_o 为全年时间。

具体应用到涨落潮时对应的全年涨潮造床作用为

$$涨潮造床作用 = P_1 [Q_f]^2 T_f \tag{2.4.2}$$

而单个落潮流量输沙包括两部分，即 $(Q_{e1}+Q_{e2})^2 = Q_{e1}^2 + 2Q_{e1}Q_{e2} + Q_{e2}^2$。在对全年积分时，潮流部分的时间概率为 P_1，径流部分的时间概率为 P_2，潮流、径流同时出现中间项的概率按独立事件同时出现的概率为 P_1P_2。故全年积分后

$$落潮造床作用 = \{P_1 [Q_{e1}]^2 + 2P_1P_2 [Q_{e1}][Q_{e2}] + P_2 [Q_{e2}]^2\} T_e \tag{2.4.3}$$

其中 $$[Q_f] = W_i / t_f,\ [Q_{e1}] = W_i / t_e,\ [Q_{e2}] = Q_o T / t_e$$

式中：t_f、t_e、T 分别为单个潮涨潮流历时、落潮流历时及全潮总历时；W_i 为对应 P_i 概率的涨潮潮量。

对不同大小潮汐，可划分为大潮、中大潮、平均潮、中小潮及小潮五级不同频率 P_i 的潮差和相应的涨潮量 W_i，而落潮除对应涨潮量的落潮流量 Q_{e1} 外，还包括一年中出现频率为 P_2 的径流 Q_o 所产生的落潮流量 Q_{e2}。由于式（2.4.3）中各个参数对不同潮汐河口，不同断面无一般规律可循，故采用浙江省几条河口的代表断面进行数值计算作对比。经过实测参数的率定、计算后得到各种频率潮差与径流造床作用的结果如表 2.4.1 所示。表 2.4.1 中径流可暂时用年平均值（当取 $n=2$ 时，造床流量是年均流量的 1.5 倍，见表 2.6.4）。由表中数据可知：

表 2.4.1　河口断面涨、落潮各种频率的造床作用（韩曾萃等，2015）　单位：10 万 t/潮

河口	代表站	涨落计算式	大潮	大中潮	平均潮	中小潮	小潮
钱塘江河口	七堡	涨式（1.4.2）	7.7	4.4	2.6	0.06	0.006
		落式（1.4.3）	8.4	9.5	13.4	8.6	9.0
	仓前	涨式（1.4.2）	6.3	9.5	12.1	3.3	0.02
		落式（1.4.3）	6.5	12.7	15.3	9.6	6.5
瓯江河口	温州	涨式（1.4.2）	4.6	7.2	10.8	4.3	1
	龙湾	落式（1.4.3）	8.1	8.7	11.6	4.8	2.2
		涨式（1.4.2）	40.8	44	63	28	10
		落式（1.4.3）	45	63	94	38	16
飞云江河口	瑞安	涨式（2.4.2）	1.47	2.7	3.9	1.6	0.6
		落式（2.4.3）	1.6	2.9	4.2	1.63	0.64

（1）无论是钱塘江偏上游河段或瓯江和飞云江偏下游河段的断面，各频率条件下，落潮的造床作用均大于涨潮，用落潮流量作为造床流量更合理。

（2）用年平均径流和年均潮差下的落潮流量的造床作用均大于大潮、中大潮、中小潮和小潮的造床作用。造床流量的选择应按其造床作用最大值的频率所对应的流量。

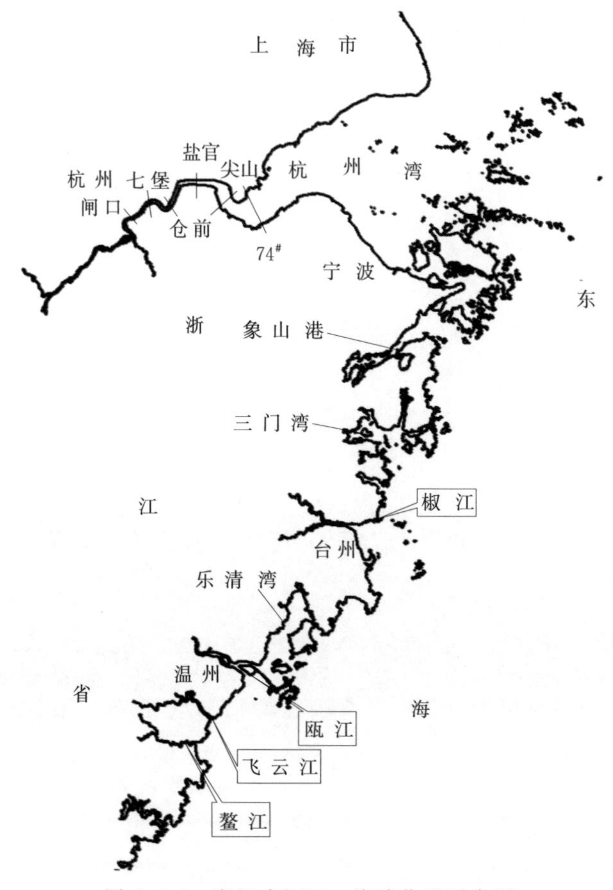

图 2.4.1 浙江省河口、海湾位置示意图

因此，窦国仁（1964）用多年平均径流量和年平均潮差下的潮量组合计算的落潮流量值，作为潮汐河道的造床流量是合理的。但并非一切河口的断面特征值均采用落潮流量作为造床流量都是正确的。这里指出，河口分为一般河口及强涌潮河口，强涌潮河口潮波传播时涨潮历时大幅缩短，涨潮流量、流速大于落潮流量、流速近 3 倍，滩地上的涨潮输水、输沙作用远大于落潮。下文是在已有研究成果（韩曾萃等，2001；韩曾萃等，2009）基础上，又进一步对宽深比、河底纵坡、弯道形态拓展，并对浙江省其他河口海湾也进行了验证（图 2.4.1）。

2.4.1 一般河口及强涌潮河口河相关系式的建立

在窦国仁（1964）的最小活动性综合指标中，作者已注意到应用于潮波变形剧烈有涌潮的钱塘江河口时，实际河宽要比计算公式的数据大很多，为此引入了一个涌潮系数 β，无涌潮时 $\beta=1$，有涌潮时 $\beta=1.3\sim1.5$，使计算河宽可增加 20%～40%，但钱塘江河口的许多半潮河宽实际值比计算值大 1.5～2.5 倍。面积计算值与实测值接近，故水深实际值比计算值小 50%～80%。为此一方面需探讨涌潮时涨潮流速滩槽分布对拓宽河宽的作用，另一方面从涨、落潮流历时和流量大小不同，确定到底哪一个流量对河宽的造床起关键作用，再验证确定河相关系中的一系列参数。

钱塘江河口由于沙坎的存在，涨潮向上游传播时的潮波变形剧烈，闸口至澉浦的涨潮流历时仅为 2h50min～5h，而落潮历时达 9h35min～7h25min，落、涨潮流历时之比为 1.5～3.3。（韩曾萃，2003，

表 3.2.5)。非洪水时径流量远小于涨潮潮量，即涨潮流量及流速特别是滩地上涨潮初期的潮量和流速，均大于落潮主槽和滩地上的潮量和流速，如 1957 年七堡断面共 9 条垂线大、中、小潮同步观测资料（表 2.4.2)，垂线在断面上的位置及断面分区如图 2.4.2 所示，中小潮输水输沙数据见韩曾萃等(2003)。相应涨潮主槽、边滩的剪切应力对河宽的冲刷、拓宽作用远比落潮大，这是有涌潮河口不同于一般强潮河口的重要特征之一。

表 2.4.2　　七堡断面观测的涨、落潮潮量及比值（韩曾萃等，2003）

潮型	潮量		左边滩	过渡区		主槽			过渡区		右边滩	全断面
			Ⅰ	Ⅱ	Ⅲ	Ⅳ	Ⅴ	Ⅵ	Ⅶ	Ⅷ	Ⅸ	
			左岸 290m	290m−3	3−4	4−5	5−6	6−7	7−8	8−9	9−右岸	
大潮	输水 /10^6m^3	涨潮	3.85	18.56	15.50	16.60	15.50	17.00	10.40	3.07	14.60	115.08
		落潮	1.10	15.24	20.00	20.80	17.10	15.20	5.60	0.45	0.65	95.94
		涨/落	3.50	1.22	0.78	0.80	0.91	1.12	1.86	6.82	22.46	1.20
	输沙 /万 t	涨潮	1.80	13.50	10.61	11.60	15.32	21.96	27.56	6.95	6.64	115.93
		落潮	0.03	1.32	1.94	1.89	1.76	1.93	0.44	0.02	0.04	9.35
		涨/落	60.00	10.23	5.47	6.14	8.70	11.38	62.64	347.5	166	12.4
中潮	输水 /10^6m^3	涨/落	1.72	0.84	0.51	0.54	0.55	0.54	0.77	1.67	5.70	0.63
	输沙 /万 t		12.70	2.84	1.37	1.67	2.90	3.90	6.60	13.20	20.40	3.28
小潮	输水 /10^6m^3	涨/落	1.35	0.63	0.51	0.51	0.46	0.40	0.51	1.00	3.00	0.51
	输沙 /万 t		5.36	1.39	1.03	1.40	2.84	3.20	4.18	13.30	5.40	1.78

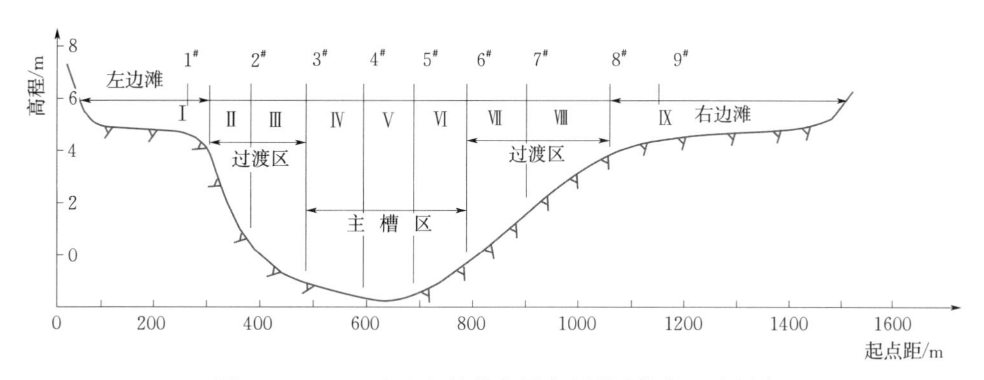

图 2.4.2　1958 年七堡站横向同步观测垂线布置示意图

由表 2.4.2 可知：

(1) 大潮时左右边滩涨落潮量之比为 3.5～24.6，中潮输水之比 1.67～5.7，小潮为 1.0～3.0，都大于 1，即涨大于落；输沙涨落潮之比大潮为 60～280、中潮为 13.2～20.4、小潮为 5.4～13.3，更远大于输水，即涨潮输沙远大于落潮。这些数据足以说明边滩的输水、输沙由涨潮流控制，即河宽的造床流量应该采用涨潮流量，韩曾萃等（1984）对表 2.4.2 观测值作了滩槽分离，又采用准二维数学模型进行验证，更证实了这一现象存在于涌潮河口。

(2) 左右两边的过渡区（左为Ⅱ、Ⅲ，右为Ⅶ、Ⅷ），涨落输水、输沙之比大潮时分别为 1.22～1.86 和 10.22～62.6，中、小潮时输水比小于 1，而输沙之比为 1.39～13.3，仍大于 1，表现出强涌潮河口不同于一般河口的特殊性，即涨潮流速受惯性力加速度的影响横向流速分布相对均匀，而落潮受重力作用为主，流速与水深呈正比，流速分布不均匀，占 30%河宽的过渡段起控制作用的仍是涨潮量。

(3) 主槽区涨落潮输水之比大、中、小潮均小于1，输沙比则均大于1。该断面涨潮流为饱和输沙，落潮流为非饱和输沙，滩地涨潮输沙到上游断面憩流后都落淤，不能在落潮时带走，形成淤积，到汛期才能冲向下游，达到年内平衡。

(4) 从全断面大、中、小潮总潮量来看，落潮潮量是径流加上涨潮量，落潮潮量总是大于涨潮潮量，且落潮历时长，造床作用强，故断面面积仍应以落潮流量控制，这一假设（即河宽受涨潮流量控制，面积受落潮流量控制）最终应以实际资料的检验为准则。

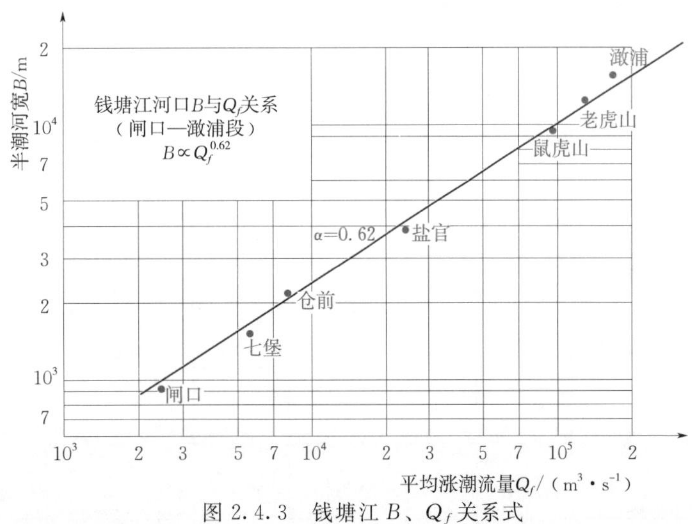

图2.4.3　钱塘江B、Q_f关系式

随着ADCP等新技术的应用，图2.4.4是2008年在尖山河段滩（B_2）和槽（B_1）的全潮、流速同步观测结果，该图也显示了滩地与主槽在大潮涨潮时，流速分布均匀，落潮时滩上流速远小于主槽，再次证明河宽应该是涨潮流量决定的。落潮时滩地上的槽蓄量大部分流归主槽流出，且落潮历时远大于涨潮，因此河床的断面面积（主槽应占总面积80%）应以落潮流控制。图2.4.4所示的涨潮流速分布可以用非恒定二维垂线平均的数学模型得到复演。更有力的证据是用钱塘江河口段的闸口至澉浦共9个断面的半潮河宽与对应平均涨潮流量在双对数坐标上点绘相应关系（图2.4.3），点据基本在一条斜线上，斜率$\alpha=0.62$；落潮流的相应点据就不在一条直线上，这有力说明了$B\propto Q_f^{0.62}$的关系。MCDOWELL等（1977）和SPERMAN等（1996）介绍了Thames河口和Lune河口河宽都是与最大潮流量有关，Thames河口$\alpha=0.71$，而印度Hoogly河口（也为强涌潮河口）$\alpha=0.84$。综合以上的实测滩、槽流速、潮量、输沙量分布，说明强涌潮河口河宽按涨潮流量计算更合理，面积则仍按落潮流计算。

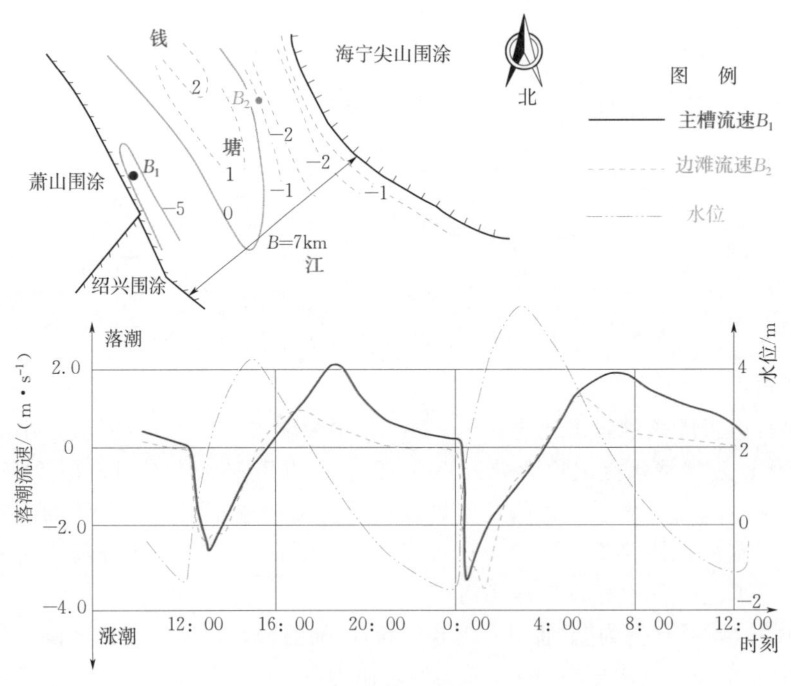

图2.4.4　尖山实测滩、槽同步流速分布

韩曾萃等（2001）收集了浙江诸河口及射阳河、长江口、Thames、Forth等12条河口的资料，每

条河口取出口、中间及末端3个断面得到一些河相关系式，韩曾萃等（2009）又对河宽放宽率、面积放大率和弯道特征作了延伸，本节再对宽深比（$\sqrt{B}/H$）和河床底坡进行了推导，其相关公式注意区分有无涌潮的差异。各类计算公式汇总如下：

（1）中潮位下断面特征。

面积

$$A=4.7Q_e^{0.9}S_e^{-0.22} \tag{2.4.4}$$

河宽

$$B=7.5Q_e^{0.62}S_e^{0.12} \tag{2.4.5}$$

$$B=7.5Q_f^{0.62}S_f^{0.12} \quad \text{（有涌潮）} \tag{2.4.5$'$}$$

水深

$$H=0.62Q_e^{0.28}S_e^{-0.34} \tag{2.4.6}$$

$$H=0.62(Q_e^{0.9}/Q_f^{0.62})(S_e^{-0.22}/S_f^{0.12}) \quad \text{（有涌潮）} \tag{2.4.6$'$}$$

式中：Q 为流量；S 为含沙量；A、B、H 为中潮位下的面积、河宽、水深；脚标 f、e 分别为涨潮和落潮。

（2）纵向河宽放宽率、断面放大率。定义之一为根据《航道整治技术规范》（JTJ 285—90），设河口起点河宽 B_0，1km 后河宽为 $B_1=B_0$（$1+\varepsilon$），x km 后为 $B_x=B_0$（$1+\varepsilon$）^{x}。其中 ε 为河宽放宽率。我国某些学者用此定义计算航道整治时的放宽率（罗肇森，2004；唐洪武等，2008；陈志昌，2005）。定义之二为单位河长的河宽增量率与起始河宽 B_0 成正比即 $dB/dX=\alpha B$，积分后为 $B_x=B_0e^{\alpha x}$，此 α 值亦称放宽率。国外河口（HUBERF，et al.，2005；IPPEN，1966）常按此式 α 值定义放宽率，并用公式 $\alpha=\ln(B_0/B_x)/x$ 求 α 值。同理也可定义河口断面放大率 β，并用下式求面积放大率：$\beta=\ln(A_0/A_x)/x$，其中脚标 0 为起始断面，x 为距起始断面的公里数。

可以证明，这两种定义放宽率存在简单的关系

$$\alpha=\ln[1+\varepsilon] \tag{2.4.7}$$

许多河口及航道的放宽率 $\varepsilon=0.001\sim0.10$ 时，α 与 ε 的差异在5%以内，而后者在运算上更为方便。按此定义可得到河宽放宽率、面积放大率的河相关系式如下：

河宽放宽率

$$\alpha=\ln[(Q_{e0}/Q_{ex})^{0.62}(S_{ex}/S_{eo})^{0.12}]/x \tag{2.4.8}$$

$$\alpha=\ln[(Q_{f0}/Q_{fx})^{0.62}(S_{fx}/S_{f0})^{0.12}]/x \quad \text{（有涌潮）} \tag{2.4.8$'$}$$

面积放大率

$$\beta=\ln[(Q_{ex}/Q_{e0})^{0.9}(S_{e0}/S_{ex})^{0.22}]/x \tag{2.4.9}$$

（3）宽深比。河床演变学中的宽深比 $\sqrt{B}/H$ 不仅反映了河床形态的深浅程度，更是河床稳定性的指标之一。河口宽深比基本公式为

$$\begin{cases}\xi=\sqrt{B}/H=4.42(Q_e^{0.03})S_e^{0.4} & (2.4.10)\\ \xi=\sqrt{B}/H=4.42(Q_f^{0.03})(Q_f/Q_e)^{0.9}S_e^{0.22}S_f^{0.18}\text{（有涌潮）} & (2.4.10')\end{cases}$$

比较式（2.4.10）和式（2.4.10′）可见，有、无涌潮的宽深比差异在于：其一用 $Q_f^{0.03}$ 换了 $Q_e^{0.03}$，其二 $S_e^{0.4}$ 改为 $S_e^{0.22}S_f^{0.18}$，其三多了一项（Q_f/Q_e）$^{0.9}$，如 $Q_f/Q_e=1.5\sim3.5$ 时，这一项就达 1.4～3.0，这正是钱塘江河口这样有涌潮河口宽深比大的主要原因。

（4）河床比降。

根据明渠非均匀流河床比降为

$$J=\frac{u^2}{C^2R}+\frac{\partial}{\partial x}\frac{U^2}{2g}+\frac{\partial H}{\partial x}$$

将前述的断面河相关系代入上式，得到底坡关系式为

$$J=\frac{Q_e^{0.08}S_e^{0.10}}{13.7C^2}+2.27\times10^{-3}\frac{\partial}{\partial x}(Q_e^{0.2}S_e^{0.44})+0.62\frac{\partial}{\partial x}(Q_e^{0.28}S_e^{-0.34}) \tag{2.4.11}$$

$$J'=\frac{7.25\times10^{-2}(Q_f^{0.62}S_e^{0.66}S_f^{0.12})}{Q_f^{0.7}S_f^{0.12}}+\frac{2.27\times10^{-3}\partial}{\partial x}(Q_e^{0.2}S_e^{0.44})+0.62\frac{\partial}{\partial x}\frac{Q_e^{0.9}}{Q_f^{0.62}S_e^{0.22}S_f^{0.12}} \quad (有涌潮)$$

(2.4.11′)

其中 C 为谢才阻力系数，这两种公式内的偏微分可以取河段中上、下两个断面的动力因素及其距离的差分求解，即得到逐段河床比降。

2.4.2 对有涌潮的潮汐河口河床形态的验证

韩曾萃等（2001）阐述过无涌潮河口河相关系的验证，现针对有涌潮的钱塘江河口阐述治理前、后的验证，其中平均涨潮量 W_f、涨潮流历时可用实测潮差与实测断面涨潮量资料查得，或用潮棱体计算，或经过验证的数学模型计算求得，多年平均径流 Q_0 为已知值，最困难的是涨落潮年平均含沙量 S_f、S_e，只能用有限的实测资料与潮差相关关系推求，年平均涨、落潮流量分别为 $Q_f=W_f/T_f$ 和 $Q_e=(W_f+Q_0T)/T_e$，其中 T、T_e、T_f 分别为半日潮历时、落潮流历时和涨潮流历时。

2.4.2.1 断面面积、河宽、水深及宽深比的验证

表 2.4.3 是钱塘江河口自然状态（1956—1958 年）7 个典型断面特征值的计算值与实测值的对比和验证。由表 2.4.3 可知，面积、河宽、水深等的平均误差在 10%以内，误差大于 20%占 18%，最大误差在 35%以内。中外大多数河流、河口的宽深比以及浙江省的其他强潮河口，宽深比都小于 12（见后文），唯独有强涌潮的钱塘江河口，其宽深比除闸口断面外，都大于 12，最高可达 27.3，这是钱塘江河口这一强涌潮河口最显著的特点之一。由于宽深比计算公式中多了 $(Q_f/Q_e)^{0.9}$ 这一项，计算结果钱塘江比其他河口大 1.5～3 倍。正因为河口的宽深比太大，河床极不稳定，主流摆动幅度极大，因而引起防洪、防潮、排涝、引水及土地、岸线资源开发的限制，故需要进行缩窄、固定江道的整治。经过 40 年的治理实践，再用 2008—2010 年的治江后的断面特征又进行了验证，结果见表 2.4.4。

表 2.4.3 钱塘江河口断面及宽深比自然条件（1956—1958 年）验证

断面位置名称		闸口	七堡	仓前	盐官	尖山	老虎山	澉浦
基础资料	(1)平均潮差/m	0.60	0.70	1.87	4.10	4.60	5.20	5.45
	(2)涨潮量/亿 m³	0.13	0.29	0.74	2.80	12.60	23.00	32.20
	(3)落潮历时/万 s	3.92	3.96	3.52	3.34	3.15	2.70	2.50
	(4)落潮流量/(m³·s⁻¹)	1630	2200	3500	9800	42000	87300	130000
	(5)涨潮流量/(m³·s⁻¹)	2460	5500	7700	24600	94700	129000	163000
	(6)落潮含沙量/(kg·m⁻³)	0.2	0.8	2.5	6.0	5.0	4.0	3.8
	(7)涨潮含沙量/(kg·m⁻³)	0.4	1.8	4.5	5.0	7.0	5.0	3.2
面积验证	(8)按式(2.4.4)计算/m²	5540	5040	5900	12300	48000	97400	140000
	(9)实测/m²	5400	4600	4400	9130	56000	115000	146000
河宽验证	(10)按式(2.4.5′)计算/m	840	1670	2300	4900	11600	14000	15500
	(11)实测/m	910	1500	2260	3900	13200	16800	18500
水深验证	(12)按式(2.4.6′)计算/m	6.22	3.06	2.50	2.16	3.70	6.08	8.50
	(13)实测/m	5.90	3.05	1.95	2.35	4.21	6.80	7.90
宽深比	(14)按式(2.4.10′)计算	4.4	13.7	19.0	27.0	26.1	16.0	12.8
	(15)实测	5.0	12.7	24.5	26.5	27.3	19.0	17.2

表 2.4.4　　缩窄后（2008—2010年）各断面及宽深比的验证

断面名称		闸口	七堡	仓前	盐官	尖山	老虎山	澉浦
基础资料	(1)潮差/m	0.75	0.85	1.70	3.80	4.30	5.50	5.75
	(2)涨潮量/亿 m^3	0.24	0.39	0.60	1.40	4.00	16.0	26.00
	(3)落潮历时/万 s	3.95	3.90	3.60	3.46	3.20	2.88	2.86
	(4)落潮流量/($m^3 \cdot s^{-1}$)	1890	2300	3050	5500	14000	64000	91000
	(5)涨潮流量/($m^3 \cdot s^{-1}$)	4700	6690	6800	13000	28000	112000	156000
	(6)落潮含沙量/($kg \cdot m^{-3}$)	0.10	0.30	1.0	2.0	3.5	4.0	3.0
	(7)涨潮含沙量/($kg \cdot m^{-3}$)	0.15	0.50	1.5	3.0	4.5	5.0	4.0
面积	(8)按式(2.4.4)计算/m^2	6900	5800	4900	6200	13400	56700	107000
	(9)实测/m^2	6300	4880	3600	4480	19000	71500	107000
河宽	(10)按式(2.4.5′)计算/m	1120	1520	1870	2900	5060	10700	14900
	(11)实测/m	996	1200	1500	2030	5300	14200	16500
水深	(12)按式(2.4.6′)计算/m	6.10	3.81	2.62	2.30	3.30	5.10	7.30
	(13)实测/m	6.30	4.10	2.40	2.20	3.58	5.0	6.48
宽深比	(14)按式(2.4.10′)计算	5.4	10.2	16.5	23.4	21.5	20.3	16.7
	(15)实测	5.0	8.4	17.7	20.5	20.3	23.8	19.8

由表2.4.3、表2.4.4可知：7个断面的面积、河宽的误差稍大，最大误差为42.9%，水深及宽深比的误差较小，最大误差21.4%。治理缩窄后闸口宽深比未发生变化，河口中段宽深比有所减小，七堡、仓前、盐官、尖山分别由12.7、24.5、26.5、27.3减小为8.4、17.7、20.5、20.3，平均减小了27.5%，而老虎山和澉浦由19.0、17.2增大到23.8和19.8，增大了15%～25%，原因是这两个断面因淤积，水深的减少大于河宽的缩窄，故宽深比反而增加。对比治理前、后可知，沿程各断面的中水位下的面积、河宽、水深、宽深比都是减小的（其中闸口、七堡面积是增大），只有老虎山、澉浦减小幅度小些，其缩窄程度也相对较小。钱塘江治理后形态的变化及其验证为强涌潮河口治理提供了实践和理论的案例。以上计算多数参数均可用实测或数学模型提供，唯年平均涨、落潮含沙量由于全年实测资料非常少，难以准确判定，而且各站年际、月间、日内都变化很大，是计算误差的主要原因之一。因此，今后应增加各代表期大、中、小潮长历时含沙量的观测。

2.4.2.2　河床底坡（沙坎形态）治理前后的验证

钱塘江河口的一个重要地貌特征是存在一个庞大的水下沙坎，它与涌潮产生、传播和消失有关，也是河床宽浅、河床平面摆动频繁、河床极不稳定的主要因素之一。为此应用上述河相关系公式复核并解释它的存在和大小。图2.4.5是实测河床高程（用平均低潮位减相应低潮平均水深得到的河床高程）和式（2.4.11′）计算值的对比验证，模拟基本上反映了实际情况。为进一步理解式（2.4.11′）三项在不同河段占比的大小，表2.4.5给出治理前后各项数值的大小和变化。

表 2.4.5　　钱塘江河口治理前后各段比降的大小　　$\times 10^{-4}$

河段名称	治理前				治理后			
	①	②	③	合计	①	②	③	合计
闻家堰至闸口	0.0024	0.029	−5.6	−5.55	0.0056	0.002	−5.0	−4.99
闸口至仓前	0.63	0.0004	−1.25	−1.18	0.014	0.002	−0.86	−0.85
仓前至盐官	0.162	0.0004	−0.048	0.156	0.08	0.0004	−0.79	−0.74
盐官至澉浦	0.10	0.0024	1.54	1.64	0.075	0.004	1.09	1.17

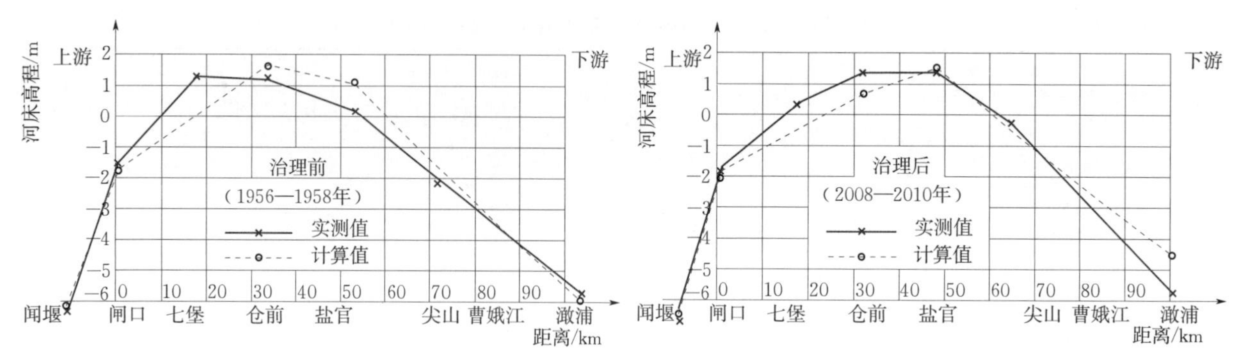

图 2.4.5　钱塘江河口河床纵坡（沙坎）形态

由表 2.4.5 可知，除治理前的仓前～盐官段外各段比降中均为第三项占绝对主导地位。第一、第二河段存在倒比降的主要原因是上游断面的涨、落潮含沙量比下游断面小得多，而水深与含沙量成反比，故下游断面水深远小于上游断面水深，故呈现倒比降，而其他河口就不存在这一现象。仓前～盐官段治理前为正比降，治理后成为倒比降，也反映了随着河口治理沙坎顶点下移，产生上述现象。钱塘江各个河段的底坡均能用式（2.4.11′）模拟出治江前、后沙坎的形态，说明式（2.4.11′）及参数的采用是基本合理的。

2.4.2.3　河宽放宽率和面积放大率的验证

将 1956－1958 年钱塘江各站半潮水位下的河宽 B_x 及断面面积 A_x 点绘在半对数纸上（X 轴为沿程距离，Y 轴为对数坐标的半潮水位下河宽及面积），也将治江缩窄过程中的其他年份及治江到位的 2008—2010 年河宽及面积绘在同一张图上，如图 2.4.6、图 2.4.7 所示。用图上点据按定义求得河宽放宽率 α 和面积放大率 β 的实测值，用式（2.4.8′）、式（2.4.9）可以得到理论计算值（杭州湾是钱塘江河口的组成部分，故也包括杭州湾部分）。实测值与理论计算数值的对比结果见表 2.4.6。

表 2.4.6　　河宽放宽率、面积放大率验证

河段名称（治江前）	河道放宽率 α				河段名称（治江后）	断面放大率 β			
	治江前		治江后			治江前		治江后	
	实测	计算	实测	计算		实测	计算	实测	计算
					L1～R21/R37j	−0.025	−0.026	−0.021	−0.023
L1～R61	0.039	0.041	0.015	0.017	L21～R68/R80	0.059	0.060	0.061	0.060
R61～R89	0.016	0.017	0.040	0.032	R68/R80～R89	0.039	0.038	0.047	0.057
R89～芦潮港	0.018	0.015	0.018	0.015	R89～芦潮港	0.022	0.020	0.021	0.020

由图 2.4.6、图 2.4.7 和表 2.4.6 可知：

（1）治江前河宽放宽率从闸口至芦潮港可分为三段，从 L1～L61 约 70km 的范围为第一段，实测值 0.039，计算值为 0.041；L61～L91（尖山至乍浦）约 50km 范围为第二段，实测值 0.0157，计算值为 0.017；第三段乍浦至芦潮港约 70km，实测值 0.018，计算值为 0.015，计算与实测值基本一致。治江前河道断面面积放大率分四段：第Ⅰ段 L1～L21 的 22km 河道，断面面积不是放大而是减小，实测值－0.025，计算值－0.026，计算值为负的原因是式（2.4.9）考虑到含沙量这一因素，沿程含沙量增大的作用大于潮量增大的作用，否则无法解释这一特殊现象；第Ⅱ段是 L21～L68j（曹娥江口）的 68km 河段，此段实测值 0.059，计算值为 0.060；第Ⅲ段是 L68j（曹娥江口）～L91（乍浦）的 40km 河段，此段实测值 0.039，计算值为 0.038；第Ⅳ段是乍浦至芦潮港的 70km 河段，实测值 0.022，计算值 0.020，以上各河段的计算与实测基本吻合，说明公式及所采用的参数合理。

（2）治江以后，上游闸口 L1～L61 的第一河段河道放宽率大幅度减小，由治理前的 0.039 减小为

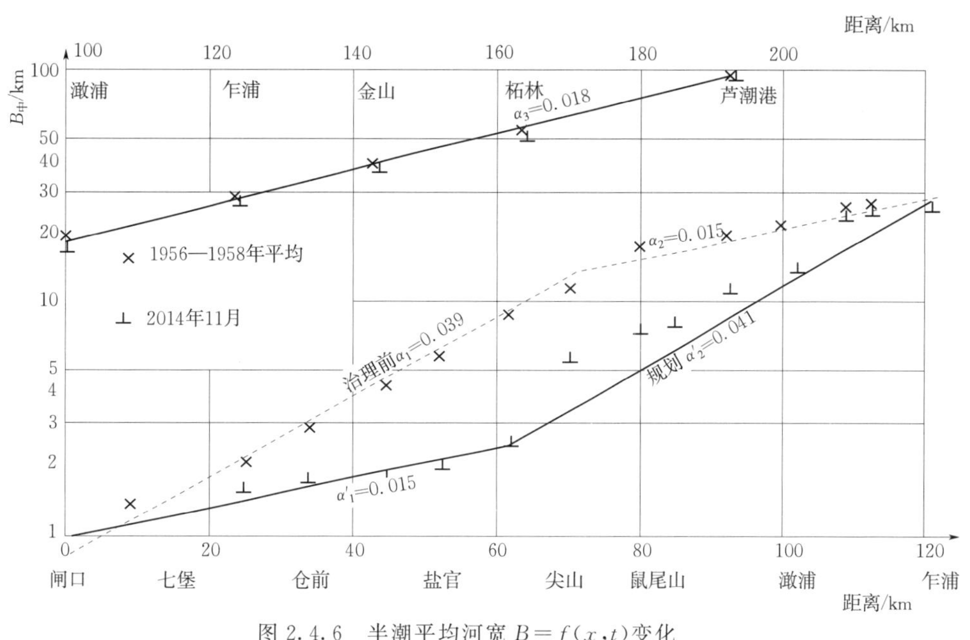

图 2.4.6 半潮平均河宽 $B=f(x,t)$变化

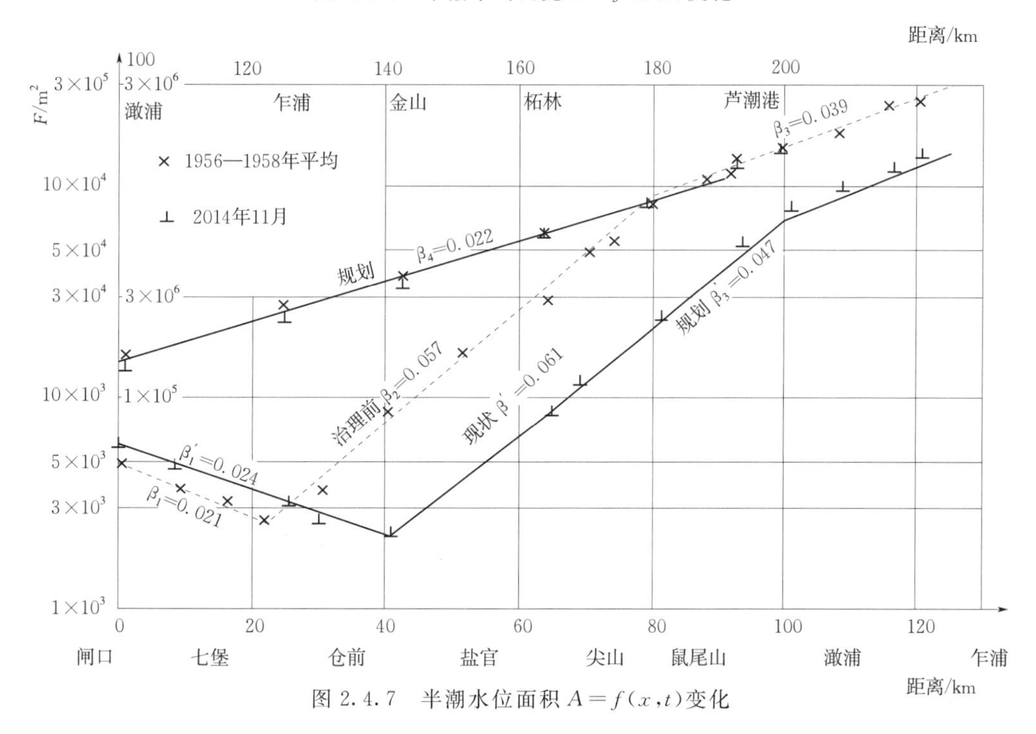

图 2.4.7 半潮水位面积 $A=f(x,t)$变化

治理后的 0.015（实测值），计算值为 0.017；第二河段由 L61 至乍浦则相反，实测值由 0.016 增加到 0.040；图 2.4.6 中尖山、鼠尾山、71# 等断面河宽目前均大于规线的河宽，是为了保护交叉潮的景观而禁止缩窄，故这一段实际放宽率与规划值有偏离。治江后面积放大率第Ⅰ河段与治江前一样是负值，由－0.021 变为－0.024 且最小断面位置下移 20km，计算值为－0.023，第Ⅱ段放大率小有增大，第Ⅲ段放大率增大 20%左右，第Ⅳ段略有减小，计算值与实测值均比较接近，最大误差 21.5%。

（3）无论河道放宽率还是断面面积放大率，其绝对值治江缩窄后并未扩大，只是不同河段作了相对位置的调整和交换，原来是上游河段河宽放宽率大、面积放大率大，现在减小，原来下游小的现在增大，转折点位置向下游推移作了新的调整，治理后并未改变河口的自然基本属性。但这样的调整使原来游荡性强烈的河段趋于稳定。

（4）所有的验证说明了河宽改用涨潮流计算的合理性，验证结果整体较好。

2.4.3 河口弯曲河段（尖山河段）治理后河相关系的验证

2.4.3.1 实测资料分析

钱塘江河口段有多个弯曲河段及其过渡段，但其中最重要，尺度和影响最大也最需要研究治理的是长度达55km的尖山河段。为反映尖山河段近10余年主流位置的变化情况，以2008年8月地形沿程分布8个剖面，其平面位置如图2.4.8所示，剖面形态如图2.4.9所示。从剖面图可知，除1#剖面北岸为深槽外，2#～8#剖面的深槽都在南岸，即90%的河段主槽均在南岸，特别是2#～4#处在萧山、绍兴拟建排涝闸、排污口、码头和曹娥江口门大闸的位置，其紧贴南岸的深槽水深远比断面平均水深大。这说明在以曹娥江口为中心的上、下游20km河段，因从澉浦开始的北股、中股潮以西南方向的涨潮流使南岸形成凹岸的弯道效应，这正是治江缩窄要求达到的目的之一。

为进一步描述尖山河段治理过程中深水岸线的演变，加密2—2#和3—1#两个断面如图2.4.8所示，统计1995年4月—2008年8月每年3次共41次地形图，选用三个参数即断面最深点（深泓）高程，深泓距南岸岸边的距离（岸线到2005年有1km变化，以当年岸线为准），这两个参数反映主槽深浅及摆动，第三个参数是距南岸500m范围内的最深点高程，反映南岸排涝、航深条件的变化。将这14年的数据划分为3个时期，1995年4月—1996年11月为尖山河段主流南移前，1997年4月—1999年11月为主流开始南移的过渡期，2000年4月—2008年8月为尖山河段主流南移稳定期，它们的特征值见表2.4.7。

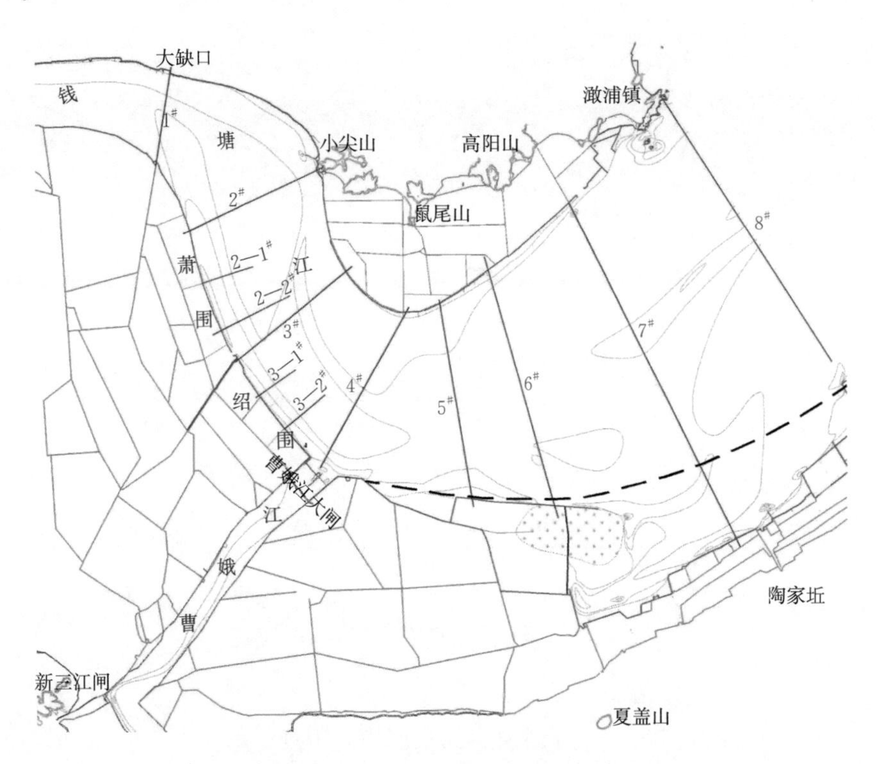

图2.4.8 尖山河段断面位置图

表2.4.7 尖山河段代表断面特征值统计

时段	断面位置	2#	2—2#	3#	3—1#	4#	5#
1995—1996年	平均最深点高程/m	−4.8	−3.5	−4.0	−4.2	−5.0	−5.7
	平均距南岸/m	7400	7350	7600	7800	7000	5800
	南岸500m平均高程/m	−1.2	3.8	2.8	3.7	−1.8	3.3

续表

时段	断面位置	2#	2—2#	3#	3—1#	4#	5#
1997—1999年	平均最深点高程/m	−3.3	−3.4	−2.7	−3.8	−4.6	−5.5
	平均距南岸/km	3400	1230	5500	3200	5500	5200
	南岸500m平均高程/m	−2.7	−2.7	2.7	3.8	−1.5	3.2
2000—2008年	平均最深点高程/m	−2.2	−5.2	−5.6	−5.8	−5.3	−4.9
	平均距南岸/km	800	510	930	790	2400	3720
	南岸500m平均高程/m	−2.0	−5.1	−3.5	−2.4	−2.7	−1.8

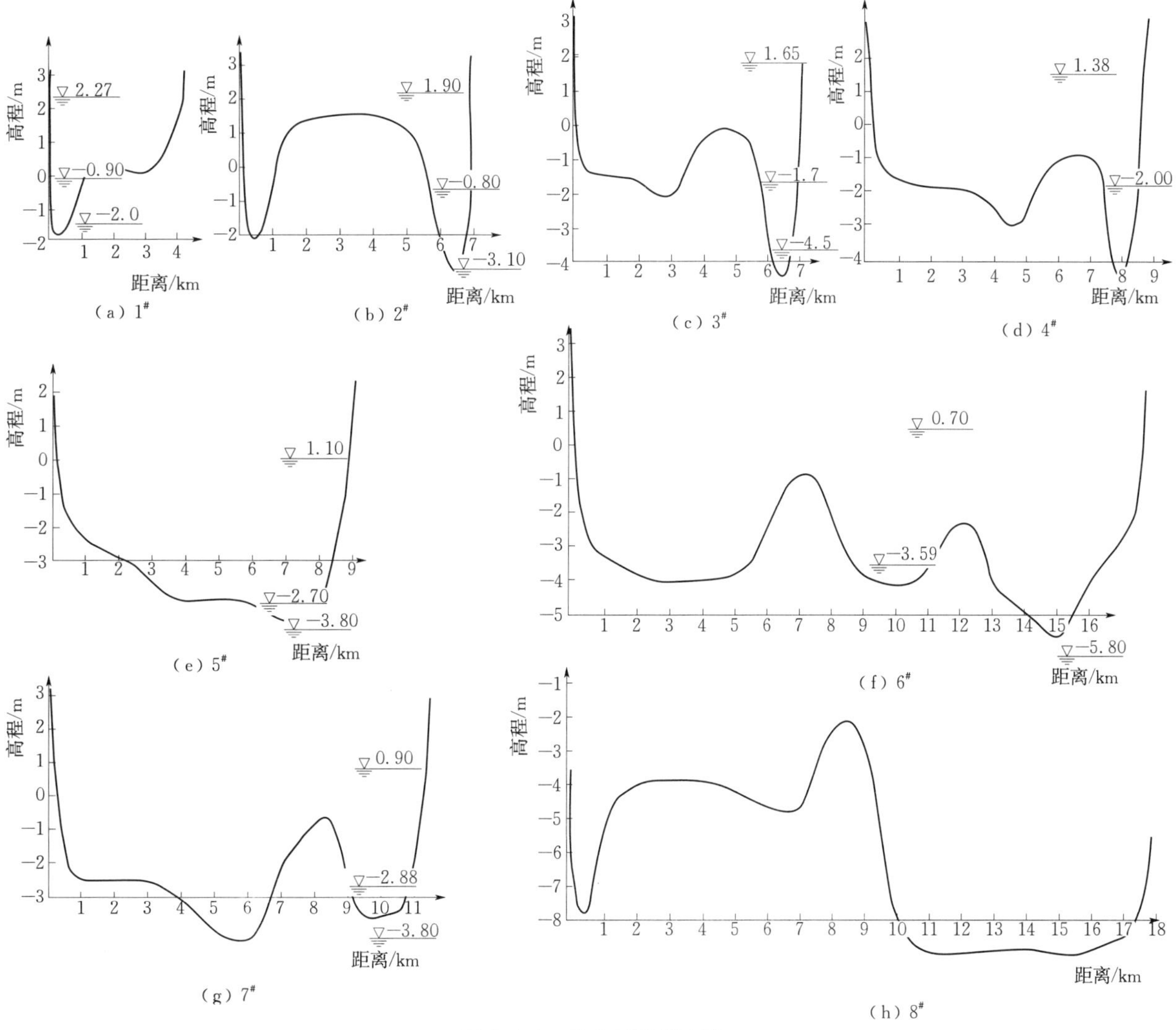

图 2.4.9 尖山河段断面图

由表2.4.7中数据可知：

(1) 1995—1996年间主流走北，深泓距南岸为7800～5800m；1997—1999年间主流开始南摆，距南岸为1230～5500m；到2000—2008年间主流稳定南岸，距南岸为510～3720m。4#断面即曹娥江口门大闸的位置，近岸高程为−2.70m，主流−5.30m，距南岸仅2400m，这两个主要反映闸下河床状态的参数远比曹娥江口门大闸的设计最不利条件2.0m高程和主槽距南岸74000m优越，达到了利用弯曲河势来减少闸下河道淤积，治江同时为建曹娥江口门大闸创造条件的目的。

(2) 深泓高程从2—2#以下至4#分别由−3.5m、−4.0m、−4.2m、−5.0m下降为−5.2m、

－5.6m、－5.8m 和 5.30m，分别冲刷了 1.7m、1.6m、1.6m 和 0.3m，弯道效应更加明显。

(3) 距南岸 500m 范围内最深点高程这 4 个断面也分别由 3.8m、2.8m、3.7m、－1.8m 下降为－5.1m、－3.5m、－2.4m 和－2.7m，分别下降了 8.9m、6.3m、6.1m 和 0.9m。这充分体现了弯道效应的变化。图 2.4.10 是 1959 年 11 月—2008 年 11 月澉浦以上的冲淤分布图。由图 2.4.10 可知全河段无论围堤线内外，绝大多数的水域都是淤积的，曹娥江口门大闸上下游 10km 范围内是冲刷的，其冲刷深度为 2～4m（南岸余姚一线也有部分冲刷，但它在规划堤线以内，今后会回淤和围涂），这说明治江缩窄的同时保持了曹娥江大闸附近良好的排涝条件，治理规划利用弯道的凹岸深水区建闸、建码头的设想已可望实现。

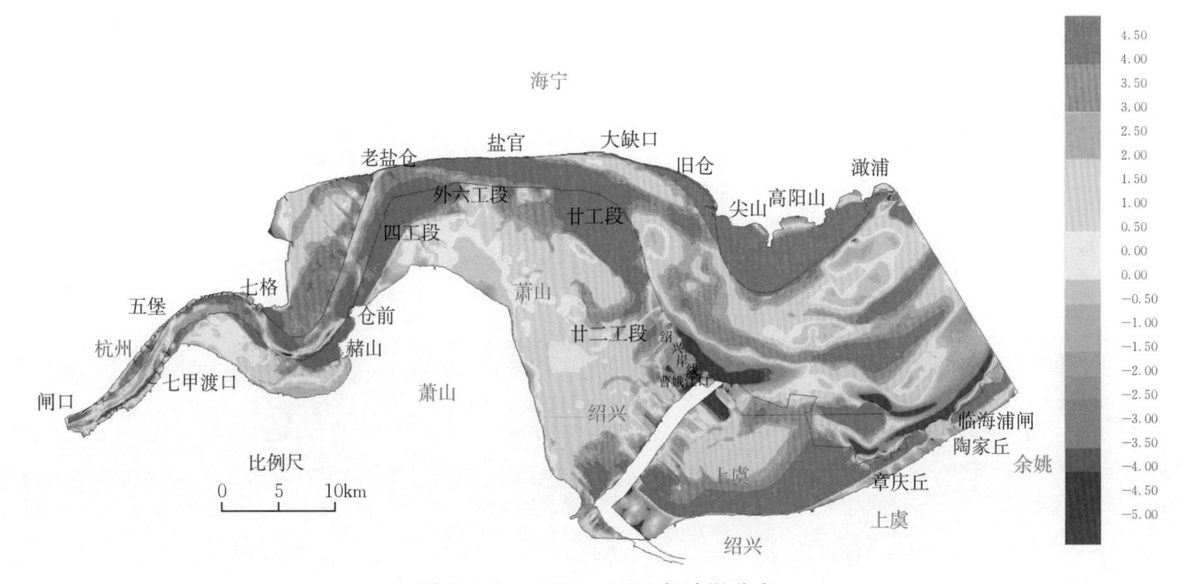

图 2.4.10　1959—2008 年冲淤分布

2.4.3.2　弯道凹岸水深的理论计算分析

河口弯道双向水流及河床形态冲淤特性的研究尚不多，它与无潮河流有两个主要区别：其一是双向水流水动力共同作用；其二是当弯道两端的涨、落潮流量相差比较大时，弯道的涨落潮流量是随时间及空间变化的，而不像无潮河流的流量为一常量。这些差异并不妨碍可灵活引用恒定流弯道水流的已有研究成果（钱宁等，1987），关键是流量不同曲率半径也不同，它不是单一的圆弧，而是多段曲率半径组合而成的弯曲河段。

弯道水流的特点是存在横比降，用弯道水流的横向压力差及离心力的平衡得到横向水位差为

$$\Delta h=\int_{R_1}^{R_2}\frac{u^2}{gR}\mathrm{d}R \tag{2.4.12}$$

横向流速分布不同可得到不同结果，最简单的是假设横向流速为常数，则横向水位差为

$$\Delta h=\frac{u^2}{g}\ln\frac{R_2}{R_1} \tag{2.4.13}$$

式（2.4.13）中 R_1、R_2 为弯道的凸岸、凹岸的曲率半径，根据尖山河段的实际情况，北岸澉浦至高阳山外 R_1=11km，南岸西三闸至盖北中沙段 R_2=29km。2007 年 11 月曾进行过一次同步水文测验，其横向平均涨潮流速 u=3m/s，代入式（2.4.13）计算得到 Δh=0.88m；实测澉浦（南岸）与盖北中沙（北岸上游）的水位差为 0.78m，两者比较接近，可以说明尖山河段的下段明显存在横比降。

弯道水流在河床的形态上，凹岸的水深要比全断面平均水深大，由于此段潮波变形剧烈（澉浦至盐官的涨潮历时由 4h30min 缩短至 2h30min），涨潮流速、流量远大于落潮流速、流量，故尖山河段应是以涨潮流塑造的弯道（从地形中深槽等深线的尖灭方向也足以说明），为此可采用涨潮流量来计算各断面主要的弯道参数（如曲率半径、中心角等）。钱宁等（1987）介绍 Englund（1974）对弯道的水流

结构及河床特征均进行过大量研究，他认为在弯道中沿河底纵向切应力的方向与纵向水流切线方向存在一个偏角 δ，这一偏角是使水流方向直逼凹岸，造成凹岸的水深比断面平均水深大的主要原因，他进一步建议此角的正切满足如下的经验关系：

$$\tan\delta = C_1 \frac{\xi}{R} \qquad (C_1 = 7 \sim 11) \tag{2.4.14}$$

式中：ξ 为曲率半径 R 处的水深。

再根据泥沙颗粒的重力、上举力、剪切和摩擦力沿纵向水流方向的平衡方程、横向力的平衡方程，得到最终的关系式（钱宁等，1987）为

$$\frac{\xi}{\xi_c} = \left(\frac{R}{R_c}\right)^{C_1 \tan\delta} \tag{2.4.15}$$

式中：R、R_c 为凹岸任意一点及与该点对应弯道中心的曲率半径；ξ、ξ_c 为凹岸任意一点及与该点相应弯道中心的平均水深；δ 为泥沙的动摩擦系数一般为 $8° \sim 15°$。

弯道参数可以用周志德 20 世纪 60 年代利用钱塘江、曹娥江河口的弯道资料建立的经验关系式（周志德，1965）为

$$\left.\begin{aligned} R &= 125 Q_e^{0.45} \\ \varphi &= 77.1 / R^{0.5} \\ L &= (3 \sim 4) B \end{aligned}\right\} \tag{2.4.16}$$

式中：R 为弯道的曲率半径；φ 为弯道的中心角；L 为过渡段的长度；Q_e 为弯道进、出口断面的落潮流量。

因式（2.4.16）采用的资料时间偏早，本文作者对式（2.4.16）再选用 1980—1999 年的地形资料，对钱塘江河口七格弯道、九号坝弯道、老盐仓弯道等进行了验算，其误差在 20%以内，因此可以用该式来进行尖山河段的曲率半径计算。但由于尖山河段各断面潮流量变化很大，不能用一个潮流量、曲率半径来代表全弯道，必须各断面各自计算它们的 Q_{ei}、Q_{fi}，因此无中心角可言，这样求得各断面的曲率半径 R_{ci}，从而得到凹岸的曲率半径 $R_i = R_{ci} + B_i/2$（B_i 为 i 断面的半潮水位时的河宽）。以 2008 年 8 月地形图为基础，用潮棱体的办法分别计算新仓至澉浦共 9 个断面的涨落潮潮量、流量（其中澉浦断面潮量是用 2007 年经验证的数学模型得到不同潮差—涨潮量关系曲线得到的），如表 2.4.8 所示。用式（2.4.13）计算出相应的涨落潮曲率半径值，用实测的半潮平均水深（即 ξ_c）按式（2.4.15）得到凹岸 1# ～8# 断面半潮水深值及实测值（用半潮水位减河床底高程），如表 2.4.9 所示。

表 2.4.8　　尖山河段断面涨、落潮量

断面名称	澉浦	老虎山	东进闸下	东进闸上	曹娥江口	萧绍界	小尖山	大缺口	新仓
间距/km	0	7.8	6.0	3.2	4.8	5.0	6.0	6.0	11.7
低潮位/m	−2.60	−2.55	−2.30	−2.00	−1.70	−1.00	−0.30	0.20	0.66
高潮位/m	3.15	3.20	3.25	3.50	3.60	3.70	3.80	3.90	4.10
半潮河宽/m	20000	20000	17500	11000	9000	7000	6700	5800	2500
潮差/m	5.75	5.75	5.45	5.50	5.30	4.70	4.10	3.70	3.50
潮棱体/亿 m^3	—	8.70	5.50	1.83	2.16	1.53	1.19	1.00	0.78
涨潮潮量/亿 m^3	250	16.2	10.75	8.92	6.75	5.23	4.04	3.04	2.26
落潮历时/万 s	2.50	2.70	2.85	2.95	3.10	3.25	3.45	3.62	3.80
落潮潮量/亿 m^3	25.47	16.67	11.22	9.39	7.22	5.70	4.51	3.51	3.00
Q_e/（m^3·s^{-1}）	101880	61740	39360	31800	23300	17500	13800	9690	8000
涨潮历时/万 s	1.96	1.76	1.41	1.51	1.36	1.21	1.01	0.84	0.62
Q_f/（m^3·s^{-1}）	127500	92000	76200	59000	49600	43000	40000	36200	35000

表 2.4.9　　尖山河段凹岸水深的验证

断面号	1#	2#	3#	4#	5#	6#	7#	8#
半潮水位/m	2.27	1.90	1.65	1.30	1.10	0.90	0.70	0.50
半潮河宽/m	4500	4850	6500	8500	10400	16500	19500	19500
涨潮流量 Q_f/(万 $m^3\cdot s^{-1}$)	3.62	4.00	4.30	4.96	5.96	7.62	9.20	12.75
落潮流量 Q_e/(万 $m^3\cdot s^{-1}$)	0.96	1.38	1.75	2.33	3.18	3.94	6.17	10.19
涨潮 R_{f0}/km	14.00	14.70	15.20	16.20	17.00	19.66	21.00	24.19
落潮 R_{e0}/km	7.74	9.10	10.14	11.54	13.27	14.61	17.78	22.40
涨潮 R_f/km	15.90	17.05	18.45	20.20	21.40	25.26	29.60	33.79
落潮 R_e/km	9.64	11.45	13.39	15.59	17.67	20.21	26.38	31.40
中心线水深 ξ_c/m	2.67	2.74	3.40	3.47	3.84	3.78	4.29	6.66
$(R_f/R_{f0})^{1.35}$	1.19	1.22	1.30	1.35	1.36	1.40	1.59	1.52
$(R_e/R_{e0})^{1.35}$	1.34	1.35	1.45	1.50	1.48	1.55	1.70	1.57
涨潮 $\xi_f=(\ \ )^{1.35}\xi_c$	3.17	3.34	4.43	4.67	5.24	5.30	6.80	10.12
落潮 $\xi_e=(\ \ )^{1.35}\xi_c$	3.60	3.73	4.95	5.18	5.64	5.65	7.30	10.50
实测 ξ/m	3.66	4.60	5.84	5.80	4.95	5.40	6.70	9.85
涨、落潮平均误差/%	7.2	22.5	19.6	14.9	3.6	3.7	5.2	4.9

从表 2.4.9 可以得出：

(1) 涨、落潮流按式 (2.4.15) 计算的凹岸水深值与实际凹岸的水深平均误差最大为－23.2%，平均误差为－5.5%。这一精度已满足生产实际的要求。

(2) 相对而言，下游的 5#～8# 断面用涨潮流量计算曲率半径和水深较好，上游的 1#～4# 断面用落潮流量计算曲率半径和水深较好，这一现象符合实际潮流大小的分布情况。

以上是到 2008 年 8 月之前的情况，当时尖山河段的下游南岸尚未治理完全到位。至 2014 年河口段治江基本到位后，涨潮潮量进一步减小，各断面的平均水深 (ξ_c) 会有所减小，凹岸的水深也会有所减小，但由于减小的涨潮量的比例有限，因此凹岸水深减少幅度有限，再用 2011 年、2014 年 11 月的地形验算平均误差为 13%。通过 2002—2014 年地形图的量测可知，尖山河段凹岸的水深是比较稳定的，因而曹娥江大闸闸下河道条件也较稳定。

2.4.4　应用和小结

2.4.4.1　浙江省几个海湾断面面积的校核

除钱塘江河口外，又对杭州湾的乍浦、金山、柘林、芦潮港等断面以及三门湾、象山港、乐清湾共 60 个断面进行了半潮面积的详细验证（韩曾萃等，2010），其结果也令人满意，如图 2.4.11 所示。可见式 (2.4.1) 在河床质为粉砂、黏性粉砂的河口、海湾具有普适性。

为解释河口及海湾断面面积存在河（海）相关系的统一性，对式 (2.4.4) 进行一定改造，得到

$$V=0.21S^{0.22}Q_e^{0.1} \tag{2.4.17}$$

本文两个主要参数范围为 $S_e=0.08\sim4\text{kg/m}^3$，$Q_e=(0.01\sim20)\times10^4\text{m}^3/\text{s}$，$Q_e^{0.1}=1.58\sim3.38$，因此

$$V=(0.20-0.95)\text{m/s} \tag{2.4.18}$$

此值正是浙江省沿海及河口粉沙质床沙 $d_{50}=0.01\sim0.04$mm 水深在 1～10m 范围内的临界起动流速变化范围。这些平原河口、海湾在无基岩、建筑物限制下，其断面面积可以在临界起动流速作用下，达到稳定平衡的面积，这正是许多河口、海湾具有一致性的主要原因。因此经验性河相关系式 (2.4.4) 实际是补充了临界起动流速这一方程后的结果。

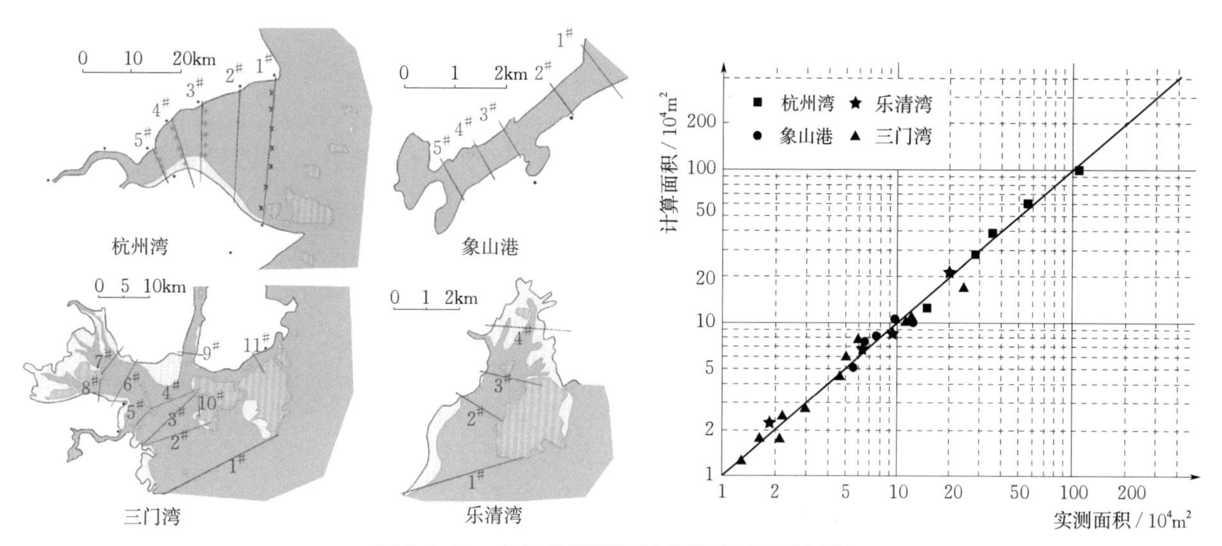

图 2.4.11 浙江省海湾断面位置及面积验证图

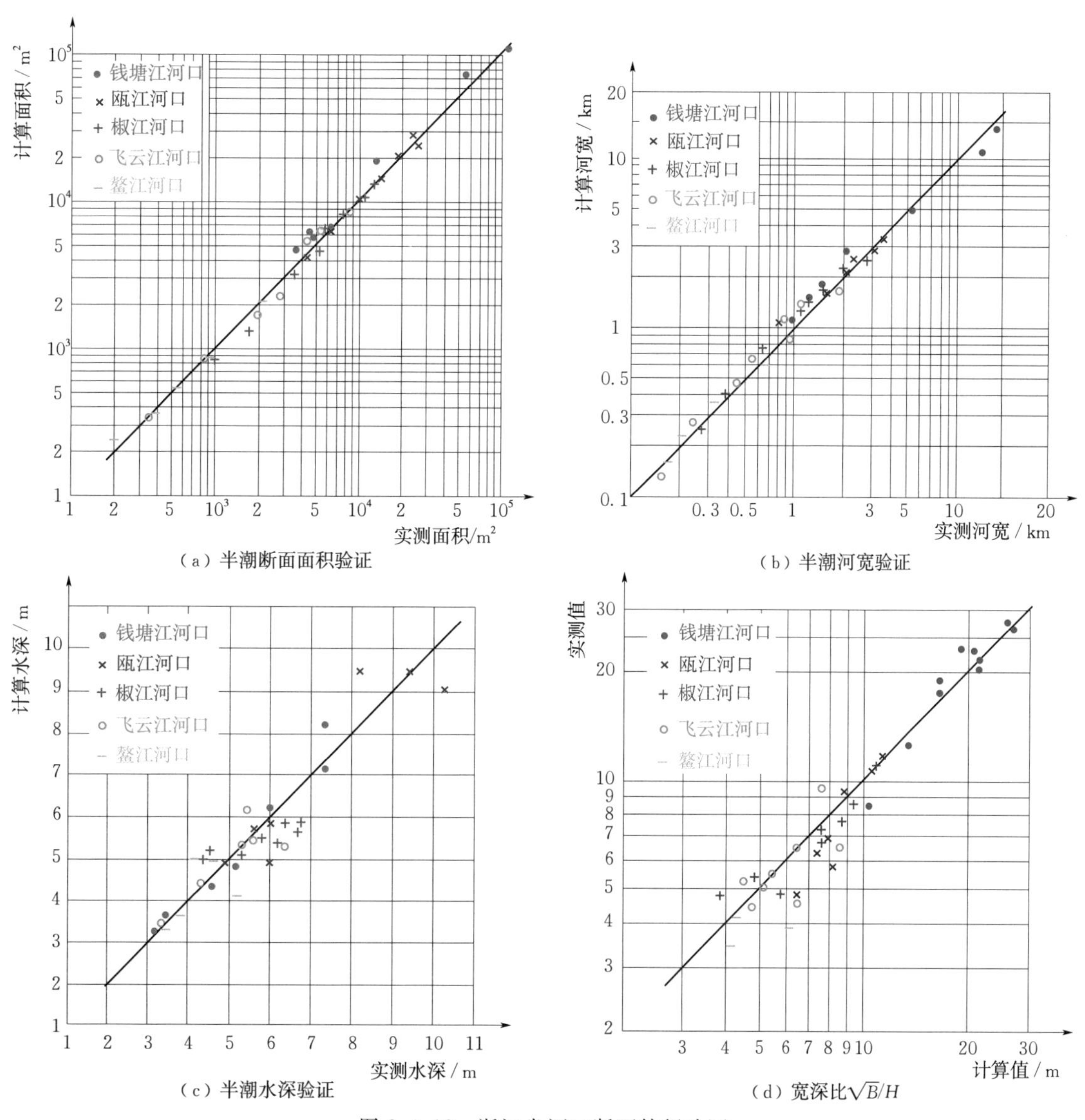

（a）半潮断面面积验证

（b）半潮河宽验证

（c）半潮水深验证

（d）宽深比$\sqrt{B}/H$

图 2.4.12 浙江省河口断面特征验证

2.4.4.2 浙江省其他河口的验证

浙江省还有甬江、椒江、瓯江、飞云江、鳌江等河口，它们的潮波变形没有钱塘江河口那么剧烈，用一般河口的公式［式（2.4.4）～式（2.4.6）］验证，面积、河宽、水深、宽深比的结果如图2.4.12所示。纵向河宽放宽率、面积放大率、河底比降均有验证，以飞云江为例如图2.4.13所示，可见验证结果均较好。

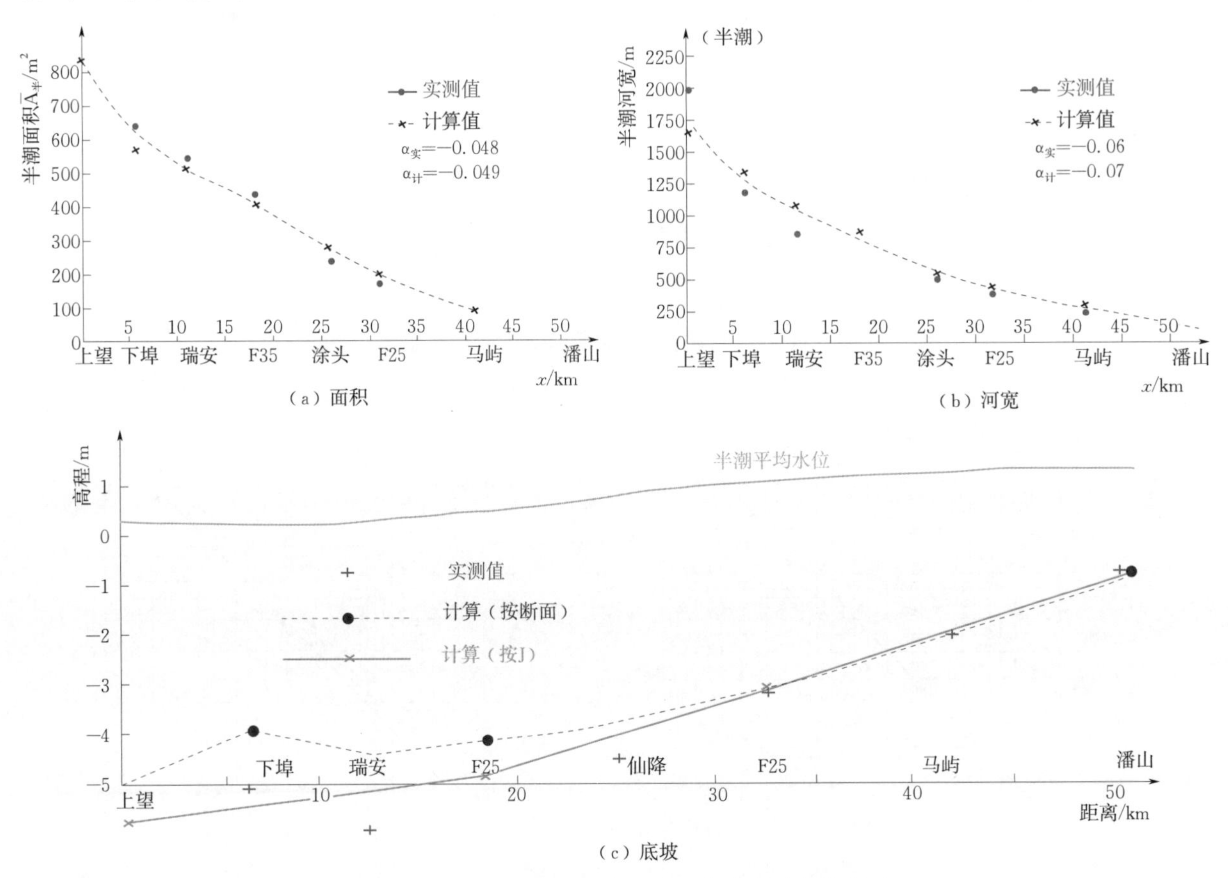

图2.4.13　飞云江河口面积、河宽放大率及底坡验证

2.4.4.3 应用简述

生产中常遇到人类活动（治江缩窄、建桥、疏浚、引水等）要求预测河床形态变化，为此只需将关系式（2.4.4）、式（2.4.5）、式（2.4.5′）、式（2.4.6）、式（2.4.6′）的自变量进行全微分，可以得到如下简便的关系式

$$\frac{dA}{A}=0.9\frac{dQ_e}{Q_e}-0.22\frac{dS_e}{S_e} \tag{2.4.19}$$

$$\frac{dB}{B}=0.62\frac{dQ_e}{Q_e}+0.12\frac{dS_e}{S_e} \tag{2.4.20}$$

$$\frac{dB}{B}=0.62\frac{dQ_f}{Q_f}+0.12\frac{dS_f}{S_f} \quad （有涌潮） \tag{2.4.20′}$$

$$\frac{dH}{H}=0.28\frac{dQ_e}{Q_e}-0.34\frac{dS_e}{S_e} \tag{2.4.21}$$

$$\frac{dH}{H}=0.9\frac{dQ_e}{Q_e}-0.62\frac{dQ_f}{Q_f}-0.22\frac{dS_e}{S_e}-0.12\frac{dS_f}{S_f} \quad （有涌潮） \tag{2.4.21′}$$

左边为断面面积、河宽、水深变化的百分数，右边两项为落（或涨）潮流量及含沙量变化的百分数，该数值的变化可以通过定床数模求得，可避免河床变形等复杂的计算过程。韩曾萃等（2001，2010）已列举了两个实例，本文不再赘述。

2.4.4.4 小结

本节讨论了浙江省强涌潮（或潮波变形剧烈）河口半潮水位下断面面积、河宽、水深、宽深比、纵向河宽放宽率、面积放大率、河床比降等与动力条件即上游平均来水、来沙及下游年平均涨、落潮流量、含沙量间的关系，经5个河口40个断面和4个海湾26个断面的验证，平均误差为10%，最大误差小于20%，其他参数如宽深比$\sqrt{B}/H$、河宽放宽率α、面积放大率β、河床纵向比降J等也都有类似的精度，总体上误差小于20%的点据占80%以上，这种对河床形态验证的精度可以满足工程规划设计的精度要求，不失为一种实用、简便的方法。

之所以有如此好的验证结果，关键是针对强涌潮河口主槽、滩地涨、落潮流速分布特性的差异，发现了涨潮流对拓宽河宽的作用远大于落潮流速，故应采用涨潮流计算与河宽等相关的参数。另外新建的断面与落潮流量的经验关系是从实际资料得到的关系，再联合经过推导和参数选值范围符合河床临界起动流速的关系式，相当于将临界起动流速关系式补充进河口河相关系方程组，从而可使7个未知数与7个方程形成封闭解。

2.5 典型河段河床演变分析

典型河段的河床演变既受大范围水动力条件的影响，又受局部特殊水动力条件的影响，因此典型河段的演变既是大环境的一部分，又是与它自身独立的动力环境相匹配的结果。此外典型河段应考虑其自身独特的需求（如核电站、火电站取排水口、码头前沿及航道、桥梁、排水闸、排污口等水深要求），研究局部冲淤幅度及其年际、年内变化及其稳定性。由于生产的需要，现对钱塘江河口水域几个比较重要的典型河段演变规律的研究作简略介绍。

2.5.1 秦山核电群取排水口局部冲刷坑研究（韩曾萃等，1992）

秦山核电群共有5个取水口和排水口，它的冲淤变化涉及核电站冷却循环水的安全运行，故开展了较系统的观测研究（图2.5.1），其中尤以杨柳山二期及二期扩建的取水口条件最差。

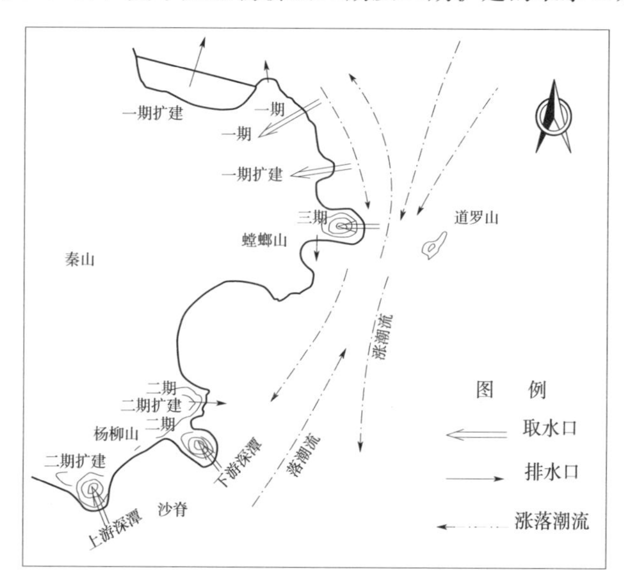

图2.5.1 秦山核电群取排水口布置图

2.5.1.1 小范围（3km²）观测分析

冲淤变化观测有局部小范围、中范围（取水口外37.6km²）。从1971年第一张1∶10000比尺的较精确地形，1983年秦山一期进行过4月、7月、11月，大、中、小潮、潮憩流和涨急等以及多次同比尺的观测，20世纪90年代后也有6年每年3～8次的观测，此后的20余年有多次观测，合计约40张水下地形图。

(1) 月内大、小潮的变化。实测资料表明，杨柳山上、下游深潭最大冲淤变幅为8～10m，月内大、小潮或大潮过程冲淤可达到5～6m，占多年间变化的70%。可见月内、日内潮汐的冲淤变幅相当大。

(2) 多年间的变化。多年间的变化分1990年前、90年代和2000年后三个时期，历次深潭最深点中最浅高程为最小值；历次浅点高程取平均为平均值；不同高程下面积大小可反映深潭容积；两深潭之间最浅点为沙脊高程，反映两个深潭间水流交换情况。以上诸参数见表2.5.1。由表2.5.1可知：近30余年的观测表明，深潭总体趋势都是在淤积变浅，−15m、−10m的深潭面积在减小。上游深潭90年代前到2000年后，最深点由−23.4m减小到−12.7m，淤积变幅10.7m；平均值由−20.3m减小为−14.7m，淤积5.6m；多年最浅值由−17.0m变为−12.7m（与取水口设计高程−10.0m尚有2.7m富余），淤浅4.3m。下游深潭同期，冲淤最大变幅12.3m（−28.5m到−16.2m）；平均值由−25.3m减小至−21.1m，淤积4.2m；最浅点由−21.0m抬至−16.2m（与设计−11.5m尚有4.7m富余）淤浅4.8m。上游深潭−10m等高线面积由19.2万m^2减至11.1万m^2，下游深潭−20m等高线的面积由30万m^2减至6.1万m^2。沙脊最浅点由−10.1m淤至−5.9m（与最低水位−5.0m尚有0.9m富余），淤积4.2m，淤积厚度与80年代末预计的3～4m比较接近。目前核电站运行仍然安全，尚未利用冲刷漏斗的效应，仍有安全运行潜力，但仍需加强安全运行的监测和预警、预报研究。

表2.5.1　　秦山二期（杨柳山）深潭冲淤变化

时期	年份	上游深潭				下游深潭				沙脊高程/m
		最深点/m		面积/万m^2		最深点/m		面积/万m^2		
		极值	平均值	−15m	−10m	极值	平均值	−20m	−10m	
1990年前	1971	−20.0	−20.0	7.0	24.0	−27.2	−27.2	30.0	150.0	−14.0
	1987	−17.0	−17.0	0.0	12.0	−21.0	−21.0	6.0	70.0	−13.8
	1989	−23.4	−24.8	2.0	15.0	−23.0	−24.8	36.0	140.0	−13.2
	1990	−18.1	−19.3	6.5	26.0	−27.2	−28.5	50.0	160.0	−10.1
	平均	−19.6	−20.3	3.8	19.2	−24.6	−25.3	30.0	105.0	−12.7
20世纪90年代	1991	−16.5	−18.7	3.2	18.2	−26.1	−27.9	19.3	53.0	−7.2
	1992	−16.8	−18.2	0.8	10.9	−26.1	−26.7	16.3	57.0	−9.2
	1993	−17.0	−17.8	0.1	11.7	−23.8	−25.5	9.6	46.0	−9.0
	1994	−17.6	−18.7	2.2	16.0	−23.5	−26.3	12.6	55.6	−9.2
	1995	−15.2	−16.5	0.6	13.7	−22.7	−26.0	8.5	39.2	−9.6
	1996	−15.3	−16.1	0.1	10.3	−22.0	−22.7	2.7	35.5	−8.0
	平均	−16.4	−17.6	1.16	13.0	−24.0	−24.8	11.5	47.7	−9.0
2000年后	2000	−16.9	−16.9	0.0	7.0	−25.5	−25.5	5.0	40.0	−9.3
	2003	−13.7	−14.7	0.0	8.0	−16.9	−18.8	6.0	55.0	−6.1
	2004	−13.8	−13.8	2.0	14.0	−21.6	−21.6	18.0	70.0	−6.2
	2005	−13.6	−14.8	0.5	12.0	−18.6	−20.5	15.0	60.0	−7.1
	2006	−13.4	−14.4	0.0	8.0	−16.2	−18.3	4.0	36.0	−7.5
	2007	−15.5	−16.0	1.5	9.0	−20.9	−22.0	8.0	55.0	−7.4
	2008	−13.8	−14.6	0.0	10.0	−19.2	−22.1	0.0	47.0	−5.9
	2009	−14.3	−14.3	0.0	10.0	−20.3	−20.3	4.0	58.0	−9.1
	2010	−13.4	−14.4	0.0	12.0	−21.0	−21.0	4.0	46.0	−7.9

续表

时期	年份	上游深潭				下游深潭				沙脊高程/m
		最深点/m		面积/万 m^2		最深点/m		面积/万 m^2		
		极值	平均值	−15m	−10m	极值	平均值	−20m	−10m	
2000年后	2011	−12.7	−12.7	0.0	13.0	−19.8	−19.8	0.0	36.0	−7.2
	2012	−15.4	−15.4	0.5	20.0	−22.6	−22.6	4.0	55.0	−7.2
	平均	−14.2	−14.7	0.4	11.1	−20.2	−21.1	6.1	50.7	−7.3

2.5.1.2 中范围（$41km^2$）冲淤分析

秦山核电站邻近水域精度较高的1：10000水下地形图，共有1971年、1988年、2001年和2005年等4次。将邻近水域的中范围（$41km^2$）分为10个小块分别计算其变化，如图2.5.2及表2.5.2所示。由表2.5.2可知：这一水域总体都是淤积的（仅5%为冲刷），总淤积量为182.4万m^3，在$41km^2$内累积淤积厚度平均为4.42m。前18年是人类活动（治江缩窄）较大的年代，平均淤积厚为13cm/a；1988—2001年的这13年中，治江缩窄的强度减少，且为丰水年期，其淤积强度为8cm/a；到2001—2005年为连续枯水年，年均淤积强度达28cm/a。44年平均为10cm/a，比其他部位强度大。

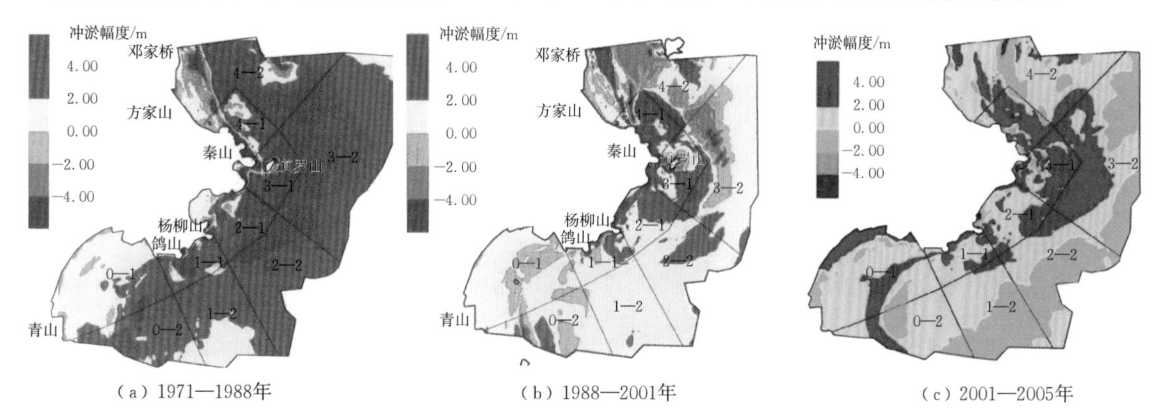

（a）1971—1988年　（b）1988—2001年　（c）2001—2005年

图2.5.2　秦山核电站中水域范围冲淤分布图

表2.5.2　历次地形图的淤积量及厚度

区间名称	面积/km^2	1971—1988年		1988—2001年		2001—2005年		1971—2005年	
		淤积量/10^6m^3	厚度/m	淤积量/10^6m^3	厚度/m	淤积量/10^6m^3	厚度/m	淤积量/10^6m^3	厚度/m
0—1	5.57	7.8	1.4	1.64	0.3	7.4	1.3	16.84	3
0—2	3.20	10.1	3.2	1.56	0.5	2.31	0.73	13.97	4.3
1—1	1.51	4.56	3.0	1.19	0.8	3.4	2.28	9.15	6
1—2	4.06	8.96	2.2	5.71	1.4	0.76	0.18	15.43	3.78
2—1	2.53	8.2	3.2	4.74	2.3	3.55	1.69	16.49	7.19
2—2	4.57	15.62	3.4	7.78	1.7	1.49	0.33	24.87	5.43
3—1	1.93	8.26	4.3	5.1	2.7	5.08	2.73	18.44	9.23
3—2	10.17	6.43	6.3	2.93	0.4	11.27	1.56	20.63	8.26
4—1	1.66	2.4	1.4	7.64	4.7	5.14	3.15	15.18	9.25
4—2	6.03	22.07	3.7	3.56	0.6	5.81	0.37	31.44	5.27
合计	41.23	94.40	2.29	41.85	1.02	46.21	1.12	182.44	4.42
年淤积量		5.55	0.13	3.22	0.08	11.55	0.28	4.15	0.10

钱塘江河口及杭州湾是一个淤积型的河口湾。1959—2003年的44年中累积淤积63.5亿m^3，年淤积量为1.4亿m^3/a，平均淤积厚度为2.9cm/a。其中澉浦至金山约2000 km^2的大范围水域，从1959年至1996年的37年中平均高潮位下总淤积量为15亿m^3，年淤积强度为3.6cm/a，远小于秦山局部水域的淤积强度10cm/a，其原因首先是秦山中范围水域水深较大，其淤积幅度必然大于水深比之小一半以上的杭州湾的淤积；其次是其位置在尖山弯道凸岸的下游，正处于尖山治江缩窄等人类活动频繁区域的下游淤积环境，故年淤积强度是大范围平均值的3.6倍。

2.5.1.3 深潭冲淤的理论分析（韩曾萃等，2007）

维持秦山核电群取水口深潭的动力以及变化的主要因素，需要从理论上予以解释、验证、预测。

河口海岸凸体所形成的深潭是由于凸体阻挡了近岸水流，在凸体头部壅水、绕流、上升流（旋转流）冲刷底部河床形成的，它与河流中非溢流丁坝坝头的冲刷在力学机理上一致。河流丁坝的冲刷坑近50年已进行过大量的野外调查、试验室试验和计算分析。已有河流丁坝的研究文献极多，但河口、海岸的矶头冲刷坑与河流丁坝冲刷坑，存在以下差异：①为双向涨、落潮流的作用，其方向、流速大小均在变化中；②已有公式均未考虑含沙量的影响；③丁坝的尺度较小，而凸体尺度及深潭尺度都大得多；④已有公式未给出冲刷坑的形态计算方法。但这些差异并不妨碍对丁坝冲刷已有研究成果的合理引用与修正。韩曾萃等（2007）考虑了以上特征，并针对潮汐河口、海湾提出半经验半理论凸体冲刷坑计算公式，如图2.5.3所示。

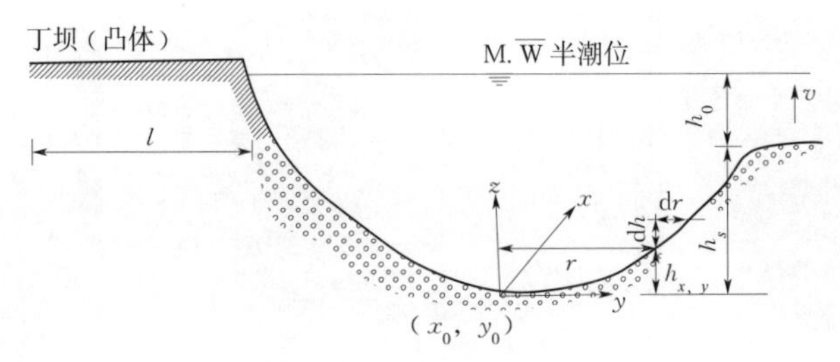

图2.5.3 冲刷坑示意图

冲刷坑深度

$$h_s=k\left(\frac{l}{h_0}\right)^{0.4}Fr^{0.33}\left(\frac{S}{S_0}\right)^{-0.3}h_0 \quad \text{（符号均用无因次量表示）} \tag{2.5.1}$$

其中

$$Fr=V/\sqrt{gh_0}$$

式中：h_s为冲刷坑水深；h_0为冲刷坑外半潮水深；L为丁坝（凸体）长度；Fr为丁坝的水流弗劳德数；V为冲刷坑周边的水流流速；k为形态系数，韩曾萃等（2007）推荐为1.1～1.3；S为周边的落潮（或涨潮）含沙量，$S_0=1kg/m^3$（参照值）。表2.5.3为几个实测凸体的验证结果。

表2.5.3 几个凸体冲刷坑h_s的验证结果

项　　目	赭山湾9号坝	秦山核电二期（杨柳山）	秦山一期	三门核电	玉环电厂	甬江外游山
h_0/m	2.0	10.0	12.6	15.0	20.0	10.0
l/m	150	200	950	650	550	300
$(l/h_0)^{0.4}$	5.62	3.31	5.64	4.52	3.76	3.90
v/（$m\cdot s^{-1}$）	0.65	1.80	1.10	0.80	1.00	1.48
$Fr^{0.33}$	0.53	0.57	0.47	0.41	0.42	0.53
s/（$kg\cdot m^{-3}$）	5.6	3.0	2.4	0.5	0.3	0.8
实测h_s/m	4.2	15.0	28.0	33.0	50.0	24.0
本文公式计算/m	3.9	14.9	28.0	37.4	49.8	24.7
误差/%	−6.7	0.4	0.0	13.3	−0.5	2.8

由表2.5.3可知，式（2.5.1）的计算精度平均为1.4%，最关键的是式（2.5.1）考虑了周边水流的含沙量。验证资料的含沙量在0.3～5.6kg/m^{3}的范围内均可适用。

关于冲刷坑的形态问题，韩曾萃等（2007）假设沿轴线任意点冲刷坑水深的增量$dh_{x,y}$是随着与该点的水深$h_{x,y}$及深潭中心的距离增量dr的乘积增加而减少的（即下式关系呈负号），即

$$dh_{x,y}=-kh_{x,y}dr \tag{2.5.2}$$

积分后代入边界条件，当$r=0$时，$h_{x,y}=h_s$，得到

$$h_{x,y}=h_s\exp(-kr) \tag{2.5.3}$$

可以通过河口海岸凸体的几个实际形态率定k值在0.035～0.048变化，又

$$r=\sqrt{\alpha\left(\frac{x-x_0}{h_s}\right)^2+\beta\left(\frac{y-y_0}{h_s}\right)^2} \tag{2.5.4}$$

式（2.5.4）中$\alpha=1.0$～1.5，$\beta=1.0$～0.5即为椭圆形，x_0，y_0为冲刷坑最深点位置坐标。用秦山核电站二期（杨柳山下游深潭）的1995年5月实测形态进行验证如表2.5.4所示。

表2.5.4　　秦山核电站二期冲刷坑验证

x/m	50	100	200	300	400	500	600
y/m	50	100	200	300	400	500	600
r/m	0.00	4.71	14.14	23.57	33.00	42.43	51.85
$e^{-0.035r}$	1.00	0.85	0.61	0.44	0.32	0.23	0.16
$h_{x,y}$/m	15.0	12.7	9.1	6.6	4.7	3.4	2.4
计算高程/m	−23.0	−20.7	−17.1	−14.6	−12.7	−11.4	−10.4
实测高程/m	−23.0	−22.0	−19.0	−16.5	−13.6	−11.5	−10.0

由表2.5.4可知误差较小，平均误差4.3%。图2.5.4是秦山二期冲刷坑形态验证的结果。对三门核电冲刷坑的形态也做了类似的验证，此时$k=0.048$，误差小于10%。

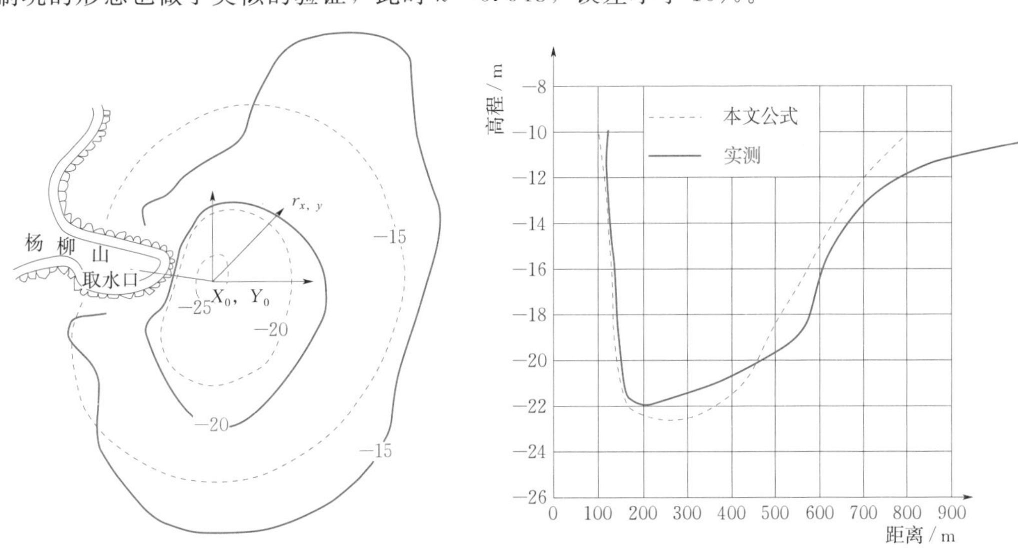

图2.5.4　杨柳山矶头冲刷坑验算

为了定量分析影响冲刷坑深度的各项因子，将式（2.5.1）进行全微分推导后，有

$$\frac{dh_s}{h_s}=0.4\frac{dl}{l}+0.33\frac{dv}{v}+0.43\frac{dh_0}{h}-0.3\frac{ds}{s} \tag{2.5.5}$$

用式（2.5.5）可以定量解释秦山核电站长历时累积性淤积及短历时可恢复性冲淤变化的原因。短历时是大、小潮时其流速分别为4.5m/s、2.5m/s，含沙量变化值幅度分别为4.5kg/m^3、1.0kg/m^3，$dv/v=0.4$，$ds/s=0.77$，而$h_s=15$m，则流速对h_s的影响用式（2.5.5）右侧的第二项计算得到为

2.40m，大小潮时含沙量的变化对 h_s 的影响为 3.5m，此两项之和为 5.9m，是短历时大小潮造成深潭水深的实测最大变幅可达 2～6.5m 的原因。汛期和非汛期含沙量可由 $3kg/m^3$ 增加到 $6kg/m^3$，深潭冲淤幅度达 4.5m，也与观测值一致。20 世纪 80 年代到 2006 年以后，秦山周边中范围累积性淤积 4.4m 造成 h_0 的变化，$dh_0/h_0=0.55$，则 $dh_s=15\times0.55\times0.43=3.55$ 接近实测 4.0m 的累积性淤积。杨柳山上游冲刷坑，由于 h_s 比下游冲刷坑浅 1/2 到 2/3，因此其累积性淤积的深度也比下游坑小一半左右。以上分析均与近 40 年观测值一致。

总之，在 90 年代初秦山二期取水口水深稳定性的研究中，认为累积性的淤积会达到 4～5m，再考虑到还有 2m 左右的冲刷漏斗效应，因此取水口高程设在－10.0～11.5m 是安全的。目前二期上下游取水口的高程最浅分别为－12.7m 和－16.2m，分别还有 2.7m 和 4.7m 的富余；沙脊的最浅点高程－5.9m 距安全高程－5.0m 也有 0.9m 的富余，这与当年的预测基本一致，而且尚未利用冲刷漏斗 2m 的富余值，因此总体上秦山核电群取水目前是安全的，预测基本正确。

2.5.2 北岸深槽淤积分析（韩曾萃等，1991）

杭州湾北岸深槽是指从金山卫至秦山沿北岸长约 50km、宽约 3～5km、高程在－15m 以下（局部－30 m、－40m）的深槽，如图 2.5.5 所示。由于东海三股涨潮流进入杭州湾，先是金塘、舟山南股涨潮流以 135°方向角由西南方向进入，而后东、北两股涨潮流与南股涨潮流在王盘山汇合后沿程得

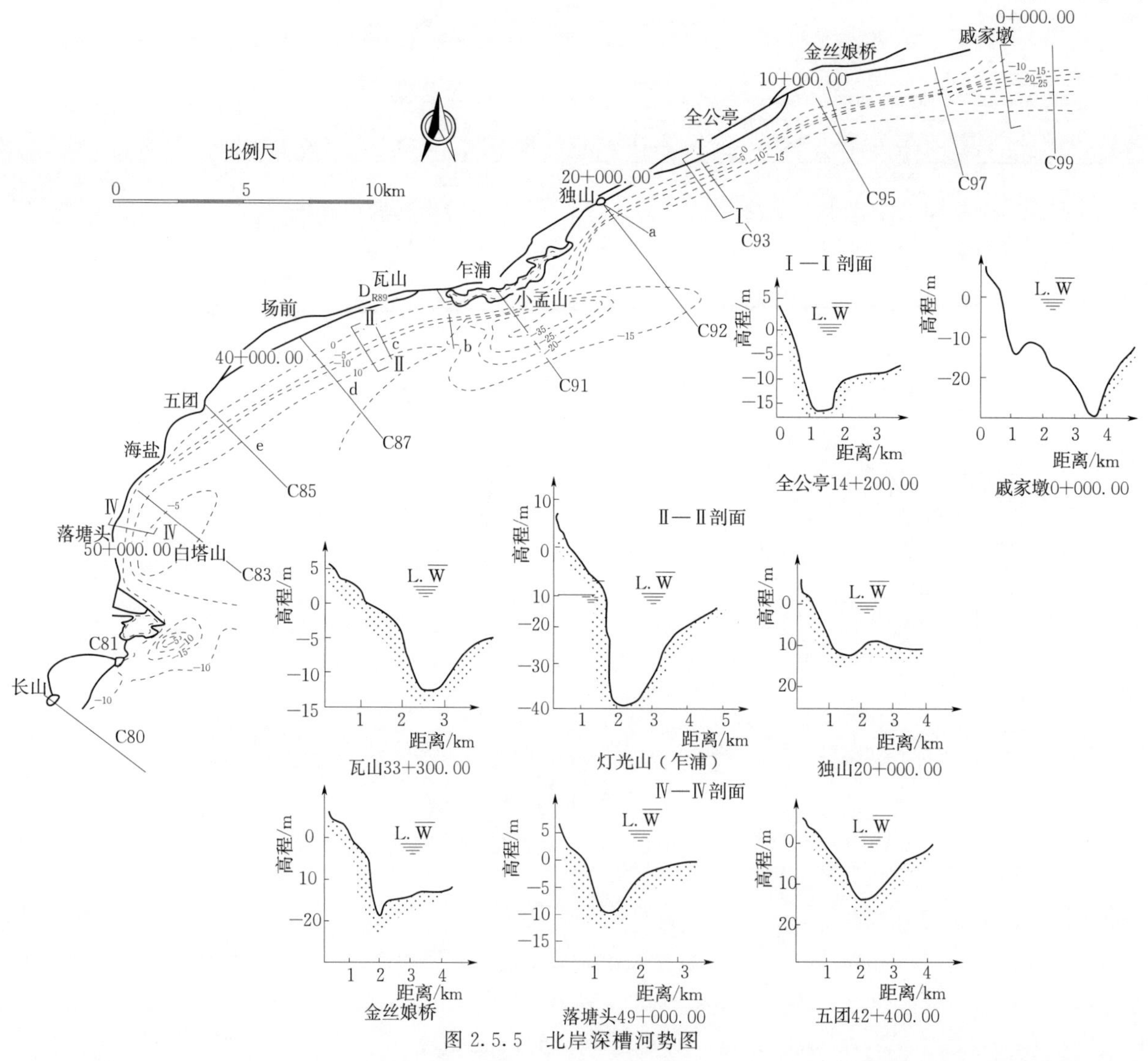

图 2.5.5 北岸深槽河势图

到加强，指向北岸金山至秦山一线的岸线，并与岸线形成一定交角，造成对近岸淘刷冲深，形成涨潮冲刷槽（其垂线净输水方向多为涨潮流，水下深槽等高线尖灭方向亦指向西）。

北岸深槽是杭州湾万吨级深水航道（低水位水深在10～12m的占70%，其他航段水深也有6～9m），为乍浦港独山、乍浦、海盐三个港区所在，也是核电厂、火电厂取、排水口的选址区，还是杭嘉湖地区城镇排污口和排涝闸所在岸段，因此保护北岸深槽资源对发展当地经济十分重要。但杭州湾是一个长江口泥沙净输入的淤积性河口湾，近30年来，由于生产需要，人类活动（治江缩窄、桥梁、码头建设等）速度有所增加加剧了淤积。交通、环境和水利部门逐步重视北岸深槽的冲淤变化，认识到保护北岸深槽的重要性。近数10年的研究成果主要包括如下一些内容。

2.5.2.1 北岸深槽近40余年冲淤量变化

20世纪70年代澉浦至乍浦有1：50000水下地形资料，1989年后有较系统加密的乍浦至金山的水下地形资料，统计－3.84m（吴淞－2.0m）以下、离岸3000m范围以内的河床容积，如表2.5.5所示。由表2.5.5分析可得到以下结论：

（1）澉浦至乍浦的北岸深槽长约25km，宽3km，水面面积75km^2，在表中⑦澉浦至乍浦累积淤积量为1.74亿m^3，平均淤积厚度为2.32m，42年平均淤积强度为5.5cm/a，小于秦山中范围的淤积强度13cm/a。

（2）乍浦以下89#～99#断面的北岸深槽是冲刷区，表中⑧乍浦以下累积冲刷量为0.77亿m^3，此河长20km，面积60km^2，冲刷厚度1.28m，冲刷强度3.06cm/a，比上游淤积强度小些。

（3）深槽全河段主要的淤积发生在1986年以后，深槽上段L80～L85主要淤积发生在1991～1998年，L85～L89的淤积主要发生在1999—2014年间，而乍浦L91～L99断面都是冲刷的，整个50km长北岸深槽的基本面貌累计淤积0.97亿m^3，占总容积的9.6%。

表2.5.5　北岸深槽－3.83m以下离岸3000m容积　单位：亿m^3

断面号及地名	1972—1977年	1978—1985年	1991—1998年	1999—2006年	2007—2014年	⑥＝①－⑤	⑦＝⑥累计值	⑧＝①累计值	⑨＝⑦/⑧
	①	②	③	④	⑤	⑥	⑦	⑧	⑨
澉浦80#～81#	0.88	0.90	0.66	0.55	0.49	0.39	0.39	0.88	44%
81#～83#	0.78	0.79	0.57	0.46	0.36	0.42	0.81	1.66	49%
83#～85#	0.48	0.44	0.36	0.28	0.19	0.29	1.10	2.14	51%
85#～87#	0.77	0.66	0.58	0.48	0.35	0.42	1.52	2.91	52%
乍浦87#～89#	0.55	0.52	0.53	0.44	0.33	0.22	1.74	3.46	51%
89#～91#	1.63	1.81	1.74	1.61	1.58	0.05	1.79	5.09	35%
91#～93#	2.06	—	2.32	2.21	2.45	－0.39	1.40	7.15	20%
93#～95#	1.06	—	1.12	1.12	1.31	－0.25	1.15	8.21	14%
95#～97#	1.31	—	1.44	1.56	1.27	0.04	1.19	9.52	12%
97#～金山卫	0.56	—	0.77	0.93	0.78	－0.22	0.97	10.08	10%

2.5.2.2 北岸深槽上游段大比尺冲淤分布研究

前述为1：50000小比尺的成果，系列长但精度不够，为此收集北岸深槽河宽4000～5000m，从秦山码头至乍浦的长20km范围内，以北塔沙的沙脊为分界将其分为北南两块，再按不等距划分为7区块（图2.5.6），用1985年、1997年、2004年、2008年的1：10000的地形图量测的冲淤变化如表2.5.6所示。

在96.8 km^{2}的北岸深槽水域内（比前－3.81m以下面积大），约31年中总的淤积量为1.76亿m^3（比前深槽淤积1.74亿m^{3}接近，但上、下年份也不相同），平均淤厚1.82m，淤积强度为6cm/a，与

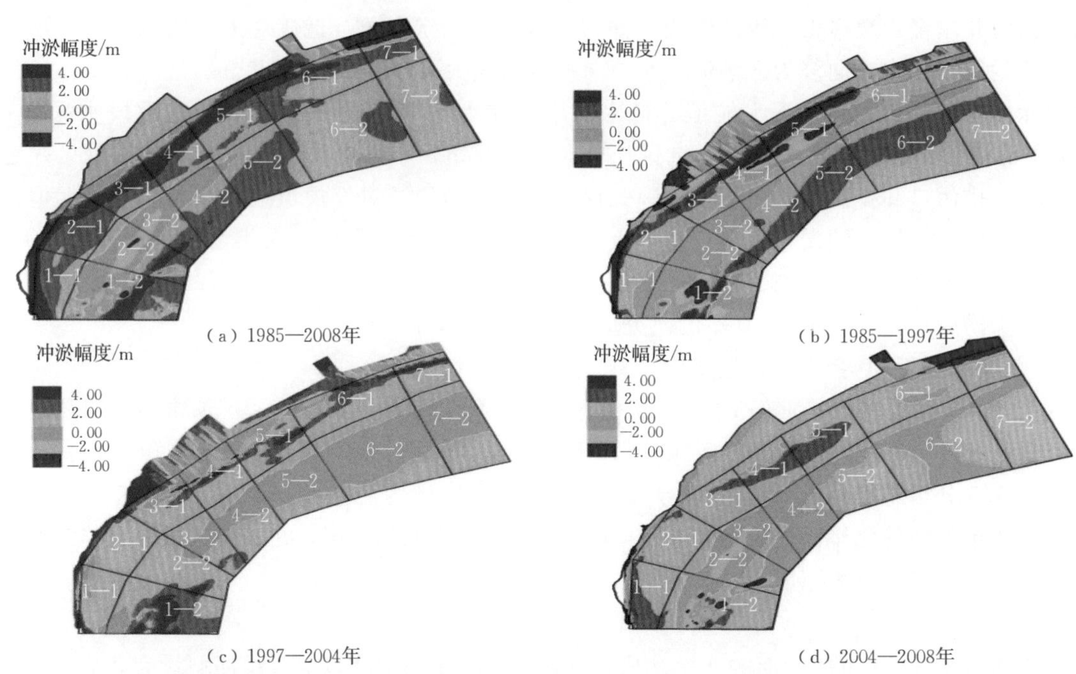

（a）1985—2008年　（b）1985—1997年

（c）1997—2004年　（d）2004—2008年

图 2.5.6　北岸深槽几次典型年冲淤图（3.1～3.6m 以下冲淤分布）

1∶50000 小比尺的结果基本一致，比秦山中范围水域（年淤积量 13cm/a）要小。由于分区反映了淤积分布的不均匀性，其中靠岸的北槽淤积厚度为 2.60m，南槽淤积 1.35m，相差一半。深槽的北岸为乍浦码头，更受人们关注，1985—1997 年的 12 年中北槽淤积强度为 5.7cm/a，到 1997—2004 年的 7 年中淤积强度增大为 14cm/a，2004—2008 年进一步发展为 24cm/a。而南槽三个时期淤积强度分别为 7.1cm/a、6.5cm/a 和 0.5cm/a。可见北岸深槽的淤积是从 1997 年以后特别是 2004 年以后加快淤积速度造成的，这对分析淤积的原因十分重要。

表 2.5.6　北岸深槽（澉浦至乍浦）冲淤分析（4000～5000m 河宽）

分区名称		F/km^2	1985—1997 年		1997—2004 年		2004—2008 年		合计	
			淤量/10^6m^3	厚度/m	淤量/10^6m^3	厚度/m	淤量/10^6m^3	厚度/m	淤量/10^6m^3	厚度/m
1—1		4.48	2.36	0.53	3.49	0.78	7.08	1.58	12.93	2.89
1—2		9.48	−9.48	−1.00	2.61	0.28	−0.32	−0.03	−7.19	−0.76
2—1		5.24	5.79	1.11	5.46	1.04	4.71	0.90	15.96	3.05
2—2		6.53	−0.21	0.03	7.39	1.13	−5.69	−0.87	1.49	0.23
3—1		4.92	3.95	0.80	4.49	0.91	4.42	0.90	12.86	2.61
3—2		4.56	2.5	0.55	3	0.66	−2.62	−0.57	2.88	0.63
4—1		4.99	7.65	1.53	0.94	0.19	6.02	1.23	14.61	2.93
4—2		6.24	8.96	1.44	0.26	0.04	−2.14	−0.34	7.08	1.13
5—1		5.93	4.13	0.70	6.12	1.03	8.63	1.46	18.88	3.18
5—2		7.91	15.7	1.98	−1.19	−0.15	1.82	0.23	16.33	2.06
6—1		8.03	4.19	0.52	10.8	1.34	4.05	0.50	19.04	2.37
6—2		15.4	24.3	1.58	−6.21	−0.40	1.83	0.12	19.92	1.29
7—1		3.49	−2.4	−0.69	5.79	1.46	−1.50	−0.43	1.89	0.54
7—2		9.64	10.07	1.04	−1.7	−0.18	5.7	0.6	14.07	1.46
合计	北	37.08	25.67	0.69	37.09	1.00	33.41	0.90	96.17	2.59
	南	59.76	51.84	0.87	4.16	0.07	−1.42	−0.02	54.58	0.91
总计		96.84	77.51	0.80	41.25	0.43	31.99	0.33	150.75	1.56

对乍浦港最关键的是4—1、5—1、6—1、7—1四个区，它们最终的淤积厚度平均为2.22m，三个时期分别为0.53m、1.0m和0.7m，年均淤积为4.4cm/a、14cm/a和17cm/a，主要淤积发生在1997年以后的这11年中，其中2003年11月—2004年4月有1m左右的突发淤积，这不是1968—1995年大范围河口治江缩窄造成的，而是与杭州湾大桥的施工有关，大桥非通航孔约470m在深槽区，施工栈桥在施工期间的影响以及大桥建成后栈桥拆除不彻底等对深槽淤积有影响。

2.5.2.3 乍浦港码头前沿水深变化

乍浦港包括独山、乍浦、海盐三个港区，通航能力分别为3万～5万t、1万～2万t和5000t级，下面重点分析乍浦港区即自陈山码头至海盐南台头闸全长10km的码头前沿水深的变化。1988年以后杭州湾1∶50000水下地形图北岸深槽段测量断面间距加密到1～1.5km，精度有所提高。将陈山码头至南台头闸划分为有观测点的11个断面进行逐段分析，又因大多数断面最深点都在近岸200～500m范围内，故主要取最深点作为研究指标。

图2.5.7是在北岸深槽乍浦港前沿水深的几个代表年的纵向剖面图。从图2.5.7中可以看出有两段河床高程比较浅，乍浦港区的浅段在场前附近，1984—2001年平均高程在−13m左右，其他河段均低于−13m，可以满足1万～2万t级的停泊水深；另一浅段南台头通航5000t级，2004年以前高程在−8m以下，其余河段可满足通航要求，因此应重点研究碍航段水深减小的数值及过程并分析其原因。为此研究两个碍航段的最浅点从1984—2010年共26年的变化，一般每年有2～3个测次（4月、7月、11月或4月、11月），结果如图2.5.8所示。

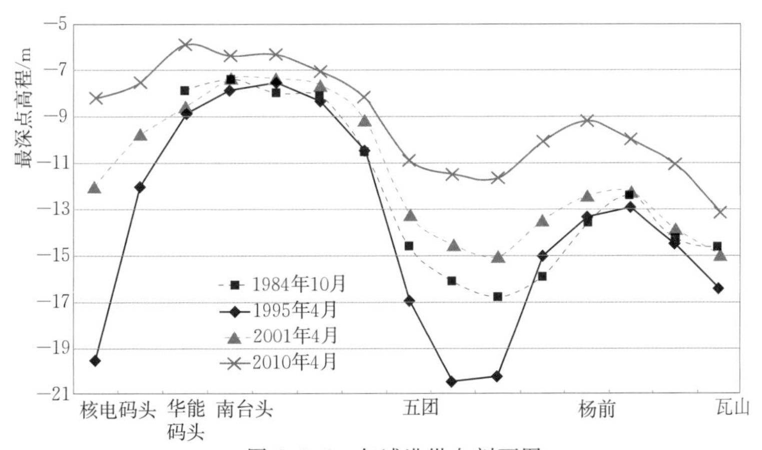

图2.5.7 乍浦港纵向剖面图

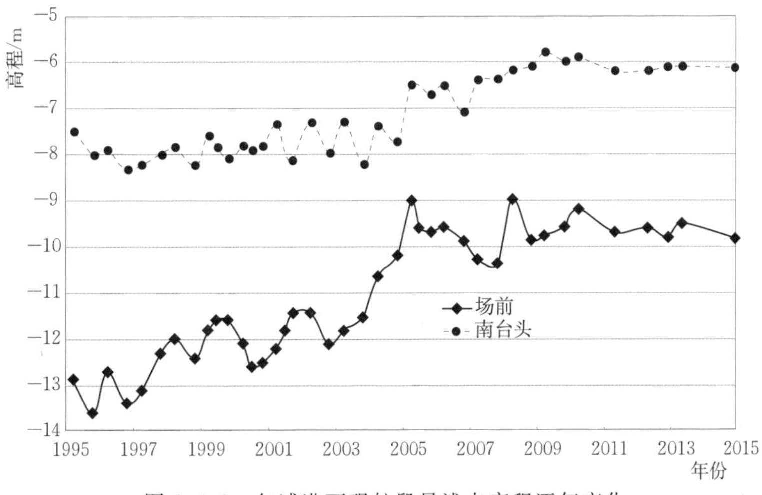

图2.5.8 乍浦港两碍航段最浅点高程逐年变化

由图2.5.7、图2.5.8可以得到以下重要结论：

(1) 由于水文条件及人类活动，南台头最浅点2001年以前平均高程为－8.0m，场前最浅点1997年前平均为－13.0m，到2014年分别抬升至－6.10m和－9.50m，淤积分别为1.9m和3.5m。有多种因素在影响最浅点高程变化，不应仅取某一次或某一年的值进行对比，而应取某一段时间的平均值进行对比更合理。

(2) 以杭州湾大桥施工前的2003年与20世纪90年代（时间跨度1984—2003年）相比，场前浅段由平均－13.0m抬高为－11.8m，淤积了1.2m；海盐港区的南台头浅段由－8.0m抬升至－7.5m，淤高0.5m。这主要是钱塘江河口大范围治江缩窄和当地围涂、码头建设等造成的影响。建桥前的平均值与大桥施工完成后的2007—2014年平均值对比，乍浦港区场前浅段由平均－11.8m抬高至－9.5m，淤高了2.3m；南台头浅段由－7.5m淤至－6.3m，淤高了1.2m。

(3) 建桥前后三年的淤积量并不完全是由建桥引起的。在此期间存在前期尖山河段治理、周边围涂工程及码头建设如乍浦港二期、三期以及附近1.2万亩围涂、沿岸相继进行码头建设等的影响，造成白塔山南北槽分流比改变，因此对这三年的淤积应进一步分析各自的定量影响。

2.5.2.4 杭州湾大桥建桥前后及白塔沙南北分流比变化的淤积分析

河口潮流输沙的挟沙能力可以表达为

$$S=kv^2/h \tag{2.5.6}$$

而流速可以改写为单宽潮量即

$$q=\nu h \tag{2.5.7}$$

将式（2.5.7）代入式（2.5.6）则为

$$h=(k/s)^{1/3}q^{2/3} \tag{2.5.8}$$

对式（2.5.8）进行全微分，再以式（2.5.8）相除得

$$\mathrm{d}h/h=0.66\mathrm{d}q/q-0.33\mathrm{d}s/s \tag{2.5.9}$$

如忽略含沙量随h、q的变化，式（2.5.9）的物理意义为：水深的相对变化率$\mathrm{d}h/h$等于单宽潮量的变化率$\mathrm{d}q/q$乘以0.66。可以用此式定量估算因潮量变化引起的水深变化。

2001年、2007年的两次地形为杭州湾大桥建成前后的代表地形，其间南北槽分流比发生了较大变化，北淤南冲，它代表了此期间主要的人类活动前后（包括尖山河段治理、乍浦二期、三期、海盐港区1.2万亩围涂及建桥活动）对地形影响的综合结果。又用二维非恒定流数值模型对整个北岸深槽进行模拟计算。其北槽涨、落潮流量变化百分数见表2.5.7（1#～8#的位置如图2.5.9所示）。场前浅段水深12.80m（平均水位1.0m，河床底为－11.80m），单宽潮量减少$\mathrm{d}q/q=13.5\%$（取落潮、涨潮平均值），用式（2.5.9）得到$\mathrm{d}h=1.14$m，是大桥施工前后的3年之差2.30m的一半，另一半是桥墩局

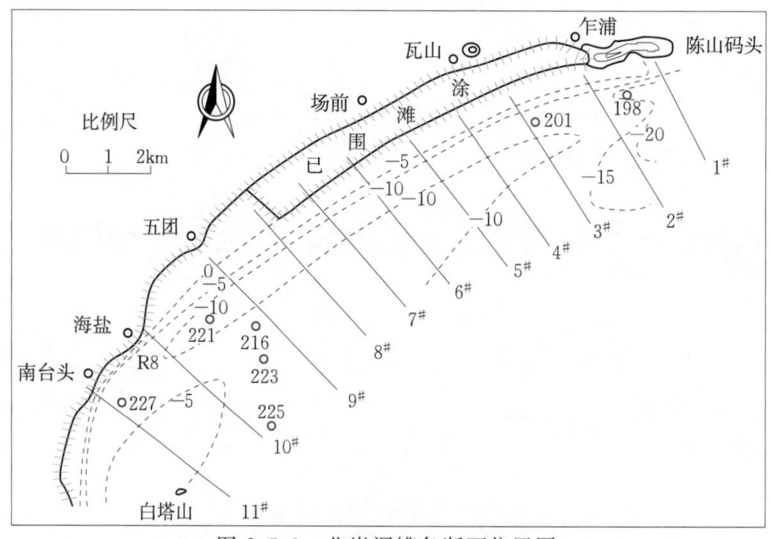

图2.5.9 北岸深槽各断面位置图

部阻水（见 2.5.2.5 节分析）。南台头浅滩水深 $h=8$m（平均水位 1.0m，河床－7.0m），单宽潮量减少 $\mathrm{d}q/q=15.5\%$，计算得 $\mathrm{d}h=0.83$m，占施工前后淤积厚度 1.20m 的 2/3，另 1/3 的淤积见 2.5.2.5 节。

表 2.5.7　　2001—2007 年北槽潮量变化

断面号		2001年潮量 /10^6m^3	2007年潮量 /10^6m^3	潮量减少		断面号		2001年潮量 /10^6m^3	2007年潮量 /10^6m^3	潮量减少	
				数值	百分比/%					数值	百分比/%
1#	落	1.43	1.11	0.32	22.4	5#	落	2.63	2.23	0.40	15.2
	涨	－2.35	－2.07	0.28	11.9		涨	－2.89	－2.57	0.32	11.1
2#	落	1.53	1.23	0.30	19.6	6#	落	2.98	2.55	0.43	14.4
	涨	－1.76	－1.53	0.23	13.1		涨	－3.20	－2.78	0.42	13.1
3#	落	2.11	1.78	0.33	15.6	7#	落	4.02	3.81	0.21	5.2
	涨	－2.23	－2.07	0.16	7.2		涨	－4.13	－3.88	0.25	6.1
4#	落	2.37	1.97	0.40	16.9	8#	落	4.35	4.13	0.22	5.1
	涨	－2.51	－2.27	0.24	9.6		涨	－4.42	－4.16	0.26	5.9
1#～3# 平均		落潮减少			19.2	场前 5#～6# 平均		落潮减少			14.8
		涨潮减少			10.7			涨潮减少			12.1
		落、涨潮平均			15.0			落、涨潮平均			13.5

大桥建造及施工期造成的局部阻水的淤积影响：杭州湾大桥北端位于乍浦镇上游的瓦山镇附近，设有南、北通航孔，北通航孔跨径 448m（墩中心距离），两侧各有一个 160m 跨径的副通航孔，在堤岸与通航孔之间的 1220m 范围内是跨度为 50m 或 70m 的非通航孔，其中 450m 区段在北岸深槽的主槽部位，这 450m 中桥墩平均高潮位下的阻水面积为 1/12 左右。施工期由于施工栈桥的存在，其断面阻水面积更大于运行期。栈桥跨径 8.5m，单排 3 根 ϕ600mm 钢管桩，施工期占用过水面积最大在 1/7 左右。用式（2.5.9）计算，场前、南台头水深减少 0.44m 和 0.29m，施工期则分别减少 0.66m 和 0.44m，合计 1.80m 和 1.27m，与实测 2.30m 与 1.20m 基本吻合。

2.5.2.5　综合分析的结果

人类活动对北岸深槽的影响长期以来受到人们的关注，原因就是要保护嘉兴港这一宝贵航运资源，许多部门都对其影响程度作过评价，现将各工程预测与本次实测分析进行对比，如表 2.5.8 所示。

表 2.5.8　　各项工程对北岸深槽淤积预测及实测分析　　单位：m

发生时间	工程项目	前预测结果	本次实测分析	
			场前	南台头
1984—2003 年	①前期治江、码头、当地围涂影响	综合淤积 1.0	1.20	0.50
2003—2014 年	②大桥运行期影响及南北槽分流比影响	小于 0.60	1.14	0.83
	③大桥局部阻水及施工期阻水的淤积影响	小于 0.20	0.66	0.44
	④自然淤积及各项工程的后续淤积	0.5	0.28	0.10
	②＋③＋④	1.30	2.08	1.37
总计	①＋②＋③＋④	2.30	3.28	1.87

由以上对比可知，这些工程总体影响的预测值与实测值基本一致，其中大桥淤积影响原预测值比

实测分析略小，原因是原预测未考虑到施工栈桥清理不彻底，同时副通航孔跨距70m偏小造成阻水较大，进而造成南北槽分流比改变，水流减少反馈使北槽淤积加剧，全部合计就与实际比较一致了。解决淤积问题可以采取每年挖泥清淤（挖泥量约100万～200万m^3/a）来维护，具体有待乍浦港工程规划项目再行细致深入的研究。

2.5.3 尖山河段治理及曹娥江口门建闸条件的分析

尖山河段整治的目的之一是使主流稳定走中偏南，为曹娥江口门建闸创造条件。为了定量地说明钱塘江主槽的位置及曹娥江口距钱塘江主槽的距离长短，以南岸低滩线（－2m等高线，接近当地河段平均低潮位）和中滩线（0m等高线，即中潮位附近滩面线）离南岸或距曹娥江口的距离作为衡量闸下滩面长度的指标。选用曹娥江口附近南岸绍兴围区、曹娥江口门（随围垦的进展而变化）和上虞围垦的北凸出点3个断面，统计了治江前1970年和1984年，治江中期1991—1995年，过渡期1996年和1997年，治江近期1998—2001年的数据，结果见表2.5.9（潘存鸿等，2003）。

表2.5.9 曹娥江口门治理效果分析 单位：km

代表期	时间	－2m等高线距南岸距离			0m等高线距南岸距离			堤距
		绍兴	曹娥江	上虞	绍兴	曹娥江	上虞	
前期	1970年7月河势偏北	16.00	18.00	14.00				26.50
	1984年7月河势偏南	0.00	4.50	2.00				19.00
中期	1991—1995年平均	6.84	7.75	7.15	5.37	6.27	5.59	15.73
过渡期	1996—1997年平均	3.28	3.70	4.20	3.25	2.20	2.50	13.0
近期	1998—2001年平均	1.02	2.23	3.94	1.01	0.48	2.65	11.8
近、中期差值		5.82	5.52	3.21	4.36	5.79	2.94	3.93

由表2.5.9可知：尖山河段未治理前1970年，曹娥江口断面堤距26.5km，－2m等高线距南岸达14～18km，口门外高滩发育，不具备建闸条件。南岸从1970年至1984年治江围垦，堤线逐步向北推进，堤距缩小至19.0km，堤距仍太宽。20世纪90年代初尖山河段为走北河势，尽管南岸岸线外推了5km，－2m等高线距南岸仍有6km以上。这说明从南岸整治使主流靠近南岸的效果欠佳。1996年和1997年过渡期－2.0m等高线离南岸仍有3.28～4.2km，到1997年春北岸尖山一带出现明显淤积，海宁市利用这一有利时机，在尖山围垦2.0万亩，使北岸堤线向南推进2.5km（2000年7月比1996年4月），－2m等高线三个断面平均南摆了4.85km。由此可见，从北岸开始治江缩窄比从南岸推进的效果好。此后北岸海宁继续抛坝，主流继续南移，到2000年曹娥江口门已基本达到治理规划线。规划堤距为8.8km，当时（2002年）预测北岸规划线实施后，可使南岸－2m线再进一步南靠，这样南岸－2m等高线距曹娥江口的距离可以控制在1～2km。因此，规划线实施后就具备了在曹娥江口兴建大闸最重要的条件（潘存鸿等，2006）。

为定量预测曹娥江口门建闸后闸下淤积面貌，潘存鸿等（2003，2006）采用整体动床模型试验研究了尖山河段走北和走南两种河势下在枯水大潮期和洪水期的闸下淤积面貌，结合河床演变分析，预测了大闸建成运行后曹娥江水资源被全部利用（即不考虑开闸放水）不利条件下的闸下滩地长度和滩面高程，得到了有利、正常和不利情况下的滩面潮沟长度为小于1km、2km和4km，按照曹娥江汇入口钱塘江下游余姚陶家路闸闸下潮沟长度比滩面长度长25%的事实，推算得到后两者相应的滩面长度为1.6km和3.2km。

为分析曹娥江口门建闸后闸下不利淤积面貌条件下对大闸泄洪的影响及其减淤措施，俞月阳等（2003）利用水槽试验研究了曹娥江大闸闸下极端淤积面貌（即闸下河道4000m长淤到平均高潮位3.5m左右）条件下的冲刷情况，试验结果表明，用曹娥江汛前约4000万m^3水量可以将闸下冲刷出足

够大的河道，不会影响泄洪抬高洪水位。

另外，又利用钱塘江下游余姚陶家路闸港进行了现场冲淤试验，分析了闸下河道的冲刷率和不同滩面高程的回淤速率；同时进行了枢纽布置涌潮试验，得到了不同枢纽布置情况下的涌潮作用力，研究成果最终通过专家审查。曹娥江大闸于2008年年底建成蓄水，运行后曹娥江大闸闸下河床面貌比预计的还略好些，其中最关键的条件是通过尖山河段整治，使得钱塘江主槽能稳定紧靠曹娥江口，为建闸创造了根本的、最为关键的条件。

2.6 河流近口段河床演变及其受人类活动的影响

钱塘江河口按苏联学者萨莫依洛夫的河口分类，富春江电站至闻家堰的77km是径流对河床塑造起主导作用的河流近口段。河流近口段河床一般相对较为稳定，对其研究也较少，但近50年来河流近口段发生过各种人类活动，最主要的是新安江水库建成后，由于多年调节水库对径流过程的改变，使洪峰流量减少，即河床的造床流量减小，直接影响了河流近口段的河床特性；其次自20世纪90年代末至本世纪初，大量挖沙使河床断面及河床容积增加，也改变了河流近口段的洪、潮水位。此外闻家堰是河流近口段与河口段衔接处，对江东江嘴为急弯凸岸，历史上曾多次造成闻家堰在洪水时发生冲刷，堤身溃决，洪水直冲萧绍平原，其防洪形势十分严峻。1998年《钱塘江富春江电站至闸口标准江堤规划报告》（陈森美等，1998）中已提出对此处弯道凸岸进行东江嘴退堤切滩的治理方案，工程已于1997—2005年实施先退堤后切滩。工程实施后近七年的实际观测、分析资料，足以说明东江嘴退堤切滩是潮汐河流急弯治理的一个成功范例。本节分别对新安江建库、挖沙以及闻家堰急弯治理对河床的影响作简要论述。

2.6.1 钱塘江河口河流近口段概述

富春江电站的集雨面积为31829km^2，其下游有分水江、壶源江、浦阳江分别以3444km^2、761km^{2}和3452km^{2}的集雨面积汇入，至闻家堰处的集雨面积为41769km^2。富春江电站至汤家埠两岸受山体基岩控制，河宽约为400～600m，床沙$d_{50}=2\sim30$mm的砾石占60%，余为粗沙，分选不均匀。河谷总体顺直，有藕节状分汊河滩，如溜江滩、放马洲、大桐洲（图2.6.1）。汤家埠以下的河谷平原展宽为4～5km，河宽600～1500m，河道分汊较多，床沙为$d_{50}=0.016\sim0.026$mm的粗粉沙及中、细沙，沿程山体卡口较多，洪水时水流往往受阻严重。

该河段自然状态下比较稳定，但近50年来由于上游建大型的新安江水库，下游分汊河段被人为“塞支强干”而堵汊，河段全线挖沙以及建堤防、码头、建桥等人类活动的实施，使河床形态及断面面积大小都发生变化，从而不同程度地影响了行洪和改变了潮汐特征。

2.6.1.1 河流近口段的泥沙年淤积量估算方法

关于河流近口段泥沙的年产沙量已有许多研究，但输出沙量则少有研究，通常是把流域的年产沙量直接作为进入河口段的泥沙，忽略了河流近口段的沉积量。这一问题因富春江挖沙后是否存在泥沙回淤而被提出。作为河流近口段的出口处闻家堰（也是河口段的进口断面）全年净输出的泥沙是多少？由于流域产沙主要在洪水期，因此问题的关键是计算闻家堰在洪水时的下泄沙量，而流域年来沙量是已知的，两者之差即为河流近口段回淤量。此问题的意义在于历年泥沙公报中只有产沙量而没有河口段的进沙量，把流域产沙当作河口段的进沙是不准确的。研究河流近口段的淤积沙量除有学术意义外，对浙江省其他类似河口也有参考价值。《钱塘江河口开发治理》（66～67页）已讲到其流域来沙量：芦茨埠1956—1959年多年平均输沙量616万t，芦茨埠至闸口区间输沙估算为180万t，闻家堰来沙量总计接近800万t。但1960年后钱塘江上游相继建成大中型水库，进入河口段的泥沙量一直未见文献研究。为此，根据1959年6月5—17日潭头（闻家堰下游1km处）布设的4条垂线全潮测量资料，建立

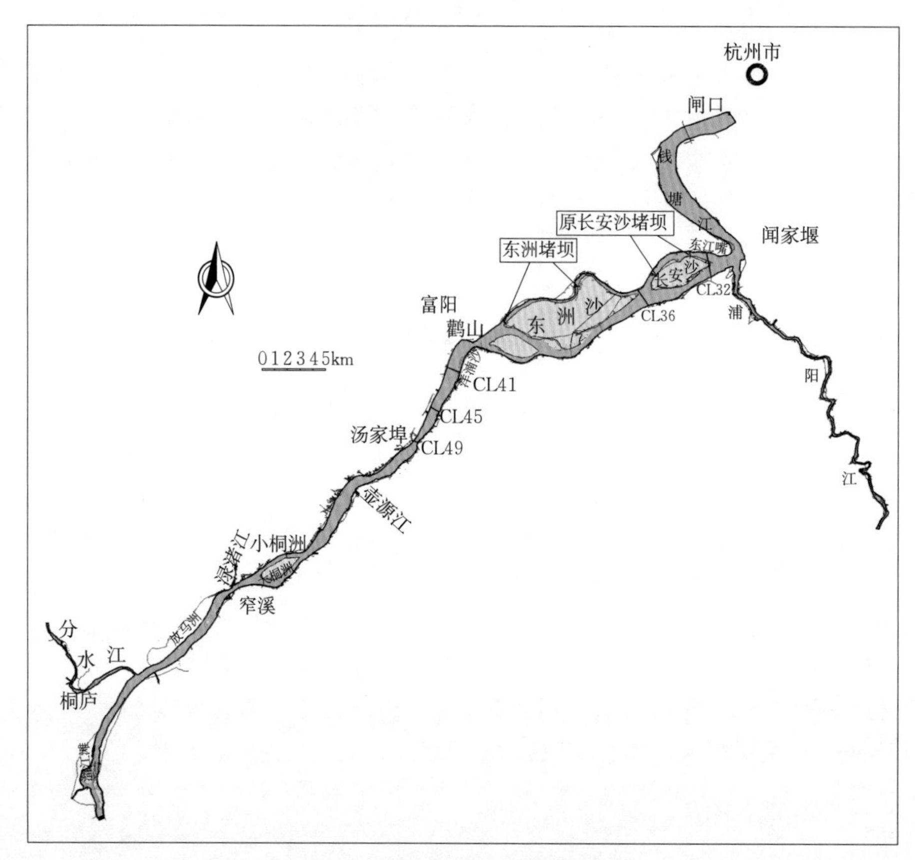

图 2.6.1 河流近口段平面示意图

单垂线与全断面的相关关系。接着 6 月 18—22 日芦茨埠发生最大日平均流量 $\overline{Q}_{日}=10300\text{m}^3/\text{s}$ 的洪水，所观测的水、沙数据正好可以解决此问题。结果分析如下：

表 2.6.1 潭头不同洪水时的输沙量、含沙量

时间		$V_m/(\text{m}\cdot\text{s}^{-1})$	$\overline{V}/(\text{m}\cdot\text{s}^{-1})$	$Q_m/(\text{m}^3\cdot\text{s}^{-1})$	$\overline{Q}/(\text{m}^3\cdot\text{s}^{-1})$	$\overline{W}_e/10^6\text{m}^3$	G_e/万 t	$S/(\text{kg}\cdot\text{m}^{-3})$	$Q_{芦}/(\text{m}^3\cdot\text{s}^{-1})$
6 月 17 日	15：16—0：45	0.73	0.53	4730	3010	103	0.66	0.06	3160
6 月 18 日	0：45—13：15	1.30	1.10	10700	8210	369	31.66	0.86	10300
	13：15—1：30	1.5	1.31	12800	11200	494	69.99	1.42	
6 月 19 日	1：30—14：00	1.44	1.16	12300	10000	450	51.07	1.13	8890
	14：00—2：30	1.20	1.07	10000	8750	394	32.69	0.83	
6 月 20 日	2：30—15：00	1.12	0.85	8860	6780	305	13.76	0.45	5930
	15：00—2：53	0.91	0.78	6850	5790	248	6.41	0.26	
6 月 21 日	4：37—16：30	0.95	0.72	7350	5400	231	4.64	0.20	4130
	16：30—3：39	0.87	0.70	6100	4820	193	2.87	0.15	
6 月 22 日	6：19—16：40	0.89	0.73	6400	5080	189	2.43	0.13	2500
合计						2977	216.18	0.73	

注：V_m 为 4 条垂线中最大垂线平均流速；$\overline{V}$ 为断面平均流速；Q_m 为最大流量；$\overline{Q}$ 为平均流量；$\overline{W}_e$ 为水量；G_e 为沙量；S 为断面平均含沙量；$Q_{芦}$ 为芦茨埠流量。

利用新安江水库建成前后闻家堰的流量与含沙量 $Q—S$ 关系不变的假设条件，通过以上观测值，

可以得到输沙量的估算值 $Q>10000\text{m}^3/\text{s}$ 时 $S=1.0\text{kg/m}^3$；$Q=10000\sim8000\text{m}^3/\text{s}$，$S=0.85\text{kg/m}^3$；$Q=8000\sim6000\text{m}^3/\text{s}$，$S=0.45\text{kg/m}^3$；$Q=6000\sim4000\text{m}^3/\text{s}$，$S=0.15\text{kg/m}^3$；$Q<4000\text{m}^3/\text{s}$，$S=0.01\text{kg/m}^3$。

按上述关系式可以对历年（含新安江建库前、后）河口段进沙或河流近口段输出沙量进行计算。

2.6.1.2 河流近口段的泥沙年淤积量

对1932—1960年、1960—2008年不同流量等级洪水的发生次数及总径流量进行了统计，得到如表2.6.2所示的结果，由表2.6.2可知：

（1）新安江等水库建库前的流域年来沙800万t/a中，约有538万t从闸堰断面流出进入河口段，即河流近口段年淤积泥沙为262万t/a。

表2.6.2　　不同时期闸堰断面多年平均输出沙量

洪峰流量/($\text{m}^3\cdot\text{s}^{-1}$)		15000～12000	12000～9000	9000～6000	6000～4000	合计	占全年百分比/%
1932—1960年平均	Q/亿 m^3	18.9	13.9	38.6	38.1	109.5	37.6
	S/($\text{kg}\cdot\text{m}^{-3}$)	1.0	0.85	0.45	0.15		
	G_s/万 t	189.0	118.2	173.7	57.2	538.1	
1960—2008年平均	Q/亿 m^3	2.4	6.3	14.4	18.0	41.1	13.7
	S/($\text{kg}\cdot\text{m}^{-3}$)	1.0	0.85	0.45	0.15		
	G_s/万 t	24.0	53.6	64.8	27.0	169.4	

（2）新安江水库在1960年建成后，因洪水期水库泄洪较少，该集水面积产沙基本被水库拦阻，兰江的陈村站1960年前流域年来沙量为430万t/a，但此后新建了大量大、中、小型水库，同时面上加强了水土保持工作，兰江1977—2005年实际观测的年输沙量减少为200万t/a，闻家堰以上未被水库控制的流域区间来沙估算公式为：$G_{s1}/G_{s2}=(F_1/F_2)^n$，$n$ 值取1.0。陈村站集雨面积 $F_1=18233\text{km}^2$，年来沙量 $G_{s1}=200$ 万t/a，闻家堰未被控制的区间面积 $F_2=26484\text{km}^2$，按上式可以推求闻家堰以上年来沙量 $G_{s2}=290$ 万t/a。通过表2.6.2得到1960—2008年多年平均输出泥沙或进入河口泥沙量约为169万t/a，故在河流近口段回淤量为121万t/a，比水库建设前减少一半以上。

综合以上分析可知，建库前、后流域产沙量进入河流近口段由800万t/a减少为290万t/a，而闻家堰断面出沙量即进入河口段的泥沙由538万t/a减少为169万t/a，河流近口段淤积泥沙由建库前的263万t/a减少至121万t/a。此数量再换算成入海泥沙模数对其他河口亦有参考价值。

2.6.2 新安江建库对河流近口段河床形态的影响（陈森美等，2006）

新安江水库大坝1960年建成蓄水，坝上流域面积占富春江电站流域面积的35%，正常水位下总库容180亿 m^3，为多年调节水库，是钱塘江流域最大的水库，对洪、枯流量调节作用巨大，同时对下游河流近口段河床的造床流量也有较大影响。而富春江水库属河床式周、日调节水库，对盐官以下基本没有影响。

多沙河流建库后，下泄清水，故下游河道多发生冲刷，如长江三峡、永定河官厅水库等，建库后下游河床冲刷下切、断面扩大、河床粗化、纵坡调整等，前人均有论述。新安江、富春江流域为清水河道（洪水期含沙量仅为 $0.1\sim1\ \text{kg/m}^3$），建库后尚有2/3面积未控制，故来沙条件变化不是很大，但径流量的年内分配发生明显改变，属于因造床流量变化引起河床变化的典型。

汤家埠以上河段1960年无资料，且其河床质为砾石、粗沙，造床流量的变化影响较小。本文收集了新安江建库前后，1957年和1971年汤家埠至闻家堰的水下地形图，图2.6.2是典型断面形态，表2.6.3是4m高程（相当于平滩和高潮位）以下的面积、平均河床高程及最深河床高程的变化对比（断面位置如图2.6.1所示）。

表 2.6.3　新安江建库前、后富春江河床特征对比

断面号		CL49	CL45	CL41	CL36	CL32	CL20	CL10	平均
断面面积/m^2	建库前	5220	4310	3500	4800	4450	4190	5950	
	建库后	3840	3400	2900	3800	3320	2900	5860	
	差值百分比/%	26	21	17	21	25	31	2	20
平均河床高程/m	建库前	−2.5	1.5	1.5	1.8	1.6	1.5	−0.5	
	建库后	−2.3	2.1	2.4	1.8	1.8	3.2	−1.5	
	差值	0.2	0.6	0.9	0.0	0.2	1.7	−1.0	0.4
最深河床高程/m	建库前	−10.0	0.0	−1.50	−2.2	−2.0	0.0	−5.0	
	建库后	−5.5	1.2	−1.0	−1.6	−2.0	0.0	−5.0	
	差值	4.5	1.2	0.5	0.6	0.0	0.0	0.0	1.0

注：断面面积及河床平均高程均以平滩水位 4.0m 为标准进行统计。

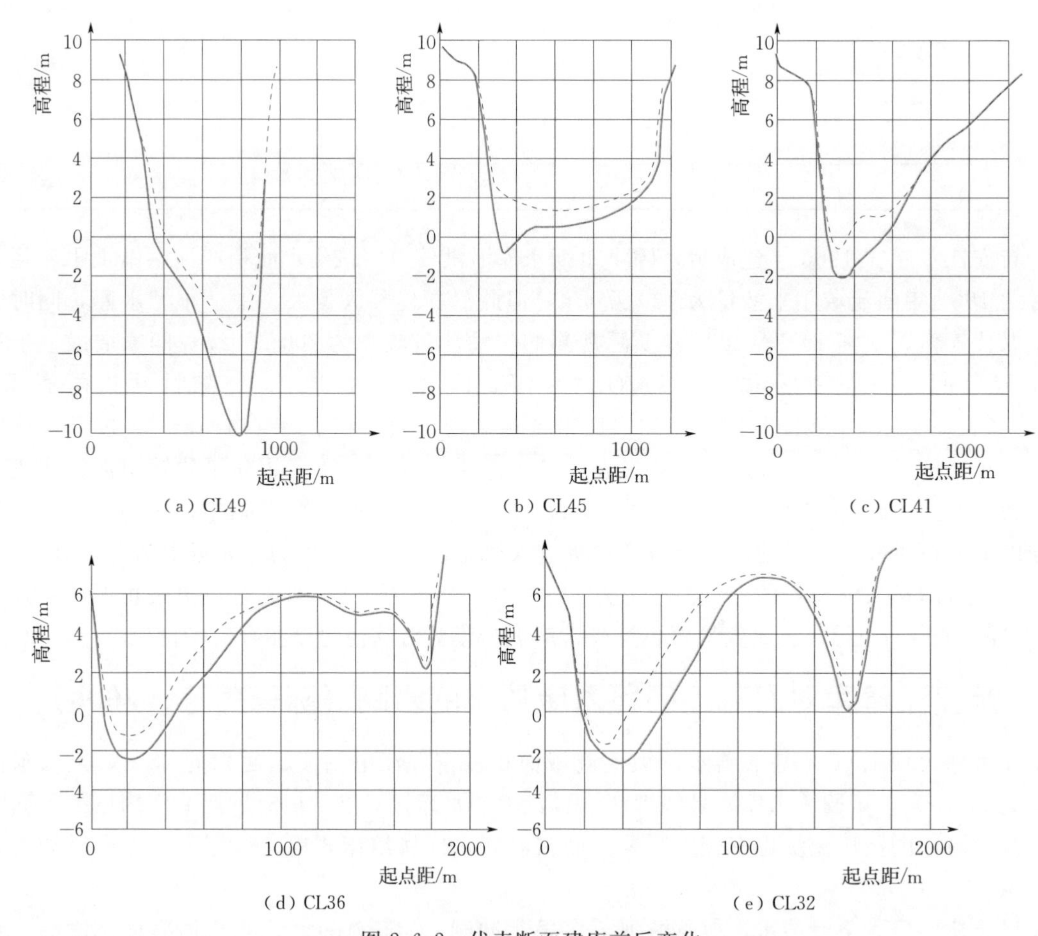

图 2.6.2　代表断面建库前后变化

—— 1957.6（建库前）；----- 1971.6（建库后）

由表 2.6.3 可知：①河道断面面积减小了 2%～31%，平均 20%；②河床平均高程抬升 0.2～1.7m，平均 0.4m（下游个别下降）；③最深河床高程抬升 0～4.5m，平均 1.0m，大于平均河床高程变化。

这些现象说明河床是萎缩的，其原因是造床流量的减小。造床流量是指就造床作用而言，多年平均流量过程综合造床作用与某一个流量的造床作用相同的那个流量。它既不是造床作用大但历时短的大洪水，也不是造床作用小而历时长的枯水，许多学者建议计算造床流量公式为

$$Q_{造}=\frac{\sum_{i=1}^{m}G_iQ_i}{\sum_{i=1}^{m}Q_{is}} \tag{2.6.1a}$$

式中：G_i为以日为单位的输沙量；Q_i 为日平均流量；$i=1$，2，…，365 即一年中的 365 天。

由于输沙量测量较为困难，而它与流量值相关，学者建议用

$$Q_{造}=\sqrt[n]{\sum_{i=1}^{m}Q_i^n/m}=\sqrt[n]{\sum_{i=1}^{365}Q_i^n/365} \tag{2.6.1b}$$

其中 Q_i 为一年 365 天中每日的平均流量值，m 为 365～366 日。n 为指数，一般 $n=2$～3。为简化计算也可用月平均流量推求，进行比较，此时 m 为 12 个月。但由于每年的日平均流量分布不均匀，有些年份洪水流量很大，有些年份相对比较均匀，为避免人为选取的偶然性，采用 10 年、3 年、1 年多种组合进行计算对比。表 2.6.4 是新安江建库前后按式[2.6.1b]得到的造床流量的日平均流量、月平均流量的计算结果。由表 2.6.4 可知，建库前后年平均径流量都比较接近，但 $n=2$ 时，其比值变化在 1.15～1.35 之间，可取平均值 1.25。用月平均流量计算与日平均流量计算的造床流量差异不大。

表 2.6.4 新安江水库建库前后造床流量对比 单位：m^3/s

造床流量		10 年期			3 年期			1 年期		
		平均流量	$n=2$	$n=3$	平均流量	$n=2$	$n=3$	平均流量	$n=2$	$n=3$
日平均	①	1080	1730	2650	1130	1740	2710	1450	2150	3210
	②	1100	1280	2150	1140	1460	2300	1423	1872	2900
	①/②	0.98	1.35	1.23	0.99	1.19	1.18	1.02	1.15	1.11
月平均	①	1080	1600		1005	1300		941	1340	
	②	1100	1200		1005	1100		937	1075	
	①/②	0.98	1.33		1.00	1.18		1.00	1.25	

注：①为建库前；②为建库后；①/②为建库前、后流量比值。

根据前面论述，断面面积、水深与造床流量的河相关系为

$$\left.\begin{aligned}A&=K_1Q^{0.9}S^{-0.22}\\H&=K_2Q^{0.28}S^{0.12}\end{aligned}\right\} \tag{2.6.2a}$$

如忽略含沙量变化，可以推得造床流量变化引起的断面面积、水深的变化为

$$\left.\begin{aligned}A_1/A_2&=(Q_1/Q_2)0.9\\H_1/H_2&=(Q_1/Q_2)0.28\end{aligned}\right\} \tag{2.6.2b}$$

式中：A 为断面积；Q 为造床流量；S 为含沙量；K 为系数；1、2 分别代表建库前、后。

已知 $Q_1/Q_2=1.25$，代入式（2.6.2b）可得到建库后的 A_2 比建库前的 A_1 缩小 22%，与表 2.6.3 实测为 20%相当接近。又用式（2.6.2b）算得 $H_1/H_2=1.065$，表 2.6.3 中在水面高程为 4.0m 时，算得 H_1水深为 5.3m，相应 $H_2=4.97$m，相差 0.33m，与实测的 0.40m 也相当吻合。由于总的面积变化不大，故对洪、枯水位影响不大，同时会被人工挖沙的影响所抵消。以上研究是新安江水库蓄水后因造床流量的变化对河流近口段的影响，它对河口段的冲淤变化影响更为深远，在 2.2.2.2 节中已有论述。

2.6.3 人工挖沙对河流近口段河床形态的影响（陈森美等，2006）

2.6.3.1 人工挖沙对河床容积的变化

根据钻孔资料估算，本研究河段可用建筑材料的沙源约 3 亿 t，1970—1990 年间人工开挖量在 100

万～300 万 t/a，90 年代后期逐步使用真空吸沙泵，开挖量剧增，达到 1200 万 t/a，总开挖量至 2002 年已达总资源量的 40%。表 2.6.5 是 5 次系统江道地形图按统一标准整理的 4m 高程以下容积变化，图 2.6.3 是分析河段各测次 4m 高程以下的断面积，图 2.6.4 是分析河段各测次 4m 高程以下断面河床平均高程。

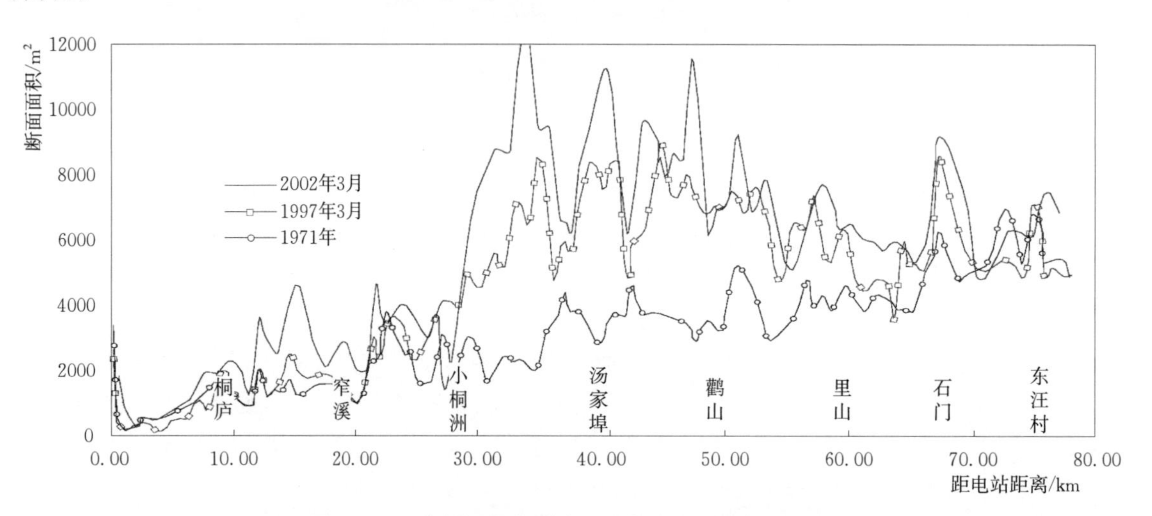

图 2.6.3　分析河段各测次 4m 高程以下的断面面积

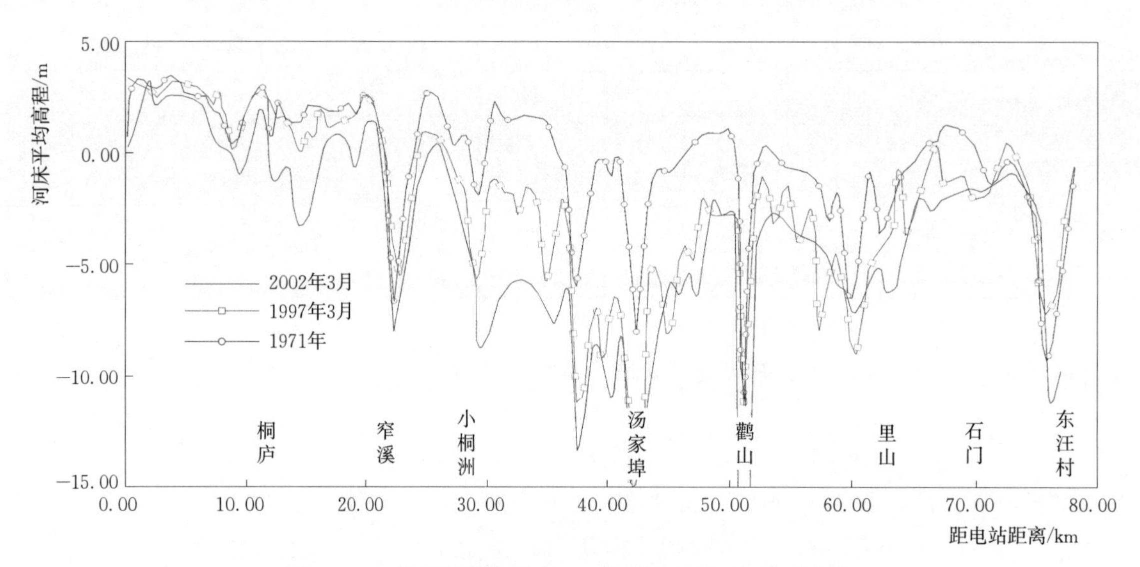

图 2.6.4　分析河段各测次 4m 高程以下断面河床平均高程

表 2.6.5　　**6m 以下河道容积**　　单位：$10^6 m^3$

年份	1971 年 9 月	1975 年 5 月	1989 年 6 月	1997 年 1 月	2002 年 3 月	1971—2002 年
全河段容积	240	242	289	353	432	
差值	2	47	64	79		192
年均变化	0.5	3.3	8.4	15.3		6.3

由表 2.6.5 知全河床总容积由 $240\times10^6 m^3$ 增大至 $432\times10^6 m^3$，增加 80%。由图 2.6.3 可知，4m 以下平均面积原为 3200m²，至 2002 年其面积为 5760 m²，增加 2560 m²，同样增大了 80%。而在小桐洲、汤家埠、鹤山河段约 2/3 的断面由 2500～4000 m²增加到 7000～12000 m²，面积增大近 3 倍，河床平均水深由图 2.6.4 增加至 6m 左右，这样巨大的变化，必然对洪水、潮汐特征产生

影响。

2.6.3.2 挖沙对洪水位的影响

可以用定床数学模型经验证后进行挖沙前、后洪水位的对比预测，但本文通过实测洪水位资料进行对比分析更具说服力。由于河流近口段下边界闻家堰的水位受河口段河床的影响变化较大，故本文不用沿程各站水位的绝对值大小对比，因挖沙主要发生在1995—2002年，故用挖沙前（1990—1995年）、后（2000—2004年）分段实测水位差进行对比。三级洪水流量对比水位见表2.6.6，由表可知窄溪洪水位下降幅度最大为0.68～1.17m，其次桐庐为0.51～0.85m，富阳为0.09～0.52m。这种差异基本与挖沙量大小的分布一致（图2.6.4）。该水位下降值也与相应数模计算结果相吻合。

表2.6.6 挖沙前、后洪水位对比 单位：m

流量值/（$m^3 \cdot s^{-1}$）		水位差值			水位下降值		
		闻家堰—富阳	富阳—窄溪	窄溪—桐庐	富阳	窄溪	桐庐
1200～1300	挖沙前	0.14	0.66	0.24			
	挖沙后	0.05	0.07	0.41			
	前后差	−0.09	−0.59	+0.17	0.09	0.68	0.51
5000～6000	挖沙前	0.68	1.67	1.60			
	挖沙后	0.41	0.77	2.09			
	前后差	−0.27	−0.90	+0.49	0.27	1.17	0.68
10000～12000	挖沙前	1.26	1.83	1.86			
	挖沙后	0.74	1.21	2.15			
	前后差	−0.52	−0.62	+0.29	0.52	1.14	0.85

注：1. 流量值取3级平均对比。
2. 表中水位差值：“+”代表增大，“−”代表减小。
3. 水位下降值：正值代表下降。

2.6.3.3 挖沙对潮汐特征值的影响

由于全年的潮汐特征值共同受河流近口段及河口段的影响，比较复杂，为消除下游河床对上游潮汐特征的影响，假设闻堰站水位不变，表2.6.7给出了1989年为挖沙前，年平均流量1298m^3/s；2002年为挖沙后，年平均流量1328m^3/s下大、中、小潮（其时上游流量为400～500m^3/s）下4站高低潮水位相邻站之差、高低潮水位变化、潮差变化对比值。由表2.6.7可知：

（1）无论大、中、小潮，高、低潮位三站均下降，其中居于挖沙末端的桐庐站最大，高、低潮位下降0.46、0.39m，窄溪高、低潮位下降达0.20m和0.38m，且低潮位下降值大于高潮位；富阳站降幅小一些，究其原因，主要是大规模挖沙主要集中在窄溪断面以下河段，造成桐庐、窄溪水位下降最大。

（2）窄溪低潮位下降幅度略大于高潮位，窄溪河段潮波传播阻力减小。这与前述窄溪洪水位下降值比富阳、桐庐大相一致。

（3）虽然三站的大、中、小潮高潮位下降幅度在0.15～0.46m，低潮位下降幅度为0.03～0.39m，潮差减少0.03～0.29m，绝对值并不很大，但由于该三站总的年潮差变幅也只有0.4～0.8m，故挖沙后潮位变幅所占比重达20%～50%，其相对值还是很大的。

表 2.6.7　　挖沙前、后潮汐特征值变化　　单位：m

组次	潮汐特征		潮位差			潮位变化			潮差变化		
			①	②	③	富阳	窄溪	桐庐	富阳	窄溪	桐庐
大潮	高潮位	前	−0.22	0.13	0.31	−0.15	−0.20	−0.46	−0.03	0.18	−0.07
		后	−0.37	0.08	0.05						
	低潮位	前	−0.03	0.27	0.33	−0.12	−0.38	−0.39			
		后	−0.15	0.01	0.32						
中潮	高潮位	前	−0.13	0.08	0.23	−0.17	−0.19	−0.33	−0.04	−0.01	−0.16
		后	−0.30	0.06	0.09						
	低潮位	前	−0.10	0.03	0.17	−0.13	−0.20	−0.17			
		后	−0.23	−0.04	0.20						
小潮	高潮位	前	−0.01	−0.06	0.56	−0.20	−0.16	−0.45	−0.17	0.08	−0.29
		后	−0.21	−0.02	0.27						
	低潮位	前	−0.08	0.14	0.30	−0.03	−0.24	−0.16			
		后	−0.11	−0.07	0.38						

注：潮位差①$=Z_{富}-Z_{闻}$，②$=Z_{窄}-Z_{富}$，③$=Z_{桐}-Z_{窄}$；潮位变化和潮差变化“+”为增，“−”为减。

2.6.3.4　其他人类活动的影响

（1）支汊封堵的影响。1973 年，杭州、富阳在东洲北支和长安沙北支二支流各处堵坝（图 2.6.1）进行水产养殖和便利交通，当时水利部门分析其两个北汊流量各占总流量的 12%和 15%，堵坝将抬高富阳洪水位 0.15～0.25m。直到 1980 年代末，水行政执法加强，强行拆除了下游长安沙北支的堵坝，恢复了北支过水能力，东洲北支在建桥和提高防洪堤标准后也将拆除，故此堵汊影响将消失。

（2）桥梁、码头群体的影响。河流近口段 75km 范围，建有 5 座公路桥梁和近 10 座码头，在涉水工程的防洪评价中，其阻水面积控制在全断面的 5%以下，抬高洪水位 3～5cm，影响范围为 500～2000m 以内，而桥的间距远大于影响范围，故桥群、码头群基本不存在洪水位叠加的问题，属局部影响。

2.6.4　闻家堰急弯河段的治理及实践（韩曾萃等，2000，2002；李磊岩等，2011）

2.6.4.1　河口急弯河段整治的必要性、紧迫性

闻家堰（右岸）—东江嘴（左岸）为钱塘江河流近口段与河口段交接处的一个急弯河段，其上下游江面宽 1000～1200m，而东江嘴最窄处仅 470m，行洪时过水面积比上下游小 40%，弯道的曲率半径仅 1000m，中心角达 110°，比相应落潮流量条件下正常潮汐河道弯道河相［关系如式（2.4.16）］的曲率半径小 3 倍，中心角大 1.5 倍，泄洪时形成上下游水位差 0.3～0.6m 的局部阻水河道（图 2.6.5）。该急弯河段形成的历史原因是“文化大革命”期间当地群众在凸岸滩地围堤，修建过江输电铁塔，从而加剧了弯道效应。从东江嘴滩地 11 个钻孔资料分析得知：在河床−2m 高程以上为 $d_{50}=0.02\sim0.04$mm 的海域来沙，而−2m 以下为海域、陆域共同沉积的较粗的细沙物质，−30m 以下为砂砾层。右岸堤前常年河床高程为−12m 左右，遇洪水冲刷高程可达−24.00～−30.00m（已达卵砾石层），危及凹岸海塘的安全。早在 1910 年、1912 年右岸江堤就曾两次发生倒堤，海塘的抗滑安全系数复核为 0.97～1.10，达不到Ⅰ级海塘的设计标准，且右岸海塘目前仅一道屏障，保护着萧绍平原 130 万亩农田，240 万人口和大量基础设施的安全，因此它成为钱塘江最窄、冲刷最深、防洪形势最危险的河段。

1998年的富春江江堤规划中，它被列为首要的清障工程，工程分两步实施，即先退堤后切滩。退堤工程已于2000年实施，2005年凸岸又实施了切滩工程。工程实施后效果显著，2000年在东江嘴断面布设了3条垂线（图2.6.5的1#～3#断面）进行25h两个全潮的水流、输沙观测，结果见表2.6.8。

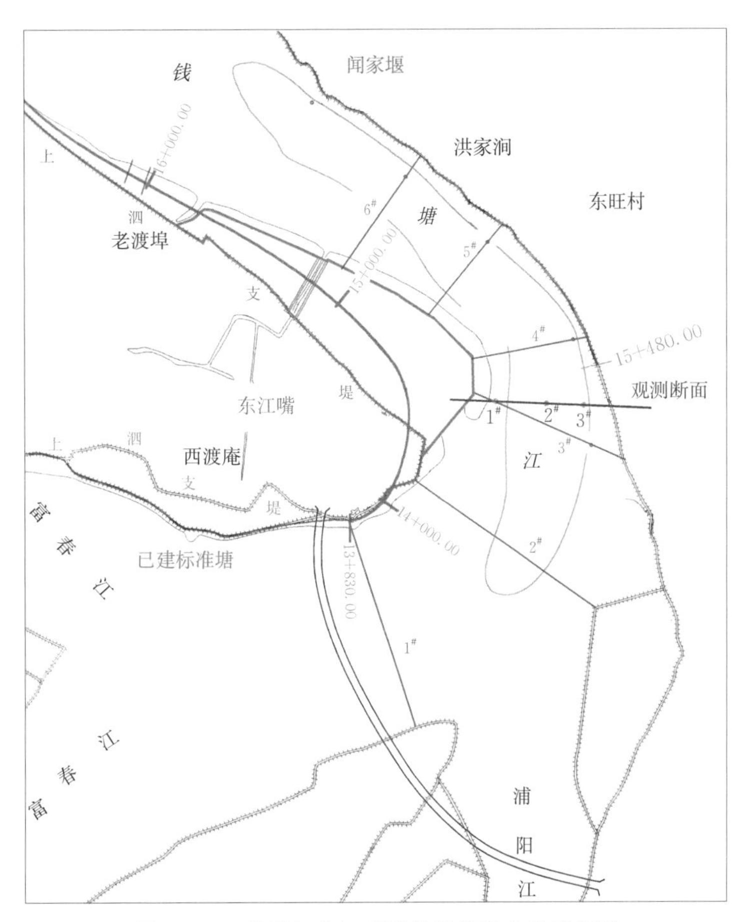

图2.6.5　钱塘江东江嘴形势及退堤方案示意图

表2.6.8　　**东江嘴断面输水、输沙观测值（2000年）**

时间（农历）	历时	流向	潮差/m	潮流特征				输沙特征			
				V_{max}/(m·s^{-1})	$\overline{V}$/(m·s^{-1})	Q_{max}/(m^3·s^{-1})	$\overline{Q}$/(m^3·s^{-1})	潮量/万m^3	S_{max}/(kg·m^{-3})	$\overline{S}$/(kg·m^{-3})	输沙量/万t
8月2日16：05—19：47	3h42min	涨	1.32	−1.18	−0.54	−9615	−4532	−6037	0.77	0.58	−3.50
8月2日19：47—4：06	8h19min	落	1.38	0.43	0.37	3488	2945	8817	0.17	0.09	0.79
8月3日4：06—8：05	3h59min	涨	1.76	−1.53	−0.76	−13294	−6475	−9285	1.33	0.96	−8.91
8月3日8：05—17：03	8h58min	落	1.67	0.41	0.34	3392	2725	8796	0.30	0.14	1.23
累计								2292			−10.39

注：V_{max}为3条垂线中最大垂线平均流速；$\overline{V}$为断面平均流速；Q_{max}为最大流量；$\overline{Q}$为平均流量；S_{max}为3条垂线中最大垂线平均含沙量；$\overline{S}$为断面平均含沙量。

由表2.6.8可知：一天的总潮量是净出（落）2291万m^3，即25h的径流量为253m^3/s，但输沙是净进（涨）10.39万t。落潮与涨潮输沙比为1∶6，即84%的涨潮泥沙都进入上游河段落淤，这说明潮流纵向不平衡输沙是淤积的原因之一。另一特点是1#垂线的涨潮流历时仅1h30min，而2#、3#垂线为3h40min，这说明1#垂线在涨潮时有2/3的时间为回流，其流速值达0.5～1.0m/s，比正常落潮流速还大，说明凸岸突出江心，弯道上游产生回流淤积。为查明弯道淤积的泥沙是否会在洪水期冲走，在1997年、1999年汛期前（3月）、后（7月）在弯道的上、下游布设了6个断面（图2.6.5）进行水下地形观测，冲淤结果见表2.6.9（“－”为冲刷，“＋”为淤积）。

表2.6.9 弯道断面及近岸洪水冲淤厚度 单位：m

断面号	全断面		凸岸200m处		凸岸100m处	
	1997年	1999年	1997年	1999年	1997年	1999年
1#	－0.70	－0.36	－1.80	－0.15	－0.79	＋0.38
2#	－0.84	－0.20	－1.75	－0.65	－0.10	0.00
3#	－1.00	－2.70	－0.20	－0.36	＋0.45	－0.29
4#	－2.10	－2.90	－0.30	－1.30	＋0.60	＋1.75
5#	－1.50	－3.50	＋1.40	－2.70	＋1.80	＋0.45
6#	－0.70	－2.00	＋1.65	－2.40	－0.50	－1.83

由该表2.6.9可知：

（1）两年汛后全断面都是冲刷的，弯道下游段即3#～6#冲刷深度大于弯道上段1#～2#。1997年的洪水受下游河道淤积壅水影响，其冲刷能力小于无壅水的1999年。

（2）弯道凸岸200m和100m处，弯道上游1#～2#断面是冲刷的，弯道下游3#～6#断面多数是淤积的，少数为冲。由此可知弯道下游潮流淤积的泥沙或今后切滩后回淤的泥沙大部分是可以冲走的。但凸岸的上游仍有部分泥沙不能冲走，需要人工清淤。

2.6.4.2 退堤、切滩工程前期研究

为反映东江嘴河道弯道治理前后的效果，浙江省水利河口研究院（韩曾萃等，2000，2002）和钱塘江管理局设计院（李磊岩等，2011）先后采用平面二维数学模型、物理模型以及现场观测方法研究过半退堤、全退堤以及切滩等方案的治理效果。

（1）二维定床数学模型的研究。图2.6.6是东江嘴断面3条垂线的验证，由图可知除1#垂线外涨潮流速、流量均吻合较好，1#的涨潮历时比2#、3#主流短一半左右时间，这说明这里存在涨潮的回

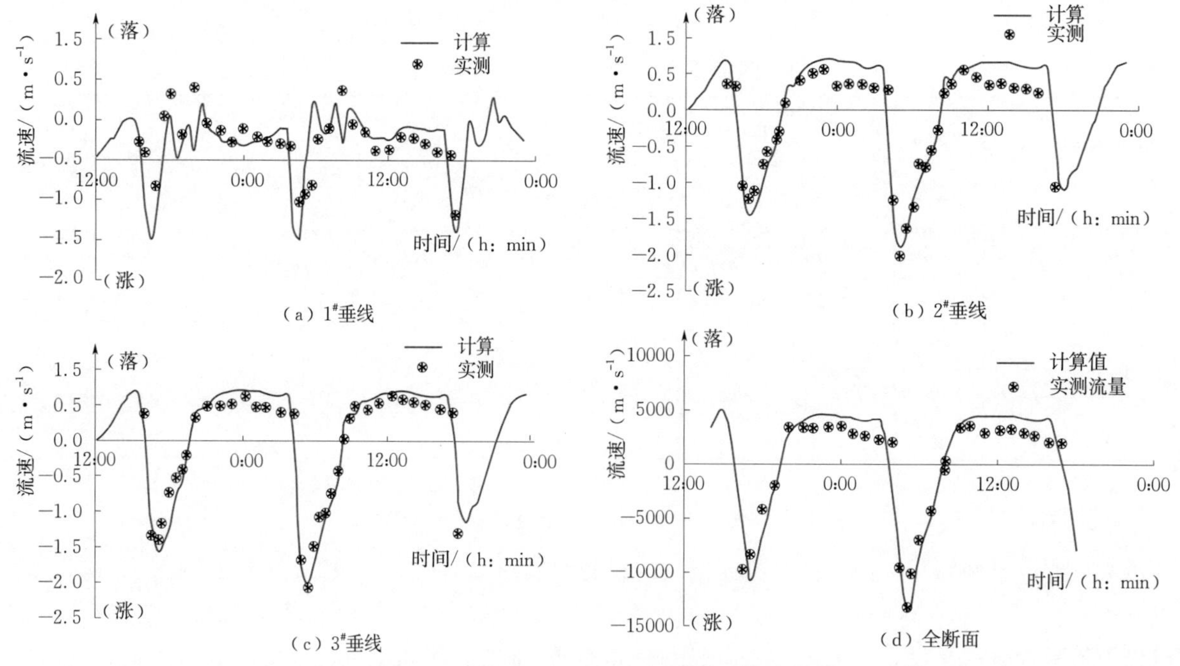

图2.6.6 2000年大潮三条垂线及断面流量的验证

流区，实测资料及数学模型都反映了该现象，它是弯道凸岸潮流淤积的原因之一。又用 Mike3 软件对弯道水流（洪水）进行了计算，弯道垂向环流的量级仅 0.05m/s，比纵向 1～3m/s 流速小得多，因此用二维模型能反映水流状态。

退堤前后洪水位变化：由洪水流量为 $12000m^3/s$ 时水位等值线的分布可知，半退堤与全退堤相差不太明显，但与退堤前有差别，洪水时凸岸上游水位下降了 0.2m，阻水现象有所改善。

退堤前后流速变化：如表 2.6.10 所示各种方案均可减小凹岸闻家堰的最大流速，其幅度为 0.06～0.24m/s，距堤愈远作用愈明显。全退堤与半退堤以及切滩到 4m，这两类方案对比的差值很小，即全退堤与半退堤对减少闻家堰堤前最大流速相差很小。但退堤前滩地上的流速为零，退堤后均有很大的流速值，在 1.56～3.38m/s 之间。全退堤、半退堤包括加上切滩的方案差别均不大，这再次说明半退堤方案的优越性，即其占用土地小、拆迁少，而水力学效果一样，原因是半退堤方案减小了回流区，是比较合理的方案。故推荐半退堤方案，而切滩对弯道水流进一步改善的幅度不大，这说明切滩的规模太小，应加大切滩的规模。

表 2.6.10　　各方案凹岸堤前最大流速及凸岸滩地流速对比　　单位：m/s

方案名称	距凹岸堤前距离			距凸岸堤前距离		
	40m	80m	120m	360m	280m	200m
退堤前	2.62	2.90	3.19	0	0	0
全退堤	2.56	2.80	3.00	3.30	2.82	2.18
半退堤	2.53	2.81	3.00	3.38	2.73	2.43
全退堤＋切滩（切到 4m 高程）	2.52	2.75	2.95	3.04	2.57	1.56
半退堤＋切滩（切到 4m 高程）	2.52	2.75	2.95	3.04	2.57	1.56

（2）定床及动床的冲淤试验研究。切滩后是否会因不平衡输沙及回流产生回淤？泥沙是否能在次年洪水中冲刷？为此进行了定床及动床冲淤试验。为兼顾泥沙悬移和起动相似要求，选用了电木粉作为模型沙，沉降与起动相似性都有少量的偏离。动床验证采用 2000 年 5—7 月洪水实际冲刷资料。表 2.6.11 是 2000 年洪水验证的结果（断面位置如图 2.6.7 所示），全河段的验证精度达 12%，可以作为方案比较的基础。

表 2.6.11　　弯道冲淤验证　　单位：10^6m^3

断面	富 11～富 15	富 15～富 21	富 21～富 26	全河段
模型	−0.94	−1.81	−0.79	−3.54
实测	−0.70	−2.16	−1.16	−4.02
误差	34.3%	16.2%	31.9%	11.9%

方案试验将全年分为三个阶段：第一阶段 8 月—次年 1 月为大潮枯水期，取潮差 1.5m、1.0m 和 0.5m 的大、中、小潮，径流平均流量为 $450m^3/s$；第二阶段为 2—6 月为丰水期，其下游潮汐与第一阶段相同，径流平均流量为 $1500m^3/s$；第三阶段是 7 月的某一次洪水冲刷过程，其径流流量取 $12000m^3/s$（相当于两年一遇的洪峰流量）。试验时加沙量根据潮差与含沙量的关系确定。按此得到半退堤＋切滩 4m 时的动床模型试验各阶段的结果，如表 2.6.12 所示。

表 2.6.12　　东江嘴河段半退堤＋切滩方案冲淤试验成果（与初始地形比较）　　单位：m

断面 1 位置	项目	第一阶段（大潮枯水）末	第二阶段（汛期）末	第三阶段（7 月大洪水）后
富 13	平均厚度	0.20	0.10	0
	最大厚度	0.20	0.10	0

续表

断面1位置	项目	第一阶段（大潮枯水）末	第二阶段（汛期）末	第三阶段（7月大洪水）后
富15	平均厚度	0.60	0.35	0
	最大厚度	0.60	0.70	0
富17	平均厚度	0.45	0.90	0.10
	最大厚度	0.50	1.10	0.10
富19	平均厚度	0.33	0.80	0.38
	最大厚度	0.50	1.10	0.50
富21	平均厚度	0.55	1.00	0.57
	最大厚度	0.80	1.00	1.00

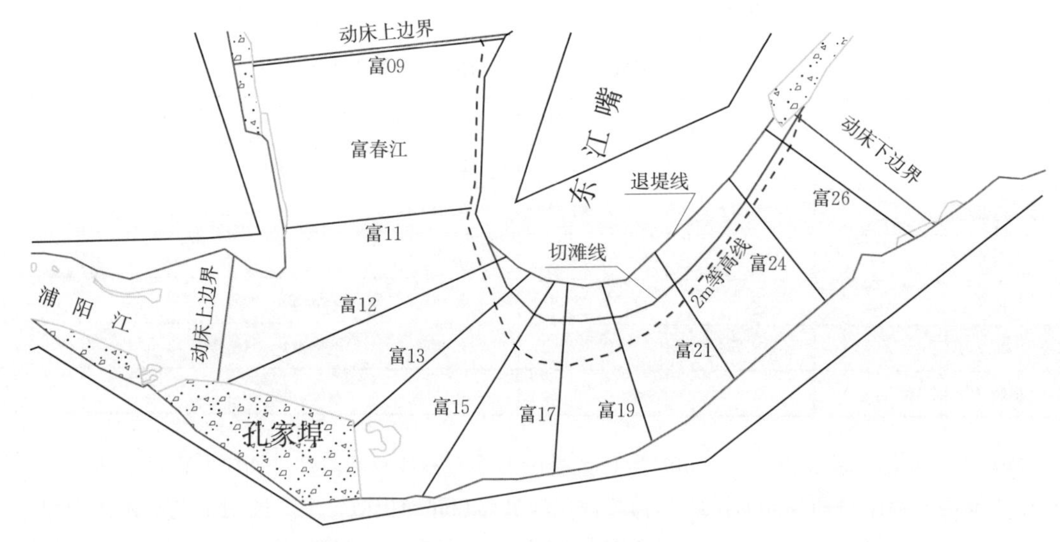

图 2.6.7 模型动床范围及比较断面示意图

由表 2.6.12 可知，第一阶段都是淤的，平均淤积幅度在 0.2～0.6m，最大厚度为 0.80m；第二阶段富 17—富 21 仍为淤积，平均厚度增大了 0.45～0.47m，最大厚度达到 1.10m（数学模型为 0.78～1.13m），而富 13—富 15 则较第一阶段发生了冲刷，平均厚度减小了 0.10～0.25m；第三阶段即洪水期则全段发生冲刷，弯道上、中段前期淤积泥沙全部冲走，但弯道下游富 19—富 21 断面则只冲走一半，尚有 0.38～0.57m 不能冲走，原因是这种半退堤小规模切滩方案洪水期仍有回流，冲刷效果较差，尤其是左岸下游仍有累积性淤积。物理模型也说明半退堤方案与全退堤方案在水位差、流速分布的效果基本相同，而且可以减少 400 亩农田和 3200m^2 房屋拆迁。泥沙数学模型和动床比尺模型的结论一致，切滩处的年淤积量在 1m 左右，洪水期大部分可冲刷，但局部地区仍有少量累积性淤积。

2.6.4.3 弯道治理的实施

闻家堰、东江嘴急弯的治理实施包括三部分工作，即闻家堰右岸海塘的除险加固、东江嘴退堤和切滩，现分述为下：

（1）闻家堰右岸海塘的除险加固。闻家堰右岸海塘的除险加固是从 1997 年洪水后就开始的一项应急工程。该工程在 1200m 长的海塘上沿塘脚宽 30～60m 的范围内定位抛石护岸，用两年（1999 年、2002 年）的时间水下抛石 14 万 m^3，平均石方厚度达 1.4m，并经水下潜水员检查绝大部分的抛石都定位准确，可防止塘脚前沿的冲刷。此后经历多次洪水后检查和补抛块石，该河床已趋稳定。此外，还对海塘塘身进行水泥灌浆，提高塘身高水位下的防渗能力。

（2）东江嘴左岸退堤。经与杭州市政府多次协商，东江嘴左岸退堤作为清障措施，由杭州市政府

负责实施 3.0km 的退堤工作，在解决了包括土地、房屋拆迁和过江输电铁塔、航管站等拆迁政策后，于 2000 年组织实施完成。

(3) 东江嘴切滩。2005 年由钱塘江管理局组织实施，其切滩范围是在退堤的 2.5km 特别是头部 1.0km 范围内，切滩距堤 40～100m 以外，原计划最大切滩水深 4～6m，合计切滩方量 100 万 m^3，后经研究，切滩处深层底质中中值粒径大于 0.1mm 的 60%床沙可以作为建筑材料利用，因此在保证江堤安全的前提 下，采用深层吸沙的工艺，最终施工取土达到 330 万 m^3，原设计 350m×500m 滩地下切至 0m 高程，(实际施工中局部切滩至－5.00～－8.00m 高程)，比原计划土方增大较多，故切滩效果更大。同时该工程原计划耗资 1000 万元，实际工程量增大 3.3 倍，费用不到原计划的 10%，节省了 900 万元，取得满意的效果。

2.6.4.4 退堤、切滩实施后水流条件改善的对比分析 (李磊岩等，2011)

由于实施的切滩方案比原规划推荐方案的规模大得多，因此不能用前期论证阶段的研究成果，而应按实施后的规模进行重新分析。根据多次水文（洪水期、大潮期）测验资料及 2006—2011 年的多次地形图，结合数学模型，退堤、切滩实施后水流条件变化分析如下：

(1) 数学模型对流速改善的研究。用经过验证的数学模型对闻堰弯道退堤加切滩后，固定点位 [图 2.6.8 (a)] 的洪水及潮汐（大潮）流速变化如图 2.6.8 (b)、(c) 所示，洪水流速增减的数据见表 2.6.13。

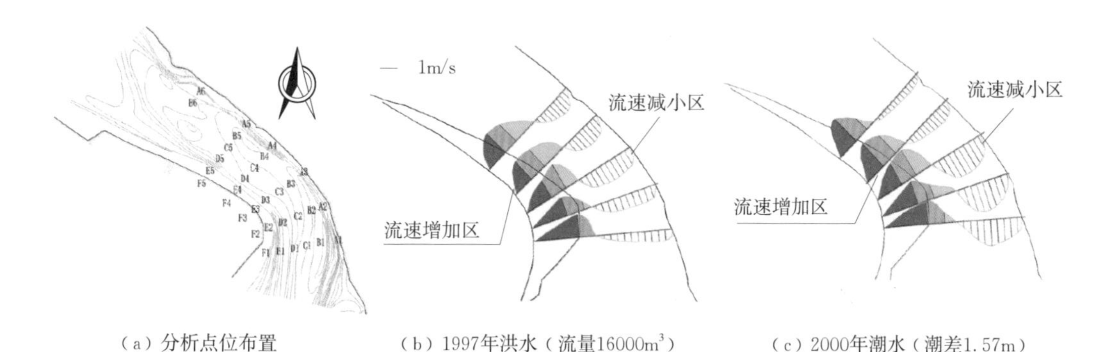

图 2.6.8 切滩后流速变化数学模型预测

表 2.6.13 洪水 (Q=16000m^3/s) 时各点流速变化 单位：m/s

距凹岸		1	2	3	4	5	6	平均
50m (A)	前	2.18	2.28	2.71	3.15	3.22	2.78	
	后	1.54	1.64	1.81	2.11	2.29	2.25	
	差	－0.64	－0.68	－0.90	－1.04	－0.93	－0.53	－0.78
150m (B)	前	2.03	2.32	2.95	3.41	3.30	3.08	
	后	1.48	1.62	1.92	2.25	2.38	2.49	
	差	－0.55	－0.70	－1.03	－1.16	－0.92	－0.59	－0.83
250m (C)	前	2.16	2.45	3.02	3.0	2.87		
	后	1.70	1.83	2.05	2.26	2.38		
	差	－0.46	－0.62	－0.97	－0.74	－0.49		－0.66
350m (D)	前	2.08	2.28	2.27	1.05	1.37		
	后	1.78	1.91	2.02	2.11	2.20		
	差	－0.30	－0.37	－0.25	1.06	0.83		+0.19

续表

距凹岸		1	2	3	4	5	6	平均
450m (E)	前	1.74	1.09	0.0	0.36	0.43		
	后	1.70	1.73	1.74	1.76	1.95		
	差	−0.04	0.64	1.74	1.40	1.52		1.05
550m (F)	前	0	0	0	0	0		
	后	1.43	1.31	1.25	1.55	1.69		
	差	1.43	1.31	1.25	1.55	1.69		1.45

由表 2.6.13 可知，在距凹岸 50m 处 A4 点流速最大减少 1.04m/s，A1—A6 等 6 个测点平均减少 0.78m/s；距凹岸 150m 处 B4 点最大减少 1.16m/s，平均减少 0.83m/s；距凹岸 250m 处仍为减少区，平均减小 0.66m/s；到 350m 处由减少区转化为流速增大区，最大 E3 点流速增加 1.74m/s，平均增加 0.19m/s；450m 处和 550m 处流速平均增大了 1.05～1.45m/s。总体上将原来最大流速 3.22～3.41m/s，减小至 2.29～2.38m/s，减幅达 1m/s 左右，平均削减 30%左右，这对减缓堤脚冲刷和改变深泓平面位置效果非常明显。同样对大潮流速的增减值由图 2.6.8 (c) 可知，其中涨潮最大流速在距凹岸 50～150m 处，切滩前为 2.10～2.77 m/s，切滩后为 1.15～1.39m/s，减少 0.95～1.38m/s，平均削减了约 45%；而距凸岸 450～550m 处原无涨潮流，现涨潮流速达 1.60m/s，断面流速分布更趋均匀。

(2) 现场洪水流速分布的观测。为证实退堤切滩后弯道流速分布的改善，钱塘江管理局又委托浙江省水文局在弯道上游至下游的 52#、48#、39# 断面进行了洪水期 ($Q_m=11000\text{m}^3/\text{s}$) ADCP 的走航式横向、垂向流速的观测，观测结果如图 2.6.9 所示。由图 2.6.9 可知实测洪水期流速的最大值为 2m/s，主流（流速 $v>1.5$m/s 的平面范围）已远离凹岸 200～400m 以外，而未退堤、切滩以前洪水

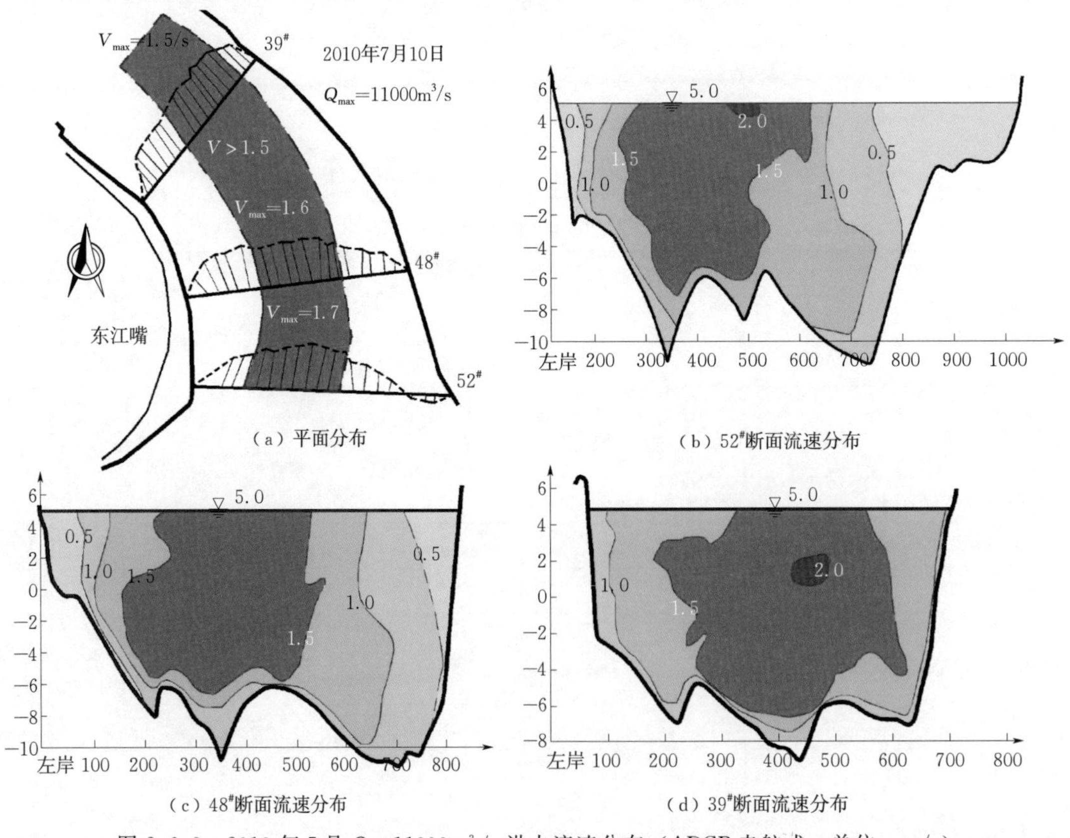

(a) 平面分布　(b) 52#断面流速分布
(c) 48#断面流速分布　(d) 39#断面流速分布

图 2.6.9　2010 年 7 月 $Q=11000\text{m}^3/\text{s}$ 洪水流速分布（ADCP 走航式，单位：m/s）

主流紧贴在距岸 50～150m 范围内，最大流速在 3m/s 左右。虽然没有切滩前后洪水近岸的实测流速对比观测资料，但现状的流速平面分布足以说明凹岸处的流速比中部的流速小（这一点可以由地形资料深泓位置得到进一步证明），凹岸的顶冲态势已基本上得到缓和。

（3）现场潮流场的观测。根据切滩前 2000 年的潮流观测资料，三条垂线中在凸岸的 1# 垂线仅存在 1h 的涨潮流，约有 2h30min 的时间均为落潮回流。图 2.6.10 为同一断面位置 A—B 断面（图 2.6.5）退堤、切滩后，2010 年 10 月由浙江省河海测绘院测得的 ADCP 走航式流速分布，在全潮涨、落过程中未发现明显的回流现象，这说明切滩以后，凸岸水深加大，已无形成回流的条件。实测涨急最大流速为 1.95m/s，而落急最大流速仅 1.05m/s。

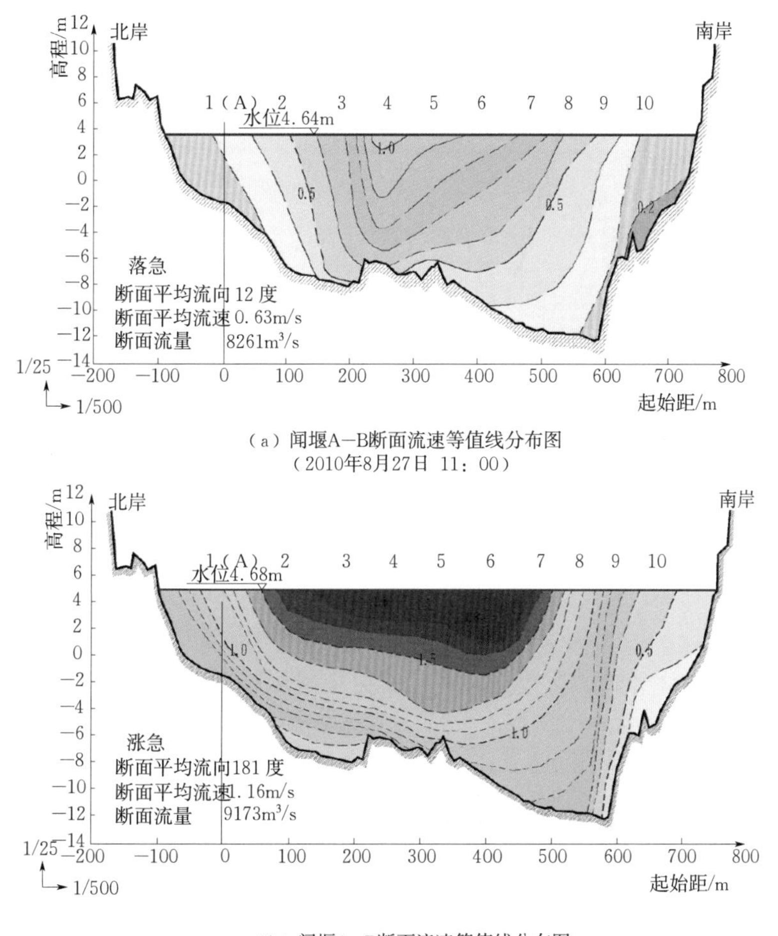

（a）闸堰A—B断面流速等值线分布图
（2010年8月27日 11：00）

（b）闸堰A—B断面流速等值线分布图
（2010年8月27日 17：00）

图 2.6.10　潮差 1.90m 时涨急、落急时流速分布

为进一步深入了解洪水、潮水时弯道的水位平面分布，又于 2011 年 5 月 15—18 日（洪峰流量 Q_m $=12000\sim16000\text{m}^2/\text{s}$）及 2011 年 8 月 30 号（枯水大潮）进行了弯道上下游凹、凸岸共 5 个点位（包括闻家堰水文站）的同步水位观测。测点布置及同步水位值如图 2.6.11 所示。

由图 2.6.11（b）可知，在洪水过程中上游的 1# 点水位总是最高的，但其与下游 1.6km 处的 2# 点水位几乎一致，这是弯道水力学特征造成的。与 2# 点相邻仅 800m 的凸岸 3# 点的水位要低于 2# 点 0.30m，即断面横比降 $J_{横}=0.38‰$。横比降用一维理论公式 $\Delta h=V^2/2g\cdot\ln(R_1/R_2)$（其中 V 为弯道水流平均流速，R_1、R_2 分别为凹岸和凸岸的曲率半径，g 为重力加速度），也可以得到相一致的结果。1# 点与 4# 点的距离为 3.2km，其水位差为 0.35m，则纵向的水面比降 $J_{纵}=0.11‰$。弯道水位横比降为纵比降的 3.4 倍以上。2# 点至闻堰 1.9km，水位差 0.35m，水面纵比降 0.18‰。这说明纵比降在弯道下游段比上游段大，但比横比降仍小得多。上述数据反映了洪水时弯道水位的特点。

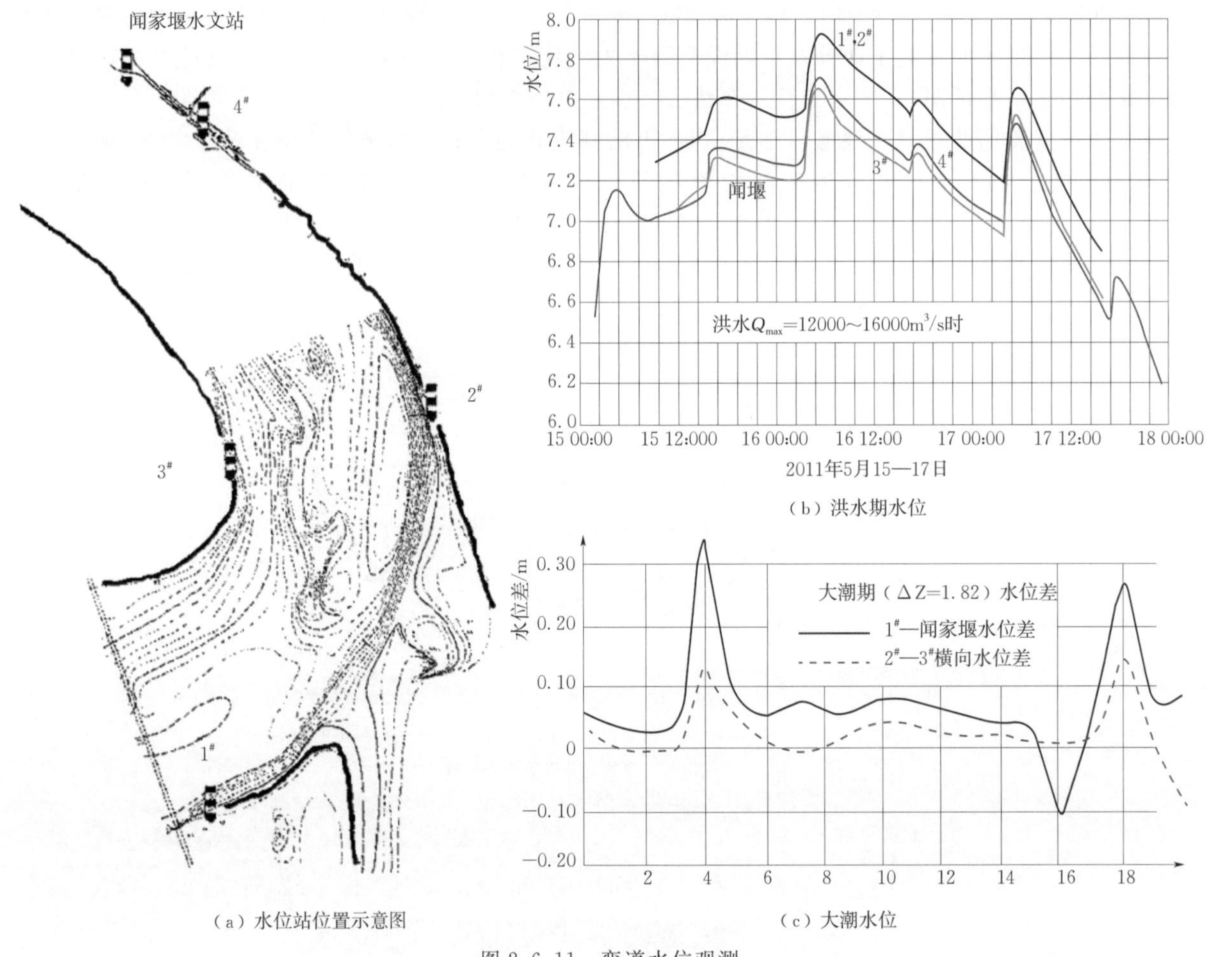

（a）水位站位置示意图

（b）洪水期水位

（c）大潮水位

图 2.6.11　弯道水位观测

再看潮水位的特性，由于水位历时短、变幅大，故不绘出绝对值，而绘出它们间的水位差，由图 2.6.11（c）可知：1#一闸堰水位差（实线）表示纵向水位差，在落潮过程中均为正值，但在 15～17h 有负值出现（即涨潮时下游水位高于上游）；同时有二次正峰值（4：00、18：00），表明落急时刻纵向比降最大；其他时间平均纵向水位差 0.09m，即 $J_{纵}$＝0.03‰，远小于洪水时纵比降 0.11‰。而弯道的横向水位差 2#－3# 基本都是正值，即弯道凹岸水位高于凸岸，也在落潮流量最大时刻（4：00、18：00）水位差出现二次峰值，均为 0.12m，其水面横比降 0.15‰，亦小于洪水水位差 0.3m 和横比降 0.38‰，其他时间水面横比降都很小，平均为 0.01‰。

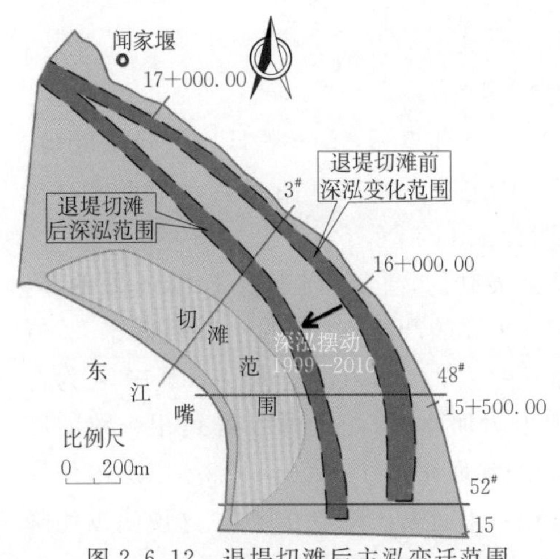

图 2.6.12　退堤切滩后主泓变迁范围

（4）深泓移动范围及深度的变化。根据闻家堰—东江嘴弯道治理前后的多次江道地形图（前后各 8～10 次），可以对其深泓线平面位置的变化范围作出判断。图 2.6.12 是综合 1960—2011 年 10 余次较大洪水前、后的水下地形图绘制的主泓平面位置对比。由图 2.6.12 可知，切滩以后，主泓向左岸摆动了 50～250m，这对改善右岸塘前滩地的冲刷，保护塘前的镇压层安全十分重要。除深泓的平面位置以外，深泓线的沿程高程也是海塘安全相关的重要参数。图 2.6.13 是几次深泓线纵向高程的变化对比，由图可知退堤切滩前深泓高程 50％以上在－15m 以下，且最低达－26.8m（1997 年 7 月），还有 1954 年、1957 年、1973 年、1981 年、1982 年、1987 年、1995 年等 7 次出现最低高程达－25.0m

以下。但自2005年切滩以后，闻堰弯道段最低点未出现过低于－15m的深点。退堤切滩对深泓平面位置的改变及深泓最深点冲刷高程的抬升均具有明显效果，这一结果正是最大流速的减小和深泓平面位置外移，离开堤脚前沿的佐证。

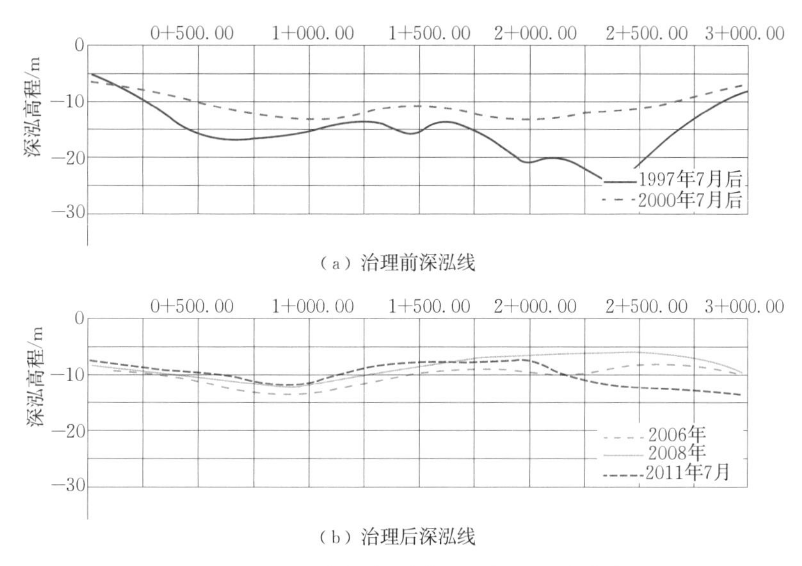

（a）治理前深泓线

（b）治理后深泓线

图 2.6.13　退堤、切滩前、后深泓纵向变化

（5）关于切滩后的回淤速度的预测。2005年实施切滩后，从2006年2月开始就在该水域进行逐年的水文地形观测，因重点是观测切滩部位的回淤，故以52#、48#、39#三个断面进行对比，表2.6.14为5.0m（相当于大潮高潮位）以下的断面面积统计，由表可知：

表 2.6.14　代表断面面积的变化

测图时间	52#		48#		39#	
	面积/m^2	面积差/m^2	面积/m^2	面积差/m^2	面积/m^2	面积差/m^2
2003年7月	7120	3750	6650	3850	5250	2400
2006年2月	10870	−750	10500	1000	7650	−525
2006年7月	10120	−620	11500	1300	7125	−125
2008年7月	9500	−750	12800	−3300	7000	−500
2009年10月	8750	+250	9500	−250	6500	200
2010年3月	9000	+250	9250	−250	6700	−200
2010年7月	9250	+500	9000	100	6500	1000
2011年7月	9750		9100		7500	
合计		2630		2450		2250

1）2005年切滩后，三个断面面积平均扩大了3333m^2，到2011年7月为止，仍扩大2443m^2，（其间2006—2009年为回淤，2009—2011年又冲刷），回淤占切滩总量的36％。

2）由于实际切滩量比原设计增大了300％，因此会有部分淤积是必然的，在经历前4年（2006年4月—2010年3月）的枯水年后，遇到丰水年（2010年4月—2011年7月）淤积了36％并不算大，接近或略大于平衡断面，说明切滩效果是显著的。图2.6.14表明了其变化过程。

用河相关系及闻家堰下游2～8km非弯道的平衡断面计算，可以得到其平衡断面面积为7500m^2，今后该弯道的断面面积若连续2～3年比此值减少15％以上（即断面面积在6300m^2以下），则应考虑再次疏浚。总体来看，东江嘴的退堤切滩对解除闻家堰弯道水流险情是十分成功的。

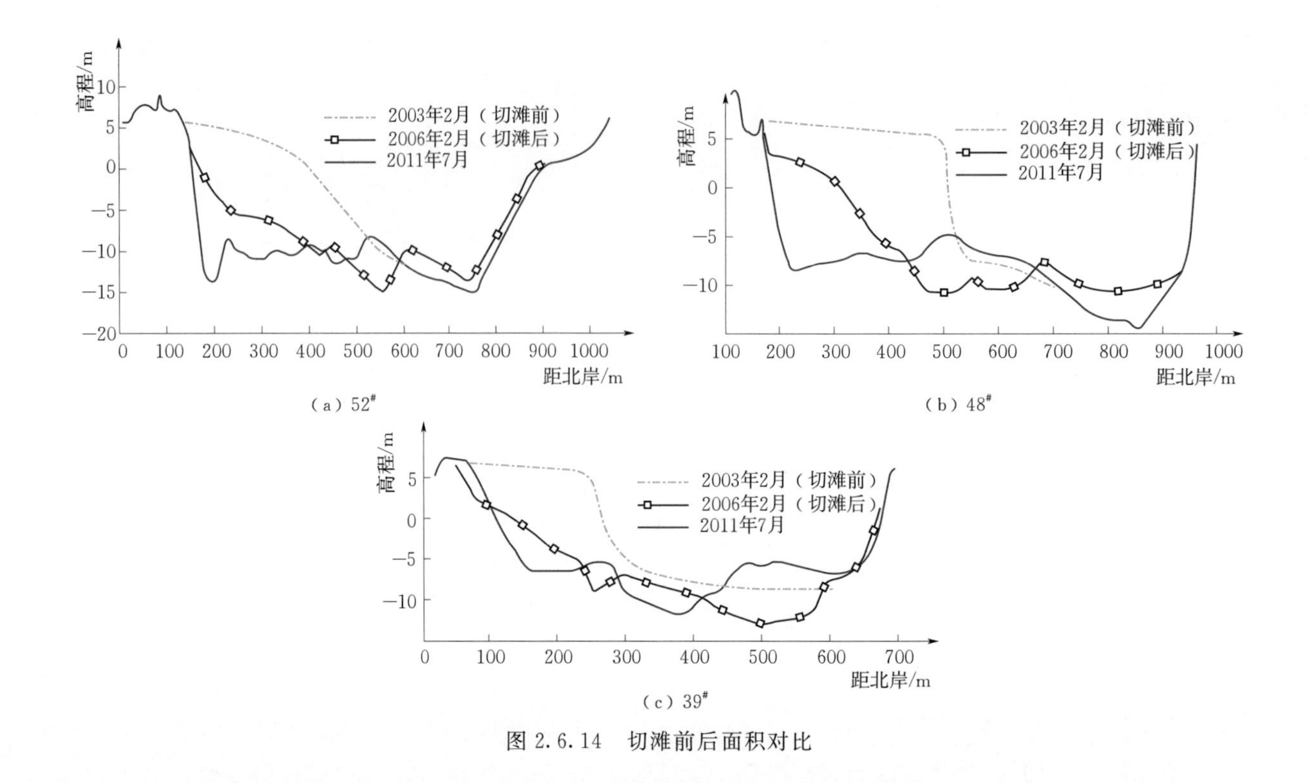

图 2.6.14　切滩前后面积对比

2.7　口外海滨段（杭州湾）河床演变及动力条件

杭州湾是钱塘江河口的口外海滨段，由于水域开阔、面积大，水文、地形资料的收集相对比上游段昂贵，因此研究工作也相对较少开展。现将已有的观测资料分析和认识作一简要概括。

2.7.1　杭州湾历史岸线演变（陈吉余等，1989）

杭州湾水域地形岸线演变可以从两个时间段分析：从距今 2000 年至距今 100 年的长历时演变和近 100～50 年的近期演变。

2.7.1.1　500—2000 年的地形岸线变化

图 2.7.1 是杭州湾南北岸淤涨、冲蚀与长江口外延东扩的同步发展过程，是用历史文献、当地志书等途径考据得到的（陈吉余等，1989）：杭州湾北岸千年来是侵蚀冲刷后退的，澉浦、王盘至金山的弧形地带，西晋（公元 300 年）至明朝中期（公元 1400 年）是北岸的陆地，冲刷后退最大达 14km 形成今日之岸线。1100 年中平均以 13m/a 的速度后退，与此同时受长江口泥沙淤积影响，岸线同时又向东外延，这种趋势直到明朝中后期，因在海盐、平湖一带修建了坚实的鱼鳞石塘后才被制止。北岸停止后退后，河床仍在下切冲深，以至形成了沿岸半潮水位下水深为 10～15m 的北岸深槽（局部山体附近的深潭可达 20～40m 深）。杭州湾南岸慈溪的大沽塘 600 年间向北最大推进了 14km，年平均向北推进速度为 23m/a，在宽 60km 的扇状地形上成陆面积为 560km^2，年平均成陆面积 0.93km^2/a。

2.7.1.2　近 100～50 年的近期演变

图 2.7.2 是杭州湾南岸庵东滩地 0m 线 1959—2014 年外推过程，由图可知，44 年间堤线外推了 6km，年平均向北推进 136m/a，成陆面积 250km^2，年均成陆 5.68km^2/a，近 50 年比此前的 1000 年淤涨速度加快 5 倍。由此可知，杭州湾的河床及岸线基本上是北坍南涨、北冲南淤（受当时技术条件的限制，变化细节记载不详）。

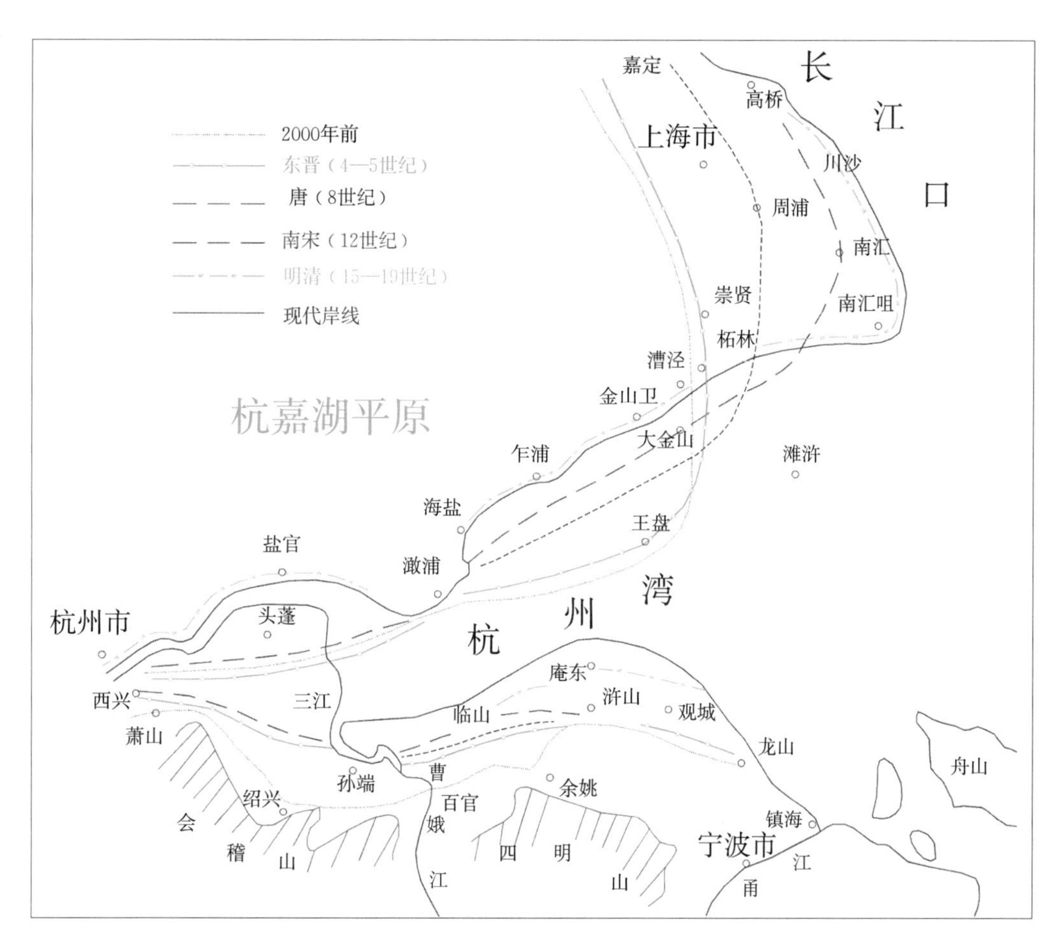

图 2.7.1　杭州湾北岸历史时期岸线变迁（陈吉余等，1989）

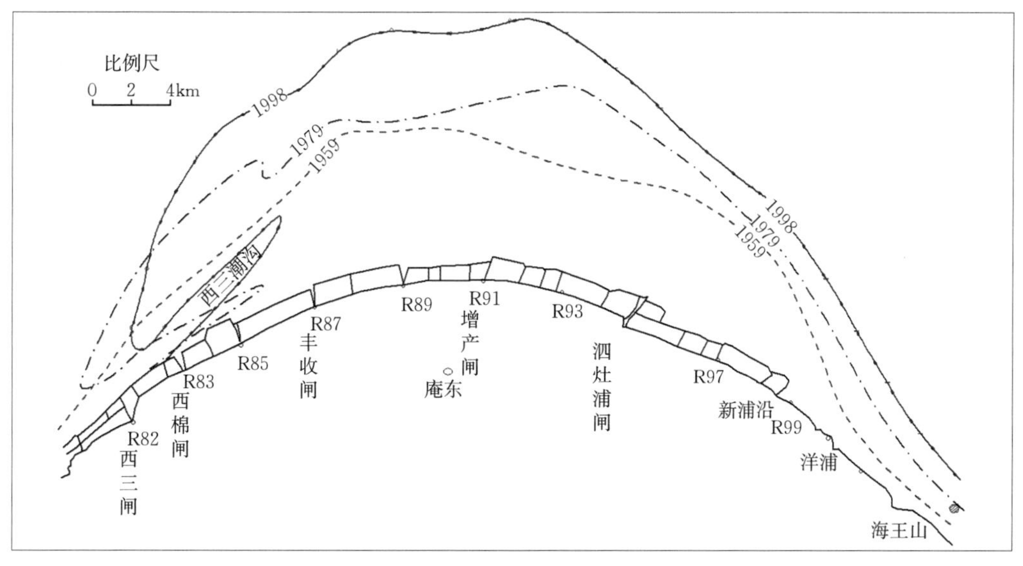

图 2.7.2　南岸庵东边滩淤涨示意图（浙江省河海测绘院，2015）

2.7.2　杭州湾水下地形的变化

1887 年、1919 年及 1931 年上海浚浦局曾在长江口和杭州湾进行过水下地形图的量测，但精度不高。河海大学薛鸿超教授利用这些资料得到以下结论（薛鸿超，2000）：长江口入海泥沙 4.5 亿 m^3/a 的 80％淤积在长江口、杭州湾－50m 等深线以内的水域，其余进入东海。这 80％中的 30％淤在－10m

等深线以内，这30%中的60%进入了杭州湾，故进入杭州湾的泥沙为0.65亿m^3/a。1983年全国海岸带调查期间，华东师范大学河口海岸研究所（恽才兴，2002）利用长江口、杭州湾的同步冬、夏季水沙全潮的观测资料进行分析，认为进入杭州湾的净泥沙总量为6000万～8000万t/a。虽很难把握此值的准确性，但至少说明杭州湾多年来是单向淤积的。吴华林等（2006）也得出长江口入海泥沙进入浙江省海域为2.30亿t/a。

杭州湾澉浦至金山面积约2000km^2水域，1959—2014年共有50余张水下地形图，它全面、系统地反映了这55年内自然状态及受人类活动影响的河床冲淤变化，而金山至芦潮港—镇海则只有1959年、2003年、2010年、2014年四次地形图，为分段统计其冲淤变化提供了基础资料。

2.7.2.1 杭州湾上段（澉浦至金山）容积计算分析

澉浦以上的淤积量用断面方法计算比较可靠，采用表2.2.4的数据，1959—2014年多年平均高水位（简称多高）下总容积减少29.16亿m^3，其中1959—2003年多高容积淤积约23.20亿m^3，2003—2010年间又减少4.32亿m^3，2010—2014年再减少1.64亿m^3。同样采用断面方法计算澉浦—金山河段多年平均高、低潮位下河床容积，代表年份计算结果见表2.7.1，由表可知：

（1）从1959年4月至2003年4月澉浦至金山多高以下的容积淤积即①－⑩为16.73亿m^3，多年平均低潮位（简称多低）以下容积淤积11.16亿m^3，多低淤积量占总淤积量的66.7%。至2014年4月多高淤积即多高①－⑫为27.86亿m^3，在这55年中，该水域平均淤积强度0.5亿m^3/a。其中多低为14.71亿m^3，多低淤积强度0.3亿m^3/a，占总淤积量的60%。在约2000km^2范围内，平均淤厚1.39m。（1959—2003年淤积厚度为0.84m，1959—2003年淤积强度为0.38亿m^3/a，由⑩－⑫即2003—2014年则达1.01亿m^3/a，近11年，本水域淤积强度有一点假象，其原因是近年慈溪市未到平均高潮位即围涂，真实淤积量用高低平均值即7.87亿m^3、强度0.71m^3/a更可信）。改正的总淤积量23.53亿m^3。

表2.7.1　杭州湾上段（澉浦—金山）容积变化

项目	多高/亿m^3			多低/亿m^3			多低占多高百分比/%
	澉浦至乍浦	乍浦至金山	澉浦至金山	澉浦至乍浦	乍浦至金山	澉浦至金山	
①1959年4月	59.71	122.59	182.30	31.88	81.93	113.81	62.4
②1971年4月	62.94	120.68	183.62	35.21	80.54	115.75	63.0
③1980年4月	67.10	126.28	193.38	39.34	86.90	126.45	65.4
④1985年4月	62.54	120.03	182.58	35.63	82.27	117.90	64.5
⑤1986年4月	64.56	121.79	186.36	37.07	83.46	120.53	64.6
⑥1986年11月	63.56	119.25	182.82	36.08	80.82	116.90	63.9
⑦1987年4月	64.08	119.03	183.02	36.75	80.84	117.60	64.2
⑧1997年4月	60.62	115.64	176.26	30.66	75.61	106.28	60.3
⑨2000年4月	56.33	111.70	168.04	29.89	74.69	104.58	62.2
⑩2003年4月	55.82	109.75	165.57	29.36	73.35	102.71	62.0
⑪2010年4月	51.62	107.19	158.82	28.24	73.70	101.94	64.2
⑫2014年4月	64.73	89.71	154.44	36.96	62.14	99.10	64.1
①－⑩	3.89	12.84	16.73	2.52	8.58	11.10	66.3
①－⑫	−5.02	32.88	27.86	−5.08	19.79	14.71	52.8
①－②	−3.23	1.91	−1.32	−3.33	1.39	−1.94	147.0
①－③	−7.39	−3.69	−11.08	−7.46	−4.97	−12.64	114.1

续表

项目	多高/亿 m^3			多低/亿 m^3			多低占多高百分比/%
	澉浦至乍浦	乍浦至金山	澉浦至金山	澉浦至乍浦	乍浦至金山	澉浦至金山	
⑩－⑫	−8.91	20.04	11.13	−7.60	12.21	3.61	32.4
⑤－⑦	0.48	2.76	3.34	0.32	2.62	2.93	87.7
④－⑤	−2.02	−1.76	−3.78	−1.44	−1.19	−2.63	69.6
⑪－⑫	−13.11	17.48	4.38	−8.72	11.56	2.84	64.8

(2) 从表 3.7.1 中①－②、①－③可以看出 1959—1980 年总容积是冲刷扩大的，与上述的自然淤积 0.5 亿 m^3/a 相反，这是因为 1960—1980 年澉浦以上淤积的泥沙是靠澉浦以下补给的，而治江缩窄后，已围部分河床泥沙不可能再下冲，因而这 21 年中冲刷达 11.08 亿 m^3，即冲刷强度 0.52 亿 m^3/a。此后上游接近平衡，需求泥沙补给量减少，金山以下又向这里补给，直到 1987 年才回到 1959 年的总容积。这充分说明以澉浦为界，上淤下冲，本区向澉浦以上补沙，平衡后又从金山以下再补充。如此类推，金山以下亦有类似现象。表 3.7.1 中⑪－⑫澉浦至乍浦段冲刷，而乍浦至金山淤积量很大，其原因尚待研究。

(3) 年内的冲淤量可由⑤－⑦、④－⑤看出，多高容积有冲有淤，冲淤量为－3.78 亿～3.34 亿 m^3，多低冲淤量为－2.63 亿～2.94 亿 m^3，即多低的冲淤量可占到多高的 70%～88%。

以上是用断面计算的方法求淤积量，澉浦以上淤 24.77 亿 m^3，澉浦至金山淤积 23.53 亿 m^3，合计 48.30 亿 m^3。金山以下至芦潮港的冲淤量，只能用有限几次平面图的高程差方法计算冲淤量。

2.7.2.2 平面高程冲淤的计算方法

第一次较为精确的同步杭州湾水下地形（1∶50000）是 1959 年测绘的，此后水下地形只到金山为止，海军、航道部门的测图均不完整，到 2003 年 3 月金山以下进行了系统的地形测量。以金山为界将杭州湾划分为 1、2 两区，对比 1959 年和 2003 年地形得出比较准确的全杭州湾冲淤分布图，如图 2.7.3 (a) 所示，并用相关的软件得到分区分级的冲淤厚度、面积和体积，计算结果见表 2.7.2。

表 2.7.2　　杭州湾冲淤分布（1959—2003 年）

金山以下（1 区）					金山至澉浦（2 区）				
淤厚/m	淤积量/亿 m^3	冲深/m	冲刷量/亿 m^3	净淤/亿 m^3	淤厚/m	淤积量/亿 m^3	冲深/m	冲刷量/亿 m^3	净淤/亿 m^3
0～1	19.69	0～－1	6.81	12.87	0～1	7.47	0～－1	4.44	3.03
1～2	9.36	－1～－2	2.83	6.53	1～2	5.58	－1～－2	2.55	3.03
2～3	4.82	－2～－3	1.48	3.34	2～3	3.71	－2～－3	1.12	2.59
3～4	2.97	－3～－4	0.94	2.03	3～4	2.45	－3～－4	0.65	1.79
4～5	1.86	－4～－5	0.62	1.24	4～5	1.64	－4～－5	0.47	1.17
>5m	2.85	>－5	2.11	0.74	>5	2.01	>－5	2.41	−0.40
合计	41.55		14.79	26.76		22.86		11.64	11.22

由图 2.7.3、表 2.7.2 可以得到以下结论：澉浦以下至芦潮港至镇海断面，全水域约 5000km^2，其中 1 区为 26.75 亿 m^3，2 区为 11.21 亿 m^3，平均淤积厚度为 0.76m，在 44 年中的淤积强度为 0.86 亿 m^3/a。由表 2.7.2 可知，金山以下水域，冲刷体积占淤积量的 36%，而金山以上水域，冲刷量占淤积量的 50%。

冲淤的平面分布仍然是北冲、南淤，冲刷区及淤积区的具体分布如下：

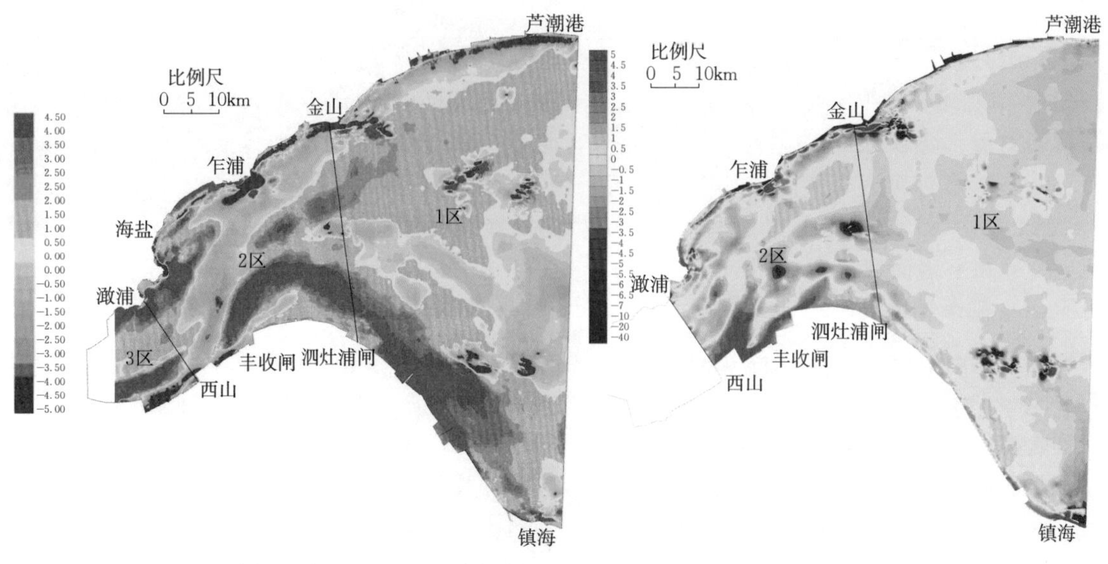

（a）澉浦以下水域1959—2003年冲淤图　　（b）澉浦以下水域2003—2010年冲淤图

图 2.7.3　钱塘江河口澉浦以下水域冲淤图

冲刷区主要包括：北岸芦潮港以西至金山 45km、宽 3～4km、平均深 1～3m 的冲刷区；金山以西至澉浦 40km，宽 1～2.5km 的北岸深槽冲刷深度在 1～2m（其中金山、乍浦、秦山因有山体突出、岛屿相间，局部深潭冲刷深度大于 5m）；金山—乍浦至南岸西三的斜线上长 30km、宽 4～8km 的弯道过渡段（其中南岸西三闸上游贴岸局部深度较大），面积约 500～600km^2；中部大渔山至王盘山一带为微冲区。淤积区主要包括：南岸庵东片及海黄山以外至镇海的大部分水域均淤积，尤其是庵东中部至海黄山的深水区（即高程在－5～8m 的水域）淤厚 5m 以上，为主要淤积区；澉浦上下游至秦山一带以及南岸上虞中沙淤积区淤积厚度达 3～5m；杭州湾中部多为微淤区，淤积厚度在 1～2m。2010 年 10 月又作了一次杭州湾 1：50000 的水下地形图观测，它与 2003 年的冲淤对比再考虑澉浦以上及 1959—2010 年分区淤积汇总见表 2.7.3，而图 2.7.4（a）为 2003—2010 年冲淤分布图，图 2.7.4（b）为 2010—2014 年 1 区的冲刷图，此时 1 区冲 4.60 亿 m^3，2 区淤 5.69 亿 m^3，全区淤 1.09 亿 m^3。

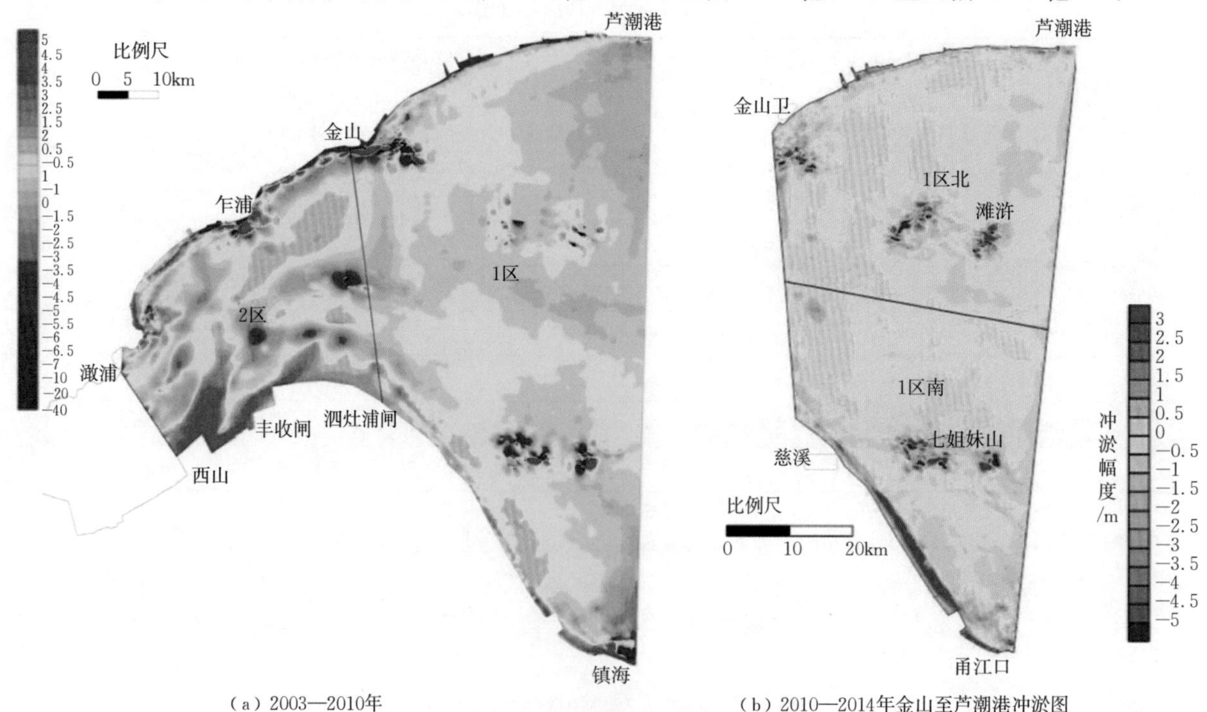

（a）2003—2010年　　（b）2010—2014年金山至芦潮港冲淤图

图 2.7.4　2003—2014 年杭州湾冲淤变化

表 2.7.3　　湾内分区海床冲淤变化（已计入围涂部分）　　单位：亿 m^3

分区		1959—2003 年		2003—2010 年		2010—2014 年		1959—2014 年	
		净淤积	年淤积	净淤积	年淤积	净淤积	年淤积	净淤积	年淤积
闸口—澉浦		23.20	0.52	4.32	0.61	1.64	0.41	29.16	0.53
杭州湾澉浦—湾口		40.26	0.91	11.61	1.66	1.09	0.28	52.96	0.96
分区	澉浦—金山（A 区）	13.36	0.30	10.12	1.45	5.69	1.42	29.17	0.53
	金山—湾口北部（B 区）	5.64	0.13	−4.95	−0.71	−3.34	−0.83	−2.65	−0.05
	金山—湾口南部（C 区）	21.26	0.48	6.44	0.92	−1.26	−0.31	26.44	0.48
钱塘江河口（闸口—湾口）		63.56	1.44	15.93	2.27	2.73	0.68	82.12	1.49

注：1. 闸口—澉浦用 1958 年 12 月地形替代 1959 年。
　　2. 已包括杭州湾南岸围区内淤积约 12 亿 m^3。

表 2.7.3 中 1959—2010 年澉浦—金山净淤积总量为 23.48 亿 m^3，与表 2.7.1 中①－⑪用断面计算的结果 23.48 亿 m^3完全吻合，说明两种方法在重叠部分是一致的，方法可信。其次是钱塘江河口包括三段（闸口—澉浦、澉浦—金山、金山以下）的总淤积量分别为 29.16 亿 m^3、29.17 亿 m^3和 23.79 亿 m^3，合计 82.12 亿 m^3，平均 1.49 亿 m^3/a，三段的年淤积强度分别为 0.53 亿 m^3/a、0.53 亿 m^3/a 和 0.43 亿 m^3/a。其中 2003—2010 年淤积强度达 2.27 亿/a，大于其他两个时期。以上数据存在代表年选取的偶然性误差，但估计误差小于 5%。

杭州湾总体上 55 年来仍保持北冲南淤的格局，其中：北岸深槽的澉浦—乍浦总体是淤积，而乍浦—金山—芦潮港的深槽是冲刷的，故北岸深槽总体保持了深槽的形态和冲刷特性。另一个值得注意的是南岸庵东片的淤积特征，它的最大淤积区不是南岸岸边的高滩区，而是滩地到南岸深槽间的陡坡段，即高程－10～－4m 的陡坡地段，其淤积厚度达 5m 以上，这一区段不在围涂促淤工程范围内，纯系自然的淤积因素起主导作用。综上所述，北岸的冲刷特性和南岸陡坡区的淤积，均并未受到大范围人类活动的明显影响而改变了它们数百年来原有的特性，这一点值得重视。

图 2.7.5 是三个典型剖面 50 年冲淤变化及南岸滩地淤涨过程，它反映了南岸边坡陡坡的平行推移（特别是乍浦断面推进较大），而不是水平淤积的特征，与河道弯道凸岸淤涨有相似之处。又图 2.7.6 是澉浦断面上下游之间泥沙的冲淤关系，多数是相互冲淤交换，也有少数均淤点据，极少是均冲点据。图 2.7.7 是澉浦以下水域几个代表年间的冲淤分布图，它的规律和冲淤部位与图 2.7.3 大范围冲淤分布是完全一致的，这说明长、中历史规律性基本一致。

无论近 100 年以前还是近 50 年杭州湾都是处在累积性净淤积的过程中，前 50 年的淤积强度为 0.7 亿 m^3/a，近 50 年由于治江缩窄等人类活动，淤积强度增加 2 倍左右，为 1.49 亿 m^3/a，其中 2003—2010 年增加到 2.3 亿 m^3/a，这是由于人类活动的强度增加所致。但这种趋势不会无限制地增加下去，因 2010—2014 年，金山下游段北岸已由淤积转为冲刷，长江口入海泥沙近 20 年正在较大幅度下降，进入杭州湾的泥沙会以一定时间滞后的情况而减少补给沙量，应继续加强观测分析。在杭州湾治理中应保持北岸禁止围涂、保护深槽，而南岸属自然淤积区，在不影响北仑港淤积的前提下，有计划地进行促淤围涂，适当增加陆地面积。

2.7.3　杭州湾潮流动力的特征（韩曾萃等，1991；Shi，2013）

长期以来澉浦以下水域能保持北冲南淤的格局，即使在近 50 年来钱塘江河口进行了大规模治江缩窄的活动，仍然没有改变这一总体趋势，这必然有其潮汐动力学上的成因机理。

2.7.3.1　潮流场特征

根据浙江省海岸带调查报告，东海的潮波系统是从东海的温州瓯江口为界，其北的涨潮流是北偏西方向沿岸北上（图 2.7.8），当涨潮流到达舟山群岛一带，上游正为低潮期，在重力作用下，南股水

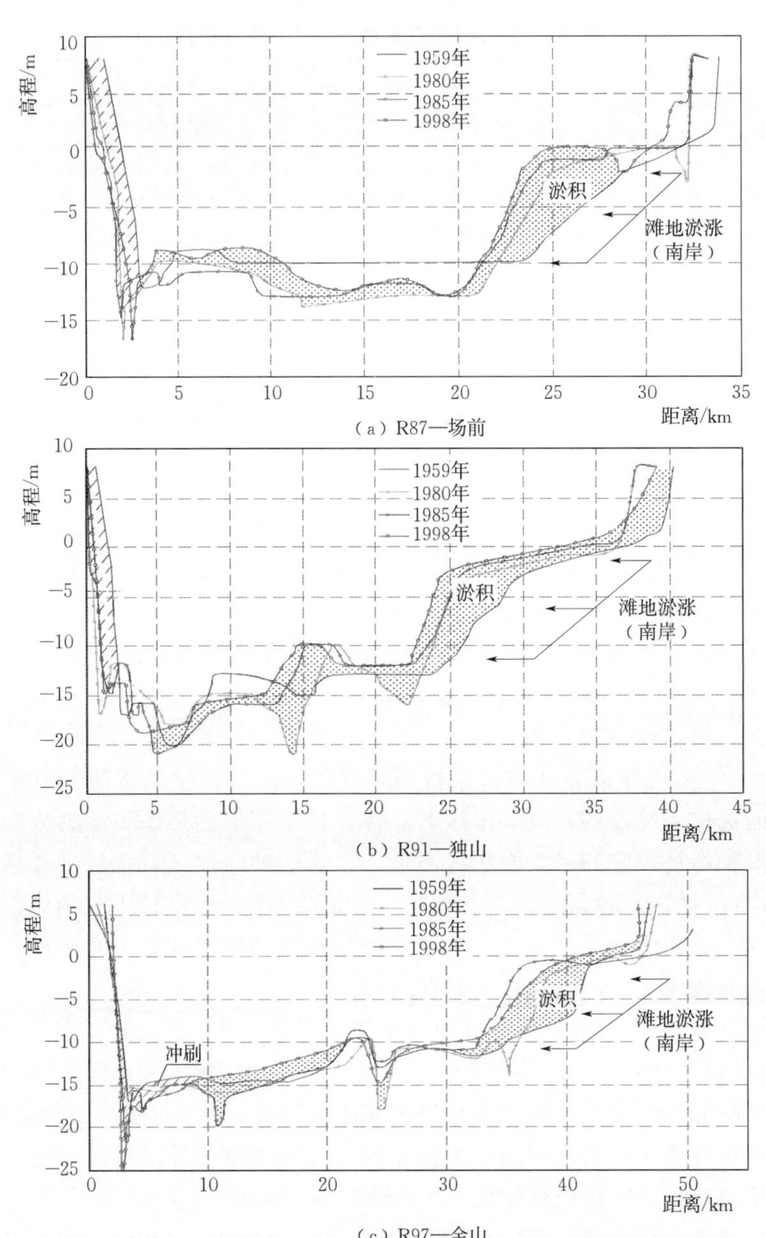

（a）R87—场前

（b）R91—独山

（c）R97—金山

图 2.7.5 典型断面冲淤变化及南岸滩地淤涨示意图（韩曾萃等，1991）

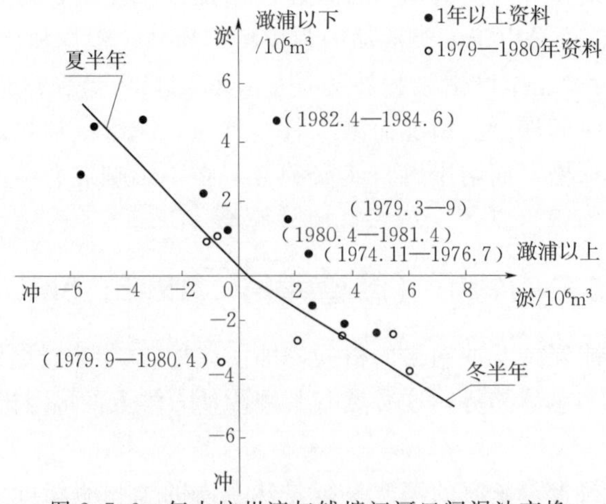

图 2.7.6 年内杭州湾与钱塘江河口间泥沙交换

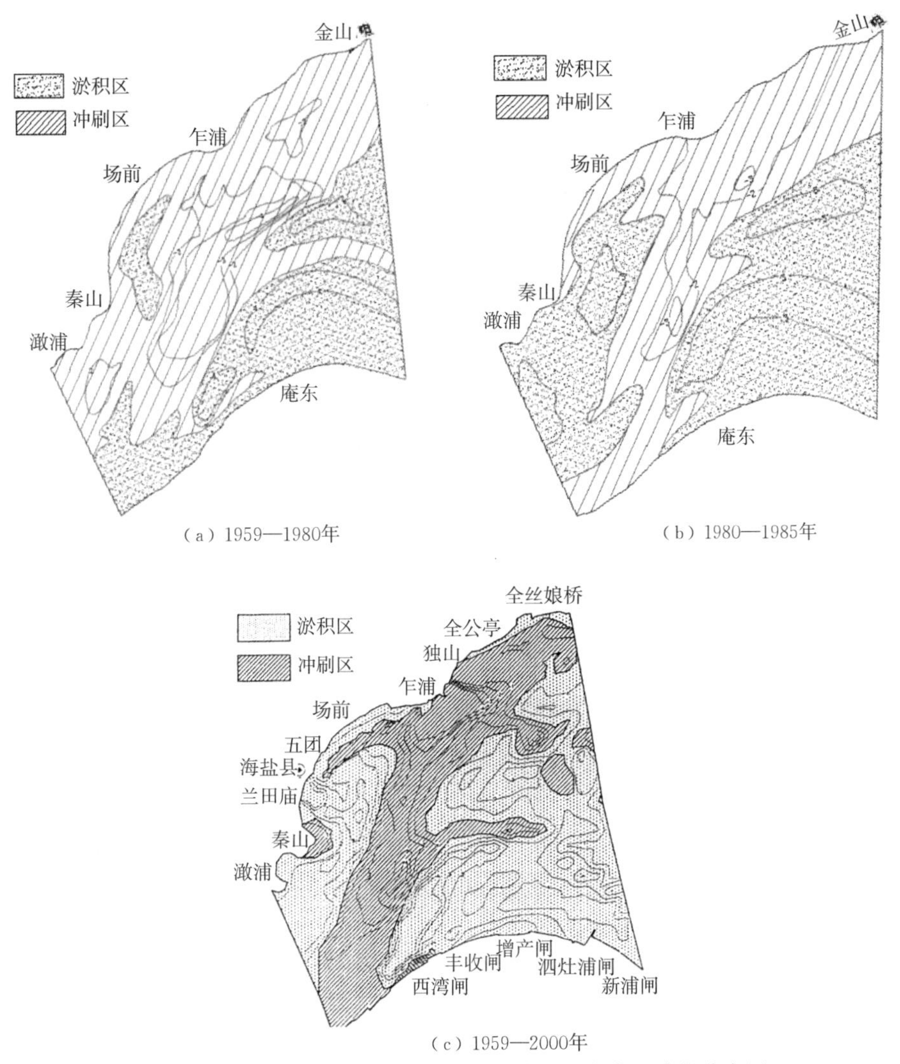

图 2.7.7　钱塘江河口澉浦以下水域冲刷期内床面冲淤分布图

流首先通过金塘、册子岛、虾峙门及大渔山偏西北方向流入本水域；其次在东边大渔至大洋之间也有中股强劲潮流自东向西流入本水域，南股、中股西北方向涨潮流先到，再后北岸大洋至大戢山之间自东北向西的北股潮到来，这样三股潮分别先后在滩浒、王盘、金山一带交汇后得到加强，流速增大，再加上河宽缩窄，流速进一步增加，从而以一定交角顶冲北岸的岸线，与岸有一定交角且受阻的水流必然淘刷岸线堤脚形成水深增加 30％左右的深槽。

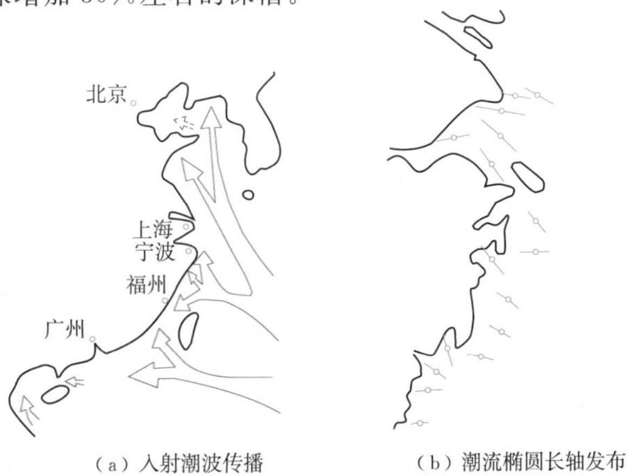

(a) 入射潮波传播　　(b) 潮流椭圆长轴发布

图 2.7.8　东海潮波系统（引自《浙江省海岸带调查报告》1984 年）

图 2.7.9 是用数学模型计算的杭州湾一个全潮过程中多个代表时刻的等潮位线与流速矢量图，如图 2.7.9（a）所示为下边界南岸涨潮后 2h 的等水位及流速矢量图，此时南岸已涨潮，但北岸仍为落潮，4h 后［图 2.7.9（b）］北岸等水位线向西南扭曲 45°，形成北高南低的态势，水流呈西南流向，流矢与等水位线不呈正交，6h 后达到高平如图 2.7.9（c）所示，南北水位又趋于相等，8h 后如图 2.7.9（d）所示为落潮初期，此后流矢与等水位线均正交，全杭州湾都呈落潮流的方向，直到落急的 10h 后［图 2.7.9（e）］和落平时的 12h［图 2.7.9（f）］。

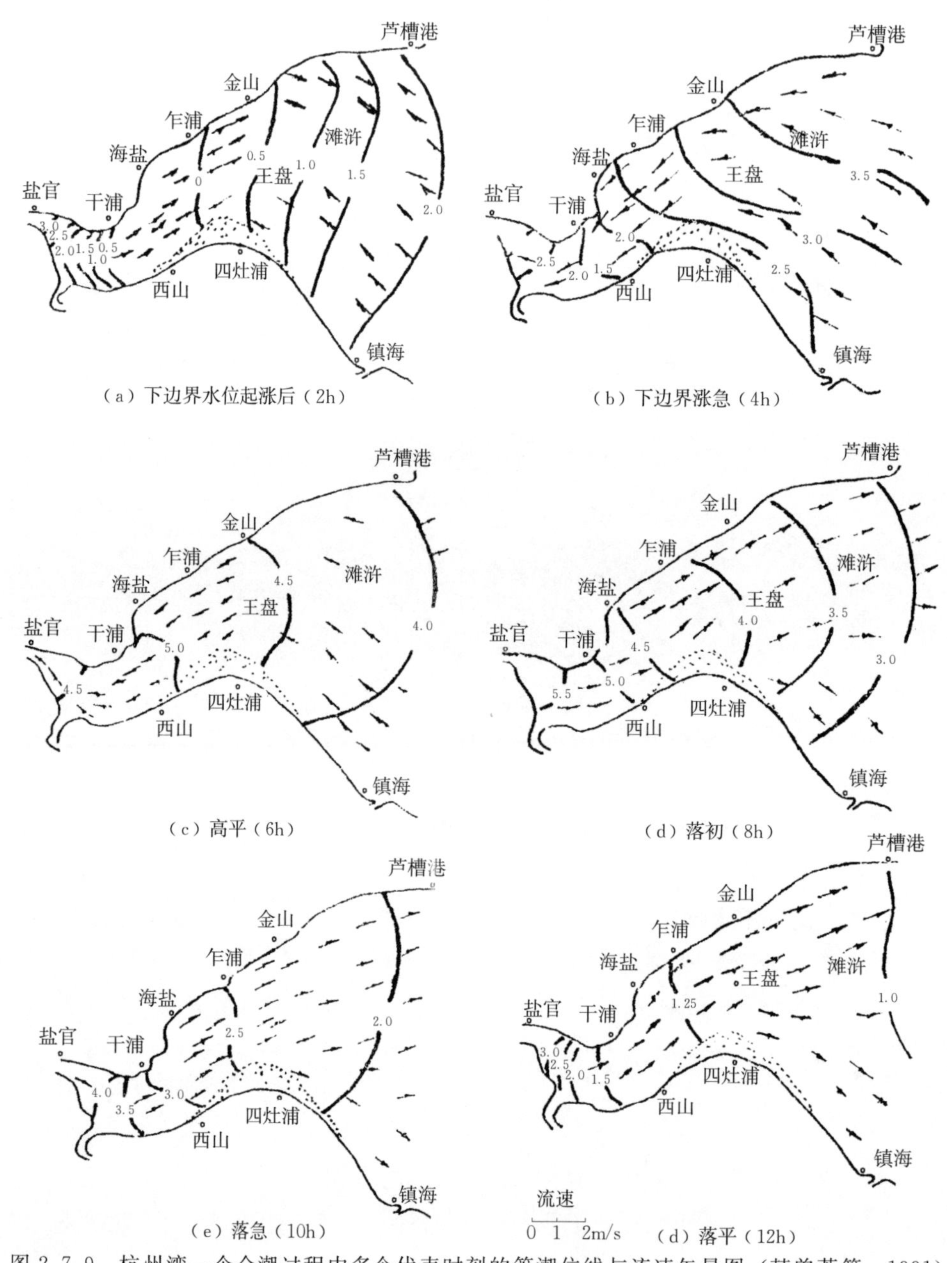

图 2.7.9　杭州湾一个全潮过程中多个代表时刻的等潮位线与流速矢量图（韩曾萃等，1991）

图 2.7.10 是涨、落潮最大流速，涨、落潮平均流速数模计算的等值线及三股潮流涨落的方向，由图可知，从下边界至金山段，涨潮时自东南向西北方向沿程流速递增直冲北岸海塘方向，因此才有北岸在历史上从西晋到明朝岸线从柘林王盘山至澉浦全线冲刷后退，而南岸则一方面是落潮流的扩散隐蔽区，另一方面落潮流是从澉浦到金山江面放宽，落潮流速逐步减缓，因此南岸泥沙呈现落淤的趋势，表 2.7.4 是南北两条线上 7 条垂线上最大、平均涨、落潮流速的计算值。用这些计算成果可以解释杭州湾北冲南淤的格局。

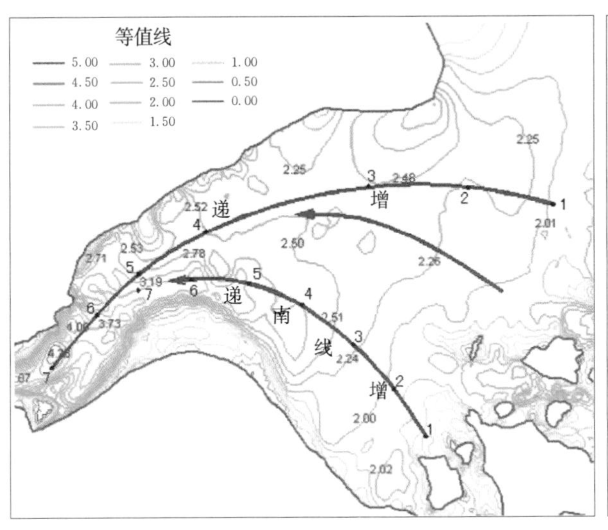

（a）涨潮最大流速等值线

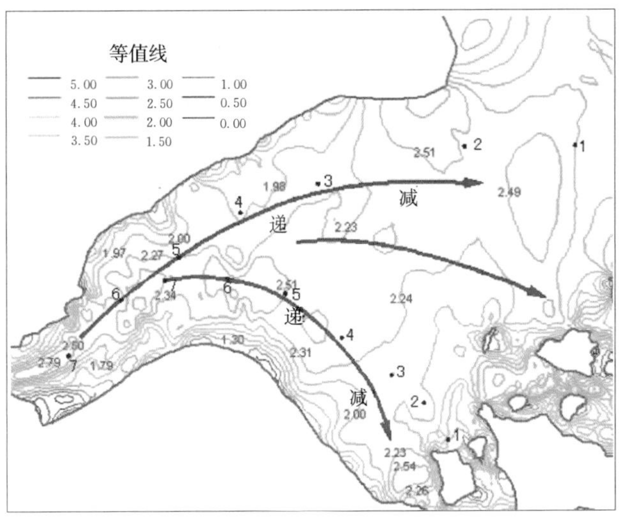

（b）落潮最大流速等值线

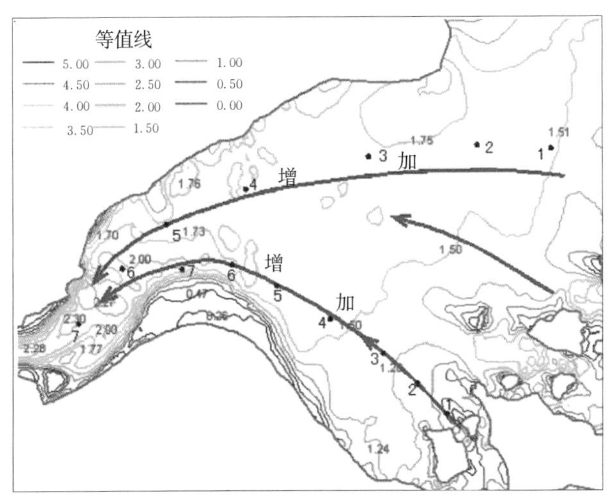

（c）涨潮平均流速等值线

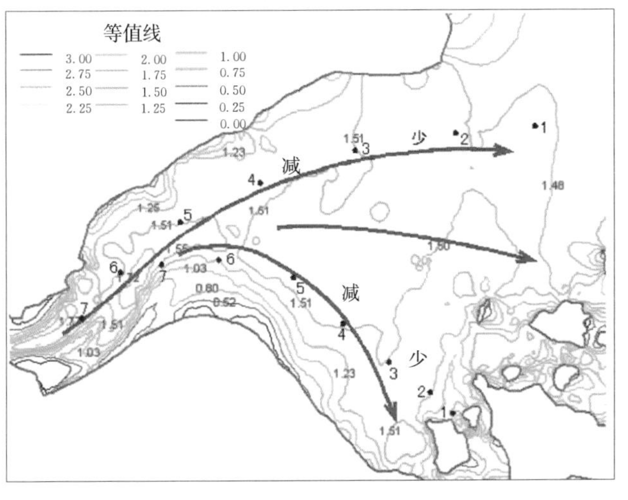

（d）落潮平均流速等值线

图 2.7.10　澉浦以下水域涨落潮最大流速及平均流速变化示意图（SHI et al.，2013）

表 2.7.4　　南北岸各条垂线上最大、平均涨落潮流速的计算值　　单位：m/s

点号	特征值	1	2	3	4	5	6	7
A线（北）	涨潮最大	2.0	2.3	2.5	2.5	3.1	4.0	4.6
	涨潮平均	1.5	1.7	1.8	1.9	2.1	2.2	2.3
	落潮最大	1.9	2.1	2.2	2.0	2.3	2.5	2.7
	落潮平均	1.4	1.5	1.6	1.6	1.5	1.7	1.8
B线（南）	涨潮最大	1.6	1.9	2.2	2.5	2.7	2.8	3.2
	涨潮平均	1.0	1.2	1.3	1.6	1.7	1.9	2.0
	落潮最大	1.5	1.8	2.1	2.4	2.5	2.5	2.6
	落潮平均	1.0	1.2	1.4	1.6	1.6	1.7	1.8

杭州湾潮流场涨落方向和沿程增减分布决定了杭州湾北冲南淤的格局，这一格局得到水下地形图冲淤部位的证实。由表 2.7.4 和图 2.7.10 可知，涨潮最大流速、平均流速都是自东而西沿程递增的，故含沙量自下而上增加，河床冲刷，而最大、平均落潮流速是自西向东减小的，含沙量自西向东减小，

故南岸是淤积的，这些分布足以说明它们的流场分布与冲淤分布的对应联系。反之，如果杭州湾外海的潮波传入方向及涨潮时间不是先南后北及自东向西，再自东北向西南的系统，杭州湾绝不会是现状北冲南淤的冲淤分布格局。其水下地形是因东海潮波系统大的格局所决定的。

2.7.3.2 Euler 余流场及单宽潮量余流场

Euler 余流场反映了某点位置在一个或多个涨落潮最终水流的净输移方向，即

$$V_\gamma=\int_0^T \overline{V}h\,\mathrm{d}t\Big/\int_0^T h\,\mathrm{d}t \qquad \text{[亦可不考虑水深 } h\text{，或分母为 } T\text{(潘存鸿等,2010)]} \tag{2.7.1}$$

另外 Euler 余沙的概念即

$$g_\gamma=\int_0^T \overline{V}hs\,\mathrm{d}t\Big/\int_0^T \overline{v}h\,\mathrm{d}t \qquad \text{(亦可不考虑水深 } h \text{ 全潮变化)} \tag{2.7.2}$$

式中：$\overline{v}$、h、s 分别为任意点的流速（矢量）、水深、含沙量瞬时值；$\overline{V}_\gamma$、g_γ 分别为余流（矢量）和余沙（标量），它们反映了水流、泥沙的净输移方向，余沙与余流的方向、大小，在大多数情况下是一致的，但当涨落潮含沙量相差较大时则不一致。

为了简化计算，直接用全潮平均流速来近似反映输水输沙的方向，如用 $\beta=\overline{V}_f/\overline{V}_e$，其中 $\overline{V}_f=\int_0^{T_f}V_f\mathrm{d}t/T_f$，$\overline{V}_e=\int_0^{T_e}V_e\mathrm{d}t/T_e$，分别为涨、落潮的平均流速（图 2.7.11 为数模计算 β 值的结果）。由图 2.7.11 可知杭州湾北岸大部分水域 $\beta>1$ 为净进，南岸 $\beta<1$ 为净出。这种简化方法不严密，它忽略了涨落潮流平均含沙量的差异，但据此可粗略地、近似地进行判断。将图 2.7.11 与图 2.7.3 (a)、(b) 的实际冲淤分布进行对比，可以看出有一致之处。

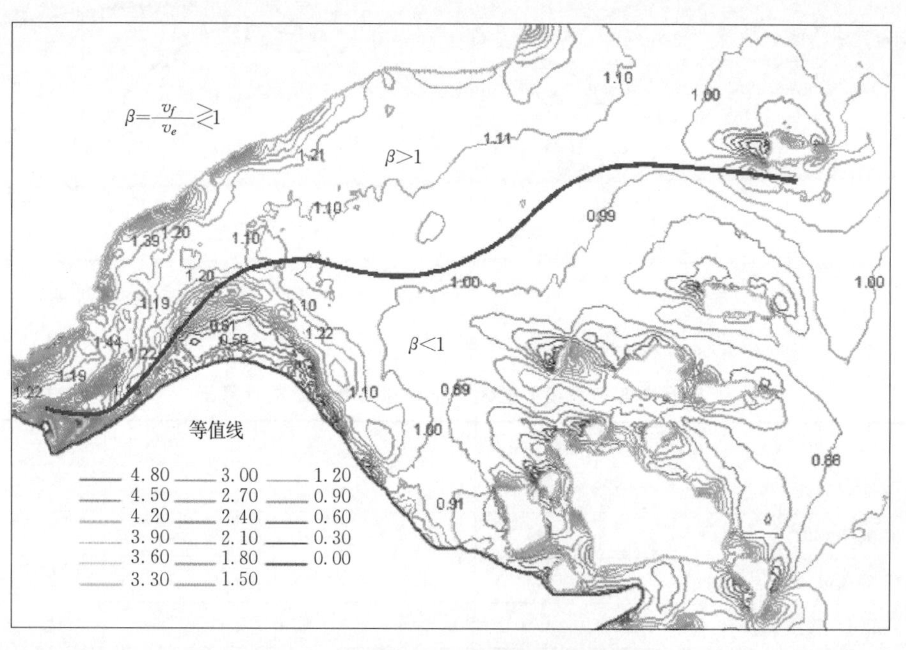

图 2.7.11　平均涨、落潮流速比值分布图

如果有完整的全潮涨、落潮水流、泥沙的资料可以按式（2.7.3）、式（2.7.4）计算比较准确的水沙净进出值，即

$$\frac{\overline{\overline{W}}_f}{\overline{\overline{W}}_e}=\int_0^{T_f}V_fh_f\mathrm{d}t\Big/\int_0^{T_e}V_eh_e\mathrm{d}t \tag{2.7.3}$$

$$\frac{G_f}{G_e}=\int_0^{T_f}V_fh_fS_f\mathrm{d}t\Big/\int_0^{T_e}V_eh_eS_e\mathrm{d}t \tag{2.7.4}$$

由于北岸深槽是重要的航运资源、任何治理方案都应该保护的对象，为此收集北岸深槽秦山核电站附近、五团至场前、乍浦港、陈山港及金山附近水域测流资料，在宽约 1～5km，长 50km 的北岸深槽水域中，20 世纪 80—90 年代末的全潮垂线测量点位如图 2.7.12 所示，分析这些水文资料得到的主要统计结论如下：

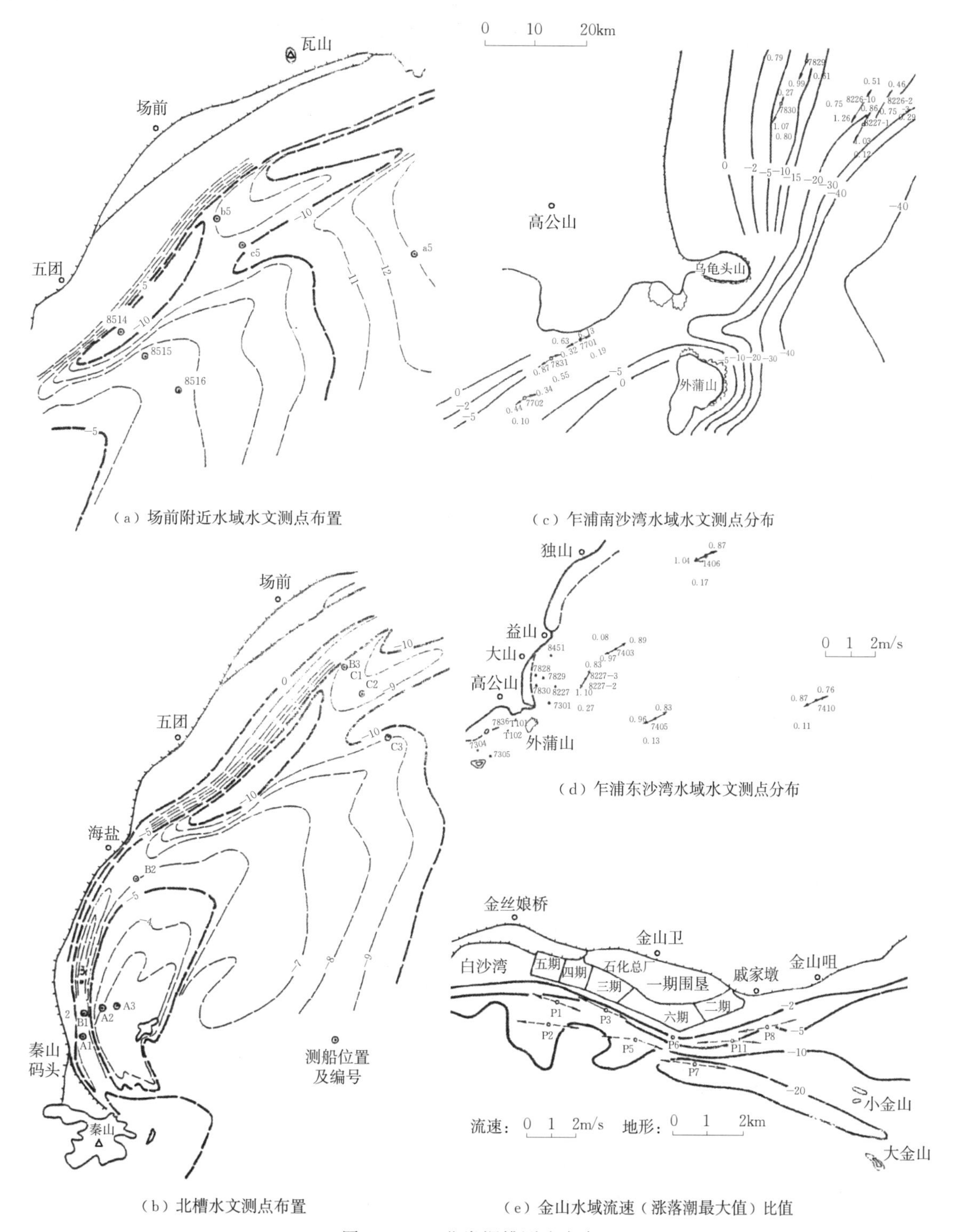

（a）场前附近水域水文测点布置

（c）乍浦南沙湾水域水文测点分布

（d）乍浦东沙湾水域水文测点分布

（b）北槽水文测点布置

（e）金山水域流速（涨落潮最大值）比值

图 2.7.12　北岸深槽测流点布置

根据 48 个测点和 103 个潮点统计，涨落潮平均流速比$\overline{V}_f/\overline{V}_e$ 为 0.59～4.85，平均 1.33，其中小于 1.0 有 33 个潮点占 31%；比值在 1～2 的有 63 个潮点，占 62%；比值大于 2.0 的有 7 点，占 7%。

有完整输水资料的共42个潮站点，按式（2.7.3）计算$\overline{W}_f/\overline{W}_e=1.58$，其中$\overline{W}_f/\overline{W}_e>1$的有36个，占85%。有完整输沙资料的33个潮点按式（2.7.4）计算$\overline{G}_f/\overline{G}_e=1.40$，其中$\overline{G}_f/\overline{G}_e>1$的有23个占70%。以上统计说明：北岸水域总体而言涨潮流速、潮量、含沙量均大于落潮流速、潮量、含沙量70%～80%，故可以说北岸深槽是以涨潮流为主塑造的冲刷槽，这完全是用实测资料统计分析的结果。当然在该水域内，由于局部山体突出、岛屿回流等效应也有相反的点据存在，但毕竟是少数。数学模型计算中也得出与上述同样的研究成果，图2.7.13是大范围全水域的$\alpha=\overline{W}_f/\overline{W}_e$的数学模型平面分布。虽然水流数值模拟可以达到较好的精度（80%点据误差小于20%），但余流是涨、落潮之差，两个相近的大数之差要达到较高精度则困难得多。同时由于杭州湾大范围含沙量的数值模拟还不能保证足够精度，而余沙是涨、落潮输沙（潮量与含沙量乘积）之差，也是两个相近的量之差，其模拟精度更难以保证，因此未做余沙量$\overline{G}_f/\overline{G}_e$的数学模型计算。

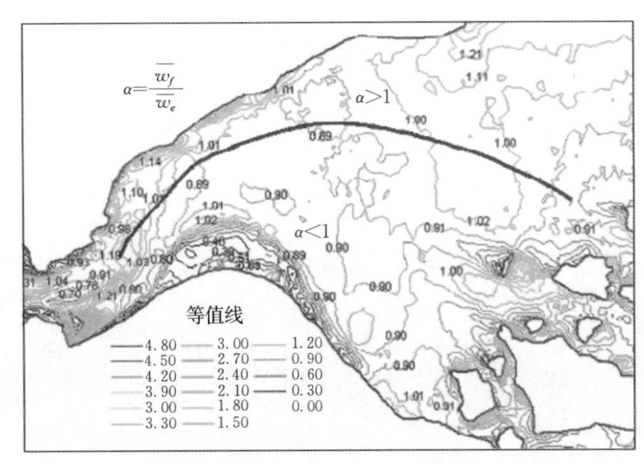

（a）涨潮潮量落潮潮量等值线（工程前）

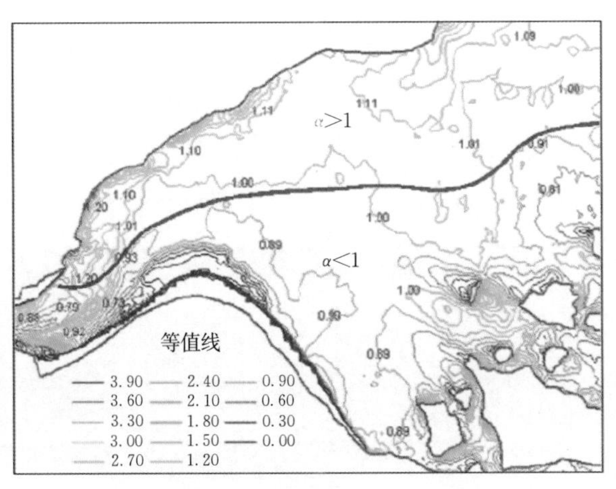

（b）涨潮潮量落潮潮量等值线（工程后）

图2.7.13 澉浦以下水域涨落潮量平面变化

图2.7.14（a）（韩曾萃等，1991）、（b）（潘存鸿等，2010）是两个不同数模的Euler余流场分布和余单宽输水分布。由图2.7.14可知：北岸从芦潮港至秦山的长80km、宽3～5km范围内是涨潮冲刷槽形成的北岸深槽，均是$\alpha=W_f/W_e>1$，即属于涨潮净进范围，是北岸深槽能长期保持深槽形态的原因。由图2.7.14可知秦山外围至海盐附近围绕白塔沙有一个逆时针的平面环流，是由于澉浦以上下泄的落潮流在这里扩散与北岸深槽涨潮流共同作用形成的，环流比较容易产生泥沙淤积，因此有白塔沙周边的浅滩存在，两者均一致。图2.7.14（a）王盘山至大小洋山和渔山有两个平面环流，大渔岛以南至镇海为一个逆时针环流，造成金塘水道外围净落为主；而大渔、滩浒、芦潮港一带为顺时针环流，也是落潮净出，图2.7.14（b）是单宽净输水，下游口门至王盘段有一个大的逆时针环流，比较图2.7.14（a）、（b）有些共同点，如金山、口门等大断面上余流都非同一方向，多处有净进和净出，这也为许多观测资料所证实，另在镇海至金塘的余流方向相同，但也存在差异，如图2.7.14（a）杭州湾中间地带余流比较小，环流不明显，而图图2.7.14（b）该处环流很大，且环流在杭州湾存在较多。由于Euler余流是固定点涨落潮流速之差，为一个小量，同时由于日潮不等现象，其验证比较困难，不同长短时间的结果也有差异，但北岸深槽的Euler余流为0.3m/s左右，方向为涨潮，这一观点基本一致。在涨落潮沙量相差不大的情况下，余沙的方向与余流方向基本一致。Euler余流实测及数模结果是一致的，即北岸净进，南岸净出，与北冲南淤的地形演变即图2.7.2（a）、（b）结果亦是一致的，使地形演变得到了动力学的某些解释。

2.7.3.3 质点追踪Lagrange余流（韩曾萃等，1991）

采用质点追踪的Lagrange方法可以看出泥沙、污染物的净输移方向和轨迹，其原理为

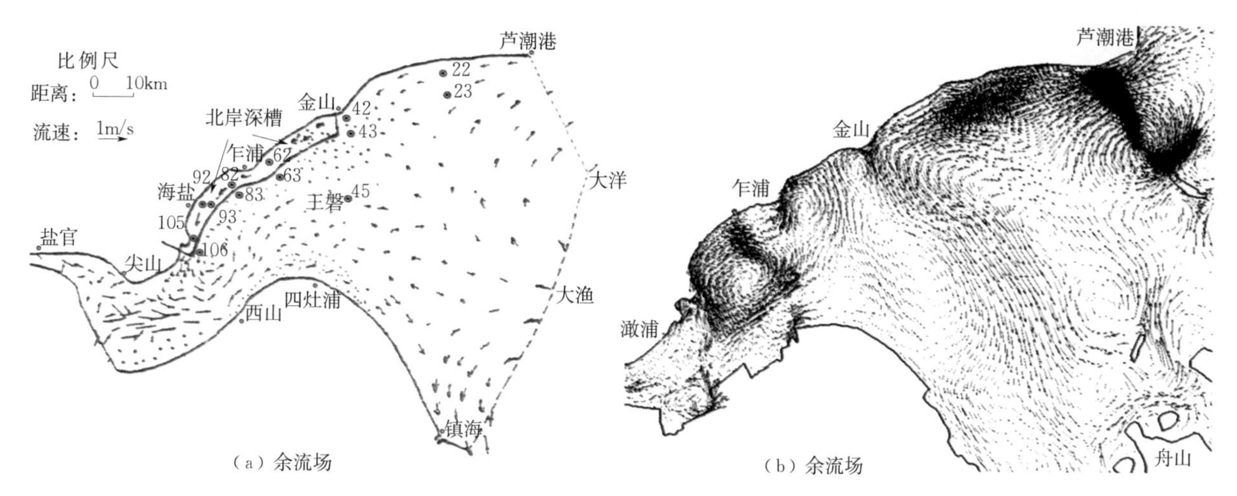

图 2.7.14 澉浦以下水域 Euler 余流示意图

$$X_i(t_{j+1}) - X_i(t_j) = \int_{X_j}^{X_{j-1}} U_i[X_i(t_j), t]\mathrm{d}t \tag{2.7.5}$$

当 Δt 足够小，t_{j+1}时刻的 Lagrange 速度可用 t_j时刻的 Taylor's 级数逼近，因此可得

$$X_i(t_{j+1}) = X_i(t_j) + \int_{tj}^{tj-1} \{U_i[X_i(t_j), t] + \int_{tj}^{tj+1} U_i[X_i(t_j), t']\mathrm{d}t - \nabla U_i[X_i(t_j), t]\} u \tag{2.7.6}$$

由于 Lagrange 余流与质点位置、投放时刻（涨急、落急、涨憩、落憩）有关，以金山为准，上述 4 个代表时刻，在北岸深槽内、外以及中部投放的 6 个标志物的全潮轨迹及位移矢量如图 2.7.15 所示。由图 2.7.15 可知：在北岸深槽投放的标志物 1、4、5、6 四点有一段时刻在深槽内回游振荡，但最终 4 个潮后净位移方向是指向上游（反映了 Euler 余流净涨方向）的涨潮方向，4 个代表时刻均如此，4 个潮后指向南岸或中部，从中部流出杭州湾；在杭州湾中部投放的标志物为 2 号、3 号点，经过数个潮次及 10 个以上潮向东北方向流出，也有向镇海、大洋山间南岸流出金塘水道；在南岸附近投入标志物，多数从镇海—大渔山之间流出。总的停留杭州湾的时间是 10～20 天不等。

以上投放的物质只有 6 个点，似乎太少，应有更多的点位，不同时刻投放示追踪物质，全面观察 Lagrange 质点追踪的轨迹，今后应作专题研究。但从已有的初步研究看，在北岸深槽投放的物质从质点追踪的轨迹来看，无论何时刻的投放物，很少一直在北岸深槽内移动，而均是向西后向南、向下游或远离深槽方向，这说明无论泥沙或污染物质均不会在深槽内淤积停留，都是离开北岸深槽，由此可知北岸深槽总的趋势是冲刷的，能保持较为清洁的水体（对污染物而言），这样自然创造出一个良好的航道、码头、污染物排放口的位置，对此特征必须重视，加以利用、保护。

综上所述，杭州湾北冲南淤的演变趋势是外海潮波系统自东南向西北传入的结果，再加上两边岸线的收缩、涨潮流速逐渐加大，与岸线有交角并受阻，形成北岸深槽冲刷区，而南岸其一为涨潮的隐蔽区，其二为落潮流的扩散减速淤积区。从 Euler 余流和 Lagrange 余流看，北岸深槽可以保持其不易停留和不易淤积的特点，南岸易于停留和淤积，从水流动力特征初步解释了杭州湾北冲南淤的特点。对于杭州湾今后还需要深入从环流结构、泥沙运动特征以及生态环境等多方面深入研究。

2.7.4 对杭州湾河床演变的认识

2.7.4.1 杭州湾水域是钱塘江河口段治江的自然延续

杭州湾是钱塘江河口的一个组成部分（习称口外海滨段），其中北岸深槽是航运、码头的重要资源，南岸有大片滩涂资源，北岸深槽的冲淤及南岸滩涂的淤涨都与上游径流丰枯关系密切，且澉浦上

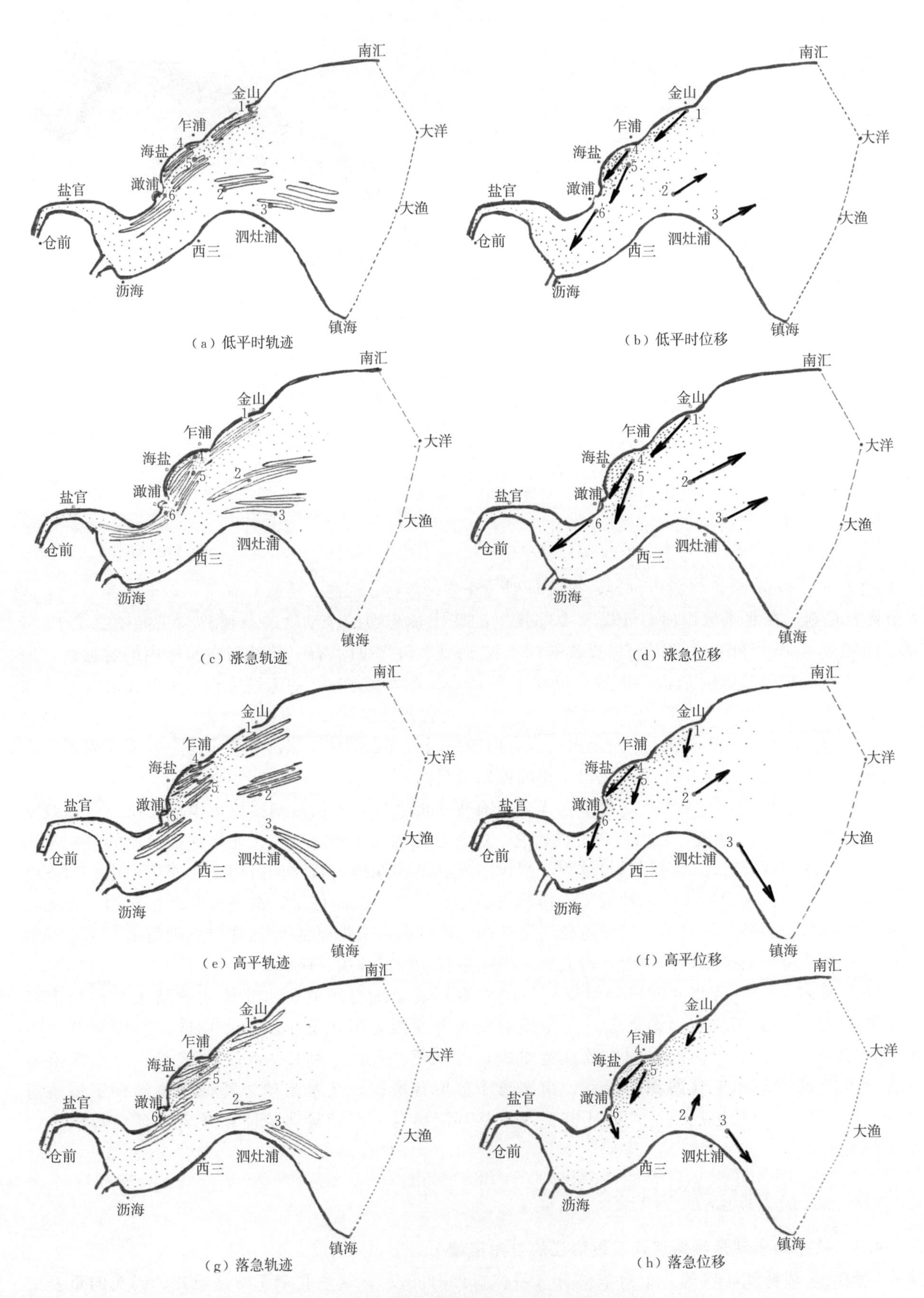

(a) 低平时轨迹
(b) 低平时位移
(c) 涨急轨迹
(d) 涨急位移
(e) 高平轨迹
(f) 高平位移
(g) 落急轨迹
(h) 落急位移

图 2.7.15 澉浦以下水域 Lagrange 余流示意图

下游之间，水流、泥沙输移有着频繁的交换。故澉浦断面上下游河段有着密不可分的联系，在治理中必须统一研究，具体表现为：钱塘江河口由于动力条件复杂，河宽水浅，其涨落潮流路不一致，因而摆动频繁，造成海塘险工段不断变迁，江道容积、洪水位、潮汐特征等一系列参数变幅极大，造成多种资源不能利用。经过50年的研究、治理实践，治江缩窄工程已推进到澉浦至金山河段，该河段无论河势、河宽、潮量、涨落潮流速、流向都与金山以下的杭州湾下段关系密切，澉浦目前江面仍有16.5km宽，江心滩仍在摆动、消涨，主流仍不稳定，而这里的许多排涝闸、泄洪闸、航道码头、桥梁、核电站取水口等基础设施都要求北岸深槽能继续维持稳定，减少冲淤变化，故治江的任务远未结束。随着治理河口任务自上而下的进展，澉浦以下的杭州湾成为钱塘江河口治江工作的必然延伸和新的治理与研究的重点。

2.7.4.2 保护好涌潮及北岸深槽至关重要

钱塘江河口的涌潮是中国乃至世界的自然遗产，它的形成、传播及大小均与杭州湾特殊的平面形态及床面高程关系密切，因此在杭州湾有关改变其平面形态及河床高程的一切人类活动，都要慎重地研究它们各自及其叠加对涌潮景观的影响，包括涌潮景观的大小、多样性（一线潮、交叉潮、回头潮）和稳定性等。

杭州湾另一个重要的资源是北岸深槽，它的形态和范围如图2.5.5所示。由于尖山河段随着丰、平、枯水文年主槽自然摆动及治江工程实施的影响，且放宽率在尖山以下仍偏大，使得澉浦附近浅滩扩大、外延、升高，加之杭州湾为自然累积淤积性的水域，还有建桥、建码头等其他的因素影响，北岸深槽涨潮流有可能进一步减弱，涉及秦山核电群（装机容量约700万kW）和嘉兴火电厂（装机容量约500万kW）取水、排水口的安全以及嘉兴港码头、排污口、排涝闸等前沿水深条件，故杭州湾北岸原则上不允许围垦，也应注意建码头、栈桥自身带来码头前沿的淤积，保持现状堤线。加强观测，必要时采取相应的措施。

2.7.4.3 南岸滩地的淤涨是自然演变和人类促淤活动的共同结果

南岸慈溪市就是自然数百年淤涨的结果，其庵东滩地近50年仍然是逐步淤涨，滩地前沿－3～－10m的陡坡逐年向北推进。南岸0m以上的高滩（潮间带）的淤涨速度，低于－3～－10m陡坡的水平推进速度，这说明：①南岸陡坡外推是自然淤积趋势，并非主要是人工围涂等造成的淤积；②深槽的平移速度比高滩围涂淤积速度快，这种趋势是否会对北仑港区、洋山港区、嘉兴港区产生影响，值得重视并加强观测研究。

杭州湾是河口湾，它是钱塘江河口的自然外延，人类活动除必须考虑沿岸河床地形等深线外，还需考虑它的河口基本属性。

（1）纵向要有合理的放宽率。钱塘江河口从闸口至澉浦、澉浦至南汇嘴河宽沿纵向都有一个自然的放宽率，它与河宽增量、河宽 B 及外延距离增量 dx 乘积成正比，即

$$dB=\alpha B dx \tag{2.7.7}$$

积分时代入 $x=0$、$B=B_0$ 的边界条件后可以得到

$$B_x=B_0 e^{\alpha x} \tag{2.7.8}$$

式中：B_0 为初始断面的河宽；B_x 为距初始断面 x 距离处的河宽；α 称为放宽率。

按中水位统计，治江缩窄前（1970年），钱塘江河口闸口至澉浦的 $\alpha=0.039$，澉浦至芦潮港 $\alpha=0.018$；治江缩窄后（2014年）闸口至54#断面 $\alpha=0.015$，再至乍浦 $\alpha=0.040$，与未缩窄前基本一致，只是河段位置不同，当江面突然放宽太大，如尖山（L64）、鼠尾山（$L68_{丙}$）、澉浦等处都存在中沙，致使主槽摆动不定。若杭州湾口门芦潮港至镇海的中水宽度96km不变，上边界澉浦也仅由19.1km缩窄到16.5km，可以保持杭州湾的两岸基本特性不变，再考虑南岸的庵东滩地0m等高线在金山断面的宽度为42km左右缩窄到36km，可以适当减缓54#断面至乍浦的放宽率到0.041，而金山以下放宽率保持在原来的0.018左右，与现状一致，较平顺，如表2.7.5所示。

表 2.7.5　　治理河宽及放宽率

地名		闸口	54#	澉浦	乍浦	金山	芦潮港
间距/km		65	40	22	22	45	
天然情况	河宽 B_i/m	910	12000	19100	28500	44000	97000
	放宽率 α	0.040	0.012	0.018	0.020	0.018	
现状（2005年）	河宽 B_i/m	910	3300	17500	28000	42000	96000
	放宽率 α	0.020	0.042	0.021	0.018	0.018	
规划方案	河宽 B_i/m	910	3300	16500	24000	40000	96000
	放宽率 α	0.020	0.040	0.17	0.023	0.019	

（2）断面面积仍应满足河相（海湾相）关系。杭州湾断面特征与径流、潮流、含沙量等物理量仍然满足无涌潮的河相关系式（2.4.4）～式（2.4.6）。根据上述河相关系及高抒（1989）P—A 关系式（2.7.9）计算得到杭州湾断面面积，见表 2.7.6。

表 2.7.6　　杭州湾断面面积验证

断面位置	实测 A /10^5m^2	河相关系法				潮棱体法		
		Q_e /(万 m^3·s^{-1})	S_e /(kg·m^{-3})	A/10^5m^2	误差/%	P/亿 m^3	A/10^5m^2	误差/%
芦潮港	10.8	114	2.0	11.4	5.6	280	12.3	13.9
柘林	7.0	73	1.5	8.1	15.7	180	8.2	17.1
金山	4.6	40	1.5	4.7	2.2	100	4.8	4.3
乍浦	3.25	32	1.8	3.7	13.8	80	3.9	20.0
澉浦	1.65	14	3.0	1.6	−3.0	35	1.8	9.1

$$A=3\times10^{-4}P^{0.92} \tag{2.7.9}$$

式中：P 为任意断面涨潮潮量或潮棱体；A 为任意断面中潮位下断面面积。

由表 2.7.6 可知，由于河口河相关系法考虑了含沙量的影响，其断面面积的计算值与实测值的误差较小，平均为 8%，而潮棱体法的平均误差为 13%。由此可见，尽管两种方法的计算误差都在工程规划要求的误差范围以内，但河口河相关系法的计算精度更高，因此采用该方法预测治理方案实施后断面面积。由于杭州湾河宽很大，横向水深、流速变化很大，不能用一维河口河相关系预测各点的变化，缩窄后的水深 h_{2i} 满足

$$h_{2i}=(q_{2i}/q_{1i})^{2/3}h_{1i} \tag{2.7.10}$$

或

$$h_{2i}=(s_{2i}/s_{1i})^{1/3}(q_{2i}/q_{1i})^{2/3}h_{1i} \tag{2.7.11}$$

式中：h_{1i}、h_{2i} 分别为缩窄前、后任意点的水深；q_{1i}、q_{2i} 分别为缩窄前、后任意点的单宽流量；s_{1i}、s_{2i} 分别为缩窄前、后任意点的含沙量。

采用平面二维浅水潮波方程计算缩窄前、后各点的单宽流量 q_{1i}、q_{2i}，并进行反馈计算，从而得到河床冲淤变化 h_{2i}。

（3）根据滩地等高线制定围涂方案。由于我国土地使用按占补平衡的政策，对土地需求量太大，对滩涂资源只能实施"以供定需"。浙江省可持续性的围涂平均速度（即滩涂再生速度与围涂的速度相同）为 5 万亩/a，其中钱塘江河口为 2.5 万亩/a，按这一速度在 15 年内（至 2020 水平年）钱塘江河口围垦面积为 37.5 万亩。由于本地区土地的需求十分迫切，且近年省政府出台一系列鼓励围涂的政策，可以比过去的围涂速度适当增加 55 万～70 万亩。为此，利用杭州湾南岸滩地的 0m、−2m、−5m等高线大体划分其不同缩窄围涂的方案，其所需泥沙补给量分别为 7.8 亿 m^3、15.5 亿 m^{3}和 22

亿 m^3，相应围垦土地 26.5 万、56.3 万和 86 万亩。

（4）滩涂围垦应与杭州湾泥沙的补给速度相适应。根据前文分析的河床冲淤量和治江围涂面积，近 50 年来泥沙累计淤积为 76 亿 m^3，平均泥沙补给量为 1.4 亿 m^3/a，远比恽才兴（2002 年）计算的杭州湾接纳泥沙量 0.8 亿 m^3/a 大。存在这种差异的主要原因是人类活动加大了回淤强度。以近 50 年的 1.4 亿 m^3/a 为可能的泥沙补给强度，根据实测水下地形分析金山以上杭州湾内泥沙输移量最大年份可达 5 亿～6 亿 m^3，局部河段河床冲淤量最大幅度达 2～4m，主要视径流、潮流等水动力条件和海域泥沙、局部地区泥沙补给情况而异，但这是短期而不是长期稳定的补给量。总体来讲泥沙的补给是有限度的，平均为 1 亿～2 亿 m^3/a。因此，在钱塘江河口治导线规划时应充分考虑泥沙补给强度，围垦面积应与泥沙补给量总体相适应。

2.7.5 几个大断面实测潮量及输沙量分析（王秀云，1983；尤爱菊等，2003；潘存鸿等，2010；曹颖等，2012）

杭州湾澉浦至芦潮港的断面河宽达 16.5～96km，其南、北岸的输水输沙特性时空上都存在较大差异，最可靠的是断面多垂线的实测水流流速、流向、单宽流量、含沙量的多次全潮观测值，由于该项观测花费巨大，故观测次数较少。现将澉浦、乍浦、金山、湾口（芦潮港—镇海）和长江口进入浙江省水域的横断面（即南汇嘴以东至 55km 处－15m 高程，简称南汇嘴断面）及金塘大桥、北仑港等七个断面，冬夏季约 32 年前、后的水文资料进行整理。整理时按照断面不同潮差与输水量、输沙量关系，断面横向分布及年净输水、输沙进行整理分析。

2.7.5.1 断面总输水、输沙量结果

（1）澉浦断面输水、输沙量。从 20 世纪 70 年代至 2010 年有多次同步 3～5 条垂线分布的水流、泥沙观测资料，辅以少量数学模型的潮量计算数据，全断面潮量、输沙量与潮差关系如图 2.7.16 所示，以 2000 年为界代表治江缩窄前后的不同输水、输沙能力，同时考虑治江缩窄前后潮差的变化，统计结果见表 2.7.7。

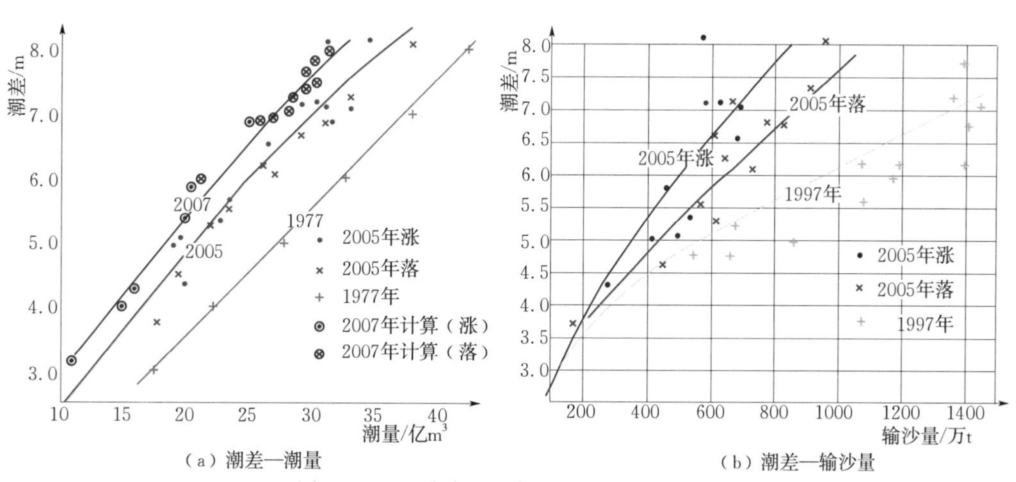

图 2.7.16 澉浦潮差与潮量、输沙量关系

表 2.7.7 澉浦断面治理前后潮量和输沙量对比

潮差保证率		10%	25%	50%	75%	90%
治理前	潮差 ΔZ/m	6.95	6.30	5.40	4.40	3.70
	潮量 W/亿 m^3	38	35	29.4	23	19
	输沙量 G/万 t	1360	1100	740	400	200
	含沙量 S/(kg・m^{-3})	3.6	3.1	2.5	1.7	1.1

续表

潮差保证率		10%	25%	50%	75%	90%
治理后	潮差 ΔZ/m	7.40	6.80	5.95	4.95	4.10
	潮量 W/亿 m^3	32	29	25.9	21	17.5
	输沙量 G/万 t	700	600	460	320	200
	含沙量 S/(kg·m^{-3})	2.2	2.1	1.8	1.5	1.1
减少/%	输水 ΔW	15.8	17.1	15.9	8.7	7.8
	输沙 ΔG	48.5	45.5	37.8	20.0	0.0
	含沙量 ΔS	40.5	32.9	29.8	10.6	−2.7

由于治江缩窄后涨潮量减少约 8%～20%，而输沙量减少 10%～48%，含沙量减小 10%～36%。含沙量减小主要是因为滩地围涂，故输沙量减少百分数大于潮量的减少，潮差保证率 50%条件下潮量减少 15%，输沙减少 37%，含沙量减少 21%。以上结论是基于一系列实测资料对比分析的结果，因此结论比较可信。

(2) 乍浦断面输水、输沙量。1959 年、1977 年乍浦断面有 3～5 条同步垂线水沙资料，而 2010 年有同步 8 条、2011 年有南北各 5 条同步垂线的水沙资料，分别有冬、夏季含沙量。为此整理得到治江前后各种保证率潮差条件下潮量、输沙量的差异，见表 2.7.8。

表 2.7.8　乍浦断面治理前后潮量和输沙量对比

潮差保证率		10%		25%		50%		75%		90%	
		前	后	前	后	前	后	前	后	前	后
潮差/m	冬季	6.0	6.27	5.45	5.70	4.61	4.93	3.80	4.04	3.10	3.20
	夏季	6.4	6.63	5.80	6.07	5.00	5.27	4.00	4.28	3.20	3.33
	全年	6.20	6.45	5.62	5.86	4.80	5.10	3.90	4.16	3.15	3.28
潮量/亿 m^3	冬季	100	76	90	69	76	61	67	51	54	41
	夏季	104	80	96	74	80	65	69	54	56	44
	全年	102	78	94	72	78	63	68	52	55	42
输沙量/万 t	冬季	2050	2356	1800	1950	1150	1300	1120	800	920	550
	夏季	1850	1950	1300	1600	1050	1200	750	840	620	600
	全年	1950	2100	1550	1770	1100	1230	930	820	770	550

同样用潮差保证率 50%的数据进行分析，由表 2.7.8 可知，冬夏季年平均潮量由 78 亿 m^{3}减少为 63 亿 m^3，减少了 15 亿 m^3，即减少 19%，但年输沙量由 1100 万 t/潮增加到 1230 万 t/潮，增大 130 万 t/潮，即增大 11.8%，主要原因是含沙量由 1.41 kg/m^{3}增加为 1.95 kg/m^3。含沙量全断面增加了 38%。

(3) 金山、口门（芦潮港至镇海）及南汇嘴断面等断面输水、输沙量。金山、杭州湾口门（芦潮港至镇海）及南汇嘴断面等三个大断面，在 1981—1983 年冬季、夏季的浙江省海岸带调查（浙江省海岸带调查办公室，1985 年）进行过 5～6 条垂线水沙观测（观测垂线布置如图 2.7.17 所示），2014 年该三大断面同点位又布置 5～6 条冬、夏季同步水、沙全断面观测，但潮差因围垦和海平面上升，各保证率的潮差金山增大 0.30m，杭州湾口门及南汇嘴断面增加 0.10m，根据这些资料，可以得到潮差与输水、输沙关系，再用各保证率的潮差得到如表 2.7.9 所示的各站特征值。由于数据很多，仅以表中潮差保证率 50%的数据进行比较，由表 2.7.9 可知：

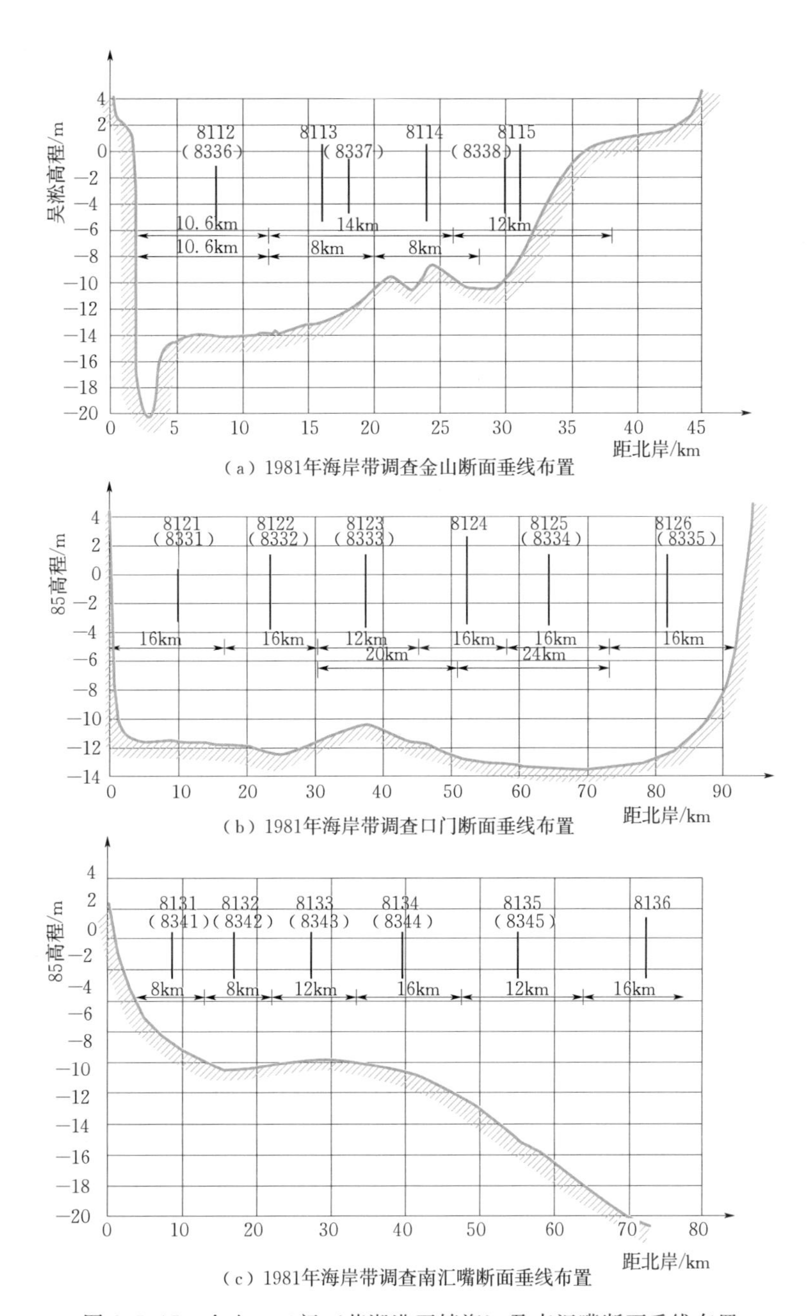

(a) 1981年海岸带调查金山断面垂线布置

(b) 1981年海岸带调查口门断面垂线布置

(c) 1981年海岸带调查南汇嘴断面垂线布置

图 2.7.17　金山、口门（芦潮港至镇海）及南汇嘴断面垂线布置

表 2.7.9　　金山、杭州湾口门及南汇嘴断面输水输沙

潮差保证率			10%		25%		50%		75%		90%	
年份			1983	2014	1983	2014	1983	2014	1983	2014	1983	2014
金山断面	潮差/m		5.65	5.95	5.16	5.45	4.50	4.80	3.70	4.00	3.03	3.33
	潮量/亿 m^3		125	97.0	110	89.0	90.0	78.0	70.0	600.0	50.0	54.0
	输沙量/(万 t·潮$^{-1}$)	夏季	1650		1400		1150		750		450	
		冬季	2350	3250	2000	2700	1500	1850	850	950	450	200
		全年	2000	2760	1700	2295	1325	1630	800	895	450	200
	含沙量/(kg·m^{-3})		1.60	2.85	1.55	2.58	1.47	2.09	1.14	0.15	0.90	0.37

续表

潮差保证率			10%		25%		50%		75%		90%	
年份			1983	2014	1983	2014	1983	2014	1983	2014	1983	2014
杭州湾口门	潮差/m		4.57	4.67	4.10	4.20	3.50	3.60	2.75	2.85	2.10	2.20
	潮量/亿 m^3		255	260	245	250	215	220	175	180	135	140
	输沙量/(万 t·潮$^{-1}$)	夏季	4400	3800	3800	3200	3000	2300	2000	1500	1000	500
		冬季	4800	5800	4000	5000	3000	4200	2000	3000	700	2000
		全年	4600	4800	3900	4100	3000	3250	2000	2250	850	1250
	含沙量/(kg·m^{-3})		1.80	1.85	1.59	1.64	1.40	1.48	1.14	1.25	0.63	0.89
南汇嘴断面	潮差/m		4.57	4.67	4.10	4.20	3.50	3.60	2.75	2.85	2.10	2.20
	潮量/亿 m^3		135	170	125	155	125	130	80	85	50	55
	输沙量/(万 t·潮$^{-1}$)	夏季	900	1200	760	1000	500	800	200	450	100	150
		冬季	2600	1800	2200	1600	2000	1300	1400	850	900	400
		全年	1750	1500	1500	1300	1250	1050	800	650	500	275
	含沙量/(kg·m^{-3})		1.30	0.88	1.20	0.84	1.00	0.81	1.00	0.76	1.0	0.50

注：1. 含沙量 $S_{全年}=(S_{夏}+S_{冬})/2$。

2. 南汇嘴断面按离岸距离 55km 内计算输水、输沙。2014 年金山断面无夏季观测值，全年值参照 1983 年冬季与全年之比推求。表中 1981 年为夏季，1983 年为冬季。

1）1983 年金山的涨潮量 90 亿 m^3，到 2014 年因围垦缩窄已考虑潮差增加后，潮量为 78 亿 m^3，减少 12 亿 m^3，减少 13%的潮量，但全年平均输沙量由 1325 万 t/潮增加为 1630 万 t/潮，即增加输沙量 23%，原因是该断面含沙量由 1.47kg/m^3 增加到 2.09kg/m^3，增加了 42%。在 2014 年的水文测验时，在南岸垂线底部多次观测到 20～50kg/m^3 的高含沙量，故近年金山以上淤积量增加较大，而且金山至口门断面之间的全水域已在 2010 年与 2014 年间发生了冲刷，这说明杭州湾地形的冲淤变化是与动力条件，特别是含沙量的变化相一致的。

2）杭州湾口门有 1981—1983 年夏季、冬季 5 条垂线观测资料，也有 2003 年夏季同位置的观测资料和 2014 年夏季、冬季同步同点位资料，经整编得到潮差—潮量—输沙量关系。实测资料表明，治江缩窄后，各断面潮量有所减少，但潮差有所增大，潮量减少程度又有所补偿，这种现象为河流自动调整原理在河口的体现。故澉浦、乍浦、金山断面潮量有所减少，但口门断面略有减少。用潮差与输沙量的相关关系，可以得到各种频率的输沙量。由表 2.7.9 可知，潮差保证率为 50%的杭州湾口门涨潮输沙量 1983 年为 3000 万 t/潮，2014 年增加为 3250 万 t/潮，最终进入杭州湾的沙量增加了 8%。

3）南汇嘴断面输水量仅 125 亿～130 亿 m^3/潮，为杭州湾口门 215 亿～220 亿 m^3 的 60%左右，输沙量 1050 万～1250 万 t/潮，仅为杭州湾口门 3000 万～3250 万 t/潮的 40%左右，因此进入杭州湾的水与沙，除长江口直接流入杭州湾外，至少还有约 40%的水和 60%的沙是从东海补充的。另外，南汇嘴断面潮差夏季大于冬季，故夏季潮量大于冬季，但冬季含沙量明显高于夏季。同样 50%保证率潮差下的输沙量，1983 年为 1250 万 t/潮，2014 年为 1050 万 t/潮，减少了 16%。

（4）金塘、北仑水道断面输水、输沙量。本文金塘断面指金塘大桥断面，2002 年 3 月进行过该断面 8 条垂线的同步观测（图 2.7.18、图 2.7.19）。2014 年在金塘和北仑两断面深槽部位进行了走航式 ADCP 观测。两次观测有些差异，取其平均建立潮差与潮量、输沙量的关系，并按镇海保证率 50%的潮差，推得该断面的涨落潮潮量和涨落潮输沙量，见表 2.7.10。其中北仑断面是全 ADCP 走航观测，总潮量值可靠，但未测沙。两个全断面输水、输沙均以净进（向杭州湾方向）为主，单垂线点则不完全为净进。

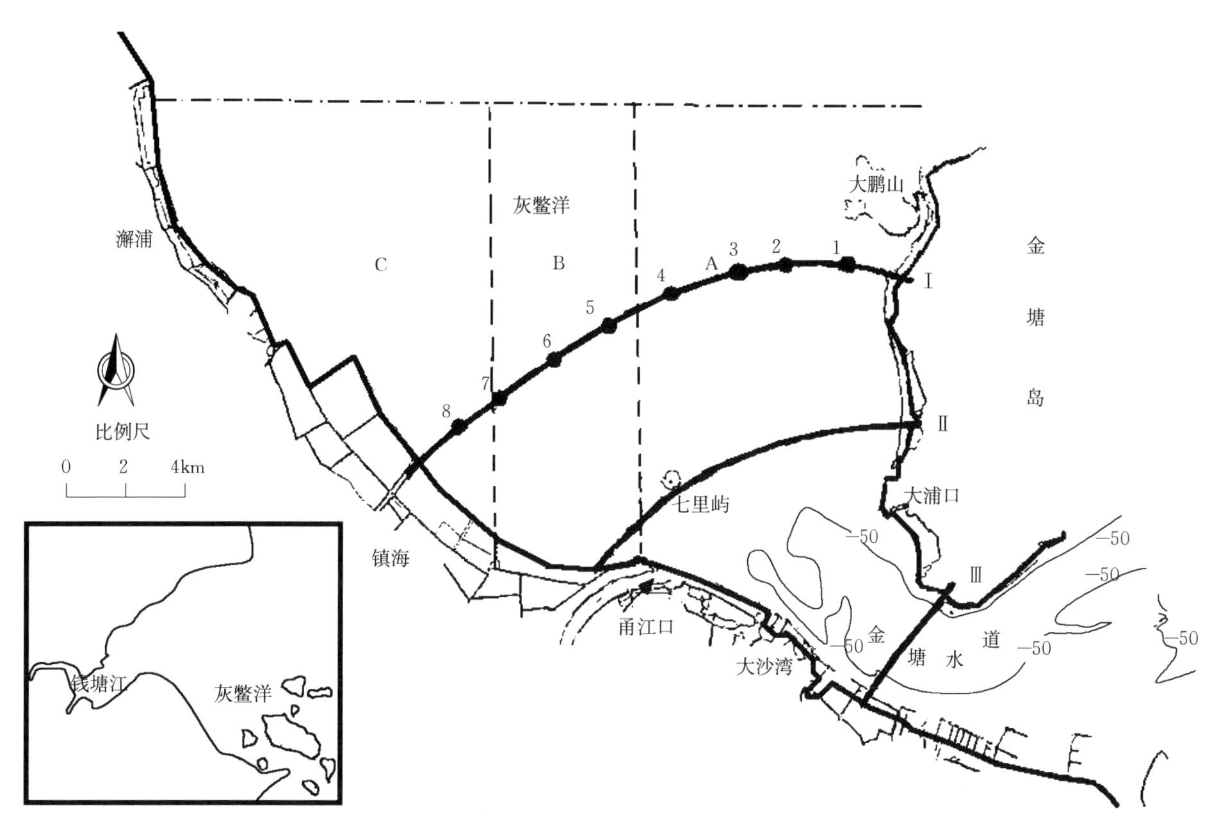

图 2.7.18　灰鳖洋海域形势图

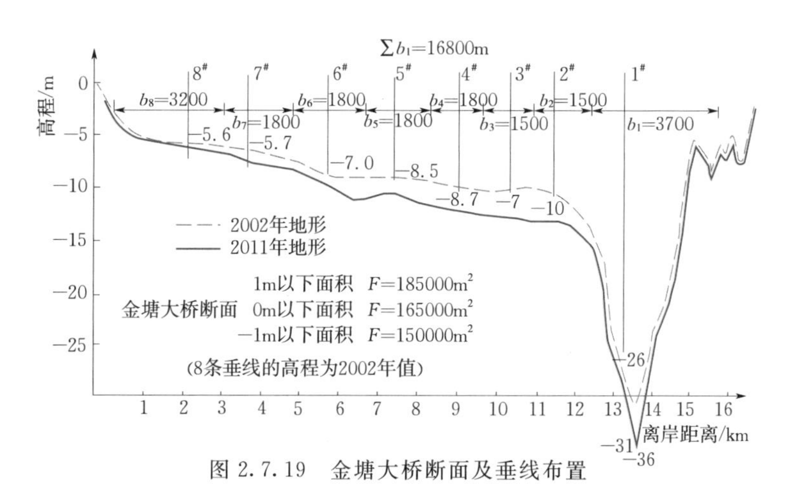

图 2.7.19　金塘大桥断面及垂线布置

表 2.7.10　金塘断面输水输沙量

潮差保证率		10%		25%		50%		75%		90%	
断面		金塘	北仑	金塘	北仑	金塘	北仑	金塘	北仑	金塘	北仑
潮差/m		2.85	2.85	2.54	2.54	2.13	2.13	1.62	1.62	1.20	1.20
潮量/亿 m³	涨潮	35	43	31	40	25	34	21	29	15	23
	落潮	33	40	29	37	23	31	20	27	14	21
输沙量/万 t	涨潮	520		450		360		260		190	
	落潮	490		425		340		245		180	

2.7.5.2　杭州湾各断面输水、输沙的平面分布特性

（1）澉浦断面的输水、输沙平面分布。治江缩窄前，澉浦曾有多次 3～5 条垂线的水、沙观测资料，由于河势顺直、弯曲不同，南北岸垂线的输水、输沙强度及净输水、输沙的方向、大小都有差异。

这里不详细讨论各次全断面分布的变化。现以2005年已经接近江道治导线的情况下夏季、冬季的对比观测，得到6个潮期（大、中、小各2个潮）的净水量及净沙量的平面分布图（图2.7.20）。从以上分布可以得到：全断面6个潮潮量夏季净进16.0亿m^3，相应净进2.67亿m^3/潮；同样，6个潮冬季净进为18.2亿m^3，相应净进3.03亿m^3/潮。沙量夏季6个潮净出805.8万t，相应净出134.3万t/潮；冬季6个潮净进137万t，相应净进22.8万t/潮。总体上是北岸净出为主，南部净进为主。同时也说明水与沙净进（出）可以一致（如冬季），也可不一致（如夏季）。各条垂线水、沙6个潮最终净出各不相同，如夏季北岸1#、2#点水沙均是净流出（落），3#点是水沙均净进，4#点水为净出，而沙为净进。冬季北岸1#、2#点水沙又均为净出，南岸3#、4#点又均为净进。这些差异说明了水沙的不一致性，原因是涨、落潮水量与含沙量可以因两者微小的差异得出净输水输沙的不同，表现出多样性和复杂性，这正是潮流输水、输沙难点之所在。更不能用有限的几次观测结果，推广到全年的总输沙量。

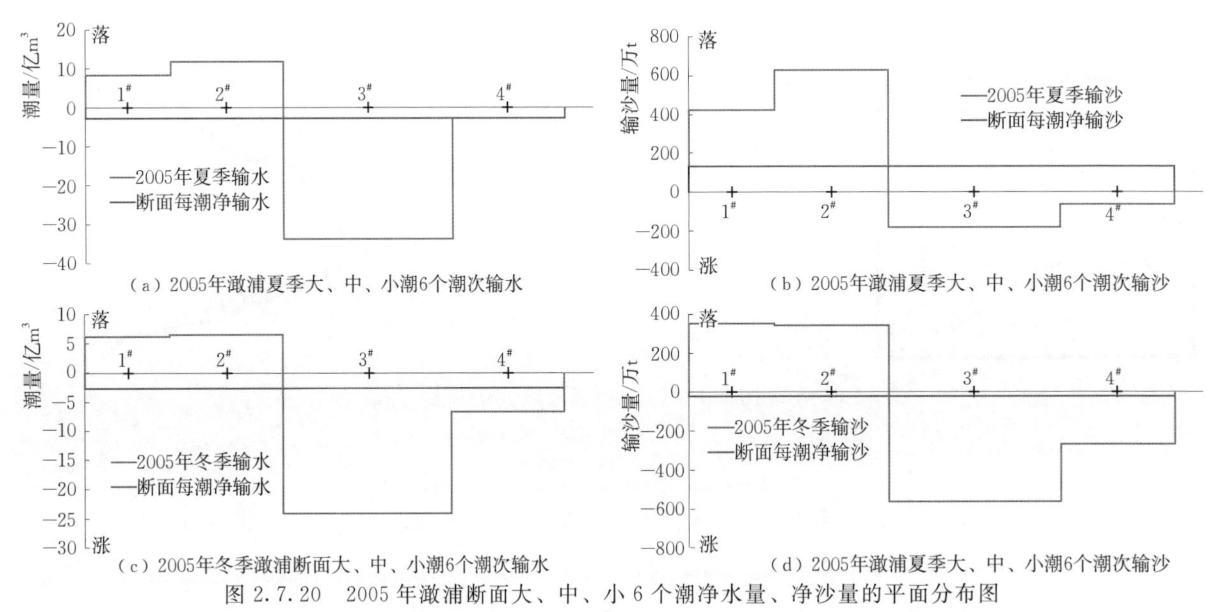

图2.7.20　2005年澉浦断面大、中、小6个潮净水量、净沙量的平面分布图

（2）乍浦断面的输水、输沙平面分布。乍浦断面2000年有8条垂线流速观测，见表2.7.11。图2.7.21的（a）、（b）分别为涨急、落急时刻流速分布图（国家海洋局第二海洋研究所，2000），最大流速不在北岸深槽，而是在南岸深槽近陡坡处的8#垂线上，又由表2.7.11可知，除1#垂线外，测点垂线平均涨潮流速都大于落潮流速，且最大值不在北岸深槽，也不在南岸深槽处，而是在南岸陡坡处。图2.7.22为2001年横向A1—A5（以北岸为主的测次）、B1—B5（以南岸为主的测次）的单宽涨、落潮平均输水及含沙量分布得出的净输水分布及净输沙分布。输水A1、A5是净出，而A3、A4、B5则是净进。这是2001年12月净输水情况，而含沙量冬季是夏季的2倍左右，由于全年潮流及含沙量变化均很大，用有限的资料很难确定全年净输沙量。

表2.7.11　各垂线测点、垂线平均最大流速　单位：m/s

垂线号			1#	2#	3#	4#	5#	6#	7#	8#
大潮	测点	涨	1.86	2.46	2.94	2.82	3.04	3.04	4.07	4.25
		落	2.63	2.23	2.46	2.48	2.71	2.65	3.82	3.96
	垂线平均	涨	1.58	2.18	2.40	2.20	2.49	2.68	2.62	3.77
		落	2.34	1.60	2.15	1.94	2.30	2.30	2.70	1.41
中潮	测点	涨	1.63	2.23	2.50	2.38	2.23	2.29	2.45	3.82
		落	1.68	1.43	1.84	1.71	1.71	2.14	1.81	2.25
	垂线平均	涨	1.42	1.85	2.05	1.82	2.04	1.84	1.78	3.32
		落	1.42	1.06	1.38	1.46	1.37	1.94	1.36	2.00

续表

垂线号			1#	2#	3#	4#	5#	6#	7#	8#
小潮	测点	涨	1.04	1.56	1.70	1.78	1.63	1.54	1.80	2.26
		落	1.32	1.23	1.34	1.28	1.41	1.85	1.59	1.67
	垂线平均	涨	0.89	1.22	1.42	1.46	1.45	1.31	1.19	2.03
		落	1.12	1.01	1.08	0.97	1.22	1.55	1.15	1.28

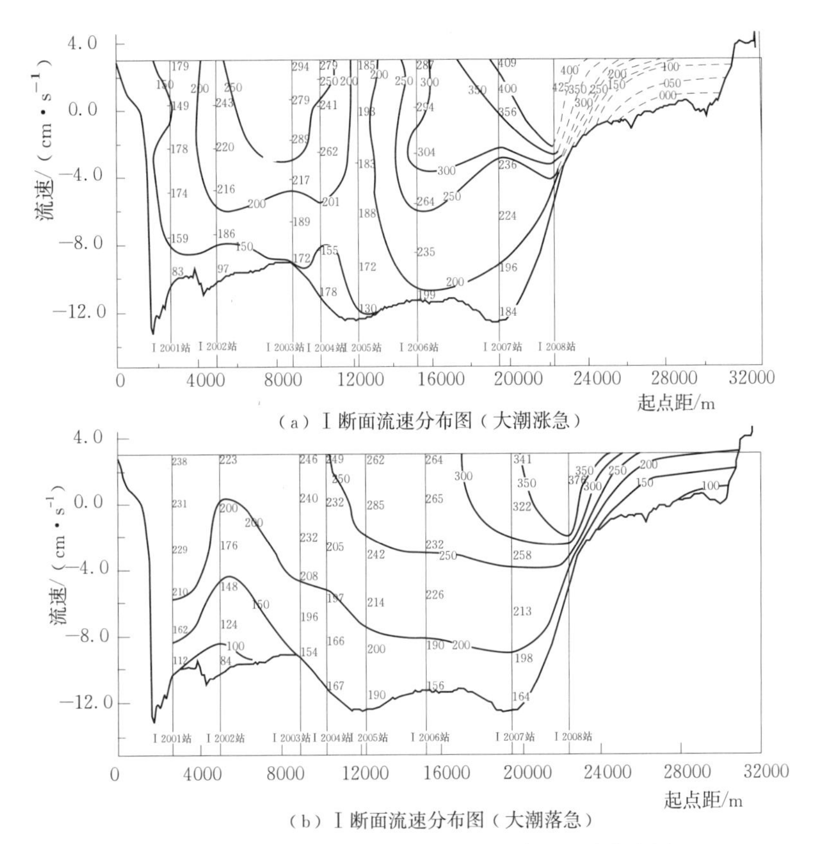

图 2.7.21　2000 年乍浦断面涨急、落急流速分布图

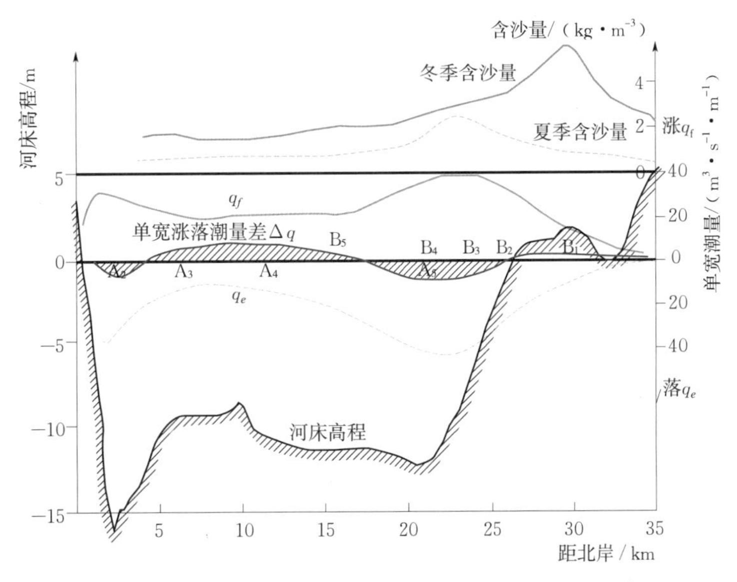

图 2.7.22　乍浦断面含沙量、单宽潮量及净输水分布

（3）金山断面的输水、输沙平面分布。1981年浙江省海岸带调查（浙江省海岸带调查办公室，1985）在金山断面布置了4条垂线，有5个完整潮的观测值，2000年后也有观测资料，见表2.7.12、表2.7.13。

表2.7.12　金山断面分布1981—1983年观测（浙江省海岸带调查办公室，1985）

测期	垂线	输水量/(亿 m^3·潮$^{-1}$)			输沙量/(万t·潮$^{-1}$)			含沙量/(kg·m^{-3})	
		涨潮	落潮	净输水	涨潮	落潮	净输沙	涨	落
夏季(1981)(5个潮差平均4.85m)	1	165.2	177.9	12.7	1369.8	1064.8	−305	0.83	0.59
	2	125.9	122.5	−3.4	1322.5	1183.6	−138.9	1.05	0.97
	3	117.2	131.0	13.8	1723.2	1618.0	−105.2	1.47	1.23
	4	105.6	69.7	−35.9	2048.7	2650	601.3	1.95	3.80
	合计	513.9	501.0	−12.8	6464.2	6516.4	52.2	1.25	1.30
	单潮	102.7	100.2	−2.5	1292.8	1303.2	10.4	1.25	1.30
冬季(1983)(2个潮差平均3.88m)	1	45.7	69.5	23.8	611	834	223	1.33	1.20
	2	102.5	111.1	8.6	949	1159	210	0.93	1.04
	3	59.4	36.9	−22.5	1266	1189	−77	2.13	3.20
	合计	207.6	217.5	9.9	2826	3182	356	1.36	1.46
	单潮	103.8	108.7	4.9	1413	1591	178	1.36	1.46

表2.7.13　金山断面2014年10—11月观测（浙江省河海测绘院，2015）

潮型	潮差/m	点位	输水量/(亿 m^3·潮$^{-1}$)			输沙量/(万t·潮$^{-1}$)			含沙量/(kg·m^{-3})	
			涨潮	落潮	净输水	涨潮	落潮	净输水	涨潮	落潮
大潮	5.50	1#	28.14	26.54	−1.60	464	354	−110	1.64	1.33
		2#	26.44	27.14	0.70	313	453	140	1.18	1.67
		3#	18.82	16.61	−2.21	488	434	−54	2.59	2.61
		4#	16.14	19.04	2.90	532	691	159	3.29	3.63
		5#	25.46	24.15	−1.31	1650	2119	469	6.48	8.77
		合计	115.0	113.48	−1.52	3447	4051	604	3.04	3.60
中潮	4.90	合计	92.98	94.13	1.15	2044	2226	182	2.19	2.36
小潮	3.80	合计	68.30	75.91	7.61	859	907	48	1.25	1.19
平均	4.73		92.09	94.51	2.41	2117	2395	278	2.16	2.38

由表2.7.12、表2.7.13可知：水流的输送，夏季北岸的1#、3#和冬季1#、2#基本上是以净出为主，但夏季南岸4#及冬季3#涨潮大于落潮为净进，但各垂线代表宽度不同，全断面夏季为净进2.5亿m^3/潮，冬季净出4.9亿m^3/潮。输沙特性夏季北岸1#、2#、3#均为净进，净进量占涨潮输沙的6%～23%，但南岸4#为净出，净出沙量占落潮输沙量的37%，故夏季全断面为净出，但绝对量不大，仅10.4万t/潮。冬季由于北岸1#、2#垂线净出沙量占落潮输沙总量的20%左右，而3#净进，比重仅7%，故全断面净出沙量达到178万t/潮，比夏季的净出沙大17倍之多，原因是冬季含沙量高，且含沙量由北至南增加明显。上述数据不足以代表全年输水、输沙情况。再对2014年10月25—11月2日金山断面实测的5条垂线进行整理（浙江省河海测绘院，2015），其结果见表2.7.13，两次平均潮差分别为4.73m和4.85m，十分接近具有可比性，表2.7.12和表2.7.13对比可知：输水量1981年夏季为102亿m^3/潮，而2014年同潮差为92亿m^3/潮，减小10亿m^3/潮，但大潮输沙量增加2～3倍，原

因是含沙量增加 2～3 倍。断面内含沙量仍然是由北向南增加，且 2014 年比 1983 年断面平均值由 1.41kg/m^{3}增加到 2.41kg/m^3，增加 71%，主要是 5$^\#$、4$^\#$两垂线增 2～3 倍，其机理尚待研究。2014 年 1$^\#$、3$^\#$、5$^\#$垂线输水为净进，但输沙 1$^\#$、3$^\#$为净进，5$^\#$垂线为净出，因落潮含沙量大于涨潮含沙量，该垂线输沙所占权重最大，故使全断面输水为净进，而输沙为净出。中、小潮的特性相同，故表中只列出中、小潮平均一个潮的结果。

2.7.5.3 杭州湾口门及南汇嘴断面的输水、输沙量特性

净输水、净输沙量的估算比较困难，其数值一般在输水、输沙量的 10%内，各潮、各垂线净输水、输沙数值和方向都不同，有限次水文资料难以达到 10%精度。好在杭州湾口门的净进沙量可从长历时地形变化得到 1.47 亿 m^3/a 的结果，南汇嘴断面净输入浙江省为 2.3 亿 m^3/a（吴华林等，2006）。从 1981—1983 年、2003 年、2014 年的水文测验，可以得到这两个大断面冬季、夏季输水、输沙的某些分布特征。

（1）杭州湾口门净进水、进沙特性。1981 年夏季潮差 3.63m，1983 年冬季潮差 3.82m，平均 3.72m，断面观测结果见表 2.7.14。由表 2.7.14 可知夏季输水 1$^\#$、3$^\#$、5$^\#$、6$^\#$为净进，而输沙是 1$^\#$、2$^\#$、3$^\#$、6$^\#$为净进，全断面输水净进 21.6 亿 m^3/潮，输沙净进 952 万 t/潮；冬季输水、输沙都是净进（除 5$^\#$垂线外），全断面输水净进 31.4 万 m^3/潮，输沙净进 497 万 t/潮。

表 2.7.14　　1981 年夏和 1983 年冬断面观测结果（海岸带调查，1985）

点位	夏季						冬季					
	输水量/（亿 m^3·潮$^{-1}$）			输沙量/（万 t·潮$^{-1}$）			输水量/（亿 m^3·潮$^{-1}$）			输沙量/（万 t·潮$^{-1}$）		
	涨潮	落潮	落-涨	涨潮	落潮	落-涨	涨潮	落潮	落-涨	涨潮	落潮	落-涨
8121	119.4	116.9	−2.5	2160	1918	−242	40.5	39.2	−1.3	1130	1033	−97
8122	121.2	123.2	2.0	2191	1958	−233	45.2	44.9	−0.3	1017	976	−41
8123	88.1	70.1	−18.0	1482	972	−510	46.6	39.2	−7.4	660	510	−150
8124	108.9	113.2	4.3	1016	1107	94	74.6	53.2	−21.4	792	460	−332
8125	130.2	126.7	−3.7	1148	1207	91	33.6	32.6	−1.0	332	455	123
8126	68. 2	64.5	−3.7	1480	1328	−152						
合计	636	614.6	−21.6	9477	8490	−952	240.5	209.1	−31.4	3931	3434.	−497

2003 年 8 月又进行过一次观测，其结果见表 2.7.15，沿断面分布如图 2.7.23 所示。本次涨落潮潮差基本一致，故不必因潮差改正潮量值，且潮差十分接近 50%保证率的潮差 3.50m，净进沙量为 83.9 万 t/潮。而 1981 年夏季经潮差订正到 50%保证率潮差的净进量为 165 万 t/潮，即减少了 47%。原因首先是全断面涨、落潮含沙量分别由 1.42kg/m^{3}减为 0.90 kg/m^3，含沙量平均减少 36%，因此定性上减少是可信的，不能仅从两组观测对全年输沙量定量上下结论。单潮进水、进沙量分布如图 2.7.23 所示。

表 2.7.15　　杭州湾口门断面 2003 年 8 月观测值（浙江省河海测绘院，2003）

潮型	潮差/m		水量/（亿 m^3·s^{-1}）			沙量/万 t			含沙量/（kg·m^{-3}）	
	涨潮	落潮	涨	落	差	涨	落	差	涨	落
大潮	4.27	4.43	232.9	239.1	+6.2	2097	2033	−64	0.91	0.84
	3.24	3.45	161.5	197.3	+35.8	1549	2014	465	0.96	1.02
中潮	3.60	3.59	211.0	214.2	+3.2	3088	2627	461	1.46	1.22
	4.05	4.05	242.6	246	3.6	3132	3227	−95	1.39	1.31
小潮	3.25	2.63	203.7	155.2	−48.5	1348	729	619	0.66	0.47
	2.17	2.60	128.6	150.3	−217	398	478	−80	0.31	0.32
合计	20.58	20.75	1180.3	1202.1	11.8	11612	11108	−504	5.69	5.18
平均每潮	3.43	3.46	196.8	200.4	3.6	1935.3	1851.3	−83.9	0.95	0.86

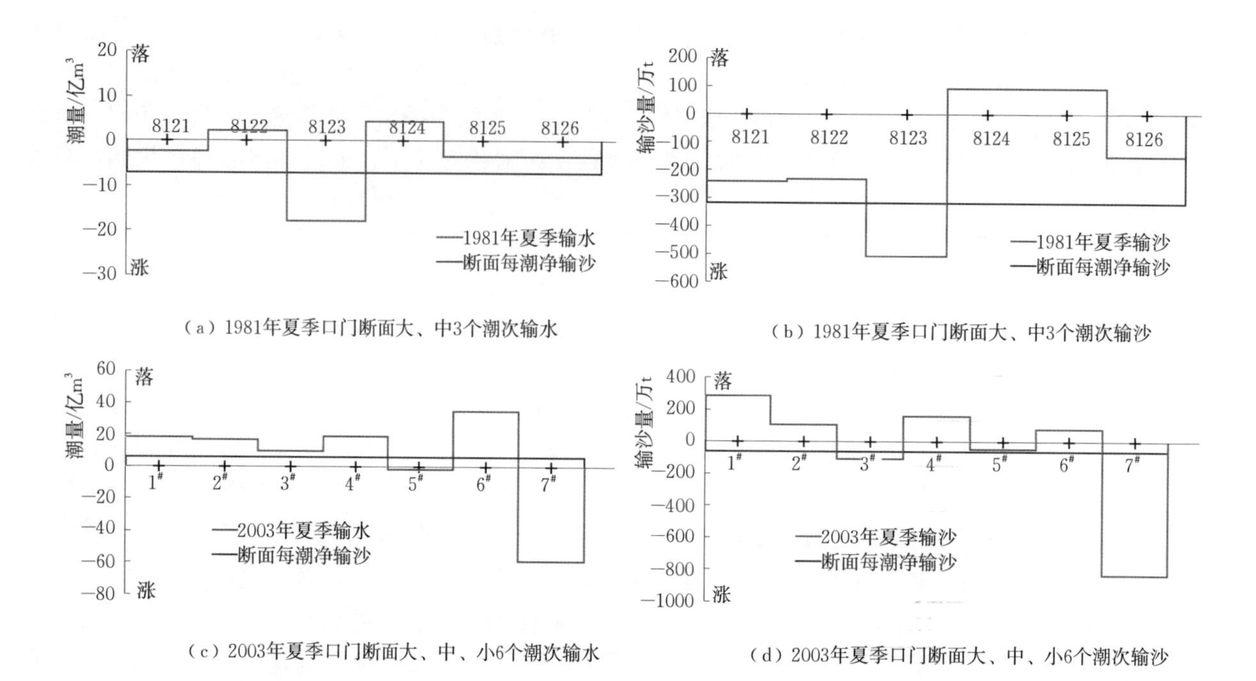

（a）1981年夏季口门断面大、中3个潮次输水

（b）1981年夏季口门断面大、中3个潮次输沙

（c）2003年夏季口门断面大、中、小6个潮次输水

（d）2003年夏季口门断面大、中、小6个潮次输沙

图 2.7.23　杭州湾口门输水输沙分布（夏季）

2014 年在该断面同点位又进行了冬季、夏季同步观测（表 2.7.16），大潮给出逐点值，中小潮只给出全断面值，冬季进潮量 200.7 亿 m^3/潮，比夏季 246.1 亿 m^3/潮少 23%，但输沙冬季 3765.5 万 t/潮，比夏季 2921.7 万 t/潮大 29%，原因是含沙量冬季 1.73kg/m^3 比夏季 1.10kg/m^3 大 57%。

再看各垂线分布，冬季水沙 HZW01、HZW02、HZW05 点都是净进，夏季输水 HZW01、HZW02、HZW04、HZW05 为净进，但输沙是 HZW02、HZW03、HZW05 为净进。净输水输沙具有不一致性，全断面冬夏季输水都是净出，而输沙冬夏都是净进。1983 年与 2014 年冬、夏平均潮差分别为 3.72m 和 3.63m，非常接近，它们的输水量 216 亿 m^3/潮和 224 亿 m^3/潮，也很接近，2014 年冬夏季平均输沙 3311 万 t/潮，1981—1983 年冬夏季平均输沙 3335 万 t/潮（表 2.7.9），两者差值仅为 0.7%，故该断面 30 余年来，水沙输移特性变化不大。

表 2.7.16　杭州湾湾口断面 2014 年观测结果（浙江省河海测绘院，2014；谢东风等，2015）

潮次	潮型	潮差/m	点位	输水/（亿 m³·潮⁻¹）			输沙/（万 t·潮⁻¹）			含沙量/（kg·m⁻³）	
				涨潮	落潮	净输水	涨潮	落潮	净输沙	涨潮	落潮
冬季测次7个全潮	大潮	4.39	HZW01	35.2	35.0	−0.3	585.5	557.0	−28.5	1.71	1.62
			HZW02	42.5	38.4	−4.1	800.7	717.8	−82.9	1.93	1.85
			HZW03	34.8	36.7	1.9	950.4	999.7	49.4	2.59	2.63
			HZW04	42.0	43.3	1.3	875.5	1047.5	172.0	2.06	2.55
			HZW05	40.9	37.9	−3.0	1006.6	780.3	−226.3	2.35	2.02
			HZW06	44.2	53.6	9.4	1297.2	1442.8	145.5	2.94	2.53
			合计	239.6	244.9	5.3	5515.8	5545.0	29.2	2.26	2.20
	中潮	3.36	合计	204.3	208.3	4.1	4103.9	4167.0	63.1	2.0	2.0
	小潮	2.40	合计	158.2	150.1	−8.1	1676.7	1363.0	−313.7	1.06	0.91
	平均	3.39		200.7	201.1	0.6	3765.5	3691.7	−73.8	1.77	1.70

续表

潮次	潮型	潮差/m	点位	输水/（亿 m³·潮⁻¹）			输沙/（万 t·潮⁻¹）			含沙量/（kg·m⁻³）	
				涨潮	落潮	净输水	涨潮	落潮	净输沙	涨潮	落潮
夏季测次6个全潮	大潮	4.84	HZW01	44.0	43.3	−0.8	577.7	578.1	0.4	1.24	1.37
			HZW02	48.8	39.1	−9.7	806.6	687.3	−119.3	1.63	1.88
			HZW03	39.9	44.4	4.6	615.1	610.2	−4.9	1.43	1.37
			HZW04	53.7	49.6	−4.1	434.3	460.1	25.8	0.82	0.94
			HZW05	55.3	46.4	−8.9	639.7	589.9	−49.8	1.15	1.37
			HZW06	51.7	66.4	14.7	824.8	982.0	157.2	1.59	1.35
			合计	293.4	289.2	−4.2	3898.2	3907.5	9.3	1.31	1.38
	中潮	4.05	合计	257.3	269.3	12.0	3743.9	3662.8	−81.0	1.45	1.36
	小潮	2.73	合计	187.8	190.4	2.6	1123.1	1037.6	−85.5	0.60	0.54
	平均	3.87		246.1	249.6	3.5	2921.7	2869.3	−52.4	1.12	1.09

（2）南汇嘴断面输水、输沙推算（浙江省海岸带调查，1981，1983）。1981 年夏季长江口南汇嘴至外海 55km 处横断面进行了 5 个测点 5 个全潮的水文测量。1983 年冬季在同样测点进行了 2 个全潮的观测，此次观测时夏季平均涨落潮差均为 3.60m，而夏季多年平均潮差为 3.75m，因此对夏季需修正到涨落潮差均为 3.75m 时的潮量和输沙量；冬季观测时涨潮潮差 $\Delta Z_f=3.25$ m，落潮潮差 $\Delta Z_e=2.95$ m，涨落潮差不等，冬季多年平均潮差为 3.45m，因此对冬季需订正到涨落潮差均为 3.45m 时的潮量和输沙量，鉴于 1983 年冬季仅有 2 个全潮的测量资料，且当时风浪较大、含沙量偏高，代表性相对较差，采用 2014 年冬季 5 个潮的潮差与潮量、沙量的相关关系进行修正，其各条垂线的输水、输沙特征值及修正值如表 2.7.17 所示。冬季输沙量为 1411 万～1740 万 t/潮，比夏季 525 万～680 万 t/潮大得多，原因是冬季含沙量比夏季高 2～3 倍，但净输沙冬季为净入 89.6 万 t/潮，夏季则为净输出 132.3 万 t/潮。表 2.7.17 中数值反映出输水、输沙的复杂性和多变性。各测点的净输水、净输沙断面分布如图 2.7.24 所示。

表 2.7.17　　南汇嘴断面输水、输沙观测值

垂线号	1981 年夏季（5 个潮平均）						1983 年冬季（2 个潮平均）					
	涨潮量/亿 m³	落潮量/亿 m³	差值/亿 m³	涨沙量/万 t	落沙量/万 t	差值/万 t	涨潮量/亿 m³	落潮量/亿 m³	差值/亿 m³	涨沙量/万 t	落沙量/万 t	差值/万 t
8131	16.2	16.1	0	147.7	140.3	−7.4	20.0	18.9	−1.1	472.5	415.6	−56.8
8132	15.6	16.9	1.3	94.7	115.4	20.7	14.3	11.8	−2.5	288.1	166.0	−122.0
8133	16.9	17.9	1.0	109.4	120.6	11.2	13.7	12.5	−1.2	280.6	219.7	−61.0
8134	27.0	27.1	0.1	108.1	175.8	67.7	21.9	20.9	−0.9	313.6	250.6	−63.1
8135	35.7	36.4	0.7	65.6	100.4	34.8	27.9	30.4	2.5	284.1	359.1	75.1
合计	111.4	114.4	3.0	525.5	652.5	127.0	97.8	94.5	−3.2	1638.9	1411.0	−227.8
m 修正后	116.0	119.2	3.1	547.4	679.7	132.3	103.8	110.5	6.7	1739.8	1650.2	−89.6

由图 2.7.24 可知，夏季的输水输沙均为落潮方向（仅 8131# 为净涨），落潮南下总输水为 2.9 亿 m³/潮，输沙为 126.8 万 t/潮；冬季因涨落潮差不相等，必须修正到相同潮差时的潮量和输沙量，修正后总输水为净出 6.7 亿 m³/潮，输沙为净入 89.6 万 t/潮。

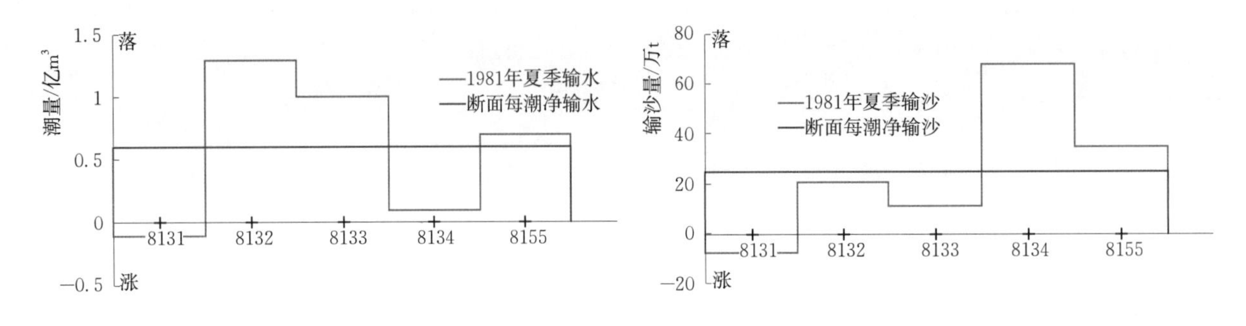

（a）1981年夏季南汇嘴断面大、中3个潮次输水

（b）1981年夏季南汇嘴断面大、中3个潮次输沙

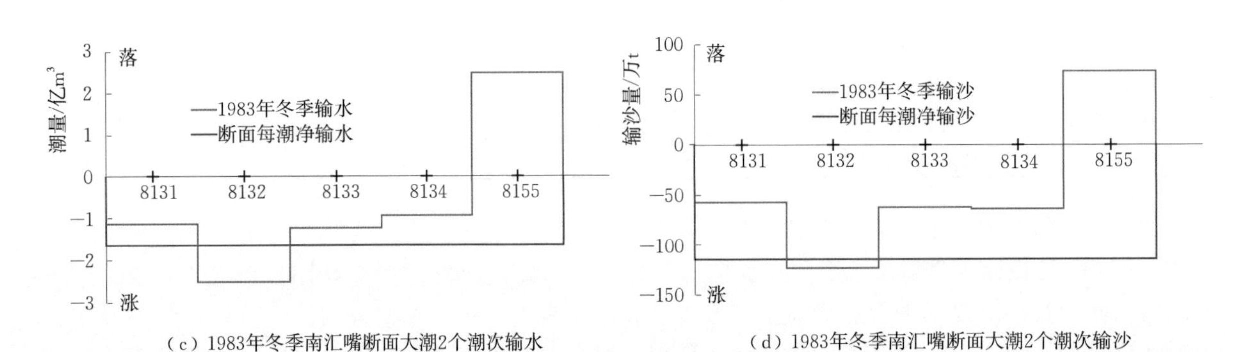

（c）1983年冬季南汇嘴断面大潮2个潮次输水

（d）1983年冬季南汇嘴断面大潮2个潮次输沙

图 2.7.24　南汇嘴断面输水输沙分布图

（潮差未订正，图中数值为垂线号及净输水输沙值）

2014 年在相同点位上又进行了冬季、夏季各 5 个大、中、小潮的观测，表 2.7.18 列出了各点大潮观测值，对中小潮只列全断面的平均值。

2014 年年内冬夏季进行对比：夏季涨落潮量平均为 140.8 亿 m³/潮，比冬季 122.7 亿 m³/潮大 14.7%，但输沙量冬季为 1073.6 万 t/潮，比夏季 806.2 万 t/潮大 33.2%，原因是冬季含沙量 0.91kg/m³ 比夏季 0.57kg/m³ 大 58%。冬季各点水沙均为净出，夏季各点输水为净出，但输沙 1、2、4 为净进，大潮为净进，中潮为净出，小潮为净进。单潮冬季净出 126.9 万 t/潮，大于夏季净出的 0.8 万 t/潮。

表 2.7.18　　南汇嘴断面 2014 年观测（浙江省河海测绘院，2014；谢东风等，2015）

潮次	潮型	潮差/m	点位	输水/（亿 m³·潮⁻¹）			输沙/（万 t·潮⁻¹）			含沙量/（kg·m⁻³）	
				涨	落	净	涨	落	净	涨	落
冬季测次7个全潮	大潮	4.39	LCG01	25.7	29.1	3.4	407.8	438.3	30.5	1.60	1.54
			LCG02	16.5	18.7	2.3	250.0	307.6	57.7	1.59	1.72
			LCG03	19.4	25.5	6.0	306.5	444.7	138.2	1.54	1.68
			LCG04	27.9	33.6	5.7	317.4	446.1	128.8	1.12	1.32
			LCG05	37.2	42.2	5.0	316.6	320.4	3.8	0.85	0.76
			合计	126.6	149.1	22.5	1598.1	1957.0	358.9	1.34	1.40
	中潮	3.38	合计	115.3	126.5	11.2	1148.6	1246.9	98.3	0.99	0.99
	小潮	2.40	合计	94.0	95.7	1.7	418.9	417.7	−1.2	0.44	0.44
	平均	3.39		112.0	123.8	11.8	1055.2	1207.2	152.0	0.92	0.93
	修正到 3.45m 涨落平均			117.5	128.0	10.5	1010.2	1137.1	126.9	0.90	0.92

续表

潮次	潮型	潮差/m	点位	输水/(亿 m^3·潮$^{-1}$)			输沙/(万 t·潮$^{-1}$)			含沙量/(kg·m^{-3})	
				涨	落	净	涨	落	净	涨	落
夏季测次6个全潮	大潮	4.84	LCG01	31.0	35.0	4.1	452.5	326.3	−126.2	1.37	1.03
			LCG02	19.7	22.8	3.1	234.7	180.4	−54.3	1.18	0.97
			LCG03	23.5	27.9	4.3	219.5	228.1	8.5	0.96	0.94
			LCG04	36.2	39.2	3.1	333.2	291.0	−42.2	0.81	0.77
			LCG05	53.7	53.9	0.3	179.0	210.8	31.8	0.32	0.38
			合计	164.0	178.8	14.8	1418.9	1236.6	−182.3	0.92	0.81
	中潮	4.05	合计	135.9	161.0	25.1	876.3	1043.6	167.3	0.64	0.64
	小潮	2.73	合计	102.5	119.0	16.6	368.9	360.7	−8.2	0.36	0.30
	平均	3.87		134.1	153.0	18.8	888.0	880.3	−7.7	0.64	0.58
	修正到3.75m涨落平均			131.3	150.4	19.1	805.8	806.6	0.8	0.60	0.55

再对1981—1983年与2014年年均输水、输沙进行比较。因该断面关系到长江入海泥沙减少对进入浙江泥沙减少的影响程度，这是浙江省最关心的问题。第一种方法是采用水文观测值不加修正的对比分析，1981—1983年冬季、夏季平均输水为104.5m^3/潮，而2014年冬季、夏季平均输水为130.7亿m^3/潮，其差异是各测验期间潮汐大小不同产生的；再看输沙的变化，1981—1983年冬季、夏季平均输沙为1057.0万t/潮（其中：夏季为589万t/潮，冬季1525t/潮），2014年为1007.7万t/潮（其中：夏季为884.2万t/潮，冬季为1131.3万t/潮），输沙减少49.3万t/潮，即减少了4.7%（其中：夏季增大295.2万t/潮，而冬季减少393.7万t/潮）。第二种计算方法是潮差修正法，即对观测值进行潮差修正后再对比，由表2.7.18数据得到：1981—1983年潮平均输水量为112.4亿m^3，2014年为131.8亿m^3，增大17.2%；平均输沙量分别为1154.2万t/潮和939.9万t/潮，减少18.6%。显然潮差修正法比不修正更合理。第三种计算方法是仅用落潮输沙的差别作比较，1981—1983年为1164.9万t/潮，2014年为971.8万t/潮，减少16.6%。第4种计算方法是不考虑潮量的变化，只看含沙量的变化（谢东风等，2015），结论是输沙量减少21.5%。总的来说，沙量按4种方法计算削减的幅度在4.7%～21.5%之间。

沙量减少的原因：①长江上游建水库群以及水土保持的改善，使长江入海泥沙大幅度减少（达到70%以上）；②与长江口围涂也有关系。但为何长江入海泥沙减少70%，而南汇嘴断面泥沙仅减少10%～20%呢？这是因为长江入海泥沙在进入浙江省海域之前，有近10000km^2的海域底床，其床底长期沉积的大量泥沙作为钱塘江河口的沙源，在潮流的不断作用下对钱塘江河口进行补充。因此，长江入海泥沙的减少短期内对钱塘江河口泥沙的减少量影响未达到极限。以上研究结果虽不足以代表多年的准确差异，但它是实测的冬季、夏季大、中、小潮平均潮的数据，基本可信。因为观测次数仍太少，不足以代表全年各年各季各种水文条件下的多变情况，尚需作更多监测、分析工作。

2.7.5.4 金塘大桥断面的输水、输沙分布

北仑港区位于金塘水道的南岸，金塘水道的输水、输沙特征反映了北仑港区的水沙特征，近10年由于桥梁、输油管道、舟山大陆引水工程及新泓口围涂等工程建设的需要，在该水域由浙江省河海测绘院进行过多次水文、地形观测，其中2002年的布点及代表水深如图2.7.18、图2.7.19所示。

各代表点大、中、小潮潮量见表2.7.19，由表可知：

表 2.7.19　　2002 年金塘大桥断面大、中、小潮（各 2 个全潮）输水量　　单位：亿 m³

代表垂线		1#	2#	3#	4#	5#	6#	7#	8#	合计
大潮	涨 1	15.17	3.40	3.40	3.50	3.74	2.70	1.56	2.66	36.13
	落 1	17.55	3.14	3.05	3.00	3.66	2.30	1.69	1.78	36.12
	涨 2	15.71	3.80	3.70	3.90	3.98	2.80	1.78	2.92	38.58
	落 2	18.05	3.23	2.98	3.24	3.84	3.00	1.83	1.89	38.06
中潮	涨 1	13.50	2.98	2.82	3.36	3.47	2.61	1.62	2.77	33.13
	落 1	18.09	3.26	3.30	3.25	3.92	2.50	1.95	1.89	38.16
	涨 2	14.0	3.52	3.38	3.88	3.95	2.85	1.55	2.98	36.11
	落 2	18.63	2.85	2.40	2.81	3.37	2.17	1.58	1.57	35.38
小潮	涨 1	8.99	1.75	1.66	2.10	2.63	1.58	1.14	1.40	21.25
	落 1	3.89	0.89	0.89	1.43	1.63	1.22	0.73	0.90	11.67
	涨 2	10.14	2.18	1.88	2.48	3.07	1.77	1.26	1.80	24.58
	落 2	4.90	2.09	1.73	1.96	2.54	1.68	1.25	1.31	17.46
总计	涨	77.51	17.63	16.84	19.22	20.84	14.31	8.91	14.53	189.78
	落	81.11	15.46	14.35	15.69	18.96	12.87	9.03	9.34	176.85
落/涨		1.05	0.88	0.85	0.82	0.91	0.90	1.01	0.64	0.93

（1）大、中、小六个全潮总的落潮量与涨潮量之比为 0.93，即涨潮量大于落潮量，为净进水流，其中平均大、中、小潮的涨潮量绝对值分别为 37.36 亿 m³、34.62 亿 m³和 22.92 亿 m³，落潮量分别为 37.09 亿 m³、36.77 亿 m³、14.57 亿 m³。大、中、小潮落、涨潮量之比分别为 0.99、1.06 和 0.64。

（2）1#垂线是主槽所在的位置，它所代表的宽度占断面总宽的 24%，因水深较大其涨潮量占总断面的 40%、落潮量占 46%，其余各垂线代表的宽度占断面总宽的比重达 76%，而其涨、落潮量则分别为 60%和 54%，鉴于 1#垂线代表三角形的主槽，其代表性不好，在 2014 年（浙江省河海测绘院，2015）又进行了走航式 ADCP 观测，结果显示该深槽占总断面涨、落输水量比分别为 44%和 41%，而其他垂线涨、落潮量占比分别为 56%和 59%，与 2002 年观测误差并不大。故仍以 2002 年观测的涨、落潮的大、中、小潮输沙特性表示（表 2.7.20）。

表 2.7.20　　2002 年金塘大桥断面大、中、小潮（各 2 个全潮）输沙量　　单位：万 t

代表垂线		1#	2#	3#	4#	5#	6#	7#	8#	合计
大潮	涨 1	208.0	60.4	64.5	95.6	118.0	90.3	73.8	113.4	824.4
	落 1	275.0	62.0	10.8	94.5	139.6	110.9	90.3	112.5	895.6
	涨 2	256.0	50.0	67.8	99.7	116.7	124.2	80.1	138.8	933.3
	落 2	315.0	39.3	53.4	100.0	143.6	115.3	98.2	107.5	972.3
中潮	涨 1	213.0	61.9	79.6	148.7	145.2	129.6	86.9	180.1	1145
	落 1	406.0	91.6	119.4	177.3	196.6	175.8	127.8	139.8	1434
	涨 2	460.0	90.6	90.1	194.6	177.6	142.7	73.1	187.7	1416
	落 2	512.0	63.9	68.1	123.1	166.4	120.8	84.9	119.5	1259

续表

代表垂线		1#	2#	3#	4#	5#	6#	7#	8#	合计
小潮	涨1	54.2	8.4	12.3	12.6	18.0	12.6	10.6	14.2	142.9
	落1	27.0	2.2	2.7	6.1	11.4	16.9	2.8	65.0	134.1
	涨2	43.2	10.9	12.9	13.8	26.4	15.1	7.2	14.5	144.0
	落2	24.3	7.5	9.4	11.1	23.2	18.5	10.0	13.6	117.6
总计	涨	1234.4	282.2	327.2	565.0	601.9	514.5	331.7	648.7	4506
	落	1559.3	266.4	263.8	512.1	680.8	558.2	414.0	557.9	4813
落/涨		1.26	0.94	0.81	0.91	1.13	1.08	1.25	0.86	1.07

(3) 大中小潮各2个全潮，即6个全潮总输沙量：涨潮为4506万t，落潮为4813万t，落、涨潮输沙之比为1.07，即输沙不同于输水为净出，但净出量只多7%，即净出为307万t，平均每潮净出50万t。造成涨落潮净输水、输沙方向相反的原因是涨、落潮含沙量不同，全潮涨、落潮平均含沙量分别为2.54kg/m^{3}和2.98kg/m^3，比值为1.17，因此虽然落、涨潮总输水之比为0.93，但因含沙量之比为1.17，故总输沙比反为1.07。

(4) 1#垂线输沙所占全断面比例，涨潮为27%，落潮为32%，远小于输水量占比的40%和46%，原因是主槽水深大，涨、落含沙量都比浅滩含沙量低，故输沙比下降，而滩地输沙比上升。

以上仅是2002年3月和2014年10月二次水文观测情况，不能代表全年情况。值得说明的是，图2.7.18中的Ⅰ、Ⅱ、Ⅲ断面，曾用有大范围地形资料的2003年和2010年两种地形作数学模型计算，结果如表2.7.21所示。由于2010年地形比2003年有普遍冲刷之势（其原因尚需研究），故2010年潮量应比2003年增大。曹颖等（2012）初步比较了1959年、2003年和2010年地形条件下，划分为7个条带，条带编号自金塘岛向大陆序号递增，各条带及全断面潮量计算结果见表2.7.21。

表2.7.21　两种地形三个断面的计算　单位：亿m^3

断面	涨潮潮量			落潮潮量		
	2003年	2010年	相对变化	2003年	2010年	相对变化
Ⅰ	32.0	33.3	4.1%	23.8	25.3	6.3%
Ⅱ	33.9	34.8	2.7%	25.3	26.6	5.1%
Ⅲ	36.2	36.9	1.9%	27.2	28.4	4.4%

表2.7.22　不同年份金塘大桥各条带涨、落潮潮量及其变化（曹颖等，2012）

地形	1959年潮量/亿m^3		2003年比1959年/%		2010年比1959年/%		2010年比2003年/%	
	涨潮	落潮	涨潮	落潮	涨潮	落潮	涨潮	落潮
金塘1	3.58	4.08	6	10	11	11	1	1
金塘2	4.03	4.80	7	9	11	11	4	2
金塘3	4.24	5.16	2	4	6	6	2	1
金塘4	2.54	3.08	−4	−2	5	6	8	6
金塘5	3.38	4.15	−4	−4	4	3	4	4
金塘6	2.45	3.13	−9	−8	−9	−8	−6	−6
金塘7	0.35	0.62	−8	−11	−11	−10	−6	−5
全断面	20.57	25.02	−2	0	2	2	3	2

注："+"为增加，"−"为减少。

由表2.7.22可知，从1959年至2010年钱塘江河口（含杭州湾）治江缩窄江面总计减少了约200万亩，但金塘大桥断面的总潮量不但没有减少，还因总体河床冲刷，潮量略有增大，故尚不能断言钱塘江河口治理已对北仑港造成淤积影响，金塘水道南侧近岸已有淤积的主要原因是码头本身的局部阻水影响。以上仅为初步分析（以上各表的潮量大小及净输水方向，因选取潮差大小不同可能存在差异），还需要进行更深入的专题研究。

2.7.5.5 北仑断面输水分布特征（浙江省河海测绘院，2015）

浙江省河海测绘院于 2014 年 10 月对金塘水道最窄的断面Ⅲ（平面位置如图 2.7.18 所示），用 ADCP 进行走航式大、中、小潮过程流速的观测，其涨急、落急流速分布如图 2.7.25 所示。由图 2.7.25 可知：流速总体上涨潮大于落潮，且涨、落潮最大流速均在北岸（右侧）。涨急时北岸流速多在 1.5～2.0m/s，南岸（左侧）为 1.0～1.5m/s，因受峡道效应收缩影响，最大流速在中间偏南岸呈垂直分布，而落急时无此现象，北岸落急流速 1.0～2.0m/s，南岸 1.0～1.5m/s，且流速等值线的分布通常不是水平分布，呈垂直分布，这是金塘水道的独特之处，可能与平面岸线收缩对流速的压缩作用有关。总体上讲，北仑断面形态近似矩形，水深较均匀且大于 50m，确为优良的港口资源。

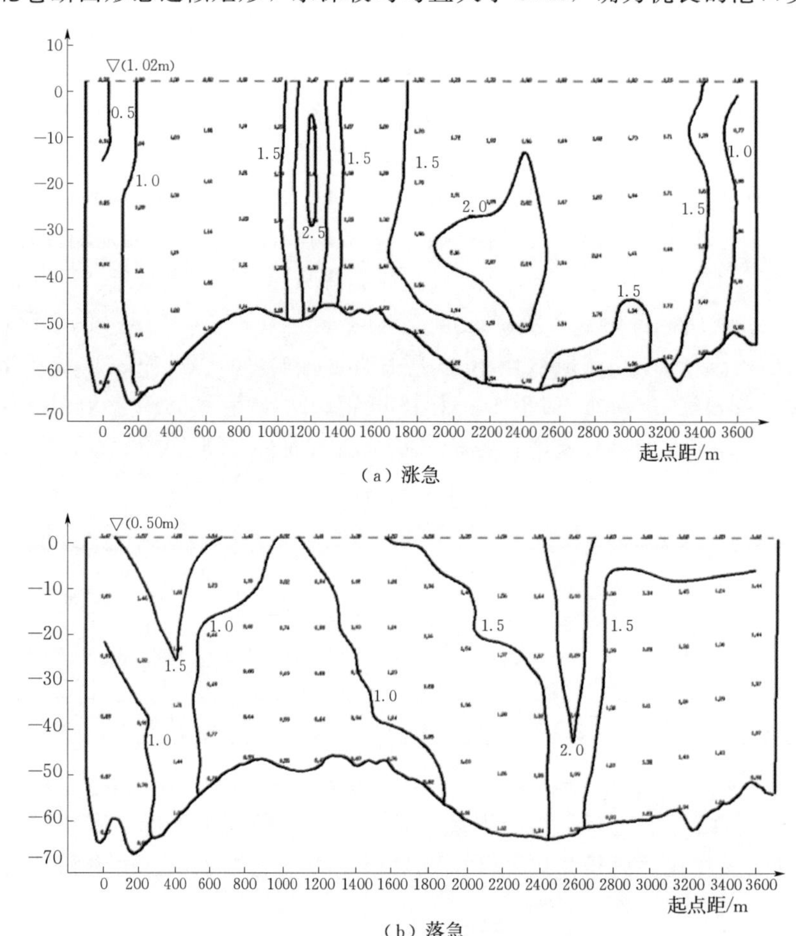

图 2.7.25 北仑断面Ⅲ流速分布图

2.8 本章小结

钱塘江河口有长达连续 60 多年的水下地形图，近 10 个潮位站有 60 多年完整的资料和不定期的大断面水文观测资料，期间经历了上游兴建大型调节水库、河口段近 100km 范围内治江缩窄，以及河流近口段的人工采沙等人类活动，各个阶段都经历了上游丰、平、枯水文年及下游大、中、小潮等不同的来水来沙条件及海平面上升变化，河床对不同边界、不同水文条件的响应都在这些地形图中得以反映，分析水下地形及其相应动力条件（径流、潮汐）可以得到以下主要结论：

（1）钱塘江河口的年平均径流量与口门的平均涨潮流量之比小于0.01，河床为分选均匀的粉砂，易于起动，河口段呈现出汛期（4—7月）上冲下淤，大潮枯水期（8—11月）下冲上淤，冲淤分界点随着不同水文年的汛期流量大小而变化，也随着江道缩窄治理而下移，一般一年左右可以恢复到原平衡状态。其年内泥沙的冲淤量达2亿～5亿m^3，治江缩窄后减少了一半，主槽摆动幅度减小，改善了防洪、防潮抢险的风险条件。

（2）新安江水库因蓄洪对径流的调节作用，使上游径流的造床流量减小25%，故对河流近口段及河口段上段表现为河床容积淤积了20%。治江缩窄工程导致河口上段（闸口—盐官，长53km）径流的冲刷作用加强，高、低潮位下的断面面积、水深、河床容积均增大；而潮流作用相对较强的河口下段（盐官—澉浦，长49km），因潮量减少而表现为淤积。山潮水比值略有增大，沙坎下移。闻堰以上河流近口段近10年因人工挖沙量远大于来沙量，表现为断面面积、水深、容积增大，使该段洪水位下降0.3～0.8m，潮水位下降0.05～0.2m，但整个河口的基本特性未发生重大变化。

（3）本章进一步论证了潮汐河口选取落潮流量（年平均径流量或造床流量与年平均潮差下潮流量之和）作为造床流量的合理性。鉴于强涌潮河口的涨潮流量对河床宽度的拓宽作用，在原河口河相关系的基础上，建立了受涨潮流量影响的河宽河相关系式，将其关系扩展到宽深比、放宽率、面积放大率、河床底纵向坡降等一系列的河口河相关系，这些关系式在钱塘江河口各河段治理前、后均得到较好的验证。

（4）对钱塘江河口两岸的重点河段或重大涉水工程河段，进行了重点河床演变分析，并建立了半经验、半理论局部冲刷坑深度和形态的计算公式，预测结果与实际观测值基本一致，为两岸重大涉水工程的正常运行提供了技术支撑。

（5）对杭州湾的历史与现状岸线、水下地形、河床冲淤部位与原因等进行了长历时观测和初步分析，采用实测水文资料和数学模型，通过涨落潮流速对比、Euler余流、largrange质点追踪等，解释了杭州湾“北冲南淤”的大格局及其成因，又用实测资料建立了澉浦、乍浦、金山、杭州湾口及南汇嘴断面的潮差与潮量、输沙量的关系。由于涨落潮输水、输沙定量上十分复杂，其净输沙量从长期地形资料得到：用1959—2014年杭州湾的地形资料，得到杭州湾多年平均净进沙量为1.49亿m^3/a，其中澉浦以上淤积29.16亿m^3，澉浦至金山淤积29.17亿m^3，金山以下淤积23.77亿m^3，总计82.12亿m^3。长江口南汇嘴断面向浙江省（含杭州湾）的净输沙量为2.3亿m^3/a（吴华林等，2006）。这些数值对浙江省滩涂围垦具有十分重要的意义，但还需要继续观测今后的变化趋势。

（6）近20年长江入海沙量由4.5亿t/a减少到1.5亿～2.0亿t/a，再考虑到上海市近年加大围涂规模，是否会较大比例地减少进入浙江的沙量？为此，2014年开展了与1983年同点位的水文测量，分析发现南汇嘴断面冬季、夏季平均输沙量减少4.7%～21.5%，这是因为长江入海泥沙在进入浙江省海域之前，有近10000km^2的海域底床，其床底长期沉积了大量泥沙作为钱塘江河口的沙源，因此短期内钱塘江河口尚有足够的沙源进行补给。本章对杭州湾口门断面也进行了多年监测资料的比较，其输水量及输沙量未见明显变化。另长江口外及杭州湾金山以下北岸水域已由淤积转为冲刷，此现象虽不足以说明是长江入海沙量减少所致，因为长江口外及东海－10～－40m的海床受潮流、波浪的掀沙，占该水域悬沙的比重远大于长江直接来沙，该水域海床冲刷的泥沙足以弥补长江入海泥沙的减少。杭州湾口至金山水域的冲刷现象，可能与钱塘江河口内部泥沙交换关系更为密切，因此长江口入海泥沙的减少，近20年可能不会显著减少入浙江省的泥沙资源量。当然这仅是从2014年与20世纪80年代冬夏季水文、地形测验对比的初步分析结果，其长期影响还需要长期观测分析及模型研究，才能有更确切的结论，该问题是当前迫切需要进行深层次研究的问题之一。

参考文献

曹颖，唐子文，鲁海燕，等．2012．杭州湾滩槽冲淤分析［R］．杭州：浙江省水利河口研究院．

陈吉余，恽才兴，虞志英．1989．杭州湾的动力地貌、中国海岸发育过程和演变规律［M］．上海：上海科学技术出版社.

陈森美，等. 1998. 钱塘江富春江电站至闸口标准江堤规划报告 [R]. 杭州：浙江省河口海岸研究所.

陈森美，韩曾萃，胡国建. 2006. 钱塘江河口河流近口段人类活动对河床的影响 [J]. 泥沙研究，(4)：61 - 67.

陈志昌. 2005. 长江口中深水航道整治原理 [J]. 水利水运工程学报，(2)：1 - 7.

窦国仁. 1964. 平原冲积河流及潮汐河口的河床形态 [J]. 水利学报，(2)：1 - 8.

国家海洋局第二海洋研究所. 2000. 杭州湾交通通道工程原型水文测验报告 [R]. 杭州：国家海洋局第二海洋研究所.

高抒. 1989. 从地貌学观点看潮汐汊道研究方向 [J]. 海洋通报，(3)：3 - 16.

韩曾萃，程杭平. 1984. 钱塘江河口考虑滩地输沙的含沙量计算方法 [J]. 海洋工程，(3)：34 - 45.

韩曾萃，等. 1991. 杭州湾北岸深槽形成机制的研究 [R]. 杭州：浙江省河口海岸研究所.

韩曾萃，等. 1992. 秦山核电二期厂坪高程及取水口稳定性研究 [R]. 杭州：浙江省河口海岸研究所.

韩曾萃，等. 2000. 钱塘江东江嘴切滩工程可行性论证 [R]. 杭州：浙江省河口海岸研究所.

韩曾萃，朱军政，曾剑. 2002. 河口急弯河段整治的研究 [C] //卢金友. 第五届全国泥沙基本理论研究学术论文集“江河湖泊泥沙研究”[M]. 武汉：湖北辞书出版社：249 - 254.

韩曾萃，符宁平，徐有成. 2001. 河口河相关系及其受人类活动的影响 [J]. 水利水运工程学报，2001 (1)：30 - 37.

韩曾萃，戴泽蘅，李光炳. 2003. 钱塘江河口治理开发 [M]. 北京：中国水利水电出版社：162 - 166.

韩曾萃，尤爱菊，徐有成，等. 2006. 强潮河口环境和生态需水量及其计算方法 [J]. 水利学报，37 (4)：395 - 402.

韩曾萃，陈森美，伍冬领. 2007. 河口海岸凸体冲刷坑最大深度及其形态 [J]. 海洋工程，25 (2)：76 - 83.

韩曾萃，曹颖，尤爱菊. 2009. 强涌潮河口河相关系及其验证 [J]. 水利水运工程学报，(4)：83 - 90.

韩曾萃，等. 2010a. 杭州湾大桥建设时乍浦港及涌潮影响的后评估 [R]. 杭州：浙江省水利河口研究院.

韩曾萃，朱宝土，唐子文. 2010b. 河口海湾断面与潮量关系的一致性及其应用 [J]. 浙江水利科技，(5)：1 - 5.

韩曾萃，唐子文，尤爱菊，等. 2015. 河口水动力与河床形态关系的研究 [J]. 水力发电学报，34 (4)：83 - 90.

黄世昌，等. 2009. 钱塘江河口设计高水位复核计算 [R]. 杭州：浙江省水利河口研究院.

李磊岩，等. 2011. 钱塘江闻堰险段治理效果分析报告 [R]. 杭州：浙江省钱塘江管理局设计院.

罗肇森. 2004. 河口治导线放宽率的计算 [J]. 水利水运工程学报，(3)：55 - 58.

潘存鸿，卢祥兴，等. 2003. 曹娥江大闸冲淤面貌、枢纽布置和涌潮试验专题研究 [R]. 杭州：浙江省水利河口研究院.

潘存鸿，卢祥兴，韩海骞，等. 2006. 潮汐河口支流建闸闸下淤积研究 [J]. 海洋工程，24 (2)：38 - 44.

潘存鸿，唐子文，尤爱菊，等. 2010. 钱塘江河口治理开发--水沙运动和河床演变规律研究 [R]. 杭州：浙江省水利河口研究院.

钱宁，张仁，周志德. 1987. 河床演变学 [M]. 北京：科学出版社：4，152，341.

史英标，韩曾萃. 1998. 动床模型在钱塘江河口洪水预报中的应用 [J] //李义天. 河流模拟的理论与实践 [M]. 武汉：武汉水利电力大学出版社.

唐洪武，丁兵，杨明远. 2008. 河口治导线放宽率的确定 [J]. 水利学报，(1)：59 - 64.

王秀云. 1983. 钱塘江河口 1951—1982 年水文观测资料整编 [R]. 杭州：浙江省河口海岸研究所.

吴华林，沈焕庭，严以新，等. 2006. 长江口入海泥沙通量初步研究 [J]. 泥沙研究，(6)：75 - 81.

谢东风，等. 2015. 浙江省沿海水沙输移模型研究总报告 [R]. 杭州：浙江省水利河口研究院.

薛鸿超. 2000. 钱塘江口治理与杭州湾 [R]. 河口与海岸工程（戴泽蘅同志从事河口研究 54 年专辑）.

尤爱菊，等. 2003. 钱塘江河口水文资料整编分析 [R]. 杭州：浙江省水利河口研究院.

尤爱菊，韩曾萃，何若英. 2010. 变化环境下钱塘江河口潮位特性及影响因素 [J]. 海洋学研究，28 (1)：19 - 25.

俞月阳，潘存鸿，韩曾萃. 2003. 曹娥江大闸闸下冲刷水槽试验的研究 [J]. 浙江水利科技，(4)：18 - 19，30.

恽才兴. 2002. 长江口及东海泥沙进入杭州湾的影响估计和分析 [R]. 上海：华东师范大学河口海岸研究所.

曾剑，潘存鸿，等. 2011. 钱塘江河口杭州湾数学模型研究 [R]. 杭州：浙江省水利河口研究院.

浙江省海岸带调查办公室主编. 1985. 浙江省海岸带调查水文分册 [R]. 杭州：浙江省海岸带调查办公室.

浙江省河海测绘院. 2008. 钱塘江河口水文测验技术报告 [R]. 杭州：浙江省河海测绘院.

浙江省河海测绘院. 2014. 浙江省沿海水沙输移模型研究水文测验冬夏季技术报告 [R]. 杭州：浙江省河海测绘院.

浙江省河海测绘院. 2015. 钱塘江河口杭州湾水下地形测量与水文测验技术报告 [R]. 杭州：浙江省河海测绘院.

周志德. 1965. 钱塘江、曹娥江河口弯道特性 [R]. 北京：北京水利科学研究院河渠所.

HUBERF HGS. 2005. Sanility and tides in alluvial estuaries [M]. Amsterdam：Elseuier：24-33.

IPPEN AT. 1966. Estuary and coastline hydrodynamics [M]. New York：McGraw Hill.

LEOPOLD LB，MADDOCK TJ. 1953. The hydraulic geometry of stream channels and some physiographic implication [J]. U. S. Geological Survey Professional Paper：252.

MCDOWELL DM，O'CONNOR BA. 1977. Hydraulic behaviour of estuaries [M]. London：The Macmillian Press：8-14.

O' BRIAN MP. 1931. Estuary tidal prism relation to entrance area [J]. Civil Engr：738-739.

SHI Yingbiao，HAN Zengcui，GAO Liang. 2013. Study on the characteristics of tidal flow and sediment transport of Hangzhou Bay and numerical simulation analysis [C] //Fukuoka S，Nakagawa H，Sumi T & Zhang H. Advances in River Sediment Research. Kyoto，Japan：CRC Press.

SPERMAN JR，DEORMALEY MP，DENNIS. 1996. A regime approach to long-term prediction of the impacts of tidal barrages on estuary morphology [C] //Barrages engineering desgin and enviromental impact [M]. Chichester，UK：John Wiley：117-127.

第3章 钱塘江河口涌潮模拟技术研究

03

3.1 概述

3.1.1 钱塘江涌潮

据初步统计，全世界大约有450个河口和海湾存在涌潮现象（Chanson，2011），仅我国就有钱塘江、长江北支和浙江鳌江存在涌潮，其中尤以钱塘江最甚。钱塘江涌潮具有两面性，一方面，涌潮是独特的自然遗产和宝贵的旅游资源，是世界上最有欣赏价值的涌潮，钱塘江两岸每年吸引数百万中外游客，有力地促进了两岸的经济发展，同时还提高了浙江省和杭州市的国际知名度；另一方面，涌潮往往淘空沿江建筑物基础，使堤防失稳、毁坏，是钱塘江沿线毁堤成灾的主要原因之一。因此，研究涌潮具有重要的现实意义。

钱塘江涌潮产生的基本条件，一是杭州湾的喇叭形平面形状使潮波能量积聚，潮差增大，至湾顶澉浦多年平均潮差达到5.66m，最大潮差9.0m；二是乍浦以上钱塘江河口存在巨大水下沙坎，河床逐渐抬升，水深急剧变浅，导致潮波变形，涨潮历时缩短，落潮历时延长，为潮波变形提供了足够的条件，终于在尖山河段高阳山下游形成涌潮（韩曾萃等，2003）。最近10余年来，起潮点又下移了10余km。

通常用涌潮高度来衡量涌潮动力的强弱。所谓涌潮高度就是潮头水体顶面与潮头前趾低水位的高程差。此外，潮头行进速度（涌潮传播速度）也是重要指标。根据钱塘江涌潮的实测资料分析，涌潮高度大多在1～2m，最大可达3m以上。强涌潮的"潮头"水面比降为1∶2.9～1∶9.4，比一般河道涨潮时大两个量级，行进速度范围为4～7m/s，涌潮过境时水位涨率可达0.1～1.0m/s，与水位骤涨几乎同时，落潮流速迅速转为涨潮流速，并且流速骤增，称为涌潮流速，俗称"快水"，最大流速可达6m/s以上，一般出现在潮头过后数秒到数十分钟内，而后水流渐趋稳定。钱塘江涌潮在高阳山下游形成后，上溯过程中逐渐增强，至大缺口—盐官河段达到最大，之后强度渐弱。强潮时，涌潮潮头可上溯至闻家堰以上，全程约100km。

影响涌潮强弱的因素较多，其中下游澉浦潮差、江道地形最为重要。澉浦每月朔望后两三天，潮差大，涨潮历时短，沿江涌潮较强；上、下弦后的几天，涌潮较弱甚至没有涌潮。每年9—10月秋季大潮期，沿江涌潮相应较强，与澉浦潮差大小规律一致。涌潮强弱还取决于当时的江道地形，尤其是尖山河段河槽曲直及沙坎顶端高程。枯水年尖山河段主槽弯曲走南，涌潮较弱（如20世纪80年代、20世纪前10年）；丰水年主槽顺直走北，则涌潮较强（如20世纪70年代、90年代）。

钱塘江涌潮存在波状涌潮和漩滚涌潮。前者涌潮较弱，可能发生在中小潮汛期，也可能发生在涌潮形成初期和衰减阶段后期；后者涌潮较强，潮头破碎，多发生在大中潮汛期的强涌潮河段。有时因地形变化，常能见到波状涌潮与漩滚涌潮相互转换的情形（潘存鸿等，2008a）。钱塘江涌潮在向上游传播过程中，受两岸曲折多变岸线和河床形态的影响，会形成变化多端的涌潮潮景，最有代表性的是：两股不同方向的涌潮相遇而形成的交叉潮、潮头呈均一直线的一线潮以及与海堤碰撞后形成的回头潮，如图3.1.1所示。

（a）海宁八堡交叉潮（2000年）

（b）海宁盐官一线潮（2010年，潘存鸿摄）

(c)海宁老盐仓回头潮（2011年，邢云摄）

图 3.1.1　交叉潮、一线潮与回头潮

与钱塘江河口潮差大相对应的是，潮流流速也较大。在涌潮河段，非洪水期全潮最大流速均为涌潮流速。在强涌潮河段尖山河段及上游盐官河段，实测涨潮最大垂线平均流速均在 5m/s 左右，最大测点流速 6m/s 以上（Pan et al.，2011）。

由于涌潮流速大，涌潮对涉水建筑物的作用力极大。1953 年海宁盐官塘顶一头重 1.5t 的“镇海铁牛”被涌潮掀起，冲离原地 10 余 m；石塘顶层用铁锭浇连的条石，每块重约 400kg，曾三五块相连，被涌潮掀起，翻越 1.5m 高的土埝，抛至塘背田中；1988 年 8 月朔汛，海宁十堡 41 号丁坝坝根部位混凝土浇砌石块的坝面，被过坝涌潮掀起一大块，重约 30t，抛离原地七八米，竖靠在石塘边（韩曾萃等，2003）；2002 年，萧山美女坝附近海塘塘顶的混凝土立柱受潮水打击而折断。在曹娥江大闸建成前，钱塘江河口形成的涌潮传入其支流曹娥江后，其涌潮动力依然强劲，曹娥江口内的马山闸弧形闸门于 1966 年、1973 年及 1975 年先后三次被涌潮冲击破坏。钱江四桥施工栈桥曾被汹涌的涌潮破坏。近几年，老盐仓、新仓段海塘多次发生挡浪墙被涌潮毁坏的现象。涌潮能量之大，综上可见一斑。

3.1.2　钱塘江涌潮模拟技术

涌潮模拟可分为实体（物理）模拟和数值模拟。涌潮模拟是研究涌潮的重要研究手段之一，不但可以研究涌潮特性，研究涌潮与涉水工程的相互作用，并且可以较准确地预测钱塘江河口开发治理后钱塘江涌潮的变化，从而更科学地制订治理方案，以保护、开发和利用钱塘江涌潮。

3.1.2.1　涌潮数值模拟（Pan et al.，2011）

涌潮与潮波存在时间、空间尺度的巨大差异，钱塘江潮波周期 12 余 h，波长数百千米，而涌潮路经之处，骤涨时间数分钟，影响范围仅数倍水深，这种差异是涌潮数值模拟的一大困难，为此，将涌潮数值模型分为大尺度模型与小尺度模型（林炳尧，2008）。

（1）大尺度涌潮数值模拟。大尺度模型着眼于整个潮波运动，模拟区域大，下边界上往往还没有涌潮。一般采用断面平均的一维数学模型或水深平均的二维数学模型或准三维数学模型，能模拟涌潮的形成、发展和衰减的全过程，着重分析涌潮的宏观规律，包括涌潮高度、涌潮流速和涌潮传播速度等时空分布规律。

涌潮前后存在水位、流速（流量）的突变，是典型的浅水间断流动。在大尺度模型中，涌潮模拟方法可分为激波装配法和激波捕捉法。用激波装配法模拟涌潮，将涌潮处理成没有厚度的强间断，作为微分方程的广义解，间断前、后的流速和水深满足 Rankine - Hugoniot 条件。该方法的优点是间断处满足熵条件，故可认为得到的解是唯一物理解，但它的缺点是要求流场结构已知，而事实上大多数情况下流场事先未知。另外，在涌潮初期或消失阶段，因边界、地形等因素的变化，常常出现涌潮“时有时无”的现象，这给“装配”也带来困难。近 20 年来，一方面，随着计算机技术的迅速发展，为激波捕捉法提供了硬件条件；另一方面，改进了计算格式，解决了传统线性格式通常不能同时满足抑制虚假振荡和达到足够高精度要求的困难，传统线性格式要么数值黏性太大，产生过分耗散，计算结果将突变的物理量抹平，不能反映间断特性；要么数值黏性太小，产生虚假的数值振荡，甚至失稳。激波捕捉法的优点是在涌潮区和非涌潮区统一应用同一计算格式，无需对涌潮区作特别的处理，但要求计算网格较密，且要求计算格式具有模拟大梯度流动的能力。由于涌潮属强间断问题，应用激波捕捉法求解时控制方程需采用守恒型方程，从而带来了底坡源项处理的难题，即要求方程左端的压力项与方程右端的底坡源项始终达到“和谐”（徐昆等，2002；潘存鸿，2010a）。

浙江省河口海岸研究所（现为浙江省水利河口研究院）从 20 世纪 60 年代开始探索通过求解一维圣维南方程组来模拟涌潮，金旦华等（1965）应用特征线法求解一维圣维南方程组，认为向上游传播的同族特征线的第一个交点作为涌潮起点，在涌潮前后采用 Rankine - Hugoniot 条件（即激波装配法）求解涌潮前后水流要素。由于特征线法网格大小不一，计算麻烦，为此赵雪华（1985）在涌潮尚未形成或涌潮过去之后的区域采用特征差分法计算，而在涌潮形成和传播区运用特征线法计算，同时采用激波装配法模拟了钱塘江涌潮。上述特征线法对地形资料、初值和边值极其敏感，计算时常常形成“假”涌潮，从而干扰了真涌潮的模拟（金旦华等，1965）。谭维炎等（1995）采用 Osher 格式求解二维浅水方程，同样采用激波装配法模拟了钱塘江涌潮。20 世纪末，苏铭德等（1999a，b）应用 NND 格式求解一维圣维南方程、二维浅水方程，采用激波捕捉法模拟了平底条件下钱塘江涌潮的形成和发展。

2000 年以来，浙江省水利河口研究院与香港科技大学合作，针对求解守恒型方程的“和谐”难题，提出了水位床底法（Water Level - bottom Topography Formulation，简称 WLTF）和底坡源项离散技术（Hui，et al.，2003；潘存鸿等，2003ab），应用 Godunov 格式建立了基于四边形网格的钱塘江二维涌潮值模型，模拟了涌潮的形成和传播过程（Pan et al.，2003；潘存鸿等，2007b；Pan et al.，2007）。以后，分别应用控制方程变换法（Pan et al.，2006）和静水压力变换法（潘存鸿，2007a）解决了三角形网格的“和谐”问题，建立了三角形网格下基于 Godunov 格式（潘存鸿，2007a）和 KFVS（Kinetic Flux Vector Splitting）（潘存鸿等，2006）格式的二维涌潮数值模型，模拟了涌潮的形成、发展和衰减的全过程，复演了“交叉潮”、“一线潮”和“回头潮”等主要潮景。同时，还对沿程涌潮高度和涌潮传播速度等进行了验证，揭示了涌潮传播规律；反映了涌潮到达前后水流从缓流到急流，又从急流到缓流的变化过程；以及弯道处涌潮最大流速凸岸大于凹岸的特殊流速分布特征（潘存鸿等，2007b，2008a）。2004 年以后，二维涌潮数值模型进入了边完善边应用阶段，目前数值模型软件已达到了成熟应用阶段。模型先后应用于桥梁工程的设计流速和设计流量推求（潘存鸿等，2004b），杭州湾治理设想方案的涌潮计算（潘存鸿等，2009a），治江围涂工程（鲁海燕等，2008a）和桥梁工程（鲁海燕等，2008b）对涌潮影响分析，以及涌潮传播规律研究（张舒羽等，2013）等项目，并已推广到溃坝波（潘存鸿等，2010b）和海啸（孤立波）传播过程（潘存鸿等，2011b）的数值模拟。同时，还模拟了涌潮作用下的泥沙输移规律（Pan et al.，2010）和盐水入侵（潘存鸿等，2014）。

同期，杜珊珊等（2006）应用 TVD 格式模拟了长江口的一维涌潮，于普兵等（2010）应用有限体积法计算了钱塘江一维涌潮，模拟了涌潮的形成、发展和衰减的全过程。李绍武等（2004）建立了 δ

坐标下准三维涌潮数学模型，谢东风等（2011）应用 δ 坐标下 FVCOM 软件计算了钱塘江三维涌潮，模拟了涌潮的形成、发展和衰减的全过程，初步分析了涌潮的三维特性。

（2）小尺度涌潮数值模拟。小尺度模型针对的是微观问题，往往只研究潮波中的涌潮部分，同时考虑水平和垂直方向流速，控制方程可采用立面二维或三维 Euler 方程、NS 方程或者建立在相应的紊流模式上的各类紊流方程。模拟的关键是自由表面的处理，自由表面条件总是非线性的，尤其破碎以后，自由表面不再连续，流速沿水深更不均匀。常用的处理自由面的计算方法主要有界面跟踪法（以 MAC 方法为代表）、界面捕捉法（以 VOF 方法和 Level set 方法为代表）。小尺度模型模拟中需要给定入流边界处的流速沿水深及时间的变化，实际情况往往很难得到这些边界条件，这给小尺度模型带来很大的困难。

最近 20 余年来，应用立面二维数值模型模拟涌潮对局部建筑物的作用方面取得了进展。潘存鸿等（Pan et al.，1994）应用 MAC 方法模拟了涌潮越过障碍物的过程；万德成等（1998）应用 VOF 方法模拟波浪翻越直立方柱；朱军政等（2003）应用 VOF 方法模拟了涌潮翻越丁坝的过程，根据定床水流计算结果，应用推移质输沙公式，估算了不同平台宽度丁坝上游的冲刷情况，在上述模型基础上，陈文明（2009）增加了泥沙输移方程，模拟了涌潮翻越丁坝过程中泥沙输移，并比较了不同丁坝断面对河床冲淤的影响；吕江等（2005）应用 VOF 方法模拟了盐官河段涌潮对丁坝的作用。Furuyama 等（2010）应用大涡模型模拟了弱涌潮。

3.1.2.2 涌潮实体模拟

实体模型可分为涌潮整体模型和涌潮水槽试验，是研究涌潮的重要研究手段之一。

浙江省水利河口研究院先后于 20 世纪 70 年代后期、80 年代初、2003 年和 2011 年建成了四个涌潮水槽。涌潮水槽不但可进行涌潮水力学特性和涌潮传播规律研究，如涌潮流速垂向分布特征，涌潮在滩槽上的传播规律，涌潮遇弯道、上坡和下坡的传播规律等（杨火其等，2008），而且还开展了大量涌潮对涉水工程作用力、涌潮对工程建筑物河床的局部冲淤作用、工程建设对涌潮影响等问题的试验研究。代表性的有桥梁工程、海塘工程及护塘工程（如丁坝）、挡潮闸（较大的有曹娥江大闸、盐官下河闸等）、码头、取水口、排污口等工程（杨火其等，2000，2001ab，2006；周建炯等，2004）。

20 世纪 90 年代中期，因钱塘江出现连续丰水年，钱塘江涌潮增强，对海塘及护塘工程带来了较大的破坏。为削弱北岸旧仓一带的涌潮提出了工程方案，并于 1996 年在钱塘江河口整体模型中试验研究了大尖山—大缺口河段不同抛坝方案对涌潮的影响（卢祥兴等，1996），涌潮高度采用人工观测，精度较低。21 世纪以来，随着模型生潮系统的改进和涌潮测量仪器浪高仪的引进，进一步充实了大范围整体模型模拟涌潮的研究手段。在大范围整体模型中，主要研究涌潮传播规律、涌潮与涉水工程的相互作用和相互影响（卢祥兴等，2006ab；曾剑等，2006）等。

3.2 一维涌潮数值模拟

由于二维数值模型计算费时，对某些只关心水流要素断面平均的实际问题，建立一维涌潮数学模型仍具有实际意义。因一维圣维南方程在形式上不同于二维浅水方程，应用在求解二维浅水方程的底坡源项处理技术并不适用于一维问题。本节应用有限体积法离散一维圣维南方程，对界面通量采用迎风格式求解，对水面坡降项采用迎风和顺风的水面坡降加权平均计算，以消除非物理解，并保证计算的稳定性和守恒性。模型在缓流、急流和混合流等典型算例检验的基础上，模拟了钱塘江涌潮形成、发展和衰减的全过程，经与实测涌潮资料验证，计算结果与实测值基本接近。

3.2.1 控制方程及计算方法

天然河道中一维非恒定流控制方程可以用圣维南方程来表示

$$\frac{\partial U}{\partial t}+\frac{\partial F}{\partial x}=S(U) \tag{3.2.1}$$

其中
$$U=\begin{bmatrix}A\\Q\end{bmatrix},\ F(U)=\begin{bmatrix}Q\\ \dfrac{Q^2}{A}\end{bmatrix},\ S(U)=\begin{bmatrix}0\\ -gA\dfrac{\partial Z}{\partial x}-g\dfrac{n^2Q|Q|}{R^{\frac{4}{3}}A}\end{bmatrix}\tag{3.2.2}$$

式中：A 为过水断面面积；Q 为流量；Z 为水位；g 为重力加速度；R 为水力半径；n 为曼宁系数。

对式（3.2.1）应用有限体积法离散，并采用单元中心格式，即物理量定义在单元中心，则有

$$U_i^{n+1}=U_i^n-\frac{\Delta t}{\Delta x_i}(F_{i+\frac{1}{2}}-F_{i-\frac{1}{2}})+\frac{\Delta t}{\Delta x_i}S_i\tag{3.2.3}$$

式中：$F_{i+\frac{1}{2}}$、$F_{i-\frac{1}{2}}$分别为单元界面 $i+\dfrac{1}{2}$、$i-\dfrac{1}{2}$处的界面通量。

对界面通量采用迎风格式求解（Ying，et al.，2004），则

$$F_{i+1/2}=\begin{bmatrix}Q_{i+k}^n\\ \dfrac{(Q_{i+k}^n)^2}{A_{i+k}^n}\end{bmatrix},\ \begin{cases}k=0 & Q_i^n>0,\ Q_{i+1}^n>0\\ k=1 & Q_i^n<0,\ Q_{i+1}^n<0\\ k=0.5 & 其他\end{cases}\tag{3.2.4}$$

$$F_{i-1/2}=\begin{bmatrix}Q_{i-k}^n\\ \dfrac{(Q_{i-k}^n)^2}{A_{i-k}^n}\end{bmatrix},\ \begin{cases}k=1 & Q_{i-1}^n>0,\ Q_i^n>0\\ k=0 & Q_{i-1}^n<0,\ Q_i^n<0\\ k=0.5 & 其他\end{cases}\tag{3.2.5}$$

源项中水面坡降项的处理直接影响计算的精度和稳定性。若直接使用中心差分格式处理水面坡降项，在间断处会产生非物理的数值振荡，导致计算失真，甚至失稳。为此，根据波的传播方向，分别计算迎风和顺风时的水面坡降，再根据两者的权重计算其平均值。

$$S_i=\begin{bmatrix}0\\ -gA_i^n\left[w_1\left(\dfrac{\Delta Z}{\Delta x}\right)_{\rm down}+w_2\left(\dfrac{\Delta Z}{\Delta x}\right)_{\rm up}\right]-g\dfrac{n^2Q_i^n|Q_i^n|}{(R_i^n)^{\frac{4}{3}}A_i^n}\end{bmatrix}\tag{3.2.6}$$

其中
$$\left(\frac{\Delta Z}{\Delta x}\right)_{\rm down}=\frac{Z_{i+1-k}^n-Z_{i-k}^n}{x_{i+1-k}-x_{i-k}},\ \left(\frac{\Delta Z}{\Delta x}\right)_{\rm up}=\frac{Z_{i+k}^n-Z_{i-1+k}^n}{x_{i+k}-x_{i-1+k}}\tag{3.2.7}$$

式中：w_1、w_2 为权重因子；$\left(\dfrac{\Delta Z}{\Delta x}\right)_{\rm down}$和$\left(\dfrac{\Delta Z}{\Delta x}\right)_{\rm up}$分别为顺风和迎风时的水面坡降。

为提高计算精度，权重因子 w 由柯朗数 C_r 确定，即

$$w_1=1-C_r^{\rm down},\ w_2=C_r^{\rm up}\tag{3.2.8}$$

$$C_r^{\rm down}=\frac{\Delta t}{x_{i+1-k}-x_{i-k}}\cdot\frac{V_{i+1-k}+V_{i-k}}{2},\tag{3.2.9}$$

$$C_r^{\rm up}=\frac{\Delta t}{x_{i+k}-x_{i-1+k}}\cdot\frac{V_{i+k}+V_{i-1+k}}{2}\tag{3.2.10}$$

其中
$$V_i=\frac{|Q_i^n|}{A_i^n}$$

式中：V 为断面平均流速。

式（3.2.6）～式（3.2.8）表明，柯朗数越小，源项中的水位梯度越接近下游单元的水位梯度；反之，越接近上游单元的水位梯度。特别地，当权重因子 $w_1=w_2=0.5$ 时，水位梯度项为中心差分格式，其会产生非物理解（Sod，1978）。

求解时，先求解连续方程得到水位；然后求解动量方程得到流量。因计算格式为显格式，时间步长需满足 CFL 条件。动边界处理采用水深判别法，当某单元水深小于临界水深时，认为该单元为干单元，即水深为一小量，流速为零。

3.2.2 典型算例检验

为检验计算格式的性能，先应用典型算例进行检验。

3.2.2.1 干底溃坝波问题

设计算域为0～30m，河床为平底，坝址位于$x=10$m处，坝上水位1m，坝下为干底。计算域共布置计算单元150个，相应距离步长为0.2m。假定在$t=0$时刻大坝瞬间全溃，溃坝波向下游干床上传播，稀疏波向上游方向传播，计算中不考虑河床摩擦阻力。图3.2.1为$t=2$s时刻计算水位和流速与精确解的比较，可见，水位和流速计算结果与精确解非常吻合，仅在溃坝波前峰，计算流速与精确解有较大差异，其他计算方法也存在类似的问题（潘存鸿等，2004a）。究其原因主要是水深太小而流速很大，水流Froude数很大，模拟非常困难，可能还与控制方程在这种情况下不太适用有关。

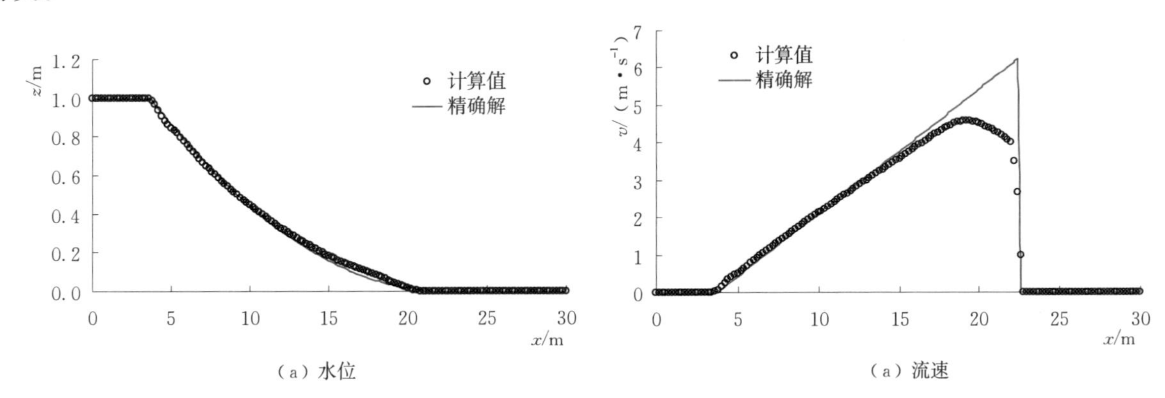

图3.2.1 干底溃坝波水位与流速沿程变化图

3.2.2.2 存在障碍物的恒定流问题

本算例尽管为恒定流问题，但由于存在障碍物，只要给定不同的初始条件和边界条件，流场内可能存在缓流、急流和混合流，因此计算最为困难，常用于测试计算方法的适应性（Ying，et al.，2004；徐昆等，2002；潘存鸿等，2003a）。精确解可见文献（Toro，2001）。取计算域长25m，底高程$b(x)$为

$$b(x)=\begin{cases}0.2-0.05(x-10)^2 & 8<x<12\\ 0.0 & \text{其他}\end{cases}$$

计算单元400个，距离步长$\Delta x=0.0625$m。计算中不考虑摩阻力。

第一个算例为缓流问题。给定入流单宽流量$hu=4.42\text{m}^2/\text{s}$，出流处$z=h=2$m。计算稳定后的水位计算结果绘于图3.2.2，整个计算域内Froude数$F_r=u/\sqrt{gh}$均小于1。

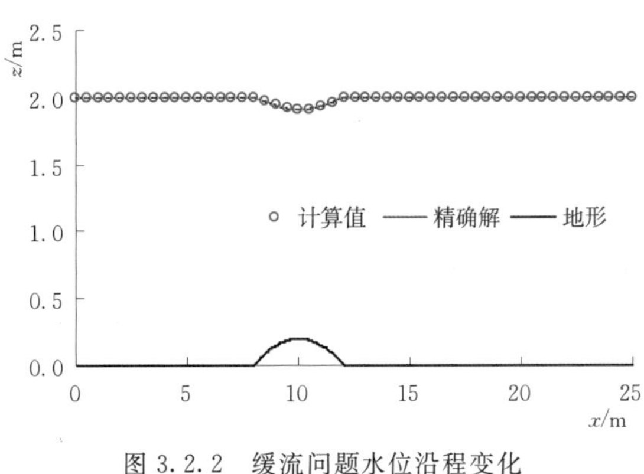

图3.2.2 缓流问题水位沿程变化

第二个为无激波（无间断）混合流问题。给定入流单宽流量$hu=1.53\text{m}^2/\text{s}$，出流处$z=h=0.4$m。计算稳定后的水位计算结果绘于图3.2.3。入流段Froude数小于1，为缓流；出流段Froude数达1.62，为急流。

第三个为有激波（有间断）混合流问题。给定入流单宽流量$hu=0.18\text{m}^2/\text{s}$，出流处$z=h=0.33$m。计算稳定后的水位结果绘于图3.2.4。Froude数从入流段的0.22，突变增大到近3，又逐渐减小到0.3，复演了从缓流到激流，又从激流到缓流的过程。

上述三个算例的计算结果表明，本模型具有模拟缓流、急流和混合流的能力。

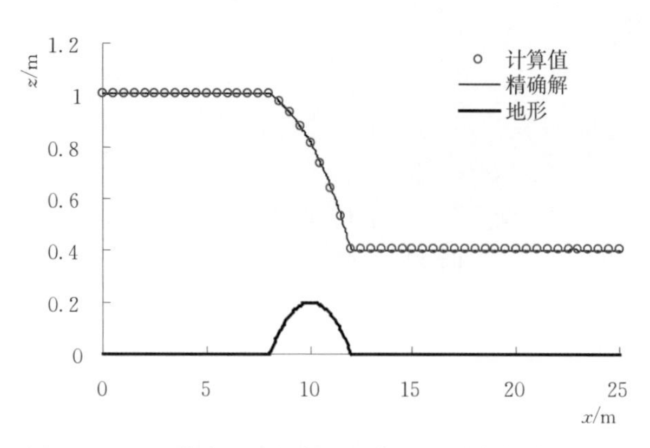

图 3.2.3　无激波（无间断）混合流问题水位沿程变化

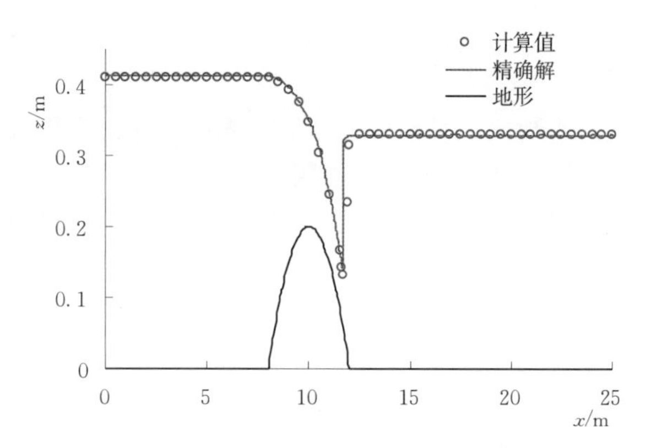

图 3.2.4　有激波混合流问题水位沿程变化

3.2.3　钱塘江涌潮计算分析

计算范围从上游富春江电站至下游澉浦，全长 193km，不考虑支流曹娥江（图 3.2.5）。其中闸口至澉浦河段的地形采用 2000 年 7 月实测资料，闸口至富春江电站河段采用 1997 年 4 月的地形资料。全河段共布置 180 个计算断面，断面间距最小 320m，最大 4200m。为提高计算精度，计算过程中通过距离线性插值方法增加计算断面，插值后的计算断面总数为 526 个，断面间距为 300～600m 范围，相应的计算时间步长为 5s。上边界富春江电站给定日平均流量，下边界澉浦断面给定潮位过程，由黎曼不变量确定水位流量关系。

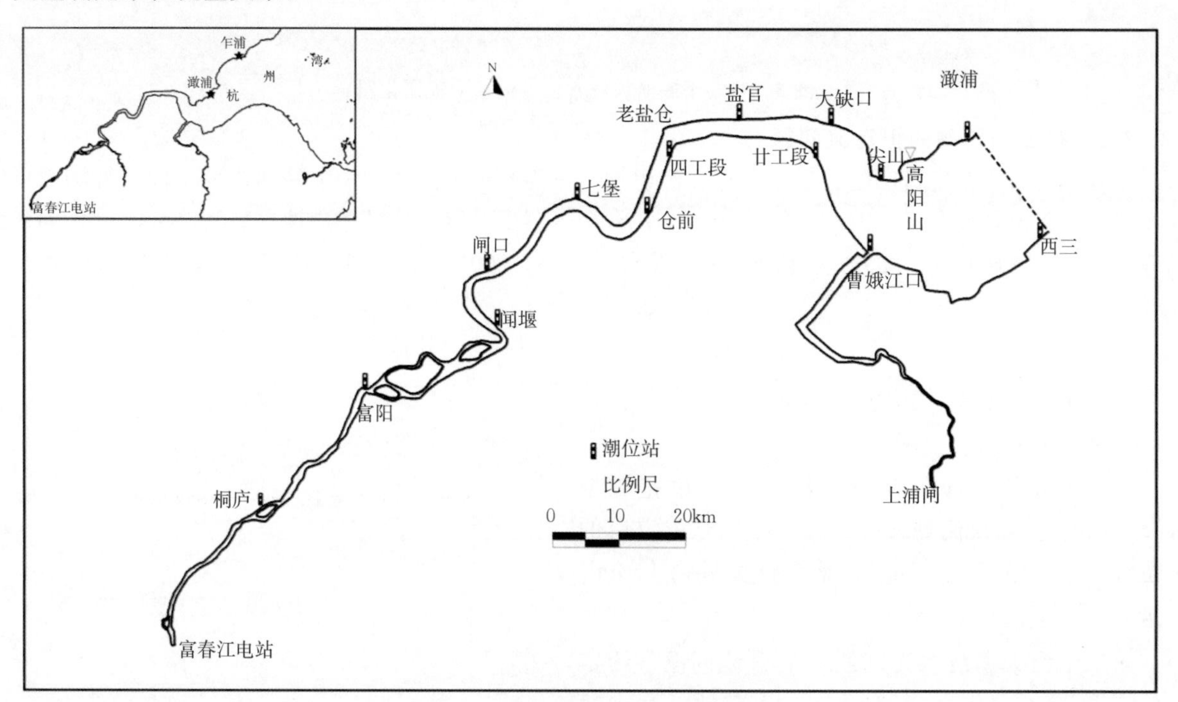

图 3.2.5　计算区域和潮位站位置图

模型验证采用 2000 年 9 月的大规模涌潮观测资料（林炳尧等，2002），该次观测在富春江电站至澉浦河段共布置 16 个潮位站（位置如图 3.2.5 所示）。在有涌潮的潮位站，涌潮过后每隔 1～2min 记录潮位。模型计算了 2000 年 9 月 16—17 日连续 4 个大潮过程，除澉浦和陶家路闸 2 个潮位站的平均潮位作为下边界条件外，验证了沿程 14 个潮位站。经验证，曼宁系数涨、落潮均为 0.005～0.03 范围，强涌潮河段曼宁系数较小，在 0.01 以下。图 3.2.6 为富阳、闸口、七堡、仓前、盐官和曹娥江口站潮位计算过程同实测过程的比较，图 3.2.7 为闸口、仓前、盐官和大缺口计算涌潮过程与实测的比

较，表 3.2.1 为沿程各站涌潮高度计算值与实测值的比较。由上述图和表可知，不但计算潮位与实测潮位过程相当符合，并且对涌潮的模拟也比较吻合。从图和表还可看出，在曹娥江口附近，涨潮波前峰潮位突变已非常明显，说明涌潮已经形成。此后，涌潮向上游继续传播，受地形抬升和河宽束窄的影响，涌潮继续增大，在大缺口—四工段一带达到最大，以后涌潮逐渐减弱，至闸口涌潮高度仍有 1.63m，涌潮最远传播至闻家堰上游，在富阳已无涌潮。计算结果反映了涌潮到达后潮位暴涨的特性（图 3.2.7和表 3.2.1），计算得到的 1min 潮位最大涨幅在七堡—大缺口河段均在 1m 以上，最大为四工段达 1.48m。

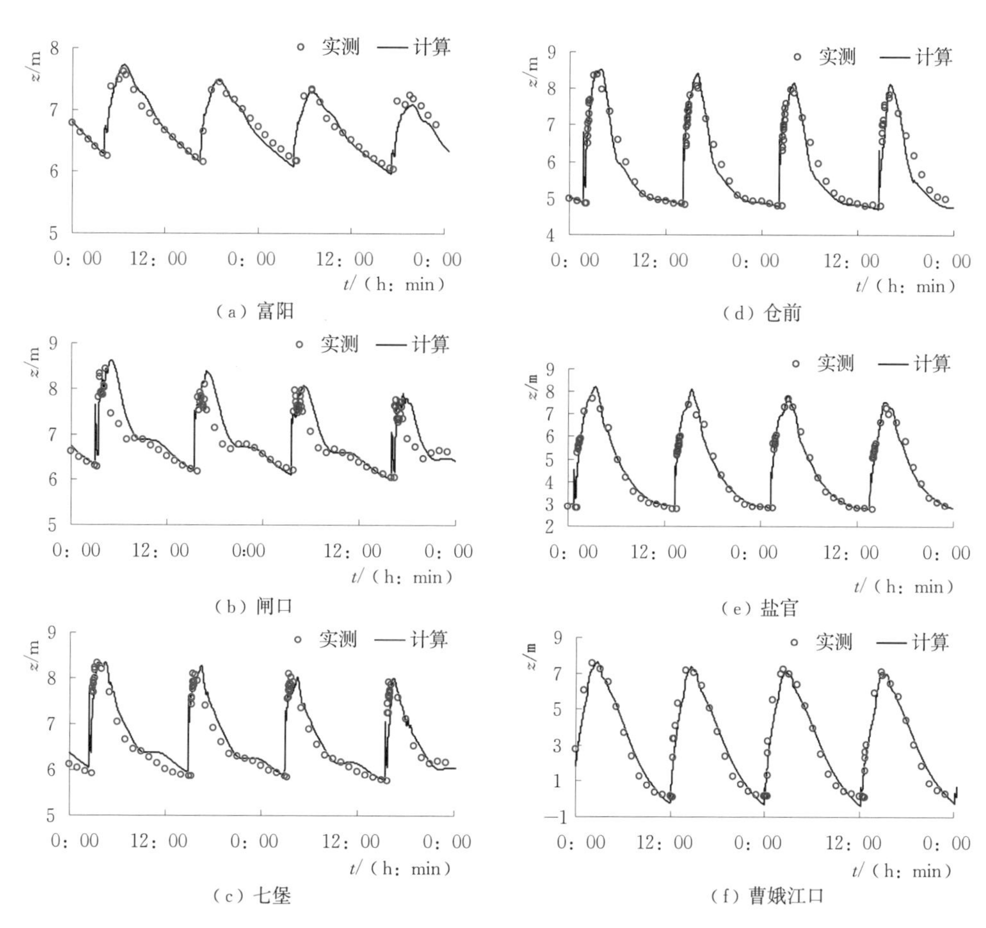

图 3.2.6　沿程各站水位计算值和实测值的比较

表 3.2.1　　涌潮高度计算值与实测值的比较　　单位：m

站名	闻家堰	闸口	七堡	仓前	四工段	盐官	大缺口	曹娥江口
实测涌潮高度	1.55	1.63	1.72	1.61	2.39	2.44	2.33	2.19
计算涌潮高度	1.31	1.35	1.60	1.83	1.83	1.73	1.88	0.99
绝对误差	0.24	0.28	0.12	0.22	0.56	0.71	0.45	1.20
潮位 1min 最大涨幅	0.57	0.97	1.26	1.17	1.48	1.27	1.23	0.67

由于涌潮高度计算值为断面平均，而实测值为测点，因潮位站附近岸线、地形的差异，测点值与断面平均值存在一定差异。即使是所谓的“一线潮”，整个断面涌潮也不可能同时到达，特别当河宽较大，且地形变化也较大时涌潮沿断面方向差异较大。另外，计算断面的间距较大（300m 以上），对涌潮计算精度也有较大影响。因此，一般计算涌潮高度小于实测值，河宽越大，这一现象越明显，如表 3.2.1和图 3.2.7 所示。

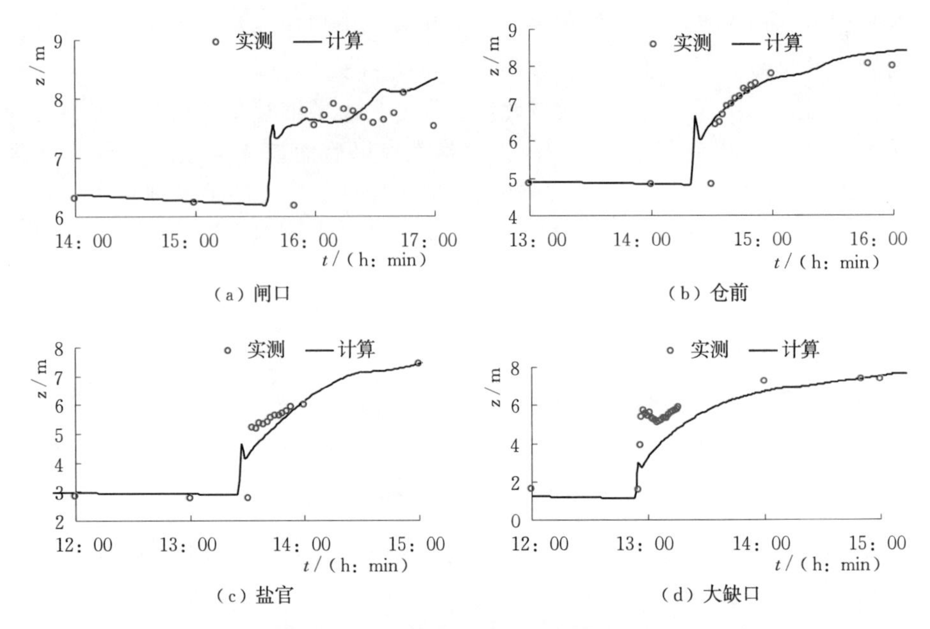

图 3.2.7 计算涌潮过程与实测的比较

在涌潮河段，最大流速即为涌潮流速，一般出现在涌潮过后数分钟至数十分钟内。图 3.2.8 为断面平均最大流速沿程分布图，可知最大流速从下游至上游存在从小到大，又从大到小的分布规律，断面平均最大流速出现在盐官至仓前河段。由于涌潮河段流速测量困难，至今仍缺乏系统的涌潮流速观测资料。根据零星的实测涌潮流速资料和二维涌潮数模计算成果（Pan et al.，2007，潘存鸿等 2008a），断面平均最大流速与垂线平均最大流速在平面分布上存在较大差异。在垂线平均最大流速平面分布上，往往是滩地处最大流速大于深槽处，弯道段凸岸最大流速大于凹岸，不同于一般河流的流速平面分布。钱塘江河口垂线平均最大流速位于大缺口至曹娥江汇入口下游的浅水区，但上述河段因河床宽浅，断面平均流速并不大。

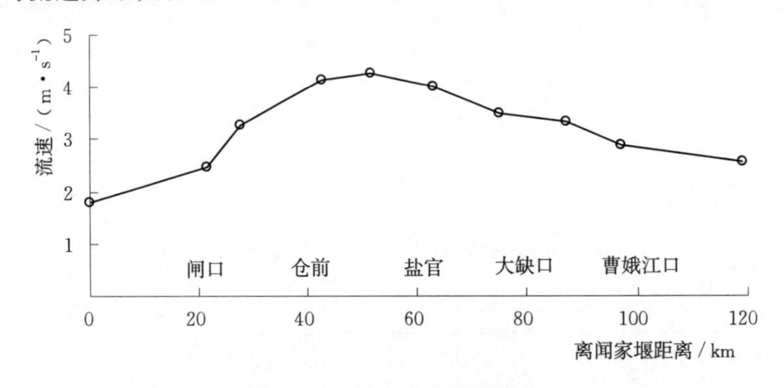

图 3.2.8 最大流速沿程变化

上述计算结果表明，模型具有计算简单、稳定、守恒等优点，可应用于天然河道的缓流、急流和混合流的计算。

3.3 二维涌潮数值模拟

二维涌潮值模型的研制开发经历了曲折的过程，由于四边形网格相对容易解决守恒型方程的“和谐”难题，先是采用水位床底法（WLTF）和网格变换方法建立了任意四边形网格下二维涌潮数学模型（Pan et al.，2003；潘存鸿等，2007b），考虑到四边形网格在边界适应性上的不足，后来建立了三角形网格下基于 Godunov 格式（潘存鸿等，2007a）和 KFVS 格式（潘存鸿等，2006，2008a）的二维

涌潮数学模型。鉴于 KFVS 格式稳定性更好、精度更高，下面仅介绍基于 KFVS 格式的二维涌潮数学模型。

3.3.1 Boltzmann 方程和 Boltzmann 模型

Boltzmann 于 1872 年提出了著名的分子运动论的控制方程，后人称之为 Boltzmann 方程，即

$$\frac{\partial f}{\partial t}+c_x\frac{\partial f}{\partial x}+c_y\frac{\partial f}{\partial y}+c_z\frac{\partial f}{\partial z}+\frac{\partial \phi}{\partial x}\frac{\partial f}{\partial c_x}+\frac{\partial \phi}{\partial y}\frac{\partial f}{\partial c_y}+\frac{\partial \phi}{\partial y}\frac{\partial f}{\partial c_z}=J(f) \tag{3.3.1}$$

式中：f 为分子速度分布函数；c_x、c_y、c_z 分别为分子在 x、y、z 方向的分子速度；ϕ 为外力作用项；$J(f)$为碰撞函数。

Boltzmann 方程描述分子速度分布函数的时空变化规律，f 是分子速度（c_x，c_y，c_z）、空间（x，y，z）和时间（t）的函数。Boltzmann 方程表明，有三种方式可以改变分子速度分布函数，即对流、外力和碰撞。

碰撞函数 $J(f)$描述分子之间的相互作用，它是分子速度分布函数 f 的二次式的积分，为非线性的积分函数，所以 Boltzmann 方程是非线性的积分—微分方程，无解析解。因此，后人为求解 Boltzmann 方程，在简化碰撞函数方面做了大量的工作，提出了求解 Boltzmann 方程的许多方法，主要有 Chapman - Enskog 方法、模型方程法、矩法、Monte Carlo 方法（邓家泉，2002）等。

目前应用最广的是 Bhantagar - Gross - Krook 于 1954 年提出的 BGK 模型方法。BGK 模型假定碰撞的平均影响是改变分布函数 f，其改变量与 f 偏离平衡分布的差值成正比。因此，BGK 模型中碰撞函数为

$$J(f)=\frac{q-f}{\tau} \tag{3.3.2}$$

式中：q 为平衡分子速度分布函数，即平衡状态时 f 所趋近的分布；τ 为碰撞时间。

在平衡状态下，即 $f=q$，熵函数 S 达到最大值，对 S 求极值，并利用拉格朗日乘子法可求得二维平衡分布函数为

$$q(t,x,y,c_x,c_y)=h\left(\frac{\lambda}{\pi}\right)^{\frac{2}{2}}e^{-\lambda[(c_x-u)^2+(c_y-v)^2]} \tag{3.3.3}$$

其中

$$\lambda=\frac{1}{gh}$$

式中：g 为重力加速度；h 为水深；u 和 v 分别为水流在 x 和 y 方向的流速。

3.3.2 基于 Boltzmann 方程的二维浅水流动方程

3.3.2.1 宏观和微观变量基本关系式

Boltzmann 方程描述的是分子速度分布函数的时空变化，而我们关心的是水流宏观变量的变化。为此，需建立分子速度分布函数（即微观变量）和宏观变量的基本关系。对分子速度分布函数取矩，即对乘积 qc^0，qc^1，qc^2 等进行整个分子速度空间积分。

对于二维情形，积分时利用如下关系式：

$$\int_{-\infty}^{+\infty}\int_{-\infty}^{+\infty} q\,dc_x\,dc_y=h \tag{3.3.4}$$

$$\int_{-\infty}^{+\infty}\int_{-\infty}^{+\infty} qc_x\,dc_x\,dc_y=hu \tag{3.3.5}$$

$$\int_{-\infty}^{+\infty}\int_{-\infty}^{+\infty} qc_y \mathrm{d}c_x \mathrm{d}c_y = hv \tag{3.3.6}$$

$$\int_{-\infty}^{+\infty}\int_{-\infty}^{+\infty} qc_x c_y \mathrm{d}c_x \mathrm{d}c_y = huv \tag{3.3.7}$$

$$\int_{-\infty}^{+\infty}\int_{-\infty}^{+\infty} qc_x^2 \mathrm{d}c_x \mathrm{d}c_y = hu^2 + \frac{1}{2}gh^2 \tag{3.3.8}$$

物理守恒律要求质量、动量和能量为碰撞不变量，所以应满足

$$\int_{-\infty}^{+\infty}\int_{-\infty}^{+\infty} \frac{q-f}{\tau}\begin{bmatrix}1\\c_x\\c_y\end{bmatrix}\mathrm{d}c_x \mathrm{d}c_y = 0 \tag{3.3.9}$$

上式称为相容性条件。

式（3.3.4）～式（3.3.9）构成了 Boltzmann 方程与浅水方程的关系。

3.3.2.2 基于 Boltzmann 方程的二维浅水流动方程的导出

考虑在平衡状态下（即 $f=q$）二维 Boltzmann 方程为

$$\frac{\partial q}{\partial t}+c_x\frac{\partial q}{\partial x}+c_y\frac{\partial q}{\partial x}+\frac{\partial \phi}{\partial x}\frac{\partial q}{\partial c_x}+\frac{\partial \phi}{\partial y}\frac{\partial q}{\partial c_y}=0 \tag{3.3.10}$$

这里外力作用项 ϕ 仅考虑非平底引起的重力项和阻力项，即

$$\phi_x = g(S_{0x}-S_{fx}) \tag{3.3.11}$$

$$\phi_y = g(S_{0y}-S_{fy}) \tag{3.3.12}$$

其中

$$S_{0x}=-\frac{\partial b}{\partial x};S_{0y}=-\frac{\partial b}{\partial y} \tag{3.3.13}$$

$$S_{fx}=\frac{n^2 u\sqrt{u^2+v^2}}{h^{4/3}};S_{fy}=\frac{n^2 v\sqrt{u^2+v^2}}{h^{4/3}} \tag{3.3.14}$$

式中：S_{0x}、S_{0y} 分别为 x、y 方向的底坡项；b 为底高程；S_{fx}、S_{fy} 分别为 x、y 方向的阻力项；n 为曼宁系数。

（1）二维连续性方程的导出。对式（3.3.10）取零次矩得

$$\int_{-\infty}^{+\infty}\int_{-\infty}^{+\infty}\left(\frac{\partial q}{\partial t}+c_x\frac{\partial q}{\partial x}+c_y\frac{\partial q}{\partial x}+\frac{\partial \phi}{\partial x}\frac{\partial q}{\partial c_x}+\frac{\partial \phi}{\partial y}\frac{\partial q}{\partial c_y}\right)\mathrm{d}c_x \mathrm{d}c_y=0$$

利用式（3.3.4）～式（3.3.6），并考虑到外力为零，则得连续性方程为

$$\frac{\partial h}{\partial t}+\frac{\partial hu}{\partial x}+\frac{\partial hv}{\partial y}=0 \tag{3.3.15}$$

（2）二维动量方程的导出。对式（3.3.10）取一次矩，即将该方程乘以 c_x 并积分得

$$\int_{-\infty}^{+\infty}\int_{-\infty}^{+\infty}c_x\left(\frac{\partial q}{\partial t}+c_x\frac{\partial q}{\partial x}+c_y\frac{\partial q}{\partial x}+\frac{\partial \phi}{\partial x}\frac{\partial q}{\partial c_x}+\frac{\partial \phi}{\partial y}\frac{\partial q}{\partial c_y}\right)\mathrm{d}c_x \mathrm{d}c_y=0$$

利用式（3.3.5）、式（3.3.7）和式（3.3.8），则得 x 方向的动量方程为

$$\frac{\partial hu}{\partial t}+\frac{\partial}{\partial x}\left(hu^2+\frac{1}{2}gh^2\right)+\frac{\partial huv}{\partial y}=-gh(S_{0x}+S_{fx}) \tag{3.3.16}$$

类似地，可导出 y 方向的动量方程，这里从略。

3.3.3 三角形网格下二维浅水流动方程的 KFVS 格式

基于 Boltzmann 方程的模型方法并不直接求解式（3.3.15）、式（3.3.16），而是通过求解 Boltzmann 方程式（3.3.10）间接求解浅水方程。

将式（3.3.10）乘以$(1, c_x, c_y)^T$，并对分子速度空间积分，则有

$$\frac{\partial E}{\partial t}+\frac{\partial F}{\partial x}+\frac{\partial G}{\partial y}=S \tag{3.3.17}$$

其中

$$E=[h, hu, hv]^T \tag{3.3.18}$$

$$F=\left[\int_{-\infty}^{+\infty}\int_{-\infty}^{+\infty} c_x f \mathrm{d}c_x \mathrm{d}c_y, \int_{-\infty}^{+\infty}\int_{-\infty}^{+\infty} c_x^2 f \mathrm{d}c_x \mathrm{d}c_y, \int_{-\infty}^{+\infty}\int_{-\infty}^{+\infty} c_x c_y f \mathrm{d}c_x \mathrm{d}c_y\right]^T \tag{3.3.19}$$

$$G=\left[\int_{-\infty}^{+\infty}\int_{-\infty}^{+\infty} c_y f \mathrm{d}c_x \mathrm{d}c_y, \int_{-\infty}^{+\infty}\int_{-\infty}^{+\infty} c_x c_y f \mathrm{d}c_x \mathrm{d}c_y, \int_{-\infty}^{+\infty}\int_{-\infty}^{+\infty} c_y^2 f \mathrm{d}c_x \mathrm{d}c_y\right]^T \tag{3.3.20}$$

$$S=[0, gh(S_{0x}-S_{fx}), gh(S_{0y}-S_{fy})]^T \tag{3.3.21}$$

基于Boltzmann方程的模型方法是通过求解式（3.3.17）得到水流宏观变量的。

为模拟平面形态复杂的天然水域，计算域采用任意三角形剖分，并采用单元中心格式，即将物理量定义在三角形形心，控制体即为单元本身。设Ω_i为第i个三角形单元域，Γ_i为其边界，对方程式（3.3.17）应用有限体积法离散，并利用格林公式，则有（潘存鸿等，2006）

$$A_i\frac{\partial E}{\partial t}+\oint_{\Gamma}(F\cos\theta+G\sin\theta)\mathrm{d}l=\iint_{\Omega_i} S_i \mathrm{d}x\mathrm{d}y$$

式中：A_i为三角形单元Ω_i的面积；$(\cos\theta, \sin\theta)$为Γ外法向单位向量；$\mathrm{d}l$为线积分微元。

对其时间导数采用前差，并记$F_n=F\cos\theta+G\sin\theta$，即得基本数值解公式为

$$E_i^{n+1}=E_i^n-\frac{\Delta t}{A_i}\sum_{j=1}^{3}F_{nj}l_j+\frac{\Delta t}{A_i}\iint_{\Omega_i} S_{0i}\mathrm{d}x\mathrm{d}y+\Delta t S_{fi} \tag{3.3.22}$$

从式（3.3.22）可以看出，KFVS格式的关键是求解单元界面的分子速度分布函数f。引进局部坐标系$x-t$（为方便起见仍用x表示），x垂直于单元界面，用c_x，c_y分别表示分子法向速度和切向速度。对于平衡状态，无碰撞Boltzmann方程式（3.3.10）的解为

$$f(x_{ij}, t, c_x, c_y)=f_0(x_0, 0, c_{x0}, c_y) \tag{3.3.23}$$

式中：下标0为初始时刻的值；f_0为初始分布函数；x_{ij}为i单元和j单元的界面位置；x为分子运动轨迹，假定分子在很短时间间隔$t-t'$内从x'运动到x，$x=x'+c_x'(t-t')+\frac{1}{2}\phi_x(t-t')^2$；因外力（本文为重力和摩阻力）引起的分子速度$c_x$的改变，其修正式为$c_x=c_x'+\phi_x(t-t')$。

为考虑因外力引起的分子速度的改变，必须对分子速度分布函数进行修正。因分子速度的改变，在t'时刻平衡分布函数需作相应的修正。应用Taylor展开，并忽略高阶项，则得t'时刻平衡分布函数为

$$q(x', t', c_x', c_y)\approx q(x, t, c_x, x_y)[1+2\lambda\phi_x(c_x-u)(t-t')]$$

式中$2\lambda\phi_x(c_x-u)(t-t')q$项表示分子速度改变而引起的平衡分布函数的变化。为弥补非Maxwell分布以及忽略高阶项引起的误差，在ϕ_x项中引进常数α，则

$$q(x', t', c_x', c_y)=q(x, t, c_x, c_y)[1+2\alpha\lambda\phi_x(c_x-u)(t-t')] \tag{3.3.24}$$

α值将在后面给出，其与分子对$(c_x, c_x^2, c_xc_y)^T$求矩有关。外力项ϕ_x为

$$\phi_x=g(S_{0x}-S_{fx})^l(1-H[x])+g(S_{0x}-S_{fx})^r H[x] \tag{3.3.25}$$

式中：$H[x]$为Heaviside函数；上标l、r分别表示界面的左边和右边。

式（3.3.23）中的初始分布函数f_0，可应用泰勒级数在界面处的平衡分布函数展开得到

$$f_0=q^l[1+a^l(x-x_{ij})](1-H[x-x_{ij}])+q^r[1+a^r(x-x_{ij})]H[x-x_{ij}] \tag{3.3.26}$$

式中：q^l和q^r为界面左边和右边的Maxwellian分布函数。

系数$a^{l,r}$为

$$a^{l,r}=m_1^{l,r}+m_2^{l,r}c_x+m_3^{l,r}c_y+m_4^{l,r}(c_x^2+c_y^2) \tag{3.3.27}$$

式（3.3.27）中系数（$m_1^{l,r}$，$m_2^{l,r}$，$m_3^{l,r}$，$m_4^{l,r}$）为

$$m_1^{l,r}=\left[\left(\frac{3(u^2+v^2)}{gh^2}\right)\frac{\partial h}{\partial x}-\frac{2u}{gh^2}\frac{\partial(hu)}{\partial x}-\frac{2v}{gh^2}\frac{\partial(hv)}{\partial x}\right]^{l,r} \tag{3.3.28}$$

$$m_2^{l,r}=\left[-\frac{4u}{gh^2}\frac{\partial h}{\partial x}+\frac{2}{gh^2}\frac{\partial(hu)}{\partial x}\right]^{l,r} \tag{3.3.29}$$

$$m_3^{l,r}=\left[-\frac{4v}{gh^2}\frac{\partial h}{\partial x}+\frac{2}{gh^2}\frac{\partial(hv)}{\partial x}\right]^{l,r} \tag{3.3.30}$$

$$m_4^{l,r}=\left[\frac{1}{gh^2}\frac{\partial h}{\partial x}\right]^{l,r} \tag{3.3.31}$$

式（3.3.28）～式（3.3.31）中的所有系数由重构数据确定。为书写简化起见，下文中设 $x_{ij}=0$。

式（3.3.26）为 $t=0$ 时刻的分子速度分布函数 f_0，将其代入式（3.3.23）时需考虑 t 时刻分子到达$x=0$ 时的速度 c_x 的变化，即

$$\begin{aligned}f_0\left(-c_xt-\frac{1}{2}\phi_xt^2,0,c_x-\phi_xt,c_y\right)=&q_0^l\left[1+a^l\left(-c_xt-\frac{1}{2}\phi_xt^2\right)\right]\left(1-H\left[-c_xt-\frac{1}{2}\phi_xt^2\right]\right)+\\&q_0^r\left[1+a^r\left(-c_xt-\frac{1}{2}\phi_xt^2\right)\right]H\left[-c_xt-\frac{1}{2}\phi_xt^2\right]\\\approx&q_0^l(1-c_xta^l)H[c_x]+q_0^r(1-c_xta^r)(1-H[c_x])\end{aligned} \tag{3.3.32}$$

式（3.3.32）中已略去与 t^2有关的项。因分子速度从 $t=0$ 到 t 时刻的改变，需对 q_0^l 和 q_0^r 进行修正，其关系为

$$q_0^l=q^l[1+2\alpha\lambda^l\phi_x(c_x-u^l)t]$$
$$q_0^r=q^r[1+2\alpha\lambda^r\phi_x(c_x-u^r)t]$$

因此式（3.3.32）变为

$$\begin{aligned}f_0\left(-c_xt-\frac{1}{2}\phi_xt^2,0,c_x-\phi_xt,c_y\right)\approx&q^l[1+2\alpha\lambda^l\phi_x(c_x-u^l)t](1-c_xta^l)H[c_x]+\\&q^r[1+2\alpha\lambda^r\phi_x(c_x-u^r)t](1-c_xta^r)(1-H[c_x])\end{aligned}$$

进一步简化得

$$\begin{aligned}f_0\left(-c_xt-\frac{1}{2}\phi_xt^2,0,c_x-\phi_xt,c_y\right)\approx&q^l[1+2\alpha\lambda^l\phi_x(c_x-u^l)t-c_xta^l]H[c_x]+\\&q^r[1+2\alpha\lambda^r\phi_x(c_x-u^r)t-c_xta^r](1-H[c_x])\end{aligned} \tag{3.3.33}$$

从式（3.3.33）可以看出，外力对分子速度分布函数的作用与 a^l 和 a^r 同阶。通过简化 Heaviside 函数，外力项 ϕ_x变成

$$\phi_x=-g\{(S_{0x}-S_{fx})^lH[c_x]+(S_{0x}-S_{fx})^r(1-H[c_x])\} \tag{3.3.34}$$

将式（3.3.33）代入式（3.3.23），可以得到 $x=0$ 处的分布函数 f（0，t，c_x，c_y）。

积分式（3.3.23）即可得到通过单元界面的质量和动量的数值通量为

$$\begin{bmatrix}F_h(t)\\F_{hu}(t)\\F_{hv}(t)\end{bmatrix}_{ij}=\int_{-\infty}^{+\infty}\int_{-\infty}^{+\infty}c_x\begin{bmatrix}1\\c_x\\c_y\end{bmatrix}f_{ij}(0,\ t,\ c_x,\ c_y)\mathrm{d}c_x\mathrm{d}c_y \tag{3.3.35}$$

可以证明（XU Kun，2002），在式（3.3.35）对分子速度求矩过程中，只有取 $\alpha_u=1$、$\alpha_{u^2}=5/4$、$\alpha_{uv}=1$，才能得到和谐解。即在静水初始条件情况下，流速为零，水位为常数的静水状态可以严格保持。换言之，静水时，动量方程中的单元界面数值通量与单元里的源项刚好抵消。

3.3.4 底坡源项的处理

求解守恒型非平底浅水流动方程时，需对底坡源项作特殊的处理，以致方程左端的压力项与方程

右端的底坡源项“和谐”。

所谓“和谐”格式，对于与 i 单元相邻的所有 j 单元，若在 n 时刻满足

$$\begin{cases} h_i^n + b_i = h_j^n + b_j = z \\ (u,\ v)_i^n = (u,\ v)_j^n = 0 \end{cases} \tag{3.3.36}$$

式中：z 为水位。

则要求推得 $n+1$ 时刻为

$$\begin{cases} h_i^{n+1} + b_i = z \\ (u,\ v)_i^{n+1} = 0 \end{cases} \tag{3.3.37}$$

为了建立和谐的 KFVS 格式，除在上述数值通量计算中考虑重力对分子速度分布函数的作用外，还要求方程左端的压力项与方程右端的底坡源项之和始终满足

$$\nabla\left(\frac{1}{2}gh^2\right) + gh\nabla b = gh\nabla z \tag{3.3.38}$$

因此，建立和谐格式的关键是底坡源项的离散与压力项相同。下面分别讨论空间一阶和二阶精度的和谐格式。

3.3.4.1 一阶精度的和谐格式

定义单元界面处底高程为

$$b_{ij} = b_{ji} = \frac{1}{2}(b_i + b_j) \tag{3.3.39}$$

插值前先把水深转换成水位，并应用 WLTF 方法（HUI，et al.，2003）。界面处水深为

$$h_{ij} = (h_i + b_i - b_{ij}) \tag{3.3.40}$$

对于一阶精度的计算格式，由于假定单元内的水位相同，根据式（3.3.38），有

$$\nabla\left(\frac{1}{2}gh^2\right) = -gh\nabla b$$

上式表明，动量方程右端的底坡源项可用方程左端的压力项（即静水压力项，故本方法称为“静水压力法”）来代替。因此，式（3.3.22）变为（潘存鸿等，2006）

$$E_i^{n+1} = E_i^n - \frac{\Delta t}{A_i}\sum_{j=1}^{3} F_{nj} l_j + \frac{\Delta t}{A_i}\sum_{j=1}^{3} S_{0ij} l_j + \Delta t S_{fi} \tag{3.3.41}$$

其中

$$S_{0ij} = \begin{bmatrix} 0 \\ \frac{1}{2}gh_{ij}^2 \end{bmatrix} \tag{3.3.42}$$

容易证明式（3.3.41）是和谐格式。设水流在 n 时刻满足静水条件式（3.3.36），则式（3.3.41）动量方程只有压力项和底坡源项不为零，即

$$0 = -\frac{\Delta t}{A_i}\sum_{j=1}^{3}\frac{1}{2}gh_{ij}^2 l_j + \frac{\Delta t}{A_i}\sum_{j=1}^{3}\frac{1}{2}gh_{ij}^2 l_j$$

因此，格式是和谐的，立即可得 $n+1$ 时刻也满足静水条件式（3.3.37）。对于边界单元，采用虚单元技术，同样可证明格式是和谐的。

3.3.4.2 二阶精度的和谐格式

为提高计算精度，可应用与 MUSCL 类似的方法，将上述空间一阶精度格式扩展到空间二阶精度。

设单元为 i，插值变量为 f，插值后的值 f_{ij} 为（ANASTASIOU，et al.，1997）

$$f_{ij} = f_i + \Phi_i \nabla f_i (X - X_i) \tag{3.3.43}$$

其中

$$\nabla f_i = \frac{1}{\Omega}\oint_{\partial\Omega} f\vec{n}\,\mathrm{d}l \tag{3.3.44}$$

$$\Phi_i=\min(\Phi_j)=\begin{cases}\min\left(1,\ \dfrac{f_{Mi}-f_i}{f_j-f}\right) & f_j>f_i\\ \min\left(1,\ \dfrac{f_{mi}-f_i}{f_j-f}\right) & f_j<f_i\\ 1 & f_j=f_i\end{cases} \tag{3.3.45}$$

式中：f_i为单元i的物理量；X_i为单元i的形心处的坐标矢量（x，y）；Ω和$\partial\Omega$由与单元i共边的三角形形心组成的三角形面积和连线；$f_j(j=1,2,3)$为三角形单元i三个顶点的物理量；f_{Mi}和f_{mi}分别为单元i以及与其共边三角形中f的最大值和最小值。

应用式（3.3.43）求得界面处水位z_{ij}，定义界面处水深为

$$h_{ij}=z_{ij}-b_{ij}$$

式中界面处底高程b_{ij}仍由式（3.3.39）定义。

通过比较一阶格式，为满足和谐条件，将底坡源项离散成如下形式（潘存鸿等，2006）

$$S_{0ij}=\begin{bmatrix}0\\ -\dfrac{1}{2}g(h_{ij}+h_i)(b_{ij}-b_i)\end{bmatrix} \tag{3.3.46}$$

以后计算与一阶格式相同。同样可以证明，应用式（3.3.46）给出的离散底坡源项，格式是和谐的。

设水流在n时刻满足式（3.3.36），则式（3.3.22）中的动量方程简化为

$$0=-\frac{\Delta t}{A_i}\sum_{j=1}^{3}\frac{1}{2}gh_{ij}^2l_j-\frac{\Delta t}{A_i}\sum_{j=1}^{3}\frac{1}{2}g(h_{ij}+h_i)(b_{ij}-b_i)l_j$$

整理化简得

$$\sum_{j=1}^{3}\frac{1}{2}g(h_{ij}+h_i)(z_{ij}-z_i)l_j=0 \tag{3.3.47}$$

式（3.3.47）满足式（3.3.38），表明格式是和谐的。从另一角度看，由于二阶精度数据重构仍保持静水条件，即$z_{ij}=z_i$，因此可推得式（3.3.37）。

除上述方法处理和谐外，还可采用控制方程变换方法（Pan et al.，2006）。

3.3.5 动边界处理

钱塘江河口存在大片滩地，涌潮恰好在潮位最低时到达，此时滩地露出水面的面积最大。数值试验表明，动边界处理好坏直接影响到涌潮模拟精度，甚至计算的稳定性。建立准确模拟动边界模型有两方面的困难（BALZANO，1998），一是物理上的困难，人们对很薄水体在不规则地表上的流动特性缺乏足够的认识，还不能建立相应的阻力公式；二是数学上的困难，对于固定网格计算过程中容易产生水量不守恒，解出现振荡，甚至计算失稳，而对于自适应网格变换法，则计算过于复杂，特别是长周期计算。

自从1968年Reid等人（1968）在显式有限差分数值模型中首次采用动边界技术以来，国内外许多学者提出了不同的动边界处理方法，常用的有冻结法、切削法、干湿法和窄缝法。

一般地，当计算域中动边界范围不大，水流为连续流（即不存在强间断）情况下，常用的动边界处理方法大多能满足工程精度要求，但在模拟溃坝波、涌潮以及波浪在浅滩上的传播变形时，由于干底占整个计算域的比例较高，同时波前峰到达时水位、流速变化梯度极大，缓、急流同时存在并相互转化，波前峰间断处也是动边界发生之处。常用的大多数动边界处理方法往往不能准确模拟上述复杂的水流现象，甚至计算失稳。因此，能模拟间断流动的动边界处理方法是近年来的新趋势（BRUFAU，et al.，2004）。

采用准确干底Riemann解模拟动边界问题。引进局部坐标系，设两个相邻单元共边处为坐标原点，为方便起见，仍用x表示，则二维浅水问题对应的Riemann问题提法为

$$\begin{cases}\dfrac{\partial \boldsymbol{M}}{\partial t}+\dfrac{\partial \boldsymbol{N}}{\partial x}=0 & t>0\\ \boldsymbol{M}(0,x)=\begin{cases}\boldsymbol{M}_L, x<0\\ \boldsymbol{M}_R, x>0\end{cases}\end{cases} \tag{3.3.48}$$

其中 $$\boldsymbol{M}=\begin{bmatrix} h \\ h\omega \\ h\tau \end{bmatrix} \qquad \boldsymbol{N}=\begin{bmatrix} h\omega \\ h\omega^2+\frac{1}{2}gh^2 \\ h\omega\tau \end{bmatrix}$$

式中：下标 L、R 分别表示两个相邻三角形单元共边线的左侧和右侧；ω 为法向流速；τ 为切向流速。

设 $\boldsymbol{W}$ 为湿底，$\boldsymbol{W}_0$ 为干底，则

$$\boldsymbol{W}=\begin{bmatrix} h \\ \omega \\ \tau \end{bmatrix} \qquad \boldsymbol{W}_0=\begin{bmatrix} h_0 \\ \omega_0 \\ \tau_0 \end{bmatrix}$$

式中 $h_0=0$，ω_0、τ_0 为任意值。

对于干底，则存在“右边为干底”、“左边为干底”和“中间干底的产生”等三种情况（TORO，2001）。

（1）右边为干底。右边为干底［图 3.3.1（a）］的 Riemann 问题初值为

$$\boldsymbol{W}(0,x)=\begin{cases} \boldsymbol{W}_L \neq \boldsymbol{W}_0 & 若\ x<0 \\ \boldsymbol{W}_0(干底) & 若\ x>0 \end{cases}$$

解的结构如图 3.3.1（a）所示，图中 $a=\sqrt{gh}$。解包括与特征值 $\lambda=\omega-a$ 相关的左稀疏波和速度为 S_{*L} 的接触不连续（Contact discontinuity），即干湿锋面，其与稀疏波的尾部一致［图 3.3.1（a）中右边的虚线］。其 Riemann 解为

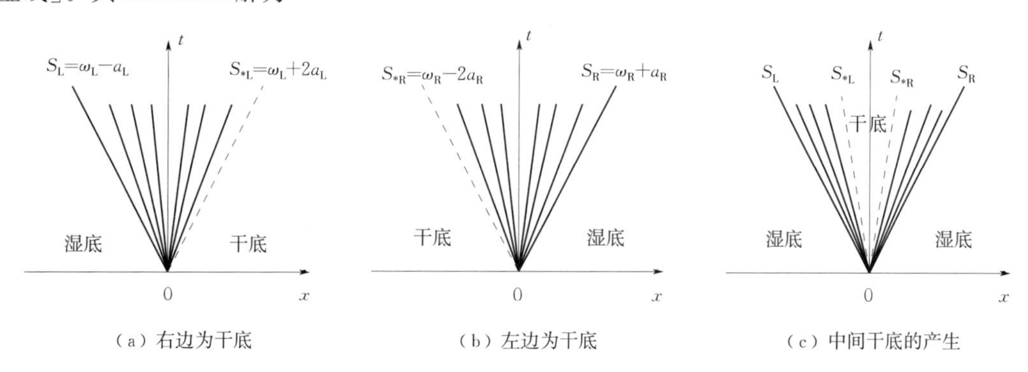

（a）右边为干底
（b）左边为干底
（c）中间干底的产生

图 3.3.1 干底情况下 Riemann 解三种波型结构

$$\boldsymbol{W}_{L0}(t,\ x)=\begin{cases} \boldsymbol{W}_L & 若\ x/t\leqslant \omega_L-a_L \\ \boldsymbol{W}_{Lfan} & 若\ \omega_L-a_L\leqslant x/t\leqslant S_{*L} \\ \boldsymbol{W}_0 & 若\ S_{*L}\leqslant x/t \end{cases} \tag{3.3.49}$$

其中 $$\boldsymbol{W}_{Lfan}=\begin{cases} a=\frac{1}{3}\left(\omega_L+2a_L-\frac{x}{t}\right) \\ \omega=\frac{1}{3}\left(\omega_L+2a_L+\frac{2x}{t}\right) \\ \tau=\tau_L \end{cases} \tag{3.3.50}$$

$$S_{*L}=\omega_L+2a_L$$

当 h_L 为左单元（湿单元）水深时，式（3.3.49）、式（3.3.50）仅适用于平底情况。实际上，应用 WLTF（Water Level - bottom topography Formulation）思想（潘存鸿等，2003b，2004a），只要定义 $h_L=Z_L-b_{LR}$，式（3.3.49）、式（3.3.50）就可推广到非平底情形，其中 Z_L 为左边单元（湿单元）水位，b_{LR} 为干、湿单元界面处的底高程。

（2）左边为干底。左边为干底［图 3.3.1（b）］的 Riemann 问题初值为

$$\boldsymbol{W}(0,x)=\begin{cases}\boldsymbol{W}_0(\text{干底}) & \text{若 } x<0\\ \boldsymbol{W}_R\neq\boldsymbol{W}_0 & \text{若 } x>0\end{cases}$$

解的结构如图 3.3.1（b）所示，解包括与特征值 $\lambda=\omega+a$ 相关的右稀疏波和速度为 S_{*R} 的接触不连续，其与稀疏波的尾部一致［图 3.3.1（b）中左边的虚线］。其 Riemann 解结构与“右边为干底”的情况类似。

（3）中间干底的产生。初始时刻并不存在干底，即 $\boldsymbol{W}_L\neq\boldsymbol{W}_0$ 和 $\boldsymbol{W}_R\neq\boldsymbol{W}_0$，在特定条件下将在中间产生干底，解的结构如图 3.3.1（c）所示。由于明渠流动很少出现中间干底的情况，不再详述。

由于控制方程采用有限体积法离散，动边界情况下通量计算更关注单元界面的干湿，而不仅仅是单元的干湿。具体处理过程如下（潘存鸿，2004a，2009c）：

设 h_L、h_R 分别为左、右单元的水深；H_c 为判别干湿底的临界水深。单元界面底高程定义为 $b_{LR}=\text{MAX}(b_L, b_R)$。动边界处理分三种情况：

（1）当 $h_L<H_c$ 和 $h_R<H_c$ 时，认为单元界面为干底，即界面通量为零。

事实上，上述条件包含了以下三种情况：①左、右单元均为干底，即满足 $h_L<H_c$ 和 $h_R<H_c$ 条件；②左单元为干底（即 $h_L<H_c$），且 $Z_L>Z_R$；③右单元为干底（$h_R<H_c$），且 $Z_R>Z_L$。

（2）当 $h_L>H_c$，且 $h_R>H_c$ 时，界面通量计算应用右边为干底计算式（3.3.49）和式（3.3.50）。

（3）当 $h_L<H_c$，且 $h_R>H_c$ 时，界面通量计算应用左边为干底计算式。

与湿单元计算相同，动边界模拟时仍需满足动量方程中左边压力项与右边底坡源项的“和谐”（潘存鸿，2009c）。具体计算时，每个单元均需满足“和谐”条件，即当流速为零时满足

$$\frac{\partial}{\partial x}\left(\frac{1}{2}gh^2\right)=-gh\frac{\partial b}{\partial x};\quad \frac{\partial}{\partial y}\left(\frac{1}{2}gh^2\right)=-gh\frac{\partial b}{\partial y}$$

应用潘存鸿等（2006）提出的静水压力法，底坡源项可用压力项代替，这样只要方程两边取相同的水深 h，很容易达到“和谐”条件。

水量守恒是动边界计算过程中的关键点之一。具体计算时，定义干底单元的水深为零，这不同于常规动边界处理方法中需要加富裕水深的缺点。若所有单元界面没有水量流入，则水深仍然为零；若有水量流入，即使单元水深小于干湿底临界水深 H_c，仍求解控制方程求得单元水深。这样，提出的动边界处理方法达到了水量守恒（潘存鸿，2009c）。

3.3.6 典型算例检验

3.3.6.1 算例 1：二维静水问题

本算例用来检验计算格式的和谐性。计算域为正方形，$0\leqslant x\leqslant 1\text{m}$ 和 $0\leqslant y\leqslant 1\text{m}$。底高程 $b(x,y)$ 为

$$b(x,y)=0.8\exp\{-50[(x-0.5)^2+(y-0.5)^2]\}$$

初始条件为静水，即流速 $u=v=0$，水位 $z=1\text{m}$。三角形单元分别为 1250 个（25×50），和 5000 个（50×100）。计算到 $t=0.1\text{s}$ 时整个计算域水位与初始水位 $z=1\text{m}$ 的最大偏差均为 2.2×10^{-16}。其与 LeVeque 计算结果以及 Godunov 格式的计算结果列于表 3.3.1。计算结果表明，本模型的误差是由计算机截断误差引起的，远小于 LeVeque（1998）计算结果的误差（$10^{-3}\sim10^{-5}\text{m}$），并且 KFVS 格式优于 Godunov 格式（潘存鸿等，2006）。

表 3.3.1　$t=0.1\text{s}$ 时整个计算域水位与初始水位的最大偏差　　单位：m

三角形单元数	Godunov 格式	KFVS 格式
1250	1.5×10^{-15}	2.2×10^{-16}
5000	2.1×10^{-14}	2.2×10^{-16}

3.3.6.2 算例 2：二维溃坝问题

计算域 1.4m×1m，坝址位于 0.7m 处，溃坝宽度为 1/3m，位于坝的中间。底高程为 0m，平底。

共布置节点数 14241 个，三角形单元数 27868。初始条件为坝上水深 1m，坝下 0.1m。时间步长 0.0005s，计算不考虑阻力，计算到 0.15s 强行中断（潘存鸿等，2006）。

图 3.3.2（a）、（b）、（c）分别为溃坝过程 $t=0$s、0.075s 和 0.15s 时刻的水位。图 3.3.3 和图 3.3.4分别为 $t=0.15$s 时刻的水位等值线图和流速矢量图。

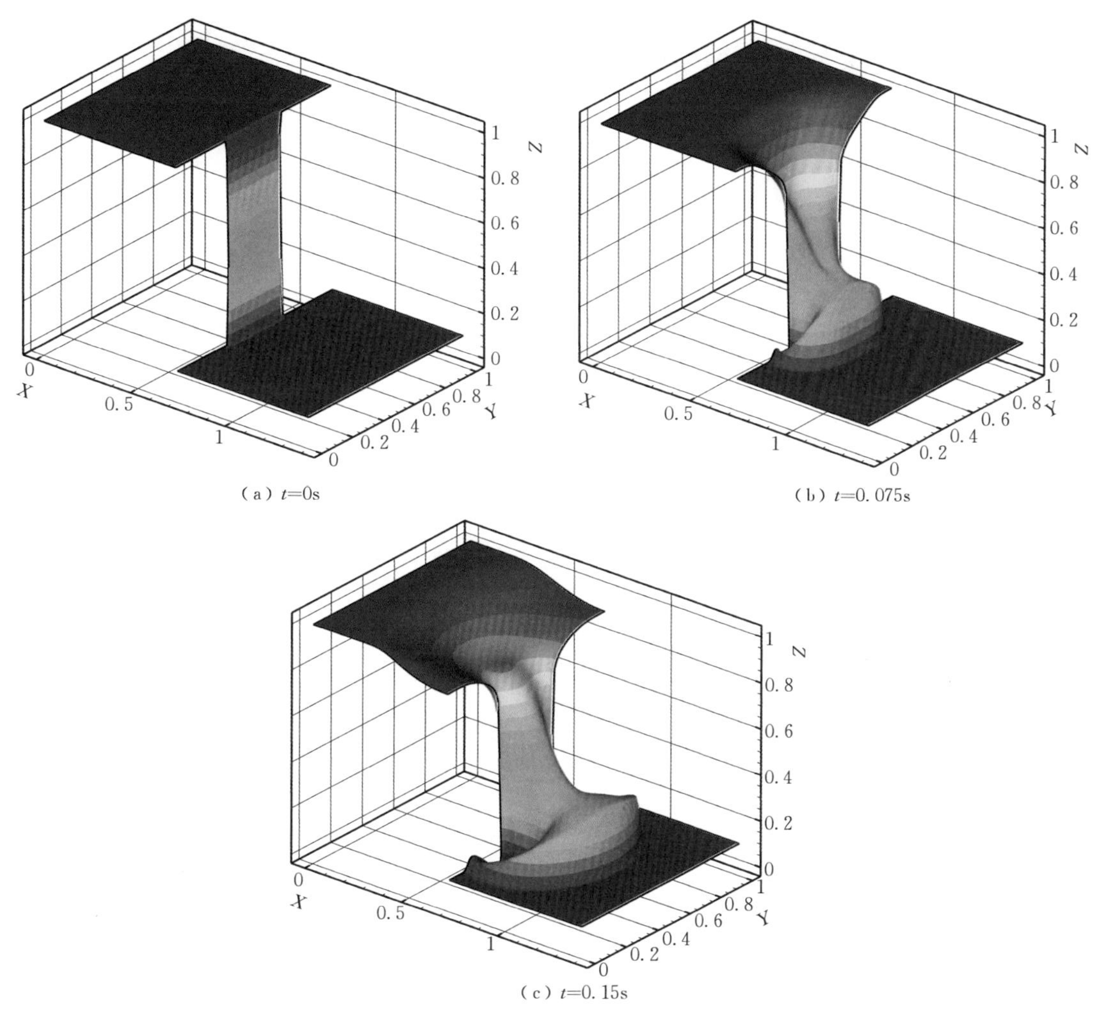

（a）t=0s

（b）t=0.075s

（c）t=0.15s

图 3.3.2 三维水面图

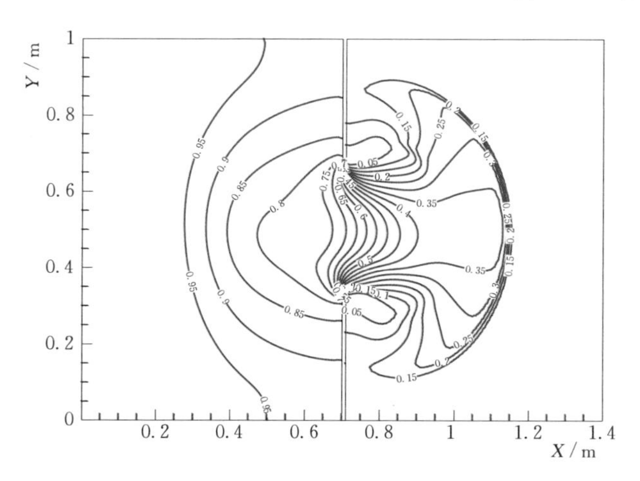

图 3.3.3 水位等值线图（$t=0.15$s）

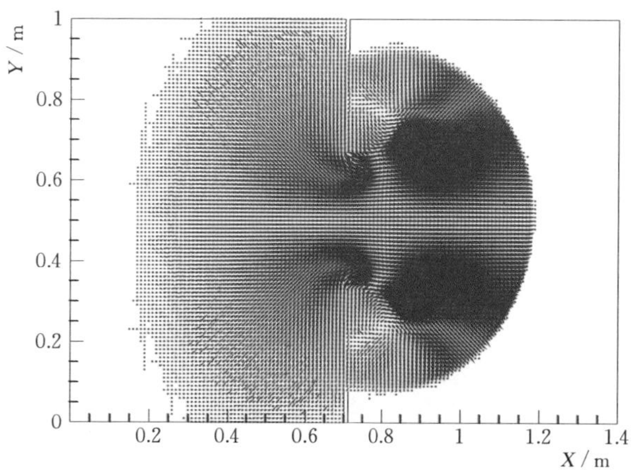

图 3.3.4 流速矢量图（$t=0.15$s）

3.3.6.3 **算例 3：斜水跃问题**

超临界流遇收缩角为 θ 的边壁，形成角度为 β 的斜水跃，如图 3.3.5 所示。此算例常被用于测试计算格式在超临界流中模拟激波的能力。计算域长 40m，左、右边宽度分别为 30m 和 25.275m，边壁收缩角 $\theta=8.95°$，底高程为 0m。初始条件和入流边界条件为均匀超临界流，水位 $z=1$m，流速 $u=8.57$m/s，$v=0$，相应的 Froude 数 $Fr=2.74$；出流边界条件为 $\frac{\partial z}{\partial x}=\frac{\partial u}{\partial x}=\frac{\partial v}{\partial x}=0$。计算网格为三角形，单元数为 9600。计算分别采用一阶和二阶精度，二阶精度的计算结果如图 3.3.6 和图 3.3.7所示，激波线角度 $\beta\approx30°$，激波后水位 $z=1.499$m，流速 $U=7.951$m/s，相应的 $Fr=2.074$（潘存鸿等，2006）。与 Hager 等人（1994）的精确解，$\beta=30°$，$z=1.5$m，$U=7.956$m/s 和 $Fr=2.075$ 非常接近。

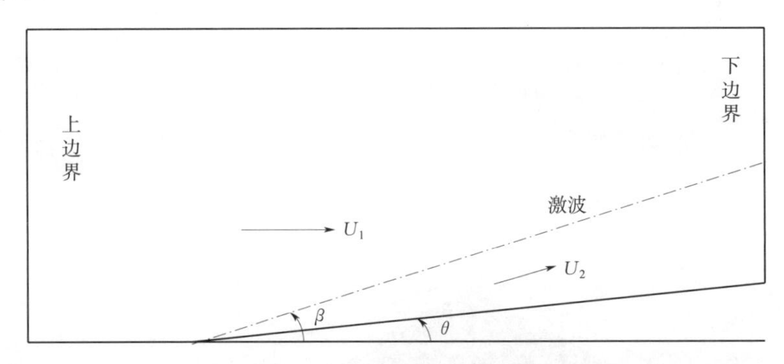

图 3.3.5 斜水跃示意图

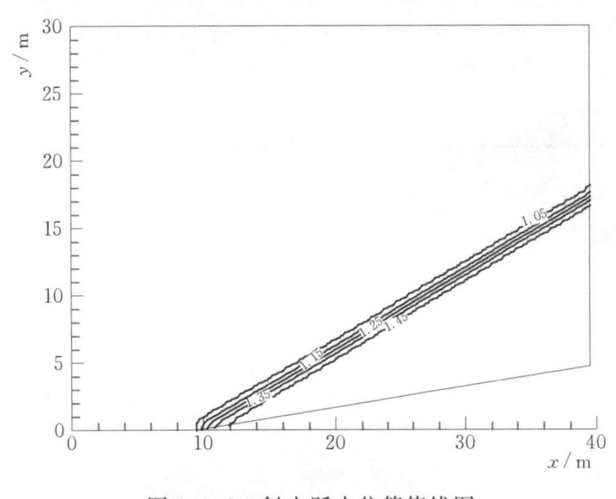

图 3.3.6 斜水跃水位等值线图

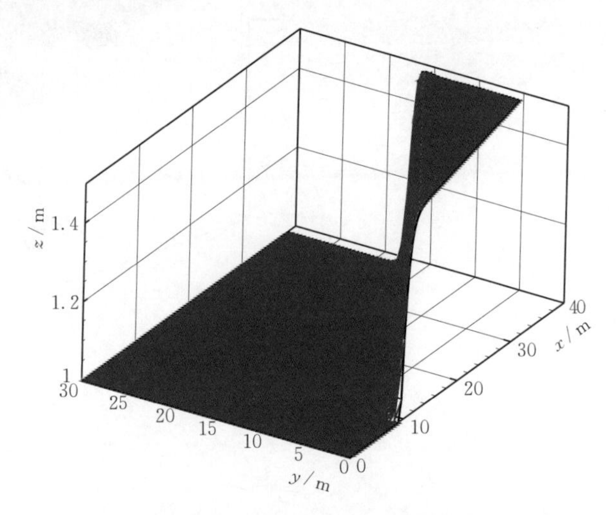

图 3.3.7 斜水跃水面三维图

3.3.7 钱塘江涌潮验证计算分析

根据不同的计算目的，应用上述数学模型曾多次验证了不同计算域、不同时间的潮位、流速和涌潮，包括 2000 年 9 月、2006 年 4 月、2007 年 10 月、2008 年 7 月、2010 年 10 月等水文资料。下面将综合介绍有代表性的验证计算分析结果（潘存鸿等，2008ab）。

3.3.7.1 **计算条件**

计算下边界位于钱塘江澉浦，钱塘江上边界为富阳，曹娥江上边界为三江闸。从澉浦到富阳全长约 146km，计算域内共布置三角形单元 93681 个，节点 48141 个，相邻节点最小距离为 50m 左右，计算网格如图 3.3.8 所示。

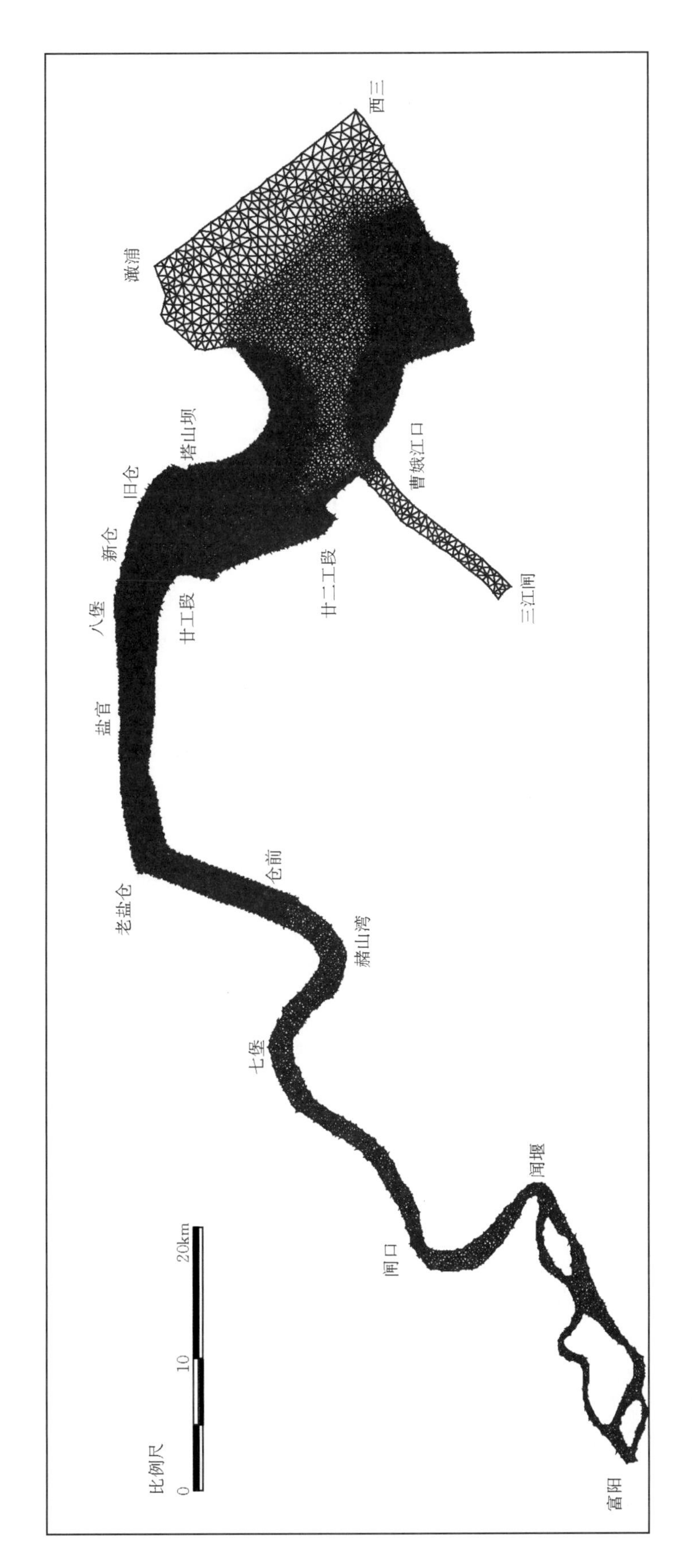

图3.3.8　数学模型计算范围及网格布置

模型首先应用2000年9月测量的大潮资料进行了验证，计算地形采用2000年7月1∶50000水下地形图，并根据2000年11月测图作适当调整。考虑到该次实测资料没有流速观测资料，又对2006年4月和2007年10月大潮期水文实测资料进行了验证，相应计算地形采用2006年4月和2007年11月1∶50000测图。模型经多次调试，当涨潮期曼宁系数取0.004，落潮取0.006～0.012时，计算结果与实测结果吻合较好。

3.3.7.2 边界处理

三个水边界条件均给定实测潮位过程，并应用一维特征差分方法计算边界处流速（Pan et al.，2007）。固壁边界条件为滑移条件，法向流速为零。具体处理时在域外设置与域内单元相对称的虚拟单元，采用镜像反射原理，求解以固壁为单元边界的通量。涌潮来临前潮位最低，因此动边界处理对涌潮计算结果影响很大，采用前文介绍的改进干底Riemann解计算干湿边界问题。

3.3.7.3 计算结果

（1）计算结果检验概况。2000年9月实测资料中共有12个潮位站可供验证（位置如图3.3.9所示）。验证结果表明，无论是高、低潮位还是潮位过程计算与实测均较为符合。图3.3.10为曹娥江口、大缺口、盐官、仓前、七堡等潮位站的验证计算结果。从图3.3.10中可以看出涌潮到达时刻潮位暴涨的过程，这一现象尤以盐官站最为明显。

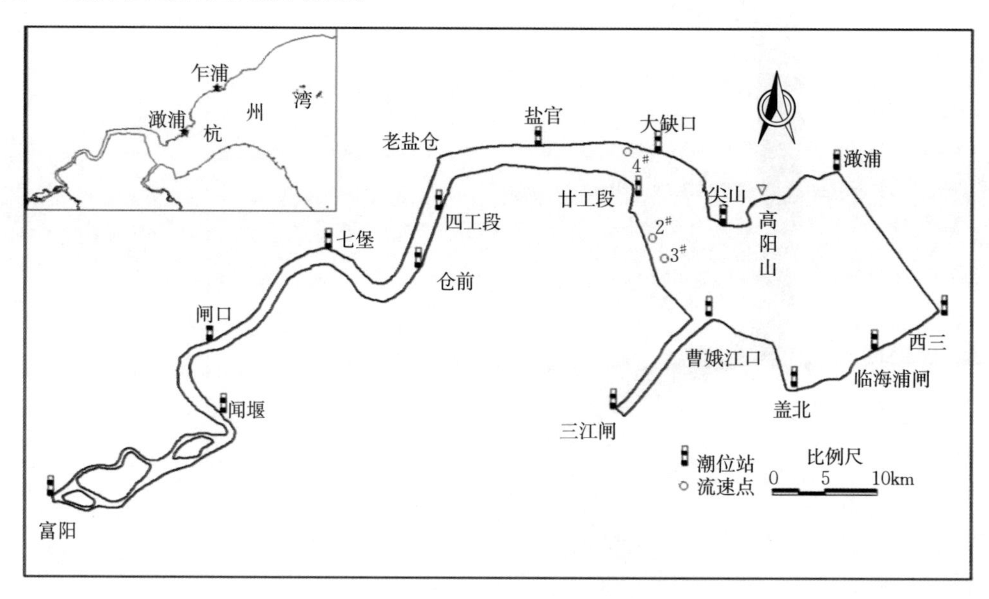

图3.3.9 潮位及流速验证点位置图

2006年4月实测资料中共有6个潮位站和3个流速流向测点可供验证（位置如图3.3.9所示），潮位计算结果与实测非常接近，2#和3#点的流速流向验证计算结果如图3.3.11所示，从图中可以看出涌潮到达时刻流速迅速从落潮转为涨潮，并达到极值的过程。

（2）计算结果复演了涌潮形成、发展过程。根据实测资料分析，大潮期间，钱塘江涌潮的传播过程大致有形成前、形成初期、强度减弱阶段、衰竭阶段，以及消失后5个阶段，对应这5个阶段，存在起潮、强度最大、涌潮成为涨潮面，以及湮灭4个关节点（林炳尧等，2002）。

这次模拟的区域的下、上边界分别布设在澉浦、富阳。澉浦处在涌潮形成前阶段，富阳已处于涌潮消失段上游。模拟结果反映了涌潮形成前、形成初期、强度减弱、衰竭阶段，以及消失后5个阶段的演变特点。

图3.3.12为沿程涌潮高度计算与实测的比较，由图可知，宏观上计算结果与实测比较一致，反映了涌潮从形成、发展、衰减以及消失的过程，最大涌潮位置也与实际相符。但总体而言，与实测结果相比，计算涌潮高度略偏小，特别是七堡上游较为明显。

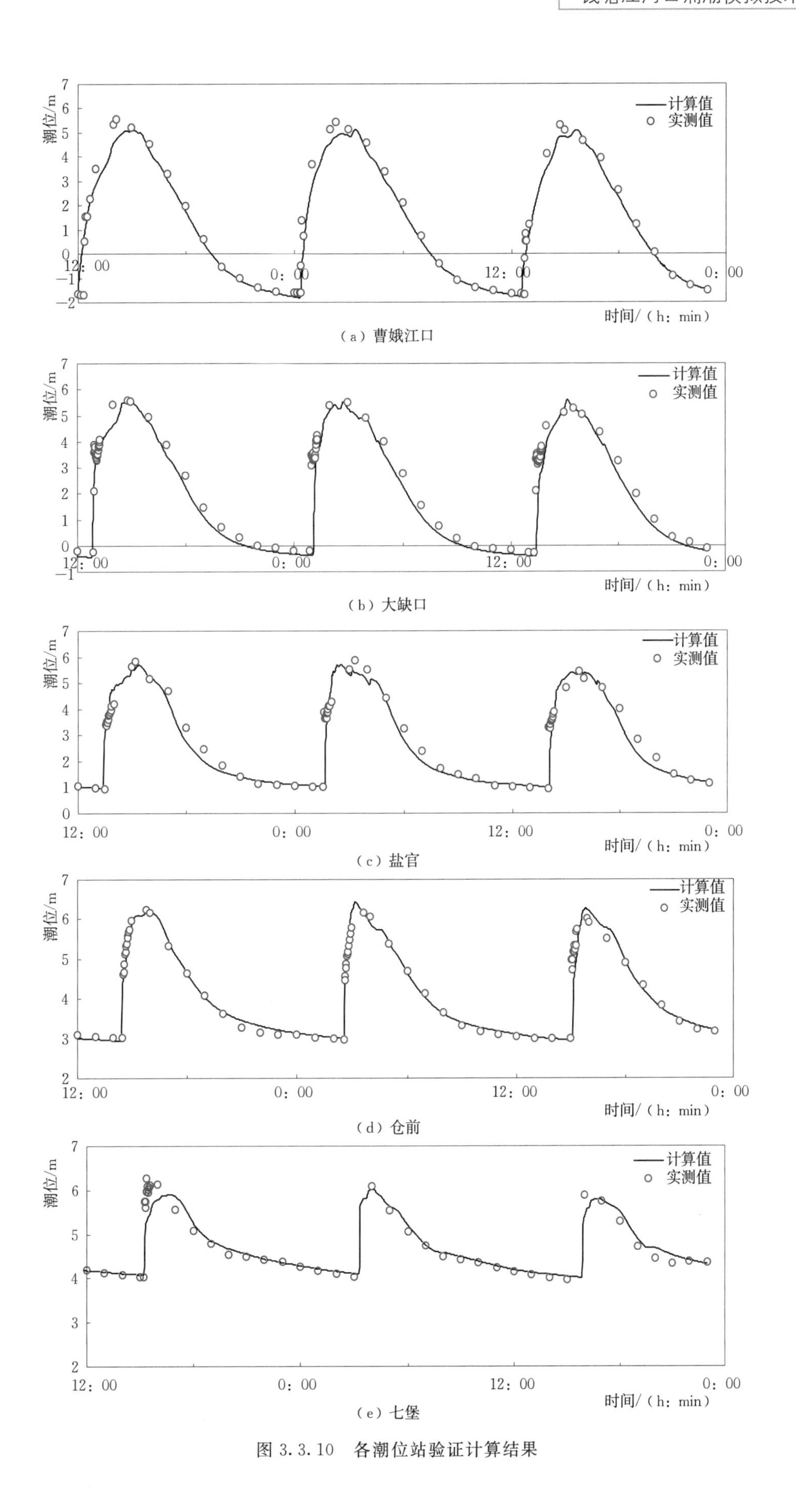

图 3.3.10 各潮位站验证计算结果

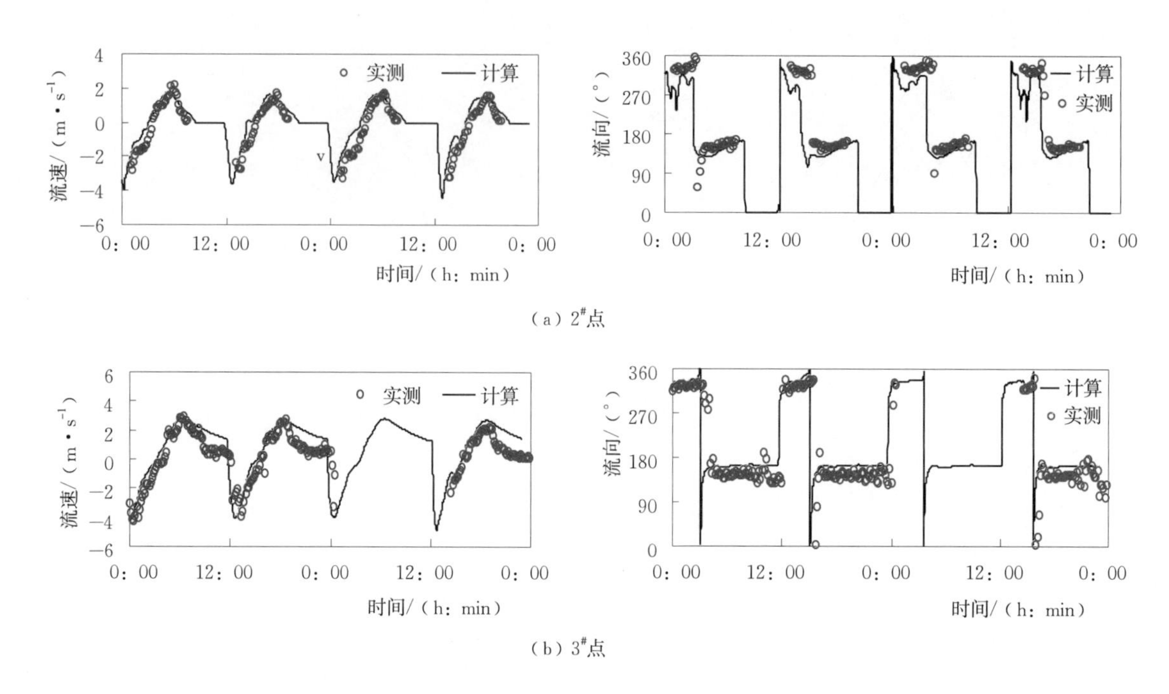

（a）2#点

（b）3#点

图 3.3.11 流速、流向验证计算结果

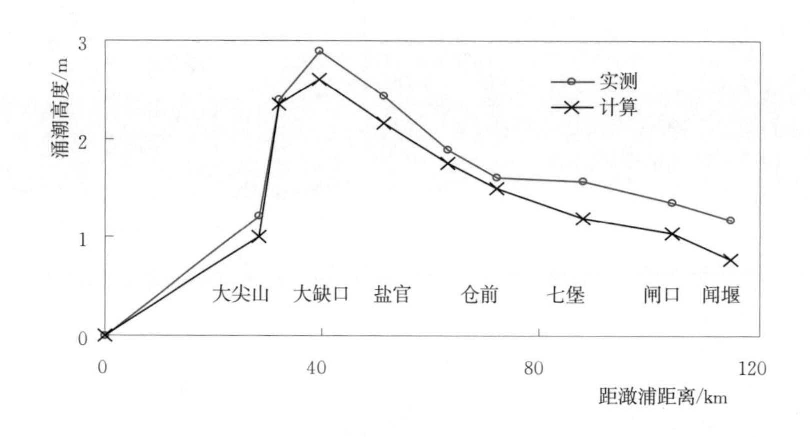

图 3.3.12 沿程涌潮高度计算与实测比较图

事实上，涌潮是逐渐形成的，即涨潮波前峰的潮位涨率是逐渐增大的，当肉眼可分辨出涨潮波前峰潮位间断时，即认为涌潮。数值模型尽管也复演了这一涌潮形成的现象，但由于涌潮形成处计算网格较粗（约750m），且形成初期，水位的突变现象不明显。因此，很难界定涌潮形成于何处。但从图3.3.13不同时刻江道中心线水面线图中可以看出，尖山附近，涨潮波前锋到达时，1min内潮位上涨数十厘米，已可分辨，可以认为，涌潮形成于这一带。溯源而上，涌潮高度逐渐增加。无论从实测资料还是从计算结果看，大缺口涌潮高度达到极值，实测最大为2.9m，随后向上游逐渐减小。图3.3.14为盐官站计算涌潮水面变化过程与实测值的比较，由图可知两者相当吻合。

（3）流速与潮位的关系。因施测困难，资料匮乏，以前对涌潮附近的流速特性知之不多。计算给出了沿江各处的详细的流速过程资料。据此，得到了一些新的认识。

澉浦处涌潮尚未形成，潮位过程线与简谐曲线还较接近，流速过程线则已明显偏离，虽然涨潮流速极值出现在中潮位附近；涨、落潮流也在高潮时前后转换。但是，落潮流速的极值远离中潮位，已经接近低潮时，落、涨潮流转换则在涨潮过程中了。这表明浅水效应首先影响流速过程，且低水时尤为明显。

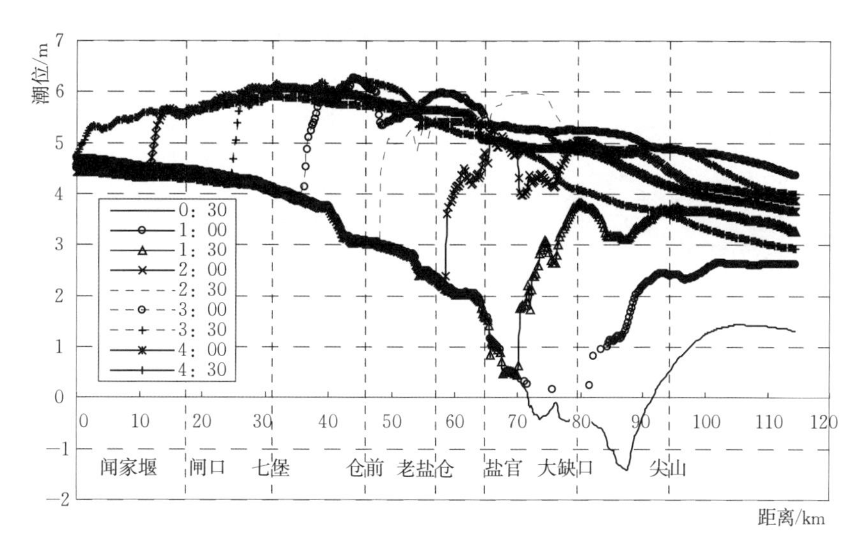

图 3.3.13　不同时刻江道中心水面线图

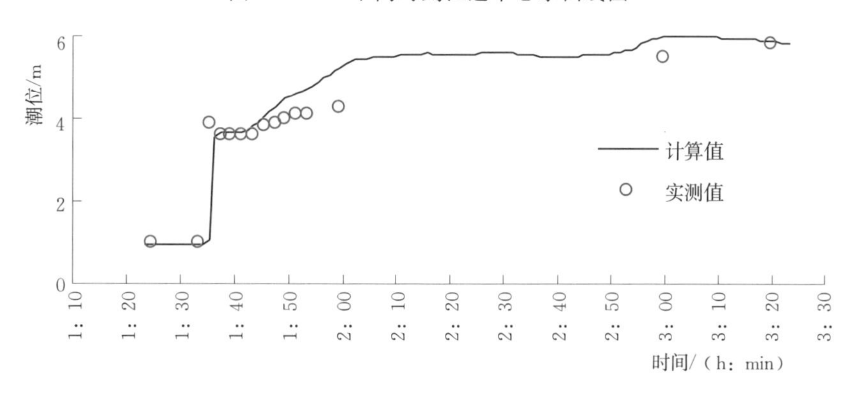

图 3.3.14　盐官站涌潮验证

涌潮形成后，情况大相径庭（图 3.3.15）。流速过程线的线形及其与潮位过程线的关系都极为特殊。流速过程线截然分成两段，涨潮期短而尖，几乎成直角三角形；落潮期长而钝。涌潮路经一处，潮位骤涨的同时，落潮流立即转换为涨潮流，随即急速增大，一段时间后在高潮位附近达到极值，习称“快水”。而后减小，终在高潮时后约 1.5h 转换为落潮流，之后缓慢下降。

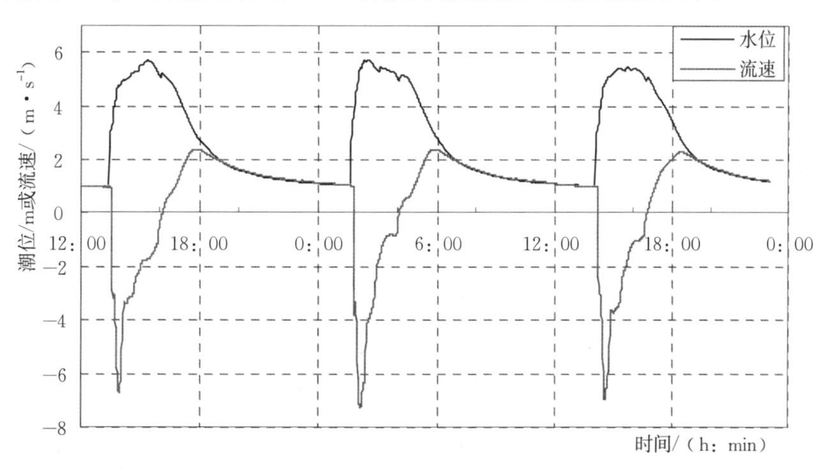

图 3.3.15　盐官潮位、流速过程线

（4）涌潮传播速度。表 3.3.2 为沿江各站涌潮到达时刻计算值与实测值的比较，以及涌潮传播速度计算值与实测值的比较，由表可知，各站计算涌潮到达时间与实测非常接近，最大误差仅为 6min。实测涌潮传播速度在 4.96～8.03m/s 范围，计算值与实测值非常符合。

表 3.3.2　　　　涌潮传播速度计算与实测值的比较

站名	尖山	大缺口	盐官	仓前	七堡	闸口	闻堰
实测涌潮到达时间/(h：min)	0：20	0：58	1：34	2：35	3：19	3：53	4：15
计算涌潮到达时间/(h：min)	0：23	1：04	1：39	2：35	3：16	3：54	4：19
绝对误差/(h：min)	0：03	0：06	0：05	0：00	−0：03	0：01	0：04

距离/km	11.3	11.2	21.0	16.0	16.0	10.6
实测涌潮传播速度/($m \cdot s^{-1}$)	4.96	5.19	5.74	6.06	7.84	8.03
计算涌潮传播速度/($m \cdot s^{-1}$)	4.59	5.33	6.25	6.50	7.02	7.07
相对误差/%	−7	3	9	7	−10	−12

(5) 最大流速及其出现时间。计算域中各处，最大流速均出现于涨潮过程中。从整体上看，下游边界澉浦一带，最大涨潮流速 3～4m/s，往上游，逐渐增大，在大缺口至盐官河段达到极值，普遍在 6m/s 以上，继而略有下降。此过程与涌潮高度变化趋势大体一致。

实测资料表明，涌潮过后，涨潮流速迅速增加，数分钟至数十分钟后，达到极值，计算结果证实了此现象的存在。表 3.3.3 列出各处计算最大流速及出现时间，可以看出，最大流速出现在涌潮后 2～39min，各处不等。下游澉浦涨潮最大流速约出现在低潮时 2.5h 后；尖山附近，涌潮形成初期，最大流速出现在涌潮过后 40min 左右，往上游，最大流速出现的时间提早，在仓前至七堡河段，最大流速出现在涌潮过后 2min 左右；再往上游，最大流速出现的时间又有所推迟。沿程主槽最大流速极值出现在盐官河段，最大流速达 6.76m/s。另外，涌潮大流速持续时间与涌潮高度一致，盐官一带涌潮高度较大，大流速持续时间也较长。

表 3.3.3　　　　计算最大速度及出现时间

站名	尖山	廿二工段	大缺口	盐官	四工段	仓前	七堡	闸口	闻堰
离澉浦距离/km	28.3	32.0	39.6	51.4	63.1	72.1	87.8	104.1	114.7
最大流速/($m \cdot s^{-1}$)	4.81	5.50	5.92	6.76	6.01	5.46	3.86	2.06	1.50
涌潮过后时间/min	39	14	14	14	5	2	2	3	8

在流速横向分布上，弯道处大流速均出现在凸岸浅滩处，计算域内存在大缺口、老盐仓、赭山湾、七堡和闸口等多处弯道，所有这些弯道的最大流速均是凸岸大于凹岸。图 3.3.16 (a) 和图 3.3.16 (b) 分别为老盐仓弯道以及赭山湾和七堡弯道计算最大流速等值线图，从图中可以看出，老盐仓弯道最大流速凸岸达 7m/s 以上，凹岸仅为 2～3m/s，两者相差悬殊。事实上，实体模型试验也出现此类现象。其原因分析如下：

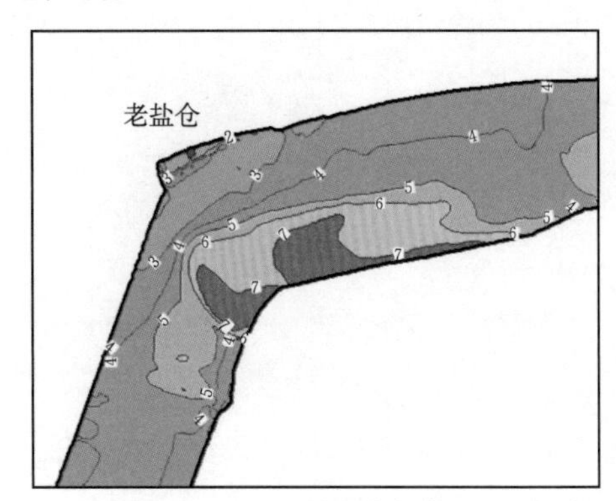

(a) 老盐仓弯道

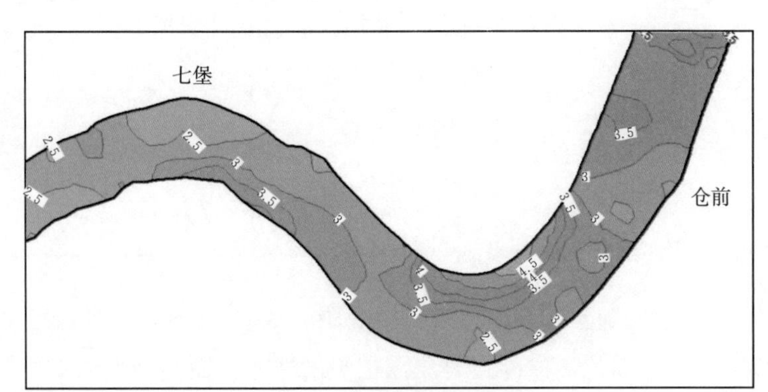

(b) 赭山湾、七堡弯道

图 3.3.16　老盐仓弯道、赭山湾以及七堡弯道计算最大流速等值线图（单位：m/s）

根据一维连续性方程和动量方程可得涌潮传播速度 c 为

$$c=\frac{h_d u_d-h_u u_u}{h_d-h_u}=u_d+\frac{h_u(u_d-u_u)}{\Delta h} \tag{3.3.51}$$

$$c=\frac{\left(h_d u_d^2+\frac{1}{2}gh_d^2\right)-\left(h_u u_u^2+\frac{1}{2}gh_u^2\right)}{h_d u_d-h_u u_u} \tag{3.3.52}$$

其中 $$\Delta h=h_d-h_u$$

式中：h 为水深；u 为流速；下标 d 和 u 分别为下游侧（海侧）和上游侧（河侧）；Δh 为涌潮高度。

联解式（3.3.51）和式（3.3.52），并设 $u_u=0$，经整理化简可得（潘存鸿等，2008a）

$$u_d=\sqrt{\frac{g}{2}\left(\frac{1}{h_u}+\frac{1}{h_d}\right)}\Delta h=\sqrt{\frac{g}{2}\left(\frac{1}{h_u}+\frac{1}{h_u+\Delta h}\right)}\Delta h \tag{3.3.53}$$

由式（3.3.53）可知，当涌潮高度相同的情况下，涌潮前水深越小，涌潮后流速越大。

图 3.3.17 为盐官断面主槽处 $Fr=\frac{u}{\sqrt{gh}}$ 随时间变化的过程，图中反映了水流从缓流到急流，又从急流到缓流的变化过程。显然，流态变化不同于恒定流的情况。

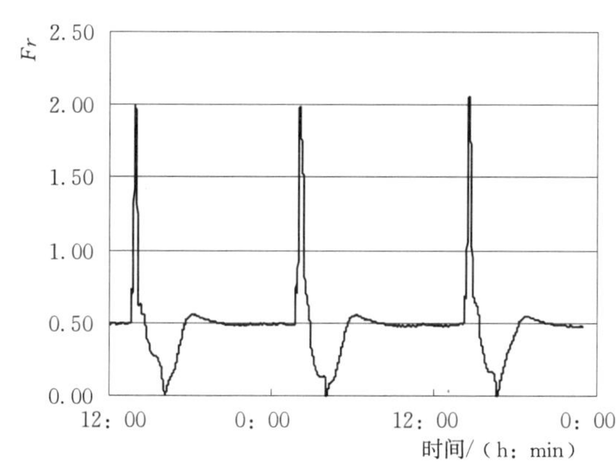

图 3.3.17　盐官断面主槽处 Froude 数时间变化过程

（6）涌潮形态及潮景。涌潮传播过程中，由于受河床地形和河道边界的影响，在平面上呈现一些特殊形态，习称“潮景”，数值计算模拟了部分“潮景”。

1）“交叉潮”：在尖山河段分汊河势下，常常发育交叉潮。由于“交叉潮”涌潮高度较小，一般为1m 左右，而计算网格较粗（100m 左右），一般很难模拟实际观测到的两潮相碰的壮观景象。图 3.3.18为两股涌潮相交的流速矢量图。

2）“一线潮”：涌潮向上游传播过程中，在盐官附近和仓前上游等河段常常可观测到“一线潮”，数值模型比较容易复演这一潮景，图 3.3.19为盐官附近“一线潮”的流速矢量图和水位等值线图。

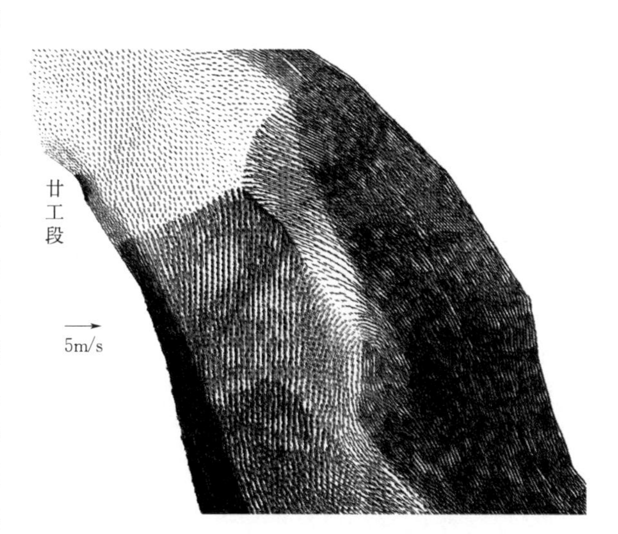

图 3.3.18　两股涌潮相交时刻流速矢量图

3）“回头潮”：以老盐仓的“回头潮”最为著名。发生“回头潮”时，一般下层水流继续向前流动，而上层水流则做向后流动，上、下两层流向相反，是典型的三维流动，二维模型尽管不能模拟分层流现象，但还是能模拟水位变化过程。图 3.3.20（a）为老盐仓“回头潮”与向上游传播的涌潮发生人字形交叉时的水位等值线图，图 3.3.20（b）为相应时刻的流速矢量图，图 3.3.20（c）为实体模型的情况，由图可知数值模拟计算结果与实体模型结果非常相似。

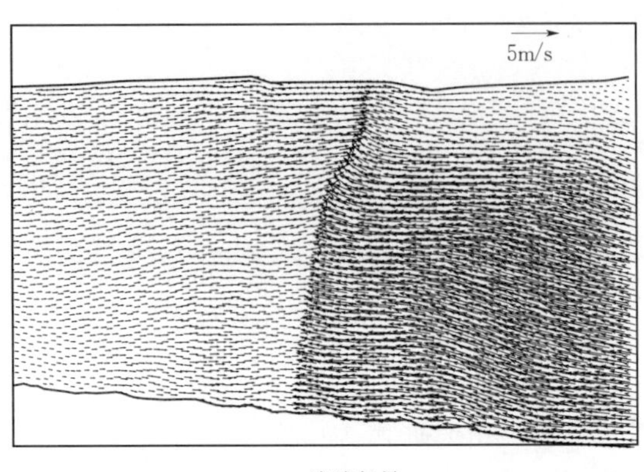

（a）流速矢量

（b）水位等值线

图 3.3.19　盐官附近“一线潮”流速矢量和水位等值线图

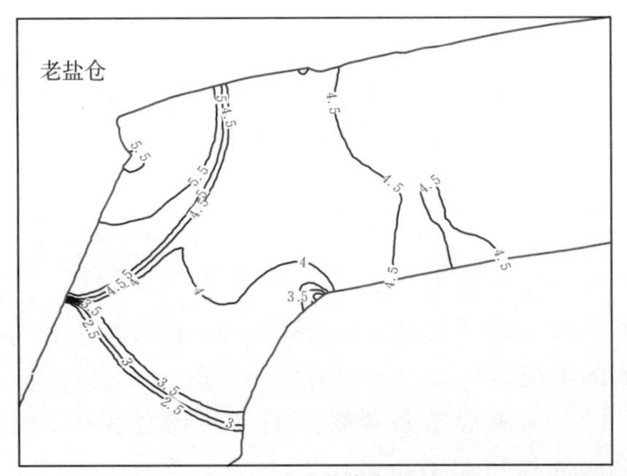

（a）水位等值线

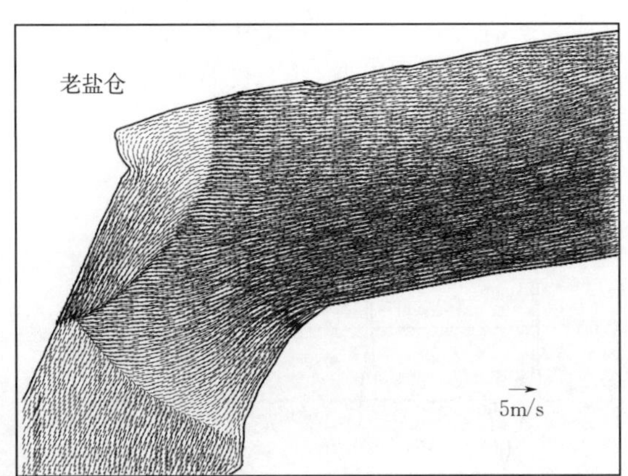

（b）流速矢量

（c）实体模型

图 3.3.20　老盐仓涌潮时刻水位等值线、流速矢量和实体模型图（单位：m）

3.3.8　考虑涌潮作用的二维泥沙数学模型

钱塘江河口泥沙数值模拟起步较早，在林秉南院士指导下，从 20 世纪 70 年代后期开始研制一维潮流泥沙数值模型（林秉南等，1981）。随后，韩曾萃等（1983）提出了扩展的一维数值模型，中心思想是将主槽和边滩分开计算，同时考虑横向交换。20 世纪 80 年代中期建立了二维泥沙数值模型（林秉南等，1988）。同期，还应用两相流方程对求解一维泥沙数值模型进行了尝试（蔡树棠等，1986）。30 年来，一维、二维动床数值模型已广泛应用于钱塘江河口河床演变研究、洪水预报、盐度预报等（韩曾萃等，2003；史英标等，2005）。

涌潮前后不但水位、流速等水动力物理量存在突变，并且含沙量等物理量也存在剧增，给数值模拟带来了很大困难。由于传统的水流数值模型不能准确模拟涌潮，从而以此为基础的泥沙数值模型也

难以反映涌潮对泥沙输移的影响。近10年来，研究人员应用能模拟间断流动的Godunov格式（潘存鸿，2007a）和KFVS格式（潘存鸿等，2006）建立了钱塘江河口二维涌潮数值模型，在此基础上，应用基于准确Riemann解的Godunov格式建立了二维泥沙数值模型，模型首先经纯对流算例检验，然后模拟了涌潮作用下的泥沙输移，计算结果反映了涌潮到达时刻含沙量的突变过程（Pan et al.，2010；潘存鸿等，2011a）。

3.3.8.1 控制方程及计算方法

二维泥沙输移方程守恒形式为

$$\frac{\partial hs}{\partial t}+\frac{\partial hus}{\partial x}+\frac{\partial hvs}{\partial y}+\frac{\partial}{\partial x}\left(hE_x\frac{\partial s}{\partial x}\right)+\frac{\partial}{\partial y}\left(hE_y\frac{\partial s}{\partial y}\right)=S_s \tag{3.3.54}$$

式中：s为含沙量；E_x、E_y分别为x、y方向的扩散系数；S_s为床面冲淤函数；其他符号同前。

计算域采用任意三角形剖分，并采用单元中心格式。设Ω_i为第i个三角形单元域，Γ_i为其边界，对方程式（3.3.54）应用有限体积法离散，经推导化简，则有

$$hs_i^{n+1}=hs_i^n-\frac{\Delta t}{A_i}\sum_{j=1}^{3}F_{nj}l_j+\Delta tS_{si} \tag{3.3.55}$$

其中

$$F_n=F\cos\theta+G\sin\theta$$
$$F=hus+hE_x\,\partial s/\partial x$$
$$G=hvs+hE_y\,\partial s/\partial y$$

式中：A_i为三角形单元Ω_i的面积；$(\cos\theta,\sin\theta)$为Γ外法向单位向量；Δt为时间步长；下标j表示i单元第j边；l_j为三角形边长；上标n为时间步。

应用准确Riemann解计算法向数值通量。设单元i与j的共边（界面）为Γ_{ij}，引进局部坐标ξ，其与Γ_{ij}垂直，且从i单元指向j单元。略去源项和二阶项后，式（3.3.54）对应的Riemann问题的提法为（TORO，2001）

$$\begin{cases}\dfrac{\partial E}{\partial t}+\dfrac{\partial F}{\partial \xi}=0 & t>0\\ E(0,\xi)=\begin{cases}E_l, & \xi<0\\ E_r, & \xi>0\end{cases}\end{cases} \tag{3.3.56}$$

其中

$$E=hs$$
$$F=h\omega s$$

式中：ω为ξ方向的流速，即法向流速；E_l和E_r为常数。

方程式（3.3.56）的解有四种可能，即常数解、稀疏波、激波及滑移线，下面讨论后三种解。

（1）稀疏波。稀疏波扇区内含沙量s与初始状态s_0的关系为$s=s_0$。

（2）间断解。根据Rankine-Hugoniot间断条件，可得含沙量s的关系为$s=s_0$。

（3）滑移线。根据Rankine-Hugoniot间断条件，可得含沙量s的关系式为

$$s(t,\xi)=\begin{cases}s_l, & \xi/t\leqslant\omega\\ s_r, & \xi/t>\omega\end{cases}$$

应用上述关系式求得Riemann解后，可得界面的法向数值通量。为提高计算精度，可应用与MUSCL类似的方法，构建空间二阶精度格式。

3.3.8.2 纯对流问题数值模拟

本算例为正方形浓度场的纯对流问题（Anastasiou et al.，1997），计算域6m×6m，正方形浓度场初始大小为1.5m×1.5m，在均匀流场中作纯对流运动。正方形浓度场初始浓度值为10mg/L，其他区域的初始浓度值为0。x、y方向的流速u、v均为1m/s，正方形浓度场流动3.9m后计算结束，分别应用空间一阶精度（此时Godunov格式退化为一阶迎风格式）和二阶精度（采用Minmod限制函数），进行计算，初始时刻和最终时刻的浓度场三维图如图3.3.21所示。由于本算例只考虑浓度场纯

对流输移，因此，理论上计算结束时的正方形浓度场量值和范围大小与初始时刻相同，只是位置变化而异。图 3.3.21 表明，一阶格式由于耗散太大，计算结束时正方形浓度场范围远大于初始时刻 1.5m×1.5m 尺度，最大浓度值仅 8.04mg/L，明显小于解析解 10mg/L 的结果。二阶格式计算结果显著好于一阶结果，计算结束时正方形浓度场形状与初始时刻非常接近，最大浓度值仍为 10mg/L。因此，二阶格式具有模拟间断浓度场的能力（Pan et al.，2010）。

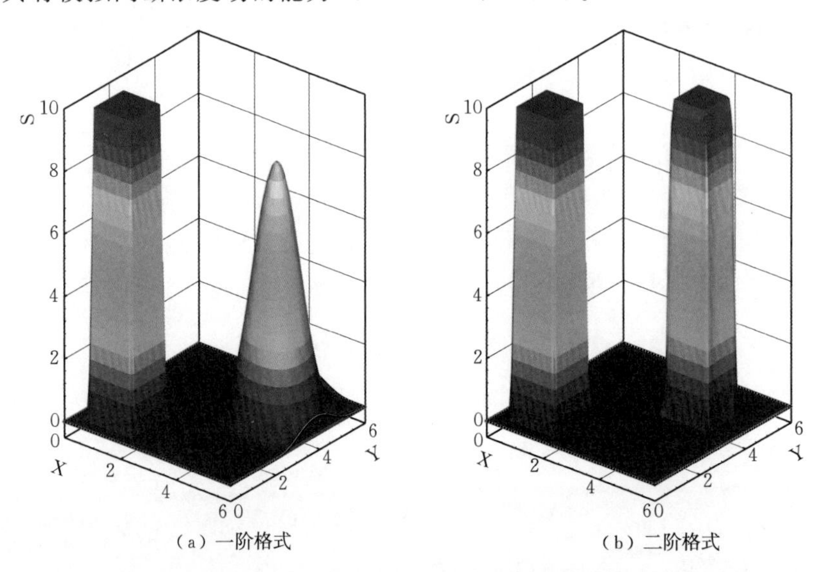

图 3.3.21　初始时刻和最终时刻的浓度场

3.3.8.3　涌潮作用下泥沙输移数值模拟

计算范围钱塘江下边界为澉浦断面，上边界为闸口，曹娥江上边界为三江闸。采用无结构三角形网格，计算域内共布置三角形单元 56452 个，节点 29028 个。三角形最大边长 1486m，最小边长 9m。计算时间步长取 0.5s。

三个水边界的水流边界条件取实测潮位过程，并应用一维特征差分方法计算边界处流速（Pan et al.，2007）。固壁边界条件为滑移条件，法向流速为零。具体处理时在域外设置与域内单元相对称的虚拟单元，采用镜像反射原理，求解以固壁为单元边界的通量。含沙量水边界条件：根据边界处的法向流速判别入流和出流，入流时给定含沙量，出流时由计算得到，但仅考虑对流项。床面冲淤函数采用以下形式（曹祖德等，1993）：

$$S_s=\begin{cases}\alpha ws\left(1-\dfrac{\tau_b}{\tau_d}\right) & \tau_b\leqslant\tau_d\\ 0 & \tau_d<\tau_b<\tau_e\\ -M_e\left(\dfrac{\tau_b}{\tau_e}-1\right) & \tau_b\geqslant\tau_e\end{cases}\tag{3.3.57}$$

其中

$$\tau_b=\rho U_*^2$$

$$\tau_e=\rho U_{*e}^2$$

$$\tau_d=\rho U_{*d}^2$$

$$U_d=0.812d_{50}^{0.4}w^{0.2}h^{0.2}$$

式中：τ_b 为水体底部切应力；ρ 为水体密度；U_* 为摩阻流速；τ_e 为冲刷临界起动切应力；U_{*e}为泥沙起动流速的摩阻流速形式，泥沙起动流速采用武汉水利电力学院公式计算；τ_d 为淤积临界切应力；U_{*d}为不淤流速的摩阻流速形式，不淤流速采用沙玉清公式计算；w 为沉速；α 为沉降概率；M_e为冲刷系数，根据验证确定。

根据实测资料分析，计算域内悬沙粒径与底沙粒径非常接近，泥沙主要以悬沙方式输移，因此模

型不考虑推移质输沙。模型在水流验证的基础上，验证了含沙量过程。图 3.3.22 为廿工段和廿二工段的含沙量过程验证结果。图 3.3.23 和图 3.3.24 为尖山河段涌潮到达时刻流速矢量图和相应时刻的含沙量等值线图，由图可知，涌潮来临前为低潮位，尖山河段大片滩地露出水面，浅滩处因落潮流速小，含沙量较低，涌潮前岸边含沙量大多在 1kg/m³以下，落潮时只有主流处含沙量较大。涌潮到达后，水位急剧抬高，因流速很大，紊动强度高，而钱塘江泥沙易起动，特别在滩地处，因水深小，起动流速小，含沙量更大，这在图 3.3.24 可明显看出。该计算结果反映了涌潮到达后含沙量的突变过程，两个含沙量验证点涌潮前含沙量在 1kg/m³以下，涌潮后迅速增大，廿工段最大可达 70kg/m³，之后又迅速下降。含沙量变化比较复杂，在潮差几乎相同的条件下，廿工段含沙量峰值可相差较大，第二个潮的最大含沙量为 46kg/m³，而第四个潮的最大含沙量为 70kg/m³，后者比前者大 24kg/m³，而数值模型很难模拟这种变化。

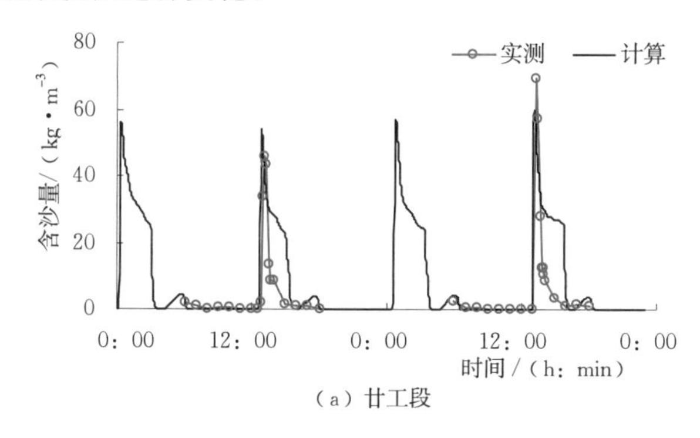

（a）廿工段

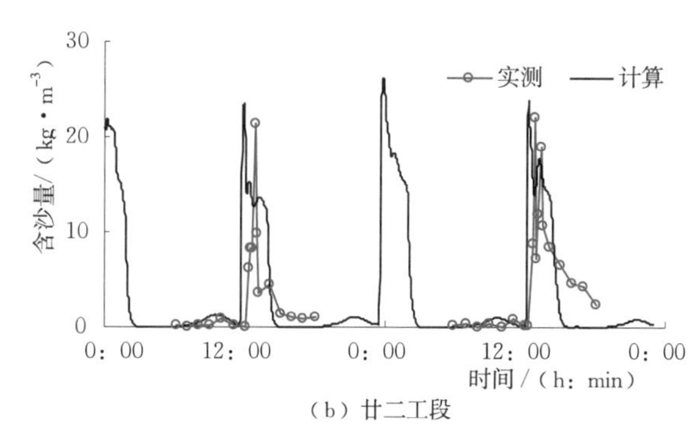

（b）廿二工段

图 3.3.22　含沙量验证

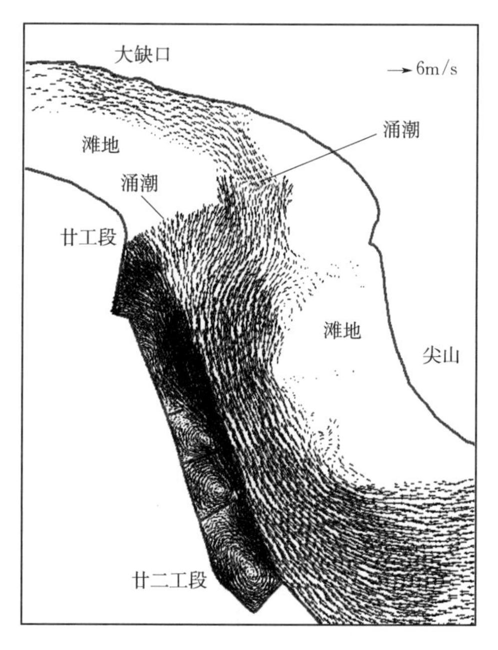

图 3.3.23　涌潮时刻流矢图

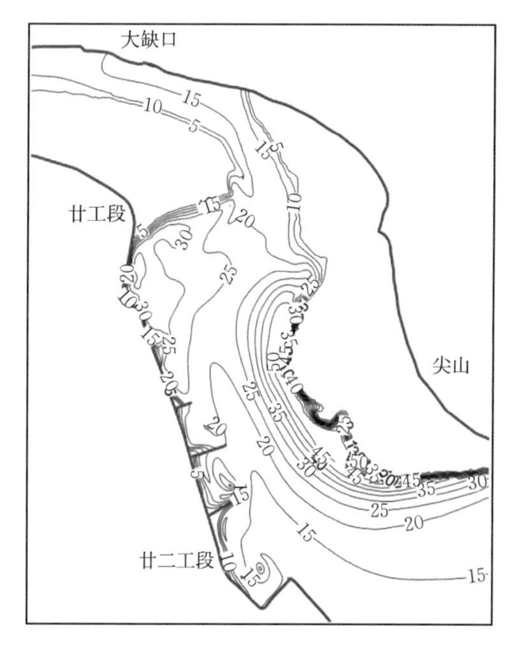

图 3.3.24　涌潮时刻含沙量等值线图（单位：kg/m³）

计算结果表明：①在一个潮周期过程中含沙量变化大以及涌潮水流的高含沙量特性说明在钱塘江涌潮河段不同于一般的潮汐河口，涌潮对泥沙输移、河床演变有着深刻的影响，并揭示了涌潮是钱塘江河口大冲大淤的机理之一；②钱塘江河口存在高含沙量区，不同于其他河口，其成因是涌潮。高含沙量区具有含沙量变化幅度大，变化速度快，存在潮周期变化等特点；③挟带高含沙量的涌潮水流促使下游泥沙向上游输移，使得涨落潮输沙更加不平衡。根据计算结果分析，盐官断面涨潮输沙量是落潮输沙量的 2～3 倍，从而在枯水期加剧了河口上游的淤积。

3.3.9 钱塘江二维涌潮数学模型的应用

前文建立的二维涌潮数学模型已广泛应用于钱塘江河口规划治理方案（潘存鸿等，2009a）、桥梁工程（鲁海燕等，2008b）、治江围垦工程（鲁海燕等，2008a）等对涌潮的影响研究，以及涌潮特性研究（河宽、河床地形变化对涌潮的影响）、其他实际工程问题应用（潘存鸿等，2008b），并已推广应用到溃坝洪水模拟（潘存鸿等，2010b）、海啸（孤立波）在滩面传播变形研究（潘存鸿等，2011b）、盐水入侵研究（潘存鸿等，2014）、泥沙输移和河床变形研究（潘存鸿等，2011a）等。下面仅选取有代表性的应用研究算例作介绍。

3.3.9.1 治江围涂工程对涌潮影响计算分析

海宁八堡—尖山段位于钱塘江强涌潮河段，该段有时能形成万众瞩目的交叉潮。随着人们对涌潮保护意识的增强，治江围涂对涌潮的影响已成为工程立项的关键问题。

尖山河段上起海宁八堡、下至海盐澉浦，全长约45.2km，处在钱塘江河口段向杭州湾（口外海滨段）过渡位置。该河段因河床宽浅、河床质易冲易淤、双向水流强劲多变，主槽时有摆动，形成了弯曲、顺直与分叉等典型河势，如图3.3.25所示。枯水期特别是连续枯水年，潮势相对增强，主槽南摆弯曲，北岸发育高滩，形成弯曲河势。逢连续丰水年或大洪水时，则北支串通，南支逐渐淤塞，形成顺直河势，或出现南北两槽共存，江道中间动力薄弱的回流区形成中沙的分汊河势。近10年来，受北岸海宁尖山围涂的影响，主槽相对稳定走南的趋势，北槽发育的概率减少，即使在丰水年的汛期发育北槽，其存在的时间大为缩短，且以南北两槽共存的分汊河势出现。

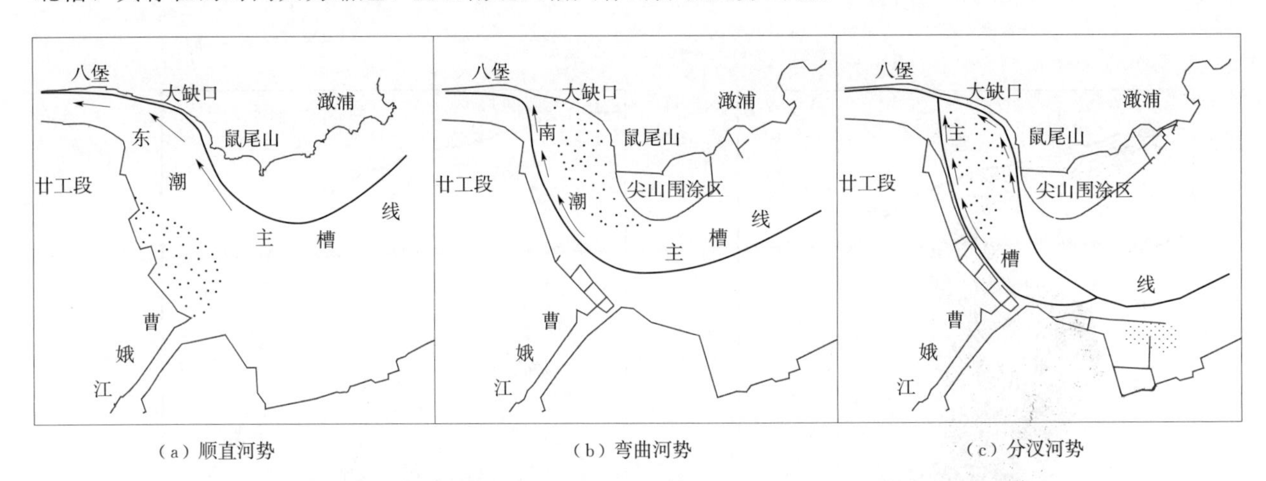

图3.3.25 尖山河段的典型河势及相应的涌潮传播路线

尖山河段河势变化深刻影响涌潮的传播特性，如图3.3.25所示。顺直河势下，南支淤塞，涌潮紧靠尖山山脚西上，沿北岸海宁海塘推进，称为东潮。弯曲河势下，则北支淤塞，只剩南支，涌潮沿南岸萧山围堤上溯，走向与海宁海塘夹角较大，称为南潮。而分汊河势，江中出现沙洲，主槽分成两汊，沙洲两侧的河槽中，均有涌潮推进。当东、南两股涌潮势力相当，在八堡、新仓一带沙洲上游端汇合，相互交叉，各自行进，形成壮观的“交叉潮”，或呈十字形，或呈人字形。

自然条件下的江道宽度及过水面积是河床与来水、来沙长期相互调整适应后的产物，因此，潮汐河口的堤线调整必须要遵循自身的河相关系，以维持整治后的水深或过水面积基本保持不变，钱塘江河口堤线规划经多年的水下地形与水文资料的分析，其岸线宽度沿程变化应符合指数或线性放宽率原则。针对尖山河段的具体情况，并考虑上、下游堤线的有机衔接，分析了不同放宽系数的调整方案，经综合比较，采用直线放宽原则，提出了两条堤线方案，方案一围涂面积1.06万亩，上游衔接大缺口，下游与尖山相连的调整方案，堤长约9.6km，最大外推宽度2.5km；方案二围垦面积约2.5万亩，堤长约15.4km。两方案堤线位置示意如图3.3.26所示。

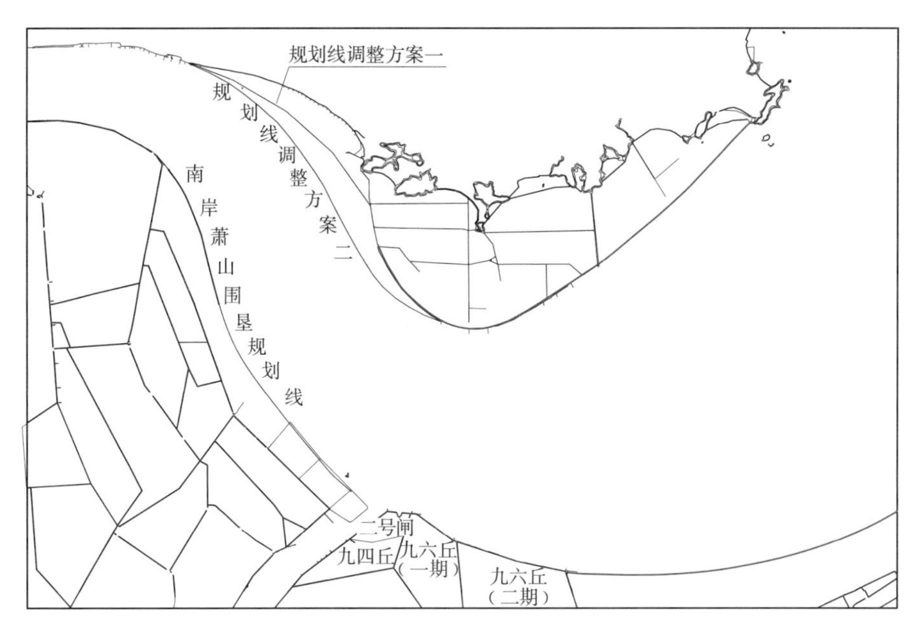

图 3.3.26　海宁八堡—尖山段堤线调整方案

计算条件为水边界澉浦潮差分别为 8.15m 和 7.06m 的设计潮位过程，两者对应的澉浦站潮差累积频率分别为 1%和 10%。上边界富阳离工程区较远，采用枯水期历史水位资料。

按照上述计算条件，计算了工程实施前后的涌潮情况。图 3.3.27 为工程前和方案一大缺口附近回流，图 3.3.28 为工程前和方案一仓前涌潮前后的水位和流速过程，表 3.3.4 列出方案一前后沿程各站涌潮要素的变化。计算结果表明：

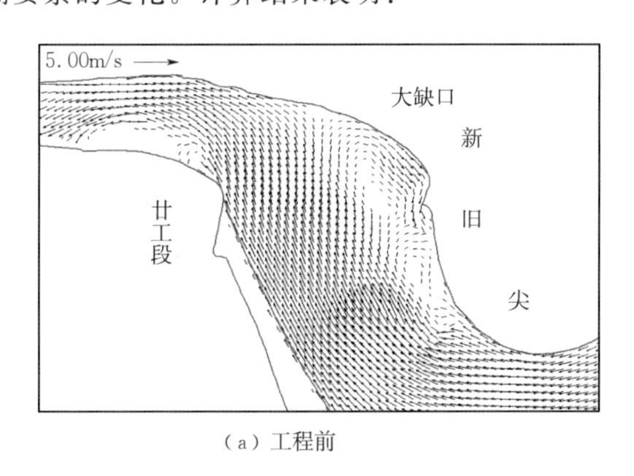

（a）工程前

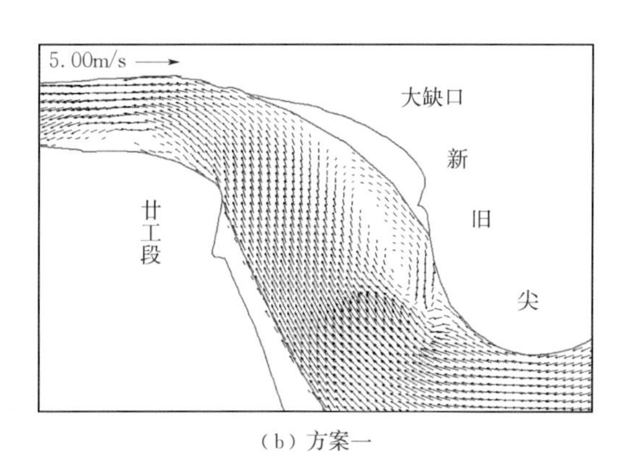

（b）方案一

图 3.3.27　工程前和方案一大缺口附近回流

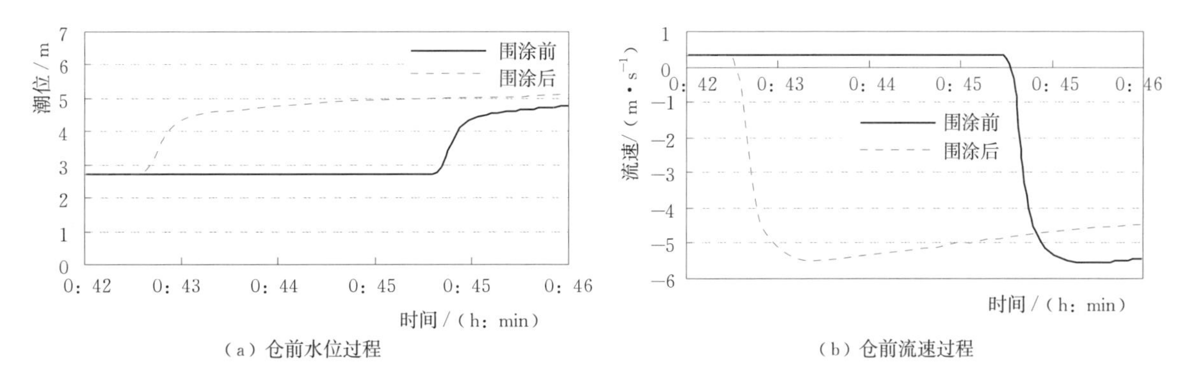

（a）仓前水位过程　　（b）仓前流速过程

图 3.3.28　方案一前后涌潮时刻仓前水位和流速过程

表 3.3.4　　海宁围涂工程对涌潮的影响（方案一）

站名	围涂前涌潮高度/m	围涂前最大流速/（m·s⁻¹）	涌潮高度变化值/m	最大流速变化/%	涌潮到达时间变化
仓前	1.97	5.56	−0.03	−2	提前 3min
盐官	2.13	6.31	0.09	5	提前 3min
大缺口	2.48	4.85	0.23	1	提前 3min
曹娥江口	1.41	3.46	0.03	0	提前 2min

（1）涌潮高度变化。两个堤线方案实施后，盐官的潮高分别增加 0.09m 和 0.16m，大缺口的潮高分别增加 0.23m 和 0.36m。曹娥江口以下和仓前以上变化较小。

（2）涌潮水位涨幅变化。盐官站方案前涌潮到达后 1min 内潮位抬高 1.17m；方案一和方案二实施后 1min 内潮位分别抬高 1.21m 和 1.26m。即堤线调整后涌潮水位的涨率增大，且方案二的影响大于方案一。

（3）涌潮流速变化。工程后，盐官、大缺口的最大流速增大，盐官涌潮最大流速由方案前 6.31m/s 分别增大到 6.60m/s（方案一）和 6.70m/s（方案二）。

（4）涌潮到达时间变化。工程后沿程各站涌潮到达时间提前 2～3min。

（5）对涌潮潮景的影响。工程后，在一定的河势条件下大缺口下游的中沙仍然存在，但中沙变狭，位置下移，因此交叉潮依然存在，但角度变小，交叉潮形成的时间提前，位置可能下移。另外，盐官的一线潮依然存在，潮高有所增加；老盐仓附近的涌潮高度基本不变，故不会影响老盐仓的回头潮形态。

综上所述，堤线调整后盐官—大缺口河段涌潮增大，涌潮更有观赏性，其到达的时间会有所提前。仓前附近河段涌潮高度会略有减小，但不会影响其观赏性。一线潮、回头潮、交叉潮等涌潮潮景仍然存在，但交叉潮交叉角度可能变小，位置可能下移（鲁海燕等，2008a）。

3.3.9.2　桥墩对涌潮影响数值研究

采用数值水槽方法研究桥墩对涌潮的影响。水槽 150km（长）×0.2km（宽），桥墩位于下游 10km 处（图 3.3.29）。计算域内总单元数为 36153 个，节点数为 21328 个，桥墩附近局部加密，最小空间步长约 1.5m，时间步长为 0.1s。桥墩附近网格布置如图 3.3.30 所示。

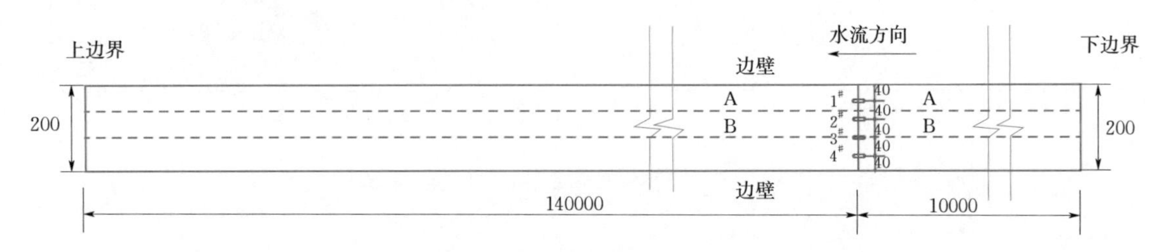

图 3.3.29　水槽数学模型布置及桥墩位置示意图（单位：m）

桥墩尺寸为 7m×25m，头部为圆形，顺水流方向为 25m，垂直水流方向为 7m。计算地形为平底，上游水边界为水位、法向流速的梯度为零，下游水边界水位由水槽试验提供，涌潮高度约为 4m 的水位过程，涌潮由下游向上游传播，涨、落潮糙率为 0.012。模拟了阻水率为 3.5%、7%、10.5%、14%（分别对应 1 个、2 个、3 个、4 个桥墩）四种条件下建桥对涌潮的影响情况。计算结果分析如下（鲁海燕等，2009）：

（1）建桥前后涌潮高度变化。

1）桥墩上游，涌潮高度有不同程度的减小，桥墩阻水率愈大，影响范围和幅度愈大，阻水率为 3.5%、7%、10.5%、14%时，桥位上游 5km 处涌潮高度分别减小 0.02m、0.04m、0.06m 和 0.09m。

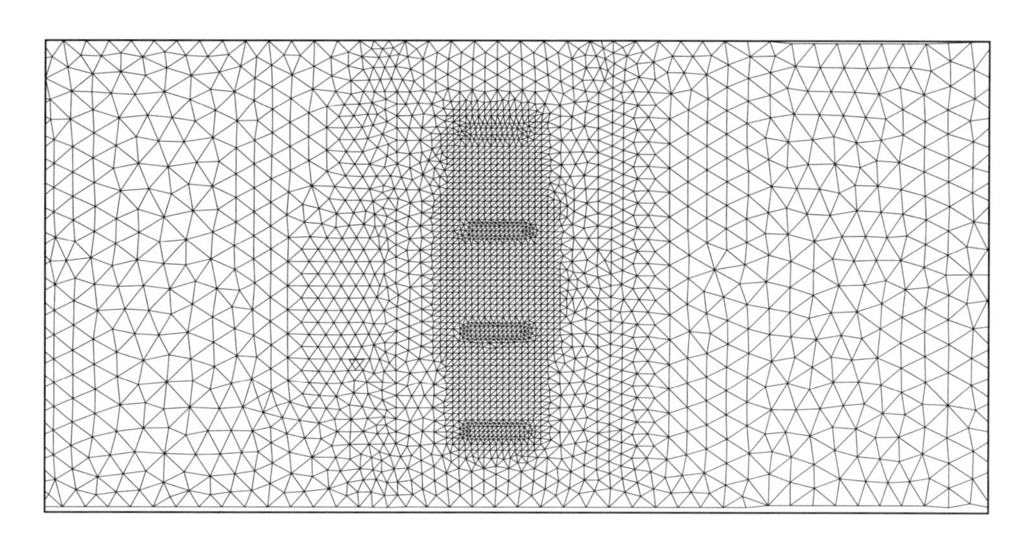

图 3.3.30　桥墩附近局部网格图

2）桥墩下游 100m 范围内涌潮高度有不同程度的增加，桥墩阻水率愈大，涌潮高度增幅愈大，在下游 100m 处，各阻水率对应的涌潮高度增幅分别为 0.19m、0.37m、0.57m、0.67m。

3）涌潮高度变幅最大在桥墩上、下游侧约 10m 的范围内，如图 3.3.31 所示。由于桥墩的阻挡，涌潮传播至桥墩附近时，其下游侧产生壅水，涌潮高度增加，阻水率为 3.5%、7%、10.5%、14%时，墩后最大增幅分别为 1.08m、1.42m、1.52m、1.52m；桥墩上游侧产生跌水，涌潮高度降低，各阻水率对应的墩前最大降幅分别为 0.09m、0.20m、0.23m、0.38m。

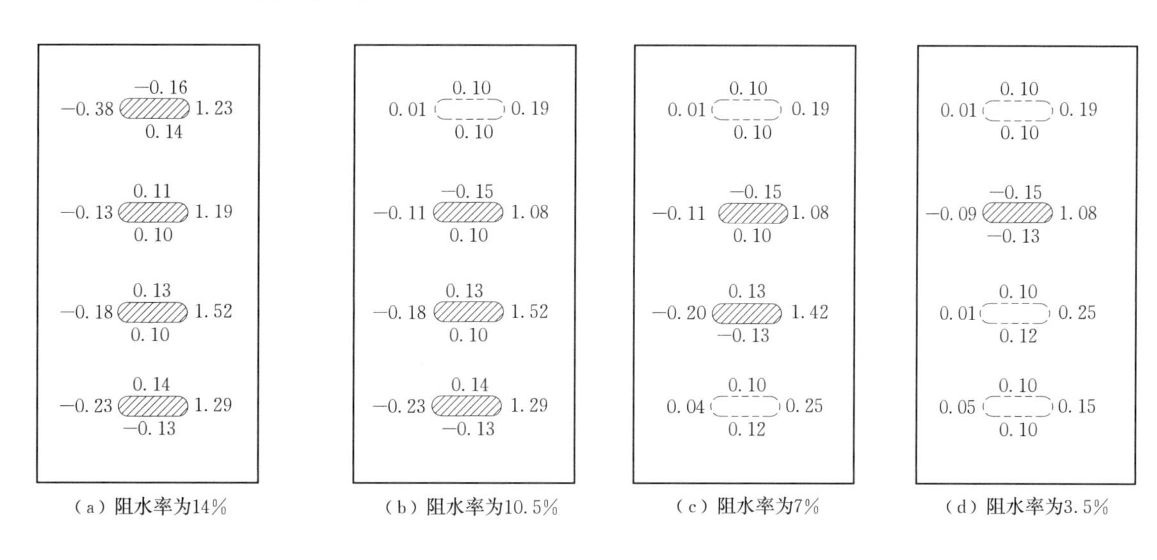

（a）阻水率为14%　（b）阻水率为10.5%　（c）阻水率为7%　（d）阻水率为3.5%

图 3.3.31　各阻水率条件下桥墩近区涌潮高度变化图（单位：m）

4）桥轴线断面边墩靠边壁一侧的涌潮高度降低，中部增加，如图 3.3.31 所示，两侧减小的涌潮高度约 0.15m，中部增加的涌潮高度约 0.10～0.13m。

图 3.3.32 为阻水率为 14%时涌潮到达桥墩附近时建桥前后沿程水位对比图，图 3.3.33 为涌潮传播到桥墩附近时的水位等值线分布，从图中可以看出，在桥位上游约 100m 处涌潮形态已基本恢复。图 3.3.34 为涌潮到达桥墩前后半分钟内桥位附近水面变化的三维效果图。

（2）建桥前后涌潮流速变化。

1）桥上游 500m～5km 的范围内，涌潮流速减小，阻水率越大，减小的幅度越大，阻水率为 3.5%、7%、10.5%、14%时，对应桥墩上游 5km 处涌潮流速分别减小 1%、1%、2%、3%。

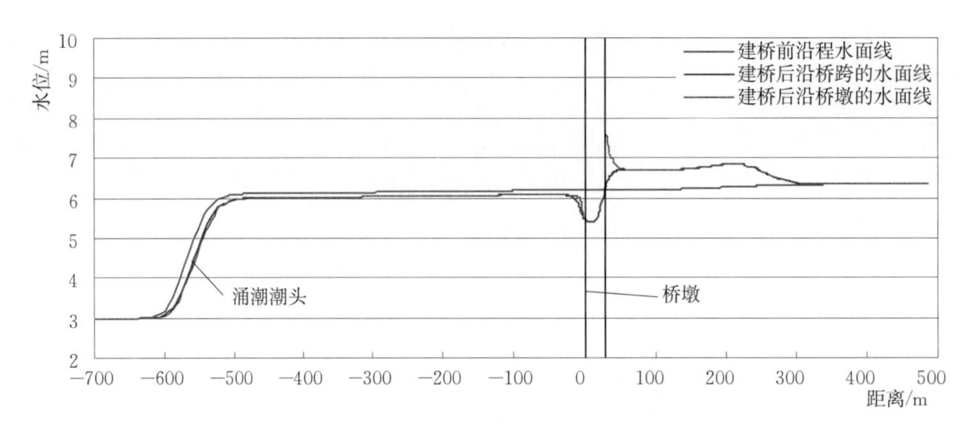

图 3.3.32　建桥前后涌潮时刻桥位附近沿程水位图（“−”表示桥墩上游）

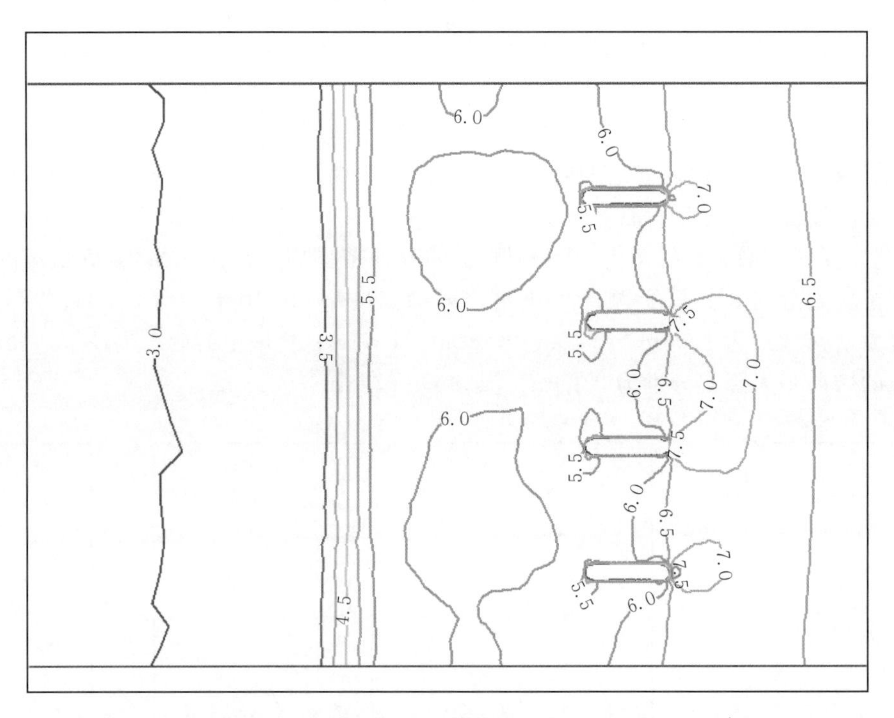

图 3.3.33　涌潮时刻桥墩附近水位等值线分布（阻水率为 14%）

2）桥墩上游 50～200m 的范围内，涌潮流速有增有减，阻水率越大，变化的幅度越大。阻水率为 3.5%、7%、10.5%、14%时，对应桥墩上游 50～200m 范围内涌潮流速变化幅度分别为−3%～3%、−4%～5%、−4%～8%、−4%～7%。

3）桥墩上、下游侧受其屏蔽作用，涌潮流速减小，桥墩上、下游侧最大减幅达 5m/s，桥墩之间由于水流受桥墩的压缩作用，流速增加，桥轴线断面流速增幅约 0.5～1.5m/s。

4）在桥位上游 200m 至下游 50m 范围外，涌潮流速基本无影响。

图 3.3.35 为建桥后（阻水率为 14%）桥墩附近最大流速分布图，图 3.3.36 为建桥前后（阻水率为 14%）涌潮时刻沿程流速分布图，从以上图中可看出，涌潮水流过桥墩时，受桥墩压缩影响，水流有向桥跨集中的趋势，桥墩上游侧最大流速可达 6.5m/s 左右，建桥对沿程流速分布的影响主要在桥位上游 200m 至下游 50m 的范围内。桥位下游 50～500m 的范围内存在因桥墩反射引起的第二波涌潮。

（3）涌潮传播速度变化。计算结果表明，建桥后，涌潮到达各断面的时间有所延迟，阻水率越大，涌潮到达桥位上游断面的时间滞后越多，阻水率为 3.5%、7%、10.5%、14%时，桥墩上游 5km 处涌潮到达时间分别滞后 4s、6s、6s、12s。

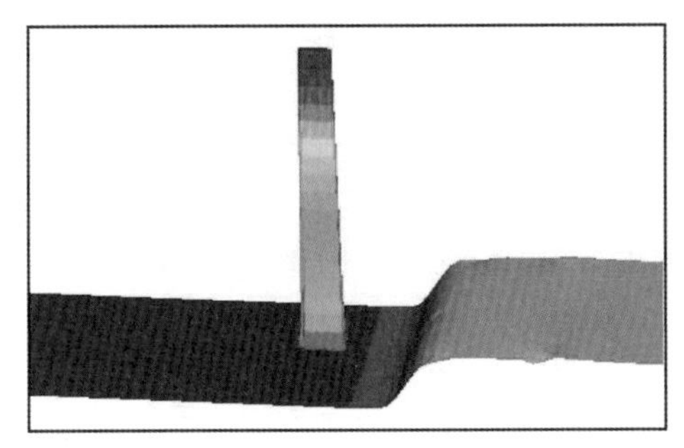

（a）涌潮到达前10s

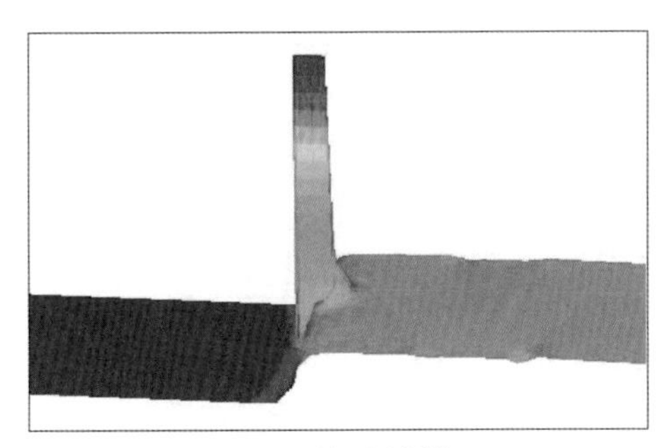

（b）涌潮到达桥墩

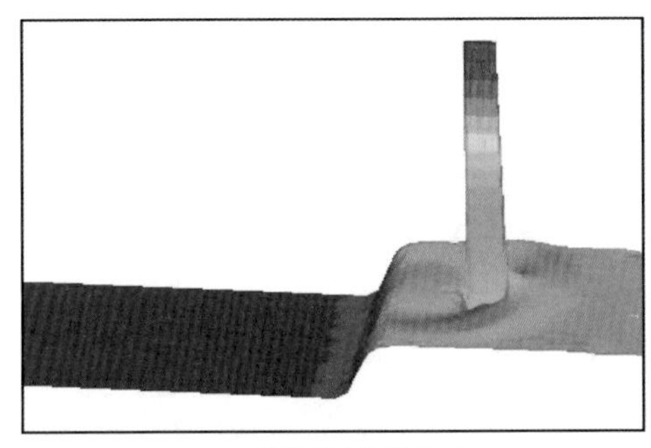

（c）涌潮到达桥墩后10s

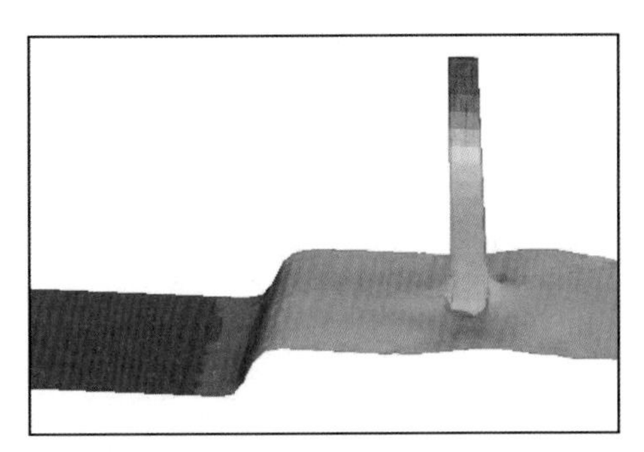

（d）涌潮到达桥墩后20s

图 3.3.34　涌潮到达桥墩前后桥位附近水面三维图

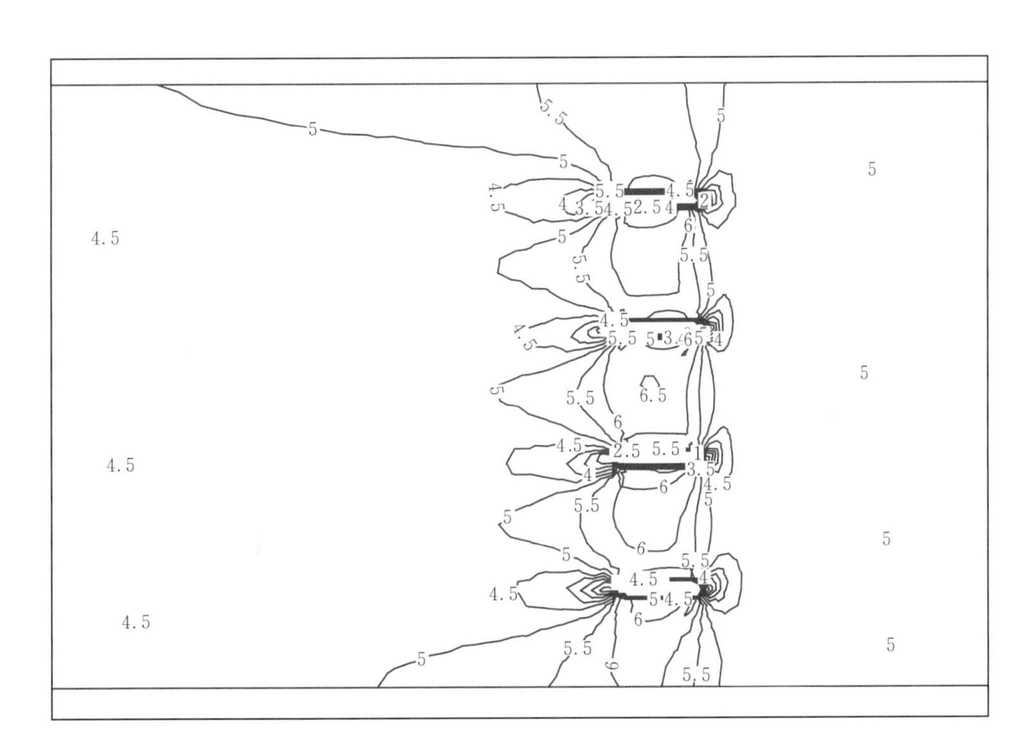

图 3.3.35　建桥后（阻水率为 14%）桥墩附近最大流速分布图

上述计算结果表明，建桥对涌潮高度、涌潮流速和涌潮传播速度均有一定影响，并且与桥墩阻水率关系密切。因此，为避免建桥对涌潮影响过大，在桥梁设计时尽可能降低桥墩阻水率。

在上述计算成果基础上，数学模型还模拟了钱塘江实际桥梁工程对涌潮的影响（鲁海燕等，2008b），以及双桥的联合影响（Lu et al.，2009）。

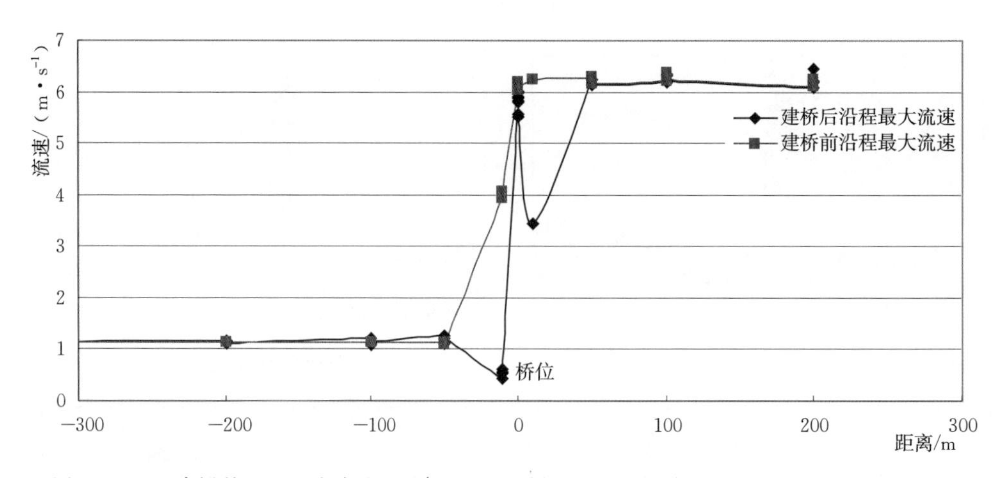

图 3.3.36 建桥前后（阻水率为14%）涌潮时刻沿程流速分布图（“－”表示桥墩上游）

3.4 三维涌潮数值模拟

钱塘江涌潮三维特征明显，为研究涌潮水流物理量的垂向分布特性，需采用三维数学模型。

采用国际上流行的FVCOM海洋模型进行钱塘江涌潮的三维数值模拟。FVCOM模型为美国Massachusetts Dartmouth州立大学陈长胜教授（CHEN C S, et al., 2003）所领导的研究小组开发，其控制方程除水流连续方程和动量方程外，还包括温度、盐度方程、2.5阶湍流方程等，模型采用有限体积法求解，可应用于各种河口、海湾、陆架和海洋问题。FVCOM模型采用σ垂向坐标和水平非结构三角形网格结合，可以使模型在水平方向对重要区域的网格进行加密处理，既可控制计算量，又不牺牲笛卡尔坐标的特性。

3.4.1 控制方程及计算方法

FVCOM模型采用σ垂向坐标，以模拟不规则的底部地形，坐标变换如下：

$$\sigma=\frac{z-\zeta}{H+\zeta}=\frac{z-\zeta}{D} \tag{3.4.1}$$

σ坐标下，模式所用的连续方程、动量方程、温度方程、盐度方程和状态方程如下：

$$\frac{\partial\zeta}{\partial t}+\frac{\partial Du}{\partial x}+\frac{\partial Dv}{\partial y}+\frac{\partial\omega}{\partial\sigma}=0 \tag{3.4.2}$$

$$\frac{\partial uD}{\partial t}+\frac{\partial u^2D}{\partial x}+\frac{\partial uvD}{\partial y}+\frac{\partial u\omega}{\partial\sigma}-fvD+gD\frac{\partial\zeta}{\partial x}+\frac{gD}{\rho_0}\left[\frac{\partial}{\partial x}\left(D\int_\sigma^0\rho d\sigma'\right)+\sigma\rho\frac{\partial D}{\partial x}\right]$$
$$=\frac{1}{D}\frac{\partial}{\partial\sigma}\left(K_m\frac{\partial u}{\partial\sigma}\right)+\frac{\partial}{\partial x}\left[2A_mH\frac{\partial u}{\partial x}\right]+\frac{\partial}{\partial y}\left[A_mH\left(\frac{\partial u}{\partial y}+\frac{\partial v}{\partial x}\right)\right] \tag{3.4.3}$$

$$\frac{\partial vD}{\partial t}+\frac{\partial uvD}{\partial x}+\frac{\partial v^2D}{\partial y}+\frac{\partial v\omega}{\partial\sigma}+fuD+gD\frac{\partial\zeta}{\partial y}+\frac{gD}{\rho_0}\left[\frac{\partial}{\partial y}\left(D\int_\sigma^0\rho d\sigma'\right)+\sigma\rho\frac{\partial D}{\partial y}\right]$$
$$=\frac{1}{D}\frac{\partial}{\partial\sigma}\left(K_m\frac{\partial v}{\partial\sigma}\right)+\frac{\partial}{\partial x}\left[A_mH\left(\frac{\partial u}{\partial y}+\frac{\partial v}{\partial x}\right)\right]+\frac{\partial}{\partial y}\left[2A_mH\frac{\partial v}{\partial y}\right] \tag{3.4.4}$$

$$\frac{\partial TD}{\partial t}+\frac{\partial TDu}{\partial x}+\frac{\partial TDv}{\partial y}+\frac{\partial T\omega}{\partial\sigma}=\frac{1}{D}\frac{\partial}{\partial\sigma}\left(K_h\frac{\partial T}{\partial\sigma}\right)+\left[\frac{\partial}{\partial x}(A_hH\frac{\partial T}{\partial x})+\frac{\partial}{\partial y}\left(A_hH\frac{\partial T}{\partial y}\right)\right]+D\hat{H} \tag{3.4.5}$$

$$\frac{\partial SD}{\partial t}+\frac{\partial SDu}{\partial x}+\frac{\partial SDv}{\partial y}+\frac{\partial S\omega}{\partial\sigma}=\frac{1}{D}\frac{\partial}{\partial\sigma}\left(K_h\frac{\partial S}{\partial\sigma}\right)+\left[\frac{\partial}{\partial x}\left(A_hH\frac{\partial S}{\partial x}\right)+\frac{\partial}{\partial y}\left(A_hH\frac{\partial S}{\partial y}\right)\right] \tag{3.4.6}$$

$$\rho=\rho(T, S) \tag{3.4.7}$$

式中：z、σ 分别对应直角坐标系和 σ 坐标系下的坐标，m；H 为水平面下的水深，m；ζ 为潮位，m；D 为总水深，m；t 为时间，s；u、v 和 ω 分别为 σ 坐标系下 x、y 和 σ 方向的流速分量，m/s；ρ、ρ_0 分别为海水密度、参考密度，kg/m^3；g 为重力加速度，m/s^2；T 为温度，℃；S 为盐度，mg/L；f 为科氏力参数；A_m 和 K_m 分别为水平和垂向的水流涡动黏性系数，m^2/s，可由修正的 Mellor - Yamada 的 2.5 阶紊流模型计算；$\hat{H}$ 为向下辐照度吸收量。

$$\frac{\partial q^2 D}{\partial t}+\frac{\partial q^2 uD}{\partial x}+\frac{\partial q^2 vD}{\partial y}+\frac{\partial q^2 \omega}{\partial \sigma}=2D(P_s+P_b-\varepsilon)+\frac{1}{D}\frac{\partial}{\partial \sigma}\left(K_q\frac{\partial q^2}{\partial \sigma}\right)+\frac{\partial}{\partial x}\left(A_h H\frac{\partial q^2}{\partial x}\right)+\frac{\partial}{\partial y}\left(A_h H\frac{\partial q^2}{\partial y}\right) \tag{3.4.8}$$

$$\frac{\partial q^2 lD}{\partial t}+\frac{\partial q^2 luD}{\partial x}+\frac{\partial q^2 lvD}{\partial y}+\frac{w}{D}\frac{\partial q^2 l\omega}{\partial \sigma}$$
$$=lE_1 D\left(P_s+P_b-\frac{\overline{W}}{E_1}\varepsilon\right)+\frac{1}{D}\frac{\partial}{\partial \sigma}\left(K_q\frac{\partial q^2 l}{\partial \sigma}\right)+\frac{\partial}{\partial x}\left(A_h H\frac{\partial q^2 l}{\partial x}\right)+\frac{\partial}{\partial y}\left(A_h H\frac{\partial q^2 l}{\partial y}\right) \tag{3.4.9}$$

其中

$$P_s=K_m(u_z{}^2+v_z{}^2)$$
$$P_b=gK_h\rho_z/\rho_0$$
$$\varepsilon=q^3/B_1 l$$
$$\overline{W}=1+E_2 l^2/(\kappa L)^2$$
$$L^{-1}=(\zeta-z)^{-1}+(H+z)^{-1}$$

式中：q^2 为湍动能项；l 为湍流混合长度；K_q 为湍流动能的垂直扩散系数；P_s 和 P_b 分别为湍流动能的剪切项和浮力项；ε 为湍流动能的耗散率；$\overline{W}$ 为壁面近似函数；κ 为卡门常数；E_1、E_2、B_1 为经验系数。湍流动能和混合长度方程组由下列等式闭合，$K_m=qlS_m$，$K_h=qlS_h$，$K_q=0.2ql$，这里 S_m，S_h 为稳定函数。

FVCOM 模型采用外模、内模分裂的方法求解。二维外模数值格式为基于三角形网格的有限体积法，将连续方程、动量方程在三角形区域积分后，时间离散通过改进的四阶龙格—库塔法求解。三维内模的动量方程的求解采用简单的显式和隐式相结合的差分格式求解，其中流速的局地变化采用一阶精度的前差格式，平流项采用二阶精度的迎风格式显式求解，时间离散采用二阶精度的龙格—库塔法求解，垂向扩散则用隐式求解。同时，FVCOM 引入了干/湿网格技术，以模拟潮间带的水流运动。

3.4.2 模型验证计算分析

计算范围从澉浦至仓前的 72km 范围，河宽从澉浦站 20km 缩窄到上边界仓前 2km（图 3.4.1），采用无结构三角形网格离散计算域，模型平均网格大小约 300m，单元最小边长约 70m，垂向上分 7 个等距的 σ 层，内、外模的时间步长分别取 10s 和 2s。验证采用 2007 年 10 月大潮观测资料，上、下游开边界采用实测潮位过程作为边界条件，计算域内的潮位站和流速测点位置如图 3.4.1 所示。经多次验证计算，曼宁系数涨潮期取值范围为 0.004～0.01，落潮期取值范围为 0.007～0.02（谢东风等，2011）。

3.4.2.1 二维模型（外模）验证计算分析

验证计算模拟了钱塘江涌潮形成、发展及其衰减的过程，图 3.4.2 为 2007 年 10 月 27—30 日盐官、大缺口、曹娥江口三站的潮位验证过程，潮位的验证情况较好，高低潮位、潮差和位相均与实际吻合。当涌潮到达时水位上涨很快，说明 FVCOM 模型能够捕捉到涌潮前后的水位间断特征。在曹娥江汇入口下游，模型复演了涌潮逐渐形成，并向上游逐渐增强的过程。在曹娥江口门处，当涨潮锋面到达时水位升幅为数厘米。当涌潮到达盐官站时，涌潮高度达到最大，之后涌潮高度逐渐降低。

平面二维模型模拟结果与实际情况较为吻合，703、705、709 三站计算涨落潮最大流速及流速过程线与实测基本接近。落潮垂线平均流速大小在 1～2m/s 之间，涌潮过后涨潮垂线平均流速可以达到

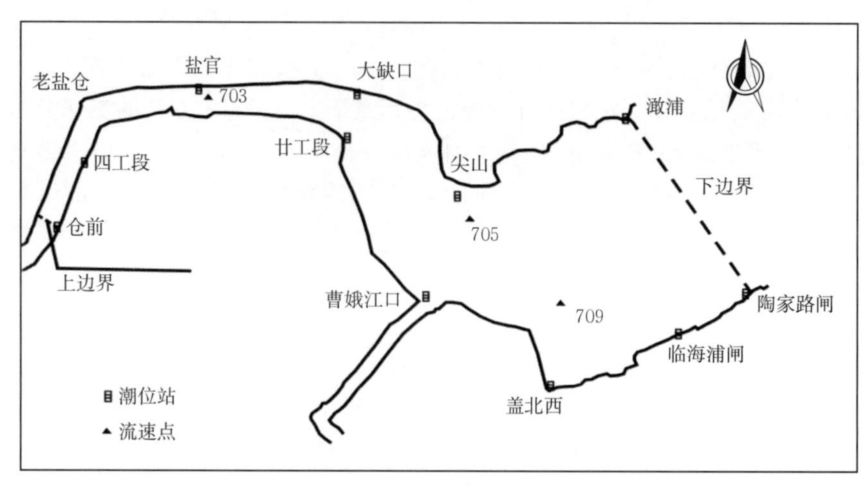

图 3.4.1 计算区域图

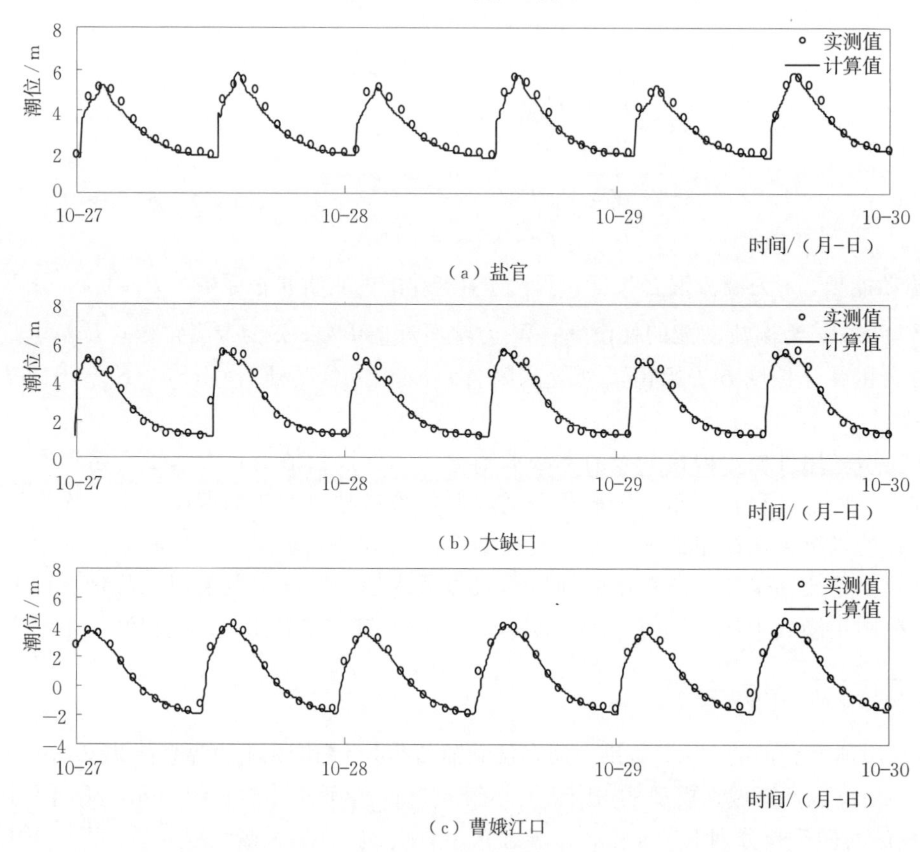

图 3.4.2 潮位验证

4～5m/s。涌潮传播过程中受江道地形和岸线形状影响，会呈现一些特殊形态，习称“潮景”，数值计算复演了部分“潮景”，如交叉潮、一线潮和回头潮。总体上，潮位、流速、潮景的二维计算结果与基于Godnov格式（潘存鸿等，2007b）和KFVS格式的二维数值模型（潘存鸿等，2008a）的计算结果基本一致（谢东风等，2011）。

3.4.2.2 三维模型（内模）验证计算分析

图3.4.3为709站表层、中层、底层三层流速流向计算验证结果。由图3.4.3可知，中层流速计算值与实测值吻合较好，表层流速计算值比实测略小，而底层流速计算值比实测值略大。尽管三维计算结果能够反映表层流速最大，中层次之，底层流速最小的流速向下递减的分布特征，但是流速表层大、底层小的差异不如实测明显。表层涨、落潮最大流速实测值分别为5.51m/s和2.89m/s，计算值

则分别为 4.98m/s 和 1.97m/s，底层涨、落潮最大流速实测值分别为 3.56m/s 和 1.74m/s，计算值则分别为 4.40m/s 和 1.37m/s（谢东风等，2011）。

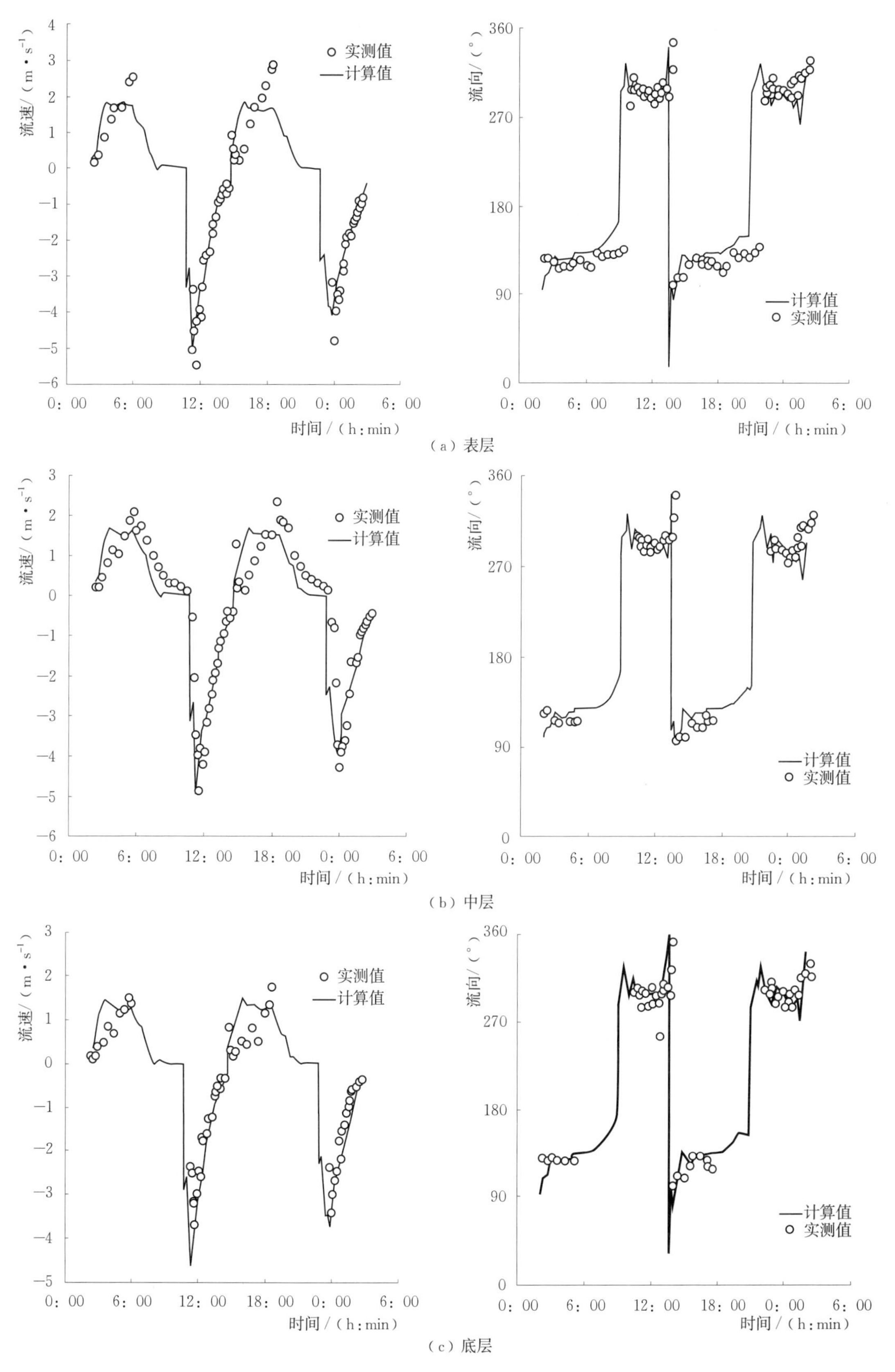

图 3.4.3　709 站流速流向验证

三维模型模拟了纵向流速沿垂线瞬时分布上的差异。从落潮到涨潮转流过程中，流速先是底部增大，垂线上逐步过渡到对数流速分布律。图 3.4.4 为 709 站在从落潮到涨潮的转流过程中，纵向流速沿垂向分布的变化规律。转流过程的流速垂向变化一方面是由水质点运动的惯性引起的，即落潮期表层流速大，因而克服惯性难，底层流速小，易于克服惯性；另一方面是由于下游盐度密度较大引起的。

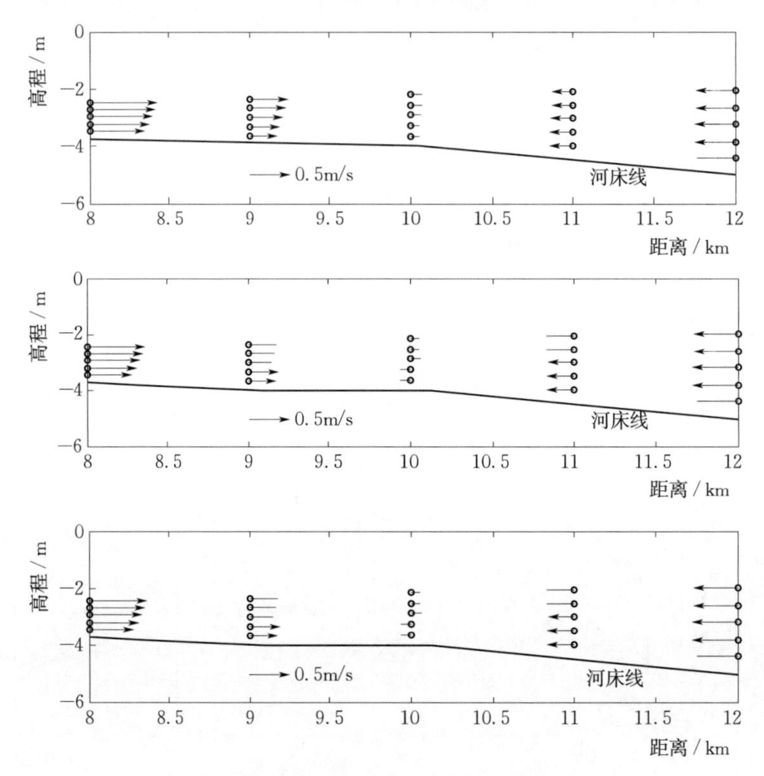

图 3.4.4　落潮到涨潮的转流过程中流速垂向分布

为分析糙率系数对流速垂向分布的影响，对糙率系数进行了敏感性数值试验。数值试验结果表明，当模型涨潮和落潮的曼宁系数分别取 0.004～0.01 和 0.007～0.02 情况下，流速的垂向差异并不明显。在不改变其他参数的前提下，将涨、落潮曼宁系数增大至 0.01～0.02。结果显示，随着曼宁系数的增大，各层的垂向流速都有所减小，涨潮流速从 4.40～4.98m/s 减小为 1.40～2.30m/s，落潮流速从 1.37～1.97m/s 减小为 0.96～1.55m/s。但流速大小的垂向分布差异增大，表底层涨、落潮流速大小的差异从 12%和 30%分别增大到 39%和 38%（表 3.4.1）。这说明曼宁系数能够在较大程度上影响流速的垂向分布特征（谢东风等，2011）。

表 3.4.1　不同曼宁系数取值下 709 站表层、中层、底层涨落潮流速最大值

曼宁系数	涨潮流速最大值/（m·s^{-1}）				落潮流速最大值/（m·s^{-1}）			
	表层	中层	底层	表底差	表层	中层	底层	表底差
0.004～0.02	4.98	4.71	4.40	12%	1.97	1.66	1.37	30%
0.01～0.02	2.30	1.90	1.40	39%	1.55	1.30	0.96	38%

3.4.3 讨论

应用 FVCOM 模型模拟了钱塘江三维涌潮，结果表明 FVCOM 模型能够模拟涌潮前后水位和流速的突变过程，计算得到的平面二维涌潮现象与基于 Godunov 格式（潘存鸿等，2007b）和 KFVS 格式（潘存鸿等，2008a）的平面二维数值模拟结果基本一致。三维计算结果虽然能显示流速在垂向上的差异，即表层最大、中层次之、底层最小，但不如实测数据明显。数值试验表明，取较小曼宁系数时，

垂线平均流速大小与实测值比较接近，但流速的垂向差异不够明显；如取较大的曼宁系数，流速在垂向上的差异增大，但流速减小，小于实测值（谢东风等，2011）。因此，要较好地模拟涌潮流速大小及其垂向分布差异特征，还需要在其他参数上作进一步改进。最近的研究表明，垂向紊动系数对流速垂向分布影响较大，通过调整垂向紊动背景系数可以大大改善流速垂向分布计算结果（潘存鸿等，2013）。

3.5 实体模型涌潮模拟

3.5.1 钱塘江河口实体模型及其验证

3.5.1.1 基于浅水方程的相似条件

为使模型能较好地模拟原型的水流运动，除几何相似外，还需满足必要的动态与动力相似条件。对于自由表面流动、水深尺度远小于平面尺度，且含有水跃、涌潮等强间断的浅水流动，可采用非恒定二维浅水方程，其守恒形式如下：

$$\frac{\partial h}{\partial t}+\frac{\partial(hu)}{\partial x}+\frac{\partial(hv)}{\partial y}=0 \tag{3.5.1}$$

$$\frac{\partial hu}{\partial t}+\frac{\partial\left(hu^2+\frac{1}{2}gh^2\right)}{\partial x}+\frac{\partial(huv)}{\partial y}=-gh\left(\frac{\partial b}{\partial x}+S_{fx}\right) \tag{3.5.2}$$

$$\frac{\partial hv}{\partial t}+\frac{\partial(huv)}{\partial x}+\frac{\partial\left(hv^2+\frac{1}{2}gh^2\right)}{\partial y}=-gh\left(\frac{\partial b}{\partial y}+S_{fy}\right) \tag{3.5.3}$$

其中

$$S_{fx}=\frac{n^2u\sqrt{u^2+v^2}}{h^{4/3}},\quad S_{fy}=\frac{n^2v\sqrt{u^2+v^2}}{h^{4/3}} \tag{3.5.4}$$

式中：h 为水深；u、v 分别为 x、y 方向的流速分量；g 为重力加速度；b 为河床高程；S_{fx}、S_{fy} 为 x、y 方向的摩阻坡降；n 为糙率。

令物理量 F 的原型与模型的量值之比称为该物理量的模型比尺，即

$$\lambda_F=\frac{F_p}{F_m} \tag{3.5.5}$$

式中：下标 p 与 m 分别为原型与模型。

根据相似准数等于同量原则，由式（3.5.1）～式（3.5.3）可求得相似条件为

$$\frac{\lambda_h}{\lambda_t}=\frac{\lambda_h\lambda_u}{\lambda_x} \tag{3.5.6}$$

$$\frac{\lambda_h\lambda_u^2}{\lambda_x}=\frac{\lambda_h^2}{\lambda_x}=\lambda_h\lambda_{S_{fx}} \tag{3.5.7}$$

以 λ_h/λ_t 与 λ_h^2/λ_x 分别除上式中的各项可得

$$\lambda_t=\frac{\lambda_x}{\lambda_u} \tag{3.5.8}$$

$$\lambda_u=\sqrt{\lambda_h} \tag{3.5.9}$$

$$\lambda_{S_{fx}}=\frac{\lambda_h}{\lambda_x} \tag{3.5.10}$$

根据式（3.5.4）、式（3.5.10）可进一步修改为

$$\lambda_n=\frac{\lambda_h^{2/3}}{\lambda_x^{1/2}} \tag{3.5.11}$$

式（3.5.8）、式（3.5.9）、式（3.5.11）即为基于二维浅水方程的潮汐河口水流运动的相似条件，3个方程式有5个变量，因此可供自由决定2个比尺关系。

由于潮汐河口多较宽浅，钱塘江河口尤为突出，因此模型通常做成变态。姚仕明等（1999）曾对变态模型的变率问题进行了研究，通过对5个不同变率的变态模型与正态模型的试验成果进行比较认为：变率小于10，且模型宽深比（B/H）>2的变态定床模型，只要满足重力相似和阻力相似条件，变态模型与正态模型比较，顺直段和弯道段的水流动力轴线及平均纵向流速沿横向与沿流程的分布基本一致，相对误差一般小于10%。

3.5.1.2 实体物理模型设计与涌潮验证

模型设计时必须考虑要较好地反映工程方案对涌潮的影响，为此模型平面比尺不宜过大，即比例不宜过小；受场地限制并节省投资，平面比尺又不能太小。同时，上下游边界的选取时要尽可能远离工程区域且水流条件容易获取。近几年，针对围滩工程、桥梁工程等对涌潮的影响论证分析时，曾设计了多个不同边界条件与比尺大小的模型。

（1）钱塘江河口上游河段物理模型。模型的上边界在富春江电站，其中上边界至富阳河段由扭曲河道代替，下边界为尖山—廿二工段断面，模拟江道110km，总水域面积约335km²。考虑场地与研究区域水流特征，模型平面比尺选用600，垂直比尺取120，变率为5，如图3.5.1所示。由相似条件式（3.5.8）、式（3.5.9）、式（3.5.11）确定的各主要比尺如表3.5.1所示。

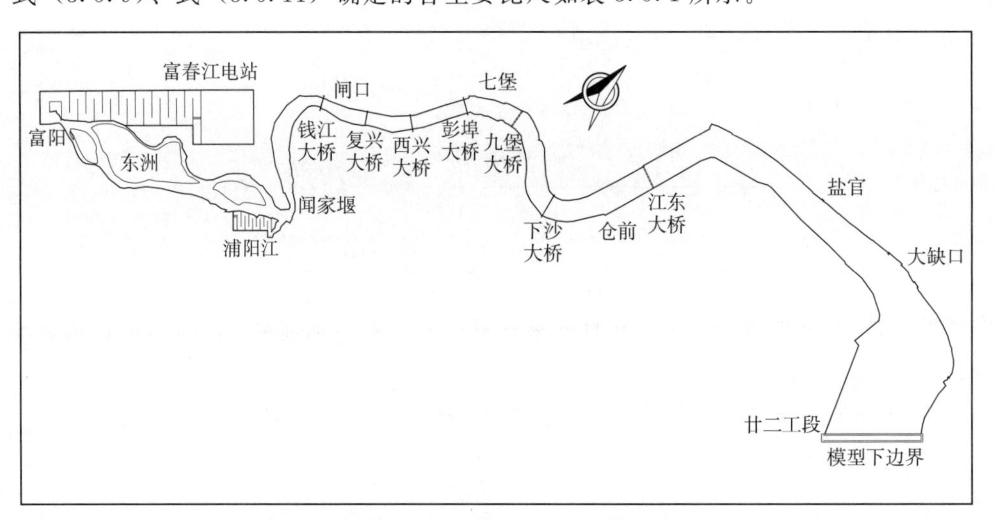

图3.5.1 钱塘江河口上游河段模型示置图

表3.5.1 上游河段模型主要相似比尺表

比尺名称	比尺符号	比尺值	比尺名称	比尺符号	比尺值
平面比尺	λ_x 与 λ_y	600	流速比尺	λ_u	10.95
垂直比尺	λ_h	120	糙率比尺	λ_n	0.99
时间比尺	λ_t	54.77			

钱塘江河口上游河段模型先后利用2003年6月、2004年7月、2005年5月等实测水文资料及同步地形进行了验证。模型较好地复演了钱塘江河口的水流运动特征，水位、流速过程与实测吻合较好，高、低潮位与潮差的验证误差一般在10cm以内，涨落潮最大流速与平均流速的相对误差一般在20%以内，流向误差在5°以内。由于水文测验期间没有同步涌潮资料，现利用2000年9月的实测资料进行校核。表3.5.2列出了实测涌潮高度ξ_p与试验值ξ_m的对比结果，由于模型地形与2000年9月实际地形稍有差异，涌潮高度的最大绝对误差近0.3m，但基本上反映了涌潮高度的沿程变化规律，相对误差一般也在15%以内。

表 3.5.2　　涌潮高度的模拟值与实测值比较

站名	ξ_p/m	ξ_m/m	误差/m	站名	ξ_p/m	ξ_m/m	误差/m
大缺口	2.9	3.20	0.30	七堡	1.8	1.57	−0.23
盐官	2.6	2.64	0.04	闸口	1.4	1.22	−0.18
仓前	1.7	1.51	−0.19				

（2）钱塘江河口中游河段模型。模型上边界为老盐仓，下边界在金山，模拟总水域面积约 2200km²。根据《海岸与河口潮流泥沙模拟技术规程》规定，“河口模型平面比尺宜在 1000 以内”，“模型变率可取 3～10”。经综合考虑钱塘江河口中游河段的宽浅特性与试验条件，模型平面比尺选用 1000，模型下边界宽约 47m。为满足表面张力与紊流限制条件并保证水位测量精度，垂直比尺选用 100，模型变率 10，如图 3.5.2所示。由式（3.5.8）、式（3.5.9）、式（3.5.11）确定的各主要比尺如表 3.5.3 所示。

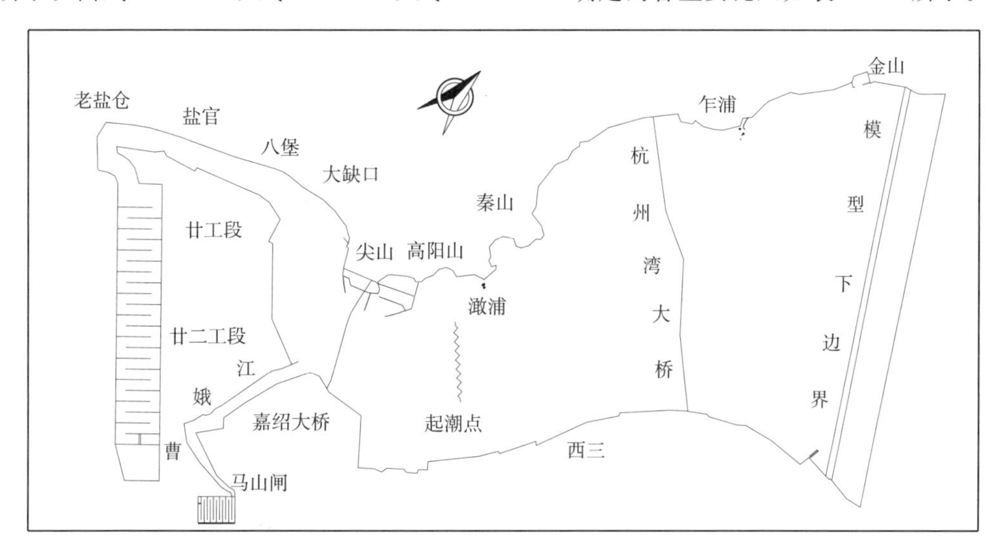

图 3.5.2　钱塘江河口中游河段模型示置图

表 3.5.3　　中游河段模型主要相似比尺表

比尺名称	比尺符号	比尺值	比尺名称	比尺符号	比尺值
平面比尺	λ_x 与 λ_y	1000	流速比尺	λ_u	10
垂直比尺	λ_h	100	糙率比尺	λ_n	0.68
时间比尺	λ_t	100			

钱塘江河口中游河段模型按 2003 年 4 月的水下地形制作，并对准同步的 2003 年 5 月实测水文资料进行了验证。验证潮位站有乍浦、澉浦、曹娥江口、大缺口、西三与盐官等站，验证流速测点有澉浦断面、嘉绍大桥断面等共 12 个测点。潮位过程与高、低潮位验证结果表明，各站的潮位过程原、模型基本吻合良好，高、低潮位最大误差为 0.36m，6 站 100 个潮位特征值中仅有 6 个值的误差超过 20cm，占总样本的 6%。模型的流速及流向过程与原型基本吻合，实测的 144 个涨落急流速与半潮平均流速中误差超过 20%的占 18%。

模型对同期的涌潮资料进行了验证。根据 5 月 19 日大潮期涌潮运动轨迹与水位过程的验证结果，由图 3.5.3 可见涌潮在高阳山下游形成后，上溯过程中受尖山河段弯道的影响，行进方向指向曹娥江口。随后在南岸堤线走向的引导下，其行进方向逐步指北，过廿工段后，几乎垂直北岸岸线，并正面撞击大缺口附近海塘，而后涌潮折向西继续上行，在顺直河道内形成一线潮，表明模型的涌潮运动轨迹与原型基本相似。图 3.5.4 反映了涌潮水位过程验证情况，表 3.5.4 则列出了实测涌潮高度 ξ_p 与试验值 ξ_m 的对比结果，可见模型的涌潮水位过程与实测值吻合良好，涌潮高度在量值上也差异不大，最大误差不超过 0.15m。

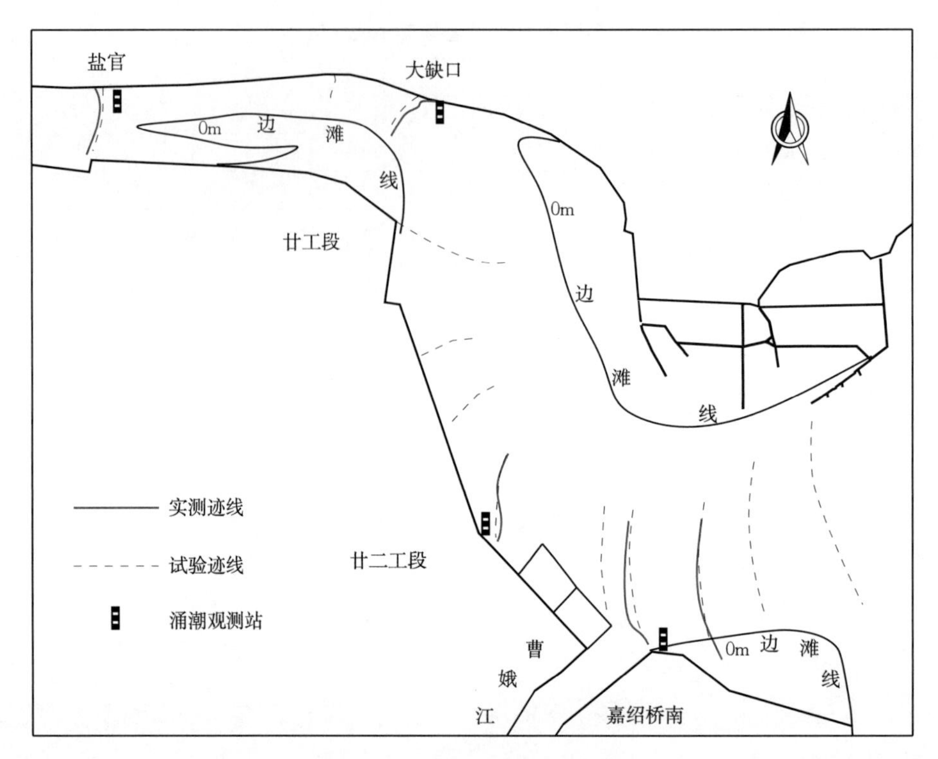

图 3.5.3　涌潮运动轨迹对比图

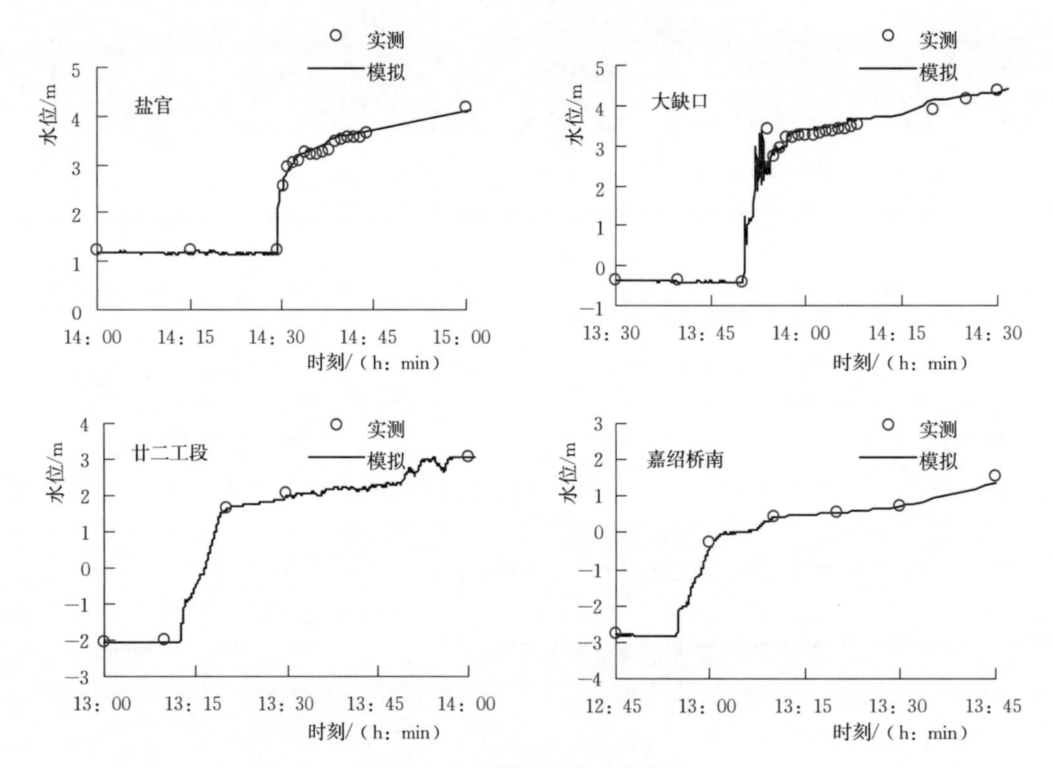

图 3.5.4　涌潮水位过程验证图

表 3.5.4　　涌潮高度的模拟值与实测值比较

站名	ξ_p/m	ξ_m/m	误差/m	站名	ξ_p/m	ξ_m/m	误差/m
嘉绍桥南	0.70	0.85	0.15	大缺口	1.40	1.31	0.09
廿二工段	1.10	1.14	0.04	盐官	1.30	1.15	0.15

3.5.1.3 仪器设备介绍

生潮设备一般有潮水箱、尾门、双向泵、四通阀与多台水泵组合五大类型。钱塘江河口实体模型采用的 HMMC2000 水力物理模型计算机测控系统为多台水泵变频调速多口门闭环水位控制系统。该系统根据自反馈数据结合 PID 算法，利用变频器控制水泵转速产生设定的潮汐过程，尤其适用于以潮流为主的潮汐生成与控制。系统由中央测控机、现场工控机、变频调速器、潜水泵、水位仪、流速仪和工业现场总线等组成，如图 3.5.5 所示。测控主机和现场工控机的数据交换通过 RS232 通信接口完成，现场工控机和变频器、水位仪、流速仪等的数据交换通过 RS485（或 RS422）通信接口完成。

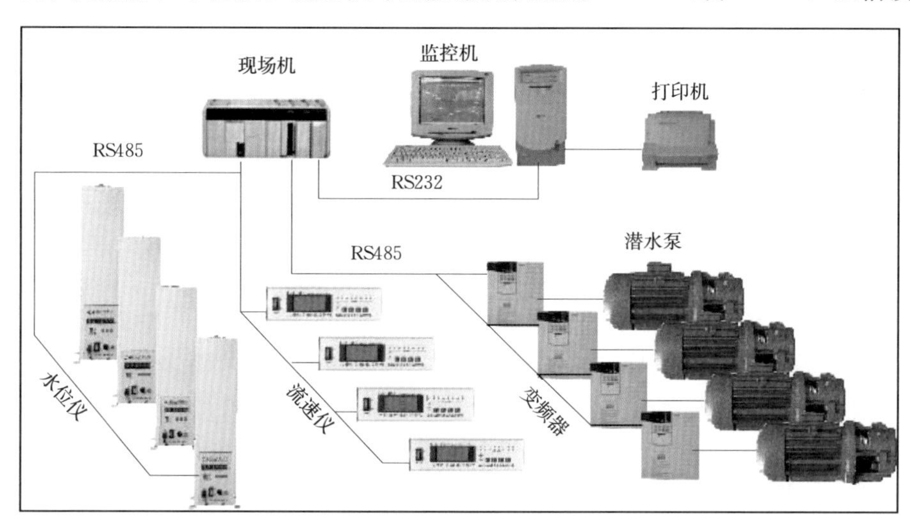

图 3.5.5 HMMC2000 水力物理模型计算机测控系统

水位测量采用珠江水利委员会科研所研制的自动跟踪式精密水位仪，分辨率为 0.01mm（相应原型 1mm）。涌潮高度测量采用电容式波高仪，测量精度可达 0.01mm，通过 DJ800 多功能数据采集系统进行实时跟踪、采集与数据处理。采用 NOTEK 流速流向仪测量模型流速，流速分辨率为 0.01cm/s，可同时测量流向。

3.5.2 模型在治江围涂工程中的应用

江道缩窄，涉及堤线调整，从而改变涌潮传播过程中的边界条件，对涌潮的水动力结构、传播特性等产生一定程度的影响。以钱塘江河口海宁八堡—尖山河段堤线调整方案为例，利用钱塘江河口中游河段整体物理模型研究堤线局部调整后钱塘江涌潮的变化。

3.5.2.1 试验条件

堤线调整方案同前文的数学模型方案一，即围涂面积 1.06 万亩，堤长约 9.6km，最大外推宽度 2.5km，如图 3.5.6 所示。

地形条件对涌潮的传播特性影响显著，针对尖山河段近 10 年来主槽相对稳定走南的趋势，丰水期南北两槽共存的演变特点，分别选取 2005 年 7 月与 2006 年 7 月的江道地形代表弯曲河势与分汊河势，其主槽的位置与走向均具有一定的代表性，大缺口—曹娥江口河段多年平均高潮位以下容积分别为 $424\times10^6\text{m}^3$ 与 $406\times10^6\text{m}^3$，接近于该水域的平均容积 $435\times10^6\text{m}^3$。

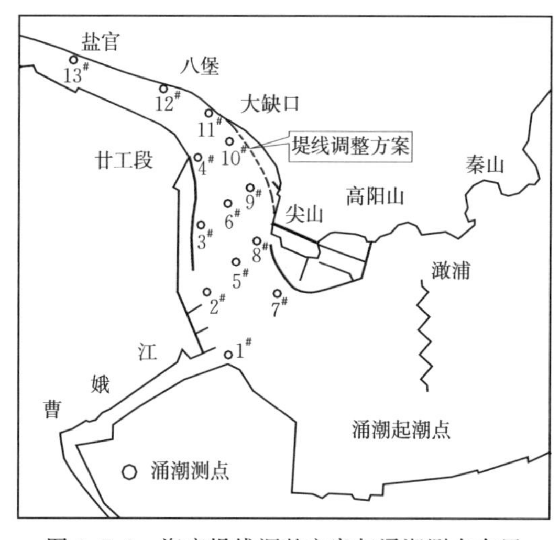

图 3.5.6 海宁堤线调整方案与涌潮测点布置

下边界的设计潮型选取澉浦潮差为 8.15m 的大潮，其特征值相当于 1%保证率的大潮潮差，上边界设计条件则取富春江电站的多年平均流量。

3.5.2.2 堤线调整对潮汐的影响分析

在尖山河段弯曲河势下，调整方案的堤线内侧为1m以上的中高滩，而且处在尖山弯道的凸岸，方案实施对上下游的高低潮位及潮量的影响不大。试验结果表明，海宁堤线调整对盐官、曹娥江口及澉浦等围区上下游侧各站的高低潮位影响均在0.03m以内，潮量影响在1%以内。而在尖山河段分汊河势下，该方案占据了北岸部分主槽，使得多年平均高潮位下的过水面积减少了7.8%，其影响程度大于弯曲河势。总体上，潮量有所减小，围区下游的高潮位抬高、低潮位降低、潮差增大，而围区上游则相反，试验结果表明围区上游的盐官潮差减小0.10m，而围区下游的澉浦潮差增大0.05m，上下游潮量减少2%以内，可见潮波变形进一步加剧。

3.5.2.3 堤线调整对涌潮的影响分析

在尖山河段弯曲河势下，涌潮沿南岸深槽上溯，几乎正面撞击大缺口至新仓段海塘，随后伴随强反射潮的产生，部分反射潮折向下游传播，部分反射潮仍向上传播，从11#点的水位监测过程来看（图3.5.7），大缺口附近存在涌潮与海塘碰撞前的行进潮潮头与碰撞后的反射潮潮头。试验结果表明，海宁堤线调整方案对1#～11#的行进潮头高度影响较小，变化值在0.03m以内，而对大缺口至新仓河段的反射潮有一定程度的影响，9#～11#水域抬高了0.09～0.39m（表3.5.5），八堡与盐官的潮头高度分别抬高了0.13m与0.10m。其原因在于海宁堤线调整方案改变了大缺口至新仓河段堤线位置与走向，从而引起反射潮的方向与强度的变化。根据反射原理，结合该河段的涌潮行进方向，其反射潮的运动方向如图3.5.8所示。显然，在现状堤线走向的情况下，涌潮传播方向几乎与海塘垂直碰撞，而堤线调整方案改变了大缺口至新仓河段堤线的走向，使得涌潮传播方向与海塘成一定的夹角，碰撞海塘后形成“斜反射”，其反射潮的运动方向较现状明显偏向上游，从而增强上溯涌潮的动力。与此相适应，大缺口—盐官水域涨潮最大流速有所增大，增幅在1%～3%。

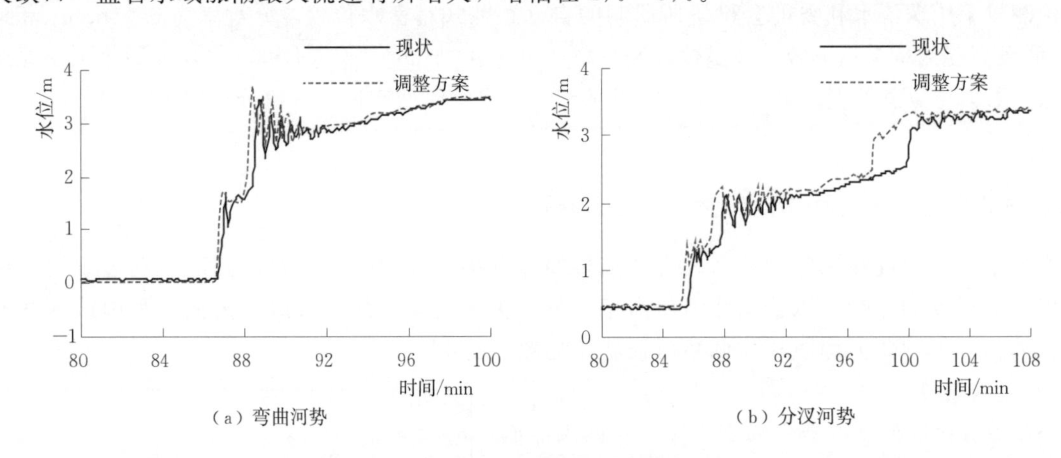

图3.5.7 大缺口附近涌潮水位过程变化图

表3.5.5 海宁堤线调整后涌潮高度变化

测点	位置	弯曲河势			分汊河势		
		涌潮性质	现状涌潮高度/m	变化/m	涌潮性质	现状涌潮高度/m	变化/m
11#	大缺口	行进潮	1.69	0.02	南潮行进潮	0.93	0.05
					南潮反射潮	0.77	0.08
		反射潮	1.65	0.39	东潮行进潮	0.74	−0.06
12#	八堡	行进潮	2.64	0.13	行进潮	1.68	0.04
13#	盐官	行进潮	1.26	0.10	行进潮	1.18	0.04

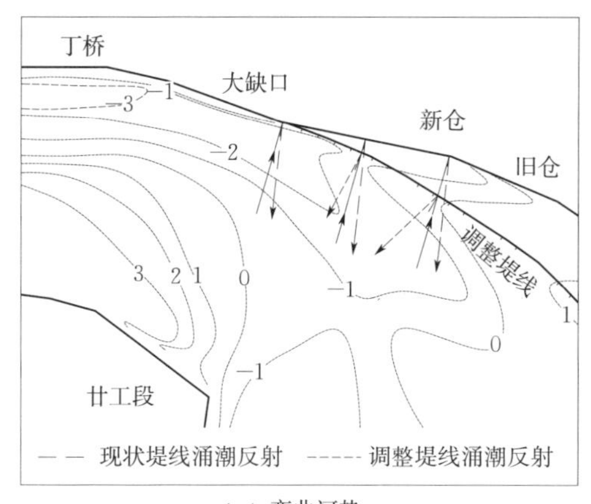

（a）弯曲河势

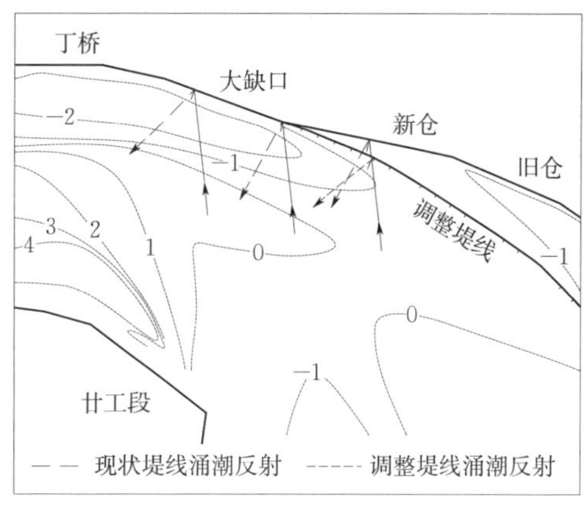

（b）分汊河势

图 3.5.8　涌潮反射示意图

在分汊河势下，涌潮在曹娥江口附近分为南潮与东潮，各自沿南岸深槽与北岸深槽上溯，由于两股涌潮的行进方向不一致，使得两股涌潮在交汇处相互交叉，各自行进，形成交叉潮。据分析，交叉潮出现的地点与形态随南北深槽的强弱而变化，当两者规模相当，东潮与南潮几乎同时至大缺口，则可能在大缺口附近出现交叉，如果南槽深，北槽浅，南潮先于到达大缺口，则可能其反射潮在北槽内与东潮交叉。2006 年 7 月的分汊河势地形即属于后者。试验结果表明，海宁堤线调整虽然占据了部分北槽水域，但分汊河势的基本格局没有改变，在新堤线前沿仍存在东潮，使得与南潮向下游传播的反射潮依然存在交汇，但是东潮动力有所减弱，交汇的地点稍有下移。从表 3.5.5 与图 3.5.8 可知，海宁堤线调整方案因引起南北深槽潮量的重新分配，使南岸前沿（1# ～4#）潮头高度略有抬高，增幅一般在 0.05m 以内。而北岸前沿（7# ～13#），由于存在行进潮、反射潮及交叉潮等众多潮景，堤线调整方案引起的涌潮变化呈现出不同的规律，总的趋势是大缺口以上河段涌潮有所增大，大缺口下游的涌潮有所减小。其主要原因在于调整方案改变了大缺口至新仓河段堤线的走向，其反射方向较现状更偏向上游（图 3.5.8），从而增强上溯涌潮的动力，涌潮增大，盐官的潮头高度抬高了 0.04m，同时向下传播的涌潮动力有所减弱。大缺口附近由于地理位置的特殊性，出现了三个潮头，分别为南潮行进潮，南潮反射潮及东潮行进潮，调整方案对三个潮头的影响存在差异，抬高了南潮行进潮，其幅度为 0.05m，增大了南潮反射潮，其幅度为 0.08m，降低了东潮行进潮，其幅度为 0.06m。与此相适应，大缺口—盐官水域涨潮最大流速有所增大，增幅在 2%～5%。

前文二维涌潮数值模型计算结果表明，盐官的涌潮高度增加 0.09m 左右，涌潮到达时间提前 2～3min，交叉潮仍然存在，其位置有所下移，盐官—大缺口一带涌潮最大流速增大 1%～5%，增加的绝对值为 0.3～0.4m/s。可见，物理模型试验与数模计算的结果基本一致。

3.5.2.4　小结

治江围涂工程除因占据过水面积与纳潮水域一定程度上影响潮汐动力条件外，由此引起的堤线局部调整改变了涌潮与海塘间的夹角，从而影响涌潮的强度与行进方向也是重要的一个方面。以钱塘江河口海宁八堡—尖山的堤线调整为例，研究了堤线局部调整后钱塘江涌潮的变化，可见，该河段北岸堤线的局部调整对涌潮的传播过程中的反射潮与交叉潮均有不同程度的影响，总体上大缺口以上的涌潮强度并没有削弱，交叉潮仍然存在。由于涌潮因江道地形、边界条件等因素而呈现不同的传播特性，不同河段的堤线调整引起的涌潮影响也会存在差异，因此，今后钱塘江河口堤线调整应针对具体位置分别论证对涌潮的影响。

3.5.3　模型在桥梁工程中的应用

桥梁工程因桥墩占据河道过水面积，增加水流的局部阻力，对洪潮水位、流速、河床冲淤乃至河势产生一定程度的影响。因而桥梁工程的影响评价历来受到重视，目前，大多采用经验公式或数值模拟研究该类问题，对于特大型桥梁也运用实体模型与数值模拟的有机结合。但这些研究大多是针对单桥引起的水位壅高、河床变化及局部冲刷坑发育对两岸堤防的影响等。由于社会经济的发展，很多河流均修建或拟建多座桥梁，多桥联合作用下的水流与河床的复杂响应开始受到关注。

为保护钱塘江涌潮资源，近几年新建的江东大桥、杭州湾大桥、嘉绍大桥等对涌潮影响均采用了数值模拟、实体模型试验等方法进行了专题的分析论证，取得了一些研究成果。2008年，考虑到西兴大桥、下沙大桥、闻家堰大桥、复兴大桥、杭州湾大桥等跨江桥梁的陆续建成，以及嘉绍大桥、之江大桥、九堡大桥等桥梁的规划建设，钱塘江河口的桥梁密度不断增加，众多桥梁对涌潮的联合影响逐渐成为社会关注的焦点。为此，利用钱塘江河口实体模型试验研究了钱塘江涌潮对多桥的复杂响应，比较分析了单桥、双桥及多座桥梁涌潮影响之间的差异（曾剑等，2008）。

模型中的桥轴线以及桥墩、承台结构均根据设计方案严格按几何比尺关系进行模拟。由于整体模型平面比尺为600～1000，而非通航孔桥墩承台的支承桩直径仅为1.2～1.5m，难以逐根模拟，只能概化。我们曾利用正态断面模型探讨了小直径支承桩的概化问题，试验结果表明按迎水截面面积相当的原则进行概化，其阻水影响与设计桥墩差异很小。因此实体模型中对于直径小于1.5m的支承桩，均按上述原则进行概化。

3.5.3.1 单桥对涌潮的影响分析

建桥对涌潮强度的影响主要取决于中潮位下桥墩占据河道横断面的面积与建桥前相应过水面积的比值（即阻水率），该值越大，对涌潮的影响越大。在阻水面积一定的条件下，潮动力越大，潮头高度的减幅也越大。从影响程度的空间分布来看，建桥对桥位下游处的涌潮几乎没有影响，上游侧离桥位越近，影响也越大，通常主槽处的影响程度大于边滩侧。针对中潮位下桥墩阻水率为4.3%的江东大桥，选取桥址下游0.5km，上游0.5km、1km、2km、3km、5km、6km、10km、15km及20km等主槽与滩地处的监测数据，统计建桥引起的潮头高度相对减小率列于表3.5.6，测点布置如图3.5.12所示。从表3.5.6和图3.5.12中可知，建桥对桥址下游的涌潮强度影响很小，桥址下游0.5km处，涌潮高度的变化幅度在0.5%以内，而桥址上游因桥墩的阻挡作用，引起能量的消耗，使潮头高度有所下降，上游0.5km、5km与20km的主槽处，涌潮高度的下降幅度分别为4.1%、2.3%与1.2%，且离桥位越远，潮头高度的影响亦越小，表明其影响程度存在逐步削弱的现象。

表3.5.6　各方案引起的涌潮高度相对变化

方案	离桥距	上游0.5km	上游1km		上游2km		上游3km
	位置	主槽	滩地	主槽	滩地	主槽	主槽
	测点	$2^{\#}$	$11^{\#}$	$3^{\#}$	$12^{\#}$	$4^{\#}$	$5^{\#}$
单桥方案	单桥变化/%	−4.1	−2.7	−3.4	−2.0	−2.8	−2.4
间距2km双桥方案	双桥变化/%	−4.4	−3.0	−3.6	−2.1	−3	−6.9
	线性叠加/%	—	—	—	—	—	−7.2
间距5km双桥方案	双桥变化/%	−4.4	−2.9	−3.7	−2.2	−3.1	−2.5
	线性叠加/%	—	—	—	—	—	—
方案	离桥距	上游5km	上游6km	上游10km	上游15km	上游20km	
	位置	主槽	主槽	主槽	主槽	主槽	
	测点	$6^{\#}$	$7^{\#}$	$8^{\#}$	$9^{\#}$	$10^{\#}$	
单桥方案	单桥变化/%	−2.3	−2.2	−1.6	−1.4	−1.2	
间距2km双桥方案	双桥变化/%	−5.3	−4.4	−3.1	−2.2	−1.4	
	线性叠加/%	−5.7	−5.2	−4.1	−3.2	−2.6	
间距5km双桥方案	双桥变化/%	−2.0	−5.9	−3.6	−2.5	−1.6	
	线性叠加/%	—	−6.5	−4.5	−3.5	−2.8	

现利用嘉绍大桥、萧山通道桥梁方案与江东大桥等开展过单桥对涌潮高度的影响模型试验观测数据，按最小二乘法绘制了涌潮高度减小率与桥墩阻水率 Ψ 的关系如图 3.5.9 所示，同时按测点位置分别给出了拟合曲线。由图 3.5.9 可知，对于桥位上游的某一具体位置，$\Delta\xi/\xi$ 随 Ψ 的增大而增大，呈现正比关系，表明桥墩占据河道横断面的面积越大，涌潮高度的减小率也越大，从而建桥对涌潮高度的影响也越大。涌潮的发生、发展及衰弱是一动态过程，不同位置的涌潮高度存在差异，而图 3.5.9 也说明建桥对不同位置的涌潮高度影响程度不同，在桥位上游，离桥位越近，对涌潮高度的影响亦越大。拟合结果表明

$$\frac{\Delta\xi}{\xi}=K\Psi \tag{3.5.12}$$

式中：K 为斜率，是离桥址距离 L 的函数。

如果引入无量纲参数 L/L_0，其中 L_0 为涌潮形态不受桥墩影响的距离，一般可取 300m，则由各位置的 K 与距离参数 L/L_0 按最小二乘法进一步相关，如图 3.5.10 所示，可得到

$$K=1.22-0.22\ln(L/L_0) \tag{3.5.13}$$

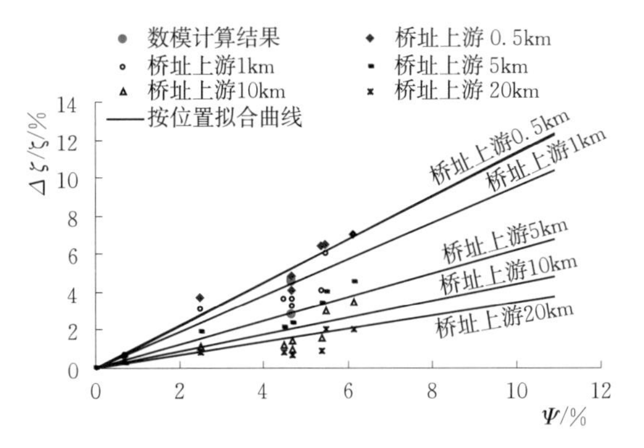

图 3.5.9 涌潮高度减小率与桥墩特征参数 Ψ 的关系

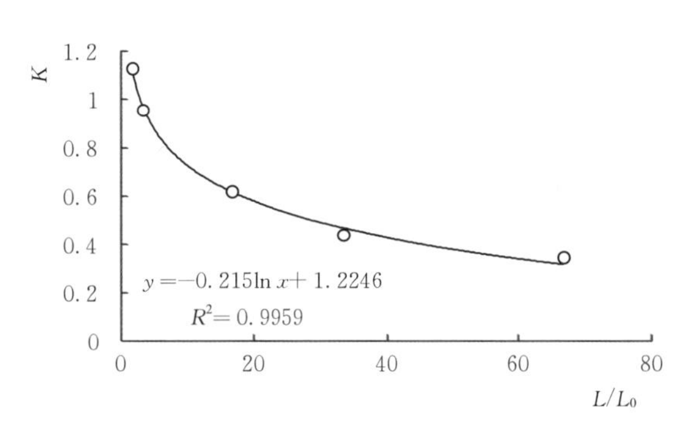

图 3.5.10 K 与 L/L_0 的拟合曲线

式（3.5.13）代入式（3.5.12），可得到

$$\frac{\Delta\xi}{\xi}=[1.22-0.22\ln(L/L_0)]\times\Psi \tag{3.5.14}$$

式（3.5.14）即反映了涌潮高度减小率 $\frac{\Delta\xi}{\xi}$、离桥址的相对距离 $\frac{L}{L_0}$ 以及桥墩阻水率 Ψ 三者的相关关系。

由于式（3.5.14）根据试验结果得到，受试验条件的限制，它的适用范围为：桥墩阻水率 Ψ 为 2.5%～10%；桥位上游距离 L 为 0.5～20km。

3.5.3.2 双桥与多桥对涌潮的联合影响分析

为分析双桥、多桥对涌潮影响与单桥的差异，设计了以下两种试验方案。①双桥方案。选取江东大桥桥型及布跨为依据开展单桥试验，对双桥工况设计了江东大桥+其上游 2km 的桥、江东大桥+其上游 5km 的两组假想方案（图 3.5.11），以分析不同间距的双桥影响。②多桥方案。考虑到试验时钱塘江河口闸口至盐官河段已建成钱塘江大桥、彭埠大桥、西兴大桥、下沙大桥、复兴大桥等 5 座大桥，在建江东大桥，规划建设九堡大桥，是该河口桥梁密度较大的河段，最小间距仅 4.2km（钱塘江大桥与复兴大桥间），最大间距 9.8km（江东大桥至下沙大桥间），如图 3.5.12 所示。其中，已建或正建桥梁均按设计方案进行模拟，规划的九堡大桥参照江东大桥的桥型，中潮位以下的阻水率控制在 5%以内。

就欣赏角度而言，大家关心的是大潮期间的涌潮景观，因而模型试验的下边界选取一般大潮的潮位过程，上边界则模拟富春江电站枯水期多年平均流量。

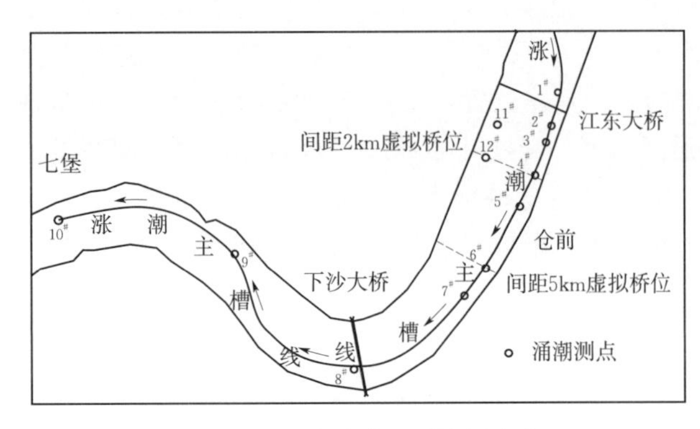

图 3.5.11　双桥方案及涌潮测点布置

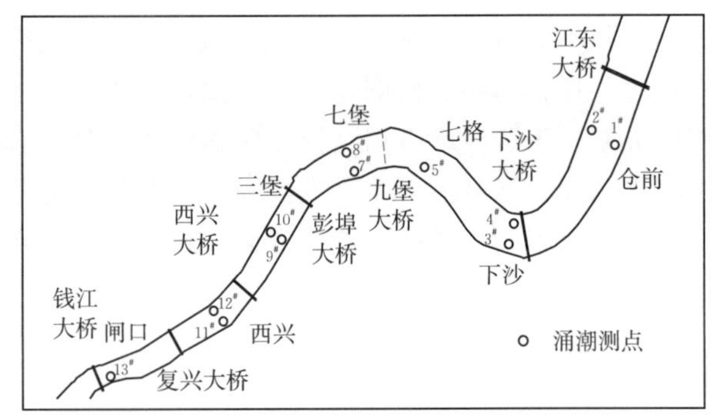

图 3.5.12　闸口至盐官多桥位置及涌潮测点布置

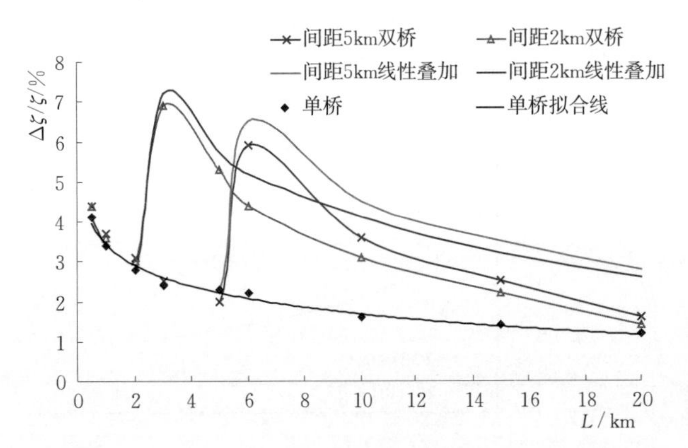

图 3.5.13　不同方案对沿程涌潮高度的减小幅度

（1）双桥影响分析。统计各监测点的建双桥方案引起的潮头高度相对减小率列于表 3.5.6与图 3.5.13，同时列出了同期开展的江东大桥单桥的试验数据。按双桥线性叠加得到涌头高度减小率。

从图 3.5.13 和表 3.5.6 可见：

1）双桥方案中，上游桥梁对其下游潮头高度的降低几乎没有叠加影响，比较表 3.5.6 中的单桥与双桥对潮头高度的减小率，间距 2km 双桥方案，位于江东大桥上游 1～2km 范围内的减小率，单桥和双桥的差异较小，一般在 0.3%以内，绝对数值在 0.01m 以内，间距 5km 双桥方案，位于江东大桥上游 1～5km 范围内的减小率，两者的差异同样在 0.3%以内。

2）双桥上游的涌潮高度减小率存在明显的叠加影响。间距 2km 双桥方案，位于江东大桥上游 2km 以外的涌潮高度减小率，双桥的减小率明显大于单桥的减小率，间距 5km 双桥方案，位于江东大桥上游 5km 以外的涌潮高度减小率，同样存在此现象，表明双桥对涌潮存在联合作用。双桥间距越大，上游的涌潮高度减小率相对较小，如间距 2km 双桥方案，在上游 3km 处的潮头高度减小率为 6.9%，而间距 5km 双桥方案，在上游 6km 处的涌潮高度减小率为 5.9%。

3）双桥上游的涌潮高度减小率尽管存在叠加影响，但双桥叠加后的减小率要小于双桥按线性叠加的涌潮高度减小率，而且随着离桥距越远，两者的差距越大。如间距 2km 双桥方案，在上游 10km 处的潮头高度减小率为 3.1%，而按线性叠加则为 4.1%。

（2）多桥影响分析。统计了仓前、下沙、七格、七堡、三堡、西兴、闸口等断面的主槽与边滩等位置的涌潮高度建桥前后的变化列于表 3.5.7，测点布置如图 3.5.12 所示。

表 3.5.7　　多座桥梁引起的潮头高度变化

断面位置	仓前		下沙		七格	七堡
编号	1#	2#	3#	4#	5#	7#
位置	主槽	边滩	主槽	边滩	主槽	边滩
潮头高度/m	1.51	1.03	1.13	0.86	0.94	0.98
绝对变化/m	−0.05	−0.03	−0.07	−0.04	−0.04	−0.05
相对变化/%	−3.3	−2.4	−5.8	−4.2	−4.6	−5.1

续表

断面位置	七堡	三堡		西兴		闸口
编号	8#	9#	10#	11#	12#	13#
位置	主槽	边滩	主槽	边滩	主槽	主槽
潮头高度/m	1.26	1.15	1.16	0.72	1.34	1.10
绝对变化/m	−0.07	−0.06	−0.07	−0.04	−0.08	−0.05
相对变化/%	−5.6	−5.1	−5.9	−4.9	−5.6	−4.1

从表3.5.7中可知，沿程涌潮高度因受建桥影响，均有所降低，一般主槽处的高度减小幅度要大于边滩，相对减小率在2%～6%间，由于仓前以上河段在一般大潮期间涌潮高度在1.0～1.5m，其减小的绝对值一般在10cm以内。但与江东大桥单座桥梁影响相比，下沙至闸口的主槽处涌潮高度又降低了4～7cm，是单桥单独影响值的2～6倍，可见多桥联合作用下涌潮高度的减少甚为可观，对此应予足够重视。

3.5.3.3 桥梁工程对涌潮影响综合分析

通过对钱塘江河口各种桥梁方案实施前后的涌潮试验，分析了单桥、双桥、多座桥梁联合作用下涌潮的复杂响应，结果表明：

(1) 建桥不会影响涌潮的产生。钱塘江河口涌潮产生的基本条件，一方面是钱塘江河口的喇叭形使潮波能量积聚，增大潮差，另一方面是乍浦以上的沙坎堆积，水深急剧变浅。其次，影响涌潮大小的主要因素是潮汐、径流、河床形态等。因此，建桥不会从根本上改变涌潮的产生，但由于桥墩占据河道的过水面积，增加了水流局部阻力及局部河床的冲淤变化对涌潮的形态和强度仍有一定的影响。

(2) 建桥对涌潮形态有一定程度的破坏。由于桥墩的阻挡及局部冲刷坑的存在，使涌潮形态的整体性被一个个桥墩所割断，对涌潮的观赏性有一定的影响。特别是桥墩附近形成的局部冲刷坑，水深较周边忽然加深，致使该处的涌潮破碎现象消失，根据整体模型试验成果（图3.5.14），当涌潮推进到桥位上游300～500m范围内时基本可以恢复。

(a) 过桥前

(b) 过桥时

(c) 过桥后

图3.5.14 物理模型试验中涌潮过桥前后的形态

(3) 建桥对涌潮强度有一定程度的影响。涌潮过桥后，受桥墩阻挡，造成能量的消耗，势必引起涌潮高度与行进速度的相应变化。建桥对涌潮高度的影响主要取决于中潮位下桥墩占据河道横断面的面积与建桥前相应过水面积的比值，该值越大，对涌潮高度的影响越大，在阻水面积一定的条件下，潮动力越大，涌潮高度减幅也越大。从影响程度的空间分布来看，建桥对桥位下游处的涌潮几乎没有影响，上游侧离桥位越近，影响也越大，且主槽处的影响程度大于边滩侧。多桥联合运行后对上游侧的涌潮高度减小率存在叠加影响，一般而言，叠加后的影响从量值上小于完全线性叠加的涌潮高度减小率，而且随着离桥距越远，两者的差距越大。针对桥梁密度较大的闸口至盐官河段，实体模型试验表明，由7座桥梁组成的桥群使得沿程涌潮高度均有所降低，相对减小率在2%～6%间，由于仓前以上河段在一般大潮期间涌潮高度在1.0～1.5m，所以其减小的绝对值一般在10cm以内，在桥位附近的局部区域可能要超过 10cm。

因此，为尽可能保护涌潮资源，减少建桥带来的不利影响，应合理控制桥墩阻水面积与桥梁间距，开展桥梁工程对涌潮影响评价时，要充分考虑多桥的叠加影响。

1）合理控制桥墩阻水率。中潮位下桥墩占据河道横断面的面积与建桥前相应过水面积的比值是影响涌潮高度的主要因素。按 3%、5%、7%的阻水率计算单桥的涌潮高度减小率，并按建桥前 1.5m 的潮头高度计算其减小绝对值，采用式（3.5.14）计算涌潮的影响。在 3%的阻水率条件下，沿程的涌潮高度减小值一般在 5cm 以内；5%的阻水率条件下，沿程的涌潮高度减小值一般在 10cm 以内；7%的阻水率条件下，沿程的涌潮高度减小值将超过 10cm。因此，钱塘江河口建桥的桥墩阻水率不宜超过 5%，若在盐官、老盐仓、萧山等著名观潮点附近建桥，桥墩阻水率应进一步减小。

2）合理把握桥梁间距。桥梁间距的大小关系到上下游桥梁对涌潮的叠加影响，间距越近，多桥的叠加影响越明显，从双桥的实体模型试验结果表明，桥间距为 5km 的叠加效应小于间距 2km 的情况，因此，建议桥间距尽可能大。

3）涌潮影响评价要充分考虑多桥的叠加影响。多桥对涌潮的影响存在叠加效应，在开展单桥影响评价时，应充分考虑多桥的叠加影响。

3.6 水槽模型涌潮模拟

涌潮整体实体模型研究范围大，因此模型比尺小，并且一般只能采用变态模型，其主要研究宏观尺度问题，如涉水工程对潮汐水流、涌潮的影响。涌潮水槽模型与涌潮实体模型相比，具有比尺大，往往采用正态模型等特点，因此，其具有研究涌潮特性（特别是水力学结构）以及涌潮与涉水工程相互作用的局部问题（特别是涌潮对涉水工程的作用力）的优点。

涌潮水槽模型常用来研究涌潮对涉水建筑物的作用，其主要包括两个方面：①当涌潮经过时，两岸海塘、丁坝、码头、桥墩、取排水口、水闸等涉水建筑物受到涌潮的打击；②涌潮淘刷建筑物附近的河床，从而降低了建筑物的安全稳定性。

潮汐河口建筑物受双向水流共同作用，常造成涨、落潮流位置各异的局部冲刷。落潮流（或洪水）造成的局部冲刷坑大多位于建筑物下游侧，而涨潮流导致的局部冲刷坑则往往在建筑物上游侧。因钱塘江涌潮水动力强，在涌潮作用范围内的基础防护一直是工程研究的难点。

3.6.1 涌潮水槽模型设计

浙江省水利河口研究院先后建造过四个涌潮水槽。20 世纪 70 年代后期，设计并建造了我国第一座专门用来模拟涌潮的水槽。该水槽利用水泵向水槽首部冲水，将首部两侧旁泄闸门突然关闭，使水槽内产生一个波流量而产生涌潮，另外在水槽尾部设置弧形闸门控制水槽内水位，模拟涨潮过程，但生潮设备操作不灵活，水流重复性差，且潮波反射严重。20 世纪 80 年代初，对水槽进行了移地改建，将涌潮（潮头部分）看作一个逆水流方向而行进的一个水跃，涌潮的传播速度主要与潮前水深、涌潮潮头高度和底摩阻有关，根据该原理在水槽建设时利用 2 台 30kW 的轴流泵作为供水设备，直径 $D=800$mm 的蝶阀作为控水设备，利用蝶阀的启闭速度和阀的开度控制水槽中的涨潮潮量，能产生高 0.07m 的涌潮。改建后的涌潮水槽长 40.2m、宽 3.0m、高 1.2m，并大大改善了下边界涌潮反射问题。第三个水槽（图 3.6.1）建于 2003 年，长 50m、

图 3.6.1　涌潮水槽模型

宽4m、高1.6m，生潮采用多级水泵控制，涌潮水流的基本特性参数由多级水泵的进出水量和时间来控制，能产生高0.15m的涌潮。第四个涌潮水槽于2011年建成，水槽长53.7m、宽1.2m，采用变频造流水泵，能够准确模拟涨落潮过程及涌潮潮头，并引进美国了TSI公司的V3V激光三维粒子测速系统，主要研究涌潮水力学结构和紊流特性。

涌潮模型以重力流为主，模型按照Froude数相似进行设计，模型采用的垂直比尺为30～50，模型满足重力相似准则，一般设计为正态模型，水槽两端设有消能设施。最近20多年以来，主要利用第二、第三两个涌潮水槽研究建筑物附近的局部冲刷和涌潮对建筑物的作用力。水位、压力、总力测量采用中国水利水电科学院生产的DJ800型多功能监测系统，该系统是由计算机、多功能监测仪和各种传感器组成的数据采集和数据处理系统，能作动态、静态压力测量，测量采集时间间隔最小能达到1ms，涌潮水流流速测量仪器为挪威产的高精度流速流向仪。

3.6.2 涌潮水槽模型水力学特性研究

涌潮潮头附近，水位、流速急剧变化，直接影响河床冲刷、建筑物的受力状态。对涌潮水力学结构的分析是认识涌潮对建筑物作用以及涌潮淘刷河床情况的基础。由于涌潮潮头水流的强间断、高紊动性，目前还未能对涌潮潮头的水力学结构作细致的数值模拟，因此通过涌潮水槽试验认识潮头水力学特性是目前主要的研究手段。

3.6.2.1 涌潮强度与Froude数

涌潮强度与涌潮水流速度、水深、涌潮潮头坡度等因素有关，而涌潮流速与传播速度、涌潮高度、水深等相关。

林炳尧（2008）从考虑三阶项的涌潮方程出发，采用高阶差分格式，数值模拟得到了不同Froude数下的涌潮形态。为了分析涌潮的强弱，根据涌潮水槽试验数据（杨火其等，2008），统计分析了不同Froude数下的涌潮形态（图3.6.2），以及涌潮高度与潮前水深的比值、Froude数与潮波破碎强度的关系。由于采集潮波的行进速度方便、精度高，所以这里“Froude数”（为区别起见，称为波速Froude数）为潮波的行进速度与潮后水深的关系，即

$$Fr = C/\sqrt{gh_2} \tag{3.6.1}$$

式中：C 为潮头传播速度；h_2为潮后水深（$h_2 = h_1 + H$）；h_1为潮前水深；H 为涌潮高度。

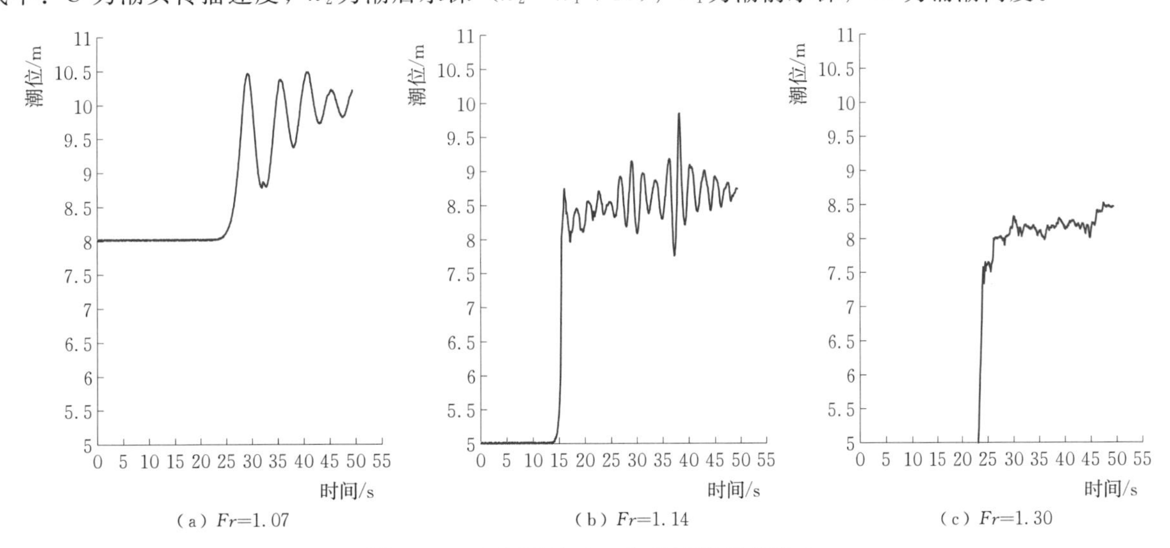

图3.6.2 不同波速Froude数下涌潮的形态

根据涌潮水槽试验成果可以得到：①涌潮水流条件下发生表面完全破碎的涌潮的相对潮高（涌潮高度H/潮前水深h_1）大于0.5，即涌潮高度大于潮前水深的一半；②形成完全破碎的强涌潮时的波速Froude数大于1.1。

3.6.2.2 涌潮传播速度与涌潮流速

涌潮传播速度与水深、涌潮高度以及地形、风力与风向、径流等诸多因素有关，在水槽试验条件下，控制涌潮传播速度的主要因素是潮前水深以及涌潮高度。

利用一维连续方程和动量方程求出涌潮的传播速度 C 为

$$C=\sqrt{gh_1}\sqrt{1+1.5\left(\frac{H}{h_1}\right)+0.5\left(\frac{H}{h_1}\right)^2} \tag{3.6.2}$$

根据式（3.6.2）及水槽试验成果，涌潮传播速度与潮前水深和涌潮高度密切相关，涌潮传播速度试验成果与计算得到的结果较为接近。

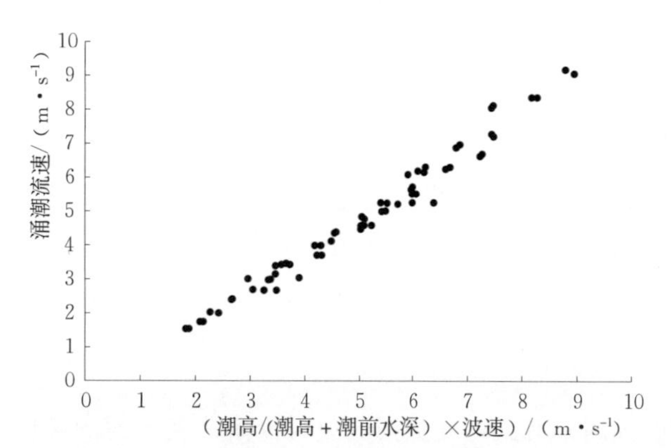

图 3.6.3 涌潮流速与相对潮高、波速的关系

这里将涌潮潮头部分的水体断面平均流速定义为涌潮流速。现场涌潮流速量测相对比较困难，而对潮前水深、涌潮高度及涌潮传播速度的测量相对容易且精度较高，因此，建立涌潮流速与易测量的涌潮水流要素的关系对涌潮研究仍具有实际意义。根据试验结果可得涌潮流速 V 的关系式为

$$V=0.967\frac{HC}{H+h_1} \tag{3.6.3}$$

计算涌潮流速与试验成果的关系如图 3.6.3 所示，相关系数为 0.99。因此，为了得到现场的涌潮流速，可以通过地形、水位、潮头传播速度及涌潮高度等要素来推算涌潮流速。

3.6.3 涌潮水槽模型的应用

利用涌潮水槽模型进行了大量实际问题的试验研究，其中包括丁坝的防冲促淤效果；丁坝坝头、坝上游侧和坝根的冲刷试验及其保护措施研究；斜坡式围堤护面板稳定性研究；块石和异形块体在涌潮作用下的稳定性试验；板桩、丁坝、水闸闸门、桥墩及取排水口等涉水建筑物的涌潮压力试验。下面以斜坡式围堤护面板稳定性、漫水丁坝上游侧抗冲稳定性以及闸门、桥墩的涌潮压力试验等为例加以简要介绍。

3.6.3.1 斜坡式围堤面板稳定性试验

钱塘江河口采用全线缩窄的治理方案，在工程实施过程中采用分块圈围逐步推进的方式，由于涌潮动力强劲，一般的抛石防护方式不能满足安全稳定要求，为此，提出在涌潮作用下利用可拆装的混凝土防护面板作为水下防护，不仅施工进度快，造价也较为经济。

试验采用 1：30 的正态模型，按重力相似准则设计，斜坡式海堤的断面结构型式如图 3.6.4 所示。

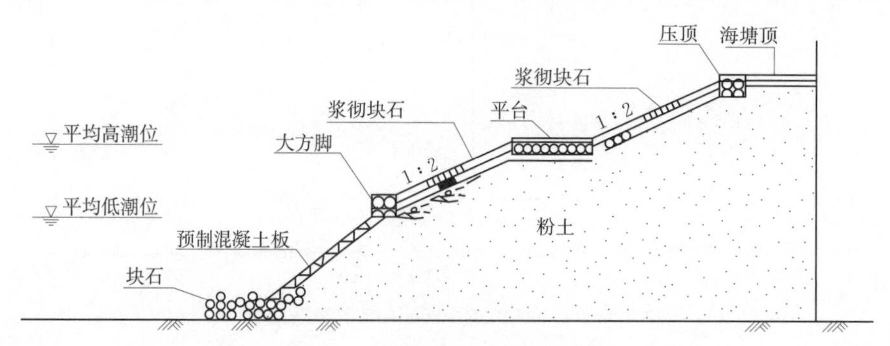

图 3.6.4 斜坡式海堤典型断面图

当涌潮袭来时，面板在涌潮作用的瞬间，受到随水位上升而出现的正压力。由于潮前低水位以上面板的背面有空隙存在，水体通过面板下端的堆石体进入面板背面后，空隙中的气体需要排出，当排

气不通畅时，面板背面才存在压力。但面板背面出现最大压力的时间要滞后于面板正面，且最大压力值也小于正面。试验中也曾出现过面板背面压力大于正面的情况，这是由于面板下空隙的排气状况各不相同，空气被压缩所致，当面板上均布地开孔（开孔率达3%左右）后，可明显改善面板的受力状况。

钱塘江涌潮对海塘的破坏首先是基础，进而延伸至塘脚与塘身，所以海塘水下护脚工程的深度范围决定了面板的底端高程。因此，试验中观察了低水位下常规抛石的稳定高程。潮前水位至块石稳定高程之间的堤脚，即为混凝土面板的主要保护范围。已知块石的稳定高程（即面板的底端高程）、大方脚底部的高程以及建议的面板坡度（1∶1.5），就可求得斜坡上面板的总宽度。试验得到潮前水位与块石稳定高程之差 H_p 与涌潮高度 H 的关系为 $H_p=(0.73\sim1.18)H$，即面板的底端通常应位于潮前水位下一个涌潮高度附近的高程。

3.6.3.2 漫水丁坝上游冲刷试验

漫水丁坝是指坝顶高程介于高低潮位之间的丁坝，当涌潮到达丁坝之前，坝面露于水面之上；而当涌潮遇到丁坝的瞬间，类似于低堰过流，水体翻越丁坝，丁坝坝面形成水跌，丁坝上游侧形成水跃，如水跃处在上游平台根部的河床，则冲刷河床形成上游冲刷坑，上游冲刷坑贴坝刷深加剧的话，会危及丁坝的安全稳定（图3.6.5）。涌潮水槽试验研究丁坝上游冲刷坑以及相应的防护措施。

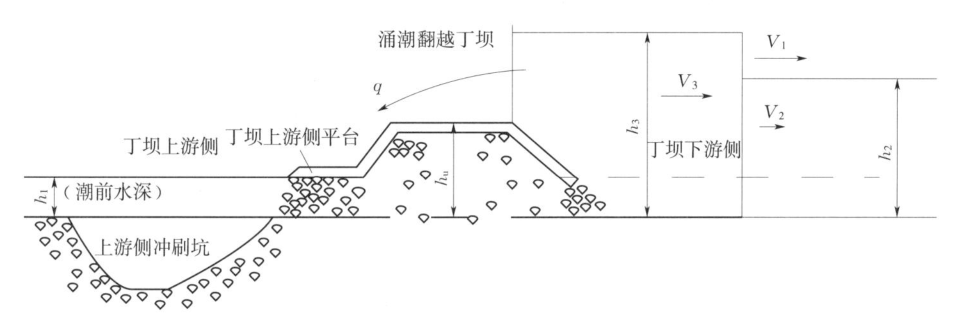

图3.6.5 涌潮翻越丁坝模型

潮前水面以下的冲刷坑水深（h_p）与过坝单宽流量（q）、水位落差（ΔH）以及河床床沙粒径有关。涌潮翻越丁坝过程中，流量和水位落差变化急剧，选取涌潮过程中的积分值得到水流冲刷强度的特征值 $Y=\int(q^{0.5}\Delta H^{0.25})\mathrm{d}t$，点绘 h_p 与冲刷强度 Y 的关系如图3.6.6所示。

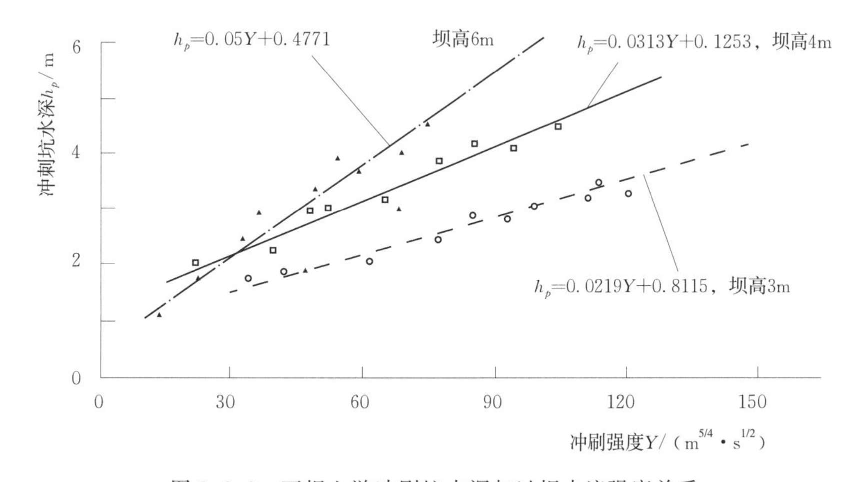

图3.6.6 丁坝上游冲刷坑水深与过坝水流强度关系

试验研究表明，坝上游坡坡脚外冲刷坑形态与过水丁坝上游坡面形式关系密切，较宽的上游平台可使涌潮过坝水流由底流改为面流，冲刷坑最低点位置将向上游移动，深度较浅，且平台处立墙底流流向指向平台，有利于平台边块石自然堆积，从而减轻冲刷，对平台稳定有利，且随着平台宽度的增加，相同的过坝水流冲刷强度其冲刷坑水深呈渐次减小。

3.6.3.3 闸门、桥墩涌潮作用力试验研究

涌潮水槽模型采用硅横向压力传感器进行涌潮压力的测量，压力传感器通过 5 芯或 4 芯屏蔽线，连接到 DJ800 多功能监测仪的通道接口上。传感器的背景压强是大气压强，在传感器的背后，安装一根长度为 2m 的塑料管，塑料管的另一端与大气相通。压力传感器量程范围为 0～5kPa。由于涌潮压力作用时间短，不同的采样频率所得结果会有较大的差别，为了采集到瞬时压力，需要采用较小的采样间隔，但过小的采样间隔会引起频率分辨率 Δf 增大，导致数据精度降低，所以 DJ800 数据软件设置了最小允许的时间间隔。因此，在满足测点数、采样时间要求的前提下采用的最小时间间隔为 0.01s。

涌潮压力大小及垂向分布主要取决于低潮位（潮前水深）和涌潮高度。图 3.6.7 和图 3.6.8 为涌潮高度 3m 左右、几种不同低潮位下闸门和桥墩迎潮面涌潮作用力的垂线分布特征，从图中可以看出，涌潮压力垂向分布为抛物线形，压力最大值发生在低潮位以上 1m 范围内，该值以上和以下涌潮压力逐渐减小。

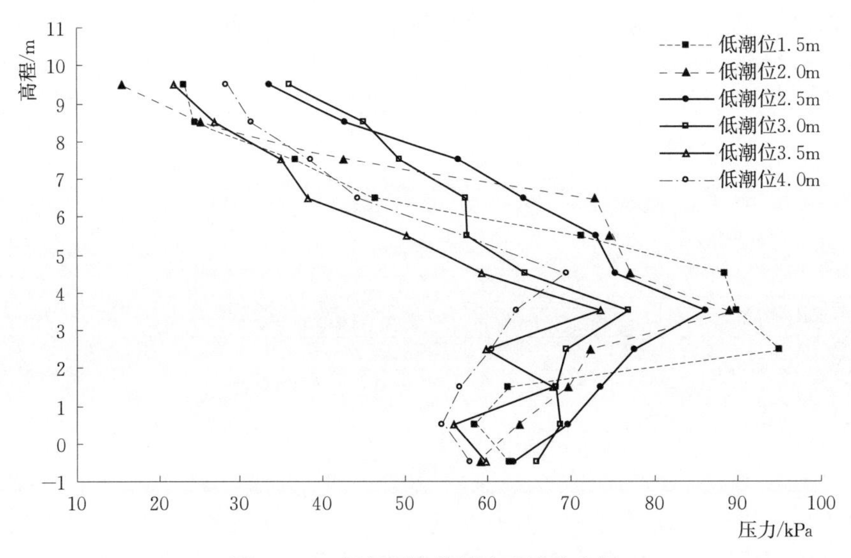

图 3.6.7 闸门涌潮作用力垂线分布图

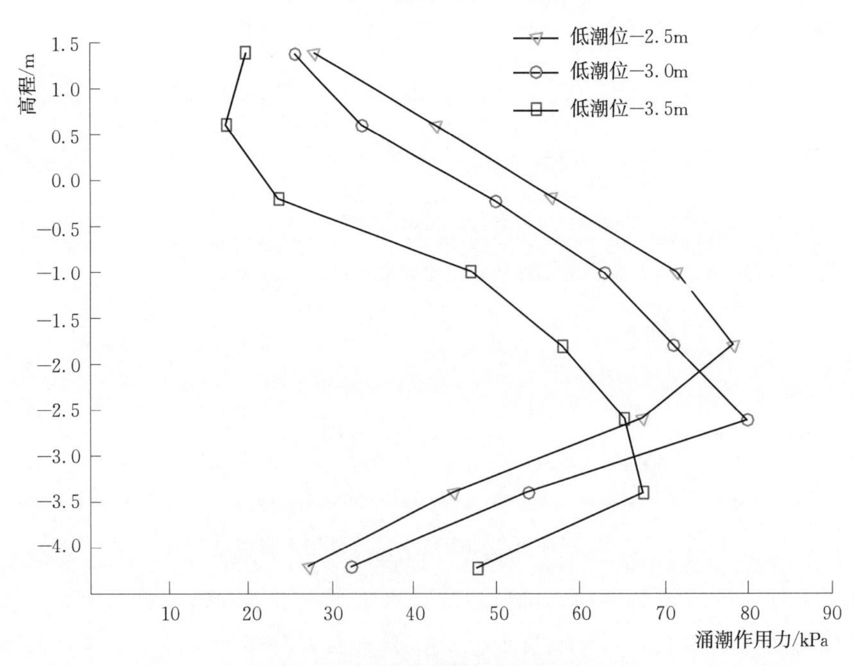

图 3.6.8 桥墩涌潮作用力垂线分布

3.7 本章小结

涌潮模拟技术分为物理模拟和数值模拟，最近10余年来，计算方法的改进和计算机技术的发展，涌潮数值模拟技术取得了突破性进展。

对于一维涌潮数学模型，采用有限体积法离散，迎风格式求解界面通量，对水面坡降项采用迎风和顺风的水面坡降加权平均计算。模型经典算例检验和钱塘江涌潮模拟验证，计算结果表明，模型稳定、守恒，能模拟钱塘江涌潮形成、发展和衰减的全过程。

对于二维涌潮数学模型，应用高性能计算方法——基于Boltzmann方程的KFVS格式求解界面通量，采用WLTF方法解决了采用有限体积法求解守恒型浅水方程的底坡源项“和谐”问题，结合准确Riemann解处理干湿边界问题，研制开发了基于无结构三角形网格具有空间二阶精度的二维有限体积法涌潮泥沙数值模型，成功地解决了涌潮模拟中存在的间断捕获、非齐次底坡源项的处理、强间断大流速情况下的动边界模拟、计算范围大与计算单元小的矛盾等关键技术问题，模型具有涌潮分辨率高、计算稳定、守恒性好、干湿边界处理能力强等优点。模型首次准确模拟了涌潮的形成、发展和衰减的全过程，复演了交叉潮、一线潮和回头潮等主要涌潮潮景，并进行了涌潮特性和广泛的实际应用研究，如钱塘江河口治理方案、治江缩窄工程和桥梁工程等对涌潮的影响研究，同时已推广到溃坝波、海啸传播过程的数值模拟。研究成果为钱塘江河口科学治理、涌潮保护和涌潮防灾发挥了重要作用。

对于三维涌潮数学模型，采用国际上流行的FVCOM海洋模型进行模拟，模型垂向采用σ坐标，平面采用非结构三角形网格，采用有限体积法求解。计算结果表明，FVCOM模型能够模拟涌潮前后水位和流速的突变过程，计算得到的平面二维涌潮现象与平面二维涌潮数值模拟结果基本一致，但与实测资料相比，在涌潮纵向流速垂向分布上过于均匀。另外，模型的稳定性方面也尚有改善的余地。

涌潮物理模拟又可分为实体模拟和水槽模拟，近10年测试和控制仪器设备的进步大大提高了涌潮物理模拟的精度。实体模型在实测涌潮资料验证的基础上，已成功应用于治江缩窄工程和桥梁工程对涌潮影响的研究。涌潮水槽模型已应用于涌潮特性和围堤面板稳定性、丁坝冲刷坑、涉水工程涌潮作用力等实际工程问题的研究。近年来，随着涌潮水槽模型中V3V仪器的应用，在涌潮的水力学结构和紊流等方面已取得了较大进展（黄静等，2013；HUANG et al.，2013）。

参考文献

蔡树棠，黄菊卿．1986．潮汐河口泥沙运动和淤积的影响［J］．水动力学研究与进展，1（2）：1-9。

曹祖德，王桂芬．1993．波浪掀沙、潮流输沙的数值模拟［J］．海洋学报，15（1）：107-118．

陈文明．2009．基于VOF方法的立面二维水沙数值模拟研究［D］．河海大学．

邓家泉．2002，二维明渠非恒定水流BGK数值模型［J］．水利学报，（4）：1-7．

杜珊珊，薛雷平．2006．长江口北支涌潮的一维数值模拟［J］．上海水务，22（2）：44-47．

韩曾萃，程杭平．1983．钱塘江河口河床变形计算方法［C］//第二届国际河流泥沙学术讨论会论文集．北京：水利电力出版社，108-117．

韩曾萃，戴泽蘅，李光炳，等．2003．钱塘江河口治理开发［M］．北京：中国水利水电出版社．

黄静，潘存鸿，陈刚，等．2013．涌潮的水槽模拟及验证［J］．水利水运工程学报，（2）：1-8．

金旦华，刘国俊，周本华．1965．一维涌潮计算［J］．应用数学与计算数学，3（2）：183-195．

李绍武，卢丽锋，时钟．2004．河口准三维涌潮数学模型研究［J］．水动力学研究与进展：A辑，19（4）：407-415．

林炳尧，黄世昌，毛献忠，等．2002．钱塘江河口潮波变化过程［J］．水动力学研究与进展：A辑，17（6）：665-675．

林炳尧，黄世昌，潘存鸿. 2003. 涌波的基本性质［J］. 长江科学院院报，20（6）：12－14.

林炳尧. 2008. 钱塘江涌潮的特性［M］. 北京：海洋出版社.

林秉南，韩曾萃，孙宏斌，等. 1988. 潮汐水流泥沙输移与河床变形的二维数学模型［J］. 泥沙研究，（2）：1－8.

林秉南，黄菊卿，李新春. 1981. 钱塘江河口潮流输沙数学模型［J］. 泥沙研究，（2）：16－29.

卢祥兴，赵渭军，陶圭棱. 1996. 减缓钱塘江北岸旧仓一带涌潮的试验研究［C］//1996 浙江省水利科技情报交流会议.

卢祥兴，杨火其，曾剑. 2006a. 钱塘江下游建桥对涌潮景观影响的研究［J］. 海洋学研究，24（1）：37－42.

卢祥兴，曾剑，杨火其. 2006b. 建桥对钱塘江涌潮高度影响的试验研究［J］. 浙江水利科技，（3）：21－23.

鲁海燕，潘存鸿，卢祥兴，等. 2008a. 钱塘江海宁三期治江围涂工程对涌潮影响的数值模拟研究［J］. 水动力学研究与进展：A 辑，23（5）：484－491.

鲁海燕，潘存鸿，曾剑. 2008b. 建桥对钱塘江涌潮影响的数值分析［C］//第二十一届全国水动力学研讨会会文集. 北京：海洋出版社. 234－239.

鲁海燕，潘存鸿，杨火其. 2009. 桥墩对涌潮影响的水动力数值模拟［C］//第 14 届中国海岸工程学术讨论会论文集. 北京：海洋出版社，下册：1147－1150.

吕江，祝梅良，翟洪刚. 2005. 涌潮冲击丁坝的数值计算［J］. 海岸工程，24（1）：1－8.

潘存鸿，林炳尧，毛献忠. 2003a. 一维浅水流动方程的 Godunov 格式求解［J］. 水科学进展，14（4）：430－436.

潘存鸿，林炳尧，毛献忠. 2003b. 求解二维浅水流动方程式的 Godunov 格式［J］. 水动力学研究与进展：A 辑，18（1）：16－23.

潘存鸿，林炳尧，毛献忠. 2004a. 浅水问题动边界数值模拟［J］. 水利水运工程学报，（4）：1－7.

潘存鸿，鲁海燕，陈甫源等. 2004b. 涌潮数学模型在钱塘江河口桥梁工程中的应用［J］. 浙江水利科技，（5）：1－4.

潘存鸿，徐昆. 2006. 三角形网格下求解二维浅水方程的 KFVS 格式［J］. 水利学报，37（7）：858－864.

潘存鸿. 2007a. 三角形网格下求解二维浅水方程的和谐 Godunov 格式［J］. 水科学进展，18（2）：204－209.

潘存鸿，林炳尧，毛献忠. 2007b. 钱塘江涌潮二维数值模拟［J］. 海洋工程，25（2）：50－56.

潘存鸿，鲁海燕，曾剑. 2008a. 钱塘江涌潮特性及其数值模拟［J］. 水利水运工程学报，（2）：1－9.

潘存鸿，鲁海燕，于普兵，等. 2008b. 钱塘江二维涌潮数值模拟及其应用［J］. 浙江水利科技，（2）：4－8.

潘存鸿，鲁海燕. 2009a. 二维浅水间断流数值模型在涌潮模拟中的应用［J］. 浙江大学学报：工学版，43（11）：2107－2113.

潘存鸿，鲁海燕，于普兵. 2009b. 基于三角形网格的二维浅水间断流动泥沙数值模拟［J］. 水动力学研究与进展：A 辑，24（6）：778－785.

潘存鸿，于普兵，鲁海燕. 2009c. 浅水动边界的干底 Riemann 解模拟［J］. 水动力学研究与进展：A 辑，24（3）：305－312.

潘存鸿. 2010a. 浅水间断流动数值模拟研究进展［J］. 水利水电科技进展，30（5）：78－84.

潘存鸿，鲁海燕，郑君，等. 2010b. 二维溃坝波数值模型及其应用［J］. 水力发电学报，29（4）：89－95.

潘存鸿，鲁海燕，曾剑. 2011a. 考虑涌潮作用的钱塘江二维泥沙输移数值模拟［J］. 水利学报，42（7）：798－804.

潘存鸿，鲁海燕，潘冬子，等. 2011b. 孤立波爬坡的二维数值模拟［J］. 海洋工程，29（2）：46－51.

潘存鸿，等. 2013. 钱塘江涌潮研究及其应用总报告［R］. 杭州：浙江省水利河口研究院.

潘存鸿，张舒羽，史英标，等. 2014. 涌潮对钱塘江河口盐水入侵影响研究［J］. 水利学报，45（11）：1301－1309.

史英标，林炳尧，徐有成. 2005. 钱塘江河口洪水特性及动床数值预报模型［J］. 泥沙研究，（1）：7－13.

苏铭德，徐昕，朱锦林. 1999a. 数值模拟在钱塘江涌潮分析中的应用——Ⅰ数值计算方法［J］. 力学学报，31（5）：521－533.

苏铭德，徐昕，朱锦林. 1999b. 数值模拟在钱塘江涌潮分析中的应用——Ⅱ计算结果分析［J］. 力学学报，31（6）：700－716.

谭维炎，胡四一，韩曾萃等. 1995. 钱塘江涌潮的二维数值模拟［J］. 水科学进展，6（2）：83－93.

万德成，缪国平. 1998. 数值模拟波浪翻越直立方柱［J］. 水动力学研究与进展：A 辑，13（3）：363－370.

谢东风，潘存鸿，吴修广. 2011. 基于 FVCOM 模式的钱塘江河口涌潮三维数值模拟研究［J］. 海洋工程，29（1）：47－52.

徐昆，潘存鸿. 2002. 求解非平底一维浅水方程的KFVS格式 [J]. 水动力学研究与进展：A辑，17 (2)：140-147.

杨火其，吴一鸣，林炳尧. 2000. 强潮河口护塘丁坝上游冲刷研究 [J]. 水道港口，21 (1)：14-18.

杨火其，王文杰. 2001a. 钱塘江河口导型块体抗冲稳定特性试验研究 [J]. 长江科学院院报，2001 (4)：19-22.

杨火其，杨永楚，庄娟芳. 2001b. 钱塘江河口斜坡式土堤水下防护面板稳定性试验 [J]. 水利水运工程学报，2001 (3)：65-68.

杨火其，伍冬领，周建炯，等. 2006. 京杭运河二通道钱塘江出口船闸闸门涌潮作用力研究 [J]. 水道港口，27 (4)：253-256.

杨火其，潘存鸿，周建炯，等. 2008. 涌潮水力学特性试验研究 [J]. 水电能源科学，26 (4)：136-138.

姚仕明，张玉琴，李会云. 1999. 实体模型变率研究 [J]. 长江科学院院报，16 (5)：1-4.

于普兵，潘存鸿. 2010. 钱塘江涌潮一维数值模拟 [J]. 水动力学研究与进展：A辑，25 (5)：669-675.

张舒羽，潘存鸿. 2013. 径流和风对涌潮影响的数值模拟 [J]. 海洋工程，31 (3)：54-62.

曾剑，孙志林，熊绍隆. 2006. 钱塘江河口建桥对涌潮的影响研究 [J]. 浙江大学学报：工学版，40 (9)：1574-1637.

曾剑，潘存鸿，鲁海燕，等. 2008. 钱塘江河口桥群对涌潮的影响研究 [R]. 杭州：浙江省水利河口研究院.

赵雪华. 1985. 钱塘江涌潮的一维数学模型 [J]. 水利学报，(1)：50-54.

周建炯，杨火其. 2004. 曹娥江口门大闸涌潮作用力试验研究 [J]. 浙江水利科技，(4)：13-14.

周胜，倪浩清，赵永明，等. 1992. 钱塘江水下防护工程研究与实践 [J]. 水利学报，(1)：20-30.

朱军政，林炳尧. 2003. 涌潮翻越丁坝过程数值试验初步研究 [J]. 水动力学研究与进展：A辑，18 (6)：671-678.

ANASTASIOU K, CHAN C T. 1997. Solution of the 2D shallow water equations using the finite volume method on unstructured triangular meshes [J]. Int. J. Numer. Methods Fluids, 24: 1225-1245.

BALZANO A. 1998. Evaluation of methods for numerical simulation of wetting and drying in shallow water flow models [J]. Coastal Engineering, 34: 83-107.

BRUFAUP, GARCA-NAVARRO P, VAZQUEZ-CENDON M E. 2004. Zero mass error using unsteady wetting-drying conditions in shallow flows over dry irregular topography [J]. Int. J. Numer. Meth. Fluids, 45: 1047-1082.

CHANSON H. 2011. Current knowledge in tidal bores and their environmental, ecological and cultural impacts [J]. Environmental Fluid Mechanics, (11): 77-98.

CHEN C, LIU H, BEARDSLEY R. 2003. An unstructured grid, finite-volume, three-dimensional, primitive equations ocean model: Application to coastal ocean and estuaries [J]. Journal of Atmospheric and Oceanic Technology, 20 (1): 159-186.

FURUYAMA S-I, CHANSON H. 2010. A numerical simulation of a tidal bore flow [J]. Coastal Engineering Journal, 52 (3): 215 - 234.

HAGER W H, SCHWALT M, JIMENEZ O, et al. 1994. Supercritical flow near an abrupt wall deflection [J]. Journal of Hydraulic Research, 32 (1): 103-118.

HUANG Jing, PAN Cunhong, KUANG Cuiping, et al. 2013. Experimental Hydrodynamic Study of the Qiantang River Tidal Bore [J]. Journal of Hydrodynamics, 25 (3): 481-490.

HUI W H, PAN Cunhong. 2003. Water level-bottom topography formulation for the shallow-water flow with application to the tidal bores on the Qiantang river [J]. Computational Fluid Dynamics Journal, 12 (3): 549-554.

LEVEQUE R J. 1998. Balancing source terms and flux gradient in high-resolution Godunov methods: the quasi-steady wave propagation algorithm [J]. Journal of Computational Physics, 148: 346-365.

LU Haiyan, PAN Cunhong, ZENG Jian. 2009. Numerical simulation and analysis for combinational effects of two bridges on the tidal bore in the Qiantang River [C] // the proceedings of the 5th International Conference on Asian and Pacific Coasts. Singapore: 325-333.

PAN Cunhong, XU Xuezi, LIN Binyao. 1994, Simulation of free surface flow near engineering structures using MAC-method [C] //Proceedings of International Conference on Hydrodynamics, China.

PAN Cunhong, LIN Bingyao, MAO Xianzhong. 2003. New development in numerical simulation of the tidal bore [A]. Proceedings of the international conference on Estuaries and Coasts, 1: 99-114.

PAN Cunhong, DAI Shiqiang, CHEN Senmei. 2006. Numerical simulation for 2D shallow water equations by using Godunov - type scheme with unstructured mesh [J]. Journal of Hydrodynamics Ser. B, 18 (4): 475 - 480.

PAN Cunhong, LIN Bingyao, MAO Xianzhong. 2007. Case study: numerical modeling of the tidal bore on the Qiantang River, China [J]. Journal of Hydraulic Engineering, 133 (2): 130 - 138.

PAN Cunhong, HUANG Wenrui. 2010. Numerical Modeling of Suspended Sediment Transport in Qiantang River: an Estuary Affected by Tidal Bore [J]. Journal of Coastal Research, 26 (6): 1123 - 1132.

PAN Cunhong, LU Haiyan, ZENG Jian. 2011. Research advances of tidal bore on Qiantang River [C] //Proceedings of the Sixth International Conference on Asian and Pacific Coasts (APAC): 596 - 603.

REIS R O, BODINE B R. 1968. Numerical model for storm surges in Galveston Bay [J]. J. Waterways Harbors Division, ASCE, 94: 33 - 57.

SOD G A. 1978. A survey of several finite difference methods for systems of nonlinear hyperbolic conservation laws [J]. Journal of Computational Physics, 27 (1): 1 - 31.

TORO E F. 2001. Shock - capturing methods for free - surface shallow flows [M]. Chichester: John Wiley & Sons.

XU Kun. 2002. A well - balanced gas - kinetic scheme for the shallow - water equations with source terms [J]. Journal of Computational Physics, 178: 533 - 562.

YING Xinya, KHAN A A, WANG S S Y. 2004. Upwind conservative scheme for the Saint Venant equations [J]. Journal of Hydraulic Engineering, 130 (10): 977 - 987.

第4章 钱塘江河口超标准风暴潮研究

4.1 概述

钱塘江河口地处我国长江三角洲南翼，是我国最具经济活力的地区之一。钱塘江北岸海塘是杭嘉湖平原乃至苏南、淞沪地区防御台风暴潮侵袭的重要屏障，保护区内城镇化程度高、人口稠密、经济发达、财富聚集、基础设施集中，仅杭嘉湖辖区，国内生产总值占全浙江省国内生产总值的35%。钱塘江北岸重要海塘的设计标准为100年一遇高潮位加同频率的风浪，地方海塘按50年一遇标准设计，海塘建成后经受多次强台风的考验，发挥了挡潮防浪的重要功能，但是尚未遭遇过超强台风在天文潮大潮高潮位登陆的事例。随着极端性天气气候事件增多，热带气旋中生成台风的比例升高，登陆或严重影响浙江的强台风频率呈上升态势，登陆浙江的热带气旋要素屡破历史纪录。近9年来（2004—2012年），共有云娜、麦莎、卡努等6个强台风在浙江登陆。继1956年5612号超强台风登陆浙江后，2006年0608号超强台风桑美又正面袭击浙江，所幸超强台风登陆均遇中、低潮位，造成的损失相对较小。同时，从全球情况来看，加勒比海地区的飓风也十分活跃，飓风多次袭击墨西哥湾沿岸的国家，特别是2005年8月卡特里娜飓风横扫美国南部墨西哥湾几个州，使新奥尔良防洪堤缺口，80%城区淹没，损失巨大。杭嘉湖平原与新奥尔良类似，沿海地势低平，广大腹地的一般地面高程仅为1.6～2.2m，海塘在遭遇超标准风暴潮侵袭时一旦溃决，潮水将会长驱直入，通过平原内密布的河网可直达江苏、上海境内。由于保护区内的经济社会正处于快速发展阶段，按国内生产总值指标评价，现在发生9711型的台风暴潮灾害，其造成的损失将是10年前的4倍。从气候变化来看，不能排除类似5612号和0608号超强台风再次袭击浙江省沿海的可能，若超强台风登陆时遭遇天文大潮高潮位，过程最大增水和高潮位叠加势必形成特高潮位和大浪，将对沿海地区构成极大的威胁，可能造成严重灾害。为此，非常有必要开展钱塘江河口超标准风暴高潮的研究。

风暴潮分析研究多数基于风暴潮的数值模拟。20世纪80年代我国风暴潮数值模型研究已有了很大的发展，完成了对渤海、东海和南海陆架海域风暴潮数值模型实验，并以此来研究各动力因素的效应（孙文心，1979；吴培木，1981；张延廷，1983；陈长胜，1985；汪景庸，1985；李树华，1992）；90年代以来，我国发展了许多可在实时预报中使用的模式（青岛海洋大学风暴潮研究小组，1991；Wang et al.，1997；赵有皓和张君伦，2001），有些已成为风暴潮预报的重要手段之一。国外风暴潮的研究同样注重数值预报和机制研究，数值预报工作开展较早的有英国的Bidston海洋研究所，在1982把英国气象局的十层大气数值模式与风暴潮模式结合起来，形成完整的数值预报体系，并投入业务预报中（HEAPS N. S.，1983）；其后，欧洲及美国开发出中尺度大气预报模式如MM4、MM5，但因其对大气原始资料要求较高，有时难以使用；美国国家气象局（National Weather Service，NWS）研发用于飓风增水数值预报的SLOSH模式曾有过广泛应用，该模式使用极坐标网格将关注区域分辨率提高，取得良好的预报效果；路易斯安那州立大学采用有限元海洋模型（Advanced Circulation model，ADCIRC）成功地预报了卡特里娜飓风风暴潮（HASSAN，2006）。同时，为了提高风暴潮模拟的精度，高分辨率的二维模型以及三维风暴潮模式的研究有所发展与应用，SHEN等（2006a和2006b）采用无结构网格（Unstructured tidal，residual，intertidal mudflat，UNTRIM）模型模拟了 Andrew 飓风的增水，以数十米水平网格尺寸反映水下微地形；ROBERT H W（2006）采用三维有限体积法海洋模型（FVCOM）和风场模型结合研究了飓风不同路径与强度时 Tempa 湾的飓风增水；PENG 等（2004）基于改进的 POM 模型模拟了美国 Croatan - Albemarle - Pamlico 河口系统中的风暴潮和淹没，并分析了风暴潮增水、减水的不对称性。这类模式忽略潮汐与增水的非线性作用，基本属于单纯的风暴潮增水模型。

在大陆架宽阔的浅海沿岸，由于浅水非线性效应的增大，长波间的相互作用不容忽视，天文潮与风暴潮耦合作用下产生的风暴潮增水与纯风暴潮增水有明显的差异（FLIERL et al.，1972；JOHNS et al.，1985；WANG et al.，1989；张延廷等，1990；周旭波等，2000）。因此，青岛海洋大学提出一个考虑天文潮与风暴潮耦合作用，且含可变边界的风暴潮动力学模型，使在宽阔潮间带区域预报风暴潮漫滩成为可能（青岛海洋大学风暴潮小组，1996）。另外，针对具体海区也有一些耦合预报模式的研究成果（江毓武等，2000；储鏖，2004；端义宏等，2005）。这类耦合模型首先是构建一个既适用于天文潮波，也适用于风暴增水计算的数值模式，通过边界主要天文分潮的输入获得域内的潮汐变化，然后通过模型风暴所表征的强迫力场的输入，再进行风暴潮位的耦合计算。将计算结果减去模式所计算的潮汐过程，即可得到“耦合增水”过程。由于多数风暴潮与天文潮的耦合模式，或在有限的区域，或分潮数不足，尚不能准确模拟沿海的潮波运动，所得沿海测站的天文潮潮位与测站通过调和分析推算的天文潮位差别较大，其合成的潮位不足以表征台风暴潮水位。近年来，随着深水区天文潮预报精度的提高，使得直接模拟风暴潮位成为可能，如 SHEN 等（2006b）采用二维无结构网格模型在美国 Chesapeake 湾模拟了一场飓风风暴潮的演进以及最高潮位的分布，并分析了湾内潮位受湾外传入风暴潮以及局地风场的影响特点。

另外，台风浪本身会对风暴潮的精度有一定的影响，这方面目前也有较多的研究。产生风暴潮的水面上应力取决于风速和水表面的粗糙度，这个粗糙度取决存在于海面的波浪，由于海面的波浪因风而产生，因此，海表面的粗糙度可以根据风速来较好地表述。CHARNOCK（1955）推导出海面粗糙度与海面风速的隐式关系，可得到拖曳系数与风速的近似的线性关系，这种形式的拖曳系数普遍用在风暴潮模拟之中。如果波浪不是由风速完全确定时，需要考虑其他变量，如风区、风时和水深，那么拖曳系数也不能完全由风速确定，而是与海域状态有关。近年来，一些作者发表了拖曳系数与波浪状态有关的实验依据。GEERNEART（1990）认为拖曳系数取决于海域水深；MATT 等（1991）和 JASSEN（1992）发现粗糙度与波龄相关，由于波浪成长从空气边界层吸收动量，将改变紊流和风速的垂直分布，最终增加了海面的粗糙度；WOLF 等（1988）首次尝试了风暴潮与波浪的动力耦合模型，使用 Kitaigorodskii 公式计算波浪引起的拖曳力；MASTENBROKCK（1993）认为这一公式的拖曳系数太大，以 JANSSEN（1991）的公式取而代之，计算北海波浪对风暴潮的影响，其中波浪计算采用第三代波浪模式，经多次台风的检验认为计及波浪拖曳系数可明显提高风暴潮增水的计算精度。拖曳系数的调节不可能适用于各种海况条件，在大多数情况下，辐射应力与风应力相比是可以忽略的，但当风暴潮波向浅水区推进时，辐射应力的作用增大，有可能难以忽略。波浪对风暴潮的影响也体现在床底的粗糙度的变化，理论（CHRISTOFFERSON 和 JAMSSON，1985）和实验（GROSS 等，1992）证据说明浅水中的波动将增强底部应力，引起近底层双向流，由此增强了底部的粗糙度。

热带气旋登陆过程中台风浪伴随风暴潮发生。当风浪由向岸移动的热带气旋产生时，波浪的传播受到风场的作用变得异常复杂，波的传播方向和波高的强弱不仅受风速和风向的制约，还受到天文潮和风暴潮综合潮波传播的影响，特别是堤前滩地综合潮位的影响。在台风浪传播过程中，海面长周期的波动主要是风暴潮和天文潮形成的水面变化，这种波动在深水区相对于水深而言是一种小振幅波动，对台风浪传播产生的影响可以忽略不计。但在浅水区特别是浙东沿海海岸区，水深由潮汐波动控制，风暴潮产生的增水与潮差是同一量级，台风浪的计算必须考虑风暴潮与天文潮综合潮位的影响。ZHANG 和 LI（1996）耦合了第三代海洋波浪模式和二维风暴潮模式，计及波与流的相互影响，得到

满意的结果，发现波与风暴潮的时间步长的匹配对于精确模拟物理过程十分重要。RIS 等（1999）在局部海域采用 SWAN 模型计算小范围的波浪场，其中计及瞬时的潮位和潮流速。RICHARD 等（1999）应用 SWAN 和潮波模型相结合计算风浪在一个具有宽阔潮间带的 Manukau 港海区的生成和传播，证实了 SWAN 模型能适用于复杂的水域环境。尹宝树等（1991）采用改进的 WAM 模型结合潮汐风暴潮模型分析渤海内不同天气过程潮汐风暴潮对波浪的影响性质和量值。另外，SWAM 波浪模型也已应用于模拟长江口等水域的台风浪传播过程（HU 等，2003；XU 等，2005）。

超过设防标准的风暴潮容易造成区域灾害，关于应对风暴潮灾害方面的研究主要包括：风暴潮灾前预警预报，可能的淹没区域和程度分析，风暴潮风险评估，疏散路径分析，风暴潮预案的编制与选择，受灾地区实时监控系统的研制，灾后统计分析与评估（黄冬梅等，2013；刘永玲等，2013；张广平等，2013；WANG 等，2010；REN 等，2004；TENG 等，2008），这些成果对于防灾减灾起到重要的作用。

浙江省水利河口研究院长期从事钱塘江河口风暴潮数值预报和风暴潮对海塘的影响研究。早期构造乍浦风暴潮增水与预报风速及前期风暴潮增水的关系，或者直接构造乍浦增水与杭州湾海面风速的关系进行风暴潮增水预报（谢亚力和黄世昌，2006）。同时，也开展了风暴潮增水数值预报，该模式基于直角坐标的矩形网格，采用有限差分法，忽略水流对流和漫滩的影响，采用参数风场和气压场作为驱动力，受制于计算速度，数值预报网格较粗，但对于乍浦和澉浦两站的预测精度能够满足需要（黄冠鑫，1990）。基于该预报模式，研制了界面友好、操作方便、图文信息直观的风暴潮增水预报可视化软件，预报热带气旋对钱塘江河口水位带来的影响，预报结果直观、形象（朱军政等，2002）。由于钱塘江河口属于强潮河口，天文潮潮差较大，澉浦一带实测最大潮差可达 9m，天文潮位对最大增水存在显著影响，一方面研制基于 Mike21 计算软件的两潮耦合预报模型开展预报（赵鑫和黄世昌，2006），另一方面研制具有自主知识产权的预报软件，并开发了相应的预报平台（于普兵等，2011）。

沿海海塘工程是防御风暴潮灾害的屏障，黄冠鑫（1989）和黄世昌等（2001，2002）多次开展风暴潮灾害调查以及海塘防潮研究，提出超设计标准的风暴潮潮位是造成海塘损坏的主因，合理的防潮措施则可减少损坏的程度。2005 年美国“卡特里娜”飓风灾害以后，需要了解超强台风对浙江海塘工程的影响，以 5612 号台风作为典型的超强台风，沿不同路径登陆，分析其引起的高潮位以及对海塘的影响，并提出对策措施（徐有成等，2008）。由于超强台风可能引起钱塘江北岸超高潮位，严重威胁海塘的安全，继而开展了钱塘江北岸海塘应对超标准风暴潮的研究。本章主要总结关于钱塘江河口超标准风暴潮潮位（含波浪）、海塘防潮能力和数值预报的最新成果。

4.2 超标准风暴潮影响下的沿江潮位

4.2.1 典型台风及其登陆条件的确定

热带气旋不涉及等级区分时习惯上统称为台风，台风的强度、路径以及遭遇的天文潮位都影响着沿岸的风暴潮位，由于潮位过高造成浙江沿海淹没灾害的事例中既有强热带气旋和强台风登陆遭遇高潮位，也有超强台风登陆遭遇中潮位。为了全面了解可能发生的情况，统计分析登陆浙江沿海的热带气旋，选择具有代表性的台风，进行台风登陆路径设计和遭遇天文潮情况的确定。

4.2.1.1 台风强度选择

根据资料统计，1949—2010 年间在浙江沿海登陆的热带气旋共有 40 个，其中超强台风和强台风共 18 个、台风 14 个、强热带风暴 6 个、热带风暴 2 个，从强度上看，台风（含）以上强度的热带气旋占 80%。在浙江省沿海登陆的最强台风为 1956 年的 5612 号台风，此后登陆时气压小于 960hPa 的台风为 20 世纪 90 年代的 9417 号和 9711 号台风，以及本世纪的 0414 号、0509 号、0515 号和 0608 号台风，各次台风特征见表 4.2.1。台风登陆多发生在温州、台州和宁波附近，对钱塘江河口影响很大的有 3 次（图 4.2.1），分别是 5612 号超强台风、9711 号强台风和 7413 号强台风。

表 4.2.1　　登陆浙江沿海的主要台风特征

年份	编号（名称）	登陆时间	登陆地点（县/镇）	登陆时中心气压/hPa	登陆时最大风速/（m·s^{-1}）
1956	5612（万达）	8月1日24：00	象山/石浦	923	60～65
1994	9417（弗雷德）	8月21日22：30	瑞安/梅头	960	40
1997	9711（温妮）	8月18日21：30	温岭/石塘	960	40
2004	0414（云娜）	8月12日20：00	温岭/石塘	950	45
2005	0509（麦莎）	8月6日3：40	玉环/干江	950	45
2005	0515（卡努）	9月11日14：50	路桥区/金清	945	50
2006	0608（桑美）	8月10日17：25	苍南/霞关	920	60

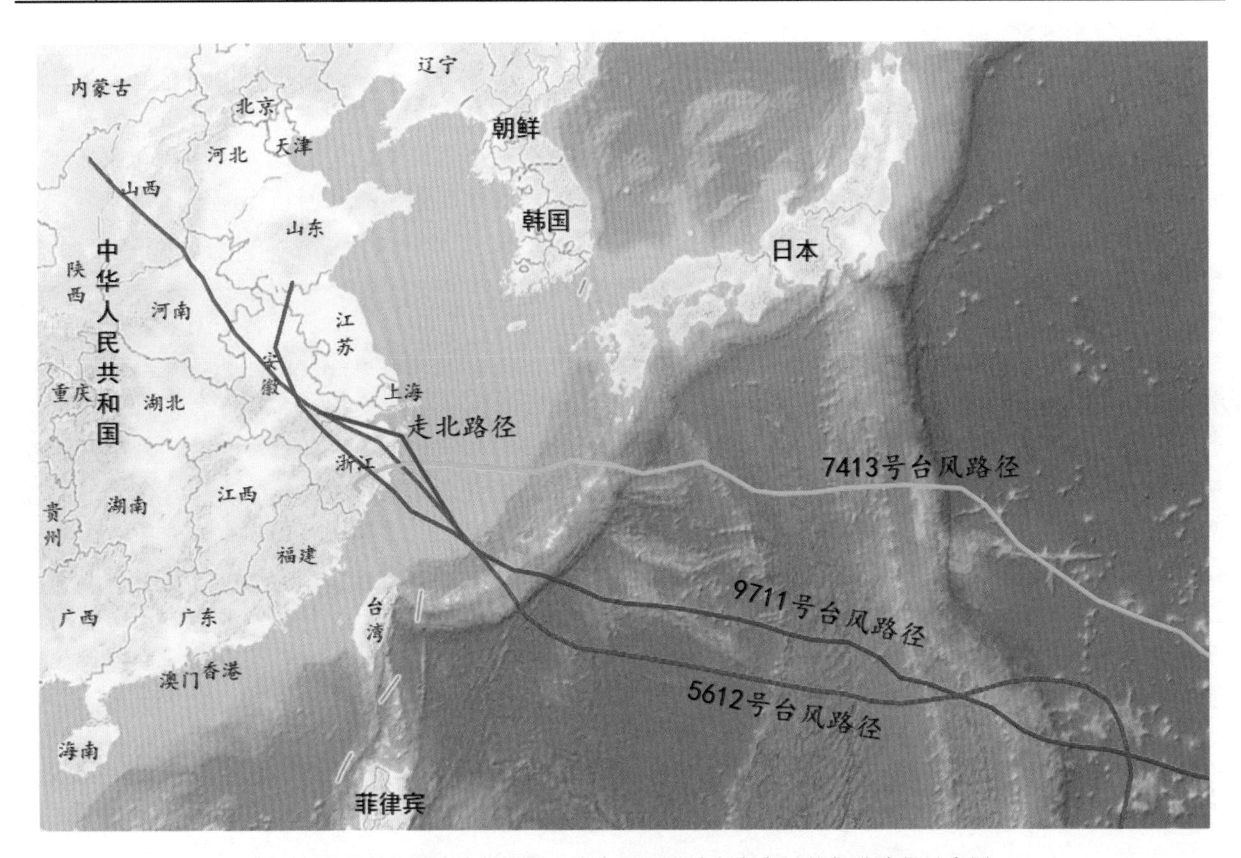

图 4.2.1　严重影响杭州湾的三次台风和设计方案台风的行进路径示意图

依据台风的强弱，并由超强台风和强台风的台风参数构造出临界超强台风，从而选择设计了四种具有代表性的台风。

（1）以5612号台风作为典型超强台风。浙江省有实测资料记录以来，登陆的两次超强台风为1956年的5612号台风以及2006年的0608号台风。5612号台风于1956年8月1日24时在浙江象山县石浦镇附近登陆，登陆时中心气压923hPa，近中心最大风速65m/s，风力超过了17级，6级风圈半径超过1000km，是1949年以来登陆我国的最强台风，其低气压持续时间长，风圈半径大，产生的高潮位大于桑美台风。因此采用5612号台风作为超强台风的代表。5612号超强台风登陆过程中，澉浦站实测增水最大值为5.02m，乍浦站为4.34m。台风引起的增水导致岸边水位暴涨，风暴潮位超过海塘堤顶高程，海水淹没农田，冲毁堤坝、房屋，造成巨大的人员伤亡和经济损失。5612号台风期间，象山县门前涂海塘溃决，暴潮长驱直入象山县城，纵深达10km，象山南庄平原一片汪洋。全县淹没农田11万亩，冲毁房屋7万余间。所幸该台风在低潮时段登陆，否则会造成更大范围的潮水灾害。

（2）临界超强台风，又称次超强台风。强度介于超强台风与强台风的临界状态，以5612号和9711号台风参数为依据，构造此类台风参数。

（3）以9711号台风作为典型强台风。9711号台风1997年8月18日21—22时于浙江温岭登陆，离杭州湾口门南端约200km，登陆时中心气压960hPa，近中心最大风力13级，是对浙中、浙北影响最大的台风，造成杭州湾历史最高潮位。因此选取9711号台风为强台风代表。9711号台风在温岭登陆时海门站同时出现天文大潮，最大增水相遇形成历史最高潮位，澉浦站实测增水最大值为3.32m，乍浦站为2.33m。9711号强台风登陆时天文潮高潮位接近年最大值，登陆点始至杭州湾的潮位均超历史记录，损毁台州、宁波等地海塘776km，海水涌入淹没93.15万亩土地，造成直接经济损失198亿元，是1949年以来浙江省经济损失最大的一次台风。

（4）以7413号台风作为典型台风。1974年7413号台风于8月19日24时在三门登陆，登陆时中心气压974hPa，近中心最大风力12级，在钱塘江两岸造成的高潮位均超过当时历史记录，致使钱塘江海塘多处损坏，故选取7413号台风为一般台风代表。1974年7413台风在三门登陆，恰逢天文大潮高潮位，杭州湾内澉浦站最大增水2.3m，乍浦增水2.09m，最大增水与高潮位相遇使杭州湾出现了当时的历史最高潮位。7413台风期间，沿海海塘受到高潮巨浪的袭击，破坏严重，全省受淹农田318.3万亩，江堤海塘溃决420km，其中钱塘江南岸100km一线海塘遭到严重破坏。

4.2.1.2 台风登陆路径设计

对1949—2010年登陆浙江沿海热带气旋中18场超强台风和强台风分别统计了登陆前沿运行轨迹的移动方向，结果如下：①对于超强台风，其登陆前的移向在WNW～N之间，而其中67%的移向为NW；②对于强台风，其登陆前移向在W～N之间，其中62%的移向在NW～NNW之间。这两种强度的热带气旋在登陆前的移向基本一致。鉴于浙江海岸（从穿山半岛的崎头角至苍南霞关）总体上呈NNE－SSW走向，超强台风和强台风登陆前其移向多与海岸正交，这是浙江沿海发生特大潮灾的重要原因之一。考虑到杭州湾水域的尺度与形状，湾口至湾底基本呈东向西走向，湾口朝向正东，往东经舟山群岛便与开阔的东海接通。由此基本判断在杭州湾南部登陆且沿纬向移动的台风将是引起杭州湾北岸发生最大增水的不利移向。钱塘江北岸海塘线漫长，对于各个塘段最不利的台风路径会有所差别，对于处于湾中部的秦山核电厂堤段，当台风中心位于北纬30.2°且西行登陆时为厂址可能最大风暴增水路径（黄世昌等，2007）；而对于湾口芦潮港至金山嘴段，沿与纬线略有交角的路径增水稍大一些（赵鑫，2008）。

以一条台风路径来表征对钱塘江北岸的最不利路径是不现实的，但是可以设计一条能使杭州湾北岸全线产生特高风暴高潮位的台风路径，用以评估钱塘江北岸海塘在该台风作用下的防潮、防浪能力。基于台风路径使杭州湾北岸金山—澉浦段基本处于台风中心右侧最大风速半径处并且使杭州湾水域处于长时间的NE～SE风向组作用的考虑，在5612号台风实际路径的基础上调整得到了一条北线路径，即在台风生成至近岸的路径保持不变，之后台风中心逐渐北移，登陆于杭州湾南岸穿山半岛，然后经庵东边滩穿过钱塘江尖山河段，从盐官附近钱塘江北岸掠过并进入内陆，如图4.2.1所示。

进行钱塘江北岸超标准风暴高潮位分析时，需要计算超强台风、临界超强台风、强台风、台风沿走北路径的工况，作为引起最高风暴潮位的不利路径。另外，还要计算上述台风历史上实际发生的路径，台风路径如图4.2.1所示。

4.2.1.3 天文潮高潮位的选择

台风登陆所遭遇的当地天文潮高潮位是影响杭州湾风暴高潮位的一个重要因素。观测事实表明，风暴增水过程最大值可以发生在天文潮的任何时段，而从1949年以来，登陆浙江省沿海的38次台风中有5次台风登陆时遭遇到天文大潮高潮位，其中有3次发生在20世纪90年代以后。5612型台风登陆与年最高天文潮位相遇是可能的。为寻求不利条件下杭州湾北岸的风暴高潮位，假定台风在多年平均年最高潮位时登陆。选择2002年10月5—9日的潮过程，台风设定在8日第一个高潮位登陆，该日天文潮高潮位的模拟值见表4.2.2。

表 4.2.2　　2001—2005 年浙江沿海最高天文潮位及模拟天文高潮位　　单位：cm

站名	浙江沿海最高天文潮位						模拟的天文潮高潮位
	2001 年	2002 年	2003 年	2004 年	2005 年	平均值	
芦潮港	279	283	294	304	303	293	286
乍浦	394	403	424	422	403	409	399
定海	188	184	192	196	194	191	205
镇海	227	216	227	235	217	224	223
健跳	385	366	368	386	378	377	351
海门	376	360	335	359	319	350	351
坎门	342	336	316	338	325	331	338
瑞安	375	371	349	361	364	364	371

依据台风强度、路径和天文潮潮型，设计了七个计算方案，见表 4.2.3。

表 4.2.3　　超标准风暴潮计算方案

方案	台风强度	台风	台风路径	登陆中心气压/hPa
1	台风	7413 号台风	实际路径	975
2		7413 号台风	北线路径	
3	强台风	9711 号台风	实际路径	960
4		9711 号台风	北线路径	
5	临界超强台风	5612 号与 9711 号之间的台风	北线路径	945
6	超强台风	5612 号台风	实际路径	923
7		5612 号台风	北线路径	

4.2.2　耦合模式的建立与验证

4.2.2.1　模型的建立

风暴潮影响时，岸边观测到的潮位变化过程包括天文潮和台风引起的增水两部分，两者作用耦合在一起，数学模型对风暴潮进行数值计算，应包括周期性的天文潮和台风引起的增减水。目前对风暴潮位的计算通常有两种处理方法，一种是模型中仅进行增水的计算，不含潮波，将模型的增水计算结果加上测站的预报天文潮作为总的潮位，这种做法的基本前提是假定潮位变化与增减水可以线性叠加，即天文潮加上增水为总潮位。但在近岸，水深通常都不大，一般仅数米或十余米，天文潮与增水的关系不是线性的，强台风的增水往往在 1m 以上，简单的线性叠加会造成较大的误差。另一种方法是在风暴潮模型中，既考虑台风引起的增减水，也包含潮波部分，即潮波、风暴潮耦合模型，由于模型中同时考虑潮汐和增减水，因而两者的非线性效应完整地结合在一起。本章应用潮波与风暴潮的耦合模型，统一考虑天文潮和台风暴潮所带来的影响。计算采用平面二维水流数值模拟软件 MIKE21。该软件基于直角坐标系下 C 型网格，由稳定性好的交替方向隐式（ADI）格式进行差分离散，方程矩阵采用双向消除（Double Sweep）算法求解，其格式具有二阶精度，计算过程稳定。模型包括两部分：浙东沿海大范围耦合模型和钱塘江河口风暴潮模型。前者提供计算边界，后者计算钱塘江两岸各点的潮位。

浙东沿海大范围耦合模型的边界，西至广东汕头，南至台湾岛南端，东至日本琉球群岛—韩国济州岛东侧一线，北至渤海辽东湾北岸，采用三层嵌套方法。第一层模型的网格尺寸为 8100m，其后每

层缩小至 1/3，特征尺寸为 900m 的网格覆盖浙江沿海。模型采用多层嵌套结构，计算域逐层缩小，网格逐层加密，各层的信息在计算过程中不断交换。模型外海边界由静压水位和全球潮波模型 TPXO.6（Egbert and Erofeeva，2002）推算求得，潮波模型包含 8 个主要分潮 M_2、S_2、K_1、O_1、N_2、P_1、K_2、Q_1，以及两个长周期分潮 M_f 和 M_n，基本能够构造出外海深水处实际的天文潮过程。由于浙江沿海存在大片滩涂，落潮干出，涨潮淹没，模型采用干—湿网格法处理漫滩情况，当某点水位下降，水深小于干点临界值时，该点退出计算；当海水上涨，该点水深大于湿点临界水深时，则重新加入计算，取干点水深 0.2m、湿点水深 0.3m。

钱塘江河口风暴潮模型，包括杭州湾、钱塘江、舟山群岛及长江口，采用两层嵌套的方法逐步加密网格，最终层网格为 270m×180m，已可精细反映钱塘江河口和杭州湾的平面形态和地形的变化，如图 4.2.2 所示。由于钱塘江河口杭州湾潮差大，在遭遇超强台风期间，若天文大潮与台风增水叠加形成特高的超标准风暴潮，则有可能超过一线海塘高程，出现潮水漫溢。钱塘江河口下游一旦风暴高潮位高出海塘塘顶出现溢流现象，局部海塘甚至可能发生溃决，从而减少了上溯的潮量，降低上游风暴潮位。模型引入了风暴潮溢流的情况，海塘溢流时要考虑由干到湿和由湿到干的变化过程，这导致临界水深的取值相当敏感，临界值取得过大，不能准确模拟漫滩和溢流现象，取得太小又会导致计算不稳定。经试算后，干点水深取 0.05m、湿点水深取 0.10m，能保持计算的稳定并满足模拟干湿交替的要求；计算中取海塘堤顶高程作为防潮高程进行溢流计算，不考虑挡浪墙的防潮功能，即假设挡浪墙在风暴潮前期已经损毁，同时假设两岸海塘在溢流时不会发生溃决。此处采用糙率控制潮水的溢流流量的方法，在海塘位置及其陆侧一定的网格范围内，调整糙率进行溢流计算，使堤顶单宽流量和采用宽顶堰公式换算得到的流量相近。另外模型选用 Jelesnianski（65 式）模型风场和气压场（Jelesnianski，1965）。

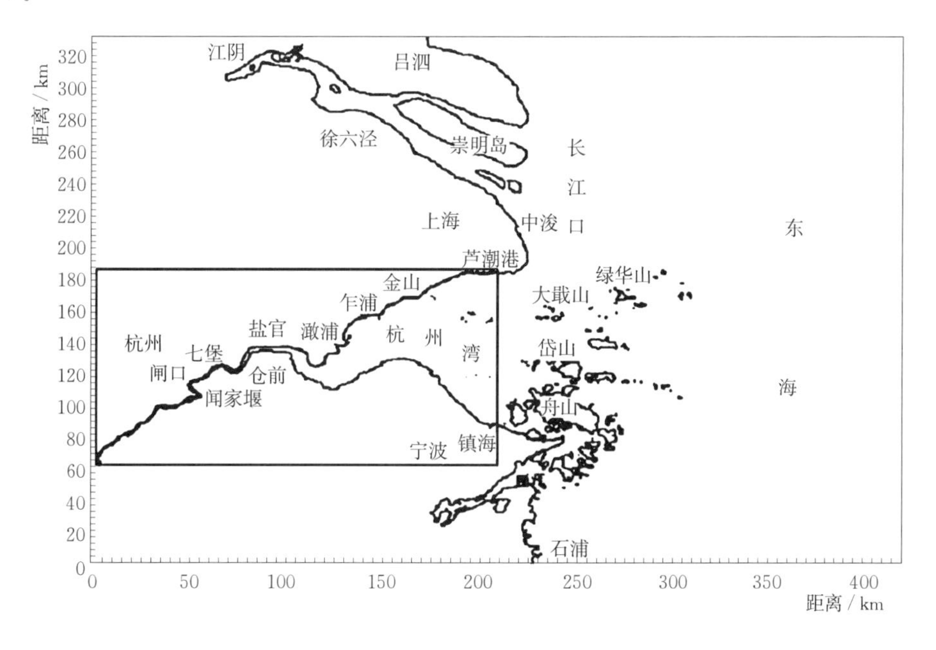

图 4.2.2　钱塘江杭州湾模型范围示意图

4.2.2.2　天文潮与风暴潮位的验证

大范围模型验证选取对浙江省影响较大的七次台风个例，分别是 5612 号台风、7413 号台风、9417 号台风、9711 号台风、0414 号台风、0515 号台风和 0608 号台风。首先验证上述 7 次台风期各 4 天的天文潮过程。在不考虑大气强迫力的条件下，仅在大范围模型的开边界输入用全球天文潮预报程序计算的包含 10 个分潮的天文潮波，其中，对南边界（台湾岛以南）天文潮过程根据经验适度微调。在外海深水处，使用 10 个主要分潮基本能够构造出实际的天文潮过程，潮波由边界向近岸浅水区传播过程中，非线性数值模型将模拟出潮波的变形，浅水分潮、倍潮及其他因非线性效应派生的分潮均可由模型自动算出。对浙江沿海乍浦、镇海、健跳、海门、坎门和琵琶门潮位站进行验证，无论是振幅还是相位均吻合良好，高潮位平均误差14cm，低潮位平均误差20cm，高潮位吻合程度优于低潮位，多数站点最高潮位误差小于20cm。其次，进行风暴潮位验证，模型开边界除给定天文潮位外，另外叠加台风气压下降引起的静压水位，同时海面输入风应力和气压梯度，获得台风登陆过程的风暴潮位过程。台风登陆前后高潮位误差大多在30cm以内，见表4.2.4。

表4.2.4　台风登陆时刻附近高潮位误差统计　单位：cm

站位	5612号台风	7413号台风	9417号台风	9711号台风	0414号台风	0515号台风	0608号台风
乍浦	−16	64	−3	14	24	39	20
镇海	−19	—	12	9	27	—	−23
澉浦	—	21	−34	10	47	50	3
西泽	—	—	33	−14	—	—	—
健跳	—	—	28	19	24	41	15
海门	−16	53	1	—	16	50	22
坎门	—	—	—	−57	−28	—	19
龙湾	—	—	—	−79	−1	—	—
洞头	—	—	24	−36	—	—	—

小范围耦合模型验证分别计算了5612号、7413号、9417号、9711号和0216号台风。模型开边界由大范围模型给定，海面输入风应力和气压梯度，两潮耦合的风暴潮潮位与实测风暴潮基本吻合。

4.2.2.3　风暴潮增水验证与分析

从计算出的总水位中减去天文潮位，得到两潮耦合增水，部分测站的增水过程验证如图4.2.3所示。从登陆台风的增水过程来看，呈现四种典型类型，具体如下：

（1）标准型。增水过程曲线的初振、激振和余振三个阶段十分明显，曲线在激振阶段有明显突起的峰值。这一类型主要是由登陆台风所产生，如5612号台风，澉浦和乍浦的增水曲线为标准型，澉浦增水过程尤为典型。

（2）多峰值型。增水过程的激振阶段不是一个大突起的峰值，而是有两个或多个峰值。此类台风比较典型的是0216号台风，在海门与坎门之间登陆西北上，乍浦增水过程曲线为双峰型。

（3）波动型。其主要特征是三个阶段分界不明显，曲线类似正弦曲线起伏波动，或呈锯齿状波动，并具有一定的周期性。这一类型主要是测站离台风登陆点较远，如9417号登陆过程的乍浦站。

（4）图形对称相似型。其增水曲线不像波动型规则圆滑，且呈某一形状，各形状基本相似，如9711号台风过程乍浦增水过程。

从台风暴潮增水的沿岸分布看，处于开敞海区和海湾口的增水较弱，杭州湾内乍浦站的增水是湾口镇海站增水的1.4倍以上。在坎门站以南登陆的台风，该站增水往往要小于台州湾内的海门站增水。有实测台风记录以来，石浦以北沿海的最大增水由5612号超强台风登陆引起，乍浦实测过程最大增水为4.23m，澉浦实测为5.12m，台风登陆期间浙江省沿海处于小潮汛（乍浦处天文潮潮差约2.8m），风暴潮与天文潮的耦合作用较弱，处于杭州湾内的三处测站增水过程呈现标准型的增水形式。杭州湾以南登陆的强台风，如9711号、9417号及0216号台风等，杭州湾内的风暴潮相对较弱，增水过程受天文潮影响较大，杭州湾内乍浦站由于潮差较大，天文潮潮差达6m以上，增水过程多数出现周期性的波动，镇海站处于浙江沿海潮差最小的海区，风暴潮与天文潮的耦合作用较弱，增水过程波动基本不明显。在强台风遭遇大潮汛时，增水的波动特性非常明显，而强台风遭遇小潮汛时，这种波动并不明显。

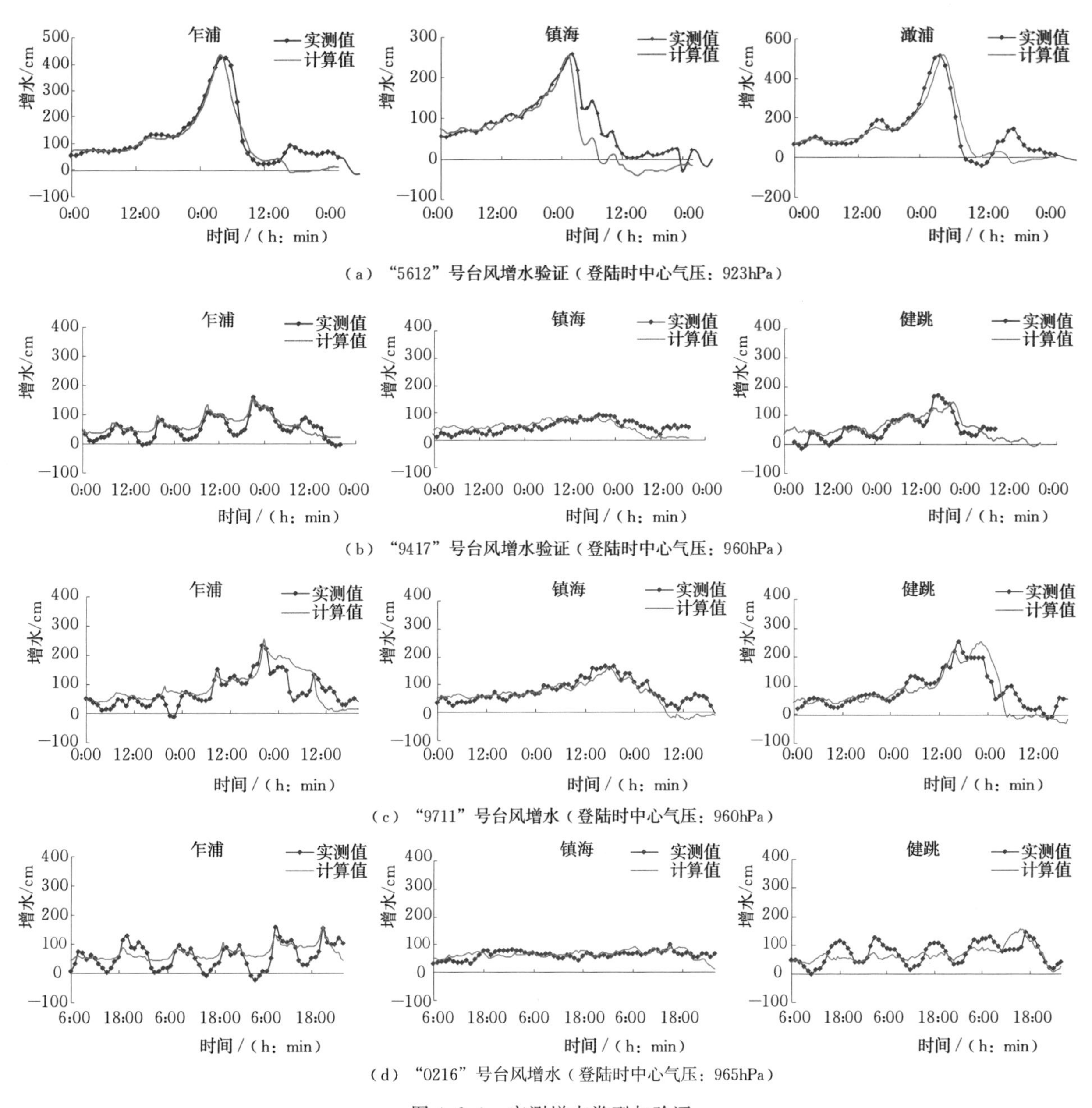

图 4.2.3　实测增水类型与验证

从这几场风暴潮增水验证的角度看，标准型增水过程模拟较好，对于波动性的增水过程，虽然两潮耦合模式也能模拟增水的波动特征，但模拟精度略有不足。过程最大增水的模拟精度较高，误差较小，绝大多数在30cm以内，最大不超过50cm，增水过程的模拟精度一方面与风场的模拟精度有关，更主要的还是与天文潮的位相精度有关，微小的位相差异也可能使计算的增水过程出现明显偏差。尽管如此，文中建立的天文潮与风暴潮两潮耦合模式已具有足够的精度，可用于典型台风作用下的浙江省沿海风暴潮位的计算分析。

4.2.3　风暴潮增水随潮相的变化

典型风暴潮遇不同潮位时的增水过程，由于水深变化，最大增水差异较大。杭州湾水域宽阔，水深浅、潮差大，当风暴潮从东海传入杭州湾后，天文潮和风暴潮的波幅与水深之比已不是一个小量，潮位变化对风暴潮增水影响相当大。风暴潮波的能量与最大增水和水深成正比，由于波动能量的守恒性，当风暴潮波在较低的潮位进入杭州湾时，水深小，而在较高的潮位时水深大，后者最大增水相应小于前者。钱塘江北岸风暴潮增水值还受到杭州湾水域表面风应力和天文潮波系统的影响，杭州湾类似半封闭水域，同样的风应力作用下，水深变小，沿程增水增加。澉浦站最大增水遇同一潮过程不同潮位时的变化如图 4.2.4 所示，过程最大增水遭遇不同天文潮位，其变幅较大，从高潮位降低至低潮位，增水值从 4.52m 增大至 8.37m，增幅达 85%，增幅与潮差之比为 50%。但天文潮与风暴潮耦合的综合高潮位以最大增水出现在天文潮高潮位时最高，随着相遇的潮位降低，综合高潮位有所下降。

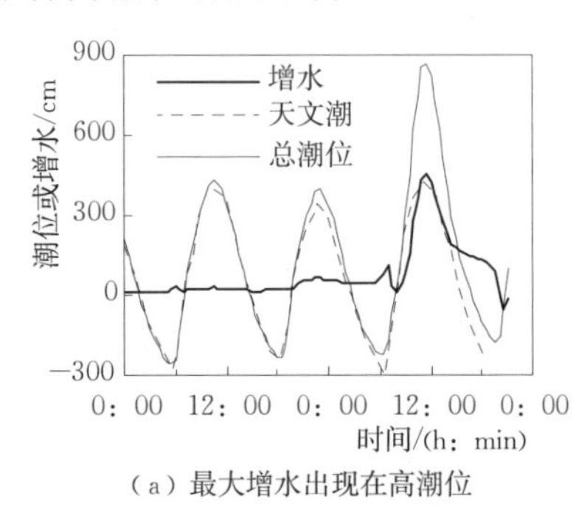

(a) 最大增水出现在高潮位

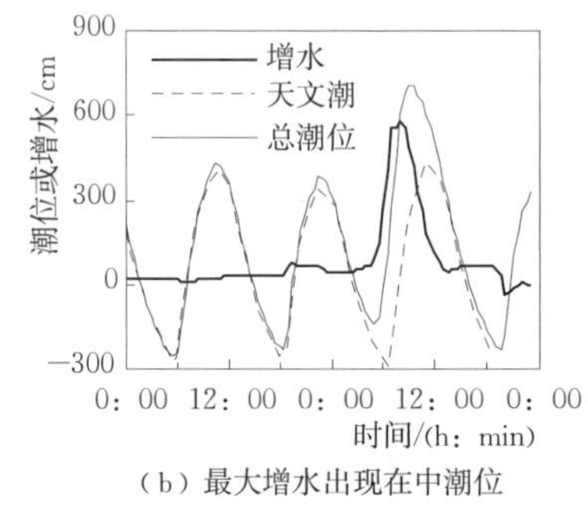

(b) 最大增水出现在中潮位

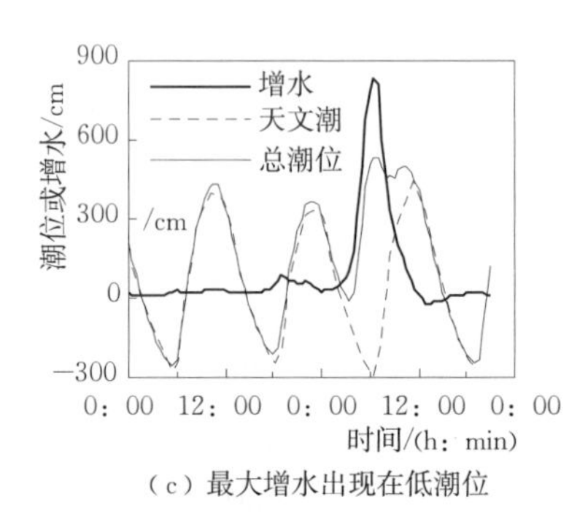

(c) 最大增水出现在低潮位

图 4.2.4　最大增水及综合潮位过程图

4.2.4　北岸沿程超标准风暴高潮位

4.2.4.1　沿海超强台风引起的风暴高潮位

超强台风在镇海一带登陆北线，在舟山本岛至象山港造成的高潮位在 4m 以上，登陆后天文潮与风暴潮合成的潮波向杭州湾内传播，受喇叭形边界的约束，杭州湾口门和海岛处相对较低，湾内最高。超强台风沿实际路径登陆时刻，4m 以上高潮位覆盖象山港和三门湾，如图 4.2.5 所示。

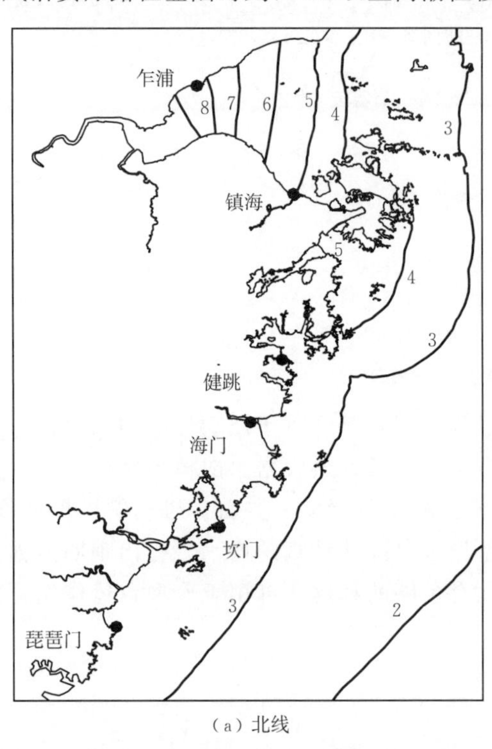

(a) 北线

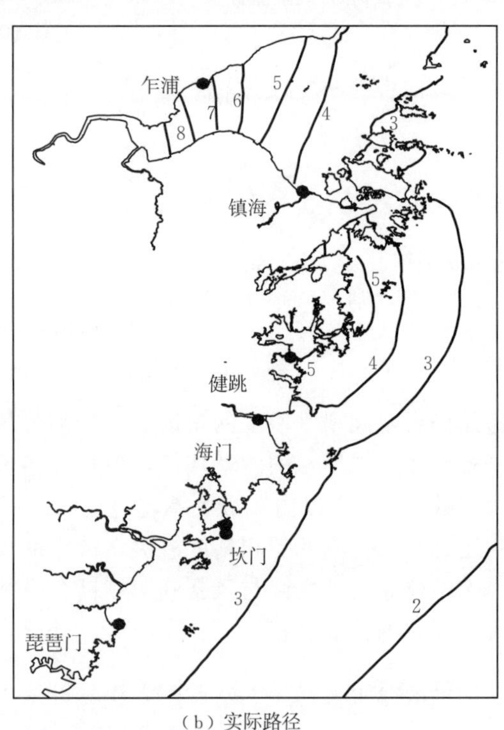

(b) 实际路径

图 4.2.5　超强台风沿北线和实际路径遇天文高潮位登陆形成的风暴高潮位（单位：m）

沿海主要测站超强台风形成的最高潮位要比历史最高潮位高出 1～3m。高出最多的是杭州湾内的乍浦站（约 3m），其次是三门湾内的健跳站（2.3m），较小的是坎门（1.1m）、镇海（1.6m）和海门

（1.7m）。超越值的大小主要与台风登陆情况有关，浙江省有55年的潮位记录，特别是20世纪90年代以来发生过几次天文大潮与台风暴潮相遭遇的样本，浙江沿海海门站以北各测站历史最高潮位均为9711号台风遭遇天文大潮高潮位形成的，海门站以南至瑞安各测站均由9417号台风遭遇天文大潮高潮位造成，这两次台风均在坎门附近登陆。而对于杭州湾口以及浙南苍南一带风暴潮尚未有强台风与天文潮高潮位相遇的实例。其次与测站所处海域形态有关，开敞海区及海湾的湾口高潮位相对较低，海湾内由于边界约束相对较高。杭州湾内乍浦多年平均潮差是湾口镇海的2.5倍，实测风暴潮增水是镇海的1.2～2.0倍。

4.2.4.2 钱塘江河口北岸超标准风暴高潮位

根据拟定的计算方案，在给定台风参数和由大范围东海模型提供边界后，首先进行粗细网格的嵌套计算，再从粗网格的计算结果中提取细网格计算所需的边界条件，最后采用细网格计算7组方案的溢流与不溢流工况（朱军政等，2007）。不考虑溢流与考虑溢流工况的各方案最高潮位值统计见表4.2.5，由表可知：

表4.2.5　设计方案不溢流与溢流工况，沿岸各站最高潮位统计表　单位：m

编号	方案名称	工况	闸家堰	闸口	七堡	仓前	盐官	澉浦	乍浦	金山	溢流情况
1	7413台风实际路径	不溢流	6.73	7.12	6.95	7.32	7.00	5.94	4.92	4.32	无溢流
		溢流	6.73	7.12	6.95	7.32	7.00	5.94	4.92	4.33	
2	7413台风北线路径	不溢流	7.31	7.85	7.99	8.6	8.29	7.27	6.18	5.32	无溢流
		溢流	7.31	7.85	7.99	8.6	8.29	7.27	6.18	5.32	
3	9711台风实际路径	不溢流	7.68	8.31	8.22	8.48	8.25	6.74	5.59	4.88	无溢流
		溢流	7.68	8.31	8.22	8.48	8.25	6.74	5.59	4.88	
4	9711台风北线路径	不溢流	7.77	8.28	8.55	9.23	8.82	8.00	6.73	5.81	大缺口附近有微量溢流
		溢流	7.75	8.26	8.5	9.18	8.81	8.00	6.73	5.81	
		潮位差	0.02	0.02	0.05	0.05	0.01	0.00	0.00	0.00	
5	临界超强台风北线路径	不溢流	7.93	8.79	9.19	9.75	9.70	8.92	7.57	6.44	北岸盐官、大缺口、秦山和乍浦附近，南岸沿线均有溢流发生
		溢流	7.81	8.50	8.92	9.42	9.38	8.84	7.57	6.44	
		潮位差	0.12	0.29	0.27	0.33	0.32	0.08	0.00	0.00	
6	5612台风实际路径	不溢流	9.12	10.06	10.42	10.80	10.54	8.89	7.20	6.01	北岸盐官、大缺口、秦山一带，南岸沿线均有溢流发生
		溢流	8.77	9.42	9.64	10.00	9.75	8.82	7.20	6.01	
		潮位差	0.35	0.64	0.78	0.80	0.79	0.07	0.00	0.00	
7	5612台风北线路径	不溢流	8.79	9.65	10.22	10.63	10.66	10.00	8.41	7.11	盐官、大缺口、澉浦，乍浦至秦山一带，南岸沿线均有溢流发生
		溢流	8.27	8.86	9.23	9.76	9.68	9.6	8.32	7.10	
		潮位差	0.52	0.79	0.99	0.87	0.98	0.40	0.09	0.01	
历史最高潮位			8.31	8.02	7.94	8.01	7.75	6.56	5.50	4.98	
百年一遇设计高潮位				8.52	8.30	8.23	7.81	6.61	5.61	4.99	

（1）北线路径是最不利的台风路径。7413台风实际路径是在浙江三门登陆，呈东西方向向内陆移动，9711强台风和5612超强台风实际路径是分别在浙江温岭、浙江三门登陆后向西北方向移动，而设计的台风走北路径则是在宁波穿山登陆，向西偏北方向穿过杭州湾。对同一台风来说，走北路径引起的台风暴潮最高潮位均明显高于走实际路径的最高潮位，未考虑溢流时7413号台风、9711号强台风和5612号超强台风在澉浦站走北路径的最高潮位分别高于实际路径的风暴潮最高潮位1.33m、1.26m、1.11m，乍浦站则高出1.26m、1.14m、1.21m。这是因为走北路径的台风在穿过

杭州湾的移动过程中，台风风场基本上是从杭州湾湾口指向湾内，促使湾内水体持续向上游聚集，造成最不利的风暴潮位。

（2）台风越强，风暴潮位越高。无论是实际路径的台风还是走北路径的台风，在与同一天文潮相同时刻遭遇的情况下，台风强度越强，即台风的中心气压越低、风力半径越大、风速越强，其诱发的风暴潮位越高。7413号台风、9711号强台风和5612号超强台风三个台风的实际路径虽然不完全相同，但是相差不是很大，其产生的风场对杭州湾的影响还是比较一致的，由于台风强度不同，最高风暴潮位也不同，9711强台风在澉浦站的最高潮位比7413台风高了0.80m，5612超强台风又比9711强台风高了2.15m。7413号台风、9711号强台风、9711号与5612号之间的临界超强台风和5612超强台风沿走北路径，由于台风强度不同，其引起的澉浦站最高风暴潮位分别为7.27m、8.00m、8.92m和10.00m。

（3）若遭遇年最高天文潮高潮位，7413台风走北路径引起的杭州湾北岸金山、乍浦、澉浦、盐官、仓前的风暴潮位分别为5.32m、6.18m、7.27m、8.29m、8.60m，均超过历史最高潮位和百年一遇设计高潮位，表明一般台风穿过杭州湾就有可能引起超过百年一遇设计条件的超标准风暴潮位。9711号强台风、9711号与5612号之间的临界超强台风和5612号超强台风在浙北登陆时遭遇年最高天文潮高潮位均可引发超标准风暴潮位。最强的超标准风暴潮为5612号超强台风走北路径时引发，若不考虑溢流，杭州湾北岸澉浦、乍浦最高潮位可达10.00m、8.41m，分别超过相应百年一遇设计潮位3.39m和2.80m。

（4）5612号超强台风实际路径是在浙江三门登陆，走北路径是在浙江宁波的穿山登陆，这两条台风移动路径相距约40～90km，其引起的最高潮位在仓前下游以走北路径为高，仓前及以上则是实际路径更高，这是因为台风移动的路径不同，实际路径在仓前上游位于钱塘江南岸，对钱塘江江面来说，台风风场是朝上游的，走北路径在仓前上游位于钱塘江北岸，对钱塘江江面来说，台风风场是朝下游的，路径的不同使得台风风场发生根本的改变，造成风暴潮位的规律不同。

（5）在现有海塘标准情况下，9711号强台风走北路径遭遇天文大潮时，在大缺口附近部分海塘岸段风暴潮位超过海塘堤顶高程出现少量溢流，整个过程溢流水量约0.13亿m^3，因此盐官以上最高潮位降低了0.01～0.05m。9711号与5612号之间的临界超强台风走北路径和5612超强台风实际路径与走北路径在北岸盐官、大缺口、澉浦至乍浦一带，南岸萧山廿工段、绍兴、上虞和余姚沿线均出现大范围风暴潮位高于海塘堤顶高程发生溢流的现象。钱塘江河口下游出现的溢流大大减少了上溯潮量，降低了上游的风暴潮位。9711号与5612号之间的临界超强台风和5612号超强台风走北路径以及5612号超强台风实际路径由于溢流，乍浦以上各站沿程风暴潮位分别降低了0.08～0.33m、0.09～0.99m和0.07～0.80m。

4.2.5 治江围涂工程对风暴潮位的影响分析

历史上钱塘江口的岸线变迁主要受到海潮影响，导致海岸淤涨坍塌。从1968年开始钱塘江河口进行了大规模治江围涂工程。经过近半个世纪的努力，至2008年围涂造陆167万亩（占围涂前钱塘江河口水域面积的55%），其中澉浦以上累计围涂125万亩，澉浦以下累计围涂42万亩，闸口至尖山江道缩窄了1/2～3/4。围涂工程削弱了澉浦以上河道的进潮量，稳定了主槽，固定了堤塘险段，改善了排涝和航运条件，维护了涌潮奇观，同时取得了显著的社会效益和经济效益。另外钱塘江河口以前的治江围涂主要集中在尖山以上，以后河口治理规划将逐步向下游发展，根据钱塘江河口规划，2008年后围涂共约45万亩，分别分布在尖山北岸5万亩，曹娥江口东、西两侧共10万亩，庵东滩地30万亩。

同时治江围涂工程对周边水域的不利影响也受到了关注。首先上游江道缩窄后加强了杭州湾岸线的潮波反射，使得湾内潮差加大，高潮位抬高。另外大范围围涂必然导致围涂河段及上游河段纳潮量锐减，引起杭州湾湾顶水域的河床淤积，进一步加剧潮波反射，使高潮位抬高。根据杭州湾的一些地

形、水文资料显示，近几年来杭州湾的潮汐和水下地形确实发生了一些变化。河口区围涂对风暴高潮位的影响是潮汐变化叠加风暴增水，其影响一般会比潮汐变化更大。因此，通过在风暴潮模型中改变陆边界和地形来分析治江围涂对杭州湾风暴高潮位的影响，并分析规划实施后风暴高潮位的变化，选取 2007 年地形和规划岸线代表规划围涂后杭州湾面貌。

乍浦和澉浦前 10 位高潮位大部分由台风产生，采用天文潮和风暴潮耦合模型进行计算，以台风发生年份的当时地形作为验证条件，在准确验证的基础上，获得该台风期的高潮位模拟值，以 2007 年 7 月地形与边界作为现状条件，取代当时边界和地形，获得该场台风在现状条件下的高潮位值，两者差异作为围涂对该次风暴高潮位的影响。计算结果见表 4.2.6 和表 4.2.7，由表可见：①20 世纪 70 年代发生的两场台风（7910 号和 7413 号）若发生在现状江道条件下澉浦站高潮位增加 0.31～0.62m，乍浦站为 0.27～0.60m；②20 世纪 90 年代 4 场台风（9711 号、9417 号、9608 号和 9216 号）澉浦站高潮位增加 0.07～0.37m，乍浦站为 0.07～0.12m；③2000—2005 年发生的台风澉浦站高潮位增加 0.09～0.10m，乍浦站为 0.01～0.11m。增量说明了钱塘江河口澉浦以上的治江围涂对乍浦和澉浦的年极值高潮位的影响，从 20 世纪 70 年代至本世纪初，治江围涂影响逐渐减少。杭州湾规划围涂实施后，风暴高潮位将进一步增加，若台风发生在规划江道条件下澉浦高潮位将比现状继续增加 0.13～0.29m，乍浦站将增加 0.15～0.35m。

表 4.2.6　澉浦站 1953—2006 年前 10 位年最高潮位及其增量　单位：m

序号	年份	台风编号	年最高潮位	现状增量	规划增量
1	1997	9711	6.56	0.07	0.20
2	2002	0216	6.09	0.10	0.29
3	1974	7413	6.05	0.62	0.21
4	1994	9417	5.89	0.18	0.15
5	1996	9608	5.76	0.14	0.18
6	2000	0014	5.71	0.10	0.23
7	1992	9216	5.62	0.37	0.21
8	1979	7910	5.52	0.31	0.27
9	2001	0111	5.42	0.10	0.29
10	2004	无台风	5.39	0.09	0.13

表 4.2.7　乍浦站 1953—2006 年前 10 位年最高潮位及其增量　单位：m

序号	年份	台风编号	年最高潮位	现状增量	规划增量
1	1997	9711	5.54	0.12	0.23
2	2002	0216	5.20	0.11	0.29
3	1974	7413	4.91	0.60	0.25
4	2000	0014	4.88	0.02	0.34
5	1994	9417	4.86	0.23	0.28
6	1979	7910	4.73	0.27	0.27
7	1996	9608	4.72	0.07	0.3
8	2004	无台风	4.65	0.04	0.23
9	2005	0509	4.65	0.01	0.15
10	1981	8114	4.62	0.07	0.29

现状围涂引起的高潮位增量澉浦稍大于乍浦，而规划围涂引起的高潮位增量澉浦稍小于乍浦，这主要是由于两者围涂位置的不同使得风暴潮位变化的分布不同，已有围涂基本发生在澉浦上游，对澉浦影响更大，而规划围涂主要集中在乍浦对岸庵东边滩一带，对乍浦影响相对更大。

规划围涂实施后乍浦和澉浦的设计高潮位将会发生变化，对年高潮位作如下修正：对于高潮位序列中依大到小排在前10位的实测高潮位采用天文潮与风暴潮耦合数值模型计算结果进行修正，比较台风在当时江道条件和规划江道条件下模拟的风暴高潮位差异，该差异值作为修正值；对于其余高潮位按年代平均高潮位抬升值修正。以P-Ⅲ经验频率曲线进行拟合，20年至100年一遇高潮位乍浦抬升约0.30m，澉浦抬升0.20m。

4.3 超标准风暴潮影响下的沿江波浪

4.3.1 台风浪统计特征

杭州湾内的波浪测站有乍浦、滩浒和镇海三处，乍浦站位于杭州湾北岸中间，于1967年设站观测，至1997年停测；滩浒站处于杭州湾湾口海域中部，1978年开始观测一直延续至今；镇海站位于杭州湾湾口南岸，1985年设站观测至今。该三站均采用岸用测波仪，每日白天进行四段制人工观测，观测内容主要有波高、波向、周期、海况、风速、风向等，台风影响期间，根据实际情况，进行加密观测。

据1991—1997年共7年实测资料统计，乍浦测站附近水域的波浪基本上为风浪，涌浪所占比例仅1.4%。乍浦年平均波高0.2m，年平均周期1.2s，夏季平均波高略高。全年常浪向为E和NW，强浪向为E和ESE。春、夏季的常浪向为E，秋、冬两季为NW，全年1.5m以上波高仅占0.6%。多年最大波高大于2.5m的方位在E～ESE，出现在夏季，而W～N向的浪较小。9711号台风过程中，8月18日实测最大波高3.5m，对应周期7.2s，波向ESE，相应风速26m/s。建站以来，最大实测波高达6.0m（据调访核实，该值偏大实际为4.0m左右），该值发生于1972年8月17日的7209号台风期。

据1991—1999年共9年实测资料统计，滩浒站年平均波高0.3m。年平均周期1.2s，全年常浪向N～NNE，强浪向SSE和NNE，SSW～WNW波高较小。平均波高的季节变化较小，秋季略高，波向季节变化明显，夏季的常浪向为SSE～S，冬季的常浪向为NNE～NNW，春、秋季波向较分散，全年1.5m以上波高占2.0%，2.0m以上为0.2%。由1992年10—12月波型统计，该处均为风浪，没有出现涌浪。9711号台风过程，8月18日滩浒实测最大波高2.7m，周期4.6s，波向为NNE，8月19日波向转为SSE，最大波高仍为2.7m，周期4.2s。建站以来，实测最大波高4.0m，方向ENE。该站E～ESE方向最大波高小于乍浦站，分析其原因与风向有关，另外本站离舟山群岛较近，风区长度不及前者。

据1991年11月—1992年10月资料，镇海平均波高为0.58m，平均周期为3.4s。常浪向和强浪向均偏北，东、西、南向受舟山群岛和陆域岸线阻挡风浪较小。本海区是以风浪为主的混合浪区，从波型分析可知，纯风浪占24.7%，纯涌浪占0.3%。实测大波平均波高（$H_{1/10}$）最大为5.4m，对应的平均周期为8.1s，出现在1985年；1997年的9711号台风期间，波高最大为3.2m，对应的周期为6.1s。

4.3.2 钱塘江河口台风浪模型的建立

台风中心附近的气压梯度大，常常出现大风速，台风气压等压线曲率大，风向的空间变化显著，台风中心移动速度不稳定，移动速度快时可达25km/h以上，移动慢时原地打转或非常缓慢，台风风场的时空变化较其他天气形势更显著。因此，台风浪的推算必须反映出急剧变化的风场对波浪场的影响。在近岸浅水区，由于水深变浅，风暴潮的水位过程、海底的底部摩阻、折射、绕射以及风持续作

用生成的局地浪与深水涌浪的合成等对台风浪推算影响很大也必须予以考虑。目前SWAN（Simulating Wave Nearshore）模型在近岸浅水区的波浪模拟中得到了广泛应用。SWAN主要用于模拟以下近岸波浪传播过程：多向不规则波的传播、地形和海流的空间变化导致的波浪折射、地形和海流的空间变化导致的浅水效应、障碍物的阻挡或者反射。模型考虑的波浪成长和衰减过程较为全面。因此在风暴潮计算的基础上，基于SWAN（v40.41版）模型建立了浙江沿海台风浪传播模型，模型计算域西至广东汕头，南至台湾岛南端，东至日本，北至山东半岛，计算域面积221万km^2，采用矩形网格，用五层嵌套逐步加密。大范围的网格尺寸为8100m×8100m；第五层网格尺寸为100m×100m。台风浪计算的节点与风暴潮节点重合，在风暴潮耦合潮位过程计算完后，将每个节点的潮位过程传递给台风浪计算模型，计算台风浪过程。

作为对一种大范围海洋水体运动现象的模拟，台风浪模型的验证必须建立在对较大范围内的波浪观测点的观测值进行模拟的基础上，同时，模型验证所选择的台风也必须有代表性和典型性。因此，选择杭州湾湾内乍浦、滩浒和镇海波浪观测站和湾口外嵊山波浪观测站为验证站，四站能够较好代表杭州湾海域的波浪传播。选取对浙江省有较大影响的6场热带气旋进行验证，即7413号台风、9417号强台风、9711号强台风、0216号台风、0414号强台风和0608号超强台风，由于浙江省沿海的波浪观测采用的是岸边目测，每日白天观测4次，缺乏夜间的波浪观测资料，计算的台风浪峰值和实测值有时难以比较，但从已有的测波资料对比来看，有效波高的模拟精度均较高，误差基本在20%以内。台风浪的周期过程模拟基本反映了台风浪过程周期的变化特点以及过程最大周期值（谢亚力，黄世昌，2009）。

4.3.3 超强台风登陆时的近岸台风浪场

5612号超强台风走实际路径或北线路径在浙江沿海登陆遭遇天文大潮高潮位时将引发沿海大浪，此时钱塘江河口的台风浪场如图4.3.1所示。登陆时，在超强台风作用下，钱塘江河口生成有效波高达5m以上的大浪，但不同路径的台风生成的波浪场有所差异。台风走实际路径登陆时，风向与钱塘江河口江道走向较一致，风浪得以充分成长，波高在纵向上分布较均匀，4m等波高线一直延伸至河口顶部尖山附近，在尖山上游江道大角度转弯后波高迅速减小到1m左右，南岸因为有大片滩地存在水深相对较浅，波高总体小于北岸。波向与岸线大体平行，在北岸乍浦附近浅滩随着波浪的折射，波向朝与岸线垂直方向偏转。

台风走北线路径登陆时，在河口下游风向为东北风，越往上游风向越向北偏，从而风区长度越短，因此波高由下游往上游逐级递减。在下游波高达5m以上，到尖山附近减小到2m左右，尖山以上波高进一步下降到1m左右。等波高线呈舌状分布，舌尖指向上游，水域中央的波高大于两岸堤前。河口北部的波向大致与岸线平行，河口南部的波向受风向作用而向南偏转，趋向与岸线垂直。

4.3.4 台风登陆前后的近岸风浪过程

超强台风走北线登陆前后钱塘江河口堤前各代表断面（断面位置如图4.3.1所示）的风暴潮位和台风浪过程如图4.3.2所示，典型台风引起钱塘江河口北岸波浪极值见表4.3.1。北岸海塘乍浦以上大部分代表断面波高往往有两个峰值，前一个峰值位于高潮位附近，后一个峰值滞后于高潮位。受舟山群岛的阻挡，钱塘江河口波浪基本由当地风场形成，当台风走北线路径时，登陆后台风中心紧贴杭州湾南岸穿尖山河段而过，海域的风场时空变化剧烈。台风登陆过程中，风向从偏北转向东，再转偏南，在波高第一个峰值出现之前杭州湾水域持续吹偏北风，风速逐渐加大，几乎同时形成了高潮位极值和台风浪第一个峰值。之后在较短时间内，风向转向东，再转偏南，风速也因进入台风眼有所减小，波高因而下降，然后风向稳定在偏南向，风速相对回升，北岸波高相应增加，在风暴高潮位之后形成第二个峰值。当台风走实际路径时，登陆点均在杭州湾南部100km外，风向均匀地从东北转为东南，风速也是单峰的过程，所引起的台风浪是单峰过程。

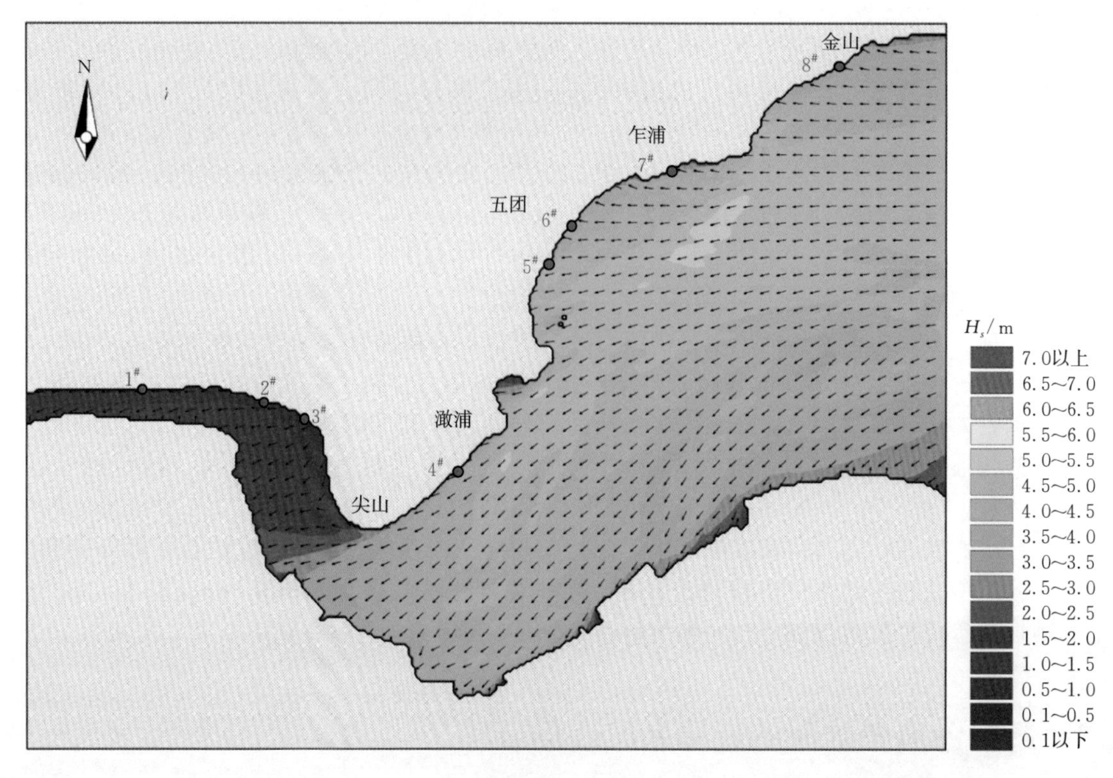

（a）实际路径

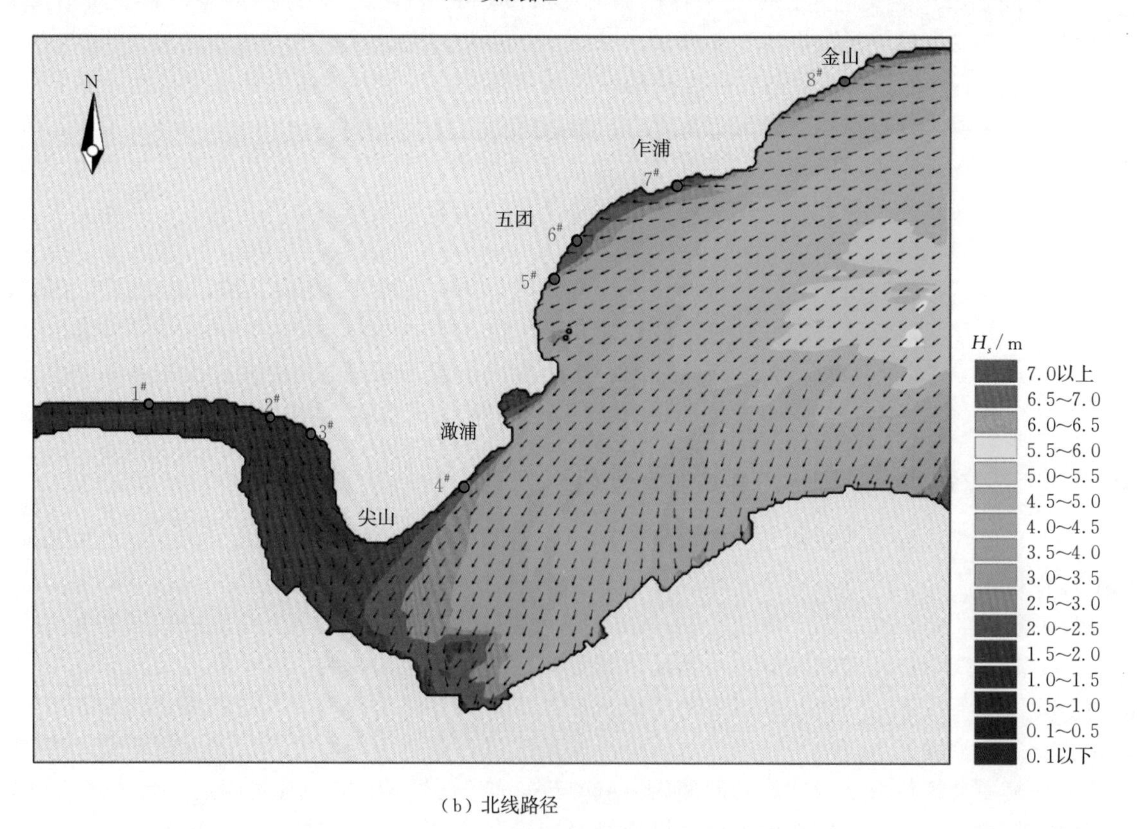

（b）北线路径

图 4.3.1　5612 号台风走实际路径和北线路径登陆时刻波向及有效波高等值线图（1# ～8# 为海塘断面位置）

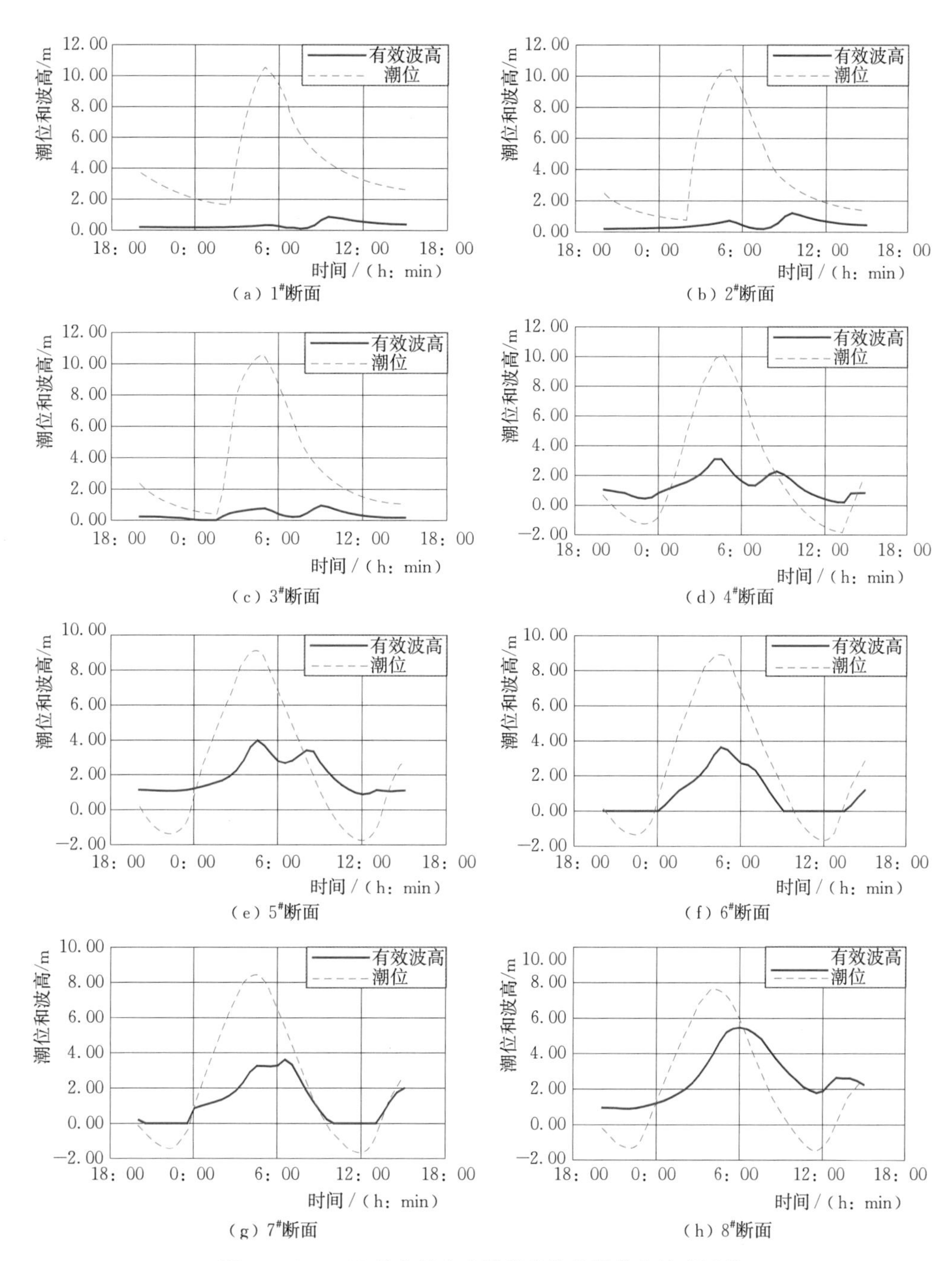

图 4.3.2　5612 号台风走北路径登陆的潮位和波高过程

表 4.3.1　　**各级台风登陆台风浪计算结果**　　单位：m

台风路径	特征值	代表断面							
		1#	2#	3#	4#	5#	6#	7#	8#
7413 号台风走北线	风暴潮位	8.20	8.38	8.61	7.54	6.73	6.63	6.31	5.76
	有效波高①	0.20	0.37	0.37	1.61	1.97	1.80	1.56	2.50
	波高峰值②	0.46	0.59	0.38	1.86	2.21	2.00	1.72	2.95
9711 号台风走北线	风暴潮位	8.78	8.86	8.99	8.29	7.22	7.08	6.84	6.28
	有效波高①	0.24	0.48	0.51	2.42	2.94	2.57	2.26	3.61
	波高峰值②	0.52	0.66	0.51	2.48	2.94	2.57	2.26	3.65

续表

台风路径	特征值	代表断面							
		1#	2#	3#	4#	5#	6#	7#	8#
临界超强台风走北线	风暴潮位	9.73	9.57	9.75	9.48	8.56	8.42	7.71	7.09
	有效波高①	0.31	0.52	0.56	2.68	3.56	3.25	2.76	3.86
	波高峰值②	0.71	0.93	0.62	2.84	3.56	3.25	3.01	4.55
5612号台风实际路径	风暴潮位	10.41	10.09	10.23	9.06	7.84	7.72	7.37	6.56
	有效波高①	1.65	1.25	0.90	3.83	4.15	3.69	3.30	4.06
	波高峰值②	1.71	1.76	1.31	3.92	4.20	3.69	3.34	4.06
5612号台风走北线	风暴潮位	10.58	10.49	10.50	10.15	9.16	9.01	8.62	7.80
	有效波高①	0.33	0.72	0.75	3.09	3.98	3.64	3.25	3.94
	波高峰值②	0.87	1.21	0.93	3.09	3.98	3.64	3.60	5.46

① 有效波高为风暴高潮位对应的波高。

② 台风浪过程最大有效波高。

超强台风在走北路径登陆时，从乍浦到金山（7#～8#）风暴潮高潮位对应的有效波高比整个过程中的最大有效波高小，在澉浦上游30km的河段（4#～6#）两者相当，在盐官及其上游河段（1#～3#），前者又比后者小。这是该区域的波浪和潮波的相位不同引起的，风暴潮流可以穿过舟山群岛的诸多水道进入杭州湾，而杭州湾内的波浪是由当地的风场产生的，并且湾外的波浪由于舟山群岛的阻隔无法进入到湾内，这导致了有效波高的峰值滞后于高潮位。当台风浪和风暴潮向上游传播时，波浪的传播速度大于风暴潮波，波峰和高潮位同时到达澉浦站，再往上游传播，由于河岸的阻碍作用，波浪不能进入盐官以上的河道，故盐官上游的波浪主要还是由当地的风场控制，有效波高的峰值滞后于高潮位。

北线路径时钱塘江河口位于台风登陆点右侧最大风速半径处，在强风作用下河口两岸的风暴高潮位均大于实际路径，但波高极值并无同样规律，而是随不同位置而异。五团以下各断面（6#～8#），北线路径出现波高极值时的风向为有利于风浪成长的偏东向，实际路径的风向虽然也是有利于风浪成长的方向，但由于风速不如北线路径大，因此以上岸段北线路径的波高大于实际路径，5612号台风走北线最大有效波高为3.6～5.5m，走实际路径最大有效波高为3.3～4.1m。北岸五团以上至尖山（4#～5#），出现波高极值时虽然北线路径的风速大于实际路径，但由于前者的风向北偏，趋向离岸风，因此波高还是实际路径的大，5612号台风走实际路线的最大有效波高为3.9～4.2m，走北路线时最大有效波高为3.1～4.0m。在尖山以上断面（1#～3#），江道为东南走向，东南方向的风区长度较长，5612号台风走实际路径可以产生这个方向的风，最大有效波高为1.3～1.8m，5612号走北路线然是南向风，风区长度相对小些但风速极大，也产生了0.9～1.2m的最大有效波高。7413号台风由于本身强度弱产生的波浪最小，走北线方案最大有效波高0.4～3.0m。

台风走北路径时，强度不同，沿江波浪差异较大，5612号台风引起的北岸堤前过程最大有效波高大于临界超强台风，前者堤前过程最大有效波高在0.9～5.5m，后者最大有效波高在0.7～4.6m，高潮位对应的有效波高差别不大，均在0.3～3.9m。9711号和7413号台风引起北岸堤前波浪均小于5612号台风相应值，9711号台风时北岸堤前过程最大有效波高在0.5～3.7m，高潮位对应的有效波高在0.2～3.6m，7413号台风时过程最大有效波高在0.5～3.0m，高潮位对应的波高在0.2～2.5m。

4.4 超标准风暴潮位和波浪的重现期

海塘设防标准按照一定重现期的潮位和波浪确定，不是与台风直接相关，因此，对于各级台风产

生的风暴高潮位和波浪要素，由相应的随机分布规律计算其重现期，从而了解超标准的程度。

4.4.1 风暴高潮位的重现期分析

利用乍浦、澉浦两站有较长的实测资料，通过耿贝尔、皮尔逊Ⅲ型、一维泊松—耿贝尔、二维泊松—耿贝尔、二维混合耿贝尔、组合频率法、复合极值法等方法，分析这两个站不同重现期的高潮位。重现期为百年及其以下的高潮位，各种方法分析结果差别在0.06～0.61m之间。重现期为200年至万年的高潮位，各方法差别达1.6m。但是除万年一遇高潮位外，皮尔逊Ⅲ型、耿贝尔法和组合频率法推求的设计高潮位基本接近，乍浦站彼此差值在0.4m以内，澉浦站在0.5m以内（黄世昌，2007）。

设计高潮位推求方法的选取是从与现行规范的适应性以及推求方法的优劣两方面考虑的，其主要基于：①目前《海堤工程设计规范》（SL 435—2008）、《堤防工程设计规范》（GB 50286—2013）以及《电力工程水文技术规程》（DL/T 5084—2012）等均采用耿贝尔或皮尔逊Ⅲ曲线进行适线，其中一级海塘防潮的重现期为100年以上，大型滨海电厂防潮标准重现期为200年，特大型桥梁防潮校核标准的重现期为300年；②澉浦和乍浦两站分别已有近60年的连续高潮位资料，采用皮尔逊Ⅲ型分布预测重现期为100年及其以下的高潮位，已具有较高的置信度和较窄的置信区间，与耿贝尔曲线相比，皮尔逊Ⅲ型曲线适线灵活，可突出历史最高潮位对频率适线的重要作用；③一维泊松—耿贝尔分布用过程极值取样取代传统的年极值取样可使用更多的资料信息，预测结果精度较传统方法提高，且此方法在理论上已经得到国内外学者认可，并在我国40多项工程设计中得到应用。

综上所述，主要依照下列原则：①采用皮尔逊Ⅲ型曲线，拟合重现期300年及其以下的高潮位；②采用一维泊松—耿贝尔分布，推求重现期千年左右及以上的高潮位；③采用内插方法，推求重现期300～1000年的高潮位。

考虑到钱塘江河口的临江缩窄对风暴潮位有一定的影响，为保持统计样本的一致性，采用下列资料修正：①对于高潮位序列中，依大到小排在前10位的实测高潮位，采用天文潮与风暴潮耦合数值模式进行修正，比较台风在当时江道条件和现状江道条件下风暴高潮位的差异，该差异值作为修正值；②其余高潮位按年代平均高潮位抬升值修正。

计算结果见表4.4.1，并根据其结果，确定7组典型台风造成的风暴高潮位的重现期，结果列于表4.4.2。台风走北线路径引起的风暴高潮位重现期远大于走实际路径的重现期，台风越强风暴高潮位的重现期越大。5612号台风走北线在天文潮高潮位登陆引起的风暴高潮位重现期为4000年一遇，沿实际路径登陆遇天文潮高潮位产生的风暴高潮位为600年一遇；9711号台风走北线的风暴高潮位为400年一遇，实际路径的风暴高潮位为50年一遇；7413号走北线风暴高潮位为200年一遇，走实际路径仅为10年一遇。作为超强台风的临界状态，即9711号与5612号之间的设计台风，沿北线遇天文潮引起的高潮位重现期为800年一遇。

表4.4.1　　乍浦站和澉浦站设计高潮位

重现期/年	乍浦站高潮位/m			澉浦站高潮位/m		
	皮尔逊Ⅲ型	一维泊松—耿贝尔	推荐值	皮尔逊Ⅲ型	一维泊松—耿贝尔	推荐值
10000	7.55	8.81	8.81	9.06	10.83	10.83
5000	7.35	8.46	8.46	8.80	10.37	10.37
1000	6.73	7.64	7.64	8.04	9.31	9.31
500	6.49	7.28	6.81	7.74	8.85	8.25
300	6.30	7.02	6.30	7.50	8.51	7.50
200	6.15	6.82	6.15	7.32	8.25	7.32
100	5.90	6.46	5.90	7.01	7.79	7.01
50	5.65	6.10	5.65	6.70	7.32	6.70
20	5.32	5.62	5.32	6.28	6.71	6.28

表 4.4.2 典型风暴潮各站最高潮位统计表

方案编号	方案名称	澉浦		乍浦		综合推荐
		量值/m	重现期/年	量值/m	重现期/年	重现期/年
1	7413 号台风实际路径	5.94	10	4.92	8	10
2	7413 号走北线	7.27	170	6.18	200	200
3	9711 号台风实际路径	6.74	50	5.59	40	50
4	9711 号台风走北线	8.00	400	6.73	430	400
5	临界超强台风走北线	8.92	630	7.57	900	800
6	5612 号台风实际路径	8.89	630	7.20	700	600
7	5612 号台风走北线	10.00	3000	8.41	4500	4000

4.4.2 波浪的重现期分析

以乍浦波浪站实测波高资料做重现期分析，由经验频率曲线分析乍浦站各方案时的波高重现期见表 4.4.3，其中方案 1～方案 6 的波向属于 E～ESE 波向组，方案 7 的波向属于 ESE～SE 波向组。

表 4.4.3 乍浦站各方案时的波高及重现期

波要素	方案 1	方案 2	方案 3	方案 4	方案 5	方案 6	方案 7
最大有效波高 H_s/m	1.91	2.55	3.07	3.32	4.03	4.06	4.86
最大平均波高 $H_{1/10}$/m	2.37	3.13	3.77	4.06	4.90	4.93	5.86
重现期/年	5	15	35	50	135	135	350
波向/(°)	88	86	105	87	91	104	124

超强台风在浙北登陆时，乍浦产生大浪，最大有效波高为 4.1m，相应的风暴高潮位为 8.4m。风暴高潮位的重现期与波高重现期有很大的差异，方案 7 乍浦潮位重现期达 4000 年一遇，而波浪重现期则为 350 年。这主要是因为对于杭州湾口一带尚未有强台风与天文潮高潮位相遇的实例，一旦超强台风登陆时遭遇天文潮高潮位势必形成特高潮位，远高于历史高潮位，其重现期较大；而对于近岸波浪而言，其波高较大程度上取决于来自深水区的波浪，风速对于深水波浪的影响远大于水深产生的影响。

4.5 超标准风暴潮作用下的沿江越浪及海塘稳定性

新中国成立以来，钱塘江临江一线海塘的维修和建设经历了 1949—1957 年、1958—1996 年和 1997—2003 年三个阶段。目前，钱塘江北岸已经建成 100 年一遇及以上标准海塘 101km，50 年一遇海塘 59km，20 年一遇过渡性海塘 18km（主要分布于治江围涂过渡性围区）。二线海塘主要为老沪杭公路及钱塘江治江围涂后退居二线的老海塘，总长约 94.4km，塘顶高程普遍比对应的一线海塘低 1.5～2.4m，高出地面约 2～3.5m，且离一线海塘较近，各段合计有道路、涵洞、河道等缺口 106 处，自上而下有可能形成 12 个封闭圈，封闭圈形成的范围较小。钱塘江北岸自尖山以下河段，水面宽阔，超标准风暴潮作用时，异常高潮位和大浪，会冲击海塘，并造成大量越浪，威胁海塘护面的稳定。因此，通过波浪断面模型试验研究以下内容：①遭遇超标准台风时海塘护面结构的稳定性，包括海塘迎潮面、塘顶和背坡面的护面稳定性；②各级潮位和波浪组合工况下波浪越浪量（胡金春和黄世昌，2009）。

4.5.1 海塘波浪水槽试验设计

自海宁至金山塘段中选取海宁断面（1#）、旧仓断面（3#）、黄沙坞断面（4#）、南台头断面

(5#)、五团断面(6#)、乍浦断面(7#)和平湖断面(8#)共7个断面，断面位置如图4.3.1所示，断面型式如图4.5.1所示。钱塘江海塘的护面结构一般为混凝土重力墙、异形块体、抛石、混凝土灌砌石等，这些均可按重力相似和几何相似进行模拟，但对于波浪作用下护面断裂无法模拟，只能作为整体考虑其稳定性。内坡面土体淘刷难以准确模拟，主要是剪切特性的比尺与几何比尺难以一致，且土体扰动后与原状土不同，模型中以细石子近似代替。试验在波浪水槽中进行，水槽长70m、宽1.2m、高1.7m，断面几何比尺为1：15～1：30。模型中的挡浪墙、混凝土重力墙、四脚空心方块、螺母块等均由水泥砂浆注模浇注，并掺以铁砂，使容重与实际容重相同，达到几何、重量和重心相似。灌砌块石主体用水泥砂浆注模浇注，表面嵌入大小均匀的石子。理砌块石、抛石等由天然石子按重量逐个挑选出来，堤身及碎石垫层则用小石块和瓜子片构成，使之具有一定的渗透性。

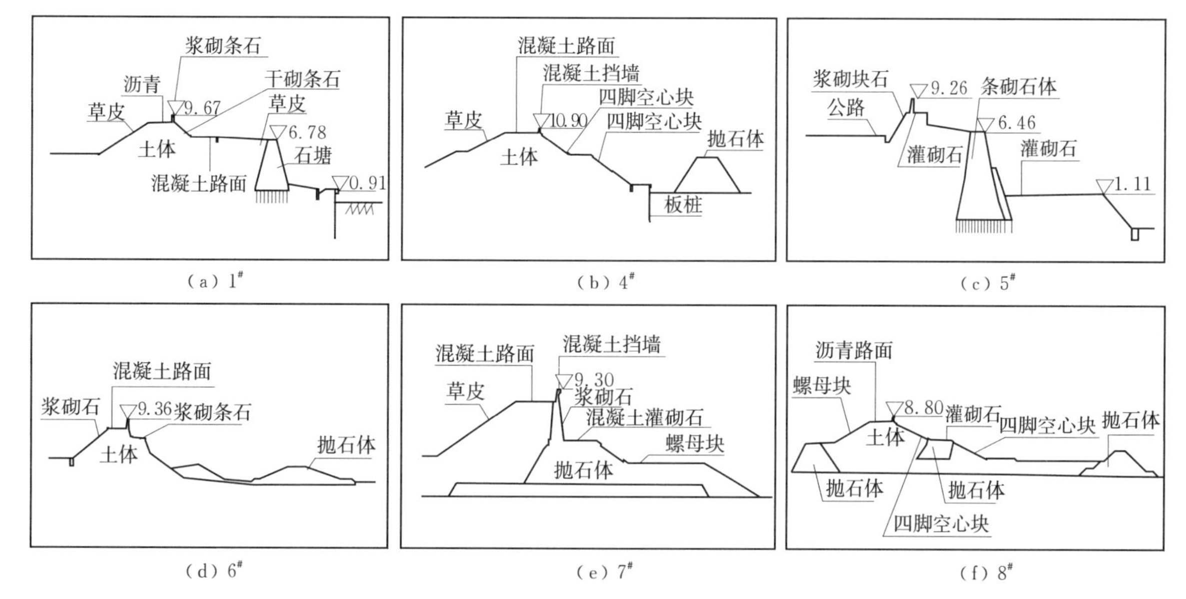

图4.5.1 钱塘江河口北岸典型海塘断面示意图(1#、2#和3#断面类似，高程数据单位为m)

尖山以下塘段(4#～8#)采用5612号、9711号和7413号台风走北线时的风暴潮位和波浪进行试验研究，考虑到走北线时，尖山以上高潮位阶段均为离岸风，因此，该塘段(1#和3#)采用走5612号台风实际路径时的潮位和波浪。采用梯级近似风暴潮位过程及其对应的台风浪过程，即连续的潮位和波过程一般以每隔0.5h的潮位和波要素来代替进行试验，断面临近失稳时适当加密，因此每场台风包括多种潮位、波浪组合，采用JONSWAP波谱生成波系列。在越浪量试验时观察海塘的稳定性，一旦海塘护面失稳则可得到临界越浪量，而后随潮位及波浪变化，海塘的破坏程度发生变化。为获得海塘各种失稳状态的越浪量，需重新铺设断面，并加以固定，采用与海塘失稳相对应的波要素进行试验。

4.5.2 超标准风暴潮作用下的海塘临界越浪量

钱塘江河口北岸海塘越浪量大小与众多因素有关，如波要素、海塘外型、护面结构及挡浪墙顶相对潮位的出水高度，对于已建的海塘而言，越浪量取决于堤前的波浪与潮位。在台风登陆遭遇天文高潮位过程中，随着水位升高和波浪加大，越浪量增大，台风登陆之后，潮位降低，波浪总体上减弱，相应越浪量减小，在此过程中，海塘迎波护面结构承受波浪的推托和回抽，内坡护面则受到越浪水体的冲蚀作用。

超强台风作用下，钱塘江北岸澉浦至乍浦段高潮位达600～4000年一遇，波高达135～350年一遇，对于防潮设计标准为50～100年一遇的海塘而言，超强台风引起的水文要素大于设计值，风暴高潮位超标准程度远大于波高，如乍浦和五团断面(6#和7#)设计有效波高为3.2m，超强台风波高为3.8m，设计高潮位6.0～6.7m，风暴高潮位则为9.0～10.2m，过高的潮位引起过大的越浪量，越浪水体是海塘损坏的主要原因。超强台风作用下（5612号北线台风为代表），各断面的破坏发展特征如下：

（1）台风过程中，随着堤前风暴潮位的逐渐升高，开始有大浪越过挡浪墙，但此时越浪量较小，越浪水体直接作用位置一般都在堤顶路面范围内，不至于对内坡产生直接冲击，此时各断面各护面结构均能保持稳定。

（2）随着潮位的进一步上涨及波要素的增大，越浪量也相应增大，内坡面开始出现起伏现象或有护面块体隆起、个别跳出现象，随后护坡垫层逐渐受淘刷，出现局部冲刷坑。如果挡浪墙或外坡护面结构较为单薄，此阶段往往还伴随着挡浪墙及外坡护面块体局部失稳现象。

（3）如果潮位和波浪继续增长，越浪量继续增大，使内坡护面块体大片失稳，内坡冲刷坑会迅速扩大，堤顶路面下部垫层及堤身也开始受到淘刷致使路面失去支撑，随即路面、挡浪墙等完全失稳，上部堤身很快崩塌。从试验中看，内坡护面块体开始大片失稳到上部堤身的溃决，通常不到0.5h，快则只需5～10min。

（4）内坡冲刷导致堤身溃决情况下，超强台风过后，海塘上部主体一般被完全冲毁，包括直立堤的直墙及以上部分，斜坡堤复坡的中间平台及以上部分。试验中观察到海塘的平台或镇压层及以下部分受损很小，使得海塘未继续下切。越浪量与海塘状态的变化过程如图4.5.2～图4.5.4所示，两者具有较明确的对应关系。总体来看，随着越浪量的增大，海塘从稳定向局部失稳转化，继而从局部失稳向全面溃决发展，其间存在两个临界越浪量值。

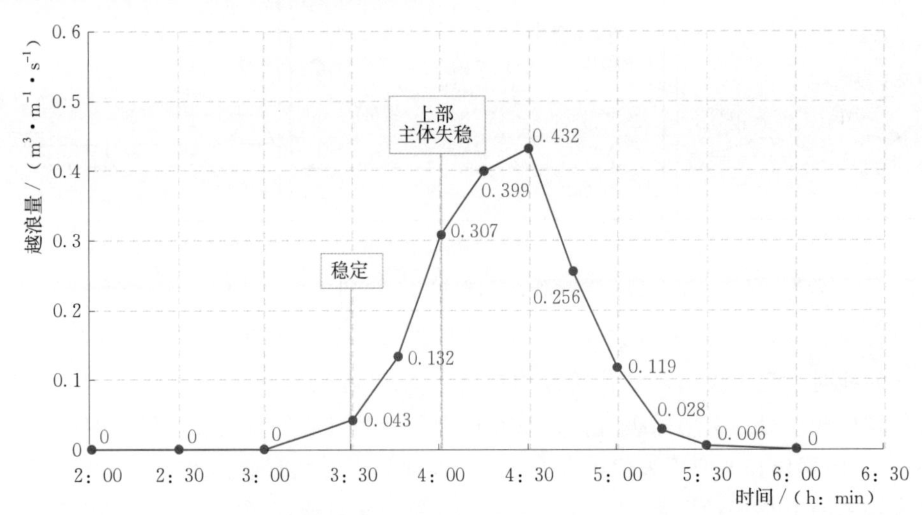

图4.5.2　5612号台风走北线越浪量过程及其对应的海塘护面状况（黄沙坞断面）

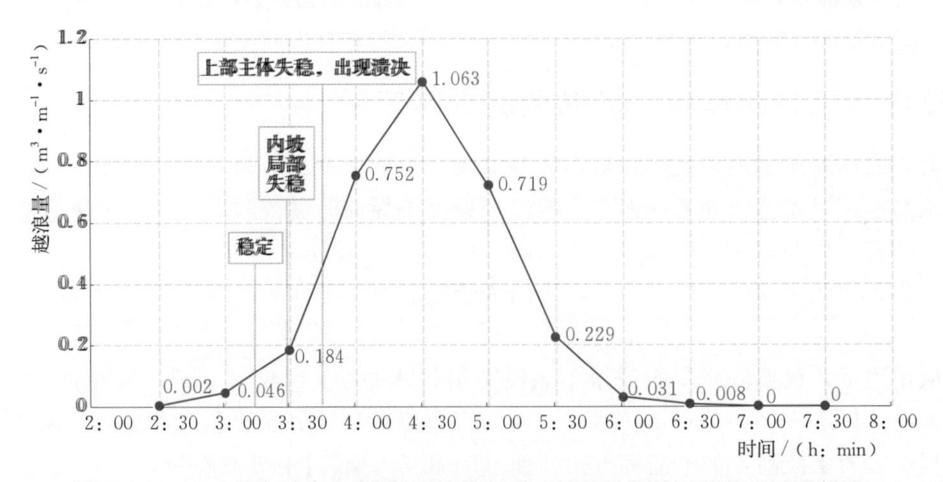

图4.5.3　5612号台风走北线越浪量过程及其对应的海塘护面状况（五团断面）

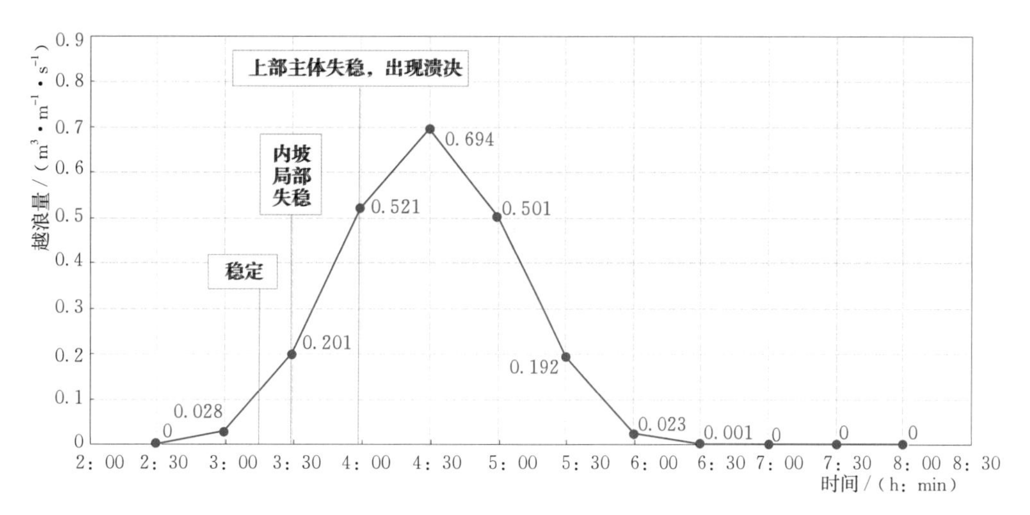

图 4.5.4　5612 号台风走北线越浪量过程及其对应的海塘护面状况（乍浦断面）

统计各断面损坏时对应的越浪量，见表 4.5.1。表中海塘损坏分为两种情况：内坡临界稳定～局部冲损对应内坡即将开始失稳至个别护面块体跳出或出现局部小冲刷坑状态；内坡完全失稳对应内坡护面成片失稳或形成大冲刷坑状态，意味着海塘即将溃决。河口上游的波要素要远小于中、下游。从表 4.5.1 中可以看到，对于上游区域（以 1# 和 3# 断面为代表），当越浪量大致超过 $0.1m^3/（m·s）$时，内坡将完全失稳，此时风暴潮位与挡浪墙高程的差值小于 0.5m。对于中、下游区域（以 4#、6#～8# 断面为代表），内坡有混凝土块体护面情况下，当越浪量大致超过 $0.1m^3/（m·s）$时，内坡开始发生破坏；当越浪量大致超过 $0.3m^3/（m·s）$时，内坡将完全失稳，此时风暴潮位与挡浪墙高程的差值一般小于 1.2m，若内坡护面为草皮情况下具体数值还要小一些。

表 4.5.1　　各断面损坏时对应的潮位和临界越浪量一览表

海塘基本情况						内坡临界稳定～局部冲损		内坡完全失稳	
断面编号	海塘名称	海塘型式	内坡护面	挡浪墙高程/m	设计潮位/m	风暴潮位/m	越浪量/（$m^3·m^{-1}·s^{-1}$）	风暴潮位/m	越浪量/（$m^3·m^{-1}·s^{-1}$）
1#	海宁	直立塘	草皮	9.67	7.82	—	—	9.26	0.108
3#	旧仓	直立塘	草皮	10.17	7.12	—	—	10.10	0.186
4#	黄沙坞	斜坡塘	草皮	10.90	6.91	—	—	9.92	0.307
5#	南台头	直立塘	厚 30cm 浆砌块石	9.26	6.02	—	—	—	—
6#	五团	斜坡塘	厚 30cm 混凝土格栅	9.36	6.02	8.07～8.46	0.11～0.184	8.66	0.468
7#	乍浦	直立堤	厚 30cm 混凝土螺母块	9.30	5.34	7.77～8.12	0.085～0.201	8.49	0.521
8#	平湖	斜坡塘	厚 30cm 混凝土螺母块	8.80	5.04	7.50	0.282	7.65	0.440

注　7#、8# 断面设计潮位为 50 年一遇，其他断面均为 100 年一遇。

通过与台风过程中高潮位时刻的比较可以看出两者的关系，各断面内坡完全失稳（或海塘即将溃决）时刻一般发生在高潮位之前半小时左右，内坡（有混凝土块体护面）开始损坏时刻则发生在内坡完全失稳之前 0.5h 左右。

4.5.3　超标准风暴潮作用下的海塘稳定性

超强台风遇天文高潮位登陆，河口上游的 1#、3# 断面最高潮位超过挡浪墙发生溢流，其他断面过程最大越浪量约在 $0.5～1.5m^3/（m·s）$。9711 号台风过程，除个别断面（5# 断面）过程最大越浪量达 $0.133m^3/（m·s）$以外，其余断面均在 $0.07m^3/（m·s）$以内。7413 号台风登陆过程，最大越浪量在

0.01m³/（m·s）以下。台风登陆过程各断面损坏状况见表 4.5.2，5612 号超强台风登陆，各断面损坏严重，难以抵御台风引起的潮浪侵袭；9711 号台风登陆过程，仅个别断面（5# 断面）失稳现象，且仅限于局部结构，其余各断面均能保持稳定；7413 号台风登陆过程，各断面未受损伤保持完好。

表 4.5.2　　各断面破坏形式一览表

断面编号	海塘名称	断面破坏形式	
		5612 号北线或实际路径台风	9711 号台风走北线
1#	海宁直立塘	内坡冲损导致堤身上部主体失稳（内坡、挡浪墙、外坡干砌条石失稳、堤身石冲走），冲损初期兼有挡浪墙倾覆	—
3#	旧仓直立塘	内坡冲损导致堤身上部主体失稳（内坡、挡浪墙、外坡干砌条石失稳、堤身石冲走），冲损初期兼有挡浪墙倾覆	—
4#	黄沙坞斜坡塘	北线台风时，内坡冲损导致堤身上部主体失稳（内坡、挡浪墙、外坡四脚空心方块失稳） 实际路径台风时，潜堤刷深 1～2m，内坡形成冲刷坑，后期兼有挡浪墙倾斜，但外坡护面稳定	—
5#	南台头直立塘	挡浪墙及其外侧混凝土灌砌石失稳导致堤身上部主体失稳，后期兼有内坡冲损	挡浪墙局部失稳
6#	五团斜坡塘	内坡冲损导致堤身上部主体失稳，浆砌条石平台失稳，但下部浆砌块石护面基本稳定。潜堤主体稳定	—
7#	乍浦直立堤	内坡冲损导致堤身上部主体失稳，直立墙倾倒	—
8#	平湖斜坡塘	内坡冲损导致堤身上部主体失稳 冲损中后期兼有挡浪墙、四脚块失稳	—

试验中各断面的损坏主要以内坡遭受严重冲刷导致上部主体失稳为主，其次存在内坡冲刷过程中兼有挡浪墙倾覆、外坡护面局部失稳情况。5# 南台头断面较为特殊，由于内侧为沪杭公路，路面高程已超过百年一遇设计高潮位，因此路面以上内坡尺度较小，且用浆砌块石护面，不易发生破坏，试验中观察到的破坏形式以防浪墙失稳为主。

4.6　超标准风暴潮淹没计算和灾害损失

4.6.1　超标准风暴潮淹没计算

钱塘江河口是我国经济发达地区，又是大潮差区，两岸在明清以来就开始修建海塘抵御风暴潮灾害，堤后保护区是大片高程 2～4m 的平原，一旦风暴潮位超过海塘高程，保护区大片土地将被漫溢的潮水淹没。因此在风暴潮模型的基础上，需进行钱塘江口风暴潮溢流和溃堤计算（韩曾萃等，2008；丁涛等，2010；郑君，2011）。

针对新中国成立以来钱塘江海塘建设的不同阶段，计算了 1949 年、1957 年和 2003 年三种海塘遭遇不同频率风暴潮时，在溢流或溃堤工况下的淹没情况，并为钱塘江河口风险损失计算提供依据。由于钱塘江河口下游一旦风暴高潮位高出海塘塘顶出现溢流现象，减少上溯的潮量，会适度降低上游风暴潮位。将海塘高程分为两种情形：①不考虑挡浪墙的防潮功能，也不考虑堤塘的溃决，当水位超过堤顶高程时即发生溢流，称溢流计算；②假定风暴潮潮位高过堤顶 0.5m 时，斜坡塘可能会发生溃堤，但并非全线溃堤，只考虑 1/2～1/4 堤长溃堤，称溃堤计算。因此对海塘保护区的淹没计算均考虑风暴

潮发生溢流或溃堤两种工况。采用MIKE21软件可以模拟海塘溢流的情况，但不能直接模拟溃堤的现象，需人工干预，采用热启动的方式计算溃堤，溃堤的判断标准是：海塘连续溢流时间超过15min且水位超过海塘高程0.50m。

针对1949年和2003年海塘情况，共设计了16组风暴潮计算方案，见表4.6.1。为减少计算工作量，对1957年海塘只作了一组计算，计算结果与用1949年、2003年海塘内插误差小于10%，故1957年各频率风暴潮淹没情况根据1949年和2003年海塘水力计算成果，结合1957年实际海塘标准内插推求得到。由于大于百年一遇的风暴潮较难确定，此处初步将1956年实际台风遭遇年最大天文潮的情况估算为500年一遇的风暴潮。

表4.6.1　　风暴潮计算方案

方案	频率	工况条件	方案	频率	工况条件
1	500年一遇	溢流、1949年海塘	9	500年一遇	溃堤、1949年海塘
2	100年一遇	溢流、1949年海塘	10	100年一遇	溃堤、1949年海塘
3	50年一遇	溢流、1949年海塘	11	50年一遇	溃堤、1949年海塘
4	20年一遇	溢流、1949年海塘	12	20年一遇	溃堤、1949年海塘
5	500年一遇	溢流、2003年海塘	13	500年一遇	溃堤、2003年海塘
6	100年一遇	溢流、2003年海塘	14	100年一遇	溃堤、2003年海塘
7	50年一遇	溢流、2003年海塘	15	50年一遇	溃堤、2003年海塘
8	20年一遇	溢流、2003年海塘	16	20年一遇	溃堤、2003年海塘

4.6.1.1　风暴潮溢流计算分析

钱塘江河口北岸海塘保护区以尖山为界分东、西两个区域，南岸以曹娥江为界分东、西两个区域，计算以北岸东、北岸西、南岸东、南岸西4个区域统计淹没面积和溢出水量，如图4.6.1所示。淹没面积按溢过海塘的水流经过的计算网格统计，溢流的水量按时段统计。各方案淹没面积见表4.6.2。根据计算结果可知：由于1957年海塘防御标准达到20年一遇，当遭遇20年一遇风暴潮时未发生溢流；2003年海塘防御标准达到100年一遇标准，当遭遇100年、50年、20年一遇风暴潮时，海塘未发生溢流。

图4.6.1　钱塘江河口保护区示意图

表 4.6.2　　风暴潮各溢流计算方案不同水深下的淹没面积统计　　单位：km²

海塘标准	重现期	区域	0～0.5m	0.5～1.5m	1.5～2.5m	>2.5m	小计	合计
1949年海塘	500年一遇	北岸东	104.39	1186.56	203.45	38.1	1532.5	5484.2
		北岸西	215.99	910.99	145.41	29.25	1301.6	
		南岸东	36.4	366.34	456.25	251.52	1119.5	
		南岸西	26.34	570.91	394.38	538.89	1530.5	
	100年一遇	北岸东	391.56	90.98	0.49	—	483.0	2009.2
		北岸西	298.82	101.67	12.44	—	412.9	
		南岸东	144.15	226.2	19.73	—	390.1	
		南岸西	256.87	448.73	17.64	—	723.2	
	50年一遇	北岸东	267.81	30.57	—	—	298.4	1547.7
		北岸西	271.26	73.05	11.71	—	356.0	
		南岸东	99.29	150.57	7.78	—	257.6	
		南岸西	233.44	384.86	17.45	—	635.7	
	20年一遇	北岸东	96.81	1.36	—	—	98.2	875.1
		北岸西	185.47	46.75	0.63	—	232.2	
		南岸东	109.84	42.43	0.29	—	152.6	
		南岸西	282.44	109.5	0.24	—	392.2	
1957年海塘	500年一遇	北岸东	95.00	1079.77	185.14	34.67	1394.58	4990.6
		北岸西	196.55	829.00	132.33	26.62	1184.50	
		南岸东	33.12	333.37	423.38	228.88	1018.75	
		南岸西	23.97	519.52	358.89	490.39	1392.77	
	100年一遇	北岸东	254.52	59.14	0.32	—	313.97	1306.0
		北岸西	194.23	66.09	8.09	—	268.41	
		南岸东	93.70	147.03	12.83	—	253.55	
		南岸西	166.97	291.67	11.47	—	470.11	
	50年一遇	北岸东	174.08	19.87	—	—	193.95	1006.1
		北岸西	176.32	47.48	7.61	—	231.41	
		南岸东	64.54	97.87	5.05	—	167.46	
		南岸西	151.74	250.16	11.34	—	413.23	
2003年海塘	500年一遇	北岸东	539.72	347.57	60.6	4.33	952.2	4029.2
		北岸西	462.82	547.39	84.95	44.67	1139.8	
		南岸东	290.9	320.5	22.7	0.15	634.2	
		南岸西	520.76	682.68	98.32	1.22	1303.0	

风暴潮溢流计算结果如下：

（1）溢过海塘的水在重力作用下在两岸平原内自由流动，南岸平原部分时间会出现水位高于南岸塘顶的情况，这时平原上积水又出现倒流回江的回流现象，而北岸因保护区地势低没有回流现象。

（2）在1949年海塘条件下，遭遇500年一遇的风暴潮时，海塘的防御能力明显不足，钱塘江南北两岸全线溢流。北岸的大缺口、秦山和乍浦附近最先发生溢流，平湖、嘉兴、海盐、海宁、桐乡和余杭等市（县）被淹，南岸的主要受灾地区是萧山、上虞、余姚和慈溪。由于南岸水位略高于北岸，且堤顶高程低于北岸，南岸总溢水量要大于北岸，其中萧绍宁平原（南岸西）受灾尤为严重；由于杭嘉湖平原的地面高程低于萧绍宁平原的高程，北岸的受灾面积要大于南岸，淹没水深较浅。两岸总淹没

面积达 5484.2km²。

(3) 与1949年海塘条件相比，2003年海塘防御500年一遇的风暴潮能力有所提高，总淹没面为 4029.3km²，减少约30%，总溢水量的峰值减少约70%；钱塘江河口2003年的大部分海塘按照百年一遇标准设计，北（南）岸东区的溢出水量和淹没面积比北（南）岸西区要小，由于下游溢出水量减少，且上游江面宽度缩窄，致使上游水位明显抬高，海宁（北岸）、萧山（南岸）一线发生溢流。

(4) 在1949年海塘条件下，100年一遇的风暴潮溢流主要发生在北岸的大缺口及乍浦附近，南岸的溢流主要集中在萧绍平原；萧绍平原（南岸西）水量的峰值约为5.41亿 m³，北岸西（盐官至大缺口一带）为1.82亿 m³。2003年海塘在100年一遇的风暴潮溢流工况下，无溢流发生。

(5) 在1949年海塘条件下，50年一遇风暴潮方案的溢流位置与100年一遇的方案相同，但溢出总水量约为后者的70%，淹没面积约为后者的75%。

(6) 在1949年海塘条件下，20年一遇的风暴潮，溢流主要发生在北岸大缺口和南岸的曹娥江口附近，南岸溢出总水量峰值约为1.43亿 m³。

4.6.1.2 风暴潮溃堤计算分析

与风暴潮溢流计算一致，仍分4个区域统计淹没面积和溢出水量。淹没面积、水深的统计结果见表4.6.3。浙北地区的杭嘉湖平原自古以来是钱塘江海塘防御的重点，北岸海塘的防御标准要高于南岸，依据1956年、1974年、1994年和1997年实际发生台风时海塘的损毁情况，初步假定北岸为局部溃决，溃决长度约10km，分别是盐官—大缺口段约4km，秦山附近约3km，乍浦段约3km；南岸自萧山至慈溪，只要溢流且计算满足溃堤的标准就认为该处海塘完全溃决，并假定溃决后海塘高程等于堤外地形高程。风暴潮溃堤计算结果分析如下：①同溢流方案相比，溃堤的水量峰值更大，淹没面积更多，遭遇500年一遇的风暴潮时，1949年和2003年海塘条件下两岸总淹没面积分别达7109km²和5698km²，落潮时堤内部分水又会倒灌回江里，这种现象北岸集中在大缺口和秦山附近，而南岸主要发生在萧山、曹娥江口和临海浦闸一带；②北岸斜坡塘长度有限，而南岸大部分为斜坡塘，北岸进水量比南岸少些。

表 4.6.3　风暴潮各溃堤计算方案不同水深下的淹没面积统计　单位：km²

海塘标准	重现期	区域	0～0.5m	0.5～1.5m	1.5～2.5m	>2.5m	小计	合计
1949年海塘	500年一遇	北岸东	477.31	1604.72	295.95	256.92	2634.9	7109.1
		北岸西	53.70	461.90	1092.30	161.45	1769.4	
		南岸东	49.38	414.46	458.21	643.83	1565.9	
		南岸西	46.36	282.26	486.35	313.97	1138.9	
	100年一遇	北岸东	249.24	79.95	14.63	—	343.8	2233.8
		北岸西	387.68	96.71	2.38	—	486.8	
		南岸东	240.64	490.77	173.56	—	905.0	
		南岸西	164.18	219.78	114.21	—	498.2	
	50年一遇	北岸东	225.18	60.26	12.30	—	297.7	1823.1
		北岸西	278.26	37.28	0.29	—	315.8	
		南岸东	196.01	498.31	141.23	—	835.6	
		南岸西	102.74	190.08	81.11	—	373.9	
	20年一遇	北岸东	150.95	38.20	1.46	—	190.6	1331.3
		北岸西	136.42	6.56	—	—	143.0	
		南岸东	216.09	404.54	68.38	—	689.0	
		南岸西	104.98	192.22	11.52	—	308.7	

续表

海塘标准	重现期	区域	0～0.5m	0.5～1.5m	1.5～2.5m	>2.5m	小计	合计
1957年海塘	500年一遇	北岸东	49.94	429.57	1015.84	150.15	1645.50	6611.3
		北岸西	443.90	1492.39	275.24	238.93	2450.45	
		南岸东	43.12	271.80	452.31	291.94	1059.16	
		南岸西	45.92	385.45	426.13	598.71	1456.21	
	100年一遇	北岸东	251.99	64.86	1.55	—	316.40	1451.9
		北岸西	162.01	51.97	9.51	—	223.48	
		南岸东	106.71	142.86	74.24	—	323.81	
		南岸西	156.41	319.00	112.81	—	588.23	
	50年一遇	北岸东	146.38	39.20	8.00	—	193.57	1185.0
		北岸西	180.87	24.23	0.19	—	205.29	
		南岸东	66.76	123.57	52.72	—	243.04	
		南岸西	127.41	323.90	91.80	—	543.11	
2003年海塘	500年一遇	北岸东	790.42	497.97	271.21	40.14	1599.7	5698.6
		北岸西	371.10	1011.49	225.33	10.98	1618.9	
		南岸东	93.70	515.13	380.92	551.71	1541.5	
		南岸西	171.56	459.86	97.69	209.43	938.5	

4.6.2 超标准风暴潮灾害损失

在进行风暴潮损失统计时，按是否能用货币表示，其主要指标可分为两大类，一类为目前还难以用货币表示的指标，如海塘工程的防洪保护人口、耕地面积、财产规模等宏观指标；另一类为可以用货币表示的指标，如工业、农业经济损失等。对于可以用货币表示的指标，其风暴潮灾害经济损失量主要包括直接经济损失和间接经济损失。利用风暴潮溢流及溃堤水力计算模型的计算成果统计不同级别淹没水深范围内的城乡居民家庭财产、工商企业固定和流动资产、农业财产、基础设施等各类财产价值，各类财产价值再乘以相应的损失率即为各类财产的损失值，可以得到风暴潮造成的直接经济损失；间接经济损失则采用经验系数法估算。具体计算方法如下：

（1）根据各潮位站实测的年最高水位系列样本，按皮尔逊Ⅲ型适线得到各频率风暴潮，对于一些极端情况，如大于100年一遇的风暴潮和天文大潮相遇，则可采用成因分析法来分析。

（2）通过风暴潮溢流及溃堤水力计算模型的计算成果分析海塘在溢流或局部溃堤工况下不同频率风暴潮可能的淹没范围、淹没水深。

（3）收集并统计海塘工程保护区内的基础资料信息，可运用GIS和RS等技术，分类别对保护区内的资产进行统计计算。财产类别可划分为城乡居民家庭财产、工业企业资产、商业企业资产、农业资产，以及重大基础设施、土地、城镇公共设施等财产。

（4）确定各类资产的损失率。在国内外相关研究的基础上，根据风暴潮灾害的淹没水深、淹没历时、淹没地形特征及地面高程等因素，建立灾害损失评估指标体系，确立各种财产的损失率。

（5）淹没区内各类财产的价值乘以相应的损失率即为各类财产的损失值，各项财产损失的累计值即为风暴潮造成的直接经济损失。

（6）间接经济损失则采用经验系数法估算。目前国内外多采用经验系数法估算，该方法假定风暴潮灾害间接损失与其直接损失有一定比例关系，即 $D_1=KD$，式中 D_1 为间接经济损失，K 为间接损失系数，D 为直接经济损失，针对钱塘江河口两岸的资产结构组成加权计算间接损失系数为30%。

4.6.2.1 直接经济损失计算

（1）风暴潮溢流条件下直接经济损失计算。根据风暴潮的溢流水力计算可知，当2003年海塘遭遇

不大于100年一遇标准风暴潮时，钱塘江河口未发生溢流或溃堤，无风暴潮损失，1957年海塘已达到20年一遇标准，1949年海塘达到5～10年一遇标准。经济损失计算采用1999年作为财产参照年。

当遭遇500年一遇风暴潮时，2003年海塘工况下淹没面积4029.2km^2，直接经济损失510.68亿元；1957年海塘工况下淹没面积4990.6km^2，直接经济损失793.84亿元；1949年海塘工况下淹没面积5484.2km^2，直接经济损失872.37亿元。当遭遇100年一遇风暴潮时，1957年海塘工况下淹没面积1306.0km^2，直接经济损失162.13亿元；1949年海塘工况下淹没面积2009.2km^2，直接经济损失249.44亿元。当遭遇50年一遇风暴潮时，1957年海塘工况下淹没面积1006.1km^2，直接经济损失127.42亿元；1949年海塘下淹没面积1547.7km^2，直接经济损失196.04亿元。当遭遇20年一遇风暴潮时，1949年海塘下淹没面积875.20km^2，直接经济损失105.01亿元。

（2）风暴潮溃堤条件下直接经济损失计算。同溢流条件下的直接经济损失计算方法一致，按溢流且发生溃堤条件计。当遭遇500年一遇风暴潮时，2003年海塘工况下淹没面积5698.6km^2，直接经济损失853.47亿元；1957年海塘工况下淹没面积6611.3km^2，直接经济损失1059.11亿元；1949年海塘工况下淹没面积7109.1km^2，直接经济损失1049.21亿元。当遭遇100年一遇风暴潮时，1957年海塘工况下淹没面积1451.9km^2，直接经济损失197.05亿元；1949年海塘工况下淹没面积2233.8km^2，直接经济损失284.37亿元。当遭遇50年一遇风暴潮时，1957年海塘工况下淹没面积1185.0km^2，直接经济损失165.73亿元；1949年海塘下淹没面积1823.0km^2，直接经济损失232.00亿元。当遭遇20年一遇风暴潮时，1949年海塘下淹没面积1331.3km^2，直接经济损失166.95亿元。

4.6.2.2 风暴潮风险损失计算

由于海塘溢流和溃堤具有一定的不确定性，因此各频率风暴潮灾害损失取溢流和溃堤的平均值。

（1）2003年海塘工况下风暴潮损失。由于2003年海塘已达到100年一遇标准以上，因此当遭遇低于（等于）100年一遇标准风暴潮时，钱塘江河口未发生溢流或溃堤，无风暴潮损失。当遭遇500年一遇标准风暴潮时，溢流工况下的损失为663.88亿元，溃堤工况下的损失为1109.51亿元，两者平均为886.70亿元。

（2）1957年海塘工况下风暴潮损失。1957年海塘已达到20年一遇标准，因此当遭遇低于（等于）20年一遇标准风暴潮时，无风暴潮损失。当遭遇500年一遇风暴潮时，灾害损失为1204.42亿元；遭遇100年一遇风暴潮时，灾害损失为233.47亿元；遭遇50年一遇风暴潮时，灾害损失为190.55亿元。

（3）1949年海塘工况下风暴潮损失。1949年海塘已达到10年一遇标准，因此当遭遇低于（等于）10年一遇标准风暴潮时，无风暴潮损失。当遭遇500年一遇风暴潮时，灾害损失为1249.03亿元；遭遇100年一遇风暴潮时，灾害损失为346.98亿元；遭遇50年一遇风暴潮时，灾害损失为278.23亿元；遭遇20年一遇风暴潮时，灾害损失为176.77亿元。

通过上面的计算可知，新中国成立以后，海塘的两次系统加固加高（1950—1957年，1997—2003年）和历年维护在抗御风暴潮灾害中发挥了显著的作用，降低了灾害风险，有力地保障了两岸人民的生命和财产安全。

4.6.2.3 风暴潮风险评价

针对2003年海塘工况进行风暴潮灾害风险评价，选取以下评价指标：

（1）单位面积资产价值。北岸东区域单位面积资产价值为3129.11万元/km^2，北岸西区域为3752.90万元/km^2，南岸东区域为3965.57万元/km^2，南岸西区域为5955.40万元/km^2。可见如以单位面积资产价值作为评价指标，风险最大的区域为南岸西，即萧山、绍兴区域。

（2）淹没面积。当遭遇500年一遇风暴潮时，北岸东淹没面积（溢流和溃堤平均）为1275.95km^2，北岸西为1379.35km^2，南岸东为1057.55km^2，南岸西为1120.75km^2。可见如以淹没面积作为评价指标，风险最大的区域为北岸西，即海宁、桐乡区域。

（3）单位面积平均损失作为风险评判指标。当遭遇500年一遇风暴潮时，北岸东区域单位面积平均损失为822.59万元/km^2，北岸西区域为1464.15万元/km^2，南岸东区域为958.20万元/km^2，南岸西区域为 2223.80 万元/km^2。从单位面积平均损失来看，南岸风险高于北岸，风险最大的区域为南岸西，即萧山、绍兴区域。

4.7 风暴潮实时预报模型

4.7.1 模型建立

目前风暴潮数学模型大多以事后模拟为主，而针对特定的区域开发风暴潮实时预报模型，需考虑到以下三点（于普兵等，2011）：①模型的计算效率，计算效率主要取决于采用的计算格式、网格数、时间步长以及计算机的配置等，风暴潮实时预报对计算效率要求较高，需选取适当的计算格式和网格布置；②计算范围，由于台风发生的时间、地点和移动路径的不可预测性，模型的计算范围应涵盖台风可能途径的范围，外海计算边界的潮位时间序列应包含台风可能发生的时间；③模型的通用性和操作的方便性，风暴潮实时预报模型往往提供给非专业人士使用，因此需考虑模型的通用性和操作的方便性。

考虑风暴潮与天文潮的耦合作用，基于无结构网格有限体积法建立了二维风暴潮实时预报模型。模型采用任意三角形剖分计算区域，选用网格中心格式（Cell - Centered，CC）布置变量，并采用干底Riemann解模拟动边界问题。模型的外海边界取静压水位叠加天文潮位，该潮位由全球潮波模型 TPXO.6（EGBERT & EROFEEVA，2002）推算求得，其中包含八个主要分潮 M_2、S_2、K_1、O_1、N_2、P_1、K_2、Q_1，以及两个长周期分潮 M_f 和 M_n。模型在风暴潮计算中选用 Jelesnianski（65 式）模拟风场和气压场。

软件系统操作界面采用 Visual C# 2008 开发（宋立松等，2010），核心计算模块采用 Compaq Visual FORTRAN 6.5 开发，系统能够在 Windows 2000/XP 和 windows server2003 平台上运行。台风数据与下泄流量数据通过界面输入接口进入系统并存入中心数据库，输出结果也存入中心数据库，供相关系统使用。

4.7.2 模型验证

模型验证选取对钱塘江河口影响较大或路径具有典型性的 10 次台风，详见表 4.7.1，台风路径如图 4.7.1 所示。模型分别对天文潮和风暴潮进行验证，选取钱塘江河口澉浦、乍浦、芦潮港、镇海，浙江沿海的长涂、西泽、健跳、海门、坎门、龙湾、洞头，及长江口的佘山，福建的三沙共 13 个潮位站作为天文潮验证站。风暴潮验证中选取钱塘江河口闸堰、闸口、七堡、仓前、盐官、澉浦、乍浦、镇海以及浙江沿海的健跳、海门、坎门、龙湾、洞头共 13 个潮位站实测潮位资料进行验证，风暴高潮位的误差统计见表 4.7.2。

表 4.7.1 验证台风情况

序号	台风编号	台风登陆相关信息			
		登陆位置	登陆时间/（年-月-日 h：min）	登陆时中心气压/hPa	备注
1	5612	石浦	1956-8-1 23：00	923	
2	7413	三门	1974-8-20 0：00	974	
3	8114		1981-8-31 18：00	950	杭州湾口转向
4	9417	瑞安	1994-8-21 22：00	960	
5	9711	温岭	1997-8-18 21：00	960	
6	0004（启德）	温州	2000-7-9 18：00	980	横穿杭州湾
7	0216（森拉克）	福鼎	2002-9-7 12：00	960	
8	0414（云娜）	温岭	2004-8-12 20：00	950	
9	0509（麦莎）	玉环	2005-8-6 4：00	950	
10	0515（卡努）	路桥	2005-9-11 15：00	945	

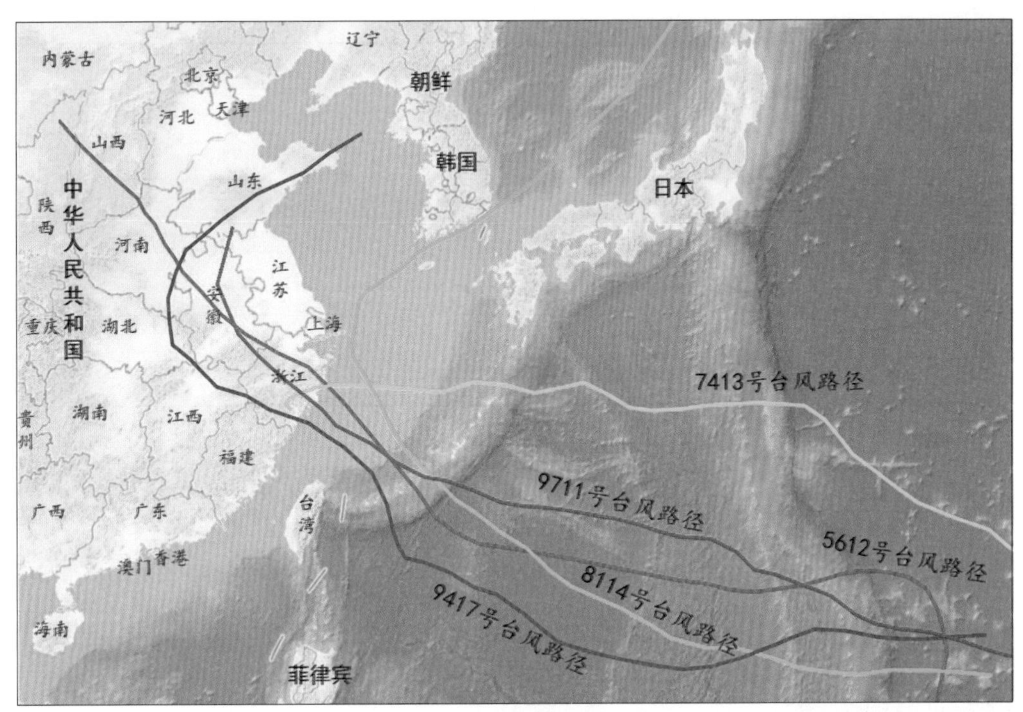

（a）2000年前验证

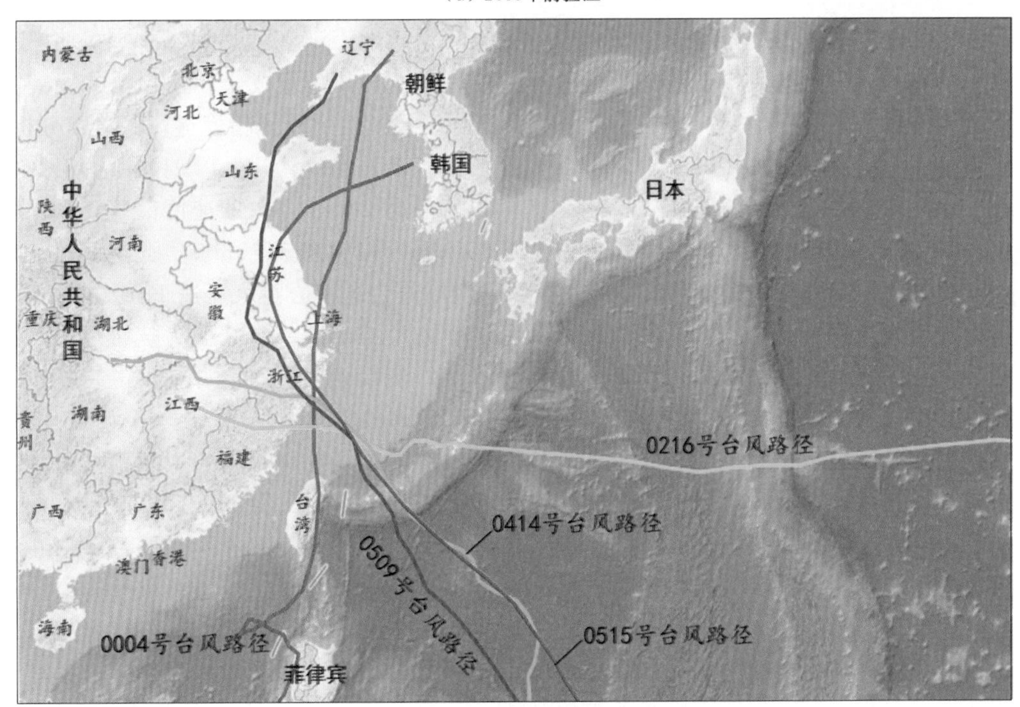

（b）2000年后验证

图 4.7.1　台风路径示意图

表 4.7.2　　风暴潮高潮位误差统计表　　单位：m

台风编号	闻家堰	闸口	七堡	仓前	盐官	澉浦	乍浦
0515	0.13	0.06	−0.08	−0.02	0.02	0.17	0.09
0509	0.59	0.43	0.21	−0.16	−0.03	0.16	0.01
0414	0.06	−0.04	−0.23	−0.07	0.31	0.38	0.11
0216	0.31	−0.48	−0.53	−0.45	−0.05	−0.18	−0.41

续表

台风编号	闻家堰	闸口	七堡	仓前	盐官	澉浦	乍浦
0004	0.11	−0.06	−0.25	−0.08	0.02	0.27	0.09
9711	0.63	0.28	−0.12	0.11	−0.14	0.25	−0.04
9417	0.17	0.04	0.10	−0.39	−0.13	−0.13	−0.23
8114	0.07	0.00	−0.17	−0.23	−0.09	0.05	−0.29
7413	0.43	0.12	−0.42	0.50	−0.26	−0.23	−0.15
5612	0.26	0.47	0.71	−0.02	0.73	−0.14	0.13
10场台风平均误差	0.27	0.20	0.28	0.20	0.18	0.20	0.15

注："+"表示计算值偏高，"−"表示计算值偏低。

可以看出，风暴潮高潮位计算值与实测值基本符合，钱塘江河口上游闻堰的误差范围为0.06～0.63m，平均误差为0.27m；闸口的误差范围为0.00～0.48m，平均误差为0.20m；七堡的误差范围为0.08～0.71m，平均误差为0.28m；仓前的误差范围为0.02～0.5m，平均误差为0.20m；盐官的误差范围为0.02～0.73m，平均误差为0.18m；河口下游澉浦的误差范围为0.05～0.38m，平均误差为0.20m；乍浦的误差范围为0.01～0.41m，平均误差为0.15m。上游的误差略大于下游。

4.7.3 模型试报结果

2009年影响浙江省的台风是第8号台风莫拉克。台风来临时，浙江省钱塘江管理局防汛办使用本预报软件对莫拉克台风引起的风暴高潮位及时进行了预报作业，其预报成果在防汛决策中发挥了一定作用。此后进一步进行了后报计算，根据实际潮位数据对预报模块的模拟精度进行了总结分析。

2009年第8号热带风暴莫拉克于8月4日2时在西太平洋上生成，5日14时加强为台风，中心气压975hPa，近中心的最大风力12级（33m/s）。台风以每小时20km左右的速度向西移动，强度逐渐加强，并于8日0时登陆台湾花莲，登陆时中心气压955hPa，最大风速40m/s。此后台风北上穿过台湾海峡，于9日16时20分在福建省霞浦县再次登陆，登陆时台风中心最大风速12级（33m/s），中心气压970hPa。9日晚上在福建省境内减弱为强热带风暴，进入浙南进一步减弱为热带风暴，一路北上穿过浙江全境，10日22时在尖山附近掠过钱塘江河口，最后由江苏如东附近出海。台风路径如图4.7.2所示。

浙江省钱塘江管理局防汛办采用8月6日8时的实测台风参数及同时刻的中国预报路径进行了风暴潮试预报，该预报路径对杭州湾最不利。根据该预报路径莫拉克台风将于8日5时左右在台湾基隆附近登陆，9日3时左右于福建霞浦一带再次登陆，之后从浙江西部北上进入安徽省。中心气压根据预报的最大风速推算，在台湾登陆时中心气压预计为960hPa，一直维持到福建再次登陆。

考虑到气象部门给出的台风路径及移动速度的预报误差较大，两潮耦合计算很可能出现最大增水没有与最不利的天文高潮位叠加的情况，故预报模型计算了基于平均海平面情况下的风暴增水，其最大值列于表4.7.3，将此最大增水值与潮汐表中的天文高潮位叠加得到的综合高潮位将是偏安全的。表4.7.3同时列出了实测最大增水，可见预报值与实际吻合得非常好。这与本次气象部门预报的台风参数和实际较为一致有关。

表4.7.3 钱塘江河口最大增水预报值及实测值 单位：m

站名	预报增水	实测增水	误差
澉浦	1.06	0.96	0.10
乍浦	0.88	0.84	0.04

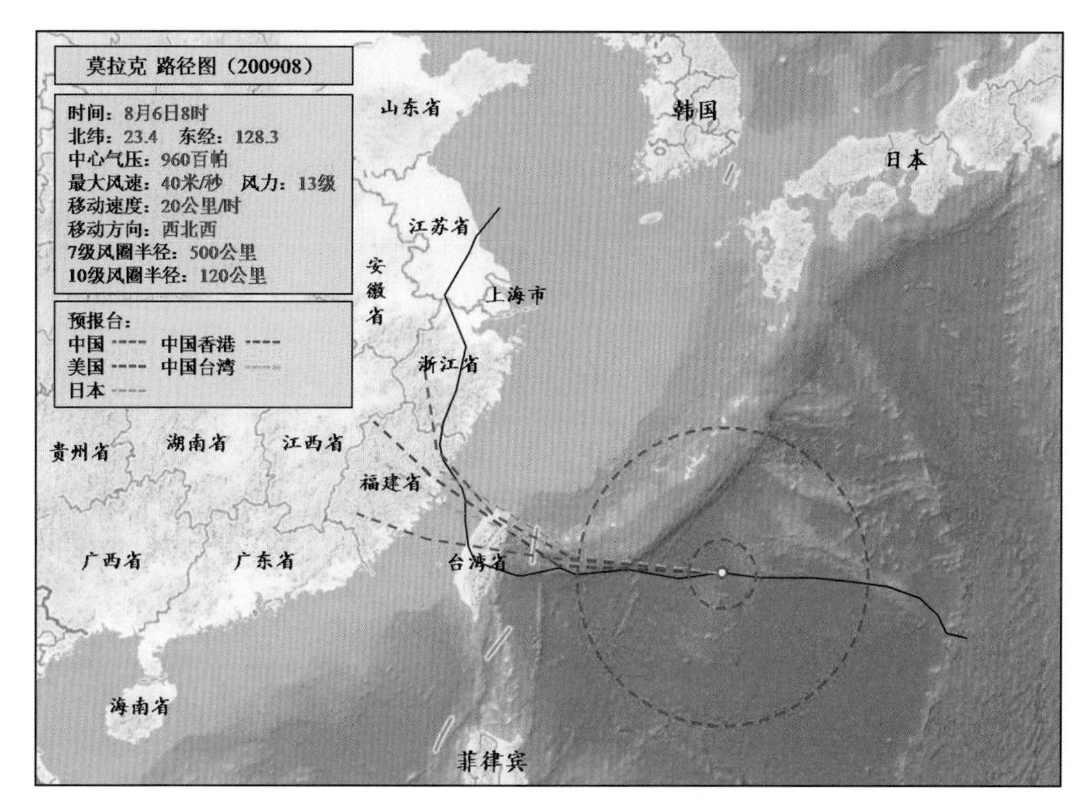

图 4.7.2 莫拉克台风实际路径及预报路径图

风暴潮后报计算全程采用实际台风路径和气压等参数，外海边界输入 TPXO.6 模型给出的天文潮过程，上游边界输入富春江、分水江实际下泄流量（没有考虑区间入流），进行两潮耦合计算，计算结果与实际数据的对比见表 4.7.4，由表可知，各站风暴高潮位误差基本小于 0.3m，计算风暴高潮位与实测值基本吻合。

表 4.7.4 **“莫拉克”风暴高潮位误差统计表** 单位：m

统计项目	闸口	七堡	仓前	盐官	澉浦	乍浦
计算值	6.99	6.74	6.67	6.22	4.91	4.02
实测值	6.82	6.74	6.42	6.25	4.69	4.33
误差	0.17	0.00	0.25	−0.03	0.22	−0.31

4.8 本章小结

杭州湾水域宽阔，水深浅、潮差大，当风暴潮从东海转入杭州湾后，天文潮和风暴潮的波幅与水深之比已不是一个小量，天文潮与风暴潮耦合现象显著。本章基于河口海岸水动力数值模型 MIKE21 结合台风参数气压场和风场模型以及全球天文潮模式，建立适合于钱塘江河口的天文潮与风暴潮的耦合计算模型，在此基础上基于第三代近岸台风浪 SWAN 模型建立适合钱塘江河口的台风浪计算模式。选取以 5612 号超强台风为重点的多场典型台风，计算了钱塘江河口沿程超标准风暴潮高潮位和沿江波浪，通过波浪断面模型试验检验钱塘江河口北岸海塘的稳定性，分析溢流和溃堤状态下海塘保护区的淹没范围与损失。

5612 号超强台风若在杭州湾湾口南岸登陆遭遇年最高天文潮高潮位，杭州湾北岸澉浦、乍浦最高潮位可达 10.00m 和 8.41m，分别超过相应百年一遇设计潮位 3.39m 和 2.80m，在现有海塘标准情况下，北岸盐官、大缺口、澉浦至乍浦一带，南岸萧山廿工段、绍兴、上虞和余姚沿线均出现大范围风暴潮位高于海塘堤顶高程发生溢流的现象。钱塘江河口下游出现的溢流大大减少了上溯潮量，降低了上游的风暴潮位，乍浦以上各站沿程风暴潮位分别降低了 0.09～0.99m。风暴高潮位受台风强度和登陆时遭遇的天文潮位有关，台风强度强，遭遇的潮位高，易造成较高的风暴高潮位。风暴高潮位除与自然因素有关外，还受到钱塘江河口大规模治江围涂的影响，以往的治江围涂对风暴高潮位的影响是显著的，但随着以后治江围涂向湾口推进，对澉浦风暴高潮位的影响将有所减弱。5612 号台风引起的北岸堤前过程最大有效波可达 5.5m，台风强度减弱，波高降低，9711 号台风时北岸堤前过程最大有效波高在 3.7m 以下，有效波高过程因台风的路径差异呈现单峰或双峰过程。超强台风产生风暴高潮位的重现期大于波高重现期，乍浦潮位重现期可达 4000 年一遇，而波浪重现期则为 350 年。

5612 号超强台风登陆遇天文高潮位时，尖山以下海堤过程最大越浪量在 0.5～1.5m^3/（m·s），7413 号台风登陆过程，最大越浪量在 0.01m^3/（m·s）以下。超强台风登陆，钱塘江河口北岸海塘各断面损坏严重，难以抵御台风引起的潮浪侵袭，7413 号台风登陆过程，各断面未受损伤保持完好。海塘保护区的淹没与海塘的防御能力有关，在 1949 年海塘条件下，遭遇 500 年一遇的风暴潮时，两岸总淹没面积达 5484～7109km^2，2003 年海塘防御能力有所提高，总淹没面积 4029～5484km^2。2003 年海塘工况下风暴潮损失为 886.70 亿元，1949 年海塘工况下风暴潮灾害损失为 1249.03 亿元。

本章最后介绍了基于无结构网格有限体积法的二维风暴潮实时预报模型，该模型已成功预报了风暴潮期间钱塘江河口沿程实时风暴潮位，为防灾减灾起到了积极作用。

参考文献

陈长胜，秦曾灏. 1985. 江浙沿海台风暴潮的动力分析 [J]. 海洋学报，7 (3)：265 - 275.

储鏖. 2004. Delft3D 在天文潮与风暴潮耦合数值模拟中的应用 [J]. 海洋预报，21 (3)：29 - 35.

丁涛，郑君，于普兵，等. 2010. 钱塘江海塘防洪御潮经济效益评估研究 [J]. 水力发电学报，29 (3)：46 - 50.

端义宏，朱建荣，秦曾灏. 2005. 一个高分辨率的长江口台风风暴潮数值预报模式及其应用 [J]. 海洋学报，27 (3)：11 - 19.

韩曾萃，胡国建，等. 2008. 钱塘江河口治理成效评估 [R]. 杭州：浙江省水利河口研究院，清华大学水利系.

胡金春，黄世昌. 2009. 钱塘江河口海堤波浪模型试验 [R]. 杭州：浙江省水利河口究院.

黄冬梅，季丽伟，袁小华，等. 2013. 基于地形结构线的滩涂撤离路径生成方法研究 [C] //中国海洋学会 2013 年学术年会论文集：945 - 951.

黄冠鑫. 1989. 浙江省 8923 号台风灾害调查综合报告 [R]. 杭州：浙江省河口海岸研究所.

黄冠鑫. 1990. 钱塘江河口台风暴潮预报小结 [R]. 杭州：浙江省河口海岸研究所.

黄世昌，周骥，谢亚力. 2001. 浙江省海塘塘顶高程的确定 [J]. 海洋工程，19 (4)：67 - 71.

黄世昌，谢亚力，周骥. 2002. 浙江省软土地基上海塘的防浪特点 [J]. 海洋工程，20 (4)：11 - 16.

黄世昌，赵鑫，谢亚力. 2007. 秦山核电厂扩建工程（方家山核电工程）设计基准洪（低）水位专题总报告 [R]. 杭州：浙江省水利河口研究院.

黄世昌. 2009. 风暴特高潮位的重现期研究 [R]. 杭州：浙江省水利河口究院.

江毓武，吴培木，许金殿. 2002. 厦门港天文潮与风暴潮相互作用的一个模式 [J]. 海洋学报，22 (3)：1 - 6.

李树华，陈文广，陈波，等. 1992. 广西沿海台风暴潮数值模拟试验 [J]. 海洋学报，14 (5)：15 - 25.

刘永玲，冯建龙，江文胜. 2013. 连江县风暴潮危险性研究 [C] //中国海洋学会 2013 年学术年会论文集：952 - 957.

青岛海洋大学风暴潮研究小组. 1991. 风暴潮数值预报 [R]. 青岛：青岛海洋大学.

青岛海洋大学风暴潮研究小组. 1996. 风暴潮客观分析、四维同化和数值预报产品研究 [R]. 青岛：青岛海洋大学.

宋立松，谢亚力，王挺，等. 2010. 钱塘江风暴潮预报系统研制 [J]. 水电能源科学，28 (8)：129 - 132.

孙文心. 1979. 超浅海风暴潮的数值模拟 [J]. 海洋学报，1 (2)：193 - 211.

汪景庸. 1985. 东中国海风暴潮的一次数值模拟 [J]. 山东海洋学院学报，15 (3)：40 - 47.

吴培木，许永，李燕初，等. 1981. 台湾海峡台风暴潮非线性数值计算［J］. 海洋学报，3（1）：27－43.

谢亚力，黄世昌. 2006. 钱塘江河口风暴潮经验预报［J］. 海洋预报，23（1）：54－58.

谢亚力，黄世昌. 2008. 钱塘江台风浪钱塘江河口海堤前沿台风浪数值计算［R］. 杭州：浙江省水利河口究院.

徐有成，朱奚冰，黄世昌. 2008. 钱塘江北岸海塘遭遇超标准风暴潮的战略对策［C］. 风暴潮灾害防治及海堤工程技术研究会：48－57.

尹宝树，王涛，侯一筠，等. 2001. 渤海波浪和潮汐风暴潮相互作用对波浪影响的数值研究［J］. 海洋与湖沼，32（1）：75－80.

于普兵，潘存鸿，谢亚力. 2011. 二维风暴潮实时预报模型及其在杭州湾的应用［J］. 水动力研究与进展：A辑，26（6）：747－756.

张延廷，王以娇. 1983. 渤海风场的模拟及风暴潮数值计算［J］. 海洋学报，5（3）：261－272.

张延廷，王以娇. 1990. 渤海风暴潮与天文潮耦合作用的数值模拟［J］. 海洋学报，12（1）：426－431.

赵鑫，黄世昌. 2006. MIKE21在超强台风桑美风暴潮位预报中的应用［C］. 第四届亚太地区DHI软件技术论坛.

赵鑫，黄世昌. 2009. 杭州湾口外大范围风暴潮计算［R］. 杭州：浙江省水利河口究院.

赵有皓，张君伦. 2001. 风暴潮实用数值预报的研发［J］. 海洋工程，19（3）：102－107.

张广平，谢忠，罗显刚，等. 2013. 面向风暴潮的辅助决策管理系统［C］//中国海洋学会2013年学术年会论文集：958－966.

郑君. 2011. 风暴潮灾害风险评估方法及应用研究［D］. 杭州：浙江大学.

周旭波，孙文心. 2000. 长江口以外海域风暴潮与天文潮的非线性相互作用［J］. 青岛海洋大学学报，30（2）：201－206.

朱军政，等. 2009. 杭州风暴潮钱塘江北岸超标准台风暴潮计算［R］. 杭州：浙江省水利河口究院.

朱军政，黄冠鑫. 2002. 钱塘江河口台风暴潮增水预报及可视化［J］. 浙江水利科技，（3）：44－46.

CHARNOCK H. 1955. Wind stress on a water surface［J］. Quart. J. Roy. Meteor. Soc.，（81）：639－640.

CHEN C S，QIN Z H. 1985. Numerical simulation of typhoon surges along the east coast of Zhejiang and Jiangsu Provinces［J］. Advances in Atmosphere Science，2（1）：8－9.

CHRISTOFFERSON J B，JAMSSON I G. 1985. Bed friction and dissipation in a combined current and wave motion［J］. Ocean Eng.，12（5）：387－423.

FLIERL G R，ROBINSON A R. 1972. Deadly surges in the Bay of Bengal：dynamics and storm－tide tables［J］. Nature，239：213－215.

GEERNAERTG L. 1990. Bulk parametererizations for the wind stress and heat fluxes［J］. Surface Waves and Fluxes，（1）：336.

GREYD E，EROFEEVA S Y. 2000. Efficient inverse modeling of barotropic ocean tides［J］. College of Oceanic and Atmospheric Sciences.

GROSS T F，ISLEY A E，SHERWOOD C R. 1992. Estimation of stress and bed roughness duringstorms on the Northern California Shelf［J］. Contin. Shelf Res.，12（2/3）：389－413.

HASSAN S M，PAUL K G，IVOR van H. 2006. Experimental storm surge simulations for hurricane Katrina. In：Xu Y J & Singh V P［J］. Coastal Environment and Water Quality. LLC，Highlands Ranch，Co 80163－0026，USA：Water resources Publications，2006：481－490.

HEAPS N S. 1983. Storm surge［D］. Geophys. J.，R. Astr. Soc.，74：334－376.

HU Kelin，DING Pingxing，ZHU Shouxian. 2003. Numerical simulation of typhoon waves aroud the waters of Yangtze estuary－a case study of typhoon Rusa and typhoon Sinlaku［C］//Proceedings of the international conference on Estuaries and Coasts. Hangzhou，China：Zhejiang University Press.：930－937.

JANSSEN P A E M. 1992. Experimental evidence of the effect of surface waves on the air flow［J］. J. Phys. Oceanogr.，（22）：1600－1604.

JANSSEN P A E M. 1991. Quasi－linear theory of wind wave generation applied to wave forecasting［J］. J. Phys. Oceanogr，（21）：1631－1642.

JELESNIANSKI C P，CHEN，et al. 1991. SLOSH（Sea，Lake，and Overland Surges from Hurricane）［R］. NOAA Technical Report NWS48.

JELESNIANSKI. 1965. A numerical computation of storm tides induced by a tropical storm impinging on a continental shelf [J]. Mon. Wea. Rev., 93: 343-358.

JOHNS B, RAO A D, DUBE S K, et al. 1985. Numerical modeling of tide-surge interaction in the Bay Bengel [J]. Phil. Trans. R. Soc. Lond., 313: 507-535.

LI Y S, Zhang M Y. 1997. Dynamic Coupling of Wave and Surge Models by Eulerian-Lagrangian Method [J]. J. Wtrwy., Port, Coast., and Oc. Engrg., 123 (1): 1-7.

MASTENBROKCK C, BURGERS G, JANSSEN P A E M. 1993. The dynamical coupling of a wave model and a storm surge model through the atmospheric boundary layer [J]. J. G. R., (23): 1856-1866.

MATT N, KRAAN C, OOST W A. 1991. The roughness of wind waves [J]. Bound-Layer Meteor, (54): 89-103.

PENG Machuan, XIE Lian, LEPNARD J P. 2004. A numerical study of storm surge and inundation in the Croatan-Albemarle-Pamlico estuary system [J]. Estuarine Coastal and Shelf Science, 59: 121-137.

PENG Machuan, XIE Lian, LEPNARD J P. 2006. Tropical cyclone induced asymmetry of sea level surge and fall and its presentation in a storm surge model with parametric wind field [J]. Ocean Modeling, 14: 81-101.

RIS R C, HOLTHTHUIJSEN L H, BOOIJ N. 1999. A third-generation wave model for coastal regions (2. Verification) [J]. J. G. R., 104 (C4): 7667-7681.

REN Luchuan, YIN Baoshu, BIE Jun, et al. 2004. Principles and methods for hazard risk analysis of storm surge [J]. Journal of Basic Science and Engineering, supl: 28-35.

RICHARD M G, CAMERON G N. 1999. Modeling shallow water wave generation and transformation in an intertidal estuary [J]. Coastal Engineering, (36): 197-217.

ROBERT H W, ZHENG Lianyuan. 2006. Hurricane storm surge Simulation for Tampa Bay [J]. Estuarines and Coasts, 29 (6) A: 899-913.

SHEN Jian, ZHANG Eqi. 2006a. Improved prediction of storm surge inundation with a high-resolution unstructured grid model [J]. Journal of Coastal Research, 22 (6): 1309-1319.

SHEN Jian, HARRY WANG, MAC Sisson, GONG Wenping. 2006b. Storm tide simulation in the Chesapeake Bay using an unstructured grid model [J]. Estuarine, Coastal and Shelf Science, (68): 1-6.

TENG Junhua, ZHANG Tianyu, Meixian Sun, et al. 2008. Methodology for storm surge risk analysis [A]. 2008 IEEE International Geoscience and Remote Sensing Symposium Proceedings, 1 (1): 1458-1461.

WANG Guodong, KANG Jiancheng, YAN Guocong. 2010. Storm surge disaster grade evaluation based on principal component analysis in China coast [A]. 2010 International Conference on Mechanic Automation and Control Engineering: 1533-1537.

WANG Jingyong, CHAI Fei. 1989. Nonlinear interaction between astronomical tides and storm surges at Wusong tidal station. Chin [J]. J. Oceanol Limnol., 7 (2): 135-142.

WANG Xinian, YU Fujiang, YIN Qingjiang. 1997. Research of Application of Numerical Models of Typhoon Surges in China Seas [J]. The Special Issue of MAUSAM, 1997: 595-608.

WOLF J, HUBBERT K P, FLATHER R A. 1988. A feasibility study for the development of a joint surge and wave model [R]. United Kingdom: Report No. 1 of the Proudman Oceanografic Laboratory, Birkenhead: 109-110.

XU Fumin, PERRIE W, ZHANG Junlun, et al. 2005. Simulation of typhoon-driven waves in the Yangtze Estuary with multiple-nested wave models [J]. China Ocean engineering, 19 (4): 613-624.

ZHANG M Y, LI Y S. 1996. The synchronous coupling of a third-generation wave model and a two-dimensional storm surge model [J]. Ocean Eng., 23 (6): 533-543.

第5章 钱塘江河口盐水入侵研究

5.1 概述

5.1.1 研究目的与意义

河口是人类活动密集的区域，也是多种动力因子相互作用的地带。径流带来的淡水通过河口向海扩散，高盐的海水向河口入侵，由此产生的盐淡水混合是河口特有的自然现象，也是河口的自然属性之一。河口盐水入侵对河口的物理过程、地球化学过程以及河口淡水资源的开发利用具有深刻影响，是河口学研究中的热点之一。因此，研究河口盐水入侵规律无论理论上还是生产实践上都具有重要的意义。

河口地区人口密集、经济发达，沿江两岸的工业生产、城市生活、农业灌溉及环境用水均从河口取水。但因径流时空分布不均，枯水季节径流少、潮汐强，涨潮上溯的盐水常使取水口的江水含氯度急剧上升而超过允许的最大氯度值 C（国内饮用水的氯度标准为 0.25g/L、农业短时用水为 1.2g/L，盐度 $S=1.805C$）。当江水含氯度超过 0.25g/L 时，生活用水取水口将停止取水。因此，无论是城市生活用水还是农业灌溉及环境用水的取水口，均需要进行短期和长期的河口盐度预报。

浙江省杭州市城市供水的 85%取自钱塘江河口段，取水口水质在枯水大潮期 7—12 月受到盐水入侵的显著影响。1978 年上半年，钱塘江流域梅汛期降雨量甚小，新安江水库低水位运行，枯水大潮期无足够的淡水泄放顶潮抗咸，造成该年 8 月以后因江水氯度超标 102 天，杭州市 43 家工厂被迫停产，并有几十种产品因咸潮污染成为次品、废品，每天损失产值 200 万～600 万元（当年价）；因受到咸水长期侵蚀，管道等设备受损，杭州市萧山区沿江 35%～75%的取水机泵被迫停止抽水灌溉。此后在钱塘江江道顺直、潮汐较强的 1989—1995 年每年 8—10 月均发生 4～6 次江水氯度连续超标事件；2003 年 9—11 月，钱塘江河口连续发生 5 次比较严重的盐水入侵，使闸口、南星桥、白塔岭等生产生活用水和农业用水取水口连续 4～5 天不能正常取水，珊瑚沙取水口一个潮汛中长达 60～65h 因江水含氯度超标停止取水，最长连续停水 48h，造成部分厂矿企业停水停产，部分居民生活断水，严重影响了当地经济发展和人民的正常生活。从 20 世纪 70 年代后期起，为保证杭州市供水安全，杭州市自来水公司每年委托浙江省水利河口研究院进行 7—12 月的钱塘江河口盐度预报，提出新安江水库及富春江水电站顶潮抗咸的最小日均下泄流量，此后不断完善，并由浙江省防汛抗旱指挥部出面组织抗咸协调，与华东电管局等部门共同做好调水抗咸工作，以保证杭州市的城市供水安全。

河口水资源优化配置、避咸水库设计、从河口引水工程方案的评价以及取水口工程布局等相关工程规划、可行性研究及初步设计均需进行河口盐水入侵规律的研究。随着河口地区城市化推进及人口增长，生活、生产以及生态环境用水量急剧增加，河口淡水资源的供需关系日趋紧张，而河口水资源是一个水动力、盐淡水、水质等相互耦合的复杂系统，各用水部门在上、下游不同位置取水引水，必然会对下游取水口的水质、盐水入侵等产生影响；流域控制性枢纽工程如新安江水库的兴建改变了流域径流的时空分布，对河口盐水入侵产生深远的影响，因此流域性的大中型水电开发工程的可行性研究中对河口盐水入侵的影响也是方案优劣评判的主要指标之一；跨流域的引水对盐水入侵的影响问题更应在工程规划阶段予以回答。

在学术研究方面，盐水入侵可改变水体的理化特性，从而对河口的水流结构、泥沙沉降、水质变化等产生影响，进而影响河口过程。细颗粒泥沙的絮凝沉降与盐度有密切关系，在含沙量一定的条件下，泥沙沉降速度随着盐度的增加而增大，到达最佳絮凝盐度后，沉降速度达到最大；泥沙在盐淡水交汇区大量聚集沉降，从而形成河口最大浑浊带、拦门沙或沙坎，对河口的地形地貌产生显著影响；此外，盐度对COD_{Mn}的浓度检测也有一定程度的影响。

综上所述，河口盐水入侵不但与河口区供水安全和工农业生产用水保障、取排水口布局、水资源的高效利用等关系密切，还深受人类活动（河口治理、水库建设及调度等）的影响，并且还影响河口的其他物理、化学和生态过程，因此，研究河口盐水入侵具有重要的现实意义和学术价值。

5.1.2 国内外河口盐水入侵研究进展

自20世纪50年代来，国内外众多学者针对河口盐水入侵问题展开了系列研究，取得了许多很有价值的研究成果。PRITCHARD（1956）基于对Chesapeake湾James河口的观测建立了二维盐度守恒方程来研究当地盐度变化；KETCHUM提出涨潮流的活塞运动理论来模拟河口盐水入侵，此后Aron－stommel采用混合长度理论模拟恒定状态河口盐度纵向稳态分布，并用实际的河口盐度分布资料进行了检验（ARONS A B，1951）；60年代末出版的专著《Estuary and Coastline Hydrodynamics》系统介绍了HARLEMAN D R F教授等在潮汐水槽内所作的盐水入侵的系列试验成果；70年代，STIGER Hardeman等采用数学模型的方法解决了一些河口盐水入侵的生产实际问题；此后采用二维、三维数学模型等方法研究河口盐水入侵的问题，SAVENIJE H H G（2005）系统介绍了荷兰在盐度快速定量预报方法的最新研究成果。国内有关河口盐水入侵的研究始于20世纪60年代，主要集中在长江口、珠江口及钱塘江河口等盐水入侵问题与供水安全密切相关的重要河口。沈焕庭等（2001，2003）用统计方法、韩乃斌（1983a）用数值方法等分别较早地开展了长江口盐水入侵问题研究，韩曾萃等（1983，2002，2012，2014）对钱塘江河口盐水入侵问题也开展了系统研究。盐水入侵的研究方法主要有实测资料统计法、数学模型计算及物理模型试验研究等三种。

5.1.2.1 实测资料统计法

20世纪50年代的研究大都是基于实测资料统计法研究盐水入侵的规律，该方法主要是利用大量实测站点的含盐度等数据进行相关统计分析，得出盐水入侵的时空变化规律或直接得到径流量与河口潮差、含氯度的经验关系，从而预测径流量改变对盐水入侵的影响。这些实测资料也被用来作为物理模型试验和数学模型计算的验证资料。

国外SIMMONS H. B. 根据现场观测资料的分析研究，提出将一个潮周期内注入河口的径流量与口门潮流量之比定义为混合指数M，以此划分盐淡水混合类型（SIMMONS H. B.，1969），当$M>10^0$时为弱混合，当M在10^{-1}附近时属缓混合型，当$M<10^{-2}$时为强混合。HANSON D. V. 等（1966）根据河口盐度分层实测资料，将底层与表层的盐度差与垂线平均盐度之比定义为分层系数N，当$N>10^0$时河口为高度分层型；当N在$10^{-2}\sim10^0$时为缓混合型；当$N<1\times10^{-2}$时为强混合型。MCMANUS通过对Tay河口多个站点的长期观测资料进行分析，研究了一个潮周期中盐水分层的特性及变化情况。

国内方面，金元欢等（1992）在我国众多河口盐度实测资料分析的基础上，归纳了我国河口盐淡水混合的基本特性，并给出了我国数十个河口盐淡水混合的基本图式；茅志昌等（1993）基于实测资料分析了长江口南支南岸水域盐水入侵来源以及盐度的时空变化规律；在长江口大量实测资料分析的基础上，研究了长江河口盐水入侵锋，利用密度Froud数计算结果，提出了盐度锋的变化范围和滞流点位置的判据（茅志昌等，1995）；韩乃斌（1983b）在对实测资料进行统计分析的基础上同时采用近似计算和相关分析法预测了南水北调后长江口5g/L盐水入侵长度的变化，提出洪水季调水对长江口盐水入侵影响不大，枯季调水应慎重的结论；沈焕庭等（2001）根据长江口水文和盐度实测资料用统计

的方法分析了南水北调工程调水后对长江口盐水入侵的影响并进行了初步预测；严镜海（1984）参考国外盐水楔试验成果并结合长江口铜沙地区盐水楔实测资料分析，详细阐述了盐水楔异重流的形成条件，并在研究其纵向扩散系数时考虑了异重流的密度差。为分析钱塘江河口淡水资源的利用，20世纪50年代初钱塘江河口陆续设立氯度连续及非连续的观测站，并于60年代开始采用各种方法研究钱塘江河口的盐水入侵规律，并进行江水含氯度预报。毛汉礼（1964）、韩曾萃（1986）利用钱塘江河口的月平均氯度资料，对Aron and Stommel混合长度理论进行了验证，同时开展了基于特征线理论的数值预报模型和盐度弥散系数的研究。包芸等（2009）通过对实测资料的整理分析同时运用流体力学场的相关概念作出了珠江河口磨刀门水道的咸界图，从而获得了当地长时间序列的盐水入侵上溯距离和潮位的关系，探讨了造成磨刀门水道咸潮灾害的原因以及相应的盐水入侵规律。

5.1.2.2　**数学模型**

数学模型是研究河口盐水入侵规律和预报人类活动对盐水入侵影响的重要研究手段，以其造价低、速度快、灵活性强等优点得到较为广泛的应用。ZHEN等（2007）开发了一个水动力模型来研究水深较浅的河口盐度分层及输移过程，经水位、流速、温度和盐度的率定、验证后应用于河口的水动力过程研究，发现径流量大小对于河口的分层和净冲的影响举足轻重；GILLIBRAND等（1998）建立了一维数学模型对Ythan河口的水位、含氯度和总氧氮（TON）进行了模拟，并用迎风差分与中心差分相结合的方法模拟强潮流，在采用一系列实测资料对模型进行验证后，对Ythan河口的含氯度分布进行了模拟研究；KIM D N等（2007）运用三维数值模型研究了Gironde河口的环流与盐水入侵问题，模型应用有限差分法求解浅水方程，采用二阶连续模式技术求解水位泊松方程，而湍流计算采用二阶$K—L$模型求解，通过对潮汐与径流作用的详细分析以研究法国Gironde河口动力结构及影响河口环流盐水入侵的主要影响因素；BERDEAL等（2002）采用ECOM3D模型系统研究河口盐度锋在风力、斜压力和科氏力作用下的运动。

国内在20世纪80年代，韩曾萃等（1983）在水利学报上发表论文《钱塘江江水含盐度计算的预报》，介绍了首次采用数值计算方法预测钱塘江河口盐度的经验，据此系统分析了新安江建库及河口治江缩窄对河口盐水入侵的影响（韩曾萃等，2001，2002）；90年代及以后，韩曾萃等（2012）、史英标等（2015）建立了考虑河床冲淤作用的钱塘江河口盐水入侵的中长期数值预报模型，应用于富春江水库每年枯季泄水顶潮抗咸的研究和实践应用。为研究长江口盐水入侵规律，罗小峰等（2007）采用ADI法建立了长江口平面二维潮流盐度数学模型，对不同水文组合进行计算，获得了长江口地区盐水入侵平面分布的基本规律。虽然一维、二维的盐度模型得到了较为成功的应用，但是河口地区盐淡水混合的基本过程是三维的，一维、二维模型不能获得盐度分层及垂向环流。随着计算机及数值计算方法的突飞猛进，三维数学模型近年来得到了较快的发展。朱建荣等（2003）应用改正的ECOM模式，设计了一个平直和喇叭形的理想河口，研究了河口形状对环流和盐水入侵的影响；马刚峰等（2006）对ECOM模式物质输运方程中水平扩散项的计算方法进行了改进，采用z坐标系计算，利用σ层二次Lagrange插值求解离散变量，采用改进后的模式较好地模拟了长江口三维盐度，真实地反映了垂向表、底层盐度的差异；王志力等（2008）建立了强潮河口三维无结构网格的盐度数学模型，模拟了瓯江口潮流盐度运动。已有的数学模型多采用结构化网格离散求解，对于河口地区复杂的边界和地形条件适应性较弱，且多用于长江口、珠江口等定床非强潮河口，在强潮河口，特别是伴有涌潮且河床变形剧烈的强涌潮游荡性河口应考虑动床模拟计算（韩曾萃等，2012；史英标等，2015）。

5.1.2.3　**物理模型**

GRIGG等（1997）基于在智利河口的实测数据以及在高低潮期间观测到的显著不同的盐度分层现象，设计了长试验水槽来研究此类河口的断面变化在盐水混合分层中所起的作用，从而根据试验结果分析了地形变化对盐淡水紊动混合以及盐水入侵强度的影响。卢祥兴（1991）在国内首次采用盐水模型试验，根据相似原理按水平比尺1500、垂直比尺100等设置了盐水入侵模型试验，进行了不同径流量、下游不同氯度和不同泄水方式以及不同潮差下的不同组合方案的试验，提出取水口的氯度和超标时间与净泄流量的关系，并证实了上游径流量在大潮多放、小潮少放是实现顶潮冲淡并节约水资源的较好措施。

本章在前人关于钱塘江河口盐水入侵规律研究的基础上进行系统的归纳总结，主要内容如下：

（1）定量分析影响钱塘江河口段盐水入侵的因素。利用钱塘江河口的实测水文盐度资料，结合数学模型计算成果，分析径流、潮汐、取水流量、江道地形、人类活动等对盐水入侵的影响规律。

（2）基于实测资料的盐水入侵规律分析。根据钱塘江河口段常规水文站、不同年代船只追踪及定点水文测验等水文盐度资料，研究钱塘江河口盐度时空变化规律，分析新安江建库前后、河口段治江缩窄等人类活动对盐水入侵规律的影响，揭示涌潮对盐水输移的作用。

（3）钱塘江河口盐度预报数学模型。构建一维动床、二维定床盐水入侵预报的数学模型，利用不同时期的水文、氯度及河床冲淤等实测资料对模型进行系列验证，采用一维动床数学模型研究浙东引水、新安江建库、河口段不同时期的治江缩窄等重大人类活动对杭州河段取水口平均、最大氯度值及超标时间的定量影响；利用二维数学模型研究不同河段氯度的横向分布规律及径流和潮流对盐水入侵影响的规律。

（4）钱塘江河口顶潮抗咸实践及其检验。建立取水口江水含氯度超标时间与净泄径流、七堡潮差的关系，分析不同潮差下顶潮抗咸临界流量及其泄放过程，用40年的实践资料作为长历时盐度预报的实际检验。

5.2 钱塘江河口盐水入侵的影响因素

要掌握钱塘江河口盐水入侵规律，首先要分析影响钱塘江河口盐水入侵的因素，多年来的研究表明，影响钱塘江河口盐水入侵的因素主要有径流、潮汐、江道地形、取水流量和杭州湾盐度以及其他人类活动等。

5.2.1 径流

5.2.1.1 径流量

钱塘江流域的径流主要来自流域降水，径流量的年内、年际分配与降水相对应。钱塘江干流的径流控制站为芦茨埠站，控制流域面积约 3.283 万 km^2。芦茨埠站多年平均流量为 952m^3/s，最大年平均流量 1704m^3/s（1954 年），最小为 411m^3/s（1979 年）。实测最大洪峰流量 29000m^3/s，发生在 1955 年 6 月，最小为 15.4m^3/s，出现在 1934 年 8 月。芦茨埠站多年平均径流量约 300 亿 m^3，闸口站 386.4 亿 m^3，澉浦站 436.7 亿 m^3，杭州湾口 444 亿 m^3。芦茨埠水文站流量特征见表 5.2.1。

表 5.2.1　芦茨埠水文站流量特征

项目	数值	统计年限
多年平均流量/（$m^3 \cdot s^{-1}$）	952	1932—2007 年
最大年平均流量/（$m^3 \cdot s^{-1}$）	1704	1954 年
最小年平均流量/（$m^3 \cdot s^{-1}$）	411	1979 年
最大洪峰流量/（$m^3 \cdot s^{-1}$）	29000	1955 年 6 月 22 日
最小枯水流量/（$m^3 \cdot s^{-1}$）	15.4	1934 年 8 月 22 日
多年平均径流量/亿 m^3	300	1932—2007 年

5.2.1.2 径流季节变化

钱塘江流域处于季风气候区，降水多集中在 4—7 月的梅雨季节，冬季仅有少量雨雪，这导致径流在年内具有明显的洪枯季变化。钱塘江河口芦茨埠站多年平均最大月径流量出现在 6 月，占年径流量的 22%，3—6 月径流量占全年径流量的 61.3%；10 月—次年 2 月为枯水期，这 5 个月的径流量仅占年径流量的 18.1%。新安江水库建成后，由于水库的调节作用，径流量年内分配发生了显著的变化，汛期（3—7 月）下泄水量大幅度减小，枯水季节下泄水量明显增大，年内分配趋于均匀（图 5.2.1），对削弱枯季的盐水入侵影响十分有利。枯水期御咸已成为该水库运行调度的重要任务之一。

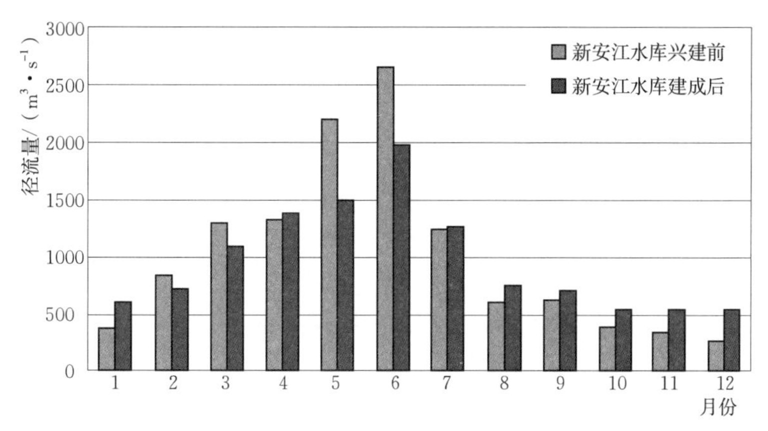

图 5.2.1　芦茨埠站径流量多年各月年内分布

5.2.1.3　径流年际变化

芦茨埠水文站年际径流存在周期性和不均匀性，年际间有连续丰水、枯水周期的变化（图 2.1.2）。20 世纪 60 年代、80 年代及 21 世纪初的 10 年中，除 1983 年和 2002 年外，径流均偏枯；20 世纪 50 年代、70 年代及 90 年代则偏丰。芦茨埠站年际间流量变幅较大，年平均流量最大变差可达 4 倍，最大洪峰流量和最小流量的洪枯比达到 1800。

5.2.1.4　径流受上游流域建库影响显著

新中国成立以来，钱塘江流域兴建了大中型水库 55 座，小型水库 2000 余座，总库容达 $283\times10^8 m^3$。这些水库削减了流域下游的洪峰流量，改变了径流在年内的分配。其中，1960 年建成的新安江水库（总库容为 $216\times10^8 m^3$）和 1969 年建成的富春江水库两座大中型水库对径流的影响尤为明显。水库建成后削减了洪峰流量，对大于 $15000m^3/s$ 的洪峰，水库调洪使下泄流量减少 30%～50%，洪峰越大削减越多；此外，水库建成也减少了大洪水的出现次数，因水库拦蓄较大洪峰出现的频率大为减少。

统计 1932—2014 年连续 30 天、60 天、90 天等新安江建库前后不同保证率的枯水流量（表 5.2.2）。多年平均情况（即 50%保证率）下，建库后最枯 30～90 天的平均流量较建库前增加 $211\sim236m^3/s$；保证率 70%～90%的枯水流量，建库后增加 $108\sim231m^3/s$。枯水径流的增加对提高河口几个主要取水口抵御咸潮能力、改善主要取水口取水条件是十分有利的。

表 5.2.2　　新安江水库对枯水径流的调节作用　　单位：m/s

保证率	统计项目	连续 30 天	连续 60 天	连续 90 天
90%	建库前枯水流量	30	64	74
	建库后枯水流量	138	204	231
	前后差	108	140	157
70%	建库前枯水流量	57	96	150
	建库后枯水流量	235	284	370
	前后差	178	188	220
50%	建库前枯水流量	99	166	217
	建库后枯水流量	310	384	453
	前后差	211	218	236

5.2.1.5 径流对盐水入侵的影响

径流对钱塘江河口盐水入侵的末端河段，即取水口河段的影响非常明显，主要表现在盐水入侵具有明显的季、月、半月内的周期性变化。每年8—11月为枯季大潮期，是盐水入侵影响明显的时期；洪季4—7月径流量大，七堡以上的杭州河段盐水入侵影响较小；12月—次年3月虽为枯水期，但因河床淤积，同时天文潮也较小，故盐水入侵一般不明显。此外，钱塘江河口的径流具有连续丰水年和枯水年的年际变化，河口段的潮汐也因河床随径流的冲淤变化而呈现年际间的不同，盐度变幅较大。因此，受径流丰枯的影响，钱塘江河口江水含氯度年际变化也十分剧烈。钱塘江河口沿程各站氯度的年际变化见表5.2.3。

表5.2.3　　钱塘江河口沿程各站年平均含氯度年际变化

年份	年径流量/亿 m^3	丰枯情况	七堡潮差/m	年平均含氯度/（$g\cdot L^{-1}$）				
				闸口	七堡	仓前	盐官	澉浦
1994	319	丰	1.51	0.08	0.45	0.98	2.33	5.62
1995	399	丰	1.74	0.06	0.33	0.85	2.16	4.65
1996	226	枯	1.33	0.04	0.33	0.79	2.62	5.24
1997	255	枯	0.79	0.02	0.11	0.38	2	4.97
1998	410	丰	1.69	0.03	0.17	0.39	1.13	2.47
1999	380	丰	1.63	0.02	0.11	0.32	1.33	3.52
2000	237	枯	1.22	0.03	0.2	0.5	2.02	4.58
2001	224	枯	0.79	0.02	0.14	0.38	1.84	4.16
2002	365	丰	1.52	0.02	0.06	0.21	1.16	3.32
2003	240	枯	1.44	0.07	0.43	0.85	2.14	4.54
2004	118	枯	0.52	0.02	0.17	0.84	2.97	6.49
2005	213	枯	0.69	0.02	0.08	0.32	1.49	3.87
2006	209	枯	0.63	0.02	0.11	0.47	1.83	4.79
2007	159	枯	0.43	0.022	0.051	0.171	1.813	4.46
2008	222	枯	0.55	0.02	0.039	0.189	1.5	—
2009	226	枯	0.56	0.023	0.053	0.223	1.443	—
2010	407	丰	1.33	0.026	0.056	0.189	1.5	—

由表5.2.3可见，当钱塘江河口处于丰水年时，沿程各站江水含氯度较低，如1994年和1995年，七堡潮差基本接近，但因1995年的径流量大于1994年，故其1995年沿程各站平均含氯度小于1994年；丰水年与枯水年比较，由于七堡潮差枯水年明显小于丰水年，则仓前以上河段的含氯度枯水年低于丰水年，而仓前以下则枯水年高于丰水年；丰水年转为枯水年的第一年，七堡潮差仍然较大，而径流量则相对较小，故盐水入侵仍然严重，如2003年。这种年际变化反映了河口不同河段氯度对径流作用的响应。

5.2.2 潮汐

5.2.2.1 潮汐性质

钱塘江河口受来自东海经杭州湾传入的潮波影响，水位每日两涨两落。口外绿华山最大涨落潮流速出现在高低潮时的前后，最小流速出现在中潮时刻，呈前进波形态，其氯度在25～30g/L间变化，

日内变化很小，季内有变化。进入杭州湾后，受杭州湾喇叭形平面形态的影响，高潮位升高，低潮位下降，潮差逐渐增大，最大涨落潮流速出现在中潮位附近，高、低潮时附近则出现憩流，潮波趋进驻波。除杭州湾口南岸局部水域外，钱塘江河口潮汐属半日潮性质。

5.2.2.2 涨、落潮过程

潮汐河口潮流界以下水流运动一般可分四个阶段：①外海开始涨潮时，上游水位最低，氯度最小，接近落潮憩流，但水面线仍向下游倾斜，故表层水体依然向下游流动，底层因密度大，海水潜入河底并向上游推进，只有在径流较强的某些情况，才不出现底层反向流；②当外海涨潮流继续向河口推进，涨潮流继续加强，大于落潮流速后，水面线转为向上游倾斜，各层水流均向上游推进，氯度大幅度增加；③潮波向上游推进相当距离后，外海开始落潮，河口水位随之下降，涨潮流速逐渐减弱，但仍大于落潮流速，致使水流依旧整体向上游推进，且水位上涨直至高平憩流，此时氯度达到最大；④下游水位继续下降，氯度开始降低，水体由憩流转而流向下游，水面坡降亦转向下游倾斜，氯度开始降低。在潮流界以下水流系周期性的往复运动，由于潮波变形，水位与流速的涨落过程存在一定的相位差。

5.2.2.3 涨、落潮历时

外海潮波为对称的正弦曲线，进入河口区内受水深变浅、河床摩阻、岸边阻挡反射和径流顶托等因素影响导致涨潮历时缩短，落潮历时加长，出现潮波变形。表 5.2.4 为钱塘江河口沿程各站涨、落潮历时统计结果。

表 5.2.4　钱塘江河口沿程各站涨、落潮历时变化

站名	芦潮港	金山嘴	乍浦	澉浦	盐官	仓前	七堡	闸口	闻堰	富阳	桐庐
涨潮历时/h	5.43	5.40	5.48	5.47	2.35	1.77	1.42	1.53	1.60	2.22	2.61
落潮历时/h	7.00	6.98	6.93	6.95	10.07	10.65	11.00	10.88	10.78	10.17	9.60
涨/落	0.78	0.77	0.79	0.79	0.23	0.17	0.13	0.14	0.15	0.22	0.27
间距/km	41	25	26	51	21	16	16	10.6	26.4	39.7	

从表 5.2.4 中可知杭州湾内涨潮历时比落潮历时短 1.5h，两者的比值平均在 0.77～0.79 之间，沿程变化相对较小。澉浦至盐官的涨、落潮历时比值自 0.79 锐减至 0.23。盐官以上沿程各站两者比值越来越小，在 0.20～0.15 之间变化，说明潮波变形剧烈。其原因主要是钱塘江河口口内存在庞大的沙坎，水深减小，其中澉浦至盐官河底抬升尤为剧烈。

5.2.2.4 潮差

外海潮波在杭州湾溯源传播过程中，潮差逐渐增大，湾口南北岸年平均潮差 2.47m，至湾顶澉浦年平均达 5.64m，澉浦实测最大潮差 9.0m，澉浦以上逐渐减小，潮汐最强时可达富春江电站坝下，是我国潮差最大的水域之一。

钱塘江河口沿程潮差的变化规律以澉浦为界，澉浦以上的河口段，由于水下存在庞大的沙坎，河床抬升，水深变浅。潮波在传播过程中，高、低潮位均向上游迅速抬升，低潮位的抬升值大于高潮位，潮差沿程递减，各站的高、低潮位及潮差变化见表 2.1.4，由表分析可知：钱塘江七堡以上河段年平均潮差均小于 1.0m，而遇秋季大潮，或台风增水，如 2002 年 9 月 9 日潮波传至桐庐时，最大潮差仍有 2.0m 以上，说明台风期遇秋季大潮，潮汐对七堡以上河段的动力作用仍很强劲。

杭州湾南、北岸平均高潮位由湾口向湾顶沿程增高，而平均低潮位湾口至湾顶沿程降低，因而潮差向湾顶沿程增大。河口下段潮汐除纵向上有上述显著变化外，南北岸横向上也存在一定的差异，表现在北岸的高潮位高于南岸，低潮位则相反，因而潮差北岸大于南岸，这种差异自湾口向湾顶逐渐减小。

5.2.2.5 潮汐对盐水入侵的影响

潮流是盐淡水混合的主要动力因子，一般可用潮差来反映潮汐动力的强弱，潮汐、潮流对河口区

盐水入侵的作用至关重要。

(1) 对氯度的日变化的影响。盐水入侵主要表现为盐水在涨潮流作用下的对流输移。钱塘江河口潮汐表现为非正规半日浅海潮，氯度日变化与潮汐类似，一天内有两高两低的变化。图 5.2.2 展示了澉浦断面氯度随潮位变化呈现周期性变化的特征，氯度的最大值一般出现在高潮位附近，最小值出现在低潮位附近，这一现象与钱塘江河口的潮波特性有密切关系。钱塘江河口的涨、落潮转流时刻发生在高、低潮位附近。高潮时涨潮流速上溯最远，盐水入侵距离最长，因而氯度也达到最大值；低潮时落潮流下落最远，相应地氯度达到最小。

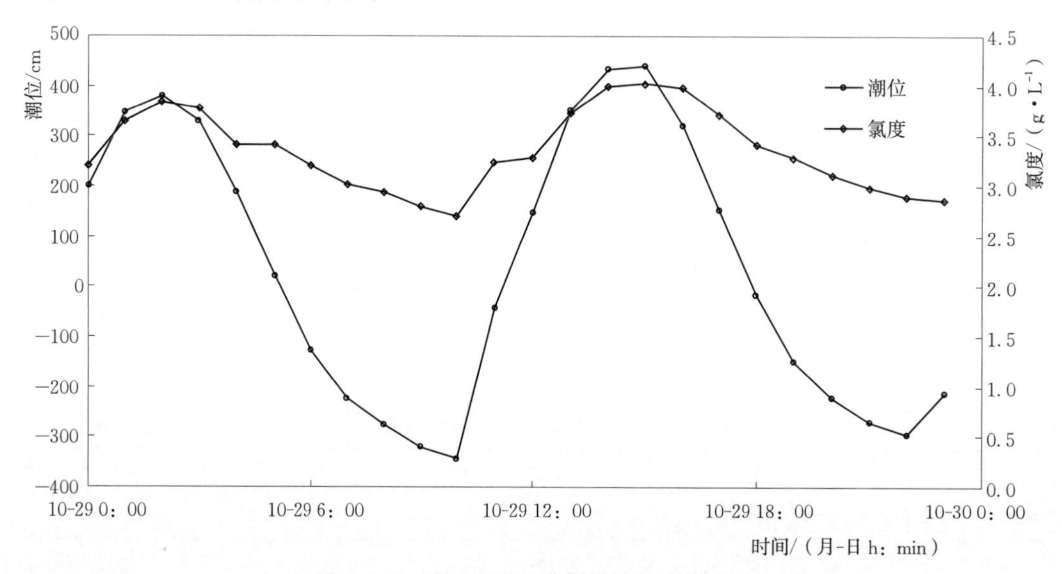

图 5.2.2 澉浦垂线平均氯度随潮变化过程

(2) 对氯度半月变化的影响。潮汐在一个月内分别有两次潮汛，每次潮汛中有大、中、小潮各 5 天，大潮时潮差大、潮量大、潮流强，水质点运移距离长，盐水入侵上溯的距离亦长，小潮则反之。氯度在一个月内也呈两高两低的周期变化，一般是大潮时氯度高，小潮时氯度低。

图 5.2.3 为 2003 年 10 月闸口站潮位及氯度变化过程，从图可知：受潮汐半月周期变化的影响，氯度在一个月内呈两高两低的周期变化，小潮时潮位低、潮差小、潮汐动力弱、江水受盐水入侵影响小，含氯度较低，随着潮汐动力的增强，盐水入侵增强，江水含氯度逐渐升高，至大潮时氯度达到最大，大潮期过后，随潮汐的减弱，氯度逐渐降低，至小潮时达到最小。从图 5.2.3 还可知，小潮期江水含氯度就有小于 0.25g/L 的可取时间，故钱塘江河口的取水口很少发生连续 5 天以上不能取水的情况，这不像长江、珠江等河口，严重时其连续超标时间可长达 20～50 天。

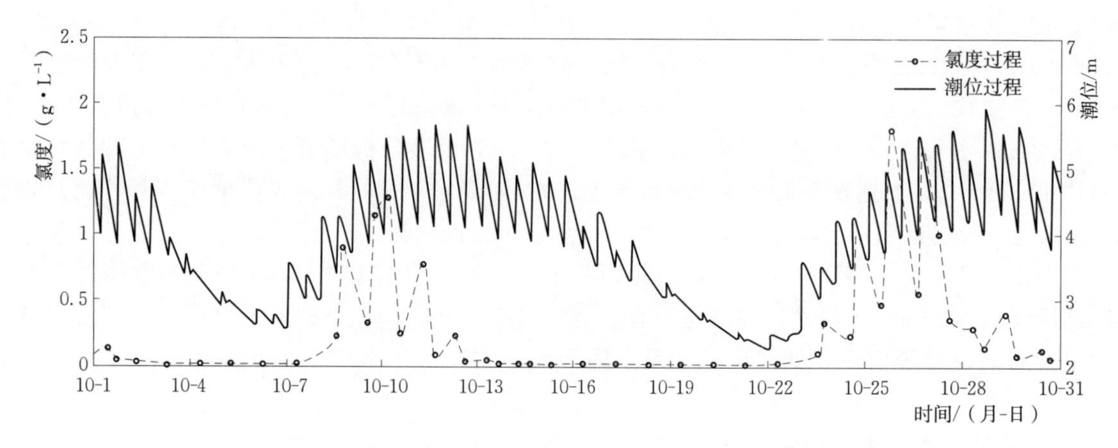

图 5.2.3 闸口站潮位和氯度变化过程

5.2.3 取水流量

5.2.3.1 钱塘江河口段取排水口分布及取排水流量

钱塘江河口两岸的杭州及萧山等城市生产生活用水、两岸平原河网的农业灌溉用水和环境用水绝大部分都取自钱塘江河口。沿江两岸分布有珊瑚沙、闸口、南星桥、闻家堰（萧山第一、第二、第三水厂）等生活用水取水口，浦沿、江边、七甲、四格等排灌站和引水入城、西湖引水等农业及环境用水取水泵站和取水口。其中，杭州市的南星桥、闸口、赤山埠、珊瑚沙取水口最为重要。

钱塘江河口沿岸取水量随着社会经济发展而增加。20 世纪 70 年代前，杭州市城区供水量仅为 15 万 t/d,可以用市内河网水量进行调节，解决因盐水入侵致江水氯度超标引起的供水问题，当供水量增加到 30 万～145 万 t/d 时，主要靠上游的珊瑚沙水库调节以及增加新安江水库下泄流量的办法解决盐水入侵问题，至 2010 年供水流量已达 207 万 t/d，规划为 302 万 t/d。农业和环境用水量也增大到 100～150m^3/s，但其取水保证率相对较低，同时可以在时间上错峰，且最大允许超标时间的要求也较低，对新安江最小下泄径流的要求也较小。今后生活、环境用水量还将增加，而农业用水量将趋于减少。由于目前钱塘江河口沿江两岸取水口取水设计能力远大于允许能力，故应严格执行《钱塘江河口水资源优化配置》的相关条例规定，按不同来水量、不同保证率供水，才可取得河口水资源总效益最大化。

5.2.3.2 取水流量对盐水入侵的影响

在钱塘江来水量、下游潮汐及澉浦氯度等相同条件下，沿程取水量不同，即净入河淡水量不同将对河口盐水入侵产生影响，取水口氯度值和盐水入侵的距离随取水量的增加而增加。图 5.2.4 为上游下泄流量 300m^3/s 条件下，杭州河段沿程取水口流量为 31m^3/s、62m^3/s 两种工况时珊瑚沙取水口江水含氯度随潮变化过程的数学模型计算结果。从图 5.2.4 中可知取水流量越大，江水含氯度就越大，取水流量 62m^3/s 时的最大含氯度约 0.88g/L，最长连续超标时间约 6.1h；取水流量 31m^3/s 时最大含氯度为 0.55g/L，连续超标时间约 3.0h，不可取水的时间相差约一倍。

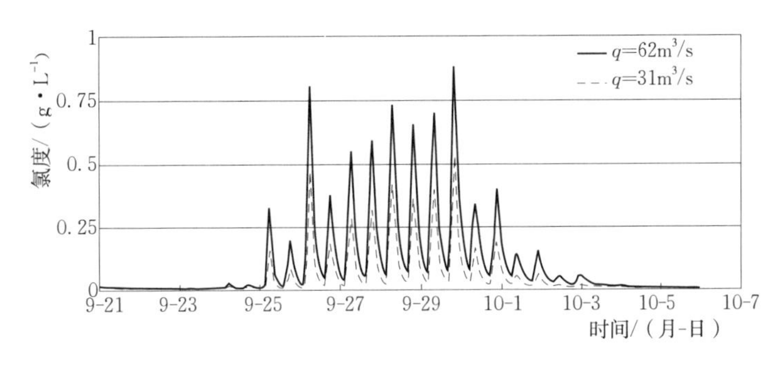

图 5.2.4 不同取水流量对珊瑚沙取水口江水含氯度的影响

5.2.4 江道地形

江道地形是径流、潮汐动力的内边界条件。钱塘江河口是一个强游荡、冲淤变幅很大的河口，丰水、枯水年江道大小不同反映到河口中段表现为盐官以上各站年际、月际潮差的较大差异。汛期径流量（4 月 1 日—7 月 15 日）占全年径流的 60%～70%，往往造成江道冲刷，潮差增大；7—11 月为枯水大潮期，江道回淤快，河口段潮差逐渐减小。表 5.2.5 给出上游七堡站丰水、枯水年 8 月与 1 月大、中、小潮各最大的 4 个潮差值，可知半月内平均大潮潮差比平均小潮大 8 倍。七堡站冬季潮差小，故杭州河段冬季很少受到盐水入侵的威胁，8 月小潮的潮差也很小，除连续枯水月外，江水含氯度不会连续 10 天以上超标（Han et al.，2014）。

表 5.2.5　七堡站丰水、枯水年 8 月与 1 月大、中、小潮潮差对比　单位：m

年份	月份	大潮				中潮				小潮			
		①	②	③	④	①	②	③	④	①	②	③	④
2010（丰水）	8	3.28	3.19	3.15	3.08	2.44	2.24	2.0	1.8	0.82	0.53	0.31	0.04
	1	1.81	1.67	1.63	1.55	1.18	1.13	1.04	1.01	0.32	0.14	0.11	0.01
2008（枯水）	8	1.48	1.48	1.35	1.33	0.94	0.89	0.88	0.86	0.18	0.16	0.11	0.09
	1	0.30	0.29	0.25	0.23	0.15	0.14	013	0.12	0.08	0.07	0.06	0.05

江道地形的影响还表现为钱塘江河口尖山河湾江道顺直和弯曲两种不同河势的主流长度和河床高程差异较大，因此在相同径流情况下，盐水入侵的强度也不同。从图 5.2.5 所示的两种河势、不同径流条件下的盐水入侵长度可以看出，相同径流条件下，弯曲江道下的盐水入侵长度明显小于顺直江道，随着径流的不同，盐水入侵距离相差 10～15km；同时，弯曲江道下增加流量对抵御盐水入侵的作用亦更加明显。其主要原因是弯曲河势主要发生在径流较枯或连续枯水水文条件下，此时钱塘江河口段江道容积小，七堡潮差相对较小致潮动力较弱，盐水入侵强度小；相反，顺直河势主要是在丰水条件下，钱塘江河口段特别是盐官以上河段容积大，潮汐强，盐水入侵强度大，而且主流线长度短，因而盐水上溯较远。

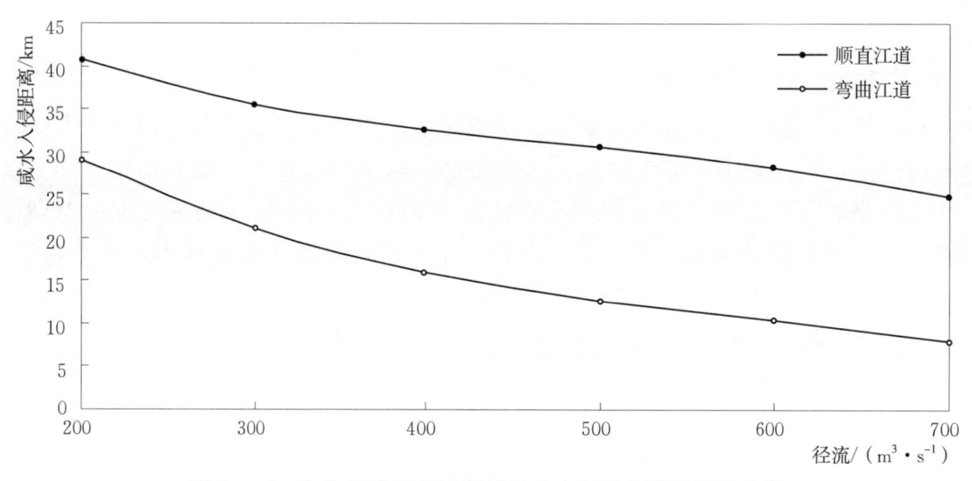

图 5.2.5　尖山河湾两种河势下盐水入侵距离随流量的变化

钱塘江河口段盐度受径流、潮汐、河床地形等因素影响，河床地形与前期径流大小和潮汐密切相关，而澉浦下游的潮汐受天文潮控制，变化很有规律，因此河床地形的冲淤变化主要受前期径流影响。一般而言，径流量越大，盐度越低，这是径流对盐度的直接影响，在时间上表现为即时性。但这种特性仅适用于短历时（1～2 个潮汛）的时间尺度。对长历时时间尺度（数月），盐度变化受径流、潮汐和河床地形等多种因素影响，变化十分复杂。图 5.2.6 为 1994—2012 年七堡站年平均含氯度与富春江电站年平均流量的关系。

从图 5.2.6 可知，两者的点据十分散乱，相关性非常差，几乎没有规律可循，这主要是由于钱塘江河口独特的水沙与河床交互作用造成的。在一定的来沙条件下，河床地形是径流和潮流相互作用的结果，反过来又影响河口段的潮汐动力。每年丰水期径流量大小决定了汛后河床地形，径流量越大，河床容积越大，从而下半年河口段的潮汐也越大；同时，下半年为枯水期，在枯水和大潮共同作用下，此时的盐水入侵最为严重，这是径流对盐度的间接影响，通过河床地形冲淤反馈变化引起河口上段的潮汐动力变化间接影响河口盐水入侵，在时间上存在一定的滞后性（潘存鸿等，2015）。

图 5.2.7 为丰水年（1995 年）、枯水年（2004 年）、平水年（1997 年）富春江电站月平均流量与七堡月平均潮差、月平均最大氯度。丰水年在丰水期含氯度略小于枯水年，但下半年秋季大潮期，江水含氯度可能比枯水年大得多。因此，从全年看，钱塘江河口丰水年盐水入侵有可能比枯水年严重。

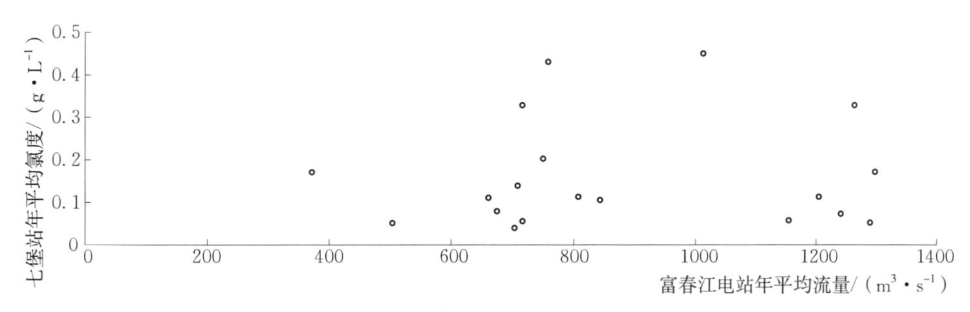

图 5.2.6 七堡站年平均氯度与富春江电站年平均流量的关系(1994—2012 年)

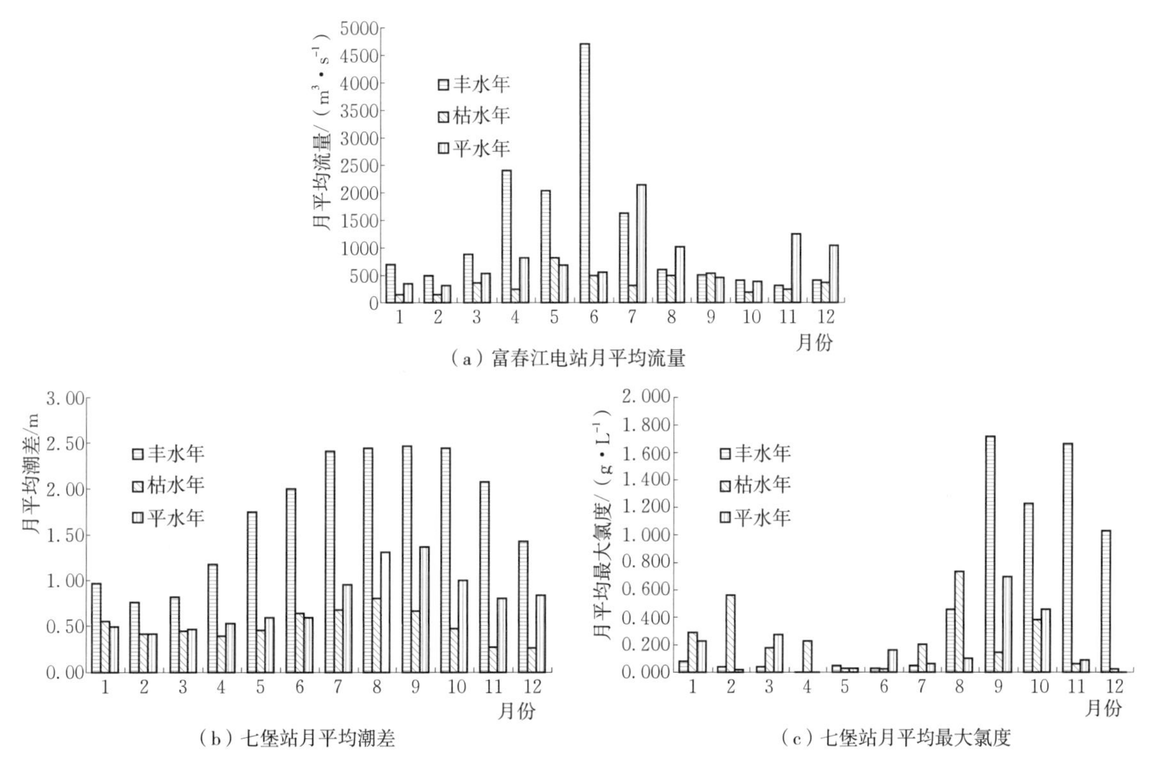

图 5.2.7 富春江电站月平均流量、七堡站月平均潮差与月平均最大氯度

丰水年 1995 年平均流量为 1267m^3/s,比多年平均流量偏大 33%,丰水期 4—7 月径流量占全年径流总量的 71%。因丰水期径流量大,闸口—盐官河段河床冲刷明显,吴淞高程 7m 以下河床容积从 4 月的 4.06 亿 m^3 增大到 7 月的 6.26 亿 m^3。因河床容积增大,潮汐也相应地持续加大,七堡站从汛前 3 月平均潮差 0.93m 增大到汛后 8 月的 2.28m。1—7 月因山潮水比值相对较大,故江水含氯度较小,七堡站月平均最大氯度仅为 0.08g/L(1 月),月平均最大氯度的最小值出现在径流量最大的月份(4 月和 6 月)。8 月以后径流量显著减少,而潮汐明显增大,在秋季强潮期 8—10 月达到最大,盐水入侵加剧,因受前期淡水的影响,8 月平均最大氯度为 0.46g/L,9 月达到最大值,月平均氯度为 1.718g/L。以后因河床淤积,11 月河床容积减小到 5.10 亿 m^3,再加上外海潮汐减弱,导致七堡站潮差减小,12 月平均潮差为 1.24m。相应地,盐水入侵也减弱,12 月平均最大氯度为 1.031g/L。

2004 年平均流量为 375m^3/s,比多年平均流量偏小 60%,属于特枯年。因丰水期径流量小,闸口—盐官河段河床冲刷不明显,河床容积从 4 月的 2.92 亿 m^3 增大到 7 月的 2.98 亿 m^3,七堡站从汛前 3 月月平均潮差 0.49m 增大到汛后 8 月的 0.83m。8 月以后河床略有淤积,至 11 月河床容积减小至 2.80 亿 m^3,同时 10 月以后潮汐也明显减弱,12 月月平均潮差仅为 0.23m。从全年来看,除 8 月月平均最大氯度为 0.73g/L 外,其余月份月平均最大氯度均小于 0.40g/L。总体上盐水入侵影响较小。

1997 年平均流量为 810m^3/s，比多年平均流量偏小 15%，属平水偏枯年。因年内丰水期有一次洪水过程，闸口—盐官河段河床冲刷明显，河床容积从 4 月的 3.13 亿 m^3 增大到 7 月的 4.88 亿 m^3，七堡站从汛前 3 月月平均潮差 0.47m 增大到汛后 8 月的 1.32m；8 月以后河床略有淤积，至 11 月河床容积减小至 3.85 亿 m^3，同时 10 月以后潮汐也有所减弱，12 月月平均潮差仅为 0.84m。从全年来看，除 9 月月平均最大氯度为 0.69g/L 外，其余月份月平均最大氯度均小于 0.45g/L。总体上盐水入侵不太严重。

比较丰水年（1995 年）、枯水年（2004 年）和平水年（1997 年）可知，丰水年径流量大，河床容积大（7 月河床容积是枯水年的 3.4 倍），潮汐强（最大月平均潮差是枯水年的 2.9 倍，平水年的 1.8 倍）。在丰水期江水含氯度很低，但在下半年秋季强潮期江水含氯度较高，江水含氯度年内变化很大，月平均最大氯度变化范围为 0.01～1.718g/L，最大值是最小值的 172 倍，年平均最大氯度为 0.532g/L，比枯水年大 1 倍左右；枯水年径流量小，河床容积小，潮汐弱，江水含氯度年内变化相对较小，月平均最大氯度变化范围为 0.02～0.56g/L，最大值是最小值的 28 倍。

5.2.5 杭州湾湾顶澉浦氯度

5.2.5.1 氯度变化特性

杭州湾湾顶澉浦氯度是钱塘江河口段盐水入侵的源，也是河口段的下边界，其氯度变化在时间上表现为年内季节有变化、年际不同水文年也有差异，但 15 天周期内日变化不大；在空间分布上呈现南高北低的规律，这种变化特性主要是受钱塘江流域和长江口径流变化的双重影响，但局部范围（澉浦北岸水文站附近）也受杭嘉湖平原河网向钱塘江河口排水的影响，变化因素十分复杂。

图 5.2.8 为澉浦站氯度最大值的多年平均含氯度逐月的变化过程，从图 5.2.8 可知，由于钱塘江河口 3－6 月的径流约占全年的 70%，因此澉浦站氯度逐月分布中一般是 7 月达到全年的低值，随后随径流减小转枯和潮差增大外海盐水入侵的影响，氯度值逐渐升高，至次年的 2—3 月氯度达到最大。澉浦站氯度季节的变化一般在 4.0～8.0g/L。

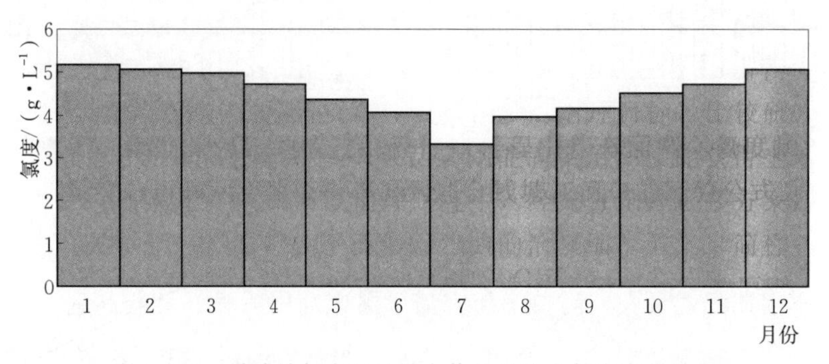

图 5.2.8 澉浦站氯度逐月最大值的平均含氯度变化过程

5.2.5.2 湾顶氯度变化对盐水入侵的影响

上游径流、下游潮汐及沿程取水流量等条件相同情况下，钱塘江河口杭州湾湾顶氯度的差异对河口盐水入侵产生的影响可采用数学模型进行数值分析。图 5.2.9 为上游下泄 300m^3/s、沿程取水流量为 62m^3/s、湾顶氯度值分别给定 4.0g/L 和 8.0g/L 等条件下，珊瑚沙取水口江水含氯度的随潮变化的计算结果。

从图 5.2.9 可知，澉浦氯度越大，杭州河段取水口的江水氯度就越大，澉浦氯度 8g/L 时珊瑚沙、南星桥取水口的最大氯度分别为 1.0g/L、2.8g/L，最长连续超标时间分别约 6.0h、13.0h；澉浦氯度 4.0g/L 时两取水口江水氯度分别约 0.53g/L、1.5g/L，连续超标时间分别约 4.0h、8.5h。因此，取水口江水氯度的变化幅度基本与边界氯度变化幅度呈线性变化，但连续最长超标时间的变幅小于氯度最大值的变化幅度，取水口最低氯度值基本不受影响。澉浦边界氯度可以采用预报前期实测资料取得，

其在一定范围内的变化不致影响上游各取水口江水氯度的超标时间预报的准确性。

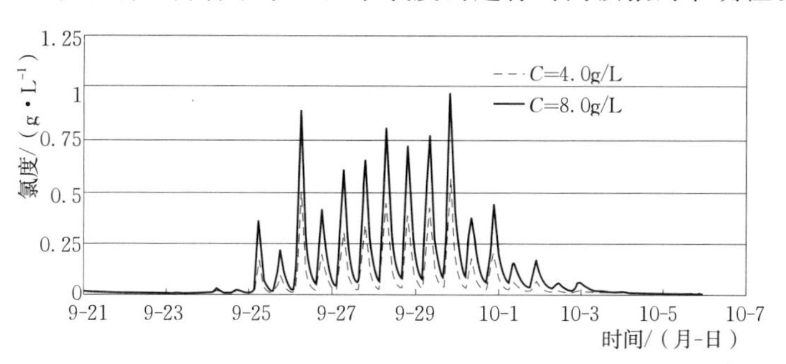

图 5.2.9　湾顶不同氯度值对珊瑚沙取水口江水含氯度的影响

5.2.6　人类活动

影响钱塘江河口盐水入侵的因素除径流、潮汐等自然因素外，还有人类活动。对钱塘江河口产生重大影响的人类活动有：在钱塘江流域兴建新安江大型调节水库改变了洪枯径流的来水来沙条件，以及河口地区的大规模治江缩窄工程改变了河床平面边界的约束条件（韩曾萃等，2003）。小范围的人类活动如建桥梁、码头等，其影响是局部的，本文不予涉及。按以下划分时段，即 1955—1960 年代表新安江水库建库前（①代表）的自然变化情况；1972—1975 年可代表建库后、治江前（②代表）的情况；而 1976—1998 年代表建库后、治江缩窄中期（③代表）的情况；1999—2012 年代表钱塘江河口段治江缩窄到位后（④代表）的情况。表 5.2.6 列出了各测站各时段瞬时最大、月平均最大、多年平均的氯度值，图 5.2.10 为钱塘江河口段瞬时最大、月平均最大氯度值纵向分布变化情况。

从图 5.2.10 和表 5.2.6 所展示的氯度纵向变化基本上能反映出人类活动对钱塘江河口段盐水入侵影响的一般规律：①虽只有 6 年但能代表基本情况，②年限太短（仅 4 年）代表性不足，极值及平均值的代表性相对较差，可比性会有一定的限制，③～④时间最长，能反映真实情况，上述不同时期氯度的特征值总体上反映了在径流、潮汐等自然条件及人类活动作用下盐水入侵的时空变化特征。需要说明的是澉浦断面氯度横向分布不匀，南岸比北岸高 30%～40%，盐官站氯度还与南、北潮先后到达因素有关。

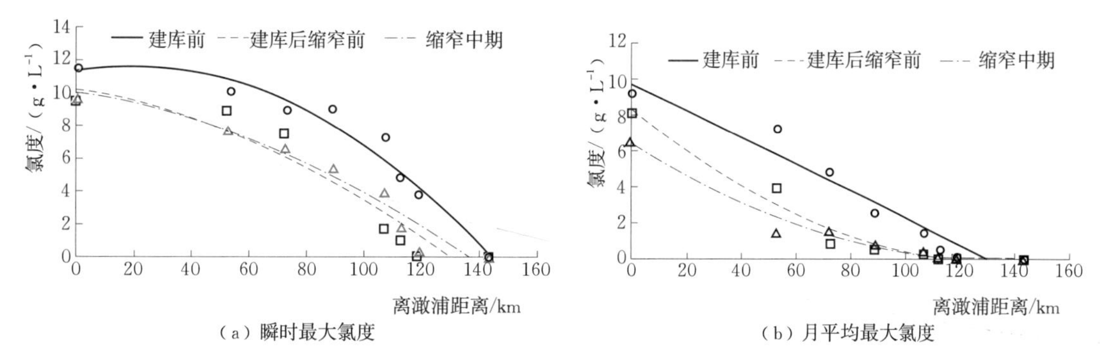

图 5.2.10　钱塘江河口段氯度纵向分布

表 5.2.6　　**沿程各站氯度值统计**　　单位：g/L

站名	时期	闻家堰	珊瑚沙	闸口	七堡	仓前	盐官	澉浦
瞬时最大值	①	3.80	5.00	7.30	9.06	8.95	10.10	11.60
	②	0.10	1.00	1.78	4.56	7.55	6.35	9.60
	③	0.50	2.00	4.14	5.57	6.77	7.80	9.90
	④	0.044*	1.42	2.60	5.50	6.45	9.85	8.50

续表

站名	时期	闻家堰	珊瑚沙	闸口	七堡	仓前	盐官	澉浦
月平均最大值	①	0.20	0.50	1.50	2.63	4.84	7.30	9.30
	②	0.05	0.10	0.07	0.56	0.90	3.99	8.24
	③	0.10	0.13	0.15	0.86	1.68	1.62	6.64
	④	0.017	0.03△	0.05	0.34	0.91	2.90	5.30
多年平均值	①	0.01	0.05	0.29	0.75	2.02	2.72	6.20
	②	0.01	0.01	0.02	0.18	0.45	2.17	5.60
	③	0.01	0.02	0.04	0.25	0.64	1.23	4.92
	④	0.01	0.02	0.03	0.12	0.39	1.80	4.42

注："*"2003年11月每日3次水样，根据数模计算最大氯度可达0.25g/L，"△"为插值得到

(1) 无论是氯度瞬时最大值还是月平均最大值和多年平均最大值，氯度纵向分布自澉浦向上游减小，一般情况下，闻家堰站附近基本上处于盐水入侵的末端，新安江水库建成前后月平均最大氯度基本上小于0.25g/L，但瞬时最大有时会超过0.25g/L。

(2) 新安江建库后，七堡以上氯度最大值大幅度减小，珊瑚沙取水口附近最大氯度由建库前的5.00g/L减小至1.0g/L，减幅达80%，闸口站由7.3g/L减至1.78g/L，减幅达76%，其主要原因是新安江建库后枯水流量平均增加250m³/s，对主要取水口江水含氯度的稀释作用十分明显，而对下游作用则小得多。

(3) 按以上时段划分，钱塘江河口治江缩窄中期（尖山河湾治理前）增大了七堡以上的潮差，使仓前以上河段江水氯度有所增加，仓前站月平均最大氯度由治江前的0.90g/L增至1.68g/L，增幅87%；治理缩窄后期（尖山河湾弯曲河势），仓前以上河段月平均氯度最大值和多年平均氯度是减小的，仓前站月平均最大氯度由治江中期的1.68g/L下降至0.89g/L，降幅47%，七堡站降幅达60%。

用闸口站的氯度超标天数来反映取水口河段受盐水入侵影响的情况，用日氯度最大值（>0.25g/L）作为判别统计超标天数的标准，不同时期氯度超标天数的变化可以反映人类活动对该河段盐水入侵的影响，统计结果参见表5.2.7。

表5.2.7　闸口站不同时期超标天数的统计　单位：天

超标天数	多年平均				多年最大				多年最小			
	①	②	③	④	①	②	③	④	①	②	③	④
全天超标	55	1	2.7	0.6	85	4	57*	9	26	0	0	0
半天超标	85	8	11.7	2.6	145	14	53△	23	40	0	0	0

注：全天超标指日内最小值大于0.25g/L；半天超标指最大值大于0.25g/L，最小值小于0.25g/L。"*"出现在1978年，"△"出现在1994年

由表5.2.7可知，②即新安江建库后治江前比①、③均好，而情况③即建库、治江中期比建库前①好，但比②差，主要是建库后月平均枯水径流增大约250m³/s后的抑咸作用，明显远大于治江中期后潮差增大的作用。情况④治江到位后，由于尖山河湾形成弯曲河势，再加之2003年以来各方参与的新安江水库的顶潮抗咸调度，使得盐水入侵比②、③有所改善。

5.3 钱塘江河口盐度时空变化特征

5.3.1 钱塘江河口盐度测站概述

1955—1958年浙江省水文系统即在闻堰、闸口、七堡岸边开始收集江水氯度的观测资料（参见图5.3.1）。

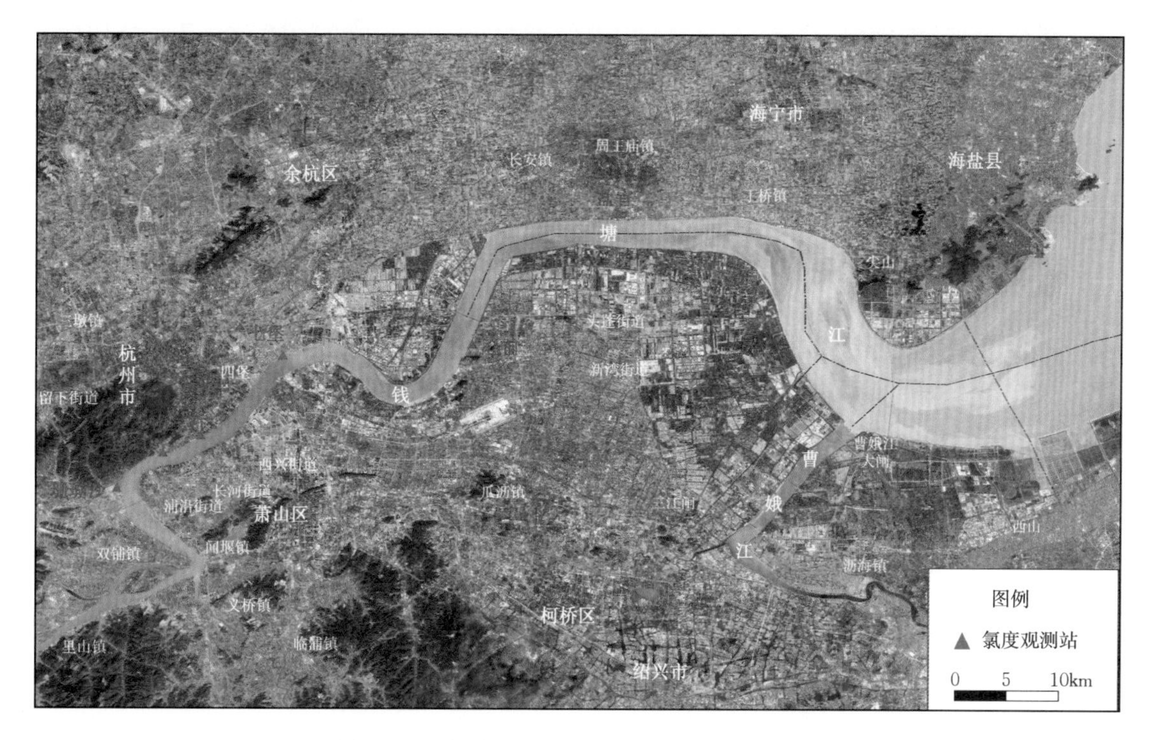

图 5.3.1　钱塘江河口氯度测站沿程分布示意图

这些资料一般是在逐日的高平、低平时取 3～5 个水样，进行化验得到日最大值、最小值，浙江省河海测绘院也有非定期在各点进行连续 5～10 天的逐潮、逐时观测资料。因这些资料系列历时相对短、代表性不足，故在 1958—1960 年又增加了仓前、盐官、尖山、海盐等站进行大、中、小潮逐月的取样。以上资料代表新安江建库前盐水入侵的自然情况。

1961—1971 年缺少观测资料，1972 年起，浙江省水文局恢复了闸堰、闸口、七堡、仓前、盐官、澉浦等六站，由杭州市自来水厂进行了逐日岸边高、低平潮时（白天潮）的连续观测，七堡、闸口及南星桥、珊瑚沙等站在高氯度时还进行加测。这些至今持续了 40 余年的氯度资料反映了钱塘江河口治江缩窄前后、新安江建库低水位运行（1979 年前）和高水位运行的水文及江道变化对盐水入侵的影响，资料涵盖丰水、枯水等不同水文条件，基本反映了钱塘江河口盐水入侵的各种情况，是十分宝贵的最系统的长系列实测资料。此外浙江省水利河口研究院还有在盐水入侵较强时用船只追踪的观测资料，分析这些资料的规律性并作为盐水入侵数学模型的验证十分必要。

5.3.2　钱塘江河口盐度的空间变化特性

5.3.2.1　杭州湾盐度平面分布

在《钱塘江河口治理开发》一书中论述了杭州湾盐度的平面分布特征与钱塘江、长江径流和台湾暖流等因素有关，本文补充杭州湾水域大、小潮实测盐度的特征值，见图 5.3.2 和表 5.3.1。

从图 5.3.2 和表 5.3.1 可知，在钱塘江下泄淡水、长江口冲淡水以及随涨潮流进入的东海高盐水等多种动力因子的作用下，杭州湾水域水体的盐度自湾顶向湾口段逐渐增加，在湾顶秦山水域附近盐度值在 8.2～10.3g/L；金山北水域（JD01）盐度值为 14.5～16.4g/L；而到湾口的南侧 WK07 处，最高盐度可达 25.3g/L。总体上，杭州湾水域盐度大潮大于小潮，涨潮大于落潮，反映了杭州湾盐度特征变化受径流及潮流动力的响应，在空间分布上呈现南高北低、西低东高的特点。

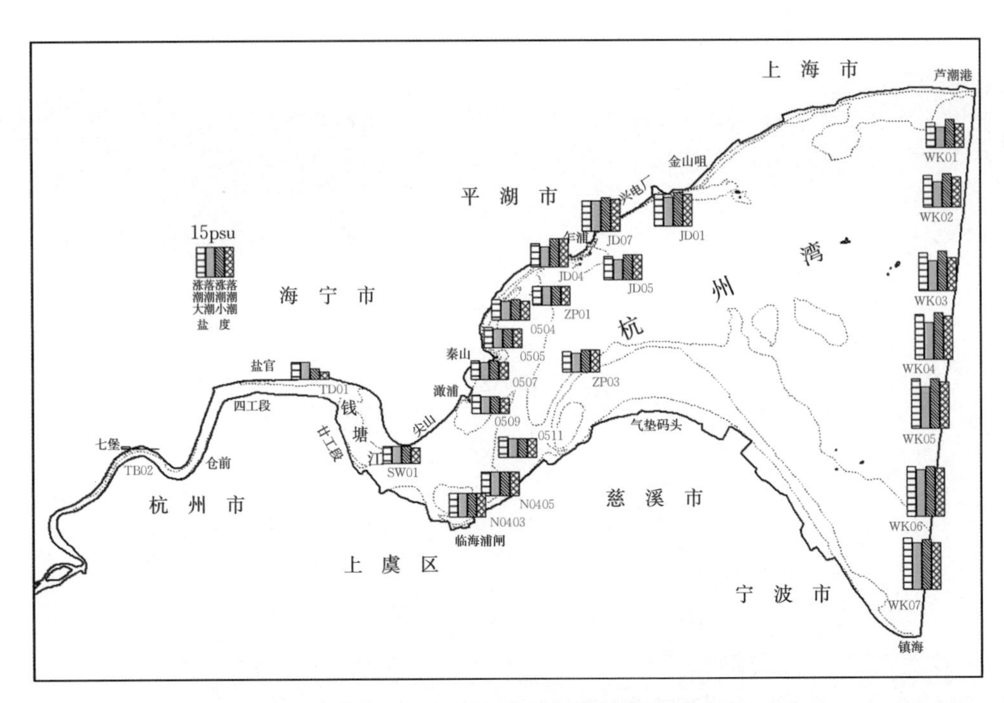

图 5.3.2　钱塘江河口临时测验期间大、小潮盐度分布

表 5.3.1　　**杭州湾水域盐度特征统计表**　　单位：g/L

水域	垂线号	大潮		小潮	
		涨潮	落潮	涨潮	落潮
秦山水域	0504	10.32	9.51	10.33	9.50
	0505	10.20	9.55	9.74	9.16
	0507	9.31	8.73	9.48	8.55
	0509	9.55	8.96	8.87	8.19
	0511	10.10	9.60	9.54	9.21
嘉兴电厂	JD01	15.86	14.45	16.40	16.17
	JD04	12.10	10.58	13.99	14.11
	JD05	11.86	10.43	12.38	12.26
	JD07	15.10	14.77	16.34	15.73
南股槽	NO403	11.96	11.66	11.63	11.53
	NO405	12.11	11.87	11.61	11.53
乍浦	ZP01	9.41	9.19	9.76	9.22
	ZP03	10.24	9.22	11.13	10.66
杭州湾湾口	WK01	12.53	10.36	14.03	11.64
	WK02	15.66	12.94	16.59	14.64
	WK03	18.61	14.82	19.50	16.87
	WK04	22.41	18.49	22.93	21.06
	WK05	24.21	20.77	24.15	22.86
	WK06	24.29	22.94	24.55	23.90
	WK07	25.28	22.58	24.53	22.71

5.3.2.2 河口段氯度纵向分布

钱塘江河口段盐度纵向分布的特性主要是自下游向上游沿程递减，澉浦断面是杭州湾和钱塘江河口段的链接处，杭州湾宽度从湾口 100km 向内急剧收缩到澉浦 16.5km，南、北水体沿程混合后，澉浦断面盐度横向差异较小，河口段盐度的差异主要反映在纵向分布。图 5.3.3 展示了一个潮汛内河口段氯度的沿程分布的变化情况。当小潮时，盐水入侵至仓前附近，随着潮汐强度的增加，盐水上溯距离增大，到大潮时，盐水上溯至闸家堰附近。

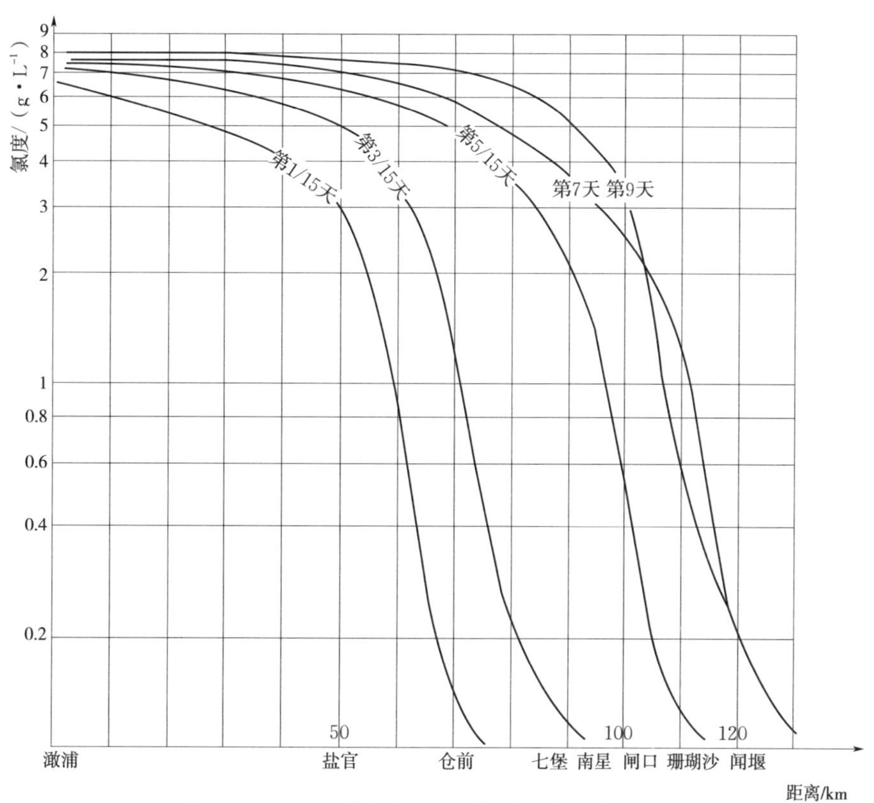

图 5.3.3 一个潮汛内河口段江水含氯度纵向分布

ARON and STOMMEL (1951) 根据单宽垂线上的水流连续方程与氯度一维紊流输移扩散方程，得到矩形平底渠道的盐水入侵经验预报公式为

$$\frac{s}{s_0}=e^{F\left(1-\frac{1}{\lambda}\right)} \tag{5.3.1}$$

其中

$$F=\frac{uH^2}{2k\omega\xi_0^2L} \tag{5.3.2}$$

$$\lambda=x/L$$

式中：s 为某点的含氯度值；s_0 为河口口门处的含氯度；λ 为无因次参数；L 为河口含氯度入侵的最大长度；x 为某点离河口口门的距离；F 为潮泛系数；u 为断面平均流速；H 为水深；ω 为潮波相角；ξ_0 为河口处的半潮潮差；k 为系数。

20 世纪 80 年代，韩曾萃等（1986）对式（5.3.2）重新进行了推导，得到了便于计算、物理概念更清晰的潮泛系数计算式（5.3.3），即

$$F=\frac{uH^2}{2k\omega\xi_0^2L}=\frac{(uHb)H}{2k\omega(b\xi_0L)\xi_0}=\frac{Q}{(2k\omega/H)W\xi_0}=\frac{Q}{kW\Delta Z}=\frac{Q}{K\Delta Z} \tag{5.3.3}$$

式中：ΔZ 为潮差；W 为潮棱体；Q 为流量；K 为江道特性系数。

钱塘江河口治江缩窄前后，江道特性系数 K 由 600 开始逐渐降低，对于其过渡期和稳定时期的江道特性系数 K 的率定就成为当前盐水入侵预报的关键。现以式（5.3.3）为基础，利用钱塘江 1994—1999

年连续 6 年逐年年平均实测径流量、潮差和氯度资料，对潮泛系数进行了重新率定，以求适用于钱塘江治江缩窄后的盐水入侵预报。这 6 年钱塘江流域径流较丰，尖山河湾江道比较顺直。根据已有的历史水文氯度资料分析，盐水入侵上界定在渔山，河口段口门在澉浦断面。采用闸口、七堡、仓前、盐官和澉浦等沿程 5 个测站的实测氯度资料进行率定。系数率定后钱塘江沿程氯度年际变化的计算值和实测值如图 5.3.4所示，计算值和实测值吻合较好，率定计算得到的江道特性系数 $K=400$。由此表明江道特性系数 K 由治江缩窄前的 600 降低到目前江道的 400，较好地反映了治江缩窄对盐水入侵的影响（于曰旻等，2009）。

在对钱塘江河口治江缩窄后江道特性参数 K 重新率定后，利用式（5.3.3）对 2000—2005 年连续 6 年的钱塘江沿程氯度年际变化进行了验证（图 5.3.5），这 6 年钱塘江河口尖山河湾为治理后的河势。由图 5.3.5 可知钱塘江沿程氯度年际变化的计算值和实测值吻合较好，这说明江道特性参数 $K=400$ 基本符合实际。以上是年平均值的率定和预测，如果用 15 天的径流量、潮差、氯度的平均值、最大值和最小值进行率定 K 值，则可以预测 15 天的平均和最大、最小氯度值。这是恒定流理论的应用，逐日逐时的变化不适用于此方法，则必须采用数值解。

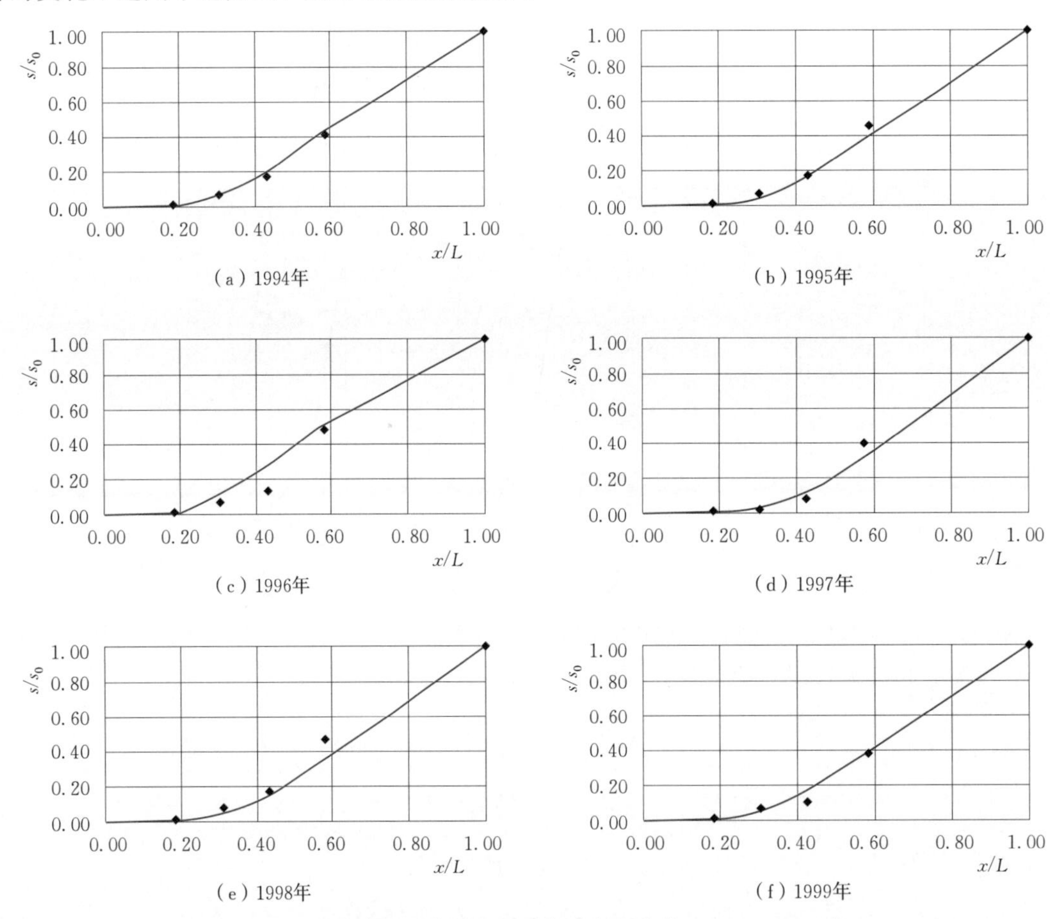

图 5.3.4　系数率定后钱塘江沿程氯度年际变化（1994—1999 年）

5.3.2.3　氯度的横向及垂向混合特性

钱塘江河口虽属强潮河口，但其不同河段的混合程度因水动力的强弱而异，尤其是杭州河段处于河口段的上游段，山潮水比值逐渐增大，涌潮逐渐消失，潮流速减小，水体紊动掺混作用较河口段的中、下游弱，加之在复式河槽中浅滩与深槽的水深相差较多，还有弯道环流的影响等，流速横向分布不均匀，致使氯度在江道断面横向分布上不一致，数值模拟和物理模型试验均表明：滩地上的氯度一般较主流大，这是由于涨潮时滩地处江水含氯度随即增大，而滩地落潮流速较主槽小，紊动掺混作用也相对较弱，落潮过程中氯度稀释速率较慢。表 5.3.2 及图 5.3.6 为钱塘江河口取水河段垂向分层和主槽与边滩氯度追踪观测结果。

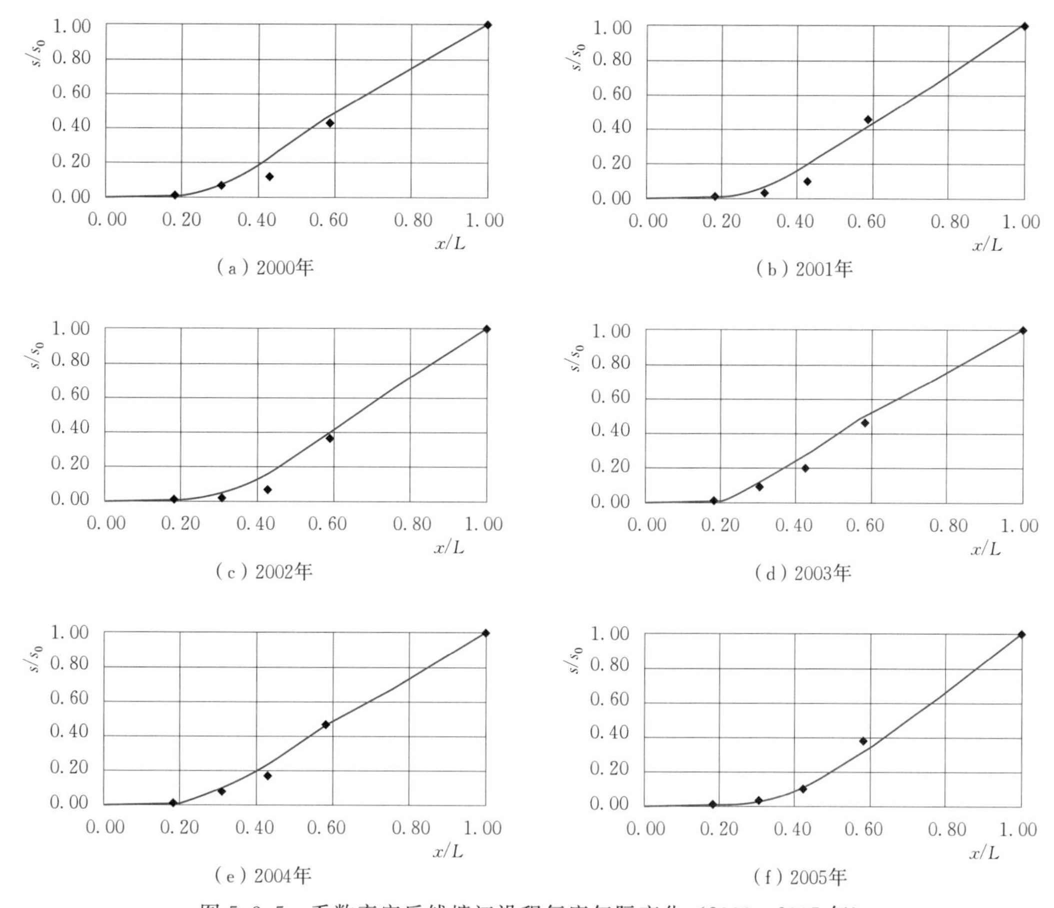

(a) 2000年　(b) 2001年　(c) 2002年　(d) 2003年　(e) 2004年　(f) 2005年

图 5.3.5　系数率定后钱塘江沿程氯度年际变化（2000—2005 年）

表 5.3.2　　垂向分层和主槽与边滩氯度追踪观测结果统计表　　单位：g/L

项目		钱江三桥		南星桥		闸口		珊瑚沙		闻家堰	
		边滩	主槽	边滩	主槽	边滩	主槽	边滩	主槽	边滩	主槽
1990 年 7 月 25 日	表层		2.91	2.23	2.76	1.76	1.67		0.24		0.02
	底层		3.24	2.80	2.19	2.12	1.77		0.53		0.01
	底层－表层		0.33	0.57	−0.57	0.36	0.10		0.29		−0.01
	分层系数		0.10	0.20	0.26	0.17	0.05		0.54		0.75
1990 年 7 月 26 日	表层		3.09		2.14	1.87	1.75		0.43		<0.10
	底层		3.56		3.45	2.42	2.08		0.72		<0.10
	底层－表层		0.47		1.31	0.55	0.33		0.29		
	分层系数		0.13		0.37	0.22	0.16		0.41		
1994 年 9 月 8 日	表层	2.57	2.29	1.78	1.71	1.20	1.70	2.01	2.73	0.15	0.14
	底层	2.69	2.57	2.24	2.01	1.04	2.03	2.01	2.63	0.15	0.13
	底层－表层	0.12	0.28	0.46	0.30	−0.16	0.33	0.00	−0.10	0.00	−0.01
	分层系数	0.04	0.11	0.21	0.15	0.15	0.16	0.0	0.04	0	0.08

垂线表底层、横向主槽与边滩两者差异小于 30％为强混合型，否则属非强混合型。从表 5.3.2 可知满足表层与底层、主槽与边滩差异在 30％内的约占 87％。因此，钱塘江河口属强混合河口，可以用

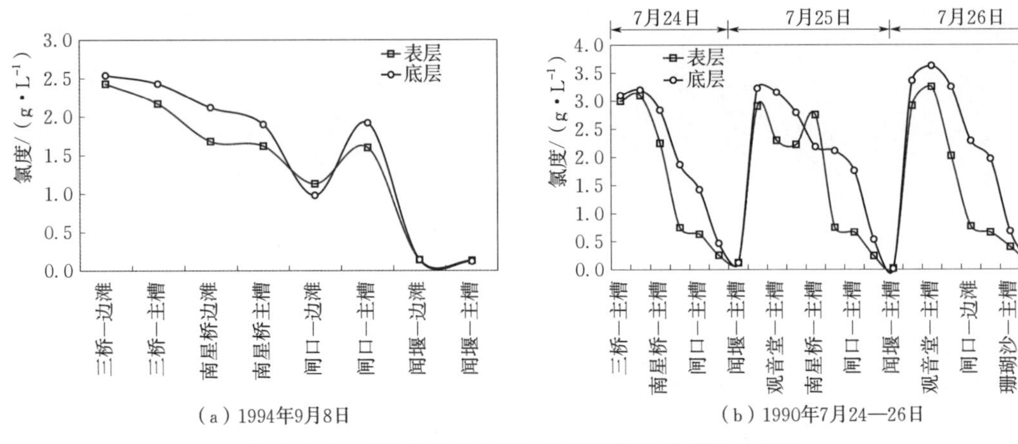

(a) 1994年9月8日　　(b) 1990年7月24—26日

图 5.3.6　垂向分层和主槽与边滩氯度追踪观测结果图

岸边观测值代表全断面值。

氯度在垂向上一般表现为底层氯度大于表层氯度。表底层氯度差以闸口断面为界，以下表底层氯度差异较小，分层系数小于0.2；闸口以上断面氯度较小时，表底层差异较大，个别时刻分层系数最大可达0.75；氯度值较高时，氯度分层系数变小，如1994年9月8日珊瑚沙取水口实测氯度2.73g/L时，表底层的氯度差异很小，分层系数在0.1以下。可见钱塘江河口段氯度的表底层分层系数与氯度值大小、水动力条件的强弱密切相关，当潮强时，氯度的垂向混合较好，表底层的氯度差异较小；当潮弱，氯度相对较低时，氯度的垂向分层较为明显。

氯度的横向分布主要与断面的形态有关，当断面具有明显的主槽和边滩的地貌形态时，氯度的横向变化较为明显，但断面形态呈U形时，氯度的横向差异不明显。钱江三桥、南星桥、珊瑚沙等断面氯度的横向差异基本上在0.3～0.5g/L，差异系数在0.3以内，氯度的横向分布总体上表现为主槽小于边滩，这与潮汐河口涨、落潮流路分歧及低盐淡水行进在主槽内的水流运动特点等因素有关，但钱塘江河口段氯度的横向差异总体上在30%以内，满足强混合特性，一维数学模型大多能满足实际要求。

5.3.3　氯度的时间变化

随径流、潮流等水动力因子的时间变化，钱塘江河口段沿程氯度随时间变化也十分显著，主要有日变化、月变化、年内变化和年际变化之分，下面进行具体分析。

5.3.3.1　日变化

江水含氯度的日变化主要与所在站位的河口位置及该站的潮流强弱、径流的大小变化有关，潮流周期平均值约12.4h，氯度日变化周期与潮流基本同步，其周期一般也约12.4h（参见图5.2.3）。在大多数情况下涨潮憩流前后氯度最高，落潮憩流前后氯度最低，即在一个太阴日中，有两个盐峰和两个盐谷。钱塘江河口段水流为往复流，包括径流在内的落潮流从上游流向下游，盐水随涨潮流从下游上溯，因而在一个潮周期中，盐度峰值出现在涨潮憩流前后，盐谷出现在落潮憩流前后。

表5.3.3为河口段同一测站含氯度最大值、最小值之差，可见河口段含氯度平均日较差以盐官附近最大，为1.24g/L，盐官以上沿程递减。含氯度日较差主要取决于在一个全潮过程中水质点的运移距离和等氯度线疏密的程度。当然日较差不是绝对的，随潮差大小、径流大小而变，表5.3.3只是说明当时潮流、径流条件下的沿程分布。

表 5.3.3　　**河口段氯度平均日较差**　　单位：g/L

测站	闸口	七堡	仓前	盐官	澉浦
平均日较差	0.18	0.95	0.71	1.24	0.15

5.3.3.2 月变化

潮汐在一个月内分别有两次大潮和两次小潮，大潮时潮流强，涨潮时下游盐水的水质点运移距离长，盐水入侵上溯的距离亦长，小潮则反之。氯度在一个月内也因天文潮大小呈两高两低的周期变化，一般是大潮时氯度高，小潮时氯度低。表 5.3.4 为 2003 年 9 月大潮、小潮平均氯度的比较，由表可知，大、小潮平均氯度差以七堡—盐官河段为最大，七堡最大约 1.52g/L，盐官最大约 1.28g/L，大、小潮氯度的差异向上游逐渐递减，沿程分布规律与氯度日较差沿程分布类似，但大、小潮较差比日较差大。

表 5.3.4　河口段大、小潮平均氯度　单位：g/L

测站	闸口	七堡	仓前	盐官	澉浦
大潮氯度	0.25	1.56	2.10	3.30	4.10
小潮氯度	0.03	0.04	1.45	2.02	4.80
氯度差值	0.22	1.52	0.65	1.28	−0.70

5.3.3.3 年内变化

氯度在年内变化十分明显，主要是径流和潮汐的季节性变化所致。根据多年的氯度观测资料，以各月多年平均氯度变化更能反映氯度在年内的一般变化特征。表 5.3.5 为七堡、南星桥和珊瑚沙等站 2003 年流量、最大潮差及氯度逐月变化。从表 5.3.5 可知，钱塘江河口 1—3 月径流较常年偏丰且潮汐较小，氯度很小；4—7 月径流量较大，流量在 768～1420m^3/s，盐官以上河段沿程氯度均较小；8—11 月径流较小，潮差较大，七堡最大潮差为 2.95～2.31m，径流流量由 547m^3/s 减小至 172m^3/s，故盐官以上各站氯度增加，盐水入侵最强，这一时期是杭州河段盐水入侵的主要时段；12 月虽然潮差较小，但径流流量也小，钱塘江河口杭州河段也受到盐水入侵的影响，但影响程度不严重。

表 5.3.5　2003 年流量、最大潮差及氯度逐月变化

时间	1月	2月	3月	4月	5月	6月	7月	8月	9月	10月	11月	12月
流量/（$m^3 \cdot s^{-1}$）	873	655	1768	1420	973	735	768	547	318	173	172	215
七堡站最大潮差/m	1.68	2.08	2.41	2.89	2.92	2.84	3.05	2.95	2.96	2.76	2.31	1.46
七堡站最大氯度/（$g \cdot L^{-1}$）	0.01	0.01	0.01	0.01	0.01	0.19	0.19	2.80	3.28	4.90	5.50	3.70
南星桥站最大氯度/（$g \cdot L^{-1}$）	0.01	0.01	0.01	0.01	0.01	0.01	0.01	0.1	1.96	2.10	2.10	0.75
珊瑚沙站最大氯度/（$g \cdot L^{-1}$）	0.01	0.01	0.01	0.01	0.01	0.01	0.01	0.04	0.57	1.07	1.40	0.28

5.3.3.4 年际变化

钱塘江河口径流有丰水年和枯水年的年际变化，河口段潮汐也因河床随径流的冲淤变化而呈现年际间的不同。由于径流对钱塘江河口河床冲淤影响较大，进而引起钱塘江河口段潮汐强弱的变化也很大，即潮差变幅较大。受径流和潮汐不同组合的影响，河口段氯度年际变化十分剧烈。表 5.3.6 反映了钱塘江河口沿程各站 1994—2008 年各月平均氯度最大值、最小值及最大与最小之差或比值变化情况。各站月均氯度范围，七堡为 0.01～2.13g/L、仓前为 0.02～2.86g/L、盐官为 0.13～5.29g/L、澉浦为 0.61～8.08g/L。各站氯度最大值与最小值的比值，闸口为 3.0～42.0、七堡为 22.0～199、仓前为 5.5～117.5、盐官为 4.3～32、澉浦为 2.5～9.9。

表 5.3.6　　钱塘江河口段沿程各站历年各月平均氯度最大、最小值（1994—2008 年）　　单位：g/L

站名	月均氯度	1月	2月	3月	4月	5月	6月	7月	8月	9月	10月	11月	12月
闸口	最大	0.03	0.03	0.03	0.03	0.02	0.03	0.13	0.35	0.45	0.60	0.42	0.12
	最小	0.01	0.01	0.01	0.01	0.01	0.01	0.01	0.01	0.02	0.02	0.01	0.01
	差值	0.02	0.02	0.02	0.02	0.01	0.02	0.12	0.34	0.43	0.58	0.41	0.11
七堡	最大	0.52	0.56	0.27	0.22	0.32	0.36	0.46	1.02	1.72	2.13	1.99	1.03
	最小	0.01	0.01	0.01	0.01	0.01	0.01	0.01	0.01	0.03	0.10	0.01	0.01
	差值	0.51	0.55	0.26	0.21	0.31	0.35	0.45	1.01	1.69	2.03	1.98	1.02
仓前	最大	1.73	2.35	1.16	1.96	0.82	0.70	1.11	1.77	2.76	2.83	2.86	1.90
	最小	0.04	0.02	0.02	0.03	0.03	0.03	0.03	0.06	0.15	0.51	0.06	0.04
	差值	1.69	2.33	1.14	1.93	0.79	0.67	1.08	1.71	2.61	2.32	2.80	1.86
盐官	最大	3.75	4.54	3.54	4.13	2.96	3.04	4.48	4.53	4.50	5.21	5.29	4.75
	最小	0.13	0.15	0.14	0.17	0.20	0.13	0.14	0.24	0.43	1.22	0.83	0.30
	差值	3.62	4.39	3.40	3.97	2.75	2.91	4.34	4.29	4.07	3.99	4.46	4.45
澉浦	最大	7.52	7.73	7.81	8.08	6.81	6.33	6.01	6.68	7.20	7.73	7.66	7.60
	最小	2.07	1.77	1.84	1.37	1.41	1.77	0.61	0.84	1.14	2.26	3.01	2.82
	差值	5.45	5.96	5.97	6.71	5.40	4.57	5.40	5.84	6.06	5.47	4.65	4.78

5.3.4　涌潮对氯度时空分布的影响

5.3.4.1　氯度变化滞后于潮位变化

钱塘江河口江水含氯度变化与涌潮过程密切相关，在涌潮到达前为落潮憩流，氯度相对最低，随涌潮的到达氯度迅速升高，至高潮时接近最高，然后随潮位逐渐降低。图 5.3.7 展示了钱塘江河口段代表站氯度变化过程，由图可知涌潮到后水体氯度升高，但氯度涨率不及潮位的涨率，表明氯度主要是纵向上有输移，累加下游高氯度需要一个时间过程，氯度变化滞后于潮位的变化。

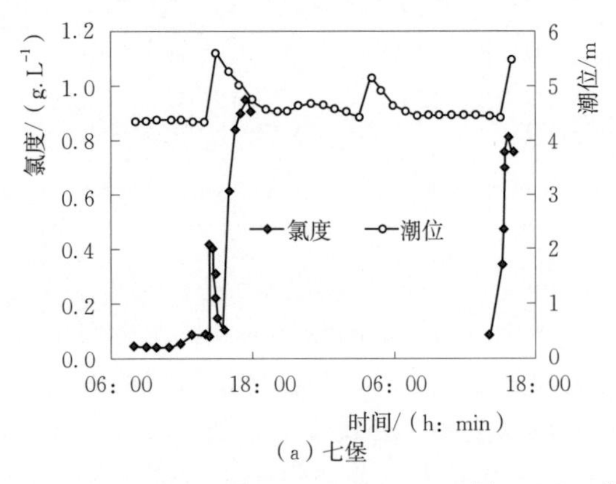

（a）七堡

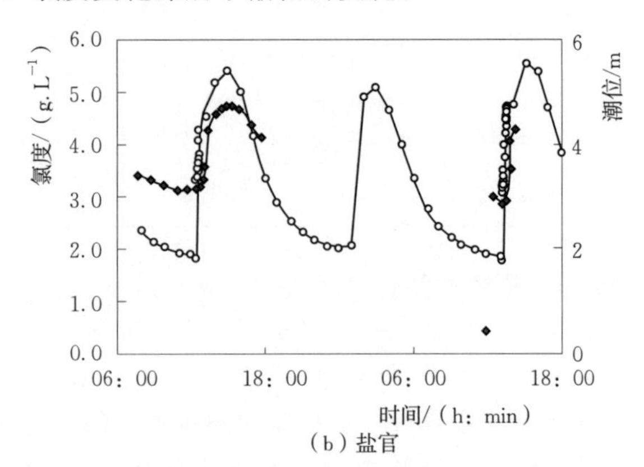

（b）盐官

图 5.3.7　代表站氯度、潮位过程图

5.3.4.2　涌潮促使盐水入侵加剧

钱塘江河口沿程氯度的高低与涌潮的大小有关，涌潮高度与当地潮汐、径流、河床地形、气象等因素有关。对固定位置而言，潮差越大，涌潮越强。根据盐官站实测潮差和涌潮高度资料，可以得到

涌潮高度 H 与潮差 ΔZ 的线性相关关系式：$H=\alpha\Delta Z+\beta$。其中，α、β 为系数，根据实测资料拟合得到。表 5.3.7 为盐官站实测涌潮高度与氯度的关系，由表可知，因涌潮高度不同，在一个潮周期中最高氯度可差 9 倍左右，最低氯度可差 12 倍左右（潘存鸿等，2014）。

表 5.3.7　盐官站涌潮高度与氯度

潮差/m	涌潮高度/m	最高氯度/（g・L^{-1}）	最低氯度/（g・L^{-1}）
5.3	2.8	3.957	2.075
4.4	1.9	1.439	0.608
3.1	0.7	0.442	0.166

为分析南星桥等用水河段氯度的随潮变化过程，收集了 1993 年 11 月大、中、小三种潮型三个断面的同步水文资料。测点位置如图 5.3.8 所示，氯度随潮变化过程如图 5.3.9 所示。

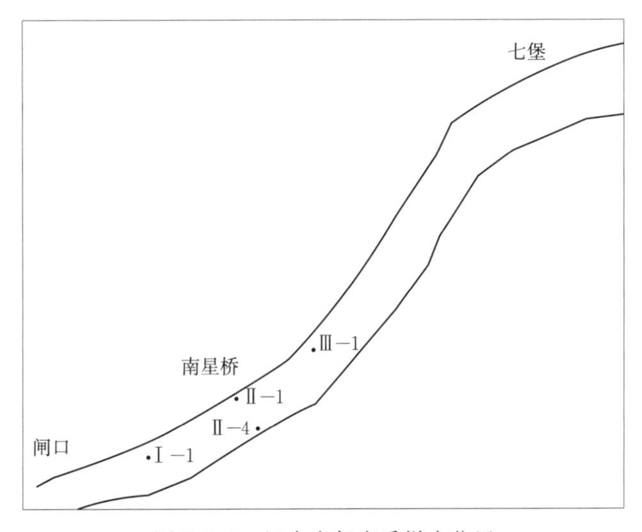

图 5.3.8　江水含氯度采样点位置

从图 5.3.9 可知，南星桥河段氯度的变化主要发生在大、中潮期间，小潮期间潮位变化不大，潮水上溯能力较小，因而各站位氯度都不大，而表、中、底层亦无明显差异，其氯度范围为 0.047～0.059g/L。中潮期间除Ⅱ-1 站外，其余各站在高潮位附近氯度出现最大值，Ⅰ-1、Ⅱ-4，Ⅲ-1 三站的最大氯度分别为 0.092g/L、0.118g/L、0.149g/L，其余时间氯度变化亦不大，变化范围为 0.049～0.076g/L。大潮期间各站水深变化较大，盐水入侵较强，因而氯度变化亦较大，最大氯度可达 0.8～1.0g/L。氯度沿程分布特征上游河段氯度最低，并自上向下逐渐升高，也与涌潮大小的沿程分布一致（表 5.3.8）。

表 5.3.8　钱塘江河口氯度纵向变化表

取样点	七堡	仓前	盐仓	盐官	九桥	大缺口	廿二工段	嘉绍大桥	盖北	澉浦
氯度/（g・L^{-1}）	0.44	0.56	1.85	2.52	2.61	2.67	2.73	2.41	3.06	3.13

注：七堡、澉浦站均为潮后约 30min～1h 的上表层氯度。

涌潮过后，潮位急剧抬高，同时流速迅速从落潮转为涨潮，并在数分钟至半小时内涨潮流速达到最大值。涌潮的这一水动力特性对氯度产生较大的影响，图 5.3.10 为盐官站大潮潮位和氯度变化过程线，由图可知在落潮后期，氯度随潮流下泄而降低，在涌潮到达前，江水含氯度一般达到最低值；涌潮到达后，氯度迅速增大，并随湍急的水流而振荡，以后随着涨潮流氯度继续增大，这段时间是氯度涨率最大的时段，约 3.84×10^{-4}g/（L・s）；中潮位过后潮位涨率变小，相应地氯度涨率也变得缓慢，

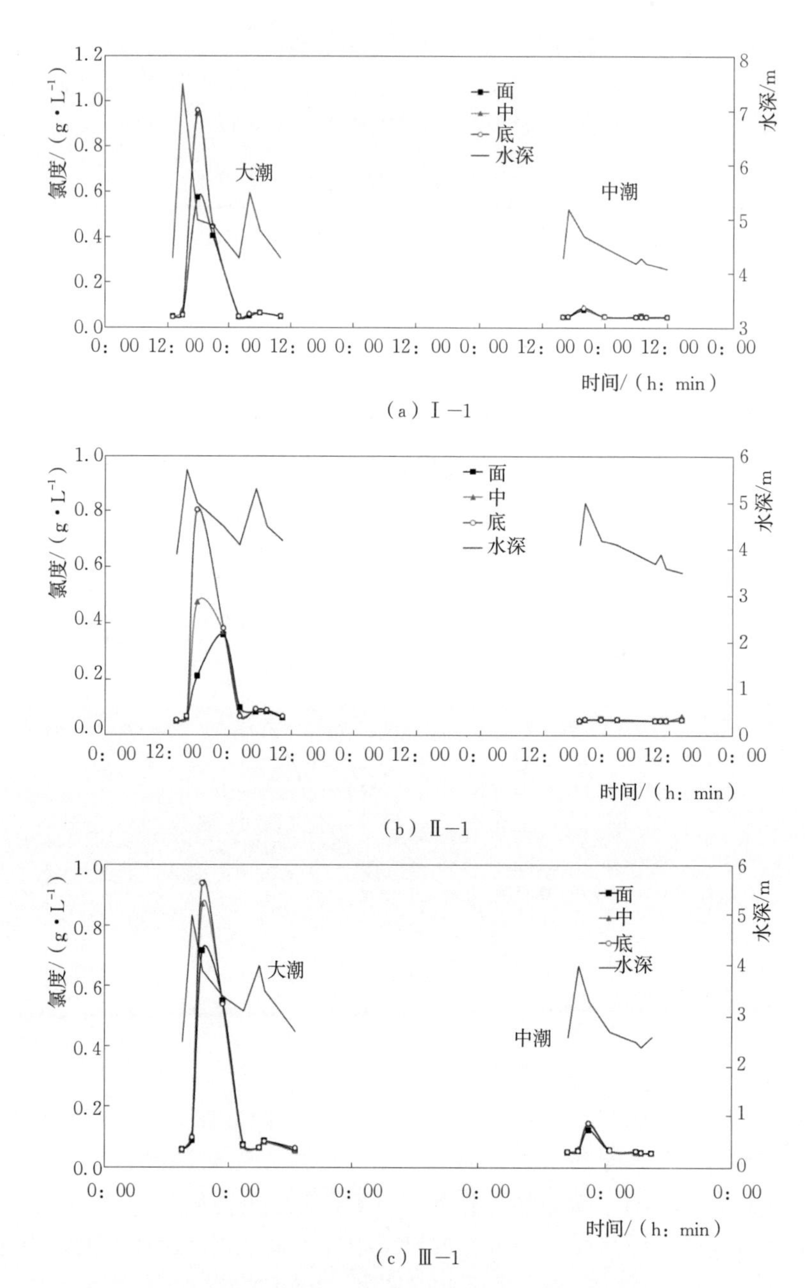

图 5.3.9　南星桥取水口附近氯度随潮变化过程

约 7.07×10^{-5}g/（L·s）；涌潮过后的快水阶段是氯度涨率最大的时段，其值与涌潮高度密切相关，涌潮高度越大，涨率越大。高潮位后，在一个潮周期内江水含氯度达到最大，再后，随着落潮流氯度逐渐降低。

5.3.4.3　涌潮时氯度的垂向分布

涌潮到达后，30min 内的快水阶段，是一个潮周期内流速最大的时段，不但纵向涨潮流速很大，而且垂向流速也很大，水流紊动，垂向混合充分。

图 5.3.11 展示了仓前站（CQ01）江水含氯度随潮的变化，由图可知：CQ01 站氯度过程与潮位一样，一天内也有两个峰谷值，氯度峰谷值比潮位的峰谷值稍滞后 1～2h；涌潮到达时氯度陡涨，涌潮到达之前含氯度约 1.3g/L，涌潮到达后 1h 内江水含氯度达到 2.9g/L，之后氯度增加放缓，江水氯度在涨潮过程中垂向非常均匀，表、中、底层江水含氯度基本接近，正是涌潮促使氯度垂向混合均匀的结果，在涨憩至落急时段，江水氯度存在明显的分层现象。

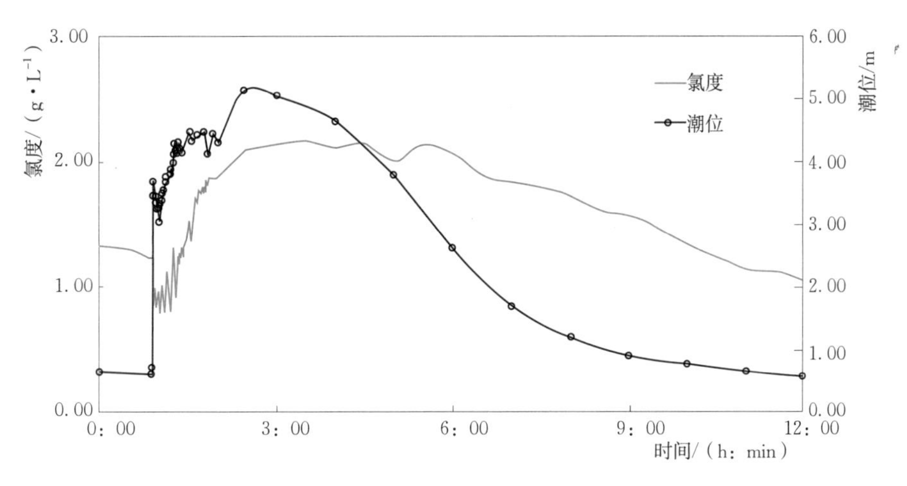

图 5.3.10　盐官站大潮潮位与氯度变化过程线

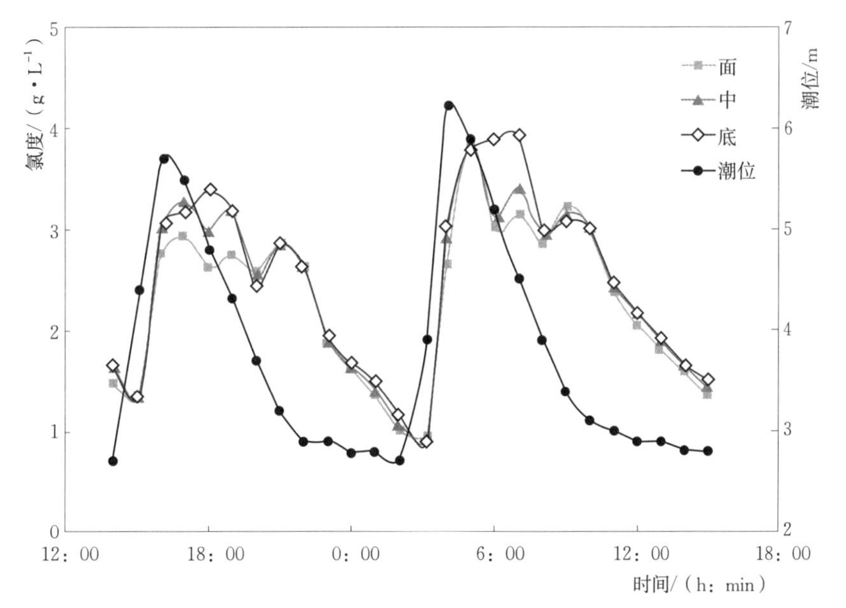

图 5.3.11　2003 年仓前（CQ01）江水分层含氯度及潮位变化过程线

5.4　钱塘江河口盐度预报数学模型

5.4.1　一维动床盐度数学模型

5.4.1.1　控制方程及定解条件

钱塘江河口段的江水含氯度在全断面 80％以上的时刻是掺混均匀的，加之治理缩窄后的形态比较规则，在强潮作用下水流、泥沙及氯度混合较均匀，可采用断面平均的一维数学模型来描述其宏观运动规律。钱塘江河口的含沙量高，涨潮潮量大，且涨落潮潮流输沙不平衡，非汛期涨潮所挟带的泥沙 50％～80％都不能被落潮流带出，故净输沙向上游，造成自上而下的泥沙淤积，一个潮汛淤积的总量可以使河床断面减小 5％～8％。如果第一个潮汛不考虑泥沙输移河床淤积变化，造成的氯度计算误差可能还不太大，但连续 1 个月、2 个月、4 个月乃至半年，其河床变形很大，会造成氯度计算误差很大。因此，钱塘江河口段中长历时的盐度输移过程的模拟计算应考虑河床变形的反馈影响。

钱塘江河口水流挟带的泥沙主要以细颗粒悬移质为主，河床冲淤也主要以悬移质作用为主。鉴于此，浙江省水利河口研究院于1987年建立了钱塘江河口一维动床数学模型（韩曾萃等，1984；1987）。数学模型的控制方程包括水流连续方程、水流动量方程、悬移质泥沙不平衡方程、河床变形方程以及盐度对流扩散方程（Lin B N，et al.，1983；林秉南等，1981；Shi Y B，1998；史英标等，2004；2005）。

水流连续方程为

$$\frac{\partial A}{\partial t}+\frac{\partial Q}{\partial x}=q_l \tag{5.4.1}$$

水流动量方程为

$$\frac{\partial Q}{\partial t}+\frac{\partial}{\partial x}\left(\frac{Q^2}{A}\right)+gA\frac{\partial Z}{\partial x}+g\frac{Q|Q|}{C_z^2AR}+\frac{AHg}{2\rho}\frac{\partial \rho}{\partial x}=0 \tag{5.4.2}$$

泥沙连续方程为

$$\frac{\partial AS}{\partial t}+\frac{\partial QS}{\partial x}=\frac{\partial}{\partial x}\left(EA\frac{\partial S}{\partial x}\right)-\omega B(T_1S-T_2S_*) \tag{5.4.3}$$

河床变形方程为

$$\gamma_s\frac{\partial Z_o}{\partial t}=\omega(T_1S-T_2S_*) \tag{5.4.4}$$

盐度对流扩散方程为

$$\frac{\partial C}{\partial t}+u\frac{\partial C}{\partial x}=\frac{1}{A}\frac{\partial}{\partial x}\left(AD\frac{\partial C}{\partial x}\right) \tag{5.4.5}$$

水体密度方程为

$$\rho=1.35C+1000 \tag{5.4.6}$$

式中：x 为沿流程坐标；t 为时间；Q 为流量；B 为河宽；Z 为潮位；A 为过水面积；C_z 为谢才系数；R 为水力半径；S 为断面平均含沙量；S_* 为断面平均挟沙能力；T_1、T_2 为泥沙恢复饱和系数；ω 为泥沙沉降速度；Z_o 为断面平均河底高程；q_l 为旁侧入流量；E 为泥沙纵向扩散系数；γ_s 为泥沙干容重；ρ 为水流密度；C 为断面平均氯度；D 盐度弥散系数。

求解方程式（5.4.1）～式（5.4.5）需给定边界条件和初值条件，其边界条件如下：

上边界给定流量过程为

$$Q(0,t)=Q_0(t)，当\ Q(0,t)>0\ 时，S(0,t)=S_0(t)；C(0,t)=C_0(t)$$

下边界给定潮位过程为

$$Z(l,t)=Z_0(t)，当\ Q(l,t)<0\ 时，S(l,t)=S_1(t)；C(l,t)=C_1(t)$$

初始条件为

$$Z(x,0)=Z^*(x),Q(x,0)=Q^*(x),S(x,0)=S^*(x),Z_0(x,0)=Z_0^*(x);C(x,0)=C^*(x)$$

5.4.1.2 数值计算方法

由于河床变形与水流变化速度不是同一量级，因此模型计算可以采用非耦合解法，即先单独求解水流连续方程和水流运动方程，求出有关水力要素后，再求解泥沙连续方程和河床变形方程，然后推求河床变形结果，如此交替进行。

（1）水流计算。将方程式（5.4.1）～式（5.4.3）按 Preissmann 四点偏心隐格式离散（杨国录，1993）。在 Δt 时间步长内，含沙量及河床冲淤变化较小，可将水流及泥沙分开求解，称之为非耦合解；但当河道含沙量及河床冲淤变化强度足够大时，就必须耦合求解，模型采用非耦合解。

（2）含沙量计算。钱塘江河口在径流和潮流作用下形成往复水流，就流动方向而言，存在如图 5.4.1所示的 4 种情况。图 5.4.1（a）、（b）所示的两种情形与单向流动一样，其水流和含沙量的计算方法也与单向河道相同；图 5.4.1（c）、（d）所示的两种情形与单向流动的差异在于水流和含沙量

内边界提法不同，特别是图 5.4.1（d）所示的情形，计算河段的上、下边界不需要含沙量边界条件，其计算边界条件应在滞流点（$Q=0$）所在断面给定水流和含沙量的内边界条件。对于图 5.4.1（c）不需给含沙量内边界条件，只要将河段分成两单向河段处理即可。下面重点说明图 5.4.1（d）所示情况的水流、含沙量内边界条件如何给定。

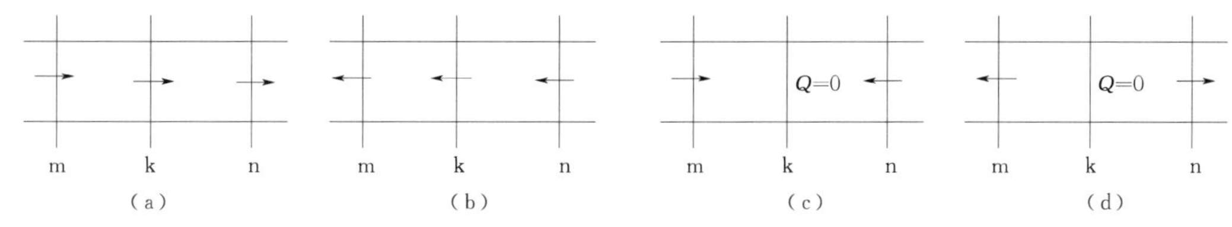

图 5.4.1　潮流往复流动的四种情况

在水流运动方程中已将阻力项作了单向流动的假定，正、负两种方向的流动阻力系数不等，在包含正、负两向流动的河段中，应将两向流动河段分别处理。假定滞流点（$Q_k=0$）在 Δt 内位置固定不变，m—k 和 k—n 两段分别可用 Preissmann 格式离散得离散方程，其式与在 m—n 断面直接离散得到的离散方程的形式区别仅在于用 $\Delta x_{mn}/2$ 代替其中的 Δx_{mn}。根据 Q_n、Q_m 流量的大小，利用线性插值确定滞流点的位置，即

$$\Delta x_{mk}=\frac{|Q_m|}{Q_n+|Q_m|}\Delta x_{mn} \tag{5.4.7}$$

滞流点含沙量的计算公式为

$$\frac{\partial AS}{\partial t}=-\omega BT_1 S \tag{5.4.8}$$

经离散得到

$$S_k^{n+1}=\frac{A_k^n}{A_k^{n+1}}S_k^n\exp\left(-\frac{\omega_k B_k^{n+1}T_{1k}^{n+1}}{A_k^{n+1}}\Delta t\right) \tag{5.4.9}$$

这样以 k 断面为界，可按两股单向流动分别计算沿程断面的含沙量。因此计算内边界点含沙量时必须首先求得内边界点的位置和数量，然后根据式（5.4.9）分别确定内边界点的含沙量。

（3）盐度计算。将盐度对流扩散方程式（5.4.5）转化为标准形式的对流一扩散方程，即

$$\frac{1}{D}\frac{\partial\varphi}{\partial t}=\frac{\partial^2\varphi}{\partial x^2}-\frac{u-D\dfrac{\partial \ln A}{\partial x}-\dfrac{\partial D}{\partial x}}{D}\frac{\partial\varphi}{\partial x} \tag{5.4.10}$$

令 $2AA=\dfrac{u-D\dfrac{\partial \ln A}{\partial x}-\dfrac{\partial D}{\partial x}}{D}$，利用混合有限分析法离散得到（史英标，1993）

$$\varphi_p=[C_{wc}\varphi_w+C_{ec}\varphi_e+C_p(S_{\varphi P}+E_f\varphi_P^0)]/G_p \tag{5.4.11}$$

其中

$$EA=\frac{\overline{A}}{\overline{h}^2 sh(\overline{A})}；\ E=2EAch(\overline{A})；\ C_p=\frac{1}{E}；\ E_f=\frac{1}{D\Delta t}；$$

$$C_{wc}=EAe^{\overline{A}}/E；\ C_{ec}=EAe^{-\overline{A}}/E；\ G_p=1+C_pE_f$$

从式（5.4.11）可以得到

$$a_p\varphi_w+b_P\varphi_P+c_p\varphi_e=d_p \tag{5.4.12}$$

上述方程组可以用三对角追赶法求解。

如下边界为落潮，其边界条件可取为辐射条件，即$\dfrac{\partial\varphi}{\partial t}+u\dfrac{\partial\varphi}{\partial x}=0$，利用差分法离散该断面得

$$(1+\gamma_{mt})\varphi_{mt}^{n+1}-\gamma_{mt}\varphi_{mt-1}^{n+1}=\varphi_{mt}^n \tag{5.4.13}$$

其中

$$\gamma_{mt}=u_{mt}^{n+1}\Delta t/\Delta x_{mt-1}$$

5.4.1.3 关键问题的处理

（1）河床冲淤面积的横向分配。一维输沙模型可以给出断面的冲淤面积和河段的冲淤量，但不能给出沿横断面上的变化。冲淤量的横向分配最常用的是平均分配、面积比分配、能量比分配、切应力分配等方法（谢鉴衡等，1988；杨国录，1993）。

最简便的沿河宽、沿纵向距离平均分配的方法，即构造

$$\Delta Z_{si}=\frac{1}{B}\Delta A_{si},Z_{oij}^{n+1}=Z_{oij}^{n}+\Delta Z_{si}$$

考虑沿水深分配，即构造

$$\Delta Z_{si}=\frac{1}{B}\Delta A_{si},Z_{oij}^{n+1}=Z_{oij}^{n}+\Delta Z_{si}\left(\frac{h_{ij}}{h_i}\right)$$

（2）动床阻力系数。钱塘江河口段的床沙质主要是 $d_{50}=0.02\sim0.04$mm 的细粉砂，糙率采用实测潮位、潮流速资料率定得到，涨、落潮糙率在变幅较大的潮流流速作用下取不同值，且相差较大：涨潮及涌潮地段较光滑，相对惯性力而言，阻力小，糙率取 $n=0.01\sim0.005$；落潮糙率取 $n=0.02\sim0.01$，相对惯性力而言，阻力大。

（3）潮流挟沙能力。挟沙能力仍依据本河段实测资料得到的经验关系最为可靠，且公式一般多在恒定均匀流条件下得到，而落潮流更接近恒定流条件，为此通过大小潮中落潮流为主的水流含沙量及洪水实测资料分析得到钱塘江河口段水流挟沙能力公式为（韩曾萃等，2003；肖绪华等，1963）

$$S_*=K\left(\frac{V^2}{H\omega}\right)^m \tag{5.4.14}$$

式中：m 取 0.95～1.1；H 为水深。

（4）泥沙恢复饱和系数 T_1、T_2。泥沙恢复饱和系数本文采用适合钱塘江河口的研究成果（林秉南等，1981；韩曾萃等，1984；1987），即

$$T_2=\xi\left(\frac{H}{2d}\right)^{\frac{\omega}{ku_*}}\quad T_1=3.25+0.55\ln\frac{\omega}{ku_*} \tag{5.4.15}$$

事实上在非恒定环境中 T_1 随流速而变，流速大其值也大，反之亦然，因而在动床计算中需要根据实测资料检验（Shi Y B，1998）。

（5）盐度扩散系数 D。钱塘江河口的潮波沿程传播过程中伴有涌潮，氯度掺混强度比一般河流、河口大两个数量级，经量纲分析和用实测资料率得到适合钱塘江河口的经验公式为（韩曾萃等，1981；2003）

$$D=\left\{\left[1-\exp\left(-\frac{u^2}{gH}\cdot\frac{\overline{W}_f}{Q_0T}\right)\frac{C_i}{C_0}\right]+10\right\}uH \tag{5.4.16}$$

式中：$\frac{u^2}{gH}$为 Froude 数；u、H 为断面平均流速及断面平均水深；g 为重力加速度；$\frac{\overline{W}_f}{Q_0T}$为潮水与山水比值；$\overline{W}_f$ 为涨潮量；Q_0T 为一潮总径流；$\frac{C_i}{C_0}$为当地氯度与淡水氯度比值。

5.4.1.4 模型验证

（1）短历时氯度验证（史英标等，2009a；2009b）。模型的上边界取在富春江电站坝下断面，下边界取在钱塘江河口的澉浦断面，分水江及浦阳江的区间入流在枯水期间基本与区间取水保持平衡。对 1995 年 9 月、2003 年 9—11 月等典型的盐水入侵进行了验证。闸口及七堡的潮位验证计算结果如图 5.4.2 所示，闸口、南星桥、珊瑚沙江水氯度验证计算结果如图 5.4.2 所示，表 5.4.1 为各取水口最大、最小氯度及超标时间实测值与计算值的比较，从这些图表可知所建数学模型基本能反映氯度随径流、潮汐的变化情况，计算精度尚能满足有关规程的要求。但由于氯度取样基本上在岸边，大多数情况下一天内仅取 4 个样，不能完全反映氯度的逐时变化过程，故有些测站氯度的计算误差相对要大

一些，如表 5.4.1 所示闸口站最大氯度。对生活、工业供水的取水口而言，连续超标时间的验证则更为重要，总体上模型计算的超标时间略大于实测值，误差的绝对值只有 1～2h，对 24h 误差来说仅为 5%,计算精度较高。

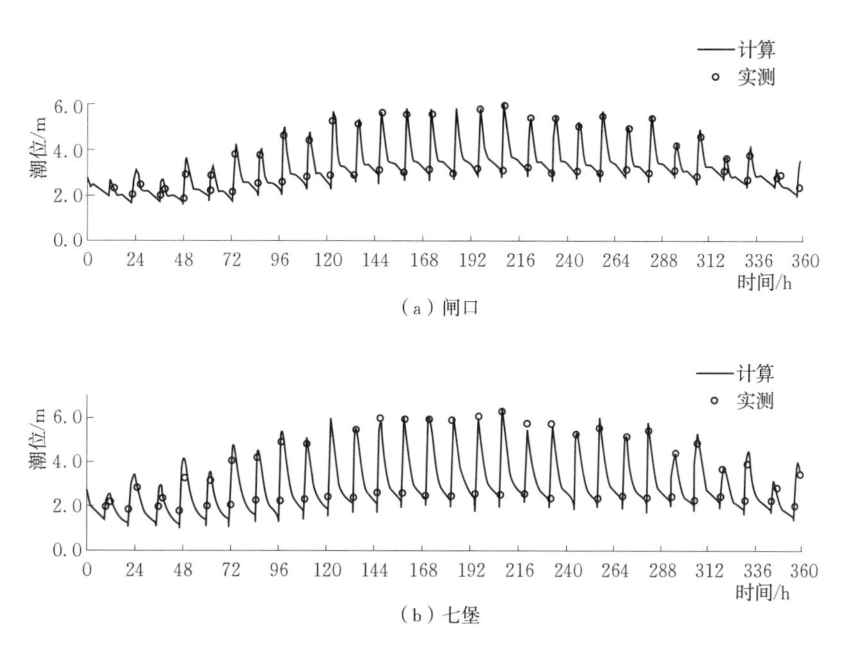

图 5.4.2　钱塘江河口沿程潮位验证计算结果（1995 年 9 月 19 日—10 月 3 日）

表 5.4.1　　1995 年（9 月 25—29 日）各取水口最大、最小氯度及超标时间

项目		25 日		26 日		27 日		28 日		29 日	
		实测	计算	实测	计算	实测	计算	实测	计算	实测	计算
最大值 / (g·L^{-1})	南星桥	2.82	3.02	4.00	3.20	4.20	3.24	3.60	3.62	3.30	2.90
	闸口	1.18	1.93	1.07	2.10	1.78	2.60	1.22	1.82	1.63	1.62
	珊瑚沙	0.79	0.64	1.38	1.42	1.94	1.78	1.40	1.37	1.40	1.12
最小值 / (g·L^{-1})	南星桥	0.20	0.30	0.20	0.42	0.28	0.50	0.46	0.45	0.30	0.38
	闸口	0.12	0.14	0.12	0.24	0.21	0.24	0.31	0.41	0.21	0.23
	珊瑚沙	<0.10	0.05	<0.10	0.14	<0.10	0.17	<0.10	0.18	<0.10	0.23
连续超标时间/h	南星桥	20	22	24	24	24	24	24	24	21	20
	闸口	<12	12	10	8.6	<12	8.6	24	23	<12	7
	珊瑚沙	6	6	9	8	12	12	10	11	8	9

（2）中长历时氯度验证。中长历时（30～180 天）盐度模拟计算必须考虑河床变形的影响，采用动床水流与氯度输移的耦合数学模型进行求解。利用 2007 年及 2008 年 7—12 月钱塘江河口的实际流量过程和澉浦潮位过程为上、下边界条件，对沿程的潮位、氯度进行了长达半年时间尺度的验证（史英标等，2009）。图 5.4.4 为七堡站代表时间段潮位验证计算结果。

由图 5.4.4 可知，潮位验证计算值与实测值基本吻合，但在小潮期间计算值偏低，主要是由于在枯水期，河床淤积对低潮位的抬升比较敏感，动床模型的河床冲淤计算精度还不能满足潮流计算精度的要求，但总体上高潮位、潮差的逐日变化值与实测值基本一致。

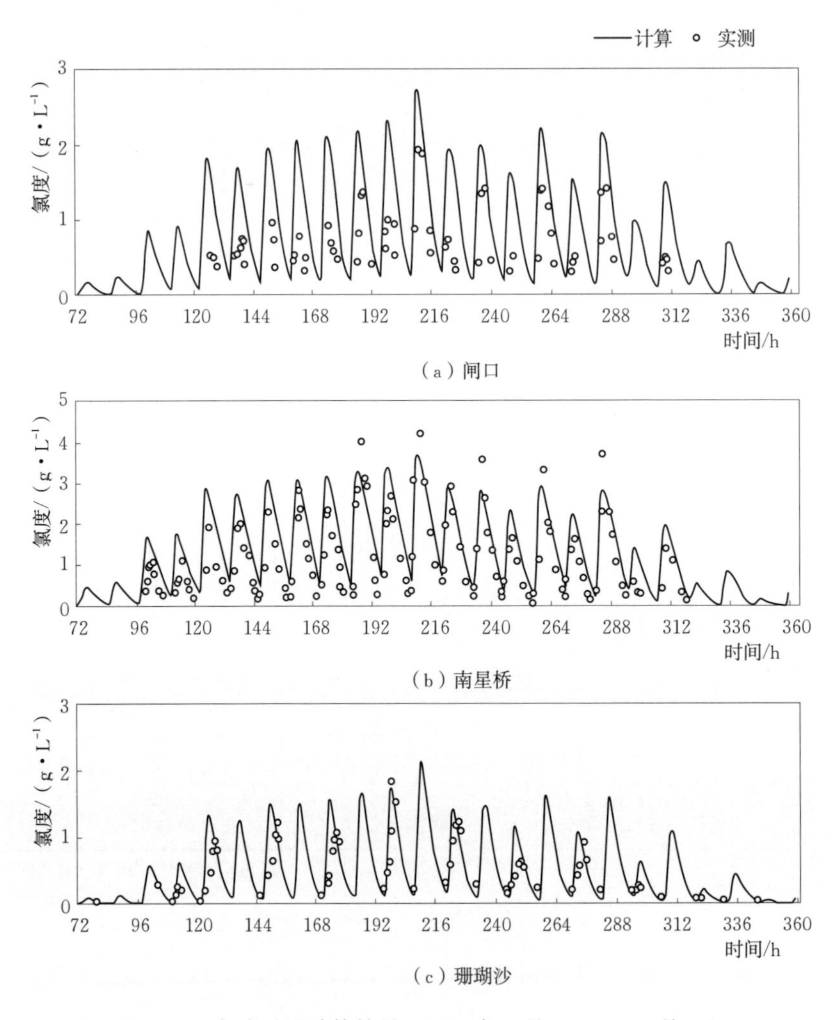

图 5.4.3 氯度验证计算结果(1995 年 9 月 19 日—10 月 3 日)

研究人员分别采用动床和定床两种模式对江水含氯度进行了模拟计算，图 5.4.5 为七堡站 2007 年 8—9 月氯度验证计算结果。从图 5.4.5 中明显可看出长历时江水含氯度的动床和定床计算的差异，刚开始的第一个月（如 8 月）由于河床淤积量还不大，动床和定床的差异还不十分明显，但第二个月（如 9 月）动床和定床差异非常显著，动床计算最大氯度值约 0.6g/L，与实测基本接近，而定床计算的对应值可达 1.15g/L，相差达 1 倍。究其原因主要是钱塘江河口为强冲积性河口，河床质为易冲易淤的细粉沙，径流的丰枯变化对河床的冲淤影响十分敏感，枯水的中后期河床发生显著淤积致进潮量和潮差减小，导致盐水入侵减弱，氯度减小，而定床模型则完全不能反映这种反馈影响，从而使模拟误差很大。因此，对于像钱塘江强涌潮河口的中长历时（半年以上）的盐度预报采用动床模型是必要的（史英标等，2015）。

图 5.4.6 (a)、图 5.4.6 (b) 分别为钱塘江河口闸口至澉浦河段 2007 年 7—12 月和 2008 年 7—12 月纵剖面计算与实测的对比，图 5.4.6 (c) 为累积冲淤量验证计算结果（图中“－”表示“淤积”，“＋”表示“冲刷”）。从图 5.4.6 (b)、(c) 中可以看出，离电站 170km 断面以上沿程累积淤积量增加，河床沿程淤积，沿程累积淤积量至该断面达到最大，该断面以下河床呈现冲刷。由此可见钱塘江河口段河床泥沙往复搬运非常显著，在枯水季节潮流的作用下河床呈“上淤下冲”的演变规律，数学模型基本能反映这一规律。

5.4.1.5 一维盐度模型的应用

(1) 人类活动对盐水入侵影响的数值分析。影响钱塘江河口盐水入侵的主要因素是径流和潮汐，

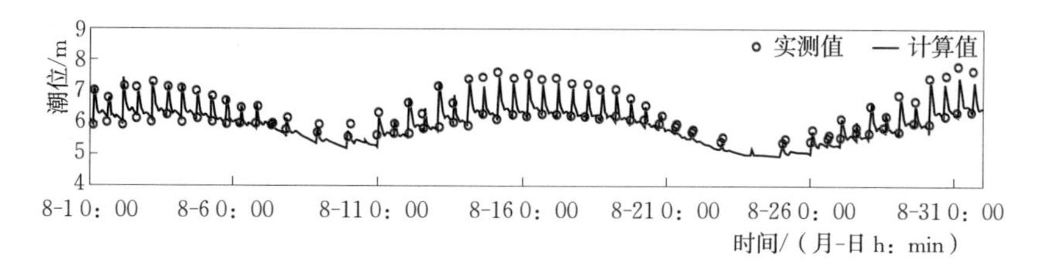

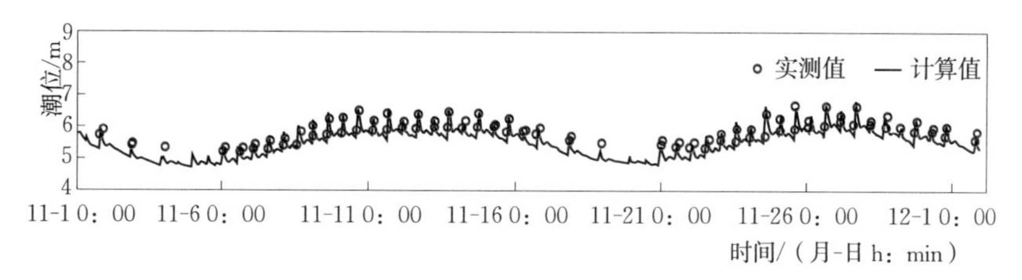

（a）2007年

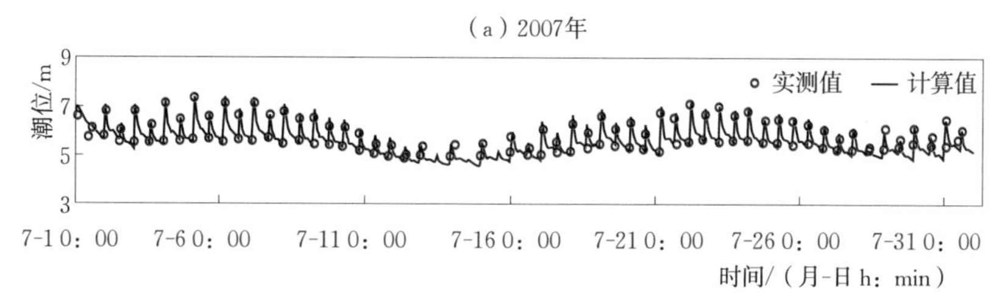

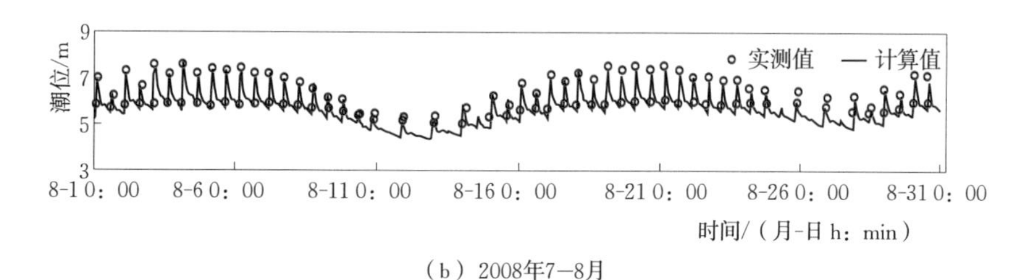

（b）2008年7—8月

图 5.4.4　七堡站代表时间段潮位验证计算结果

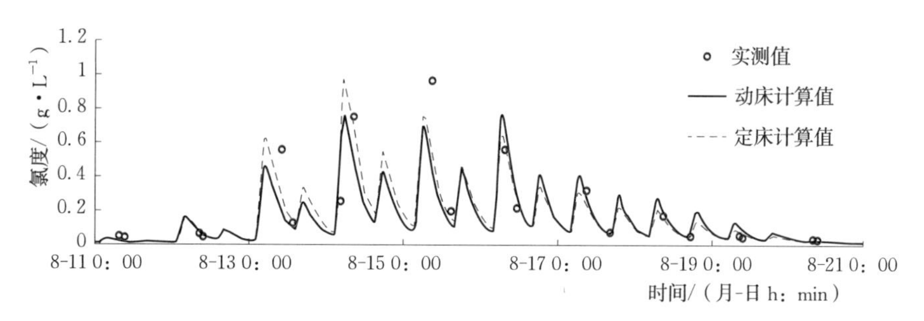

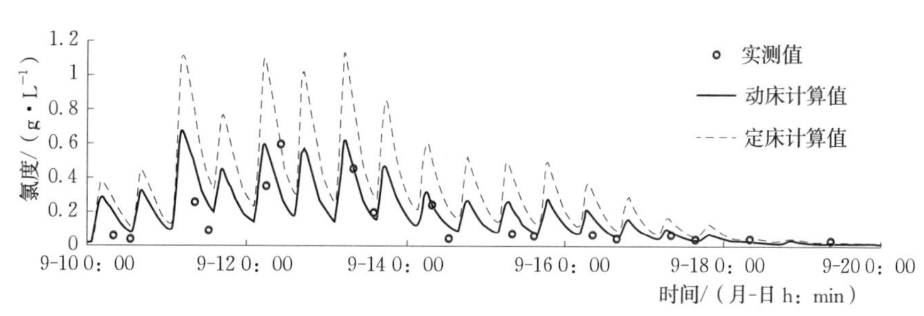

图 5.4.5　七堡站 2007 年 8—9 月氯度验证计算结果

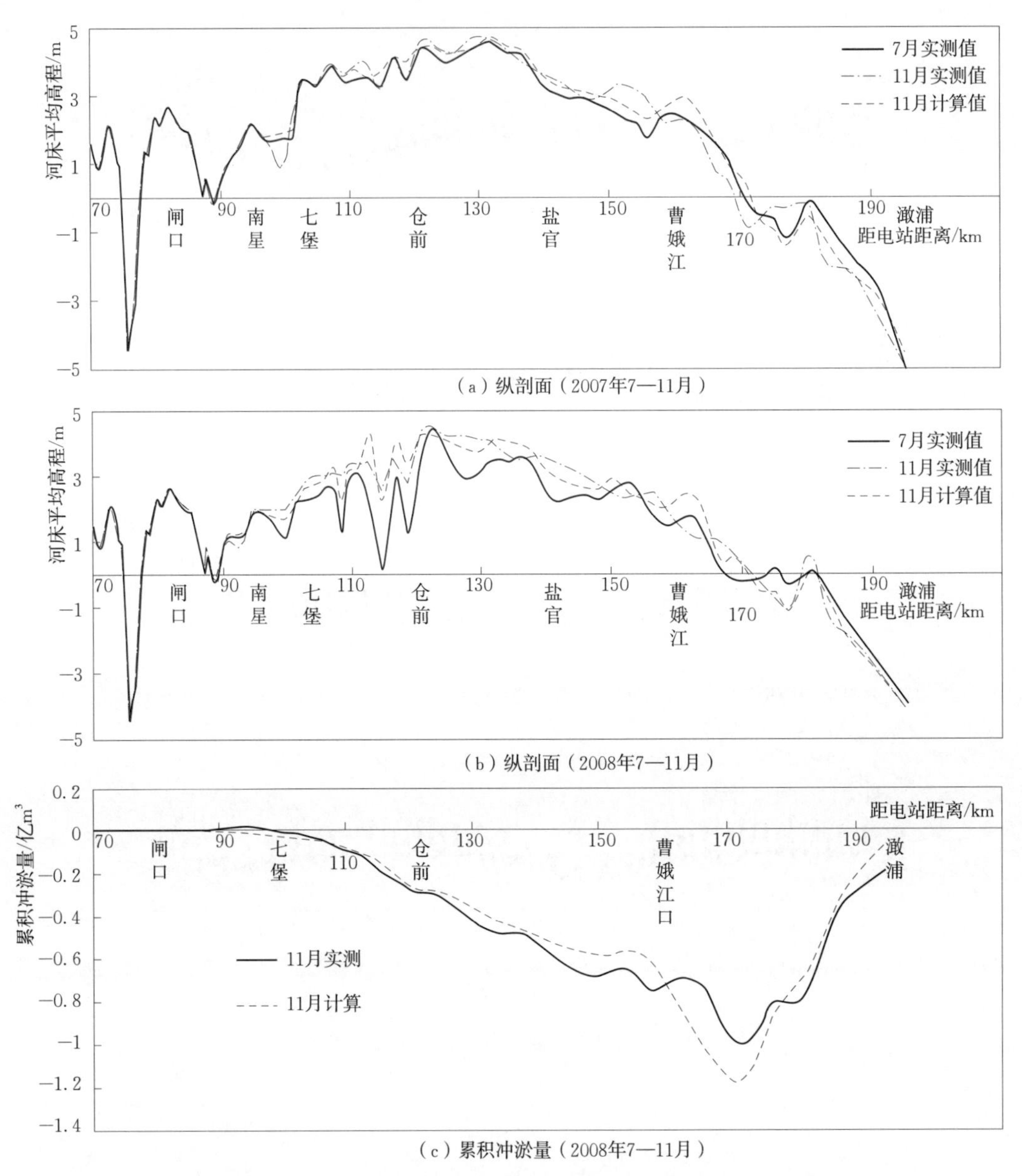

（a）纵剖面（2007年7—11月）

（b）纵剖面（2008年7—11月）

（c）累积冲淤量（2008年7—11月）

图 5.4.6 代表时间段钱塘江河口纵剖面和累积冲淤量验证计算结果

江道条件已包含在潮汐的影响因素中，沿程取水量的多寡也包括在径流因素中，但恰恰是这两个因素受人类活动的干扰很大。钱塘江流域新安江建库及其综合利用改变了钱塘江河口径流的时空分布，且可以人为加以调控，通过增加枯水流量，极大地改善钱塘江河口区的水资源的利用条件；钱塘江河口大规模的治江缩窄，改变了河口段原来的平面摆动和大幅度冲淤变化的不稳定性，对盐水入侵产生许多有利的影响。下面利用一维动床盐度数学模型分别对新安江建库、钱塘江河口治江缩窄及浙东引水等人类活动对河口盐水入侵的影响进行数值分析，解决人们关心和争议的一些实际问题。

1）新安江建库对钱塘江河口氯度的影响。新安江水库为多年调节水库，其调节库容系数达到 0.9 左右，调节性能很好，不仅可以对年内的丰水、枯水期进行调节，而且还可以对多年间及连续枯水年等进行调节，分析新安江建库前后径流的变化可知：1—3 月建库前后的径流基本不变；4—6 月为新安江水库的蓄水期，丰水年可蓄水 500～850m^3/s，枯水年可蓄水 100～250m^3/s；7—9 月建库后可增加径流 100～200m^3/s，10—12 月增加 120～300m^3/s。根据上述原则设定模拟计算的边界条件。钱塘江河口径流经新安江水库的调节增大了枯水径流，不仅可减少盐水入侵长度和超标天数，而且可减少河

床的淤积，这是改善钱塘江河口盐水入侵的主要因素。

新安江建库后，数学模型的下边界条件采用1995年7月1日—12月31日的实测潮位及氯度过程，上边界采用富春江电站对应时段的泄水流量过程及0.01g/L恒定氯度值。

新安江建库前，数学模型的下边界潮位及氯度过程与建库后相同，对上边界的流量过程则应考虑当时不具备流量的调节能力，故比1995年7—12月的流量小得多，设定的径流条件为：7—10月，当$Q<500m^3/s$时，减小200～250m^3/s；11—12月，平均减小150～200m^3/s，但保证最小流量大于50m^3/s。

上述两种计算工况的地形均采用1995年7月的实测地形，利用前面建立的中长历时氯度动床模型分别模拟上述边界条件下钱塘江河口沿程的氯度过程，对比两种计算结果可以分析新安江建库对钱塘江河口盐水入侵的影响。采用瞬时最大值、月平均最大值及7—12月的半年平均值等指标进行分析。建库前、后沿程各站氯度特征值见表5.4.2，表5.4.3为建库前、后各站氯度超标天数的对比。

表5.4.2　　建库前、后沿程各站氯度特征值

站名		闸口	七堡	仓前	盐官
瞬时最大	建库前/($g\cdot L^{-1}$)	3.82	5.48	6.21	6.81
	建库后/($g\cdot L^{-1}$)	1.84	4.04	5.36	6.49
	减小/%	51.9	26.4	13.6	4.7
月平均最大	建库前/($g\cdot L^{-1}$)	2.50	4.33	5.39	6.22
	建库后/($g\cdot L^{-1}$)	1.06	3.16	4.69	5.96
	减小/%	57.6	27.1	13.0	4.3
半年平均值	建库前/($g\cdot L^{-1}$)	0.32	0.91	1.72	3.19
	建库后/($g\cdot L^{-1}$)	0.09	0.46	1.14	2.67
	减小/%	71.2	49.6	33.6	16

表5.4.3　　建库前、后沿程各站氯度超标天数

站名	闻堰	闸口	南星桥	七堡	仓前
建库前/天	20.9	43.3	49.8	92.0	131.4
建库后/天	2.2	17.0	23.9	69.3	117.6
减少/%	89.0	61.0	52.0	25.0	10.5

由表5.4.2和表5.4.3可知，建库后无论瞬时最大、月平均最大、半年平均最大还是超标天数都是越往上游减小的百分数越大，原因是径流的增加首先是影响上游河段，上游氯度及超标天数减小的幅度相当显著，这说明新安江建库对南星桥、闸口等取水条件的改善相当明显，氯度超标时间削减幅度在50%以上，仓前以下河段相对受影响较小，氯度值月平均值减小幅度在15%以下，超标时间减小幅度在10%以下。

因此，新安江水库对改善杭州市的抗咸条件的作用是无可争议的，问题是新安江水库是华东电力系统的调峰、事故备用的主力电站，如何兼顾电力、供水安全，需做好协调工作。近10年实践证明，这一矛盾在浙江省防办与电力系统间是可以协调的，且已经基本解决。

2）钱塘江河口段治江缩窄对盐水入侵的影响。为探明治江缩窄对盐水入侵的影响，分别计算了治江缩窄前、治江缩窄中期及治江缩窄后期等三种边界条件下的盐水入侵过程。

治江缩窄前：江道地形及岸边界采用1956年6月实测地形，下边界潮位和氯度采用澉浦1956年7月1日—12月31日的实测潮位和氯度过程，作为治江缩窄前的边界条件。

治江缩窄中期：江道地形及岸边界采用1995年7月实测地形，下边界潮位和氯度采用1995年7

月 1 日—12 月的实测潮位和氯度过程，作为缩窄中期的边界条件。

治江缩窄后期：江道地形及岸边界采用 2011 年 7 月实测地形，下边界澉浦潮位和氯度采用 2011 年 7 月 1 日—12 月的潮位和氯度过程，作为缩窄到位后的计算边界条件。

上述三种工况的上边界流量、氯度均采用 1995 年 7—12 月电站流量过程及 0.01g/L 恒定氯度值，三种工况的计算成果见表 5.4.4。

由表 5.4.4 可知，无论瞬时最大还是月平均最大、半年平均最大，治江缩窄中期氯度值都是增大的。七堡站以上河段氯度增幅可达 14%～55%，主要原因是钱塘江河口治江缩窄中期，七堡站以上河段潮差和进潮量有所增加；仓前站氯度增幅较小，幅度在 17%以下。治江缩窄后期主要是尖山河段的治理，形成了弯曲河势，进潮量和潮差均有所减小，与治江中期比较，沿程氯度总体上有所减小，瞬时氯度值减小 5%～47%，月平均最大值减小 22%～54%，半年平均值变化在 5%～31%，闸口站的氯度减小幅度最大。由此表明钱塘江河口治江缩窄对改善河口淡水资源利用、保障供水安全效果是十分明显的。

表 5.4.4　　治江缩窄前、后沿程各站氯度特征值变化

站名		闸口	七堡	仓前	盐官
瞬时最大	治江前/(g·L⁻¹)	2.55	4.45	5.55	5.88
	治江中期/(g·L⁻¹)	3.82	5.48	6.21	6.81
	治江后/(g·L⁻¹)	2.03	4.24	5.53	6.45
	治江中变化/%	49.8	23.1	11.9	15.8
	治江后变化/%	−46.9	−22.6	−11.0	−5.3
月平均最大	治江前/(g·L⁻¹)	1.61	2.73	4.61	5.04
	治江中期/(g·L⁻¹)	2.50	4.33	5.39	6.22
	治江后/(g·L⁻¹)	1.15	2.80	4.02	4.84
	治江中变化/%	55.3	58.6	16.9	23.4
	治江后变化/%	−54.0	−35.3	−25.4	−22.2
半年平均值	治江前/(g·L⁻¹)	0.28	1.02	1.75	2.06
	治江中期/(g·L⁻¹)	0.32	0.91	1.72	3.19
	治江后/(g·L⁻¹)	0.22	0.86	1.83	2.96
	治江中变化/%	14.3	−10.8	−1.7	54.9
	治江后变化/%	−31.3	−5.5	6.4	−7.2

3）浙东引水对河口盐水入侵的影响研究。浙东的宁波、舟山是主要缺水地区，长期以来有从钱塘江河口引水的规划，但也有引水后增加钱塘江河口杭州河段氯度，加剧盐水入侵的顾虑，因此需要作出客观的评价及采取相应的措施，兼顾多方利益，达到多赢的目的。

以富春江电站的下泄流量、引水流量、江道地形、潮汐及下边界澉浦氯度等因子的不同组合作为模型的驱动条件，采用南星桥、闸口、珊瑚沙等取水口的江水氯度超标天数（氯度大于 0.25g/L 及 1.2g/L 的天数）作为分析指标，研究浙东引水对钱塘江河口盐水入侵的影响。江道地形采用 1995 年 7 月的实测地形，用 1995 年 9 月 26 日—10 月 15 日连续 15 天的澉浦潮位和氯度过程作为下边界条件，富春江电站下泄流量分别为 350m^3/s、250m^3/s、150m^3/s、50m^3/s，引水流量分别为 0、50m^3/s、100m^3/s，依此工况进行数值试验，统计沿程各站氯度连续大于 0.25g/L 及 1.2g/L 的天数与总天数（表 5.4.5、表 5.4.6）。

表 5.4.5　　各工况沿程氯度超标天数统计（>0.25g/L）

下泄流量 Q / ($m^3 \cdot s^{-1}$)	引水流量 q / ($m^3 \cdot s^{-1}$)	南星桥		闸口		珊瑚沙		闸堰		闸堰上游6km		闸堰上游12km	
		最大连续超标	总超标天数	最大连续超标	总超标天数	最大连续超标	总超标天数	最大连续超标	总超标天数	最大连续超标	总超标天数	最大连续超标	总超标天数
350	0	5.1	8.9	1.0	7.5	0.4	5.8	0.3	3.0	0.2	0.8	0.0	0.0
	50	6.1	9.4	2.0	8.3	0.5	6.5	0.3	3.6	0.2	1.3	0.0	0.0
	100	8.2	10.1	6.1	9.4	1.0	8.0	0.4	4.9	0.3	2.2	0.0	0.0
250	0	8.2	10.1	6.2	9.5	4.6	8.3	0.5	5.5	0.3	2.8	0.1	0.2
	50	8.9	10.3	7.7	9.8	6.1	8.8	0.5	6.2	0.3	3.4	0.1	0.3
	100	9.4	10.5	8.2	10.1	6.1	9.3	1.0	7.0	0.4	4.0	0.1	0.6
150	0	10.0	10.6	8.9	10.3	8.4	9.8	6.6	8.6	1.0	6.4	0.3	2.1
	50	10.0	10.7	9.4	10.4	8.4	10.0	7.2	8.9	2.0	7.2	0.3	2.7
	100	10.0	10.9	10.0	10.6	8.9	10.3	7.9	9.4	5.1	8.3	0.4	3.8
50	0	10.0	10.9	10.0	10.6	9.4	10.4	8.4	9.6	7.4	8.8	4.8	7.1
	50	10.5	11.0	10.0	10.7	9.9	10.5	8.9	9.9	7.9	9.1	5.3	7.5
	100	10.5	11.1	10.0	10.8	9.9	10.6	8.9	10.0	7.9	9.2	6.3	7.7

注：阴影区是最大连续超标不超过 0.5 天标准的可承受区分界。

表 5.4.6　　各工况沿程氯度超标天数统计（>1.2g/L）

下泄流量 Q / ($m^3 \cdot s^{-1}$)	引水流量 q / ($m^3 \cdot s^{-1}$)	南星桥		闸口		珊瑚沙		闸堰		闸堰上游6km		闸堰上游12km	
		最大连续超标	总超标天数	最大连续超标	总超标天数	最大连续超标	总超标天数	最大连续超标	总超标天数	最大连续超标	总超标天数	最大连续超标	总超标天数
350	0	0.3	2.6	0.2	1.7	0.1	0.6	0	0	0	0	0	0
	50	0.3	3.3	0.3	2.3	0.2	1.2	0	0	0	0	0	0
	100	0.4	4.2	0.3	3.0	0.2	1.8	0.1	0.2	0	0	0	0
250	0	0.4	5.1	0.4	3.8	0.3	2.5	0.1	0.5	0	0	0	0
	50	0.5	6.5	0.4	4.7	0.3	3.2	0.2	1.0	0	0	0	0
	100	1.0	7.1	0.5	5.5	0.4	4.0	0.2	1.5	0.1	0.1	0	0
150	0	5.1	8.3	2.0	7.1	0.5	5.4	0.3	2.8	0.2	0.8	0	0
	50	6.7	8.7	4.1	7.9	1.0	6.4	0.4	3.6	0.2	1.3	0	0
	100	7.4	9.0	6.6	8.5	2.0	7.2	0.4	4.3	0.3	2.0	0	0
50	0	7.9	9.3	7.4	9.0	6.9	8.5	4.6	7.3	0.5	4.8	0.2	1.1
	50	8.4	9.5	7.9	9.2	7.4	8.8	5.2	7.7	1.0	5.6	0.3	1.6
	100	8.9	9.7	8.4	9.4	7.4	9.0	6.4	8.0	1.0	6.3	0.3	2.1

注：阴影区是最大连续超标不超过 7 天标准的可承受区分界。

从表 5.4.5 和表 5.4.6 中可以得出如下结论：

a. 当富春江电站下泄流量 $Q>250m^3/s$，且引水流量 $q\leqslant 50m^3/s$ 时，闸堰及其上游 6km 和 12km 处江水含氯度最大超标天数小于 0.5 天，可以采取事前蓄水办法解决，对杭州城市供水基本不受影响。

b. 杭州城市最主要的取水口是珊瑚沙，其调节水库的库容可维持14h即0.6天的供水要求。因此，当下泄流量$Q=350m^3/s$，浙东引水流量$q=50m^3/s$时，最大连续超标时间为0.5天，可以满足杭州城市供水要求，引水流量再大时就会有1天的超标，此时靠珊瑚沙水库调节不能满足供水的要求。

c. 根据上述计算成果初步确定了浙东引水的规模是$q=50m^3/s$，且规定富春江下泄流量$Q>350m^3/s$时才允许按$q=50m^3/s$进行浙东引水；$Q<350m^3/s$时，应减小引水流量，这样可以在保证杭州供水安全的条件下，兼顾保证率要求略低的浙东引水。其他农业、环境引水也是按此原则进行协调，别的取水口如南星桥、闸口等处取水是允许有2天停水的，解决盐水入侵问题以确保供水安全的最优办法是新安江、富春江短时增加泄量。

表5.4.6是农业用水的允许情况，由于标准较宽，要求的保证率也较低，以7天为最大超标允许天数，则除$Q\leqslant150m^3/s$、$q>50m^3/s$外都可以满足农业用水的要求。

（2）杭州市供水保证率研究。珊瑚沙水库取水口是杭州主城区供水工程的重要取水口，处在盐水入侵影响的末端，在枯水大潮期间氯度经常超标，同时水质安全还受流域水污染和突发性污染的影响，现状的供水保证率是杭州市用水安全保障的核心问题。为此杭州市政府提出新建应急备用水库，通过两水库的联合优化调度，达到同时解决取水避咸和备用水源的问题。但闲林水库发挥抗咸功能的库容大小、翻水泵站的流量、充水时间及运行成本等一系列参数主要取决于珊瑚沙取水口抗咸能力的大小，包括氯度、超标时间。为此采用一维盐度数学模型对珊瑚沙水库取水口的抗咸能力进行了研究（史英标等，2009）。

模型的边界条件包括上游下泄径流Q、下边界澉浦断面的潮汐、含氯度以及总取水流量q。边界条件选取的方法有组合频率法和典型水文年法等两种，组合频率法选择的边界条件满足取水保证率90%、95%及97%等三种工况；典型水文年法选择2003年8—11月的径流过程及相应的江道地形和潮汐条件的组合作为模型计算的边界条件，其中上边界径流条件考虑实际下泄径流和新安江水库调度等两种工况，相应的取水保证率为95%～97%。组合频率法各工况的计算结果见表5.4.7，不同径流条件下珊瑚沙取水口江水氯度超标时间分布如图5.4.7所示。

表5.4.7　组合频率法各工况计算结果

流量组合	统计项目	珊瑚沙			闻堰			长安沙		
		①	②	③	①	②	③	①	②	③
$Q=200m^3/s$ $q=87m^3/s$ （工况1） $P=97\%$	连续超标时间/天	5.0	11.0	10.9	0.3	4.8	0.4	0.1	0.3	0.2
	总超标时间/天	8.5	13.6	14.1	3.7	9.1	8.2	0.4	3.4	2.1
	平均氯度/($g\cdot L^{-1}$)	0.54	1.19	1.04	0.17	0.46	0.35	0.054	0.16	0.11
	最大氯度/($g\cdot L^{-1}$)	2.15	3.10	2.38	1.0	1.83	1.18	0.37	0.89	0.48
	总超标天数/天	36.2			21			5.9		
$Q=250m^3/s$ $q=117m^3/s$ （工况2） $P=95\%$	连续超标时间/天	1.9	8.9	7.9	0.2	0.4	0.3	0	0.2	0
	总超标时间/天	7.5	12.2	12.6	2.4	6	4.7	0	1.3	0
	平均氯度/($g\cdot L^{-1}$)	0.41	0.85	0.70	0.12	0.28	0.20	0.04	0.09	0.06
	最大氯度/($g\cdot L^{-1}$)	1.78	2.57	1.83	0.74	1.32	0.77	0.26	0.56	0.26
	总超标天数/天	32.3			13.1			1.3		
$Q=300m^3/s$ $q=157m^3/s$ （工况3） $P=90\%$	连续超标时间/天	0.4	6.9	4.7	0.2	0.3	0.2	0	0.1	0
	总超标时间/天	6.8	11.4	11.4	1.8	4.6	3.4	0	0.5	0
	平均氯度/($g\cdot L^{-1}$)	0.36	0.71	0.58	0.10	0.21	0.15	0.03	0.06	0.04
	最大氯度/($g\cdot L^{-1}$)	1.62	2.27	1.59	0.65	1.07	0.62	0.22	0.42	0.19
	总超标天数/天	29.6			9.8			0.5		

注：①、②、③分别为第一个、第二个、第三个潮汛15天。

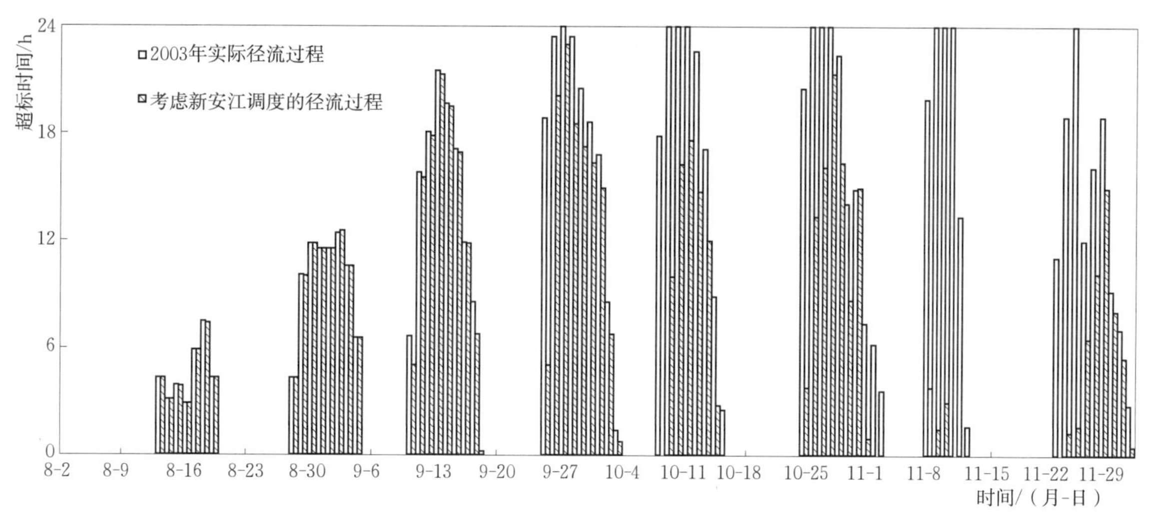

图 5.4.7 不同径流条件下珊瑚沙取水口江水氯度超标时间分布图

由表 5.4.7 可知，天然条件下杭州市供水保证率不到 90%，要使之达到保证率 $P=95\%$需从以下方面考虑：珊瑚沙取水口第一个潮汛连续超标时间 1.9 天，不能满足目前杭州市的供水能力，应急备用水库要有 316 万 m^3 的供水能力，要满足第二、第三个潮汛，除应急备用水库要有 850 万 m^3 的供水能力外，还须靠新安江水库加大下泄流量 250～300m^3/s，泄放总水量 3.8 亿～8.0 亿 m^3；或珊瑚沙取水口上移至长安沙，则其连续超标天数仅 0.5 天以下，可用珊瑚沙水库解决。考虑到增大新安江泄量的水量利用率仅 10%，故也有直接从新安江水库引水的方案，目前正在探讨之中。

由图 5.4.7 可知，如采用 2003 年的实际径流过程，则 9 月 25 日—10 月 3 日、10 月 8—15 日、10 月 24 日—11 月 2 日、11 月 7—12 日珊瑚沙取水口氯度超标时间相对较长，相应潮汛的超标时间分别可达 6.5 天、5.9 天、6.7 天和 4.5 天，连续超标分别达 4.0 天、4.5 天、4.5 天和 3.5 天，120 天总超标时间达 38 天左右；如考虑新安江水库的抗咸调度，将小于 300m^3/s 增大至 300m^3/s，8—11 月平均流量由 300m^3/s 增大至 388m^3/s，需增加总水量约 9.12 亿 m^3。因此总体上取水口江水含氯度超标时间有所减少，120 天内总超标时间减少至 24 天，以上相应时段潮汛内的超标时间减少至 5.4 天、3.0 天、3.8 天和 0.2 天，连续超标时间减少至 1.5 天、0.5 天、1.0 天、0.25 天等。

综上所述，两种方法计算得到的超标时间基本接近，杭州市的现状供水保证率不到 90%，要达到 95%的要求，需通过新安江水库的调度及珊瑚沙水库的抢水能力，或通过取水口上移、新建备用水源等工程措施予以解决。

5.4.2 平面二维盐度输移数学模型

5.4.2.1 控制方程及定解条件

虽然钱塘江河口为混合均匀的强混合型河口，但由于存在主槽、边滩，且断面上滩槽水深、流速不同，江水含氯度在平面上仍然存在差异，为此建立平面二维盐度输移数学模型进行研究。

对于平面大范围的自由表面、水深尺度远小于平面尺度、无明显垂直环流、垂向流速小的浅水流动，可用静水压力代替动水压力，考虑盐水入侵后水体密度变化对压力的影响，沿水深方向进行积分来简化方程，简化后的方程即为平面二维浅水方程及盐度输移方程，守恒形式的水流及氯度输移控制方程为

$$\frac{\partial U}{\partial t}+\frac{\partial F}{\partial x}+\frac{\partial G}{\partial y}=S \tag{5.4.17}$$

式中：$U=(h, hu, hv, hc)^{\mathrm{T}}$为水流、盐度的守恒变量。

界面通量 F、G 及源项 S 的表达式为

$$F=\begin{bmatrix} hu \\ hu^2+\frac{1}{2}gh^2-2hv_t\frac{\partial u}{\partial x} \\ huv-hv_t\left(\frac{\partial u}{\partial y}+\frac{\partial v}{\partial x}\right) \\ huc-E_xh\frac{\partial c}{\partial x} \end{bmatrix};G=\begin{bmatrix} hv \\ huv-hv_t\left(\frac{\partial u}{\partial y}+\frac{\partial v}{\partial x}\right) \\ hv^2+\frac{1}{2}gh^2-2hv_t\frac{\partial v}{\partial y} \\ hvc-E_yh\frac{\partial c}{\partial x} \end{bmatrix};$$

$$S=\begin{bmatrix} Q_s/A \\ -gh\left[\frac{\partial z_0}{\partial x}+\frac{u\sqrt{u^2+v^2}}{C_z^2h}\right]+fhv-\frac{\alpha gh^2}{2\rho}\frac{\partial c}{\partial x}+Q_su\cos\theta/A \\ -gh\left[\frac{\partial z_0}{\partial y}+\frac{v\sqrt{u^2+v^2}}{C_z^2h}\right]-fhu-\frac{\alpha gh^2}{2\rho}\frac{\partial c}{\partial y}+Q_sv\sin\theta/A \\ Q_sC_s/A \end{bmatrix}$$

其中

$$\rho=\rho_0+\alpha c$$

式中：h 为水深；u、v 分别为 x、y 方向的流速；c 为盐度；g 为重力加速度；z_0为河底高程；C_z为谢才系数；f 为柯氏系数；v_t为水流紊动黏性系数，由 Smagorinsky 经验公式确定（Smagorinsky，1963）；ρ 为盐水密度；ρ_0为淡水密度；E_x、E_y分别为氯度在 x、y 方向上的紊动扩散系数；Q_s、C_s分别为取排水口流量和氯度浓度；A 为控制体面积。

上述方程组的初始条件为

$$z(x,y)|_{t=0}=z_0(x,y)\quad u(x,y)|_{t=0}=u_0(x,y)\quad v(x,y)|_{t=0}=v_0(x,y)\quad c(x,y)|_{t=0}=c_0(x,y)$$

边界条件如下：

水边界为

$$z(x,y,t)=z^*(x,y,t),c(x,y,t)=c^*(x,y,t)$$ （“*”表示已知值）

流入计算域为

$$\frac{\partial(Hc)}{\partial t}+\frac{\partial(Huc)}{\partial x}+\frac{\partial(Hvc)}{\partial y}=0$$

陆边界为

$\vec{V}_n=0$ 法线方向流速为零，即 $\frac{\partial c}{\partial n}=0$

5.4.2.2 数值计算方法

数值求解的控制单元选用不规则三角形单元，以准确拟合实际河道的不规则岸边界。计算变量置于三角形形心，控制体采用如图 5.4.8 所示的 CC 型网格。对方程式（5.4.17）进行空间积分，运用格林公式可得离散方程为

$$A_i\frac{U_i^{n+1}-U_i^n}{\Delta t}+\oint F\mathrm{d}y-G\mathrm{d}x=\iint S\mathrm{d}x\mathrm{d}y \tag{5.4.18}$$

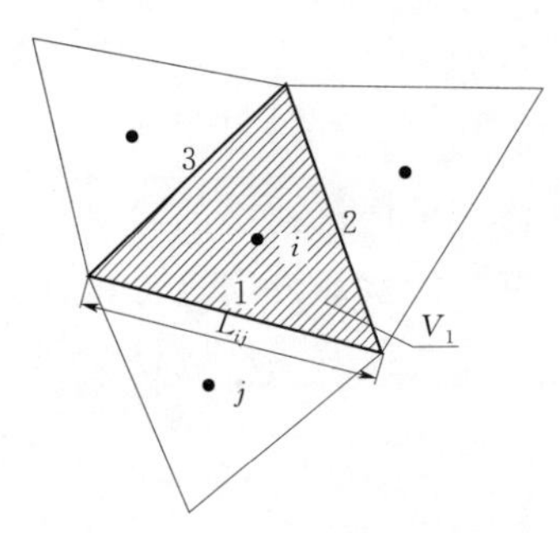

图 5.4.8　二维浅水方程离散控制体示意图

令 $\boldsymbol{F_n}=\boldsymbol{Fn_x}+\boldsymbol{Gn_y}$，其中 n_x、n_y为边 l_{ij} 的外法线方向的矢量，$n_x=\Delta y/\Delta l_{ij}$，$n_y=-\Delta x/\Delta l_{ij}$，可得

$$A_i\frac{U_i^{n+1}-U_i^n}{\Delta t}+\sum_{j=1}^{3}F_n\Delta l_{ij}=\iint S\mathrm{d}x\mathrm{d}y \tag{5.4.19}$$

（1）法向数值通量计算。控制体界面的物质通量 Fn 的计算是有限体积法的核心之一，已有许多方法可采用，如 TVD 格式（HARTEN A，1983）、MacCormack 格式（MACCORMACK R W，et al.，1972）、BGK 格式（赖惠林等，2008）及 KFVS 格式（潘存鸿等，2006），本文采用基于近似黎曼解的

Roe 数值格式计算法向数值通量（ROE P L，1981）。首先求特征矩阵的特征值及特征向量，具体如下

特征值为

$$\lambda_1=un_x+vn_y+q;\ \lambda_2=un_x+vn_y;\ \lambda_3=un_x+vn_y-q,\ \lambda_4=\lambda_1$$

特征向量为

$$r_1=\begin{pmatrix}1\\u+qn_x\\v+qn_y\\c\end{pmatrix},\ r_2=\begin{pmatrix}0\\-qn_y\\qn_x\\0\end{pmatrix},\ r_3=\begin{pmatrix}1\\u-qn_x\\v-qn_y\\c\end{pmatrix},\ r_4=\begin{pmatrix}0\\0\\0\\c\end{pmatrix}$$

将流速 u，v、盐度 c 及波速 q 按 Roe 格式进行平均，即

$$\tilde{u}=\frac{u_i\sqrt{h_i}+u_j\sqrt{h_j}}{\sqrt{h_i}+\sqrt{h_j}};\ \tilde{v}=\frac{v_i\sqrt{h_i}+v_j\sqrt{h_j}}{\sqrt{h_i}+\sqrt{h_j}};\ \tilde{h}=0.5(h_i+h_j);\ \tilde{q}=\sqrt{g\tilde{h}};\ \tilde{c}=\frac{c_i\sqrt{h_i}+c_j\sqrt{h_j}}{\sqrt{h_i}+\sqrt{h_j}}$$

经推导可得单元界面的通量 F_n 的计算公式为

$$F_n=\frac{1}{2}\left[F_n(U_i)+F_n(U_j)-\sum_{k=1}^{4}|\tilde{\lambda}_k|\tilde{\beta}_k\tilde{r}_k\right] \tag{5.4.20}$$

其中

$$F_n(U_i)=\begin{pmatrix}h_iu_in_x+h_iv_in_y\\ \left(h_iu_i^2+\frac{1}{2}gh_i^2\right)n_x+h_iu_iv_in_y\\ h_iu_iv_in_x+\left(h_iv_i^2+\frac{1}{2}gh_i^2\right)n_y\\ (h_iu_in_x+h_iv_in_y)c_i\end{pmatrix};\ F_n(U_j)=\begin{pmatrix}h_ju_jn_x+h_jv_jn_y\\ \left(h_ju_j^2+\frac{1}{2}gh_j^2\right)n_x+h_ju_jv_jn_y\\ h_ju_jv_jn_x+\left(h_jv_j^2+\frac{1}{2}gh_j^2\right)n_y\\ (h_ju_jn_x+h_jv_jn_y)c_j\end{pmatrix};$$

$$\tilde{\beta}_1=\frac{\Delta h}{2}+\frac{1}{2\tilde{q}}[\Delta(hu)n_x+\Delta(hv)n_y-\tilde{U}_n\Delta h];$$

$$\tilde{\beta}_2=\frac{1}{2\tilde{q}}[(\Delta(hv)-\tilde{v}\Delta h)n_x-(\Delta(hu)-\tilde{u}\Delta h)n_y];$$

$$\tilde{\beta}_3=\frac{\Delta h}{2}-\frac{1}{2\tilde{q}}[\Delta(hu)n_x+\Delta(hv)n_y-\tilde{U}_n\Delta h];\ \tilde{\beta}_4=\frac{\Delta(hc)}{\tilde{c}}-\Delta h;\ \tilde{U}_n=\tilde{u}n_x+\tilde{v}n_y;$$

$$\Delta h=h_j-h_i;\ \Delta(hu)=(hu)_j-(hu)_i;\ \Delta(hv)=(hv)_j-(hv)_i;\ \Delta(hc)=(hc)_j-(hc)_i$$

控制体单元界面左、右两侧的水深计算可按 $Zo_{ij}=0.5(Zo_i+Zo_j)$、$h_i=Z_i-Zo_i$、$h_j=Z_j-Zo_j$ 进行计算，其中 Z_i、Z_j 为界面两侧 i、j 的水位。扩散通量采用类似中心差分格式离散。

(2) 空间二阶精度格式的构造。上述格式的空间精度取决于单元界面两侧的插值精度。如界面两侧值为形心的值，并假设控制体内变量为常数，则只有一阶精度。为了获得更高的计算精度，通常假设控制体内变量为线性分布，并进行网格的变量线性重构。同时为了得到一个高阶且稳定的计算格式，通常要对变量坡度进行限制，以调节和控制数值耗散和频散效应。采用类似 MUSCL 方法将空间一阶精度提高到二阶（Sweby P. K.，1988），具体计算如下：

单元 i 的线性重构可表示为

$$f(x,y)=f_i+\Delta f_i\vec{r} \tag{5.4.21}$$

其中

$$\Delta f_i=\frac{1}{\Omega_A}\oint_{\partial\Omega}f\vec{n}\,\mathrm{d}s \tag{5.4.22}$$

式中：$\vec{r}$ 为单元 i 形心到任一点的位移向量；f_i 为单元形心物理量值；Δf_i 为物理量 f 的梯度向量，按格林—高斯定理计算。

限制器对控制单元梯度乘上系数 ϕ，其取值规则为

$$\phi=\min[\phi_j(r_j)] \tag{5.4.23}$$

其中

$$
\left.\begin{aligned}
&\phi_j(r_j)=\max(\min(\beta r_j,1),\ \min(r_j,\beta))\\
&r_j(f_j)=\begin{cases}(f_j^{\max}-f_i)/(f_j-f_i),f_j-f_i>0 & f_j^{\max}=\max(f_i,f_j,f_k,f_l)\\(f_j^{\min}-f_i)/(f_j-f_i),f_j-f_i<0 & f_j^{\min}=\min(f_i,f_j,f_k,f_l)\\1,f_j-f_i=0\end{cases}
\end{aligned}\right\}\tag{5.4.24}
$$

f_j 为 j 条边利用式（5.4.20）求得的计算值。

（3）动边界处理。在大范围潮流、氯度数值模拟计算中，由于潮位变化使实际计算域不断变化，为准确模拟这种动边界变化过程，通常进行单元界面的干、湿处理，这是数值计算的难点之一，已有多种方法可采用，常用的有冻结法、窄缝法及最小水深法等。本文采用最小水深法处理动边界问题，并按单元水深将网格分为干、湿及半干单元等三类。

1）干网格：n 时刻，如网格水深 $h<$Epse1，且相邻单元的水深也小于 Epse1，则没有流量和动量通量通过公共边，该网格为干网格，单元的流速取为 0。

2）半干网格：n 时刻，如网格水深 Epse1$<h<$Epse2，且相邻网格的水深小于 Epse2，则相邻边界只有流量通量，无动量通量。

3）湿网格：n 时刻，网格水深 $h>$Epse2。

离散式（5.4.19）一般仅适用于湿单元，对于半干半湿的非平底单元水深或水位按文献（LORENZO Begnudeui，2006）的方法进行计算。由于单元各边的数值通量计算在时间上为显式，对即将由湿变干的单元通量计算可能使流出该单元的水量或盐量过多导致水深（h）或盐量（h_c）为负的不合理现象，需要对单元周围的单元水盐通量按流入的水盐量的比例进行校正，当周围单元的水盐通量校正后，该单元的（h，h_c）赋为 0，这样整个计算域的水盐量守恒且(h，h_c)$\geqslant$0。

5.4.2.3 模型率定与验证

（1）氯度率定计算。应用建立的平面二维数学模型对钱塘江河口段的氯度输运过程进行数值模拟，数值计算区域及水文验证点位如图 5.4.9 所示。模型的上边界在富春江电站，下边界在钱塘江河口段的澉浦断面，计算域面积为 790km^2。计算网格采用无结构的三角形网格，时间步长取 4s。

为检验建立的平面二维盐度输移数学模型，过去均采用岸边测站的实测资料进行验证，这次采用江中定点测验资料进行验证，对 2007 年 10 月 25—30 日的实测 12 个水流氯度测点和 13 个潮位站的流速、氯度及潮位过程进行对比。图 5.4.10 给出了七堡站、盐官站潮位以及七堡 701$^\#$ 测站、澉浦 710$^\#$ 测站流速实测与计算的比较，可以看出钱塘江河口段潮流动力较强，最大流速达到 4m/s。图 5.4.11 给出了 701$^\#$ 和 710$^\#$ 等两个测站氯度的比较，由于钱塘江河口潮流动力较强，盐水入侵严重，河口段上游的 701$^\#$ 测站氯度可达到 0.7g/L 以上。总体上看，模型计算的潮位、垂线平均流速、氯度与实测值都吻合较好，这说明模型较好地反映了钱塘江河口段强涌潮作用下的氯度运动规律。

（2）验证计算。在上述率定计算的基础上，模型计算参数不变，再采用 2003 年 9 月的盐官、仓前、七堡、闸口等水文站及南星桥、珊瑚沙取水口等实测水文资料对模型进行验证，以检验模型对盐水入侵模拟的适应性，氯度验证结果如图 5.4.12 所示。

从图 5.4.12 可知，盐官、仓前等水文站氯度过程的验证曲线，除少数站外，氯度验证过程线与实测过程线基本趋势一致，特别是杭州城市取水口南星桥、珊瑚沙等处的计算氯度与实测值基本一致，氯度大于 0.25g/L 的持续时间也基本一致，这表明建立的二维盐度输移数学模型能够反映钱塘江河口的输移扩散规律，计算参数选择也基本合理。

5.4.2.4 径流和潮汐对盐水入侵影响分析

（1）弯道中氯度的平面分布。氯度等值线横向分布受河道断面形态影响十分明显，不同河段由于河床平面形态不同，氯度的横向分布有显著差异。在顺直河段，由于断面形态呈 U 形，氯度横向分布比较均匀，可用一维模型模拟，但在弯道段断面滩槽水深差异明显，氯度的横向分布呈现明显的不均匀性。图 5.4.13 展示了七格弯道、老盐仓弯道涨急时氯度的平面分布。

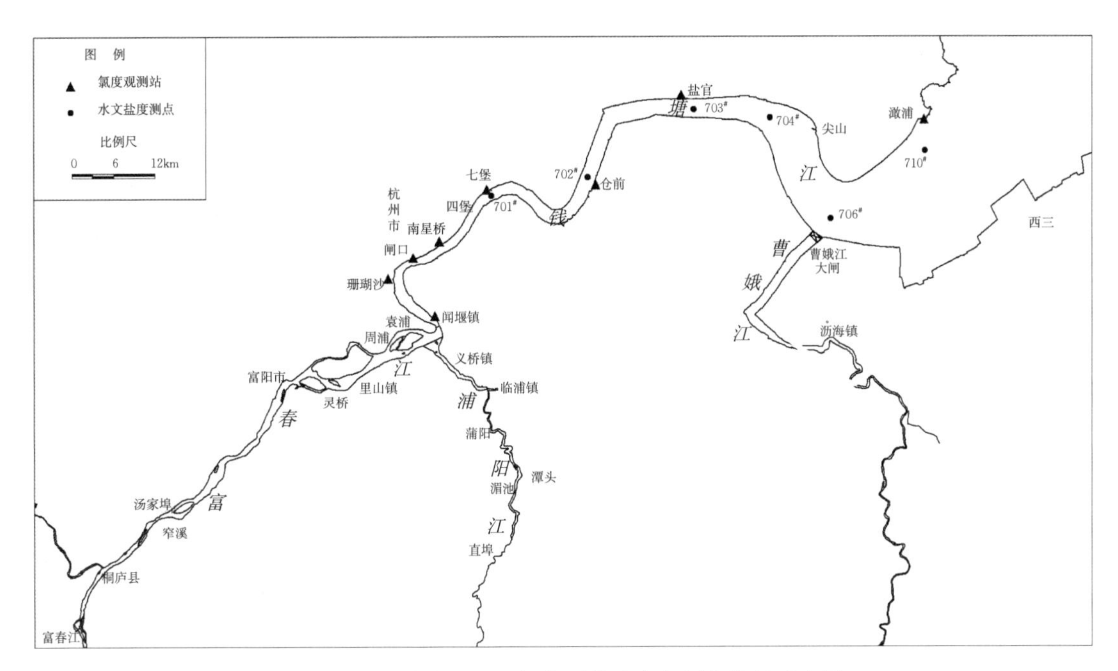

图 5.4.9　钱塘江河口氯度测站及水文测点位置示意图

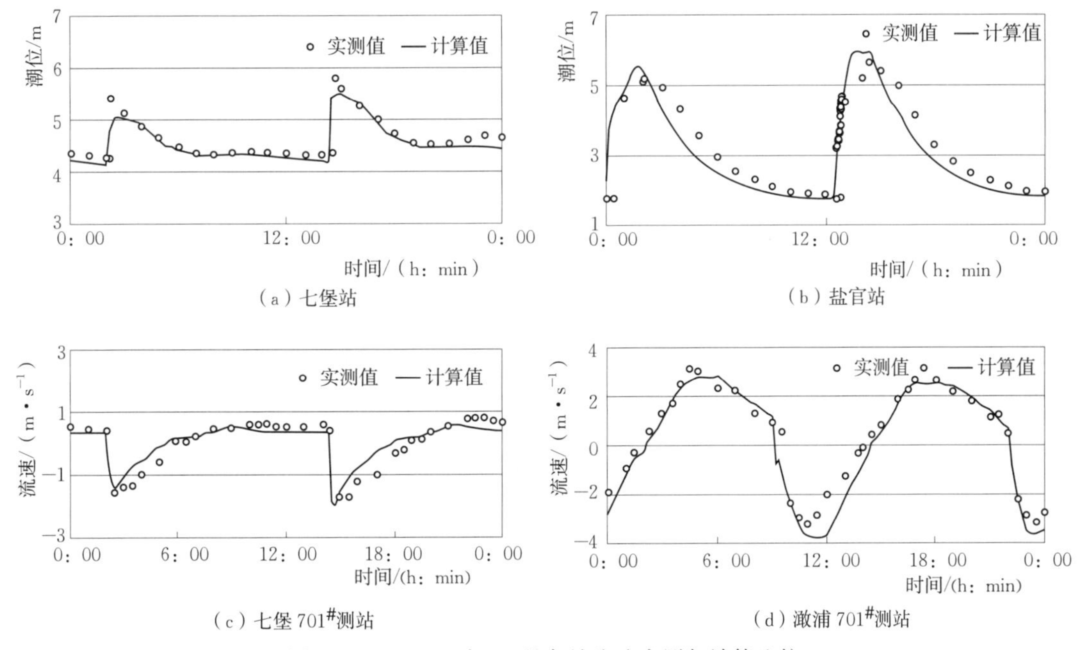

图 5.4.10　2007 年 10 月各站流速实测与计算比较

从图 5.4.13 可知，氯度等值线横向分布不均匀，凹岸深槽的氯度总体上小于凸岸边滩处的氯度，主要原因是在横断面上由于水流惯性，滩地的潮水起涨时间比凹岸深槽要早，高盐的潮水首先到达凸岸滩地，低盐的淡水一般从主槽下泄，氯度略低，随着潮位的上涨，氯度的这种横向差异将逐渐减小。因此，对潮汐河口弯道处布置取水口应注意用二维模型的结果校核。关于垂向二维或三维的氯度分布模拟计算，也是生产上十分重要的内容，这方面的研究工作是今后努力的方向。

（2）径流（用流量计量）和潮汐对盐水上溯距离的影响。通过已验证的平面二维氯度数学模型定量研究不同流量、三种代表潮差条件下 0.25g/L 氯度线上界离河口澉浦断面的距离变化（图 5.4.14）。由图 5.4.14 可知，在流量相同的情况下，潮汐越强，盐水上溯的距离越远，如流量为 $400m^3/s$ 时，潮差为 4.0m 的盐水入侵上界离澉浦断面约 130km，潮差为 2.8m 时盐水上溯上界在 109km 附近，潮差为 1.5m 时上界在 85km 处，不同潮差盐水上溯的距离可相差 24～45km。

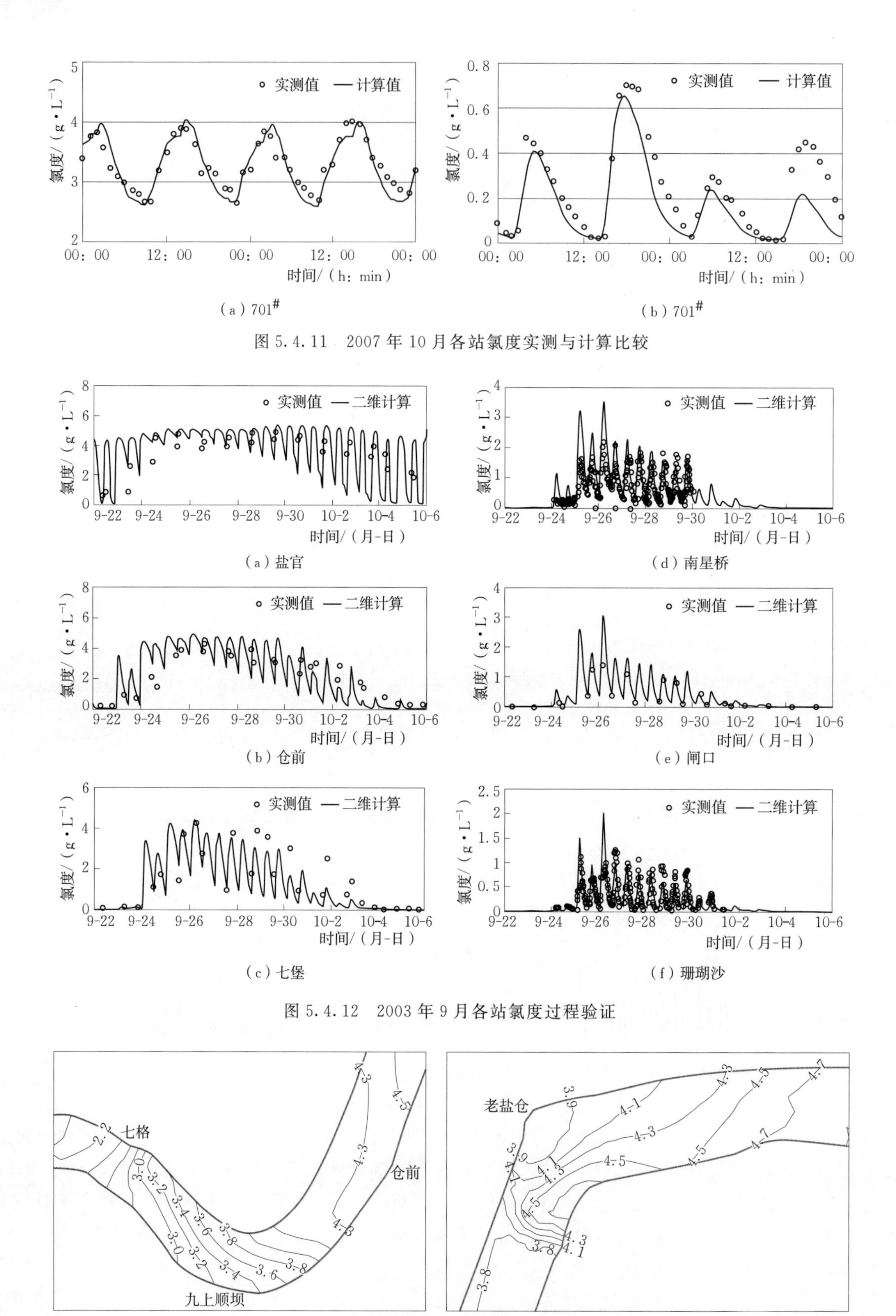

(a) 701#　　(b) 701#

图 5.4.11　2007 年 10 月各站氯度实测与计算比较

(a) 盐官　(b) 仓前　(c) 七堡　(d) 南星桥　(e) 闸口　(f) 珊瑚沙

图 5.4.12　2003 年 9 月各站氯度过程验证

图 5.4.13　氯度的平面分布（单位：g/L）

盐水上溯强弱还与径流的大小有关，从图 5.4.14 中还可以看出，上游下泄流量为 $5m^3/s$ 时，七堡潮差为 4.0m、2.8m、1.5m 的盐水入侵上界距澉浦距离最远分别约 150km、146km、135km；流量为

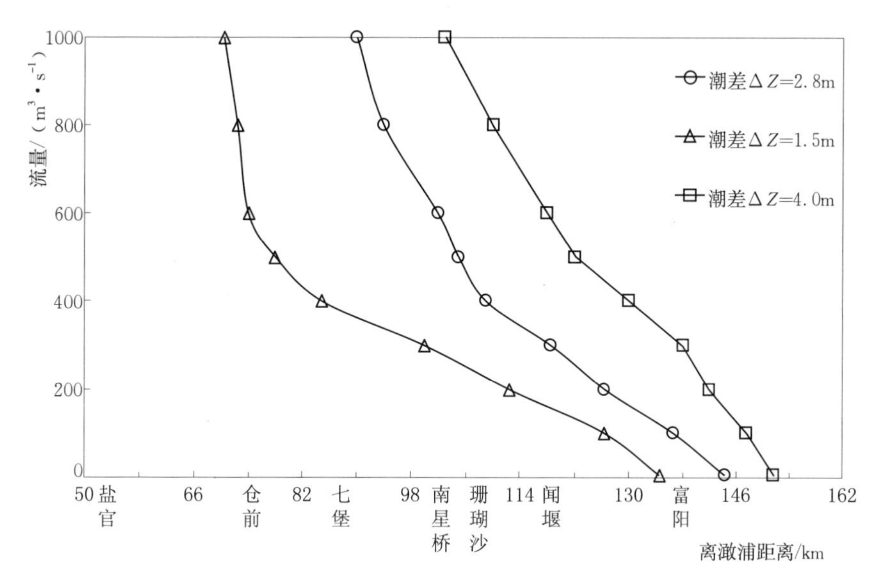

图 5.4.14　流量和潮汐对盐水入侵距离的影响

1000m³/s 时，七堡潮差为 4.0m、2.8m、1.5m 的盐水入侵上界距澉浦距离最远分别约 106km、94km、70km。由此可见，钱塘江河口的盐水上溯的上界面，在极端枯水的条件下基本上在富阳附近，枯水大潮期平均流量约 350～400m³/s，潮差 2.0～3.0m 条件下，基本上在珊瑚沙至七堡附近，这与目前杭州市主要取水口的布局完全一致。

在七堡潮差相同的条件下，随着富春江电站下泄流量的减少，盐水上溯距离增加，且递减相同流量的情况下，流量越小，上溯距离增加越明显。当流量大于 500～600m³/s 时，增加相同流量对抑制盐水上溯的作用减弱；当流量在 500～600m³/s 以下时，增加流量对减少盐水上溯的作用较为显著，这一结论与近 40 年氯度控制运行的结论十分吻合。由此说明无限地增加径流下泄流量抑制盐水入侵对钱塘江河口水资源的利用效率已不高。

（3）径流和潮汐对取水口氯度与超标时间的影响。杭州主城区现状主要生活取水口位置在珊瑚沙，图 5.4.15 给出了流量和潮汐对珊瑚沙取水口氯度的影响计算结果。

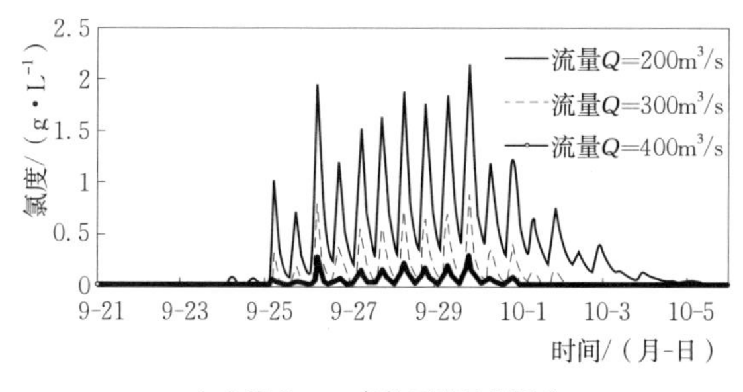

（a）潮差2.8m条件下流量的影响

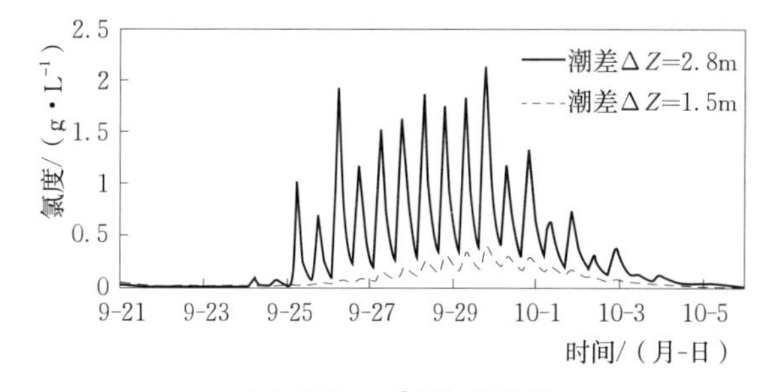

（b）流量200m³/s的不同潮差

图 5.4.15　流量和潮汐对珊瑚沙取水口氯度的影响

由图 5.4.15 可知，在相同潮汐条件下（$\Delta Z_{max}=2.8$m），珊瑚沙取水口江水含氯度随流量的增加而减小，流量为 200m³/s 时，取水口江水含氯度最大达 2.1g/L，当流量增大到 400m³/s 时，基本小于 0.25g/L。图 5.4.15（b）反映了潮汐强弱对江水氯度的影响，相同流量条件下，潮汐越强，江水氯度越高，在 200m³/s 条件下，七堡潮差达 2.8m 时，取水氯度最大高达 2.1g/L，1.5m 潮差时氯度值小于 0.5g/L。

表 5.4.8 为不同流量和潮汐条件下一个潮汛（15 天）江水氯度连续超标时间的统计结果，从表可知流量和潮汐对取水口氯度超标时间有显著影响，一个潮汛中七堡最大潮差达 2.8m，下泄流量小

于 200m³/s 时，取水口江水氯度连续超标长达 6.4 天以上，下泄流量大于 300m³/s 时，连续超标时间在 0.3 天内。潮差 1.5m 时取水口氯度不超标的下泄流量约为 300m³/s。以上这些计算结果都与近 40 年同条件的观测资料相一致。

表 5.4.8 流量和潮汐对珊瑚沙取水口江水氯度连续最长超标时间统计 单位：天

项目	$Q=5m^3/s$	$Q=100m^3/s$	$Q=200m^3/s$	$Q=300m^3/s$	$Q=400m^3/s$	$Q=500m^3/s$
$\Delta Z=4.0m$	12.0	11.3	8.8	4.4	0.4	0.2
$\Delta Z=2.8m$	12.0	9.6	6.4	0.3	0.1	0.0
$\Delta Z=1.5m$	11.8	8.8	0.35	0.0	0.0	0.0

5.5 钱塘江河口顶潮抗咸实践及其检验

5.5.1 取水口氯度超标时间与径流、潮汐的关系

杭州河段取水口江水氯度大小及超标时间取决于富春江电站下泄流量、七堡潮差及取水流量大小等因素，定量预报取水口江水氯度超标时间，确定适当的下泄流量对杭州城市用水安全至关重要。利用业已建立并逐步完善的钱塘江河口段一维盐度动床数值预报模型，以下泄径流、取水流量、七堡最大潮差等因子组合的不同水动力条件对钱塘江河口盐水入侵影响规律进行数值分析，以获得取水口江水氯度超标时间与净下泄流量、七堡最大潮差等因子的关系。在数值模拟分析中，径流流量取 150～500m³/s，取水流量取 43～200m³/s，七堡最大潮差取 1.7m、2.7m 及 3.4m，计算一个潮汛 15 天南星桥、闸口、珊瑚沙等三个代表取水口氯度最大连续超标时间，再通过统计分析建立最大连续超标时间与净下泄流量的预报曲线（图 5.5.1）。

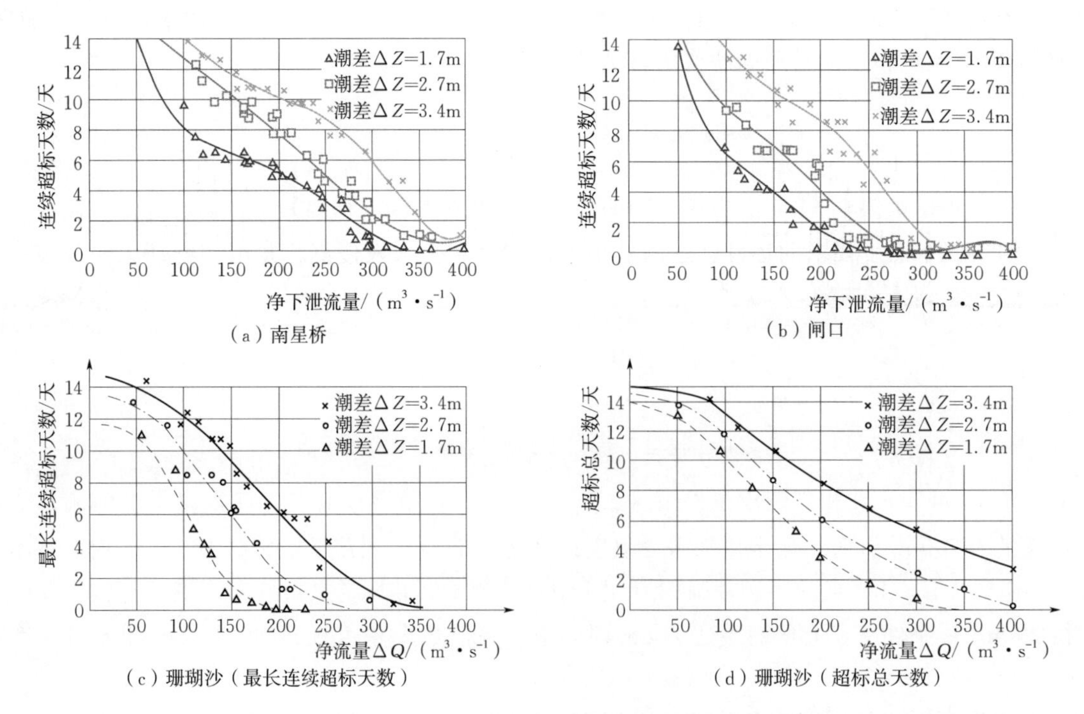

图 5.5.1 取水口氯度超标时间预报曲线

利用上述江水氯度超标时间的预报曲线，再根据七堡潮差、取水流量的大小可以大致预报使南星桥、珊瑚沙等取水口江水氯度连续超标时间不超过规定值所需的临界净下泄量，再考虑钱塘江河口杭州河段用水实际情况，可以初步预报富春江电站下泄所需要的临界抗咸流量。这是总结了各种地形、径流、潮差及连续超标天数和总超标天数的成果，与实际发生的大量资料对照，成果比较可靠。

但上述经验预报的关键是七堡逐月最大潮差的预报。七堡站各月潮差既受天文潮大小影响，又受江道地形淤积的影响。除可用动床数学模型计算外，还可以用实测资料点绘其月分布，并考虑汛后枯水期的河床淤积强度，修正初期的河床容积得到不同月份七堡的月最大潮差。据此利用钱塘江河口段地形、七堡逐月最大潮差的实测资料建立了七堡逐月最大潮差与钱塘江河口段闸口—盐官河床容积的经验关系（图 5.5.2），再用该河段初始容积与前期 4 个月平均径流量及 4 个月淤积量建立如下统计关系式预报江道容积，即

$$\Delta V_i = 5.76 - 1.1Ln(\overline{Q}_4) + 0.43V_i \tag{5.5.1}$$

式中：ΔV_i 为 7—11 月淤积量；$\overline{Q}_4$ 为相应时间平均径流；V_i 为该河段的初始河床容积。

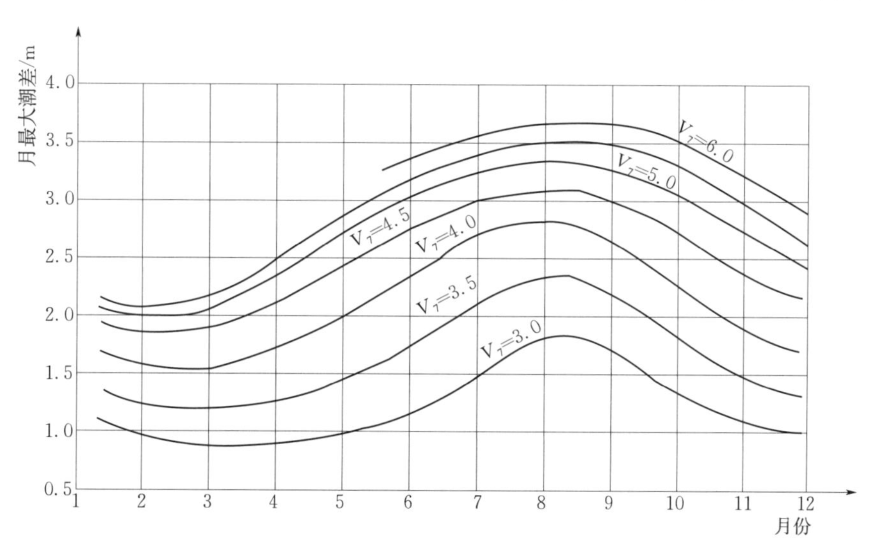

图 5.5.2　七堡站逐月最大潮差与江道容积的关系

式（5.5.1）的相关系数达 0.93。预报先按 7 月实测初始地形，预测 7—11 月的径流量，按式（5.5.1）推得淤积量，得到 11 月的容积，用图 5.5.2 得到各月的七堡潮差，再进行反馈预报，得到满足珊瑚沙取水口江水氯度要求的逐月、逐潮最小下泄流量和盐水入侵值。并用一维动床的预报方法相互校正，用实测七堡潮差做适时订正，进行实际预报。

5.5.2　顶潮抗咸临界流量及其泄水方式

5.5.2.1　抗咸临界流量

前已述及，影响钱塘江河口段盐水入侵的因素众多，包括上游来水量、潮汐强弱、尖山河段河势等，各因素互相影响，氯度变化异常复杂。根据 1978—1979 年、1994—1995 年以及 2003 年等历次较严重的盐水入侵现象分析，上游径流偏枯是造成盐水入侵的最主要因素，七堡潮差的大小从一个侧面反映了前期径流大小影响的结果，径流丰，河口段河床容积大，则汛后的秋季潮汐强，进入杭州河段的潮量就大，径流对盐水入侵的影响程度大，范围远。因此，钱塘江河口盐水入侵的强弱，径流是主要的。为保障钱塘江河口段重要取水口的取水氯度安全，这里提出了控制盐水入侵的顶潮抗咸流量即富春江电站日均最小泄流量，以满足现状供水条件下珊瑚沙取水口江水含氯度超标时间小于 0.6 天的要求。

根据前面径流和潮汐对盐水入侵影响的数值试验结果（图 5.4.15、图 5.5.1、表 5.4.8），在15天一个潮汛中，珊瑚沙取水口江水氯度连续超标时间小于 0.6 天的顶潮抗咸临界流量随七堡最大潮差的不同而异，潮汛中最大潮差越小，临界流量也越小，反之亦然。在现状取水条件下，潮差为1.5m 左右对应的临界流量 200～300m^3/s；潮差为 2.8m 左右的临界流量为 300～400m^3/s；潮差为4.0m 左右的临界流量为 400～500m^3/s。当然，上述顶潮抗咸临界流量是基于数值模拟分析的结果，在实际应用中还应综合考虑前期径流、河口段下边界氯度及江道地形等因素的影响，并适当留有余地。

5.5.2.2 泄水方式选择

钱塘江河口的氯度在一个月内呈两高两低的半月周期变化规律，一般是大潮时氯度高，由小潮到大潮咸潮处于蓄积期，河口段取水口氯度逐渐增大；小潮时氯度低，大潮至小潮咸潮处于退落期，取水口氯度逐渐降低，钱塘江河口段氯度随潮汐的这种响应规律对取水口顶潮抗咸取淡的方略选择具有指导意义。在一个潮汛 15 天内，可根据河口潮汐大小不同，通过富春江电站下泄流量的调度，采取“大潮时段多放水，小潮时段少放水”的泄水方式，以较小的下泄流量达到顶潮抗咸取淡的目的，增加取水口取淡时间。

图 5.5.3 反映了富春江电站不同的泄水过程对珊瑚沙取水口氯度及超标时间的影响。分析计算中，对富春江电站径流过程在一汛（15 天）内按均匀、阶梯非均匀及大流量提前等三种不同泄放方式进行了比较。其中：大潮期（5 天）下泄流量（1.2～1.3）$\overline{Q}$，比平均流量大 20%～30%；中潮期（5 天）为平均流量 $\overline{Q}$；小潮期（5 天）取 0.6$\overline{Q}$，比平均流量小 40%。计算结果表明，在总水量相同的情况下，均匀放水时，珊瑚沙取水口的最大氯度和超标时间均大于阶梯泄放；按大中小潮的实际时间阶梯泄放大于提前 2 天阶梯泄放，氯度连续超标时间由 4.5 天减为 0.4 天（15 天平均流量 300m^3/s），如连续超标时间控制在 0.4 天内，按均匀放水的方式泄放则需要 400m^3/s 流量，这说明按提前 2 天阶梯泄放的方式可节省约 20%的水量。

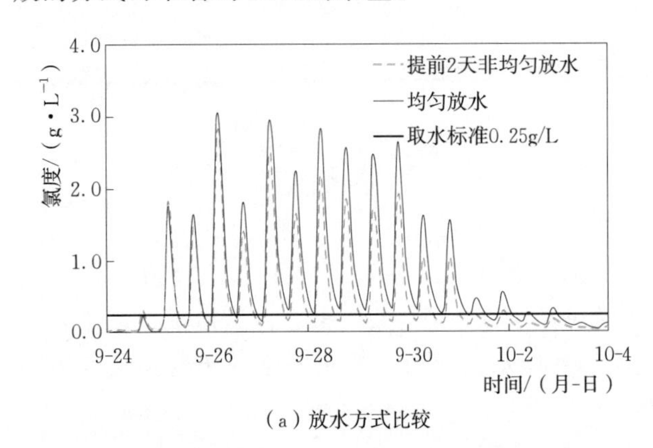

（a）放水方式比较

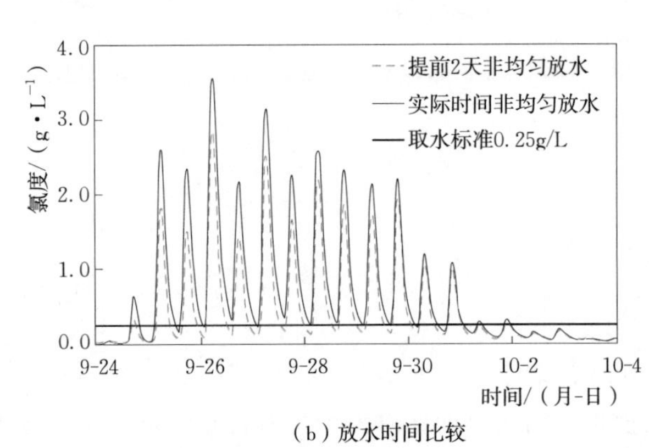

（b）放水时间比较

图 5.5.3　不同泄水方式和时间对顶潮抗咸效果的影响

由此可见，在顶潮抗咸临界流量下，选择合适的泄放过程可有效提高抗咸取淡效果，一般情况下按提前 2 天左右“大潮时段按 15 天平均流量的 1.2～1.3 倍，中潮时段按平均流量，小潮时段按 0.6 倍左右”进行放水。近 40 年来盐度预报工作基本上都是按此要求执行的。

5.5.3 各时期几个典型顶潮抗咸实践及效果检验

早在新安江水库蓄水前，在枯水大潮期杭州市供水常受咸潮影响，当时因日供水量小，可用家庭蓄水、井水、城河蓄水渡过难关，当小潮期外江水质好转又可恢复供水和蓄水。1960 年新安江水库建成，枯水期流量由 50～100m^3/s 提高到 250～300m^3/s，情况大为改观。但随着城市供水量由 10 万 t/d 增加到 30 万～120 万 t/d 时，已有措施无法大量储水满足供水的需求，必须采取增大新安江下泄流量、

取水口上移、增加反调节抗咸水库等对策，来保证杭州市的供水安全，这些对策的有效性在很大程度上取决于江水含氯度及超标时间预报的精度，特别是取水口处的连续超标天数及超标天内可抢水的小时数最为重要。这些年中江道、径流、日供水量、供水设施等条件不同，要求新安江下泄流量逐日不同，如取水口处江水含氯度全无超标，说明预泄水量偏多，取水口处江水氯度超标天数过多又说明预泄流量偏小。因此，恰到好处地预报调度是有相当难度的。现将长、短历时的预报及实践结果阐述如下（程杭平等，1978—2010）：

（1）第一时期 1972—1988 年，此时杭州市的日用水量仅 10 万～30 万 t/d，大多数年份可以用城河蓄水、市区井水及新安江水库的下泄流量满足取水口超标时间要求，但 1978—1979 年遇到梅雨期降水量大幅减少和连续枯水年，新安江水库梅汛末的 7 月初已接近死水位，此后上游径流大量减少，杭州市民面临着下半年受供咸水的困扰已成定局，为此做了下半年用好水库有限水量的准备，表 5.5.1 是闸口站这两年预报和实际超标天数对比。

表 5.5.1　　1978—1979 年预报水量与闸口超标天数

月份	1978年					1979年				
	七堡潮差/m		下泄水量/亿 m^3		超标天数/天	七堡潮差/m		下泄水量/亿 m^3		超标天数/天
	实际	预测	实际	预测		实际	预测	实际	预测	
7	1.60	1.80	7.4	8.5	4	0.62	0.95	8.6	6.2	0
8	1.69	1.70	5.8	9.0	5	0.92	0.90	8.9	6.5	0
9	1.25	1.50	4.1	9.0	18	0.89	0.80	9.5	6.5	0
10	1.02	1.0	2.03	6.5	16	0.74	0.6	5.2	4.9	0
11	0.72	0.7	1.5	4.5	30	0.47	0.5	3.4	3.1	5①
12	0.51	0.5	1.74	4.5	30	0.24	0.4	2.4	3.1	0
合计			22.5	42	103			38.0	30.3	5①

① 此 5 天表示放水不当（中小潮未按计划放水）。

由表 5.5.1 可知，1978 年逐月实际下泄水量比预测要求的水量相差愈大，取水口的超标天数就愈大，全年 103 天供咸水；而 1979 年的年径流量为 412m^3/s 比 1978 年径流量 616m^3/s 更枯，但因吸取教训，4—6 月丰水期新安江水库增加蓄水，减少发电，大潮期有条件按计划放水，但取水口江水含氯度基本未超标，结果与 1978 年大不一样。此后杭州自来水厂与相关电力部门建立了抗咸联合预报、调度的机制，调度原则是充分利用已有的 2～3 天抗咸能力，则取水口在 15 天潮汛中连续超标天数控制在 2～3 天内，其他天数可以间断取水。

为优化水库下泄方式又用数学模型研究了一个潮汛 15 天中水库下泄流量比较了均匀放水，大潮多放、小潮少放和小潮多放、大潮少放（相差±25%）三种方式，结果证明第二种方式比其他两种方法减少 20%左右的超标时间，节省 20%左右的水库下泄水量。根据计算和实践，在此后的数年中下半年最小顶潮抗咸总水量为 30 亿～60 亿 m^3，而同期富春江下泄径流量为 40 亿～120 亿 m^3，故总水量是可以满足的，关键是径流逐日过程，即大潮几天不要比预测流量小太多，否则仍会出现超标天数。

（2）第二时期 1989—1996 年，此时杭州自来水供水量已增加到 60 万～90 万 t/d，城河、井等供水量不足以维持 3 天，已建的珊瑚沙反调节水库的输水管未相应配套完成。因此要求预报的原则是南星桥取水口可以超标时间多一点；但距上游 2.5km 的闸口取水口只能连续 1 天左右时间超标，大潮的 5～6 天中每天有 10～12h 在低潮时能取水；珊瑚沙水库取水口则要求保证不能 0.6 天超标，预放流量则应适当增加。1994 年、1995 年、1996 年 4 次预报流量与实际下泄流量下三个取水口的超标情况见表 5.5.2。

表 5.5.2　　1994—1996 年典型潮期各取水口受咸情况表

时间	七堡潮差/m	下泄流量/($m^3 \cdot s^{-1}$)		连续超标小时/h			时间	七堡潮差/m	下泄流量/($m^3 \cdot s^{-1}$)		连续超标小时/h		
		预报	实际	南星桥	闸口	珊瑚沙			预报	实际	南星桥	闸口	珊瑚沙
9月19日	2.28	410	192	12	<12	0	9月24日	3.05	520	573	12	<12	6
9月20日(十五)	2.59	540	569	20	<12	0	9月25日(初一)	3.48	520	515	12	<12	6
9月21日	2.69	540	550	20	24	0	9月26日	3.51	520	523	21	<12	9
9月22日	2.74	540	687	17	<12	0	9月27日	3.76	520	432	24	<12	12
9月23日	2.65	540	502	15	<12	0	9月28日	3.32	520	456	24	24	10
9月24日	2.43	540	417	13	<12	0	9月29日	3.09	400	477	21	<12	8
9月25日	2.28	410	273	11	<12	0	9月30日	3.00	400	406	18	<12	7
1994年	7天平均	490	456	(其他8天流量过程略)			1995年	7天平均	486	483	(其他8天流量过程略)		
	15天平均	410	415					15天平均	420	410			
7月30日	2.60	480	380	4	0	0	9月26日	2.37	480	813	7	4	0
7月31日(十六)	3.05	480	407	20	10	6	9月27日(十五)	2.85	480	290	8	5	0
8月1日	3.68	480	529	24	16	8	9月28日	3.16	480	656	11	9	6
8月2日	3.64	480	541	24	14	7	9月29日	3.40	480	260	21	14	6
8月3日	3.14	480	529	11	8	5	9月30日	3.12	480	547	11	8	6
8月4日	2.63	440	370	6	2	0	10月1日	2.82	480	296	8.5	6	4.5
8月5日	2.41	440	573	4.5	1	0	10月2日	2.16	420	215	4.5	2	0
1996年	7天平均	468	475	(其他8天流量过程略)			1996年	7天平均	471	440	(其他8天流量过程略)		
	15天平均	385	415					15天平均	385	345			

由表 5.5.2 可知 1994 年 9 月 7 天、15 天实际流量与计划流量相差 10%以内，南星桥有 2 天共 20h 不能取水，闸口只 1 天不能取水，其他时间均有大于 12h 取水，满足要求；1995 年 9 月，实际流量与预报要求流量很接近，南星桥 4 天 21h 以上不能取水，闸口 1 天不能取水，其他天数大于 12h 可取水，亦满足要求；1996 年两次 7 天、15 天流量相差均小于 15%，亦满足要求，以上足以说明电站如能按预报流量下泄，则基本可以满足取水口要求，保证供水安全。

(3) 第三时期 1997—2009 年，此时珊瑚沙抗咸水库及其输水管道均已建成，珊瑚沙水库有效库容只有 130 万 m^3，不能完全替代下游取水口的能力，但可以补充下游部分取水口超标时供水。故调度原则是下游取水口江水含氯度可以在 6～7 天超标中保证有 4～8h 可以取水，而珊瑚沙取水口每天超标时间不超过 0.6 天，即仍可在 10h 内扩大取水能力，在供水的同时也可蓄水。表 5.5.3 为 1999—2003 年下半年钱塘江顶潮拒咸情况。

表 5.5.3　　　　**1999—2003 年下半年钱塘江顶潮拒咸情况**

时间		七堡潮差/m	下泄流量/（m³·s⁻¹）		连续超标小时/h		时间		七堡潮差/m	下泄流量/（m³·s⁻¹）		连续超标小时/h	
			预报	实际	南星桥	珊瑚沙				预报	实际	南星桥	珊瑚沙
1999年10月	24日	2.48	490	551	—	—	1999年11月	22日	2.25	430	638	—	—
	25日（十七）	2.92	490	491	0.5	—		23日（十六）	2.73	430	520	4.5	—
	26日	2.96	490	431	5.5	2.5		24日	2.85	430	523	6.0	2.5
	27日	3.15	490	482	10	5.0		25日	3.15	430	502	8.0	5.5
	28日	2.93	410	486	11	3.5		26日	2.90	430	268	9.0	4.5
	29日	3.11	400	345	10	6.0		27日	2.64	380	335	7.5	3.0
	30日	2.80	380	547	9.5	4.5		28日	2.00	340	411	0.5	—
统计	7天平均		450	478	（其他8天流量过程略）		统计	7天平均		410	457	（其他8天流量过程略）	
	15天平均		392	430				15天平均		350	430		
2001年10月	16日	1.93	390	168	11.5	0	2003年9月	10日	2.21	380	311	5.0	—
	17日（初一）	2.45	390	299	24.0	11.0		11日（十五）	2.34	420	360	13.5	2.5
	18日	2.32	390	408	23.0	10.0		12日	2.52	420	363	15.0	3.5
	19日	2.26	390	335	14.0	1.5		13日	2.76	420	344	15.5	6.5
	20日	2.16	390	110	10.5	1.5		14日	2.34	420	402	9.0	—
	21日	1.83	350	149	2.0	0		15日	2.28	400	422	4.5	—
	22日	1.51	320	156	0	0		16日	1.88	360	—		—
统计	7天平均		374	232	（其他8天流量过程略）		统计	7天平均		400	390	（其他8天流量过程略）	
	15天平均		310	230				15天平均		340	372		
2003年10月	23日	1.59	360	270	4.5		2003年11月	6日	1.34	320	0	7.5	
	24日（廿九）	1.56	400	259	21.5	9.0		7日（十四）	1.42	340	0	24.0	19.0
	25日	1.91	400	383	24.0	16.3		8日	1.58	360	506	24.0	24.0
	26日	2.30	400	466	24.0	18.5		9日	1.75	360	836	24.0	16.5
	27日	2.25	400	496	24.0	11.0		10日	1.59	360	367	11.5	
	28日	2.76	380	424	18.0	5.5		11日	1.70	360	256		
	29日	2.32	340		19.5	4.0		12日	1.26	340	191		
统计	7天平均		380	383	（其他8天流量过程略）		统计	7天平均		348	308	（其他8天流量过程略）	
	15天平均		330	220				15天平均		300	164		

由表5.5.3可知，1999年10月和11月实际流量比计划流量大5%～10%，南星桥取水口每天均有13h以上可取水，好于要求；2001年10月7天、15天实际流量比计划流量小30%，南星桥有2天不能取水，但珊瑚沙取水小时数未超过原规定的14h，满足供水要求；2003年实际流量比计划少9%，取水口超标时间正好满足规定要求，这说明预测与实际的流量在±10%误差内就能满足供水要求。以上事例中列举了第一时期2年（1978年、1979年）下半年连续调度、第二时期3年（1994年、1995年、1996年）、第三时期3年（1999年、2001年、2003年）12次预报与实际放水的印证，结果表明实际泄流与预报要求

的流量差值在±10%以内可以满足供水安全要求，大于20%以上则不能满足供水安全的要求。

2003年10月底—11月初，由于电站变压器检修，中、小潮期不发电，连续两个汛期下泄流量仅220～165m^3/s，比要求的330～300m^3/s小30%～40%，见表5.5.4，并出现小潮下泄流量接近于0。即使大潮下泄流量大于预报值（如9月26—28日、11月8—10日），仍造成珊瑚沙有16h、18h和19h、24h超标，南星桥连续6天和3天超标，造成杭州24h停止供水，影响极大，引起了浙江省人民政府、省水利厅、杭州市政府的高度重视。为此，成立了由浙江省防汛抗旱指挥部办公室、新安江水力发电厂、富春江发电厂、省水利河口研究院、杭州市人民政府防汛抗旱指挥部办公室、杭州市自来水总公司等单位参加的省防指杭州抗咸工作联席会议办公室，负责杭州抗咸协调工作，以确保杭州城市供水安全，以后再无此类事件发生。

表5.5.4　闸口站氯度超标特性与相关因素

年份	最小流量/($m^3 \cdot s^{-1}$)		七堡潮差/m	最大氯度/($g \cdot L^{-1}$)	超标天数/天			年份	最小流量/($m^3 \cdot s^{-1}$)		七堡潮差/m	最大氯度/($g \cdot L^{-1}$)	超标天数/天		
	30天	60天			半天	全天	合计		30天	60天			半天	全天	合计
1956	145	356	3.06	5.86	31	21	52	1990	501	513	3.18	0.62	16	0	16
1957	244	367	1.85	4.65	15	37	52	1991	430	443	3.26	1.03	21	0	21
1958	115	166	1.84	6.30	6	72	78	1992	598	601	3.31	0.91	6	0	6
1959	57	79	2.85	4.90	20	66	86	1993	633	658	3.40	0.62	5	0	5
1960	181	186	2.17	3.37	14	30	44	1994	324	347	3.86	3.42	53	5	58
平均	148	230	2.35	5.0	17.2	45.2	62.4	1995	393	494	3.96	1.78	47	1	48
1972	313	488	1.75	4.18	14	4	18	1996	334	387	3.68	1.41	31	0	31
1973	433	569	3.42	0.83	11	0	11	1997	475	562	3.44	0.72	6	0	6
1974	416	546	3.49	1.78	6	0	6	平均	443	475	3.43	1.18	19.4	0.60	20.0
1975	183	412	2.46	0.28	1	0	1	1998	229	234	3.39	0.85	18	0	18
1976	326	368	2.27	<0.25	0	0	0	1999	556	589	3.40	0.26	1	0	1
1977	328	343	2.47	<0.25	0	0	0	2000	414	498	3.43	1.42	4	0	4
1978	86	88	1.70	2.99	45	57	102	2001	259	345	3.36	<0.25	0	0	0
1979	85	150	0.92	1.70	10	0	11	2002	633	822	4.22	0.46	2	0	2
1980	103	209	1.33	<0.25	0	0	0	2003	211	237	3.05	2.60	23	9	32
1981	581	602	1.66	<0.25	0	0	0	2004	244	316	2.08	<0.25	0	0	0
1982	522	578	1.99	<0.25	0	0	0	2005	233	265	2.09	<0.25	0	0	0
1983	562	717	2.82	0.9	4	1	5	2006	171	206	2.18	0.28	1	0	1
1984	225	364	3.01	1.2	8	0	8	2007	300	305	1.48	<0.25	0	0	0
1985	367	540	1.43	<0.25	0	0	0	2008	320	495	1.83	<0.25	0	0	0
1986	484	485	1.18	<0.25	0	0	0	2009	321	348	2.01	<0.25	0	0	0
1987	590	670	2.18	<0.25	0	0	0	2010	286	386	3.65	0.22	0	0	0
1988	303	313	2.83	0.68	4	0	4	2011	304	341	3.28	0.6	4	0	4
1989	436	436	3.40	0.62	5	0	5	2012	276	347	3.65	0.28	2	0	2
平均	350	445	2.13	0.99	6.2	3.9	10.2	平均	317	382	2.87	0.56	3.66	0.6	4.27
扣除1978年	367	468	2.09	0.86	3.6	0.36	4.0	扣除2003年	324	392	2.86	0.42	2.29	0	2.29

5.5.4 长历时盐度预报实践

钱塘江河口有长达40年的系统氯度资料，经历过自然状态、新安江大型水库建设、下游治江缩窄工程以及人工预报调度等各种代表情况的对比资料，这在国内外都是少见的，特别是该河口河床冲淤幅度、潮汐强弱等年际间、月际间变化很大，更增加了它的复杂性和研究难度。因此总结这40余年的预报调度及实际效果，既可以衡量长历时盐水入侵预报技术的可靠性，又可以防治河口盐水入侵，为高效利用河口水资源提供宝贵的实践经验。

表5.5.4是杭州市取水口具有代表性的闸口站氯度历年超标天数（统计中考虑最小氯度值大于0.25g/L为全天超标，最大值大于0.25g/L而最小值小于0.25g/L为半天超标）及与其主要影响因素（30天、60天最小平均径流、七堡年最大潮差）的关系，由表得到如下认识：

（1）小流量是出现全天、半天超标的主要因素。新安江建库前（1960年）最小30天平均流量148m^3/s，七堡站年最大潮差平均2.35m，闸口最大氯度可达3.37～6.3g/L，平均超标62天（其中全日超标45天，占总超标天数的2/3）；而建库后，顺直江道（1988—1997年）时最小30天流量增加到443m^3/s，增加约300m^3/s，七堡最大潮差平均达3.45m，闸口最大氯度0.62～3.42g/L，平均超标天数20天，其中全天超标仅0.6天，半天超标19.4天，这是枯水流量增加的结果。但如果水库不能按预报下泄，如遇到水库无水可泄（1978年）或未按预报下泄（2003年）时，分别出现103天和32天的长时间超标。

（2）下游江道条件。反映在七堡潮差大小也是十分关键的因素，1988—1997年钱塘江河口尖山河段江道顺直，且为丰水年，七堡最大潮差平均为3.43m，盐水入侵严重，故必须增加下泄流量，这时期闸口站超标天数每年平均达20天，(但全天超标仅0.60天)。而1997—2012年钱塘江河口尖山河段为弯曲江道，下泄流量比1988—1997年减小约120m^3/s，七堡最大潮差相应也小0.56m，闸口站氯度平均超标天数仅4.27天，这主要是江道弯曲潮差减小所致。

（3）同样是弯曲河道的1972—1987年和1998—2012年对比，后者为治江后期，潮差大，较前者增大0.74m，流量较前者小9%～15%，但年平均超标天数为4.27天，比前者10.2天小，但如各自扣除1978年和2003年的特殊情况，则两者每年各为4.0天和2.3天，说明治江后盐水入侵得到了改善。

（4）预报实效对比：寻找七堡潮差、15天下泄流量相近的实例进行有预报与无预报的结果对比。一次为1972年前未作预报的一次，另一次为2006年完全按预报要求的下泄径流，对比见表5.5.5。前者15天平均流量较后者大10%，七堡最大潮差后者较前者小8%，两者条件基本相同，由表知前者无预报，完全按发电需要下泄，结果实泄流量在大潮时该大反而小，而有预报时大潮流量增大，则最大氯度由4.0g/L减为1.0g/L，全天超标差6天，两者效果完全不同。这足以说明预报时按“大潮多放、小潮少放”的作用十分明显，多年来按此优化调度极大地改善了杭州市的供水安全。

表5.5.5　有无预报闸口取水口氯度超标对比

时间（1972年）		7月25日	7月26日	7月27日	7月28日	7月29日	7月15日	7月31日	8月1日	备注
无预报	下泄流量/$(m^3\cdot s^{-1})$	344	244	183	147	192	2.51	257	412	$Q_{15}=300m^3/s$
	七堡潮差/m	0.88	1.21	1.53	1.65	1.44	1.27	1.18	0.93	$Q_g=250m^3/s$
	氯度最大值/$(g\cdot L^{-1})$	0.10	0.30	1.34	3.88	4.14	2.61	1.48	1.20	大潮流量小
	氯度最小值/$(g\cdot L^{-1})$	0.02	0.06	0.80	1.45	2.70	1.48	0.80	0.50	小潮流量大
	超标情况	半天超标2天，全天超标6天，供水严重影响								

续表

时间（2006年）		10/4	5	6	7	8	9	10	11	备注
有预报	下泄流量 / ($m^3 \cdot s^{-1}$)	298	382	357	492	372	364	300	321	$Q_{15}=260m^3/s$
	七堡潮差/m	0.22	0.7	1.20	1.46	1.44	1.52	1.39	1.13	$Q_g=360m^3/s$
	氯度最大值 / ($g \cdot L^{-1}$)	0.02	0.02	0.10	1.03	0.98	0.70	0.33	0.12	大潮流量大
	氯度最小值 / ($g \cdot L^{-1}$)	0.01	0.01	0.01	0.12	0.15	0.10	0.01	0.01	小潮流量小
	超标情况	半天超标4天，全天超标无，供水安全								

5.6 本章小结

本章针对钱塘江河口盐水入侵问题，系统开展了钱塘江强涌潮河口盐水入侵时空分布规律、动床盐度预报和顶潮抗咸应潮调控等方面的研究与实践应用，得到如下结论：

（1）系统分析了钱塘江河口盐水入侵的时空分布规律，江水含氯度分布总体上呈强混合的特征，纵向分布自澉浦向上游递减，一般情况下盐水入侵的末端位于闻家堰附近；垂向分布与水动力条件的强弱密切相关，表底层氯度差以闸口—南星桥断面为界，南星桥以下河段分层系数较小，以上河段分层系数较大，但氯度的绝对值较小；河口段江水含氯度横向差异大多时间在±30%以内，但在弯道等处氯度横向变化较为明显。

（2）影响钱塘江河口盐水入侵的因素主要有径流、潮汐、江道地形、取水流量和杭州湾氯度等。其中，径流和潮汐是最主要的因素。由于钱塘江河口水沙动力与河床的独特交互作用，不同时间尺度的径流过程对河口盐水入侵具有即时性和滞后性的影响特征，即径流不仅有直接的顶潮抑咸作用，且具有在汛期冲刷河道增强枯水期盐水入侵的间接作用，这是钱塘江河口咸潮入侵的特有规律。此外，钱塘江河口沿程氯度与涌潮密切相关，涌潮促使盐水入侵加剧，涌潮到达时氯度陡涨，涌潮过后的快水时段是氯度涨率最大的时段，涌潮高度越大，涨率越大，至高潮位后江水含氯度达到最大；涌潮促使氯度垂向混合均匀，但涨憩至落急的部分时段也存在明显的分层现象。

（3）建立了钱塘江河口一维和二维涌潮盐度预报模型，解决了河床强冲淤、强涌潮与盐度耦合的难题，比较了中长历时含盐度定床与动床计算的差异，动床计算结果与实测值比较吻合，这表明钱塘江河口中、长历时（半年以上）的盐度预报必须采用动床模型。利用建立的盐度数学模型量化分析了钱塘江河口重大人类活动、径流和潮汐对盐水入侵的影响。径流增加后，较大幅度地缩减上游取水口江水含氯度的超标天数，新安江建库后对杭州河段取水口的取水条件改善相当明显，尖山河湾的治理也减弱了盐水入侵的影响。

（4）杭州河段取水口江水含氯度大小及超标时间的准确定量预报对杭州城市用水安全至关重要。利用实测资料和一维动床数值预报模型，构建的取水口氯度连续超标时间与净下泄流量的预报曲线可用于实际预报；提出了基于临界流量的新安江水库“大潮多放，小潮少放”的顶潮抗咸应潮调控方式，近10多年的抗咸预报调度实践与实际效果表明，只要按预报下泄流量，可保证杭州城市供水安全，并节省水资源量，取得了巨大的社会效益和经济效益。

参考文献

包芸，刘杰斌．2009．磨刀门水道盐水强烈上溯规律和动力机制研究［J］．中国科学G辑：物理力学天文学，39

(10)：1527-1534.

程杭平，韩曾萃．钱塘江顶潮拒咸要求富春江电站最小下泄流量的预报（1978—2010年）[R]．杭州：浙江省水利河口研究院．

韩乃斌．1983a. 长江口南支河段氯度变化分析 [J]．水利水运科学研究，(1)：74-81.

韩乃斌．1983b. 南水北调对长江口盐水入侵影响的预测 [J]．地理学报，2 (2)：99-107.

韩曾萃，程杭平．1981. 钱塘江江水含盐度计算的研究 [J]．水利学报，(3)：46-50.

韩曾萃，程杭平．1984. 钱塘江河口考虑滩地输沙的含沙量计算方法 [J]．海洋工程，(3)：34-45.

韩曾萃，程杭平．1987. 钱塘江河口河床变形计算方法及其应用 [J]．泥沙研究，(3)：43-54.

韩曾萃，史英标等．2001. 河口长历时盐度预报技术的引进 [R]．杭州：浙江省水利河口研究院．

韩曾萃，潘存鸿，史英标．2002. 人类活动对河口咸水入侵的影响 [J]．水科学进展，13 (3)：333-339.

韩曾萃，戴泽蘅，李光炳等．2003. 钱塘江河口治理开发 [M]．北京：中国水利水电出版社．

韩曾萃，程杭平，史英标．2012. 钱塘江河口咸水入侵长历时预测、对策的实践检验 [J]．水利学报，43 (2)：232-240.

金元欢，孙志林．1992. 中国河口盐淡水混合特征研究 [J]．地理学报，47 (2)：165-175.

赖惠林，马昌凤．2008. 二维对流扩散方程的格子 BGK 模拟 [J]．福建师范大学学报（自然科学版），24 (5)：15-18.

林秉南，黄菊卿，李新春．1981. 钱塘江河口潮流输沙数学模型 [J]．泥沙研究，(2)：16-17.

卢祥兴．1991. 钱塘江河口盐水入侵的模型试验 [J]．水利水运科学研究，(4)：403-410.

罗小峰，陈志昌．2005. 径流和潮汐对长江口盐水入侵影响数值模拟研究 [J]．海岸工程，24 (3)：1-6.

KIM D N，NGOC V P，SYLVAIN G. 2007. 法国 Girode 河口盐水入侵与泥沙输送的三维数值研究 [J]．人民珠江，(1)：27-34.

马钢峰，刘曙光，戚定满．2006. 长江口盐水入侵数值模型研究 [J]．水动力学研究与进展，21 (1)：53-61.

毛汉礼．1964. 杭州湾潮混合的初步研究 [J]．海洋与湖泊，6 (2)．

茅志昌，沈焕庭，姚运达．1993. 长江南支南岸水域盐水入侵来源分析 [J]．海洋通报，12 (3)：17-25.

茅志昌．1995. 长江河口盐水入侵锋研究 [J]．海洋与湖泊，26 (6)：643-649.

潘存鸿，徐昆．2006. 三角形网格下求解二维浅水方程的 KFVS 格式 [J]．水利学报，37 (7)：858-864.

潘存鸿，张舒羽，史英标，等．2014. 涌潮对钱塘江河口盐水入侵影响研究 [J]．水利学报，45 (11)：1301-1308.

潘存鸿，张舒羽，唐子文．2015. 钱塘江河口水流—河床相互作用及对盐水入侵的影响 [J]．水科学进展，26 (4)：535-542.

沈焕庭，茅志昌，顾玉亮．2001. 东线南水北调工程对长江口咸水人侵影响及对策 [J]．长江流域资源与环境，11 (2)：150-154.

沈焕庭，茅志昌，朱建荣．2003. 长江河口盐水入侵 [M]．北京：海洋出版社．

史英标．1993. 河道三维水流数学模型初探 [D]．武汉：武汉水利电力大学．

史英标，林炳尧，徐有成．2005. 钱塘江河口洪水位特性及动床预报模型 [J]．泥沙研究，(1)：7-14.

史英标，韩曾萃，程杭平，等．2009a. 河口地区农业用水盐度预报 [R]．杭州：浙江省水利河口研究院．

史英标，韩曾萃，程杭平，等．2009b. 钱塘江珊瑚沙取水口抗咸能力研究 [R]．杭州：浙江省水利河口研究院．

史英标，潘存鸿，程文龙，等．2012. 钱塘江河口段盐度时空分布与预测模型 [J]．水科学进展，23 (3)：409-418.

史英标，李若华，姚凯华．2015. 钱塘江河口一维盐度动床预报模型及应用 [J]．水科学进展，26 (2)：212-220.

王志力，陆永军．2008. 强潮河口三维无结构网格盐度数学模型 [J]．海洋工程，26 (2)：43-53.

肖绪华，等．1963. 钱塘江河口潮流挟沙经验公式的探求 [R]．杭州：浙江省水利电力科学研究所．

谢鉴衡主编．1988. 河流模拟 [M]．北京：水利电力出版社．

严镜海．1984. 粘性细颗粒泥沙絮凝沉降的初探 [J]．泥沙研究，(1)：41-49.

杨国录．1993. 河流数学模型 [M]．北京：海洋出版社．

于曰旻，韩曾萃，史英标．2010. 钱塘江河口治江围涂后盐水入侵年际预报 [J]．广东水利水电，(10)：31-33.

朱建荣，胡松．2003. 河口形状对河口环流和盐水入侵的影响 [J]．华东师范大学学报：自然科学版，(3)：68-73.

ARONS A B，STOMMEL H A. 1951. A mixing Length theory of Tidal Flushing [J]．Transactions of the American Geophysical Union，32 (3)：419-421.

BERDEAL I G，HICKEY B M，KAWASE M. 2002. Influence of wind stress and ambient flow on a high discharge fiver flume [J] . Journal of Geophysical Research (Oceans), 107 (19): 1-13.

GILLBRAND P A, BALLS P W. 1998. Modelling Salt Intrusion and Nitrate Concentrations in the Ythan Estuary [J] . Estuarine, Coastal and Shelf Science, 47: 695-706.

GRIGG N J, IVEY G N. 1997. A laboratory investigation into shear - generated mixing in a salt wedge estuary [J] . GeoPhysical & AstroPhysical Fluid Dynamies, 85 (1-2): 65-95.

HANSEN D V, RATTRAY M. 1966. New dimension in Estuary Classification [J] . Limnology and Oceanography, (1): 319-326.

HAN Zengcui, SHAO Yaqin. 1989. Salt Water Intrusion and the Countermeasures in some Coastal Cities of China [J] . China Ocean Engineering, 3 (2): 177-193.

HAN Zengcui, SHI Yingbiao, YOU Aiju. 2014. Prediction and Countermeasures of Saltwater Intrusion in the Qiantang Estuary [J] . Advances in Water Resource and Protection (AWRP), Vol. 2: 62-74.

HARTEN A. 1983. High resolution scheme for the computation of weak solutions of hyperbolic conservation laws [J] . Journal of Computational Physics, 49: 357-393.

LIN B N, HUANG J Q. 1983. Unsteady Transport of Suspended Load at small Concentrations [J] . Journal of Hydraulic Engingeering, 109 (1) .

LORENZO Begnudelli, BRETT F S. 2006. Unstructured Grid Finite - Volume Algorithm for Shallow Water Flow and Scalar Transport with Wetting and Drying [J] . Journal of Hydraulic Engineering, 132 (4): 371-384.

MACCORMACK R W. 1972. Computational efficiency achieved by time splitting of finite difference operators [J] . AIAA Paper: 72-154.

PRITCHARD D W. 1956. The dynamic structure of coastal Plain estuary [J] . Journal of Marine Research, 15: 33-42.

ROE P L. 1981. Approximate Riemann solves parameter vector and difference [J] . Journal of Computational physics, 43: 357-372.

SMAGORINSKY. 1963. General Circulation Experiment with the primitive equations [J] . Monthly Weather Review, 91 (3): 99-164.

SIMMONS H B, BROWN F R. 1969. Salinity Effects on Estuary Hydraulics and Sedimenttation [C] //International Association for Hydraulic Research, Proceedings of the 13th Congress: 311-325.

SAVENIJE H H G. 1986. A one - dimensional model for salinity intrusion in alluvial estuaries [J] . Journal of Hydrology, 85: 87-109.

SAVENIJE H H G. 2005. Salinity and tides in alluvial estuaries [M] . Amsterdam: Elsevier Press.

SWEBY P K. 1988. High resolution schemes using flux limiters for hyperbolic conservation laws [J] . SIAM Journal Numer. Anal, 21 (5): 995-1011.

SHI Yingbiao. 1998. 1 - D Unsteady Mobile - bed Model of the Qiantang Estuary [C] . Proceedings of the 7th international symposium on river sedimentation, Hong Kong.

SHI Yingbiao, XUE Y C, LIN Bingyao. 2004. Application of 1D Mobile - bed Model in Flood Prevention of the Qiantang Estuary [C] . Proceedings of the 9th international symposium on river sedimentation.

ZHENG J, HU G D, et al. 2007. Three dimensional modeling of hydrodynamic processes in the St. Lueie [J] . Estuarine, Coastal and Shelf Scienee, 72 (1-2): 188-200.

第6章 钱塘江河口水环境研究

6.1 概述

自1972年斯德哥尔摩人类环境会议以后，世界各国相继制定了一系列环境保护的法规和政策，建立了相应的环境管理体制，对污染源的排放执行了逐步严格的控制措施。实行污染物总量控制，最早是由美国国家环保局提出，也是我国近年来制定的控制水体污染、改善水环境质量的一项重要举措。要清楚污染物总量，必须了解污染物输运降减过程。20世纪70年代以来，随着水环境问题研究的深入和相关学科及应用技术的发展，世界各国的地理学家、工程师、生物学家开展了大量的研究工作，其中有代表性的著作之一是ROBERT V T和JOHN A M（1987）的《Principles of Surface Water Quality Modeling and Control》，该书已有中文翻译本，它总结了1985年以前美国对河流、河口、海湾、湖泊、水库等水域的有机物、富营养化、有毒物质的物理化学演化过程及传输过程的数学模型。另一著作是STEVEN C C（1997）写的《Surface Water Quality Modeling》，该书用完全混合及非完全混合单元组合，自成体系地总结了1995年前的许多研究成果，全书有45个专题进行了深入浅出的讲解，是美国大学研究生和工程界很常用的参考书。

不同流域的水域污染物负荷大小千差万别，但水质浓度的好坏可以制订出统一的标准。若其他条件不变，根据污染负荷推算水质浓度正是水质数学模型的功能所在（LUNG，2001），因此，20世纪60年代开始，许多大学、研究院所相继推出各种包括水动力、水质、水生态的数学模型，如1985年美国环境保护局推荐了5个污水排海稀释度计算模型（UPLUME，UOUT-PLM，UMERGE，UDKHDEN和ULINE），后经修改与完善，于1992年又推出了RSB和UM两个计算模型，1995年又将这两个模型并入含有远区稀释度计算的PLUMES软件，从而使PLUMES模型能进行近区和远区的稀释计算。水流水质计算模型由零维、一维稳态模型向二维、三维动态模型发展；被模拟的状态变量不断增多，由开始的几个增加到二三十个，模拟的变量由非生命物质如“三氧”（溶解氧、生物化学需氧及化学需氧）、“三氮”（氨氮、亚硝酸盐氮和硝酸盐氮）等向细菌、藻类、浮游动物、底栖动物等水生生物发展；应用范围由河流、水库、湖泊等单一水体向流域性综合水域发展；计算的时空网格数几何增长；地理信息系统开始在水质模型中应用。国外常用的水流水质模型有美国环境保护局研制的QUAL2、WASP5及BASINS，美国陆军工程兵团研制的CE-QUAL-R1、CE-QUAL-RIV1、CE-QUAL-W2及WQRRS，美国地质调查局研制的GENSCN和MMS。对河口近海地区美国环保局推荐EFDC模型，HAMRICK对水动力（1992）、TETRA对泥沙输运（2000）、TETRA对有毒污染物（1999）进行了完善，JI（2008）对它们的原理作了详细的介绍，并给出了实例。另外丹麦水力研究所研制的MIKE11、MIKE21和荷兰Delft软件都是通用的商业软件，已在我国许多大学、研究单位成功地得到应用。

我国水环境的污染原理和污染治理在20世纪80年代初已普遍受到重视（叶常明，1990），环境有关的政策法规也相继出台，环境容量的研究在我国20世纪80至90年代也得到了较快发展（张永良等，1991），相继在北京东南郊环境质量评价、黄河兰州段、图们江、松花江、漓江等环境质量评价项目中分别探讨了水污染自净规律、水质模型、水质排放标准制定等数学方法，从不同角度提出和应用了水环境容量的概念。在《太湖富营养化及水环境容量研究》中，建立了二维单步一级生态动力学模型，通过对一系列生化反应过程的数学模拟，描述了标志富营养化发展程度的营养盐（总氮、总磷）和藻类（以叶绿素 a 表示）在时间和空间上的变化，进而对湖泊富营养化的发展趋势作出预测。“六五”国家环境保护科学技术攻关项目开展了《主要污染物水环境容量研究》，进行了“沱江有机物的水环境容量研究”“湘江重金属的水环境容量研究”和“深圳河有机物的水环境容量研究”。这一时期的研究已与水污染控制规划相结合（程声通，2010），成果显著。“七五”“八五”国家环境保护科学技术攻关项目在水环境容量理论的研究深度、研究广度和应用研究都取得重大进展（曲格平，1988），出现了多目标综合评价模型、潮汐河网地区多组分水质模型、非点源模型、富营养化生态模型、大规模系统优化规划模型等，污染物研究对象也从一般耗氧有机物和重金属，扩展到氮、磷负荷和油污染，并编制出水环境污染物总量控制实用系列化的计算方法和污水海洋处置技术指南（张永良等，1995），这些研究成果既提高了我国水环境治理规划水平，又得到普遍的推广和应用，但水环境的改善速度目前距达标尚不尽如人意，原因除纳污接管、建污水处理厂落后外，严格执法和依法管理也未落到实处，目前政府正在加大执法力度。

钱塘江河口上自富春江电站大坝，下至杭州湾湾口，两岸分属杭州、绍兴、宁波、嘉兴、上海等市，自 20 世纪 80 年代以来，区域的工农业、城市化进程、国际航运、旅游业等发展迅速，对水资源的需求量和环境容量的需求也随之不断增长。尽管河口沿岸各市均采取了有效的废水污染防治措施，但流域社会经济的快速发展，导致工业废水排放量呈逐年上升趋势，部分污染物排放总量仍维持在较高水平。根据对钱塘江河口段 2000 年以来及规划排污状况的初步调查，两岸主要集中式排污口废水排放量已达 300 万 t/d，远期 2020 年规划污水排放量可能为现状的 1.5 倍左右。钱塘江河口水环境功能区达标率有下降趋势，直接影响河口段饮用水水质安全及水环境和水生态，已成为河口两岸地区社会经济发展的主要制约因素之一。

为研究钱塘江河口水环境问题，浙江省水利河口研究院从 20 世纪 80 年代开始，先后建立了各种水动力、水质数值模型，并应用于钱塘江河口的水质模拟研究（韩曾萃等，2003）。如 80 年代初因秦山核电站循环废水放射性及热量稀释预测需要，建立了二维水质数值模型（韩曾萃等，1986a）；当时限于计算机的速度及内存限制，为减少计算工作量，建立了准二维水质数值模型（韩曾萃等，1986b），对杭州市四堡污水处理厂岸边和江心排放情况进行了对比计算；80 年代中期参与国家攻关项目“甬江河口水环境容量研究”时，建立了一二维联解的整体水质模型（HAN 等，1988；韩曾萃，1993a；程杭平等，2002）。应用上述模型评价了杭州市等排污工程对钱塘江水域的环境影响（韩曾萃等，1994；耿兆铨等，1998），但因当时缺乏全流域的水环境功能区划，国家相关的环境容量计算规范、导则又仅限于单项工程进行环境影响评价，因此无论是上下游边界值的选取，还是计算工况的组合等，都存在一些缺点和不足。由于当时已考虑到为以后污水量的增加留有余地，各排污口的允许混合带面积大小仅 0.1～0.3km^2，比此后的国颁标准 1～3km^2 小得多。2001 年苏雨生等（2001）主持“钱塘江流域水污染综合防治研究”，该项目第一次系统地调查了全流域的水质状态、污染负荷并提出综合治理建议。2010 年朱军政等（2010）对富春江电站以下的河口段按 12 个水功能区的环境容量及纳污能力进行研究，并提出了污染负荷的削减方案。但随着钱塘江两岸经济的快速发展，加之管理执法难度大，企业将不达标的污水偷排时有发生，至今水环境问题仍未明显好转。2014 年浙江省委、省政府提出“五水共治”，重点是治污和改善生态环境。本章将介绍钱塘江河口水质水环境的现状以及研究进展。

6.2 钱塘江河口水质演变规律

苏雨生等（2001）是以 1997 年作为基准年的水质监测进行评价的，结论是富春江水系为Ⅲ～Ⅳ类

水，达不到Ⅱ～Ⅲ类水的要求，其超标项目是DO、COD_{Mn}、BOD_5、非离子氨、亚硝酸盐等，其中严东关、富阳、渔山等断面均为Ⅳ类水，支流大源溪为Ⅴ类水，浦阳江为Ⅳ类水，袁浦、闻堰、闸口、七堡等断面的钱塘江主干流也是Ⅳ～Ⅴ类水，达不到Ⅱ～Ⅲ类水的要求，除主要超标因子DO、COD_{Mn}、BOD_5、非离子氨、亚硝酸盐等外，还有汞超标。由于监测次数有限，只反映了当时的水质状况，未反映超标的频次。朱军政等（2010）以2007—2008年的水质监测和污染负荷作为基准年，结论是富春江、钱塘江水质是Ⅱ～Ⅲ类水，大多时间（80%）基本满足其Ⅱ～Ⅲ类水的要求，但在枯水年、枯水季其水质是Ⅲ～Ⅳ类水，有一个级别的差别，这种差异并非近10年污染负荷减少，而是水质数据多少的代表性及水文年、季丰枯的差异，前者仅用1997年的有限数据，后者用了2001年以来监测数据，系列较长，另有两个自来水厂取水口处的逐日数据和自动监测的逐时数据，因而可以统计超标或达标的出现概率，这对评价水质等级可信度有质的飞跃，另外两个文献对支流水质的描述是一致的。以下论述均以朱军政等（2010）的内容为主。

根据2005年《浙江省水功能区水环境功能区划方案》，钱塘江河口以老盐仓为界，富春江电站至老盐仓执行地表水标准，老盐仓以下河段执行海水标准[1]。因水中含氯度不同会影响其他水质指标的大小，地表水的含氯度为小于0.25g/L，而海水含氯度为35g/L，中间过渡段的水质为河口段，但鉴于目前国家尚末颁布河口水质标准，只能暂按上述标准执行。钱塘江河口干流地表水水质分段控制标准为：除桐庐水厂取水口下游0.5km至柴埠河段、苋浦江汇合口至大源溪富春江交汇处、三堡船闸至老盐仓河段为Ⅲ类外，其余河段均为地表水Ⅱ类标准。支流浦阳江自诸暨与萧山交界处到浦阳江口上游3km处水质控制标准为Ⅲ类，浦阳江口上游3km处至浦阳江口段为Ⅱ类，如图6.2.1所示。

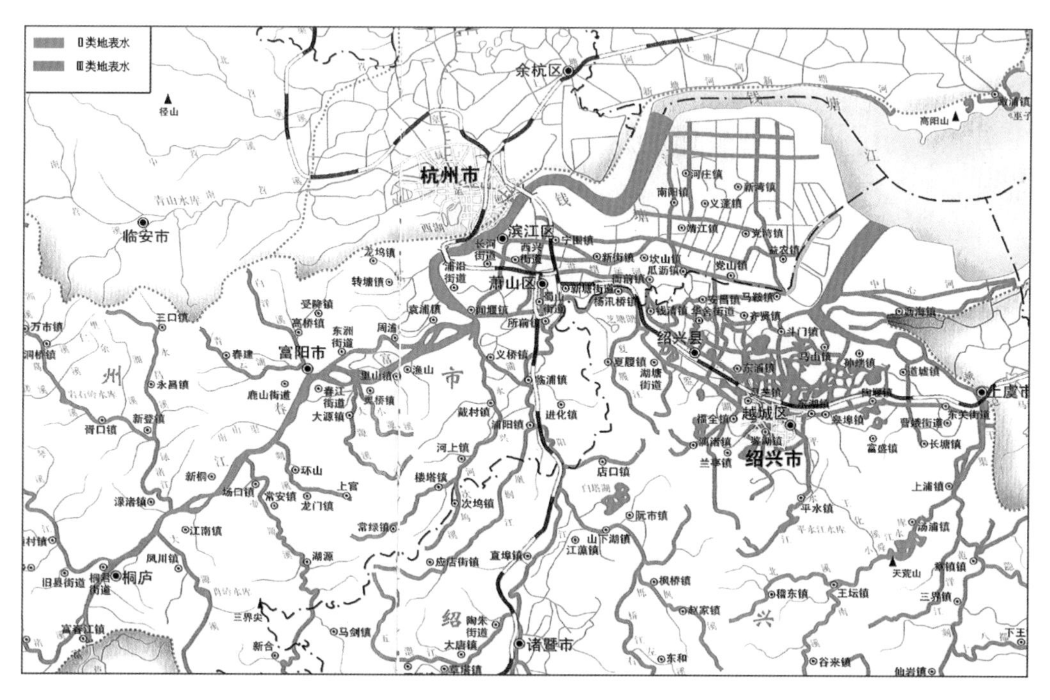

图6.2.1　钱塘江杭州段地表水环境功能区划图

钱塘江河口老盐仓以下执行海域水质标准，如图6.2.2所示，具体为：海宁袁花镇与上虞连线以西的海域为三类区（C02Ⅲ），C02Ⅲ区下游河口区基本以A01Ⅰ区为主，上虞近岸有部分海域属于D03Ⅳ类区，海盐近岸有部分属于D02Ⅳ类区；余姚、慈溪近岸为B06Ⅱ类区。

[1] 鉴于水中含盐量对COD测定（酸法和碱法）有一定影响，故按上述水环境功能区划方案来确定COD测定方法。

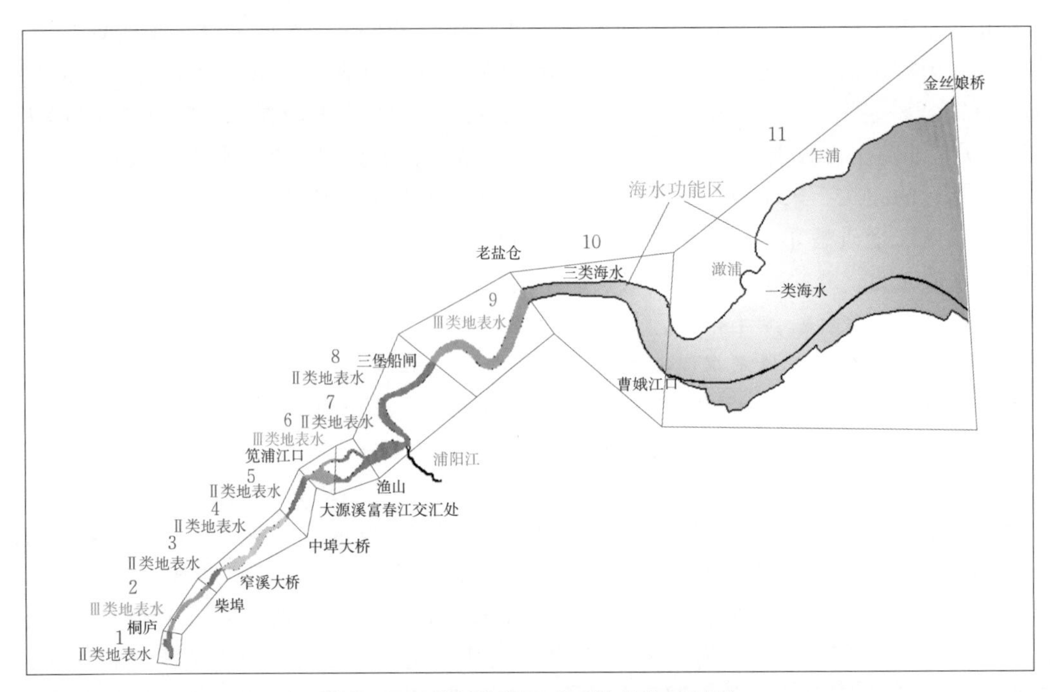

图 6.2.2 钱塘江河口水环境功能区划图

6.2.1 钱塘江河口干流水质近年状况及演变趋势

6.2.1.1 水质总体状况及变化趋势

根据环境部门监测的资料（朱军政等，2010），表 6.2.1 为 2001—2008 年平均水质变化情况（其中 2001—2003 年为丰水，2004—2008 年为枯水，总体为平水），由表 6.2.1 知，钱塘江河口区域水质总体上各监测断面水质以Ⅲ类为主，多数断面未达到Ⅱ类水功能区的要求，从有限的观测数据的评定结果看，各年份水质总体保持相对稳定，无明显趋势性变化，主要是水文年的丰、枯带来一定程度变化。其中，富阳以上富春江段水质较好，渔山、袁浦两断面 2004 年、2006 年、2007 年均出现Ⅳ类水，均比水功能区的要求差 1～2 级，如果再加强水质的观测频次，特别是在供水的取水口处，可能不达标的频次更多，因此，钱塘江的富阳至闸口河段，水质不能完全满足取水口的水质标准，部分年份或站位比水功能的要求差 1～2 级。

表 6.2.1　　钱塘江河口年平均水质变化

断面	河流	年度水质类别							
		2001	2002	2003	2004	2005	2006	2007	2008
窄溪	富春江	Ⅲ	Ⅲ	Ⅲ	Ⅳ	Ⅲ	Ⅲ	Ⅲ	Ⅲ
鹿山		Ⅲ	Ⅲ	Ⅲ	Ⅲ	Ⅲ	Ⅱ	Ⅱ	Ⅲ
富阳		Ⅲ	Ⅲ	Ⅲ	Ⅱ	Ⅲ	Ⅱ	Ⅱ	Ⅱ
渔山		Ⅲ	Ⅲ	Ⅲ	Ⅲ	Ⅲ		Ⅳ	Ⅱ
袁浦	钱塘江	Ⅲ	Ⅲ	Ⅲ	Ⅳ	Ⅲ	Ⅳ	Ⅲ	Ⅱ
闸口		Ⅲ	Ⅲ	Ⅲ	Ⅲ	Ⅲ	Ⅳ	Ⅲ	Ⅲ
七堡		Ⅲ	Ⅲ	Ⅲ	Ⅲ	Ⅲ	Ⅲ	Ⅲ	Ⅲ
猪头角		Ⅳ	Ⅳ	Ⅳ	Ⅲ		Ⅲ	Ⅲ	Ⅲ

表 6.2.2 为钱塘江河口断面综合污染指数变化，它可反映污染程度演变的趋势。2001—2008 年沿

程各断面综合污染指数在2.0～3.63之间，均为超标。从时间上来看，各断面综合污染指数均从2001年开始升高，2004年水质最差，然后到2008年缓慢下降，其原因是2004年为枯水年，2008年为平水年；从空间上看，均呈现从上游至下游缓慢升高的趋势，这与排污口主要分布在富阳断面以下有关，表明河口区域水质由上至下呈现污染缓慢加重的趋势。

表6.2.2　钱塘江河口断面年度综合污染指数变化

断面	河流	年度综合污染指数							
		2001	2002	2003	2004	2005	2006	2007	2008
窄溪	富春江	2.33	2.44	2.46	3.52	2.54	2.65	2.24	1.98
鹿山		3.63	2.51	2.43	2.7	2.8	2.64	2.47	2.97
富阳		2.75	2.29	2.36	2.33	2.75	2.39	2.29	2.32
渔山		2.56	2.37	2.43	2.31	2.95	2.62	2.43	2.57
袁浦	钱塘江	2.05	2.57	2.39	2.83	2.69	2.6	2.24	2.29
闸口		2.22	2.66	2.47	2.98	2.68	2.6	2.45	2.32
七堡		3.06	3.48	3.11	3.44	3.61	3.39	3.01	2.79
猪头角		3.13	3.55	3.26	3.63	3.59	3.4	2.95	2.9

表6.2.3中11项评价因子中，钱塘江河口区域各年份水质污染因子分担率主要集中在TP和NH_3—N两个因子（未包括重要的DO，DO在另节专门讨论），其分担率之和约为40%～50%，说明面源污染占较大比重，其次为NH_3—N、COD_{Mn}、BOD_5，其分担率之和约为50%～55%，表明钱塘江流域水质主要污染因子为TP和NH_3—N，其次为COD_{Mn}和BOD_5，即污染类型以磷、NH_3—N等面源和生活+污染为主，也存在一定的有机物污染。从主要污染因子的年度变化来看，TP污染分担率从2001年开始增加，到2004特枯年达到最高；NH_3—N污染分担率呈现缓慢下降的趋势；COD_{Mn}和BOD_5则呈缓慢上升的趋势。这表明近年来钱塘江河口区域氮磷营养盐污染略有减轻，有机污染略有加重。重金属、挥发酚的污染也占有相当大（25%～20%）的比重。

表6.2.3　钱塘江河口区域水质因子污染分担率变化

年度	平均分担率/%										
	COD_{Mn}	BOD_5	NH_3—N	TP	砷	汞	镉	六价铬	铅	氰化物	挥发酚
2001	16.7	16	25.4	19.5	2.1	11.8	0.8	2	0.8	0.4	8.3
2002	15.2	13.6	20.5	24.2	2.4	11.2	2.7	1.7	1.8	0.4	7.4
2003	16	14.8	18.6	23.9	2	11.6	1.7	1.5	1.7	0.4	7.8
2004	16.1	13.9	20.9	24.6	2.2	10.4	1.6	1.4	1.3	0.4	7.2
2005	17.3	15.1	20.8	23.5	2	9.9	1.7	1.4	1.3	0.4	6.9
2006	18.3	17.6	19.7	20.6	2.8	8.8	1.8	1.5	1.4	0.4	7.3
2007	19.8	15.8	18	18.7	2.7	11.1	1.8	1.7	1.6	0.4	8.6
2008	21.1	16	21.1	20.5	1.7	4.9	3	1.6	2.3	0.4	7.8

6.2.1.2　主要水质评价因子变化趋势

钱塘江河口主要水质评价因子的空间及年度变化如图6.2.3所示。

1. DO

钱塘江河口区各断面除2004年、2006年和2007年的渔山一闸口段DO浓度劣于Ⅲ类水质标准（5mg/L）外，其他断面各年份均优于Ⅲ类水质标准。从空间变化来看，各年份窄溪至袁浦段DO浓度

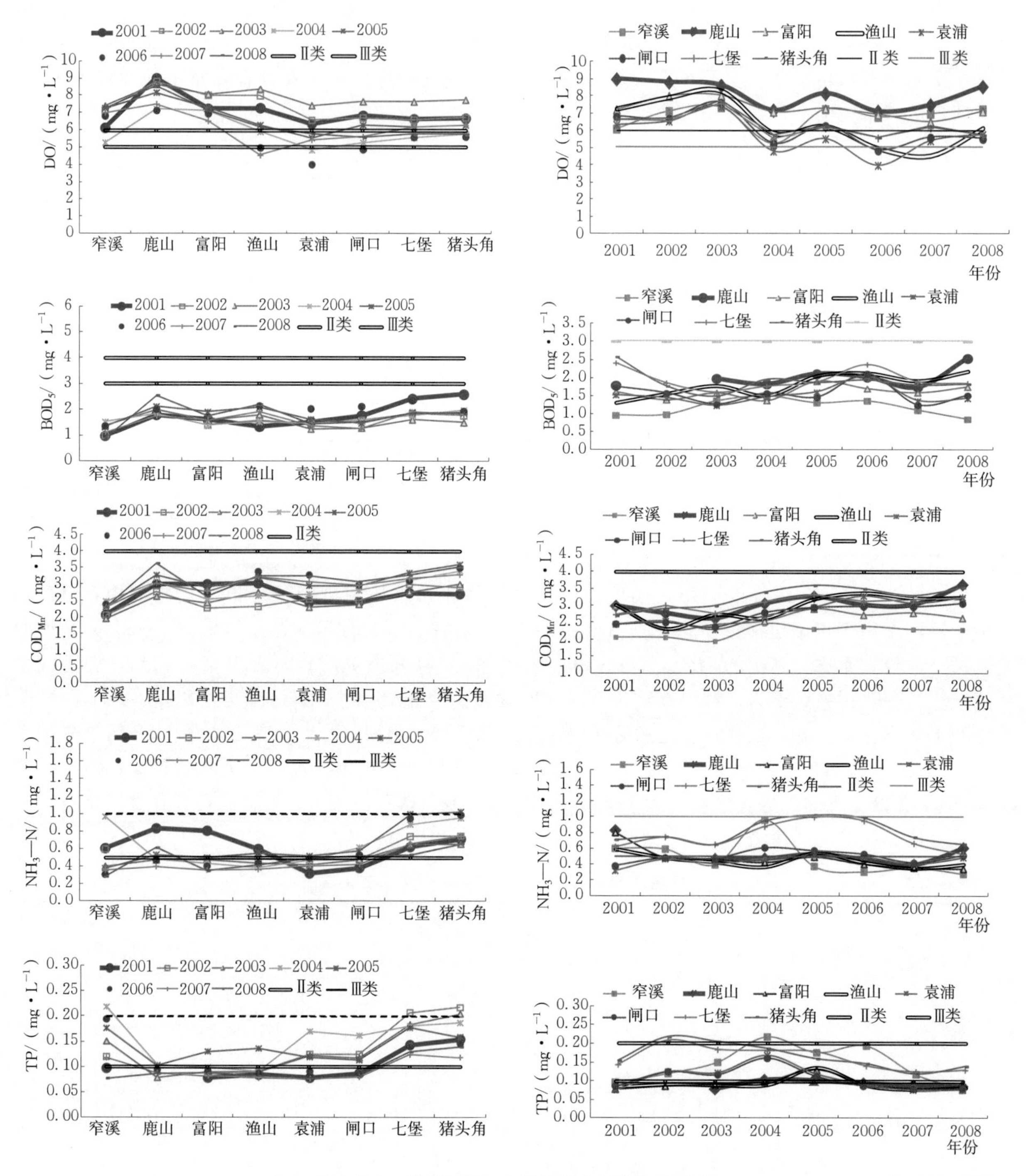

图 6.2.3 钱塘江河口水质因子空间及年度变化

均出现明显地降低，个别加密观测值可达 2～4mg/L 的严重低氧区，而后至闸口以后，浓度开始上升，但浓度仍低于上游段；从时间上看，该河段是杭州市的主要供水水源地，各断面 DO 浓度总体呈恶化趋势，该现象应受到充分地重视并加以研究和改善。

2. COD_{Mn}

2001—2008 年钱塘江河口区各断面 COD_{Mn} 浓度在 2～4mg/L 之间，达到Ⅱ类、优于Ⅲ类水质标准(4mg/L 和 6mg/L)。从空间变化来看，各年份 COD_{Mn} 从上游到下游均呈缓慢增加的趋势；从时间上看，河口区各断面 COD_{Mn} 总体上呈缓慢增加趋势。

3. BOD_5

2001—2008年钱塘江河口区各断面BOD_5浓度在0.8～3mg/L之间，优于Ⅱ类水质标准（3mg/L）。从空间变化来看，各年份BOD_5除窄溪稍小，下游各站数值都比较接近；从时间上看，河口区上游区域各断面BOD_5总体上保持稳定，而下游断面，2001—2003年缓慢降低，即使是枯水年的2004年也未超标。

4. NH_3—N

2001—2008年钱塘江河口区各断面NH_3—N浓度在0.3～1.85mg/L之间，窄溪至闸口的各断面多数断面和时间大于0.50mg/L的标准值，2009年9月20日富阳至闸口超Ⅲ类水质标准（1mg/L），其他各断面浓度均为Ⅲ类水质标准。因此，NH_3—N也多数未达到水功能标准。从空间变化来看，各年份NH_3—N闸口以上各站差异不大，下游七堡、猪头角两站浓度明显高于上游，原因是该河段接纳了四堡、七格的污水处理厂的污水；从时间上看，常规监测各断面NH_3—N变化幅度较小，基本保持稳定。

5. TP

2001—2008年钱塘江河口区各断面总磷浓度在0.08～0.25mg/L之间，多数断面、多数时间浓度超过0.1mg/L而小于0.2mg/L，即各断面浓度差于Ⅱ类水质标准，优于Ⅲ水质标准（0.2mg/L）。从空间变化来看，窄溪到富阳断面TP浓度较低，此后因浦阳江进入缓慢上升；从时间上看，各断面在枯水年2004年之前TP浓度均呈增加的趋势，而此年份缓慢降低。

6.2.1.3 水质随机取样的变化幅度

钱塘江河口干流水质变化受径流、江道、潮汐及排污量大小及方式等影响，复杂多变，采用环保系统常规年内有限次数资料，再取年平均的评价结果，不能全面客观反映水质的变化特点。表6.2.4为2005年、2006年钱塘江干流渔山以上几次水质监测结果，由表6.2.4可知，各项指标尤其是DO、NH_3—N与TP年内、年际变幅较大，一般差2～3倍，大的达6～9倍。富阳及其以下DO浓度变幅较大，出现Ⅴ～劣Ⅴ类情况；2005年富阳以上监测得到的氨氮、TP浓度较高，出现Ⅴ～劣Ⅴ类情况。

表6.2.4　　2005年、2006年富春江水质监测结果　　单位：mg/L

采样时间	断面	DO	COD_{Mn}	BOD_5	NH_3—N	TP
2005年	将军岩	5.4～9.72	2.16～3.67	1.34～2.72	0.499～1.62	0.09～0.213
	严关东	5.32～9.25	2.06～3.04	0.95～2.52	0.352～1.62	0.161～0.566
	窄溪	5.2～11.18	1.91～3.09	0.68～2.73	0.04～1.05	0.08～0.298
	富阳	4.43～10.88	1.85～3.8	3.60	0.067～1.42	0.09～0.218
	渔山	1.62～9.12	2.27～6.52	0.48～2.93	0.168～1.14	0.068～0.179
2006年	将军岩	5.72～9.01	2.56～3.75	0.76～2.1	0.354～1.41	0.116～0.258
	严关东	5.01～8.82	1.56～4.8	1.01～2.8	0.186～1.15	0.094～0.28
	窄溪	5.15～9.15	1.74～3.55	0.27～2.84	0.012～0.72	0.093
	富阳	3.38～9.51	2.09～3.57	2.07	0.078～0.667	0.066～0.098
	渔山	1.05～9.12	2.71～3.81	1.61～2.9	0.327～0.614	0.075～0.1

表6.2.5为钱塘江闸口至猪头角段（枯水年）2003—2006年水质变幅情况，其年际、年内水质变幅同样较大；各项指标均有劣于Ⅳ类水质标准，尤其是DO、NH_3—N与TP，监测到Ⅳ～Ⅴ类的频次较多。图6.2.4为2008年各项监测指标的沿程变化情况。总体来看，下游水质相对较差，且变幅更大；比较水功能区划的水质要求，各项指标均存在超标河段与时段。DO自富阳河段以下低于Ⅲ类水质标准几率较高；月平均值COD_{Mn}和BOD_5都满足Ⅱ类水质标准，最大值闸口以上尚可满Ⅲ类水质标准的要求，闸口以下水质较差。

表 6.2.5　　2003—2006 年钱塘江水质监测结果　　单位：mg/L

采样时间	断面	项目	DO	COD_{Mn}	BOD_5	NH_3—N	TP
2003 年	闸口	范围	5.2～12.07	1.42～4.52	0.693～2.38	0.142～1.92	0.059～0.211
	七堡	范围	4.93～11.23	1.53～5.14	0.63～3.45	0.329～1.88	0.071～0.422
	猪头角	范围	5.03～11.24	1.7～11.6	0.7～3.77	0.317～1.64	0.071～0.531
2004 年	闸口	范围	2.37～8.25	1.9～3.57	0.44～3.27	0.218～1.31	0.1～0.258
	七堡	范围	2.95～8.1	2.21～4.82	0.55～4.24	0.317～2.44	0.096～0.327
	猪头角	范围	2.84～8.02	2.18～6.93	0.23～4.68	0.353～2.431	0.089～0.318
2005 年	闸口	范围	3.68～9.71	2.46～3.74	0.8～2.15	0.287～1.36	0.067～0.207
	七堡	范围	4.14～9.68	2.54～4.14	0.7～3.49	0.484～2.31	0.08～0.326
	猪头角	范围	3.9～9.63	2.49～4.62	0.93～2.9	0.486～1.585	0.088～0.293
2006 年	闸口	范围	3.75～6.21	2.53～3.64	1.28～2.46	0.21～0.747	0.075～0.086
	七堡	范围	4.36～6.2	2.67～3.9	1.37～3.65	0.31～1.45	0.11～0.18
	猪头角	范围	4.55～6.12	2.41～4.46	1.34～2.28	0.26～1.74	0.1～0.2

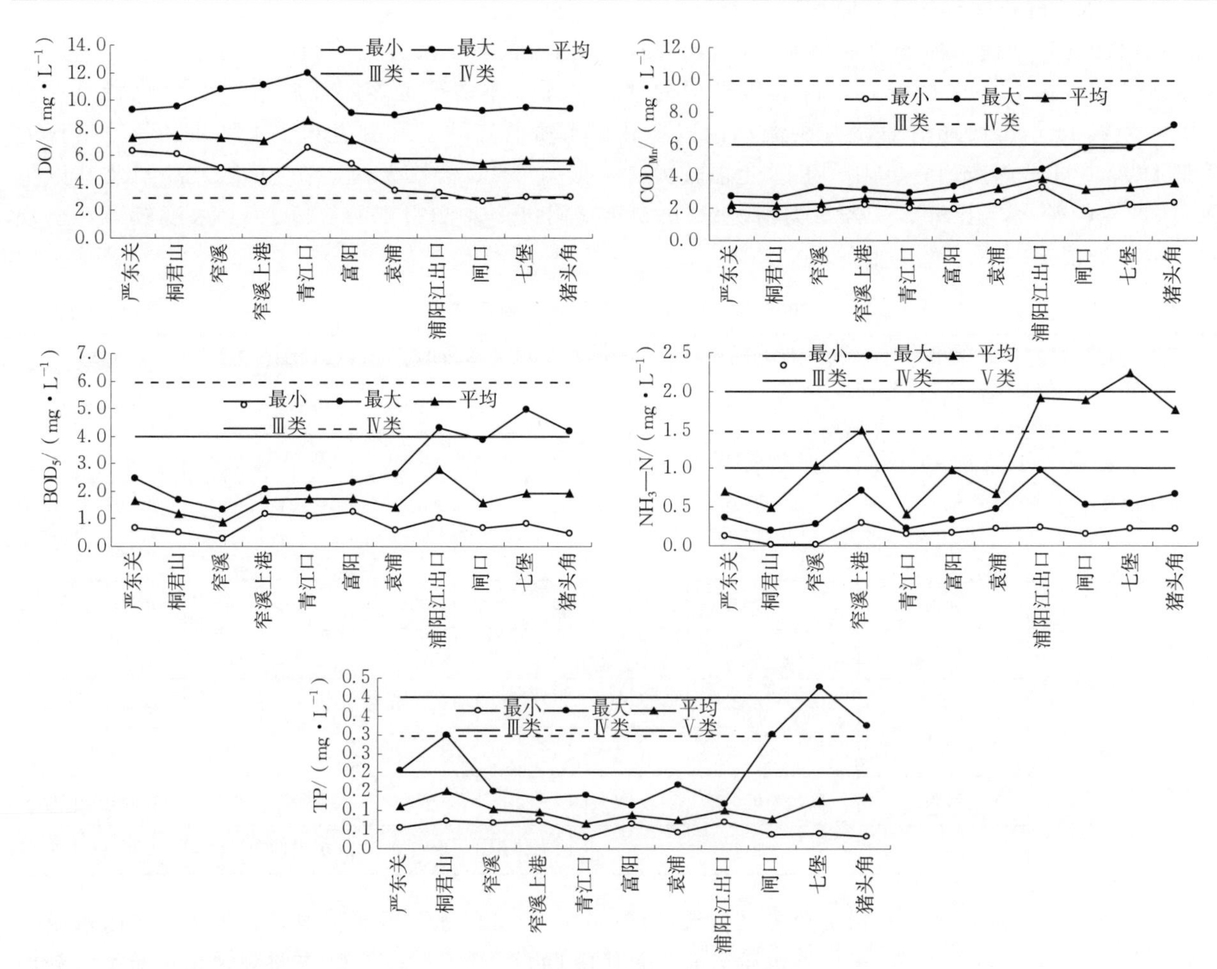

图 6.2.4　2008 年监测水质因子沿程分布

6.2.1.4　生活饮用水取水口附近的水质

钱塘江河口闻家堰—南星桥是杭州市的重要饮用水水源地，按说其水质不能用月的平均值判别是否满足水功能区的要求，但目前国家规范尚无对非恒定的河口地区，饮用水几小时超标算一天超标，

几天超标算一月超标，因此，本文暂按水功能区划的水质要求：当月最大值也满足水质标准时，才认为达标，当月最大值超标而平均值达标，该月仍按超标计算。图 6.2.5～图 6.2.8 为九溪水厂与南星桥取水口 2001—2012 年的 COD_{Mn}与 NH_3—N 的多年逐月、最大、最小观测资料的统计结果，另外也有 BOD_5、TP、TN 等指标，但限于篇幅，本文不作引述。

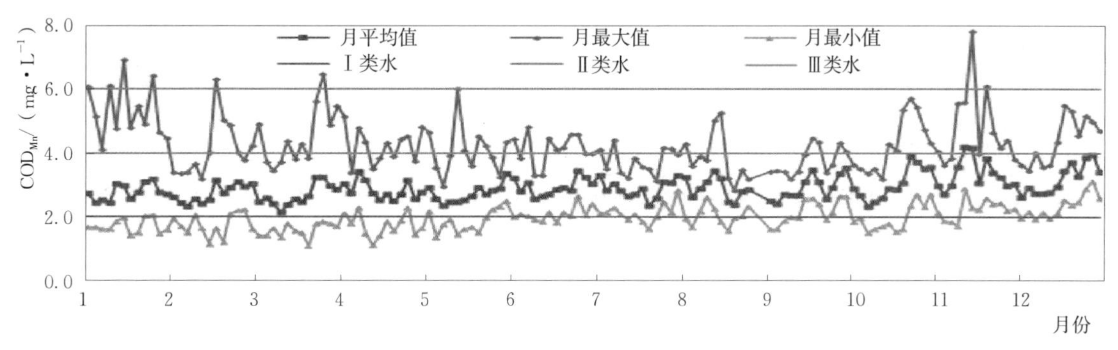

图 6.2.5　九溪 2001—2012 年 COD_{Mn}逐月浓度

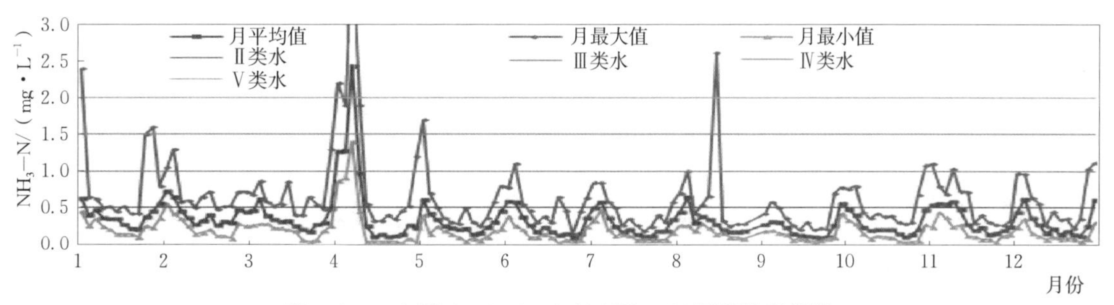

图 6.2.6　九溪 2001—2012 年 NH_3—N 逐月浓度情况

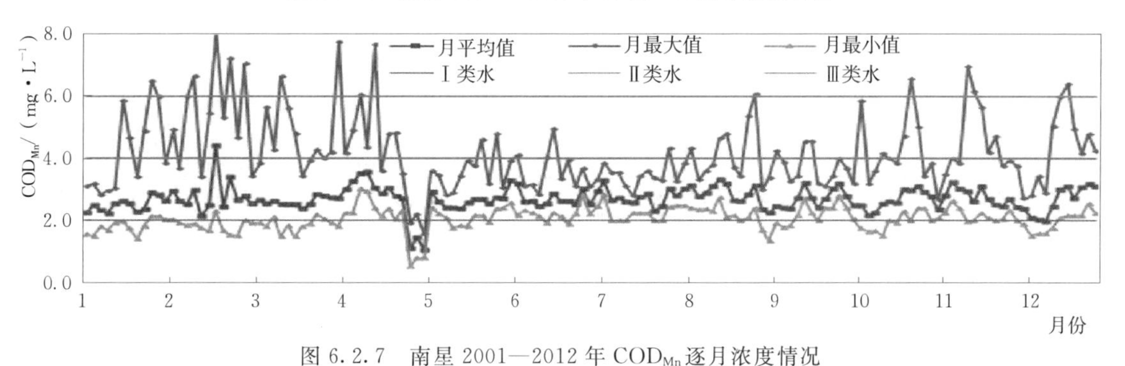

图 6.2.7　南星 2001—2012 年 COD_{Mn}逐月浓度情况

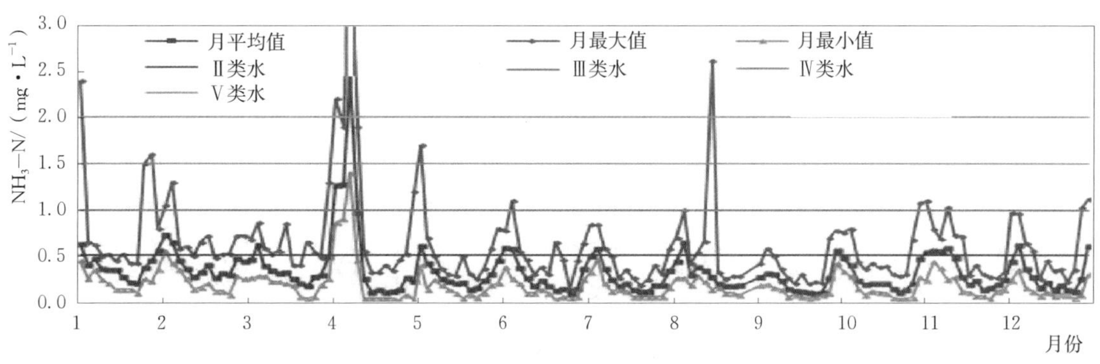

图 6.2.8　南星 2001—2012 年 NH_3—N 逐月浓度情况

根据上述统计：九溪水厂 COD_{Mn}超Ⅱ类水质标准平均值仅 2 次，但最大值 73 次，超Ⅱ类水质标准 50%，最大值超Ⅲ类水质标准 6 次，占 4.2%，NH_3—N 平均值超 6 次，最大值超Ⅱ类水质标准 60 次，占 42%，最大值超Ⅲ类水质标准 8 次，占 5.5%。南星桥水厂 COD_{Mn}平均值超Ⅱ类水质标准 2 次，最大值超Ⅱ类水质标准56次，占39%，超Ⅲ类水质标准12次，占8.3%，NH_3—N平均值超Ⅱ类水质标准19次，最大值超Ⅱ类水质标准57次，占39%，超Ⅲ类水质标准8次，占5.5%。

另外，从图6.2.8可知，无论是下游的南星水厂，还是上游的九溪水厂取水口，2004年及2008年枯水年都有大幅超标情况（平均值2—3月超Ⅳ类水质标准）。氨氮虽然总体上无趋势性变化，但不少年内存在最大值、平均值都超Ⅲ类水质标准的情况，特别是冬季浓度较高，该河段按水功能要求为Ⅱ类水体，年内部分时间超出标准要求（以平均值而言，大部分时间是满足标准要求的）。COD_{Mn}的情况是以2004年为界，之前监测得到的最大浓度较高，变幅较大，2004年后变幅有所减小，平均浓度及最小浓度均存有缓慢的上升趋势，但浓度最大值常超出Ⅱ类水体标准，平均及最小值满足Ⅱ类水体要求。因此对生活用水功能区，多数时间能满足Ⅱ类水体标准，但枯水年以及冬季枯水期，不满足Ⅱ类水体标准，应关注改善水质，或削减负荷，或增加下泄径流，以缓和矛盾。

6.2.1.5 自动连续观测站的分析结果

前述观测的全部数据，都是逐月某一天某一时刻取样分析的结果，在径流月内逐日变化、日内受潮汐逐时变化的情况下，上述数据受水动力变化的影响太大，其代表性及偶然性都很大，因此，近五年来，省环保系统和水利系统都建有水质自动监测站，监测的数据有连续性、代表性。为此，取水利系统之江水文站（位于闸堰下游2km处）2012年6月1日至12月31日共213天的DO、COD_{Mn}、TP、TN、NH_3—N等五项指标进行统计，其中逐日选出6个数据，其代表性比原数据可靠。同前规定相同，标准之一为以平均值判别水质等级的出现天数百分数（或概率），标准之二为用最大值作为判别水质等级的出现天数百分数，其两种方法结果见表6.2.6。

表6.2.6　之江水文站2012年水质超标概率统计

项目		DO		COD_{Mn}		TP		TN		NH_3—N	
超标等级		超Ⅱ类	超Ⅲ类	超Ⅱ类	超Ⅲ类	超Ⅱ类	超Ⅲ类	超Ⅳ类	超Ⅴ类	超Ⅱ类	超Ⅲ类
平均值法	天数	32	3	21	1	70	5	213	210	4	0
	百分数%	15	1.4	9.8	0.5	33	2.3	100	98.5	2	0
最大值法	天数	29	9	38.4	4	82	6	213	203	13	0
	百分数%	13	4	18	1.9	38	3	100	95	6.1	0

注：在此期间月平均流量310～2700m^3/s，平均为910m^3/s，为平均偏丰水期。

由表6.2.6数据可知：首先无论哪种方法，TN约95%以上的时间都超Ⅴ类水质标准，这是本次观测出现的普遍现象，但地表水标准中规定，TN不参与河流的水质评价，钱塘江流域本底值都超Ⅴ类水质标准。其次平均值法小于最大值法，但无很大的差别，如COD_{Mn}平均值法超Ⅱ类水质标准21次，占9.8%，超Ⅲ类水质标准1次，占0.5%，最大值法超Ⅱ类水质标准38次，占18%，超Ⅲ类水质标准4次，占1.9%，TP两种方法的差别更小一些，溶解氧DO平均值法超Ⅱ类、Ⅲ类水质标准共35次，占16.4%，而最大值法超Ⅱ类、Ⅲ类水质标准共38次，占17.8%，相差甚微。如果按超标的概率小于20%是允许的规定（水利部的水资源评价导则有此说法），之江站基本上是Ⅱ类水体，少量时间是Ⅲ类水体。以上是2012年偏丰水文期的分析结果，不排除枯水年、枯水季水质更差的可能。但由于自来水厂具有多种处理能力（除氯度及重金属外），其出厂水质完全可以达标。

6.2.1.6 小结

通过以上长系列数据、多种途径分析，可以得出以下结论：

（1）作为杭州市最重要的几个生活供水取水口的水质，TP38%时间超Ⅱ类水质标准，为Ⅲ类水，即营养盐类超Ⅱ类水质标准比重较大，有机物如COD_{Mn}只有18%超Ⅱ类水质标准，DO也只有13%超Ⅱ类水质标准，因此，基本上是Ⅱ类水，但遇到枯水年或枯水季，取水口水质会下降到Ⅳ类水。但自来水厂都具有处理设备，因此杭州自来水厂的出水是安全的。

(2) 根据富春江电站以下至钱塘江七堡的各监测站长年观测，有机污染物基本上是Ⅱ类水，但枯水季是Ⅲ类水，甚至是Ⅳ类水。对营养盐物质的评估要更差一级，即多数是Ⅲ类水，枯水年、枯水季是Ⅳ类水，富阳至闸口约 40km 河段存在低氧区，渔山附近有时为Ⅳ～Ⅴ类水，且支流如浦阳江常年是Ⅳ类水。因此该河段多数是Ⅱ～Ⅲ类水，枯水季是Ⅲ～Ⅳ类水，但不排除局部河段、短时间是Ⅴ类水，总体来讲不满足Ⅱ～Ⅲ类水功能区的要求。

6.2.2 河口段两岸平原河网水质

河口段两岸平原接纳流域点、面污染物入河网后，通过排涝闸间隙性又排入钱塘江干流，故应计算其污染物的总负荷。

6.2.2.1 宁波地区（含余姚、慈溪）

根据 2007—2008 年宁波市两个月一次加密常规监测资料，宁波市主要水质指标的平均浓度两年变化过程如图 6.2.9 所示。

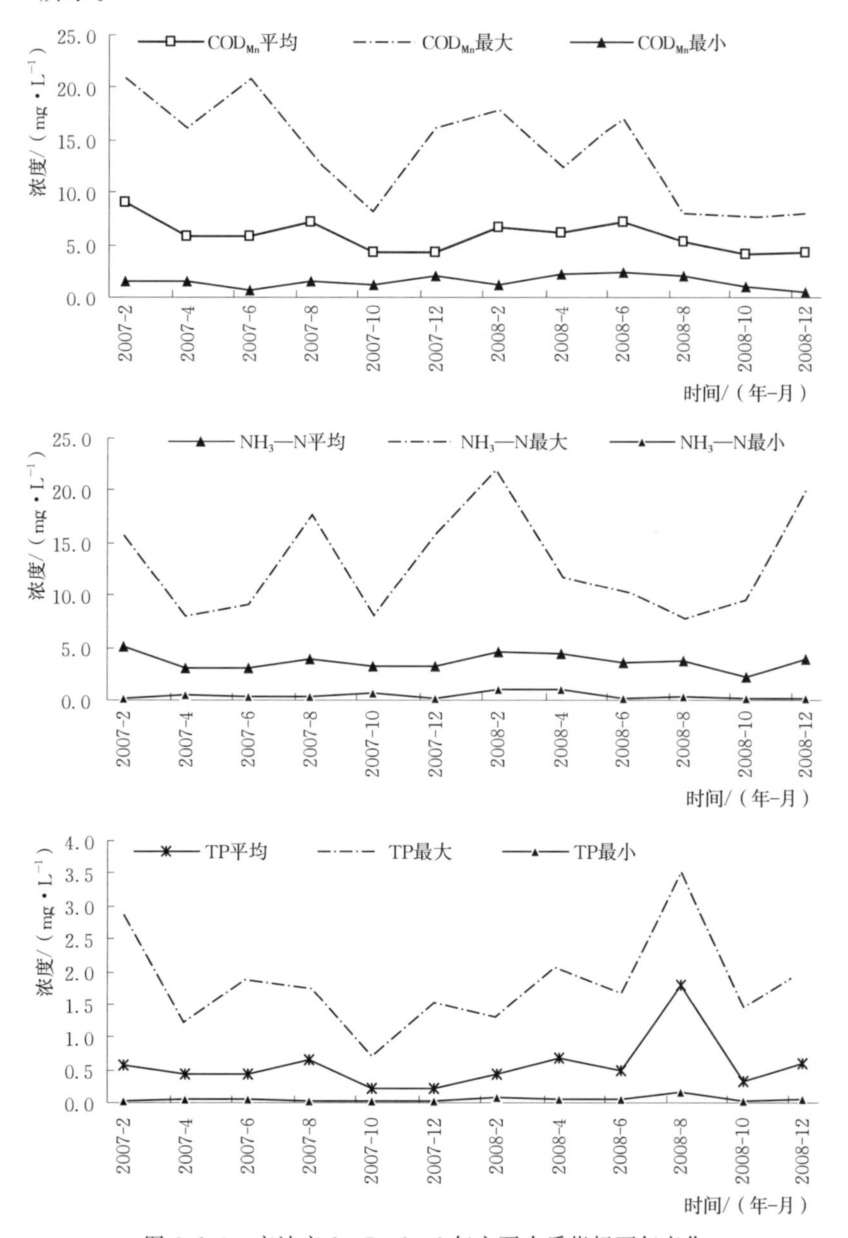

图 6.2.9 宁波市 2007—2008 年主要水质指标两年变化

宁波水质月内、年内随季节水文条件变幅较大，从两年的监测资料看，水质并无明显的趋势性变化，平均值较稳定，最大值变化较大且几乎每月都超标。平均值COD_{Mn}部分月份超标，NH_3—N和TP都超Ⅲ～Ⅴ类。因此，宁波地区河网普遍属Ⅳ～Ⅴ类水，远未达到Ⅲ类水质标准。该平原大部分污水排入曹娥江、杭州湾，也有部分排入甬江。

6.2.2.2 **嘉兴地区**[1]

根据2006—2008年主要水质指标平均浓度的变化显示，NH_3—N、TN是嘉兴地区的主要超标项目（图6.2.10)，平均浓度全年基本为劣Ⅴ类。3年观测系列表明各平均指标并无明显趋势性变化，但年际间波动呈现一定规律，各指标5—9月间浓度相对较高，进入冬季有明显的下降现象。最大值均劣Ⅴ类，因此，嘉兴地区河网距Ⅲ类水功能区要求甚远，必须加紧污染治理。该平原污水约15亿～20亿t/a排入杭州湾和钱塘江河口段，今后还会增加1倍左右，其余排入黄浦江。

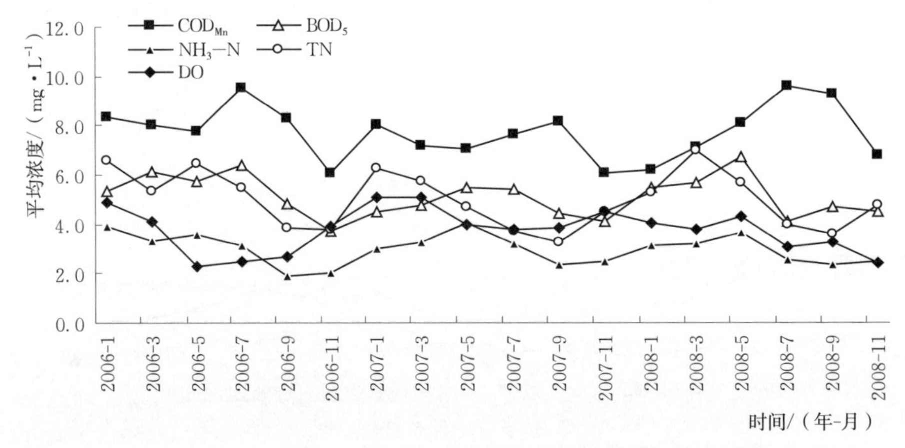

图6.2.10 嘉兴市2006—2008年主要水质指标平均浓度的变化

6.2.2.3 **绍兴市**

2007—2008年绍兴河网常规水质资料由浙江省环境监测中心站提供，包括西侧的湄池和湖塘大桥，东侧的新三江闸内与桑盆殿。图6.2.11给出了主要水质指标两年内的变化过程。绍兴市东、西侧的污染特点存在差异，总体上东侧污染物浓度高于西侧，西侧各指标年平均浓度基本能维持Ⅳ类水体，而东侧COD_{Mn}、NH_3—N、BOD_5在冬季1—3月浓度较高，为劣Ⅴ类水体。绍兴市河网距Ⅲ类水功能区要求尚有很大距离，必须加强污染治理。该平原污水直接或间接经曹娥江排入钱塘江。

6.2.2.4 **杭州市**

杭州市半山桥省控水质监测点2007—2008年的监测资料及杭州下沙经济开发区2007年10个区域水质监测点的资料，可代表城东片水质状况。图6.2.12为各水质指标平均浓度变化过程，可见杭州市城东片的河道水质较差，平均浓度基本为Ⅴ～劣Ⅴ类，尤其是NH_3—N，超标倍数较大。杭州市上河水系都排入钱塘江，今后下河水系将有5亿m^3/a左右的涝水通新建排涝闸进入钱塘江。

以上分析表明，钱塘江河口两岸平原河网水质均较差，嘉兴、宁波、杭州、绍兴各市境内临江河网基本上常年为劣Ⅴ类水体，与长远目标Ⅲ类水体很远，某些指标如NH_3—N某些时段的超标倍数可达10倍以上。加紧治理河网水质不仅因为它占钱塘江污染负荷很大比重，是钱塘江干流的主要污染源，也因为这四片平原是中国具典型意义的江南水乡，早日还原秀丽的水乡景色之所需。

---

[1] 嘉兴地区包括海宁、海盐、桐乡、平湖。

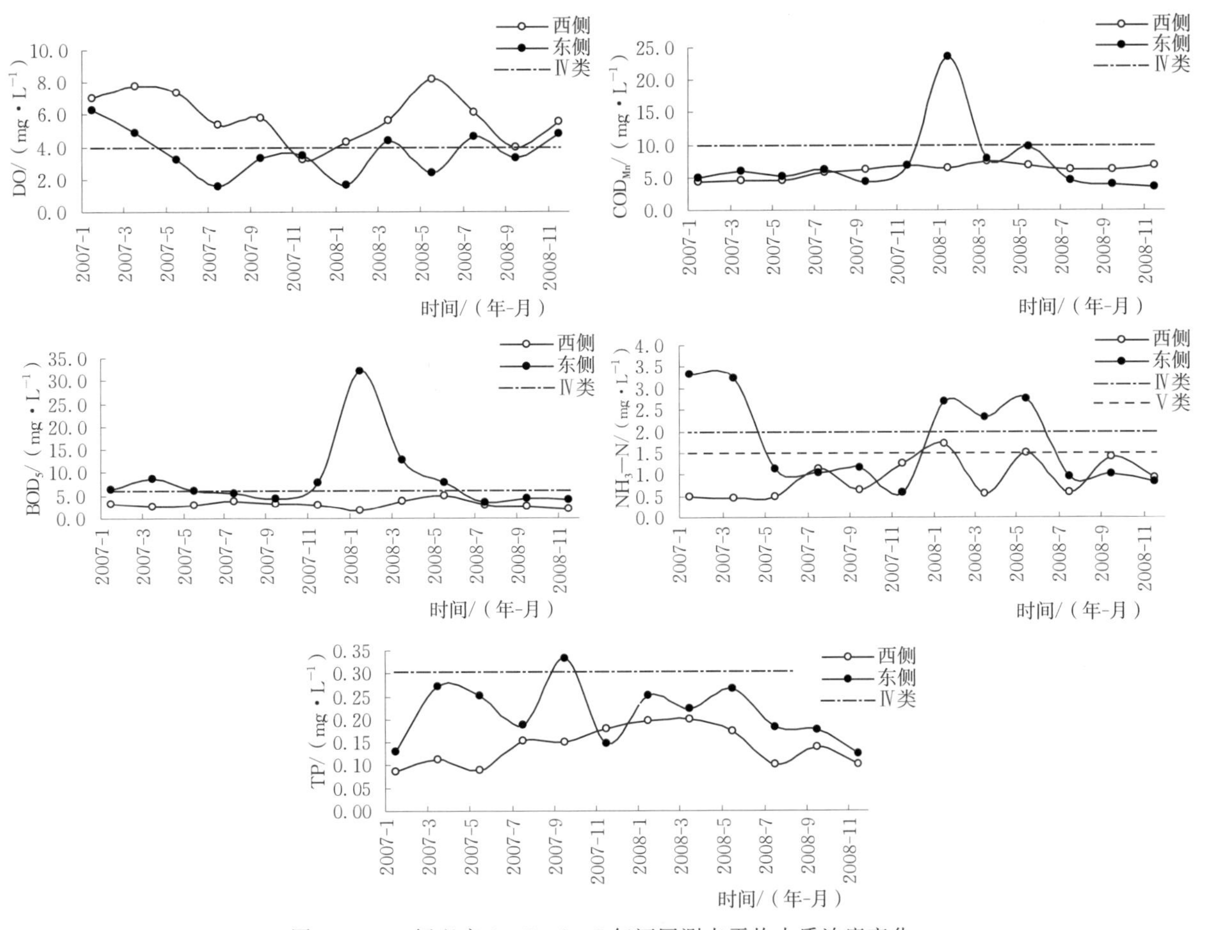

图 6.2.11　绍兴市 2007—2008 年河网测点平均水质浓度变化

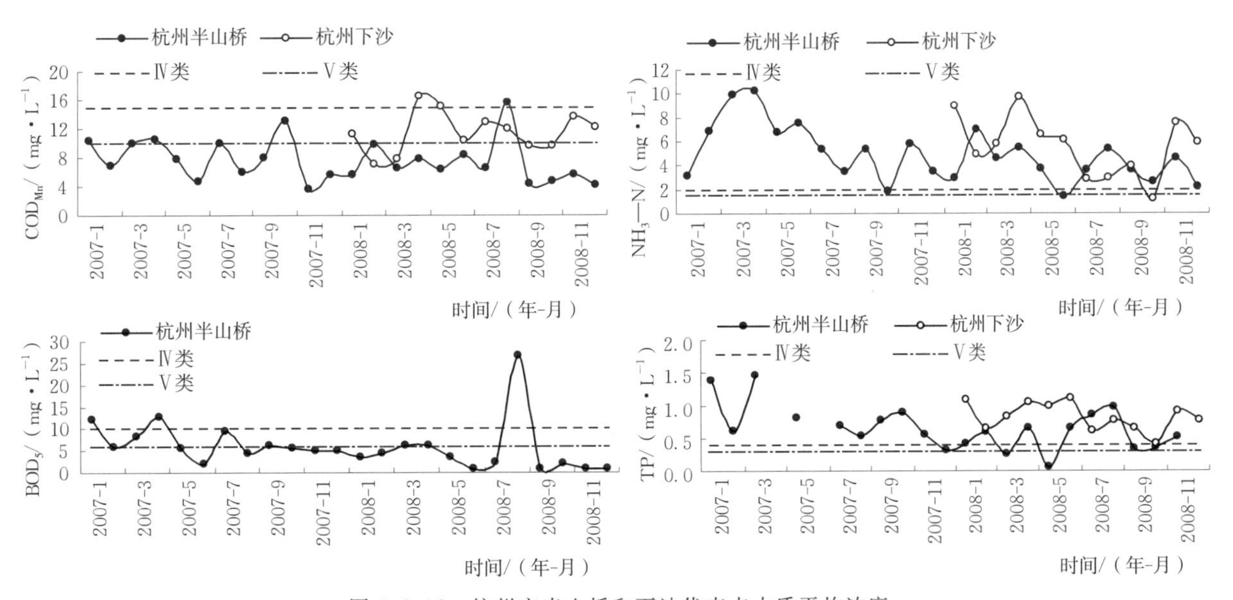

图 6.2.12　杭州市半山桥和下沙代表点水质平均浓度

6.2.3　河口海水水质近年变化

钱塘江河口老盐仓以下和杭州湾内水质测点和频次均较少，浙江省环境监测中心提供的资料（表 6.2.7），河口海水段水质均较差，各年份均为劣Ⅳ类（单项指标评价法），主要污染因子为无机氮

（Ⅱ～Ⅳ类标准为 0.3～0.5mg/L），超标 3 倍以上；活性磷酸盐浓度（Ⅱ～Ⅳ类标准为 0.03～0.045mg/L）2001—2004 年也超Ⅳ类；化学需氧量属Ⅰ～Ⅲ类水之间，属比较好的情况。

表 6.2.7　　钱塘江河口海水水质变化趋势

年份	主要污染因子/（mg·L^{-1}）			水质类别
	无机氮	活性磷酸盐	COD_{Mn}	
2001	2.57	0.044	2.5	劣Ⅳ类
2002	1.52	0.058	3.42	劣Ⅳ类
2003	1.45	0.062	1.98	劣Ⅳ类
2004	1.4	0.095	2.22	劣Ⅳ类
2005	1.34	0.046	1.54	劣Ⅳ类
2006	1.32	0.048	3.2	劣Ⅳ类
2007	1.55	0.0426	2.38	劣Ⅳ类
2008	1.31	0.0429	3.21	劣Ⅳ类

以上海水水质的超标情况与整个东海水质一致，是长江口及东海水域整体水质超标引起的。要改善该水域水质，难度极大，除与长江流域有关外，海水功能区也与实际相距较大。

6.3　钱塘江河口入河污染负荷估算

钱塘江河口的污染负荷包括：上游富春江电站下泄径流所携带的污染负荷和两岸平原汇入的污染负荷，其中上游污染负荷可认为是河口的自然背景及人类活动负荷之和，两岸平原的污染形式包括各城市的大中型污水处理厂的点源排入、区间支流汇入（闻家堰以上）和大量平原排涝闸（闻家堰以下）排入等三种形式。污染负荷的背景值与面源污染负荷有两种估算方法，其一由单位人口、土壤植被、农田类别，用经验数据推算，且对"入河系数"很难确定，未被采用；另一种方法是用钱塘江河口沿程水文站的逐月径流与污染物浓度乘积，可得到干流上的污染负荷，即用径流量资料的基础上，结合地方的逐月水质调查与部分省控监测站的逐月水质资料进行估算，可以得到入河污染物总量。根据沿程汇入的不同特点与行政区划，分区进行测算，分区如下：①桐庐—富阳片；②浦阳江；③杭嘉湖平原；④萧绍宁平原；⑤曹娥江（监测的污染负荷是 COD_{Cr}，但水质浓度是 COD_{Mn}，故计算污染源时，按 COD_{Cr}：COD_{Mn}＝2.5 计）。

6.3.1　点源负荷

根据浙江省环境监测中心站提供的富春江电站以下钱塘江河口沿程的点源资料（见图 6.3.1），2007 年、2008 年直排钱塘江河口的点源设计污水处理能力分别为 261.5 万 t/d、326 万 t/d；实际废水排放量由 2007 年的 201.9 万 t/d 增加到 2008 年的 298.1 万 t/d，增加了 96.2 万 t/d；相应地，全年废水实际排放量由 7.37 亿 m^3 增加至 10.89 亿 m^3，增加了 3.52 亿 m^3。但 2008 年各项污染物排放浓度均较 2007 年降低，因此，除 COD_{Cr} 排放量略有增加外，其余各项指标的排放总量均有所减少。

根据以往对钱塘江河口排污情况的了解，对收集到的钱塘江河口沿程点源进行了复核，核查富阳市境内的造纸工业点源排放量约为 110 万 t/d，故 2007 年、2008 年的点源排放量分别偏小约 105 万 t/d、65 万 t/d。

6.3.2　自然背景负荷

以富春江电站实测的下泄流量与严东关的水质监测资料为依据，测算了富春江电站以上流域 2007

图 6.3.1 钱塘江河口主要排污口位置示意图

年、2008 年输入钱塘江河口的污染物负荷。比较钱塘江河口的点源负荷，富春江电站下泄的 COD_{Cr}、NH_3—N 负荷远小于点源负荷，而 BOD_5、TP 的负荷则超出点源排放的负荷。2007 年和 2008 年 COD_{Cr}负荷相差较大，主要是降雨量与径流量的差异造成的。

6.3.3 入江面源污染负荷

钱塘江河口富春江电站以下面源污染测算采用两种方法：①桐庐、富阳境内、杭州市上泗片、浦阳江、曹娥江的面源污染主要以干流、支流入汇形式为主，因此面源污染量测算时由干、支流（以降雨量推求得到径流深）的径流量乘以代表性水质监测点的水质浓度得到污染负荷；②杭州市及以下河口两岸平原的面源污染测算以排涝闸站记录的排涝量与相应平原代表站的水质浓度相乘得到。

钱塘江河口沿岸的面源污染排放量统计见表 6.3.1。以 2008 年为例，各指标的各地负荷贡献率如图 6.3.2 所示。由图 6.3.2 和表 6.3.1 可知，富春江电站以上流域面积大，是钱塘江河口面源污染的主要贡献者，NH_3—N 占 29%，COD_{Cr}占 41%，TP 占 45.1%；其次是萧绍宁平原、曹娥江、杭嘉湖平原和浦阳江。

表 6.3.1 钱塘江河口沿岸的面源污染排放量

地区	排水量/亿 m^3		2007 年污染负荷/t				2008 年污染负荷/t			
	2007 年	2008 年	COD_{Cr}	BOD_5	NH_3—N	TP	COD_{Cr}	BOD_5	NH_3—N	TP
电站以上	159.0	222.0	91863.0	22779	4219	2327	120815.8	36428	6447	2152
桐庐	27.9	33.5	13726.3	3174	926	452	16845.0	3585	495	447
富阳	16.1	18.0	10590.8	2384	1088	111	11306.0	3120	769	146
浦阳江	16.1	16.3	14210.8	4466	1267	116	15539.5	4731	1275	156
杭嘉湖	11.4	16.1	19748.0	5582	2746	354	30962.5	12385	8518	4090
萧绍宁	26.5	23.2	43859.2	11971	6531	1338	43537.0	13247	4986	752
曹娥江	33.2	26.4	42552.5	20843	4216	798	49289.5	21370	4031	527
合计	290.2	355.51	236550.6	71198.7	20993.3	5496.1	288295.3	94866	26520.8	8269.9

6.3.4 污染源通量

2007 年、2008 年点源、背景负荷（富春江电站下泄）、面源合计污染物负荷见表 6.3.2，2008 年

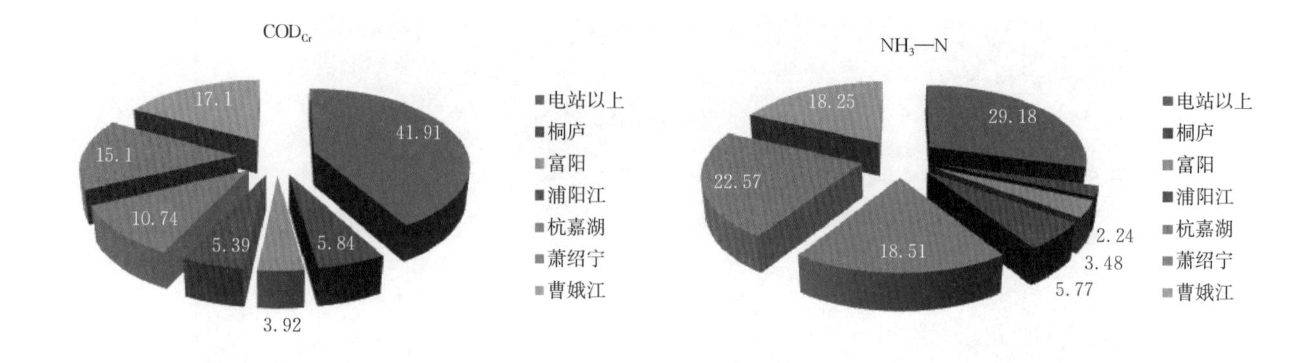

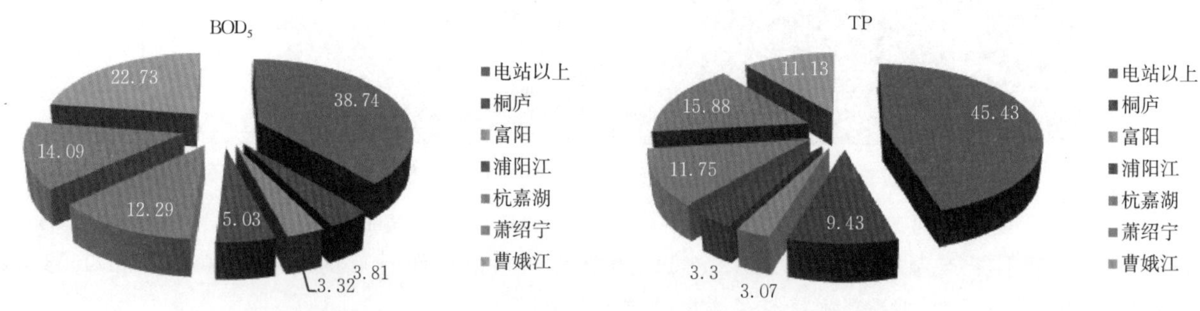

图 6.3.2　各地面源 COD_{Cr}、$NH_3—N$、BOD_5、TP 贡献

各组分所占比例如图 6.3.3 所示。

表 6.3.2　钱塘江河口接纳点源、面源污染物合计表

地区	排水量/亿 m^3		2007 污染负荷/万 t				2008 污染负荷/万 t			
	2007 年	2008 年	COD_{Cr}	BOD_5	$NH_3—N$	TP	COD_{Cr}	BOD_5	$NH_3—N$	TP
背景负荷	159.0	222.0	9.2	2.28	0.42	0.23	12.0	3.64	0.64	0.22
支流汇入	93.3	94.2	8.11	3.09	0.75	0.15	9.3	3.28	0.66	0.13
闸排面源	37.9	39.3	6.36	1.76	0.93	0.17	7.4	2.56	1.35	0.48
点源	11.2	13.3	8.9	2.99	1.70	0.09	8.6	1.83	1.45	0.07
合计	301.4	368.8	32.6	10.11	3.80	0.64	37.3	11.3	4.10	0.90

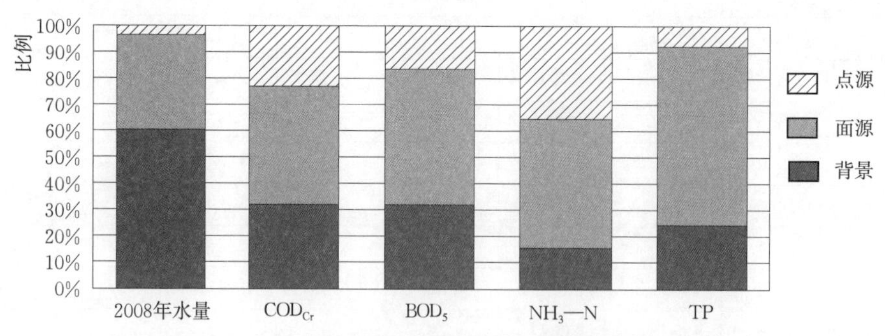

图 6.3.3　2008 年钱塘江河口面源、点源污染负荷比例

由图 6.3.3 和表 6.3.2 可知，2007 年点源所占排放水量的比例最小（4%），但其所占的污染负荷比例较高，COD_{Cr}、BOD_5、$NH_3—N$ 与 TP 负荷分别占 27%、30%、45%与 14%；面源污染排水量占 44%，污染负荷分别占 45%、48%、44%与 50%；富春江电站下泄水量大（占 60%），但污染负荷所占比例相对较小，分别为 28%、23%、11%与 36%。

6.4 钱塘江河口水流水质数学模型应用研究

6.4.1 数学模型应用研究回顾

河流水质数学模型是研究水体中污染物浓度随时间和空间迁移转换的重要手段，用于污水排河工程水质影响预测的数学模型包括远场模型和近区模型两类。对于河口海岸受潮汐随时间变化影响的远场流场与污染物浓度场的计算，通常采用二维非恒定流或准二维条带模型的计算方法；而对于排污口附近喷口动量起作用的垂线不均匀近区的浓度场的计算则应用立面 $k-\varepsilon$ 紊流模型或以实验、现场观测的半经验半理论的初始稀释度计算（张永良等，1995）。近区模型主要用于在排污口附近射流出口动量起主导作用情况下，确定排污管的立面高程、扩散管长度、喷口个数及初始稀释度等一系列排污工程参数，确定近场浓度后作为内边界值与远场模型相联结。

自从20世纪70年代末改革开放以后，随着工业化进程加速，污水排放量逐渐增加，使得水环境问题开始凸显。80年代初，由于杭州每天有15万～20万t的污水通过城河排入运河，造成运河水质差，气味臭，水环境已成为社会发展的一大问题，为此我院介入环境问题的研究，开展水质输运扩散的数值模拟，通过参与“六五”“七五”“九五”国家省市攻关项目的研究，先后建立了潮汐河口一维水质数值模型（韩曾萃等，2003）、准二维水质数值模型（韩曾萃等，1986b）、二维水质数值模型（韩曾萃等，1986a；耿兆铨等，1998）、一二维联解的整体水质模型（HAN等，1988；韩曾萃，1993a；程杭平等，2002）、垂向二维水质模型（毛献忠等，1996）用以研究各种污染物质的输移变化。

20世纪80年代初，我国第一座由国内自己设计的核电站（728工程）厂址选在浙江省海盐市的秦山，其冷却水流量 $Q=25.5\mathrm{m^3/s}$ 取自杭州湾，排放后放射性物质的浓度为 2.7×10^{-9} 居里/$\mathrm{m^3}$。为工程设计和环境影响分析服务，浙江省河口海岸研究所应用自主开发的二维水质数学模型预测了核电站建成运行后钱塘江河口冷却废水放射性浓度及温排水热量引起的水温（韩曾萃等，1986a）。水流方程采用特征线方法求解（韩曾萃等，2003），对流扩散方程采用差分方法求解。在水流验证的基础上，模型计算预测了冷却废水放射性浓度及水温场随潮动态变化过程，水温场计算结果与赵永明等（1984）用1：100正态物理模型试验得到的结果十分接近，掺混稀释100倍的水域面积数模计算结果与物理模型也十分接近。放射性浓度及温排水的数学模型计算成果以及物理模型的成果，均符合建成后运行的实际情况，证实了当初的设想和要求，从而促成了秦山二期、三期及扩建工程相继建成，使得秦山装机由30万kW扩大到约700万kW。

20世纪80年代初为了治理运河杭州段及杭州市区中、东河的污染，杭州市在运河及中东河两岸建截污管，将污水集中到三堡或七堡以下，经污水处理厂处理后，排入钱塘江。韩曾萃等（1986b）为预测运河截污排江对钱塘江水质的影响，选用一维非恒定水流连续、动量守恒方程求出断面平均水位 $\bar{z}$ 及流速 $\bar{u}$，再将断面分成若干纵向流带，用实测的流速分布资料建立断面平均流速 $\bar{u}$ 与各流带纵向流速 u_i 的关系，以便确定各流带的纵向流速 u_i 值。在计算各流带污染物浓度时，对于顺直河道，物质守恒方程中只考虑纵向的对流项，同时考虑纵向及横向的扩散项，对于弯曲河段，则采用“累积流量法”的对流扩散方程，计算中考虑生化作用对有机物浓度的影响。根据钱塘江实测资料进行了水流验证及水质验证，并分析比较了七格与四堡的排污条件。

杭州市污水钱塘江河口处置工程于1992年建成并投入运行，其排污管从江底部垂直于岸边伸入江心，在排污干管上设有六根垂直向上的排污支管，间距20m，1992年时日排污量约23万t。观测资料表明，近区底部浓度远大于远区，而且超标值主要在近区，且近区污染物浓度垂向分布极不均匀，其垂向梯度比水平梯度大，为了能及时了解四堡钱塘江江心多点排污实测污染稀释过程和污染影响范围与预测结果的差异，特别是排放口近区的浓度场，通过“九五”国家攻关课题的子课题，毛献忠等（1996）采用立面二维为基础同时，又考虑侧向扩散的准三维浓度对流一扩散方程，研究排放口近区排放动量对流场的干扰，该模型将一定间距多点排放方式概化为无限密集的窄缝式排放口，以反映污染物在近区垂向浓度的掺混稀释效果和分布。经验证该模型能较好地模拟在一个潮周期过程中排放口近区污染物的稀释掺混过程，在落急和涨急时，由于来流速度较大，污染物的稀释过程以对流为主；在憩流状态下，由于来流速度较小，污染物的稀释过程以扩散为主（包括侧向扩散）。通过 1992 年 10 月 21 日和 1993 年 3 月 1 日的观测数据对比，计算值和观测值的平均误差为 10%，最大误差为 28%，计算基本能反映实际情况。

随着城市化进程及对环境问题的重视，从 20 世纪 80 年代开始，钱塘江河口两岸陆续建成杭州四堡（韩曾萃等，1994）、七格（耿兆铨等，1998）、萧山（朱军政等，2002）、海宁丁桥（潘存鸿等，1998）、江东、嘉兴（程杭平等，1998）等污水处理厂，这些污水处理厂处理后的尾水均排入钱塘江河口。当时为评估这些污水处理厂尾水排放对钱塘江河口水环境的影响，均对相应的尾水排放口进行了排江尾水扩散稀释能力的模拟评价。首先针对钱塘江的全潮水文、河道特性进行排放口位置的比选，分析拟选位置的岸滩稳定性及其与附近水工建筑物的相互影响关系确定排放口位置；然后建立二维非恒定流水流水质数学模型，一般选取 COD_{Mn}、BOD_5 和 NH_3—N 等主要评价因子研究污水处理厂尾水排江后在整个江道的扩散稀释能力。污水处理厂尾水排入江中，在水流运动下，污染物的浓度发生了变化，其物理与化学机理表现为输移、扩散、稀释和自净，其水质浓度是与一定的水文条件相联系的。考虑到水文条件为小潮时稀释能力小，污染物排放口形成的混合区浓度高，影响较大；大潮流急，污染物上溯最长，对上游的保护目标影响较大。因此，选择保证率为 10%的大潮及 90%的小潮潮差作为计算水文条件。一般而言，大潮有较好的稀释作用，但大潮潮差大，低潮位低，排污口在低平潮时可出现污染物浓度最大值，而污染物平均浓度还是小潮最高。因此，对于钱塘江杭州段而言，必须考虑所选方案组合的实际不利因素，这与以潮汐为主的外海排污口是不同的。

污水处理厂尾水排江后对钱塘江河口水质影响的规律如下：

（1）潮汐大小对高浓度的影响。在其他条件相同情况下，大潮时高浓度混合区范围较小，故对排污不利的水文条件是小潮。

（2）污染带平面分布。尾水排入江中后，随着涨落潮运动，将形成一条狭长的污染带，无论是全潮平均浓度还是全潮最大浓度，均以排放口浓度最高，向上下游逐渐降低，在平面形态上，污染带偏向下游侧。

2002 年萧山污水处理厂需要进行扩建，经二级处理后仍然在钱塘江九号坝附近排入钱塘江，采用放流管将污水送入江心排放。为给工程选用排放方式、设计参数等作依据，朱军政等（2002）采用平面二维水质数学模型研究排放口近区的稀释扩散过程、污水浓度场的分布，研究了不同的排污口平面位置和不同排污管长度的方案排放口附近排放动量对流场的干扰及污染物在近区的掺混稀释效果。

上述污水处理厂排放口都是不同时期各自建设的，未进行钱塘江整个河口段的水环境规划，这是限于当时未颁布水功能区划标准的初级阶段，当时对排放口混合带的面积都按小于 0.3km^2 进行控制，留有余地。回顾建设污水处理厂排放口的规模、排放方式、实际运行管理等工作，在钱塘江河口段尚无重大失误。

6.4.2 钱塘江河口长历时二维水流水质模型研究

钱塘江河口是著名的强潮河口，受径流、潮流、江道地形等诸多因素控制，污染物在钱塘江河口段的稀释、扩散和迁移规律，以及河口在不同时期的纳污能力变化都很复杂，特别是江道地形的冲淤变化大，大、中、小潮的潮量变化大且呈周期性替换，水情的丰、枯不同，河段纳污能力会相差很大。自 20 世纪 80 年代以来，河口沿线排涝闸、企业排水及污水处理厂的排污口日渐增多，当时仅对排污口小范围的水环境特征作环境影响评价，未对钱塘江河口水环境长历时变化特征和不同河段的纳污能力作系统相互叠加的总体研究。21 世纪初随着排放标准、水功能区划出台，省市加强管理工作的推进，建立了钱塘江河口大范围长历时水流水质模型，系统研究了钱塘江河口水质的时、空变化特征，

分析了钱塘江河口水环境长历时变化。

水流模型包括一个连续性方程和两个动量方程，即

$$\frac{\partial h}{\partial t}+\frac{\partial hu}{\partial x}+\frac{\partial hv}{\partial y}=S \tag{6.4.1}$$

$$\begin{aligned}\frac{\partial hu}{\partial t}+\frac{\partial hu^2}{\partial x}+\frac{\partial huv}{\partial y}=&fvh-gh\frac{\partial \eta}{\partial x}-\frac{h}{\rho_0}\frac{\partial p_a}{\partial x}-\frac{gh^2}{2\rho_0}\frac{\partial \rho}{\partial x}+\frac{\tau_{sx}}{\rho_0}-\frac{\tau_{bx}}{\rho_0}\\&-\frac{1}{\rho_0}\left(\frac{\partial s_{xx}}{\partial x}+\frac{\partial s_{xy}}{\partial y}\right)+\frac{\partial}{\partial x}(hT_{xx})+\frac{\partial}{\partial y}(hT_{xy})+u_sS\end{aligned} \tag{6.4.2}$$

$$\begin{aligned}\frac{\partial hv}{\partial t}+\frac{\partial huv}{\partial x}+\frac{\partial hv^2}{\partial y}=&-fuh-gh\frac{\partial \eta}{\partial y}-\frac{h}{\rho_0}\frac{\partial p_a}{\partial y}-\frac{gh^2}{2\rho_0}\frac{\partial \rho}{\partial y}+\frac{\tau_{sy}}{\rho_0}-\frac{\tau_{by}}{\rho_0}\\&-\frac{1}{\rho_0}\left(\frac{\partial s_{yx}}{\partial x}+\frac{\partial s_{yy}}{\partial y}\right)+\frac{\partial}{\partial x}(hT_{xy})+\frac{\partial}{\partial y}(hT_{yy})+v_sS\end{aligned} \tag{6.4.3}$$

式中：h 为水位，即水面到某一基准面的距离；t 为时间；u、v 为 x、y 方向上的流速分量；g 为重力加速度；f 为柯氏力参数；ρ 为水密度；ρ_0 为水的参照密度；s_{xx}、s_{xy}、s_{yy} 为波浪辐射应力分量；p_a 为大气压力；τ_{sx}、τ_{sy} 为风应力分量；τ_{bx}、τ_{by} 为底部摩擦应力分量；T_{xx}、T_{xy}、T_{yy} 为黏性项分量；S 为源汇项。

水质模型包括一个对流扩散方程，即

$$\frac{\partial hC}{\partial t}+\frac{\partial huC}{\partial x}+\frac{\partial hvC}{\partial y}=h\left[\frac{\partial}{\partial x}\left(D_h\frac{\partial}{\partial x}\right)+\frac{\partial}{\partial y}\left(D_h\frac{\partial}{\partial y}\right)\right]C-hk_pC+C_sS \tag{6.4.4}$$

式中：C 为污染物浓度；C_s 为源项浓度；k_p 为降解系数；D_h 为 x 和 y 方向污染物扩散系数。

模型采用有限体积法求解，原始方程基于单元中心的有限体积法进行空间离散化，空间离散为连续的平面非结构三角形或四边形网格的单元，采用黎曼近似求解对流通量，这使得其可以处理非连续的解。

6.4.2.1 计算范围及参数

模型计算区域为富春江电站以下至杭州湾芦潮港断面的干流，全长约 282km，支流考虑浦阳江、曹娥江，其他支流如分水江、渌渚江、壶源溪等以点源入流的方式考虑，整个计算水域的面积约 5000km^2。

计算域内的网格布设考虑了水流、地形梯度的差异，对排放口附近的计算网格作了进一步加密，整个计算域内共布设 13150 个三角形单元，最小空间步长 40m，模型计算的时间步长为可变时间步长，最小时间步长为 0.01s，数模的计算范围及网格布设如图 6.4.1 所示。

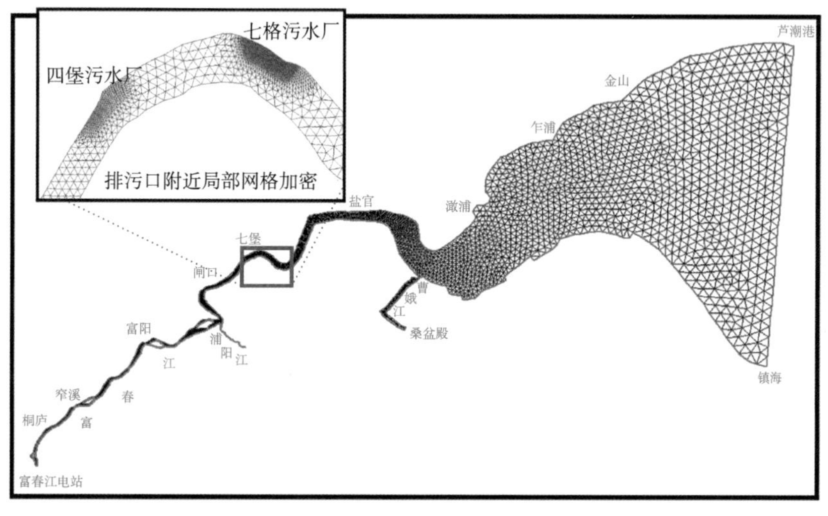

图 6.4.1　模型计算范围及网格布设

6.4.2.2 水流验证

模型水流验证是对沿程的实测潮位和潮流作计算校核，以率定阻力系数等。

2007 年 10 月钱塘江进行了一次大范围的水文测验，水文测验点位布置图如图 6.4.2 所示。

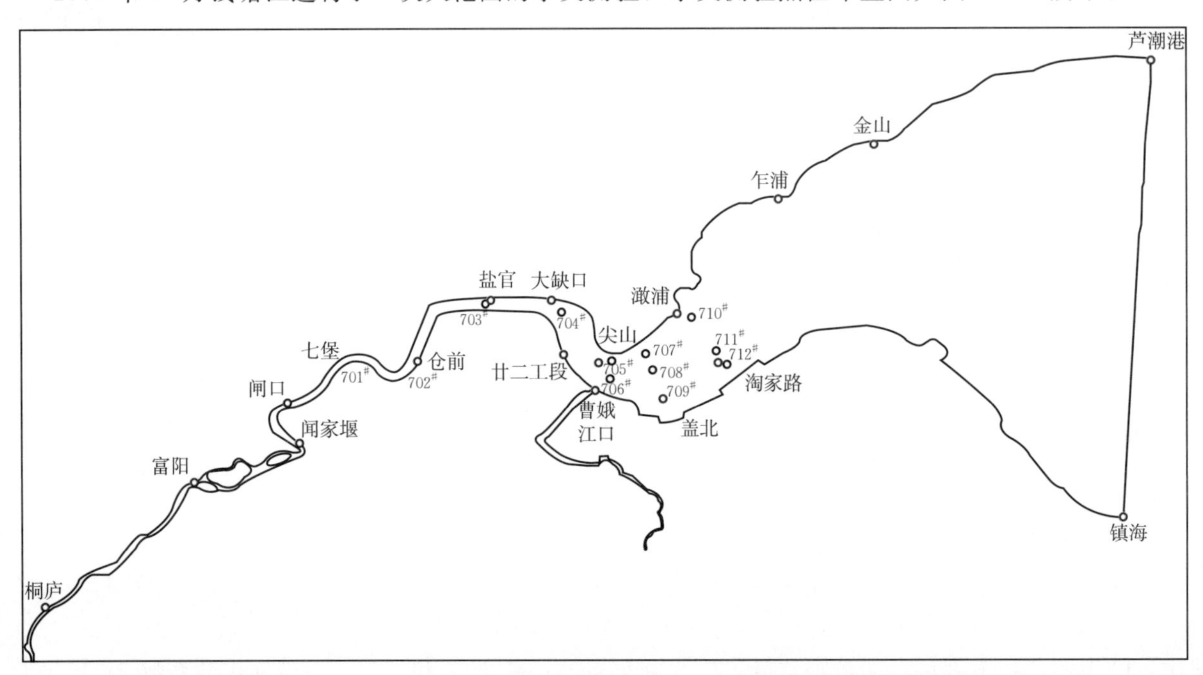

图 6.4.2 2007 年 10 月水文测验点位布置图（红点为潮位点，蓝点为潮流点）

自杭州七堡至澉浦共布设 12 个测点进行了定点流速、流向观测；同时沿程布设了 6 个临时潮位站，分别为大缺口、廿二工段、海宁围垦、曹娥江口、上虞围垦钢桥轴线中沙外（盖北中沙）及陶家路闸，加上沿程的长期潮位站共有 18 个测站的潮位资料。

采用的地形尽量与水文测验资料的时间配套，富春江电站至窄溪采用 2004 年地形，窄溪至闸口采用 2007 年地形，闸口至金山采用 2007 年 11 月地形，金山至芦潮港采用 2003 年 4 月地形，浦阳江采用 2008 年地形。

由于上、下游控制边界的距离较远，且上游河宽不足 500m，下游湾口宽达 100km，放宽率很大，加之钱塘江、杭州湾潮流的影响因素众多、流态复杂，潮流验证存在着较大困难。但经过反复调试，最终还是取得了较满意的验证结果。

潮位验证如图 6.4.3 所示，无论潮水位过程还是高、低水位值，以及高、低潮位出现的时间，计算与实测值均符合良好。经统计，78%的高、低潮位计算误差小于 0.1m，85%的高、低潮位计算误差小于 0.2m。

潮流验证如图 7.4.4 所示，涨、落潮最大流速和平均流速计算值与实测值基本吻合，流速方向的模拟值与实测值也较为一致。经统计，涨急、涨潮平均流速计算误差小于 20%的点据占 82%，落急、落潮平均流速计算误差小于 20%的点据占 63%，涨、落潮量计算误差小于 20%的点据占 65%，净进、净泄潮量计算误差小于 20%的点据占 68%，涨、落潮量比值计算误差小于 20%的点据占 65%。

为进行 2008 年全年的水质验证，首先进行 2008 年全年的水文验证。因潮流资料均为短时段的零星资料，在此仅对钱塘江沿程长期潮位站潮位资料进行了验证。部分潮位站潮位验证如图 6.4.5 所示，由图 6.4.5 可知：潮位过程计算值与实测值基本一致，高低潮位值也基本吻合，部分时段高低潮位验证精度较差，这可能是由于地形的不匹配和全时段采用同一糙率系数所致。

6.4.2.3 水质验证

水质验证主要是对本底水质作还原复演，从而率定有关污染物计算的扩散、降解系数等。计算污染因子考虑 COD_{Mn}、NH_3-N，模型验证时水质边界本底值及参数的选取见表 6.4.1。

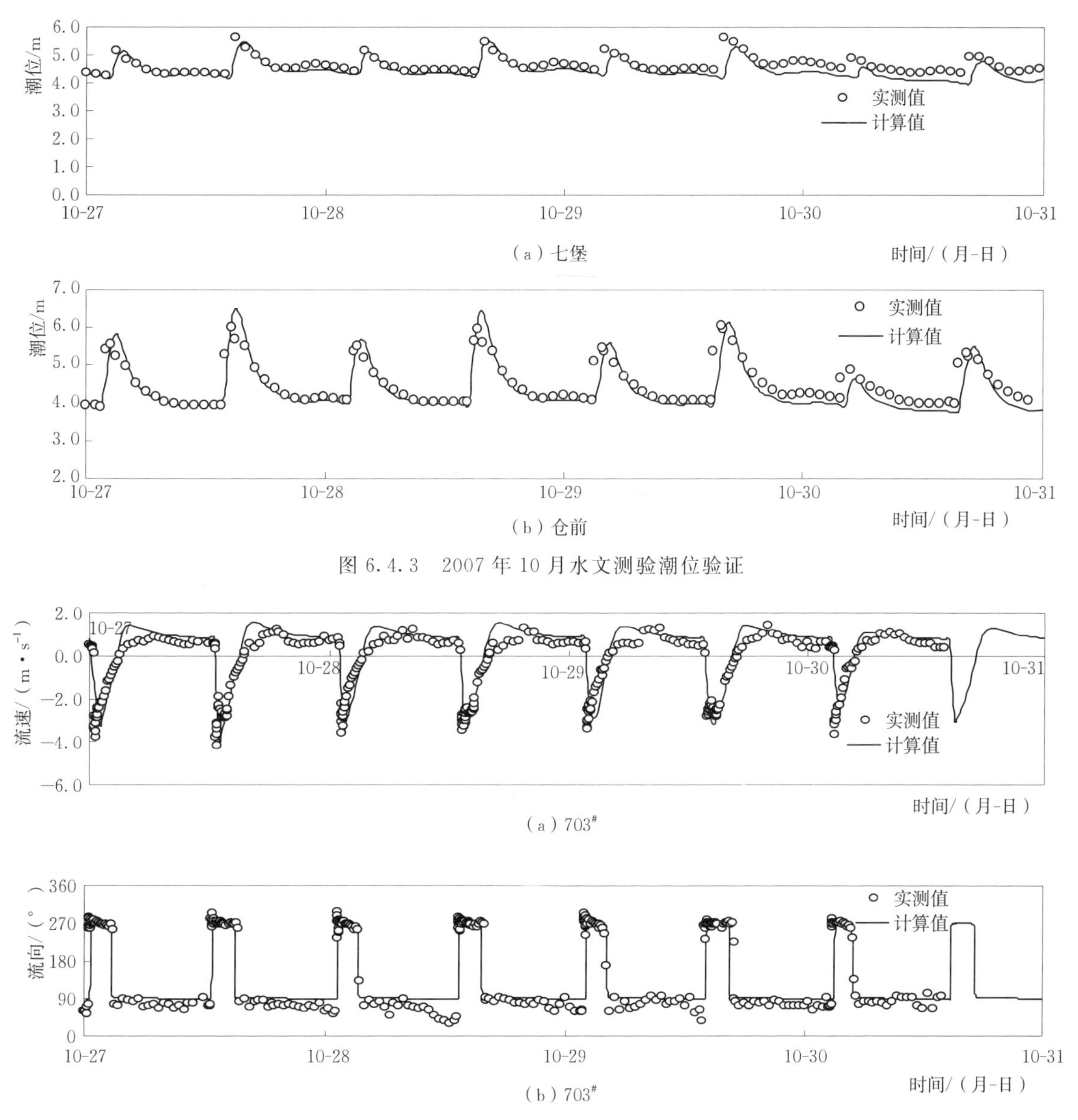

图 6.4.3　2007 年 10 月水文测验潮位验证

图 6.4.4　2007 年 10 月水文测验潮流验证

表 6.4.1　　　　水质模型验证时水质边界本底值及参数的选取

污染因子	COD_{Mn}	NH_3—N
富春江电站（上边界）	参考水质资料按月给定 2.09～2.7mg/L	参考水质资料按月给定 0.13～0.69mg/L
芦潮港一镇海（下边界）	2mg/L	0.005mg/L
本底值	2～2.8mg/L	0.005～0.8mg/L
降解系数	0.01～0.05d^{-1}	0.05～0.07d^{-1}
扩散系数	2～10m^2/s	2～10m^2/s

（1）COD_{Mn}验证。8 月水量较丰，富春江流量约 800m^3/s，各支流水量较大，水质较好，因电站下泄流量较大，监测值中钱塘江大部分断面的 COD_{Mn} 平均值小于 3mg/L，模型计算值与实测值沿程趋势基本一致，大部分数据吻合较好，经统计，COD_{Mn} 相对误差小于 20%的点位占 84%，如图 6.4.6 所示。

（2）NH_3—N 验证。实测 NH_3—N 在钱塘江上下游波动在 0～0.5mg/L 之间，富春江第一大桥上游断

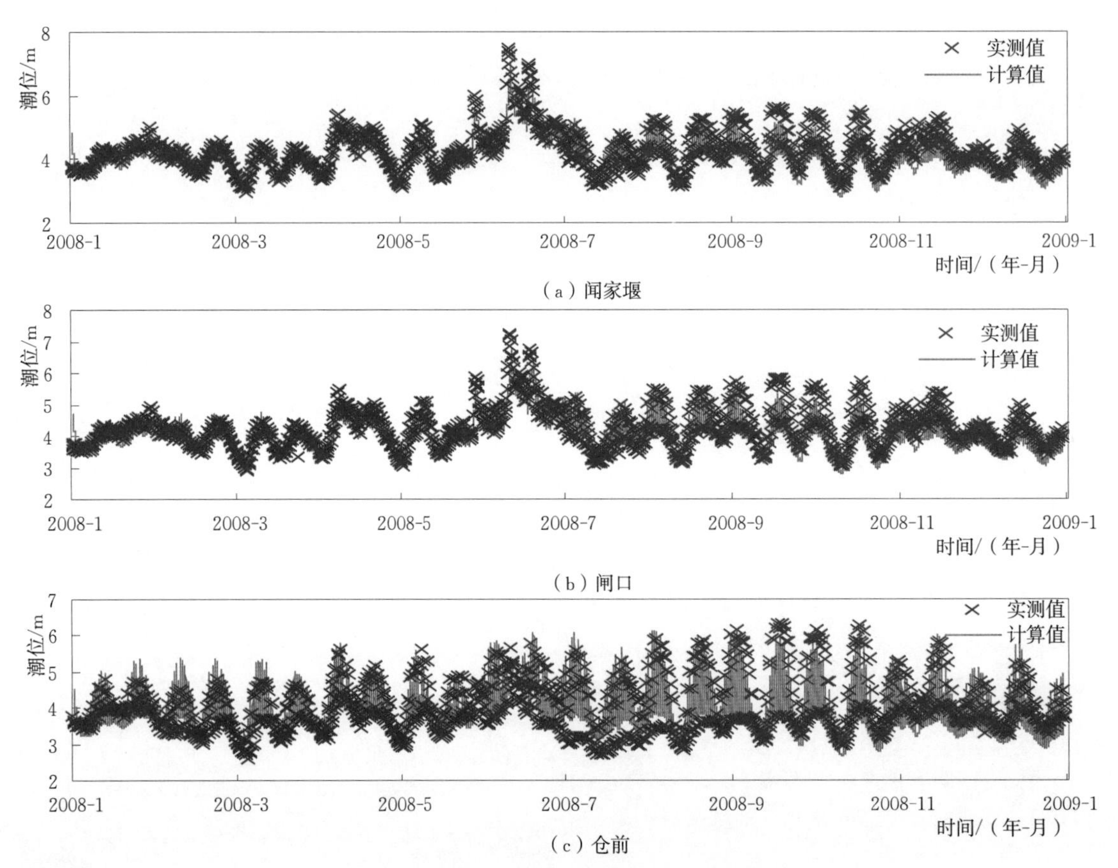

图 6.4.5　2008 年钱塘江沿程潮位站潮位验证

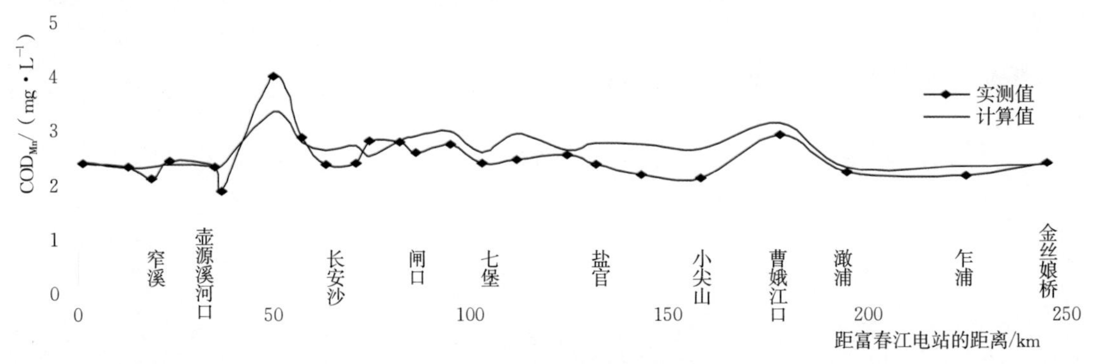

图 6.4.6　钱塘江河口沿程 COD_{Mn}实测验证对照图（2008 年 8 月 25 日）

面及杭州河段受排污影响，NH_3—N 含量较大，进入杭州湾后，NH_3—N 易发生硝化反应而被氧化为 NO_2^-、NO_3^-，使得杭州湾内 NH_3—N 含量小，澉浦以下基本小于 0.02mg/L，模型计算值与实测值沿程趋势基本一致，大部分断面数据吻合较好，经统计，NH_3—N 相对误差小于 20％的点位占 50％，如图 6.4.7 所示。

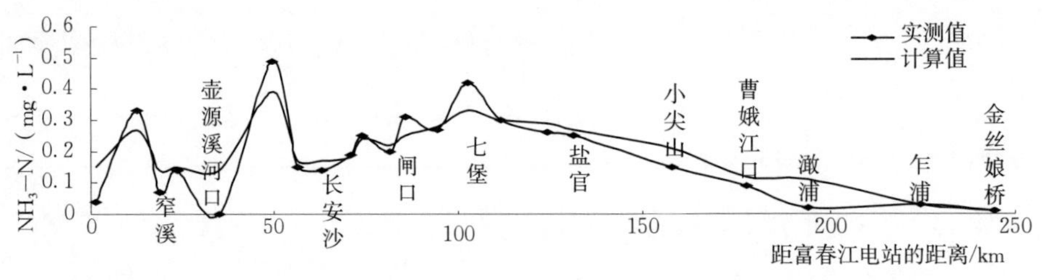

图 6.4.7　钱塘江河口沿程 NH_3—N 实测验证对照图（2008 年 8 月 25 日）

6.4.2.4 2008年全年水质验证

钱塘江干流富春江电站以下，常规水质监测断面有桐君山、窄溪、富阳、袁浦、闸口、七堡和猪头角，长历时水质模拟针对2008年的水质监测资料进行验证。

各断面COD_{Mn}和NH_3—N验证如图6.4.8所示。大部分断面的计算值趋势及量值与实测基本吻合，也反映了春夏之交一次高浓度的过程。

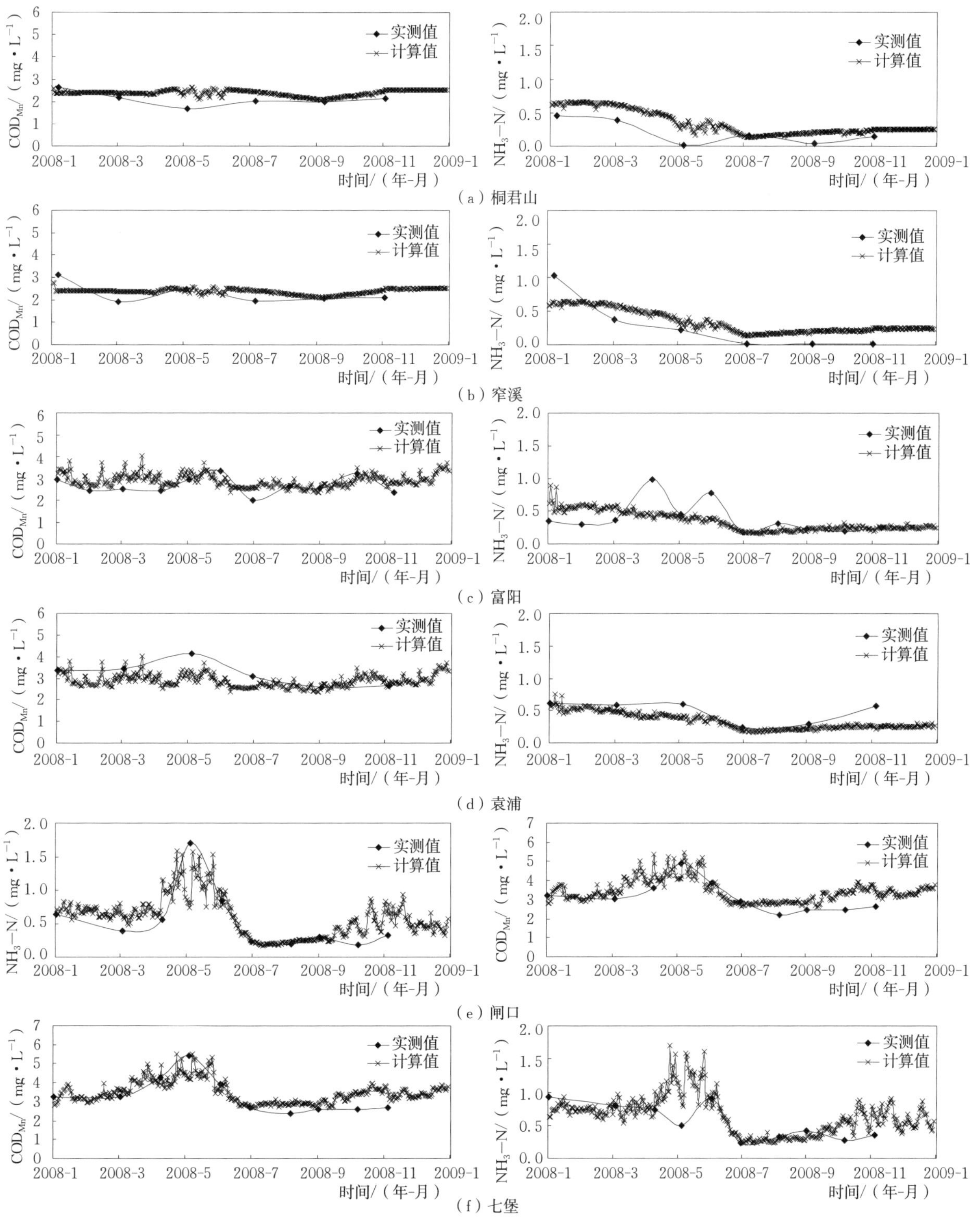

图6.4.8(一)　钱塘江河口COD_{Mn}和NH_3—N验证

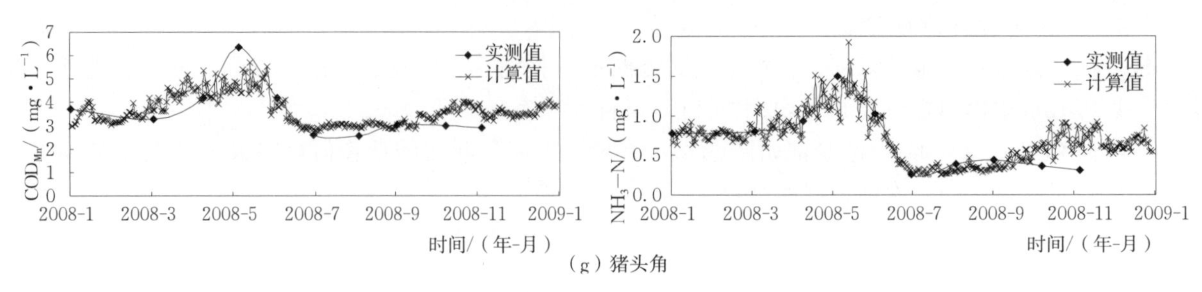

图 6.4.8（二） 钱塘江河口 COD_{Mn} 和 NH_3—N 验证

6.5 钱塘江河口水体交换能力与水质影响因素

6.5.1 水体交换能力计算

水体环境容量与水体的自净能力密切相关，水体自净能力表示水环境通过自身的物理过程、化学过程和生物过程而使污染物质的浓度降低的能力。水体的物理自净能力不涉及污染物质的生化降解，而只与污染物质随水流运动相关。要研究水体环境容量，研究水体的物理自净能力十分必要，而水体的物理自净能力与水体交换能力密切相关。通常，水体交换能力的大小用水体交换时间来表征，水体交换时间指水体全部或部分更新所需要的时间，水体交换时间越长，水体交换能力越弱，反之亦然。交换能力越强的水体，水环境容量越大，其价值也越大。因此，水体交换时间的计算在水环境容量的研究中起着重要的作用。

目前，河口和海湾的水体交换研究主要有两类方法，第一类是基于现场观测数据，建立在潮交换率和箱式模式的基础上，主要对河口的水交换能力进行定性的描述。由于海湾狭长的地形特点，使用口门潮交换率估算湾内、外水体交换率可能带来较大的误差。第二类为数值计算方法，其又可分为两种方法，其一是采用对流扩散方程作为研究水体交换的模型方程，利用保守物质的浓度示踪来研究水体交换的情况；其二为应用标志质点跟踪轨迹时间研究水交换问题。

随着人类活动影响的日益加剧，钱塘江水质受到一定影响。为保障水体的正常生态功能，计算钱塘江水体交换时间，研究其水体交换能力十分必要。钱塘江水体交换时间与其水动力状况密切相关，影响水动力状况的因子主要包括：径流、潮汐、江道地形和岸线等。

6.5.1.1 浓度示踪计算方法

在建立的二维潮流以及浓度对流扩散数值模型的基础上，采用浓度示踪方法计算水体交换时间。模型计算之前，被研究河段的水体中含有浓度为 1mg/L 的溶解态保守示踪剂，其他河段的水体中则不含这种示踪剂，数学模型中水边界入流时给定示踪剂的浓度为零。通过计算水体中示踪剂的浓度，计算水体在不同时刻被置换的比率（交换率）$R(x, y, t)$为

$$R(x, y, t)=\frac{c(t_0)-c(t)}{c(t_0)} \tag{6.5.1}$$

式中：$c(t_0)$和$c(t)$分别为 t_0 和 t 时刻水体中示踪剂的浓度。

分析时，分别计算交换率为 50%、70%和 90%时所需要的时间，也即相应交换率下的水体交换时间。

6.5.1.2 水体交换能力的计算结果及分析

富春江电站以下至杭州湾金丝娘桥断面的干流全长 282km，不同江段的河道特征、水动力条件不同，水体交换时间（水体交换能力）不同，并且水体功能要求也不同，因此，分段计算钱塘江的水体交换时间。根据河道特征和《浙江省水功能区水环境功能区划方案》，将钱塘江河口分为 12 段，如图 6.6.1 所示。

钱塘江水体交换时间与水动力状况密切相关，水动力状况受径流、潮汐、江道地形和岸线等因子的影响，因此，分析这些因子对其影响十分必要。钱塘江河口的水体交换速率与河口各段动力条件有关，上段从富春江电站到闻家堰，属河流段，江道动力主要由径流控制，其上游径流量越大，水体交换的速率就越快，水体交换所需时间就越短；中段从闻家堰至澉浦，属河口过渡段，同时受径流和潮汐的动力作用，其水体交换在受径流冲刷作用的同时，也受潮汐影响；下游从澉浦至芦潮港，径流作用减弱，主要受潮汐动力作用，其水体交换的速率也主要受潮汐动力控制。

以下分别讨论径流、潮汐、江道地形和岸线这四个因子对钱塘江水体交换时间的影响。

1. 径流丰枯的影响

钱塘江上游径流量越大，水体交换能力就越强，水体交换时间就越短。径流量大小可由富春江电站下泄流量控制，为此选用 1981 年 818m^3/s（50%保证率）、2008 年 702m^3/s（75%保证率）、1986 年 622m^3/s（90%保证率）电站下泄流量分别代表平水年径流、偏枯年径流和枯水年径流，另外选择 350m^3/s 代表特枯月径流，共计 4 组流量进行比较。

从富春江电站到渔山的 7 个河段，不同流量径流作用下 50%水体交换率所需的交换时间分别为 0.18 天、0.60 天、0.29 天、0.95～2.00 天、0.80～1.08 天、0.39～0.90 天和 0.60～1.00 天。第一段富春江大坝至桐庐的江道水体交换时间最短，第四段窄溪大桥至中埠大桥的江道水体交换时间最长，这主要由河段分段的长短决定，第一段富春江大坝至桐庐长 5.7km，第四段窄溪大桥至中埠大桥长 37km，可见对于相对江道条件变化较小的河段，江道的整体水体交换能力，江道的长短范围起了主要作用。对于同一段江道，50%保证率、75%保证率和 90%保证率的径流作用下，江道水体交换能力差异不大，多在 0.01～0.10 天之间，这是由于河流段江道动力由径流控制，而 3 个不同保证率的年平均径流流量分别为 818m^3/s，702m^3/s 和 622m^3/s，差异不大，因此，这 3 个不同保证率年平均径流流量下的水体交换能力相差不多。而 350m^3/s 径流比以上 3 个不同保证率的年平均径流流量小 44%～57%，其水体交换能力较弱，相应的各段江道 50%水体交换时间延长了 0.05～1.50 天。

从渔山到大缺口的 3 个河段，不同径流量下的 50%水体交换率所需的交换时间分别为 1.10～2.30 天、0.60～1.30 天、0.50～1.50 天，反映了这 3 个河段的动力同时受径流和潮汐作用，上游侧径流作用强一些，不同的径流作用下，其 50%水体交换率所需的交换时间有 0.10～0.40 天的差异，愈往下游，径流作用减弱，到老盐仓—大缺口河段基本以潮汐为主，不同径流的水体交换率所需的交换时间基本没有差异。从大缺口到乍浦的两个河段，明显是潮汐作用为主，其不同的径流水体交换率所需的交换时间基本相同。

不同径流的水体交换率所需的交换时间与所在江道动力息息相关，从富春江电站到渔山的 7 个河段，动力以径流作用为主，不同的水体交换率与所需交换时间基本是线性关系，不同径流作用下各段 90%水体交换率所需交换时间一般比 50%水体交换率所需交换时间多 35%～55%。从渔山到大缺口的 3 个河段，由于潮汐作用增加，不同的水体交换率与所需交换时间基本是倍数关系，不同径流作用下各段 90%水体交换率所需交换时间一般是 50%水体交换率所需交换时间 2～3 倍。从大缺口到乍浦的 2 个河段，动力由潮汐控制，不同的水体交换率与所需交换时间基本是指数关系。

2. 潮汐大小的影响

钱塘江河口潮汐作用强烈，最大潮差可达 9m 以上，感潮河段上溯至富春江电站大坝。根据实测潮汐资料，基于大潮、中潮和小潮潮位变化过程构造单独的大、中、小潮作为模型下边界，来分析现状条件下潮汐作用对钱塘江水体交换时间的影响。

钱塘江河口潮汐动力强劲，上溯距离远，在现状江道和 75%保证率的年平均径流作用下，大潮动力可以影响至富阳以上。从富春江电站至窄溪的 3 个河段没有受到潮流（反向流）作用的影响，其大、中、小潮的 50%水体交换率所需时间分别为 0.12 天、0.15 天和 0.18 天。窄溪以下河段的江道受潮流往复流和顶托作用，水体交换呈现出明显的往复现象，小、中、大潮的动力依次增强，其潮流往复流和顶托作用也依次加强，对应的水体交换时间也相应增加。从窄溪至大缺口的 7 个河段，大潮 50%水体交换率所需交换时间比中潮、小潮分别增加 0.15～0.90 天和 0.20～1.30 天。大缺口至金山动力以潮汐为主，水体交换受下边界的控制，大潮的水体交换反而比小潮更快，如澉浦至乍浦河段，50%水体交换率所需交换时间，大潮为 2.00 天，小潮为 2.50 天。

3. *江道地形冲淤的影响*

钱塘江河口段河床受径流和潮汐的共同作用，冲淤幅度较大，河床变化导致河槽容积增减，引起潮流和潮量的变化，从而影响水体交换能力。选取 3 种不同河槽容积的江道地形：现状地形、平均地形和不利地形，分析不同江道地形对钱塘江水体交换时间的影响。3 种江道地形以平均地形容积最大，现状地形次之，不利地形容积最小。容积大，可容纳的潮量大，潮流强，动力就大；容积小，可容纳的潮量小，潮流弱，动力相对弱。计算分析表明，上游富春江电站至窄溪基本不受地形冲淤引起的动力变化影响，水体交换时间基本一致。窄溪至大缺口河段，平均地形的容积大，动力强，现状地形和不利地形均比平均地形的交换时间有所增加，幅度在 0.05～0.20 天和 0.12～0.30 天，幅度也并不大。大缺口以下动力受地形影响较小，水体交换时间基本不变。

4. *岸线变化的影响*

钱塘江河口自 20 世纪 60 年代开始进行大规模的治江缩窄工程，今后一段时间内还将继续进行治江围垦。根据规划，2020 年前还将进行杭州湾南岸慈溪岸段的围垦。围垦改变了岸线形态以及下游潮汐动力，进而引起河床面貌的冲淤，这些变化都将对钱塘江河口的水体交换产生明显的影响。为此选取 2008 年岸线、2012 年岸线、2020 年规划岸线 3 个方案计算分析不同岸线条件下不同河段水体交换所需的交换时间。

根据计算分析，下游尖山南岸和庵东滩地围垦对水体交换时间的影响，是以动力变化来表现的。2012 年前的治江，围垦了南股槽，使得尖山南岸岸线平顺，水流发生变化，沿程水体交换率的交换时间随之发生变化，杭州段各种水体交换率所需的交换时间比 2008 年有所减少，50%交换率的交换时间减少约 0.05～0.15 天；闻堰到富阳中埠大桥河段水体交换时间有所增加，50%交换率的交换时间减少约 0.20～0.40 天；富阳中埠大桥以上基本未受影响；尖山河段也基本没有变化；澉浦至乍浦则增加了 1.00 天。2020 年前的围垦减少了尖山河湾和杭州湾的纳潮量，造成潮汐动力减弱，老盐仓至富阳中埠大桥 50%水体交换率的交换时间比现状增加了 0.20～0.60 天；富阳中埠大桥以上略有减少，幅度在 0.05 天内；尖山河段基本没有变化；澉浦至乍浦则增加了 1.00 天。总体也变化不大。

通过以上的计算分析可知，径流、潮汐、江道地形以及岸线变化等条件对钱塘江河口水体交换的速率均有影响，这些因素在不同河段起的作用是不一样的。

（1）钱塘江河口的水体交换主要由河口所在河段的水动力特性决定，如上游段受上游径流控制为主，下游段受潮汐动力条件控制。

（2）钱塘江河口水体交换的特性明显，闻家堰以上河段基本受径流控制，水体基本为单向交换，交换速率较快，交换时间小于 1 天；闻家堰至大缺口河段，受径流和潮流双重作用，动力复杂，水体交换往复现象明显，交换速率较慢，交换时间为 1～5 天；大缺口以下河段，为潮汐动力控制，江面宽阔，流路复杂，水体交换缓慢，特别是交换率为 90%时交换时间大于 20 天。

（3）钱塘江河口径流、潮汐、江道地形以及岸线变化均在不同程度影响水体交换速率的快慢，但不会改变水体交换速率的量级。

6.5.2 水质影响因素敏感性分析

钱塘江河口受径流、潮流、江道地形等诸多因素控制，污染物在钱塘江河口段的稀释、扩散和迁移、纳污能力会相差很大。

6.5.2.1 不同水文年径流的敏感性分析

富春江电站上游来水的水质较好，径流量越大，对污染物的稀释和扩散作用也越强，水质越好，反之亦然。选取 1981 年 818m^3/s（50%保证率）、2008 年 702m^3/s（75%保证率）、1986 年 622m^3/s

（90%保证率）电站下泄流量（图 6.5.1）分别代表平水径流、枯水径流和特枯径流分析不同水文年径流的敏感性。钱塘江径流具有明显的年内变化，4—7 月为丰水期，径流量占全年径流量的 70%左右，8 月—次年 3 月为枯水期，其中 8—11 月又为大潮汛期。

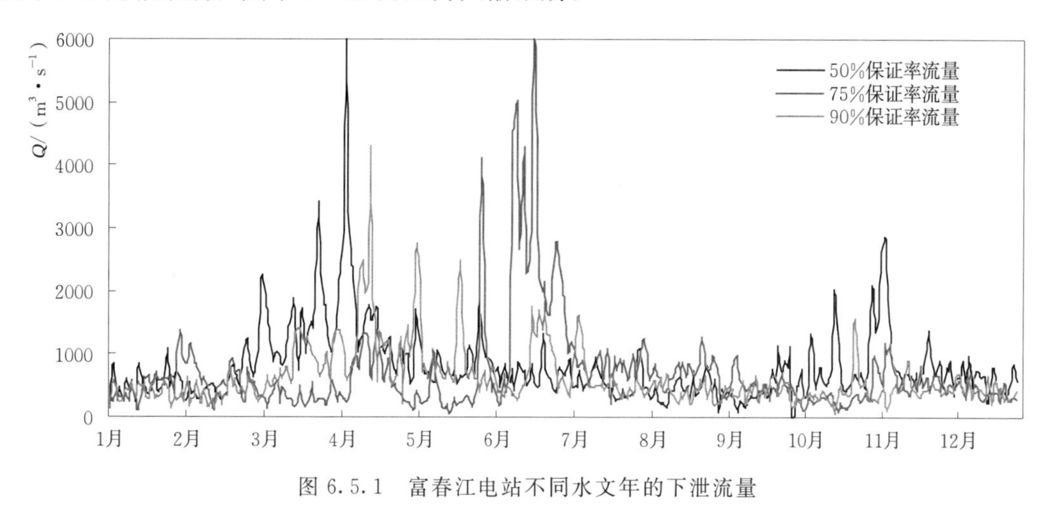

图 6.5.1　富春江电站不同水文年的下泄流量

不同水文年钱塘江沿程各断面位置 COD_{Mn} 的浓度变化如图 6.5.2 所示。

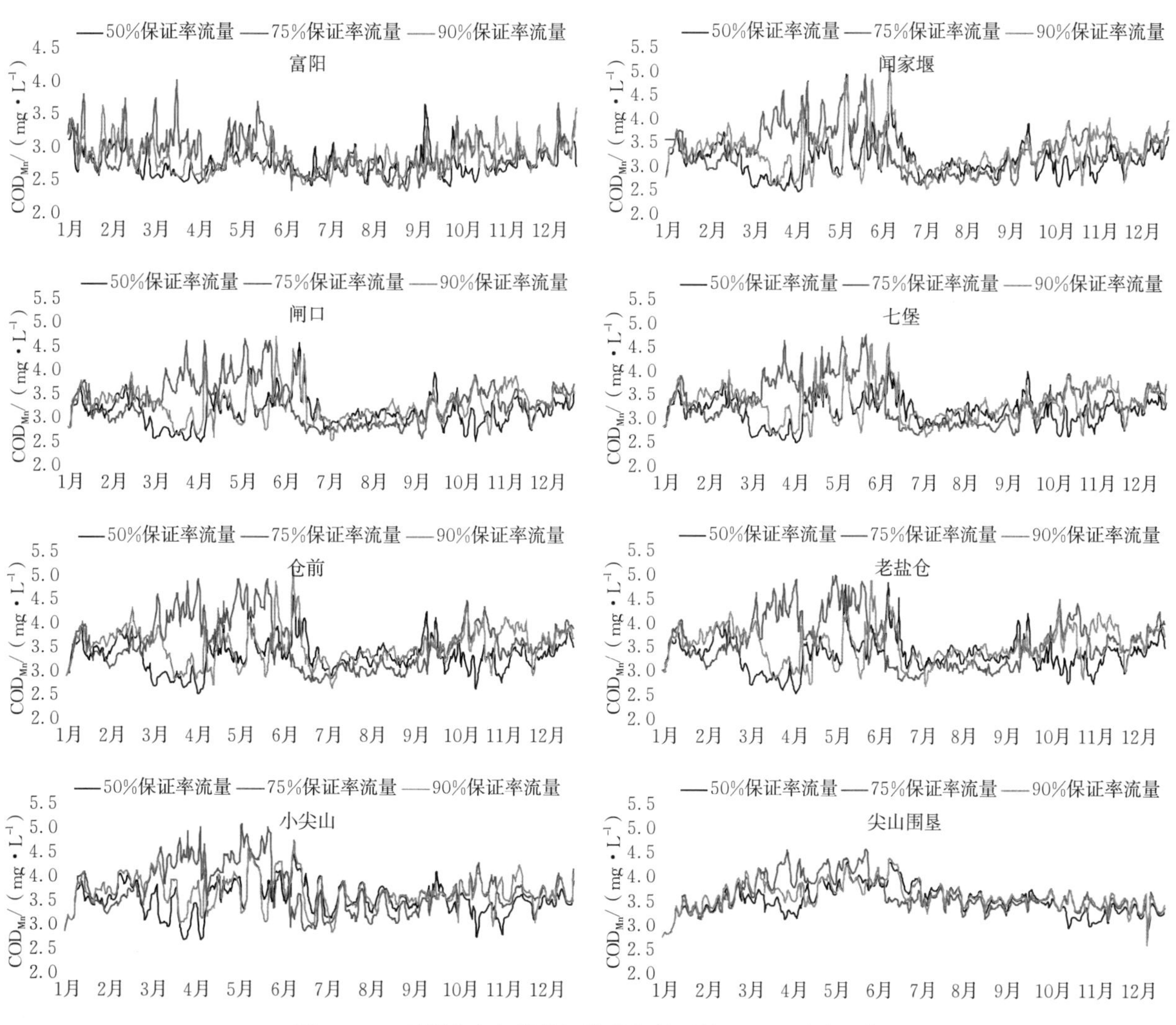

图 6.5.2　不同水文年钱塘江沿程各断面的 COD_{Mn} 浓度比较

上游桐君山和窄溪全年COD_{Mn}较低，这是因为上游来水水质较好，且桐君山至窄溪河段沿程进入的源强较少，受下游潮汐上溯的下游污染物影响也较小，使该河段水质整年保持在较好的水平；下游乍浦和金丝娘桥全年COD_{Mn}也较低，这两个断面靠近杭州湾口，受外海水质影响较大；富阳至小尖山河段等8个站，由于排放口集中以及潮流往复带来的污染物累积作用，COD_{Mn}沿程增大趋势明显。

由不同水文年径流方案计算成果可知，从闻家堰至小尖山，全年COD_{Mn}超过3mg/L的天数随径流量的减小而增大，超过4mg/L的天数则以枯水径流水文年最大；尖山围垦和澉浦两个站点在3种水文年条件下全年COD_{Mn}超过3mg/L的天数基本一致。丰水期3—6月超标天数大于其他时期，原因是丰水期面源污染较严重。

各水文年径流年内分布差异较大，但本次选取的平均与特枯年径流差仅为196m^3/s，变幅不大(实际差350～400m^3/s)，各季节COD_{Mn}超标的天数并没有完全呈现年均径流越大，超标天数越小的现象，说明钱塘江水质不仅受年均径流量的影响，也受到径流年内分布的影响。

6.5.2.2 边界水质本底的敏感性分析

钱塘江水质不仅受径流和潮汐的动力影响因子的影响，还受到上游水质和下游外海水质的影响。

(1) 上游水质本底的敏感性分析。设置3个对比方案上边界浓度分别为本底、增大0.5倍和增大1.0倍。计算结果表明，上游水质不同时，钱塘江沿程各断面COD_{Mn}的变化趋势基本一致，即各断面COD_{Mn}浓度均有所增大，沿程各断面全年COD_{Mn}超标天数随着上游边界值抬高的顺序依次增大，从桐君山开始，3种方案超标天数的差异沿程逐渐减小，说明上游COD_{Mn}的变化对钱塘江的影响沿程减弱。

(2) 外海水质本底的敏感性分析。设置3个对比方案下边界浓度分别为2.0mg/L、3.0mg/L和4.0mg/L。外海水质不同时，钱塘江沿程各断面COD_{Mn}的变化，从桐君山至老盐仓，3种方案的结果基本一致，说明外海水质的变化对老盐仓坝以上的河段影响不明显；从小尖山向下游，3种方案下超标天数的差异向下游沿程增大，说明外海COD_{Mn}的变化对钱塘江的影响向上游沿程减弱。

6.5.2.3 潮汐大小的敏感性分析

为分析潮汐不同对钱塘江水质的影响，在2008年计算方案的基础上将上游径流统一改为500m^3/s，下边界采用实际的潮位过程，选取连续半个月时间的计算结果进行分析，得到：澉浦以下河段的水质受潮汐影响的规律比较明显，潮汐强，则水质波动大，潮汐弱，则水质波动小；而尖山围垦以上的河段受潮汐影响的规律不明显。

6.5.2.4 江道冲淤的敏感性分析

钱塘江河床受径流和潮汐的共同作用，冲淤幅度较大，河床抬升导致河槽容积减小，引起潮流和潮量的变化，从而影响水体的交换能力。根据近几年实测地形资料，选取3种河槽容积（闸口—澉浦段）不同的江道：平均江道、一般淤积江道和严重淤积江道，分析不同地形对钱塘江水质的影响。

桐君山和窄溪3种不同江道地形条件下差异不明显，全年COD_{Mn}未超过3mg/L，从富阳开始，3个方案的差异沿程逐渐增大。富阳、闻家堰在3种方案下全年COD_{Mn}超标天数略有增大；从闸口至小尖山，3种方案下各断面全年COD_{Mn}超标天数沿程逐渐减小，也即江道地形严重淤积的情况下，COD_{Mn}反而偏低，这是因为该河段江道地形越高，受潮汐上溯影响越小，水体往复交换少，水体交换时间缩短，污染物累积浓度较小所致；从澉浦至金丝娘桥，3种方案下各断面全年COD_{Mn}超标天数依次增大，即江道地形淤积越严重，COD_{Mn}浓度越高，这是由于上游江道地形越高，上游的污染物停留时间较短，在下游累积所致。

总之，窄溪以上河段受江道地形影响不明显，富阳至闻家堰河段及小尖山以下河段随地形淤高污染物浓度增大，而闸口至小尖山河段的规律则相反。

6.5.2.5 源强的敏感性分析

钱塘江沿岸排污口及支流、水闸等入口众多，其流量和污染物浓度差异较大，将排污口的源强定为点源，河流、水闸进入的源强定为面源，设计了6个方案：①源强、现状源强、点源增大30%；②面源增大10%、点源减小30%；③面源减小10%、点源减小30%；④面源减小30%、点源减小

50%；⑤面源减小50%；⑥上、下水质边界达标，点、面源均达标排放等6个方案，分析源强的变化对钱塘江水质的影响。

桐君山、窄溪河段的水质随源强的变化不明显；从富阳开始至金丝娘桥，各断面水质浓度随源强的增大而增大；COD_{Mn}随源强的变化较明显，这说明上游径流COD_{Mn}浓度较低，沿程进入的COD_{Mn}量较大，即沿程进入的COD_{Mn}量在钱塘江水域中的比重较大。

钱塘江水质受沿岸点源、面源的影响是比较明显的。污染物源强越大，水质越差。

6.5.2.6　**面源负荷时间分布的敏感性分析**

在钱塘江河口沿程水雨情资料的基础上，结合地方的水量、水质调查与浙江省环境监测中心站提供的部分省控监测站水质资料推算得到面源污染。由此得到的面源负荷主要跟雨量有关，而所收集的面源水量资料多为一个月或两个月的总量，甚至一年的总量，计算中进行面源负荷设置时，一般只能将其在统计时段内平均分配，无法体现雨量的瞬时性和不均匀性。

为考察面源负荷时间分布对钱塘江水质的影响，以2008年每月1次的面源流量和水质数据为基础，分别设计逐月面源负荷均匀分布于5天、10天和全月的算例，以考察面源负荷时间上分布不均匀对钱塘江COD_{Mn}的影响。

计算分析后知：面源负荷集中于10天、5天排放较集中于30天排放，超低浓度标准的天数有所减少，超高浓度标准的天数有明显增多。

通过以上的分析可知，径流量、潮汐、上游及外海水质、江道地形、沿岸污染物源强、面源负荷时间分布等因子对钱塘江水质的影响十分明显，并且不同河段起主导作用的因子也不一样。

（1）在径流年内分布规律一致的条件下，钱塘江水质随径流量变化的规律明显，径流越大，水质越好，反之亦然。

（2）澉浦以下河段的水质受潮汐影响的规律比较明显，潮汐强，则水质波动大，潮汐弱，则水质波动小；尖山围垦以上的河段受潮汐影响相对不明显。

（3）上游或外海水质越好，钱塘江水质越好。上游水质的变化对钱塘江水质影响沿程减弱，但至杭州湾影响仍然明显；外海水质的变化对钱塘江水质的影响沿钱塘江逆流方向沿程减弱，影响至小尖山后已不明显。

（4）钱塘江水质随江道地形变化规律较复杂。窄溪以上河段受江道地形影响不明显；富阳～闻家堰河段及小尖山以下河段随地形淤高而水质变差；闸口至小尖山河段的规律则相反，地形淤高时水质较好。

（5）沿程进入的污染物源强对钱塘江水质影响明显，排入钱塘江的污染物量越大，钱塘江水质越差。

（6）面源负荷月内不均匀分布时，对水质有一定程度的影响。月内面源负荷集中于10天、5天排放较平均30天排放，超低浓度标准的天数有所减少，超高浓度标准的天数有明显增多。

（7）综合比较分析，上、下边界的水质对钱塘江水质影响最大，其次为沿程源强及上游径流等。

6.6　钱塘江河口纳污总量计算

水利部在21世纪初对全国河流进行了环境容量的统一部署，开展钱塘江河口水环境容量（纳污总量）的核定工作，对于保障河口区各水体功能区的水质，促进水资源保护和水污染防治，实现水资源可持续利用，都具有十分重要的意义。本研究在钱塘江河口污染源调查、水体交换率分析以及水质影响因素敏感性分析的基础上，依据环保部的《全国水环境容量核定技术指南》（中国环境规划院，2004）（以下简称《技术指南》）和水利部的《水域纳污能力计算规程》（SL 348—2006）（以下简称《计算规程》）（两者均主要针对恒定流水域，对潮汐非恒定流水域尚缺乏具体方法规定），还考虑钱塘江河口的非恒定流强潮河口这一特点，计算河口各区段水体功能区的水环境容量（纳污总量）。这些研究都带有一定的探索性，虽不十分成熟，但可以为钱塘江河口水环境管理和污染物总量控制的工作提供技术支持。

纳污总量，即水环境容量是基于对流域水文特征、排污负荷、污染物迁移转化规律进行充分科学研究的基础上，结合环境管理需求确定的管理控制目标。纳污总量既反映流域的自然属性（水文、江道等特性），同时反映人类对水环境的需求（水质目标），纳污总量将随着水资源情况的不断变化和人们对环境需求的不断提高而不断发生变化。通常，纳污总量是指在不影响水的正常功能的情况下，考虑了自身调节净化能力后，水体所能容纳的污染物的最大总量。

6.6.1 纳污总量的定义

按照污染物降解机理，水环境容量可划分为稀释容量和自净容量两部分。稀释容量是指在给定水域内的来水污染物浓度低于出水水质目标时，依靠稀释作用达到水质目标所能承纳的污染物总量。自净容量是指由于沉降、吸附、生化等物理、化学和生物作用，给定水域达到水质目标所能自净的污染物总量。本研究建立了钱塘江河口二维水动力水质耦合模型，计算污染物的对流扩散输运，同时将污染物的各种衰减作用简化处理为一级降解反应。

《技术指南》中关于水环境容量的定义为：在给定水域范围和水文条件，规定排污方式和水质目标的前提下，单位时间内该水域最大允许纳污量，称作水环境容量。《计算规程》中关于水域纳污能力的定义为：在设计水文条件下，某种污染物满足水功能区水质目标要求所能容纳的该污染物的最大数量。结合钱塘江河口水环境管理工作的实际需求，本研究采用水利部颁布的《计算规程》中水环境容量（纳污总量）的定义，同时也吸取环保部颁布的《技术指南》中的有关规定，有区别地从严控制达标排放和削减污染物负荷。

6.6.2 纳污能力的时空控制标准

钱塘江河口受上游径流和外海潮汐的共同影响，而目前国家尚未制定河口水质标准，为此根据《全国水环境容量核定技术指南》和《水域纳污能力计算规程》（SL 348—2006）的规定，考虑钱塘江河口为非恒定流及地表水到海水的过渡区这一特点，探讨适合钱塘江河口的水质控制标准来计算水环境容量（纳污总量）。

（1）钱塘江河口受上游径流和外海潮汐的共同影响，按浙江省水利厅与环保厅共同颁布的《浙江省水功能区水环境功能区划方案》（2005 年）和《关于印发浙江省近岸海域环境功能区划（调整）的通知》（浙江省发展计划委员会、浙江省环境保护局，浙环发〔2001〕242 号），将研究河段划分为 11 个功能区，以老盐仓为界，其上游 1～9 区执行地表水的水质标准，其下游 10～11 区执行海水标准。上下游两区的具体水质项目及标准值既有共同之处也有不同之处，其衔接无法平顺过渡。

水利部规定将 COD_{Mn} 和 NH_3—N 定为水质控制因子，水质标准如下：Ⅱ类地表水功能区中 $COD_{Mn}\leqslant$4mg/L、NH_3—N$\leqslant$0.5mg/L，Ⅲ类地表水功能区中 $COD_{Mn}\leqslant$6mg/L、NH_3—N$\leqslant$1.0mg/L，一类海水功能区中 $COD_{Mn}\leqslant$2mg/L，NH_3—N$\leqslant$0.5mg/L，三类海水功能区中 $COD_{Mn}\leqslant$4mg/L，NH_3—N$\leqslant$1.0mg/L，四类海水功能区中 $COD_{Mn}\leqslant$5mg/L，NH_3—N$\leqslant$1.5mg/L。特别指出，本研究模型计算及结果分析采用的是 COD_{Mn}，进行污染物入河负荷量统计时，将 COD_{Mn}转换为 COD_{Cr}，并且 COD_{Mn}：COD_{Cr}按 1：2.5 的关系转换。参照钱塘江河口水功能区划，将研究区域划分为 11 段，如图 6.6.1 所示。

（2）非恒定流存在时间、空间上水质超标判别方法的问题，水利部的《计算规程》中是以功能区为单元空间，计算枯水月平均值作为是否超标判别的，但环保部的《技术指南》明确不能用功能区全水域而必须乘以不均匀系数计算环境容量，当河宽 500～1000m 时该系数为 0.1～0.2，而钱塘江河口 90％河段宽度大于 1000m，按此方法其环境容量与水利部标准相差 5～10 倍，必须慎重选用标准。

计算分析水环境容量（纳污总量）时，对水质的控制主要标准遵循如下多项标准和多项指标：既

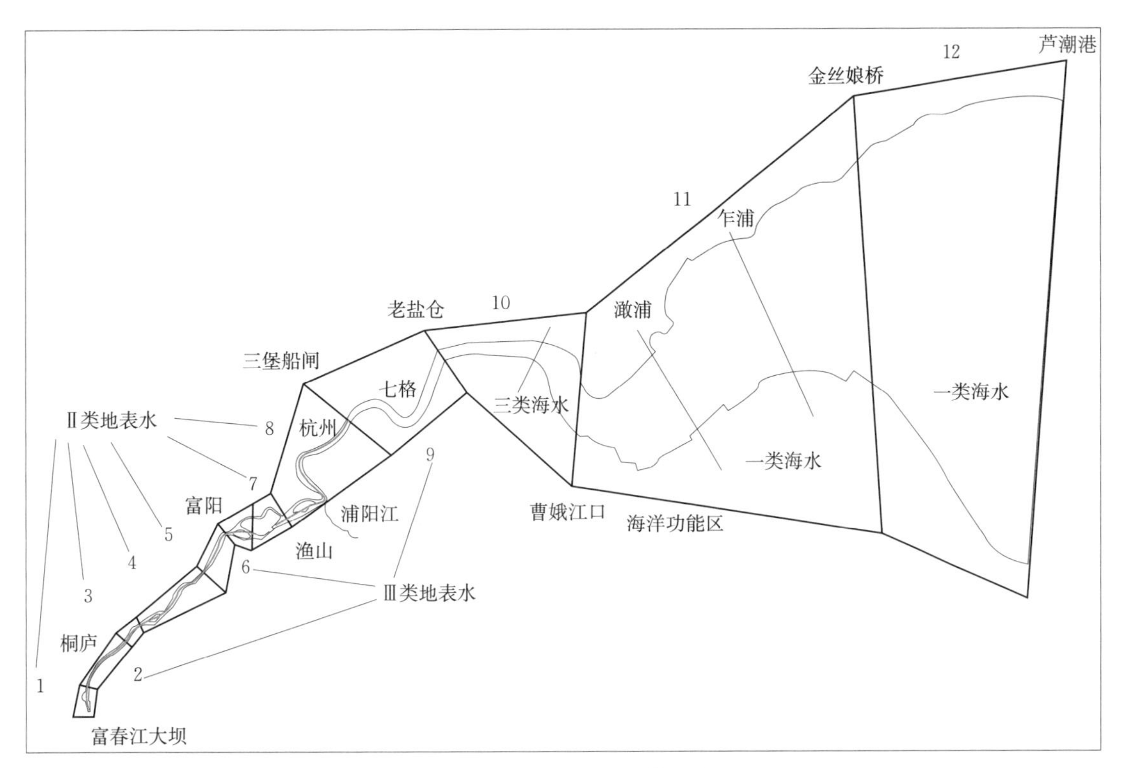

图 6.6.1 钱塘江河口水体功能区

对整体功能区水质指标进行控制，又对断面（功能区的交界面）水质指标进行控制，还要对功能区内超标的混合区面积大小进行控制，以便限制混合区边界不影响鱼类洄游信道和邻近功能区水质。为保障水源地的用水安全，对饮用水源地的取水口增设控制点（即敏感点）。功能区、断面和敏感点的水质控制包括 3 种标准，其中标准 1 为：按水利部的方法，求设计水文条件时段内和空间各点的水质浓度月均值，与功能区和断面的标准值进行比较，大于标准值表示超标，应采取污染控制措施；标准 2 为：考虑非恒定流特征，建议求日均值，与标准值进行比较，大于标准值表示超标 1 天，再统计一个月内的超标天数，若月超标天数大于 10 天，则认为该月超标，应采取污染控制措施；标准 3 为：求 1 天中累计的超标时间，若超过 12h，则表示 1 天超标，再统计一个月内的超标天数，若月超标天数大于 10 天，则认为该月超标，应采取污染控制措施。经计算，3 个水质控制标准中标准 1 的评价结果最易满足，标准 2 与标准 3 相当接近，这说明标准 1 是相对最宽的标准，但这种取月均值的做法，掩盖了非恒定流强潮河口水质的时间变化特点，而标准 2、标准 3 相对较严。富春江电站至三堡船闸河段（即 1～8 号功能区）因其水体功能要求较高，执行标准 2 或标准 3，三堡船闸以下功能要求相对较低，执行标准 1。敏感点指标采用标准 2 进行控制，混合区指标采用标准 1 进行控制。

（3）按国家环保部对功能区、交界断面、混合区和敏感点等 4 项控制指标的控制要求，本研究对该 4 项指标作如下规定：

1）功能区。钱塘江河口地表水和海水功能区共有 11 个，先求 1 个月内每个功能区的瞬时均值，再按 3 个标准进行分析，若不符合标准，则应采取相应的污染控制措施。

2）交界断面。进行水质控制的断面有 13 个，包括 11 个功能区交界断面（不包括上边界和下边界）和两个增设断面，先求 1 个月内每个断面的瞬时均值，再按 3 个标准进行分析，若不符合标准，则应采取相应的污染控制措施。

3）混合区。即排污口超标水域的面积。主要对 4 个较大排污口的混合区面积进行控制，包括富阳灵桥造纸厂排污口、四堡污水处理厂排污口、七格污水处理厂排污口、萧山东片和绍兴的排污口。4 个排污口所在河段河宽分别约为 0.7km、1.3km、1.5km 和 6.7km，按照“污染带宽度不超过河宽的

1/3 及长度不超过河宽的 3 倍”的规定，4 个混合区的超标面积分别不能超过 0.50km²、1.70km²、2.30km² 和 45km²；根据有关混合区面积大小及鱼类回游通道的规定，混合区面积不能超过 1～3km²。由此，结合 4 个排污口的实际状况，4 个排污口混合区的超标面积预设标准值分别为 1km²、2km²、2km² 和 3km²。混合区的控制标准为先求每个排污口 1 个月内瞬时混合区面积的月均值，与预设标准值比较，若大于标准值，则应削减污染负荷。

4）敏感点。进行水质控制的敏感点（饮用水取水口）有 3 个地区，即闸口、珊瑚沙和闻家堰（包括萧山区 1 期、2 期、3 期取水口及滨江区取水口），按 3 个标准进行分析，若不符合标准，则应采取相应的污染控制措施。

6.6.3 纳污能力分析的计算条件

6.6.3.1 水平年及水动力条件设置

研究两种水平年的水环境容量：现状水平年（2008 年）和规划水平年（2020 年），分别代表现状条件和规划条件下钱塘江河口各水体功能区的水环境容量（纳污总量）。

水动力条件包括上游的径流和下游的潮汐。

计算采用 3 种设计径流量：①根据《全国水环境容量核定技术指南》和《水域纳污能力计算规程》（SL 348—2006）对水环境容量（纳污总量）计算时设计径流量的规定，设计径流量定为 173m³/s（90％保证率最枯月均流量）；②考虑到近期削减污染负荷的困难和短历时新安江水库可支配的调节能力，设计径流量定为 250m³/s（75％保证率最枯月流量）；③在前两者的基础上，短历时再增大新安江水库为抗咸和改善水质的下泄流量，设计径流量定为 350m³/s。

研究河段下边界的潮汐为不规则半日潮，半个月（一个潮汛）包括大、中、小潮，为反映潮汐的真实影响，计算时下边界采用和径流条件对应的 2 个月实测潮位过程，第一个月用以消除初值影响，取第二个月的计算结果。

6.6.3.2 河床地形及江道岸线

闸口—金山卫河段年内、年际河床冲淤幅度均较大，地形资料较多，闸口以上和金山卫以下河段河床冲淤幅度较小，地形资料较少。在本次计算中，选用 2008 年 11 月实测地形（淤积较严重江道地形）进行计算，金山至芦潮港采用 2003 年实测江道地形。现状水平年方案采用 2008 年实测的江道岸线，规划水平年采用 2020 年规划的江道岸线。

6.6.3.3 水质边界及源强的确定

上边界水质取值参考富春江水库严东关 2007 年、2008 年的水质监测资料，下边界水质根据实测数据及文献资料确定，现状污染物源强根据 2008 年 11 月的实际源强设置，规划水平年污染物源强根据规划源强进行设置。水环境容量（纳污总量）的计算条件设置见表 6.6.1。

表 6.6.1　水环境容量（纳污总量）计算条件设置

项目	现状水平年（2008 年）	规划水平年（2020 年）
上游径流量	173m³/s、250m³/s、350m³/s	
下游潮汐	2008 年 10—11 月实际潮汐过程	
河床地形	2008 年 11 月实测地形	
江道岸线	2008 年实测的江道岸线	2020 年规划的江道岸线
上边界水质	COD_{Mn}：2.5mg/L；NH_3—N：0.3mg/L	
下边界水质	COD_{Mn}：2.5mg/L；NH_3—N：0.005mg/L	
污染源强	2008 年实际的点源负荷 2008 年实际的面源负荷	2020 年规划的点源负荷 2008 年实际的面源负荷

6.6.3.4 各功能区达标的控制方案计算

水环境容量（纳污总量）计算的思路是在不采取任何污染控制措施的条件下，分析现状水质的超标情况，在此基础上逐步采取有效可行的污染控制措施，使水质达到水体功能区划的要求，最终确定各水体功能区的水环境容量。总体上，计算方案分为两大部分，现状水平年（2008年）的纳污总量计算方案和规划水平年（2020年）的纳污总量计算方案。现状水平年的污染控制措施包括4组。①控制措施1：削减富阳灵桥造纸厂50%的污染负荷；②控制措施2：在控制措施1的基础上在枯水期暂时关闭平原河网的排涝闸；③控制措施3：在控制措施1、2的基础上，有计划地削减浦阳江 NH_3-N 浓度（降为1mg/L，也即达到Ⅲ类地表水水质标准）；④控制措施4：在控制措施1、2、3的基础上，将四堡污水处理厂搬迁至七格。规划水平年的计算方案包括两组。①规划方案1：不实施控制措施4，污水处理厂出水浓度为原设计标准；②规划方案2：不实施控制措施4，全部污水处理厂出水达到一级A标准。各种情况的水环境容量计算方案见表6.6.2。

表6.6.2　　水体功能区达标控制措施的计算方案

水平年	方案	$173m^3/s$	$250m^3/s$	$350m^3/s$
现状水平年	控制措施1	√	√	√
	控制措施2	√	√	√
	控制措施3	√	√	√
	控制措施4	√	√	√
规划水平年	规划方案1	√	√	√
	规划方案2	√	√	√

需要特别指出的是，水域的环境容量与污染物的排放位置及排放方式有关。一般来说，在其他条件相同的情况下，集中排放的环境容量比分散排放小，瞬时排放比连续排放的环境容量小，岸边排放比河心排放的环境容量小。因此，确定在钱塘江河口现状排污布局的条件下，计算各水体功能区的水环境容量（纳污总量）。现状水平年的控制措施中，削减富阳灵桥造纸厂的污染负荷及将四堡污水厂搬迁至七格污水处理厂正在实施中，比较容易落实；枯水期暂时关闭平原河网的排涝闸也可以做到；但控制浦阳江 NH_3-N 尚需做一定的落实工作。

6.6.4 现状水质分析

沿程进入钱塘江河口的污染负荷分为点源负荷与面源负荷，其中点源负荷主要包括污水处理厂或工厂的排污，面源负荷主要为平原排涝闸的排污及进入钱塘江的支流所含污染物。污染物质进入河口以后开始迁移转化，对水质产生影响。因此，要分析钱塘江河口的水质现状，先分析进入河口各水体功能区的污染负荷十分必要。现状条件下各水体功能区的污染物入河量见表6.6.3。

表6.6.3　　现状条件下钱塘江河口各水体功能区污染物入河量

功能区	水质控制目标	功能区面积 $/km^2$	COD_{Cr}入河量 $/(t\cdot 月^{-1})$	NH_3-N入河量 $/(t\cdot 月^{-1})$
1	Ⅱ类地表水	3.85	71.5	2.0
2	Ⅲ类地表水	8.23	1215.5	36.2
3	Ⅱ类地表水	3.29	359.5	24.6
4	Ⅱ类地表水	16.27	401.3	9.2

续表

功能区	水质控制目标	功能区面积 /km^2	COD_{Cr}入河量 /(t·月$^{-1}$)	NH_3—N入河量 /(t·月$^{-1}$)
5	Ⅱ类地表水	7.97	19.3	0.4
6	Ⅲ类地表水	6.69	3366.0	309.3
7	Ⅱ类地表水	6.41	24.8	0.6
8	Ⅱ类地表水	44.89	1008.3	214.3
9	Ⅲ类地表水	58.82	4054.5	732.9
10	三类海水	157.03	6052.5	—
11	主要为一类海水	1893.17	7863.5	—
合计	—	2206.62	24436.7	1329.5
90%保证率上游负荷	—	—	2802.5	134.5
75%保证率上游负荷	—	—	4050.0	194.4

注：因海水标准中没有NH_3—N指标，表中没有包括海水功能区的NH_3—N负荷。海水功能区中，N、P均已超标，故不再对N、P指标进行计算。

表6.6.3数据显示，钱塘江河口的污染负荷主要集中在四堡以下。1号至8号功能区只有2号、6号功能区水质目标为Ⅲ类水，设置有中小型集中式排污口；8号功能区因有水量较大、水质较差的浦阳江汇入，污染负荷略大；其他5个功能区主要是排涝闸和支流汇入；9号、10号功能区大型排污口设置较多，污染负荷较大；11号功能区水域面积较大，设置有较多的排污口和排涝闸，污染负荷也较大。上文水质影响因素的敏感性分析中提到，上游水质的变化对钱塘江河口的影响至杭州湾仍然明显，因此，钱塘江河口这种上游污染负荷小、下游污染负荷大的排污布局整体上是合理的。

用上述经验证的数学模型和各种参数，上游3种径流条件下，11个水功能区在现状负荷条件下，按3种水质判别标准，计算的各功能区达标及超标天数见表6.6.4，交界断面达标及超标天数见表6.6.5，混合区超标天数见表6.6.6，敏感点超标天数见表6.6.7。

表6.6.4　现状条件下各水体功能区水质月内超标天数

指标	功能区	173m^3/s			250m^3/s			350m^3/s		
		标准1	标准2	标准3	标准1	标准2	标准3	标准1	标准2	标准3
COD_{Mn}	1	达标	0	0	达标	0	0	达标	0	0
	2	达标	0	0	达标	0	0	达标	0	0
	3	达标	0	0	达标	0	0	达标	0	0
	4	达标	0	0	达标	0	0	达标	0	0
	5	达标	0	0	达标	0	0	达标	0	0
	6	达标	0	0	达标	0	0	达标	0	0
	7	达标	13	13	达标	8	8	达标	1	1
	8	达标	7	7	达标	5	5	达标	0	0
	9	达标	10	9	达标	5	6	达标	3	3
	10	达标	3	7	达标	1	1	达标	0	0
	11	达标	0	1	达标	0	0	达标	0	0

续表

指标	功能区	173m³/s			250m³/s			350m³/s		
		标准1	标准2	标准3	标准1	标准2	标准3	标准1	标准2	标准3
NH_3—N	1	达标	0	0	达标	0	0	达标	0	0
	2	达标	0	0	达标	0	0	达标	0	0
	3	达标	0	0	达标	0	0	达标	0	0
	4	达标	0	0	达标	0	0	达标	0	0
	5	达标	0	0	达标	0	0	达标	0	0
	6	达标	0	0	达标	0	0	达标	0	0
	7	达标	13	13	达标	9	9	达标	3	3
	8	达标	6	6	达标	5	5	达标	0	0
	9	超标	17	16	超标	12	13	达标	8	8

注：1. 10、11功能区为海水标准功能区，不含NH_3—N标准值，故这两个功能区不对NH_3—N进行评价。

2. 标准2和标准3的数据为超标天数，单位为天。

表6.6.5　　现状条件下各交界断面水质月内超标天数

指标	断面	173m³/s			250m³/s			350m³/s		
		标准1	标准2	标准3	标准1	标准2	标准3	标准1	标准2	标准3
COD_{Mn}	桐庐水厂	达标	0	0	达标	0	0	达标	0	0
	柴埠	达标	0	0	达标	0	0	达标	0	0
	窄溪大桥	达标	0	0	达标	0	0	达标	0	0
	中埠大桥	达标	0	0	达标	0	0	达标	0	0
	筧浦江口	达标	0	0	达标	0	0	达标	0	0
	大源溪交汇	达标	3	0	达标	0	0	达标	0	0
	渔山	达标	14	14	达标	7	8	达标	3	3
	钱江三桥	超标	12	10	达标	5	5	达标	3	1
	三堡船闸	超标	18	16	超标	8	8	达标	6	6
	老盐仓	达标	7	6	达标	4	3	达标	2	2
	曹娥江口	超标	30	30	超标	28	28	超标	25	25
	澉浦	达标	6	11	达标	4	9	达标	3	7
	金丝娘桥	达标	0	0	达标	0	0	达标	0	0
NH_3—N	桐庐水厂	达标	0	0	达标	0	0	达标	0	0
	柴埠	达标	0	0	达标	0	0	达标	0	0
	窄溪大桥	达标	0	0	达标	0	0	达标	0	0
	中埠大桥	达标	0	0	达标	0	0	达标	0	0
	筧浦江口	达标	0	0	达标	0	0	达标	0	0
	大源溪交汇	达标	4	2	达标	0	0	达标	0	0
	渔山	达标	5	5	达标	6	6	达标	3	3
	钱江三桥	超标	15	8	超标	8	7	达标	6	4
	三堡船闸	超标	22	16	超标	16	14	超标	10	10
	老盐仓	达标	16	13	达标	5	5	达标	5	5

注：1. 曹娥江口、澉浦和金丝娘桥海水功能区，不进行NH_3—N评价，曹娥江口断面COD_{Mn}按一类海水进行评价。

2. 表中：白深色表示超标及1个月内超标天数大于10天的时间。

表 6.6.6　　现状条件下各混合区面积月内超标天数

指标	排污口	173m³/s			250m³/s			350m³/s		
		标准1	标准2	标准3	标准1	标准2	标准3	标准1	标准2	标准3
COD_{Mn}	富阳灵桥造纸厂	超标	21	21	超标	13	13	达标	4	4
	四堡污水处理厂	超标	9	9	达标	5	5	达标	3	2
	七格污水处理厂	超标	14	13	达标	8	8	达标	4	4
	萧山和绍兴排污口	超标	17	14	超标	11	6	达标	2	1
NH_3—N	富阳灵桥造纸厂	超标	21	21	超标	15	14	达标	7	7
	四堡污水处理厂	超标	12	11	达标	9	9	达标	4	4
	七格污水处理厂	超标	24	24	超标	15	15	超标	12	12

注：萧山和绍兴排污口位于海水标准功能区，不进行 NH_3—N 的评价。

表 6.6.7　　现状条件下各敏感点月内超标天数　　单位：天

指标	敏感点	173m³/s			250m³/s			350m³/s		
		标准1	标准2	标准3	标准1	标准2	标准3	标准1	标准2	标准3
COD_{Mn}	闸口	达标	7	4	达标	1	1	达标	0	1
	珊瑚砂	达标	5	4	达标	2	1	达标	1	1
	闻家堰	达标	5	5	达标	2	1	达标	1	1
NH_3—N	闸口	达标	5	4	达标	2	2	达标	2	2
	珊瑚沙	达标	10	9	达标	3	4	达标	1	1
	闻家堰	超标	18	20	达标	12	11	达标	3	4

计算结果表明：

（1）按功能区标准1指标评价，大部分功能区的 COD_{Mn}、NH_3—N 在3种流量条件下都基本达标；仅 NH_3—N9 区未达标，从功能区的交界断面看，COD_{Mn} 除渔山、钱江三桥、三堡船闸、曹娥江口外，均能达标，NH_3—N 除钱江三桥、三堡船闸外，均能达标；按4个主要排放口混合区面积评价，COD_{Mn}、NH_3—N 在月均流量 $173m^3/s$ 条件下全部超标，$250m^3/s$ 流量下仍有一半以上超标；按敏感点评价，除闻家堰的 NH_3—N 外，均能达标。

（2）富阳以上水质较好，无超标现象，渔山以下水质较差，COD_{Mn} 和 NH_3—N 均出现超标现象，这是由于富阳造纸厂污水未达标排放，且浦阳江水质较差造成的，钱江三桥、三堡、曹娥江口等交界面超标，是因为钱塘江河口的排污口布局在此一带决定的。

（3）4个控制对象——功能区、断面、敏感点和混合区中，功能区和敏感点的水质评价结果较好，断面的水质评价结果次之，混合区的评价结果最差，这说明混合区超标面积是水环境容量的制约因素。

（4）上游的径流量由 $173m^3/s$ 增大至 $250m^3/s$ 时，水质超标现象明显好转，这说明径流量对钱塘江河口水质的影响是显著的，因此，枯水期适当增大新安江水库的下泄流量来调节钱塘江河口的水质是一种行之有效的措施。当流量达到 $350m^3/s$ 时，已基本上能满足沿程水体功能区的要求。但根据以往年份的水文资料，每年都很难做到最枯月平均流量大于 $350m^3/s$。

6.6.4.1　功能区的超标情况分析

即使按较严格的标准2、3计算，功能区的水质评价结果总体仍然较好，只有少数功能区超标。径流量为 $173m^3/s$ 时，7号和9号功能区超标，7号功能区的 COD_{Mn} 和 NH_3—N 均只符合标准1，不符合标准2和标准3；9号功能区的 NH_3—N 超标。径流量为 $250m^3/s$ 时，7号功能区达标，9号功能区的 NH_3—N 仍然超标。径流量为 $350m^3/s$ 时，各功能区无超标现象。7号功能区是重要的饮用水源地

保护区，其自身的污染负荷较小，但6号功能区中的富阳灵桥造纸厂排污口位于6、7号功能区交界处，造成7号功能区水质超标，为保障水源地的用水安全，削减该造纸厂的排污量十分迫切。四堡和七格污水处理厂位于9号功能区，每天排放的污水量超过100万t，在涨潮时对上游8号区的水质产生较大的影响，造成8号区有7天超标（饮用水源地保护区），应采取有效措施，增加达标天数。

6.6.4.2　断面的超标情况分析

断面的水质超标情况较功能区严重，超标的断面主要位于饮用水源地保护区。径流量为173m^3/s时，钱江三桥和三堡船闸的COD_{Mn}和NH_3-N均超标，曹娥江口的COD_{Mn}超标。径流量增大时，上游断面超标现象有所好转，但并未完全消失。钱江三桥和三堡船闸的超标现象主要由四堡、七格污水处理厂排放的污水在涨潮时上溯所造成。另外，浦阳江NH_3—N浓度较高，也会产生一定的影响，因此，将四堡污水处理厂迁往下游以及控制浦阳江NH_3—N的浓度都是十分迫切的。曹娥江口COD_{Mn}的超标现象严重，这是因为曹娥江口断面附近水域有绍兴和萧山的大量污染物质的排入，比如南岸的萧山和绍兴的排污，码头运输活动带入的污染物质等，而该断面采用的是一类海水标准，调整该水域水体功能区的划分是必要的。

6.6.4.3　混合区面积的超标情况分析

与其他控制对象相比，混合区面积的超标情况最严重。径流量为173m^3/s时，4个主要排污口的混合区面积均超过规定值；径流量为250m^3/s时，四堡的混合区面积达标，七格COD_{Mn}的混合区面积达标；径流量为350m^3/s时，仅有七格NH_3—N的混合区面积超标，说明适当增大径流量能有效地控制混合区的面积。控制混合区面积的直接途径是控制排污口的排污量，但这种直接途径往往并不现实，比如七格污水厂有扩建的计划，萧山和绍兴的排污量也会随着经济的发展而不断增大，但降低排放浓度仍然可行，控制其他污染源也能降低水体中污染物的本底浓度，比如提高污水的处理率、在适当的时期关闭排涝闸能大幅减少进入钱塘江的污染物，从而降低水体中污染物的本底浓度、控制浦阳江的NH_3—N浓度，有效地降低其下游水域NH_3—N的本底浓度等，从而使混合区面积得以受到控制。

6.6.4.4　敏感点的超标情况分析

敏感点（即3个生活供水取水口）的水质评价结果总体良好，仅有闻家堰的NH_3—N在175m^3/s和250m^3/s流量时超标，这主要是由浦阳江含高浓度NH_3—N的江水排入导致。11月16日左右3个敏感点的污染物浓度突然增大，这是因为该时期正好是小潮向大潮过渡的潮位抬升过程（图6.6.2），四堡、七格污水处理厂排放的污水受潮水顶托而难于排向外海，在涨潮过程中上溯，影响到3个敏感点的水质。增设敏感点水质的分析是为了更好地保护饮用水源地的取水口，上述分析表明四堡污水厂排污和浦阳江汇流对敏感点水质影响明显，这再次说明将四堡污水厂迁往下游七格以及控制浦阳江NH_3-N的浓度对保护取水口的水质是十分必要的。

6.6.5　现状纳污总量

钱塘江河口处在流域系统中，水域与陆域、上游与下游、左岸与右岸构成不同尺度的空间生态系统，因此，在确定局部水域水环境容量时，必须从流域的角度出发，合理协调流域内各水域的水环境容量。本书首要考虑的对象是饮用水源地保护区（7号和8号功能区），也即首先要保证水源地的水质达到水体功能区的要求。本节将在钱塘江河口现状水质分析的基础上，逐步采取有效可行的污染控制措施，使水质达到水体功能区的要求，最后确定水环境容量。需要特别指出的是，钱塘江河口为非恒定流的强潮河口，水流运动和水质变化规律都十分复杂，目前没有明确的规范可供使用，因此，在进行水环境容量的计算和分析时，需要灵活参照相关标准和规范。

采取4种污染控制措施方案的计算结果表明：控制措施实施后，水质改善的效果立竿见影，比如削减浦阳江的NH_3—N浓度之后，敏感点闻家堰的超标现象立刻消失。

6.6.5.1　各控制措施的效果分析

（1）采取控制措施1（即削减富阳造纸厂污染负荷50%）之后，闻堰至闸口水质得到明显改善。7

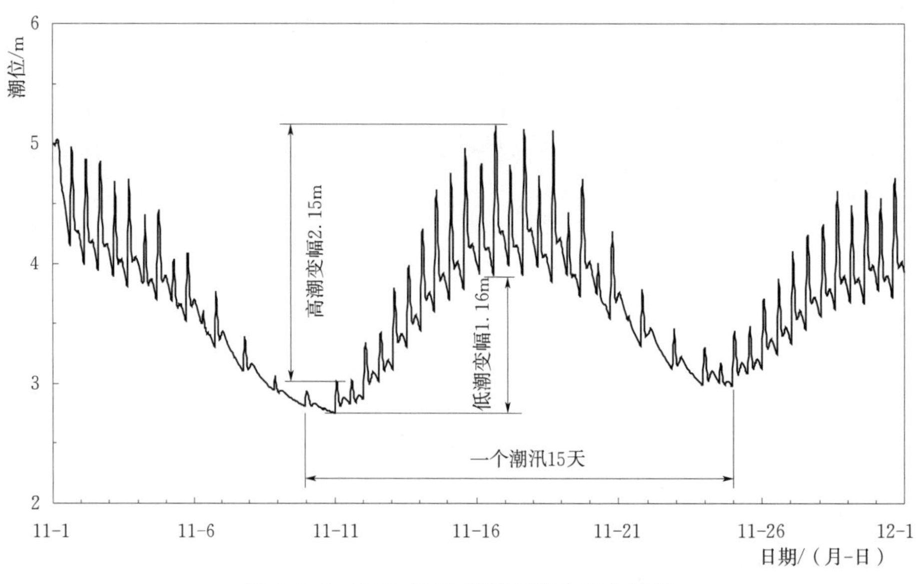

图 6.6.2　2008 年 11 月闸口潮位变化过程

号功能区的超标现象消失，8 号和 9 号功能区的水质也有所改善，所有功能区 COD_{Mn}均达标，但 9 号功能区的 NH_3—N 仍然超标；渔山、钱江三桥和三堡船闸断面的水质有明显改善，均基本达标，曹娥江口 COD_{Mn}的超标情况改善不明显；4 个主要排污口 COD_{Mn}的混合区面积基本达标，NH_3—N 混合区面积超标情况有很大改善，但径流量为 173m^3/s 时仍不能达标，七格污水处理厂排污口的混合区面积超标情况最严重；敏感点水质有很大改善，全部达标。

（2）采取控制措施 2（即在控制措施 1 的基础上关闭所有的平原排涝闸）之后，进入下游的污染负荷大幅减少，下游水质明显改善，如曹娥江口断面的 COD_{Mn}的超标天数约减少了 10 天（标准 2、标准 3）。

（3）采取控制措施 3（即在控制措施 2 基础上，再削减浦阳江 NH_3—N 的浓度 1mg/L）之后，钱江三桥以下断面 NH_3—N 的超标情况有所改善，七格污水处理厂排污口 NH_3—N 混合区面积的超标情况略有改善。

（4）采取控制措施 4（即在控制措施 3 基础上，再将四堡污水处理厂搬迁至七格污水处理厂）之后，敏感点水质进一步改善，原四堡污水处理厂排污口混合区面积的超标情况明显改善（搬迁后的混合区由七格污水处理厂排放的污水上溯而来），饮用水源地保护区的用水安全有了更大的保障。

6.6.5.2　90%保证率流量的水环境容量

总体来看，采取污染控制措施 4 之后，90%保证率流量下，功能区的平均水质指标可全部达标；除曹娥江口断面之外的所有交界断面均达标；除七格污水处理厂排污口之外所有排污口的混合区面积均基本达标；3 个敏感点（取水口）全部达标。前文中提到曹娥江口断面严重超标与水体功能区划分不合理有直接关系，而七格污水处理厂有扩建的计划，因此，其排污口混合区面积在近期内都将无法得到有效的控制。七格污水处理厂排污口和曹娥江口均不在水源地保护区，不是首要保障达标的对象，若认为采取污染控制措施 4 之后钱塘江水体已基本达到功能区划的要求，则此时的污染物入河量即为水环境容量，见表 6.6.8。

表 6.6.8　　采取控制措施 4 时的污染物入河量（90%保证率流量）

功能区	COD_{Cr}入河量/（t·月$^{-1}$）			NH_3—N 入河量/（t·月$^{-1}$）		
	现状	控制措施 4	削减率	现状	控制措施 4	削减率
1	71.5	71.5	接近饱和	2	2	接近饱和
2	1215.5	1335.7	−9.9%	36.2	48.2	−33.1%
3	359.5	359.5	接近饱和	24.6	24.6	接近饱和

续表

功能区	COD_{Cr}入河量/（t·月$^{-1}$）			NH_3—N入河量/（t·月$^{-1}$）		
	现状	控制措施4	削减率	现状	控制措施4	削减率
4	401.3	401.3	接近饱和	9.2	9.2	接近饱和
5	19.3	19.3	接近饱和	0.4	0.4	接近饱和
6	3366.0	2166	35.7%	309.3	231.3	25.2%
7	24.8	24.8	接近饱和	0.6	0.6	接近饱和
8	1008.3	777.5	22.90%	214.3	77.8	63.7%
9	4054.5	4720.5	−16.4%	732.9	669	8.7%
10	6052.5	5220	13.80%	—	—	—
11	7863.5	7863.5	0.00%	—	—	—
合计	24436.7	22959.6	6.04%	1329.5	1063.1	20.0%

表6.6.8削减率一列中负值表示还有一定的容量，2号功能区为桐庐景观、工业用水区，水质目标为地表水Ⅲ类，该功能区因有分水江汇入，水量、污染负荷较大，但水质总体较好，污染源目前主要有桐庐污水处理厂2万t/d的污水进入，根据桐庐初步的污水工程规划，今后尚有8万t/d的污水增加，另外根据2号功能区及上下游的水质情况计算，该区尚有一定的环境容量，故削减率为负值；6号功能区设有富阳、春南、八一、灵桥4个排污口，其中灵桥排污口负荷最大，且靠近下游7号饮用水功能区，削减灵桥50%的污染负荷，可使7号功能区达标；浦阳江在8号功能区汇入钱塘江，其NH_3—N指标严重超标，造成下游河段NH_3—N也出现超标现象，为保证下游河段的水质达标，必须削减浦阳江的NH_3—N负荷，使其浓度降为1mg/L（Ⅲ类地表水水质标准），此外，还需在枯水季节临时关闭入河排涝闸，采取以上措施后8号功能区NH_3—N削减率较大；9号功能区超标因子为NH_3—N，COD_{Cr}尚有一定的容量，该功能区的控制措施为将四堡污水处理厂搬迁至七格，降低出水水质浓度；10号功能区控制措施为暂时关闭入河排涝闸。表6.6.8为2008年11月钱塘江河口各水体功能区的水环境容量，按规范要求，需换算成1年的水环境容量，结果见表6.6.9，即现状水平年COD_{Cr}=27.5万t/a，NH_3—N=1.28万t/a。

表6.6.9　　90%保证率流量钱塘江河口各水体功能区水环境容量　　单位：万t/a

功能区	现状水平年		规划水平年	
	COD_{Cr}	NH_3—N	COD_{Cr}	NH_3—N
1	0.0858	0.0024	0.0858	0.0024
2	1.6028	0.0578	1.6028	0.0578
3	0.4314	0.0295	0.4314	0.0295
4	0.4816	0.0110	0.4816	0.0110
5	0.0233	0.0005	0.0233	0.0005
6	2.5992	0.2776	2.5992	0.2776
7	0.0298	0.0007	0.0298	0.0007
8	0.9330	0.0934	0.9330	0.0934
9	5.6646	0.8028	5.6646	0.6682
10	6.2640	—	5.8590	—
11	9.4362	—	8.5813	—
合计	27.5516	1.2829	26.2916	1.1411

6.6.5.3　75%保证率流量的水环境容量

前文的分析表明，上游径流量的增大对钱塘江河口的水质有明显的改善作用，因此，理论上75%保证率流量下的水环境容量应该大于90%保证率流量下的容量。另外，计算结果表明，采取控制措施1之后，75%保证率流量下，COD_{Mn}已基本达标，但部分水域（包括饮用水源地）的NH_3—N仍超标，针对这种情况，考虑只削减NH_3—N的方案，比如控制浦阳江NH_3—N浓度，分析此时水质的超标情况，确定出75%保证率流量下的水环境容量。表6.6.10为75%保证率流量下，富阳灵桥造纸厂削减50%的负荷以及浦阳江NH_3—N控制在Ⅲ类地表水标准（1mg/L）时的水质超标情况。

表6.6.10　　削减富阳、控制浦阳江NH_3—N浓度时水质超标情况（75%保证率流量）

控制对象	项目	COD_{Mn}			NH_3—N		
		标准1	标准2	标准3	标准1	标准2	标准3
功能区	7	达标	2	2	达标	6	6
	8	达标	0	0	达标	0	0
	9	达标	5	7	达标	10	10
	10	达标	1	1	—	—	—
	11	达标	0	0	—	—	—
	12	达标	0	0	—	—	—
断面	渔山	达标	0	0	达标	1	2
	钱江三桥	达标	3	3	达标	3	3
	三堡船闸	达标	5	3	达标	5	3
	老盐仓	达标	4	3	达标	5	3
	曹娥江口	超标	19	23	—	—	—
	澉浦	达标	0	0	—	—	—
	金丝娘桥	达标	0	0	—	—	—
混合区	灵桥	达标	0	0	达标	3	2
	四堡	达标	5	5	达标	9	9
	七格	达标	4	4	达标	14	14
	萧山	达标	2	1	—	—	—
敏感点	闸口	达标	0	1	达标	0	1
	珊瑚沙	达标	1	1	达标	0	1
	闻家堰	达标	0	0	达标	0	0

表6.6.10数据显示，在75%保证率流量下，富阳灵桥造纸厂削减50%的污染负荷，且浦阳江的NH_3—N达到Ⅲ类地表水水质标准时，钱塘江河口的水质已基本能达到水体功能区划的要求，此时的污染物入河量即为水环境容量（表6.6.11），即现状COD_{Cr}=29.3万t/a，NH_3—N=1.43万t/a，比90%保证率增大10%左右。

表6.6.11　　75%保证率流量钱塘江河口各水体功能区水环境容量　　单位：万t/a

功能区	现状水平年		规划水平年	
	COD_{Cr}	NH_3—N	COD_{Cr}	NH_3—N
1	0.0858	0.0024	0.0858	0.0024
2	1.6028	0.0578	1.6028	0.0578
3	0.4313	0.0295	0.4313	0.0295

续表

功能区	现状水平年		规划水平年	
	COD_{Cr}	NH_3—N	COD_{Cr}	NH_3—N
4	0.4815	0.0110	0.4815	0.0110
5	0.0233	0.0005	0.0233	0.0005
6	2.5992	0.2776	2.5992	0.2776
7	0.0298	0.0007	0.0298	0.0007
8	1.2100	0.1714	1.2100	0.1714
9	6.1398	0.8796	6.1398	0.8796
10	7.2630	—	7.2630	—
11	9.4362	—	9.4362	—
合计	29.3027	1.4305	29.3027	1.4305

6.6.6 规划水平年纳污总量

根据2020年的规划方案，杭州湾南岸的岸线有较大变化，如图6.2.2所示。污水处理厂的规划污水量也有大幅增加，2020年污水处理厂每天排放的污水量约为2008年的1.8倍，若不考虑污水处理厂污水处理工艺的升级，也即出水浓度保持现状水平不变，则排入钱塘江河口的污染物的量将大幅增加，COD_{Cr}增加50.6%（1～11号功能区），NH_3—N增加16%（1～9号功能区），水质状况将比现状更恶劣；若考虑污水处理厂污水处理工艺的升级，且出水按一级A标准排放（现有的按一级A或B标准排放的保持不变），虽然污水量比现状水平年要大很多，但污染物的量将变化不大，见表6.6.12。

表6.6.12　　2020年规划条件下污染物入河量

功能区	COD_{Cr}入河量/（t·月$^{-1}$）		NH_3—N入河量/（t·月$^{-1}$）	
	不升级污水处理工艺	升级污水处理工艺	不升级污水处理工艺	升级污水处理工艺
1	71.5	71.5	2.0	2.0
2	1335.7	1335.7	48.2	48.2
3	359.5	359.5	24.6	24.6
4	401.3	401.3	9.2	9.2
5	19.3	19.3	0.4	0.4
6	3366.0	2406.0	309.3	196.8
7	24.8	24.8	0.6	0.6
8	1008.3	1008.3	214.3	214.3
9	5368.5	4720.5	936.9	429.9
10	13912.5	4882.5	—	—
11	9903.5	7151.0	—	—
合计	36802.3	23411.8	1545.4	925.9

6.6.6.1 90%保证率流量的水环境容量

经计算分析，2020年规划条件下，90%保证率流量时，若考虑升级污水处理工艺，则除曹娥江口断面超标外，其余指标均基本达标，此时的污染物入河量即为水环境容量。将1个月的计算结果换算成一年的水环境容量，结果见表6.6.9。

前文中现状水环境容量方案的计算结果表明，通过实施污染控制措施4之后，90%保证率流量条件下，钱塘江河口的水质基本能达到各水体功能区的要求。这一系列污染控制措施前两项已在实施中，控制措施3实施难度亦较小，控制措施4亦有一定实施基础，在远期规划年内实施这些控制措施是完全可能的，因此，有必要尽快开展在规划水平年的排污状况下，实施上述的控制措施4之后钱塘江河口水质超标情况的研究计算。考虑在90%保证率流量条件下，按照2020年规划的排污量，污水处理厂出水浓度按照原设计标准，采取污染控制措施4，分析水质的超标情况，结果见表6.6.13。

表6.6.13　90%保证率流量采取控制措施四后规划水平年的水质超标情况分析

控制对象	项目	COD_{Mn}			$NH_3—N$		
		标准1	标准2	标准3	标准1	标准2	标准3
功能区	7	达标	0	0	达标	4	4
	8	达标	0	0	达标	0	0
	9	达标	5	5	达标	9	9
	10	超标	21	22	—	—	—
	11	超标	30	30	—	—	—
	12	达标	0	0	—	—	—
断面	渔山	达标	0	0	达标	0	1
	钱江三桥	达标	3	1	达标	3	1
	三堡船闸	达标	4	3	达标	5	3
	老盐仓	达标	8	8	超标	18	17
	曹娥江口	超标	30	30	—	—	—
	澉浦	超标	30	30	—	—	—
	金丝娘桥	达标	0	0	—	—	—
混合区	灵桥	达标	3	3	超标	10	10
	四堡	达标	4	4	达标	5	5
	七格	达标	9	6	超标	14	13
	萧山	超标	26	25	—	—	—
敏感点	闸口	达标	0	0	达标	0	1
	珊瑚沙	达标	0	0	达标	0	1
	闻家堰	达标	0	0	达标	0	0

计算结果表明，按照规划水平年的排污量，采取控制措施4之后，钱塘江河口上游（渔山断面以上）无超标现象，3个敏感点全部达标，10号和11号功能区仍然超标严重，这说明，按照规划水平年的排污量（比现状增加80%），如果不升级污水处理厂的污水处理工艺，也即不降低出水浓度，即使采取了一系列的污染控制措施，也不能使钱塘江水质达到水体功能区划的要求，尤其是下游。

6.6.6.2　75%保证率流量的水环境容量

数据表明，75%保证率流量下，若考虑污水处理厂污水处理工艺的升级，也即出水浓度达到一级A标准，钱塘江河口规划水平年的水质达标情况良好，因此，设计适当增加污水处理厂的排污量，分析此时水质超标情况，进一步估算75%保证率流量下规划水平年的水环境容量。表6.6.14为增加30%的污水量时规划水平年的水质超标情况（升级污水处理工艺），表中数据显示，曹娥江口的COD_{Mn}仍超标严重，富阳灵桥造纸厂排污口的混合区面积恰好不超标，此时钱塘江河口的水质基本达

到水体功能区划的要求，污染物入河量即为水环境容量，见表 6.6.11。

表 6.6.14　　规划水平年增加 30%污水量时水质超标情况（75%保证率流量）

控制对象	项目	COD_{Mn}			NH_3—N		
		标准 1	标准 2	标准 3	标准 1	标准 2	标准 3
功能区	7	达标	4	4	达标	2	2
	8	达标	0	1	达标	0	0
	9	达标	3	4	达标	4	4
	10	达标	0	0	—	—	—
	11	达标	0	0	—	—	—
	12	达标	0	0	—	—	—
断面	渔山	达标	6	6	达标	2	1
	钱江三桥	达标	1	1	达标	1	2
	三堡船闸	达标	4	1	达标	3	2
	老盐仓	达标	3	2	达标	2	2
	曹娥江口	超标	27	27	—	—	—
	澉浦	达标	8	13	—	—	—
	金丝娘桥	达标	0	0	—	—	—
混合区	灵桥	达标	10	11	达标	10	10
	四堡	达标	3	1	达标	3	1
	七格	达标	6	5	达标	6	6
	萧山	达标	3	1	—	—	—
敏感点	闸口	达标	1	1	达标	2	2
	珊瑚沙	达标	1	0	达标	1	0
	闻家堰	达标	1	1	达标	6	6

6.6.7　推荐纳污总量及控制措施

现状和规划的水环境容量计算方案表明：上游径流量越大，水环境容量越大。在此需要指出的是，钱塘江河口的环境容量（即最大纳污量）理论上应该是电站下泄负荷和沿程入河负荷的总和，因此，在计算时考虑了电站下泄负荷和沿程入河负荷，因本项目主要关心的是沿程入河负荷，故本文提及的环境容量仅是指沿程最大入河负荷，即剔除了电站下泄负荷后的剩余环境容量。因海水中没有 NH_3—N 指标，故本文仅给出了富春江大坝至金丝娘桥河段 COD_{Cr} 的环境容量以及富春江大坝至老盐仓河段 NH_3—N 的环境容量。

富春江电站至三堡船闸河段（即 1～8 号功能区）有 6 个功能区为水源地保护区，水体功能要求较高；9～11 号功能区没有水源地保护区，水体功能要求相对较低。实测资料和数值模拟计算结果表明：现状条件下，由于污水处理厂（尤其下游的污水处理厂）的出水浓度较高，且平原河网水质较差，造成钱塘江河口水质超标情况比较严重。而要改善这种状况，需要污水处理厂改进工艺、提高排放标准，同时需对内河进行截污，这两种措施在短时间内都较难执行，枯水期关闭入河排涝闸也只是污染负荷错峰调节的临时手段，不是长久之计。考虑到控制措施在短时间内难以实现，现状情况下建议在三堡船闸以上河段采用设计径流量为 90%保证率最枯月流量下的控制标准进行控制，三堡船闸以下河段采用设计径流量为 75%保证率最枯月流量下的控制标准进行控制；规划水平年全河段采用设计径流量为

90%保证率最枯月流量下的控制标准进行控制。根据这个要求，现状及规划水平年推荐采用的环境容量见表6.6.15。

表6.6.15　现状及规划水平年推荐采用的环境容量

功能区	现状水平年		规划水平年	
	COD_{Cr}	NH_3—N	COD_{Cr}	NH_3—N
1	0.0858	0.0024	0.0858	0.0024
2	1.6028	0.0578	1.6028	0.0578
3	0.4314	0.0295	0.4314	0.0295
4	0.4816	0.0110	0.4816	0.0110
5	0.0233	0.0005	0.0233	0.0005
6	2.5992	0.2776	2.5992	0.2776
7	0.0298	0.0007	0.0298	0.0007
8	0.9330	0.0934	0.9330	0.0934
9	6.1398	0.8796	5.6646	0.6682
10	7.2630	—	5.8590	—
11	9.4362	—	8.5813	—
合计	29.0259	1.3525	26.2918	1.1411

由于现状水平年不少河段水质已超标，要达到环境容量的标准，必须采取相应措施，特别是在有生活取水要求的河段。按其重要性和落实程度排序，需逐步采取以下措施：①削减富阳灵桥造纸厂50%的污染负荷；②将四堡污水处理厂搬迁至七格，以上两项工程正在实施；③有计划地削减浦阳江NH_3—N浓度（降为1mg/L，也即达到Ⅲ类地表水水质标准）；④枯水期关闭平原河网的排涝闸。在规划水平年除近期实施上述4个控制措施之后，还需要沿程的全部污水处理厂执行一级A标准排放。

6.7　排污口近区浓度的观测与模拟

6.7.1　杭州市四堡污水处理厂概况

杭州市的城市污水，在20世纪70年代前，未经处理分散地直接排入城市河网和运河水系，严重污染了水流接近静止的市区大片河网水质，致使景色秀丽的市区水网沦为臭水沟。20世纪70年代后开始建截污管，并建干管将25万t/d污水未经任何处理直接以岸边排放的形式，在杭州市三堡附近排入钱塘江河口，导致在排放口附近形成长8.0km、宽0.12km的污染带，黑臭水体常年存在于市区附近的钱塘江边，与国内外著名的旅游城市极不相符。80年代初，杭州市城建局委托浙江省河口海岸研究所，研究污水处理厂建设规模及排放口位置，污水处理厂一期规模为40万t/d的一级污水处理厂，并留有60万t/d二级处理厂的空间。在钱塘江设置排放口，关键技术有：①钱塘江的含沙量很高（1～4kg/m^3），应注意防止当停止排放时，悬沙在憩流时不会淤积堵塞竖井及整个水平扩散管及放流管，为此设计了当停水时能自动关闭的阀门（此阀门由河海大学试验设计，因当时不知国外有鸭嘴阀，以后钱塘江上的其他排放口都采用鸭嘴阀）；②排放口应设置在河道水深相对大、弯曲段的凹岸，以保障主流贴近岸边且不易淤积的部位；③要满足初始稀释度在10～15以上，满足受纳水体的水质达到水功能区的要求外，超标的混合带面积小于国家有关规定；④要保证涨潮时，上逆的江水污染物浓度满

足上游取水口的水质要求。为此经多种近、远区数学模型计算和比尺模型试验，根据该处江段的水环境容量，选定拟建的三堡污水处理厂排放口设在其下游400m的四堡，并以长350m的入江管敷设在江底，其中250m为放流管，末端最后100m为扩散管，扩散管上设6根竖井，每个竖井以3个喷口排放（图6.7.1），把污水排入钱塘江江心主流区域，使污染物充分稀释扩散，满足以上的各项技术要求（韩曾萃等，1994）。入江管由中国船舶总公司第九设计院设计，由杭州市城市建设综合开发公司及上海基础公司共同施工，经多年运行正常，杭州市四堡排污口成为全国第一家以江心排污、利用潮流稀释扩散处理污水的工程，经几年运行情况看，效果显著。排放管的形式及细部结构如图6.7.1所示（张永良等，1995）。

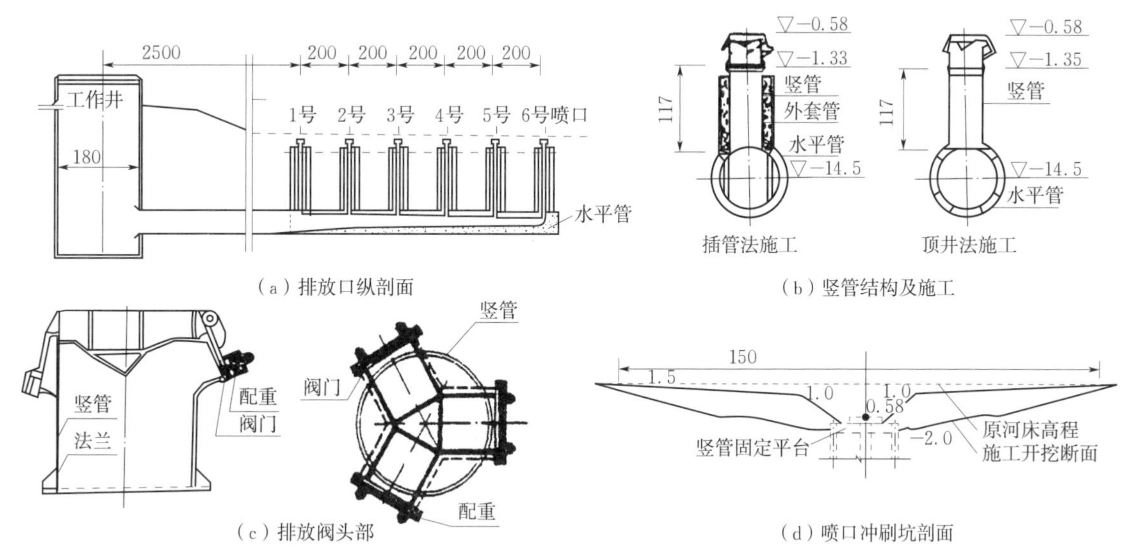

图6.7.1　排放口工程简图（张永良等，1995）

本节对丰水、枯水期及大、小潮等不同水文条件下现场观测的水质资料进行了分析，并用远场、近场的非恒定平面二维、立面二维 $k—\varepsilon$ 紊流模型进行了数值模拟检验，结果吻合良好。并在此基础上，研究了整个杭州市污水处理厂扩大规模、不同处理程度等工况（吴兆坤等，1992）。此后钱塘江的七格（耿兆铨等，1998）、海宁盐仓和丁桥、绍兴、萧山江东等污水处理厂，都按此类似地进行前期论证、建设和运行，对保护钱塘江水环境起到了较好的作用。

6.7.2　岸边排放及江心排放的表层水质观测（韩曾萃等，1992）

在排江管投入运行前后，分别进行了岸边排放和江心排放的表层（0.5m水深）观测，主要考虑的因素如下：

（1）由于潮汐、径流不同，其水深、流速以及稀释扩散效果也不同。故观测应包括径流和潮汐等不同水文条件下的水质变化。

（2）观测应从大范围远区逐步缩小到近区，除平面表层外，对近区还应包括垂线上的变化。

（3）为掌握全潮过程，应包括涨潮流急、高平憩流、落潮流急、低平憩流四个特征时刻。

（4）观测项目包括：有机污染物，以 COD_{Mn} 为主，还有 BOD_5、DO、NH_3—N、石油类、重金属 Cu^{2+}、Cr^{6+}、Zn^{2+} 及细菌总数、大肠杆菌、浮游植物、鱼类等。

6.7.2.1　岸边排放的观测分析

在1990年2月、4月即污水处理厂建成前，实施了两次岸边排放的观测，当时的污水量是20万～24万t/d。第1次观测上游流量为465m^3/s，七堡潮差仅0.27m，为枯水小潮；第2次观测上游流量为940m^3/s，七堡潮差为1.30m，为平水中潮。图6.7.2给出未经任何处置的污水岸边排放情况下污染带内外的浓度差别，以及当大潮涨潮时刻，污染带被潮水稀释的过程。第1次观测潮小，涨潮不明显，4个特征时刻污染带内观测值变化不大，可用平均值代表该点的全潮值。由图6.7.2可知，纵向污染带内外的浓度变化很大，COD_{Mn}、BOD_5最大值达到15mg/L，而污染带外很稳定为3.0mg/L，污染带内外相差达5倍，NH_3—N的差异也很类似。第2次观测时潮差大，落潮时污染带内纵向8km范围内COD_{Mn}从3mg/L增大到20mg/L后再恢复到正常，到涨潮时污染物浓度很快被下游低浓度水体所稀释，浓度迅速降低到5mg/L左右，变化明显，而污染带外的水质当时能保持较优的水平。

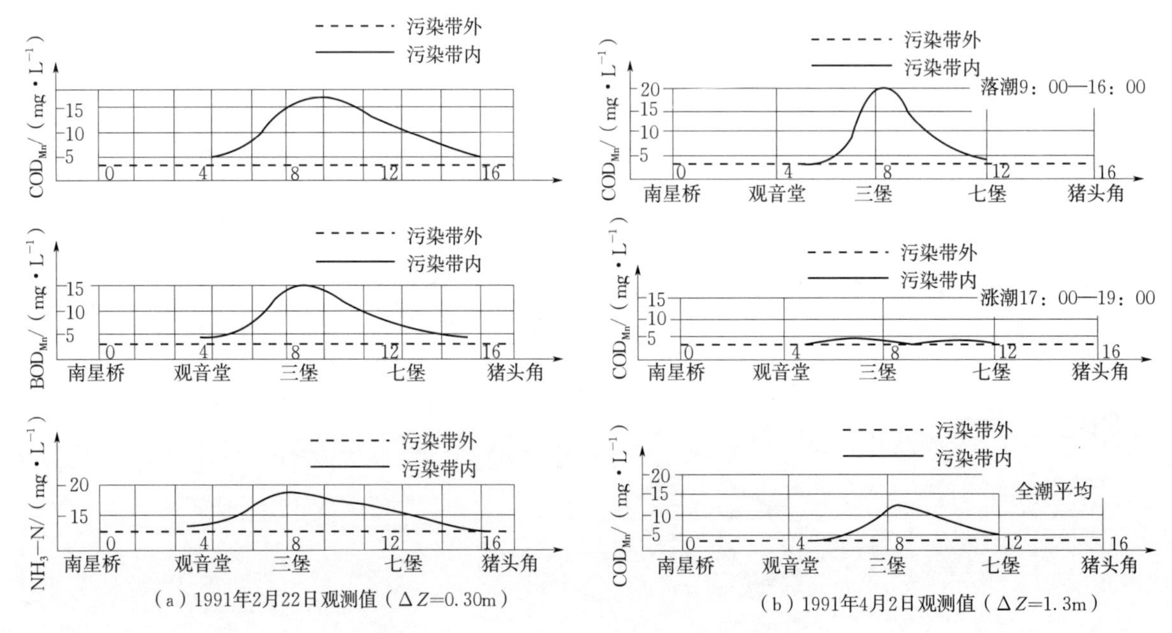

图6.7.2　岸边排放污染带内、外浓度分布

由图6.7.2可以得出以下结论：

(1) 岸边排放无论中小潮均存在一个劣Ⅳ～Ⅴ类地表水的污染带，面积为6.0km×0.1km～8.0km×0.08km，且随潮汐、径流的强弱而变化。

(2) 污染带内COD_{Mn}最大浓度为27.1mg/L，平均浓度为10.8mg/L；污染带外最大浓度为3.7mg/L，平均为2.98mg/L，两者最大浓度相差7.3倍，平均浓度相差3.6倍。其他污染物BOD_5、NH_3—N等也有类似的情况，唯有重金属污染带内外相差仅30%。

(3) 从稀释能力看，污水浓度COD_{Mn}=200mg/L，如不考虑本底浓度，相对于污染带内最大、平均浓度而言，稀释分别为7倍、20倍。

(4) 从径流及潮汐大小看，平水中潮的稀释能力远大于枯水小潮，如4月（平水期）污染带内的平均浓度只有2月（枯水期）的60%，另一种表现为，中潮涨潮时污染带内的浓度大幅度下降，且超标面积减小甚至消失。

6.7.2.2　江心排放的观测分析

1992年2月江心排放管建成并投入运行，同年4月15日、20日进行了两次观测，这两次的潮汐、径流分别为枯水小潮（潮差0.8m，上游流量$Q=500m^3/s$）和平水中潮（潮差1.3m，$Q=800m^3/s$），正好与两年前岸边排放时的水文条件类似，可作对比。其COD_{Mn}观测值如图6.7.3所示，由图可知：

(1) 江心排放后，涨潮、落潮COD_{Mn}平均值在3.6～4.4mg/L间变化，远低于岸边排放13～27mg/L的变化，即江心排放比岸边排放的浓度下降3～6倍。当日污水排放的浓度相当于COD_{Mn}=106～220mg/L，如不考虑江水本底值其稀释倍数为30～50倍，考虑本底后表层稀释达120倍左右，效果十分显著。

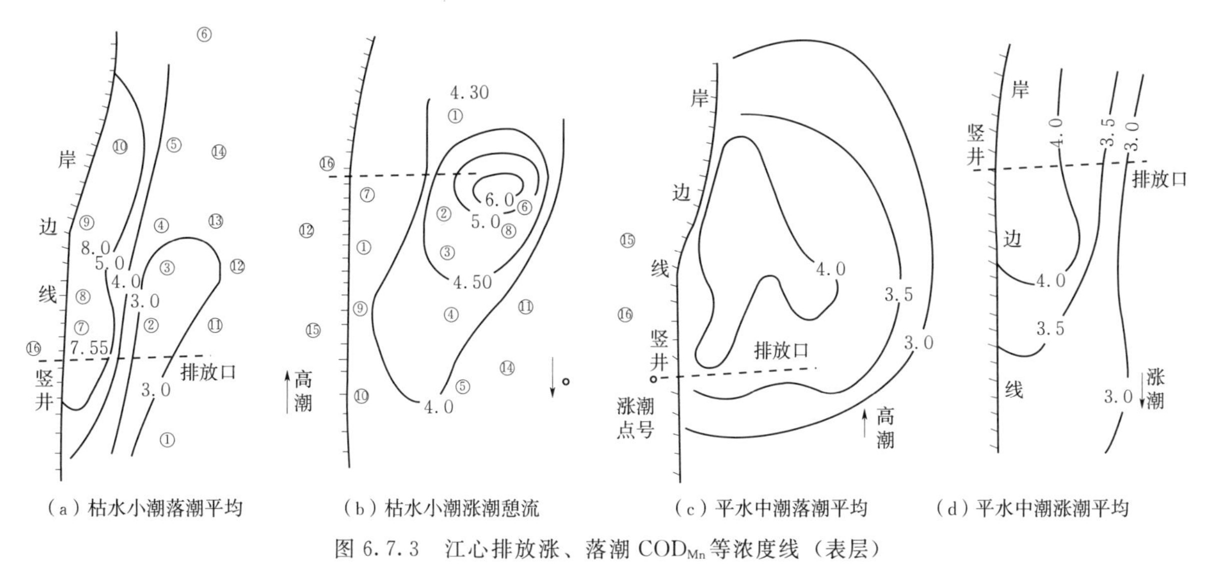

图 6.7.3 江心排放涨、落潮 COD_{Mn} 等浓度线（表层）

[（a）、（b）为 1992 年 4 月 15 日观测，$\Delta Z=0.8$m、$Q=500\text{m}^3/\text{s}$（c）、（d）为 20 日观测，$\Delta Z=1.3$m、$Q=800\text{m}^3/\text{s}$]

（2）由平面分布可知，落潮时最高浓度 8.0mg/L，位于⑨号点，其不在排放口附近，而是在排污口下游 50～100m 处的岸边；涨潮憩流时，最高浓度降为 6mg/L，位于⑥号点，其在排放口附近，距排放口 50m 左右，这是由于底部排放的污染物到达表层要有一段距离导致的。

（3）4 月 20 日排放的污水浓度虽然略高于 4 月 15 日，但其为平水中潮期，受纳水体涨、落潮平均的最大浓度为 4.0mg/L，低于 4 月 15 日枯水小潮落潮平均的最大浓度 8.0mg/L，即初始稀释度更大。

（4）江心排放基本上无劣Ⅴ类水体，在岸边或憩流时刻存在劣Ⅲ类水体及劣Ⅳ类水体，但劣Ⅳ类水体的时间很短，远比岸边排放优越。

6.7.2.3 岸边与江心排放表层稀释能力的比较

通过上述观测，经对比分析可知：

（1）超标面积对比。根据钱塘江水环境功能区划，本江段为Ⅲ类地表水功能区，其劣Ⅲ类地表水面积大小见表 6.7.1，由表可知，枯水小潮期超标面积岸边排放比江心排放大 10 倍，而平水中潮期，江心排放无超标面积，达到了规划江心排放的超标面积小于 0.3km² 的要求。

表 6.7.1 排放口超标面积对比 单位：km²

排放方式	枯水小潮期		平水中潮期	
	落潮	涨潮	落潮	涨潮
岸边排放	0.60	0.40	0.32	0.10
江心排放	0.06	0.00	0.00	0.00

（2）稀释倍数对比。有机污染物以 COD_{Mn} 为代表，相对竖井原状污水的平均浓度，岸边排放污染带内平均稀释 15～20 倍，而江心排放稀释 47～52 倍，两者差 3 倍左右（如考虑江水本底值，两者相差 6 倍左右），瞬时最大浓度的倍数相差更大。江心排放合理地利用了主流水深大、流速大的特点，故稀释效果好。

（3）景观对比。岸边排放沿岸有长 8000m、宽 120m 的黑褐色水体，在排污口 500m 范围内有白色泡沫，且夏天有臭味，景观极差。而江心排放一般情况下见不到黑臭带，满足超标面积小于 0.3km² 的要求。

6.7.3 江心排放近区的非恒定三维浓度场观测分析（韩曾萃等，1993b）

为进一步了解排放口附近混合区的大小、平面和垂线稀释能力及全潮浓度的变化，也为近区模型的率定、验证提供资料，又组织了 4 次不同工况的现场观测。布置测点 10 个，每点上中下三层取样，且点位随潮汐的涨落而变动平面位置，这样更能反映近区污染物时空的全潮变化过程。现以枯水中期（第 1 次）为代表，其浓度平面及剖面分布如图 6.7.4 所示。其中垂向分布用相对水深即 Y/H 表示，由于落潮历时较长，可取平均值表示，涨潮历时较短，用憩流时刻平均表示。

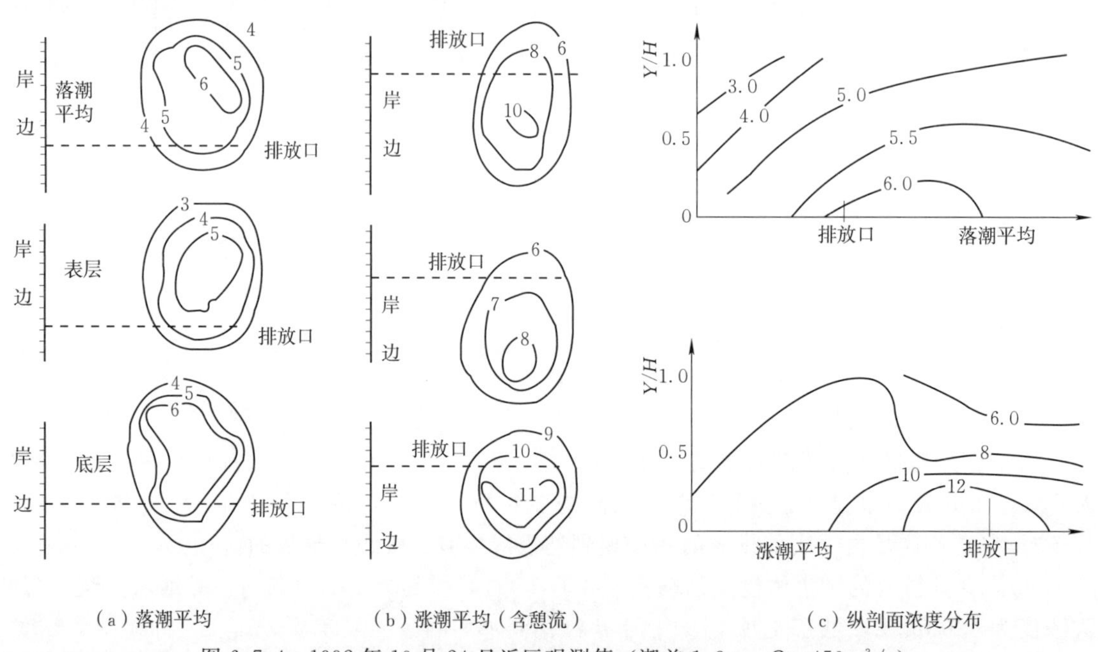

图 6.7.4　1992 年 10 月 24 日近区观测值（潮差 1.3m，$Q=450\mathrm{m^3/s}$）

根据观测期的水文情况，径流 $Q=460\mathrm{m^3/s}$，七堡潮差 1.30m，污水量为 20 万～25 万 t/d，$COD_{Cr}=190$～420mg/L，基本上反映了污水处理厂初建运行的主要工况，由此可以得到以下主要结论：

（1）江心排放的混合区在 300m×100m 范围以下，憩流时刻因流速减小，超标范围缩小，但浓度增大，底部浓度由 6mg/L 增大到 12.0mg/L。

（2）就稀释倍数看，表层为 100～200 倍（憩流时刻减小到 40 倍左右），底层一般为 30～60 倍（憩流时刻 15 倍左右），而岸边排放为 10 倍左右，即江心排放比岸边排放大 4 倍左右。

（3）就水体分类看，江心排放表层无Ⅲ类水（只有憩流时刻存在 100m×150m 劣Ⅲ类水体），底层有 100m×100m 劣Ⅲ类水（憩流时有 500m×150m 劣Ⅳ类水体），极个别情况下，也有劣Ⅴ类水，但时间极短，而岸边排放经常存在 8km×0.1km～6km×0.08km 劣Ⅴ类水，故两者水质不大相同。另外还有其他工况的观测，限于篇幅，不再重述，详见张永良等（1995）的论述。

6.7.4　岸边及江心排放的数值模拟

仅有一定代表性水文条件下的水质观测，还不能直接预测今后污水处理厂不同污水规模、处理程度、排放方式及其他水文条件下的水质状态，还必须有通过现场观测验证了的数值模型，以便作更多变化条件下的水质预测。因此，有必要建立数值模型，有了现场观测数据才能为较可靠数值模型的建立提供先决条件。

6.7.4.1　岸边排放的数值模拟（韩曾萃等，1986b）

岸边排放如忽略排放污水射流动量对主流动量的影响，可以采用平面准二维非恒定流，即用一维非恒定流方程组推求断面平均流量（流速）、水位，再将水流沿流线划分成若干流带。用实测资料建立流带流速与断面平均流速的关系，再按流带的对流扩散方程求污染物浓度。图 6.7.5 是污染带的验证结果，模型计算结果基本上反映了污染带内外的差异。

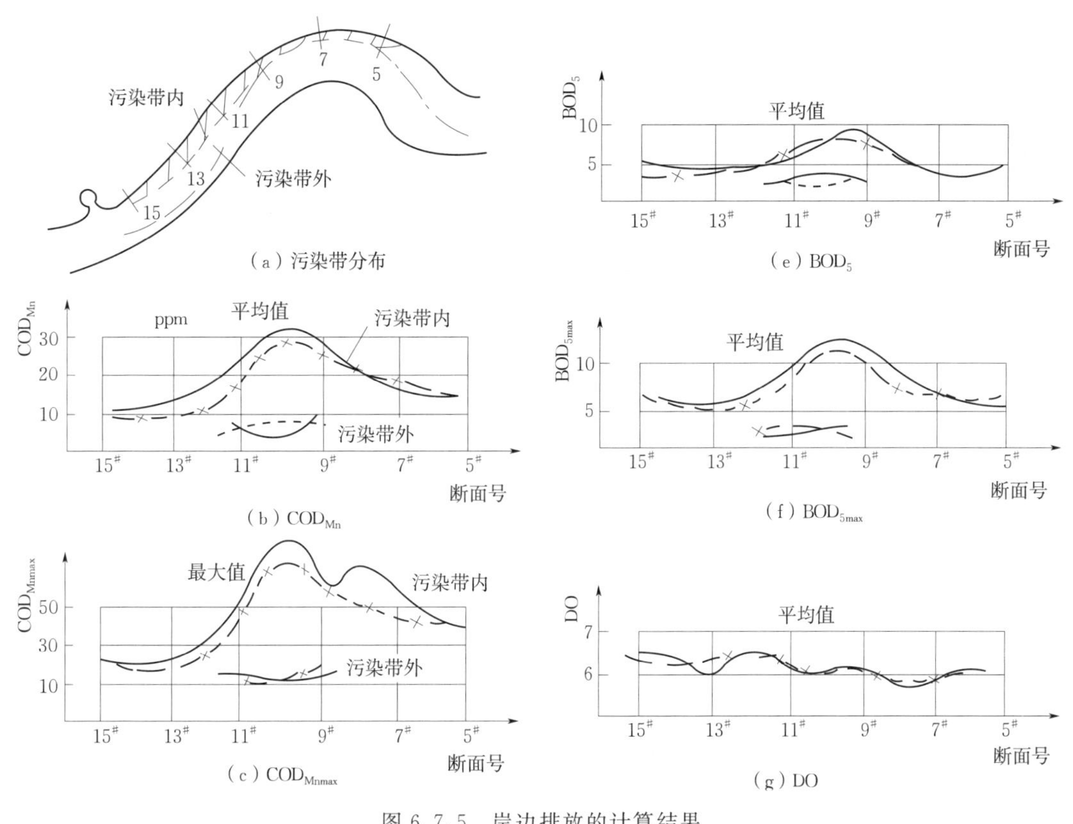

图 6.7.5　岸边排放的计算结果

——实测值；— — × — —计算值

6.7.4.2　江心排放的数值模拟（毛献忠等，1996）

江心深水底部射流排放时，不能忽略出口动量对主流的干扰。应用立面 $k—\varepsilon$ 紊流模型模拟流场的全潮过程，具体计算方法和计算条件详见毛献忠等（1996）。两次近区 COD_{Mn} 验证计算结果见表 6.7.2 和图 6.7.6，其平均误差小于 10%。

表 6.7.2　江心排放 COD_{Mn} 计算值（垂线平均）和观测值的比较　单位：mg/L

涨落潮		落潮				涨潮		
距排放口的距离		20m	50m	100m	300m	20m	50m	100m
第三次观测的水文条件下	观测值	5.51	4.99	5.37	5.34	8.87	8.97	8.27
	计算值	6.66	6.40	6.26	5.83	8.17	8.10	8.06
	误差	20%	28%	16%	9%	8%	10%	2%
第四次观测的水文条件下	观测值	4.48	3.63	3.89	3.69			
	计算值	3.93	3.83	3.78	3.58			
	误差	12%	6%	3%	3%			

6.7.5　模型的应用

环境容量是相对一定设计保证率（一般为 90%）的水文参数（上游径流、下游潮汐）及相应水质标准（钱塘江四堡河段为Ⅲ类地表水），并允许有一定超标面积的污染带存在下的污染物最大排放量。在以上限制条件下，它是一个常数。但实际污水处理厂是在全年不同水文条件下和满足一定水质条件下排放污水的，为节约运行费用，丰水大潮期间多排一些污染物，且能满足水质要求的可能性完全存

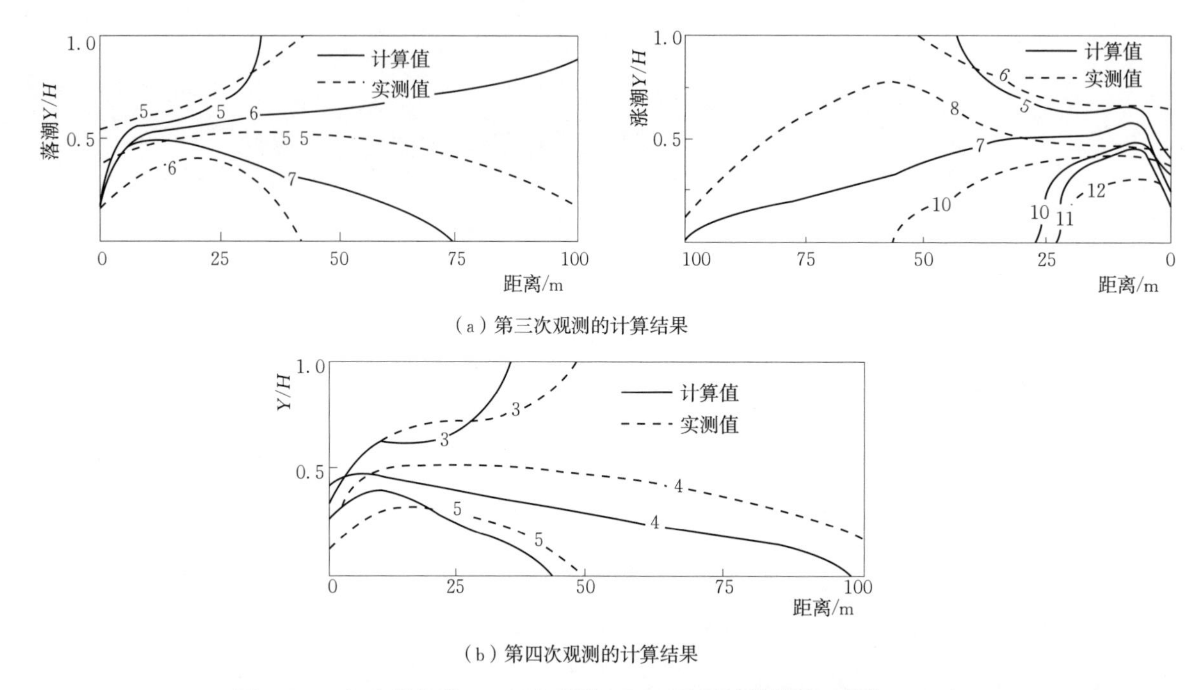

图 6.7.6 江心排放第三、四次观测 COD_{Mn}验证计算结果（单位：mg/L）

在，它在一年中占多少时间呢？这些问题可以结合杭州四堡污水处理厂的实际情况，用上述模型来研究，主要结果如下：

当污水处理厂为60万t/d的规模时，一年中冬季枯水小潮期（占一年的40%时间）必须进行二级处理后排放，丰水大潮期（占一年的30%时间）可以只按一级处理排放，平水中潮期（占一年的30%时间）要按一级半（即一半一级处理，另一半二级处理）排放，这样也可以节省大量的运行费。

四堡污水处理厂在正常运行的第五年，曾发现排污竖井的局部冲刷坑有4个消失，同时工作竖井与外江的水位差由正常的0.20m增加到1.20m，从而判断其中4～5个竖井已被堵塞，决定修复。在暂时使用临时排放口后，发现其中一个阀门被木棍卡住而不能关闭，故逐步为泥沙所淤塞，导致这几个竖管停止排污，全部污水从1～2个竖管排出，故水头损失增大。除此项事故外，20余年来，四堡污水处理厂均运行正常，为杭州的水环境保护作出了贡献。

6.8 富春江低氧河段水质监测、分析与模拟

水体中的溶解氧（DO）不是污染物质，但它是水中一切生物生存最基本的必要条件，是最重要的生境因子，受到普遍的重视，因此除控制污染物外，还要保证DO含量保持一定的水平，国际上地表水要求DO>5mg/L。富春江富阳和里山以及闸口河段，年内5—11月DO含量远低于该标准值（图6.8.1），但与其密切相关的BOD_5、COD_{Mn}并不高，这些问题一直困扰着我们。该河段为感潮河段，受到径流和潮流双向水流影响，周边支流污染源众多，以往研究中缺乏较详细的相关水质、生态资料。因此，需要开展野外监测，获取实测资料来分析确定富春江感潮河段低氧的原因和形成机理。

6.8.1 监测方案及结果

监测的目的是掌握低氧河段各种与DO有关的水质因子的分布规律，为低氧机理的探究和数学模型的验证提供可靠的基础数据。因此，监测布点设置需要满足水质沿程、垂向、平面分析的需求，第一阶段（2011年5月和9月）覆盖干流全线，采用测绘船监测，共布设6个断面，如图6.8.2所示，

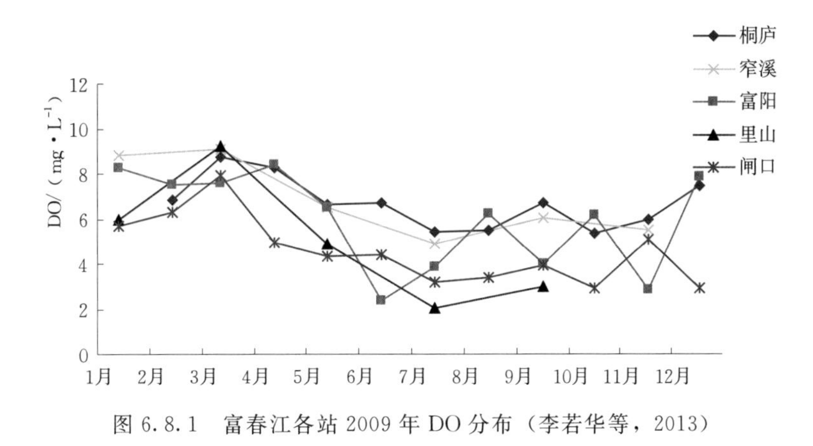

图 6.8.1　富春江各站 2009 年 DO 分布（李若华等，2013）

分别为桐庐、中埠、富阳、渔山、闻家堰、闸口断面，每个断面布设 2 条垂线，位于边滩和深槽，垂向上分为表、中、底三个测点，观测指标包括 DO、COD_{Mn}、BOD_5、TP、TN、NH_3—N、叶绿素 a 和水温等。第二阶段（2012 年 12 月以及 2013 年 3 月、4 月和 6 月）重点监测低氧区域，覆盖范围为中埠大桥至闸口断面，在岸边监测，如图 6.8.3 所示。

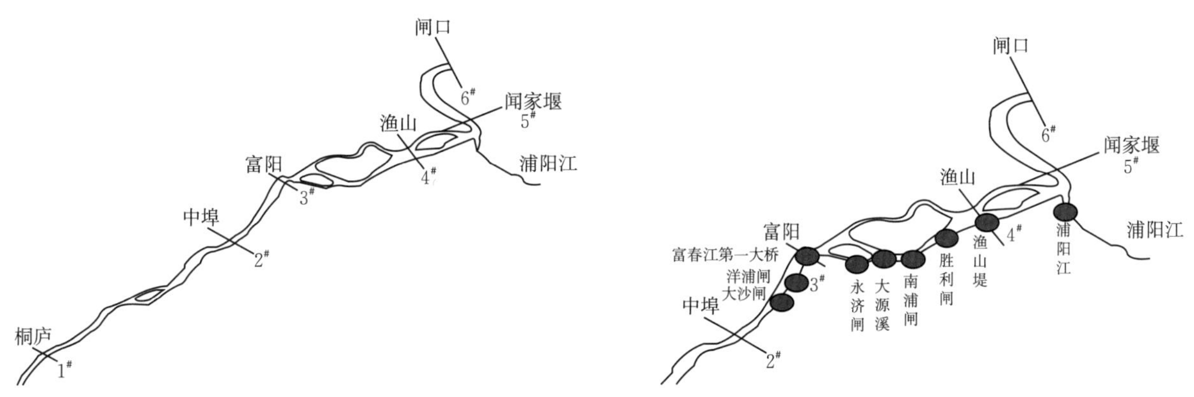

图 6.8.2　干流监测断面布置

图 6.8.3　重点区域监测点布置

2011 年 5 月和 9 月进行了第一阶段两次水质监测，其边滩表底层平均值和主槽上中下平均值见表 6.8.1。2011 年 5 月及 9 月测验期径流量分别为 $250m^3/s$ 和 $510m^3/s$，都是枯水期，其水质很有代表性，由表 6.8.1 可知：富阳至闸口无论主槽、边滩多数 DO 都超标（<5mg/L），说明此河段确实存在低氧区，其他有机污染物营养盐虽高于功能区水质标准，但浓度并不太高，用已有的 DO—BOD_5 耦合模型很难模拟得到这么低的溶解氧值，这说明低氧还存在更为深层的原因，值得进一步探讨（李若华等，2013）。

表 6.8.1　　2011 年 5 月、9 月水质监测资料（垂线平均）　　单位：mg/L

断面		DO		COD_{Mn}		BOD_5		TP		TN		NH_3—N	
		5 月	9 月	5 月	9 月	5 月	9 月	5 月	9 月	5 月	9 月	5 月	9 月
桐庐	边滩	6.74	5.07	2.6	3.1	<2.0	<2.0	0.22	0.13	2.92	2.83	0.35	0.27
	深槽	7.27	5.37	2.7	2.6	<2.0	<2.0	0.21	0.13	2.61	2.68	0.30	0.20
中埠	边滩	6.91	7.09	2.0	3.1	<2.0	<2.0	0.26	0.22	2.52	2.65	0.48	0.35
	深槽	6.54	5.14	2.0	2.6	<2.0	<2.0	0.31	0.13	2.30	2.69	0.25	0.34
富阳	边滩	0.48	1.68	6.0	3.6	<2.0	<2.0	0.25	0.12	3.19	2.67	0.47	0.31
	深槽	1.08	4.82	4.2	3.1	2.5	<2.0	0.19	0.12	2.94	2.50	0.70	0.29

续表

断面		DO		COD_{Mn}		BOD_5		TP		TN		NH_3—N	
		5月	9月	5月	9月	5月	9月	5月	9月	5月	9月	5月	9月
渔山	边滩	2.32	3.0	4.2	2.8	<2.0	<2.0	0.18	0.11	3.14	2.59	0.39	0.26
	深槽	2.05	4.0	5.2	3.1	<2.0	<2.0	0.24	0.10	3.23	2.59	0.47	0.25
闻堰	边滩	11.18	5.74	5.5	2.8	<2.0	<2.0	0.34	0.13	4.77	2.70	0.46	0.32
	深槽	5.89	3.15	4.2	3.1	<2.0	<2.0	0.28	0.10	3.33	2.69	0.34	0.25
闸口	边滩	9.74	4.15	8.2	3.1	5.5	<2.0	0.81	0.10	5.50	2.65	0.42	0.20
	深槽	10.83	3.55	9.1	3.2	3.9	<2.0	1.08	0.11	4.19	2.42	0.35	0.25

为此，第二阶段又开展了4次对重点区域的水质监测，分别在2012年12月以及2013年3月、4月和6月进行。但这4次监测的水文条件均为丰水期，观测期的径流量为850～1700m^3/s，其水质代表性较差。现将2013年3月和6月的观测值列于表6.8.2，由表可知：即使在丰水期，洋浦闸至胜利闸等岸边排污口附近都超标，闻堰也在6月超标，到闸口有所恢复。

表6.8.2　　2013年4月24日及6月6日富春江水质监测结果　　单位：mg/L

测点	COD_{Mn}		BOD_5		NH_3—N		TN		TP		DO	
	4月	6月	4月	6月	4月	6月	4月	6月	4月	6月	4月	6月
中埠大桥	3	3	2.3	0.9	0.4	0.6	4.3	2.9	0.36	0.31	—	4.7
大沙闸	23	5	1.9	0.8	0.3	0.7	4.7	4.7	0.42	0.31	7.2	7.4
洋浦闸	100	95	37.5	54	12.7	9.7	14.0	10.4	1.67	2.12	0.9	0.5
富春江桥	5	4	4.3	0.8	0.6	0.6	4.1	3.0	0.28	0.28	5.5	3.8
永济闸	25	21	9.7	6.3	4.5	4.5	7.8	8.5	0.11	0.11	4.7	3
南浦闸	27	32	12.1	15.	1.7	1.7	10.9	6.5	0.13	0.12	4	2.6
大源溪口	4	5	3.2	1.5	0.8	0.7	5.3	3.5	0.22	0.3	4.9	2.8
大源溪里	14	17	5.9	12.	6.0	4.1	7.3	7.7	0.47	0.31	1.1	0.6
胜利闸	72	48	37.7	34.	2.7	1.9	14.7	5.1	0.35	0.43	3.3	1.5
渔山堤	4	4	2.0	2.7	0.4	0.1	2.4	3.5	0.19	0.23	7	6.4
浦阳江	5	5	3.4	4.0	1.9	0.8	3.3	3.1	0.26	0.2	6.6	6.6
闻家堰	5	4	4.1	1.0	0.6	0.6	4.4	3.2	0.2	0.33	6.9	4.0
闸口	3	3	2.6	0.5	0.5	0.3	3.6	2.8	0.26	0.32	7.2	5.6

图6.8.4概括表达了以上各站点在2012—2013年期间实测DO在边滩和深槽表层的特征。

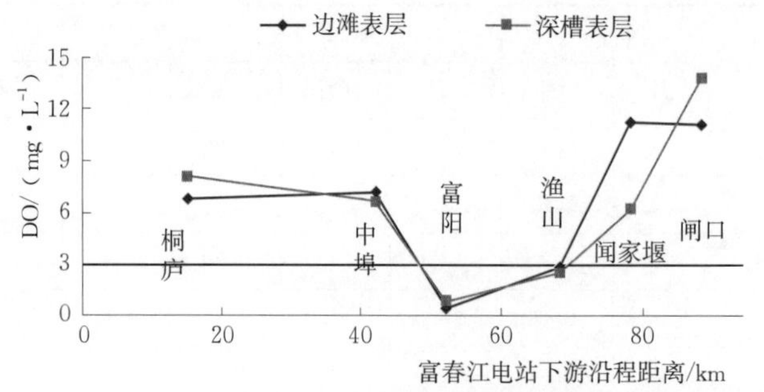

图6.8.4　2012—2013年DO实测值沿程分布

6.8.2 DO与污染水质因子回归分析

为探求低氧区形成的原因，除白天采样外，还在夜间等候造纸厂蓄污池开闸排污时取样，这时的污水浓度特别高，如COD_{Mn}浓度达到125mg/L、BOD_5达到60mg/L、NH_3—N达到24mg/L、TN达到23mg/L，它们所对应的DO浓度大多只有0～1mg/L。将全部采集的样品，采用回归分析的方法，得到如图6.8.5所示的负相关关系（曲璐，2013），这些关系揭示了富春江水体DO低的原因主要是大量的造纸厂污水中相当大的部分未经处理直接排入钱塘江中，尤其是有一部分污水，白天排入蓄污池中，到夜间的6h集中排放，形成乙钱塘江边岸的污染带。将钱塘江监测区间沿断面方向划分为5～6个条带，分配上游下泄的径流，而沿岸污水按夜间集中6h排放，用最简单的全混合串联箱子模型，即可算得6h后的DO浓度。上游径流对COD_{Mn}浓度有10～12.5倍的恢复能力，6～12h后岸边水体COD_{Mn}浓度即可降回到4～6mg/L。DO恢复较慢，只有2倍的恢复能力，到次日白天观测值仍然很低。这可能就是在富阳至闻堰河段，低氧浓度由上游的5～6mg/L下降为2.5～3mg/L，COD_{Mn}由上游的4mg/L上升到30～40mg/L，但一到白天DO低，而有机污染物如COD_{Mn}、BOD_5并不高的原因。

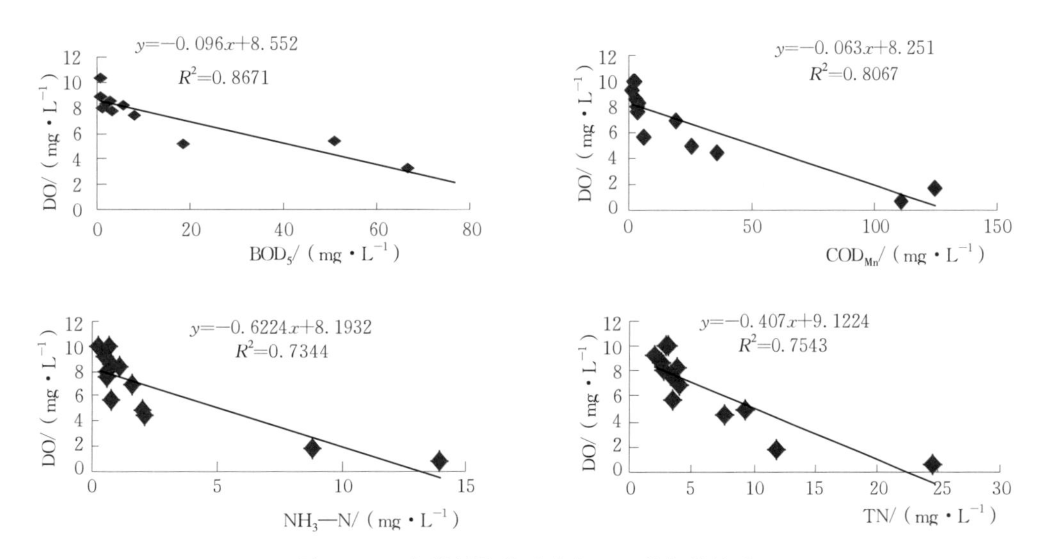

图6.8.5 各类污染物浓度与DO的相关关系

6.8.3 富春江低氧河段数值模拟研究

6.8.3.1 模型构建及验证

借助MIKE21的HD、AD、ECOLAB模块，可构建模拟富春江水体中BOD_5、DO模型，并采用实测水文、水质、生态资料进行验证。整个模拟系统的组成见如图6.8.6所示。

（1）水动力HD和对流扩散AD模型。平面二维水动力模型和对流扩散模型的工作方程、初边值条件及其数值离散方法见MIKE21的HD、AD模块的使用手册。

（2）生态模型。生态模型采用MIKE21 ECOLAB模块中的WQ模板，并根据研究目的对WQ模型进行二次开发修改，如使用降解系数可对不同河段进行赋值。该生态模型可模拟DO、BOD_5、NH_4^+、NO_2^-、NO_3^-、PO_4^{3-}、叶绿素a等多种物质的转化，物质之间的转化关系如图6.8.7所示。

1）BOD_5模拟方程为

$$\frac{dL}{dt}=-K_1L-K_3L \tag{6.8.1}$$

式中：L为BOD_5的浓度；K_1为BOD_5的衰减率；K_3为BOD_5因沉降引起的损失率。

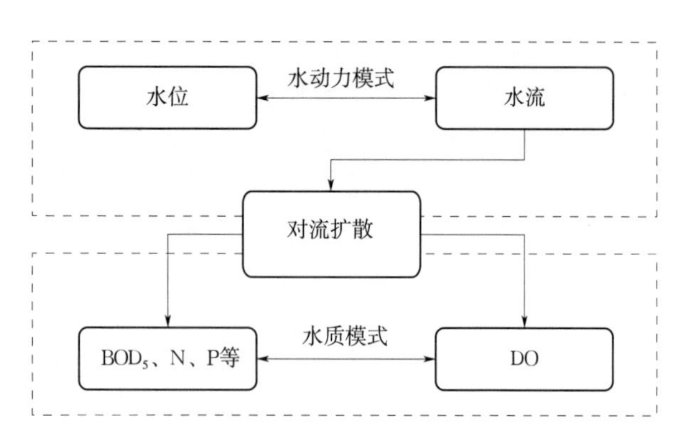

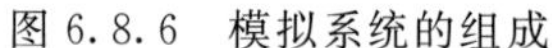
图 6.8.6　模拟系统的组成

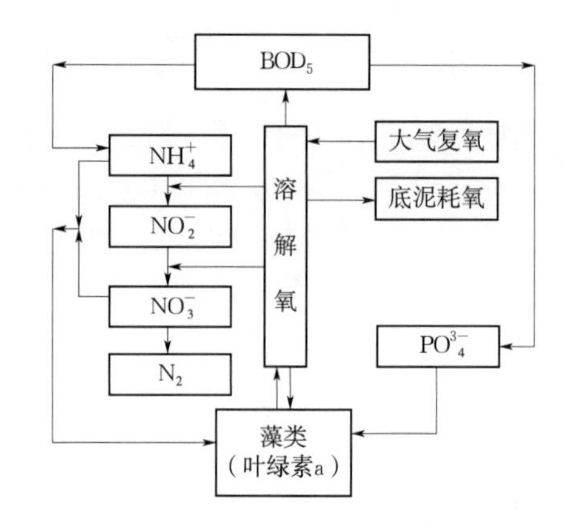

图 6.8.7　模型中主要物质转化关系示意图

2）DO 模拟方程为

$$\frac{dO}{dt}=K_2(O_S-O)+(\alpha_3\mu-\alpha_4\rho)C_a-K_1L-K_5-\alpha_5\beta_1[NH_3]-\alpha_6\beta_2[NO_2] \tag{6.8.2}$$

式中：O 为溶解氧浓度，mg/L；O_S 为当地水温和压力的溶解氧饱和浓度，mg/L；K_2 为复氧率，1/d；K_5 为底泥需氧量，$gO_2/(m^2\cdot d)$；α_3 为单位面积藻类光合作用产氧率，$gO_2/(m^2\cdot d)$；α_4 为单位面积藻类呼吸作用耗氧率，$gO_2/(m^2\cdot d)$；α_5 为（硝化过程中）单位氨氮氧化耗氧率，$gO_2/(m^2\cdot d)$；α_6 为单位亚硝酸盐氮氧化耗氧率，$gO_2/(m^2\cdot d)$；C_a 为藻类生物量的浓度；μ 为藻类当地比生长率，与水温有关；ρ 为藻类当地呼吸率，与水温有关；β_1 为氨氮生物氧化速率常数，与水温有关；β_2 为亚硝酸盐氮氧化速率常数，与水温有关。

3）氮循环数学模型。氮循环考虑了三种形态的氮，即氨氮 C_{N1}、亚硝酸盐氮 C_{N2} 和硝酸氮盐 C_{N3}。

氨氮 NH_4^- 数学模型为

$$\frac{dC_{N1}}{dt}=\beta_3L-\beta_1C_{N1}-\beta_4C_{N1} \tag{6.8.3}$$

亚硝酸盐氮（NO_2^-）数学模型为

$$\frac{dC_{N2}}{dt}=\beta_1C_{N1}-\beta_2C_{N2} \tag{6.8.4}$$

硝酸盐氮（NO_3^-）数学模型为

$$\frac{dC_{N3}}{dt}=\beta_2C_{N2}-\beta_5C_{N3}-\beta_6C_{N3} \tag{6.8.5}$$

式中：C_{N1} 为氨氮的浓度，以氮含量计；β_3 为 BOD_5 降解过程中生成氨氮的系数，即由于 BOD_5 降解增溶的氨氮；β_1 为氨氮生物氧化速率常数，与水温有关；β_4 为藻类吸收氨氮的速率。

4）磷循环数学模型为

$$\frac{dC_P}{dt}=\gamma_1L-\gamma_2C_P \tag{6.8.6}$$

式中：C_P 为正磷酸盐的浓度，以磷含量计；γ_1 为 BOD_5 降解过程中生成正磷酸盐的系数；γ_2 为藻类吸收正磷酸盐的速率。

5）叶绿素 a/藻类数学模型。叶绿素 a 与浮游藻类生物量的浓度成正比，即

$$C_{Chl-a}=\alpha_0C_a \tag{6.8.7}$$

式中：C_{Chl-a} 为叶绿素 a 的浓度；C_a 为藻类生物量的浓度；α_0 为转换系数。

描述藻类（叶绿素 a）生长和产量的微分方程关系式为

$$\frac{dC_a}{dt}=\mu_aC_a-\rho_aC_a-\frac{\sigma_1}{h}C_a \tag{6.8.8}$$

式中：μ_a 为藻类当地生长率，与水温有关；ρ_a 为藻类当地呼吸率，与水温有关；σ_1 为藻类当地沉淀率；h 为平均水深。

其中藻类当地生长率 μ_a 与所需的营养物和光照有关，可表示为

$$\mu_a=\mu_{a\max}\frac{C_{N3}}{C_{N3}+K_N}\cdot\frac{C_P}{C_P+K_P}\cdot\frac{1}{\lambda h}\cdot\ln\frac{K_L+L}{K_L+L\mathrm{e}^{-\lambda h}} \tag{6.8.9}$$

式中：$\mu_{a\max}$为藻类最大生长率；C_{N3}为硝酸盐氮的当地浓度；C_P 为正磷酸盐的当地浓度；L 为当地光照强度；λ 为消光系数，$L_h=L\mathrm{e}^{-\lambda h}$；$K_N$，$K_P$，$K_L$ 为经验半饱和常数，与水温有关。

（3）参数的选取及水流、水质验证。模型计算区域为富春江电站至闸口的干流，全长约 88km，选取 MIKE21 _ FM 搭建数学模型，建立平面二维潮流水质耦合模型，共布设 13150 个三角形单元，最小空间步长 40m。采用 2011 年的富春江河床地形，其中流量边界采用 2011 年 8—9 月富春江水电站逐日下泄流量，下游边界采用闸口站实测潮位资料。水质因子的上下游边界条件，见表 6.8.3。

表 6.8.3　　水质因子边界条件设置　　单位：mg/L

项目	BOD_5	DO	NH_4^+	TN	TP	Chl－a
富春江电站	1.5	6	0.27	2.7	0.15	0.003
闸口	2	3.8	0.27	2.6	0.15	0.006

富春江的水流参数、地形及上下游初边值条件，均经过多次验算，现将生态模型参数列入表 6.8.4 中。

表 6.8.4　　富春江生态型水质模型主要参数取值

编号	参数	单位	取值范围	实际取值
1	扩散系数	m^2/s	0～300	10～40
2	BOD_5降解率	1/d	0.02～1	0.08～0.15
3	NH_4^+ 降解率	1/d	0.02～0.35	0.05～0.08
4	NO_2^- 降解率	1/d	0.1～1.0	0.90
5	PO_4^{3-} 降解率	1/d	0～0.1	0.01～0.05
6	每单位 NH_4^+ 氧化耗氧量	(mgO_2) / (mgN)	3.00～3.50	3.43
7	每单位 NO_2^- 氧化耗氧量	(mgO_2) / (mgN)	1～1.14	1.14
8	底泥耗氧量	$gO_2/(m^{-2}d)$	0～4	0.1～0.3
9	复氧率	1/d	0～1	0.1～0.3
10	单位面积藻类光合作用产氧量	(mgO_2) / (mgA)	1.4～1.8	1.5～1.8
11	单位藻类呼吸耗氧率	(mgO_2) / (mgA)	1.6～2.6	1.6
12	植物呼吸耗氧量	(mgO_2) / (mgA)	1.2～2.0	1.2－2.0
13	藻类死亡率	1/d	0～0.10	0.03
14	每单位 BOD_5 降解产生的 NH_4^+	(NH_3mg) / (mgO_2)	0～2	0.01－0.03
15	每单位 BOD_5 降解产生的 PO_4^{3-}	(PO_4mg) / (mgO_2)	0～0.1	0.005－0.01

水流模型验证计算主要对沿程实测潮位和潮流作校核，以率定水文计算参数，如阻力系数等。采

用 2011 年 9 月的水文资料进行了验证，潮位验证如图 6.8.8 所示，由图可知计算值与实测值基本一致。

水质验证如图 6.8.9～图 6.8.14 所示，由图可知各因子计算值与实测值基本吻合。

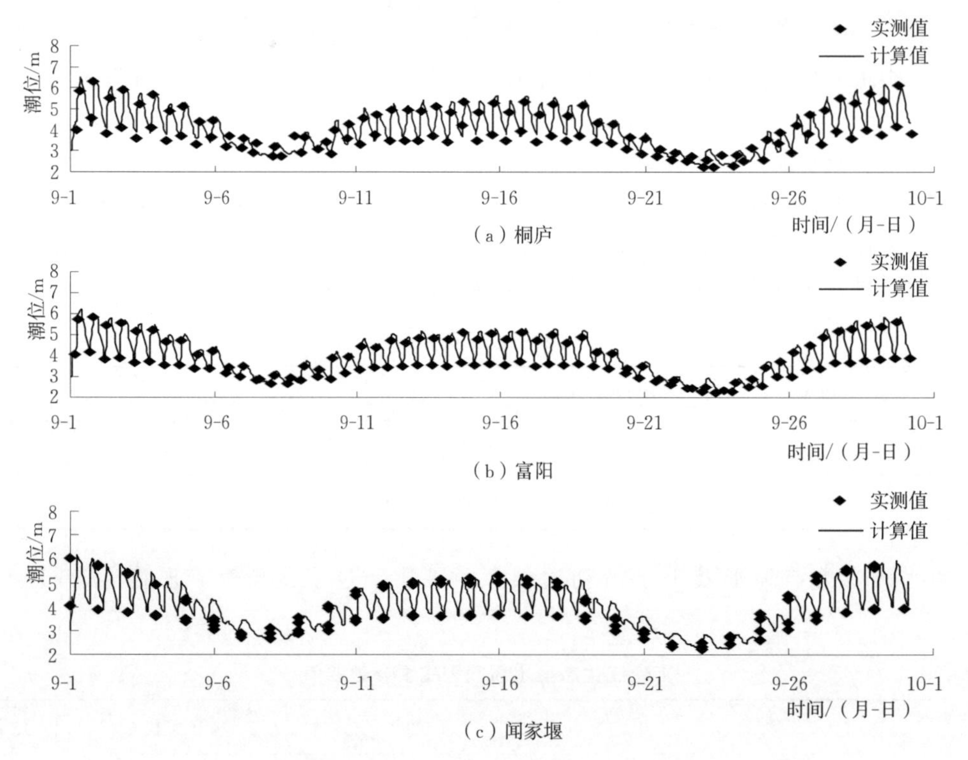

图 6.8.8　2011 年 9 月份各站潮位验证

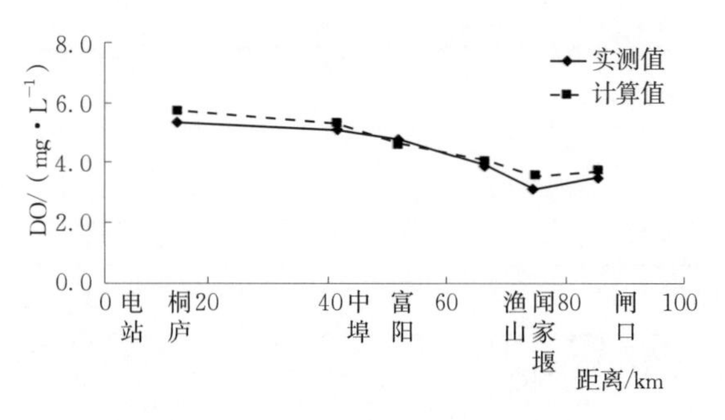

图 6.8.9　干流沿程水质实测验证（DO）

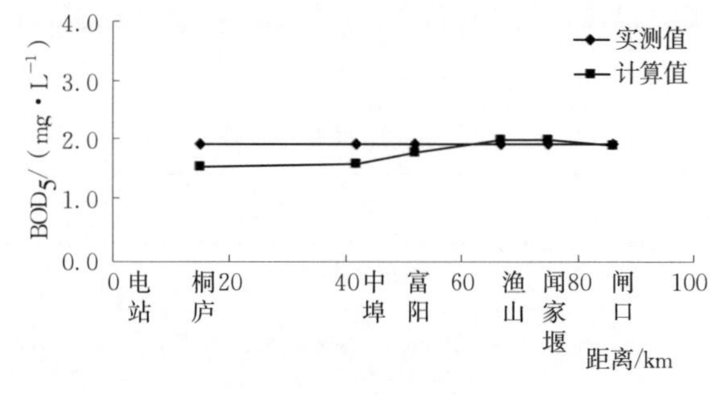

图 6.8.10　干流沿程水质实测验证（BOD_5）

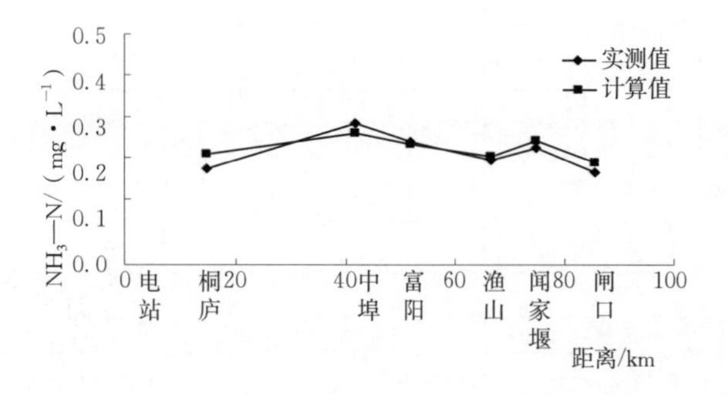

图 6.8.11　干流沿程水质实测验证（NH_3—N）

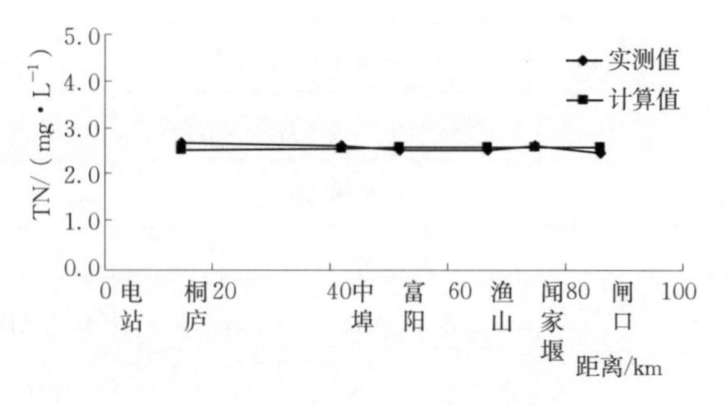

图 6.8.12　干流沿程水质实测验证（TN）

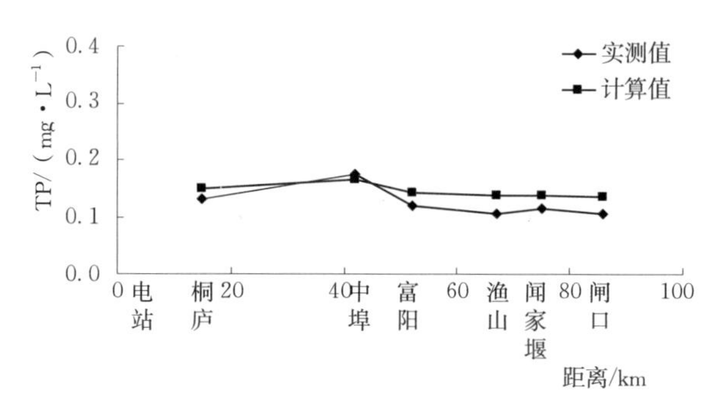

图 6.8.13 干流沿程水质实测验证（TP）

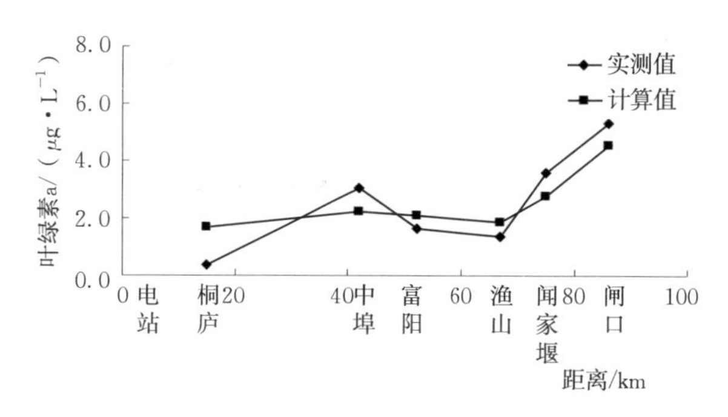

图 6.8.14 干流沿程水质实测验证（叶绿素 a）

综上所述，在现有资料条件下，验证结果较好，模型基本上能反映出富春江水动力状况及污染物输运转化及生化变化的过程。

6.8.3.2 污染负荷对富春江水质的影响（李若华，2013a）

定量分析富阳段入江污染负荷变化对富春江水质尤其是 DO 的影响，具有特别的实际应用价值。为此，模型将模拟富阳段污水处理厂的入江污染负荷削减一半，与现状进行比较，如图 6.8.15～图 6.8.20 所示，由图可知：富阳段入江污染负荷削减一半后，渔山—闸口的 BOD_5 浓度降低了约 0.3mg/L，富阳 DO 浓度增加了 0.3mg/L，渔山—闸口的 DO 浓度增加了 0.5mg/L，同时 NH_3—N、TP 浓度有所降低，TN 和叶绿素 a 变化较小。同时考虑还有部分未纳入管网的排污和偷排，如可削减富阳的入江污染负荷，尤其是削减造纸废水、消灭偷排现象，对提升富春江水质、消除低氧现象有积极作用。

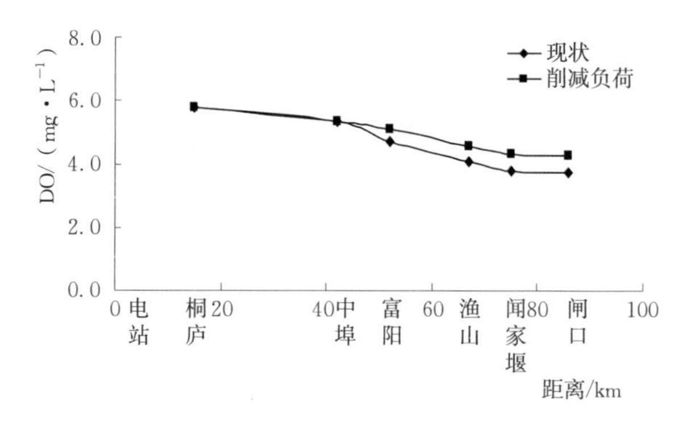

图 6.8.15 削减负荷效果对比图（DO）

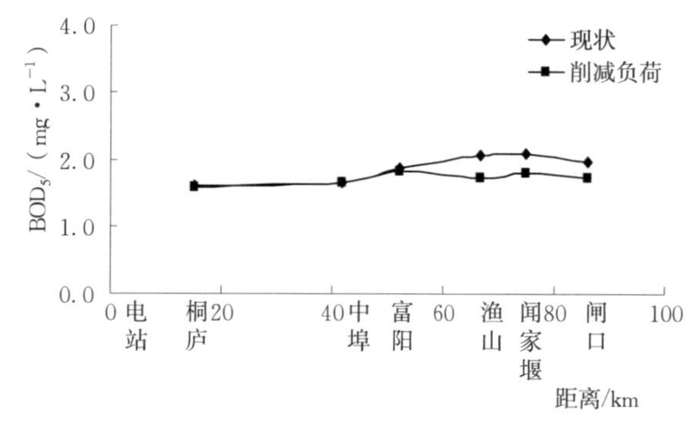

图 6.8.16 削减负荷效果对比图（BOD_5）

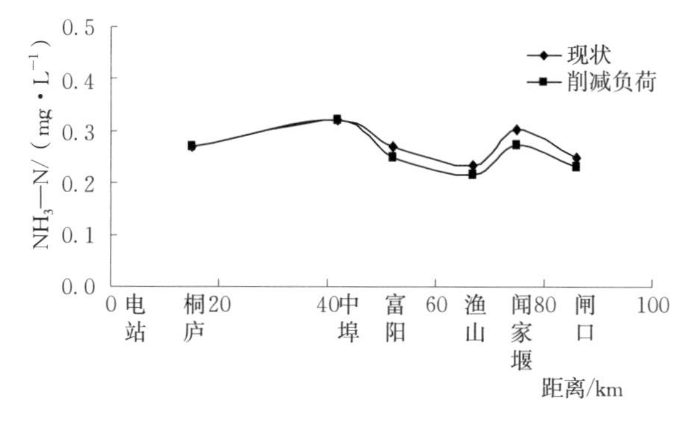

图 6.8.17 削减负荷效果对比图（NH_3—N）

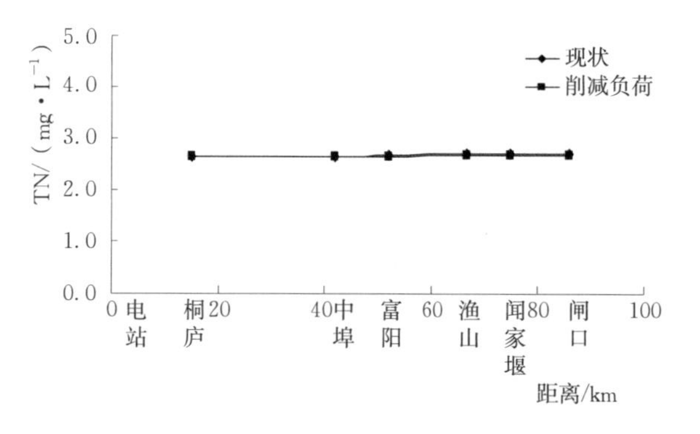

图 6.8.18 削减负荷效果对比图（TN）

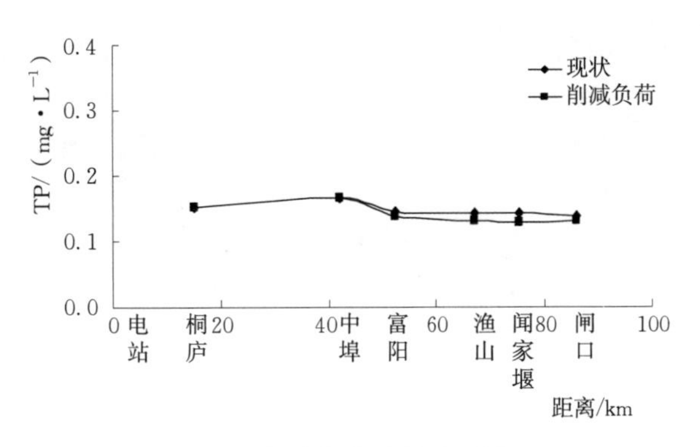

图 6.8.19　削减负荷效果对比图（TP）

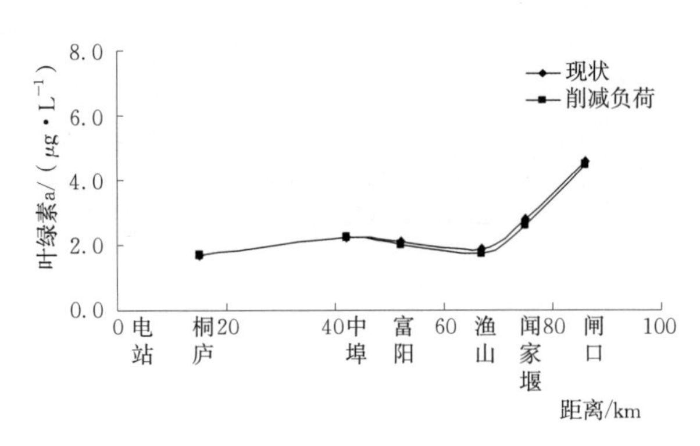

图 6.8.20　削减负荷效果对比图（叶绿素 a）

6.8.3.3　下泄流量对富春江水质的影响（李若华，2013a）

为定量分析不同下泄径流量对富春江水质尤其是 DO 的影响，选取下泄径流量 200m³/s、350m³/s、500m³/s、1000m³/s，借助模型进行模拟，如图 6.8.21～图 6.8.24 所示。结果显示，随着径流量的增大，各污染水质因子浓度均有不同程度的降低，其中 BOD_5 浓度降低最为明显。富阳以下河段，DO 浓度随径流量增大明显升高，渔山—闸口 DO 浓度在径流量 200m³/s 时为 2mg/L 左右，而径流量 1000m³/s 时可达 5mg/L 左右。

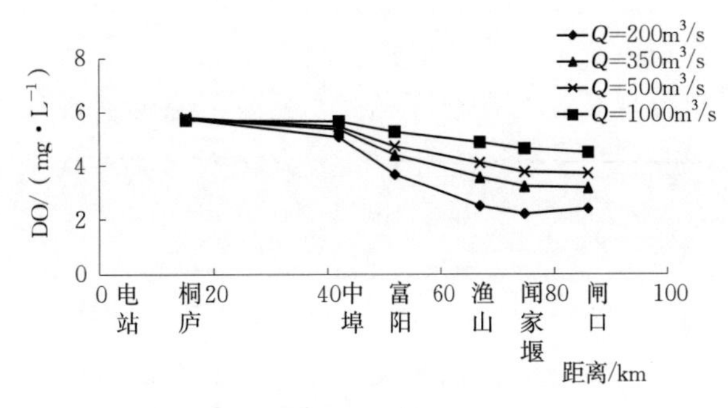

图 6.8.21　不同径流量效果对照图（DO）

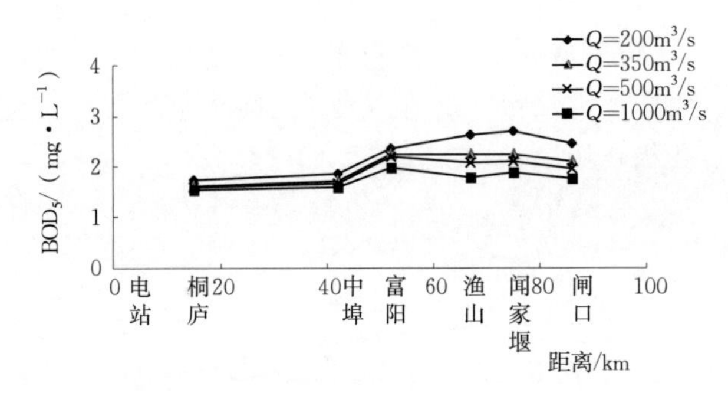

图 6.8.22　不同径流量效果对照图（BOD_5）

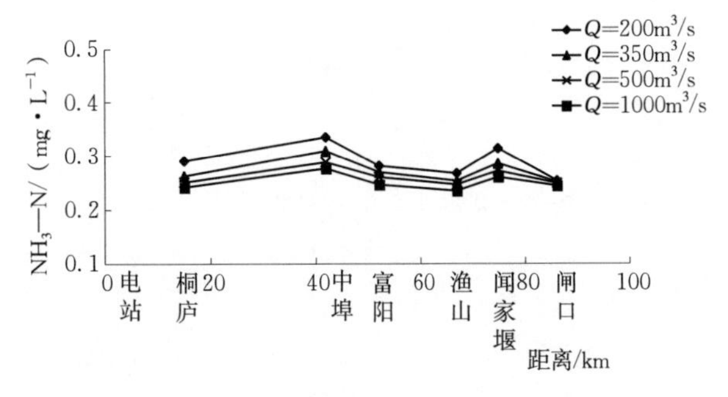

图 6.8.23　不同径流量效果对照图（NH_3—N）

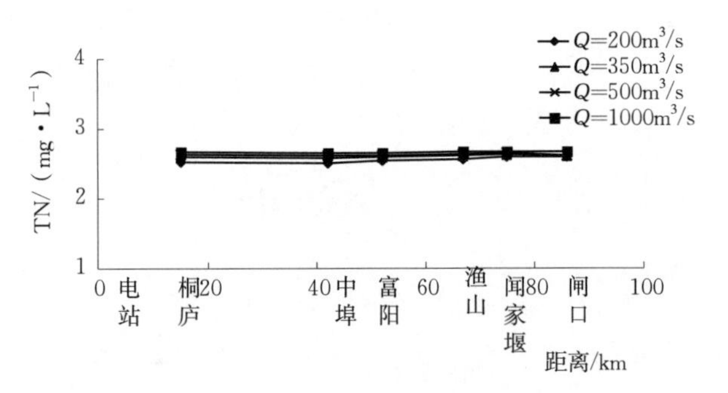

图 6.8.24　不同径流量效果对照图（TN）

6.9　钱塘江河口突发水污染事故的预测模拟

6.9.1　研究背景

随着经济的快速发展，现代工业生产的领域和规模日益扩大，各种化学品和危险品的生产、储存、运输、使用大量增加，交通运输更加繁忙，突发水污染事故的风险越来越大。钱塘江河口

是重要的饮用水源保护区，杭州市主城区85%的饮用水以及桐庐、富阳、萧山等地的饮用水均取自钱塘江河口。由于供水水源单一且备用水量不足，钱塘江如突发水污染事故将严重威胁杭州市的正常用水。2011年6月钱塘江发生的苯酚污染事故，约55万杭州市民用水受到影响。

6.9.2 危险源辨识

6.9.2.1 危险源的分类及特点

危险源是指由于泄漏、爆炸、火灾等原因可能导致危险物质破坏，使水环境质量发生恶化的根源或状态因素。危险源可分为移动危险源和固定危险源两大类。移动危险源指运载危险物质的车辆或船舶在运输过程中发生有毒有害物质泄漏至水体中导致水体污染的污染源，如公路翻车、桥上翻车、江上翻船等交通事故导致的危险品泄漏情况，具有突发性强、事故地点难以预料等特点。固定危险源指江河两岸生产、储存、使用、处置危险物质的企业、装置和场所等发生事故后造成大量污染物质进入水体污染水质，包括沿江工业园、危险品码头和仓库、污水处理厂等。

从危险源进入河口干流水体的途径可将钱塘江河口危险源分为：①来自富春江电站上游及支流的污染；②直接进入干流水体的污染源。前者不直接进入水源地，应急响应时间长，而直接进入干流水体的污染，马上会影响水源地的水质。本节主要对直接进入干流水体的危险源，从水域运输、陆域交通（桥梁、沿江公路）和固定危险源三个方面进行辨识。

6.9.2.2 水域运输

钱塘江河口水上运输的危险品主要来自江苏、上海等地，种类以石油类和散化（酸、碱）为主。危险品船只进入京杭运河杭州段，经三堡船闸进入钱塘江干流，然后运往上游。一部分散化船只经江边船闸进入内河运往萧山，另一部分经浦阳江穿过新坝船闸运往绍兴。石油类一部分运往富阳，一部分运往兰溪等地。危险品水上运输资料详见表6.9.1。由表6.9.1可知，钱塘江河口水上运输的主要危险品为汽油、柴油等油类物质及酸碱等可溶性危险品。从运输路线上看，散化全部运往萧山和绍兴两地，石油类运往富阳和兰溪两地。从年运输量上看，三年来危险品总运输量基本保持稳定并略有增长，维持在60万～70万t之间。从危险品种类上看，散化中以液碱为主，酸的量较小；油类中汽油和柴油的量较为接近，年际间变化也不大。

表6.9.1　钱塘江河口水上危险品运输资料汇总

分类	代表性物质	运输终点	运输船吨位/t	年运输量/万t		
				2008年	2009年	2010年
石油类	汽油	富阳	500	20	20.3	20.8
	柴油	富阳、兰溪	500	18.2	20.3	20.7
散化	酸	萧山、绍兴	200～400	3.5	0.5～1	—
	碱	萧山、绍兴	200～400	22	26	27.7
合计				63.7	67.6	69.2

6.9.2.3 陆域交通（桥梁、沿江公路）

杭州市危险品的公路、桥梁运输现状如下：

（1）危险品的公路运输，必须由具有《道路危险货物运输证》的单位来运输。根据2010年左右统计，目前杭州地区公路危险货物运输企业总计有106家，危险货物运输车辆2395辆，核定载重量24754t。

（2）没有明确规定哪条道路不允许运输危险品，高速公路、国道、市道、县道甚至市区道路都允许运输危险品，但危险品运输的路线须经当地道路运输管理局和当地公安局审核后方可通行。

（3）危化品车辆的载运量从1t至30t都有，载运量主要跟企业需要的货物量有关，跟运载物品的种类没有必然联系。

（4）桐庐、富阳境内很多江段以山体作为防洪屏障，没有建设防洪堤，且存在临江的沿江公路，若出现交通事故后，危险品很容易进入江中水体，重大事故车辆甚至可能直接翻入江中。

（5）钱塘江河口跨江桥梁众多，近20座桥梁较均匀地分布在钱塘江上，其中高速公路桥有3座，只有位于南星桥取水口河段的钱塘江一桥、三桥、四桥禁止危险品运输，其他桥梁均可以运输。

6.9.2.4 固定危险源

固定危险源可以分为沿江工业园、危险品堆放仓库、危险品码头和污水处理厂等。据调查，前两者本区域几乎没有，因此只叙述后两者。

（1）码头。涉及危险品装卸的码头有两个，位于富阳境内的危险品种类为石油。

（2）污水处理厂。钱塘江河口沿岸污水处理厂较多，若污水处理厂设施出现问题时，污水未经处理或处理不达标即排入钱塘江，必然会对水质造成较大影响，尤其是对下游的取水口造成较大的威胁。因此，污水处理厂的排污口也是潜在危险源之一。

6.9.2.5 危险源综述

综上所述，直接污染钱塘江河口干流的危险源主要为水域运输、陆域交通（桥梁、沿江公路）和固定危险源三个方面。其中水域运输的危险品为石油类和散化，运输范围覆盖整个水源地；陆域交通中，跨江桥梁众多，其中高速公路桥有3座，由于高速公路运输危险品较多、车辆通行速度快，较易发生重大交通事故，造成危险品泄漏，2011年6月新安江苯酚污染事件即是由高速公路发生交通事故引起的苯酚泄漏污染；固定危险源中，沿江工业园、危险品堆放仓库污染钱塘江的可能性较小，两个石油装卸码头和富阳污水处理厂的排污口是主要危险源。

6.9.3 钱塘江突发性水污染事故影响的预测模拟

河流中污染物质泄漏、排污口事故性排放等突发水污染事故必将污染下游河道，给下游生活、生产及生态用水带来严重影响。模拟突发水污染事故中污染物在河流中的迁移扩散过程，评估对水源地水质的影响程度，有助于决策部门了解污染带的迁移状况和污染物在时间、空间上的变化，掌握污染物对下游水体造成的污染影响，从而对事故的发展做出及时、准确的应急响应。本节采用经实测资料验证的平面二维潮流水质数学模型，分析突发性污染事故对水源地取水口的水质影响，包括污水团到达取水口的时间、浓度、影响历时等。

6.9.3.1 径流对污染物输移的影响（李若华等，2012；邬越民等 2013）

假定富春江电站附近发生事故，30t溶解性污染物在2h内自江心排入钱塘江，排江后污染物的初始浓度为12mg/L，在向下游输移扩散过程中浓度不断降低。径流量为$500m^3/s$时，污染物经过桐庐、东梓、富阳、萧山、九溪、南星桥取水口的最大浓度分别为2.4mg/L、1.0mg/L、0.5mg/L、0.22mg/L、0.18mg/L、0.14mg/L，南星桥取水口的污染物浓度仅为初始浓度的1%左右。

随着电站下泄径流量的不同，污染物到达下游各取水口的时间和浓度也大不相同。不同径流量下污染物经过各取水口的浓度过程如图6.9.1、图6.9.2所示。以事故发生时间为0时刻，研究人员统计了污染物经过各取水口的到达时间、影响时间、最大浓度及最大浓度到达时间等指标，见表6.9.2。

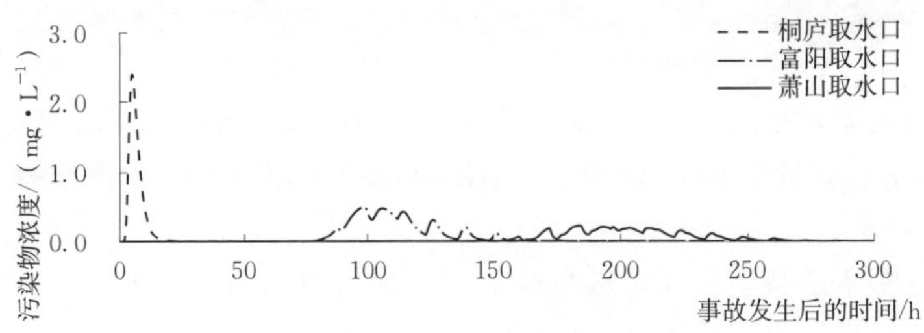

图6.9.1 径流量为$500m^3/s$时污水团经过各取水口的浓度过程线

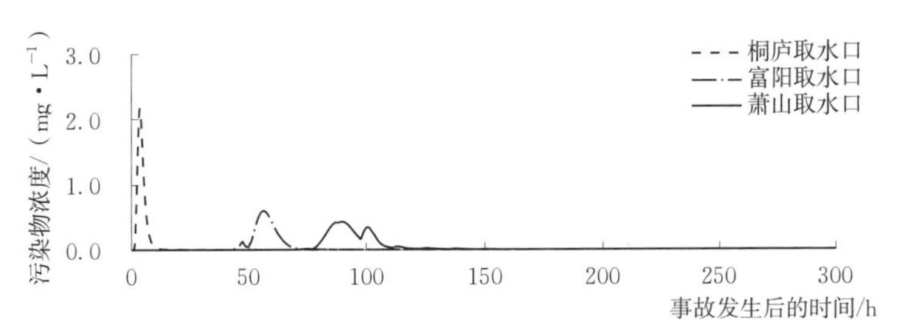

图 6.9.2 径流量为 1000m³/s 时污水团经过各取水口的浓度过程线

表 6.9.2 电站发生事故后污染物经过各取水口指标统计

项目	桐庐取水口		富阳取水口		萧山取水口	
	500m³/s	1000m³/s	500m³/s	1000m³/s	500m³/s	1000m³/s
T_1/h	2	1.5	72	42	134	70
T_2/h	56	39	94	53	132	98
T_3/h	5	3.5	99	57	185	92
C/(mg·L⁻¹)	2.39	2.16	0.50	0.59	0.22	0.43

注：T_1为到达取水口的时间；T_2为对取水口的影响时间；T_3为最大浓度到达时间；C为最大浓度。

由图 6.9.4、图 6.9.5 和表 6.9.2 可知，随着径流量的增大，污水团下移的速度明显加快，当电站下泄流量 500m³/s 时，污染物到达桐庐取水口、富阳取水口和萧山取水口的时间分别为 2h、72h 和 134h；流量增加至 1000m³/s 时，到达时间分别缩短至 1.5h、42h 和 70h，缩短了 25%～50%。

污染物在输移过程中，峰值浓度逐渐降低，但在富阳取水口以下河段出现了径流量大时污染物浓度反而高的现象，以萧山取水口为例，径流量为 500m³/s 和 1000m³/s 时污染物最大浓度分别为 0.22mg/L 和 0.43mg/L。径流量小时污染物到达取水口的时间长，说明污染物在输移过程中稀释扩散的时间长，污染河段的长度增加，因此污染物对取水口的影响时间也相应增加，径流量为 500m³/s 和 1000m³/s 时对萧山取水口的影响时间分别为 132h 和 98h。由图 6.9.4 和图 6.9.5 可知，径流量为 1000m³/s 时污染物经过萧山取水口的浓度过程仅出现 2 个峰值，而在径流量 500m³/s 时则出现了多个峰值，这是受径流和潮汐相互消长作用造成的。流量小时，潮汐相对较强，上溯距离大，在某些大流量无法上溯的区段，在小流量时由于潮汐可上溯，冲淡水量中加入涨潮量后大于大流量的径流，因此污染物浓度反而低，但相对高浓度持续的时间则较长。

6.9.3.2 事故发生地点对污染物输移的影响

若电站、窄溪大桥、富春江第一大桥、钱江五桥等四个地点发生事故，下泄径流量 1000m³/s 时污染物经过萧山、九溪及南星桥等三个取水口的浓度过程线如图 6.9.3～图 6.9.5 所示，不同工况下影响到各取水口的时间列于表 6.9.3。

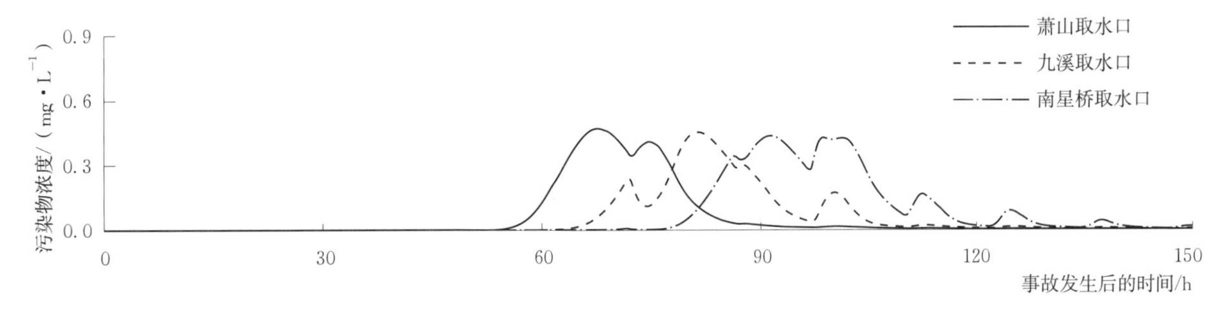

图 6.9.3 窄溪大桥发生事故时污染物经过各取水口的浓度过程线（Q=1000m³/s）

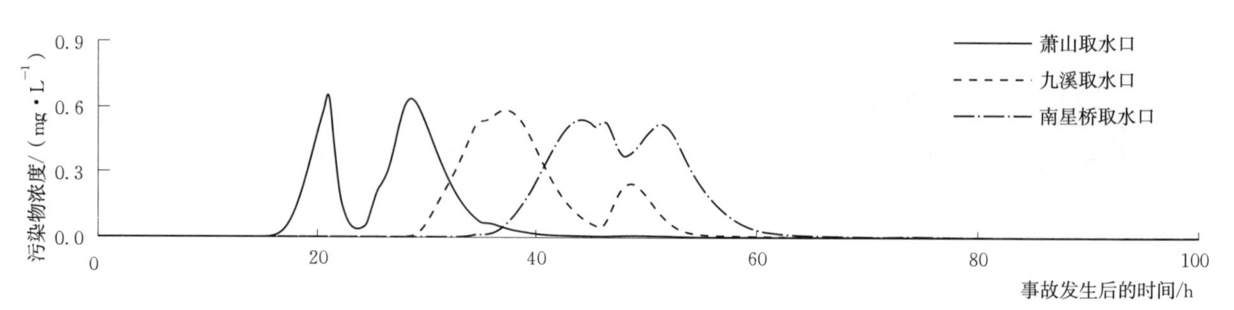

图 6.9.4 富春江第一大桥发生事故时污染物经过各取水口的浓度过程线（$Q=1000m^3/s$）

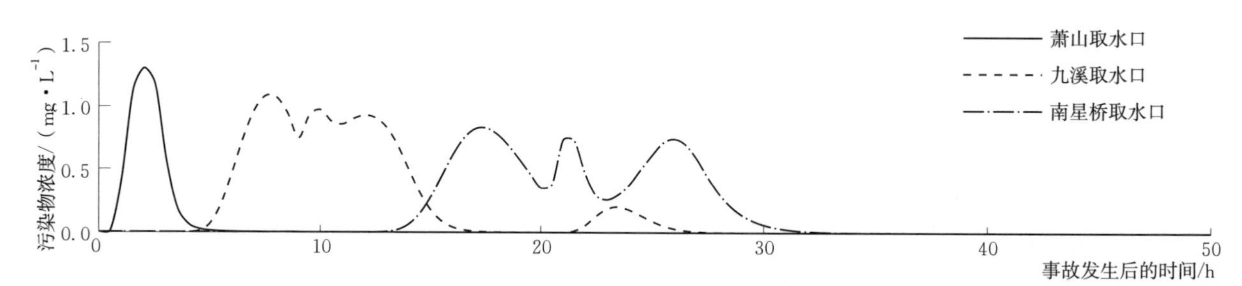

图 6.9.5 钱江五桥发生事故时污染物经过各取水口的浓度过程线（$Q=1000m^3/s$）

表 6.9.3 不同地点发生事故后影响到取水口的时间 单位：h

事故点	到达取水口的时间		
	萧山取水口	九溪取水口	南星桥取水口
电站	70	83	92
窄溪大桥	54	62	70
富春江第一大桥	16	29	34
钱江五桥	1	5	9

由图 6.9.6～图 6.9.8 和表 6.9.3 可知，当事故发生在电站附近时，沿程各取水口都会受到影响，事发 70h 后影响到萧山取水口；事故发生在窄溪大桥时，事发 54h 后影响到萧山取水口；事故发生在富春江第一大桥时，小潮汛期不会影响到上游的取水口，事发 16h 后影响到萧山取水口；事故发生在钱江五桥时，影响到萧山、九溪及南星桥等取水口的时间分别为 1h、5h 和 9h。

6.9.3.3 江道地形对污染物输移的影响

钱塘江河口段河床冲淤多变，年内年际变化较大。河床地形不同，水流流速、涨潮量及潮汐特征也随之改变。为分析江道地形不同对污水团演进的影响，闸口以下河段分别选用冲刷、平均和淤积三种代表江道地形进行计算，假定富春江电站发生事故、下泄径流量 $1000m^3/s$ 时，污染物影响到各取水口的时间统计列于表 6.9.4。

表 6.9.4 不同江道条件下污染物到达各取水口的时间 单位：h

地形	萧山取水口	九溪取水口	南星桥取水口
冲刷地形	64	69	82
平均地形	70	83	92
淤积地形	77	89	104

由表 6.9.4 可知，当河口段江道容积较大即冲刷地形时，在同样的下泄径流量和下边界澉浦潮动力情况下，富春江沿程潮位较低，落潮流速较大，污水团输移速度较快。径流量为 $1000m^3/s$ 时，江道地形为冲刷地形、平均地形和淤积地形时，污染物影响到萧山取水口的时间分别为 64h、70h 和 77h。

因地形差异主要在闸口河段以下，总体来说地形对污染物到达取水口的时间影响不大。

6.9.3.4 潮汛对污染物输移的影响

钱塘江河口为强潮河口，深受外海潮汐的影响，为分析潮汐不同对污水团演进的影响，事故发生时段分别选择在大潮汛、小潮汛期，下泄径流量 1000m^3/s，富春江电站发生事故时污染物影响到各取水口的时间统计见表 6.9.5。由表 6.9.5 可知，大潮汛时，潮汐动力强，潮流的顶托能力强，污水团下移的速度相对较慢，在富阳江北取水口即明显受到了影响，大潮汛时污染物影响到富阳江北取水口为 47h，而小潮汛仅需 42h。因闸口以上河段水动力仍以径流作用为主，总体来说潮汐对污染物到达取水口的时间影响不大。

表 6.9.5　不同潮汛条件下污染物到达各取水口的时间　单位：h

潮汛	桐庐取水口	富阳取水口	南星桥取水口
大潮汛	1.5	47	76
小潮汛	1.5	42	70

6.9.3.5 源强大小对污染物输移的影响

为分析源强大小对取水口水质的影响，设置了在富春江电站发生事故，泄漏量分别为 30t 和 300t，污染物在 2h 内排入富春江的计算方案，统计了污染物影响到各取水口的时间和最大浓度见表 6.9.6。

表 6.9.6　电站处发生不同源强事故对各取水口的影响

源强	萧山取水口		九溪取水口		南星桥取水口	
	到达时间/h	最大峰值浓度/(mg·L^{-1})	到达时间/h	最大峰值浓度/(mg·L^{-1})	到达时间/h	最大峰值浓度/(mg·L^{-1})
30t	70	0.43	83	0.40	92	0.38
300t	68	4.26	81	4.01	90	3.77

由表 6.9.6 可知，虽然源强相差 9 倍，但污染物影响到各取水口的时间基本接近，以九溪取水口为例，源强为 30t 和 300t，到达的时间分别为 83h 和 81h，仅相差 2h。源强大时虽扩散速度略快，但取水口浓度高，源强为 30t 和 300t 时九溪取水口最大浓度分别为 0.40mg/L 和 4.01mg/L，相差约 9 倍。这说明源强不同对污染物的输移速度影响不大，但经过各取水口的最大浓度基本与源强大小成比例。

6.10 本章小结

（1）钱塘江河口咸淡水混合，因受氯度干扰，它既不能完全适用地表水水质标准，也不能完全适用海水水质标准，目前国家尚未制定河口的水质标准，因此在制定水功能区划标准时，暂以老盐仓为界，上游执行地表水标准，老盐仓以下河段执行海水标准。目前上游水质总体较好，除总氮为Ⅴ类水体外，各监测断面水质 60%～70%为Ⅱ类水，30%左右为Ⅲ类水。不同年份水质随水文年的丰、枯有一定程度变化，总体相对稳定，无明显趋势性变化。断面综合污染指数从上游至下游缓慢升高，这与排污口主要分布在下游有关。水质污染因子主要为 TP 和 NH_3—N。其中从富阳至闸口约 40km 的河段，存在低溶解氧现象，根本原因是富阳造纸厂大量未达标污水无序排放，与浦阳江水质是Ⅳ类也有关，除炭耗氧化外，氮的硝化耗氧也是原因之一。该河段也是杭州的主要生活供水水源段。杭州以下的两岸平原河网，承担部分乡镇生活、工业、农业及面源污染，水质均较差，嘉兴、宁波、杭州、绍兴各市境内，河网基本上常年为劣Ⅴ类水体，暴雨及排涝时都排入钱塘江河口，成为钱塘江河口重要的污染源。河口下游海水，因接纳长江流域含大量营养盐的东海较差水体，水质常年为劣Ⅳ类，主要污染因子为无机氮和活性磷酸盐。

(2) 钱塘江河口的污染负荷包括上游富春江电站泄水携带的污染负荷和富春江电厂以下支流、两岸平原汇入的面源污染负荷以及主要污水处理厂排入的尾水点源污染。点源、背景负荷与面源水量比是0.05∶0.60∶0.35；但不同负荷中所含污染物量不同，污染负荷大体比例是0.25∶0.25∶0.50。

(3) 钱塘江河口的水体交换能力受径流、潮汐、江道地形以及岸线变化等条件影响。闻家堰以上河段受径流控制，水体基本为单向交换，交换时间小于1～2天；闻家堰至大缺口河段，受径流和潮流双重作用，动力复杂，水体交换往复现象明显，交换时间为2～5天；大缺口以下河段，为潮汐动力控制，江面宽阔，流路复杂，水体交换缓慢，交换时间大于10～20天。

(4) 钱塘江河口受上游径流和外海潮汐的共同影响，根据环保部颁布的《全国水环境容量核定技术指南》和水利部颁布的《水域纳污能力计算规程》(SL 348—2006) 的原则精神，考虑钱塘江河口为非恒定流的强潮河口及地表水到海水的过渡区这一特点，本章探讨了适合钱塘江河口的水质控制标准来计算水环境容量（纳污总量)。计算钱塘江潮汐河口纳污总量时，既按水利行业标准对整体功能区水质指标进行控制，又参照环保部指南对断面（功能区的交界断面）水质指标进行控制，还要对功能区内超标的混合区面积大小进行控制，此外为保障水源地的用水安全，对饮用水水源地的取水口增设控制点（即敏感点)。钱塘江潮汐河口水体纳污能力时间控制模式：针对非恒定流特征，特别是有生活用水的取水口，先求逐时浓度均值，与标准值进行比较，大于标准值达12h以上，表示超标1天；再统计1个月内的超标天数，若月超标天数大于10天，表示这一个月不满足水质标准，必须采取削减污染负荷或增大径流等措施，直到达标为止。

(5) 根据设计的水文、江道条件，用数学模型计算了月平均流量175m^3/s、250m^3/s、350m^3/s（相当于月最枯流量保证率90%、75%、50%）条件下满足各个水功能区的情况，结果表明都不能满足达标要求，控制因素是混合带面积及断面达标。为此提出削减污染物控制措施，最终确定各水体功能区90%保证率的环境容量：COD_{Mn}为20.1万t/a，NH_3—N为1.24万t/a，削减率分别为32%和22%，对75%保证率的环境容量为28.3万t/a和1.39万t/a，削减率为5%和13%。

(6) 早在20世纪80年代开始，针对钱塘江两岸城市污水处理厂排放口选址及排污规模，研究了水环境容量，采用近、远区水流水质数学模型，结合近岸与江心排放的对比观测，指导排放口建设。

(7) 根据实测资料分析，富阳至闸口河段存在低氧水域，富阳部分造纸厂大量未经充分处理的污水外排入富春江可能是造成低氧的主要原因，二维水流—水质—生态模型模拟结果显示，削减富春江富阳段入江污染负荷，可使下游河段污染物浓度有所下降，DO有所提升；径流量增大后，各污染物浓度均有不同程度的降低，其中BOD_5浓度降低最为明显，富阳以下河段DO浓度有明显提升。

(8) 钱塘江河口两岸及水上，均发生过多种水污染的突发事故，为保障下游生活供水安全，研究了各类突发事故对取水口的影响程度，即稀释倍数、到达时间、影响持续时间，加强预报，可以适度提高安全性。

参考文献

程杭平，倪勇强，韩曾萃，等. 1998. 嘉兴市污水治理工程海域水环境影响预测分析报告 [R]. 杭州：浙江省水利河口研究院，1998.

程杭平，韩曾萃. 2002. 热污染的一、二维耦合模型及其应用 [J]. 水动力学研究与进展，17 (6)：647-655.

程声通. 2010. 水污染防治规划原理与方法 [M]. 北京：化学工业出版社.

耿兆铨，倪勇强. 1998. 杭州七格污水处理厂水环境影响数值分析报告 [R]. 杭州：浙江省水利河口研究院.

韩曾萃，程杭平，耿兆铨. 1986a. 核电站冷却废水放射性及热量的稀释计算 [J]. 海洋工程，4 (2)：27-41.

韩曾萃，耿兆铨，程杭平. 1986b. 运河截污排入钱塘江对其水质影响的初步分析 [J]. 环境污染与防治，(2)：

1-7.

韩曾萃，耿兆铨，程杭平. 1992. 杭州四堡污水处理厂岸边及江心排放观测报告 [R]. 杭州：浙江省河口海岸研究所.

韩曾萃，程杭平. 1993a. 一二维污染浓度场及质点跟踪的耦合模型 [C] //国家环境保护局. 国家"七五"科技攻关环境保护项目论文集—水污染防治及城市污水资源化技术 [M]. 北京：科学出版社：231-239.

韩曾萃，毛献忠，耿兆铨，等. 1993b. 杭州市城市排入钱塘江的观测分析总报告 [R]. 杭州：国家"85"攻关课题组，浙江省河口海岸研究所.

韩曾萃，倪勇强，耿兆铨，等. 1994. 杭州四堡污水处理厂扩建工程水环境影响分析报告 [R]. 杭州：浙江省水利河口研究院.

韩曾萃，戴泽蘅，李光炳. 2003. 钱塘江河口治理开发 [M]. 北京：中国水利水电出版社.

李若华，等. 2012. 钱塘江河口突发水污染事故后水源地水质影响的评估及应急技术研究 [R]. 杭州：浙江省水利河口研究院，浙江省钱塘江安全应急中心.

李若华，高亮，曲璐，等. 2013a. 感潮河段富春江生态型水质模型研究及应用 [R]. 杭州：浙江省水利河口研究院.

李若华，曲璐，高亮，等. 2013b. 钱塘江河口低溶解氧现象形成机理初探 [J]. 人民长江，44 (21)：100-103.

毛献忠，韩曾萃. 1996. 钱塘江江心排污的数值模拟 [J]. 水科学进展，7 (3)：200-206.

潘存鸿，朱军政，曹颖. 2000. 海宁市丁桥污水处理工程排放口论证及水环境影响专题研究 [R]. 杭州：浙江省水利河口研究院.

曲格平. 1988. 中国环境科学研究 [M]. 上海：上海科学技术出版社.

曲璐. 2013. 富春江低氧机理及数学模型研究 [R]. 杭州：浙江省水利河口研究院.

苏雨生，等. 2001. 钱塘江流域水污染综合防治研究 [R]. 杭州：浙江省环境保护研究院.

邬越民，李若华，袁和忠. 2013. 不同径流条件下钱塘江突发性水污染事故影响的预测模拟 [J]. 水资源与水工程学报，2013：189-194.

吴兆坤，等. 1992. 运河（杭州段）截污处理工程初步可行性研究报告 [R]. 杭州：杭州市规划设计院.

叶常明. 1990. 水体有机污杂的原理研究方法及应用 [M]. 北京：海洋出版社.

张永良，刘培哲. 1991. 水环境容量综合手册 [M]. 北京：清华大学出版社.

张永良，阎鸿邦. 1995. 污水海洋处置技术指南 [M]. 北京：中国环境科学出版社：566-589.

赵永明，等. 1984. 秦山核电厂海水取排水工程模型试验报告 [R]. 北京：中国水利水电科学研究院.

朱军政，等. 2002. 萧山东污水厂水环境影响分析 [R]. 杭州：浙江省水利河口研究院.

朱军政，李若华，万由鹏，等. 2010. 钱塘江河口水环境容量及纳污总量控制研究 [R]. 杭州：浙江省水利河口研究院.

HAN Zangcui, GENG Zhaoquan, CHENG Hangpin. 1988. Coupling Solution for 1-D and 2-D Pollution Composition Model, Sixth Congress of Asian and Pacific Division IAHR 1988, Kyoto, Japan.

JI Zenggong. 2008. Hydrodynamics and Water Quality, Modeling River, Lakes, and Estuaries [M]. New Jersey: John Wiley & Sons, Inc.

ROBERT V T, JOHN A M. 1987. Principles of Surface Water Quality Modeling and Control [M]. New York: Harper & Row.

STEVEN C C. 1997. Surface Water Quality Modeling [M]. New York: The McGraw-Hill Companies, Inc.

LUNG Wu-Seng. 2001. Water Quality Modeling for Wasteload Allocations and TMDLs [M]. New York: John Wiley & Sons, Inc.

第7章 钱塘江河口生态环境需水量研究

新中国成立以来，钱塘江流域兴建了大量的水利工程以满足人类的生产和生活需水，然而随着人口的持续增长和经济社会的发展，淡水资源的供需矛盾日益尖锐，河流自身的环境与生态系统需水在很大程度上被忽视，河流的一些重要功能遭受威胁，尤其是两岸人口密集、经济社会高度发达的钱塘江河口段，面临水资源开发需求增长和污染物大量排放的双重压力。为协调人类生活、生产需水与河口生态、环境需水，保障河口地区社会经济的可持续发展，2002—2005年，浙江省水利厅组织编制了《钱塘江河口水资源配置规划》，并由浙江省水利河口研究院承担“水资源高强度开发对河口环境影响及其应用”“钱塘江河口水资源承载力的研究”等专题研究；随后，在浙江省科技厅的资助下，开展了“强潮河口生态环境需水及其优化配置”课题研究，逐步形成具有典型区域特色的河口生态环境需水研究体系。

7.1 国内外研究进展

河口地区陆海物质交汇，咸淡水混合，径流和潮流相互作用，产生各种复杂的物理、化学及生物过程，具有独特的环境特征和重要的生态服务功能（孙涛等，2004），在流域乃至全球生态平衡中占有重要作用，是人类最重要的生存环境之一。近年来，由于流域水资源的高强度开发，如高坝建设、河道外用水剧增、跨流域调水及污染物大量排放等直接影响到河口及其邻近海域，导致入海水沙锐减、河口与滨海湿地萎缩、河口环境污染严重、盐水入侵加剧、生物多样性衰减等一系列河口生态与环境问题。因此，保证河口一定规模的生态环境用水需求，已成为流域水资源合理配置及恢复河口生态系统健康亟待解决的关键问题之一。目前，河口生态环境需水研究已引起国内外学者的高度关注，并取得了较为丰富的研究成果。

7.1.1 河口生态环境需水涵义

出于不同的研究角度和研究目的，对河口生态环境需水涵义的理解也不同，迄今为止没有达成统一认识。已有研究中出现了入海需水量（孙涛等，2004）、河口生态环境需水（倪晋仁等，2002）及河口生态需水（唐克旺等，2003）、河口环境需水（尤爱菊等，2012）等一些概念。

入海需水量从流域水循环角度出发，指满足河口和近海地区生态环境需要、维持生态平衡所需要的水量（孙涛等，2004）。河口生态环境需水从河口生态系统健康角度出发，是河口生态需水和环境需水的总和，指同时满足水盐平衡、水热平衡、海岸线进退相对平衡和动植物生境动态平衡所需水量（倪晋仁等，2002）。河口生态需水是指维持河口生态系统中具有生命的生物体水分平衡所需要的水量，主要涉及生物多样性保护和河口保护问题，需要维持基流量和保持冲淤平衡的峰流量（唐克旺等，2003）。环境需水是指在污染物达标排放的基础上，满足研究河段水质达标所需的淡水径流量（尤爱菊等，2012）。由于研究对象及其生态、环境问题的一致性，各个概念存在着一定的交叉和包含关系，本书统称为生态环境需水。

通过以上分析可知，河口生态环境需水研究是在人类大量挤占生态用水，导致入海水量显著减少

及河口生态系统健康受损的情况下提出的。但当前河口生态环境需水的理论研究还很不成熟，生态、环境的保护目标及规模缺乏科学合理的界定，使得研究成果较难在水资源配置和调度中得到应用。

7.1.2 国内外研究历程及进展

国外河口生态环境需水的研究主要集中在淡水输入对河口生态系统的影响方面。BENSON（1981）较早开始了关于淡水输入对河口生态系统影响的研究。KURUP等（1998）研究了河口径流与河口盐度分布的关系及其季节性的变化。ROBERTSON等（1998）分析了由于季节变化和洪水过程造成径流改变，对河口营养物质分布及初级生产力的影响。SOHMA等（2001）则研究了河道流量变化对河口较高营养级（如底栖动物等）的影响。POTTER等（1994）研究了河口拦门沙坝的封闭及开放造成河口淡水量变化而对河口生物资源的影响。JASSBY等（1995）通过总结San Francisco海湾大量实地调查资料分析认为，河口淡水入流与盐度梯度及相应生物种群分布和产量具有很强的相关性。

国内河口生态环境需水研究的内容更加宽泛，包括维持河流生物多样性、生物栖息地、物质平衡等各个方面。海河流域是我国水资源开发利用程度最高的流域，20世纪90年代与50年代比较，海河流域平均入海水量减少84%，致使河口生态系统遭到根本性破坏。孙涛、杨志峰等（2014）以恢复和维持河口生态系统健康为目标，提出河口水循环消耗、生物循环消耗、生物栖息地等不同类型需水及其计算方法，得到海河流域典型河口生态需水。20世纪80年代中期，国家水产总局黄河水产研究所对河口渔业生态需水进行了评价；20世纪90年代以来，黄河断流进一步加剧，生态问题日趋严重，国内学者在黄河断流对生态环境影响方面开展了许多研究（田家怡等，1997；王丽红，2000；何宏谋等，2000；连煜等，2008）；随着“维持黄河健康生命”治河新理念的提出，河口生态环境需水更加受到重视，诸多学者对黄河口的蒸散发需水、湿地需水、盐度平衡需水及输沙需水等进行了计算（SUN et al.，2008）。20世纪90年代以来，三峡工程和南水北调工程相继启动，大型水利工程建设对长江口生态环境的影响受到国内学者的高度关注，并开展了大量研究（陈吉余等，2002；沈焕庭等，2002），为长江口生态需水研究奠定了基础。如顾圣华（2004）以维持长江口水盐平衡并兼顾水沙平衡为目标，分析了长江口生态需水量。孙涛等（2009）以长江口牡蛎、螃蟹生长关键期对盐度的适应范围为控制条件，通过水流和盐度模型推求保证它们生长的适宜盐度及对应的河口淡水入流量。

综上所述，河口生态环境需水量是在特定时间和空间为满足特定服务目标的变量，表现出在特定时空范围内最大限度地满足河流主要功能的优先选择性。在不同的区域和不同的阶段，为了维持河流系统功能的健康和满足河口系统水资源开发利用的目的不同，生态环境需水的内涵也存在差异。

7.1.3 计算方法

河口生态环境需水计算过程中，明确需水目标并建立与淡水输入量的相关关系是最为重要的步骤。确定需水目标—淡水输入量的方法主要包括两种。一种方法是通过现场实测或调查资料确定河道径流改变与生态系统变化的相关关系（Laznik，1999）。Jassby等（1995），通过对大量数据的相关分析认为，San Francisco海湾淡水输入与盐度梯度及生物种群分布的关系密切；我国“三峡工程与长江口生态环境研究”项目通过分析生物的种类、分布与径流变化的对应关系，研究了三峡工程建设对入海径流量的改变及其对河口地区生态环境各项指标的影响（罗秉征，沈焕庭，1994）；随着对南水北调工程的建设论证，径流改变对长江口生态影响的研究得到了进一步发展（陈吉余等，2002；沈焕庭等，2002）。另一种方法是通过建立数学模型模拟生态系统物质和能量间的转化过程，确定径流输入与生态系统状况改变之间的定量关系（LENHART et al.，1997；LIVINGSTON et al.，2000；CARBAJAL et al.，1997）。在以典型生物资源为保护目标的情况下，由于生态资料的短缺和数学模型的复杂性，在国内相关研究中，前述两种方法都难以取得满意的结果。

钱塘江河口从20世纪50年代以来，积累了大量的江道地形、含沙量、含氯度等观测资料，可以从维持河口的主体功能出发，实现河口生态环境需水的定量计算（韩曾萃等，2006）。

7.1.4 生态、环境需水调度

开展水利工程的生态、环境需水调度，是保障生态、环境需水的重要途径。水库生态调度的概念虽然近10年才出现，但是为了维护河流的生态环境功能而进行的水库调度实践很早就已出现。

1970—1972年南非潘勾拉水库制造人造洪峰创造鱼类产卵条件（方子云，2005）；1989年开始美国的诺阿诺克河在每年4月1日至6月15日的鲈鱼产卵期间控制流量和流量变幅（陈启慧，2005）；1996年、2000年和2003年，美国在科罗拉多河进行了3次生态径流试验（陈启慧，2005）。

由于杭州市从钱塘江河口感潮河段取水的特殊性，自19世纪70年代末起，新安江水库便开始每年的御咸调度（韩曾萃等，2012）。2001年和2002年山东玉符河卧虎山水库进行人工回灌补源试验保护济南泉水（张杰，2002；吴兴波等，2003）。2005年以来国家防总3次实施珠江压咸补淡应急调水，保障了珠三角城市的用水安全。

这些实践都是基于保护生态系统、泥沙调控、河口御咸等目标的生态调度尝试，尚未形成完整的理论体系和成熟的调控模式。

7.2 钱塘江河口生态环境需水量内涵分析

7.2.1 河口生态系统功能分析

生态系统与生态过程中，具有形成和维持人类赖以生存的天然环境的条件与效用（Costenza et al.，1997），这就是生态系统的服务功能。生态系统提供的资源和服务，是人类直接和间接得到的物质的和非物质的收益（赵同谦等，2003），生态系统服务功能应包括人类从生态系统中获得的全部效益。这些功能包括供给功能、调节功能、文化功能和支持功能（Anne，1998）。其中供给功能是指生态系统可以提供的资源与产品，包括水源、水能和水产品等；调节功能包括调节气候、调节水分、净化水源和疏通河道等；文化功能是指生态系统提供非物质效用与收益的功能，包括精神与宗教方面、娱乐与生态旅游、美学方面、激励功能、教育功能、文化继承等；支持功能是指宏观上维护天然生态过程和区域生态环境条件的功能。对钱塘江河口而言，河口生态系统最主要的功能表现为水源供给功能和河道疏通功能。

（1）水源供给功能。钱塘江河口渔山—三堡船闸为杭州市重要的饮用水水源地，位于钱塘江河口段上游，水质保护目标为地表水Ⅱ类水体，如图7.2.1所示。河长35km范围内取水口集中，分布有珊瑚沙、浙东引水、闻家堰等主要取水口；其中珊瑚沙取水口供应杭州市80%的城市生活、工业用水。

该河段位于钱塘江河口咸水入侵末端，年际、年内含氯度变幅大，水源水质取决于下泄径流与上溯潮流的势力对比。此外，该河段尽管已禁止设置排污口，但由于钱塘江河口的双向水流特征，其水质仍受上游富阳河段及下游杭州河段排放的污水影响，水质保障也有赖于上游的径流大小。因此，河口生态环境需水研究时，需要着重考虑保护河口的淡水资源供给功能。

（2）河道疏通功能。钱塘江河口为海域来沙为主的强潮河口，由于浅水摩阻效应，进入河口的潮波受阻变形，涨潮历时减小，落潮历时增加，故在非洪水期，涨潮的流速和含沙量大于落潮。如七堡、闸口两站，涨、落潮含沙量比值为1∶0.5～1∶0.1，即涨潮携带的泥沙有50%～90%落淤，表现为河口的“下冲上淤”。而在洪水期间径流增大，加大了落潮流量和落潮流速，挟沙能力也加大，表现为“上冲下淤”。如此循环往复，维持了河口河床全年或年际的动态平衡。相关研究表明（余炯等，2006），钱塘江河口段（闸口—澉浦）每年随潮流运移的泥沙约达10亿m^3，由于丰水、枯水年不同造成的河床容积变化可达2亿～4亿m^3，泥沙冲淤非常剧烈（图7.2.2）。每年或季节性的河床“冲”或“淤”，取决于相应时期内入海径流的大小，径流大则造成河床冲刷，径流小则造成河床淤积。因此，径流大小是维持河口生命的源动力。

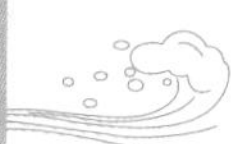

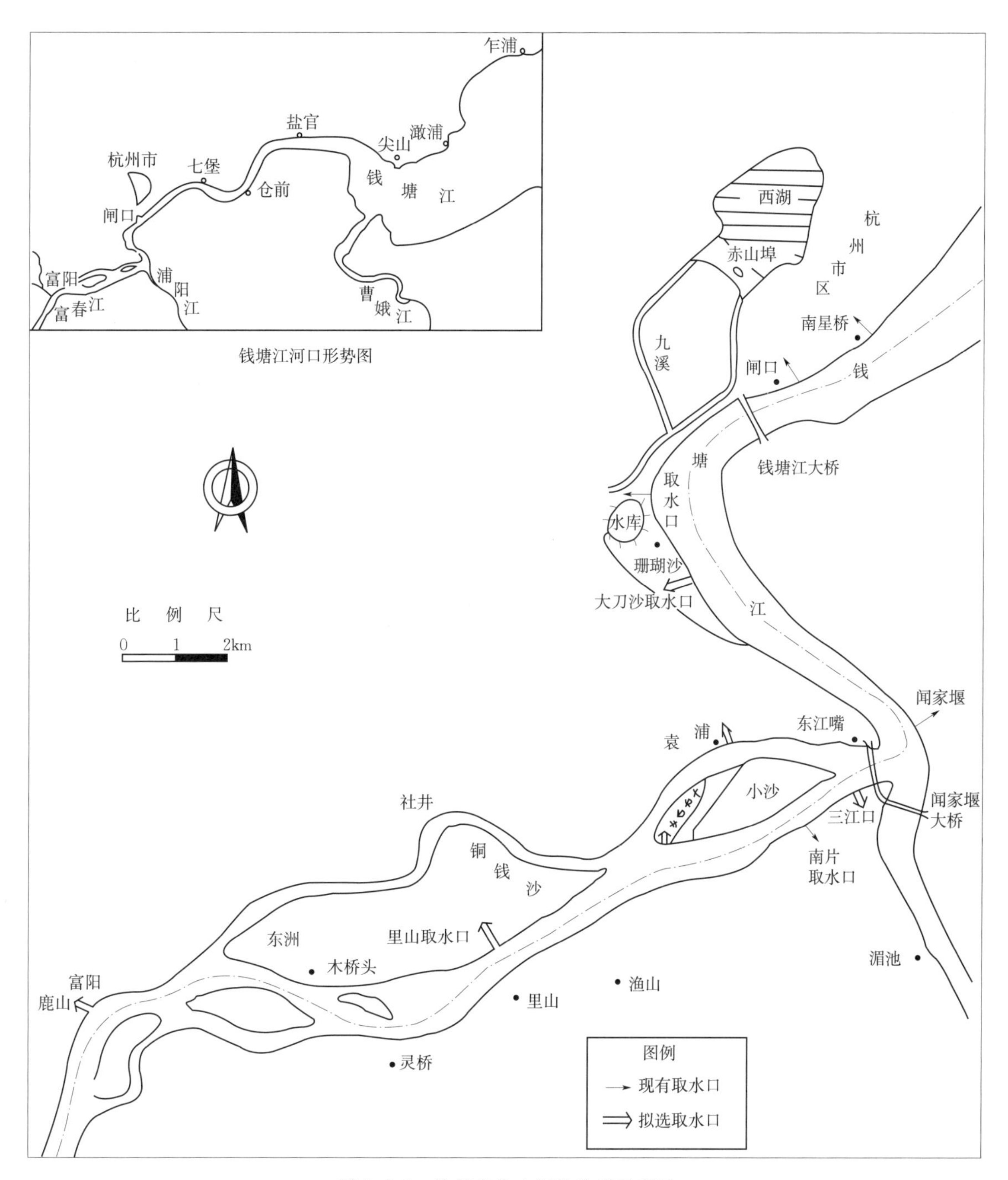

图 7.2.1 杭州市取水河段位置示意图

7.2.2 河口健康内涵

目前国际上对河口健康没有统一的概念，缺乏明确的定义。河流健康概念最早是在 1972 年美国的《清洁水法》中提出的，在该法案中为河流健康设定了一个标准，即物理、化学和生物的完整性，其中完整性指维持河流生态的自然结构和功能。许多学者以此为基础，认为河流健康即维持河流生态完整(KARR，1999)。随着对生态系统健康概念理解的深入，越来越多的学者认识到不考虑社会、经济与文化的生态系统健康讨论是不全面的，河流健康概念中应该包括人类价值（MEYER，1999；FAIRWEATHER，1999)，认为河流健康是河流生态系统能维持自身结构的完整性，并能维持正常的服务功能和满足人类社会发展的合理需求，在健康的概念中涵盖了生态完整性与对人类的服务价值。这种

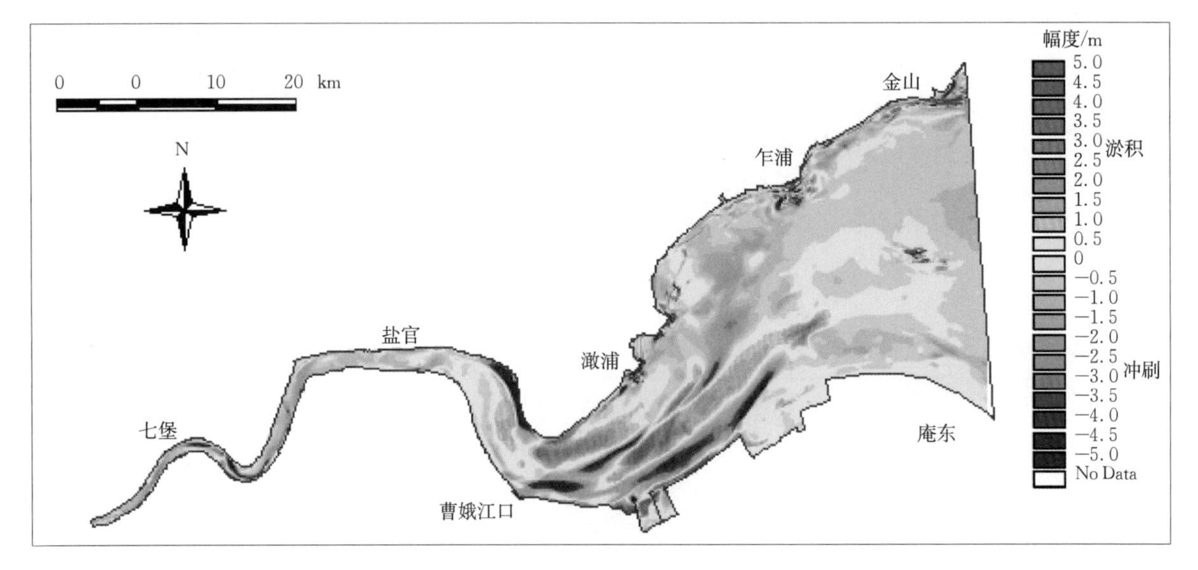

图 7.2.2 2011 年 4 月至 2012 年 4 月钱塘江河口江道冲淤图

体现人类价值判断的河流健康理解逐步得到认同，与生态环境需水研究的内涵与外延也是一致的，维持适宜的环境生态需水也是维持河流健康的基础。

7.2.3 河口生态环境需水的内涵及其属性

7.2.3.1 涵义

基于钱塘江河口功能分析，充分考虑河口的自然属性和社会属性，提出河口生态环境需水涵义为：在一定的环境生态保护、恢复或建设目标下，在特定的时空范围内，河口生态系统维持良好的健康状态所需要的临界水量（尤爱菊，2007）。

为此，提出钱塘江河口生态环境需水包括：河口输沙需水、河口御咸需水、河口环境需水和河口最小生态需水。

河口输沙需水：维持河口输沙平衡、河道形态不发生趋势性变化的需水量。

河口御咸需水：维持河口水盐平衡、保证河口淡水资源供给安全的需水量。

河口环境需水：在污染物达标排放的前提下，维持河口水功能区水质要求的需水量。

河口最小生态需水：河口系统中天然和人工养殖动植物用水，河口两岸地下水的入渗补给水量以及滩地、潮间带水生生物栖息所需的水量，合称为河口最小生态需水量。

上述河口系统的需水是按服务功能划分的，其中河口输沙需水、御咸需水是以保障人的防洪安全和供水安全出发的；河口环境需水兼顾了人类用水和生物生存对水质的要求；河口最小生态需水则是为保障生物的基本生存条件。河口生态需水组成充分体现了生态完整性和河口服务价值的统一。

此外，河口通航和湿地保护也会对径流提出一定要求。但实际上，河口段河床冲淤变化及潮汐强弱带来的水深变化，远大于现有径流增减带来的影响。以钱塘江杭州以上长 80km 的通航河段为例，径流变化 $100m^3/s$ 对水位只有 2～5cm 的影响，而潮汐大小带来的水位变幅可达 80～150cm，对杭州以下的潮间带湿地，径流对其水位的作用则更小。因此，对通航和湿地需水不单独提出要求。

7.2.3.2 基本属性

河口生态环境需水是在特定的历史条件、针对特定的河口类型而提出的，具有时域性、区域性、过程不确定性和水质水量一致性。

（1）时域性。联系大的历史背景来考察具体河口的生态环境需水，可以看出它是和各个时期的价值取向、承灾能力、认识水平和社会经济发展水平紧密相关的。针对不同的环境生态问题，随着认识的不断积累，其内涵需不断修正、完善。

以钱塘江河口为例，由于两岸平原海拔低、上游洪水暴涨暴落，且易受潮汐和台风影响，因此防洪御潮历来是钱塘江河口治理的主要目的，河口输沙需水占首要地位。随着社会经济的发展和人口的增长，淡水资源的需求量逐渐增大，人们对河口取水水量和水质安全的意识，和随之而来的御咸要求都在不断提高。近年来，社会经济的发展带来河口纳污量的迅速增大，河口水质呈下降趋势，特别是2004年6月富春江段暴发蓝藻，使人们意识到即便在污染物达标排放的基础上，由于总量控制滞后，也必须维持河口一定的污染稀释能力。由此可知，在不同的发展阶段，由于面临的水环境问题不同，要求保护和维持的水域生态、环境功能也不同，考虑的需水组成也会不同。因此，河口生态环境需水是一个随时间变化的过程，在流域规划和管理工作中，理应不断进行调整。

(2) 区域性。不同地区自然条件千差万别，经济社会发展水平各异，水资源特征和功能也不尽相同。受自然条件、区域发展水平的影响，生态环境的保护目标也不同，其内涵和计算思路、计算方法也会不同，得到的计算成果也会存在差异。如强潮、海域来沙为主的钱塘江河口与陆域来沙为主的弱、中潮河口，如黄河河口、海河河口，其生态环境需水量大小必然不同。因此，生态环境需水同时是一个空间变量。即使在同一河口地区，由于各个河段的功能不同，其生态环境需水也会有所差异。

(3) 不确定性。河道径流和河口潮位的变化可以分为确定性和不确定性两类，河口生态环境需水是属于天然或现状径流过程的一个部分，同时又受潮位变化的影响，同样具有确定性和不确定性。

河口的径流和潮位的确定性变化主要表现为周期性。由于气候的周期性变化，在天然条件下，绝大多数河道径流以年为周期变化的特性非常明显：在一年之内，丰水期和枯水期交替出现，周而复始。同样，生态环境需水也具有周期性特征，即生态需水在一年之内呈现出丰水期需水量大而枯水期需水量小的季节特征。地球、月球和太阳的运行引发的各海域的潮位变化，由于三者相对位置的变化，呈现出多种周期正弦波的组合，理想的天文潮的周期性是很明显的。

径流和潮位过程除受确定性因素影响外，还受到形成和演变过程中众多不确定性因素的影响，如流域下垫面改变对径流的影响，海岸地形对潮流的影响。所有这些影响的复杂性和多样性，致使潮位和径流过程的变化不断出现各种各样的情况，表现出随机性的变化特点。此外，径流和潮位遭遇的随机性，更增加了河流水文情势的不确定性。

径流和潮汐的周期性和随机性构成了各自年内和年际的变化特征，它们也都是生态系统的重要特征，是在长期的生态进化过程中生物适应了的特征。因此，生态环境需水同样表现出年内和年际变化的确定性和随机性。

(4) 水质水量的一致性。水质和水量是径流的两个不同属性，生态环境需水不仅要满足水量方面的需求，还必须要同时满足水质方面的需求。部分水域由于水污染的加剧，水质不能达到环境生态系统的要求，成为限制性因子。在上述定义的四类需水中，河口输沙需水和最小生态需水着重从维持一定的水量出发；御咸需水和河口环境需水则是从水质方面提出的需求；综合各类用水体现了水质水量的一致性。

7.2.3.3 确定原则

在定量计算生态环境需水之前需明确：①河口的生态环境保护目标及其对应的需水组成；②各类需水的轻重缓急程度；③各类需水综合的准则。为此，根据钱塘江河口水资源配置过程中强潮河口生态环境需水的研究情况，以及参照近年来其他河流、河口的研究成果，提出确定的基本原则有以下方面：

(1) 分河段考虑原则。河口一般分为河流近口段（简称近口段，又称径流段）、河流河口段（简称河口段，又称过渡段）和口外海滨段（又称潮流段），不同河段在河道比降、断面形态和河型等方面存在很大的差异，而且各项功能在不同河段对用水量的要求也不尽相同，所以不同河段对应的生态环境需水量也会有较大差别。

以钱塘江河口为例，河流近口段盐水入侵较弱、河床冲淤变幅小，突出的环境功能问题是水质问题；河口段径流、潮流势力此消彼长，河床冲淤多变、盐水入侵强烈，且河口段集中有较多排污口，各类功能都有需求；口外海滨段以潮流作用为主，尽管对径流变化的响应时间尺度较长，但由于和上游河段频繁的泥沙交换，径流的变化会带来间接的影响。

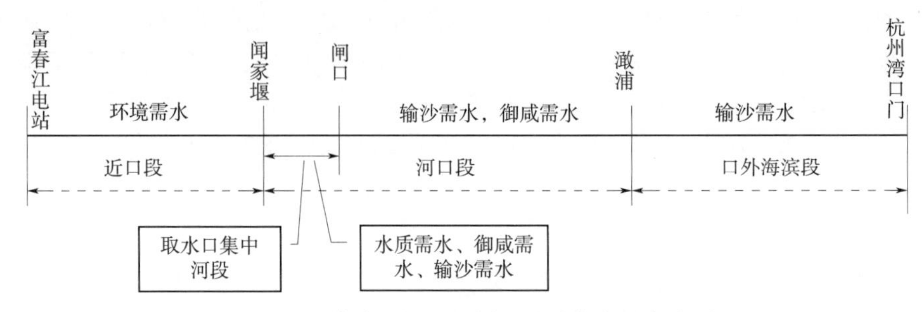

图 7.2.3　钱塘江河口不同河段需水类型示意图

（2）分时段考虑原则。不同的时间尺度或在给定时间尺度的不同时段，河口生态环境需水量会因外部条件改变或各项功能主导作用的交替变化而有所不同。因此，在讨论河口生态环境需水量时，必须指明时间尺度及一定时间尺度内对应的时段，并注意相应时段内各变量的动态变化特征，明确不同时段的主体功能。

如对钱塘江河口而言，输沙需水覆盖全年，但汛期 4—7 月，需要较大水量将前期枯季淤积的泥沙冲出河口段，同时刷深河道以降低洪水位；8 月—翌年 3 月，需要维持一定流量防止河道过多淤积。御咸需水主要发生在 7 月中旬—11 月中旬的枯水大潮期，此时流域主汛期已过，上游来水减少，同时河口两岸农灌等用水增加，致使入海径流减少引发河口咸水入侵加剧。环境需水主要发生在 8 月—翌年 3 月的枯水季节，上游径流减少一方面降低了河道水体的稀释能力，另一方面因径流减弱，潮流上溯相对加强，污染物易于回荡累积。最小生态需水全年都有需要。钱塘江河口不同时段需水如图 7.2.4所示。

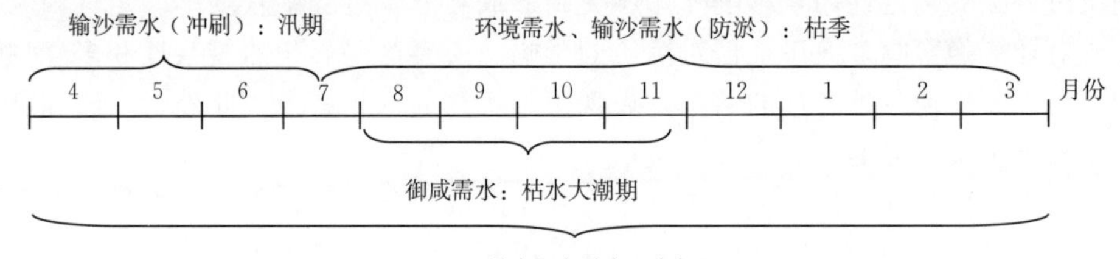

图 7.2.4　钱塘江河口不同时段需水类型示意图

（3）功能性需求原则。明确具体河口的各类主要生态环境功能，是计算河口生态环境需水的第一步。以维护河口某些功能为目标，确定一定的控制指标来计算临界的需水量。这些指标有些是定性的，有些是定量的，但在生态环境需水计算时，更需要定量的控制指标。如针对上述定义的各类需水，在不同的保护目标下，可选取不同的控制指标，见表 7.2.1。

表 7.2.1　　各类需水可采用的不同控制指标

各类需水	保护的功能	计算可选取的控制指标
河口输沙需水	航运	允许的淤积厚度
	防洪	允许的洪水位抬升值
河口御咸需水	盐度场分布	需控制的盐水入侵长度
	取水口条件	允许的含氯度超标时间
	生物栖息地	允许的最大含氯度、不利含氯度的持续时间
河口环境需水	水功能区	水质要求
河口最小生态需水	生物栖息地	生物栖息需要的水质水量条件
	优势物种	优势物种适宜的水质水量条件

水域主体功能不同，相应的生态保护目标也不同，生态环境需水量亦存在差异。生态环境保护目标越高，生态环境需水量就越大，对自然生态系统的影响越小；相反，保障的生态环境需水量越小，对自然生态系统的影响越大。同时，对于某一个区域而言，在特定时间和现行有效的社会保障体系情况下，既定目标可以是确定的，但是随着时间的变化和标准的调整，目标也会发生改变。

(4) 主功能优先原则。河口的各项生态环境功能在不同的时段和河段有着不同的优先次序。当各项功能不能同时满足，而某项功能又明显占据主导地位时，可优先依据主功能来确定相应的需水量。

(5) 全河段优化原则。在分河段系统研究的基础上，可以进一步对全河段生态环境需水量进行综合优化，给出河口综合最小生态环境需水量。

(6) 兼容性原则。由于水资源的特殊性，各项需水量部分类型具有兼容性，在进行分项综合时应认真区分，以免重复计算。对于各项具有兼容性的需水量，以最大值为最终需水量。

7.3 钱塘江河口输沙需水

如前文所述，钱塘江河口的基本特征为泥沙易冲易淤、大冲大淤，而径流是维持河口生命的原动力。钱塘江河口段冲淤变化致使洪水位大幅涨落，特别是河道淤积带来的断面减少，使得河口行洪能力下降、洪水位抬高。因此，维持一定的输沙水量，确保河口一定的行洪断面，使河口的洪水位变化在现有防洪体系的承受范围之内。这既是本项需水计算的出发点，也是本项需水维护的主体目标。

输沙需水的计算思路如图 7.3.1 所示。其中确定允许的洪水位抬升值、建立洪水位—容积关系以及冲淤量—径流关系是定量计算的三个关键步骤。本节从探讨各类径流—冲淤量关系的计算方法出发，分析允许的洪水位抬升值，并根据钱塘江河口洪水位—容积的非线性关系，探讨允许的淤积量，从而计算得到维持冲淤平衡的需水量，并对河口最大可开发水资源量提出限制要求。

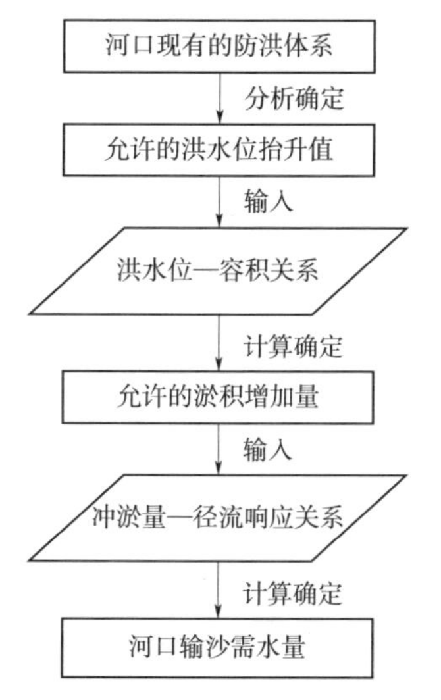

图 7.3.1 河口输沙需水量的确定过程

7.3.1 径流—冲淤量关系的分析方法

研究河口冲淤与径流响应关系的方法较多，主要有四种：①河床平衡断面的河相关系法；②联立求解水流连续方程、水流运动方程、悬沙输移方程和河床变形方程的动床数学模型；③实测资料相关分析的统计模型；④简单经验法。各种方法各有侧重点和优缺点，可根据资料情况采用多种方法进行相互印证，扬长避短。

河相关系法利用实测水沙和地形资料，建立平衡断面形态和水沙要素的经验相关关系，可根据人类活动（如径流开发）对水沙要素和河床边界条件的改变，预测河流冲淤平衡状态的变化。

动床数学模型是基于挟沙水流运动的理念，建立数值求解水流流场和泥沙场模拟模型，经实际观测资料验证后，可根据水流和泥沙要素的变化，求解河床变化过程。但长期的泥沙运动是一个极其复杂的问题，对于钱塘江河口地区长河段、长时段的河床变形，建立动力模型计算，其成果的精度难以把握。因此，本次研究不将其作为独立的预测方法，只用于预测特枯水情条件下的河床短期淤积量，以补充实测资料代表性的不足。动床数值模拟详见 2.3.2.2 节。

经验法是基于一定物理意义的简单估算法，可用于计算输沙需水年总量，在黄河河口（石伟等，2002）、海河河口（郑建平，2005）的冲沙需水量研究中都有应用，有一定可靠性，但缺少严格论证，不能简单移用于钱塘江河口。

依据实测资料通过相关分析建立的统计模型，是以河口的实测水文、地形资料为基础，再辅以数值计算结果，建立的河床冲淤变化对水文条件的响应关系。该方法简单、可靠，但需要大量实测的地形、水文资料，这在资料短缺的河口存在困难。但钱塘江河口自 1950 年以来，每年都开展 4 月（汛前）、7 月（汛后）、11 月（大潮后）三次江道地形测量，为本项研究提供了资料基础。

7.3.2 多元回归模型

确保杭州市防洪安全是钱塘江水资源开发最重要的约束条件。在洪峰流量一定的情况下，杭州市洪水位主要取决于闸口—盐官段江道容积的大小。为此，需要建立该河段容积的预测模型。此河段枯季淤积过程为 3～5 个月、洪水冲刷时间仅为 5～10 天；淤积、冲刷量取决于初始河床容积和期间的平均流量。为消除钱塘江河口围垦过程的影响，选取 1980 年以后的资料进行相关分析。又因 1980 年以后多为平水年和偏丰水年，采用动床数值模型补充计算了 8 个特枯水情下的江道冲淤计算点据，与实测点据合在一起分析，得到 ΔV_t（相应 3～5 个月吴淞 7m 以下的河床冲淤量）、$\overline{Q}_t$（相应 3 个月或 5 个月的平均流量）及 V_t（闸口至盐官吴淞 7m 以下的河床容积）系列，其相关关系见式（7.3.1），复相关系数 $f=0.93$。

$$\Delta V_t = 5.76 - 1.11\ln \overline{Q}_t + 0.43V_t \tag{7.3.1}$$

给定初始容积，可得到求解容积序列的迭代公式为

$$V_{t+1} = \Delta V_t + V_t \tag{7.3.2}$$

上述以实测资料结合数值求解的方法，体现了水文学和水力学相结合的研究思路，充分发挥各种方法的优势，起到“扬长避短”的效果。采用式（7.3.1）、式（7.3.2）对钱塘江河口实测江道容积的长系列复演计算如图 7.3.2 所示。由图可知，建立的相关关系能较好地模拟研究河段的长历时冲淤变化过程。

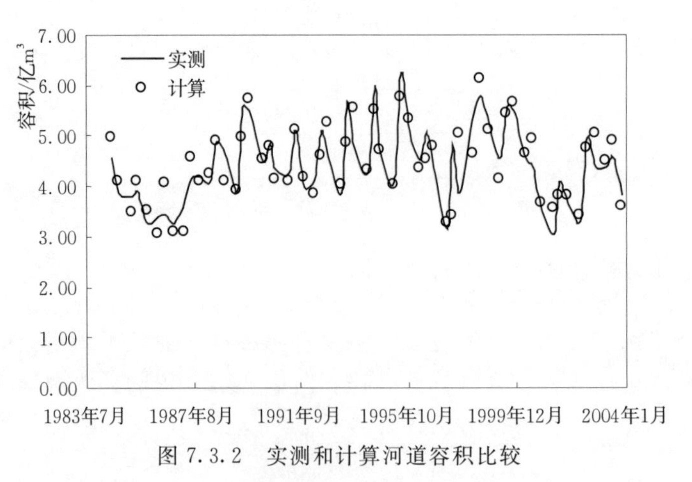

图 7.3.2 实测和计算河道容积比较

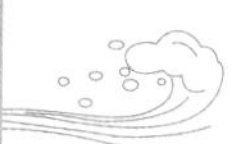

7.3.3 河口输沙需水计算

上述多元回归模型融合了实测资料和数学模型计算结果，能模拟与长历时径流对应的不同时期江道容积序列且能保证一定的精度，是本次计算的主要方法。同时前述河相关系法也可预测径流开发后的河床最终淤积面貌，与多元回归模型计算的多年平均结果可相互印证。

根据《钱塘江河口水资源配置规划》，至2020年，钱塘江河口的水资源开发利用量将有大幅增长，因此必须从控制河口淤积角度出发，研究在现有堤防条件下，河口地区防洪安全对流域水资源开发量的控制要求，进而提出流域的水资源可利用量。分析时，首先采用水文模拟法得到闻家堰断面的径流系列（称为原径流系列，尤爱菊等，2005），再针对不同程度的水资源开发情况，分析河口的淤积增加量，最后以允许淤积增加量为临界，反算控制河口淤积程度的水资源可利用量。具体计算按以下步骤确定：

（1）采用式（7.3.1）、式（7.3.2），计算1961—2000年原径流过程 Q_t 条件下的河段容积序列 V_t。

（2）假设一组用水过程 q_{it}，采用式（7.3.1）、式（7.3.2）计算原径流系列扣除用水过程后（Q_t-q_{it}）对应的一组河段容积序列 V_{it}。

（3）计算用水前后的一组河段容积差序列 $\Delta V_{it}=V_t-V_{it}$，此容积差即为用水带来的河段淤积增加值。

（4）根据河口两岸现有堤防设计条件，确定允许淤积增加量 ΔV_0；比较计算的淤积增加值，可获得相应的用水过程，其统计的年用水量即为可利用的年水资源量；将来水量减去相同时段的可利用水资源量，即得到必须维持的冲淤需水量。

上述计算过程中关键是确定允许的淤积增加量。

7.3.3.1 允许的淤积增加量

入海径流减少带来的淤积量增加，最突出的影响是抬高洪水位、增加河口两岸平原的防洪压力。研究的基本思路是根据河口现有堤防设计条件，确定允许的洪水位抬升值，再根据洪水位与河段容积的关系，推求允许的淤积增加量。

为防洪需要，早在20世纪80年代由浙江省河口海岸研究所建立了标志杭州市防洪形势的闸口洪水位（$Z_{闸}$）与闸口径流量（$Q_{闸}$）、闸口至盐官河段7.0m（吴淞高程）以下容积（$V_{7.0}$）、下游澉浦潮位（$Z_{澉}$）的多元合轴相关图，据此可求得河段容积与洪水位的关系，如图7.3.3所示。

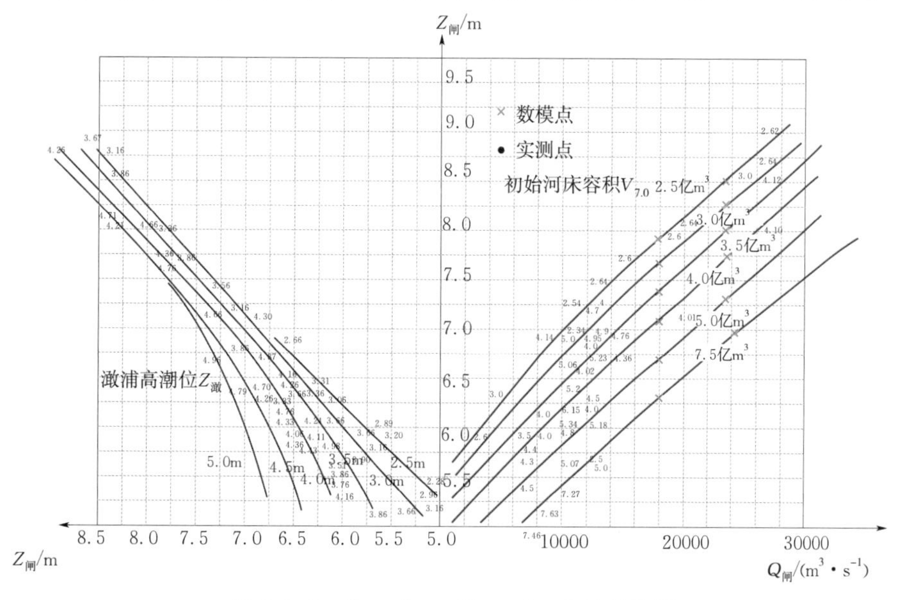

图7.3.3 $Z_{闸}$—$Q_{闸}$—$V_{7.0}$—$Z_{澉}$ 合轴相关图

闸口站百年一遇设计水位为8.54m，在杭州市标准塘建设中，考虑到洪水位的计算误差及其他不确定因素，将堤顶安全超高确定为2m。根据现行堤防设计的安全余度，在《钱塘江河口水资源配置规划》编制过程中，经多次专家讨论，由水利部、浙江省人民政府批准，确定闸口百年一遇洪水位允许的抬升值在0.20m以内，一般洪水抬升值在0.30m以内。根据允许的洪水位抬升值，由图7.3.3查算，对应最枯时期允许的河道淤积量约为$0.35\times10^8m^3$，一般年份约为$0.5\times10^8m^3$。

7.3.3.2 计算结果

采用式（7.3.1）、式（7.3.2）计算原径流及径流利用（主要是指径流它引）10%～30%后的河床容积系列，统计特征值见表7.3.1。同时采用式（2.4.4）的河相关系法计算各种引水后的河床最终平衡断面，与按式（7.3.1）、式（7.3.2）计算的多年平均容积接近。

由表7.3.1可知，当引水20%时，最小容积的淤积增加量为0.34亿m^3，多年平均容积的淤积增加量为0.44亿m^3，和前文分析的允许淤积量最为接近。因此，得到钱塘江河口的径流可利用量最大为多年平均的20%；河口多年平均输沙需水不得小于多年平均的80%。此外，分析各种引水对应的年内分期平均流量，得到满足上述控制指标的年内分期必须维持的入海径流：汛期4—7月中旬维持600～800m^3/s流量用以冲刷前期淤积的江道；非汛期维持300～400m^3/s的流量防止河口淤积太大。年内分期需水的大小具体取决于前期江道面貌，是一个变化的量。

表7.3.1　不同引水条件下$V_{7.0}$的多年特征值（1961—2000年）　单位：亿m^3

计算方法	特征容积$\overline{V}_{7.0}$	现状	引水比例				
			10%	15%	20%	25%	30%
统计法	多年最大	5.95	5.76	5.61	5.45	5.29	5.12
	多年最小	2.82	2.79	2.64	2.48	2.32	2.14
	多年平均	4.41	4.27	4.13	3.97	3.81	3.70
河相关系法	多年平均	4.56	4.37	4.16	3.94	3.72	3.51

7.4 钱塘江河口御咸需水

御咸需水量确定过程如图7.4.1所示。

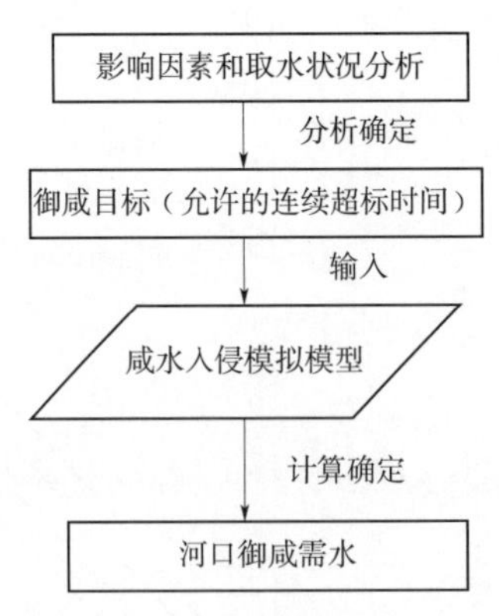

图7.4.1　御咸需水的确定步骤

7.4.1 主要影响因素

海域来沙为主的强潮河口，御咸需水的影响因素众多，且复杂多变。

（1）取水口位置。在取水用途和取水流量大小相同的情况下，取水口位置越往下游，需要的御咸

水量越大；本文着重考虑杭州市生活取水口的取水安全，选择现状珊瑚沙取水口为研究对象，同时对规划生活取水口上移的情况作简单分析。

（2）取水流量。取水流量越大，需要的御咸水量越大，反之亦然。

（3）取水用途。在取水口位置和引水大小相同时，由于生活、工业、农灌及环境等各类用水对江水含氯度要求不同，其需要的御咸水量也不同。钱塘江河口两岸有200万亩农田的灌溉水源取自钱塘江，其允许的最大氯度值为1200mg/L；浙江省省会杭州市距河口界澉浦断面80km，其工业生活用水的80%亦取自钱塘江，其允许的最大氯度值为250mg/L。在各类用水中，生活用水对江水含氯度控制要求最高，取水的安全性要求也最高，因此计算钱塘江河口御咸需水量的条件是杭州市能取到含氯度合格的生活用水。此外，由于不同取水的保证率不同，需水也不同，要求的取水保证率高，则相应的需水也大。对生活取水而言，一般要求保证率在95%以上。

（4）取水口配备条件。为提高取水保障程度，重要取水口一般配备有避咸蓄淡水库，增强取水的调节能力。如钱塘江河口的珊瑚沙水库，长江口的宝钢水库、陈行水库等都为多年运行的避咸蓄淡水库。这些水库的调节能力大小决定了取水口对外江含氯度超标时间的承受能力，是影响御咸需水量大小的重要因素之一。

（5）地形和潮汐条件。钱塘江河口咸水入侵受地形和潮汐条件影响显著。若江道容积大，潮汐强，则上溯潮通量大，咸水入侵强；反之，咸水入侵弱。因此，江道地形和潮汐强弱的相关性较好，可集中由代表站点的潮差反映。

综上所述，本次研究目标是保障杭州市生活用水安全，具体指标是取水口的外江含氯度连续超标时间在允许的时段内，允许的超标时段又取决于取水流量大小和取水口配备条件。

7.4.2 御咸需水的计算方法

河口御咸需水计算是以盐水入侵的模拟、预测为基础的，任何盐水入侵预报模型均可用于分析维持河口的御咸需水，但其出发点有所不同。盐水入侵预报是基于某个江道地形，计算河口水文过程作用下沿江含氯度的变化过程，以提前预知用水户可能的取水条件，以备有充裕的时间作出应对措施。区别于盐水入侵预报，御咸需水是在满足取水口取水条件的前提下，反算满足需求的上游径流量大小。

河口咸水入侵研究经历了实测资料分析、经验相关分析预报、半经验半理论预报及数值预报等几个阶段。国外20世纪60年代以前，有过各种半理论半经验的咸水入侵预报方法；60年代以来，由于计算机应用的普及，逐渐开展了联立求解水流连续、动量守恒及物质守恒方程的数值解法。1967年，Stigal（韩曾萃等，2002）首先用差分法进行了全潮过程的盐度计算，此后美国、荷兰、法国等均开展了这方面的研究工作。1976年，韩曾萃等（2002）在钱塘江河口进行了几个连续潮的验算，1978年以后进行了连续45个全潮的计算，并研究了降低盐水入侵的措施；后又提出短历时（15天）盐度预报可采用一维氯度的对流扩散方法预测，但长历时（半年）盐度预报须充分考虑河床的高强度冲淤变化及天文潮的月际变化，须以增加河床变形方程或统计分析法相辅（韩曾萃等，2012）。

本次采用钱塘江河口一维动床盐水入侵数学模型计算河口御咸需水，模型介绍详见5.4.1节。

7.4.3 河口御咸需水计算结果

7.4.3.1 保护目标和评价指标

杭州市现状生活取水口在珊瑚沙，珊瑚沙水库配备有$180\times10^4m^3$的避咸蓄淡水库，其有效库容为$160\times10^4m^3$。珊瑚沙取水口2002年、2010年及规划的2020年生活用水流量分别为$21.46m^3/s$、$35.95m^3/s$和$52.87m^3/s$，相应地可以承受外江含氯度连续超标时间约为20h、12h和8h。

钱塘江河口几十年的咸水入侵预报实践表明，珊瑚沙取水口的取水条件与七堡每汛（15天）最大潮差的关系最为密切，因此，计算的御咸所需来水流量，是指在不同的潮差条件下，满足珊瑚沙取水口江水含氯度连续超标的时间不超过珊瑚沙水库反调节时间的流量，以15天平均流量表示。

7.4.3.2 计算结果

为分析不同潮差 ΔZ、取水流量 q、来水流量 Q 下的御咸需水差异，计算了不同组合的 102 组方案。计算参数的取值范围如下：

（1）七堡最大潮差 ΔZ 取 1.7m、2.7m、3.4m。

（2）来水流量 $Q\in$［$150m^3/s$，$500m^3/s$］，每 $50m^3/s$ 为一个计算组次。

（3）取水流量 $q\in$［$30m^3/s$，$200m^3/s$］，按各类引水流量的组合确定计算组次。

分析计算结果发现：在净下泄量 $\Delta Q=Q-q$ 相同的情况下，不同来水量和取水量组合情况下的连续超标时间，虽有所不同，但差异较小，故可建立净下泄流量 ΔQ、潮差 ΔZ、连续超标时间 T_c 的三变量相关关系，具体如图 7.4.2 所示。从图 7.4.2 可知：①在净下泄量较小的情况下，潮差强弱对珊瑚沙取水口的连续超标时间影响较大，潮差越大，咸水上溯越强，满足相同超标时间下需要的御咸流量也越大；②随着净下泄流量的增大，各种潮差条件下连续超标时间趋于一个稳定的较小值。

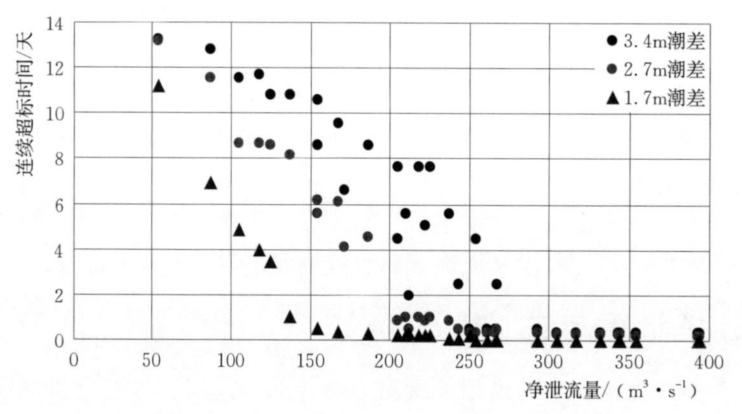

图 7.4.2　不同潮差条件下连续超标时间 T_c 与净下泄流量 ΔQ 的关系图

图 7.4.3 为闸口站日最大含氯度与前 11 天平均流量实测关系图，比较图 7.4.2 与图 7.4.3 可知，模型计算的结果与实测咸水入侵规律是相符的。

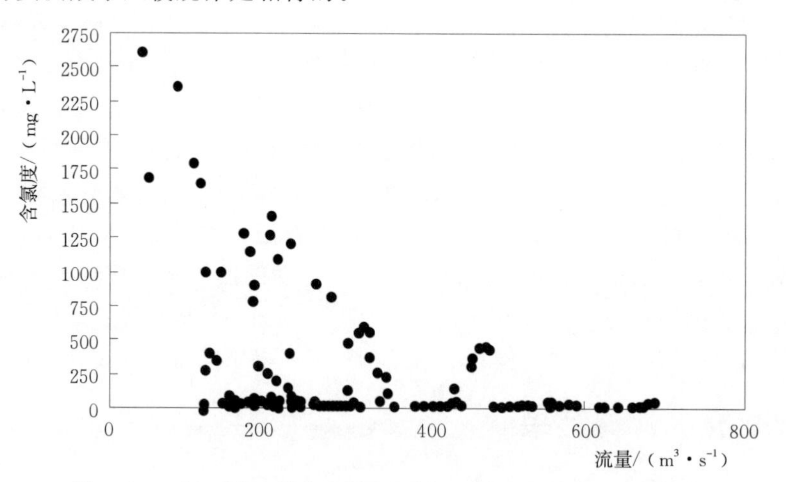

图 7.4.3　闸口站日最大含氯度与前 11 天平均流量实测关系图

由图 7.4.2 关系，可以查算满足连续超标时间要求的净下泄流量大小。为进一步方便查算，将图 7.4.2 中的点据转换为对数坐标，并着重关注连续超标时间在 4 天范围内的变化规律，同时加算潮差为 2.2m 的计算结果，如图 7.4.4 所示。

从图 7.4.4 可以查算满足引水条件所需的净下泄流量，再加上用水的引水流量，便得到需要的上游流量条件（御咸需水）。计算得 2010 基准年（珊瑚沙取水口允许连续超标时间为 20h）和 2020 规划

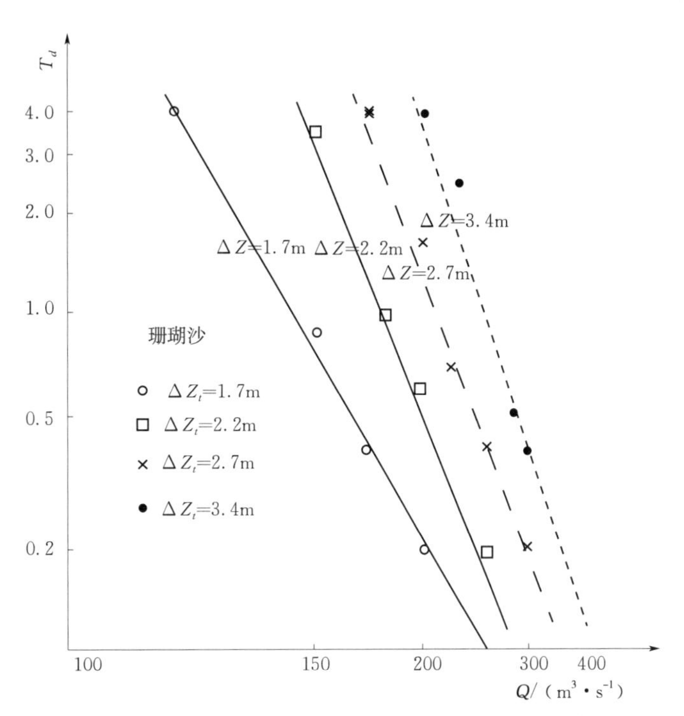

图 7.4.4　珊瑚沙取水口连续超标时间与净泄流量关系图

年（珊瑚沙取水口允许连续超标时间为 8h）条件下的御咸需水量见表 7.4.1、表 7.4.2。其中表 7.4.1 为 2010 基准年及 2020 年净下泄流量加上生活取水流量的需水量成果；表 7.4.2 为 2010 基准年、2020 年净下泄流量加上生活、生产取水流量后的需水量成果。

表 7.4.1　　珊瑚沙取水口御咸需水量计算结果（仅考虑生活用水取水）

用水水平年	生活取水流量/（$m^3 \cdot s^{-1}$）	允许连续超标时间/h	$\Delta Z=1.7m$		$\Delta Z=2.7m$		$\Delta Z=3.4m$	
			净泄流量/（$m^3 \cdot s^{-1}$）	御咸流量/（$m^3 \cdot s^{-1}$）	净泄流量/（$m^3 \cdot s^{-1}$）	御咸流量/（$m^3 \cdot s^{-1}$）	净泄流量/（$m^3 \cdot s^{-1}$）	御咸流量/（$m^3 \cdot s^{-1}$）
2010 年	21.46	20	150	175	220	245	260	285
2020 年	52.78	8	190	245	275	330	325	380

注：御咸流量为生活取水流量加上净泄流量后取整。

表 7.4.2　　珊瑚沙取水口御咸需水量计算结果（考虑总取水）

用水水平年	总取水流量/（$m^3 \cdot s^{-1}$）	允许连续超标时间/h	$\Delta Z=1.7m$		$\Delta Z=2.7m$		$\Delta Z=3.4m$	
			净泄流量/（$m^3 \cdot s^{-1}$）	御咸流量/（$m^3 \cdot s^{-1}$）	净泄流量/（$m^3 \cdot s^{-1}$）	御咸流量/（$m^3 \cdot s^{-1}$）	净泄流量/（$m^3 \cdot s^{-1}$）	御咸流量/（$m^3 \cdot s^{-1}$）
2010 年	70	20	150	220	220	290	280	350
2020 年	150	8	190	340	275	425	350	500

注：生产取水流量按 90%保证率的最大月平均流量取。

由表 7.4.1 和表 7.4.2 可知，御咸需水量随着用水量的增加而增加，且增加的幅度要大于需水增加的幅度。这主要是因为需水增加后，避咸蓄淡水库所起的反调节作用时间降低，对外江含氯度条件要求增高的结果。

7.5　钱塘江河口环境需水

现行对河口生态环境需水的研究，多以生态系统对径流的水量要求为出发点（孙涛等，2004；刘晓燕等，2009)；而河口生态系统对径流的水质要求，研究案例较少。实际上随着向河口排污量的不断增加，即便在污染物达标排放的基础上，由于河口纳污能力的有限性，河口水质超标已成为普遍问题(刘成等，2003；周葳等，2009)。钱塘江河口环境需水是指在污染物达标排放的基础上，满足研究河段水质达标所需的淡水径流量（尤爱菊等，2012)。

钱塘江河口为典型的强潮河口，受径流下泄与潮流上溯影响，污染物在河口输移、回荡，随潮汐涨落的时变特点十分明显。目前国内对恒定流河流的水质标准、水功能区达标和水体纳污能力的相关研究较多，而对非恒定流特征明显的河口，相关研究则较少。研究以钱塘江河口取水口集中的渔山—三堡船闸河段为例，采用平面二维水质模型（具体见 6.4.2 节)，分析潮汐变化对研究河段的水质影响，探讨水质达标的判别标准，进而提出针对潮汐变化特性的环境需水过程。研究的水质指标为 COD_{Mn}、NH_3—N。

7.5.1 主要影响因素

河口环境需水大小受诸多因素的影响，包括径流潮汐条件、水质保护目标、污染源排放位置及源强、江道地形等。对于研究河段而言，水质保护目标、污染源排放位置及源强都已确定，因此，径流、潮汐大小是确定环境需水量的关键因素，此外，江道地形对河口水质亦有一定影响。

7.5.1.1 径流

富春江电站上游来水的水质较好，故径流量越大，对污染物的稀释和扩散作用也越强，水质越好，反之亦然。总体上，钱塘江 COD_{Mn} 和 NH_3—N 浓度随径流量的减小而增大，水质受径流量影响明显，径流量越小，水质越差。以 COD_{Mn} 为例，统计的超浓度天数与径流关系如图 7.5.1 所示。

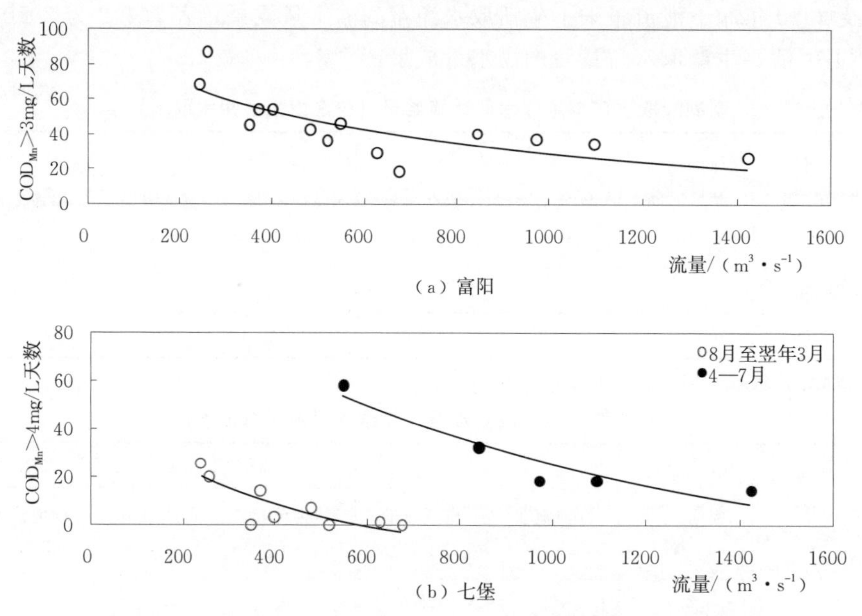

图 7.5.1 钱塘江河口不同河段 COD_{Mn} 超浓度天数与径流关系图

从图 7.5.1 可知，钱塘江河口富阳河段水质浓度主要受径流影响，随径流增大水质趋好明显；七堡河段水质与径流的关系明显受潮汐影响，在潮汐一定的情况下，随径流增大水质趋好明显。

7.5.1.2 潮汐

钱塘江河口的潮汐为不规则半日潮，每昼夜水位约有两次涨落运动，一次在白天，一次在夜间。随着太阳、地球、月球相对位置的不同，高低潮位和潮差有月相、月际的变化；此外，受河床冲淤、河势变化等影响，年际间的潮汐特点也不同。

随着月相变化，潮汐在一个月内有大、小潮变化。钱塘江河口大潮一般在朔、望后 1～3 天（即农历的初二、初三、初四和十七、十八、十九这 6 天)；小潮在上、下弦后 1～3 天（即初九、初

十、十一和二十四、二十五、二十六这6天），因此月内又有半月的变化周期。根据潮汐观测资料，钱塘江河口段各站月平均高潮位和潮差都以冬季12月—翌年2月最低，此后逐渐增高，以秋季8—10月为最高，嗣后逐渐降低。钱塘江河口取水河段位于潮流段的末端，小潮期受潮汐影响较弱，大潮期受潮流影响显著，故下文以大潮期为研究对象。以闸口站为例，潮汐的月相、月际变化如图7.5.2所示。

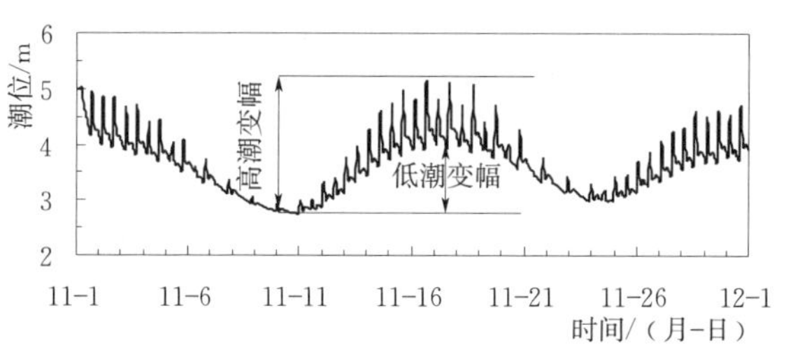

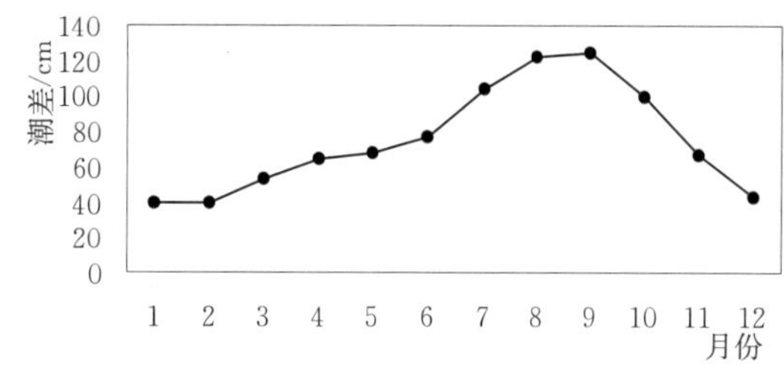

图7.5.2　闸口站月相、月际潮汐变化

由图7.5.2可知，钱塘江河口一个月中有两个潮汛过程，每个潮汛15天内包含大、中、小潮的交替。由于闸口站的特殊位置，在一个潮汛过程中（11月10—25日），高潮位的变幅要大于低潮位的变幅，低潮位在前半时段（11月10—17日）是波动性上涨的，说明涨潮潮量未在落潮时退尽，河段内为潮量积蓄的过程；后半时段（11月18—25日）是积蓄潮量的泄放过程。

采用钱塘江河口二维水质模型，在上游径流相同的情况下，计算了钱塘江河口取水河段水质30天随潮汐的变化过程，其中上游渔山断面、下游三堡船闸断面的水质变化过程如图7.5.3所示。

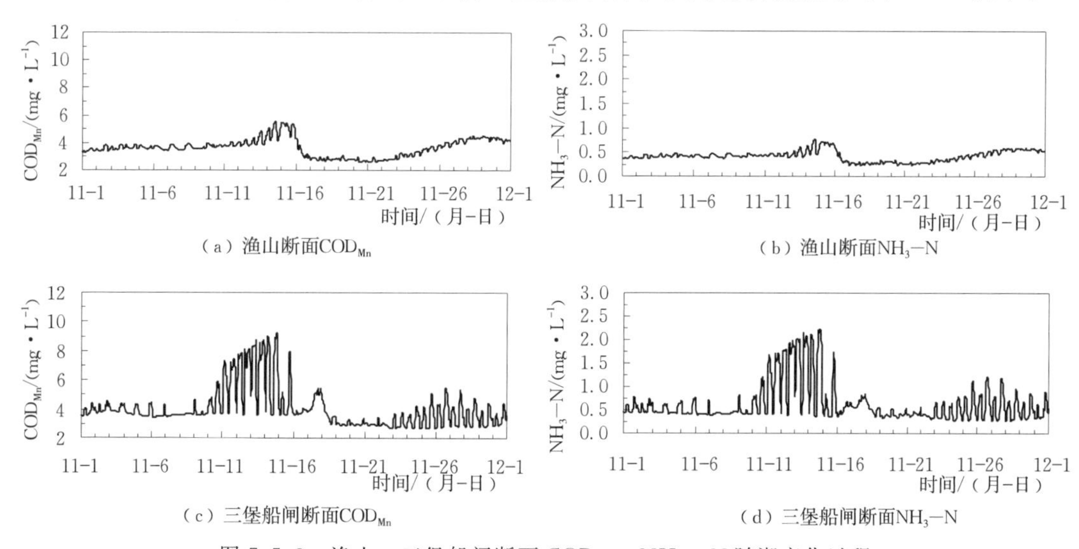

图7.5.3　渔山、三堡船闸断面COD_{Mn}、NH_3—N随潮变化过程

7.5.1.3　江道地形

在其他条件相同的情况下，选取不同江道地形对钱塘江河口沿程的水质变化情况进行了模拟计算，结果表明（朱军政等，2010）：钱塘江河口闻家堰断面以上河道，水质浓度随江道容积减小而增加，主要因江道蓄水量减少，纳污能力下降所致；闸口以下至小尖山，水质浓度随江道容积的减小而略有减小，也即江道地形淤积严重的情况下，水质浓度反而偏低，这是因为河道淤积上溯潮量减小，水体交换时间因而缩短、污染物累积浓度较小所致；从澉浦至金丝娘桥，水质浓度随江道容积减小而增加，这是由于上游江道地形越高，上游的污染物停留时间较短，汇聚至下游累积所致（见第6章）。

7.5.2　计算思路

采用平均江道地形、2008年源强情况及对应的大潮潮汐条件，采用建立的平面二维水质模型，反算满足取水河段渔山—三堡船闸和代表性取水口水质达标的富春江电站下泄流量大小。

上游试算流量为90%（173m^3/s）、75%（250m^3/s）、50%（350m^3/s）最枯月保证率流量，代表性取水口为闸口、珊瑚沙和闻家堰。计算时，下边界污染物浓度按杭州湾水质平均情况取值；上边界富春江电站下泄污染物浓度取代表站严冬关长期观测的平均值，即COD_{Mn}取值2.5mg/L、NH_3—N取值0.3mg/L。

对水质达标进行判别时，设定了从宽到严的三种标准：①标准一，参照《水域纳污能力计算规程》（SL 384—2006），求设计水文条件下河段和取水口的污染物浓度月均值，与功能区和取水口的标准值进行比较，大于标准值表示超标；②标准二，充分考虑感潮河口水动力条件与水质时变特点的复杂性，求水质日均值与标准值进行比较，大于标准值表示超标1天，再统计1个月内的超标天数，若月超标天数大于10天表示总体超标；③标准三，考虑取水河段对水质安全的严格要求，求1天中累计的超标时间，若超过12h，则表示超标1天，再统计1个月内的超标天数，若月超标天数大于10天，表示总体超标。

7.5.3 环境需水计算结果

7.5.3.1 月均环境需水量计算

根据前述思路，计算得不同流量、不同评价标准下的功能区和敏感点水质达标情况，见表7.5.1。

表7.5.1 不同流量、评价标准下功能区和敏感点水质达标情况

指标	评价对象		173m^3/s			250m^3/s			350m^3/s		
			标准一	标准二	标准三	标准一	标准二	标准三	标准一	标准二	标准三
COD_{Mn}	功能区		√	√	√	√	√	√	√	√	√
	敏感点	闸口	√	√	√	√	√	√	√	√	√
		珊瑚沙	√	√	√	√	√	√	√	√	√
		闻家堰	√	√	√	√	√	√	√	√	√
NH_3—N	功能区		√	√	√	√	√	√	√	√	√
	敏感点	闸口	√	√	√	√	√	√	√	√	√
		珊瑚沙	√	√	√	√	√	√	√	√	√
		闻家堰	○	○	○	√	○	○	√	√	√

注 “√”表示按判别标准达标，“○”表示超标。

由表7.5.1可知，各种计算条件下，取水河段COD_{Mn}按功能区评价水质均达标；而当上游流量不大于250m^3/s时，闻家堰取水口NH_3—N浓度不达标，因此取水河段的环境需水主要取决于闻家堰NH_3—N达标的临界流量。当上游流量达350m^3/s时，闻家堰NH_3—N浓度达标。为进一步确定满足闻家堰NH_3—N浓度达标的临界流量，在上游流量∈［250m^3/s，350m^3/s］区间内插方案进行计算，得到满足NH_3—N浓度达标的临界流量为310m^3/s，即取水河段的月均环境需水为310m^3/s。

7.5.3.2 环境需水过程计算

综上可知，现状污染条件下，即便是点源达标排放，但因进入影响河段的污水总量较大，所需的环境临界需水流量为310m^3/s，接近75%保证率的月平均流量。根据取水河段污染物浓度随潮汐变化的特点，故设想如能将环境需水的泄放过程结合潮汐的变化特征，即大潮多放，小潮少放，是否能更好地节约水资源，从而实现水资源的高效利用。

为此，进行了一个潮汛内流量不同泄放方式对取水河段污染物浓度的影响计算，主要有均匀泄水和不均匀泄水两种，均匀泄水流量为250m^3/s、280m^3/s，不均匀泄水根据大中小潮的分布情况计算了

3 种形式。形式一与潮汐变化过程对应，大潮 5 天多泄水 30%、中潮 5 天维持平均流量，小潮 5 天少泄水 30%；考虑富春江电站下泄流量至取水河段需要一定的时间，形式一和形式二分别将多泄水的时间往前提 2 天和 4 天，过程如图 7.5.4 所示。

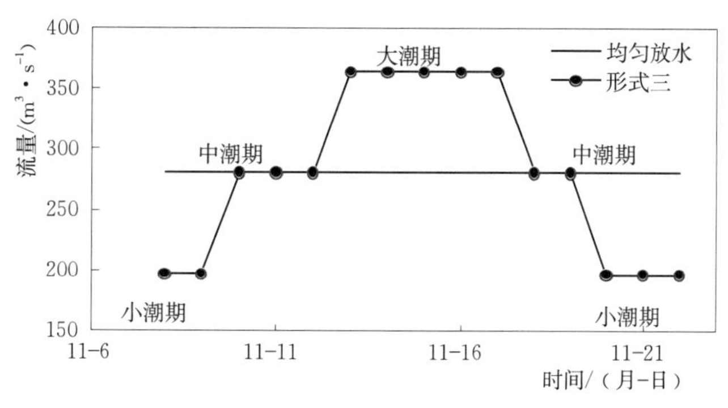

图 7.5.4　上游流量不同泄水过程

计算结果表明，不同泄水过程对闻家堰—闸口河段的污染物浓度变化过程有显著影响，比较均匀流量过程，形式一、形式二流量过程下 COD_{Mn}、NH_3—N 峰值区浓度明显下降。月平均流量为 250m^3/s 情况下，实施形式一后，闻家堰—闸口河段 COD_{Mn}浓度峰值下降至 4.0mg/L 以下，全时段水质满足Ⅱ类标准；月平均流量为 280m^3/s 情况下，实施放水形式一后，取水河段 NH_3—N 浓度按前述标准三判断达标，见表 7.5.2。因此，根据潮汐变化特征调整富春江电站的流量下泄过程，可以有效减少环境需水大小约 10%。

表 7.5.2　不同泄水条件下取水口 COD_{Mn}、NH_3—N 浓度统计

位置	COD_{Mn}	均匀放水	形式一	形式二	形式三	NH_3—N	均匀放水	形式一	形式二	形式三
闻家堰	最大值/（mg·L^{-1}）	4.05	3.52	3.63	3.96	最大值/（mg·L^{-1}）	0.57	0.53	0.57	0.58
	＞4mg/L（h）①	10	0	0	0	＞0.5mg/L（h）	186	165	185	183
	＞4.5mg/L（h）	0	0	0	0	＞0.6mg/L（h）	0	0	0	0
珊瑚沙	最大值/（mg·L^{-1}）	4.03	3.53	3.64	3.91	最大值/（mg·L^{-1}）	0.67	0.62	0.67	0.70
	＞4mg/L（h）	8	0	10	0	＞0.5mg/L（h）	216	200	213	201
	＞4.5mg/L	0	0	0	0	＞0.6mg/L（h）	136	103	113	134
闸口	最大值/（mg·L^{-1}）	4.02	3.53	3.63	3.90	最大值/（mg·L^{-1}）	0.66	0.62	0.65	0.68
	＞4mg/L（h）	6	0	0	0	＞0.5mg/L（h）	193	170	199	180
	＞4.5mg/L（h）	0	0	0	0	＞0.6mg/L（h）	115	95	86	110

①　“（h）”代表浓度值在此范围的小时数。

7.6　钱塘江河口最小生态需水

20 世纪六七十年代以来，国外学者提出了一些类似最小生态径流的概念，并给出了许多计算和评价方法。这些方法主要分为 3 类，分别是非现场类型标准设定法、栖息地保持类型标准设定法和增量法。国内学者也提出了一些最小生态径流计算方法，但仍处于探索阶段，实际应用较少。

7.6.1　常用方法介绍

7.6.1.1　非现场类型标准设定法

（1）7Q10 法（BONER M C et al.，1982）。采用 90%保证率最枯连续 7 天的平均水量作为河流最小流量设计值。该法在 20 世纪 70 年代传入我国，主要用于计算污染物允许排放量，在许多大型水

利工程建设的环境影响评价中得到广泛应用。由于该标准对限制纳污量的要求过高，鉴于我国降雨时程分布极为不均及经济发展水平比较落后，南北方水资源情况差别较大，我国在《制订地方水污染排放物排放标准的技术原则和方法》（GB 3839—83）中规定：一般河流采用近10年最枯月平均流量或90%保证率最枯月平均流量。

（2）Tennant法（TENNANT D. L.，1976）。Tennant法也叫Montana法，是非现场测定类型的标准设定法。河流流量推荐值以预先确定的平均流量的百分数为基础。该法通常在研究优先度不高的河段中作为河流流量推荐值使用，见表7.6.1。在有水文站点的河流，年平均流量的估算可以从历史资料获得；在没有水文站点的河流，可通过可以接受的水文分析技术来获得。

表7.6.1　保护水生生态等有关环境资源的河流流量状况标准　%

流量描述	推荐的基流（10月—次年3月）平均流量百分数	推荐的基流（4—9月）平均流量百分数
最大		200
最佳范围	60～100	60～100
极好	40	60
非常好	30	50
好	20	40
中或差	10	30
差或最小	10	10
极差	0～10	0～10

7.6.1.2　栖息地保护类型标准设定法

（1）河道湿周法（LAMB B L，1989）。该方法的依据是基于这样的一种假设，即保护好临界区域的水生物栖息地的湿周，也将对非临界区域的栖息地提供足够的保护。该方法利用湿周（指水面以下河床的线性长度如图7.6.1所示）作为栖息地的质量指标来估算期望的河道内流量值。通过在临界的栖息地区域（通常大部分是浅滩）现场搜集渠道的几何尺寸和流量数据，并以临界的栖息地类型作为河流其余部分栖息地的指标。河道的形状影响该方法的分析结果。

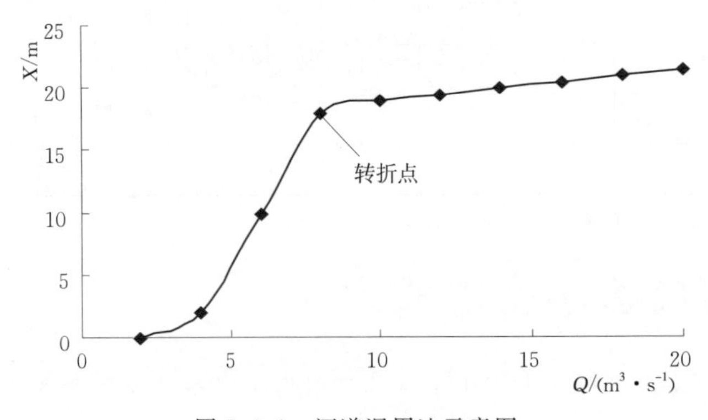

图7.6.1　河道湿周法示意图

（2）R2CROSS法（MOSELY M P，1982）。该方法使用于一般浅滩式的河流栖息地类型。该种方法的河流流量推荐值是基于这样的假设，即浅滩是最临界的河流栖息地类型，而保护浅滩栖息地也将保护其他的水生栖息地，如水塘和水道。在确定了平均深度、平均流速以及湿周长百分数作为冷水鱼类栖息地指数后，平均深度与湿周长百分数标准分别是河流顶宽和河床总长与湿周长之比的函数，所有河流的平均流速推荐采用1ft/s的常数，这三种参数是反映与河流栖息地质量有关的水流指示因子。如能在浅滩类型栖息地保持这些参数在足够的水平，将足以维护冷水鱼类与水生无脊椎动物在水塘和

水道的水生生境。起初河流流量推荐值是按年控制的，后来生物学家又研究根据鱼类的生物学需要和河流的季节性变化分季节制订相应的标准（表7.6.2）。

表7.6.2　采用R2CROSS单断面法确定最小流量的标准

河流顶宽/ft	平均水深/ft	湿周率/%	平均流速/$(ft \cdot s^{-1})$
1～20	0.2	50	1.0
21～40	0.2～0.4	50	1.0
41～60	0.4～0.6	50～60	1.0
61～100	0.6～1.0	≥70	1.0

（3）CASIMIR法（GIESECKE，1997）。CASIMIR（Computer Aided Simulation Model for Instream Flow Requirements in diverted stream）法基于现场数据一流量在空间和时间上的变化，建立水力学模型、流量变化、被选定的生物类型之间的关系，估算主要水生生物的数量、规模，并可模拟水电站的经济损失。

7.6.1.3　河道内流量增加法（IFIM）（MOSELY，1982）

IFIM（Instream Flow Incremental Methodology）法是应用比较广泛的计算生态环境需水量的方法。IFIM根据现场数据如水深、河流基质类型、流速等，采用PHABSIM（physical Habitat Simulation）模型模拟流速变化和栖息地类型的关系，通过水力学数据和生物学信息的结合，决定适合于一定流量的主要水生生物及栖息地。

7.6.2　钱塘江河口最小生态需水

以上介绍的三种生态基流计算方法中，非现场类型标准设定法易于计算，但物理基础比较薄弱，人为性很大；栖息地保护类型标准设定法的三种具体算法及增量法均适合于单向水流的内陆河流，不适合于双向水流的感潮河口。根据前文分析，钱塘江河口的生态环境需水主要是维持河口泥沙冲淤需水和御咸需水，其量值已超过按上述各类方法计算的最小生态需水量。为此，可选择非现场类型标准设定对钱塘江河口的最小生态需水进行简单估算。

表7.6.3为采用90%保证率最小月平均流量，及对比美国较为广泛使用的Tennant法（年平均流量的百分数为基础）来确定钱塘江河口的最小生态环境需水，推荐采用150m^3/s。

表7.6.3　钱塘江河口最小生态环境需水量

方法	最枯月平均流量法			年平均流量			推荐值
频率/%	50	75	90	百分值/%	10	20	150m^3/s
流量/$(m^3 \cdot s^{-1})$	370	250	150	流量/$(m^3 \cdot s^{-1})$	100	200	

7.7　钱塘江河口生态环境需水耦合与保障

前面对河口生态环境需水各项组成进行了探讨，并以钱塘江河口为例，提供了计算各项需水的思路和方法，给出了对应一定保护目标的需水结果。然而总需水量并非分项需水量的简单累加，需依据一定的原则进行综合。

7.7.1　生态环境需水综合

由于研究对象明确为钱塘江河口段，主要遵循分时段考虑原则和兼容性原则对各项需水进行综合。钱塘江河口生态环境需水的四部分组成都属非消耗性用水（忽略最小生态需水的消耗部分），具有兼容性，但年内不同时期的控制性需水不同，必须分期作具体分析：①盐水入侵影响取水水质的情况主要发生在7月16日—11月15日的大潮汛期，并以一个潮汛（15天）为周期变化，相应的需水Q_2计算以15天为计算时段；②河口环境需水Q_3按环评规定以一个月的径流量作为指标，需水的计算时段可确定为30天；③河流最小生态需水Q_4参照目前国内外做法往往也以月平均径流为衡量指标，其需水的计算时段也可确定为30天；④河口输沙需水Q_1是以考虑海域来沙为主，根据河口冲淤变化剧烈程度而提出。根据钱塘江河口的实际情况，按年总需水量、年内汛期需水量和非汛期需水量分别进行控制。

具体综合时，先确定需水综合的时期。根据上述分析，钱塘江河口综合生态环境需水按照下述原则分期确定：7月16日—11月15日的大潮汛期，按每个潮汛15天综合得到平均最小需水流量；11月16日—3月31日枯水期间，综合时段可适当放长，给出每个月的平均最小需水流量；4月1日—7月15日，给出每个月的平均最小需水流量。在每个时间尺度上进行综合时，按兼容性原则取各需水的最大值，概括成如下各式：

15天综合

$$W'_{15}=W_{2,15} \tag{7.7.1}$$

30天综合

$$W'_{30}=\max\left(\sum_{n=1}^{2}W_{2,15}^{(n)},W_{3,30},W_{4,30}\right) \tag{7.7.2}$$

90天综合

$$W'_{90}=\max\left\{W_{1,90},\sum_{n=1}^{6}W_{2,15}^{(n)},\sum_{n=1}^{3}W_{3,30}^{(n)},\sum_{n=1}^{3}W_{4,30}^{(n)}\right\} \tag{7.7.3}$$

式中：$W_{ij}^{(n)}$中W为不同时段的需水量；下脚标i取值为1、2、3、4，分别代表河口输沙需水、河口御咸需水、河口环境需水以及河口最小生态需水；下脚标j为需水计算的时间长度；上脚标(n)为计算时段的序号；W'_j为对应计算时间j的综合需水量。

式（7.7.1）～式（7.7.3）计算得到年内不同时期允许的最小需水量，年总需水量并非各时期最小量的简单累加，而是采用河口年输沙需水的成果。也就是说需水的计算成果是在年总量确定的基础上，再对各个时期提出最小需水的控制要求。

根据式（7.7.1）～式（7.7.3），得到钱塘江河口全年、年内不同季节的综合需水。年总需水量由河口输沙需水确定，由7.3节分析知，其多年平均值不小于多年平均径流的80%。年内分期综合需水的计算结果见表7.7.1（以平均流量表示）。

表7.7.1　不同季节综合环境和生态需水　　单位：m^3/s

时段	输沙需水Q_1	御咸需水Q_2	环境需水Q_3	生态需水Q_4	综合需水Q	控制性需水
11月16日—3月31日（枯水）	300～400	220～290（现状）	200	150	300～400（现状）	Q_1
		340～425（2020规划年）			340～425（2020规划年）	Q_2
4月1日—7月15日	600～800	不做要求	300	150	600～800	Q_1
7月16日—11月15日	300～400	290～350（现状）	300	150	300～400（现状）	Q_1
		425～500（2020规划年）			425～500（2020规划年）	Q_2

由表7.7.1可知，现状水平年钱塘江河口年内7月16日—11月15日枯水大潮期需水主要取决于输沙需水（但期间仍要以每个潮汛为单位满足御咸需水要求）；至2020水平年，御咸成为整个时期的控制因素；取水口上移后，御咸需水会有适当下降，期间起控制作用的需水会有所变化（如转化为河口环境需水）。7月16日—11月15日外的其他时段主要受控于河口输沙需水。因此，年内不同时期的

控制性需水不同，且与水平年、取水条件（取水量大小、取水位置）等密切相关，会随着条件变化而发生转化。

7.7.2 保障措施

当前，对各类水域环境需水、生态需水的研究成果较多，但如何在满足社会需水的同时兼顾生态环境需水，将生态环境需水研究成果付诸实施，是许多地区尤其是缺水地区面临的难点。钱塘江河口水资源总量较为丰富，上游建有大型水利工程新安江水库，为保障生态环境需水提供了基础条件。在钱塘江流域的水资源调度和保护中，为保障河口生态环境需水，提出以下一些具体措施。

7.7.2.1 增强新安江水库供水功能

新安江电站主要担负华东电网调峰、调频和事故备用，并有防洪、灌溉、航运、养殖、旅游、水上运动、林果业等综合效益，随着水资源供需矛盾尖锐，已成为钱塘江流域水资源调度的关键枢纽和重要手段。

钱塘江河口是海域来沙为主的强潮河口，河口海域来沙淤积程度、咸水入侵强弱，都与上游入河口径流大小密切相关。新安江水库的建成增强了对河口淤积及咸水入侵的控制能力，提高了下游防洪安全和用水保障程度，但其潜力远远没有得到发挥：如2003—2004年钱塘江河口区遭遇旱情，出现杭州市自来水短时间停止供应的情况，而当时新安江水库最低水位为93.70m，距离死水位仍有约32亿m^3库容。

多年来新安江水库在下游河口的御咸供水安全上发挥了巨大作用，但调度文件上新安江电站仍以发电为主，致使在保障下游生活、生产和生态用水上未能充分发挥作用。从钱塘江河口取水的多年实践表明，若不实质性地在调度规则上对新安江电站作出相应调整，下游各类用户尤其是杭州市的生活供水量及其保证率都不能得到满足，下游的水资源供需矛盾和生态环境问题也将更加突出。

7.7.2.2 增大杭州市抗咸能力

杭州市生活取水口位于易受咸潮影响的珊瑚沙，需要维持比较大的抗咸流量，才能满足现状和规划水平年的取水条件，是河口区缺水的主要原因之一。同时，为抵御咸水上溯而下泄大量的淡水径流，也不利于水资源的高效利用。因此，将杭州市取水口适当上移或增大现有珊瑚沙水库的调蓄能力，以改善取水条件并降低抗咸需水，是实现水资源高效利用的有效途径。

根据现状珊瑚沙水库容积、珊瑚沙取水口翻水能力条件，供水保证率只能达到85%，如完全依赖新安江电站枯季加大泄水，既影响新安江水库综合效益的发挥，同时又因对水库调度依赖性过高，本身也存在风险。为此，需要采取工程措施来提高供水保障能力。针对上述情况，杭州市已建成备用水源闲林水库，并已启动实施千岛湖引水工程。

（1）闲林水库。闲林水库位于杭州市余杭区闲林镇，工程任务以杭州城市应急备用和抗咸供水为主，结合防洪和改善水环境等综合利用。水库控制坝址以上流域面积16.89km^2，水库总库容1971万m^3，正常蓄水位69m，相应库容1673万m^3。

（2）千岛湖引水工程。千岛湖配水工程主要建筑物包括千岛湖进水口、输水隧洞、闲林水库取水口，输水线路全长约112km，全线以隧洞输水为主。工程建成后，设计取水能力每年从千岛湖配水9.78亿m^3，配水流量38.8m^3/s。

上述工程实施后，杭州市的生活供水保证率可达到95%以上。

7.7.2.3 实施河口取水的实时调度

钱塘江河口水资源调度是以含氯度与水质的模拟预测为核心，以取排水口的合理布局与流域径流控制工程的科学调度为手段，是一个“以供定需”和“以需求供”两个环节的互动过程（图7.7.1）。

取排水口的合理布局是指取水口（配备一定的蓄水能力）与排污口的选址。其中取水口的选址以充分利用现有取水工程为前提，合理设定可能的备用取水口；排污口的选址需考虑与取水口保持合理的距离，选择水体交换能力强的河段。相关内容前文已有分析，此处不再赘述。

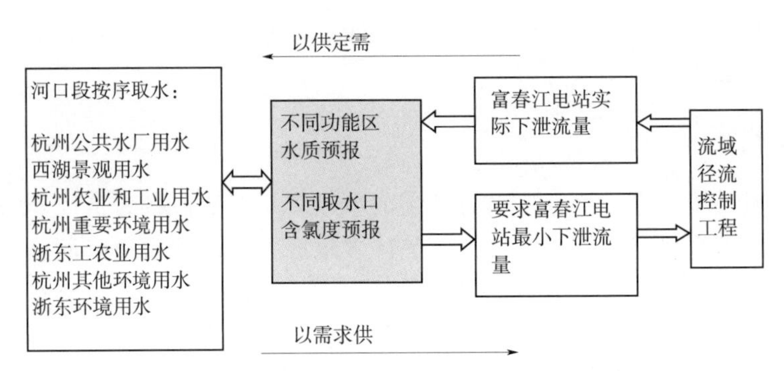

图 7.7.1　钱塘江河口供水、取水实时调度示意图

取排水口的科学调度是指在时间上对取水或排污的合理调度。在河口径流丰沛、水质较好的时候，尽量多取合格水储存于蓄水水库；而在河口径流较少的枯水季节，对取水进行分级控制，对污水则进行分级限排。需要建立河口水资源的实时监控系统，实时掌握水质、取水信息，对取水、排水进行调度与管理。

"以供定需"指根据河口径流、潮汐大小和江道情况，采用含氯度、水质预测模型模拟分析取水口附近江段的含氯度与水质情况（即取水条件），根据取水条件，确定各用水户的可取水量大小；"以需求供"指根据取水条件，对径流调节工程未来一定时段内的泄水量大小提出要求。

水质因其影响因素比较复杂，尤其受污染源的影响，因面源污染排放的随机性和水量、水质的不确定性，因此很难采用模型进行实时预报，进而对用水进行调度。为此，在 7.5 节的基础上，确定为保障取水口水质安全，需要的现状环境流量月平均约为 250～300m^3/s，每个潮汛前半时期多放 30%，后半时期少放 30%。

对含氯度而言，主要取决于特定江道条件下的径流与潮汐条件，因此可以建立实时预报与调度机制，也可以综合考虑径流、江道与潮汐条件，制定钱塘江河口取水调度图，施行"以供定需"和"以需定供"两个过程，实现淡水资源的高效利用。

7.7.2.4　加强河口水环境保护

自 20 世纪 80 年代以来，钱塘江河口区向河口排污的需求不断增长，河口沿线排涝闸、工业企业及污水处理厂的排污口日渐增多，同时受径流、潮流、江道地形等诸多因素控制，污染物在钱塘江河口的稀释、扩散和迁移规律极为复杂。实测资料分析表明（尤爱菊等，2010），钱塘江河口段干流地表水水质总体较好，但大部分河段尤其是饮用水水源保护区水质仍未达到《浙江省水功能区水环境功能区划方案》的要求，因此加强河口水环境保护刻不容缓，主要包括：①加强水质监测，确保饮用水水源地安全；②建立污染源监控系统，加强水环境监管力度；③结合区域发展需求，合理调整水环境功能区划；④核定纳污能力，明确地方减排要求；⑤倡导流域综合管理，提高公众参与度。

7.8　本章小结

本章通过大量的文献梳理，回顾、总结了现有国内外河口生态、环境方面的研究进展，分析了生态与环境需水的研究现状及存在的局限性，以钱塘江河口为研究案例，探讨了河口生态与环境需水的涵义、属性、确定原则和计算方法，主要成果如下：

（1）提出河口生态环境需水涵义为：在一定的环境生态保护、恢复或建设目标下，在特定的时空范围内，河口生态系统维持良好的健康状态所需要的临界水量。提出生态与环境需水包括输沙需水、御咸需水、环境需水和最小生态需水，指出了需水的时域性、区域性、不确定性和水质水量一致性特点，并提出了分河段考虑、分时段考虑、功能性考虑、主功能优先、全河段优化、兼容性等六大确定原则。

(2) 针对钱塘江河口闻家堰—盐官取水河段，明确了分项需水的保护目标，提出实测资料分析结合数值模拟的输沙需水计算思路与方法，以数值模拟为主要手段的御咸需水和环境需水计算方法，以水文法为主要手段的最小生态需水计算方法。

(3) 经计算分析，提出了钱塘江河口生态与环境需水的年总量取决于输沙需水，并提出钱塘江河口闻家堰断面水资源的开发利用量不得超过多年平均径流量20%的重要结论。同时，揭示了钱塘江河口生态与环境需水在年内不同时期受控于不同需水，且控制性需水受水利工程调度、取水条件、潮汐大小影响等主要结论。

(4) 针对钱塘江河口来水和需水的时程特性，提出为保障河口生态与环境需水的措施和实现的途径：增强新安江水库供水能力、增大杭州市抗咸能力、实施河口取水实时调度、加强河口水环境保护等。

通过本研究，基本建立了河口生态与环境需水研究较为完整的体系，得到的研究成果已经在流域、区域的水资源配置规划和调度中得以应用，实现了生态与环境需水定量化、便于管理的目标。

参考文献

陈吉余，陈沈良．2002. 南水北调工程对长江河口生态环境的影响［J］．水资源保护，(3)：10－13.

陈启慧．2005. 美国两条河流生态径流试验研究［J］．水利水电快报，(15)：23－241.

方子云．2005. 中美水库水资源调度策略的研究和进展［J］．水利水电科技进展，25 (1)：1－51.

顾圣华．2004. 长江口环境用水量计算方法探讨［J］．水文，24 (6)：35－37.

何宏谋，王煜，陈红莉．2000. 黄河断流对河口地区生态环境的影响［J］．海岸工程，19 (4)：41－46.

韩曾萃，潘存鸿，史英标，等．2002. 人类活动对河口咸水入侵的影响［J］．水科学进展，(3)：333－339.

韩曾萃，尤爱菊，徐有成，等．2006. 强潮河口环境和生态需水及其计算方法［J］．水利学报，2006 (4)：16－22.

韩曾萃，程杭平，史英标，等．2012. 钱塘江河口咸水入侵长历时预测和对策［J］．水利学报，43 (2)：232－240.

连煜，王新功，黄羽中，等．2008. 基于生态水文学的黄河口湿地生态需水评价［J］．地理学报，63 (5)：451－461.

刘成，王兆印，何耘，等．2003. 上海污水排放口水域水质和底质分析［J］．中国水利水电科学研究院学报，(4)：275－285.

刘晓燕，连煜，可素娟．2009. 黄河河口生态需水分析［J］．水利学报，40 (8)：956－961.

罗秉征，沈焕庭．1994. 三峡工程与河口生态环境［M］，北京：科学出版社．

倪晋仁，崔树彬，李天宏，等．2002. 论河流生态环境需水［J］．水利学报，33 (9)：14－15.

沈焕庭，茅志昌，顾玉亮．2002. 东线南水北调工程对长江口咸水入侵影响及对策研究［J］．长江流域资源与环境，11 (2)：150－154.

石伟，王光谦．2002. 黄河下游生态需水量及其估算［J］．地理学报，57 (5)：595－602.

孙涛，杨志峰，刘静玲．2004. 海河流域典型河口生态环境需水量［J］．生态学报，24 (12)：2707－2715.

唐克旺，王浩，王研．2003. 生态需水分类体系探讨［J］．水资源保护，19 (5)：5－8.

田家怡，王民．1997. 黄河断流对三角洲附近海域生态环境影响的研究［J］．海洋环境科学，15 (3)：59－65.

王丽红．2000. 黄河断流对下游生态环境的影响研究［J］．山东师范大学学报：自然科学版，15 (4)：418－421.

吴兴波，牛景涛，牛景霞，等．2003. 玉符河大型人工回灌补给地下水保泉试验研究［J］．水电能源科学，21 (4)：53－551.

尤爱菊，韩曾萃，徐有成．2005. 钱塘江河口考虑泥沙淤积的水资源可利用量研究［J］．泥沙研究，(5)：22－27.

尤爱菊．2007. 强潮河口生态与环境需水及实现途径研究［D］．河海大学．

尤爱菊，朱军政，田旭东，等．2010. 钱塘江河口段水环境现状与保护对策［J］．环境污染与防治，32 (5)：92－96.

尤爱菊，李若华，韩曾萃，等．2012. 基于潮汐变化特征的钱塘江河口环境需水［J］．水力发电学报，31 (4)：125－130，155.

尤爱菊，吴芝瑛，韩曾萃，等.2015. 引水等综合整治后杭州西湖氮、磷营养盐时空变化（1985—2013）[J]. 湖泊科学，27（3）：371-377.

余炯，曹颖.2006. 钱塘江河口段长周期泥沙冲淤和河床变形 [J]. 海洋学研究，24（2）：28-38.

张杰.2002. 济南市玉符河回灌补源保泉研究 [J]. 水利水电科技进展，22（3）：19-201.

赵同谦，欧阳志云，王效科，等.2003. 中国陆地地表水生态系统服务功能及其生态经济价值评价 [J]. 自然资源学报，18（4）：443-452.

朱军政，李若华，万由鹏，等.2010. 钱塘江河口环境容量及纳污总量控制研究 [R]. 浙江省水利河口研究院.

郑建平，王芳，华祖林，等.2005. 海河河口生态需水量研究 [J]. 河海大学学报（自然科学版），33（5）：518-521.

中华人民共和国水利部.2006. SL 348—2006 水域纳污能力计算规程. 北京：中国水利水电出版社.

周葳，王国祥，刘金娥，等.2009. 江苏主要入海河口水质评价与分析 [J]. 水资源保护，25（4）：16-19.

ANNE M A. 1998. A model for valuing global ecosystem services [J]. Ecological Economics，27：161-170.

BENSON N G. 1981. The freshwater inflow to estuaries issue [J]. Fisheries，6（5）：8-10.

BONER M C，FURLAND LP. 1982. Seasonal treatment and variable effluent quality based on assimilative capacity [J]. Journal Water Pollution Control Filed，54：1408-1416.

BOVEE K D. A guide to stream habitat analyses using the instream flow incremental methodology [A] //Instream flow information paper No. 12，FWS/OBS-82/26，Co-operative Instream Flow Group [C]. US Fish and Wildlife Service，Office of Biological Services.

BPOTTER I C，HYNDES G A. 1994. The composition of the fish fauna of a permanently open estuary on the southern coast of Australia，and comparisons with a nearby seasonally closed estuary [J]. Marine Biology，121（2-3）：199-209.

CARBAJAL N，SOUZA A，DURAZO R. 1997. A numerical study of the ex-ROFI of the Colorado river [J]. Journal of marine systems，12（124）：17-33.

COSTENZA R，Arge R，Groot R，et al. 1997. The value of the world' s ecosystem services and natural capita [J]. Nature，387：253-260.

FAIRWEATHER P G. 1999. State of environment indicators of "riverhealth" exploring the metap-hor [J]. Freshwater Biology，41（2）：211-220.

GIESECKE J，JORDE K. 1997. Ansatze zur optimierung von mindestabflubregelungen in ausleitungsstrecken. Wasser wirtschaft，87：232-237.

JASSBY A D，KIMMERER W J，MONISMITH S G，et al. 1995. Isohaline Position as a Habitat Indicator for Estuarine Populations [J]. Ecological Applications，5（1）：272-289.

KARR J R. 1999. Defining and measuring river health [J]. Freshwater Biology，41（2）：211-234.

KURUP G R，HAMILTON D P，PATTERSON J C. 1998. Modelling the Effect of Seasonal Flow Variations on the Position of Salt Wedge in a Micro tidal Estuary [J]. Estuarine，Coastal and Shelf Science，47（2）：191-208.

LAMB B L. 1989. Quantifying instream flows：matching policy and technology. Instream Flow Protection in the West [M]. Washington，D. C：Island Press，Covelo，CA：23-29.

LAZNIK M，STALNACKE P，GRIMVALL A，et al. 1999. Riverine input of nutrients to the gulf of riga-temporal and spatial variation [J]. Journal of marine system，23（123）：11-25.

LENHART H J，RADACHM G，RUARDIJ P. 1997. The effects of river input on the ecosystem dynamics in the continental coastal zone of the north sea using ERSEM [J]. Journal of sea research，38（324）：249-274.

LIVINGSTON R J，LEWIS F G，WOODSUM G C，et al. 2000. Modeling oyster population response to variation in freshwater input Estuarine [J]. Estuarine，Coastal and Shelf Science，50（5）：655-672.

MEYER J L. 1999. Stream health：incorporating the human dimension to advance stream ecology [J]. The North American Benlhological Society，16（2）：439-447.

MOSELY M P. 1982. The effect of changing discharge on channal morphology and instream uses and in a braide river，Ohau River，New Zealand [J]. Water Resources Researches，18：800-812.

ROBERTSON A I，DIXON P，ALONGI D M. 1998. The Influence of Fluvial Discharge on Pelagic Production in the

Gulf of Papua, Northern Coral Sea [J]. Estuarine, Coastal and Shelf Science, 46 (3): 319-331.

SOHMA A, SEKIGUCHI Y, YAMADA H, et al. 2001. A new coastal marine ecosystem model study couples with hydrodynamics and tidal flat eco system effect [J]. Marine Pollution Bulletin, 43 (7-12): 187-208.

SUN Tao, YANG Zhifeng, CUI B S. 2008. Critical environmental flows to support integrated ecological objectives for the Yellow River Estuary, China [J]. Water Resources Management, 22 (8): 973-989.

SUN Tao, YANG Zhifeng, SHEN Z Y, et al. 2009. Environmental flows for the Yangtze Estuary based on salinity objectives [J]. Communications in Nonlinear Science and Numerical Simulation, 14 (3): 959-971.

TENNANT D L. 1976. Instream flow regimens for fish, wildlife, recreation, and related environmental resources [J]. Fisheries Management & Ecology, 1 (4): 6-10.

第8章 钱塘江河口治理成效与经济评估

钱塘江河口是我国最典型的强潮河口，其壮观多姿的涌潮闻名中外，河口两岸杭嘉湖平原、萧绍宁平原为物产丰富、景色秀美、富饶的“鱼米之乡、丝绸之府”，自古以来是全国的赋税重地，备受历代当政者重视，然而两岸千万亩农田及农村的地面高程低于高潮位2～4m，低于风暴潮水位4～6m，虽历经数百年修建了相对当时技术水平而言较坚固的海塘，但仍然“屡修屡毁，屡毁屡修”，时有灾情发生，损失惨重，至今仍然发挥着御潮抗灾的作用。

20世纪30年代，近代科学传入中国后，逐步有人提出改变历来“以宽治猛”，即在远离主槽的高滩上筑堤御潮的被动治水思路，提出了主动缩窄江道的构想，但限于当时的财力、物力条件，实际建树尚少。新中国成立后，各级人民政府十分重视钱塘江河口的防灾、治理工作，成立了专门的机构从事钱塘江河口水文和水下地形的勘测工作，并组建了从事科研、规划、设计、海塘维修和管理工作的稳定的队伍，从新中国成立至2014年的60余年中，主要做了两件事。

第一是恢复了专门的海塘管理机构，修补千疮百孔的海塘，投入大量的资金，修建并加高加固抗御洪水、风暴潮的海塘。1950—1957年全省的主要水利经费用于钱塘江海塘建设，1958年以后随着全省大中型水库和农田机电排灌站建设，水利资金有所转移，但钱塘江海塘每年的维护经费还是基本保证的，因此在1955年的百年一遇洪水以及1956年、1974年、1994年、1997年的20～80年一遇的风暴潮中，这些海塘均发挥了重要的防灾减灾作用。此后随着改革开放和两岸社会经济的发展，已有的海塘标准已不适应经济迅速发展的需要，故从1997—2002年，钱塘江全线300km海塘经历了一次大规模的标准海塘建设，其标准提高为防御百年一遇高水位、12级台风和最不利塘脚冲刷等，大大增强了钱塘江河口防御抗灾的能力。

第二是从20世纪50年代开始系统收集了水文、地形资料，初步掌握了钱塘江河口河床演变的基本规律，研究并比较了治理钱塘江河口建挡潮闸、潜坝和全线缩窄三大类型方案的比选，确定了全线缩窄固定江槽作为主要方案，并在实施过程中探索出“治江结合围涂、围涂服从治江”的指导方针，和“以围代坝”的实施措施，极大地加快了治理步伐。20世纪60年代中期至今，闸口至鼠尾山长约90km河段的治理基本完成，稳定了河势，减少了冲淤变幅，增加了205万亩土地（其中上海市5万亩，澉浦以上135万亩，澉浦以下65万亩），同时改善了两岸平原的排涝条件和航运条件，增加了水资源利用率（减少咸水入侵），同时还保护了涌潮自然景观和明清老海塘古建筑。

现以浙江省水利河口研究院与清华大学水利系合作撰写的《钱塘江河口治理的效果评估》（韩曾萃等，2007）的内容为主作一概略的介绍。限于当时年限在2008年，此后又有补充，各项专题工作完成的时间不同，统计年限有一定的差异，但这并不妨碍对河口治理成效和经济评估的客观正确性。

8.1 钱塘江河口治理的必要性

8.1.1 社会经济概况

河口地区一直是我国社会经济发达、人口聚积的地区，根据长江口、黄河口、海河口、珠江河口

及闽浙诸中小河口的初步统计，面积仅占全国国土的3%，人口占全国的11%，而GDP占全国的33%。钱塘江河口（包括两岸平原）面积占全省的23.7%，人口占全省的34%，而GDP占全省的55%，以2008年统计为例，人均国内生产总值为6.83万元，为全省人均值的1.62倍（表8.1.1）。

表8.1.1　　钱塘江河口区各县（市）主要社会经济指标表（2008年）

河口分段	分片	县（市）名称	土地面积/km^2	总人口/万人	国内生产总值/亿元	人均国内生产总值/（万元·人$^{-1}$）	耕地/km^2	水田/km^2
河流近口段	桐庐县		1780	39.91	164.5	4.12	145	127
	富阳市		1808	64.34	342.9	5.34	215	187
	诸暨市		2311	106.4	495.9	4.78	437	386
	河流近口段合计		5899	210.65	1003.3	4.76	797	700
河口段和口外海滨段	杭嘉湖平原	杭州市	1832	282.4	2698.8	9.56	433.5	344.5
		其中市区	610	200.1	2196.9	10.98	94.8	60.9
		其中余杭	1222	82.1	501.9	6.11	338.7	283.6
		嘉兴市	3915	338.1	1816.4	5.37	2110.3	1764.9
		其中市区	968	81.9	459.9	5.62	524.5	441.7
		海宁市	668	65.2	348.9	5.35	345.5	263.2
		平湖市	537	48.4	276.3	5.71	310.6	285.7
		桐乡市	727	66.8	316.2	4.73	372.7	272.9
		海盐县	508	36.9	202.2	5.48	251.9	211.1
		嘉善县	507	38.2	212.9	5.57	305.0	290.2
		小计	5747	619.6	4515.2	7.29	2543.8	2109.3
	萧绍平原	萧山区、滨江区	1236	132.6	1139.8	8.60	542.2	502.5
		绍兴市	5945	331.3	1744.1	5.26	1005.0	921.2
		其中市区	344	65.7	399.2	6.08	102.3	97.3
		绍兴县	1195	71.4	608.2	8.52	26.0	225.2
		上虞市	1403	77.3	348.3	4.51	407.8	237.9
	萧绍宁平原	嵊州市	1790	73.4	217.0	2.96	307.2	248.7
		新昌县	1213	43.5	171.4	3.94	161.7	112.2
		宁波市	6313	451.1	3529.4	7.82	1102.0	1106.8
		其中市区	2560	216.4	2241.3	10.36	62.5	505.7
		余姚市	1346	83.1	484.7	5.83	390.1	307.3
		慈溪市	1154	103.1	601.4	5.83	435.2	100.9
		奉化市	1253	48.5	202.0	4.16	214.3	193.0
	小计		13494	915	6413.3	7.01	2649.2	2530.5
	河口段和口外海滨段合计		19241	1535.5	10928.5	7.12	5192.9	4639.9
总计			24140	1746.15	11931.8	6.83	5980	5340

2010年5月，国务院正式批准实施《长江三角洲地区区域规划》（以下简称《长三角规划》），这是进一步提升该区域整体实力和国际竞争力的重大决策部署，该区定位为“亚太地区重要的国际门户、

全球重要的现代服务业和先进制造业中心，具有较强国际竞争力的世界城市群”。因此在此后的10年发展中，为实现该区域的总体战略，钱塘江河口即环杭州湾产业带是长三角核心区南翼，具有极为重要的战略地位。2011年国务院又将浙江省确定为全国海洋经济发展试点省份，而钱塘江河口所在的杭州、宁波、绍兴、嘉兴四市区域，是浙江省经济社会发展最精华区域，占有浙江省海洋经济发展一半以上的总量，地位独特。钱塘江河口经过60年的河口治理、海塘全面加固，防洪御潮标准达到百年一遇，并新增了205万亩土地，加之丰富的水资源和水运资源为河口区域经济发展起到了强大的支撑作用。站在新的历史起点上，面对今后长三角和浙江省海洋经济发展总体战略部署，该地区的经济社会发展对钱塘江河口治理的需求，正全面进入一个新境界、新高度，以既有的优势为基础，必将为该区域经济发展作出更大的贡献。

8.1.2 钱塘江河口存在的主要问题

钱塘江河口既是经济繁荣地区，同时也存在许多自然灾害和制约经济进一步发展的问题。

8.1.2.1 频繁惨烈的潮灾

钱塘江河口的灾害有：洪涝、台风暴潮、崩岸和咸潮入侵等多种，其中以风暴潮灾害尤为惨烈，史料所载多以“海溢”“海决”“海水翻潮”称之，明清两代544年间潮灾先后发生过120次，其中明代69次、清代51次，影响范围遍及河口两岸。古代因无预测、预报技术，怒潮骤然莅临，猝不及防，灾害损失极为严重，现以几次记载原文引述如下（钱塘江志编纂委员会，1998）：

明万历三年（1575年）《明史》记载：“六月，杭、嘉、宁、绍四府海涌数丈，没战船、庐舍、人畜不计其数”。据《杭州府志》记载“冲击钱塘江岸，坍塌数千余丈，溺人无算，海宁塌海塘两千余丈，死人百余漂流房二百余间，灾田地八万余亩，咸水涌入内河”。《明史》载“杭、嘉、绍三府海啸，坏民居数万间，田涸不敢洗，南岸萧山淹死17200人，山阴（绍兴）、上虞等沿海居民溺死者亦各以万计，其中海盐海塘决口83处，濒塘男女溺死无计，海潮过之处，积沙厚1～2尺，杭、嘉、湖地区河水咸，咸水达松江”。

以上记录百年一遇的风暴潮灾，即决堤达数公里长，淹田万余亩，死人数万，田中淤沙0.3～0.6m，咸水直到淞江，因此修海塘一直是当政者最重要的大计。

1949年以前约1330年间，钱塘江河口地区的大小潮灾害183次，洪灾占15%，台风暴潮为85%，其中北岸占55%，南岸占33%，两岸同时成灾12%。一般灾害7年一次，重大、特大灾害20～40年一次。民国以来军阀混战、抗日战争，直到新中国成立的40年间钱塘江的重大海塘决口3次，出现数十万灾民背井离乡的悲惨局面。新中国成立后的1949—2006年的统计，全省平均3～4年出现一次较严重的洪台灾害，最近20年有9次较重大的台风灾情，损失在10亿～198亿/次之间，尤以1997年的台风损失最大。钱塘江河口地区以1956年、1974年、1994年和1997年四次灾害损失较大，只是由于钱塘江海塘有高于其他海塘的防御能力，故损失远小于台州、温州地区。

古代风暴潮灾害对发生的频次、伤亡人数、淹没范围的记载是可靠的，但对经济损失缺乏科学系统的统计，新中国成立后的60年中，则对经济损失有系统的统计。如1994年9417号台风浙江省台州、温州的经济损失达198亿元，分别约占台州、温州GDP的8%和5%。美国卡特琳娜飓风造成新奥尔良的经济损失为1250亿美元（NICHOLLS，2006），约占当地GDP的10%，这些都为类似重大灾害的经济评估提供了依据。依据国家有关规定计算了9711号台风，如发生在钱塘江海塘为1949年的状态下，其直接经济损失为191亿元。如按2008年为基准年，GDP增长2.85倍，其损失达544亿元，相当于钱塘江河口全局GDP的0.5%，但对局部受淹市县损失可达GDP的4%～5%，这对当地经济是巨大的损失。因此提高防御洪潮灾害的能力，是两岸社会经济稳定发展的首要需求，是人民安居乐业的首要基本保障条件。

8.1.2.2 主槽频繁摆动，河床极不稳定

钱塘江河口杭州—澉浦约110km河长内，堤距宽为1～24km，其河床演变特征如下：

（1）深泓平面摆动频次高、幅度大、抢险被动。在整个钱塘江河口长80km及宽10～20km的范围内，主流曾遍及两岸海塘之间的全部水域，其主流平面摆动的速度也十分惊人，曾有月最大可以达到1750m、日最大可达245m的记录，从而造成航道极不稳定，周前出海、周末回杭的线路可以完全不同。另一重要影响是主流顶冲点摆动频繁，即深泓顶冲海塘位置频繁变化，防汛抢险处于被动状态，防不胜防。还有大片滩涂被冲蚀，不能利用。总之，主槽极不稳定是钱塘江防汛不安全，大量滩涂资源、航运资源难以开发利用的根本原因。

（2）潮差大、潮流强、涌潮凶猛壮观但破坏力极大。钱塘江河口沿程的潮汐特征见表8.1.2（统计时间为1953—2012年），由表可知澉浦潮差最大达9.0m。钱塘江河口段实测垂线平均潮流流速多达2～4m/s，最大垂线平均涨潮流速5.37m/s，测点流速可达6.65m/s，比珠江口、长江口0.5～1.5m/s的流速大得多，而涌潮压力达7～10t/m^2，正是这巨大的水动力造成在钱塘江上修建海塘十分艰难，塘脚冲刷严重，维护工作量极大，屡修屡毁。

表8.1.2　　河口沿程各站潮汐特征值

站名	闻堰	闸口	七堡	仓前	盐官	澉浦	乍浦	金山咀	芦潮港
平均高潮位/m	4.42	4.42	4.45	4.27	3.94	3.09	2.56	2.15	1.89
平均低潮位/m	3.95	3.86	3.66	2.75	0.66	−2.55	−2.13	−1.82	−1.38
平均潮差/m	0.47	0.56	0.79	1.52	3.28	5.64	4.69	3.93	3.19
历史最高潮位/m	8.17	8.02	7.94	8.01	7.75	6.56	5.54	4.98	4.09
历史最低潮位/m	1.19	1.15	1.22	0.40	−2.34	−4.36	−4.01	−3.46	−3.34
最大潮差/m	3.17	3.77	4.28	5.27	7.26	9.0	7.82	6.65	—
平均涨潮流历时/（h：min）	3：10	3：20	3：30	3：12	2：35	4：50	5：10	5：40	6：00
平均落潮流历时/（h：min）	9：15	9：05	8：55	9：13	9：50	7：35	7：15	6：45	6：25

杭州湾口门的潮差并不大，为2～3m，但由于平面上的喇叭外形及底部存在沙坎，涨潮流到尖山附近破碎，形成潮头高达2.5～3.5m的涌潮，对塘身冲击力极大，塘脚冲刷，是造成滩地不稳、坍江的主要动力之一，对海塘及附属建筑物也造成极大的破坏。但当人们能建造坚固的海塘后，涌潮又是十分宝贵的自然景观和旅游观光资源。因此一方面我们要修建坚固的海塘防护建筑群（包括护坦、塘身、塘顶防浪结构和后坡、二线塘），同时也应十分重视保护交叉潮、回头潮、一线潮等多种涌潮自然景观。

（3）河流宽浅，涨、落潮流路不一致，为游荡性河口。钱塘江河口（含杭州湾）的宽度从1km至近100km，相应的水位变化很大，半潮水位下的水深仅为2～8m，因此宽深比为20～40，比我国著名的游荡性黄河花园口至高村河段的宽深比20～30还要大（韩其为，2010）。究其原因主要是河床为易冲的粉沙，而涨潮动力特强，涨落潮流路又往往不一致，产生了河床宽浅的显著特征。而且一年之内的丰水期与枯水期深泓交替变化，多年之间又由于丰枯径流的变化，主泓也相应变化，形成典型的游荡性河口。历史上“以宽治猛”的治江思想，将两岸堤线置于滩地上便于施工，这也进一步加大了滩面宽度，使得大量的潮间带滩涂无法开发利用，上、下游许多潮位站的潮汐特征值（如高、低潮位，潮差、潮流强弱、涌潮大小）年际间有很大的变化。

8.1.2.3　钱塘江河口动力极强是整治的难点（韩曾萃等，2007）

钱塘江河口治理，必须同时研究水流、泥沙以及盐度、污染物质的输移特性，采用河床演变、数值模拟、比尺模型等研究手段，对不同治理方案进行模拟，从而为开发钱塘江河口的资源，防治自然灾害做出有针对性的科学预测。

（1）钱塘江河口年内纵向输沙表现为“上冲下淤”的纵向泥沙交换。东海潮波从外海传入河口后，由于河床阻力的作用，涨潮历时缩短，落潮历时加长。强潮河口涨潮流速多大于落潮流速，而含沙量与流速的高次方成正比，故涨潮含沙量远大于落潮含沙量，即在一个潮周期中，同一潮差，流速 $V_f>V_e$（脚标 f 和 e 分别为涨潮和落潮），当径流比较小时（中枯水、占一年的大部分时间），输沙量 $G_f>G_e$，产生了“上淤下冲”。而当洪水期间，上游 $V_e>V_f$ 则 $G_e>G_f$，表现为“上冲下淤”，年内可基本平衡。一年以内搬运的泥沙在钱塘江全河段可达2亿～4亿 m^3，特殊水文年更大。图8.1.1（a）是2007年七堡站一个潮内垂线分层潮流速的实测过程，图8.1.1（b）是涨、落潮的含沙量分层过程，图8.1.1（c）是闸口站潮差与涨落潮的输沙总量及净输沙量的关系，表8.1.3是1996年11月—1997年4月的冬半年为大淤，1997年11月—1998年4月为大冲（对应期间芦茨端口的平均流量分别为 $555m^3/s$ 和 $1759m^3/s$）。

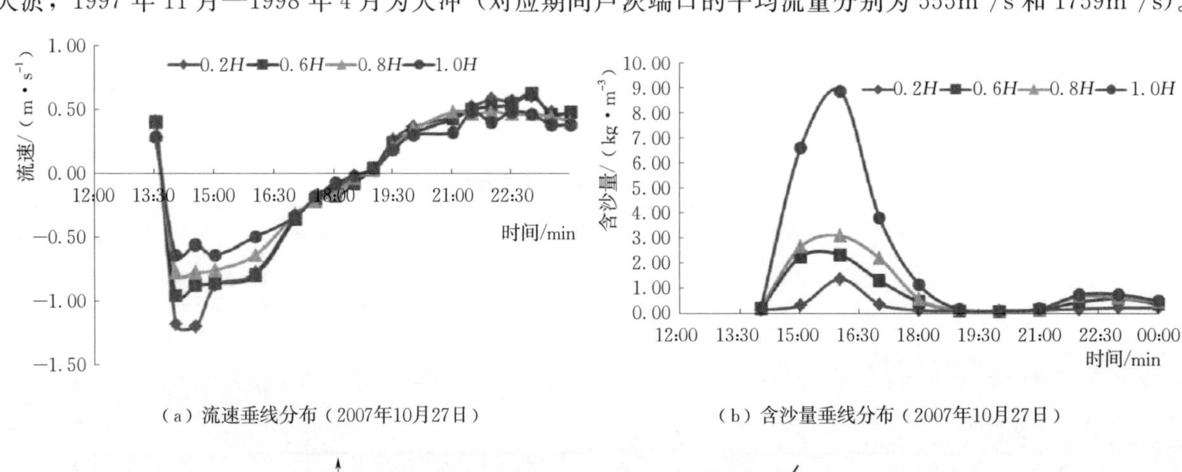

（a）流速垂线分布（2007年10月27日）　　（b）含沙量垂线分布（2007年10月27日）

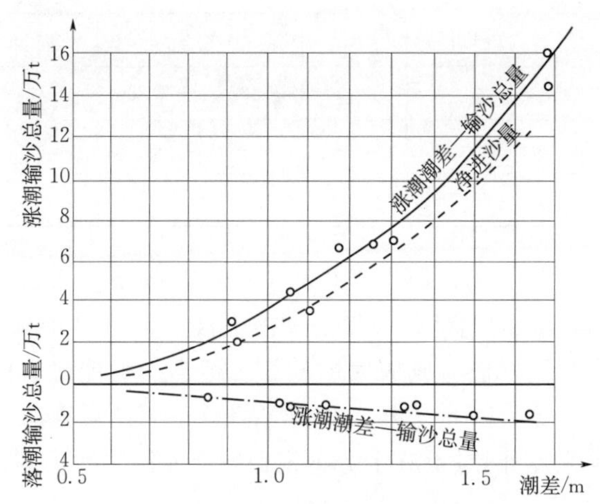

图8.1.1　闸口潮差—涨（落）输沙总量

表8.1.3　　**钱塘江河口大淤、大冲数量**　　单位：亿 m^3

河段	1996年11月—1997年4月淤积	1997年11月—1998年4月冲刷
闸口—七堡	0.04	0.22
七堡—仓前	1.17	0.40
仓前—盐官	0.52	0.73
盐官—曹娥江口	1.03	0.66
总计	2.76	2.01

造成涨、落输沙不平衡除流速大小外，还有涨潮流的流速，是从下游大到上游变小，为饱和输沙，而落潮流从憩流转为落潮从上游小到下游增大，是未饱和输沙过程，这些特征是河口输沙的重要特征。海湾地区也存在类似情况，枯季淤积，丰水大洪水则将淤积泥沙冲走，如海湾末端支流建水库，蓄水拦洪后，冲沙能力丧失，海湾末端开始淤积，并逐步自上而下推。

（2）纵向沙坎的存在是形成涌潮及河床宽浅的主要原因。钱塘江河口的涌潮之壮观举世闻名，中国古代学者王充对其解释为涨潮时水深变浅且缩窄而产生。按现代科学的解释，涌潮从外海潮汐传入河口处，平面呈喇叭形收缩，能量骤集，潮差增大，其次是水下存在沙坎，随涨潮潮波传播过程中水深逐步变浅，而波速与水深平方根成正比（$c=\sqrt{gH}$，其中 c 为波速），故后波波速赶超前波波速，形成破碎掺气的涌潮。涌潮由于其破坏力大（涌潮压力观测值达 $7\mathrm{t/m^2}$），对边滩及海堤的冲击力极强，使河宽比无涌潮河宽增大 1～3 倍，从而宽深比更大，河床更不稳定。

（3）钱塘江河口的堤距远比正常高潮位时的河宽大，为其平面摆动提供了自由空间，也为缩窄江道治江结合围涂提供了理论依据。限于明清年代难以建造能抗御涌潮等强动力冲击的建筑物，杭州知府陈让（1477）提出了“以宽制猛、不与海争利，退守加固内堤”的策略。因此在 19 世纪前，钱塘江河口的治理方略是“保塘不保滩”，随着现代工程技术的进步，有条件在强涌潮地区建设高质量的海塘，20 世纪 30 年代河工专家认识到，河床过宽是钱塘江河口的主要弊端，欲行治本，不能单纯筑海塘，还需要缩窄江道、稳定江槽。图 8.1.2 是 1950—2006 年江堤河宽对比图。表 8.1.4 是治理前各断面特征。

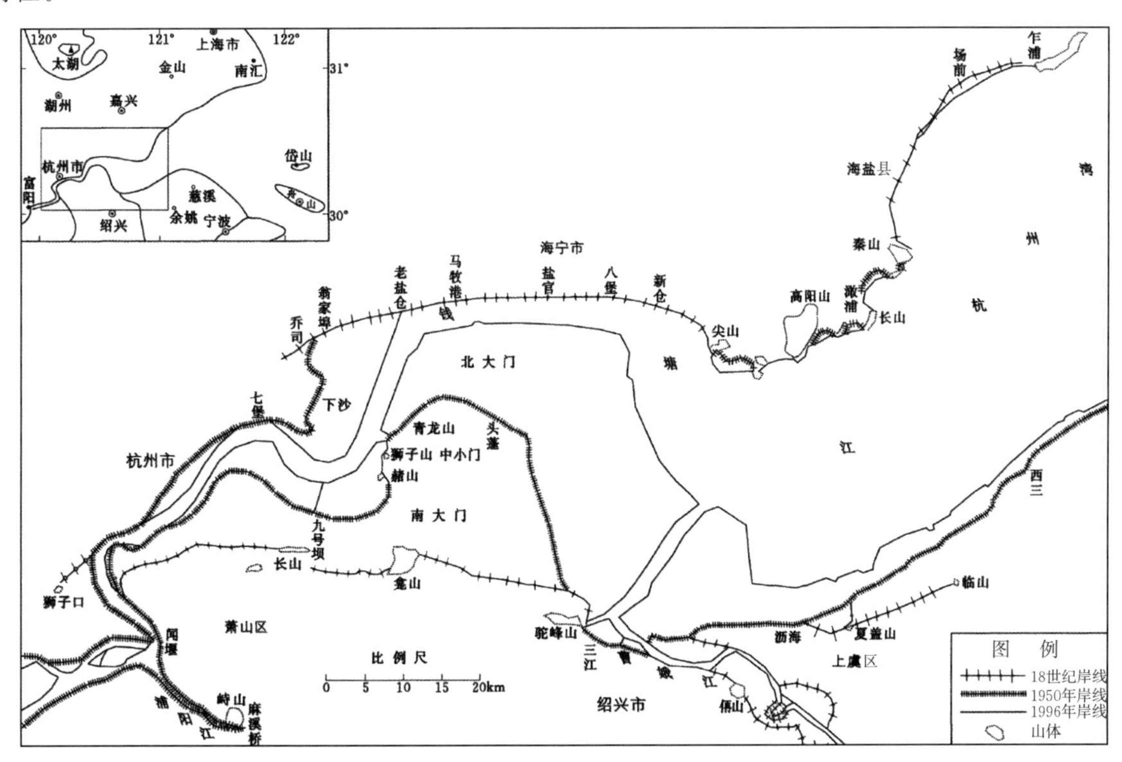

图 8.1.2　钱塘江河口段平面图

表 8.1.4　　**江道治理前堤距、河宽特征**　　单位：km

站名	闸口	七堡	仓前	盐官	尖山	澉浦
堤距	2.0	8.0	16.0	27.0	32.0	25.0
高水河宽	1.0	1.20	5.12	5.0	21.3	20.3
低水河宽	0.90	0.75	1.24	2.3	9.8	19.20
$B_{高}/B_{低}$	1.05	1.6	4.13	2.17	2.17	1.05
$B_{堤}/B_{高}$	2.0	6.6	3.12	5.4	1.5	1.23
高低河宽差	0.1	0.45	3.88	2.7	11.5	1.10
堤距与高水河宽差	1.0	6.8	11.88	22.0	10.7	4.70

注：高、低水位河宽为 1956 年 3 月的数据，堤距为 1949 年值。

由图 8.1.2 和表 8.1.4 可知，除闸口、澉浦外，其他断面高、低水河宽及堤距都过大，高低水河宽比达 1.6～4.13，绝对差值达 0.45～11.5km。这反映出高滩特性的堤距与高水宽度比值为 1.23～6.6，绝对差值 1～11.8km。堤距比高水河宽大 1.0～22km，潮滩宽达 0.1～11.5km。一般平衡的潮汐河口，堤距比高水宽度大 0.1～0.5km，或堤距为平均高水河宽的 1.05～1.1 倍。钱塘江河口堤距比高水宽度大 1～22km，远大于正常河口的数值，因此缩窄江道是非常必要的，也是可能的。

1960 年钱塘江上游建成新安江水库，使七堡、闸口、闻堰等洪水流量减少 5000～10000m^3/s，相应洪水位下降 0.5～1.0m，而缩窄江道后初步分析抬升洪水位在 0.20m 以内（后文另有分析），因此缩窄过宽的江道是可行的。根据《中华人民共和国水法》和《中华人民共和国防洪法》，河口是河流的一部分，河流原则上是不能任意缩窄围垦而占用行洪断面，但由于钱塘江河口特殊的历史原因和自然条件，缩窄江道是治江的必要条件，治导线及断面大小必须在不明显抬高洪水的前提下，通过科学、客观的论证，并经各地方水行政主管部门批准。因此，钱塘江缩窄过程是逐步实施的，事后的实践证明在缩窄过程中并未明显抬高洪水位。

8.2 钱塘江河口治理方案实施及海塘建设和维护

8.2.1 治理目标

在充分认识河口自然属性的前提下，顺应河口自然演变规律，按照社会经济发展需求，兴利除弊，开发各种资源为社会需求服务，以达到人与自然（河口）和谐共处。治理开发的目标也是逐步探索深化、分步实施的（韩曾萃等，1985；戴泽蘅等，1985；戴泽蘅等，1991；李光炳等；1995；韩曾萃等，2001；戴泽蘅等，2005），其艰难历程长达半个世纪。

8.2.1.1 减轻、减少钱塘江河口两岸的洪水、台风暴潮灾害

由于钱塘江河口的高潮位一般高于两岸地面 2～4m，台风暴潮时可达 4～6m，故两岸人民的生命财产、正常生活与生产活动及国家基础设施依赖于修筑的海塘保护。前文 8.1 已对历史上发生的风暴潮灾害的频次、死亡人数及淹没范围作过介绍，也对近 20 年浙江省几次主要风暴潮造成的经济损失作出评估，阐明了风暴潮灾害是这一地区最主要的自然灾害，此外涌潮的高流速对堤脚的冲刷也是另一种重大的威胁。民国以来，1933—1944 年毁堤 2km（大缺口处），1941—1946 年南岸萧山头蓬一带因崩岸失地 30 万亩，灾民达 6 万之多。1953 年北岸的翁家埠，因主流顶冲临江的海塘，长达 7240m 海塘面临水塘脚被冲失的风险，当时动员全省汽车运输抢险物资，最终还是因河势变化才有所缓和。以后 1956 年的“5612”台风，1974 年、1994 年、1997 年的台风，钱塘江新围堤身、老堤堤身都有不同程度的损毁，所幸尚有二线堤发挥了作用，未酿成大灾。钱塘江河口涌潮流速大、主流顶冲塘脚，使塘身基桩外露或冲失危及塘身安全，在 1987 年、1992 年均有发生，因有负责日常维修管理单位的及时发现、抢修，才有惊无险。这些事例足以说明，海塘安危需时刻保持高度警惕。

江浙自古以来是全国主要赋税来源之地，自明清以来，当政者花费大量白银（每年十万两）修建了当时技术最好、造价最贵的鱼鳞石塘，但限于当时技术水平，因年久失修或工程老化以及水文条件、河势变化，仍“屡修屡毁、屡毁屡修”，因此保护钱塘江河口地区的安全（1995 年统计约千万亩土地、千万人口和数千亿产值）十分重要，它永远都是浙江省政府及水利部门不敢丝毫放松的主题，也同时受到中央部门的密切关注和支持。这是近千年来不争的事实，即使今日科学技术日新月异，防御风暴潮灾害仍是这一地区的重要任务。

8.2.1.2 治理“深泓频繁摆动的江道”是防灾减灾和开发各项资源的前提

强劲的潮汐动力（珠江河口、长江河口最大流速为 1～2m/s，而钱塘江河口达到 5～7m/s）、易冲易淤的河床物质（其起动流速为 0.4～0.6m/s，无论大、中、小潮均大于此起动流速）以及开阔的两

岸堤距为主流摆动提供了动力及条件，再加之年际、年内径流的变化，使得钱塘江河口的河床平面摆动更加频繁，河床年内冲淤幅度达到2亿～4亿m^3，占高水位下河床总容积的20%，局部河床达50%以上。由于河床的平面摆动、纵向的冲淤变化等，造成相应的洪水位、高低潮位、潮差、涨落潮量、潮流速大小、咸水上溯距离等，在年际、年内都有大幅度的变化，其结果如下：

（1）在相同的洪峰流量和不同的江道条件下，洪水位可以相差1.5m左右。

（2）涌潮、洪水对海塘的顶冲点变化频繁，多处需设防，防汛长年处于被动局面。

（3）两岸数百万亩农田排涝条件有时排泄顺畅，有时则不能自流排涝。

（4）秋季大潮枯水季节咸水上溯，造成杭州市的4个主要生活及工业取水口的江水含氯度在一个潮汛15天中连续3～5天超标，停水或供咸水造成人民生活、生产极大不便，工农业蒙受巨大损失（20世纪70年代至本世纪初为200万～2000万元/天）。

（5）江道内的滩涂面积常年达40万～60万亩不能开发利用。

（6）只有50t的小船航行，运输能力不到30万t/年。

（7）涌潮景观极不稳定，有些年份著名观潮点看不到涌潮，有些年份又特别大，对海塘安全构成威胁。

只有治理缩窄江道后，才既可改善防潮被动局面，又能为合理开发各项资源创造良好的基础。

8.2.1.3 河口资源的开发和保护

（1）土地资源。钱塘江河口（含杭州湾）滩地（指低潮位以上的潮间带滩地）原有70万～80万亩，其中，澉浦以上40万～50万亩，澉浦以下为30万亩。这些滩地极不稳定，洪水冲失，枯水大潮又回淤，保持动态平衡。滩地对保护海塘脚安全、消浪消能有一定作用，但也给主流任意摆动提供了空间，对防洪、排涝、航运均不利，且大量滩涂资源不能开发利用。新中国成立以后，人口剧增，基础设施建设、人民居住、城市扩大都急需土地，因此两岸群众迫切需要开发利用这些滩涂荒地。滩涂资源是动态变化的，围垦后又会涨出新的滩涂，以钱塘江河口为例，原70万亩滩地全部围涂，至2014年共围205万亩（其中5万亩为上海市），现在又新淤涨了10万亩，即在210万亩滩涂中，130万亩是新淤涨的，占66%。

这些土地价值巨大，它对维持国土资源的供需平衡、保持人均耕地、新工业园区建设、新城区的扩大等都起到极为重要的作用。现在“环杭州湾工业园区”绝大部分都建在新围的滩涂上，今后将有数千亿的产值出自这片新的土地。

（2）淡水资源。由于人口的增加、城市的扩大，水资源的重要性逐步被人们重视。工业企业的发展，使得城市供水量日益急剧增加，废水排放使水质污染，加剧了用水量的困难。钱塘江河口的水资源时空分布不均匀，致使干旱年份水资源供需矛盾更为突出，加之河口的咸水入侵，每年8—11月枯水大潮期间，都有3～12天受到江水含氯度超标停水的威胁，特殊年份可造成总计30～100天的停水或供咸水的实例发生（1978年、1979年、1993年、1995年、2003年均有实例）。

钱塘江河口有380亿m^3（闻家堰断面）淡水资源，目前河口段已利用水量为35亿m^3，占9%左右，似乎用量不大，但根据对河口生态环境需水量的研究结论，钱塘江河口为保持海域来沙的冲淤平衡、咸量平衡，满足水功能区水质要求的水量及最小生态需水量等需要，要求的水量占多年平均径流的50%左右，再扣除洪水不可利用水量30%，真正可用水量应控制在多年平均径流的20%以内。但由于年际、年内来水量时空不均，经常发生供、需不平衡而占用河道内的生态用水，为此水主管部门需采取许多工程和非工程（调度制度）措施，才可得到各种用水保障，否则过多引水会造成河口段河床淤积、洪水位抬升、水环境功能区不达标等一系列严重问题。因此，科学合理地利用钱塘江水资源，既是社会经济发展的需要，也是生态和环境保护的要求。

（3）航运资源。钱塘江河口及口外有嘉兴港、宁波北仑港、大小洋山港等万吨、20万吨级的港口，目前正在研究开发绍兴、萧山、上虞等1000～3000t级的出海港口，因此在钱塘江河口治理中，既要保护好已有的万吨级港口资源，又要为新的计划中的中小型港口创造更好的通航条件。

钱塘江河口有 300km 的岸线，有近百公里的岸线可以作为航运资源，应采用深水深用、浅水浅用，还应考虑排污口、排涝闸、油管和电缆线路及旅游岸线，合理规划岸线的分类、分级使用。

（4）旅游、古迹、文化资源。钱塘江河口以其潮差大、潮流凶猛、涌潮壮观而闻名于世，世界有涌潮的河口如 Hoogly（孟加拉国）、Amazon（巴西）、Severn（英国），但其潮头高多小于 2m，而钱塘江河口潮头达 3.5m，且有一线潮、交叉潮、回头潮等多样性景观。过去只侧重于防止涌潮对海塘的破坏力，现在工程技术可以修建坚固的海塘，那么保护好涌潮的自然景观也十分重要。在近期审批涉水建筑物时，均十分重视对涌潮景观的保护。

另外，钱塘江北岸的鱼鳞石塘已有三四百年以上的历史，也是我国古代水利工程的伟大成就，至今仍然在发挥作用，必须注意加以保护。

（5）环境与生态资源。钱塘江河口按其功能区划大体分为三段，富春江电站至杭州南星桥长约 95km 为主要生活饮用水河段，南星桥至澉浦约 95km 为重要城市（杭州、萧山、绍兴等）污水集中排放口及杭嘉湖、萧绍宁平原排涝闸（非点源）的污水、内涝水的接纳河段，澉浦以下的杭州湾为渔业养殖水区。其中上游段的水质一般为Ⅲ类，但在高温枯水季节，TN、TP、NH_3—N 及 DO 常超标，是重点保护河段。中段及下游段钱塘江河口具有潮量大、流速大的特点，对污染物具有较强的稀释能力，全流域的点源和非点源污染负荷以及东海海域上溯的污染物进入钱塘江后，对 COD 等有机物具有一定的环境容量，但这种能力是有限的，因为它的往复来回流动会有累积作用，应科学、合理地利用这种自净能力。东海的水体由于承纳长江、上海等大量营养物质，东海本身及近岸水体已经是超Ⅲ类、Ⅳ类（主要是活性磷酸盐、无机氮、油等超标），要求杭州湾、钱塘江河口下段达到海水Ⅰ类不太现实。目前钱塘江河口 TP、TN、NH_3—N、油等类污染物已严重超标，COD_{Mn}还有一定的容量，应做好钱塘江河口（含杭州湾）的环境容量规划，论证排放口设置的合理布局，削减污染负荷、减小其超标面积及出现时间，使大部分水域达到水环境功能区划的要求。

此外，钱塘江河口还有很丰富的潮汐能，可以开发 500～2000kW·h 的大型潮汐电站，但由于潮汐能带来的环境问题（建挡潮闸下游淤积和对海洋、河口的生物资源影响较大）而几起几落，目前还不具备开发条件。

8.2.2 治理开发方案比选和确定

8.2.2.1 治理方案的比选

围绕上述的开发目标，20 世纪 60 年代即系统研究了钱塘江河口建闸、全线缩窄、抛潜坝等三大类治理方案，远期还有在杭州湾内建人工岛的方案。对实施这些方案的优缺点和关键技术问题都开展过大量、长期的科学研究，在基本明确方向后，60 年代末开始组织实施，在边实践边修改的 50 年中积累了大量的经验。

（1）建闸方案。建闸可以切断海域来沙的供给和咸水上溯，在上游径流的作用下，闸上河道及沙坎的泥沙可以被洪水冲走带入下游，河床可大幅度下切，从而可以加大水深，降低杭州等处的洪水位；上游淡水水库可以极大地提高水资源利用率；下游河床的淤积可增加大量土地。因此这类方案长达半个世纪不断被提出，包括 60 年代提出的建七堡枢纽、70 年代的黄湾方案以及近 10 年提出的乍浦方案。

这类方案之所以不为人们所认可，其原因是闸下淤积和生态问题。建闸后闸下的潮量大幅度减少，相应闸下河道必然大量淤积，其行洪断面、航道与取排水口的水深、水流稀释能力等将大幅减少，从而对两岸已有的码头、取排水口、航道都构成极大的威胁。另外原来的生态平衡状态因流场、温度场、泥沙场、生物场发生较大的变化，其影响程度目前尚难以准确预测。这两方面的问题使得它不为人们认可和接受，虽多次被提出，又多次被否决。

（2）潜坝方案。20 世纪 60 年代北京水利科学研究院泥沙所所长方宗岱，提出在尖山附近抛潜坝，

坝顶高程为半潮水位，可削减40%～50%的潮量，山潮水比值可增大1倍左右，从而降低沙坎高程，改善上游通航条件和减少盐水入侵强度，对洪水位影响也不大。

但该方案坝体经常处于滚水的堰流状态，一旦某处溃决，难于及时修复，易造成全线溃决，其风险性太大而被否决。

(3) 全线缩窄方案。全线缩窄既可稳定河势，又能减少潮量，增大山潮水比值，降低沙坎高程，并通过发动两岸群众逐步围涂，取得大量的土地资源，达到稳定江道，改善通航条件，增加土地缓解人多地少矛盾等目的，也可以一定程度上改善咸水入侵灾害，其最大的优势是可以逐步实施，逐步受益，风险最小，而资源的各种开发利用有把握实现，对生态环境的副作用较小。

综合比较，全线缩窄方案较合理，可以首先实施。因此从20世纪60年代末，便开始实施这一方案。经过近50年的实践，其效益显著。长90km摆动频繁的河段已相对稳定，按2007年的评估，澉浦以上120万亩土地被围垦，总投入106亿元，产值为1200亿元（已按投资、劳动力等进行分摊后），效益费用比11.5，今后的产值还会随着工业开发比重增加数倍地增加。实践证明这一方案的选择是正确的。

除上述三大方案外，不同时期也提出过局部缩窄口门、兴建乍浦、澉浦潮汐发电站等方案。试验表明，局部缩窄方案初期能降低上游高潮位、抬升低潮位、减小潮差，但后期口门处冲刷平衡，上述作用消失。而潮汐电站方案由于对周边自然生态环境改变较大，且发电量因潮汐不稳定的周期变化对电网不利，同时每度电的成本较高而被放弃。

8.2.2.2 对缩窄方案存在问题的消解

在实施全线缩窄前，存在一些疑虑和一些技术上有争议的问题，如明清老海塘塘脚高程是否因缩窄被冲深危及安全？杭州市的洪水位是否因缩窄而大幅度提升？是否明显影响涌潮景观？这些问题的消解，关系到缩窄方案的实施，现将其中主要问题简述如下：

(1) 明清老海塘是否会因缩窄产生塘脚冲刷而危及安全。历史上钱塘江河口是“以宽治猛”，即将两岸的堤线设置在足够宽的滩地上，施工方便，同时用滩地来消耗涌潮能量。20世纪30年代以后，随着现代工程技术如混凝土挡水结构、打桩技术的进步，有条件在临水的强潮地段修建高质量的海塘，许多河工专家认识到：河床过宽才是钱塘江河口的主要弊端，欲行治本，不能单纯靠筑海塘，而要缩窄治江、稳定江槽。

但缩窄江道后是否会对明清老海塘堤脚产生冲刷，危及海塘安全成为一大疑点，为此钱宁院士等用钱塘江实测水文地形点绘的山潮水比值与沙坎高程关系显示，即使山潮水比值增加5倍，沙坎高程仅下降0.5m，而缩窄江道对沙坎降低极有限，另外李光炳等人用20世纪50年代英国Lune河河口的缩窄实例，证明河口缩窄在其上游段有冲刷，下游段反而淤积，这两篇报告在1964年全国水利学会的潮汐河口组讨论后，消除了顾虑，统一了思想，为缩窄江道的规划和实施奠定了理论基础。

此后有过多次局部缩窄江道整治规划，但未能建立在全河段、科学理论、定量计算基础上。直到80年代初以后，才有了全河段并建立在河床演变、数学模型、比尺模型基础上的规划。不同时期沿程各断面的堤距及高、低水位的河宽，见表8.2.1。由表8.2.1可知：在1986年盐官以上堤距基本上按比1956年的低水河宽略宽予以缩窄。尖山—澉浦高水河宽接近堤距，1986年为止未有大的变化。1997—2010年尖山以下河段堤距才逐渐大幅度的缩窄。尖山、鼠尾山的堤距是1986年低水河宽的44%～60%，而老虎山和澉浦堤距仅减少10%～15%，高、低水位的河宽只减少15%左右。

虽然钱塘江河口的堤距有较大幅度的缩窄，但首先是缩窄高、低滩地，未减少主槽宽度。1986年前，盐官以上是按天然河道低水位河宽来确定堤距缩窄，1986—2010年尖山—澉浦是按中水河床自然放宽率缩窄的，以达到规划堤距及高、低水位河宽尽可能差距小的目的。事实证明盐官以上河床水深约冲刷0.5～1.0m，盐官以下河床淤积达0.5～2.0m，因盐官—尖山则是涌潮最强、冲刷塘脚基础、造成桩基流失、堤塘比较危险的河段。曾对比同一地点、同为顺直河道的1938年9月和1996年9月低水位，前者基桩外露，低水位在木桩顶以下1～1.5m，而后者低水位比木桩仅低0.2m。由此可见治江后因河床抬升，低水位也有0.8～1.2m的抬升，这对保护明清老海塘的安全作用明显。

(2) 对杭州洪水位的影响和对涌潮景观的影响。后文8.3.4及8.3.6另有详细论证。

表 8.2.1　　各期堤距及高、低水位河宽对比表　　单位：km

站名		闸口	七堡	仓前	盐官	旧仓	尖山	鼠尾山	老虎山	澉浦
断面号		1#	15#	27#	45#	54#	64#	68戊	74#	80#
1956年治江前	堤距	1.20	4.70	9.30	11.90	21.00	26.30	23.70	21.00	20.60
	高水河宽	0.85	1.46	4.00	5.80	9.50	24.40	23.10	21.00	19.90
	低水河宽	0.83	1.14	1.82	2.63	9.00	11.20	12.30	20.90	18.10
1986年治江中	堤距	0.97	1.80	2.10	2.80	10.90	15.40	21.40	20.00	19.60
	高水河宽	0.93	1.79	2.00	2.15	4.70	15.00	19.20	19.80	19.50
	低水河宽	0.93	1.77	1.36	1.15	2.50	10.90	17.30	18.20	18.10
2006年治江后	堤距	0.97	1.60	2.10	2.50	3.90	6.80	9.80	17.80	18.00
	高水河宽	0.97	1.22	1.90	2.40	3.90	6.70	9.70	17.50	18.00
	低水河宽	0.97	1.13	1.80	1.40	1.70	4.20	8.60	13.20	17.90

8.2.3 缩窄江道方案的规划编制

20世纪20年代、40年代为整治江道，提出过局部河段的整治缩窄计划，主要是杭州附近的局部江道整治，措施是密距的短丁坝，其中在钱塘江大桥至七堡的16km河段建设的丁坝群，起到了一定的效果。到1964年对钱塘江河口的河性已有了较深入的认识以后，认为国外潮汐河道，借用潮流能力维持较大水深的做法不适用于钱塘江，钱塘江河口应采用减小进潮量、增大径流、潮流比值和单宽落潮流量的整治原则，为此20世纪80年代开始先后编制了两个有代表性的河道整治规划。

8.2.3.1 1985年钱塘江河口尖山河段治导线规划（韩曾萃等，1985）

全线缩窄江道，需要确定合适的沿程河宽及平面弯曲形态。平面形态的确定是在现今河势基础上，按照河流自然特性，因势利导，尽量利用天然山体作为节点，利用原有明清海塘、丁坝等建筑物的原则，如七格、九号坝、老盐仓等几个弯道的曲率半径、过渡段布置，是参照历年实测江道地形图确定，又用统计的高滩保存概率等值线分布确定江道的平面形态。河宽遵循中水位下河宽的指数规律 $B_x = B_0 e^{\alpha x}$（其中 B_0 为起点中水河宽，B_x 为距原点 $x$km 的河宽；$\alpha = 0.015 \sim 0.040$，称为放宽率）。于1985年形成第一个较系统的尖山河段治导线规划报告（韩曾萃等，1985；以下简称《85规划》），报告中采用了河相关系式预测了缩窄后的半潮水位下的断面面积、河宽、水深，并用数学模型计算缩窄后的潮量沿程变化。

在制订沿程缩窄的不断探索中遵循了以下指导思想：

缩窄过程只能是渐进式的，靠长丁坝、顺坝一次到位的方法，往往欲速不达、事倍功半。实践证明，推进的过程看似多建了过渡性围堤，有些浪费，实际是比较稳妥的，所围土地当年即可利用。

在制订河口治导线时，尽量利用明清老海塘，既减少新海塘的建造费，又保留古文物建筑。另外在尖山—澉浦的40km河段，用实际发生过的水文资料、数学模型、物理模型等手段，比较了主槽走北、中、南不同线路对上游防洪、排涝、咸水入侵和下游敏感点的淤积影响，最终取兼顾各方

利益的“微弯走中”方案。南岸为凹岸段，既可使涨落潮流平顺衔接，又使弯道消耗涌潮能量，为南岸排涝、排污、码头建设创造了有利条件，缩短曹娥江口门大闸闸下河道的长度，减少闸下淤积。

在确定、比较沿程河道宽度时，特别注意了沿程各断面潮量（含涨潮量及径流）、输沙量引起断面特征（包括面积、河宽、水深、放宽率等）的变化。对澉浦河宽应兼顾上游曹娥江口门大闸的维护，也要照顾到下游秦山核电群、乍浦港、嘉兴电厂取水口的水深条件。在制定治导线的过程中，不断用河相关系式来验证治理过程中断面的变化，还应注意河床形态纵向放宽率和弯道的河相关系。治理后的河宽、面积等计算值与实测值基本吻合。

8.2.3.2 2001年尖山河段整治规划要点（韩曾萃等，2001）

《85规划》实施近15年，也出现了一些新的问题和新的需求，需要对尖山河段治导线作进一步的优化和调整，于2001年又编制完成了《钱塘江河口尖山河段整治规划》（韩曾萃等，2001），其最主要的变化和相应的调整如下：

（1）由于1988—1997年间为丰水年，江道顺直，普遍存在潮差大、涌潮强的情况，需缓解90年代已出现的尖山河段上游高潮位抬高、涌潮动力加大对明清老海塘的冲击力和对塘脚冲刷的危害，削弱咸水上溯以改善杭州的供水条件，为此应适度加大尖山河段的弯曲程度。

（2）河口段需要为曹娥江口门大闸早日开工建设创造条件，为此，要设计出凹岸在南岸的弯曲河势，使涨潮流贴近南岸曹娥江口门附近，利用弯道效应保持主流贴近南岸，改善曹娥江排涝条件和南岸绍兴、上虞、萧山出海码头的通航条件。

（3）尖山河段的下游主要是北岸深槽的维护，为减轻因总潮量减少出现的淤积，研究了尖山河段北岸西堤上段更向南岸偏转，引导落潮流逼近南岸曹娥江口门大闸附近，而北岸堤线在鼠尾山以东则应后退，使落潮流更好地向北导入北岸深槽，减少北岸深槽淤积，同时将南岸的堤线向北靠，澉浦河宽由宽18km减为16.5km。

（4）曹娥江大闸是绍兴人民企盼了30余年的工程，尖山河段南岸治江围涂10余年向北推进，钱塘江主流亦向北移动，直到1997年海宁在尖山上段抛坝促淤后，才控制了尖山上游段的钱塘江主流向南摆动，同时尖山河段的下游段，涨潮流也向南偏西逐步转移，使涨潮流与落潮流的衔接较为平顺，逐步形成弯曲、凹岸在南岸曹娥江大闸以西的河势，大闸出口至主槽的距离大大缩短，从而使曹娥江大闸基本具备建设条件。

用定床物理模型、数学模型研究了尖山河段南北堤线位置调整后对各个敏感区的流速变化，综合各方面的利弊得失，最后的规划线如图8.2.1所示。浙江省水利厅曾多次组织全国专家召开钱塘江河口综合治理的讨论会，其中由全国政协钱正英副主席主持召集的“钱塘江河口北岸险段标准塘建设可行性（1996年）学术讨论会”，集中了全国主要水利专家，充分肯定了前30年治江缩窄的成绩和下阶段尖山治理的规划思想。浙江省更加快了标准塘建设和尖山河段治理的步伐，使治江工作和海塘建设纳入快速发展的道路。

从1997年海宁尖山抛筑斜顺坝开始，钱塘江主流逐年向南靠近，到2001年已明显南移，曹娥江口门处的水深逐年加大。因此2004年曹娥江口门大闸开工，2008年年底大闸建成，至2014年止南岸规划堤线仅有1km堤线未封闭，尖山河段总体治理格局已形成，治理目标已显现，相应的洪潮水位、河床地形基本与原预测值接近。

8.2.4 海塘建设及维护过程回顾

比钱塘江河口治理更早、更迫切的另一重大任务是钱塘江河口两岸约300km的海塘建设和维护，它是关系到两岸人民安危的生命线，一刻也不能松懈。钱塘江管理局及两岸县（市）的领导和群众是这项工程实施的主体。

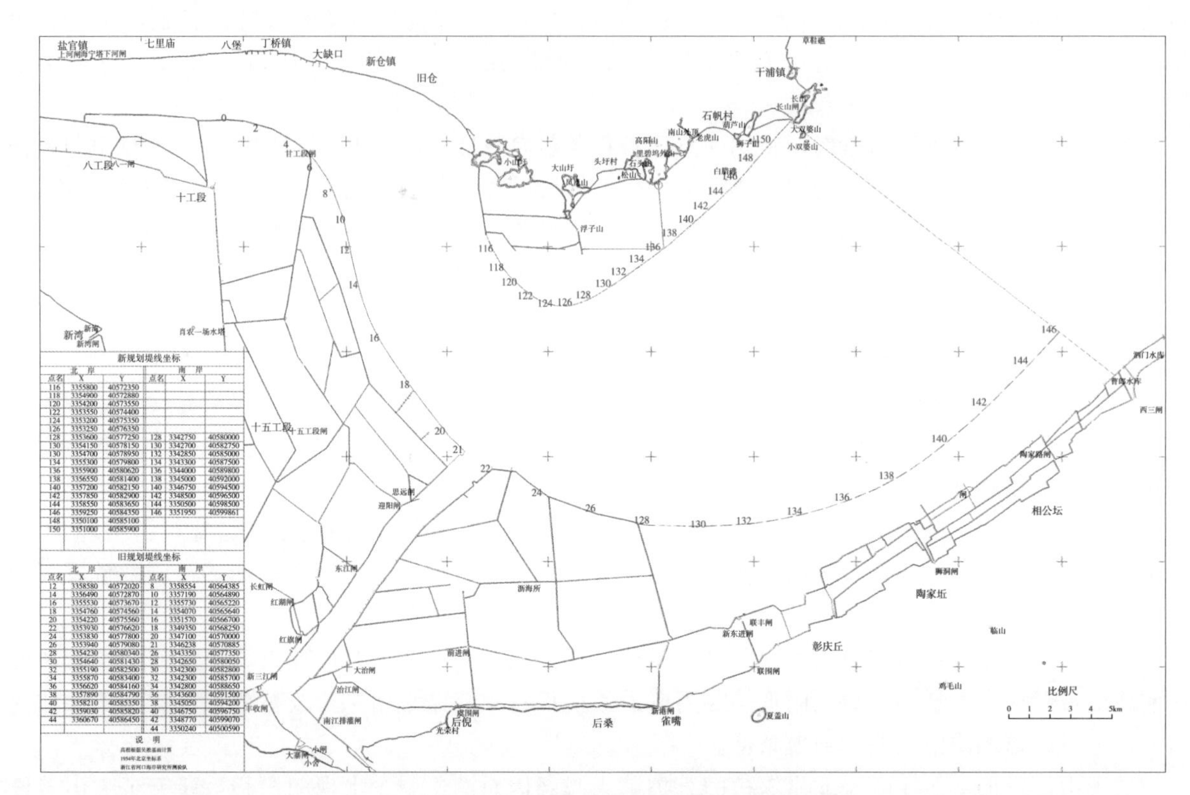

新规划堤线坐标

北岸			南岸		
点名	X	Y	点名	X	Y
116	3355800	40572350			
118	3354900	40572880			
120	3354200	40573550			
122	3353550	40574400			
124	3353200	40575350			
126	3353250	40576350			
128	3353600	40577250	128	3342750	40580000
130	3354150	40578150	130	3342700	40582750
130	3354700	40578950	132	3342850	40585000
134	3355300	40579800	134	3343300	40587500
136	3355900	40580620	136	3344000	40589800
138	3356550	40581400	138	3345000	40592000
140	3357200	40582150	140	3346750	40594500
142	3357850	40582900	142	3348500	40596500
144	3358550	40583650	144	3350500	40598500
146	3359250	40584350	146	3351950	40599861
148	3350100	40585100			
150	3351000	40585900			

旧规划堤线坐标

北岸			南岸		
点名	X	Y	点名	X	Y
12	3358580	40572020	8	3358554	40564385
14	3356490	40572870	10	3357190	40564890
16	3355530	40573670	12	3355730	40565220
18	3354760	40574560	14	3354070	40565640
20	3354220	40575560	16	3351570	40566700
22	3353930	40576620	18	3349350	40568250
24	3353830	40577800	20	3347100	40570000
26	3353940	40579080	21	3346238	40570885
28	3354230	40580340	26	3343350	40577350
30	3354640	40581430	28	3342650	40580050
32	3355190	40582500	30	3342300	40582800
34	3355870	40583400	32	3342300	40585700
36	3356620	40584160	34	3342800	40588650
38	3357890	40584790	36	3343600	40591500
40	3358210	40585350	38	3345050	40594200
42	3359030	40585820	40	3346750	40596750
44	3360670	40586450	42	3348770	40599070
			44	3350240	40500590

图 8.2.1　钱塘江河口尖山河段治导线

8.2.4.1　钱塘江海塘建设维护概况（钱塘江管理局勘测设计院，1995）

新中国成立以来，钱塘江海塘的维修建设大体上可分为以下三个阶段。第一阶段为 1950—1957 年，由于经历多年战乱，海塘年久失修，已是千疮百孔，急待全线修复，在此 8 年之内，以加固一线主塘为重点。该阶段共投资 1940 万元（当年价），用工 2374 万，完成斜坡塘建设 3.29km，浆砌、干砌护坡 12.1km，修理石塘 2.5km，理砌石塘 3.3km，灌浆后坡 3.58km，新建护岸 36.4km，坦水、护塘墙 27km，新筑挑水坝 11 座，培高后坡土埝约 1m，南北岸共约 60km，海塘的总体抗滑、防冲及顶高挡浪标准由 10 年一遇提高到 20～50 年一遇，同时海塘脚防冲的标准也相应提高。第二阶段为 1958—1996 年，是系统维修和新围堤建设阶段。1958 年后，海塘工程已有一定的抗灾能力，故全省水利经费转入水库、排灌站等其他水利工程建设，除继续加固主塘外，同时巩固支堤，先后修建砌石护坡和大量抛石护堤，至 1989 年底，共拆建重力式石塘 4.90km，理砌重力式石塘 3.27km，完成石塘灌浆 7.38km，修建混凝土块石和干砌、浆砌块石斜坡塘 225.94km，整修、加固坦水、护坦墙 73.12km，抛石护塘和护坡 378.12km，增强了海塘防御洪潮的能力。第三阶段为 1997—2003 年，由于两岸经济建设快速发展的需要，全面开展标准塘建设工程。在此期间，钱塘江北岸建成 100 年一遇标准海塘 101km（其中杭州市区 20km 超百年标准），50 年一遇 59km，20 年一遇过渡性海塘 18km（主要分布于治江围涂过渡性围区）；南岸已建 100 年一遇标准海塘 122km，50 年一遇 46km，20 年一遇过渡性海塘 61km（主要分布于萧山甘二工段以下至夏盖山过渡性围区）。经过 40 年的治江缩窄，江道平面形状发生很大变化，图 8.1.2 为 18 世纪、1950 年和 1996 年 3 个时期的岸线，而图 8.2.1 为 2012 年的岸线，它们充分展现了江道面貌的巨大变化。

1949 年海塘的抗灾能力较低，北岸老盐仓至大缺口段最低海塘高程在 6.5m 左右，秦山至金山段 5.5m 左右；南岸曹娥江口以上约 6.5m，曹娥江口以下约 5.8m；1957 年土埝普遍增高 1m 左右。至 2003 年，标准塘建成后，钱塘江两岸海塘的防灾能力大大加强，北岸海塘塘顶高程在 7.66～11.57m 之间，南岸海塘高程在 9.54～11.46m。图 8.2.2 为钱塘江南北两岸 1949 年、1957 年和 2003 年堤顶高

程及100～500年一遇洪潮水位的对比分布图。各代表期海塘断面示意如图8.2.3所示。

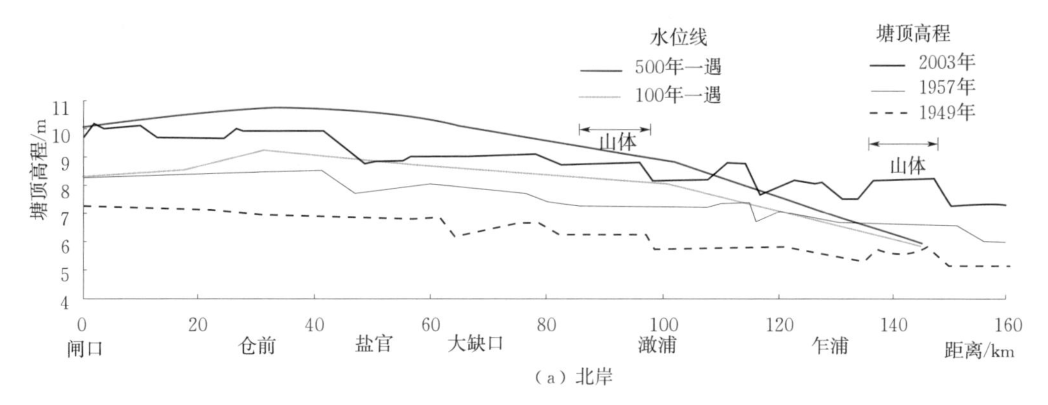

（a）北岸

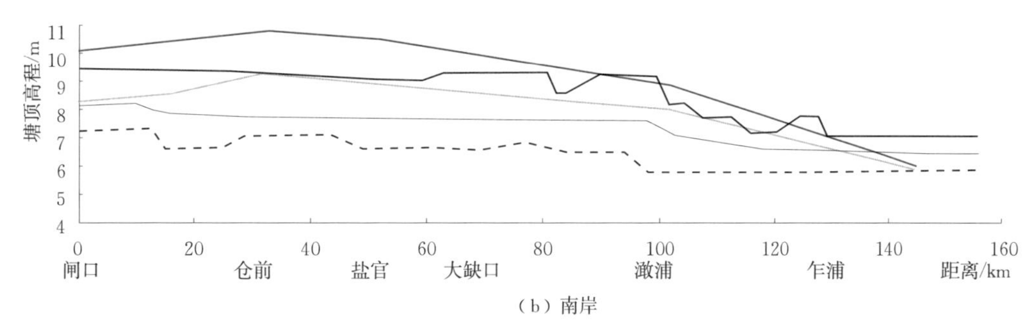

（b）南岸

图 8.2.2　1949年、1957年和2003年两岸堤顶高程及洪潮水位分布图

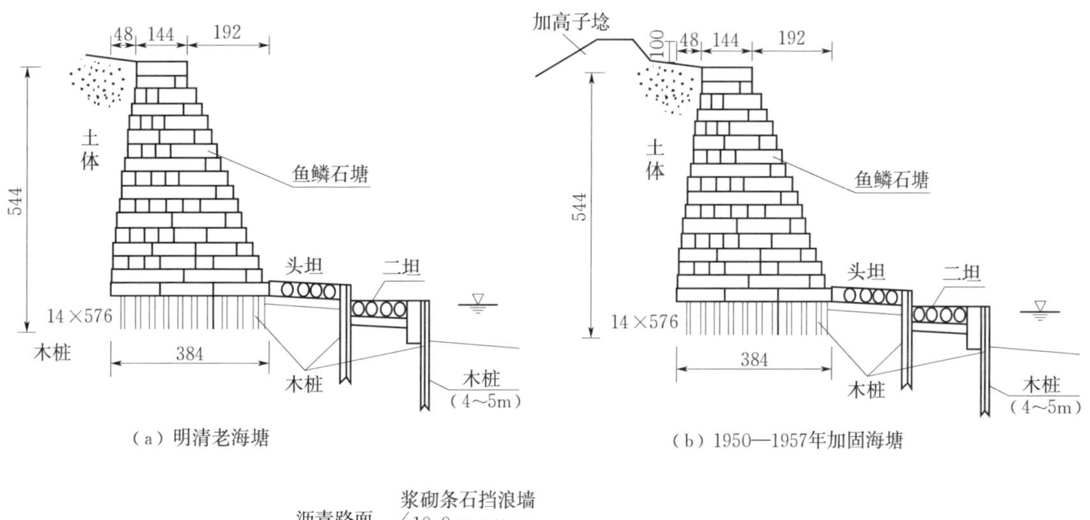

（a）明清老海塘　　（b）1950—1957年加固海塘

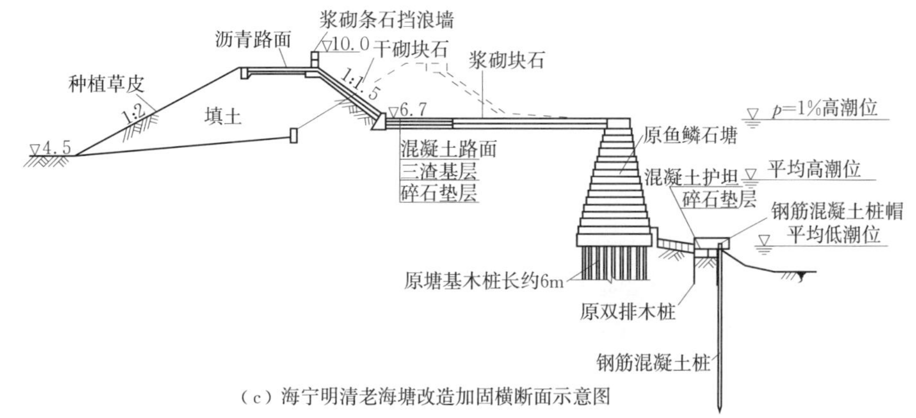

（c）海宁明清老海塘改造加固横断面示意图

图 8.2.3　各代表期海塘断面示意图（陈希海等，1999）

提高海塘挡水、防浪标准，只在主塘的后坡加高了土埝的顶高，土埝的前坡为浆砌块石护坡，后坡为草皮，遭遇百年一遇风暴潮（高水位、大浪历时不长，一般在1h）情况下，能达到安全的要求，但若遭遇超标准风暴潮，水位更高、波浪更大，不能保证安全。

8.2.4.2 钱塘江海塘的防御标准

钱塘江河口海塘的防御标准受江道高水位、波浪及海塘脚冲刷等因素约束，防御标准应符合整体抗滑稳定、防渗、不溢流、允许一定越浪量等方面的安全规定。它的安全度是多个随机变量组合而成的，即使是高水位它也是由天文大潮和台风暴潮相遭遇而形成的，因此是一个比较复杂的多个随机变量的组合频率问题，许多因素的定量影响目前尚在探讨、研究之中，一些影响高水位的因素又是动态变化的（如治江缩窄导致的风暴潮高水位的变化、海平面的变化）。目前钱塘江海塘仍以一定重现期高水位值作为其设计的主要指标之一，为评估各个时期各江段海塘的标准，应同时适当地考虑其他诸多因素的影响。关于海塘建设的设计高低水位，1950—1957年由于缺乏系统的水文资料，并未进行系统论证。1957年至20世纪90年代在不断累积资料的同时，发现高、低水位随着治江过程不断发生变化，直到90年代中期，由于标准塘建设的需要，才系统地采用了统计法、成因分析法进行计算（黄世昌等，2010），求得河口区各站不同重现期下的高、低水位。结果表明，50年代初的高水位低于现状数据，今后随着杭州湾进一步围涂及海平面上升的影响，澉浦以下高水位还会有0.1～0.2m的增加，而低水位变化较小。

以上各站设计高水位是用实测年最高水位系列样本按皮尔逊Ⅲ型适线得到，对于大于100年一遇的风暴潮和天文大潮相遇的高水位也可用成因分析法求得，如用1956年的实际台风参数，与年最大天文潮相遭遇得到沿程高水位（当年1956年台风是与天文小潮相遇），作为台风暴潮位的校核参考。

钱塘江河口的设计洪水流量，在新安江、富春江电站设计时华东勘测设计院进行过研究，此后又进行过校核。但新安江水库50余年实际运行时汛前水位多低于正常水位106.5m达5m左右，故实际运行下泄洪峰流量值远低于设计值。钱塘江下游城市堤防设计时浙江省水利河口研究院曾对设计洪峰流量进行过核实。设计流量及实际流量见表8.2.2。富春江电站和闸口断面百年洪峰流量相差约5100m^3/s。但有关部门考虑还有更多未知因素，为留有余地，仍采用原华东院设计批文值。

表8.2.2　　河口沿程洪峰设计流量表　　单位：m^3/s

重现期		100年	50年	20年	10年	5年
富春江电站断面	建库前	29000	26000	23000	18000	16000
	建库后设计值	23100	21600	17300	15240	13100
	建库后实际值	18000	16000	14000	13000	12500
闻家堰断面	建库前	32000	30000	25000	20000	17500
	建库后设计值	26400	24000	20000	17500	14500
	建库后实际值	21000	19000	16000	14500	13000

综合以上各种因素，钱塘江海塘在各个时期的防御标准大体上为：

1949年以前，海塘的防御台风标准大约为5～10年一遇，这可以从海塘的堤顶高程、结构型式并结合历史灾情作出判断；洪水标准为5～10年一遇。

1957—1996年，即海塘经过1950—1957年的系统修建，培高后备塘、加固堤身后，其防御标准为20年一遇。1960年，新安江水库建成后，洪水标准提高为50～100年一遇。

随着社会经济的快速发展，已有堤塘标准防风暴潮已不相适应，为此，1997—2003年浙江省人民政府实施了钱塘江河口标准海塘建设项目（钱塘江管理局勘测设计院，1995）。2003年后，北岸海塘大多数可达到100年一遇标准，南岸因治江围涂形成二线、三线塘，临水一线堤多达50年标准，局部为20年，但南北两岸一线、二线塘的联合防御风暴潮和洪水标准均可达100年一遇。

8.3 治理开发效果的检验

治理开发的效果检验是判别治江成败最可靠的依据。经过 50 年的治江实践和水文、地形资料的连续观测，许多重要的数据已经显现出其规律性的变化，可供治江前后进行对比和检验。其中河床稳定、冲淤变幅减小是治江成效最重要的成果，该内容已在第 2 章河床演变中详细论述，不再重复。

8.3.1 治江缩窄后潮汐特征的变化

治江缩窄后江道条件（河宽、容积、断面面积、平面形态）都发生了变化，其洪水位、潮汐、潮流特征必然会产生相应的变化。变化幅度的减少，说明治理使河道趋于稳定，反之幅度增大为负效应。本章既阐明正效应，也应特别注意治江后的负面效应，以便及时提出相应对策。

8.3.1.1 年平均高低潮位、潮差、涨潮历时及风暴潮位的变化

潮汐特征值如多年平均高、低潮位、潮差的变化是其最重要的参数，表 8.3.1 是治江前（1954—1977 年）、后（1997—2006 年）潮汐特征变化。不同代表期的数值会有一些差异。

表 8.3.1　治江前、后各年平均高、低潮位及其变化（尤爱菊等，2006）　单位：m

站名		闻堰	闸口	七堡	仓前	盐官	澉浦	乍浦
高潮位	治江前	4.54	4.42	4.38	4.16	3.81	2.79	2.29
	治江后	4.62	4.68	4.63	4.45	4.15	3.34	2.75
	差值	0.08	0.24	0.25	0.29	0.34	0.55	0.46
低潮位	治江前	4.03	3.91	3.73	2.92	0.45	−2.43	−2.13
	治江后	4.07	3.78	3.38	2.73	0.66	−2.47	−2.15
	差值	0.04	−0.13	−0.35	−0.29	0.21	−0.04	−0.02
潮差	治江前	0.51	0.51	0.65	1.24	3.36	5.22	4.42
	治江后	0.55	0.90	1.25	1.72	3.49	5.81	4.90
	差值	0.04	0.39	0.60	0.48	0.13	0.59	0.48

由表 8.3.1 可知：治江后高潮位抬升 0.08～0.55m；低潮位除盐官抬升 0.21m 外，上游闸口至仓前降低 0.13～0.35m，澉浦、乍浦和闻堰变化很小；潮差增大 0.04～0.60m。

大潮对海塘建筑物及咸水入侵都是控制条件，为此选择 9 月潮差按大小排序，取前 10 个大潮的平均值，结果表明：治江缩窄后高潮位抬升 0.20～0.65m；低潮位也是抬升的，除盐官抬升较大外，其他站为 0.1～0.2m；潮差各站均增大。这些实测数据的变化可以用平面二维数学模型加以复演。潮汐在年内各月亦不同，以七堡站为例，4—7 月变化不大；8—10 月大、中潮差别明显，小潮变化很少；11 月至翌年 3 月则是中、小潮差别不大，大潮差别明显。

涨、落潮潮流历时（以流速转向历时为准）不同于涨、落潮历时（以低水位到高水位的历时为准），其也是重要的参数，由于停船测流条件的限制，2000 年前，七堡至澉浦之间的断面因涌潮大，无法停船，缺少涨潮流历时的完整资料，但 ADCP 在水文测量应用后，可以进行系统观测。为此比较了 1965—1973 年（代表治江缩窄前）和 2007—2010 年（代表治江缩窄后，浙江省河海测绘院，2008，2010）各主要站的涨、落潮历时的变化，得到的结论是：以丁桥至盐官一带为界，其上游的七堡由于高潮位抬升、河床主槽容积增大、半潮水深的增加等原因，涨潮历时是增加的，约增加 40～60min，而盐官以下的澉浦减少 40～60min，原因是缩窄后，加强了潮波反射和变形，水深减小（河床淤积），涨潮历时是减少的，到金山以下又变化不大。盐官站的涨潮流历时减少 10～20min，涨潮流历时最短的是盐官下游 8km 的丁桥约 2h30min。原则上讲，涨潮流历时与潮差、径流、所在位置等有关，但相

关关系不好，原因尚需加强研究。（治江缩窄前各站的涨、落潮流历时，可参考《钱塘江河口治理开发》P107 表 3.2.5）。

七堡、仓前以下的最高水位受风暴潮控制，因此治江缩窄对仓前、盐官、澉浦、乍浦等高水位的影响应受到充分的重视，因本书第 4 章已有详细的论述，本节只作简要的介绍。风暴潮高水位是天文大潮与风暴潮增水非线性耦合的结果，观测值已包括了其非线性耦合的作用，但由于江道在 1968—2011 年都在不断的缩窄过程中，不同的缩窄程度，风暴潮增水和天文潮都不同程度受到影响。若河口天文潮潮差较小，两者可以不用耦合模型计算，但钱塘江河口天文潮潮差大，必须用耦合模型才能反映其非线性的特性（同一气压、风场条件，不同水位引起不同的增水值），为此采用平面二维两潮耦合模型，研究治江缩窄对水位抬升的影响，比较历次台风在当时江道条件和 2007 年堤线条件的抬升值，可以作为治江缩窄对风暴潮影响的评价依据。该模型东边界在日本琉球群岛，南边界在台湾以南，北到辽东半岛，西到钱塘江河口上游的富春江电站。用五重嵌套网格，最小空间步长 100m，计算取实际发生的 10 场最高水位的台风，在现状江道条件下抬升结果见表 8.3.2。

表 8.3.2　澉浦、乍浦站 1953—2006 年前 10 位高水位抬升值（黄世昌等，2010）　单位：m

澉浦站				乍浦站			
序号	年份	实测值	抬升值	序号	年份	实测值	抬升值
1	1997	6.56	0.07	1	1997	5.54	0.12
2	2002	6.09	0.10	2	2002	5.20	0.11
3	1974	6.05	0.62	3	1974	4.91	0.60
4	1994	5.89	0.18	4	2000	4.88	0.02
5	1996	5.76	0.14	5	1994	4.86	0.23
6	2000	5.71	0.10	6	1979	4.73	0.27
7	1992	5.62	0.37	7	1996	4.72	0.07
8	1997	5.52	0.31	8	2004	4.65	0.04
9	2001	5.42	0.10	9	2005	4.65	0.01
10	2004	5.39	0.09	10	1981	4.62	0.07
平均抬升值			0.20	平均抬升值			0.15
最高水位抬升值			0.07	最高水位抬升值			0.12

由表 8.3.2 可知，治江缩窄后，澉浦、乍浦站前 10 位高水位平均抬升分别为 0.20m 和 0.15m，而历史最高水位的抬升分别为 0.07m、0.12m，此值远低于治江缩窄后对天文潮的抬升值，原因是非线性的影响，即高潮位高时，增水 1m 所需的水量能量远大于高潮位低时的抬升 1m 的量值，且最大值发生在 1997 年，已反映了近 30 年治江缩窄的大部分影响。即今后杭州湾南岸再进一步缩窄，台风暴潮高水位还会有所抬升，但对极端高水位的抬升是很有限的。以上实测潮汐特征变化与规划时预测值基本接近。

8.3.1.2　潮量的变化

涨潮潮量是潮汐河口的重要参数，它既是塑造河道断面形态的主要动力，又与咸水上溯、潮流流速、涌潮强度有关。大量的直接观测不仅经费较高，而且受涌潮影响，用船观测翻船风险较大，大量的全断面全潮观测不太可能，但可以用全潮实测水位及有限的断面多垂线观测值及潮棱体（高、低潮位之间的河道容积）推算或用一维、二维数学模型得到各断面的涨潮潮量。

涨潮潮量与高低潮位、河宽及河床平面形态等有关，可用数学模型计算得出涨潮潮差与潮量的关系。天然条件下，尖山河弯的主槽平面顺直与弯曲，对本河段及全河段所对应的潮差和潮量相差都很

大，治江缩窄后，避免了极端弯曲和顺直的情况，故治江前后潮量的对比，应分别考虑平面形态顺直和弯曲对潮差、潮量的影响。表 8.3.3 给出了两种河势下沿程各断面治江前后潮差、涨潮量的变化值。

表 8.3.3　　缩窄前后各断面潮量变化　　单位：潮差 cm　潮量 $10^6 m^3$

江道	断面位置		澉浦		盐官		仓前		七堡		闸口	
	项目		潮差/cm	潮量/$10^6 m^3$	潮差/cm	潮量/$10^6 m^3$	潮差/cm	潮量/$10^6 m^3$	潮差/cm	潮量/$10^6 m^3$	潮差/cm	潮量/$10^6 m^3$
顺直主槽	平均值	前	545	3140	409	290	187	84	90	24	60	13
		后	572	2650	367	175	185	55	109	30	76	19
		后/前	1.05	0.84	0.89	0.60	0.99	0.65	1.21	1.25	1.26	1.46
	大潮值	前	662	4040	453	355	233	126	127	45	88	25
		后	690	3320	433	250	241	100	155	54	126	42
		后/前	1.04	0.82	0.95	0.70	1.03	0.79	1.22	1.20	1.43	1.68
弯曲主槽	平均值	前	549	3200	2.13	90	72	25	49	13	37	8
		后	581	2800	349	150	172	45	125	30	87	22
		后/前	1.06	0.87	1.63	1.66	2.38	1.80	2.55	2.3	2.35	2.75
	大潮值	前	6.59	4000	242	110	92	30	69	16	57	12
		后	6.97	3300	398	190	220	60	176	40	135	35
		后/前	1.05	0.85	1.64	1.72	2.40	2.0	2.50	2.5	2.36	2.9
潮量比	(曲/直)$_{前}$			0.99		0.30		0.24		0.36		0.48
	(曲/直)$_{后}$			0.99		0.76		0.60		0.74		0.83

由表 8.3.3 可知，对顺直主槽，治理后和治理前大潮潮量的比值各站分别为澉浦 0.82、盐官 0.70、仓前 0.79，为减小；而七堡、闸口的比值因河宽减少小而高潮位、潮差增加大，故比值分别为 1.20 和 1.68 为增加。弯曲主槽条件下，除澉浦为 0.85 减小外，盐官以上各站潮差都增大了，潮量比值分别为 1.72、2.0、2.5、2.9，均为大幅增加。这说明治理后的潮量比原顺直主槽减小，但比原弯曲主槽的潮量增大，即治江后年际间的潮量变幅减小。又治理前弯曲主槽与顺直主槽潮量之比，相应各断面分别为 0.99、0.30、0.24、0.36 和 0.48；治江后两者的比值分别增加 0.99、0.76、0.60、0.74 和 0.83，即治江后两种河势下的潮量变幅大幅度减小。这是因为尖山河段治理后的江道是介于极端弯曲和极端顺直之间，因而潮量年际间相对稳定，这正是治江的目标，也是健康河流（河口）的标志。

由于制定规划前，尖山河段已分别出现过两次主槽弯曲（1964—1968 年和 1980—1982 年）和主槽顺直（1954—1956 年和 1972—1975 年）的河势，规划江道介于两者之间，实测潮位即可验证并预测规划河道的潮量。

8.3.2　治江缩窄后排涝条件的变化（韩曾萃等，2010）

钱塘江河口北岸是集雨面积约 6500km² 的杭嘉湖平原，排水方向是进入太湖及黄浦江水系，该水系水面比降平缓，并受潮汐顶托排涝不畅。近 20 年逐步兴建了向钱塘江河口和杭州湾排放的排涝闸，新增年排水量 10 亿～20 亿 m³。河口南岸是集雨面积为 2500km² 的萧绍平原和集雨面积 5931km² 的曹娥江，排水方向是通过三江闸、马山闸排入曹娥江，再汇入钱塘江，萧山区的部分涝水直接排入钱塘江。南岸通过闸门的年总排水量为 8 亿～16 亿 m³。其排水条件常受制于如下因素：

（1）自然滩地的变化。钱塘江河口自然滩地有 40 万～70 万亩，受其年径流量变化的影响，滩地的数量、位置均在变动，如滩地靠近南岸，则南岸水闸自流排涝困难，反之亦然，两岸同时排涝通畅的机遇在自然条件下较少。经过江道缩窄，大缺口以上长 60km 的主流压缩在宽 2～3km 的主槽内，大大改善了两岸的自流排涝条件。

（2）低水位的影响。钱塘江河口低水位受江道平面摆动、径流丰枯影响，变化幅度达 2～3m，这对两岸的自然排涝通畅影响明显。而缩窄江道后，因进潮量减少，江道也会发生淤积，导致低潮位抬高，如何避免对两岸排涝产生不利影响并改善两岸排涝条件，是江道治理应考虑的重要因素之一。下面重点讨论在江道治理实施过程中低水位的变化。

8.3.2.1 影响两岸排涝效果的江道条件分析

用盐官站的年平均低潮位代表北岸杭嘉湖平原排涝条件的变化（长山闸、南抬头闸的水位比较稳定不必研究），用曹娥江桑盆殿站的年平均低潮位代表南岸萧绍平原马山闸和三江闸排涝条件的变化。根据两站 40～50 年的长历时月平均低潮位变化的情况，可以概括与其变化关系密切的主要因素如下：

（1）排涝闸闸下的滩地长度和高程与尖山河段主槽弯曲、顺直的程度有关。

（2）水文年的丰枯变化会造成江道容积大小的冲淤变化。

（3）江道整治过程中，河道延伸，与其河长、比降有关。

钱塘江河口治理采用全线缩窄方案，利用北岸老盐仓至尖山 34km 的明清老海塘，作为永久性岸线，尖山河段保持微弯河势，南岸为凹岸，使曹娥江口能处在涨潮冲刷槽附近，并与上游落潮流平顺衔接。整治过程中江道的变化可划分为以下 5 个阶段。

（1）1953—1969 年：代表治理前［图 8.3.1（a）、（b）］，主流遍及两岸，有滩涂和江心洲。

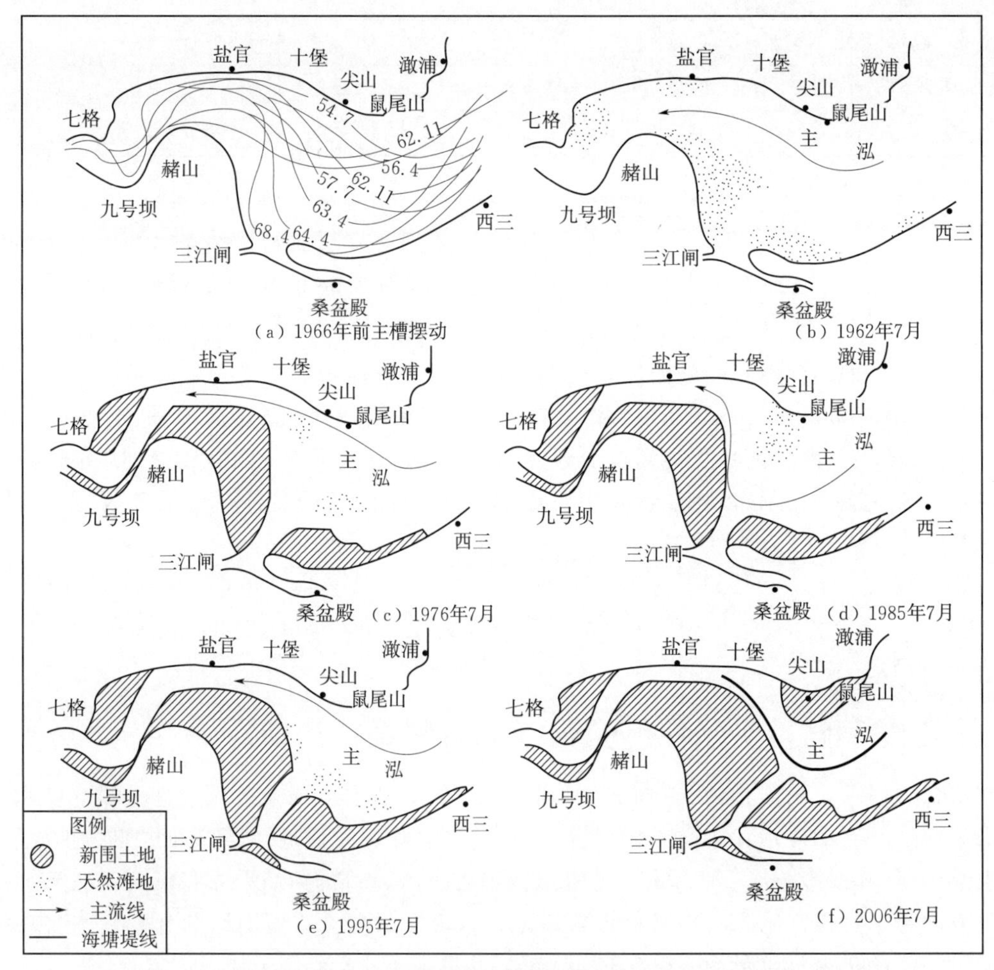

图 8.3.1 钱塘江河口治江过程中典型年河势变化图（韩曾萃等，2010）

（2）1970—1978 年：开始治理缩窄，丰水年多，主流偏北［图 8.3.1（c）］。

（3）1979—1987 年：进一步缩窄，枯水年多，主流偏南，八堡以上已达规划线，曹娥江口也开始延伸［图 8.3.1（d）］。

（4）1988—1996 年：丰水期，主流偏北，南岸接近规划线［图 8.3.1（e）］。

（5）1997—2007 年：枯水年多，北岸开始抛坝，钱塘江主流逐渐稳定偏南，曹娥江口门具备了建闸条件［图 8.3.1（f）］。

在 1953—2005 年的长历时时段中，由图 8.3.2（a）可知，盐官站年平均高潮位的变化幅度最大为 0.5m，而低潮位变幅最大为 4.2m，平均也有 2.7m 的变化。其变化的主导因素是盐官至高阳山之间钱塘江主流深泓线长度的变化，图 8.3.2（b）为两者间的线性关系，其相关系数达 0.97。在具体分析关系时不应拘泥于某年、某月的主流长度，而应考虑 3～5 年低水位的平均值与主流长度平均值之间的关系，这样可以避免短时间波动的影响。由以上分析可知，过于弯曲的江道［图 8.3.2（b）中的②、④］会造成低水位的抬升，对排涝不利。而过直的江道也会导致低水位低、潮差大，潮动力强，对排涝有利而对咸水入侵不利，因此取其中间可以兼顾到各方的利益，这正是钱塘江尖山河段堤线选择走中的指导思想之一。

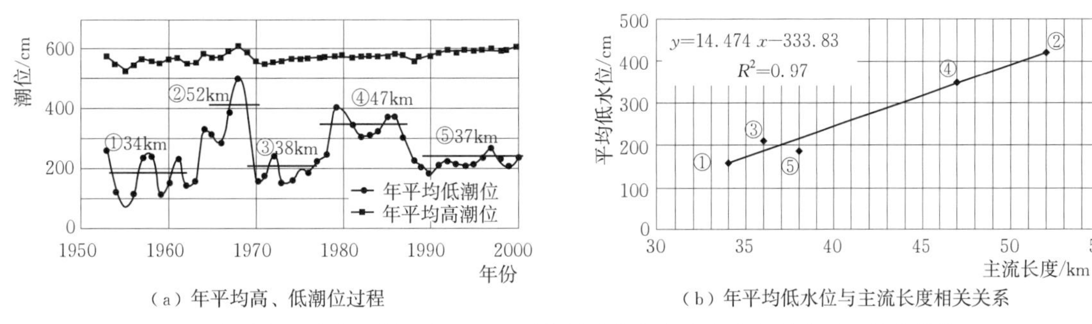

（a）年平均高、低潮位过程　　（b）年平均低水位与主流长度相关关系

图 8.3.2　盐官站年平均高、低潮位过程及平均低水位与主流长度相关关系（韩曾萃等，2010）

同样，图 8.3.3（a）是桑盆殿站历年 4—9 月主排涝期平均低水位过程，它的变化与桑盆殿站以下曹娥江出口水道与钱塘江河口涨潮流主流（以－2m 等高线为指标）衔接的长度有关。钱塘江－2m 等高线与曹娥江出口相接位置有南、南偏东和偏北三个不同位置，主流长度、低水位也不同（图 8.3.4），建立主流长度与桑盆殿站月均低潮位相关关系如图 8.3.3（b）所示，两者相关关系亦很好。由图 8.3.3 可知，曹娥江的出口方向为北偏东，应较早地与钱塘江河口－2m 等高线相连接为好，这在江道治理规划中已有体现。

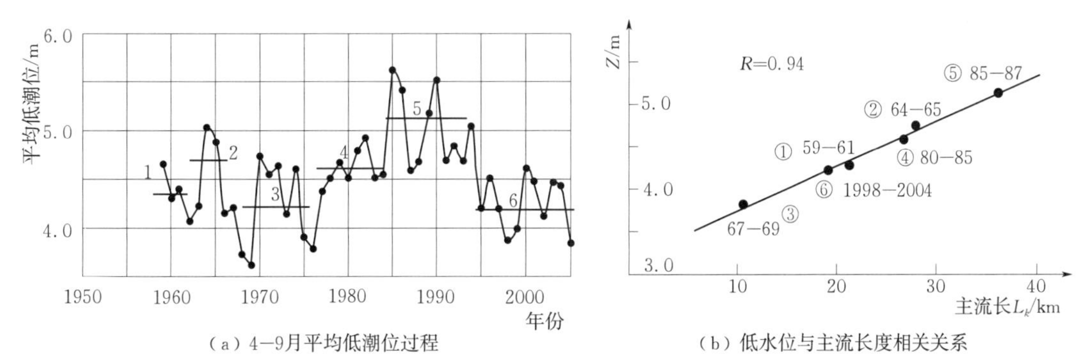

（a）4—9月平均低潮位过程　　（b）低水位与主流长度相关关系

图 8.3.3　桑盆殿站 4—9 月平均低潮位过程及低水位与主流长度相关关系（韩曾萃等，2010）

8.3.2.2　北岸排涝条件的改善

由于排涝时间多发生在 4—7 月（梅雨期）和 7—9 月（台汛期），因此以各年 4—9 月平均低水位作为样本进行比较，表 8.3.4 是盐官闸排涝低水位逐月的平均值及其变幅，表 8.3.5 是与涝区水位相联系的排涝条件优劣的分区表（Z 表示低水位）。

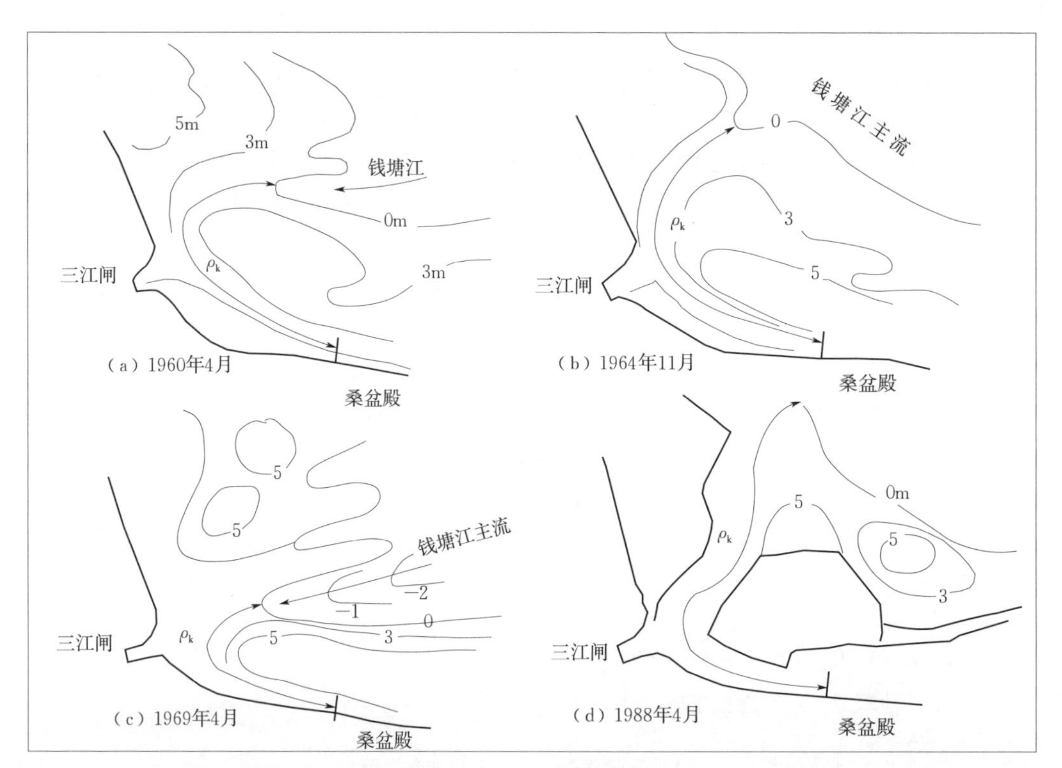

图 8.3.4 曹娥江口典型年河势变化图（图中高程为吴淞高程；韩曾萃等，2010）

表 8.3.4 各时期盐官闸排涝低水位对比 单位：m

时期	4月	5月	6月	7月	8月	9月	平均值	变化幅度	代表期
1953—1969 年	0.88	0.93	0.79	0.54	0.54	0.7	0.72	−1.04～3.43	治江前
1970—1978 年	0.25	0.33	0.43	0.61	0.08	−0.03	0.27	−1.22～0.97	主槽顺直
1979—1987 年	2.09	1.91	1.91	1.71	1.63	1.43	1.79	0.84～2.71	主槽弯曲
1988—1996 年	0.69	0.36	0.65	0.44	0.18	0.29	0.43	−0.07～1.02	主槽顺直
1997—2007 年	0.86	0.91	0.94	0.86	0.78	0.77	0.87	0.21～1.47	主槽弯曲

表 8.3.5 各时期盐官闸排涝优劣分区

时期	不能排涝 ($Z>2.16$m)		排涝较差 ($Z=1.16\sim2.15$m)		排涝较好 ($Z=1.15\sim0.16$m)		排涝很好 ($Z\leqslant0.16$m)		排涝条件排序
	月次	百分比/%	月次	百分比/%	月次	百分比/%	月次	百分比/%	
1953—1969 年	12	12	23	22	26	25	41	40	4
1970—1978 年	0	0	0	0	30	56	24	44	1
1979—1987 年	12	22	38	70	4	8	0	0	5
1988—1996 年	0	0	0	0	43	80	11	20	2
1997—2007 年	0	0	9	17	45	83	0	0	3

表 8.3.5 中判别优劣的标准，按排涝条件最好和排涝较好的百分比大为优，不能排涝为劣。1997—2007 年治江到位后，处于第三位即比治江前和弯曲河势好，比顺直河势期差，不能排涝的时间为 0，排涝较好的时间比较多，达到总体上排涝条件略有改善的目的。

8.3.2.3 南岸排涝条件的改善

随着治江围涂的推进，曹娥江出口水道延长，比降减缓，使桑盆殿低潮位抬升明显，对排涝不利。为改善排涝条件应使钱塘江尖山河段形成南岸为凹岸的弯道，钱塘江－2m 等高线紧贴曹娥江口（图 8.3.4），可弥补因曹娥江出口水道外延造成的低水位抬升。而且建闸后闸上河道只冲不淤，断面扩大，可再进一步降低水位。

这一治理思想的效果，直到 1997—2005 年底所累积的资料中才逐步反映出来，表 8.3.6 是近 46 年四阶段逐月平均低水位的统计值，后期最低。为了分辨低水位变幅，又按萧绍平原涝区水位的关系划分了四个排涝条件优劣的区段，各时期的水位按排涝优劣出现月数的百分数表示，见表 8.3.7。

表 8.3.6　各时期桑盆殿月平均水位的统计值　单位：m

时期	4月	5月	6月	7月	8月	9月	平均值	变化幅度	代表期
1959—1970 年	2.46	2.58	2.49	2.3	2.51	2.56	2.48	1.47～3.50	治江前
1971—1985 年	2.73	2.66	2.66	2.56	2.69	2.84	2.69	1.73～4.11	治江初
1986—1994 年	3.52	3.53	3.43	2.96	3	3.01	3.23	2.39～4.15	曹娥江延伸
1997—2005 年	2.46	2.74	2.53	2.18	2.25	2.33	2.38	1.59～3.04	治江后

表 8.3.7　各时期桑盆殿排涝的优劣区划

时期	不能排涝（$Z>3.16$m）		排涝较差（$Z=2.67\sim3.16$m）		排涝较好（$Z=2.17\sim2.66$m）		排涝很好（$Z\leqslant2.16$m）		排涝条件排序
	月次	百分比/%	月次	百分比/%	月次	百分比/%	月次	百分比/%	
1959—1970 年	5	6.9	21	29.2	29	40.3	17	23.6	2
1971—1985 年	12	14.3	38	45.2	21	25	13	15.4	3
1986—1994 年	33	55.0	19	31.7	8	13.3	0	0.0	4
1997—2005 年	0	0.0	17	31.5	18	33.3	19	35.2	1

注：1995 年、1996 年缺资料；Z 为低水位。

由表 8.3.7 可知，前三个时期都存在完全不能排涝的情况，且曹娥江的主流长度随围涂而延长，排涝条件进一步恶化，不能排涝时间长达 55%，排涝条件很好的概率为零。但从 1997 年尖山围涂开始后，钱塘江主流开始南移，曹娥江口逐步成为尖山河段南岸的凹岸，钱塘江主流－2m 等高线紧贴曹娥江口，桑盆殿低潮位明显降低，不能排涝的情况不再出现，排涝较好和很好的比重分别达 33.3%和 35.2%，较差的只占 31.5%，均优于其他三个时期。这充分说明尖山曲弯河段的设计是成功的，它不仅稳定了曹娥江口的河势，为曹娥江口门建闸创造了条件，也降低了桑盆殿、三江闸的平均低潮位，改善了萧绍平原的排涝条件。同时，钱塘江闸口至萧山廿工段长约 60km 的岸线稳定，也为萧山南沙平原创造了较稳定的自流排涝条件。

通过上述对近 50 年低潮位观测资料的分析，钱塘江河口北岸的排涝条件略有改善；而南岸的排涝条件明显改善，达到预期目标。

8.3.3 治江缩窄后水资源（抗咸）利用的变化

钱塘江河口以提水及自流方式供两岸的生活、农灌、工业和环境用水，全年取水量为 35 亿 m^3 左右，2020 年增加到 42 亿 m^3，其中每年 7 月下旬至 11 月上旬的 120 天中，常因枯水大潮，江水中的含氯度超过 250mg/L 而被迫停止公共水厂供水，超过 350mg/L 农业灌溉用水也停止，因此咸水上溯成为钱塘江河口水资源利用的制约因素之一。由于抗咸工作（防止上述情况出现的预测及措施）的需要，浙江省水利河口研究院从 20 世纪 70 年代初即开展了强潮河口盐淡水掺混的研究，采用过统计法、半经验半理论法及数值模拟法，研究成果已运用到此后每年江水盐度预报中，每年提出了新安江、富春江水库放水御咸的逐日最小流量值，直接服务于生产，保证了杭州市约 300 万人口的供水安全和两岸百万亩农田用水。通过 30 余年实测资料与预报实践的对比，说明预报的方法是可靠的。由于盐水入侵理论及预测方法有专门章节论述（本书第 5 章），本节只对治江前后的变化加以说明。

8.3.3.1 尖山河段治理前后杭州取水口氯度实测对比

钱塘江河口治导线规划，有意将尖山河段设计成介于顺直和弯曲之间的微弯河势，既可改善萧绍平原的排涝条件，也可减小丰水年江道顺直年份盐官、七堡的潮差，达到改善杭州市取水条件的目标。取 1999 年前、后各 8 年（1991—2006 年），主要取水口逐年超标天数、次数、最大氯度和对应的 7—11 月最小月平均流量、最大七堡潮差等数值列于表 8.3.8。由于主槽－2m 等高线后 8 年比前 8 年后退了约 10km，形成微弯河势，比顺直河势主槽长度长，故南星桥、珊瑚沙断面总超标时间平均由 353h、49h 减少为 126h、16h，分别减少 64%和 67%，改善效果十分明显。

表 8.3.8　杭州市河段各取水口条件对比（1991—2006 年）

项目		超标总时间/h		超标次数		最大氯度/(mg·L^{-1})		$Q_{月min}$/(m^3·s^{-1})	ΔZ_{max}/m
		南星桥	珊瑚沙	南星桥	珊瑚沙	南星桥	珊瑚沙		
尖山河段治理前	1991 年	433	0	6	0	2200	0	360	3.26
	1992 年	180	—	2	0	1550	910	504	3.31
	1993 年	60	—	2	0	—	0	531	3.40
	1994 年	710	66	6	2	4100	2300	269	3.86
	1995 年	636	60	10	1	3400	1400	328	3.76
	1996 年	406	78	9	7	2800	1720	278	3.65
	1997 年	83	24	3	2	1300	430	399	3.54
	1998 年	314	66	8	5	1020	930	199	3.39
	合计	2822	294	46	17				
	平均值	353	49	5.8	2.1	2338	961	359	3.52
尖山河段治理后	1999 年	72	38	4	3	1270	700	589	3.40
	2000 年	73	16	4	3	2600	1000	414	3.43
	2001 年	148	26	4	2	2400	935	259	3.36
	2002 年	37	9	4	2	800	350	633	4.22
	2003 年	590	40①	4	4	2400	1250	211	3.05
	2004 年	12	0	3	0	740	0	244	2.08
	2005 年	24	0	3	0	870	0	233	2.09
	2006 年	48	0	3	0	1030	0	171	2.18
	合计	1004	129	29	14				
	平均值	126	16	3.6	1.8	1514	529	369	2.98

① 该年实际超标时间 232h，其中 3 次是因设备检修及下泄流量偏小 40%以上造成，已扣除。$Q_{月min}$为 7—11 月最小月平均径流量；ΔZ_{max}为七堡年最大潮差。

1999年前、后各8年最小月平均流量平均值分别为359m³/s和369m³/s，两者非常接近，但由于后者江道相对弯曲，七堡站多年年最大潮差平均值由3.52m减小到2.98m，减小了0.54m，减小幅度为15%，相应的南星桥超标时数年均减少了227h，珊瑚沙减少了33h，平均超标次数、最大氯度值也都是减小的。因此，尖山河段治江对改善顺直河势年份的水资源利用、保障杭州市供水安全的效果十分明显。对咸水入侵起关键作用的参数是平均年最大潮差 ΔZ_{max}，即表8.3.8中的最后一列值。因潮量减少比例大于潮差减小百分数，因此相应咸水入侵削减程度更大。

8.3.3.2 数学模型计算结果的对比

历史实测资料的对比，因径流过程不同、潮差大小差异（含河势条件），不具有严格的可比性。为此，采用已多次验证的一维数学模型对顺直和微弯两种不同河势下用相同径流过程进行对比计算，计算条件如下：

尖山河段北岸治理前，用1995年江道和下边界潮汐条件，实际径流过程和流量相差100m³/s分别作为第三、第四组次；尖山河段北岸治理后用2003年江道、下边界潮汐条件，径流过程用1995年实测过程和流量差100m³/s作为第一、第二组次。取水口氯度超标时间如表8.3.9所示，通过这4组数据可以得到治江前后、不同流量的作用。其中④、⑧分别为治江后、前下泄流量相差100m³/s时各站超标时间之差，用④：100=⑧：ΔQ 的线性关系，推求两种地形造成的超标时间差，⑨为折算可节省的水量。

表8.3.9　　各取水口超标时间

位置名称	南星桥		闸口		珊瑚沙		闻家堰	
	①	②	①	②	①	②	①	②
第一组次①/h	202	153	146	96	89	55	13	5
第二组次②/h	245	210	219	166	182	128	77	35
③=②−①/h	43	57	73	70	93	73	64	30
④=①潮、②潮平均/h	50		71.5		83		47	
第三组次⑤/h	242	250	160	193	105	135	52	59
第四组次⑥/h	326	311	271	272	206	226	107	142
⑦=⑥−⑤/h	84	61	111	79	101	91	55	83
⑧=①潮、②潮平均/h	72.5		95		96		69	
⑨相当于 ΔQ 值/（$m^3 \cdot s^{-1}$）	145		132		115		146	

注：①潮、②潮代表两个连续大、中潮，平均值反映日变化。

由表8.3.9可知：要满足4个取水口同等条件 $Q=\sum_{i=1}^{4}(Q/4)=134m^3/s$。

如果一年中取30天计算，节省水量 $\overline{W}=30\times134\times8.64=3.5$ 亿m³，再考虑2003年、1995年典型年与治理前后各8年的代表性的差异，应有0.70的潮差修正系数，故全年节水约为2.45亿m³。

目前杭州市供水的保证率仅为80%，在遇到超过80%保证率时，治江缩窄可提高5%的保证率（相当于新安江水库少下泄2.5亿m³水量），要达到国家规定的95%～97%保证率要求，还需要其他措施共同发挥作用。治江缩窄在一般年份及一般季节都能增加水资源的保障作用，初步估算年平均增加5亿m³水资源利用量，这是河口治理在水资源利用方面产生的巨大效益。

8.3.4 治江缩窄对闸口为代表的洪水位的影响

从1985年尖山河段治导线初步规划（韩曾萃等，1985）到2001年整治规划（韩曾萃等，2001），随着治江缩窄的实施，洪水资料的积累，治江缩窄对洪水位影响的认识也逐步提高。20世纪七八十年代曾用实测资料法、统计分析法、定床及动床数学模型及比尺模型等进行过洪水位的研究，治江缩窄后减少了滩地的输水作用，使1%洪水位抬升0.20m，同时也减少了主槽潮量，造成仓前以下河段主槽的淤积，对洪水位的抬升为0.40m，合计0.60m，但整治江道后在平面形态上避免了极端弯曲的河势（如1967—1969年和1980—1985年的河势），洪水位会下降0.4m。故与极端弯曲河势相比，治江后对洪水位影响则抬高0.20m左右。

治江缩窄前最不利弯曲淤积的河势是1968—1969年，尖山河段治理后偏不利淤积河势是2004—2008年，图8.3.5为1968年和2008年河势图，它们的主流长度分别为68km和50km，后者比前者缩短了18km；另一区别是−7m等高线所围面积1968年有220km²，2008年只有11km²，减少了95%，−5m等高线所围面积由270km²减为170km²，减少了27%，而−2m等高线所围面积相差不多。

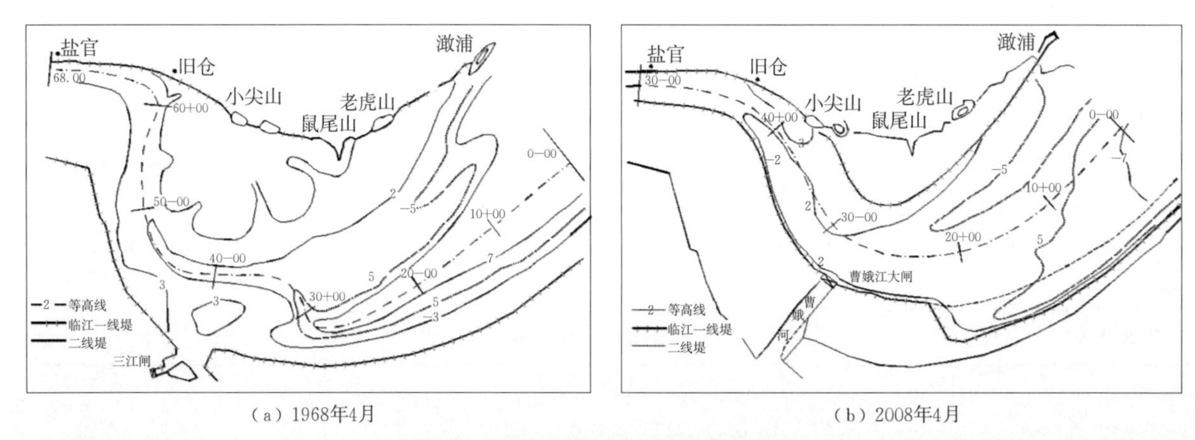

（a）1968年4月　（b）2008年4月

图8.3.5　尖山河段治理前后的两种河势

七堡以上洪水位变化是多种因素影响的结果，除洪峰流量外，与汛前江道容积（通常以闸口至盐官5.17m以下总容积表示）、尖山河段主流长度、澉浦对应高潮位等因素关系密切。数学模型也可以提供尚未发生的一些单因子影响的定量成果，1985年以实测数据及数模点据，混合得到的合轴相关线，此后不断用1985年后发生的历次洪水资料来检验其正确性。

自1960年新安江水库拦洪蓄水后，芦茨埠（即富春江电站）下泄流量均未大于14000m³/s，闸堰处未大于17000m³/s。富春江电站至闸堰尚有9900km²流域面积，根据区间降雨量及分水江、浦阳江两条支流的分水站、诸暨站实测洪水放大，再与富春江洪水演进计算得到闸堰断面的洪峰流量。2010年以后位于闸堰附近的之江水文站建成运行，采用之江水文站的实测流量。大规模治江缩窄是在1968年后开始的，到1977年完成自然滩地的固定，此后逐年缩窄，2002—2010年以后规划线才逐步形成。为此，用1961—1989年代表治江缩窄前的自然状态及治江初期（Ⅰ期），1990—1999年为治江缩窄中期（Ⅱ期），2000—2012年为治江后期（Ⅲ期），取新安江建库后闸堰大于10000m³/s的全部27场洪水进行比较，见表8.3.10。

由表8.3.10可知：

（1）采用1985年前20场洪水及动床数模点绘的多元合轴相关图（图7.3.3），对此后的19场闸口洪水位进行预报，平均误差11cm左右，说明该合轴相关图适合治江前、后洪水位预报，洪峰流量、河床容积及澉浦高潮位仍然是影响洪水位的主导因素，治理前后未有大的变化。

（2）三个时期闸口平均洪水位变化。用三个时期多场洪水的平均值看，特别是Ⅰ期、Ⅲ期对比，洪水平均流量分别为11680m³/s和12380m³/s，相差700m³/s约6%。下边界澉浦平均高潮位分别为4.06m和4.05m，只相差1cm。上、下边界条件基本相同，具有可比性。治江前闸口洪水位平均为6.80m，治江后平均为6.67m，降低13cm。这说明治江缩窄后闸口洪水位下降，原因是闸口至盐官河道容积增大0.34亿m³（2.2.3节也有平均河床容积增加0.24亿m³的结论），而且主流长度也缩短，综合造成闸口洪水位下降13cm。

表 8.3.10　　新安江建库后闸堰大于 10000m³/s 的洪水特征变化

编号		时间/（年-月-日）	闸堰流量/（m³·s⁻¹）	河床容积/亿 m³	闸口洪水位/m		澉浦高潮位/m	主槽	潮汐
					实测	预报			
Ⅰ	1	1967-7-10	11000	2.8	7.04	7.20	4.52	弯曲	大潮
	2	1967-7-11	10500	3.0	7.09	7.20	4.78	弯曲	大潮
	3	1969-7-05	10000	2.8	6.95	6.85	3.92	弯曲	中潮
	4	1973-5-18	12500	4.3	6.69	6.35	2.88	走北	小潮
	5	1973-6-01	12000	4.5	6.62	6.75	4.85	走北	大潮
	6	1975-4-18	10000	4.2	6.12	6.20	3.68	走北	小潮
	7	1982-6-21	12000	4.0	7.03	6.70	3.52	弯曲	中潮
	8	1983-7-12	13500	4.1	7.30	7.20	4.78	弯曲	大潮
	9	1989-5-29	11000	3.8	5.98	6.30	3.21	走北	小潮
	10	1989-7-04	14000	4.5	6.94	6.80	4.43	走北	大潮
	平均		11680	3.8	6.80	6.75	4.06		
Ⅱ	1	1992-7-05	13000	4.0	7.33	7.30	4.57	走北	大潮
	2	1993-6-20	12000	3.8	6.62	6.70	4.16	走北	中潮
	3	1994-6-14	14000	4.2	7.06	6.85	4.36	走北	大潮
	4	1994-6-17	13500	4.5	6.34	6.30	3.20	走北	小潮
	5	1995-6-25	14000	4.0	6.47	6.40	3.85	走北	中潮
	6	1995-6-28	14500	4.5	6.60	6.70	4.14	走北	中潮
	7	1997-7-10	14000	3.0	7.75	7.70	4.56	走北	大潮
	8	1999-6-19	11000	4.8	6.65	6.60	4.31	走中	大潮
	平均		13250	4.1	6.85	6.82	4.14		
Ⅲ	1	2000-6-24	11500	4.5	6.38	6.25	3.58	走中	小潮
	2	2002-6-30	11000	3.5	6.83	6.80	4.52	走中	大潮
	3	2008-6-11	10000	2.8	7.21	7.10	3.66	走中	小潮
	4	2010-3-07	13000	3.3	7.04	7.10	3.52	走中	中潮
	5	2010-7-10	11000	4.8	5.70	6.10	3.72	走中	小潮
	6	2011-6-15	14000	4.0	6.85	6.80	4.44	走中	大潮
	7	2011-6-16	17000	4.5	7.21	7.20	4.57	走中	大潮
	8	2011-6-19	14000	4.8	6.62	6.70	4.32	走中	大潮
	9	2011-6-21	10000	5.1	6.21	6.30	4.12	走中	大潮
	平均		12380	4.1	6.67	6.70	4.05		

注：闸口洪水位预报采用 1985 年前资料、动床数学模型点据绘成的合轴相关曲线（图 7.3.3）。

（3）从一场相似洪水对比来看：Ⅰ-10 次与Ⅲ-6 及Ⅲ-8 次洪水洪峰流量都是 14000m³/s，且河床容积相差不大，下边界澉浦高潮位也接近，但Ⅲ-6 次洪水闸口洪水位比Ⅰ-10 次低 9cm，Ⅲ-8 次洪水位更低 32cm，这足以说明Ⅲ期洪水位是略有降低的。

（4）用Ⅰ期、Ⅲ期最高洪水位对比：Ⅰ-8 次洪水洪峰流量为 13500m³/s，闸口洪水位 7.30m，而Ⅲ-7 次洪水洪峰流量为 17000m³/s，闸口洪水位 7.21m。根据每 1000m³/s 订正 0.1m 水位，则流量大 3500m³/s 水位订正 0.35m。容积差 0.4 亿 m³，水位订正－0.19m，澉浦水位差 0.21m，水位订正为—0.10m。因此，将此Ⅰ-8次洪水统一到与Ⅲ-7次相同条件后，前后水位差为0.15m［（7.30+0.35—0.19—0.10）—7.21=0.15m］。即Ⅰ-7次闸口洪水位比Ⅲ-7次高0.15m。

总之，治江缩窄后闸口洪水位不是抬升0.20m，而是下降0.13m左右。究其原因主要是闸口至盐官河床无论多年平均还是洪水前都是冲刷的，容积有所增大，且盐官以下主槽长度与极端弯曲的河势相比，主槽长度缩短。因此，盐官至闸口河段的洪水位都有不同程度的下降。退一步讲，至少是治江后未抬高闸口等处的洪水位。

8.3.5 治江缩窄对海塘脚高程抬升及防潮抢险的缓解影响

自古以来，钱塘江河口潮灾都较为惨烈，因此治江的主要目的应以防潮为重点。形成潮灾的原因有三种：①涌潮负压对塘身条石的吸出、涌潮高流速对塘脚冲刷、对斜坡塘护面的破坏、对丁坝坝身的冲毁（图8.3.6），这些破坏处如能被看见，管理人员可在小潮汛时及时抢修，不致造成大灾；②深泓主流的任意摆动，当主流方向与海塘轴线有较大交角时，海塘塘脚前沿河床发生较大冲深［图8.3.5（b）］，会使海塘塘身整体失稳而塌倒，此种灾情因在水下，不易察觉且后果最为严重；③风暴潮高水位溢流造成后坡损坏、溃决，因此需从这三方面来考查治江的效果。鉴于第3章已论述治导线走中弯曲，盐官以上潮差比走北河势有所减小，故涌潮对建筑物的破坏有所减小，本文重点针对治江对海塘塘脚冲刷减缓的作用进行论述。

（a）海宁49号坝上游险情

（b）海盐鱼鳞塘坦水毁损，基桩暴露（1936年）

（c）海宁围垦区围堤底脚被冲，护面坍塌土堤遭冲

（d）赭山湾8号坝被冲断，形成大缺口

图8.3.6 涌潮对海塘、丁坝、斜坡塘的破坏（1997年前，钱塘江管理局 摄）

8.3.5.1 治江对防止塘脚冲刷的效果

前文已论述，由于江道过宽，涨落潮流路又不一致，故主流随丰、枯水文年而大幅摆动是造成主流顶冲海塘塘脚的原因，因此缩窄江面宽度、约束其摆动，并使主流方向与堤线方向平顺，就可以避免强潮流对海塘塘脚的冲刷深度，如图8.3.7所示为治江前、后的主流线变化幅度的减少程度，显然治江后，特别是盐官以下摆幅大量减少。

为定量说明涌潮对海塘塘脚河床高程的冲刷作用，用历年江道水下1∶50000地形图，对不同时期、不同河段，每10年选较深且长度达1km以上的险段，表8.3.11列出了离岸100m内河床平均高程及附近局部最深点高程，并将其中有代表性年份的水下地形绘成图8.3.8～图8.3.10。一般涌潮最凶猛且对北岸明清海塘塘脚冲刷、破坏力最大的是盐官至尖山段，发生在连续丰水年江道偏北的年份，当遇到连续枯水年时，江道偏南，萧山新围涂东线、上虞东线、上虞北线、余姚北线等处海塘最危险，如20世纪80年代初以后，受北岸淤积的影响，澉浦断面的中股潮及南股涨潮流向偏西南方向旋转，涨潮流对南岸海塘的顶冲加强，使海塘塘脚前沿冲刷较深。

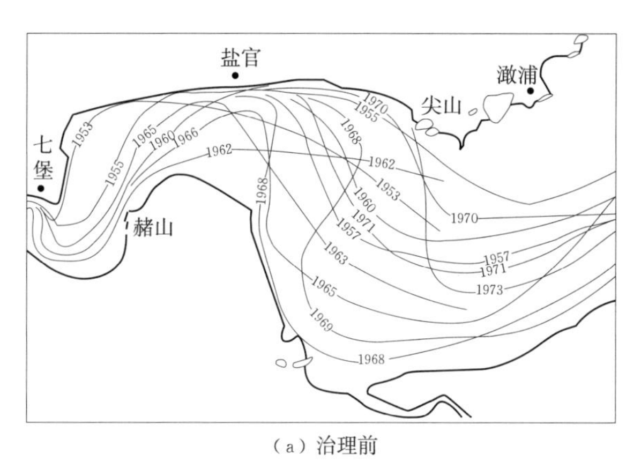

（a）治理前

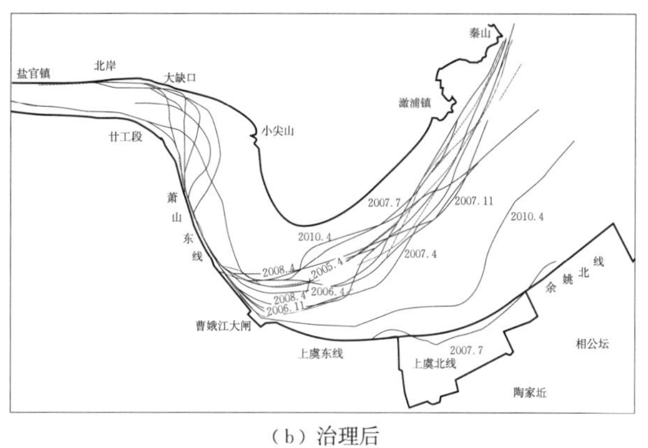

（b）治理后

图 8.3.7　治理前后主槽平面摆动

表 8.3.11　　离岸 100m 内河床平均高程及附近局部最深点高程　　单位：m

工况	时期	北岸				南岸				
		盐官	大缺口	新仓	最深点	萧山东	上虞东	上虞北	余姚北	最深点
治江前	50 年代	−3.0	−4.0	−5.0	−12.0	2.0	1.5	1.2	1.0	0.0
	60 年代	0.0	0.5	0.7	−0.5	−2.0	−2.5	−3.0	−3.0	−3.5
	70 年代	−2.0	−3.0	−5.0	−5.5	−5.0	−3.1	−3.0	−3.0	−5.0
	80 年代	−3.0	−4.0	−5.1	−5.5	−5.1	−5.5	−6.0	−7.0	−9.0
	90 年代	−4.0	−4.6	−5.5	−6.0	−14.0	−14.0	−15.0	−10.0	−18
	2000 年	−4.3	−5.3	−5.3	−6.3	−5.4	−5.0	−10	−12.0	−21.0
	最不利	−4.3	−5.3	−5.5	−12.0	−14	−14.0	−15.0	−12.0	−21.0
治江后	2014 年	0.0	−2.0	0.0	−2.5	−4.0	−4.0	−7.0	−8.7	−9.0
	2015 年	−2.0	−3.5	−1.0	−5.4	−5.1	−7.2	−6.2	−6.5	−16.3
	最不利	−2.0	−3.5	−1.0	−5.4	−5.1	−7.2	−7.0	−8.7	−16.3
抬升值		2.3	1.8	4.5	6.6	8.9	6.8	8.0	3.3	4.7

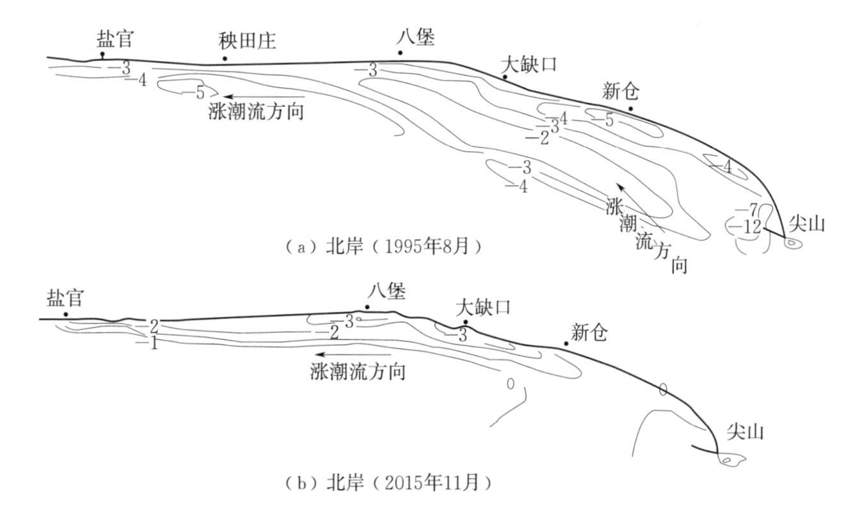

（a）北岸（1995年8月）

（b）北岸（2015年11月）

图 8.3.8　治江前、后北岸塘前河床高程对比

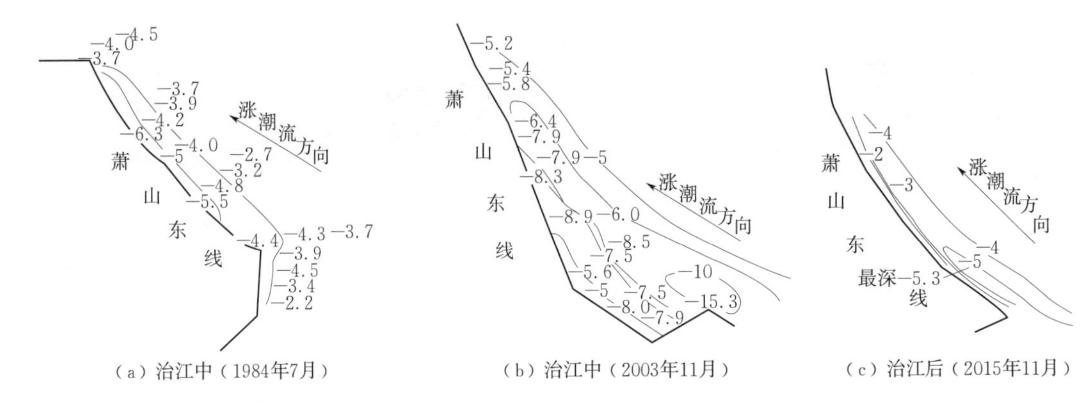

（a）治江中（1984年7月）　（b）治江中（2003年11月）　（c）治江后（2015年11月）

图 8.3.9　治江前、后塘前河床高程对比

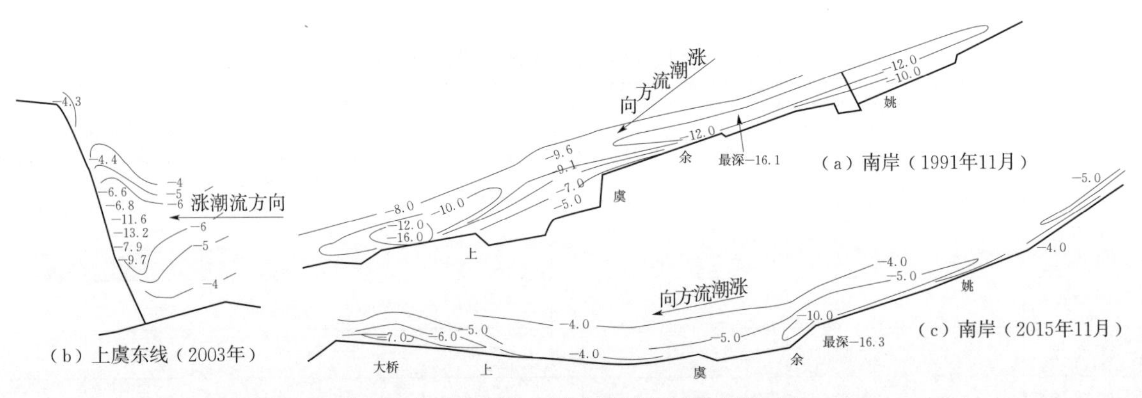

（a）南岸（1991年11月）

（b）上虞东线（2003年）

（c）南岸（2015年11月）

图 8.3.10　治江前、后南岸塘前河床水深对比

综上可知治江后，北岸明清老海塘的塘脚高程平均抬升 1.8～4.5m，相对高 15m 的塘身减缓了 12%～30%的水深，明清老海塘的安全性明显提高，原因是大幅度缩窄，涨潮潮量减少，且新仓至尖山河段，处于尖山河弯凸岸涨潮隐蔽区，河床处于淤积所致。而南岸从 20 世纪 80 年代至 2010 年，在缩窄过程中，随丰、枯水文年的交替变化，主流常与新围堤线成一定的交角，不同位置发生不同程度的冲刷，萧山东线、上虞东线在缩窄过程中，加之上虞、余姚北线因先后受涨潮流由西向南偏转，涨潮流与堤线成 30°或 45°相交［图 8.3.10（a）］，有时几乎成正交［图 8.3.10（b）］，其冲刷特点是距堤脚近其水深大于距堤脚远的部位，反之，治江到位后的 2015 年，涨潮流方向与堤线交角小，则呈现距堤脚近的河床高程高于距堤脚远的河床高程［图 8.3.10（c）及图 8.3.8（b）］，但对局部凸体、丁坝坝头冲刷坑的水深特别大，海塘塘脚冲刷加剧，自 2011—2015 年后，南岸的治导线上虞、余姚先后逐步到位后，水流贴岸平顺而过，冲刷明显减缓，塘脚河床高程抬升 3.3～8.0m，（不计局部冲刷坑）相对了降低了 20%～50%的水深，海塘的安全稳定性大幅提高。萧山、上虞、余姚防汛抢险连续 20～30 年的被动局面，从此得到根本性的缓和，可见治江缩窄后，涨落潮流流向与海塘平顺，大幅减少了对塘脚的冲深，非常明显地削减了防潮抢险的风险和岁修经费。

8.3.5.2　对海塘稳定性增加的定量影响

为定量说明海塘前河床高程对海塘整体抗滑稳定性的定量影响，做了洪水及潮水位由高水位向低水位快速下降的两种工况的研究，其计算原理之一是目前水利部门规定的抗滑稳定安全系数法（又分为瑞典法和 Bishop 法），另一种是考虑到海塘背水坡土力学特性、施工方法和质量等不均匀性，具有概率分布的可靠度方法，两种工况的计算结果见王卫标等（2002）。计算结果表明，无论是洪水或潮水工况，也无论哪种方法，塘前河床高程每提高 1.0m，按目前水利部的土坝或江堤、海塘规范，其抗滑安全系数可提高 0.1 左右，可靠度提高 0.2 左右，相当于海塘安全系数提高了一个等级。钱塘江北岸塘前河床高程平均抬升了 2.0m，南岸险段平均抬升了 6.0m，因此安全系数增加 0.20 以上，其等级相当于 2 级以上。这大大提升了海塘的安全度，也是治江的重要贡献之一。

8.3.6 对涌潮景观的影响

水利工作者对于涌潮的认识经历了曲折的过程。20 世纪 70 年代以前，只看到涌潮对两岸边滩、海塘及其他建筑物的破坏作用，因此在治江指导思想上是削减甚至消灭涌潮。20 世纪 80 年代以后，与美国陆军工程兵团及台湾的学者交流，他们强烈建议应保护涌潮的自然景观。我们也认识到随着改革开放，人民生活品质的提高与旅游业的发展，对自然景观保护意识逐步加强，加之技术进步，能修建更为坚固的堤防，对于涌潮的观念也发生相应改变，在规划江道走向、涉水建筑物如桥梁、码头审批时，都注意保护涌潮潮头高度和涌潮的多样性。目前，总的认识是：涌潮是宏观地貌（平面收缩和纵向河床抬升）形成的，江道缩窄虽然使总潮量有所减少，但单宽潮量未减少，沙坎的变化很小，并未明显降低涌潮的潮头高度，涌潮景观不会因缩窄和适度弯曲而受到显著影响。

影响涌潮大小的江道条件还受径流丰枯的影响，径流并未因治江缩窄而有变化，由于治江缩窄后，江道稳定、涌潮传播时间比较确定，因而观潮时间、地点都较固定，不至于发生因江道摆动而在岸边看不到潮的情况（1965—1968 年，因主流深泓南摆，在盐官无法观潮），另外交叉潮、反射潮也仍存在。涉水建筑物如桥梁等阻水面积可控制在 3%～5%以下，将桥台埋在河床以下，使涌潮高度的减小在 2～4cm（人的肉眼无法区分）的范围以内，这些保护涌潮景观的措施都已被采用。事实说明治江缩窄后涌潮景观与多样性得到有效保护。

钱塘江千年流淌，承载着数不尽的历史沧桑，有着深厚的文化积淀。古往今来的文人雅士、迁客骚人，留下了许多名垂千古的诗词歌赋，为钱塘江增光添彩。特别是钱塘江的涌潮奇观，更为钱塘江的潮文化增添了雄奇、壮美的色彩。杭州西湖代表的是秀美江南诗画山水的景色，而钱塘江文化包涵着迎接挑战、不断进取的人文精神，潮文化显示的是冲击力、竞争力、创新力，象征着自强不息、勇于创新、讲究实效的浙江精神。孙中山先生对涌潮的题词是："猛进如潮"，这是对钱塘江文化的高度概况，它喻示着钱塘江的浩浩荡荡、与时俱进的生命力。钱塘江的涌潮景观及悠久文化积淀是一笔宝贵的自然和文化遗产，因此在钱塘江治理过程的中后期特别注重了对涌潮景观和文物的保护。

在钱塘江河口治理前，由于江面太宽，主流多在离岸 2～5km 之外，岸边经常处于干枯的无水状态，涌潮到来也不能立即感受其千军万马的气势，是茫茫荒滩，黄沙一片，好的观潮点很少。但治江缩窄后，主流固定在离岸很近的地方，高、低潮位之间的潮间带很窄，江景的视觉完全不同于治江缩窄前，放眼江面是水天一色、浩渺无际的开阔江景，沿江两岸都是很好的观潮点，潮的到来时间也比较准确。因此从 20 世纪 80 年代以来，除传统的盐官观看一线潮外，又增加了新仓、旧仓、尖山一带看交叉潮，老盐仓附近看回头潮，南岸萧山九号坝、仓前附近看反射潮。为了将观光、休闲度假、文化传统融为一体，新近在南岸兴建了"中国水利博物馆"，以及拟建的钱塘楼、钱塘文化休闲公园等旅游新项目，把钱塘江流域的古代神话传说、历代钱塘美文、南宋的宫廷乐曲、歌舞表演、名人画像集中于一体，还可以组织国际、国内文化艺术、琴棋书画、诗词歌赋的文化讲座和人文艺术的交流。旅游、休闲、文化建设、观潮等融为一体，大大增加了钱塘江景观、文化、休闲旅游的价值。

在保护钱塘江河口的涌潮自然景观方面，近 10 余年来已有明显的进步，如杭州湾大桥国家有关部门审批时就指出，不要影响涌潮景观。杭州湾大桥建成前后的资料分析表明（韩曾萃等，2010），对涌潮高度的影响约 0.02m，为肉眼所不能察觉。嘉绍大桥也为保护涌潮，将桥墩承台下降到河床床面以下，并加大主桥墩总跨距；萧山至海宁交通通道（钱江通道）也因涌潮景观需要，用隧道代替桥梁。这都说明建设主管部门对涌潮景观的保护和重视。

8.3.7 改善了钱塘江河口的通航条件

钱塘江河口闸口至澉浦河段 100km，由于存在涌潮、江道频繁摆动，以及水深极浅等自然特点，钱塘江的通船吨位一直是 30～70t（个别时期行船大些），年运量也只有 30 万～60 万 t/a。有些年份有些增加，但随水文年变化，极不稳定。

经60年治江缩窄，通航条件得到了明显的改善，主要表现如下：

（1）澉浦以上的70km河道缩窄后，特别是尖山河段弯道效果明显，使得南岸上虞、绍兴、萧山形成较固定的凹岸，水深明显增加且稳定，为建出海码头及航道创造了一定的条件。

（2）整个河道摆动幅度大幅度减小，仓前以上水深加大含沙量减低，为七堡附近兴建运河出口二通道创造了条件。

（3）治江缩窄后河宽减小，使钱塘江上的诸多桥梁（已建8座）水上长度大幅度减小（10%～50%），节省投资总计达数10亿之多，并且主槽相对稳定，为主通航孔的布置创造了条件。

8.3.8 为曹娥江口大闸创造了安全运行条件

曹娥江口门大闸的兴建是绍兴市多年的愿望，早在20世纪70—90年代都曾多次提出口门建闸的要求，均因钱塘江河口的主流摆动、闸下淤积的难题无法解决而遭否决。钱塘江河口的治理规划报告，无论是1985年或2001年尖山河段的治导线，都将尖山河道设计成弯曲河段，曹娥江出口方向正处于弯道的凹岸，这样可保持最短的闸下河道，最大限度限制口门淤积问题，解决曹娥江建闸立项难题。直到2002年，钱塘江河口尖山河段的治导线已逐步到位，其中的技术论证工作已在2.5.3节有详细的论述，这里不再重述。

曹娥江大闸已于2008年年底建成并关闸运行，该闸运行最关键的是闸下距钱塘江主流距离、高程以及距闸址2km处钱塘江河床高程。对这三个关键参数，完全可以用浙江省河海测绘院1∶50000江道水下地形图量测统计得到，其结果见表8.3.12，由表可知：

（1）根据大闸运行7年共21次水下地形资料统计，在曹娥江口门大闸断面处的钱塘江深泓高程平均为−5.0m，最浅为−2.5m；深泓距闸下距离平均为1.26km，最远距离为3.0km；距大闸2km处钱塘江的平均河床高程为−2.9m，最浅时为−1.2m。除2011年闸下滩地长度（−2m线以上）为2km左右，属以前预测中的“正常”情况外，其余均为以前预测中的“有利”情况，即−2m高程以上滩地长度小于1km。上述结果与以前预测结果基本一致。且大闸运行7年来出现“有利”情况的次数较多，比以前预测的结果更有利，近些年曹娥江两岸平原的排涝效果也比建闸前更通畅，即为明证。

（2）目前曹娥江口门大闸的闸下江道比原预测的情况更好，其根本原因是大闸的选址充分利用了钱塘江尖山弯道凹岸的顶冲点所具有的优越水深条件，维持该弯道的动力是治江缩窄过程中，将澉浦断面的南股潮、中股潮合并后，形成更稳定的涨潮冲刷槽，其动力足以维持该弯道凹岸深水区，这可以用等高线尖灭方向在上游的绍兴、萧山交界附近得到证明；另一原因是曹娥江大闸运行以来，闸上水资源利用量极少，经常开闸泄水，曹娥江流域来水基本上都通过大闸放水流出，维持闸下河道少淤，这比以前预测时闸上水资源被全部利用，大闸不泄水的不利条件要有利得多。

（3）设计值是按百年一遇的不利条件，目前未遇到特殊不利的水文年，且以后闸上水资源利用量会大幅增加。因此，尚不能说大闸在防淤积上绝对安全，还要不断对下游河道进行观测研究，但已有的资料说明，在防止闸下淤积的措施上是正确的、安全的。

表8.3.12　曹娥江大闸闸下钱塘江河床面貌

年份		2009	2010	2011	2012	2013	2014	2015	平均
4月	深泓高程/m	−2.5	−5.0	−3.5	−4.5	−5.0	−4.4	−4.2	−4.1
	2km高程/m	−1.8	−4.0	−2.0	−4.0	−3.8	−4.0	−3.0	−3.2
	深泓距离/km	1.2	0.7	3.0	2.5	1.0	1.2	1.2	1.5
7月	深泓高程/m	−5.0	−7.2	−2.9	−6.0	−6.0	−5.5	−5.1	−5.3
	2km高程/m	−3.0	−2.2	−2.3	−2.5	−2.4	−2.2	−2.4	−2.4
	深泓距离/km	0.6	1.8	0.5	1.6	0.7	1.0	0.85	1.0

续表

年份		2009	2010	2011	2012	2013	2014	2015	平均
11月	深泓高程/m	−4.5	−7.0	−4.4	−5.3	−8.3	−5.2	−5.3	−5.7
	2km高程/m	−3.0	−4.0	−1.2	−4.5	−3.3	−3.2	−3.0	−3.1
	深泓距离/km	1.52	1.0	3.0	1.5	0.5	0.7	1.0	1.3

8.4 治江缩窄及海塘建设的经济效益

8.4.1 滩涂资源开发的效益评估

自20世纪60年代实施治江缩窄以来，至2005年年末已累计围涂152万亩土地，其中澉浦以上约116万亩，为浙江经济发展提供了宝贵的土地资源。其中85.8%已得到开发利用，农业用地（包括耕地、养殖、园地）占50.3%，工业占18.0%，房地产占2.1%，其他水面、道路占15.4%，未开发利用占14.2%。由于系统评估在2007年完成，基准年为2005年，故本章仍按原报告（韩曾萃等，2007）阐述，至2014年年底浙江省实际已围涂200万亩，今后还在逐年增加，不另作评估，但基本结论不会改变。

8.4.1.1 评估技术方法

（1）评估基准年及评估依据。大范围开展治江缩窄的基准年为1965年，现状年为2005年，即对1965—2005年围垦的土地资源进行历年效益和费用计算，而后将各年计算结果统一折算到基准年2005年进行效益费用评估。评估依据包括：萧山区、绍兴县历年围涂规模、投资和产出等基础资料及“关于发布《浙江省工业用地公开出让最低价标准（试行）》的通知”（浙土资发〔2007〕39号）和杭州市、绍兴市、嘉兴市、宁波市有关土地地价文件。

（2）评估方法。采用两种方法进行，具体如下：

1）基准地价法，以国家、省及地方颁布的土地级别基准地价为依据，参照实际挂牌成交价格，作为土地效益计算的基准地价。将各县不同土地利用（农业、工业、房地产）面积与相应基准地价相乘，并求和即为土地资源的价格。

2）效益费用法，对土地的历年产出效益和投入费用进行统计、计算，以效益费用比作为评价指标。土地投入费用包括劳工、工程费用，效益主要包括农业、养殖和工业产值等。但该产值是多种投入如劳动力、固定资产、科技、土地等要素共同产生的效益，而我们所关心的是土地单项对国民经济的贡献，为此本文采用微观经济学中的柯布—道格拉斯生产力函数法，分析土地资源单项对国民经济的贡献率进行评估。

考虑到萧山区、绍兴县、海宁市围垦历时长，经历了先高滩后低滩、人工及机械化施工的过程，且资料较为齐全，三市（县、区）的围垦面积占总围垦面积的50%以上。因此，三地的工程费用和土地效益计算具有典型性，选择其作为代表。

8.4.1.2 滩涂资源开发费用

由于工程投入的时间跨度大（1965—2005年），因此折现率的选择尤为重要，采用分阶段考虑折现率的方法。

（1）典型调查区围垦工程费用。萧山区历年围涂共计51.55万亩，投资及投劳均有详细数据，其总投入劳动力8621万工、静态投资8.67亿元。投资中包括了萧山区地方标准塘建设费用，因该笔费用已计入防洪成本，故该处应从投资中予以扣除。最终得到：1965—2005年期间，萧山区围涂共投入劳工8621万人，扣除标准塘建设费用静态投资后为48832.9万元。由于1990年以前投劳费用按受益范围内的农民负担，未包含在投资中，为此将这笔费用按30元/工的标准计入总投资，并将各年投资折算至2005年，得到围涂总投入费用为31.87亿元，相当于0.62万元/亩。

现以绍兴1968—2002年历次围涂工程费用为例，分项加以说明（表8.4.1）。1969—2005年期间，绍兴县围涂13.87万亩，共投入劳工1144.4万人，投资3.40亿元。按30元/工的标准计入1985年以前劳工费用，并折算至2005年价格总投入为11.488亿元，相当于0.82万元/亩。1997—2005年期间，海宁市围涂4万亩，共投入劳工16.8万人，投资3.21亿元，折算至2005年价格总投入为5.43亿元，相当于1.36万元/亩。

表8.4.1　　绍兴县围涂费用

围涂名称	面积/万亩	施工时间	投资（当年价）/万元			投资（折算至2005年）/万元	劳力/万工	劳力折价/万元
			围涂	抢险	小计			
县围六九丘	0.6	1968年12月	85.5		85.5	852.55	102	3060
马海六九丘	0.2	1969年11月	10.4	30	40.4	383.69	24	720
马海七O丘	0.6	1970年10月	193.2	100	293.2	2651.78	40	1200
县围七O丘	2.2	1970年11月	338.6	估300	638.6	5775.68	220	6600
城东七一丘	0.1	1971年12月	28.64		28.64	285.58	11.9	357
七三丘	2.3	1973年10月	407.8	估500	907.8	7092.46	293	8790
马山小潭	0.1	1974年、1998年	30.9		30.9	241.41	8	240
七六丘	0.04	1976年1月	32		32	226.76	10.8	324
七七丘	1.5	1977年10月	559.2	估500	1059.2	6808.12	239	7170
八五丘	0.2	1985年10月	500		500	2026.30	98.7	2961
八九丘	0.2	1988年4月	550		550	1965.15	7.3	
九O丘	0.5	1989年4月	985		985	3304.61	9.78	
九一丘	1.65	1990年8月	3358		3358	9932.67	17	
九三丘一期	1.3	1993年10月	1984		1984	4858.23	12.8	
九三丘二期	0.3	1994年6月	1571		1571	3846.92	8	
九七丘	1.3	1996年11月	5321	800	6121	12235.91	14.3	
红旗闸外移	0.1	1998年10月	2339		2339	4008.63	6.8	
口门丘东片	0.68	2002年10月	13464		13464	16960.76	21	
合计	13.87		31758.24	2230	33988.24	83457.23	1144.38	31422
折算至2005年（包括劳动力）合计：114879.2万元								

（2）钱塘江河口围垦工程费用推算。根据三个典型区的单位面积围垦造价。萧山区为6182元/亩，绍兴县为8283元/亩，海宁市为13569元/亩，海宁单位面积造价高的原因主要是尖山围垦区大部分是低滩围涂，故造价较高。最终取这三个典型区单位面积围垦造价的加权平均值作为综合单位面积围垦造价，即7027元/亩。按2005年为止，澉浦以上累计围涂面积116万亩，澉浦以下2005年以来累计围涂面积36万亩，合计152万亩。根据上述计算的综合单位面积围垦造价，可计算出钱塘江河口围垦工程总费用为：全河口为106.81亿元，其中澉浦以上为81.51亿元。

8.4.1.3　土地资源的市场价格评估

钱塘江河口围垦的土地资源的市场价格采用基准地价法进行评估。各县（市、区）围垦区的土地利用构成，是依据浙江省围垦局2006年度《浙江省滩涂围垦及低丘红壤开发治理统计年报》，利用方式包括农业（包括耕地、养殖、园地）、工业、房地产、其他和未开发利用，详见表8.4.2。

表 8.4.2　　各县（市、区）围垦区土地利用构成（2005 年）　　单位：万亩

县（市、区）		累计围涂	农业	工业	房地产	其他	未开发利用
澉浦以上	西湖区	1.16	1.16	0.00	0.00	0.00	0.00
	江干区	11.08	1.96	3.36	1.53	4.23	0.00
	萧山区	51.55	28.93	12.26	1.23	9.13	0.00
	余姚市	4.81	3.24	0.01	0.00	0.05	1.51
	绍兴县	13.87	6.35	2.89	0.06	1.72	2.87
	上虞市	26.52	14.71	2.56	0.06	1.24	7.95
	海宁市	7.19	2.21	0.56	0.29	0.77	3.35
	合　计	116.18	58.56	21.64	3.17	17.14	15.68
澉浦以下	海盐县	1.26	0.60	0.04	0.00	0.27	0.35
	平湖市	1.16	0.74	0.42	0.00	0.00	0.00
	慈溪市	33.41	16.50	5.25	0.00	6.04	5.62
	合　计	35.83	17.84	5.71	0.00	6.31	5.97
总计		152.01	76.40	27.35	3.17	23.45	21.65

基准地价法是以国家、省及地方颁布的土地级别及相应基准地价（与土地级别和开发用途相对应）为依据、参照围垦区土地实际挂牌成交价格，作为土地价格评估计算的基准地价。由于浙江省无农用地基准地价，此处农用地基准地价依据我国国土资源部发布的《农用地估价规程》（2003 年）来确定，估价约为 6 万元/亩。工业为 12 万～32 万元/亩，房地产为 31 万～97 万元/亩（基准年如按 2008 年将有较大幅度增加，故本次评估数据是偏低的）。

土地价格评估只对各市区已开发利用的农业、工业和房地产进行土地评估。计算结果农业用地评估价为 458 亿元，工业用地为 528 亿元，房地产用地为 234 亿元，合计为 1221 亿元（其中澉浦以上为 1020 亿元）。以上仅是 2005 年的土地已开发利用情况，今后工业用地面积会有一定程度增加，总的土地评估价还会增大。

8.4.1.4　历年土地产出效益计算（韩曾萃等，2007；丁涛等，2009）

（1）萧山围垦区历年产出情况。根据实际调查，萧山围垦区历年产出情况见表 8.4.3，表中合计为 1968—2000 各年各自当年产出之和；农作物面积指播种面积；工农业总产值指当时值。依据萧山围垦区历年产出值，再分年度按折算率计算到基准年的农业产值为 470.3 亿元（2005 年价格），工业产出效益按分阶段折现率统一折算到现状年 2005 年，得到萧山围垦区的累计工业产值为 5699 亿元（见表 8.4.4 第二行）。

表 8.4.3　　萧山围垦区历年产出情况表

年　份		1985	1990	1995	2000	合计（1968—2000）
粮食	面积/万亩	17.15	23.35	22.32	31.53	
	总产量/t	54161	80053	77665	98398	19330403
大豆	面积/万亩	0.72	2.5	6.55	8.02	
	总产量/t	856	3218	8411	10265	92477

续表

年份		1985	1990	1995	2000	合计（1968—2000）
棉花	面积/万亩	4.02	3.55	6.33	1.74	
	总产量/t	2360	2411	4396	1218	70044
水产	面积/万亩	1.78	3.09	3.63	7.64	
	总产量/t	1388	6567	10136	22920	164928
农业总产值/亿元		0.6	0.8	3.0	7.6	63.7
工业总产值/亿元		1.8	8.1	40.6	302.7	1370

采用柯布—道格拉斯生产函数法分析各项因素分别对国民经济的贡献率，将土地贡献的边际效益分离出来。浙江省土地弹性系数的详细计算为$\lambda=0.1264$，用偏保守估计最终取为$\lambda=0.1$。土地弹性系数的确定比较复杂，涉及的因素较多，各地对土地需求程度不同，其贡献率也是不同的。通过查阅相关科技文献，目前采用生产力函数法来分离各生产要素贡献率的方法应用较多，因此本项目也采用该方法来计算土地的贡献率。对人多地少的浙江省而言，土地资源在各生产要素中显得更为宝贵。目前采用的数据是合理略偏保守的。

（2）钱塘江河口围垦区土地增值效益计算。

1）典型区土地增值效益计算。由于以上调查的数据均为农业和工业总产值，此处需将总产值转化为增加值，根据浙江省统计年鉴，一般农业增加值占农业总产值的70%～80%，工业增加值占工业总产值的23%，本文采用25%来估算。第三产业占全省GDP的40%，地区间也有差距，如绍兴、海宁第三产业占31%，本项目偏保守考虑三产比例取农业和工业增加值的30%。按此原则分年度折算至基准年2005年得到产值、增加值，再按强性系数得到萧山围垦区的土地增值效益为244.46亿元，结果见表8.4.4。

表8.4.4　　萧山区围垦土地效益计算表　　单位：亿元

产业	产值	增加值	弹性系数	土地效益
农业	4703	329.19	0.15	49.38
工业	5699	1424.66	0.10	142.47
第三产业		526.15	0.10	52.62
合计		2280.00		244.46

1965—2005年萧山区围垦滩涂面积为51.55万亩，其土地增值效益为244.46亿元，平均每亩效益为4.74万元。但萧山围垦区的围涂历史较长，比其他地区早5年左右，开发和经营管理较好，且总体经济发展相对较快，因此在推广到全围涂区时还需考虑各地区之间的时间、空间差异性。为此，本文对各县（市）围垦区的土地开发时间、规模，以及开发程度和管理水平的差异进行了对比分析，其他地区的单位面积土地效益取0.85折减为4.03万元/亩。

2）全河口土地增值效益计算。上述典型区单位土地效益按面积进行推算，1965—2005年全河口土地已产生的效益为649.36亿元。土地效益的评价一般应按30～50年进行效益评估，为此将各年围垦地块开发利用时间均分别算足30～50年，计算其农业、工业和第三产业的增加值，土地弹性系数分产业取值，农业取0.15，工业和第三产业取0.1。2005年以前为实际产出效益，而2005年以后涉及增加值增长率的问题，参考浙江省最新一次的经济运行统计结果：2008年上半年农业增长率为1.3%，工业增长率为11.5%，三产增长率为11.2%，确定今后农业增长率为1%，工业增长率考虑三种情况：

①偏保守考虑，经济增长率为0%；②保持2008年10%的经济增长速度；③考虑到经济发展到一定规模后增长速度会变缓即取5%，最后计算全河口围垦区三产增加值和土地贡献计算结果见表8.4.5。

表8.4.5　土地贡献效益的计算结果　单位：亿元

计算年限	工业增长率	工业增加值	农业增加值	第三产业增加值	增加值合计	土地贡献效益	滩涂开发费用	效益费用比
30年	0%	6710	936	2294	9939	1041	106.81	9.74
	5%	8213	941	2746	11899	1237	106.81	11.58
	10%	11009	941	3585	15534	1600	106.81	14.98
40年	0%	8442	972	2824	12237	1272	106.81	11.91
	5%	11274	980	3676	15931	1642	106.81	15.37
	10%	17715	980	5609	24304	2479	106.81	23.21
50年	0%	10000	1004	3301	14305	1481	106.81	13.86
	5%	14624	1018	4693	20334	2084	106.81	19.51
	10%	27199	1018	8465	36682	3719	106.81	34.82

8.4.1.5　土地经济效益评价

(1) 基准地价法。利用基准地价法计算得到钱塘江河口围垦区农业用地评估价为458.40亿元，工业用地评估价为528.46亿元，房地产用地评估价为234.24亿元，合计为1221.10亿元。工程总费用为106.81亿元，则效益费用比为11.43。

(2) 效益费用比法。1965—2005年，土地贡献效益为649.36亿元，滩涂开发费用为106.81亿元，效益费用比为6.08。而土地效益的评价一般应按30～50年进行效益评估，由表8.4.5可知，如果维持0%的增长率，土地开发利用时间为30～50年，则土地贡献效益为1041亿～1481亿元，效益费用比为9.74～13.86，这是偏保守的计算结果。如果保持5%的经济增长速度，土地贡献效益为1237亿～2084亿元，效益费用比为11.58～19.51。在今后30～50年，经济增长速度维持在5%是比较稳妥的，因此本报告中效益费用比推荐值为15。

以上两种方法的效益费用比为11.43和15。取均值为13左右是合理的，可见其效益十分巨大。

8.4.2　洪水、风暴潮灾害的减灾效益（韩曾萃等，2007；丁涛等，2010）

随着社会经济的发展，洪水风暴潮灾害的损失逐年增大，因此不应仅限于历史灾害的统计值，而应随着社会经济发展，开展洪水、台风暴潮灾害损失的评估，逐步提高防灾标准。

8.4.2.1　经济计算方法及参数确定的说明

(1) 评估对象、方法、基准年和依据。钱塘江海塘建设主要集中于两个阶段：1950—1957年为一期主塘加固工程，此后40年为维护阶段；1997—2003年，为二期标准塘建设工程。因此，重点对这两个阶段的海塘建设工程进行洪水和台风暴潮减灾效益评价。一期采用实际发生年法，二期采用频率曲线法。

《水利建设项目经济评价规范》(SL 72—94) 1.0.9条规定：资金时间价值计算的基准点应定在建设期的第一年年初。故1950—1957年一期主塘加固基准点为1950年初，1958—2003年为运行期；1997—2003年二期标准塘工程基准年为1997年初，1997—2003年为建设期，2004—2043年为运行期。

评估依据主要为《防洪减灾经济效益计算办法》(试行)、《已成防洪工程经济效益分析计算及评价规范》(SL 206—98)、《水利建设项目经济评价规范》(SL 72—94)、《建设项目经济评价方法与参数》(第三版)、《水法》、《防洪法》等。还参考了一些学术专著、科技文献和内部研究报告。

(2) 相关问题的说明。

1) 评估范围。北岸自社井至平湖金丝娘桥，南岸自萧山区茅山闸至上虞市夏盖山；保护区域为闻家堰以下两岸的平原地区。

2) 溢流和溃堤的发生存在很多不确定性因素，如斜坡式土塘抗溢流、冲刷能力弱；溃堤长度也不易确定。故考虑了溢流和溃堤两种工况，效益取平均值。

3) 海塘减灾效益是指海塘在防御倒堤中所发挥的减灾效益，不包括狂风、暴雨等导致的损失。

4) 为反映资产价值空间分布的差异，分北岸东、北岸西、南岸东、南岸西，成果可合一表示。

5) 临江堤线位置变化和二线、三线塘防洪作用的说明。随着治江围涂的进展，临江堤线位置相应变化，为简化计算，均以现状临江堤线位置统一进行水力计算，这样处理对 1955 年洪水差别不大，对“7413”“9711”风暴潮略偏大。由于二线、三线堤还有闸、孔且标准均偏低，长年失修并没有形成封闭，从计算简化和效益计算保守原则出发，二线、三线塘两岸防洪作用暂不考虑。

6) 折现率说明。这是防洪潮效益计算和土地估价计算中的重要问题，是历年产出效益和历年投入费用换算至基准年的基础。本项目防灾减灾评价期较长，可划分为三个阶段：1950—1980 年为计划经济时期，折现率取 5%。1981—1995 年为改革初期的摸索阶段，折现率取 6.5%；1996 后为社会主义市场经济阶段，取《建设项目经济评价方法与参数》(第三版) 中的推荐值 8%。

7) 间接经济损失。洪灾间接损失为直接损失的 30%。

(3) 风暴潮和洪水的灾情概况。钱塘江河口北岸为广阔的杭嘉湖平原，水网密度 8%～10%，地面高程 1.5～4.5m，平均高程约 2.5m；南岸为萧绍宁平原，地面高程 2.0～6.0m，平均地面高程约 4.5m。

关于风暴潮模型的方法、验证和不同海塘条件下的风暴潮灾情计算，参见本书第 4 章的内容，这里不再重复。如 500 年一遇风暴潮，在 1949 年海塘的条件下，最大淹没范围和水深如图 8.4.1 所示，总淹没面积达 5484.2km^2；如现状 (2003 年) 海塘条件，遇 500 年一遇的风暴潮，其总淹没面积比 1949 年减少约 25%，总进水量减少约 70%，灾情有很大的减轻。

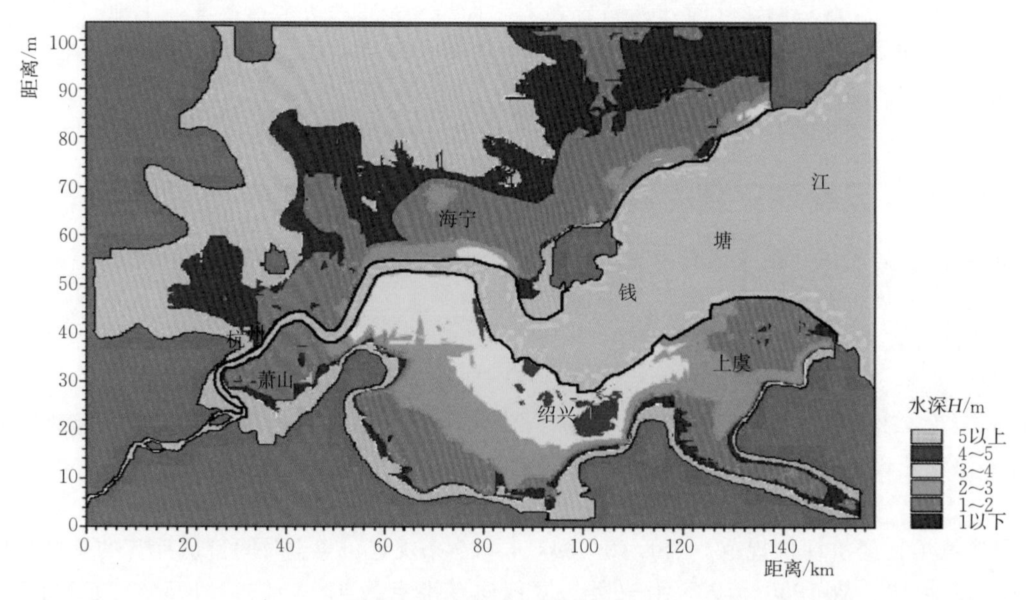

图 8.4.1　500 年一遇风暴潮最大淹没水深图 (1949 年海塘、溢流)

不同海塘条件下洪水灾情计算：针对 1949 年和 2003 年海塘情况，共设计 10 组洪水计算方案，洪水频率均按新安江水库运行后的实际洪峰流量推算。淹没面积见表 8.4.6，500 年一遇洪

水1949年海塘下最大淹没水深如图8.4.2所示，计算分析如下：①灾情南岸重于北岸；②500年一遇尚未达到洪峰值时，闻家堰和滨江区一带已经发生溢流，2003年海塘比1949年海塘损失少63%。

表8.4.6 洪水时各种方案不同水深下淹没面积统计 单位：km²

海塘	方案	区域	0～0.5m	0.5～1.5m	1.5～2.5m	>2.5m	合计
1949年海塘	500年一遇	北岸西	162	9			1112
		南岸西	185	515	66	175	
	200年一遇	两岸	314	532	175	40	1061
2003年海塘	500年一遇	两岸	90	127	189	0	406

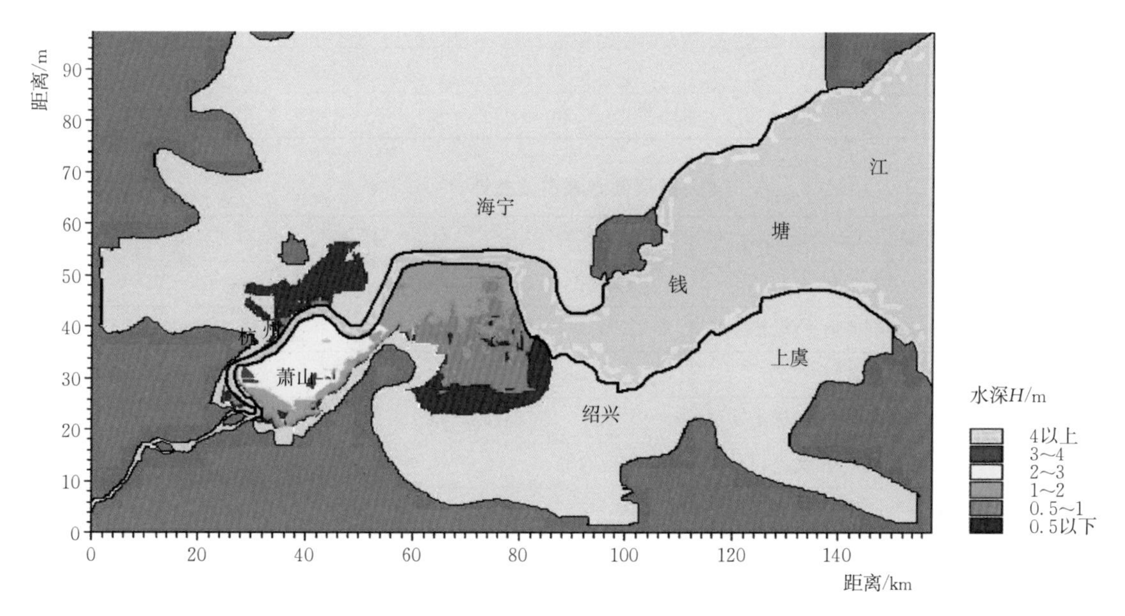

图8.4.2 500年一遇洪水最大淹没水深图（1949年海塘）

8.4.2.2 一期主塘加固工程减灾效益评估（韩曾萃等，2007；丁涛等，2010）

主塘在1950—1957年已进行了一期加固工程，其减灾效益已在1957—2003年间发生，故评估方法采用实际发生年法。发生灾情的风暴潮有“9711”号、“7413”号、“9417”号三场，洪水只有1955年一场。

(1) 防风暴潮减灾效益计算。直接经济损失计算方法是统计城乡居民家庭财产、工商企业固定和流动资产、农业财产、基础设施财产；依据淹没区的淹没水深，确定相应的各类财产的损失率；财产乘以相应的损失率即为各类财产的损失值。依据《新浙江五十年统计资料汇编》中的当时各年社会经济数据进行推求各灾年单位面积财产价值。计算结果见表8.4.7，表中①、②、③分别为城乡居民家庭财产、工商企业固定资产、农业资产。包括城乡居民家庭财产、工商业企业财产、农业财产、其他类财产等。末列重大基础设施，如交通公路、电力设施、水利设施、通讯设施及城乡公共设施等。参照水利厅《浙江省水利工程防洪减灾能力评估》项目（2007年）中的方法，取前三者之和的66%。财产损失率受水深、流速及水体滞留时间等很多因素影响，水深是主要因素，损失率见表8.4.8。基础设施的直接经济损失率按前三者损失之和的19%计算。1949年海塘如遭遇“7413”号、“9417”号、“9711”号台风时的淹没面积和直接经济损失列于表8.4.9。

表 8.4.7　　**风暴潮发生年份两岸保护区资产统计**　　单位：万元/km²

年份	北岸东			北岸西			南岸东			南岸西		
	①	②	③	①	②	③	①	②	③	①	②	③
1974	40	8	17	38	8	16	28	6	11	34	13	12
1994	936	504	172	1169	494	204	1008	442	152	1444	1007	150
1997	1467	884	220	1852	900	216	1759	1036	230	2163	1648	196

表 8.4.8　　**沿海地区各类资产的直接损失率**　　%

资产类型	不同淹没水深下的直接损失率			
	0.5m 以下	0.5～1.5m	1.5～2.5m	2.5m 以上
城乡居民家庭财产	17	23	31	40
农业资产	91	100	100	100
工商业固定资产	15	21	30	38
工商业流动资产	20	30	42	61

表 8.4.9　　**防风暴潮减灾效益计算**

风暴潮		"9711"号	"7413"号	"9417"号	备注
1949 年海塘溢流溃堤平均	淹没面积/km²	1685.45	1103.20	780.97	
	直接经济损失/亿元	190.93	2.86	4.53	当年价
	直接经济损失/亿元	14.03	0.84	0.41	基准点价
	间接经济损失/亿元	4.209	0.252	0.123	基准点价
	经济损失/亿元	18.239	1.092	0.533	基准点价
1957 年海塘实际	淹没面积/km²		233.53	0.00	
	直接经济损失/亿元	1.00	0.61	0.10	当年价
	直接经济损失/亿元	0.07	0.18	0.01	基准点价
	间接经济损失/亿元	0.021	0.054	0.003	基准点价
	经济损失/亿元	0.091	0.234	0.013	基准点价
减灾效益/亿元		18.15	0.86	0.52	基准点价
减灾效益合计/亿元		19.53			基准点价

经济效益按计算基准年的损失与计算年实际损失的差值计算。其中"9711"号台风损失巨大的原因是此时国民经济比前期增加很多。间接经济损失系数取 30%，总效益现值为 19.53 亿元。

（2）防洪减灾效益计算。1949 年海塘情况下，洪水损失的计算方法同风暴潮损失的计算方法一致。但有两点不同，其一为仅计算 1955 年洪水情况；其二是单位面积资产价值不同。当 1949 年海塘遭遇 1955 年洪水时，洪水淹没范围北岸主要为杭州市区、南岸主要为萧山区。1955 年洪水如果发生在 1957 年海塘情况下的直接、间接经济损失为 0.19 亿元，如发生在 1949 年海塘情况下的经济损失为 1.30 亿元，则防洪总效益现值为 1.11 亿元。

（3）海塘建设与维护费用。钱塘江海塘建设与维护费用包括两部分：中央、省财政投入和地方投入。1950—1957 年以国家投资为主，地方投资为辅，地方投入按中央的 30% 计入。自 60 年代开始大规模治江围涂以后，推行了"谁围垦、谁受益"的政策，调动了地方的积极性，地方投入加大。1950—1996 年间中央、地方投入见表 8.4.10，由表可知，中央及省总费用为 2.54 亿元，折算至基准

点价为 0.64 亿元，地方总费用为 5.84 亿元，折算价为 1.17 亿元，合计总费用为 8.37 亿元，折算价为 1.82 亿元。

表 8.4.10　　钱塘江海塘建设与维护资金合计　　单位：万元

阶段	中央及省财政下达		地方海塘建设投入		合计		基准点
	当年价	基准点价	当年价	基准点价	当年价	基准点价	
1950—1996	25367.2	6410.98	58380.24	11743.46	83747.44	18154.44	1950 年初

（4）一期主塘加固工程减灾效益评价。采用《防洪减灾经济效益计算办法》中的经济效益费用比作为评价指标，其公式为

$$E=B/C$$

式中：E 为经济效益费用比；B 为评价期防洪减灾经济效益现值；C 为评价期防洪体系投入费用现值，包括建设费用和运行费用。

由前面计算可知，防风暴潮总效益现值为 19.53 亿元，防洪为 1.11 亿元，两者合计为 20.64 亿元；费用总现值为 1.82 亿元。效益费用比为 11.34，远大于 1。

8.4.2.3　二期（1997—2003 年）标准海塘工程减灾效益评估（韩曾萃等，2007 年）

（1）防风暴潮减灾效益。《浙江省洪涝灾害模拟及预测技术研究》中汇总了 1999 年全省各县（区）不同重现期洪水影响范围内主要社会经济情况，资料较为翔实和准确。以此作为 2003—2043 年减灾效益计算的财产参照。重大基础设施、城乡公共设施等资产取农业、工商企业、城乡居民财产总量的 66%。北岸东、北岸西、南岸东、南岸西区域内财产价值如图 8.4.4 所示。

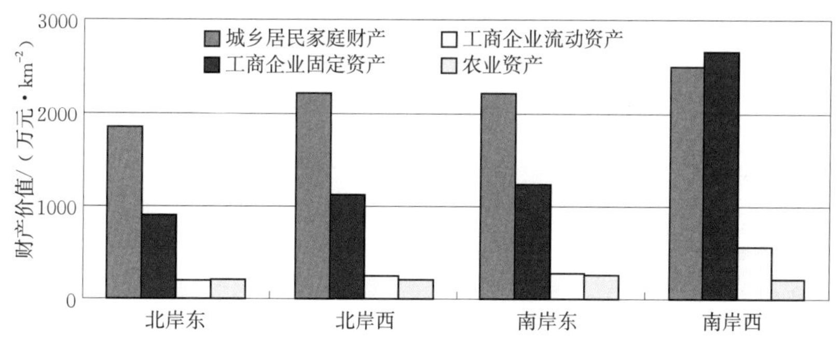

图 8.4.4　各区域单位面积财产价值

风暴潮直接经济损失的计算：当 2003 年海塘遭遇 500 年一遇、1957 年海塘遭遇 500 年、100 年和 50 年一遇风暴潮造成的直接损失见表 8.4.11。经计算 1999 年风暴潮减灾效益平均为 7.19 亿元。如将该效益以 4%的增长率换算到基准年 2005 年，为 9.10 亿元。

表 8.4.11　　风暴潮造成直接经济损失计算表

计算工况		淹没面积/km^2	受灾人口/万人	城乡居民家庭财产损失/亿元	工商企业价值/亿元		农业资产损失/亿元	基础设施等其他类资产损失/亿元	直接经济损失合计/亿元
风暴潮重现期	年份				固定资产损失	流动资产损失			
500 年	2003	4029.22	374.00	189.17	122.36	35.53	82.08	81.5366	510.68
500 年	1957	4990.60	457.25	299.36	200.18	61.34	106.23	126.75	793.84
100 年	1957	1306.03	121.72	58.60	39.59	11.45	26.60	25.89	162.13
50 年	1957	1006.05	95.12	45.52	31.97	9.24	20.35	20.34	127.42

由于1999年到运行期2004—2043年的经济发展水平的差异，存在洪灾损失增长率的问题。洪灾损失增长率采用4%。再按8%的社会折现率折算至1997年年初，总风暴潮效益为831.26亿元（当年价），风暴潮总效益现值为99.41亿元（基准点价）。

(2) 防洪减灾效益计算。洪水直接经济损失的计算过程和上述风暴潮计算方法与过程一致。2003年、1957年海塘工程遭遇500年一遇洪水时，直接经济损失分别为37.57亿元、159.35亿元；1957年海塘遭遇200年一遇洪水时，直接经济损失71.61亿元。间接经济损失系数仍取为30%。多年平均防洪效益的计算方法与风暴潮减灾效益计算一致。经计算，1999年多年平均防洪减灾效益为0.74亿。如将该效益以4%的增长率换算到基准年2005年，则为0.94亿元。洪灾损失增长率取4%，按8%的社会折现率折算至1997年初，总效益为85.55亿元（当年价），防洪总效益现值为10.23亿元（基准点价）。

(3) 海塘建设与维护费用。建设费用包括中央、省财政和地方投入两部分。2008年后按4%的增长率增长，地方海塘维修投入按与政府投入相同考虑。建设与维护期间，中央及省财政投入为12.58亿元；地方海塘投入为19.01亿元；2008—2043年预计运行费用为32.28亿元；合计总静态费用为63.87亿元，折算至基准点价为25.56亿元。

(4) 1997—2003年标准海塘工程减灾效益评价。由前面计算可知，1997—2003年标准海塘风暴潮减灾效益总现值为99.41亿元，防洪总现值为10.23亿元，合计为109.64亿元；费用总现值为25.56亿元。效益费用比为109.64/25.56=4.29；经济净现值为109.64−25.56=84.08亿元；经济内部收益率为21.68%；投资回收期为11.6年，若从项目运行期开始算，则为4.6年。

标准海塘在防御“云娜”“麦莎”“卡努”“韦帕”“罗莎”等强台风和“桑美”超强台风中经受了考验，海塘无溢流，取得了显著的减灾效益。

另外再对折现率作灵敏度分析，折现率的推荐值为8%，对于水利设施宜采用低于8%的社会折现率或分段递减的取值方法，分别取8%、6%、4%和前20年8%后20年4%四个方案作计算分析，效益费用比为4.29～7.90。洪灾损失增长率分别取2%、3%、4%三个方案进行分析计算，当洪灾损失增长率达2%～4%时，效益费用比为2.99～4.29，效益仍然明显。

8.4.3 社会和环境效益评估

8.4.3.1 社会效益评估

(1) 防御洪潮灾害，保障了社会稳定。洪水、台风灾害损失可以用货币计算的有形损失，前已有论述，难以用货币计算的无形损失，又称为非经济损失，如生命伤亡、瘟疫疾病的暴发、人口迁徙而引起社会不稳定、文化古迹的破坏，以及造成人类生存环境的恶化和生态系统的破坏等，其后果往往比有形损失更严重，影响更巨大，重建工作更难。

1949年新中国成立以后，立即恢复成立钱塘江塘工局，并着手修复海塘、加强管理、组织抢险，60年来对钱塘江海塘进行了两次系统加固，平时不断进行维护加固。因此，迄今为止，虽然洪水、台风仍然常有发生，但未发生过主塘溃决，出现几次塘基基桩冲失、塘基外倾的险情，均因发现、抢修及时，未形成灾情，实现了60年无重大洪台灾害。

(2) 促进了沿江开发区的建设和发展。钱塘江河口两岸虽拥有良好的区域、科技、人才、金融、信息等资源优势，但却受土地资源匮乏的制约，使上述资源得不到充分转化。而钱塘江河口治理过程中的附产品——土地资源，恰恰弥补了上述缺陷，其作用与意义随着社会经济的发展愈加凸显。可以设想如占用耕地来开发这些工业、科技园区则会造成耕地占用、环境恶化等问题，社会矛盾更为加剧。对此，浙江省委、省政府主要领导多次作出重要批示，明确指出要加大滩涂开发力度，走出一条具有浙江特色的经济发展道路。

(3) 促进了沿江房地产价值增值。钱塘江高标准海塘的建设，成为了两岸的安全屏障，沿岸土地的价值也随之大幅度增加。如杭州市两岸滨江的房价迅速上升，由20世纪90年代末的0.2万元/m^2

提升至21世纪初（2008年）的2万元/m^2，成为新兴城市的热土。

(4) 改善了投融资环境。钱塘江河口防洪工程的建成保障了两岸人民的生命财产安全，为吸引国内外投资创造了有利环境，带来流域经济的全面腾飞。以杭州市下沙经济技术开发区为例，目前城区面积34km^2，是杭州发展现代制造业、外向型经济和高教科研的重要基地，形成了电子通信、生物医药、机械制造、食品饮料等四大支柱产业。

(5) 增加了社会人员就业。杭州经济技术开发区目前就业人员为10.75万人，实际开发面积35km^2，单位面积从业人员为3070人/km^2，以此推算全河口围垦区可提供的潜在就业机会为200万～300万人，对维护社会稳定具有重要作用。

8.4.3.2 环境效益评估

钱塘江河口治理后，除前述提高了洪水与台风防御标准、增加了国土面积、稳定了河势外，还有如下环境效益：

(1) 提高了城市和河网供水保证率。江道的治理减少了下游各断面的进潮量，从而降低了沿程各站的江水含氯度。对枯水年，可节约抗咸水资源量2.5亿m^3。水中含沙量和盐度降低，这使得西湖、西溪湿地、杭州市区河道、萧绍平原河网从钱塘江引水的时间增长，水量增加，对改善西湖、西溪湿地和内河河网水质作用明显。

(2) 实现了滩涂开发利用和生态环境保护的双赢。相对浙江省沿海其他海湾如三门湾、象山港、乐清湾，钱塘江河口因其流速大、含沙量高，生物生存环境较差，水体及滩涂生物量较少，更无珍稀动植物。但在前期论证上，仍应注意有无珍稀动植物、鸟类栖息地保护区和生态敏感区的保护；注意防护林地、湿地开发的规模和速度，保持滩地动态平衡，满足候鸟迁徙、重要鱼类繁衍生产、生物多样性等生态系统的维持。

(3) 提高了岸线资源开发利用率。钱塘江河口两岸有300km的岸线资源，但有很多岸线未利用。整治后，近百公里的岸线主流贴近岸边，水深条件改善，可以作为航运资源开发利用，还可考虑排污口、排涝闸、油管线路电缆及旅游的岸线。

(4) 增加了涌潮景观、文化旅游资源价值。钱塘江的涌潮奇观，为钱塘江的潮文化增添了雄奇、壮美的色彩，治理前，江中存在大片荒滩，且常有冲淤变化，少有稳定适宜的观潮地点。治江缩窄后，除传统的盐官观潮点外，增加了新仓、旧仓看交叉潮，老盐仓附近看回头潮，九号坝看反射潮等，观潮点和潮景的选择都更为丰富多样，到潮时间也更为稳定，便于预报观景。此外还兴建了“中国水利博物馆”，把水利旅游、休闲、文化建设相结合，吸引大众对水利的关注。

(5) 保护了涌潮景观和约40km的明清老海塘文物资源。涌潮的壮观和多样性是世界上少有的奇观，治江的同时给予了很好的保护。明清老海塘是中国水利史上著名的三大水利古建筑之一，在老海塘基础上进行标准塘建设，保留和加固了明清鱼鳞塘，还在塘脚外打防冲板桩，提高了防冲标准。

8.4.3.3 以“健康河流”标准检验治理成效

河流健康是20世纪80年代将生态系统健康概念在河流上的延伸，健康的生态系统应具有：不存在失调症状，具有良好的恢复能力和自我维持能力，对其他生态系统无危害，对社会经济发展和人类健康有支持推动作用。河流健康具体化是指：能否保持自身的稳定状态，实现正常的行洪和输沙功能，并具有较强的通过自我调整而趋于平衡的能力。在人水关系上，人类为了自身的福祉而利用河流资源的同时，要维持水循环的可再生性、水生生态的可持续性，水环境的可持续性。用这些观念来衡量钱塘江河口的治理，扩充了防洪、防潮、水资源利用的传统概念。用这一观点来检验钱塘江河口60余年的治理，其健康程度是大大改善的。

(1) 防洪（台）减灾能力体系。由5～10年标准提高到百年标准，南岸的排涝条件有明显提高。服务功能方面，河口大幅度缩窄，减少了上溯的潮量，江水含氯度下降，增加了城镇供水、灌溉保证率，更主要的是提供了152万亩的国土面积（计到2005年，到2014年已达205万亩），这是其他任何河流河口整治都无法比拟的。

（2）河流冲淤变幅减小、潮汐特征变幅减小，河床处于动态平衡状态。钱塘江河口的治理正是符合该理念的，通过河宽的大幅度缩窄，使原来平面摆动频繁剧烈、河床年内原有4亿～8亿 m^3 冲淤变化减为2亿～3亿 m^3 泥沙冲淤的河道，相应的潮位、潮差变化幅度都有一定程度减少，为防洪、排涝、咸水入侵、通航条件提供了更好的、稳定的功能。

（3）水资源及水环境功能。钱塘江水资源在时空上分布不均，遇特殊枯水年部分河段水质不达标。通过强化水资源的调度和优化配置等措施，钱塘江河口水资源利用量由2004年的18亿 m^3/a 增加到2012年的35亿 m^3/a，到2020年可增加到42亿 m^3/a，可满足2020年国民经济发展对水资源的需求量，而又不影响河口的生态环境，达到河流健康及人水和谐的目标。

（4）生态功能。由于近几十年来人们才比较关注人类活动对生态系统、生物多样性的影响，目前尚缺乏治江前、后生物多样性的取样对照资料，但水体的物理化学参数（洪水位、高低潮位、潮差潮量、潮流速、水温、含沙量、含盐度等）并没有太大幅度的改变，因此生物多样性、种群也不会有太大的变化。由于钱塘江、杭州湾的流速大、含沙量高，透明度低，生物总量及生物多样性、藻类均比象山港、三门湾、乐清湾要少得多。

通过以上分析可以得出：钱塘江河口治江后改善了河口的健康条件，其治理思想是既要保持河口的自然健康状态，同时又注意满足社会经济发展对河口资源的索取不超过其能承受的限度，河口生态环境需水量的研究，规划线的制定以及各种管理文件都体现了这一精神。

8.5 本章小结

前述所有的科学研究和规划设计都是围绕治理钱塘江河口（含杭州湾）这一目标的，经过60年的治理实践，可以得到以下结论：

（1）钱塘江河口动力强，受当时（800～500年前）工程技术水平所限，历史上采用“以宽治猛”的指导思想，故两岸堤塘距离达10～30km，远大于河道输水、输沙所需要的宽度。受径流丰枯的变化，主流在这宽广的堤距内任意摆动，造成主流大幅摆动、冲淤量和潮汐特征值变幅远大于其他河口，江道十分不稳定。因此，治理指导思想应变被动防守为主动治江，即缩窄江道、固定主槽、削减潮量，这是治理指导思想上的创新（国外许多河口是增大潮量维持航深）。20世纪50年代主要是收集水文、地形资料、探讨治理方案，对全线缩窄方案可能出现的江道面貌，统一了认识。而后，制定了以符合高滩保证率平面分布等自然规律的治导线，初期以“短坝密距”的丁坝群方式逼近治导线，后改为利用高滩先行围涂，以后抛石护岸，按照“治江结合围涂，围涂服从治江”的原则，“以围代坝”的方式，逐步接近规划线，这是施工技术上的又一创新。在40余年的实践中不断修正治导线，协调上下游、左右岸的实施进度，逐步深入研究了防洪、排涝、咸水入侵、敏感点的防淤和减淤等问题，利用微弯河势为曹娥江口门建闸，创造了较大且稳定的水深条件。到2008年年底以曹娥江大闸建成为标志，尖山河段治理的格局已基本形成，基本实现了稳定主槽、改善排涝条件、提高水资源利用率等目的。

（2）钱塘江河口是洪水、台风暴潮等自然灾害多发地区，这是地理位置、地形、水文、潮汐、泥沙特性等多因素造成的，同时，两岸又是经济发达、人口密集的杭嘉湖、萧绍宁平原。近百年来一直靠修建海塘防御自然灾害，但仍“屡修屡毁、屡毁屡修”。据千年以前历史资料统计，平均5年一小灾、20～40年一大灾，可见当时的海塘仅为5～10年一遇标准。1949年新中国成立后，立即对千疮百孔的海塘进行修复工作。1950—1957年进行一期海塘修复工程，将两岸海塘提高到20～50年一遇标准，在此后的1955年洪水和1956年、1974年台风中发挥了很好的防灾减灾作用。20世纪90年代以后，由于国民经济快速发展，需要提高防洪潮标准。在1997—2003年间修建了二期标准塘工程，建成50～100年一遇的标准海塘。一期工程经济评估采用了实际发生年法，将工程建设费和维修费折算到1950年基准年，投入资金达1.82亿元，防洪效益为20.64亿元，其效益费用比为11.34。二期标准塘

工程经济评估采用频率法，基准年为1997年，投入资金为25.56亿元，效益为109.64亿元，其效益费用比为4.29，均远大于1，这说明海塘工程标准在经济上是合理的。

（3）钱塘江河口治理的一个重要副产品，围垦了152万亩土地（统计截至2005年）。随着时间的推移，它对人多地少的浙江省愈来愈具有特殊的重要意义。采用基准地价法及实际投入产出的效益费用法，经过对萧山、绍兴、海宁的较系统的调查，得到总投入为106.81亿元，土地定价的总价值为1221.1亿元，其效益费用比为11.43；按效益费用法计算，截至2005年土地效益为649.36亿元，效益费用比为6.08，但土地一般应按30～50年进行效益评估，为此将各年围垦地块开发利用时间均分别算足30～50年，GDP用偏保守的5%增长率，土地贡献效益为1237亿～2084亿元，按40年计算效益费用比平均为15。

（4）由于水资源时空分布不均，钱塘江河口虽有440亿m^3淡水资源，但遇枯水期供求仍然紧张，治江缩窄避免了平面极端弯曲和过分顺直的河势，相应最大潮差有所减少，因而减少了盐水入侵，在一定程度上缓解了杭州咸水入侵的威胁，从而提高了水资源利用率。

（5）钱塘江河口的治理因提高了防洪、防台风暴潮的标准，为两岸社会经济发展提供了稳定的环境。又提供了大量宝贵的土地资源，为近10年高新工业科技园、现代农业园及环杭州湾产业带的发展提供了广阔的空间，同时也缓解了土地不断因基础设施、城市化占用的矛盾。可提供300万人的生存空间和200万～300万人的潜在就业机会，这对稳定社会，广泛就业起到了重要作用。治江缩窄后，事实证明涌潮景观的多样性（一线潮、回头潮、交叉潮等）和钱塘江明清海塘古建筑均得到了有效保护，观潮点有所增加，时间更准确，明清老海塘基本结构得到保存，海塘塘脚的防冲、抗冲能力得到加强和提高。

（6）钱塘江河口潮差大、含沙量高、河床冲淤和平面摆动幅度大，国外河口治理的经验可以借鉴，但必须针对自身特点进行创新。围绕钱塘江河口治江和海塘建设，在水沙输移规律、治江方案论证、研究手段、工程规划、工程实施及工程管理等方面都有许多理论和技术上的创新。经过50年来的观测和研究治理实践，钱塘江河口的治理效果体现在防洪、防潮、排涝、提高水资源利用率、稳定主槽、开发利用滩涂资源、保护涌潮景观、保护古海塘等多个方面，就其治理规模、综合效益和环境文物保护等多方面，均创强潮河口治理之首，堪称典范。

综上所述，新中国成立以来，钱塘江河口治理工作所取得的成效，对保障两岸千万人口的防洪、防潮安全，满足和推进两岸2万km^2区域的经济社会发展起到了巨大的、不可替代的作用，按效益费用比方法而论，效益十分显著，是浙江省人民在党和政府领导下，历经长期艰苦奋斗、开拓创新、功在千秋的伟大工程，其在强潮河口治理的历史上也是罕见的，为世人留下光辉的一页。

参考文献

陈希海，周素芳.1999.钱塘江海塘标准塘工程［J］.水利水电科技进展，19（4）：39-42，46.

戴泽蘅，赵雪华.1985.钱塘江河口及杭州湾综合开发治理规划［R］.杭州：浙江省河口海岸研究所.

戴泽蘅，韩曾萃，钱启明.1991.钱塘江河口整治开发规划设想［R］.杭州：浙江省河口海岸研究所.

戴泽蘅，李光炳.2005.钱塘江河口治理的艰难历程［R］.杭州：浙江省钱塘江管理局，浙江省水利河口研究院.

丁涛，郑君，韩曾萃.2009.钱塘江河口滩涂开发经济评估［J］.水利经济，27（3）：25-29.

丁涛，郑君，于普兵，等.2010.钱塘江海塘防洪御潮经济效益评估研究［J］.水力发电学报，29（3）：46-50，33.

韩其为.2010.黄河泥沙若干理论问题研究［M］.郑州：黄河水利出版社：6.

韩曾萃，余祈文，等.1985.钱塘江尖山河段治导线初步研究［R］.杭州：浙江省河口海岸研究所.

韩曾萃，余祈文，余炯，等.2001.钱塘江河口尖山河段整治规划［R］.杭州：浙江省河口海岸研究所.

韩曾萃，姚汝祥，胡国建，等.2007.钱塘江河口治理成效评估［R］.杭州：浙江省水利河口研究院，清华大学水利系.

韩曾萃，唐子文．2010a. 钱塘江河口治理与改善两岸平原的排涝条件［J］．泥沙研究，(2)：1-5.

韩曾萃，等．2010b. 杭州湾大桥对乍浦港及涌潮影响的后评估专题研究［R］．杭州：浙江省水利河口研究院．

黄世昌，赵鑫，等．2009. 杭州湾口外大范围风暴潮位计算［R］．杭州：浙江省水利河口研究院．

黄世昌，赵鑫．2010. 钱塘江河口设计高水位复核计算［R］．杭州：浙江省水利河口研究院．

李光炳，韩曾萃，戴泽蘅．1995. 钱塘江河口治理及岸线规划研究［R］．杭州：浙江省河口海岸研究所．

潘存鸿，卢祥兴，等．2003. 曹娥江大闸冲淤面貌、枢纽布置和涌潮试验专题研究［R］．杭州：浙江省水利河口研究院．

钱塘江管理局勘测设计院．1995. 钱塘江海塘风险分析和安全评估研究［R］．杭州：钱塘江管理局勘测设计院．

钱塘江志编纂委员会．1998. 钱塘江志［M］．北京：方志出版社．

王卫标，韩曾萃，金伟良．2002. 钱塘江某海塘整体稳定可靠度分析［J］．浙江大学学报工学版，36(4)：366-370.

尤爱菊，等．2006. 钱塘江河口设计潮位合理计算方法［R］．杭州：浙江省水利河口研究院．

朱军政，唐子文，于普兵，等．2009. 钱塘江北岸超标准台风暴潮位计算［R］．杭州：浙江省水利河口研究院．

浙江省河海测绘院．2008. 钱塘江河口水文测验技术报告［R］．杭州：浙江省河海测绘院．

浙江省河海测绘院．2010. 钱塘江涌潮观测技术报告［R］．杭州：浙江省河海测绘院．

NICHOLLS B R J. 2006. Disaster Risk Management Public Seminar Series No 6［C］//Natural Disaster Hotsports—Case studies［M］. World Bank and Columbia University.